U0236136

中國歷代歷象典

廣陵書社

曆法典第六十三卷

曆法總部彙考六十三

新法曆書十三

交食曆指五

推視會第二（凡三章）

交食第三卷求定望改實時爲視時所以然者爲有升度差也今日食以地心之實會改爲地面之視會所以然者爲有地半徑差也以地半徑差論實會視會不同上章已詳之矣此求視會則依視差推算法先求日月高弧以得高差又求高弧與黃道之交角因以得南北東西差次求視會與實會之時差以加以減于實會之時刻而得日月正視會之時刻其加減則以黃道九十度爲限（即黃平象限）

日月距地平高弧

視差有多有寡必依太陽出地平所得高度多寡

日月會合若同高度或差一度以下其視差甚微故得太陽高度不必復求太陰高度必求細率則以太陽高度查太陰高差先加於太陽高弧得太陰高眞度也

欲求高度幾何則用定會（即定朔也）之實時及本時之太陽躔度先以躔度推太陽距赤道之緯度次以定會實時推其距子午圈若干（詳見下文用法中）得二角形形有北極出地之餘弧有太陽距赤道之餘弧有兩弧間角爲太陽距子午圈弧之相當角算得本形之第三弧爲太陽出地高弧之餘弧也如左圖甲乙丙爲子午圈甲丁丙爲地平丁戊爲黃道太陽在庚則乙庚己爲高弧壬庚爲太陽距赤道之餘弧因得乙壬（本地極高之餘弧）及壬庚（太陽距赤道之餘弧）兩弧及乙壬庚角（太陽距子午之相當角）以推第三乙庚弧得其餘弧庚己太陽出地平上之弧也次推高弧交黃道之角先以升度求庚丁弧次以庚己高弧以庚丁黃道弧以庚己丁直角推得庚丁己交角因以對角求南北東西差法如次圖設庚癸爲高差辛爲黃道極則辛癸大圈之弧以直角交黃道於壬爲庚壬癸三角形先已得壬庚癸角而庚癸壬爲餘角則全數與高差若壬庚癸角與壬癸南北差又全數與高差若壬癸庚角與壬癸東西差或用簡平儀求高弧可免算第其圖愈大所取太陽高度分愈眞乃足推算

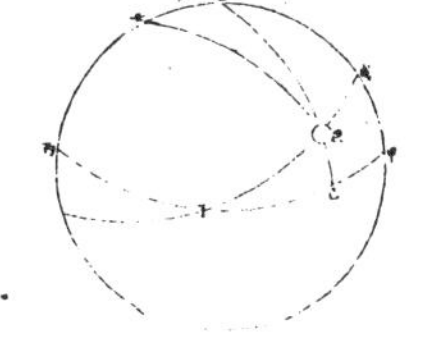

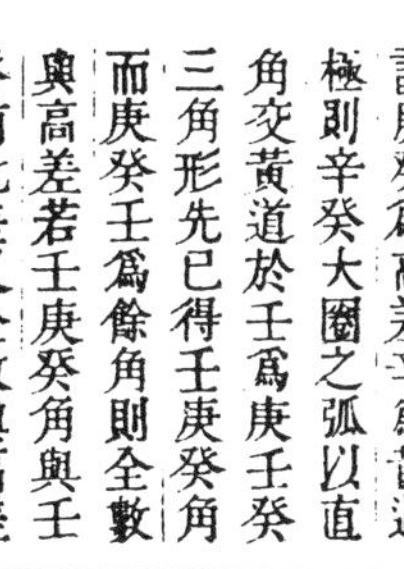

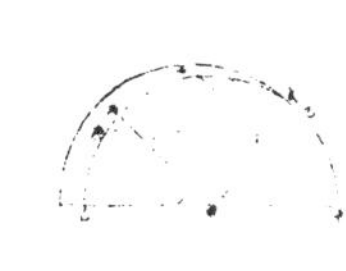

視差如圖己戊辛爲子午圈甲乙爲赤道北極在丙太陽距赤道北依丁戊線行與行壬戊弧其理一也至戊爲正午至丁如復至壬午前與午後同所以然者戊丁直線不可得度分數必用戊壬弧度量爲準戊壬與戊丁皆距等小圈兩弧皆小圈之弧即等試想戊壬圈置戊丁線上與戊丙圈縱橫爲直角則得其理如彼面之丁爲巳時至戊爲午行至此面之丁爲未與壬爲巳至戊爲午復轉至壬爲未其理一也次作丁庚直線與地平甲己線平行則得己庚弧爲太陽在巳時或在未時出地平上之高弧也別有表以日食之實時及太陽距赤道緯度查其出地平度而推兩曜高差又有高弧交黃道角表以此三角形（前圖之己庚丁）推算法用太陽高度于太陽距黃道九十度限表中查角（即庚角）詳本表又有南北東西差表以太陰高差及高弧交黃道角依直線三角形推算

因三差線小雖在天實爲大圈之弧亦可以直線句股法求之與三角形圓線法所求不異

黃道九十度爲東西差之中限

地半徑二差恆垂向下但高庳差線以天頂爲宗下至地平爲直角南北差者變太陰距黃道之度以黃

道極爲宗下至黃道爲直角東西差則黃道上弧也故論天頂則高庳差爲正下南北差爲斜下而東西差獨中限之一線爲正下一線以外或左或右皆斜下論黃道則南北差恆爲股東西差恆爲句高庳差恆爲弦至中限則股弦爲一線無句矣所謂中限者黃道出地平東西各九十度之限也（黃平象限省日度限）舊法以子午圈爲中限新曆以黃道出地之最高度爲中限（東西各九十度則是最高）兩法皆於中前減時差使視食先於實食皆於中後加時差使視食後於實食第所主中限不同則有宜多而少宜少而多或宜加反減宜減反加凡加時不得合天多緣於此此限在正球之地距午不遠若北極漸高卽有時去午漸遠時在午東時在午西大都北極高二十三度三十一分以上者若高二十三度三十一分以下者則日月有時在天頂南有時在北三視差隨之今未及論此獨冬夏二至度限與子午圈相合爲一從冬至迄夏至半周恆在東居午前從夏至迄冬至半周恆在西居午後

問日月諸星東出漸高至午爲極高乃西下漸庳而沒則午前午後之視差豈不分左分右漸次高庳以正午爲中限乎曰南北差東西差皆以視度與實度相較得之而日月之實度皆依黃道視度因焉安得不并在黃道從黃道論其初末以求中限乎推太陰之食分以其實距黃道度爲主推太陽之食分則以太陰之實距度先改爲視距度所改者亦黃道之距度也論實望實會欲求其實時以黃道經度爲主今求視會其所差度必不離黃道經度而因度差多寡求其相當之時差以得正視會理甚明矣若子午圈者赤道之中限也度限爲東西差有無多寡之限猶冬夏至爲晝夜永短之限午正時爲日軌高庳之限也惟歲惟時自宗赤極不借黃道之度中爲限東西視差自宗黃極何乃借赤道之午中爲限耶昔之治曆者未能悉究三差之所從生徒見午前食恆失於後天午後食恆失於先天故後者欲移而前前者欲移而後又見所移者漸向日中漸以加少遂疑極高至午中則無差不知黃道兩象限之自有其高也亦自有其中也必如彼說以午正爲東西差之中限設太陽實食午正遂以爲無時差遂以爲定朔爲食甚儻此時之度限尚在西愈西則愈有西向之差法曰中以東則宜減安得不見食於午前乎儻此時之度限尚在東愈東則愈有東向之差法曰中以西則宜加安得不見食於午後乎如萬曆二十四年丙申八月朔日食依大統法推得初虧巳正三刻食甚與定朔無異皆在午正初刻至期測得初虧巳正一刻後天二刻此所謂中東宜減見食於前者也今試依新法減時則推定朔在午正初刻內四分四十九秒於時日月躔度在鶉尾宮二十九度八分四十七秒黃道中限在本宮一十三度〇一分距正午西一十八度五十九分距太陽躔度一十六度〇八分太陽定朔之高尚有五十〇度査得太陰高差三十八分先求高弧交黃道角爲日距度限弧之切線與本角若全數與高弧之切線得視差小三角形內正對東西差邊之角二十〇度一十一分再推本角之正弦與東西差若全數與高庳差得一十三分〇四秒爲此時之東西差因此求時差得太陰行一十三分應爲時二十四分二十六秒於法宜減故得食甚在午初二刻一十〇分三十七秒在定朔之前也更求初虧約用前四刻依法復求視差其時黃道度限在鶉尾宮初度二十〇分卽午後一十四度四十〇分距太陽二十八度四十六分太陽高四十八度得太陰高差四十〇分東西差二十四分求其視行度得四刻行二十一分又以開方法算得太陰自初虧至食甚行三十一分今視行二十一分得四刻則三十一分應得五刻一十三分五十四秒以減食甚時得初虧在巳正一刻內一十一分四十三秒與實測時刻密合

凡九十度限去子午圈不遠新舊兩曆所推之定朔不遠則兩所得之時差亦不遠若相距遠而度限在東則食在午前或在午後新曆所得時刻皆多於舊曆度限在西食在午前午後新曆所得時刻皆少於舊曆如萬曆三十八年庚戌十一月朔大統曆推食甚在申初一刻至期實測得申初四刻先天三刻於時度限距子午圈二十一度〇四分在東距太陽五十九度四十七分日月並高一十六度得太陰高差五十四分一十五秒從是算得東西差二十八分三十一秒應時差四刻〇一分三十五秒依法與實時相加而實時與大統曆算小異在未正三刻〇四分得視時乃大異是緣度限在東加數宜多而午正爲限者加數則少安得不先天也又萬曆三十一年癸卯四月朔日食九分二十〇秒大統曆推食甚在辰正初刻新曆推得在辰正三刻內此時度限亦在東

距午正一十五度四十二分較太陽距正午爲更近所得東西差止一十九分二十四秒應時差四十七分四十六秒依法宜減則實時巳初一刻〇六分改視時爲辰正二刻〇三分此兩食者皆所謂度限在東則食在午前午後新曆所得時刻皆多於舊曆者也又其甚者若日食在正午及度限之間則宜加者反減之宜減者反加之所失更多如崇禎四年辛未十月朔日食大統推初虧未初一刻較新曆遲三刻有奇食甚未正初刻新曆推未初一刻內至期實測果在本刻內所以然者新曆以黃道九十度限爲中所得時差與實時相減則食甚後退故合大統以午正爲中所得時差反加而前進去之愈遠矣蓋本日食甚實時日月並已過午正一十七度二十九分〇一秒未至黃平象限六度二十二分三十九秒則度限在午西二十三度五十一分〇四秒算得東西差三分三十四秒應時差〇五分爲減而先推實會在未初八分四十〇秒因時差退減爲未初一刻內三分四十〇秒如是止矣若以子午圈爲中限則本時日月過午已十七度有奇在西東西差既宜少而多時差又反減爲加即多得時刻若此者就用西法算兩曜高三十五度四十八分及其距午正之度能生東西差一十一分一十三秒應得差二十二分定朔在未初二刻〇五分相加亦不得不爲未正可見中限異同實爲加時離合之根也

算視會必求黃道九十度限

交食以黃道出地之最高度爲中限固矣但限內所應加減者則有時差日食在九十度西時差宜加在東宜減此實食視食之所繇以先後（詳見上篇）故算視會者必先求九十度限所向何方乃可然求之之方不一或依常法定其宮度分或依簡法止推兩曜當食之時居九十度東西何方而不必問其宮度先以常法論設甲乙丁斜三角形甲爲天頂乙爲黃道交子午圈日月俱在丁以升度得乙丁弧以太陽距度得甲乙弧查本表得其兩弧間之角以甲乙丙三角形內因九十度限在丙必求甲丙爲垂線指九十度距甲頂若干更求乙丙爲九十度限與子午相距若干則丁丙乃日月距九十度〇所自有者而以先得甲乙弧與乙丁弧及兩弧間之角因求得時差此本九十度限表所繇起乃常法也第以此求之必先算日月高弧及高弧交黃道角等未免太煩乃簡法則惟算黃道何度分當九十度即此斜角三角形內徑求甲丁弧爲日月高弧之餘弧又求甲丁乙角即高弧交黃道之角則視差小三角形內（見前五卷三題）以高弧得高差以本角得交角及餘角而推所對之弧爲南北東西差固已捷若指掌矣再欲察日食在九十度限東若西亦得兩法一以黃道在正午度推九十度距午左右何若則以定朔所得太陽躔度較先所得在正午黃道度即得太陽在九十度限東西何方如依甲乙丁斜三角形以升度求乙丁弧必得何度在乙（子午圈交黃道之處）使星紀宮初度或鶉首初度在乙乃爲正九十度此外則以食時按極出地度求之蓋北極高過二十三度三十一分凡自星紀初度至鶉首初度黃道度在午者必九十度偏東自鶉首至星紀黃道度在午者反爲九十度偏西而距午最遠者則在大火宮或元枵宮隨極高低不一亦隨宮度各處不一也試以極高二十四度則九十度限距午最遠特一十五度耳極高四十度則九十度限能距午二十四度餘宮度在九十度限亦距午漸近因而推日食在九十度之或東或西較較不爽也

又一法以黃道交高弧角求之更準蓋本角向子午圈者在午前爲銳角午後爲鈍角則食必在九十度之東若本角午前爲鈍角午後爲銳角則食必在九十度之西如此可免再求矣

求視會復算視差之故第三（凡三章）

日食與九十度相近則太陰之偏東西不多所得時差於本食之實時不甚相遠可免復求東西差倘所食遠距九十度之限則太陰偏左偏右（左右即東西）者必

多而能變其實行以爲視行使不再三考求何從而知故必先算太陰之視差化之爲時差次求其視行與太陽實相距若干則用以推東西差可得食甚至若初虧復圓總不外太陰之視行而得之此推步日食者所以復算視差

求太陰視行

定太陰東西差須得其與太陽相會之實度應先（如在九十度東）應後（在九十度西）乃使太陰實行即從自行可得則或二十八分一小時或三十〇分或三十三分有奇因最高最庳中距不等故以三率法推其度差則相應幾何時刻因與定朔加減之其所得時亦可於眞視會不遠但先後會之度差必以太陰實行爲主然因視差故每每移其本實行故以實行求時差多謬而以視行求之乃準矣法曰日食在九十度東則較定朔前一小時食在九十度西則較定朔後一小時復求東西差以兩差不等之分秒或加或減於太陰一小時因以實行得其視行若次得之東西差大於先得之東西差其兩差不等之數爲減若次得之差數小於先得數則兩差不等之數爲加乃得太陰一小時視行也或不用一小時先於定朔算東西差而以實行化爲時差或加或減於本時得視會又以視會與定朔相去不拘若干惟於此時再求東西差兩差不等之數依前法加減之必得太陰視行時差因以復算眞時差

假如崇禎四年辛未十月定朔在辛丑日未初八分四十〇秒此時順天府得東西差三分五十〇秒太陰一小時實行爲三十三分二十〇秒以此算得六分五十四秒爲時差因食在九十度東故減得未初〇一分四十六秒即相近視會時也次升度先在正午自春分起爲二百二十六度二十五分四十〇秒因時差宜減一度四十三分則以餘升度查本表得躔度在正午者爲大火宮一十七度一十二分算得九十度在午西離二十三度三十五分比日月距午更遠七度四十四分三十八秒又以太陽高三十六度一十四分算得高弧交黃道角八十四度一十七分則以餘角復得東西差四分五十〇秒兩差不等之數爲〇一分因後得之差大故先得差內減一分實得〇二分五十〇秒爲太陰過太陽之視行也前時差〇六分五十四秒今以三率法依本視行得前東西差〇三分五十〇秒應九分一十九秒爲眞時差因減故算得視會在午正三刻一十四分二十一秒（一十五分爲一刻）

考眞時差

眞時差者爲太陰視行反覆推求再三加減務與視會相合者也欲更考其實須算太陰實距太陽幾何若所得分數與太陰所當視會之東西差等則所得視會亦準若微有不等則以不等之分數化爲時依兩曜實相距之分數較之視差或大或小依法加減於前視會如距度大日食在九十度東則時差爲加食在九十度西則時差爲減如距度小則九十度東宜減九十度西宜加分秒內可得其準也因此再求東西差而以本視會時復求九十度限與其距天頂及距太陽度因以本高弧及高弧交黃道角復算視差如前假如得眞時差九分一十九秒何以知其然也因減時九十度略在前即壽星宮二十三度〇六分距天頂五十三度四十〇分距午二十三度三十一分較太陽復西去〇八度二十一分算得高弧三十六度三十四分交角八十三度四十五分推東西差〇五分一十三秒故以三率法用太陰實行三十三分二十〇秒一小時以眞時差得五分一十〇秒爲太陰實距太陽分數見其與總得之東西差相等則前時之時差亦準若未等則求所差分數如前東西差三分五十〇秒得九分一十九秒爲時差此不等之三秒亦得七秒依前法視會內應減實得午正三刻一十四分一十四秒乃眞視會也

求初虧復圓俱依視差算

凡算月食推初虧復圓先以開方求其自初虧至食甚所行之度分若干又自食甚至復圓所行之度分亦若干故所推食甚前後時刻大約相等算日食則不然雖太陰在食甚前後所行度數相等而所應之時刻鮮有不參差者蓋視差能變實行爲視行有前得之時較後得爲多亦有後得之時較前得爲多此中種種不一如圖甲爲太陽乙丙丁皆爲太陰甲乙或甲丙爲兩曜視半徑甲丁爲太陰食甚視距度則甲乙線之方數減甲丁線之方數其餘數開方得乙丁線爲太陰自初虧至食甚所行之度與丁丙至復圓數略相等但太陰行過

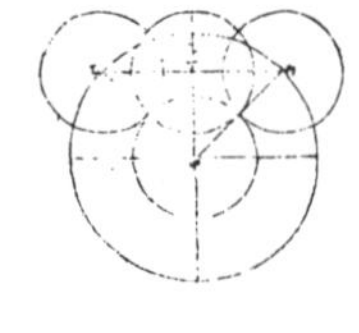

乙丙線時(除食甚正在九十度)前後未嘗相等故求之之法必於前時以東西差求其視行則得初虧距食甚之時又於後時復以東西差求其視行乃得復圓與食甚相距之時然初虧與食甚或皆在九十度東則因初時之東西差大於後時之東西差其兩差不等之數減於太陰實行則得視行若初時之東西差反小於後時之東西差其兩差不等之數則加於太陰實行而得其視行或初虧與食甚皆在九十度西而初時之東西差大後時之東西差小其兩差不等之數用加如初時之東西差小後時之東西差大其兩差不等之數用減與前法相反此較初虧與食甚若較食甚與復圓皆爲一理第其兩相比量俱以先東西差與次東西爲主故求初虧則食甚爲後時而求復圓則食甚又爲前時也或前後兩時不同在九十度之一邊如初虧在東食甚在西則求東西差必不止食甚前後之兩次因九十度而中分之則一視行求其時之多半又一視行求其時之餘乃合之爲初時至後時太陰視會所行度分矣

假如視會在鶉首宮初度午後正二刻距九十度西得東西差〇五分設得視行二十二分則太陰自九十度至本視會之度兩刻間視東行一十一分如前圖乙丁線爲二十八分減一十一分所餘一十七分爲太陰在九十度東自初虧至食甚時所行即因九十度前一小時以東西差得太陰視行二十一分故其行一十七分必須時三刻〇四分乃自初食至正午(此正午與九十度同故)爲太陰所行之時井午前後時總得五刻〇四分爲太陰自初虧至食甚過乙丁線所行時也

算日食復求太陰視距度之故第四(凡二章)

前以實會而不得其視會則所求者在東西差乃今視會眞矣然何以知其所食大小之分數及以月掩日所向之方位乎曰此皆繇於太陰視距度也故推步者必先於食甚求視距度則得日應食幾何分又於初虧復圓求視距度則得月掩日之光在何方

日食分數

凡推月食以太陰實距度較其半徑及地景半徑即得月食之分今算日食法雖同然因視度爲主則必以太陰視距度與日月兩輪之半徑相較乃得日食分矣依法於視徑本表查日月半徑井之減視距度爲太陰掩日之分(天度數之分)次以三率法求食之分(日徑分十分之分)因先於食甚求太陰實距度則太陰視會及實會間之本行或加或減於其交周度依時差加減得視會時太陰交周度用算或查表即得距度

假如時差爲三十五分二十一秒宜加此間太陰過太陽行一十七分五十六秒太陽本行〇一分二十七秒相加共得一十九分二十三秒爲太陰本行今設交周實度爲五宮二十九度因時差應加則交周多得一十九分二十三秒終得太陰食甚時實距北〇一分四十一秒次以南北視差本實距度改爲視距度故凡於三差小三角形內考時差井求南北差乃所得爲正視會若太陰距黃道北人居夏至北則實距度恆減視差爲視距度若太陰距黃道南則視差反加於實距度爲視距度

假如萬曆二十四年丙申歲八月朔日食曆官報應食九分八十六秒實測得八分強弱之間依新法算當食甚時太陽高五十〇度〇五分得太陰高差三十八分因九十度距太陽西一十六度〇八分算得高弧交黃道角六十八度四十八分爲南北差線其對角爲南北差得三十五分因當時太陰近交中在黃道北二十八分五十〇秒與南北差相減得〇六分一十〇秒乃太陰視距在黃道南矣又日月兩輪半徑井得三十二分〇五秒減視距度得二十五分五十五秒以此求食分數得〇八分二十九秒乃與所測適合也

日食圖說

新法以圖顯本食所向之方故上下書南北左右書東西其繪圖則以太陰距度爲主但食時先後太陰距度常有變易或初虧距度多而復圓距度少或初虧距度少而復圓距度多此其故蓋因食在交處前後之不一也若前後離交相等則雖距度同而所向南北未免有不同矣故日食前後求太陰視距度必以交周所應食甚視距度減其自初虧至食甚所行徑度則得太陰初虧視距度又以加於自食甚至復圓所行徑度則得其復圓視距度也復求交周所應太陰食甚視距度惟查距度表內上下左右則得交周度及其在交前後分數

假如前萬曆二十四年食甚得視距度〇六分一十〇秒即交中後查本表右得〇一度一十二分其本表上則得六宮乃所應視距度交周也又當時自初虧至食甚太陰所行徑度三十一分〇七秒與交周相減得六宮〇度四十一分五十一秒相加得六宮

〇一度四十三分〇五秒即初虧及復圓交關也依此交周復查表得初虧視距度〇三分三十三秒而復圓得八分五十三秒因此畫本食圖如乙丁及丙戊兩直線以直角在甲相交指南北東西方乙丁爲黃道甲心爲太陽居其中依前食論其太陽半徑得一十五分一十五秒較太陰半徑略小甲戊線則并兩輪半徑爲三十二分〇五秒因太陰食甚在辛甲辛乃當時視距度〇六分一十〇秒初虧在壬即乙壬與甲己相等只三分三十三秒復圓在庚得丁庚

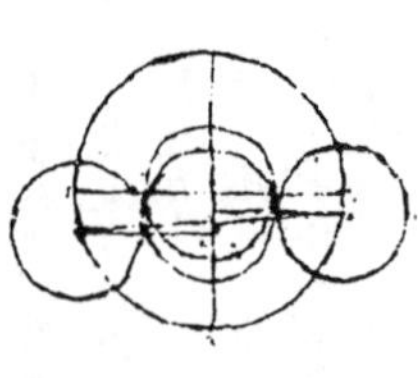

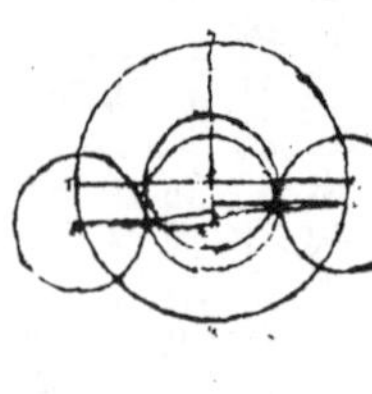

與甲癸相等共八分五十三秒而壬辛庚皆視距南也以上原本曆指卷十四交食之六

測食分第一凡八章

算食而不測食將何以考其法非強天即自欺故必隨測隨算了了於目了了於手則視差視徑時分俱準而法乃得矣

測太陰食分

常法全賴目力因分太陽徑爲一十分太陰徑亦如之食甚時則以所見不食之徑約略不能見之餘分設并見失光之體庶幾所食有半者依此以測猶可此外則多有謬爲何也太陰未食以前欲用器測全徑食甚時又測光所存之餘徑此際甚難其光微又無從定中線故且不正合於法今稱此圖用太陰地景兩徑之比例及太陰見缺之邊如圖地景心在丙得乙戊辛弧爲邊太陰心在甲以其乙丁辛邊弧入景中爲所缺自乙至辛作直線更一直線聯其兩心及兩邊交切之界於乙或辛爲甲乙丙及甲丙而甲丙及乙辛以直角相交於己使太陰入景之邊乙丁辛爲六十

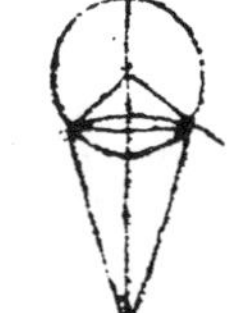

度因半之於丁得乙丁對乙甲己角爲三十度必餘角甲乙己爲六十度甲己乙直角線甲乙割線二萬乙己比一萬則以甲乙與乙丙之比例一與三是乙丙得六萬爲丙乙己角之割線查八十度二十四分本角之切線五九一二三六爲丙己而甲己爲甲乙己角之切線一七三二〇五兩切線爲甲丁及丙戊所減甲丁與甲乙丙戊與丙乙自相等餘丁己二六七九五戊己八七六四并之得三五五五九爲甲乙二萬分比例之分因以推太陰之食分蓋設太陰半徑得一十六分與之相乘用二萬除得食二分五十一秒度數之即徑分止有五十三秒以覓測雖微有差所推徑分終近矣

測太陽食分

密室中對太陽開小圓孔以受其光因孔小出光之體大則所正照之光必爲角形其底在太陽其角在孔之中夫光一入內又復展開爲角形以致底所對之牆轉其原形以上爲下以左爲右使牆與光直角相遇則底爲圓形不則爲圓長形使孔不圓且小則光底在牆或彷彿孔形而所像太陽之形大都不真何也太陽孔牆三者皆有遠近大小之比例蓋孔距牆得其本徑數與太陽所距本徑數等則光底在牆必像太陽圓形及孔之多邊形各等爲雜形若兩徑數不等而太陽距牆得徑數多則光底失去原形轉隨孔形得徑數少則光底必因之愈少故測食者恆設孔小而圓乃可遠近無差因以牆上所缺之形徵太陽所食之分法以規器於紙上先畫大小不等數圓圈各以徑分之其徑以十或更密平分之臨測室中以圈受光不拘遠近任用大小圈全以胳合於光爲準既合便轉紙使其圈徑橫過餘光形中平分兩角則光缺之界即所食分數方光與圈合時遂以筆於光景間微識三四小點求心因之作圈略得太陰掩太陽大小之比例如圖甲乙丙丁爲太陽食外之

餘光正與甲乙丙圈界相合其心在戊其徑與丁以直角交景而平分甲及丙兩光角則得太陽食七分有奇更取三點爲甲丁丙以己爲心見前三卷二十四題以甲丁丙辛爲太陰乃以己丁較戊乙亦得日月兩徑大小之比例

日食射光之容

測日食以最微之孔對照之西土用綠色玻瓈僅見日周俱掩去餘耀反照則用木盤欲細則以平面鏡所接之光反射牆上可略得分明第對照木中反照皆非實測之法惟射光於牆略近然因尚容交光亂其景猶未足故前以密室測食之分爲本法今再全解之欲光從外入室內以其形正彷原形盡乎大小之比例倘孔非最小（幾何稱無分點之小）而圓則太陽食照必略變其餘光之角形爲不彷原之一又太陰掩太陽其徑略小卽失天上視徑之比例爲不彷原之二因徑小所食之分較天上之眞分亦少爲不彷原之三三者皆歸一緣蓋接光之孔稍廣則從中心攝太陽之形全顯於牆或紙亦併周孔邊之每點全進焉乃每點所進射之形雖圓其出外與孔之圓不平行而每點射形之公界復與之平行且內抱中心所射之形亦與之平行如左圖乙丙丁界內爲光卽太陽總形也其內圈壬庚癸爲孔之廣因圓故受光至平面亦圓第太陽大不可比其光一入復寬爲戊己辛形與內圈平行以其中心甲與太陽正對故以遠近之比例可推本形甲戊半徑與太陽視半徑大小之比例然庚內圈之點射太陽形爲丙己辛較於中圈更以戊丙徑線出外（戊丙與甲庚孔之半徑等）而壬癸及餘點皆射圓形則外得乙丙丁總圈

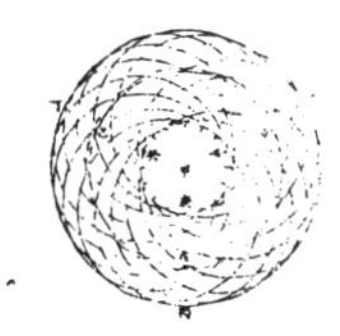

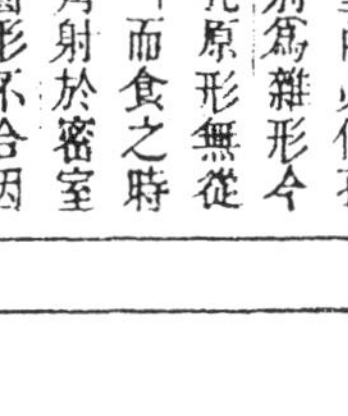

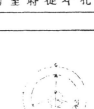

其甲丙與太陽半徑無大小之比例以遠近可推也又因原形入室內必借孔形以兩形合別爲雜形今測太陽設圓孔原形無從可變（除上爲下左爲右）而食之時其自變形露角射於密室內又與孔之圓形不合因而損其角似圓矣如左圖太陽食之餘光實爲甲乙丙丁乃從甲孔之心射入以丙丁乙弧不異於孔形而丁甲乙角形則異矣故本界四周以孔半徑展開甲戊丙己乙辛丁壬皆半徑外得戊辛己壬爲總界與前圖所解同則以辛己壬弧元合於孔形而壬戊辛亦必彷之其彷之之規必依孔半徑故丁乙各爲心得壬癸及辛庚弧皆變爲圓角耳

室中測食日月兩徑有定差

依本食圖丁甲乙弧爲太陰掩太陽之邊其心在癸從癸心出直線至丁至甲至乙又乙丙丁中原形使之過庚爲圈而從其甲心引直線至壬至辛至己因甲乙丙丁爲日食餘光之眞形實合於原則癸甲與甲丙或癸乙與甲乙癸丁與甲丁甲丙甲乙甲丁皆太陽半徑癸甲癸乙癸丁皆太陰半徑得眞大小之比例亦與原視半徑全合今密室之中辛己壬戊光形實以甲戊孔之半徑周展其界則太陽亦展半徑自甲致之於壬於辛於己而甲辛與甲癸太陽半徑之比例必過甲乙與本甲癸之比例太陰半徑亦然移癸甲爲癸戊其癸丁癸乙皆曲而小故甲乙與癸戊之比例又大於甲乙與癸甲之比例而甲辛愈大（因甲辛大於甲乙故）可徵兩徑在光形密室之中比於兩徑實在食時必依孔之廣狹變其大小未嘗正合焉

室內測食食之分有定差

依前圖總光界辛己壬弧以加壬丁辛弧作全圈則甲乙元爲食分與丙乙太陽全徑實得比例今總光形之徑己丁較之丙乙長兩孔之半徑（卽己丙及乙丁）故本徑與食分變比例因而甲乙比於己丁線不如比於丙乙線得大小之理若丁戊（光形食之分）則旣乙丁與甲戊等亦自與甲乙相等可徵其大小之比例在光形有失矣

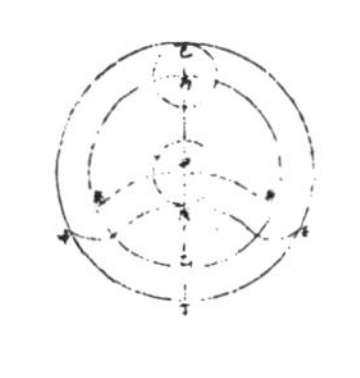

或問測食與算食分數不合而每每所測分數恆不及必因食形假耳今欲改爲眞形從何法得曰以太陰半徑加孔半徑於太陽餘光之內反減之各依本心光形內作弧得甲庚丙癸原正形卽從甲太陽形心及丁太陰形心推定也

定食分及兩徑比例必係眞光形

推算食分以定多寡法以兩曜視徑較於距度求之今欲於所測對驗亦以日月兩徑以其兩心相距幾何卽可得矣但測時因太陽行速依前法於形中點號以求徑並距孔時遠時近就景於先所畫圈亦不易故紙距孔須定度

用窺管前開小孔後置白牌彼此以平行相照可免多圈多暈之煩受景之底大小依遠近如左圖外有己壬辛大圈爲定周分度數共作四象限（用以取食方向見下文）中有乙戊丙丁小圈以甲爲軸能轉動此乃受光形之圈故以丁戊指太陽全徑以甲心及孔之中心與太陽中心正對本圈上安量尺卽戊丁中空以兩旁與圈徑平行其尖銳直至大圈以能指度爲

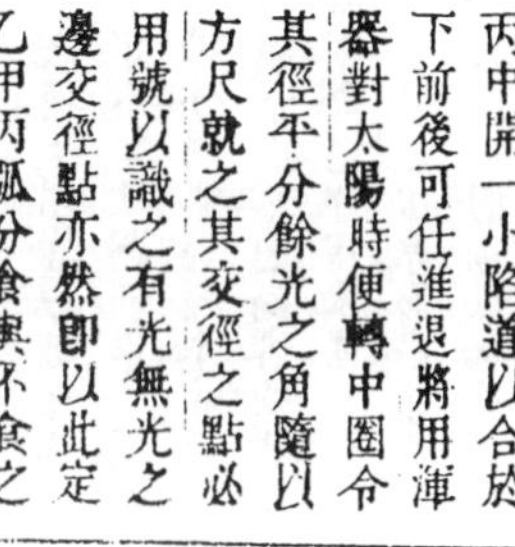

用量尺上仍有方尺爲乙丙中開一小路道以合於下前後可任進退將用渾器對太陽時便轉中圈令其徑平分餘光之角隨以方尺就之其交徑之點必用號以識之有光無光之邊交徑點亦然卽以此定乙甲丙弧分食與不食之形不須別點如二圖設乙丙丁戊爲太陽食形得心在甲丙戊爲徑以方尺乙己丁切光之鈍角乙丁交徑於己景邊交於戊今依孔半徑得己庚作壬庚辛直線與方尺平行而更作辛癸壬子卽日食之眞形何也使壬丁辛乙各於方尺爲

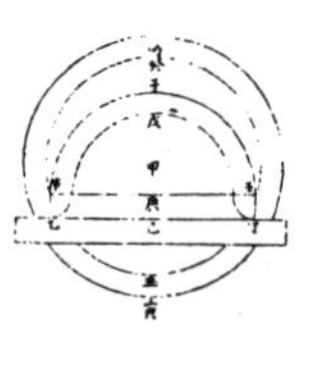

垂線必自爲平行線因而庚己亦於方尺爲垂線（因作圖法蓋庚己爲丙己徑之分）則庚己壬丁辛乙三線皆等旣等而庚己爲孔之半徑則餘兩線亦各半徑可知壬辛兩點當孔中心爲眞形之銳角則日月兩邊實於此點相交而壬癸辛爲太陽壬子辛卽太陰兩弧中必食分外則爲所存光之眞形也

或問眞原形旣定何以依之推兩徑之比例及太陽食之分數曰孔與形相距之度與甲癸眞形之半徑若全數與原視半徑之切線查表得太陽視半徑試

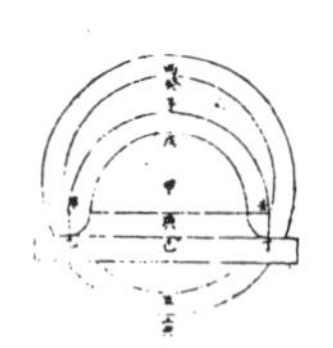

以全形爲一百分孔徑一十分相距萬分一百減一十餘癸丑爲九十半之得甲癸四十五以算終得一十五分二十八秒（度數之分）論太陰半徑此以庚辛中比例線求之蓋先以庚癸太陽徑分求庚辛（見幾何三卷三十五題）次以庚子與庚辛若庚辛復與庚寅得全子寅論食分則癸丑與二十平分若子丑與食之分或若癸子與未食之分於十分相減餘則爲所食之眞分

測日食細法

用方尺量食之形或景淡而景符無處可用欲以所測推太陰視徑未免微差今更用一器愈準愈易前所云受光形之表中有軸能令小輪轉動輪上定量尺隨以同轉則因以載方尺而外指度數矣此則兩尺俱不用本小輪改爲方形如左圖甲爲表中之軸亦爲太陽景心（先依太陽在本圈某宮度取視徑作圈）乙丙丁戊則大方形也轉以甲軸以辛爲表銳用銳以指外圈之度左右（大方形）開兩小路道能受小方形爲己庚癸壬此中亦有小圈卽掩太陽之太陰也周圈先去孔半徑形

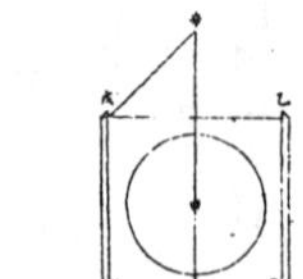

得圈大小不等預以引數取定或備數面以待臨期更換亦可

其四圖（小方形）開空止存六小條與方相連以支圈將測用大方置衡上

長方尺爲衡其圖在下前所言窺管亦可與孔以定度相距小方貫入其前令中圈以邊合於景食甚時見本圈上方餘光先至而左右尚未及必圈小宜換大若左右先與光齊而上方未及則圈大宜換小總以正合爲準萬曆二十九年辛丑冬至後

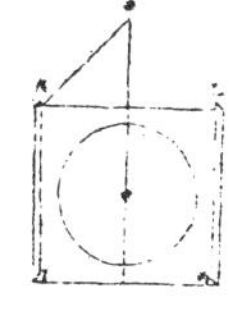

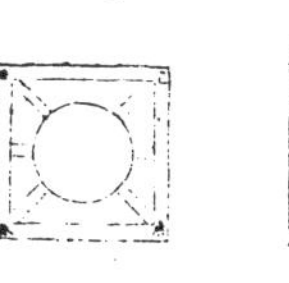

兩日第谷門人在西土測日食用本器大方中圈設一百一十分小方圈七十五分兩數總而半之得九十二分三十秒即初虧時太陰與太陽以中心相距之分任取無度數之分故至食甚時所見食之分略得八分此中必減去餘分乃兩心相距之分第先定太陰視徑因小方圈正食於景而設徑有七十五分二十八秒以加孔徑一十六分三十〇秒總得九十二分以此求度數之分得太陰在最高本徑三十分三十秒若求食之分因當時形中得食八分徑半十二分之十分以比例法算得七十四分任取分之分與兩心初虧相距之分相減餘一十八分三十秒化爲度數之分得六分〇八秒

光形一百一十分減孔全徑一十六分三十秒餘

分爲法數太陽在最庳徑三十一分爲實數算得

六分〇八秒

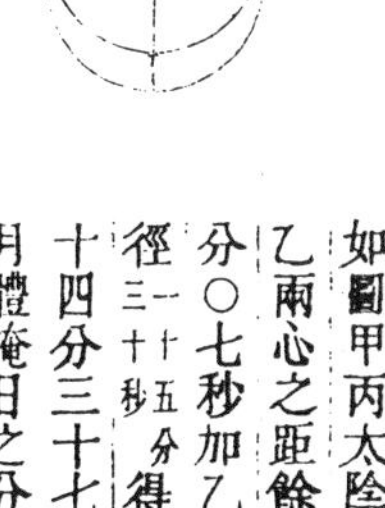

如圖甲丙太陰半徑減甲乙兩心之距餘乙丙爲九分〇七秒加乙丁太陽半徑一十五分三十秒得丙丁爲二十四分三十七秒度數之分即月體掩日之分故以三十一全徑爲法以十二平分爲實算得九分三十二秒即太陽實食之分較形中所見食多一分三十二秒矣

或問測食常法因難分食與未食之徑不待言矣今室中測食雖能明分之而所見食分非眞食分所測徑非眞徑則古測又奚足用曰因分得日月兩徑大小之比例及明暗之界即推眞食分及眞徑之根蓋古之定日月兩徑多依此測不能無差今從而改之此外尚有測其徑之多法見月離曆指

以眞視徑比例推食之實分

測食者於室中任用器之長短孔之大小不必拘遠近之比例而惟以先列視徑表定食分爲止法以所測之光形作圈以光景之界弧求心幾何三卷二十五題即太陰心亦作圈必量兩圈徑用比例尺或直分定數百平分之線得各分數若干總而半之即於兩曜視半徑并分數等何爲分數等也日食形內光與景各失其本然止以邊論則猶是若兩心相距則非矣蓋兩心相距與原形恆有比例因彼所張此反損各半徑與原半徑不合而兩并與原并數則有合焉故以此總兩半徑量之分與彼總數兩半徑度數之分之比例各本分或日或月推相應之半徑形中非眞半徑與眞半徑比較得差數因以復推食分加於測食分即得所食之實分矣

假如萬曆十八年庚寅七月朔苐谷門人在西土測日食見食六分正

依十二徑分大統亦能見推食五分有奇依十徑分

光景各半徑并得四十七分太陽近最高得半徑一十五分〇二秒太陰距最高四十餘度得半徑一十五分二十五秒兩半徑并爲三十〇分二十七秒即與前四十七分等故一爲法一爲實求二十三分太陰或景任取之分相應度數之分若干算得一十四分五十四秒比太陰視半徑差三十一秒而差數或加或減於太陽半徑則以眞半徑爲法當差數加也推得六分一十三秒

孔小故受景正而測之分比推算之分略近爲眞食之分

又一法用遠鏡或於密室或在室外但在外者必以紙殼闓窺箭以掩餘耀若絕無次光者然而形始顯矣蓋玻璨原體厚能聚光使明分於周次光又以本形能易光以小爲大可用以細測

以小爲大非前所云光形周散也因鏡後玻璨得缺形光以斜透其元形無不易之使大見遠鏡本論

然距鏡遠近無論止以平面與鏡面平行開闔長短俱取乎正

光中現昏白若雲氣則長邊有藍色則短進管時須開闔得正

餘法與前同崇禎四年辛未十月朔在於曆局測日食用鏡二具一在室中一在露臺兩處所測食分俱得一分半徑分十分先依順天府算以太陽引數三宮二十七度取視半徑一十五分四十二秒以太陰引數五宮一十九度取半徑一十七分五十八秒半徑俱悞用大故并而減太陰當時視距度二十七分二十二秒餘六分一十八秒因算得食二分試依新列表改之則太陽得一十五分二十一秒太陰得一十七分一十七秒并而復減視距度餘五分一十六秒算

得一分四十三秒爲眞食分必如鏡所測也夫鏡所測形爲丁乙丙戊卽太陽食邊之下映者與實在大所食之形相反（大光過小孔之故）依丁乙丙弧求己心卽太陰心設其半徑己乙爲五十分甲戊四十八分兩半徑幷得九十八分（皆比例之分）

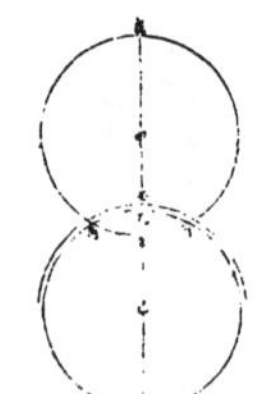

爲法數兩半徑又幷作三十二分三十八秒（度數之分）爲實數則以太陰五十分推得一十六分三十九秒爲己乙度數之分必較於己壬眞視半徑得差三十八秒爲乙壬今論徑分（以十分之）以三十八秒算得一十二秒宜加所測之辛乙一分三十秒總得辛壬爲一分四十二秒正合於所算食分矣

或問遠鏡前後有玻瓈在前者聚光漸小至一點乃在後者受其光而復散於外則後玻瓈可當一點之孔何所射之光形不眞乎曰後玻瓈不正居聚光之點必略進焉以接未全聚之光乃復開展可耳（見遠鏡本論）故謂此當甚微之孔則可謂當無分點之孔則不可所以用鏡測者縱或不眞然較之不用鏡者不但能使所測之形大而顯亦庶幾於眞形不遠矣

測食方位第二（凡五章）

古多祿某以交食占驗欲定何州郡則以本食方位求法近世以本方位立法因推太陰距太陽視經緯而以所測定其視行也

測日食方位

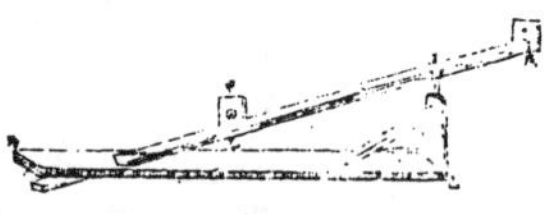

太陽本食或正向南北東西則目力所及一見能決惟不盡出於正而偏有所距則因以分別所偏若干定分數多寡此必實見之測乃可得耳前論食分設兩輪盤幷在一平面上與太陽正對亦與外耳進光者平行其下大盤不動分以過圈徑從徑左右邊分全度數用以測食方向上小盤則能運轉載量尺與下輪邊以對度數爲主將測全器對太陽下盤之徑線對高弧以光形之角較本線或正或偏因推所向方位設兩輪底方以直角安表衡上爲甲乙與外耳戊正對太陽毫不偏於左右則乙戊衡正居過天頂及太陽圈之平面（前所云高弧也）而甲乙直線自上至下亦當天上本圈徑之分外有木矩架爲丙丁己（全形見月離三卷）以丁己柱正立取地平柱端作運軸使衡能上下轉以入架腰定丙乙太陽出地平高度而全架則又周轉而轆轤也用法日食時表衡對太陽以甲乙方之面正受其景則上下輪環轉而方尺與餘光兩角或積或平行其量尺所指輪邊度分卽太陽本食所偏向高弧度分也又本衡末於架腰自指太陽高度則得時分因得太陽及高弧距正東西以加或減於日食之角偏去高弧度分終得食景偏去正東西度分設衡下無架可分太陽高度則以別法求時刻而於衡之末以直角加橫平方其甲乙直線及渾衡亦合於高弧圈之面若不用量方兩尺依前第二法用兩方形有圈者以上方進入下方之中圈直至形前掩景周圍與光齊而左右小條當方尺與兩餘光之角或相積或平行其外銳亦指本景所向之方與前同如太陽初虧測方向得偏高弧距三十度太陽出東地平高四十一度三十四分躔降婁宮初度因得巳時高弧距正東四十八度○四分（或查表或以三角形算）減食方向距高弧度餘一十八度○四分卽初虧向西北度若太陽復圓其方向高度時分皆如前則一十八度○四分爲復圓向東南度又設方向距高弧過象限三十度（角上左旋）高度時刻俱同前則與高弧距正東相加得七十八度○四分卽初虧向東南復圓向西北度

初虧向東南復圓必不在西北此蓋指前後兩食論也

或問所測方向距高弧線之度何以知其宜加與減於本高弧距正東以得其自距正東之度曰日食時設有大圈徑過日月兩曜中心左右至地平此卽太陽失光及未失光之面所向度分今本圈以直角交高弧則向位距正東或正西之度與高弧距子午圈之度等（地平圈上算）本圈合於高弧通爲一圈則高弧至地平所指度亦爲本食所向度若本圈斜交高弧則以下輪盤外圈因知兩距度宜加與否

兩距度者過心圈距高弧高弧距子午圈者

蓋午前過日月兩心之線測得在右上象限或左下象限宜加餘象限宜減午後則反是（不拘初虧復圓）或見日食餘光之上角在高弧及子午圈線中則過心線之距加於高弧子午兩線之距此在午前後共法設甲

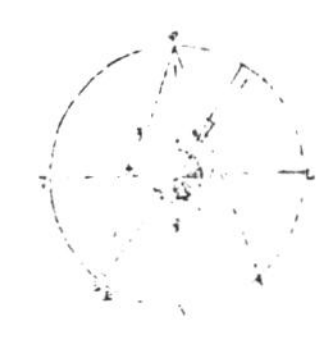

乙丙丁爲下輪盤之外圈分四象限各象限分九十度甲爲天頂甲丙線當高弧甲己甲戊皆子午線中小圈卽太陰掩太陽者或食甚或初虧復圓時在其東西南北及中央皆一類天上向位在西圖中反在東諸方皆如此

設庚爲太陽過兩心之線爲庚乙因以直角交甲丙線其至地平必兩相距正九十度故丙距己(地平上算)乙距正東之度皆等又設辛爲太陽則過兩心線與甲丙同爲一線故甲丙所至地平度亦爲太陽辛食所向之度也又設壬爲太陽則以壬癸過兩心線者得壬癸乙角加於丙甲己角減於丙甲戊角

因太陽壬之上角在丙甲己內卽午前在丙甲戊外卽午後故

得總或餘角以定日食向蓋過兩心之圈恆指向位又恆隨高弧設高弧與子午圈全合爲一必過心圈以直角交者所指向位在正東(食復圓時)或正西(食初虧時)若斜交則因角大小不等食形所向度距東西遠近亦不等其高弧不正與子午圈合而相距在其左右則過兩心圈雖以直角交猶隨高弧距正東西左右若斜交則本圈更距東西不等蓋以此兩故求其距度直至與高弧合則惟高弧定距度也

以長圓形求日食方位

前論密室測日食分法以平面之方受景蓋孔小而方又正對太陽其景必圓今以斜對之平面亦在密室中受景孔仍如前小則所得形必長圓(凡地平距黃道內者對太陽宜斜)其長徑線可當高弧法用白紙置地平上(任置何處宜與地平等)令受日景必自爲長圓形次於本形兩端各識數點又於兩光缺角亦各識一點以便用規器取食偏距高弧度設乙丙線求丁戊景缺偏距乙丙爲長圓形之大徑當高弧線若干則平分徑於甲以甲爲心丙爲界作圈次與甲丙作垂線過丁戊兩角至己至壬此己壬弧半之於辛作甲辛直線則得丙甲辛角卽日食偏距甲丙高弧之角設丙辛乙半圈分一百八十度以規取丙辛弧定度分若干試依先測之橫徑(若未測以太陽高度求之)以甲爲心作中小圈從兩光缺角引直線與長徑平行至本圈之邊得庚癸弧其出中心至外大圈甲辛直線者交於小圈之弧爲兩平分則知先所取丙辛食方向距高弧之度數無謬也

因長圓形之心不正居光角形之樞線而橫徑較光角形之正底亦微過焉故欲求其正設角形中線至子以太陽高度之餘推子乙子丙則於本高餘度加一十五分(依太陽半徑引數取)又減一十五分得三不等度查各度切線以相較得乙丙長徑之正度也如甲乙丙爲光角形至地平乙戊因斜遇爲長圓形其長徑爲乙丙太陽在甲當高三十七度餘五十三度角形樞線甲子則戊子爲五十三度之切線減一十五分餘五十二度四十五分其切線戊丙反加一十五分得五十三度一十五分切線爲戊乙今戊乙減戊丙餘二四○九爲丙乙卽形中長徑也求橫小徑則全數與太陽距天頂之割線若太陽半徑之切線與橫小徑算得一四八六

兩徑自較得一十與一十七之比例欲各較於全數設全數爲十萬

因此依前圖算設乙丙爲大圈之徑則以本比例得小圈作長圓形引丁己及戊壬垂線如法半之終得辛甲丙角爲二十二度三十分宜加或減於高弧距子午圈以求其自距子午圈與前法同

測月食方位

冶銅爲一扁圈約寬二三寸許周分三百六十度其圈內俱開空止留四線如十字交羅中心交羅處安量尺方尺其尺徑較圈徑略長皆能旋動與前測食分器同將測時從初度取上下正對太陰以垂線取準地平轉其方尺令對兩餘光角則量尺低邊所指

度分即本食向方距高弧度也蓋密室月景不顯必室外測乃可若用地平經緯儀上置前圈以象限載之轉中線對高弧須準與地平合可免算高弧距正午度

又簡法以界尺對兩角令其或取恆星或五星同居一直線上加太陰高差以高度於本表取得其向恆星若干免以高弧復求別距度何也因切兩角之線其過景邊交月邊處必俱以直角交過月景兩心之線故得角與星居一直線則從此相距九十度遠者必爲本食所向之方矣

太陽初虧能向東復圓能向西否太陰初虧能向西復圓亦能向東否

從來論日食者俱以初虧向正西或西南或西北復圓即向正東或東南或東北月食初虧向東復圓即向西或偏東偏西此定法也今細考之殊多不然蓋初虧復圓兩向相反者此非一食可有之事必兩食而日月體不全食或有之先以月食論如圖以甲爲心即地景之中心以其半徑爲界作圈從上至下引乙丙直線可當高弧橫作丁戊當黃道斜入西地平下得乙甲丁爲其兩圈之交角又作己辛直線與黃道線以直角交於甲心設太陰本心在己或在辛此爲定望故甲己甲辛各爲月景各半徑幷與距度等又己爲陰曆漸小必己庚

白道距黃道漸近辛爲陽曆漸大必辛壬白道距黃道漸遠此太陰未及辛先與甲近彼太陰過己後漸與甲近兩者未免徵有食距度比甲己甲辛兩半徑井較少故其所食大則從甲心出直線至白道以直角所交之點下爲癸上爲子是也試以甲癸或甲子當五十八分較甲辛甲己略少兩半徑井共六十分則五度最大距度之割線與全數若五十八分與兩心之距月心地景心得五十七分四十七秒餘二分一十三秒變爲食分即四十四秒故依圖一食之初虧在己他食之復圓在辛而復圓向東初虧向西者此耳可遂守爲一定不易之成說哉

若東地平黃道斜升其上亦同前設癸子爲黃道乙甲子爲黃道交高弧之角則丁戊線以直角交黃道者上有丁爲陰曆漸小而壬丁白道與黃道漸近下有戊爲陽曆漸大而戊庚白道距黃道漸遠必辛一食之初虧向西丙他食之復圓向東萬曆四十一年癸卯十月十六夜大統曆官報月食四分四十八秒初虧子正三刻復圓丑正三刻西士第谷門人測三分強總時得八刻弱與大統略合但先後兩處不能無異蓋此中土太陰初虧略過子午圈彼西土出東地平高未及二十度因行陽曆而距正東去北其初虧向正西復圓偏西南

論日食其方向之變不但以黃道斜升故即視差亦有之蓋降婁東出必黃道交地平角漸大至鶉首出則愈大故太陰在地平上不論何宮度其隨宗動往北甚多以本行去南反少氣差亦少而太陽本食距赤道南午後其初虧可向東距赤道北午前復圓可向西又壽星出則至降婁爲半周本角漸小太陰去南較其本行回北已多必氣差更大而太陽距赤道北午前初虧可向東距赤道南復圓反可向西今試以黃道斜升之故設太陽在降婁一十五度出東地平高一十〇度北極高四十度當此有食則太陰在陽曆距南二十〇分視距度分雖不全食約有三分之一如圖丁壬爲地平丁庚爲黃道兩圈斜交於丁則戊爲正東壬爲正午庚癸過九十度限之弧高有三十度太陽在甲高一十〇度太陰在乙初虧距黃道二十分得甲乙丙直角三角形甲乙兩心之距當三十一分日月各半徑井求甲角以定甲乙過兩心之線至地平何度即本食之向位蓋甲乙線與乙丙線若全數與甲角之正弦得甲角爲四十一度四十八分餘對角乙甲丁一百三十八度一十一分今甲戊丁三角形內戊爲直角庚丁癸因三

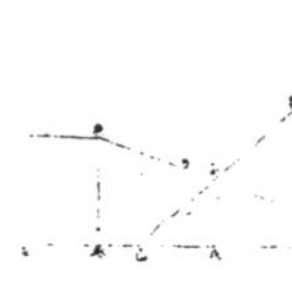

十度必餘丁甲戊角六十度而戊甲乙七十八度一十二分故甲戊己三角形內求戊己地平限定本食向何度則全數與甲戊高弧之正弦若甲角之切線與戊己弧之切線（圖中設爲直線天上實爲弧）得戊己爲三十九度四十四分因高弧於此至正東則戊壬爲九十度減戊己弧餘五十度一十六分即所向偏東南過子午圈東之度若設陰曆太陽復圓皆同度則太陰在辛而己辛弧又北過子午圈向西北亦距北之西五十餘度

若氣差變向之故則如萬曆二十七年己亥七月朔苐谷測太陽東北出地平（日躔鶉火初度故）其本體之頂有缺則必西南爲所食方向又太陰雖行中交因黃道交地平角甚大本行已近北必得氣差少則復圓尚居太陽西而本食方位已不可轉而東矣又萬曆十六年戊子正月朔太陽躔娵訾七度有食初虧在午後六刻苐谷測其過日月兩心之圈距高弧偏西七十二度有奇復圓在未正三刻半又測得本交角尚有一十二度（兩弧相距）可徵尚未向東而初虧食甚復圓皆以西爲方向矣如圖甲乙當高弧丙丁爲黃道太陽在己太陰在戊過兩心之弧己戊求其距甲己若干以太陽食時躔度及北極高度（五十五度五十五分）先定甲己丙高弧交黃道角爲五十四度二十四分則餘對角一百二十五度因太陽

半徑一十五分二十秒太陰半徑一十五分五十八秒幷得三十一分一十八秒爲己戊線太陰距北一度〇八分減氣差四十三分〇五秒餘二十四分五十五秒爲丁戊線因而丁爲直角故丁己戊三角形內求己角得五十二度四十五分與甲己丁角相減餘七十二度五十一分爲初虧距高弧向西北度論復圓則甲己丙交角有四十四度四十四分太陰距度一度〇五分減氣差三十八分四十四秒餘二十六分一十六秒爲丁戊線其己戊同前推得丁己戊角五十七度〇三分減甲己丁角餘一十二度一十九分爲戊己距甲己高弧即復圓向西之度當時太陽初虧鶉火宮二度復圓本宮一十五度出東地平故黃道高太陽近北氣差漸少令太陰距太陽不能復過東矣假使北極更低必得黃道愈高太陰往北減氣差愈多因知復圓距東更遠萬曆二十三年乙未八月朔苐谷門人在東西兩處測驗或得食二分半或得食三分蓋在西者測太陽初虧微過正午故高弧與子午圈略同而向位距本圈偏東尚有九度

在東者測太陽後一刻有奇得其初虧正向天頂則地平北子午圈之東是其向位也從是知初虧向西即復圓向東非定論也且初虧不盡向西復圓不盡向東又已彰明較著有如是也成法悞人可勝浩歎

以方位算太陰視經緯

萬曆二十六年戊戌二月朔酉土巳正二十七分初虧後測食約有一分（十五分一刻十二分一徑）太陽徑線三十〇分三十五秒太陰三十二分四十四秒各依本引數所定其本食所向過兩心線交高弧者測得九十度正爲直角如圖甲乙丙爲子午圈丁爲赤極高依本地四十七度〇二分丙爲天頂太陽在己以丙己爲高弧丁己定距度弧太陰在壬因日月合半徑幷得三十一分四十〇秒減二分三十三秒（即所食一分化爲度數分）餘二十九分〇七秒爲己壬日月兩心相距之分又丙己壬角測九十度因推壬辛即太陰距甲辛黃道視緯度辛己即太陰距太陽視經度先求九十度限距天頂即甲丙庚三角形內丙庚邊也蓋太陽躔娵訾宮一十六度四十三分得升度三百四十七度四十七分減測時距午所應升二十三度一十五分餘升度三百二十四度三十二分應黃道居天之中元枵宮二十二度一十〇分乃距赤道一十四度一十一分爲甲乙弧加乙丙赤道距天頂與北極依本地出地平高等得甲丙爲六

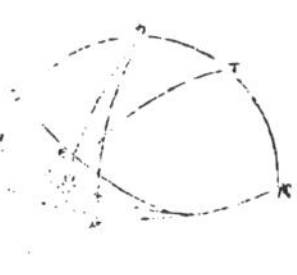

十一度一十三分此時出地平黃道度爲實沈宮二十二度三十一分則娵訾宮二十二度三十一分當九十度限爲庚而甲庚弧三十〇度二十一分因而甲庚丙角恆爲直角則本三角形內以甲庚及甲丙兩邊求庚丙第三邊

於甲丙弧割線加五空位以甲庚弧割線除之得五十六度〇四分卽九十度限距頂之弧欲免算則以太陽躔度及測時刻依法查本表卽得九十度距頂也以己庚丙直角三角形因得庚丙邊五十六度〇四分庚己邊

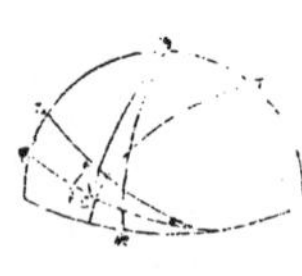

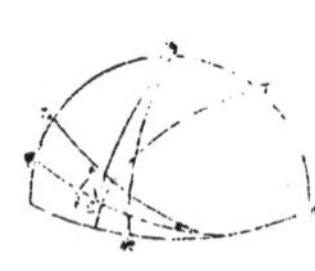

太陽在己卽娵訾宮一十六度四十三分九十度限在庚卽本宮二十二度三十一分相減餘五度四十八分爲庚己也

於庚丙弧切線加五空位以庚己正弦除之餘庚己丙交角爲八十六度〇七分對甲己丙角必爲九十三度五十三分

此太陰初虧在太陽之西北子午圈略近所居第測壬己丙角正爲九十度餘壬己辛角止三度五十三分因求太陰視經緯度則於壬己辛小三角形內因小可當直線三角形以壬己邊日月兩心之距及先所得諸角辛爲直角因算己角得三度五十三分壬卽餘角算得壬辛視緯度距北一分五十七秒己辛視經度距太陽前二十九分〇三秒卽此可見測食方位之用有如此

測交食變形之時第二凡二章

交食形者乃日月食起復之間光爲景所損而變遷其態以相示者也但受損之光初少漸多多而復少今欲逐時逐刻以密求之其形無數且可不必大都初虧食甚復圓爲太陰太陽所共而食旣生光則太陰所獨此五限測法須先求時對食分及食所向方位與距恆星度分乃可一一得矣

測太陰食之時

常法測恆星高度若未見星先測太陰自高度乃以升度求時見高弧用法弟谷用自鳴鐘或刻漏將渾天紀限等儀屢測太陰餘光邊距恆星若干或太陰恆星至正午俱以刻漏識之若太陰正在黃道九十度限則從恆星之近者起算爲易得其本心及地景心升度可知恆星距太陽度因以取準時刻有用界尺測太陰兩角或對地平圈平行或對恆星居一直線上或尺線過兩角之中對月景兩心皆以求太陰視處定其經緯以推時刻萬曆三十一年癸卯四月西土月食第谷門人測之預備刻漏取其能細指時至分秒者試以數日令遲速脗與天合於太陰未食之前測大角星在正午考時得亥初三刻八分三十秒刻漏指亥初一十二分三十秒亥正一十分卽亥正三刻四分木星居正午高二十四度三十二分析木十五度亥正一十八分亥正三刻一十二分初虧向位在東南距高弧自徑線下起算四十五度三十分亥正二十三分子初〇四分向位距四十二度前此太陰未食約四刻時與心宿大星同高弧此已離去距西蓋因視差故亥正二十九分半子初一十〇分向位距三十九度三十分從土星對月景兩心得一直線過亥正四十二分子初一刻九分周星天市垣者至正午向位三十三度三十分食四分一十〇秒先所過土星今反距其下矣亥正五十一分子初二刻二分向位距二十八度稍遲得食五分子初二分半子初二刻七分土星在正午高二十一度四十七分子初九分子初三刻〇四分缺太陰圈之半周子初一十九分子正〇一分太陰心至午正其餘光邊高一十九度〇七分子初二十四分子正〇六分向位距一十五度子初四十三分子正一刻一十分餘光兩角正垂下距地平等食六分三十秒子正二分子正二刻一十四分兩角與木星皆居一直線其一角略高向西因知食甚已過子正二十三分丑初〇五分向位偏西距高弧下一十八度三十分子正四十七分丑初二刻向位距三十度丑初三分丑初三刻距西三十二度丑初一十四分丑初三刻一十一分尚距三十二度將復圓其邊有次景因用土星測向位然必定土星之經緯乃無遺漏當測時其本星距氐宿北星一十七度二十二分距天江北第六星一十三度二十〇分因是知其過子午高得躔析木宮初度四十五分三十秒距北二度一十〇分三十秒

萬曆四十四年丙辰八月去順天西一百〇度四十五分親測西邏瑪京都測月食以星高度及自鳴鐘推得時刻初虧河鼓中星過西高二十一度得一十三時四

十四分三十秒

時爲小時從午正起算卽丑初三刻十五分作一刻後倣此

左肩在東高一十一度得一十三時四十四分二十秒畢宿大星高三十一度得一十三時四十一分一十二秒當時鐘有一時○九分（從子正起算後同此）蓋鐘所指時分每後太陽三十四分先後兩日試驗俱如一卽一十三時四十三分食旣織女大星距子午圈西高一十五度得時一十五時○三分一十二秒右肩二十六度推得一十五時○五分乃鐘指二時三十七分卽一十五時一十一分生光織女高一十一度得一十五時三十一分四十五秒右肩高三十一度推得一十五時三十三分四十五秒鐘得三時三十五分復圓測天津第四星西高一十九度得一十七時○四分一十二秒乃鐘有四時二十二分卽一十六時五十六分又同都一人另居一地測有四十六𠀤所得時刻初虧復圓與前測同惟食旣少得五分生光少二分耳今以新法推算復圓全與此合其餘限雖微有參差然亦不遠三四分矣

測太陽食之時

太陽出東地平左旋漸高至午正則最高過午復漸低至西則沒此太陽自行一晝之時刻也故得其高度卽可求時其初虧食甚復圓等限惟以此爲常測法第非密室中不可故又仍用前器架上之衡及矩架俱如前而方架之式之用見月離三卷各細分度數下方爲地平從正東正西至子午圈諸弧之切線衡爲太陽距天頂之割線矩架之股又爲太陽距頂之切線此三度所以全本器之用也測時將方架置几上以中線對南北一手轉矩架隨太陽行並動其衡使之上下以受光一手對輪盤上之尺纔一對景卽於衡矩架下方架各識以號（號宜同如一二等數是）而以號所對各器之度加輪盤所測之景因推太陽食時及向位食分諸用萬曆庚子歲六月朔刻白爾距順天府西九十九度一十五分用本器在密室中測本食共測一十五次作號一二等如左

號	一 二	三 四 五 六	七 八 九	一○ 一一 一二 一三	一四 一五
交角距西度	六五 二一八	五四三二一距 二半六四三東	四 一三 二二	四五六六一 七九四四分	八九 ○弱○
食分	初虧 二二 一 秒○	三 四	六六 弱強	五 弱五 四 三	秒五五 二一 復圓

其下方架東西邊所分各當二千分自後至中左右各當一千二百分先安置與子午圈對以太陽距正午左右相等之高度或先一日或測後攷對得架偏必差度或加或減於推測之度得

地平正弧

然後測得地平弧以推時刻今依一十五號列所測分及相應之地平弧如左

號	一	二	三	四	五	六	七	八	九	一○	一一	一二	一三	一四	一五
測	七	一一	一八	一六	一三	一○	一○	八	八	七	六	六	五	四	四
分	五一	七一	三○	一三	七四	七五	○三	七四	二八	四五	七八	三七	二四	七四	三一
度	二○	三○	三三	三六	四一	四八	五○	五三	五五	五八	六○	六二	六六	六八	七○
分	三五	二一	一五	三九	○八	○九	○七	五六	二四	一○	三二	○二	二五	二七	一五

首一及二號所對測分在方架北自中起數至東餘轉東北角往南其度分則架上平分所推卽自正午漸去西太陽所對地平弧也以測分推度分法二千與測分若全數與地平弧之切線假如甲乙丙丁爲下方甲丁乙丙每邊分二千戊丁戊丙各一千二百分戊壬正對子午圈亦二千當測得戊己卽七五一平分求戊辛弧則壬戊與戊己線若壬辛全數與戊辛弧之切線算得三七五五○查表得二十○度三十五分若景過丁角在甲丁邊上過庚則甲庚爲戊庚弧之餘切線故壬甲與甲庚線若全數與戊庚弧之餘切線（壬甲與戊丁等）刻白爾轉矩架時下架誤隨之動使地平弧畧有差故以矩架求高弧以高弧攷正地平弧因推時刻如左

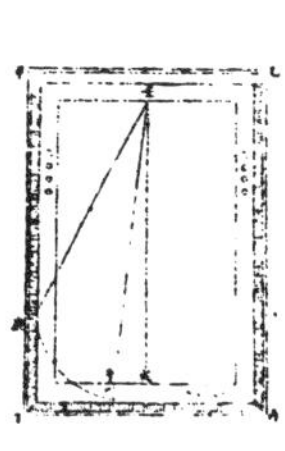

號	弦	股	句	日距頂度	日距頂分	地平弧度	地平弧分	時	分	秒
一	五六○四	二四五○	五○四○	二五	五六	二○	一八	一二	三七	四四
二	五六七九	二六一五	五○四一	二七	二七	三○	二一	一二	五八	一六
三	五七○六	二六七七	五○三九	二七	五八	三三	○八	○一	○四	二○
四	五七四○	二七五○	五○三八	二八	三六	三六	○二	○一	一○	五二
五	五八一三	二八九六	五○四○	二九	五三	四一	○八	○一	二二	五六
六	五九五七	三一七三	五○四一	三二	一二	四八	三二	○一	四二	四○
七	六○一二	三二六五	五○四八	三三	○二	五○	四○	○一	四八	一六
八	六一一六	三四六八	五○三八	三四	三○	五四	三○	○一	五九	三六
九	六一六○	三五三七	五○四一	三五	○六	五五	四八	○二	○三	三六
十	六二六六	三七二三	五○四○	三六	二七	五八	四六	○二	一三	○八
十一	六三六九	三八九三	五○四一	三七	四二	六○	一五	○二	二一	三二
十二	六四四四	四○一四	五○四一	三八	三三	六二	五二	○二	二六	○○
十三	六六九二	四三九二	五○四二	四一	○八	六七	一九	○二	四二	○○
十四	六八五○	四六三五	五○四七	四二	三八	六八	二四	○二	五三	二○
十五	六九六四	四七九七	五○四四	四三	三八	七一	一五	○二	五七	三○

矩架之立柱當句其數宜作五○四○今則少異欲依之算亦無謬而矩架之底爲股上衡爲弦其長短隨太陽高低時時不等故數亦不等此求太陽距天頂或以股或以弦皆同法而句與弦與股若全數與太陽距頂之切線次以高度之餘日距頂求地平弧則全數與極出地高之割線若太陽高度之割線與先得之數爲待用之數 次北極太陽兩高差度之餘弦與太陽距赤道度之正弦相減餘次得數則兩數先得與次得爲實全數又爲法算得地平餘弧之矢依測本食之地極高四十七度○二分其割線一四六七一九太陽距頂之餘六十四度○四分其割線二二八六六三算得三三五四九一爲先得數兩高差一十七度○二分查餘弦九五六一三爲減太陽當時距度十二度一十六分之正弦三七八九二餘五七七二一卽太得數算得一九三六四八爲矢故減首位以所餘查八線表得六十九度二十八分卽從正西起地平弧餘二十度三十二分卽對太陽過正午地平之弧以此求時則乙丙丁斜角三角形內得乙丁爲極高之餘得乙丙爲太陽距赤道之餘得乙丁丙角爲對地平此二十度一十八分至半周餘弧之角求丁乙丙卽對赤道弧之角以定相應之時欲依直角三角形必丙丁引至甲得甲直角則先求甲乙丁角

可用十設算見測量全義七卷本角得七十四度五十一分一十八秒

次求甲乙線甲乙丙三角形內因得甲乙乙丙兩線以甲直角推甲乙丙角此八十四度一十九分一十八秒則乙總角減甲乙丁角餘丁乙丙角爲所求

此餘九度二十七分四十六秒化爲時得三十七分五十○秒過正午

測本食之復圓上衡微有阻礙不及受太陽全景故以高弧推時較地平所推差四分宜半之借此補彼則得二時五十七分三十○秒爲正時以上原本曆指卷十五交食之七

曆法典第六十四卷

曆法總部彙考六十四

新法曆書十四

古今交食考

日食 俱從本北極出地度分考算凡二十一條

書引征惟仲康肇位四海乃季秋月朔辰弗集于房 按唐大衍曆作仲康五年癸巳歲九月庚戌朔日食在房二度元授時曆亦稱仲康五年癸巳九月庚戌朔交泛二十六日五千四百二十一分依此得太陰尚距交前約九度新法亦推得九度二十三分然皆中會時平行若視會時實行則交常度爲五宮一十八度一十七分因得實距一度餘在陰曆本食距加減時限卽黃平象限東甚遠必得時差多氣差反少因氣差止一十六分爲實距分所減餘視距四十四分乃并日月兩半徑得三十一分三十三秒以較視距分尚不及則月不能掩日而癸巳年九月庚戌朔絕無食又以歷年考之仲康五年無癸巳乃丙寅也癸巳去丙寅後二十七年就使九月朔日有食亦非書所載之食況本不食乎新法推得仲康時僅四年與五年正交與秋分近兩曜已入食限其餘年交距秋遠雖兩曜會合入食限內應食者有之不在季秋月朔與書所載無與惟四年乙丑九月壬辰朔太陽躔壽星宮一十度三十分實交周一十一宮二十七度二十分得太陽實距黃道南一十七分二十秒卽入食限與秋分近但加氣差五十分三十餘秒較兩半徑并距度太大必不食況此乃定朔之距度而定朔在酉正一刻外依今加減表算日入已二刻矣若視會必須加時卽二曜絕無視距因得食甚尚在酉正後六刻餘併無帶食試更西去四刻或少加時不依今加減表存定朔於地平上且依北極出地一十八度算雲南交趾等處因與二曜益近故其定朔則在酉初一刻得視會與日入不甚遠應見帶食第氣差爲三十八分以加實距總得四十六分與二曜半徑并相較亦無食蓋繇氣差加以實距使太陰偏南不能掩日非獨加減時故也若五年丙寅季秋月丙戌朔太陽平行躔壽星宮初度五十一分與書所載之房宿合實交周爲○宮五度二十四分查表得實距北二十八分而以氣差一十三分相減餘一十五分爲二曜半徑并所減餘一十六分三十八秒推得見食五分三十餘秒但依古安邑及北極出地三十六度用今加減表算定朔應在次日丁亥太陽出之前時差應減因得食甚不可見試東去一二時必能見食何也蓋太陰實距北得氣差使之掩日九州內有處可見如以二十八分查太陰視差表中行得上橫行高度應六十三度餘二十七度爲二曜距天頂度因以太陽實躔查黃道九十度表所得側對二十七度者乃北極出地二十五度卽全見食地也

因設二曜在正九十度上絕無時差而氣差全變爲高下差卽所減去前二十八分故

距此南北內外亦應見食惟分數多寡不一耳設東來一時依北極出地二十五度算得氣差二分四十五秒爲實距所減餘二十五分四十秒卽視距分與二曜半徑并相較餘六分應推見食二分論定朔此時二曜高尚有一十七度在辰初二刻日出卯正前約二分雖時差復有所減能使視會在卯前不見食甚然可多見帶食至復圓而朦氣差亦略補地半徑差使日月可早出總之論中土之西不能見食并太陰不甚掩太陽乃時差無從得算蓋時差必先求定朔定朔卽依加減所得而加減復歸太陽本圜心去離地心故但二心相距古今不等見日躔曆指卽加減亦異新法爲求均度止立二百恆年表者亦以見此後數未免略變至求所變幾何止可及中古未能及上古乃書僅云仲康五年辰弗集于房此外不紀食於何時測於何方見食若干分倘因之退求二心之距依法立表自可得其食之必然況與年月宿度俱符者乎再帝堯時大槩春在昴秋在房仲康去堯未遠俱依此爲定故得日在季秋月朔遂謂辰弗集于房其實房漸移東是日尚居氐宿末度非眞至於房也或因不準得時刻誤以他年且晦朔不明反謂太陰距遠不能掩日之光亦滋惑矣

詩小雅十月之交朔日辛卯日有食之亦孔之醜大夫刺幽王也

按周正建子十月乃夏之八月是在周幽王六年乙丑歲十月辛卯朔授時推是日辰正四刻合朔交泛一十四日五十七刻入食限梁太史令虞鄺唐僧一行亦步得是日日食今以法依本地去順天府西約減二刻考之是日定朔巳初三刻內一十分太陽實躔鶉尾宮○四度三十九分算以時差得減一時三十六分乃得食甚在辰正初刻○四分授時得辰正四刻未推地經加減故于視會時得實交周○宮八度五十九分查表得實距四十六分三十六秒減氣差一十五分一十六秒餘太陰視距在黃道北三十一分二十秒與兩曜半徑幷相減餘三十一秒則得食分止三十秒耳授時推交泛一十四日等數欲以正交起算則與日月不合若從中交起算則得平交周與新法所得去正交北略遠雖能入食限亦不過此食分矣

春秋襄公二十有四年秋七月甲子朔日有食之既

按魯春秋仍用周正七月乃夏正建寅之五月也今以法考之是月甲子日未正二刻定朔申初初刻○八分食甚實交周○宮○三度二十二分二十秒實距度一十七分三十二秒因在黃道北減氣差一十六分一十二秒得視距一分二十秒應見全食且本月徑大於日徑掩太陽邊周有奇經稱日既政與法密合

襄公二十有七年冬十有二月乙亥朔日有食之傳日十有一月乙亥朔日有食之

按周十二月卽夏十月依法推步本月不入食限且無乙亥朔惟十一月則夏之九月也是月新法推得定朔在巳初一刻一十分食甚在辰初四刻內一十二分實交周度五宮二十八度二十三分在陰曆實距分八分三十四秒與氣差一十六分五十三秒相減餘視距八分一十九秒減兩半徑幷數查表得食分七分六十三秒月朔則以傳所載爲是

漢景帝中元三年甲午歲九月戊戌晦日食幾盡

今以法考之是日定朔依本地算在午初一刻○分四十六秒日實引一十一宮○一度三十七分三十八秒月實引四宮一十四度四十九分四十八秒太陽實躔大火宮一十四度二十四分二十一秒黃平限在壽星宮一十三度○七分初東西差二十二分四十二秒次東西差三十○分四十八秒應減一時○五分一十四秒爲巳正初刻一十○分三十二秒食甚因得實交周○宮○九度○八分五十八秒太陰實距黃道北四十七分二十四秒改視距九分二十四秒應食七分四十餘秒則是十月戊戌日日食而漢曆悞推爲晦何也

漢成帝河平元年癸巳歲四月己亥晦日食不盡如鉤劉向云日蚤食時從西北虧起

今以法考之是日乃五月己亥朔非四月晦也日實引六宮○九度一十九分二十一秒月實引六宮二十二度一十七分三十八秒本地定朔在巳正二刻○九分四十四秒太陽實躔實沈宮二十四度一十八分四十七秒因得初東西差一十六分五十四秒次東西差二十二分四十二秒爲巳初三刻○四分二十一秒食甚太陰實距黃道北一十六分四十七秒內減氣差一十四分二十六秒爲視距二分二十一秒應九分半有奇所云日食不盡如鉤脗與法合及先一時查表得東西差三十五分二十一秒月行分三十二分一十六秒視行一十九分三十八秒應辰正初刻一十一分初虧正劉向所謂蚤食時也夫上下千百年而分數時刻一一不爽如此則此日之推步爲何如哉

漢安帝延光四年乙丑歲三月戊午朔日食隴西酒泉朔方各以狀上史官不覺

今以法考之是日定朔依本地算未正二刻○三分日實引四宮一十度三十六分月實引三宮○五度二十七分太陽實躔降婁宮二十九度○九分初東西差五十二分一十二秒次東西差五十六分四十一秒因得加時一時五十三分食甚在申正一刻一十分此時實交周○宮○六度二十三分卽太陰實距北三十二分五十秒氣差一十二分五十二秒因實距改爲視距度一十九分五十八秒應得食分三分八十四秒夫時在申正巳非夜食可比食及三分亦不得藉口不救三方各以狀上而史官不覺漢之曆法可知矣每讀兩漢前後史謨朔爲晦至差一二日當食失推郡縣以聞者屢屢漢人又安得爲知曆哉

陳宣帝太建八年卽周建德五年齊後主武平七年丙申歲周書六月戊申朔日食齊載六月戊申朔太陽初虧劉孝孫言食於卯時張孟賓言食於申時鄭元偉董峻言食於辰時宋景業言食於巳時至日食乃於卯申之間陳無

今以法考之是日日實引六宮二十九度一十二分

三十三秒月實引五宮二十一度二十二分二十四秒太陽實躔鶉首宮二十一度○五分按陳都金陵部廣天府定朔在辰初二刻○八分三十三秒交黃平象限在大梁宮三度○九分交東西差五十四分二十七秒應減一時三十六分○九秒爲卯正初刻二分二十四秒食甚實交周五宮二十三度五十三分一十八秒太陰實距三十一分四十四秒內減南北差二十一分一十二秒爲視距分十分三十二秒應食七分一十六秒夫食及七分而不載食陳曆之疎可知甚於卯正應虧於卯初之先齊人之言卯者爲近而言辰者蓋言巳者則愈遠矣

隋文帝開皇十四年甲寅歲七月朔日食

按劉暉駁張胄元大業曆曰是日依曆時加巳上食食十五分之十二半强候至未後三刻日乃食虧起西北食半許入雲不見食頃暫見猶未復生因即雲障

今以法依西安府考之是日癸巳朔申初二刻一十二分食甚未正三刻內一十三分初虧實交周五宮二十四度四十五分實距分二十七分四十五秒與氣差三十二分○六秒相減餘視距四分二十一秒得幷徑減距餘數二十八分應見食九分三十五秒與劉暉未後三刻日乃食少頃猶未復生之語最相符合

唐元宗開元十三年乙丑歲天正南至東封禮畢是年封泰山還次梁宋史官言十二月庚戌朔日當食帝乃徹膳素服以俟卒不食大衍推是月入交二度弱當食十五分之十三而陽光自若纖毫無變雖術乖謬當不至此

今以法考之是日定朔申正初刻○三分太陽在星紀宮二十一度三十八分二十八秒密求食甚時刻距黃平限九十八度則太陽已西入地平下矣雖實交周度約在○宮○七度二十九分應得有食但求初虧度限又與升度相距八十六度地平已近且日光閃爍每每先食而後見謂之纖毫無變宜也惜當日曆官見不及此徒留徹膳素服一案以來後世之指摘耳

宋太祖乾德三年乙丑歲二月壬寅朔日食驗天不食議者俱指爲當食不食日度失行

今以法考之是日定朔巳正三刻一十二分二十九秒本地眞時差五分五十四秒視距分二十二分四十二秒幷徑減距得八分四十秒食止二分五十四秒想當日曆官或推時太蚤至期不驗遂謂不食一當食時又或片雲掩蔽而所食無幾倏忽已過誤而不覺耳且食不及三分不救與不食同是未可知特一拈破

宋眞宗大中祥符七年甲寅歲十二月癸丑朔日食驗天不食綱目書司天監奏日食不應羣臣表賀是日壬子推得平朢一十七時四十一分二十六秒月實距日三度三十九分四十九秒其時爲加應加七時一十二分四十五秒因太陽躔星紀宮八度三十八分一十九秒復減三分○五秒共得二十四時五十一分○六秒進一日爲癸丑定朔在子正三刻○六分○六秒則食在夜誤推在晝司天氏之過也乃不罪推步者而輙紛紛稱賀宋人之欺罔也甚矣

宋仁宗景祐三年丙子歲四月己酉朔日食殿中丞王立言是日日食二分半候之不食綱目無

依法推得是日定朔辰初一刻○三分三十八秒太陽實躔大梁宮一十四度○四分一十二秒密求九十度限在娵訾宮五度五十三分距天頂四十七度○三分交角餘度四十度五十一分得南北差四十二分一十二秒雖實交周在○宮一度五分三十八秒太陰實距五分四十二秒但氣差數大改視距分爲三十六分三十秒兩半徑幷實無此數又安得有食分可見乎日食二分半之說誤矣候之不食是

宋仁宗慶曆四年甲申歲十一月戊申朔日當食不食綱目無

依法推得是月戊午朔誤推戊申朔其日定朔酉正一刻○三分三十七秒太陽實躔析木宮六度二十三分四十七秒九十度限在娵訾宮二十五度五十五分相距一百○九度三十一分其爲夜食無疑矣綱目刪之是也又安所得當食不食哉

宋神宗元豐元年戊午歲六月癸卯朔太史言日當食驗之不食議者云是日卯時日食史云驗之不食而綱目載食想當時原食也

今以法考之是日在辰初初刻一十一分四十一秒太陽實躔鶉首宮二十四度三十一分五十秒因密求視會黃平限在大梁宮二度二十六分相距八十二度○六分得氣差二十三分○六秒雖食甚應卯初三刻一十二分二十五秒而實交周五宮一十六度四十九分二十七秒距分減去氣差尚餘視距四十四分五十二秒其驗之不宜食矣又安所謂當時

原食哉

宋哲宗紹聖二年乙亥歲二月丁卯朔太史言日當食驗之不食

今以法考之是日定朔寅正二刻一十二分〇六秒太陽實躔娵訾宮二十四度〇一分二十七秒在黃平限在大火宮二十三度一十六分與太陽相距甚遠其爲夜食無疑矣誤推在晝司曆過也

宋徽宗崇寧五年丙戌歲七月朔日當食不虧

今以法考之是日定朔在午正初刻〇三分二十秒太陽實躔度在鶉火宮一十四度〇四分四十六秒次度限在本宮七度五十一分距天頂一十六度一十五分交角餘度一十九度二十七分氣差一十六分五十一秒實交周〇宮〇九度三十三分五十一秒距分四十九分三十一秒減氣差一十六分五十一秒餘視距三十一分四十秒減兩半徑幷數實餘二十八秒應不見食其不虧宜也有謂是日史不載而綱目有之想當時日官誤推不食既而見其食則諱而削之未可知也亦獨何哉至本年十二月戊午朔原不入食限應不食

宋高宗紹興三十一年卽金正隆六年辛巳歲正月甲戌朔日食太史言日當食而不食帝不受朝金無

以法考之是日定朔辰初一刻〇一分五十秒太陽躔娵訾宮一十五度一十二分三十六秒黃平限在析木宮一十三度五十五分地平上無高弧已非在晝且實交周六宮一十九度不入食限不應食金人無之是也帝不受朝賀官當受過矣

宋孝宗乾道三年卽金大定七年丁亥歲金書四月戊辰朔日食宋無金主避正殿減膳伐鼓應天門內百官各於本司庭立明復乃止

依法推得是日定朔未初一刻〇五分太陽實躔大梁宮〇七度〇四分四十一秒交角餘度三十九度三十分氣差二十分三十秒求得時差四十四分三十八秒爲未正初刻〇四分三十九秒食甚實交周〇宮〇七度三十分五十七秒太陰實距三十八分五十八秒因在黃道北改爲視距一十八分二十八秒得食分四分四十秒夫食在日中已非夜食不書者比見食四分四十秒又非三分以下不救之類而乃當食失推致令河北獨專其美何哉富弼曰萬一契丹行之豈不爲朝廷羞其卽此日之謂也

宋寧宗嘉泰二年卽金大和二年壬戌歲五月甲辰朔日食太史言午正食甚草澤趙大猷言午初三刻日食三分驗之午初一刻起未初刻復如大猷言

今以法考之是日定朔午初二刻〇七分三十五秒太陽躔度在實沈宮八度〇二分東西差四分一十五秒氣差八分應午初二刻食甚實交周一十一宮二十六度四十九分共得視距二十四分四十八秒應見食二分三十秒與大猷所推較親

明穆宗隆慶六年六月乙卯朔日食臺官候得初虧卯正三刻復圓巳初三刻約食有八分大統推得見食八分二十一秒初虧卯初二刻食甚辰初初刻復圓辰正二刻

今以法考之是日定朔巳初一刻一十四分太陽實躔鶉首宮二十七度〇四分三十九秒黃平限在實沈宮九度二十一分距天頂一十八度一十九分太陽高差四十五分五十三秒交角餘度六十五度〇八分得東西差三十九分二十一秒食在東應減時差一時二十七分爲辰正初刻〇一分五十八秒食甚實交周〇宮〇四度一十一秒太陰實距二十分四十七秒內減氣差一十八分一十八秒餘視距度二分二十九秒減兩半徑井數得二十八分約食九分餘復求得太陽距黃平限六十三度一十二分日食月行分三十分四十一秒視行二十三分〇八秒應減一時一十九分三十三秒爲卯正三刻內初虧脗與測合再求九十度限在實沈宮一十七度三十八分視行二十三分二十〇秒應加一時一十七分四十四秒爲巳初二刻內復圓與所測較親若大統則初虧先天五刻復圓亦先天五刻矣

明神宗萬曆三年乙亥歲四月初一日己巳朔日食臺官候得初虧未初二刻復圓申初三刻約食有六分餘大統報初虧未初一刻食甚未正一刻復圓申初二刻見食六分六十秒

今以法考之是日太陽實引四宮二十一度四十九分一十八秒太陰實引五宮〇四度五十四分三十二秒定朔未初一刻〇四分四十三秒太陽實躔大梁宮二十八度二十二分一十四秒黃平限在實沈宮二十五度五十一分距天頂一十六度三十三分高下差三十一分五十三秒東西差二十六分四十八秒氣差一十七分二十四秒應未正一刻〇一分二十四秒食甚實交周〇宮〇一度二十七分一十一秒視距分九分五十秒應食七分二十八秒減一時得黃平限在實沈宮一十八度一十六分東西差

一十九分一十八秒應未初一刻一十分一十九秒初虧實與測合惟復圓則在申初一刻○分二十五秒乃臺官謂候得申初三刻恐食甚既在未正一刻而虧復間當不懸遠至此

萬曆十一年癸未歲十一月初一日己卯朔日食臺官候得初虧午初三刻食甚未初二刻復圓未正二刻約食九分餘大統推得初虧午初二刻食甚未初初刻復圓未正二刻食九分六十七秒

今以法考之是日太陽實引一十一宮一十六度四十四分二十七秒太陰實引○宮○七度三十八分一十七秒定朔午正二刻○九分四十秒太陽實躔析木宮二十一度四十二分○七秒度限在星紀宮四度四十分距天頂六十三度二十八分高差五十三分五十五秒東西差六分○一秒氣差五十三分三十四秒食在限西應加二十一分三十五秒爲未初初刻○一分一十五秒食甚實交周○宮一十度○九分四十五秒得視距度一分應食九分三十一秒胳與測合其初虧則在午初二刻○七分○七秒與測較親復圓爲未正三刻○一分似與測遠矣

萬曆二十二年甲午歲四月初一日己酉朔日食臺官候得初虧巳初四刻食甚巳正四刻復圓午初四刻約食三分餘大統推得初虧巳初三刻食甚巳正三刻復圓午初三刻食三分九十一秒

今以法考之是日太陽實引四宮二十一度五十二分一十五秒太陰實引三宮一十四度二十八分○八秒定朔午初初刻○八分三十七秒太陽實躔大梁宮二十八度四十分二十四秒次度限在本宮二十一度○八分距天頂二十二度五十二分得高差二十三分四十七秒東西差七分氣差二十二分三十四秒應巳正四刻內食甚與所測合實交周　宮○八度三十六分○一秒太陰視距度二十一分四十秒應食三分一十八秒與測密合再減一時度限在大梁宮八度一十二分高差三十三分二十四秒東西差一十九分三十秒應巳初三刻內初虧加一時度限在實沈宮一度四十三分高差二十分一十九秒東西差二分四十二秒其復圓時刻似與所測較遠

萬曆二十四年丙申歲閏八月初一日乙丑朔日食臺官候得初虧巳正二刻食甚午初四刻復圓午正四刻約食八分餘大統推得初虧巳正三刻食甚午正初刻復圓未初一刻食九分八十六秒

今以法考之是日太陽實引八宮二十五度三十六分○四秒太陰實引四宮○八度四十一分五十四秒定朔午正初刻○四分三十三秒太陽實躔鶉尾宮二十九度○九分三十三秒次黃平限在本宮六度二十六分距天頂三十三度四十四分高差三十八分二十六秒交角餘度二十九度二十分東西差一十八分一十八秒氣差三十三分一十二秒應午初二刻內食甚實交周五宮二十四度○八分○三秒改視距度二分四十四秒應食九分四十六秒與大統算合減一時得度限在鶉尾宮七度○分東西差一十六分三十九秒應午正三刻內初虧加之度限在壽星宮二度五十五分東西差二分四十九秒求得視行一十分四十七秒應午正四刻復圓與測密合

萬曆三十一年癸卯歲四月初一日丁亥朔日食臺官候得見食八分餘初虧辰初二刻食甚辰正三刻復圓巳初三刻依大統算初虧食甚皆先天三刻復圓先天一刻餘

今以法考之是日太陽實引四宮一十二度三十七分太陰實引二宮二十五度二十四分定朔巳初一刻外○六分實日躔大梁宮九度四十七分以次時差得減時四十七分應辰正三刻內○四分食甚查表得日食月行分三十一分二十五秒以食甚前視行推得一時一刻○二分應辰初二刻內○二分初虧又以食甚後視行推得一時一十分應巳初二刻內一十四分復圓俱與測合再查實交周五宮二十二度五十五分實距分三十六分五十秒內減氣差三十四分二十八秒餘二分二十二秒爲兩半徑所減餘數查表得食八分八十秒大統推九分六十二秒似未合天

萬曆三十五年丁未歲二月初一日甲午朔日食曆官推得初虧酉初三刻候至日入未見虧食

今以法考之是日太陽實躔娵訾宮七度三十二分順天府晝長四十四刻日入酉初二刻末雖定朔應申正二刻○七分然時差近地平最大以加時得食甚酉正一刻○九分初虧酉初一刻一十分此時日雖未入相去無幾而陽光閃爍微秒難窺謂之不見虧食宜也

萬曆三十八年庚戌歲十一月初一日壬寅朔日食大統推得初虧未正一刻食甚申初三刻復圓酉初

初刻臺官實測得初虧未正三刻食甚申正初刻至申正四刻日已入未見復圓

今以法考之是日太陽實引一十一宮一十七度五十六分太陰實引一十一宮一十九度四十一分定朔在未正三刻〇四分實日躔析木宮二十三度一十六分求時差得一時二十分應加在申正初刻〇九分食甚因以太陰一時視行求得一時一十三分應未正三刻一十一分初虧俱與所測親其復圓距分與初虧同應酉初一刻〇九分查應天府是日日入申正四刻若順天則在申正二刻〇五分是復圓時日已入三刻有奇不見復圓是也

萬曆四十五年七月初一日癸亥朔日食大統推酉正二刻日未入見食八十九秒候至其時日體全明不虧

今以法考之是日太陽實引七宮〇四度一十六分太陰實引一十宮〇五度四十分定朔在戌初初刻〇四分即日入後〇一分矣實日躔鶉火宮〇九度〇分半晝爲二十八刻〇三分求時差得太陽距黃平限九十度三十分則最大時差二十九分四十一秒氣差至滿一度依時差得加一時〇二分應戌正初刻〇六分日入蓋已久矣求初虧則先一時算得時差三十二分一十二秒以太陰視行三十一分二十三秒推得五十分與食甚相減應戌初一刻〇一分則日入已一十三分何能見食八十餘秒哉

明熹宗天啓元年辛酉歲四月初一日壬申朔日食大統推得見食四分初虧申正三刻食甚酉正初刻復圓戌初初刻日已入未見復八十秒臺官實測得初虧酉初一刻復圓在天欽天監罰俸三月

今以法考之是日太陽實引四宮二十三度一十一分太陰實引二宮二十二度一十三分定朔在申正一刻一十四分實日躔實沈宮〇度一十七分算得交加時一時二刻〇九分應酉正初刻〇八分食甚酉初初刻〇八分有奇初虧俱密與天合復於食甚後一時求得太陽距黃平限八十九度一十八分近於地平推得差一時〇二分應戌初初刻一十分復圓查表得是日日入戌初初刻一十二分即復圓後已二分因無帶食分

月食凡十二條

宋仁宗嘉祐八年癸卯歲十月癸未望月食候得卯七刻食甚授時推辰初刻食甚大統亦然

今以法考之是日太陽實引一十宮二十四度二十一分四十五秒太陰實引二宮二十五度三十四分四十九秒實交周六宮〇一度一十九分四十五秒實望六時四十九分〇五秒加視分九分四十三秒汴京距順天西一千里應減一刻在卯正三刻食甚謂卯七刻者政與法密合若授時大統所推則又後天二刻矣至是日得食一十七分二十五秒寅正二刻一十二分初虧卯初三刻〇二分四十一秒食既辰初二刻〇九分五十五秒生光辰正三刻〇分三十四秒復圓俱可不論

明英宗天順四年庚辰歲閏十一月戊午望月食卯正二刻見食四分強弱之間曆官不報食

今依新法考之是日太陽實引〇宮一十一度三十二分一十二秒太陰實引五宮二十四度一十九分〇三秒實交周一十一宮二十六度二十二分五十五秒月食一十二分四十五秒實望七時四十九分四十八秒內減視分五分二十五秒應辰初二刻一十四分二十三秒食甚得初虧距分一時五十二分四十秒應卯初三刻〇六分四十三秒初虧查高弧表得本日日出辰初一刻〇七分則日未出月已入地平下其見食僅四分強弱之間是也若大統謂是日初虧辰初一刻日出卯正四刻誤推在晝故不報曆法疎密於此可見一斑矣

明神宗萬曆五年丁丑歲閏八月十六日庚子曉望月食曆官推得卯初四刻初虧候至其時月體全明未見虧食

今以法考之是日太陽實引九宮一十度〇四分三十八秒太陰實引〇宮一十一度二十七分一十一秒實交周〇宮〇三度五十四分五十六秒應食一十二分四十〇秒實望八時〇一分四十二秒加視分四分一十九秒應辰正初刻〇六分〇一秒食甚得初虧距分一時五十七分四十六秒應卯正初刻〇八分一十五秒初虧查高弧表是日日出卯正一刻則初虧時政日將出時安有分秒可見哉其報見食一分三十三秒者誤矣

萬曆十七年己丑歲十二月十五日戊子夜望月食曆官報子初二刻食甚候至其時月體全明未見虧食

今以法考之是日太陽實引〇宮二十四度〇七分四十三秒太陰實引一十一宮〇五度三十分一十六秒實交周一十一宮一十六度四十八分三十三

秒距黃道南一度〇八分〇三秒太陰地景兩半徑幷五十八分〇三秒其不及距分者尚有十分又安所得食分哉謂之月體全明政與法密合

萬曆二十六年戊戌歲七月戊戌夜望月食曆官報食九分一十二秒至朝臺官實測得十分餘爲食既

今以法考之是日得實交周一十一宮二十五度二十一分查表實距南二十四分幷兩半徑減之餘四十分三十二秒此時太陰自行過最庳一十一度其全徑爲三十四分四十秒入景最深應食一十一分五十秒大統以兩半徑恆如一不知其變大是以不推食既也

萬曆二十九年辛丑歲五月壬子夜望月食臺官實測得見食四分餘食甚丑初一刻復圓丑正三刻而初虧止前食甚三刻

今以法考之是夜得平望亥初一刻〇二分加時一十五刻〇二分爲實望太陽躔實沈宮二十四度更加升度時差四分應丑初一刻內〇八分食甚脗與測合此時太陰與最高相近實交周一十一宮二十一度〇六分實距南四十六分與兩半徑幷相減餘一十三分查表得食四分〇七秒準與天合其初虧距分推得五刻〇六分與食甚相減應子初四刻內〇二分初虧加之應丑正三刻內〇九分復圓總計食分食甚復圓新法俱與測合惟初虧不合者此乃漏刻科誤報之罪何也蓋月食太陰入景自初虧至食甚與出景自食甚至復圓兩時俱相等未有後距六刻而前僅三刻之理考前後月食不下數百條而時刻自相矛盾者居多甚矣臺官之溺職也

萬曆二十九年辛丑歲十一月己酉夜望月食曆官報食七分八十一秒至期實測得八分餘

今以法考之是日太陰自行五宮二十一度〇三分得其半徑爲一十七分一十八秒地景半徑四十六分一十九秒幷之減距度三十二分三十三秒餘數查表得食八分八十三秒與所測合其報七分餘者蓋此日太陰近最庳入景深分數應多而大統依恆定之景徑推算故分數少耳至測初虧爲食甚前六刻復圓爲食甚後九刻者詎臺官政在醉夢中耶

萬曆三十年壬寅歲四月丙午夜望月食臺官測得初虧子正一刻食既丑初一刻大統俱先天二刻測食甚丑正一刻大統先天三刻其餘俱測不精以前食甚者爲八刻後食甚者爲十二刻非也又識復圓爲卯初一刻計總食共二十刻亦非也

今以法考之是日太陽實躔實沈宮一十三度四十分算得順天府日出寅正三刻內〇九分舊法依南京日出分故見復圓在日將出時遂誤爲卯初一刻而不知實從三刻也此時平望在卯正初刻〇六分減時一十六刻〇四分餘數復加升度之時差六分得食甚正丑一刻內〇八分以太陰實引一十一宮實距分四分查表得初虧子正一刻內〇二分食既丑初一刻內一十分皆與測數合因而生光復圓可知矣又何得若是懸絕哉

萬曆三十年壬寅歲十月甲辰夜望月食實測得月已出見食十分餘生光酉初三刻復圓酉正二刻大統後天二刻識月出時爲酉初二刻此乃應天府日入分非順天府日入分也且依之算食既前宜見月

今以法考之是日太陽實躔析木宮六度五十八分順天見入地平爲申正二刻一十二分大統推食既申正三刻不合天也依法算得平望在本日已正二刻加時六時一十四分更加升度時差八分應申正三刻〇七分食甚日入後已十餘分矣以太陰實引四宮實距分一十分查表得加五十九分爲生光應酉初三刻〇六分總加一時五十五分得復圓應酉正三刻〇二分皆親於測數

萬曆三十四年丙午歲二月乙卯夜望月食臺官實測得酉正一刻月已出見食一十餘分戌初一刻生光戌正一刻復圓

今以法考之是日太陽實躔降婁宮四度入酉正初刻〇五分南北地略同謂酉正一刻日出是但大統推食甚後天二刻依法算得平望寅正二刻〇七分加時一十三時〇一刻一十三分更加升度時差二分應酉正一刻內〇七分食甚以太陰實引三宮實距一十五分查表得食甚時加五十五分爲生光應戌初一刻內〇二分總加一時五十七分爲復圓應戌正一刻內〇四分俱與天密合以上八行原本有殘缺恐有訛字

明熹宗天啓六年丙寅歲十二月十五日癸丑望月食曆官報一更一點初虧測候初虧在晝

今以法考之是日太陽實引一宮〇四度二十分四十秒太陰實引九宮〇六度四十五分五十一秒實交周一十一宮二十四度〇分四十一秒月食九分一十一秒實望一十八時三十九分五十秒內減視分九分四十八秒應酉正二刻〇分〇二秒食甚求得初虧距分一時四十三分〇五秒應申正三刻〇

一分五十七秒初虧查表得本日日入申正三刻一十三分是初虧在日未入之前已一十一分〇三秒測得在晝是也一更一點之說誤矣

天啓七年丁卯歲十二月十四日丁未望月食曆官報復圓辰初三刻不見復光八分四十六秒測候復圓在天

今以法考之是日太陰實引〇宮二十三度三十九分四十四秒太陰實引七宮一十七度一十二分五十二秒實交周〇宮〇一度四十七分二十〇秒月食一十六分一十二秒實望得五時一十分二十五秒內減視分八分三十五秒應卯初初刻〇一分五十秒食甚初虧寅初初刻〇七分五十四秒食既寅正初刻〇一分一十九秒生光卯正初刻〇二分二十一秒其復圓應在卯正三刻一十分四十六秒查高弧表得本日日出辰初初刻一十四分則見復圓已一刻有奇又安有所爲不見復光八分四十六秒哉

凡十五分爲一刻四刻爲一小時二十四小時爲一日

欽定古今圖書集成曆象彙編曆法典

曆法典第六十五卷

曆法總部彙考六十五

新法曆書十五

五緯曆指一

總論

周天各曜序次第一

周天諸曜位置有高庳包函有內外去人有遠近何繇知之以其相食相掩知之凡相食相掩必參相直參相直必分三界人目爲此界所食所掩爲彼界則食之掩之者必在其中界也

第一最近爲太陰太陰在食日能掩他星他星不能掩太陰（月掩他星見月離曆四卷） 第二爲水星（此古法多祿某及其門人所定也下六同） 第三爲金星 第四爲太陽 第五爲火星 第六爲木星 第七爲土星 第八爲恆星 第九爲宗動天 中世於恆星天上又增東西歲差一天南北歲差一天共爲十一重天（此歌白泥所定也近第谷以來不復用之）

恆星本天在七曜天之上古今諸家之公論也試法有三

其一緯星能掩恆星恆星不能掩緯星

如唐高宗永徽三年正月丁亥歲星掩太微上將正月戊子熒惑掩右執法元武宗至大元年十一月戊寅太白掩建星之類

其二緯星有地半徑之差各去地有遠近而差有多寡恆星古今密測絕無地半徑差則以較緯星必爲極遠極高其視地球正爲一點

日躔曆月離曆皆以此地半徑差求日月之遠近

其三爲恆星天之本行極遲則當爲極高極遠

解曰諸星行天之能力必等（或以自力行或依他力行見本篇）行力既等而各所見之本行有遲有疾必所行之軌道有大有小故也月天甚近於地甚小故二十七日有奇而行一周恆星必六十餘年而行一度甚遲必甚大甚遠矣三者相因之勢也（因此論亦得諸星相距之高庳）

太陽在諸曜適中之處亦古今無疑試法有四

其一諸星受光於太陽若在甚高或甚庳即不能平分其光又太陽爲萬光之原其在衆星之中若君主在衆臣之中

其二日躔月離各曆指測算太陽距地之遠爲地半徑者一千一百个有奇太陰距地之遠六十个有奇則月天與日天相距當一千个有奇其間不應空然無物會當有星則金水兩星之天在其中矣若此外土木火三星其行甚遲其所行本天甚大故非日月兩天之間所能容受也

其三諸星之視差與地半徑差各各不等太陽之兩差不能多於太陰太白不能少於木星土星則當在其中處（各星之視差見五星本論）

其四中西曆家所立法數種種不同其同者有二一周天分二十八宿其距星合者二十七不合者獨觜宿耳二以七政隸於各日初日爲太陽日次爲太陰日三爲水星日四爲火星日五爲木星日六爲金星日七爲土星日也夫七政自上而下當首日次金水月土木火今云然者日分二十四時七政分屬焉周而復始今所指直日者各日之首時也如初日之首時爲太陽時次金星時三水星時四太陰時五土星時六木星時七火星時滿二十四時爲水星則次日之首時爲太陰矣故太陽之次日即爲太陰之日可見上古曆宗初立此法者則知太陽在衆星之中處也

上三論古今無疑矣其所不同者古曰五星之行皆以地心爲本天之心今曰五星以太陽之體爲心古曰各星自有本天重重包裹不能相通而天體皆爲實體今曰諸圈能相入即能相通不得爲實體古曰土木火星恆居太陽之外今曰火星有時在太陽之內

解曰用遠鏡見金星如月（見本篇）有晦朔弦望必有時在太陽之上有時在下又火星獨對衝太陽時其體大其視差較太陽爲大則此時庳於太陽水星木星土星不能以正論定其高庳但以遲行疾行聊可證之

古圖中心爲諸天及地球之心第一小圈內函容地球水附焉次氣次火是爲四元行月圈以上各有本名各星本天中又有不同心圈有小輪因論天爲實

體不相通而相切
新圖則地球居中其心爲日月恆星三天之心又日爲心作兩小圈爲金星水星兩天又一大圈稍截太陽本天之圈爲火星天其外又作兩大圈爲木星之天土星之天此圖圈數與古圖天數等第論五星行度其法不一（見各星本曆及下總論）

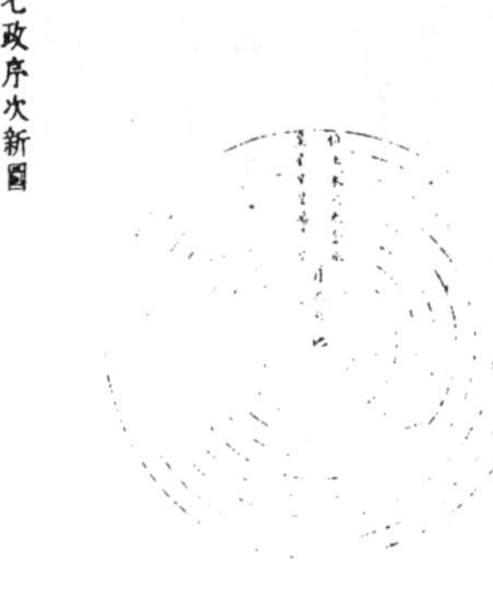
七政序次古圖
七政序次新圖

依新圖可見金星以太陽爲本天之心在上則得全光在下則無光也又可見火星對衝太陽時則庳於太陽皆與所見所測合　又金水二星以太陽之平行爲本天之平行古今不異則三天之行（日月太白）皆緐一能動之力此能力在太陽之體中也

問金水二星既在日下何不能食日曰太陽之光大於金水之光甚遠其在日體不過一點是豈目力所及如用遠鏡如法映照乃得見之　依本測法太陽之面大於太白之面一百餘倍辰星尤微

問古者諸家曰天體爲堅爲實爲徹照今法火星圈割太陽之圈得非明背昔賢之成法乎曰自古以來測候所急追天爲本必所造之法與密測所得略無乖爽乃爲正法苟爲不然安得泥古而違天乎以事理論之大抵古測稍粗又以目所見爲準則更粗今測較古其精十倍又用遠鏡爲準其精百倍是以舍古從今良非自作聰明妄違迪哲

問金水二星其孰上孰下何從知之曰水星之天小於金星之天知水星必在其內

　水星左右距日二十餘度金星左右距日四十餘度

又曰太白行遲於水星之行則其軌道必大

　金星次行約二十月而一周水星次行約四月而一周

問金星居兩留段時卽與弦月不異辰星豈不當爾乎曰論理宜然特因體小出沒必於晨昏難見故未覺其盈虧消息耳

問土木火三星孰上孰下曰火星在日之衝其視差大於日之視差其體亦大密測密推知其庳於太陽過此以往其視差小於日之視差其體亦小推算所得又高於太陽若土木二星視差恆小於日必在日上無疑也又土木火三星行度不等遲行者必在上土星是也疾行者必在下火星是也行在遲疾之間則木星位置宜在火土之間矣此三星上下古今同論

　土星三十年一周天木星十二年一周天火星二年一周天

問宗動天之行若何曰其說有二或曰宗動天非日一周天左旋於地內挈諸天與俱西也今在地面以上見諸星左行亦非星之本行蓋星無晝夜一周之行而地及氣火通爲一球自西徂東日一周耳如人行船見岸樹等不覺已行而覺岸行地以上人見諸星之西行理亦如此是則以地之一行免天上之多行以地之小周免天上之大周也然古今諸士又以爲實非正解蓋地爲諸天之心心如樞軸定是不動且在船如見岸行曷不許在岸者得見船行乎其所取譬仍非確證

正解曰地體不動宗動天爲諸星最上大球自有本極自有本行而向內諸天其各兩極皆函於宗動天中不得不與偕行如人行船中蟻行磨上自有本行又不得不隨船磨行也求宗動天之厚薄及其體其色等及諸天之體色等自爲物理之學不關曆學他書詳之（如寰有詮等）

曆家言有諸動天諸小輪諸不同心圈等皆以齊諸曜之行度而已匪能實見其然故有異同之說今但

以測算爲本孰是孰非未須深論（以下原本缺數行）

中又記孝武寧康二年十一月癸酉金星掩火星

太陽上水星下又記總積五萬五千二百一十年爲元和三年戊子西曆五月初一日見水星在日輪之下如黑點而過日輪之面又曰水星出入日輪時爲陰雲掩之

木上金下中史記唐肅宗至德二年八月金星掩木星於鶉火

木上火下中史記世宗大定十年八月（即孝宗庚寅六年）木星掩火在參畢間

金水相掩中史記宣帝大建十二年十二月癸酉水在金星上甲戌金水交相掩夫金水互相掩用新法之圖則明若用古圖則必不能得之矣

測五星原第二

上古生人之初見天上列星相近相遠年年世世了無變易因命之曰恆星謂其不動也其有恆也恆星而外別有緯星時相近時相遠時順行（順天自西而東）時逆行（自東而西）時留不行因之測其經緯度分以推定其相衝相合測算既成遂列爲立成表以垂法式此治曆之始也

緯星有五曰土星（亦名填星）木星（亦名歲星）火星（亦名熒惑）金星（亦名太白少陰啓明長庚）水星（亦名辰星）五星之公名可謂游奕之星正與恆星相反古稱經緯亦此意也

初時測五緯星先於某年某月日時距某恆星若干度分積若干年月日時行天一周而復於故處因約得土星之率爲三十年木星爲十二年火星爲二年金木二星一年又覺其所行者非太陽太陰之軌道時在黃道南時在北各星之各軌道不同又覺前世所行之軌道與後世所行之軌道又各不同因之多立法儀務求齊一先定各星之天幾何時而行天一周又一歲一日一時各行天若干度分命之曰平行以爲度量之準式焉

平行而外又見五星在日之衝恆逆行遲行其體則大其與日合也恆疾行順行其體則小自衝合而外或進或退或留或疾絕無畫一因知其有多種行度又宜先從太陽近遠取之蓋惟星在日之對衝行度稍有定則其衝也約每年一次其合也亦約每年一次似此歲歲測之得其每歲之中積度分此所謂歲行也又以歲行多寡不等因而覺有本行之法如今年測得星在日衝次年如之又次年以迄多年皆如之通計各年所得中積日時悉皆不等

此所得中積不論太陽之平度實度其用略等向後乃密推之

則以各年之視行較各年之平行或大或小推其盈縮不齊之故焉如某星在日之衝其左右各一宮之行度差數相等借爲視行小平行大此則贏縮不齊之界限也（如日月之最高最庳）次查某宮以後視行小於平行既行半周至某宮視行大於平行即知某星非平行其依太陽行度而外別有本行之法時疾時遲時與平行等欲齊此行宜用不同心圈或小輪（見大篇）此行名謂本行以別於次行次行者依太陽遠近行即向所謂歲行也

平行本行而外又有或南或北緯度之行其根有二一爲本圈平面切黃道之平面兩道相距相近如黃赤兩道相距相近同理一爲歲輪亦切本道而於黃道恆爲平行而此小輪或能加能減於本輪之緯度然不能變其勢如北緯變而爲南或南變而爲北也（見本曆指第七卷）

測五星經度平行第三

五星凡會日或在其衝用一均數足矣然在衝之正度分殊未易定其法如左

凡星之距太陽度分等

累年所測擇其前後各一測星皆在日之左或皆在日之右其距度分等

其在黃道經度亦等則其行必滿周而復於故處其中積之年日數必等

年日數等者任用若干測其前兩測與後兩測中積之年日數必等

一解曰測五星之黃道經度必以恆星爲本用法（測量全義九卷）求之有本星之經度可得其距太陽若干度

今不言緯度當是圈於黃道下論之

所以欲得距太陽等度者星之次行（即歲行也）以太陽爲行動之原距有近遠則行有遲疾高庳若距度等者即星之前後兩測其遲疾等其高庳亦等其行必滿周也所以或左或右必求同方者星距太陽一左一右雖度相等其時不等亦不能滿一周而復於故處也

所以求黃道之經度等者謂太陽亦在元經度（先測次測皆在一度）則太陽無高庳遲疾之差又曰同經度則星在本圈之故處

距本圈之最高或最庳旣等卽兩測之時星爲同類之行又滿其周率

二解曰或用兩留之中積星旣再留而復於故處則其行亦滿周矣然不可用者逆行之率有大有小前留與後留不能滿率又當留時星無視動尤難定其進退之界也或用星之初伏初見然難定其氣之淸濁則所得伏見或非伏見之實初也且正升斜升宮數不等卽距日之時不等亦不可用

三解曰若後測時星未至其故處尚有若干分秒法約計先得之平行一日一時應分秒若干用以補之如少一度於本時加一度相當之時若差多次日測之又次日測之下得一時之星行度分用以補之

定五星之平行率第四

古史依上法測算各星平行得數如左今未論各星之最高行

土星以五十九年節氣或天周年又一日四分日之一弱

古多祿某推算與今時大同小異見本表

行次行圈卽歲行五十七周會日五十七次對衝亦五十七次行天周節氣周二周又一度四十三分

木星以七十一年不及四日又六十分日之五十四行次行圈六十五周此積時間星行本圈天周或節氣或經度六周不及四度又五十〇分

火星以七十九年又三日六十分日之一十六行次行圈三十七周經周行四十二周又三度〇十分

上三星之中積年數太陽行全天之周數去減本星次行之周數其較爲星本行周天之數如土星五十九年減次行五十七周較二爲土星行全天二周

上三星者火木土也下二星者金水也

金星以八年不及二日又六十分日之一十八行次行圈五周其平行與太陽同

水星以四十六年又一日六十分日之三行次行圈一百四十五周平行與太陽同

以積年變日以天周化度得數如左

土星二萬一千五百五十一日一十八分日六十分下同行二萬〇五百二十〇度

木星二萬五千九百二十七日又三十七分行二萬三千四百〇〇度

火星二萬八千八百五十七日又五十三分行一萬三千三百二十〇度

金星二千九百一十九日又四十分行一千八百〇〇度

水星一萬六千八百〇二日又二十四分行五萬二千二百〇〇度

若以度爲實日數爲法而一得各星一日之細行

土星一日行距太陽之行〇度五十七分四十三秒四十一微四十三纖四十〇芒

木星一日行距日五十七分〇九秒〇二微四十六纖二十六芒

火星一日行二十七分四十一秒四十〇微一十九纖二十　芒五十八末

金星一日行三十六分五十九秒二十五微五十三纖一十一芒二十八末

水星一日行三度〇六分二十四秒〇六微五十九纖三十五芒五十〇末

若太陽一日之平行去減各星一日之細行其較爲各星之平行得上三星之平行

下二星金水之平行與太陽等

土星一日平行〇二分〇三秒一十三微三十一纖二十八芒五十一末

木星一日平行〇四分五十九秒一十四微二十六纖四十六芒三十一末

火星一日平行三十一分二十六秒三十六微五十三纖五十一芒三十三末

有一日之平行可細推一時一分又推得一年之平行

土星一平年三百六十五日行三百四十七度三十三分〇〇四十六微有奇

木星一平年行三百二十九度二十五分二十一秒有奇

火星一平年行一百六十八度二十分半有奇

金星一平年行二百二十五度〇一分三十二秒有奇

水星一平年行全周外又五十三度五十六分四十二秒有奇

又以太陽行一年之全周去減各星之平行其較爲各星一年之經度

土星一平年經行十二度一十三分二十三秒五十六微有奇

木星一平年經行三十〇度二十〇分二十二秒五十一微有奇

火星一平年經行一百九十一度一十六分五十四秒二十二微有奇

依上行數先置曆元一數可列向後各年及日時之
立成表

定五星之本行第五

五星既定平行之後積候多年亦覺有最高之行然
當先求其處

如前測在某宮度後測在某宮度

次求其行之法以定各星之軌道以解其各種之行
度諸行皆與平行爲異類

日躔曆有兩公論曰動類有三其一自上而下其二
自下而上二者自然之行必成直線名曰直動其三
循環行一周以至元界而成全圈名爲周動若不成
全圈卽無法之行也星行皆環周行人目所見不循解說必成
全圈否者爲無法之行與夫目見器測理則相反
又曰天體及七政恆星必於本圈內平行若不平行
則推步之術無從可立無從可用矣然而人目所見
各有遲疾順逆時時遷革百千萬年無一平行者又
何也曆家因此推求悟有不同心之圈及諸小輪等
立法推步然後得其不平行之故而又不失其平行
之常耳

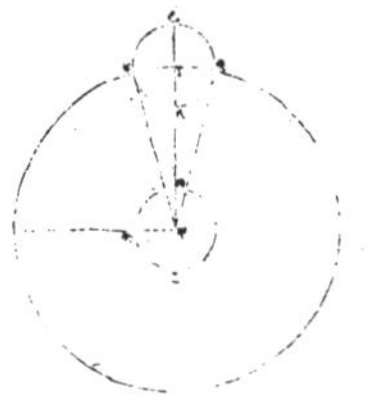

日躔月離皆有法以齊其
異類之行若齊五星之行
其法尤多今擇取一二解
之

五星次行圈及本行圈古
法

本行卽本天也次行卽
本輪亦名歲輪古名小
輪

先論上三星如圖甲爲地心丙乙爲太陽本行天辛
庚壬爲某星本行天辛己庚爲某星之本輪丁爲心
丁心行自西而東自丁而辛星之本行也星則循本輪周亦順
天行如己行經辛戊庚而復於己凡太陽在乙星在
戊太陽在丙星在己

太陽在乙星在其衝太陽在丙星與之會

太陽自丙向癸乙而復於丙滿本天一周星自己向
辛戊庚而復於己滿本輪亦一周則平行之較數如土
星十二度有奇爲星或次輪心從丁右行之數　又從地心甲至
辛至庚作兩線切本輪於辛於庚分本輪爲上下兩
弧凡星在上弧庚己辛其行從庚向辛則順天行而星
之本輪心丁行於本天周星之行於本輪周皆自西
而東星行則疾若星至辛至庚兩切線上因目在甲
不覺其行則星爲留若在辛戊庚弧則違天行亦違
丁心行目見從辛過戊至庚星行則遲

丁心之行必遲於本輪周行蓋太陽一年行一周
星行本輪亦一年一周丁心之行不過幾度速考
幾宮不滿一周故兩行不得相補而本輪周之逆
行灼然易見非如太陰之平行自疾足以相補但
見其遲不見其逆也

次論下二星甲爲地心丙癸乙爲太陽本行天丁壬
爲某星本行天己辛戊庚爲本輪或稱次行輪甲丁丙爲
太陽及某星之平行線星循本輪周順行從己向辛
戊庚而復於己作甲辛甲庚兩切線凡星在上弧庚
己辛目在甲見順行疾行星在下弧辛戊庚目在甲
見逆行遲行在辛在庚爲留段同上

因本行圈與地不同心有
最高有最庳凡本輪在本
行圈之高弧逆行之時爲
多在本行圈之庳弧逆行
之時爲少下有本論
高庳各作本輪作切線則
戊甲丁視角大於庚甲己
視角因近故大戊乙丁視角小
於庚丙己視角

闕兩三角形之各三角
幷必等闕二字既爲直角
則甲大者乙必小甲小
者丙必大

角小則所乘之弧亦小觀學
詳之弧有大小行弧之時刻
亦有多寡又各星之本輪
大小不等則其疾行逆行
之不等

均圈解第六

七政之本行圈皆與地爲不同心圈

日躔月離曆指解日月之本圈不與地同心五緯
曆後各有本論

然獨太陽恆順行此外六曜皆有他行其齊之之法
有三

其一本圈之外別作一圈名均圈略見月離二卷今詳解之卽小
輪心所行之圈

先求本行均數止用小輪心行度蓋心在日之對

衡未有次均恆在小輪之最近如無隨日之行則輿無次行輪等但以本行高庳去地遠近爲異耳今推經度亦止用此無二法

如圖甲爲地丙爲某星之戊己本圈心丙甲爲兩心相距若干(各星自推)凡星距本圈之最高戊約一象限爲癸作丙癸甲癸線成丙癸甲角此角爲均數角

丙心上有戊丙癸鈍角甲爲直角兩角之較爲癸角是丙心上平行甲心上視行之差

或先依各星本法測得角亦推丙甲距若干皆因戊

第一圖

癸爲某星之本圈弧用三角形法置星距戊(最高)若干又有丙甲丙癸(丙子同)兩邊求子角爲均數此古法也然所推與所測多不合星在戊或癸乃合去此則差因立他法平分丙甲線於乙乙爲心作丁壬癸均圈爲小輪心所行之圈然不平行平行度在戊癸己圈如下文

設星(或次輪心)在壬作丙壬乙壬甲壬成丙壬甲三角形形有壬丙甲角(丁丙壬之餘)爲平行之餘角

從戊最高至壬爲平行之弧或言角一也

而丙壬乙形有乙壬邊(均圈之半徑)有丙乙邊(兩心差之半)有丙角求壬乙丙角及乙壬丙角次乙甲壬形有乙角(先得之餘)乙甲邊(兩心差之半)及乙壬邊求乙壬甲角兩壬角并爲平行(丙心上算)視行(甲心上算)兩行之差此法則以戊癸圈載星之平行而星却令行丁壬圈若但用丁壬圈即星在癸非大均角矣蓋乙甲線非丙癸甲形之底故也古者以此法齊星本行之異行若星在子成丙子甲形算得子爲均角恆與所測不合(各星曆有本算)

上法以算立成表其數不謬必究其理則星行乙心之均圈而測用丙心之戊圈終非正論

第二圖

其二歌白泥法星之行亦成一均圈而不失爲正論

如第二圖甲爲地心丙爲不同心戊癸圈之心兩心相距爲前圖甲丙四分之三戊(最高之處)爲心作戊丁小輪(是名小均輪)其半徑爲前圖丙甲四分之一爲本圖丙甲三分之一

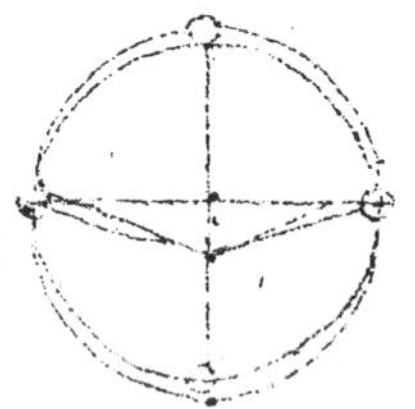

丙甲數如前法爲四分此法用三分外一分爲小均輪之半徑

星行小均輪周上

曰星實非星體也是爲次行輪之心星體居次行之周今通用之理亦不謬

戊心東行一周星依小均輪亦順行一周

在最近處如丁逆行在庚順行至癸即星在壬壬癸與丙癸爲直角

凡戊心在最高(本輪之高)星在丁爲小均輪之最近距甲地心爲半徑(不同心之半徑丙戊)又兩心相距二之一

如前法丙甲四故乙甲爲二之一

與前法等若在最庳如庚距甲地心爲半徑去減兩心相距二之一上下之較

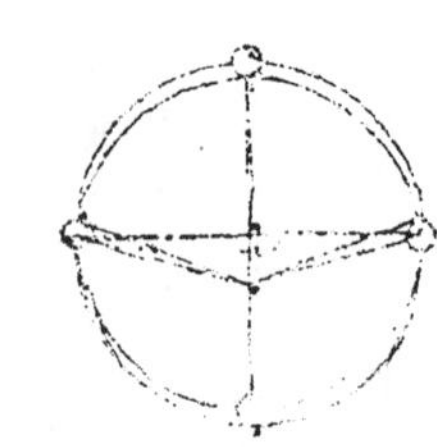

爲兩心相距之全數(丙甲初數四分)若不用前法(丙甲爲三不用四)星在中距(距最高一象限爲中距)以求均角亦仍用甲丙八分多祿某上星法用八分餘四曜不同然其比例皆

如八與六與四與二

假如第一圖甲丙(兩心相距數)爲八乙甲其半爲四甲丁爲半徑(均圈丁乙半徑)又四分即星在丁距甲爲半徑又四分又星在庚甲庚比乙庚半徑少乙甲四分上多下少其較爲八分

如第二圖甲丙爲六分(前圖八之六)小輪半徑爲二(甲丙三之一)一星在丁距地之甲丁線得半徑也(戊丙)又四分

乙甲也丙甲六分減戊丁二餘乙甲爲四即二

若星在庚距地之甲庚爲半徑弱四分

丙己半徑減丙甲六又加己庚二餘爲半徑少四上半徑外餘四下半徑內弱四并之得八爲高庳之較如前　此八六等數非公法也各星有本數然其比例略相似或戊丁小均輪置丙上其周爲星本圈心所行之軌道所見所測俱同前

第一法大均角爲甲癸丙角丙癸邊爲半徑丙甲八

分

第二法分均角爲二丙癸甲形有丙癸半徑有丙甲六分得丙癸甲六分之角又壬甲癸形壬癸爲二分卽壬甲癸角爲二分之角甲癸兩角并得八分如前而星小輪上之軌迹實作一均圈如前法其算法不同得數無二

其三第谷之均圈新法不用不同心圈及均圈卽用兩小輪推初均數星本行之均數爲便月離曆略解今詳之甲爲地心丙戊癸爲星本天其周上取丙點爲心作

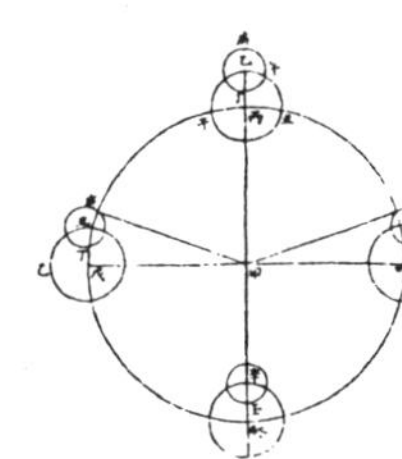
第三圖

乙子小輪是名本行輪當作不同心圈丙乙其半徑爲六分卽前兩法八分之六其周上取乙點爲心作丁午次小輪乙丁其半徑爲二分是名均圈當前法之均圈丙心右行向戊癸復於丙爲星之平行乙心在上左行向丑子復於乙與丙心同時滿一周星或大輪心在均輪周丁爲在下右行向午較之乙心其形倍疾丙心乙心行滿一周丁星行滿二周也本輪心在丙星在丁距甲地爲甲丙半徑又丙丁四丙乙爲六減乙丁二餘丁丙四丙心行至戊均輪心至丑星至庚庚戊成一直線并爲八分甲戊庚形直角在戊有甲戊半徑有戊庚八分求庚甲戊均角若本輪心至癸丙之衝星在壬距甲地爲半徑弱壬癸四分則星在丁爲最高在壬爲最庳其較八與前二法同

土木二星之歲年輪如三家圖可解爲何朝夕兩留行界非一或時逆行度多或時度少其根有二其一因各法各星有均圈負載年歲輪之心夫均圈與地非一心有最高及其衝歲輪在最高目因遠見小在其衝目因近見大

如左圖甲爲地心乙爲某星天之心爲心作丁丙己戊圈但用兩弧省圖庚爲最高辛爲其衝庚辛爲心同徑作兩小輪及從甲人目作切線定己甲戊丁甲丙兩角各角爲逆行之度

從子過丙癸丁歸子丁子丙順行丙癸丁逆行下

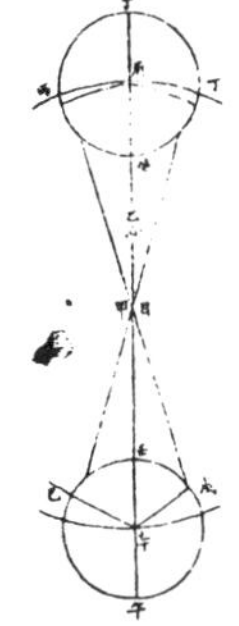

圖亦如此己午戊爲順戊壬己爲逆

題言丁甲丙角比戊甲己角爲小又曰丁癸丙弧比戊壬己各在兩切線中爲大作戊辛己辛丙庚丁庚各半徑線而切戊甲等線爲直角

論取庚丁甲戊辛甲兩直角形相比庚丁戊辛兩邊爲等庚甲丁甲比辛甲戊甲各爲長則庚甲丁角比戊甲辛爲小直角形之理見幾何

一系兩心差數多者見小輪大小之較爲大大小乃大均數多寡

二小輪遠者本輪上逆行之弧更大若近者爲少庚甲丁等○角爲小卽庚角爲大或丁癸弧大丁癸戊壬兩弧各倍之得丙癸丁戊壬己逆行之兩弧丙癸丁比戊壬己大依圖見之

三凡小輪在遠處本周上逆行之日時數爲多在其衝爲少蓋小輪上星行爲平

其二根爲太陽兩心之差凡用歌白泥及第谷二新法因太陽體爲五星或本行之心若太陽近遠必小輪亦近亦遠亦大亦小

此根之差土木二星因與地甚遠以測不覺大差火星因近太陽時在其上時在其下差數見大本曆詳之

金水下二星因以太陽平行爲本行又爲小輪之心亦從其高庳以爲高庳然金星本天最高不遠於太陽最高差不過十度其小輪大小亦以本天高庳爲本或本天及太陽并爲其大小差之根無所考

水星或亦從本天最高及太陽最高亦無所考

上三星歲行說第七共四圖

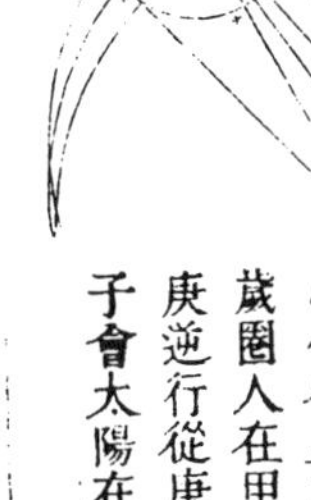
第一圖

第一圖乃古多祿某用不同心圈均圈得壬歲圈之心依各星本測作庚辛年歲圈人在甲見星從辛往庚逆行從庚到辛順行在子會太陽在午衝太陽

第二圖

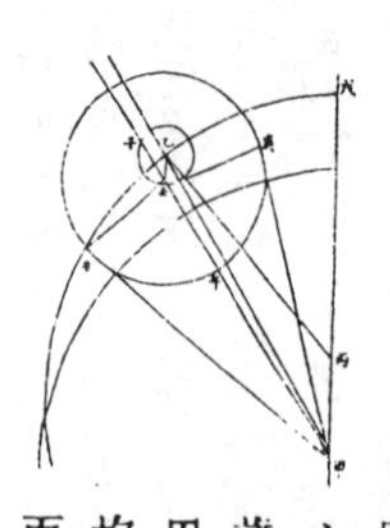

第三圖

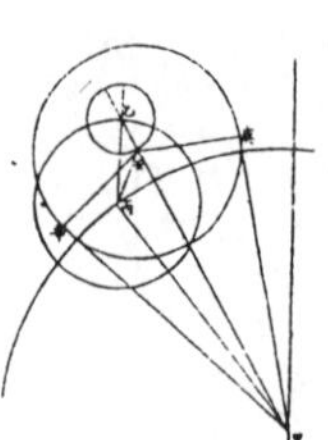

第四圖

第二圖歌白泥不用大均圈祗取小均圈而齊歲圈心壬之行（見上）壬爲心作小歲圈如前但甲丙爲前圖甲丙兩心差四之三又小均輪半徑爲四之一順逆兩行界如上

第三圖第谷亦不用不同心及均兩大圈祗用兩小輪其一當不同心圈其二當均圈

字號四圖中皆有定指如乙常指均圈心上下同

以二小輪齊年歲心之行年歲圈心在壬同前

第四圖乃第谷及歌白泥總法以太陽爲五緯行之心甲爲地己庚辛爲太陽本輪置太陽在己己爲心在星本天又取兩心差四之三（依本圖）到丙作乙戊弧得心在壬如前二圖置太陽行己辛弧壬點亦行而成壬丑弧太陽到庚壬點亦到寅又復回于己壬點又復到元處而成壬丑寅圈如己辛庚圈等

壬己丙角不變改又丙己最高線于己甲常行平行依幾何法可論之

凡太陽在午星到子因在甲午子一直線謂之相會凡日在未星在申謂之相衝在子於地極遠在申極近太陽順天行巳午辛未庚然星從寅壬子到丑順天行從丑申到寅於甲人目似逆行寅丑爲兩行之界

此法乃第谷本法以太陽本圈一輪兒上二星之歲圈因各星近遠解各星之大小

又日太陽於諸星如磁石於鐵不得不順其行故此法算三星因用太陽正距度別法用平行所算之度分

上四圖各解順逆疾遲留等歲行之驗下總圖合四法以明之理一而已

總圖有實線疊線虛線三類

實線法古用黑字

疊線第谷法元用紅字

虛線歌白泥及第谷總法

古法引數取丁角第谷取午癸弧之己角及角庚弧乃其倍歌白泥取酉角又取寅戌辰（小輪上）角各用三十度算均數古法得甲庚丁角第谷得己甲庚角歌白泥得寅酉戌及酉寅己兩角成一均數

又置星距太陽一百一十度前兩法從卯起到寅寅爲其星之體

卯點在庚甲線上即人目辛圈心庚之中

歌白泥取其餘申未弧太陽在未亦得星體在寅如前二法（申未圈與卯寅圈等）

新星解第八

按古今曆學皆以在察璣衡齊政授時爲本齊之之術指其運行合會交食凌犯之屬在之之法則目見器測而已然而目力有限器理無窮近年西士有度數名家造爲窺筩遠鏡能視遠如近視小如大其理甚微其用甚大具有本論今述其所測有關七政者如左

其一用遠鏡見周天列宿爲向來所未見者不可數計說見恆星曆指三卷

其二土星向來止見一星今用遠鏡見三星中一大星是土星之體兩旁各一小星係新星如圖兩新星環行於土星之上下左右有時不見蓋與土星體相食

或曰土星非渾圓體兩旁有附體如鼻以本軸運旋故時見圓時見長此土星之兩異行未定其率葢本周極遲初見時至今年尚未滿一周天故也或曰時見三星相距有近有遠安得謂之合體二說不同未知孰是須久測乃知之

其三木星目見一星今用遠鏡見五星木星爲心別有四小星常環行其上下

左右時相近時相遠時四星皆在一方時一或二或三在一方餘在他方時一或二不見皆用遠鏡可測之初測者作此直線圖共九測一爲萬曆壬子年太陽在元枵初度辰時二爲癸丑年太陽在元枵二十六度子正時三爲本年次日寅初三刻四爲本年太陽在娵訾二十三度亥初刻五爲次日丑正刻六爲甲寅年太陽在大梁八度亥初一刻七爲本日子初刻八爲次日子正二刻九爲本日寅初刻

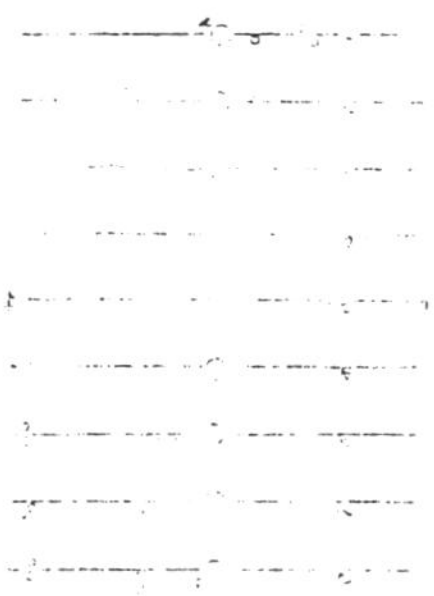

依上測得其相距極近之圈半徑爲木星三徑

木星旁小星圖

用木星半徑爲法蓋無他物可與爲比

次小星圈半徑爲木星四徑第三爲五徑第四爲十徑

其行右旋在上順行在下逆行（順者自西而東逆者自東而西）近本星疾行距遠遲行順行與木星會則不見蓋木星食之逆行不食可知其環行也又木星爲其環行之心又環行之大圈平面不與木星之本道同面而四小星之各圈平面又不作一大圈平面蓋其高下不一在高者距南在下者距北

次圈線圖木星甲爲心作乙丙丁戊圈距心見上每圈爲一小星之軌道外圈從戊向丁己庚行餘倣此乙星行滿本周爲一日七十四刻丙星行一周爲三日五十三刻有奇丁星行一周爲七日十六刻戊星行一周爲十六日七十二刻弱皆從木星會合時起算不用距木星之極遠蓋衆星依本小輪行至左右爲留段不見其行無從得眞率也

又小星在甲己左右兩線內卽隱不見爲木星掩也在甲壬左右兩線內亦隱不見蓋入木星之景故也

設日所在如圖照木星生甲壬景因木星距日幾何得甲壬景所在

今目恆見四時見三其所不見者必在己或壬兩暗處

系木星全爲暗體小星之體亦自無光光借於日故入木星景如壬日所不見

四小星去木星遠見大近則木星光大能奪小星之光

問晨昏時比中夜見小星之光爲大何故曰晨昏之光朦朧之光也其光不大故能助目之光

又問遠鏡中若少離木星之體卽不得見小星何故曰本星光助目以能分小星之體已上兩言聊以答問未知其正理安在俟詳求之

測四小星當於其較著時一爲木星與日衝照（此時木星距地甚近）一在本輪之最庳一晨昏時一月明時

其四爲金星旁無新星特其本體如月有朔望有上弦下弦（見本曆第五卷）

其五太陽四周有多小星用遠鏡隱映受之每見黑子其數其形其質體皆難證論目以時多時寡時有時無體亦有大有小行從日徑往過來續明不在日體之內又不甚遠又非空中物此須多處多年多人密測之乃可不闕人目之謬用器之缺詳見性理書中

又以遠鏡窺太陽體中見明點其光甚大

又日出入時用遠鏡見日體偏圓非全圓也其周如鋸齒狀然因其行無定率非曆家所宜詳亦解見性理（以上原本曆指卷十六五緯之一）

欽定古今圖書集成曆象彙編曆法典

第六十六卷目錄

曆法典第六十六卷

曆法總部彙考六十六

新法曆書十六

五緯曆指二

土木二星

土木二星之行有經有緯又有遲速諸行測其平行之率已見本部首卷曆家苟欲推明其行必用小輪及均圈等然此二星之測法則同其于（歲）星則異矣法以星正衝太陽三測之蓋在此無歲行之差故也若測在晝法曰求太陽與二星衝照之日於其先後幾日累測之算用二星日時刻細行數如測月離亦用三食方免他行之差焉其古今三測列之如左

土星

測土星最高及兩心之差先法第一

古多祿某擇取土星在日之衝前後三測

第一測總積四千八百四十年爲漢順帝永建二年丁卯西曆三月二十六日酉正本地測得土星經度爲壽星一度十三分于時太陽平行躔其衝得降婁一度十三分

第二測總積四千八百四十六年爲漢順帝陽嘉二年癸酉西曆六月初三日申正本地測得土星經度在析木宮九度四十分太陽平行對衝在實沈宮九度四十分

第三測總積四千八百四十九年爲漢順帝永和元年丙子西曆七月初八日午正本地測得土星經度在星紀宮十四度十四分太陽平行對衝在鶉首宮十四度十四分

前二測中積爲二千二百六十二日又二十二時（二十四時爲一日）此時依前所定平行數得土星行七十五度四十三分又兩所測土星之視經度差（癸者星一度十三分七秒木九度四十分）得六十八度二十七分平行視行相減得七度十六分爲均數又平行大視行小（用小輪法）可知星在自輪之上

自輪當不同心圈也星在其上即逆行必減平行爲視行而視行爲小

後二測中積爲一千一百三十〇日又二十〇時此時土星之平行三十七度五十二分又兩測視經度相減（析木宮九度四十分至星紀宮十四度十四分）得三十四度三十四分又平行視行兩數相減得三度一十八分爲均數平行大視行小星亦在自輪之上

依上三測可見平行與視行不一又視行時大時小前二測以減均數得視經後二測以加均數得視經可見視行時疾時遲

用古測亦用古圖則不同心圈及大均圈

如圖甲乙丙圈爲土星本天（亦名本圈亦名不同心圈）取甲點爲第一測土星所躔本圈上度（未定最高左右數任取之）從甲至乙爲前兩測之中積平行七十五度四十三分乙爲第二測土星所躔本圈上度從乙至丙爲後兩測之中積平行三十七度五十二分丙爲第三測時土星所躔本圈度也又本圈心外任取一點爲丁以當黃道心作甲乙甲丁乙丁三線又從第三測丙過丁作丙丁戊線

此先用甲乙兩測或用乙丙或用甲丙皆可

至周上又作甲戊乙戊二線成多三角形丁點爲黃道心則視行之度用黃道上所測之弧或用其輳心之角一也

丁點爲黃道心其周上各分之弧與其輳心之各角各并之皆得三百六十度各弧與各角相當弧角兩名亦互用

一乙戊丁形有乙戊丁角戊角在界乘乙丙弧則爲乙丙弧度之半爲一十八度五十六分又有乙丁戊角

乙丁丙丁爲後兩測黃道上土星之度則乙丁丙爲兩測中積視行度之角得三十四度三十

四分乙丁戊爲其滿半周之餘角
爲一百四十五度二十六分乙角必爲一十五度二
十八分
三角形之三角當兩直角或當一百八十度
有三角求三邊
測量全義首卷九題曰邊與邊若各邊對角之正
弦則以各角之度查正弦表得數爲各對邊之數
也
乙丁邊得三二四四七（戊角之正弦）戊丁邊得二一六九四
八（乙角之正弦）戊乙邊得五六
七三六（丁角之正弦）
言三測之弧言在界所
乘之弧皆本圈上之平
行弧言輳丁心各角相
當之弧皆黃道上之視
行弧故弧同數異也
二甲戊丁形有甲戊丁角
甲戊丁角在界乘甲乙
丙弧用半數甲乙七十五度四十三分乙丙三十
七度五十二分并之得一百一十三度三十五分
半之得五十六度四十七分半
爲五十六度四十七分半有甲丁戊角
甲丁乙乙丁丙兩角并爲一百〇三度〇一分以
滿一百八十度爲甲乙戊角
爲七十六度五十九分第三角即戊甲丁必爲四十
六度一十三分半有三角求三邊（法如前）得甲丁邊爲
八三三六六八（戊角之正弦）甲戊邊爲九七四二二〇（丁角之正弦）

戊丁邊爲七二二〇六（甲角之正弦）
三乙戊丁甲戊丁兩形同
用戊丁邊是戊丁邊有二
數以此兩戊丁依通率法
通爲同類之數
兩形數相通元法置一
處數依各邊之比例求
各兩處數之幾何也

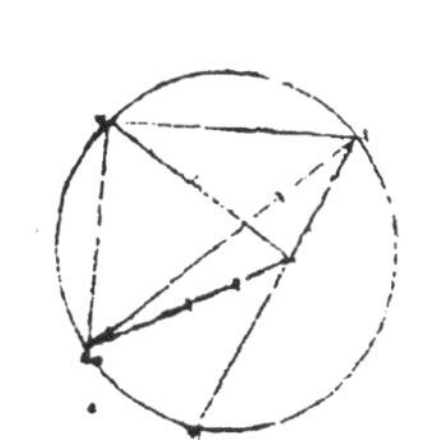

用三率法
法曰乙戊丁形之戊丁爲先數二一六九四八爲一
率甲戊丁形之戊丁爲次數七二二〇六爲二率
乙戊丁形之乙戊爲先數五六七三六爲三率如
法得甲戊丁形之乙戊爲次數
求乙戊邊次數（次數與戊丁次數同類）得一五二〇二一即與
甲戊丁形數同類
四甲乙戊形有甲戊乙角
戊角在界乘甲乙弧弧爲平行七十五度四十三
分用其半
爲三十七度五十一分半
有甲戊戊乙兩邊
甲戊邊第二算所得也
乙戊邊則第一算所得
而用通法爲與丁戊或
甲戊同類
求甲乙邊
法從甲角作甲午垂線

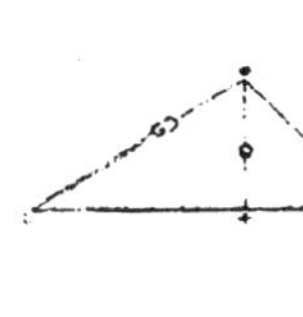

分元形爲兩句股形用甲午戊形求甲午爲全與
甲戊邊若戊角之正弦與甲午得五九七八三又
求午戊爲全與甲戊邊若戊角之餘弦與午戊得
七六九三三又以午戊減戊乙得七五〇八八次
甲午乙形有甲午股午乙句求乙甲弦兩數各自
乘并而開方得甲乙邊
得九五九八〇
五甲乙線有兩數一爲甲乙弧之弦
甲乙弧先兩測之平行七十五度四十三分
一二二七四三一爲前推
甲乙戊之邊九五九八〇
以此兩甲乙線通之求甲
戊弦與甲乙弦同類
法甲乙邊爲外數爲一
率甲乙弦爲內數爲二
率甲戊邊外數爲三率
如法得甲戊弦內數
得一二四五二一六有甲戊

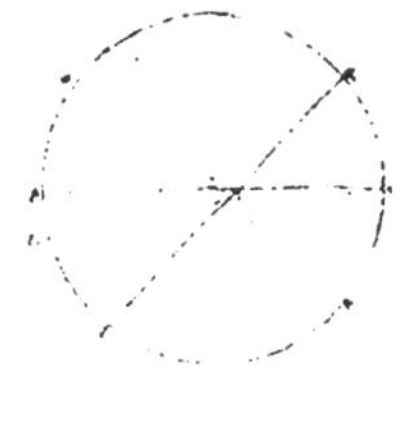

通弦之數查表求甲戊通弧之度
法用半弦爲六二二八九查表得半弧三十八度
三十一分半倍之爲甲戊弧
得七十七度四十三分
六甲戊甲乙乙丙三弧之度數并得一百九十度三
十八分丙乙甲戊弧也求其弦得一九九一四四丙
戊線也
七丙乙甲戊弧爲圈之大半即圈之心在其內（弧弦形之內）
置心在己作庚己丁壬過己丁兩心之徑線

甲丙弧大於甲戊卽己心又在丙丁甲形內截丙戊弦於丁求戊丁丁丙兩弦分丁戊線有兩數乙戊丁形內一甲戊丁形內一此甲戊丁形之甲戊邊有本形邊之外數又有內弦數以三率法求戊丁弦內數若干甲戊邊本數九七四三〇甲戊弦數一二四五二六戊丁邊次外數七二二〇六依法得戊丁弦次內數九二二八〇以減戊丙全弦得丁丙弦數

算得戊丁爲九二二八〇丁丙爲一〇六八六四

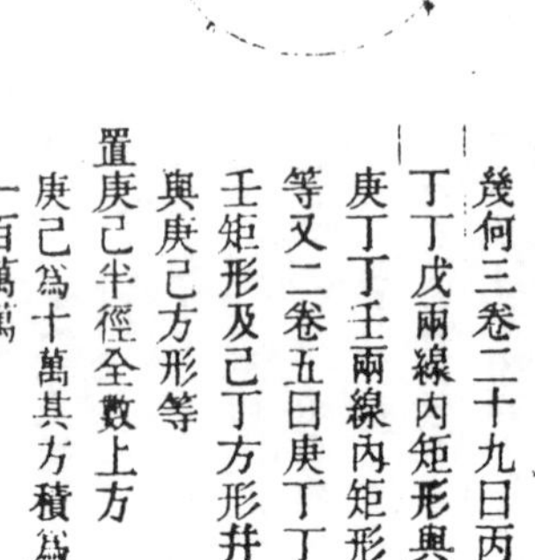

八求己丁兩心之差

幾何三卷二十九日丙丁丁戊兩線內矩形與庚丁丁壬兩線內矩形等又二卷五日庚丁丁壬矩形及己丁方形并與庚己方形等

置庚己半徑全數上方

庚己爲十萬其方積爲一百萬萬

以戊丁丁丙矩形積九八六一一四〇九九二〇九減之餘一三八五九〇〇八〇其方根爲己丁線得一一七七二兩心之差也土星天心距地心之數也

九丙戊弧平分之於辛作己辛線截戊丙線於癸成己丁癸句股形有己丁一一七七二兩心差有丁癸

先有丙戊半之爲癸戊以戊丁減之餘丁癸七三六六求癸己丁角算得三十七度三十五分己爲心卽壬辛弧爲己角相當之弧壬辛辛丙

辛丙弧爲丙戊弧之半得八十四度三十二分并得一百二十二度〇七分爲第三測土星或次輪心距最高之衝壬或距最高庚爲五十七度四十三分丙庚弧也

庚爲最高壬爲其衝庚壬線過兩心故也

丙庚弧去減乙丙得乙庚十九度五十一分爲土星第二測距最高又甲乙弧去減庚乙得五十五度五十二分爲土星第一測距最高之弧

十置兩心差及星自行距最高之度求上三測之均數用上圖不同心圈甲乙丙作甲己甲丁諸線成各三邊形如甲己丁形有甲己半徑有甲己丁角第一測距最高之餘一百二十四度八分有己丁一一七七二求丁甲己均角得五度二十五分爲均數因星近最高均數用減以減庚甲得五十〇度二十七分甲丁庚角也

次星在乙求己乙丁角

形有己丁己乙兩邊及乙己丁角爲乙己庚之餘

算得二度〇六分以減庚乙在最高之近故得十七度四十五分乙丁庚角也

又星在丙求己丙丁均角

算得五度二十四分半

甲乙兩均角并得七度二十二分半爲前兩測中積之均數然先所測均數爲七度一十六分今所算均數較前測盈六分半後兩測今所算中積均數

丙丁庚角去減乙丁庚角餘爲二三測均數差三度十八分半較前所測均數盈半分

已上十條求土星距本圈之最高及兩心之差古今兩數相近然止用不同心圈算加減均數則與實測之數不能悉合

星在最高或其衝則其加減均數又星在高庳之中則依兩心之差均數

爲合四限外不合

古多祿某曰星或次輪之心所行非不同心之庚乙壬也其軌道蓋有他圈試作丑寅卯圈是名均圈子爲心居兩心之間

己丁兩心線平分之於子子爲心子丑與己庚兩半徑等

星體或次輪心行丑寅卯圈其自行之度數乃在庚己壬圈設星在寅在均圈距最高爲丑寅弧或丑子寅角依彼測算是不用寅丑弧爲自行度而借庚乙弧或庚己寅角爲自行度得己寅子角爲本均

本均所從出者本圈丑寅上之本行也
度數
用此求本均數可以合天
古數小差於法爲正新數依此別解之
然非正法大違曆算測量二家之公論
公論曰諸星行本圈上必順行必以本心爲心而成全圈今日星行丑寅卯圈其自行之度却於庚乙圈上測之不以本圈心爲心故曰非正論今試別解之如左

十一本均正法
己爲心作甲乙丙戊圈(名散均輪之圈)取己於兩心相距四分之三
前卷初法己丁四今取其三爲己丁一爲小均半徑
丁爲地心甲乙周上取四點(最高最庳左右兩平距)甲乙丙戊以爲心用己丁三之一爲度以爲界作四小輪(名小均輪)星(或次輪心)依此均輪周上行若均輪心在最高如戊星在均輪之最近爲庚均輪心順行至甲(中距之處)星逆行(在下半周故曰逆行非逆天上也)至癸至均輪心行滿大圈一周星亦行滿均輪一周同時復於故處星所行之軌迹必成庚甲壬丙一大均圈與前法等在甲在丙爲兩極大均數兩法所得無二(見本曆第一卷)
十二依古法用三測求本均正數　置大均圈之心子於己丁兩心之間星行本圈至甲(第一測)卽大均圈上在酉距最高庚爲庚己甲角五十五度五十二分(上筭所得)又作己甲酉子申丁丁酉四線成己子酉子酉丁丁酉甲三形求丁酉己均角
己酉子形有己子爲兩心之半距有子酉爲均圈半徑有酉己子爲自行度甲庚之餘角求酉角自得己子酉角又酉子丁形有子丁有子酉有酉子丁爲己子酉之餘角求酉角兩酉角并得五度二十五分半以較己甲丁角盈九分
第二測如上法算得均數二度一十二分
第三測得均數五度三十九分半先兩測兩均數相并得七度三十七分半較所測(七度一十六分)盈二十一分半後兩測相減得三度二十七分半較所測(三度一十八分)盈九分半理雖允正數不合天
十三多祿某因上所推數不合天別定兩心之差爲一一二七七又最高順天進移一度一十三分卽第一測距最高爲五十七度〇五分(先算爲五十五度五十二分)第二測距最高爲十八度三十八分(先算爲十九度五十一分)第三測距最高爲五十六度三十分(先算爲五十七度四十三分)
十四用上數依本圖再算第一測得己酉丁均角爲五度一十八分以減星自行距最高得星視行距最高爲五十一度四十七分第二測算均角得一度五十八分以減自行距最高得一十六度四十〇分爲星視行距最高第三測算均角得五度一十六分以減自行得五十一度一十四分爲星視行距最高
十五先二測相距爲六十度二十七分(兩測距最高度數并)與所測等後二測相距爲三十四度三十四分(兩測距最高度之較)與所測等又先測兩均數并爲七度一十六分後兩測均數并爲三度一十八分各與所測等
多祿某因推數與測數密合遂借所設數爲正數
十六第一測土星在壽星宮一度一十三分又得視行距最高五十一度四十七分兩數并(第一測土星在最高前故相加)得在大火宮二十三度土星天最高之經度也
十七多祿某步土星術於兩不同心圈外更用一小輪(名歲輪一名歲行一周)星依此輪周行如第三測歲輪心在丙(圖號如前)依丙心作午未卯歲輪(今不論其從後推之)作己丙自行線(自心出圈)作丁丙視行線(出地心)凡星在最近未(近地)爲太陽之視行衝在卯卽以視行會太陽然午或甲爲歲輪平行之界則第三測時星在未距午平視行之差五度十六分歲輪行一周者非三百六十五日也五星皆以行一周天而與日會爲歲行其率土星一年十二日有奇木星一年三十三日有奇火星二年四十九日有奇金星一年二百一十九日有奇水星一百一十五日有奇皆謂之歲行周
十八約上論列各類之數以便簡覽

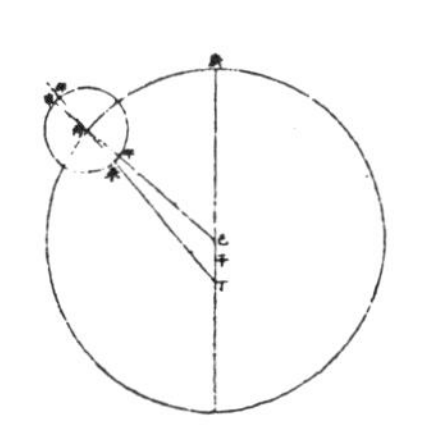

今論定數

測	宮十度十分	千百十日十時
一	壽星 一一三	二三六〇二二
二	經度析木 九四〇	中積 一一三〇二〇
三	星紀一四一四	

測	十度十分	十度十分	度十分
一	七五四三	六八二七	七一六
二	平行 三七五二	視行 三四三四	均數 三一八
三			

先用兩心差一一七七二算得數不合

測		度 分		度 分 十秒		度 分 十秒
一	距最	五五五二	不同心	五一六卅	加總	七二二卅
二	高度	一九五一	圈上均	二〇六	減較	三一八卅
三		三七五一		五二四卅		

測		度 分 秒		度 分 秒
一	均圈	五二五三〇	加總	七三七三〇
二		二二		
三	上均	五三九三〇	減較	三一七三〇

後用兩心差一一二七七算得數密合

測		度 分		度 分
一	次算	五一八	加總	七一六
二	均角	一五八	減較	三一八
三		五一六		

測		度 分		度 分	度 分
一	距最	五一四七	加總	六八二七視行距	五七〇五
二	高度	一六四〇	減較	三四三四最高度	一八三八
三		五一一四			五六三〇

測土星最高及兩心之差後法第二

多祿某於漢順帝時定土星天之最高及兩心差測算如前此時無上古所傳舊測何從知最高復有運行度數正德間歌白泥因千年積候再測再算得此時最高距多祿某時積歲運行度分近萬曆間第谷及其門人再測再算復定最高歲行若干度分今具一法如左

第一測總積六千二百二十七年爲正德九年甲戌西曆五月初五日子正前一時一十二分本地測得土星距婁宿距星（西名白羊角大星）二百〇五度二十四分爲太陽之衝

於時婁星經度爲降婁宮二十七度一十五分五十三秒算土星宮得鶉尾一十九度二十六分太陽平行在娵訾宮十九度二十六分

第二測總積六千二百三十三年爲正德十五年庚辰西曆七月十三日午正時本地測得土星距婁宿距星二百七十三度二十五分爲太陽衝

於時婁星經度爲降婁宮二十七度二十一分算得土星在元枵宮初度四十六分太陽躔鶉火宮初度四十六分

第三測總積六千二百四十〇年爲嘉靖六年丁亥西曆十月初十日子正後六時二十四分本地測得七星距婁宿初度七分爲太陽衝

於時婁星經度二十七度二十七分算得土星在降婁宮二十七度三十四分太陽躔壽星度分同

前二測中積爲二千二百六十〇日又六十分日之三十三此時土星視行爲六十八度〇一分平行爲七十五度三十八分兩行之較爲均數七度三十八分

後二測中積二千六百四十四日又六十分日之四十六此時土星平行爲八十八度二十九分視行爲八十六度四十二分兩行之較爲均數一度四十七分

圖與前同其號其算法皆同

一算乙丁戊形求各邊

二算甲丁戊形求各邊

三戊丁有兩數通乙戊令與甲丁戊形同類

四甲戊乙形求甲乙邊

五甲乙線有外數（先得甲乙之邊）有內數（爲甲乙弧之弦）用兩數依通法求甲戊弦數以求甲戊弧

六甲戊甲乙乙丙三弧并求其弦丙丁戊弧大圈心必在其內如己以甲乙兩數求戊丁弦數因得丁丙弦數

七戊丁丁丙相乘得數以減半徑上方積其餘開方求根爲兩心之差得一二二〇〇

八戊丙弧平分之作己癸辛垂線成己癸丁三角形求癸己丁角得三十二度四十二分即辛壬弧

九有辛壬弧求丙庚爲第三測之土星距最高得一百二十八度三十二分求乙庚爲第二測距最高得四十〇度〇三分求甲庚

爲第一測距最高得三十五度三十六分

此算數不合測數若用小均輪算各測之均數亦不合天歌白泥用別數試之乃得合天以爲正法其己丁相距八五四以其三之一爲甲未半徑又進移最高二度十四分如庚甲先得三十五度三十六分今爲三十七度五十（闕）分庚乙庚丙各減之

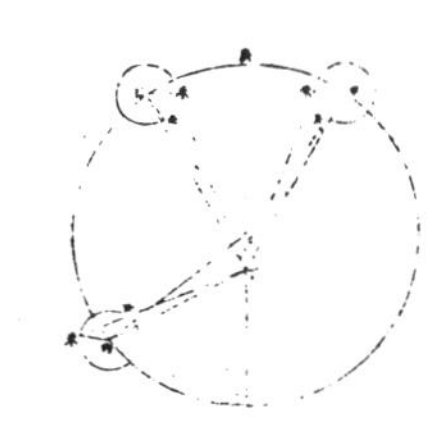

用上別定數求各測之均數如歌白泥圖用小均輪大圈爲載小均輪之圈（卽不同心圈）其心己作庚己丁壬徑線取己丁四分之三爲兩心差地心丁爲甲乙丙三測之心又取兩心差四之一爲度以爲半徑作各小均輪又作甲己乙己丙己三線各剖小均輪於丑凡小均輪心距庚最高若干卽土星體（之心）（或云載輪）距丑亦若干如一測則丑未與甲庚大小兩弧等二三測亦如之次各作甲未未丁諸線（二爲乙未三爲丙未）成甲未丁諸形又成甲己丁諸形因星之平行在甲距最高爲庚己甲角視行距最高爲庚丁未角兩角之較爲均數

第一測己甲丁形有己丁（兩心差四之三卽九〇〇）有己甲（全數）有甲己丁角

庚己甲之餘一百四十四度二十四分

求甲丁兩角卽甲丁邊得己甲丁角爲二度二十二分丁角爲三十五度五十八分甲丁邊爲一〇六七九

第二測己乙丁角爲二度四十二分乙丁己角爲三十四度〇四分丁乙邊爲一〇六九七

第三測己丙丁角爲四度一十三分己丁丙角爲一百二十一度〇五分丙丁邊爲九五三二

又各測甲未丁諸形有甲丁（前算）諸邊甲未丁諸角又未甲丑諸角與甲庚諸弧等

各兩角并得未甲丁諸角

及甲未諸邊（小輪半徑）求未丁甲諸角第一測爲一度三分第二測爲〇度五十九分第三測爲一度十六分

如上圖己丁甲等角皆爲小均輪心距庚最高之視行度又未丁甲諸角皆小均輪上之星行均數以減甲丁庚諸角得未丁庚諸角爲星正距最高之處一測爲三十四度五十五分二測爲三十三度〇五分三測爲一百一十九度四十七分前二測之數并得六十八度爲兩測相距之視度較所測差一分後二測相減得八十六度四十二分爲兩測相距之視度與所測等

又庚己甲諸角庚丁未角之較第一測得三度五十五分二測得三度四十四分三測得五度五十三分爲各測平視兩行之差均數也前兩均并得七度三十八分與所測等後兩均相減得一度四十七分與所測亦等得數皆合天知其根數必合無疑

第一測得土星距婁宿距星爲二百〇五度二十四分今得星未到最高爲三十四度五十五分兩數并得二百四十〇度一十九分是爲總期六千二百二十七年卽正德九年甲戌土星天最高距婁宿之經度分加婁宿經度共得二百六十七度三十五分或稱析木宮二十七度三十五分多祿某元定最高在大火宮二十三度相減得二十四度三十五分其中積一千三百八十年有奇以最高行度爲實年數爲法而一得一年最高行分（率數見下文）近萬曆年間第谷及其門人再測再算所得之數不遠

試以土星表較古今兩測第三

用古多祿某第三測及近世歌白泥第三測相比計兩測中積爲一千三百九十二平年又七十五日六十分日之四十八依本表歌白泥時土星自行（全周外）爲三百五十九度四十七分四十二秒是多祿某測自行（從最高起）爲一百七十四度四十四分今歌白泥測自行爲一百七十四度二十九分相減較十五分爲今測未及古測之度分依表算以滿全周不足一十二分則千四百年間算測之差僅三分極微矣

此中積內土星行歲輪爲一千三百四十四周不足四分度之一

又太陽全周外平行八十二度三十分內減土星行度（三百五十九度四十五分）得八十二度四十五分（乃土星四十七周外平行之度數也）

定土星表曆元第四

或用古測或新測同法以所測年月時與所定曆元

年日時相減得較爲中積於土星零年日表求中積時之行度分以加所測之土星行度分

凡測在前曆元在後用加法若測在後曆元在前用減法

得曆元時土星之平行經度

又測星之地非曆元所定之地則以東西里差時刻用日細行表以加減法均之（測地在西用減法測地在東用加法）

本曆所用土星表以新測十五條推算考驗第五

一總積六千二百九十五年爲萬曆十年壬午西曆八月二十一日八刻（子正起算）太陽躔鶉尾七度二十六分（視行也）測土星經度得娵訾宮七度二十六分爲太陽衡用表查得平行三百〇九度二十三分四十秒（春分降婁宮起算）自行爲七十七度三十四分四秒用加減表得土星視經度爲娵訾宮七度二十二分〇四秒以較測數縮三分有奇

二總積六千二百九十六年爲萬曆十一年癸未西曆九月初三日一時太陽躔鶉尾十九度五十〇分測土星經度得娵訾宮十九度五十分爲太陽衡用表查平行得三百二十八度二十六分二十一秒自行爲九十度一十七分一十五秒用均數得土星視經度爲娵訾宮十九度四十八分以較測數縮二分

三總積六千二百九十七年爲萬曆十二年甲申西曆九月十五日六時半測土星正對太陽經度爲降婁宮二度三十四分以算較測盈一分

四總積六千二百九十八年爲萬曆十三年乙酉西曆九月二十八日十九時半測土星正對太陽經度爲降婁宮十五度三十九分半以算較測縮十五秒

五總積六千二百九十九年爲萬曆十四年丙戌西曆十月（時闕日）測土星經度爲降婁宮二十九度〇二分以算較測盈二分

六總積六千三百〇〇年爲萬曆十五年丁亥西曆十月二十六日九時測土星經度爲大梁宮十二度四十六分算與測密合

七總積六千二百〇一年爲萬曆十六年戊子西曆十一月初八日十時十分測土星經度爲大梁宮二十六度四十四分以算較測盈二十秒

八總積六千三百〇二年爲萬曆十七年己丑西曆十一月二十二日十四時半測土星經度爲實沈宮十度五十三分以算較測盈三十六秒

九總積六千三百〇三年爲萬曆十八年庚寅西曆十二月初六日二十時半測土星經度爲實沈宮二十五度十分以算較測縮一分有奇

十總積六千三百〇四年爲萬曆十九年辛卯西曆十二月二十一日一時測土星經度爲鶉首宮九度二十四分半以算較測縮一分有奇

十一總積六千三百〇八年爲萬曆二十三年乙未西曆正月三十日二十一時測土星經度爲鶉火宮二十一度一十五分半以算較測盈三分

十二總積六千三百二十年爲萬曆三十五年丁未西曆七月初九日三時測土星經度爲星紀宮二十六度五十三分以算較測盈四分有奇

十三總積六千三百二十二年爲萬曆三十七年己酉西曆七月二十一日十三時測得土星經度爲元枵宮八度三十一分以算較測盈一十二秒

十四總積六千三百二十三年爲萬曆三十八年庚戌西曆八月初二日二十二時半測土星經度爲元枵宮二十度十分以算較測盈四分有奇

十五總積六千三百二十四年爲萬曆三十九年辛亥西曆八月十五日十六時測土星經度爲娵訾宮二度一十二分以算較測盈一分半

測土星次行先法第六（次行一名歲行一名他行）

上論用不同心圈及均圈（大小一理）以齊土星之自行（或稱本行）二十九年有奇而一周天今論其次行（每一會日一周稱歲行）有二說蓋古今曆家皆言土星在日之衡則逆行則遲行其正衡之點爲逆行遲行兩限之界若土星與日會則順行則疾行其正會之點爲順行疾行兩限之界也然日有平行有視行未知定兩限之界者爲日平行之衡與會耶抑日視行之衡與會耶故有二說上世每用日平行之衡爲逆行之限今世則曰宜用日視行之衡爲逆行之限（即歲輪極高極卑之點）兩法皆可推定次均表其差甚微似不妨任用之

今以法齊歲行依古測用古圖依新測用新圖

古法多祿某於總期四千八百五十一年爲漢順帝永和三年西曆十二月二十二日子正前四時（即亥正）本地測土星經度爲元枵宮九度〇四分

測土星經度以大渾儀用月用畢宿大星本書詳記其術

於時太陽平行躔析木宮九度一十五分較前所用第三測則此測在後八百九十七日又八時其時土星最高在大火宮二十三度土星在元枵宮九度〇

四分則視行距最高爲七十六度〇四分又第三測時平行歲輪心之行距最高五十六度三十〇分兩測之中積平行爲三十〇度〇三分以并第三測共得八十六度三十三分爲此測時土星平行距最高之度分也

古不知有最高行故平行自行異名同理

又第三測時土星體居歲輪周一百七十四度四十四分從最遠起算二測中積星間行歲輪周一百三十四度二十四分并之得三百〇九度〇八分爲土星從歲輪極遠所行之處　今有星之視經度自平行及歲行各若干又有其均數兩行較爲十度二十九分及兩心之差求歲輪徑大小若干

如圖己子丁庚四號同前歲輪心爲未庚未弧八十六度三十三分作己未甲線甲爲歲行極遠之界從甲過丑取三百〇六度八分至丙爲土星之體又作子未丁未丁丙未丙四線成諸三角形

己未子形有己角

自行弧庚未八十六度三十三分之餘爲九十三度二十七分

有己子邊兩心差之半有未子全數求己未邊又己未丁形有己丁己未兩邊有丁己未角求歲輪心距地丁未若干得一〇〇八〇〇又求先均數之己未丁角得六度二十九分即己丁未角爲八十度　四分是歲

輪心未正距最高庚之度分而所測土星本體丙距最高爲七十六度〇四分其較四度則歲輪均數也

丙丁未角也

丙丁未形有丁未邊有未丁丙角有丙未丁角

歲行爲甲丑丙弧減半周甲卯餘卯丙又有卯丑爲己未丁角之弧即丙卯卯丑兩弧并得丙丑弧或丙未丁角

求丙未邊得一〇八三三爲歲輪半徑之數

子未截未心圈之半徑爲全數十萬也

多祿某所定己丁丙未兩線依以推算凡有土星自行庚己未角及歲行丙未丁角皆可得土星全均數庚丁丙庚己未兩角之較本書有例今用新法新數不煩備述

測土星次行後法第七

近年第谷門人用多祿某法作別圖稍訂定前數

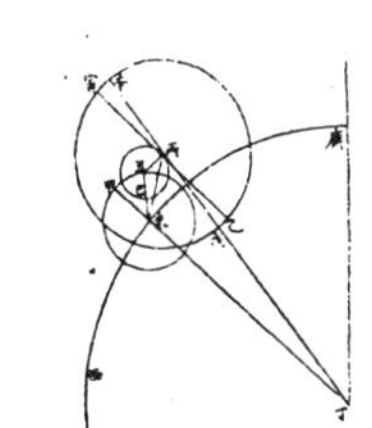

丁地心爲心作庚未壬黃道圈或土星本圈如日道爲月本圈庚爲最高取庚未弧順天取之爲土星自行度未爲心作甲丑圈其半徑八七二一一古圖爲兩心差四之三數小異作丁未甲線甲爲不同心輪極遠之界從界左行取甲丑弧與庚未弧等丑爲心作己丙圈其半徑爲二九〇七

古圖爲兩心差四之一此兩小輪第一當不同心圈第二當小均圈

又作未丑線恆與最高庳線平行割己丙圈於己爲最近未心之點亦爲丙己圈右行之界從己右行取己丙弧倍庚未弧

未心行庚未圈一周丙點行丙己圈二周

又以丙爲心作戊乙辛寅圈名歲圈古名小輪其半徑一〇四二六少較古數土星體循此圈一會歲星日與土相會名歲會一行滿一周

作丁丙辛線辛爲歲行極遠之界

凡未心在庚自行初度分丑又在甲丙又在己星若在辛即土星之各行皆爲初度初分土星在最高土星體從戊右行過乙辛寅而復於戊爲一周用此圖可推土星均數有例如左

此新圖法仍用新測即測算俱合今具兩測一爲減均一爲加均

第一測總積六千三百〇三年爲萬曆十八年庚寅西曆二月初八日午正後三十四刻第谷於本地親測土星經度爲寶沈宮七度三十二分緯度爲黃道南一度三十二分於時太陽視行躔娵訾宮初度初分四十秒依表得土星平行距春分爲七十五度一十〇分〇五秒平經度也自行爲一百六十八度五十一分四十秒本圈上之行引數也下歲行定

如左圖丁爲地心庚壬爲土星本圈與地同心壬爲最高衡從壬逆取十一度〇九分

自行從最高庚起至最庳壬不足若干或從最高

計自行本數或從最庳逆數其餘

得未未爲心作甲丑當不同心圈作丁未甲線從甲左行取自行度數之甲丑弧一百六十八度五十一分丑爲心作己丙卯均圈作未己丑線從己過卯取自行之倍弧三百三十七度四十二分至丙作丑丙丙未二線又丙爲心作戊乙辛歲圈作丁戊丙辛線從戊右行取土星距太陽若干至乙乙爲土星體用三角形算求乙丁未全均數之角如左

丑丙未形有丑丙丑未兩邊（其數見上）有丙丑未角

己丙弧也己卯丙倍自行即己丙倍壬未爲二十二度一十八分

求未丙邊得六一二二　又求丑未丙角得十度二十二分二十四秒此角與甲未丑過半周之大角（甲卯丑弧之角）井去減半周得丙未卯或丙未丁角爲二十一度三十〇分四十四秒

丁未丙形有未丙（前得）丁未（半徑）兩邊有丙未丁角求未丁丙角（土星自行前均數）得一度二十一分四十八秒以此角減土星緯度餘七十三度四十八分一十七秒實經度也以減太陽視經度餘二百五十六度十一分二十三秒爲土星距太陽歲行度分又求丁丙邊得九四三三〇

丁乙丙形有戊丙乙角

土星實經度距日視行減半周之數爲七十六度一十二分二十三秒有乙丙丙丁兩邊求乙丁丙角（歲均數）得六度一十六分一十七秒因太陽未到土星爲減則於平行經度內減自行均及歲行均兩數餘六十七度三十二分或實沈宮七度三十二分與所測等

凡自行或引數少於半周者其均數宜減又土星順天距太陽大半周者則於實經亦宜減按圖自見之

第二測爲本年西曆九月初七日子正時本地測土星經度得實沈宮二十八度〇六分其緯爲黃道南一度一十一分在伏後留段

日在鶉尾爲合伏土留在實沈故爲伏後

爲歲均最大之處於時太陽躔鶉尾宮二十四度二十六分三十五秒土星平行爲八十二度十四分四十秒自行（不同心上度最高起算）爲一百七十五度五十五分一十七秒（引數也）

圖略如前丁未爲四度〇四分四十三秒（自行之餘）甲丑

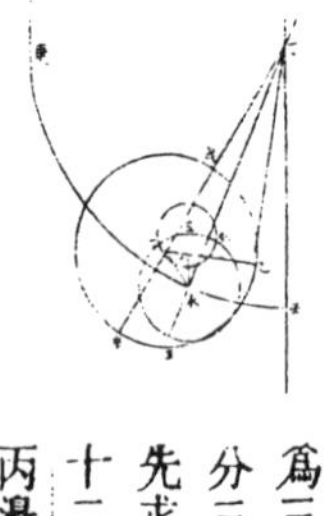

爲一百七十五度五十五分一十七秒（自行度）己卯丙爲三百五十一度五十〇分三十四秒（倍自行）

先求己未丙角得四度〇十二分一十六秒又求未丙邊行五八五二

次求未丁丙自均角得〇度三十〇分〇三秒爲減均則減之（自行未滿半周）餘八十一度四十四分〇三秒乃均經度也（從春分起）

又求丙丁邊得九四二三四

均經度以減太陽經度得九十二度四十四分土星距太陽歲行數從辛過甲取九十二度至乙　未求丙丁乙角得六度二十一分二十三秒以加均經度得八十八度六分與所測密合（因土星距太陽小半周故減之）

依上二測可知所定諸數悉爲正法合天故也若有平行有均數而求正經度或視行度用圖如上或有均數有平行數而求各圈之半徑大小亦用上圖

土星表所用者（第八）

最高行一年爲一分二十〇秒一十二微一千年行二十二度一十六分四十五秒一萬六千一百六十〇年滿一周

平行一平年爲一十二度一十三分三十五秒二十〇微

一日爲二分〇秒三十二微

一時爲五秒〇一微

一萬〇七百四十七日一十八時〇七分滿一周

二十九平年又一百四十二日一十八時〇七分

自行一年爲一十二度一十二分一十五秒

又用前法定曆元之根推算土星加減表

（按原本序次此下自第三十三至第三十七五頁缺）

土星新測式

曆局訪舉及欽天監官生同測

崇禎七年甲戌歲八月初七庚申日戌時用線測土星見在房宿第三星及建星第一星之中成一直線又見土星在宋星與天江第二星之中亦成直線

土星略向西一線未全掩其體

測量全義第九卷載有測法設四恆星之經緯度求緯星經緯度今繪星圖各兩星以直線聯之兩直線相割乃某星所躔度分也今依恆星表取四星經緯度

房宿第三星經爲大火宮二十八度六分（因距根七年加六分）緯爲北〇一度〇五分

建星第一星經爲星紀宮八度二十七分緯北〇一度四十五分

宋星經爲析木宮十二度五十三分緯北七度十八分

天江第二星爲析木宮十六度十一分緯南一度三十二分

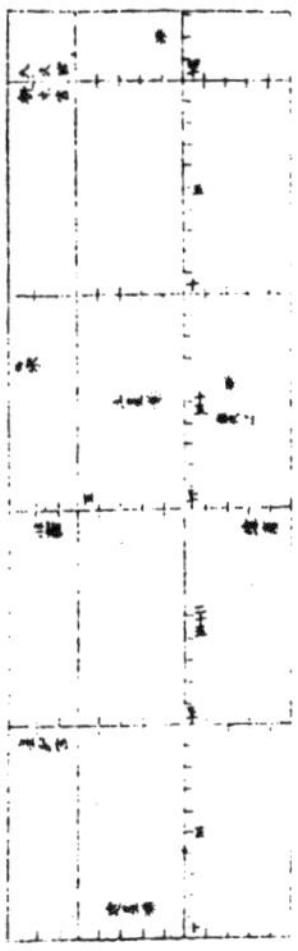

測星圖說

中線黃道也有經度

從大火宮二十七度至星紀宮十度爲足蓋所用星經度皆在其中

有南北緯度

北至八南至五所用星亦不過此

因上各星之經緯安本度分相對以直線聯之兩線相遇之處即是土星求其經度得析木宮十四度五十八分緯北一度二十五分

天圓形與平形爲異類直線曲線未可相比但所用星皆於黃道不遠用平面形以測圓形之度未免差有秒數細測考之或在一分之內得土星真經度分

依土星表設年日數推算經緯度

算置初八辛酉日子正距根二百五十一日

土星視經度爲析木宮十五度〇一分

測得十四度五十八分差三分土星果未到宋星天江中線

甲戌

	距冬至宮	度	分	秒	自行宮	度	分	秒
年根	一一	一	二二	○○	一一	四	一	一四
日數		八○	四二	一二	○	八○	三三	三三
	一一	九一	六五	二	一	二一	六二	四一
太陽均數加			九四	○五	引數			
視經	一一	○二	六四	一一	中分	○○		一一
太陽距	八	六	四		高分	四	二	一一
次均減	八	五一	七二	九二				
		五	五二	七				
	一一	五	一○	四○				

以上原本曆指卷十七五緯之二

曆法典第六十七卷

曆法總部彙考六十七

新法曆書十七

五緯曆指三

木星

測木星最高處及兩心差第一

古多祿某擇本星在太陽之衝三測如左

一測爲總積四千八百四十六年陽嘉二年癸酉西曆五月十七十八日內夜本地亥正測木星在大火宮二十三度十一分太陽平行躔大梁宮同度

不分平時用時蓋土木兩星之行極遲分刻之時不到行之半分故

二測爲總積四千八百四十九年永和元年丙子西法八月三十一日九月初一夜亥初測木星經度得娵訾宮七度五十四分當時正對太陽之平行則以算太陽躔鶉尾宮七度五十四分

三測總積四千八百五十年永和二年丁丑西法十月初八卯初測木星經度得星在降婁宮十四度二十三分行因算得太陽躔壽星宮同度

前第二測中積爲一百二十一日及二十三時此時木星視行行一百〇四度四十三分

從大火宮二十三度到娵訾宮七度中積數也卽兩視行之較也

又以中積日數查平行經度之表得木星自行爲九十九度五十五分兩行視行平行之較爲四度四十八分乃均數也

後二測之中積爲四百〇二日七時此時木星視行爲三十六度二十九分從娵訾宮七度到降婁宮十四度又以平行表求兩測中積日之平行得三十三度二十八分兩行視行平行之較爲三度三分均數也

作圖如土星解中等

甲乙丙爲三測丁爲黃道心作丙丁戊戊甲甲丁丁乙乙甲乙戊各直線成多三角之形其論甚長分爲二十端

一戊乙丁形有乙戊丁角爲十六度四十三分

乙戊丁角負圜卽爲丙乙弧度數之半數丙乙弧爲後二測中積木星之平行三十三度二十八分

折半用之爲戊角之度

又有戊丁乙角爲一百四十三度三十一分

丁點爲黃道心乙丁丙角爲後二測中積木星視行之度數以滿一百八十度天半周或以滿戊丁丙線丁點上兩直角所少者爲乙丁戊角

乙角自爲十九度四十六分

三角形三角并一百八十度先有兩角并之以一百八十減之所餘爲第三角之數

有三角求各邊之數虛數但以得三邊之比例查正弦之表

邊之比例若對邊角之正弦等見測量一卷

得丁乙邊爲二八七六四戊乙邊爲五九四五九戊丁邊爲三三八一九上三處之比例爲三邊之比例也

二甲戊丁形有戊角爲六十六度四十一分三十〇秒

戊角在圜負甲乙丙弧第一第三測中木星平行折其半爲甲戊丁角之度數

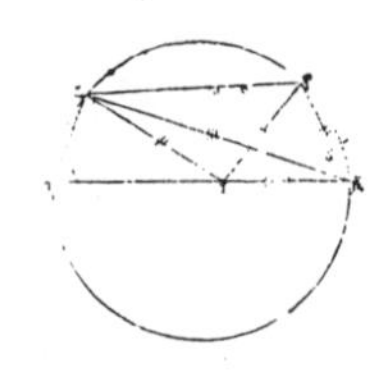

有甲丁戊角爲三十八度四十八分

甲丁戊角在黃道心上爲第一第三測中積木星視行之度天半周內減之所餘爲戊丁甲角之度也或丁點上滿兩直角

甲角自爲三十四度三十分半三角并一百八十度形有三角求各邊之比例亦用虛數如上法等查表得甲丁邊爲九一八一八四〇甲戊邊爲六三六三〇戊丁邊爲九六三六八乃各對角之正弦數也

三因戊丁線兩形同用卽有各形之數以其兩數求戊乙線比甲戊爲若干用三率法其論在土星解中得一六九四二九卽甲丁甲戊戊丁戊乙四線爲同類之數

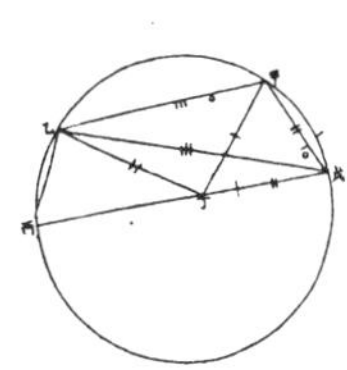

也

四甲乙戊形有戊角爲四十九度五十七分半

甲戊乙角在圜負甲乙弧甲乙爲前二測中積木星平行折其半爲甲戊乙角之度數也

又有甲戊甲乙兩邊用法求甲乙邊測量卷中得爲一三七七四一亦是虛數也

五甲乙弧爲九十九度五十五分查其弦

弧之度數折半求其正弦即倍正弦之數得全弧之弦

得一五三一一六甲乙線也

六甲乙線爲某三角形之邊又爲某弧之弦即有兩數弦數名內邊數名外下同即以其兩數求甲戊線內數若干甲乙甲戊各有同類之數見上用通法土星解中見之得六九六五四甲戊線內數也或甲戊弧之弦查表求度

弦數折半爲正弦求弧倍之得全弧

即得四十〇度四十六分也

七戊甲甲乙乙丙三弧并之得一百七十四度〇七分查表求其弦求之法見上得一九九七三四即戊丁丙線內數

八以甲戊線之兩數內外二數求戊丁線之內數甲戊戊丁上算有同類之數推算得一〇七一二四用通法如前即丁丙內數也

九戊丙內數上得之減去戊丁線內數存九二二六一〇

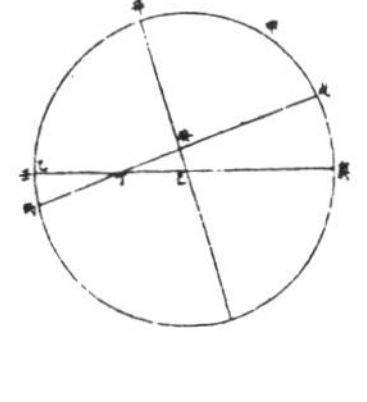

即丁丙線內數也

十因戊甲丙弧不滿天半周即圈之心在戊丙其弦外幾何言試置在己作庚己丁壬過兩心之線黃道心丁及本星道心己定本星道最高爲庚壬爲其衝己丁爲兩心相距之度

十一求己丁論見土星曆法以丙丁線之內數乘丁戊線內數又全數自之十萬爲全數

兩數相減

全之方及丙丁丁戊兩線內矩形

其餘爲方積開方得八九〇二二即己丁線也兩心之矩度也

十二戊丙線內數平分之於癸作癸己辛線分戊庚丙弧爲兩平分

凡圈中一線過心亦名平分圈內他線者必亦平分其弧幾何言之

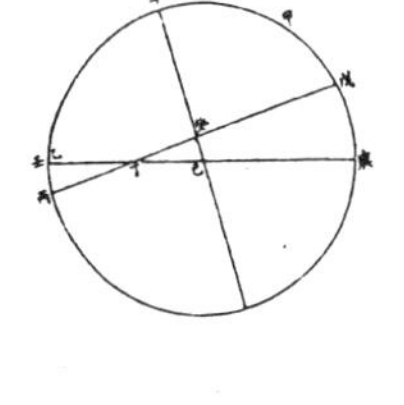

又成癸己丁句股形

因過心而平分戊丙線癸角爲直角

十三癸己丁直角形有丁癸邊

以戊丁數減去戊丙之半數或戊丁丙兩線之半較

爲一三五七又有己丁邊

前推得之八九〇二二求癸己丁角依法算之法見測量首卷得五十四度十二分乃癸己丁角或庚己辛角之度或庚辛弧之度數也

十四先得戊甲丙弧以全天周減之其餘折半爲九十二度五十六分半即戊庚辛弧也以戊庚辛弧減庚辛弧餘三十八度四十四分半即庚戊弧也庚戊戊甲戊甲弧上推得之兩弧并之得七十九度三十分半甲庚也

十五第一測木星在甲則距最高爲甲庚弧或七十九度有半加甲乙弧一二兩測相距平行得一百七十九度二十五分半庚甲乙弧也第二測木星距最高也又加乙丙二三兩測相距平行得二百一十二度五十一分半即第三測距最高之數也

十六置所得兩心相距之數及各測木星以平行距最高度數依法求各測之均數圖及法見土星中今略說圖號如上作己甲丁甲等線成己甲丁形依法求甲角又求乙角及丙角皆測三均數也甲角爲四度五十六分半第一測均數也乙角爲〇度三分半用己乙丁形算之前

二測距最高度數不過天半周則在縮邊爲同類兩均數之較爲兩經較之均數算得四度五十三分

前兩測中積視行平行之差

然先測之得四度四十八分算不合天爲五分　又

丙角爲二度五十九分用己

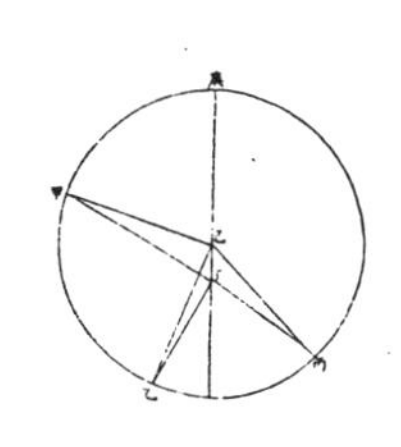

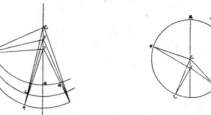

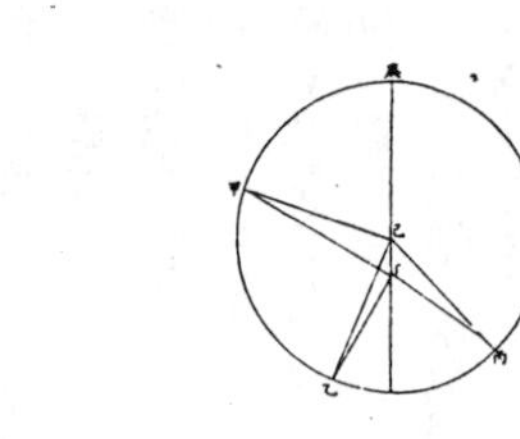

（丁丙形算之）第三測均數也此第三測距最高過天半周（一百八十度以上）在盈邊則於第二測爲異類故第二三均數相加得三度三分而於所測之均數爲等而不差

不差者蓋兩均數爲異類相平又二測距最低小數也

十七因測及算不合多祿某用均圈再算（均圈用故見土星曆）圖如土星等庚甲壬不同心圈也其心爲己丁爲地心（於黃道心等）己丁平分於子子爲均圈之心星在午均圈上先算星在甲則甲午兩處之差爲甲丁午角依法求之（土星中見）得三分因距最高數在縮邊宜先得均數減得午丁均角爲四度五十三分　第二測亦再算得乙丁午角一分亦減之餘二分半兩均數減之得四度五十分半又不合所測之數差二分半故均圈不足

十八多祿某見均圈不能全合木星之行則試而再試移最高點順天二度十五分則兩心之差又長爲九一七〇定數如此用上圖再算得第一測木星以視行距最高爲七十二度十一分（庚丁午角也）均數爲五度〇四分（丁午己角也）第二測木星距最高爲一百七十七度十分均數爲十六分兩均數（一二測兩均數）較爲四度四十八分木星兩經度相距爲一〇四度四十三分第三測木星距高衝爲三十三度二十三分均數爲二度四十七分第二三測均數相加幷得三度三分又兩經度相減得三十六度二十九分各數合天故多祿某以爲法

十九第一測測木星在大火宮二十三度十一分又因上算距最高爲七十二度十一分卽以大火宮度內減之得鶉尾宮十一度〇分爲木星道最高處若加六宮得其衝爲娵訾宮同度

二十置兩心差及均圈之理因三角形之算可細算木星逓加減表或本行之加減表夫表如他星等表非平分或八段等葢非句股法（見日躔考）

多祿某因無已前所記木星之測不知本星道最高世世那移而順天行故依上法定之後士再測覺之

今再譯其測

二十一多祿某得丁甲乙均角甲爲歲輪心作亥丑圈凡星在亥依本法爲太陽之衝然未到極近處丑差亥丑弧乃均角之弧

第谷曰星眞在丑極近者

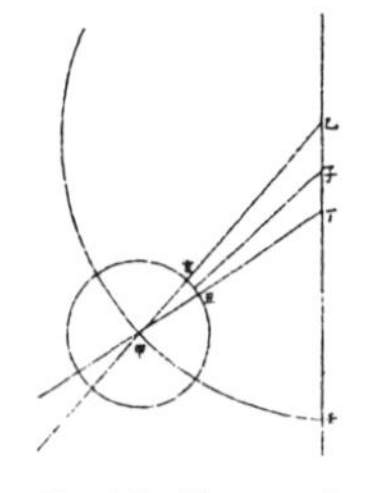

爲太陽眞衝蓋太陽爲星之心故用直行非平行

上古測木星法第二（谷白泥觀測所記）

第一測爲總積六千二百三十三年正德庚辰十五年西法四月三十日（本日）子初測木星得距婁宿距星爲二百度二十八分或測木星在大火宮十七度四十八分

當時婁宿距星距春分爲二十七度二十分

太陽平行躔其衝卽大梁宮同度

第二測爲總積六千二百三十六年嘉靖六年癸未西法十一月二十九日寅初測木星得距婁宿距星爲四十八度三十四分或在實沈宮十五度五十四分太陽平行躔其衝卽析木宮同度

第三測爲總積六千二百四十二年嘉靖八年己丑西法二月初一日戌初測木星距婁宿距星爲一百一十三度四十四分或鶉火宮二十一度四分太陽在其衝躔娵訾宮同度

前二測中積爲一千四百〇二日又六十四刻其視行度爲二百〇八度〇六分其平行爲一百九十九度四十分兩行之差爲八度二十六分此爲加減數或均數也後二測中積爲七百九十六日六十刻十一分其視行爲六十五度十分平行爲六十六度十分其較爲一度分均數也

用前三測之圖求兩心差得萬分之一一九三又求木星道最高距婁宿得一百八十度十三分或壽星宮二十七度三十三分

第一測距最高爲二十八度十五分第二測距二百二十七度五十五分第三測距二百九十四度

○五分

置上兩星測及各測木星距最高若干推算均數第一測得二度五十五分第二測得七度二十五分前二均數爲異類

一測木星距最高不過一百八十度二測過故也

相加得前二測中積均數爲十度二十分比所測甚多第三測均數爲九度三十三分二三測爲同類

皆木星距最高各過一百八十度故

相減其較爲二度○八分乃後兩測中積均數與所測更多

若用均圈而算其均數亦不能對天則如谷白泥所云宜移木星道之最高順天一十六度四十七分又兩心差減之爲萬分之九一七分用本圖爲六八八九均圈爲二二九

圖乃谷白泥法所用小均圈（見土星解）及不同心圈庚爲木星道之最高甲第一測庚己甲角（本道心上角）爲四十五度二分則甲己丁形有甲己（全數）己丁六八九兩邊及己鈍角一百三十四度五十八分求甲丁（均輪心距地）得萬分之一○四九六分

又求己甲丁角得二度三九分又丑未弧或己丁未角與庚甲弧爲等加己甲丁角并得丁甲未角爲四十七度三十四分

甲未丁形有甲角甲未邊（小輪半徑）甲丁邊先推之求甲丁未角得○度五七分因庚己甲爲銳角均數并減之得四十一度二十六分卽未丁庚角也木星本身視距庚最高之數也

第二測己乙丁形有丁己乙角爲六十四度四十二分有己丁邊求丁乙得萬分之九七二五求己乙丁角得三度四十分又未乙丁形有未乙乙丁兩邊及丁乙未角

庚己乙大角之餘加己乙丁角并得丁乙未角得六十八度二十二分

求未丁乙角得一度十分以庚己乙爲一百一十五度十八分減己乙丁角（三度四十分）又減未丁乙角（因庚丁乙爲鈍宜減）存一百一十度二十八分木星本身第二測未到最高之度數也一二測距最高數并之得一百五十一度五十四分乃兩測相近之度其餘（以滿半周）天爲二百○八度六分與所測度分等又兩測之兩均數相加得八度二一六分亦合天

第三測亦與未丁庚角推算得四十五度十七分全均數爲三度五十一分後二測相距度爲六十五度十一分及兩均數較同類相減餘一度五十九分亦合天

谷白泥定木星天之最高及兩心差均圈度如第三測木星在鶉火宮二十一度四分加第三測距最高（四十五度十七分）得木星道最高在壽星宮六度二十一分谷白泥法如此因圖凡有木星平行得其均數而又常常合天時多及門從之者今世第谷及其門人細細再測依本圖定數如左

測定數圖第三

測	經度	中積 千百十日　時
一	星紀十七度二十八分	
二	實沈十五度四十七分	二四○二十六
三	鶉火二十一度○十四分	○七九六十六

	一	二	三
視行	百十度十分	二○八○六	○六五一○
平行	百十度十分	一九九四○	○六六十○
	度十分	兩行差八二六	乃均數一○○

因三測先算兩心差乃各測距最高

測	度　分	度　分	度　分
一	二八　十五	二五五	加總十○二○盈
二	距最高二二七五五	均數七二五	
三	二九四○五	九三三	減較○二○八盈

先算不合天在置	度　分	度　分
一　兩心差別數卽九	四五○二	三三六
二　一七又移最高逆	二四四四二	均數四五○
三　天十六度四十七分	三一○五二	三五一

次算

測	度　分	各測正距最高 度　分
一	兩均加總八二六	○四一二六
二	兩均減較一三九	二四九三二
三		三一四四三

次算均數各合天其根必準

最高在壽星宮六度二十分

古定在鶉尾宮十一度○○分

較爲二十五度四十分

古今中積一千三百九十二年有奇以中積爲法行度爲實除之得最高行之率

測木星新圖第四

上古二法以木星衝太陽之平行度分爲根而求本星道最高又本行均數等然今世第谷細細再測云宜用木星衝太陽正所躔之度又以之再試得諸圈半徑之數比古所定略異木星新測共八條如左是爲新法之本

一測爲萬曆癸未年（本方在酉二十八平刻）九月初六日辰正十分西法太陽實躔鶉尾宮二十三度三十三分此時測木星在娵訾宮同度（度因少不害經度之測）

二測爲萬曆甲申年十月十三日戌初一刻五分太陽躔大火宮二十二度木星正對太陽在大梁宮同度

三測爲萬曆辛卯年四月二十三日辰初太陽躔大梁宮十三度十分木星正衝太陽即大火宮同度

四測爲乙未年九月十二日酉正初十分太陽躔鶉尾宮二十八度五十六分木星在日之衝即娵訾宮同度

五測丙申年十月十八日子正太陽躔大火宮五度四十分木星衝日在大梁宮同度

六測爲丁未年九月十七日子初十分太陽躔壽星宮四度十分木星爲太陽之衝即降婁宮同度

七測爲辛亥年正月初一日丑正四十分太陽躔星紀宮十九度三十六分木星對日即鶉首宮同度

八測爲癸丑年三月初一日巳正太陽躔娵訾宮二十一度四十五分木星衝日即在鶉尾宮同度

第谷及其門人用本圖及用右八測而試之

丁爲地心庚甲壬木星道甲丁半徑爲十萬甲爲第

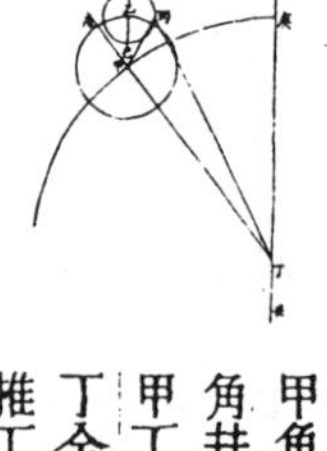

一小輪之心當不同心圈甲乙其半徑爲十萬分之七一五五乙丙均圈半徑爲二三八五以本法見上星曆中置木星距庚最高若干（平行表上取之）戊乙弧爲丁庚甲同度己丙均圈上取其倍乃丙己弧爲庚甲弧之倍作線成丙甲乙形夫形有乙角乙丙乙甲兩圈各半徑求丙甲邊又求甲角次戊甲乙乙甲丙兩角并之以半周減之得丙甲丁角即丙甲丁形有甲丁全數有甲角甲丙邊可推丁角乃本星本圈均角也又推丙丁邊乃星距地若干

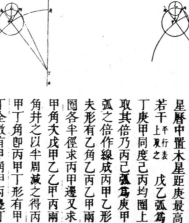

凡求第一均數諸法非爲星之體在丙即爲歲行圈之心葢星在年行之初恆在丙丁線中或上或下人目在丁常見丁丙線如一點

依上八測第谷門人於總積六千三百十三年爲萬曆庚子得木星最高處在辰宮七度三十二分再算多祿某古所測總積四千八百四十九年爲末和丙子得最高在己宮十四度〇分兩測中積爲一千四百六十四年兩處之差爲二十三度三十二分乃最高所行經度依法求一年之行以所行度數爲實年數爲法而一得五十七秒五十二微又從萬曆庚子至本曆元中積爲二十八年以所測處加二十八年之行得如表

木星年歲圈大小及其次加減第五

年歲圈者（古二法名小輪或次小輪）爲木星會太陽兩次中積所行之輪也一年爲一會之中積日率然非太陽之年歲而爲三百九十餘日依此圈之行可解木星之進退遲疾多類之行其全解見本曆指一卷今求其大小

多祿某用本圖測本星太陽衝之外總積四千八百五十二年末和四年己卯太陽平行躔鶉首宮十六度十一分（本方）爲卯初（月日不記有用日行爲是）渾儀移得降婁宮二度在午圈上木星當時比月及畢宿大星測得視行在實沈宮十五度四十一分下圖爲丁辛線圖號如上

上木星衝太陽三測第三以前距此測爲六百四十一日（時刻不等其差甚微）依表求中積各行得木星平行爲五十三度十七分丙己午角次輪行爲二百一十八度三十一分（全周外）

第二測視距最高衝爲三十二度二十三分壬丁丙也減第三測均數二度四十七分己丙丁角餘三十度三十六分壬己午角加中積行丙己午得八十三度五十三分（壬己午角也）用法求第一均數己午丁角得五度十五分丁午己壬加之得午丁壬乃歲輪心視距最高衝之度又求丁午線得九九七七七（己午全爲十萬）

第三測時最高衝測定在娵訾宮十一度木星今測實沈宮某度則距高衝爲九十四度四十五分較小

輪心距度爲五度三十七分丁午丑角此第三測時起算界申不到小輪極近之起數少申未弧約已丙丁角爲二度四十七分加於中積行得二百二十一度十八分未酉子也

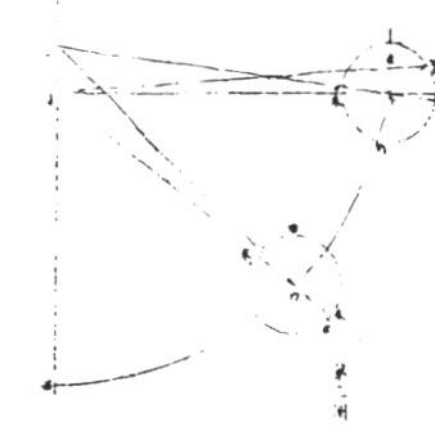

未爲極近甲未弧在黃道上則本天外故申平行前未視在後算從下未起虛界用平行若干必宜加申未弧得從未到子今測之弧

減半周戌未丑餘四十一度十八分戌子弧也

丁午子形有午丁邊有午丁子角先推及子午丁鈍角子午戌之餘求午子邊乃小輪之半徑也多祿某得一九一九四此巳午半徑全數十萬

木星天測置己午半徑十萬己丁兩心差爲九一七○小輪半徑爲一九一九四

多祿某如此又試其法用上古測木星而算又得其所定之數爲準古測爲總記四四八五年秦王政十八年壬申太陽平行躔鶉尾宮九度五十六分木星初晨初見見星體食鬼宿第四星當時經度爲鶉首宮七度三十三分緯度不拘然因今測爲細不譯其古

谷白泥再測再算得木星道最高在壽星宮六度二十分又兩心差爲萬分之六八七均圈半徑二二九井爲九一六分年圈半徑爲一九一六此圈年之數如多祿某同

第谷及門人色物利諾再細測得第小輪當不圖心爲十萬分之七一五五均圈爲二三八五年圈半徑爲百萬分之一九二九四八又移進最高此谷白泥所算爲四十分及平行亦進四分而依此算上記木星八測而測與算大差不過五分可取爲法

測木星視經度依三角形算年歲圈半徑第六用第谷門人所測總計六三○六年萬曆二十一年癸巳年西法九月二十八日本方戌正測木星在星紀宮一十三度五十六分

先測木星距天壘城第圖星爲三十三度五十九分又距宋星三十二度三十三分又測地平上高得九度又測赤道之緯爲南二十三度七分因測量九卷中法求木星經度得如上求黃道緯得在南○度二十五分兩視差先算

此時依平行本表從冬至起得三十度二十分半又最高在壽星宮七度三十二分二十秒即木星前均輪之心距最高爲一百一十二度四十八分十秒亦謂引數求第一均

圖說甲爲心丙乙戊木星之道丙爲最高衝從丙取丙乙辛丁各如引數之弧餘六十七度十二分庚戊其倍作戊甲線先用戊丁乙形有乙丁丁戊兩邊小輪半徑兩及戊丁乙角引數之倍弧丙乙求戊乙邊得一一五九二又求戊乙丁角得十度五十五分五十秒　次戊甲乙形有戊乙邊推上有戊乙甲角戊乙丁角加與丁乙辛角之餘爲七十八度七分四十秒甲乙爲全數求戊甲邊得九八五四六二全數爲百萬先以表算木星距冬至爲三十度二十分減去均數引數未滿半周故得星紀宮二十五度十三分二十秒乃均圈心之經度於所測度較爲十一度十七分二十秒即次均數也　時太陽視行躔壽星宮十五度十七分以到均圈心少九十九度五十六分五十秒次引數乃木星未先年圈之度數　此次引數生次均數十一度有餘可求年圈半徑若干

上圖戊爲心作壬癸圈截甲戊線於癸從癸最遠處止壬取星距日九十九度有餘壬爲木星之體

凡星會太陽在癸後往庚順行爲疾到酉爲太陽衝逆行或用太陽距星之度從癸往庚酉壬算之或用太陽以到星少若干度即從癸逆行往壬算之各用

作壬戊壬甲二線成壬戊甲形夫形有壬甲戊角次均數即十一度餘有戊甲邊上即得九八五四六二全數爲百萬又有甲戊壬角癸壬弧之餘求壬戊邊推之得一九二九四八全爲百萬乃歲圈之半徑也

若設有各圈半徑之數及平行年行數依上圖及法可算木星之經度

木星新測一用圖算式第七

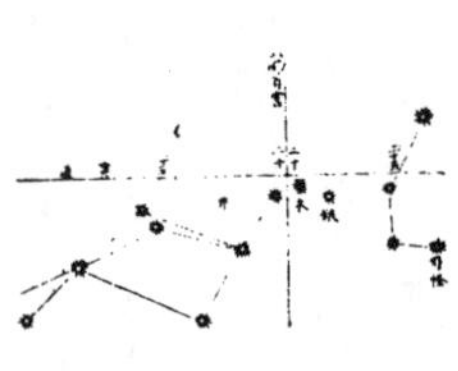

崇禎六年癸酉歲十月十七日丁丑夜望監局同測木星見在井宿第一星及鉞星兩星之中鉞星井宿作一線木星向北約二十分而略近於井則三分線之一三分線之二距鉞

井宿第一星表上經度為鶉首宮○度六分加曆元後六年之行五分得○度十一分鉞星經度為實沈宮二十八度十五分加五分得二十八度二十○分兩經度之較為一度五十一分三分之得三十七分減於井宿經度得實沈宮二十九度三十四分乃木星之處也

依上得木星在實沈宮二十九度三十四分緯南三十六分

本日測夜望推算用子正時為便日干丁丑距年根乙己為三百三十二日以本表求平行得距冬至為五宮十八度十四分二十四秒自行為八宮九度十一分四十一秒

如圖新法用各圈半徑即甲乙七一五五五全數十萬丙一二三八五丙庚一九二九四

從戊最高逆行取自行宮度數至乙心均輪從己極近逆行亦取自行數至丙丙心作歲圈作線如法所用三角形諸法見測量全義首卷

一甲乙丙形有甲乙乙丙兩腰先定兩圈半徑有丙乙甲角己丙大弧為自行度數丙己小弧為其餘此弧為丙乙甲角之度分也為一百三十八度二十三分二十八秒求丙甲乙角法兩腰相并得總相減得較角之餘數以滿半周半之其切線以較數乘之以總除之得數查切線求度分以角餘數之半減之得丙甲乙角次丙乙邊數乘丙乙甲角正弦以甲角正弦除之得丙甲邊

算式

甲乙總較　甲乙乙丙線線數數　七二七四　一三五七　五八四七　五五○○

甲其半　乙丙餘之角　度一三二四八一○二　分二三三六八四　秒八二二三六一

正上相以得　切較乘總切　線數得除線　三　七四　九九七　四七九四○○○七　度一　分九八　秒七

查上相是相　半表減為加　得數得丙得　度一二一○○○　分四五四八○二　秒二二一六四五

是　為　乙　丙　甲　角（甲乙所求之角）一三三三三八

二甲丙丁形有甲丙前推有甲丁全數十萬及有丙甲丁角數以自行戊乙弧減半周又於存者加乙甲丙角得丁甲丙角求甲丁丙角法甲丙丁角正弦餘弦二數各乘甲丙邊之數以全數除之餘弦所得以全數減之得數自之又正弦所得自之二方數并之開方得丙丁邊又正弦所生全數為實所得方根為法除之查切線表得度乃甲丁丙角也

丙乙相以除　甲丙乙甲乘上　角邊乘丙數　正弦得正角弦得　一五八一　六三九一　六二七七一九　四一五三三四○　四八○九九九也　是甲丙所求之邊

丙角也

自甲丙甲丙　行乙角丁　度六七一九九　分一○一二一四　秒四四四五三八

甲乘丙得　正弦九八九八　弦二○九九　三四七七一一　九九一

餘弦一八九六一　二七○九四　七九六九

全一○○○○○○○　減餘九八三○六

自之　自之

得開方方積得丙　相并　九七丁邊　四　三六　○○六三○　一九八七七三六○○

正所得　除之表查得得　八九九一　九一八一八三九　四○六七一一　一二○

實法

為甲丁丙角均角

加均得木星實行

三丙庚丁形有丙丁邊前推丙庚邊歲圈半徑一九二九四

又有丁丙庚角

置太陽本時距度得十宮二十六分三十八秒又以木星實行減之得木星距太陽其餘以半周為闕

庚丙丁角求庚丁丙角法兩腰相加得總相減得較角數之餘以滿半周半之以其切線乘較以總除之得數查切線得度以餘之半減之得丙丁庚角之度於實行

算法列後

	宮	度	分	秒
木加 星前 距丙 冬甲乙 至均 角	五〇	一 八五	一一 四二一	二〇 四四
木太 星陽 實經 行行	一 五〇	二二 三六	二三 六八	二〇 八四
相末是 減列爲其半 木日庚餘之 距衡丙 日丁 角	五	〇二 三六	一四 一八	三二 八四
	一	五七 三六	一三 一五	三四 六八
前歲 切推圈 線丙半 丁徑 邊丙 庚	四	一九一 九八九	六七二 五一九	〇六四
總較上 數數切線		一四 一七一	八九九 〇四六	〇一五 四六〇
相以 乘總 得數 數除 之 得	三三三	二 六	九二 二八二	〇〇四 一二四
查上相 切半減 線數存 表 得 度		度 七七〇 〇六六	分 三三〇 〇五五	秒 〇四三 八八八

存數乃丙丁庚角也歲圈均數也加於實行得視行則木星在五宮二十九度三十二分十六秒比所測差三分極微差也

此測用表法中再以表算所得比三角形算差不到一分大槪步星測算所差二三分內法亦合天

木星新測二用表算式第八

崇禎癸酉歲十一月十六日甲辰夜望見木星食司怪第二星或曰兩星之體實未合一細看果然及用遠鏡分二星相距分數忽天有雲不見其時爲戌末亥初算置十七日乙巳子正

大統曆載木星十六日夕退卽衝對太陽又載十三日木星在參宿四度十九日在參三度逆行也若然則木星十六日當在參宿三度半

新法以赤道算司怪第二星赤道經度爲八十六度八分減去參宿距星赤道上經度七十八度二十四分餘八度四十四分乃十一月十七日子正木星躔赤道宿次也較大統盈五度十五分

司怪第二星黃道上在實沈宮二十五度五十分緯南〇度一十三分

測星時算太陽躔度　癸酉年根日爲乙巳本年十一月十七日亦爲乙巳相距計十二箇月滿六紀法爲三百六十日乃距年根之日數也

太	陽平度	躔行分	度	秒
年根數 日數 平總行 高衡 引數 均減 經度	五五三 五六六 五三 六五三	四四三 一九一 二二〇 四七〇	七九六 六〇六	〇五〇 〇五一

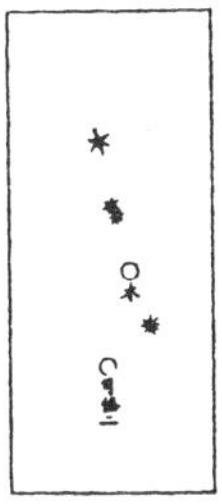

高度六〇　衡分四〇

遠鏡見木星圖小星乃本星所隨之星目力不能見

算木星經度

	年日根數	木太星陽實經加數均經度	次木恒均星星減視經經度
距宮	四〇 〇五〇	五一一 〇一六 〇	五五 〇
冬度	二二二 〇九〇二	二二二 五五六 〇〇	二二 五五 〇〇
至分	三三三 九六五	四一二 九〇一 五	四五 四〇 六
引宮	七〇 八〇		
引度	二一 一九五		
數分	三五三 七五二 四一		

算木星與司怪第二星兩星之差六分系木星實未食恒星然木星黑光并恒星光相交如一體又依遠鏡所窺兩星實未合木星見東恒星見西皆在六分之內以上原本曆指卷十八五緯之三

欽定古今圖書集成曆象彙編曆法典

第六十八卷目錄

曆法典第六十八卷

曆法總部彙考六十八

新法曆書十八

五緯曆指四

火星

按古天圖火星屬第四重天在太陽之上土木之下今因新測及新圖博考前賢遺論凡會合伏太陽則在其上凡夕退衝太陽則在其下而於地更近也火星視行槩他星之行更奇或行逾二百餘日不及天周一宮或越四旬日而行遍一宮不達其道者曰無法之行也古比利尼阿（西大士）曰火星之行不能測度言甚難也勒𣄃（西精曆之士）測火星之曲路欲求作圖末爲世法歷年久而無成功自懟虛費功力悶而幾斃後世之士益敏學如第谷二十年中心恆不倦每夜密密測算謀作圖法未竟而斃其門人格白爾續著爲火星行圖一部分五卷七十二章定其經緯高低之行但窮其理未有成表測法雖明未解其用闕然未備後馬日諾及𢀭物利諾二人相繼作表用法始全茲本指以古今講測諸法擇其最要者譯之如土木二星等法測火星本天兩心差及其最高必用火星衝太陽測蓋以是時無歲行之差而但有本天之盈縮差也凡法十五章如左（後題止十有一此作十五恐有訛）

測火星最高及兩心差先法第一

用古三測與測土木二星法同

第一測總積四千八百四十三年爲漢順帝永建五年庚午十二月十一日丑初（西曆本地）測火星經度爲實沈宮二十一度〇分於時太陽平行躔其對衝宮度爲析木宮同度

測星算曰二者并重彼此測算相比可得其相對之時不謬

第二測總積四千八百四十八年爲漢順帝陽嘉四年乙亥二月二十一日亥初（西曆）本地測火星經度在鶉火宮二十八度二十分於時太陽平行躔其衝元枵宮度分同（以算得之）

第三測總積四千八百五十二年永和四年己卯五月二十七日亥正（西曆）本地測火星經度在析木宮二度三十四分於時太陽平行躔其衝實沈宮同度分

前二測中積爲一千五百二十九日二十二時（小時）此時依前所定平行數得火星行八十一度四十四分全周外又兩所測火星之視經度差（從實沈宮某度至鶉火宮某度）爲六十七度五十分平行視行相減得十三度五十四分爲均數也平行大視行小（用不同心圈）可知二測在最高之左右

後二測中積一千五百五十六日四刻此時依平行率火星平行全周外爲九十五度二十八分視行（兩測兩經度之較）九十三度四十四分兩行相減得較爲一度四十四分乃均數也均數小因知兩測並在最高同方或左或右

以三測中積兩行數及其較用不同心圈作圖如土木二星等此三測置火星在本道下如本圜平面內測之不求其緯蓋火星緯南北比土木二星更多又凡衝太陽其緯益大即測其經度者亦不得指爲黃道度又不得爲本道度然測法或用黃道度或本道度因其差有限不得於算也故用如在一平面上

甲乙丙戊爲火星本行之圈於黃道不同而於相交處任取甲爲第一測火星所在從天順數右行本圈上取前二測中積平行之度分即八十一度有奇至乙乙爲第二測火星所在之處又順天再數得後二測中積平行之度即九十五度有奇至丙丙爲第三測火星所布之處也

此本圈之心非地心乃火星平行圈之心又因上論甲乙二測在最高左右則地心在本圈心下任取一點如丁爲黃道之心（不知兩心差故任取）從甲乙丙三測到丁作甲丁乙丁丙丁三線又丙丁引長到圈周如戊作戊甲戊乙甲乙三線六線成各三角形如左

一乙丁戊形有戊角四十七度四十四分（乙丙弧之半數）有乙丁戊角八十六度十六分

丁爲地心見乙丙兩測

視行相距爲九十三度四十四分乃乙丁丙角也
乙丁戊爲以滿兩直角之餘
乙角自爲四十六度無分乙丁戊形中有三角求三
邊之比例
用各角之正弦得其比例或置丁戊邊爲全數求
乙戊邊
多祿某先定丁戊爲全數再求乙戊得一三八七二
○
二甲丁戊形有甲戊丁角八十八度三十六分（甲乙丙弧）
（之半數即一三測中積平行之半數）又有甲丁戊角十八度二十六分
（一三測中積視行爲甲丁丙角取其餘）自有戊甲丁角甲戊丁形有三
角再置戊丁爲全數求甲戊邊得三三○六九
三甲乙戊形有甲戊乙角四十度五十二分（一二測中積平）
（行之半數或甲乙之半弧）又先推算甲戊戊乙兩邊求甲乙得一
一五七三六（全數十萬）
四算得甲乙甲戊戊乙三線爲同類（丁戊常爲全數十萬）今甲
乙線因爲甲乙弧之弦可得甲戊及戊丁兩線弦內
之數若干及得甲戊弧若干法以甲乙弧八十一度
之餘求其弦爲一三○八
六○又先得甲戊爲三七
三八八
用三率法甲乙外數得
弦內數甲戊外數得若
干弦內數又丁戊若干
內數
戊丁爲一一三○六六用
甲戊弦求其弧得二十一

度三十三分
五戊甲甲乙乙丙三弧并之得一百九十八度五十
二分爲周天之大半也則甲乙丙圈之心在于弧弦
之中置在己又作己丁兩心線上至庚爲火星道最
高下至辛爲最低也
六因幾何二卷五題庚己（半徑）方形與庚丁丁辛內矩
形及己丁上方形并等又因三卷三十六題辛丁丁
庚內矩形與戊丁丁丙內形亦爲等今知戊丁丁丙
若干
戊丙線即戊甲乙丙弧之通弦爲一九七二九六
減去戊丁餘八四二○三○
法兩數相乘所得數內減去全數之方所餘方根爲
二一八六一則己丁也乃地心與火星道之心相距
之數（庚己半徑爲全數十萬）
七從己與戊丙作垂線到圈周爲己癸壬成己癸丁
句股形夫直角形有己丁邊（上推）又有癸丁邊
先得丙丁戊爲一九七二九三六其半爲戊癸又
先得戊丁線即兩線之較爲癸丁一四四一八
用法（測量首卷）求癸己丁角得
四十一度十五分乃壬辛
弧也（辛爲最低之點）
八先有戊乙丙弧則其餘
（以滿全圈三百六十度）爲一百六十
一度○七分折半爲壬丙
弧也以壬丙減去壬辛弧
之度數所餘辛丙爲三十
九度一十九分則第三測

火星在丙距辛最低之度數也或以半周天內減之
得丙庚弧爲一百四十度四十一分則第三測火星
距庚最高之度數也夫數內減去二三兩測中平行
之度（九十五度二十八分）餘四十五度一十三分則庚乙弧也
乃第二測火星在乙距最高之數也又一二兩測中
平行數八十一度四十四分內減去庚乙弧餘三十
六度三十一分乃甲庚也則第一測火星距過最高
之數也
九試推各測有平行距最高若干有兩心差求其均
數又用均圈如土木星等
依圖第一測推算得丁甲
己（不同心圖上）角爲六度十八
分丁午己（上均圈）爲六度五
十分第二測推算得丁乙
己爲七度五十分（不同心圖）丁
申己（上均圈）爲八度十三分
第三測推算得丁丙己（不同心圖）
爲九度二十七分丁未
己（上均圈）爲八度三十七分
十前二測均數爲異類故加（不同心圖上）得十四度八分
或（上均圈）得十五度○三分此二測推兩均數比所測
（十三度五十三分）數皆爲多又二三測均數相減（同方）得四
十七分（不同心）或二十四分（上均圈）比所測（一度十四分）皆少
所得兩心差或最高處未眞不足爲準
十一多祿某見所算與測兩數不合因更置別數歷
歷試驗而得其準始定火星最高宜順天移前五度
二分又兩心差爲二○○○○分（全數爲十萬）用此數推

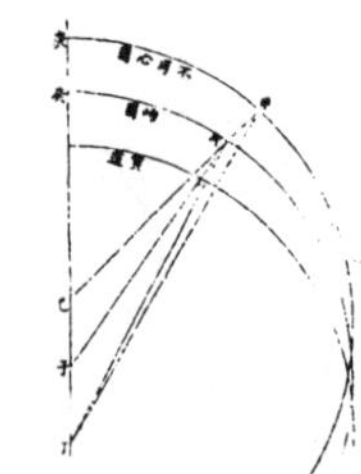

算斯與所測相符而㝠合天矣今宗其法

十二己午子形有己子(兩心差半數)有子午(均圈半徑全數十萬)有午己子角(甲庚弧或庚己午角以滿半周之餘)求己午子角依法得三度四十八分次子丁午角形有午子丁角

先有戊己庚角次得己午子角兩數相減得午子己角餘爲午子丁角

有子丁及子午(半徑)兩邊求丁午子角爲三度十三分

兩均角數幷之得七度三分減於甲己庚角餘三十四度三十分乃人目見火星第一測距最高庚之度數也

十三第二測星在乙用三角形法如上一測求己申丁角(均圈上)得六度五十一分減於乙己庚角餘三十三度二十分乃人目見星距最高之度數

第三測星在丙推算己未丁角得八度三十四分加於丙己辛角得五十二度五十五分乃人目見星距最高之衝

十四前兩測各均數相幷

凡星在最高同方均數爲同類宜相減星在異方均數爲類異宜相幷同類者乃平行比視行或大或小蓋從最高起算至其衝平行爲大視行爲小均數爲減若從最低起算則平行爲小視行爲大均數應加兩均數同類以得中積均宜相減異則宜加

得十三度五十四分必與所測合又兩測距最高數幷得六十九度四十三分亦與測合

十五後二測兩均數相減存一度四十三分又距最高兩數相減餘九十三度四十五分咸合於天此多祿某法得其準定爲其率之本也

十六第三測星視行測在析木宮二度三十四分又距最高衝一百二十七度〇五分卽逆數之得最高在鶉首宮二十五度二十九分古者未覺最高之行近世始明其理得㝠最高越年多而行稍移宜借用谷白泥法古今兩法相比乃爲全也谷白泥亦用三測如後

測火星最高及兩心差後法第二

谷白泥測算必用其圖

第一測總積六千二百二十九年爲正德十一年丙子(西曆)六月初五日丑初(本方)測火星在太陽平行之衝距婁宿第二星(谷白泥法以此恆星爲界)爲二百三十五度三十三分算宮得火星在析木宮二十二度四十六分

第二測總積六千二百三十一年爲正德十三年戊寅(西曆)十二月十二日戌正測火星衝太陽平行得距婁宿第二星爲六十三度〇二分算宮得鶉首宮初度十八分

第三測總積六千二百三十六年爲嘉靖二年癸未(西曆)二月二十二日卯初測火星衝太陽平行得距婁宿第二星爲一百三十三度二十分算宮得鶉尾宮十度四十一分

前二測中積爲二千三百八十一日有七十二刻依平行率得火星平行行一百六十八度〇七分視行行一百八十七度二十九分兩數相減得均數爲十九度二十二分

後二測中積爲一千五百三十二日有四十九刻火星平行行八十三度〇分視行行七十度一十八分兩行之較爲十二度四十二分均數也

先用一不同之心圈以及小均圈如谷白泥本法作圖

圖如土木星等丁爲地心己本圈心己丁相距本圈半徑(設萬分)爲一千四百六十甲爲第一測順天數一百六十八度餘止乙乙爲第二測之處又加八十三度餘止丙丙爲第三測之處一二測中均數大則兩測之各均必爲異類兩測必在兩心線之左右二三測均數亦大必亦爲異類兩測亦在兩心線之左右二三測平行小視行大指在最高旁

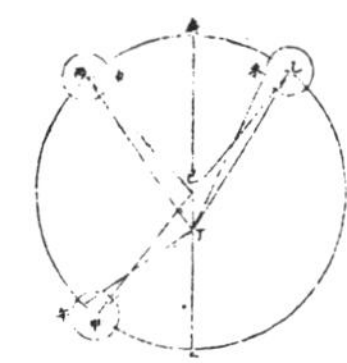

置小均圈半徑爲五百分全數如上第一測距最高爲一百二十五度二十九分庚己甲角第二測距最高爲六十六度十八分庚己乙角第三測距最高爲十六度三十六分庚己丙角此數屢測屢算谷白泥所定因其恰於天胳合今借其數試之

己丁甲形有己甲半徑有己丁邊及丁己甲角庚己甲之餘求己甲丁角得七度二十四分減於庚己甲角內得庚丁甲角又求丁甲邊得九二二九

谷白泥法先以均數或加或減於先引數得次引數今因其數宜減減之

丁甲午形有甲角及午甲甲丁兩邊求午丁甲角得二度十二分次均數也兩均并得九度三十六分全均數也

己丁乙形如前求各均數并之得九度四十七分第一第二測兩均數爲異類則相加得十九度二十三分測與算相符指各數合天

己丁丙形如上算得總均數爲二度五十六分第二第三測之兩均亦爲異類相加得十二度四十三分亦合於天

又第一測平行距最高一百二十五度有奇減均數凡星在最高後半周內宜減在最高前半周內宜加得一百一十五度十三分第二測順天數距最高爲二百九十三度四十二分加均數得三百〇三度二十二分第三測距最高十六度三十六分減均數得十三度四十分

第三測時火星距婁宿第二星爲一百三十三度二十分減三測距最高得一百一十九度四十分乃最高距婁宿二星之度又加二十七度二十一分當時婁宿二星距降婁宮初度得一百四十七度〇一分或鶉火宮二十七度一分又火星最高之處也

多祿某第三測爲總積四千八百五十二年谷白泥第三測總積爲六千二百二十六年兩測差一千三百八十四年此時火星最高行三十一度餘比恆星之行多十度餘可識火星天之最高有本行與恆星迥異大統曆及回回曆俱未之覺也其細率條析於左

用古今兩測試平行之率第三

古多祿某第三測距谷白泥第三測爲一千三百八十四平年有二百五十一日三十二刻因本曆第一卷所定率得此時火星衡太陽平行爲六百四十八次又五度三十八分二十四秒

兩測有同類之加減均數乃減類也兩測兩均數古者爲二度五十六分今者爲八度三十四分之較爲五度三十八分與所算等

衡太陽之均數爲當時火星未到小輪相近之處今均數爲大言今測比古者過五度用兩測中積火星衡太陽之數以全周數乘之加五度三十八分爲實以中積日數爲法除之得火星小輪上一日之行爲二十七分四十一秒四十微一年爲一百六十八度三十分三十六秒

火星天最高行第四

古多祿某總積四千八百五十二年本第三測用火星衡太陽平行得火星天之最高在鶉首宮二十五度半此時太陽躔星紀宮某度距最低爲三十五度當時太陽最高在實沈宮十度其衡析木同度均數爲一度半號爲加又日細行爲六十分火星爲二十五分衡日爲逆行兩行并之得一日太陽與火星相近爲一度二十五分用三率法一日相近行若干以行太陽均數一度半用時若干得二十五時二十四分乃火星預先衡太陽之實經度依此法補前第一第二測再算得當時最高在鶉首宮二十八度十五分

今第谷近測總積六千三百十三年爲萬曆二十八年庚子測得火星在鶉火宮二十八度五十五分中積爲一千四百六十一年行度爲古今兩經度較爲中積之行三十度二十七分以年數除之入法得一年之行爲一分十四秒五十二微百年行二度四分四十七秒三十九微

萬曆庚子至崇禎戊辰曆元距二十八年以鶉火宮二十八度五十五分加二十八年之行得二十九度三十分表上有七宮從冬至起二十九度三十分加一年之行則得第二第三年等

記今測火星衡太陽實行十四測第五

此第谷及其門人所測更密更細今爲本曆歷測先具第谷所用之率

平行如上

兩心差（用第谷圖兩小輪下有圖）爲百萬分之一四八四〇小均輪半徑爲三七一〇

兩數并之爲一八五五〇此多祿某及谷白泥小一百分或今用太陽實行古用太陽平行而取火星之衡然細測密合如此當依爲法

一測總積六千二百九十三年爲萬曆八年庚辰十一月十八日未初二刻

本方距順天府爲二十八刻又西曆月號於大統曆異然有太陽所躔之度可考因得知爲大統曆之某月日餘倣此

測算得火星視行在實沈宮六度二十七分半大正衝太陽之視行太陽躔析木宮同度

右測用表算得火星平行距最高爲二百六十七度十一分十一秒加均數十度三十三分又算最高末得實沈宮六度二十七分半與測正合（算法見本曆諸表用法）

二測總積六千二百九十五年爲萬曆十年壬午十二月二十八日申正測得火星衡太陽在鶉首宮十六度五十四分半因表算得五十五分半差一分太陽躔其衡星紀宮同度

三測總積六千二百九十八年爲萬曆十三年乙酉二月初一日辰初一刻測得火星在鶉火宮二十一度三十五分算得三十七分差二分太陽躔其衡元枵宮同度

四測總積六千三百年爲萬曆十五年丁亥三月初六日戌初刻半測得火星在鶉尾宮二十五度四十二分依法算亦得四十二分不差太陽躔娵訾宮同度

五測總積六千三百二年爲萬曆十七年己丑四月十四日酉正一刻半測得火星在大火宮四度二十三分算得二十六分差三分太陽躔大梁宮同度

六測總積六千三百四年爲萬曆十九年辛卯六月初八日戌初三刻測得火星在析木宮二十六度四十二分算得四十五分二十秒差三分二十秒太陽躔實沈宮同度

七測總積六千三百六年爲萬曆二十一年癸巳八月二十六日卯初二刻測得火星在娵訾宮十二度十五分算得十四分強不差太陽躔鶉尾宮同度

八測總積六千三百八年爲萬曆二十三年乙未十月二十一日午正二刻十分測得火星在大梁宮十七度三十分強算得二十九分強差一分太陽躔大火宮同度

九測總積六千三百一十年爲萬曆二十五年丁酉十二月十四日寅正測得火星在鶉首宮二度二十七分算得二十六分差一分太陽躔星紀宮同度

十測總積六千三百一十三年爲萬曆二十八年庚子正月十九日丑正測得火星在鶉火宮八度三十七分算得三十七分強不差太陽躔元枵宮同度

十一測總積六千三百一十五年爲萬曆三十年壬寅二月二十一日丑正一刻測得火星在鶉尾宮一十二度二十六分強算得二十四分差二分太陽在娵訾宮同度

十二測總積六千三百一十七年爲萬曆三十二年甲辰三月二十九日寅正一刻五分測得火星在壽星宮十八度三十六分算亦如之正合太陽躔降婁宮同度

十三測總積六千三百二十一年爲萬曆三十六年戊申七月二十四日未正測得火星在娵訾宮十一度十分算得十三分差三分太陽在鶉尾宮同度

十四測總積六千三百二十三年爲萬曆三十八年庚戌十月初九日寅正三刻五分測得火星在降婁宮二十五度

以上十四測大槩與算相合最差不過三分蓋因測器或人目有不到又或其圈之半徑略差難定其準然算之差在三分內謂之極微其合於測亦謂之親切矣

火星歲圈大小古法第六

歲圈解見總論及土木二星曆指茲不重著

古多祿某因本圖

丁地心子均圈心己本圈心癸申均圈弧午未引數圈等

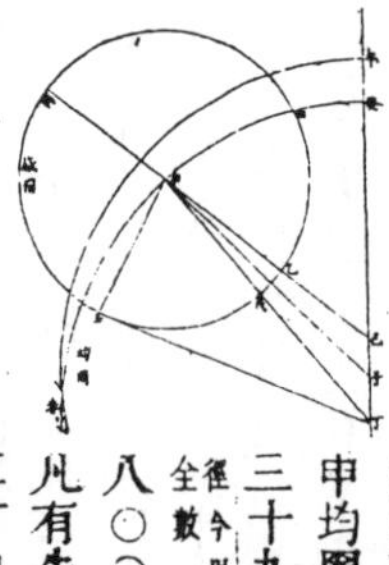

曰申丙歲圈之半徑比子申均圈半徑爲六十分之三十九分有半（古以六十爲申子半）（徑今用全數）或十萬分之六五八〇〇

凡有先引數癸己申角可算丁申己角先均數之度分又凡有星距衡太陽之

處若干度分置戊壬（戊丙火星衝太陽之處道火星逆行初精圖在壬）用申壬丁三角形可算申丁壬角乃次均之數於癸丁申實行之角并加得癸丁壬角乃火星視行距最高度分

谷白泥再測因本圖法算其所得於多祿某大同小異

二法各有表用太陽平行然後人細測於所算對有不合天因以今時測算定爲本曆之元

火星歲圈大小新測第七

第谷及其門人密測密算歷年滋久不厭精詳未得火星天之心非地心乃太陽體輪爲火星自行之心系凡太陽體本輪最高近處而火星在其衝第一加減之數視爲大若太陽在最高衝而火星在其衝則第一加減之數視爲小高低前後相衝之均數亦有損益何者太陽遠火星心近則視差大

葢二測葢引數爲等所得之均數大小不繇本輪別有他故因從太陽

反是則太陽近地火星處遠故均數小

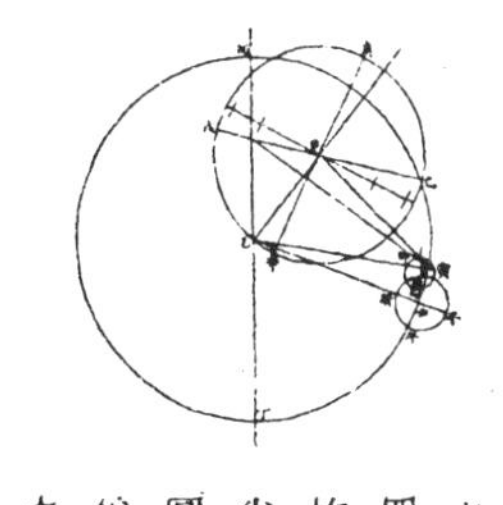

如圖丁地心乙甲爲太陽近遠兩處各爲心同徑作己戊庚己丙庚兩弧火星圈弧也日在乙遠火星行之心在丙爲近於地日在甲近於地火星在戊遠處均數大小從大陽遠近而生理也（見本曆首卷）

又曰凡測火星在本天最高其歲圈半徑比測火星在最高衝所得更大與土木二星及視學之法相反論在最高極遠處宜見之小在最高衝極近處宜見之大乃依所測不然蓋在最高最庳之中其大小有比例數具下文

從上二論試之格白爾會著有書備詳測算諸論頗繁今姑譯其法之一二如測火星歲圈之半徑先擇火星在本天最高低之中而免其差之一根

第一測總積六千三百七年爲萬曆二十二年甲午（西曆）正月初三日戊初第谷測得火星在降婁宮十八度三十八分

此時因平行表算得火星平行（從冬至起算）爲一百三十八度二十三分三十秒引數爲二百五十九度四十二分二十秒用兩心差算先均數（法見用法）得十度三十三分三十秒其號爲加加之得一百四十八度五十七分乃實經度也時太陽視行躔星紀宮二十三度三十分四十秒於火星經度相減得一百二十五度二十六分二十秒以減半周得五十七度三十三分四十秒乃歲圈上從極遠處之引數也又測火星得（從冬至起）一百〇八度二十八分以先算實經度減之得四十度十九分乃歲圈之均數也設數求火星歲圈半徑

圖說設乙以太陽之體輪爲心作丙丁壬火星本行之圈作丙丁線丙爲火星最高丁爲其衝從丙過丁右行取引數之度止壬於壬心作乙壬線子丑癸圈從子極遠處右行取子癸丑引數之度以丑爲心作卯寅辰均輪又作壬丑兩心之線從辰極近處左行過寅卯數引數之倍必滿一周餘辰寅弧一百五十九度二十四分四十秒火

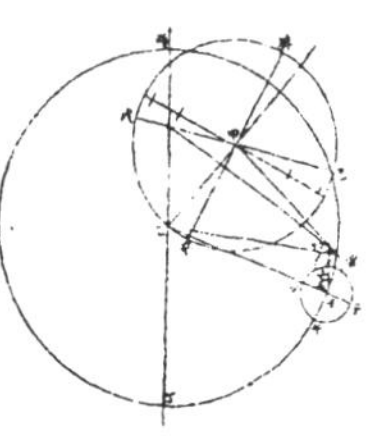

星體在寅又作乙寅線成寅乙壬均角十度有奇又作乙寅甲角四十度有奇乃年歲行均角又取甲爲地心作乙戊己圈乃太陽所行之圈也又作戊甲己線與乙寅線平行

星之行從丙過丁到壬右行乙乃日輪亦右行則乙辛己回於乙之行也小均輪心丑行從子午癸到丑星體寅行從辰向寅卯回辰今置到寅以便於算分圖先用引數求前均數乃壬乙寅角也

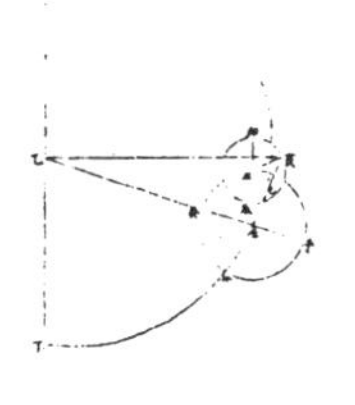

壬丑寅形有寅丑線乃均圈之半徑即三七一〇分有丑壬線乃不同心圈之半徑即一四八四〇又有壬丑寅角爲一百五十九度二十四分四十秒（引數之倍）（內減全周餘者乃辰寅弧也）求壬寅邊依法算得一八三五九又求壬寅丑角得四度〇五分二十秒此丑壬寅角爲丑己弧之數加於子癸丑

引數之弧共得二百六十三度四十七分四十秒減子午癸半周餘癸己弧八十三度四十七分四十秒乃己壬癸角也

次壬乙寅形有乙壬全數(本天半徑)先亦得寅壬邊寅壬乙角(癸丑己弧)求寅乙壬角得十度三十三分三十秒乃先均數也又求寅乙邊得九九六六九七

又甲乙寅角形先得乙寅邊有甲乙寅角

年歲行引數太陽經行距火星實經

五十四度三十五分四十秒又有甲寅乙角

歲行均數先測後算得

四十度十九分

求甲乙線乃歲圈之半徑得六四七三八乃太陽在最高衝近處火星在中距之處歲圈半徑之數也(乙壬)(皆爲千數)

依上圖算法之序反覆測算以求歲圈半徑之數其

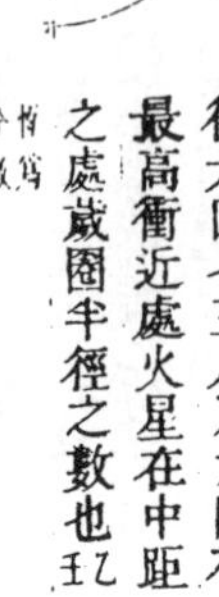

法不一今約譯四測於左

第一測總積六千三百十三年爲萬曆二十八年庚子(西曆)三月初六日(本地)戌正二刻測得火星在鶉首宮二十九度十八分此時依算得實行爲鶉火宮二十九度三十二分距過本天最高爲五十分太陽躔娵訾宮二十六度三十七分相減得火星實經度距太陽爲二百○七度四分(從火星順天到太陽實居)或取其餘得一百五十二度五十六分如上圖爲甲乙寅角又求甲寅線得一一一二九七以實經與視測相減得較爲三十度十四分○五秒乃甲寅乙角也依法求甲乙線得六六六五八八六

第二測總積六千三百年爲萬曆十五年丁亥西曆正月初一日辰初初刻八分測得火星在壽星宮一度四分三十六秒此時依表得實行在鶉火宮二十七度十七分二十秒未到本天最高爲一度六分太陽細行躔星紀宮二十度三十九分三十六秒兩數相減得一百四十三度四十七分十五秒即寅乙甲角也又以先法求甲寅爲一一一二九五又以火星實經減其視測之經度得三十三度四十七分十五秒甲寅乙角也依法求甲乙得六五五六九一

以上二測火星實經度皆近於本天之最高

先定最高在鶉尾初度二測距幾度未到因視法最高左右幾度不辨高低近遠

而究本天高低之差根其所得歲圈半徑兩數之差爲十萬分之八百九十五分若問其故則格白爾有曰太陽於地近遠不同第一測太陽在中距之處爲二分之時第二測太陽在極近之處爲冬至時也太陽近斯火星歲圈半徑更小與他星迥別再以二測徵之

第三測總積六千三百四年爲萬曆十九年辛卯七月二十六日戌初初刻十二分測得火星在星紀宮十八度三十六分此時實行在娵訾宮四度二十四分求寅甲線得八八九一四九分也太陽躔壽星宮十二度四十五分四十秒以火星實經減之得二百一十八度二十一分四十秒(從火星順天數至太陽)其餘爲一百四十一度三十八分二十秒乃寅乙甲角也又以實經視測兩數相減得較爲四十五度四十八分乃甲寅乙角也以求甲乙得六四○七七

第四測總積六千三百二年爲萬曆十七年己丑十一月初一日酉正十分測得火星在星紀宮二十度五十九分十五秒此時火星實經在元枵宮十度二十九分五十五秒太陽躔大火宮十九度十四分兩數相減得一百度四十一分爲寅乙甲角也寅乙線爲八八八八○○又以實經減視測得較爲三十八度五十五分四十秒乃甲寅乙角也用法求甲乙得六三三九四

以上二測火星在本最高衝之近按常法宜比前二測歲圈半徑視更大然視更小又從二測之差爲十萬分之六八三蓋二測太陽於地更近火星小輪更小右格白爾於此時始覺火星歲圈之大小與他星有異不可一例推算因細細測算久而不倦其心得備著於書今不盡譯但取其大小兩界爲千萬分之二千二百二十五(本天半徑爲全數千萬)

算歲圈大小兩界第八

上測太陽未到高庳之兩極則火星歲圈半徑大小未定用以成表宜先定大小兩極之較如圖乙丙丁戊爲太陽小輪

日躔曆指用不同心圈以齊太陽盈縮之行然亦可用小輪之圖蓋所得之均數無二今借用

以詳火星之行

乙爲其最高丁爲最高衝丙戊爲中距之兩處

上第一測火星在本天最高免本天之差太陽在中距用上數算得太陽距最高衝丁爲八十度五十八分丁己弧也其正弦己庚其餘弦庚甲

第二測火星亦在本天最高近太陽距最低丁爲十五度十一分丁辛弧也作辛癸辛壬兩正餘弦線庚癸線爲太陽距最低兩處兩餘弦之較（用表查丁辛丁己兩弧之餘弦相減爲庚癸數）爲八〇八〇八三六〇（全數爲千萬）用三率法庚癸某數得八九五（上一二測歲圈半徑之差）乙丁全徑（太陽高低兩數較之界）若干算得二二一五乃火星歲圈大小由太陽行之較數也（火星本天半徑爲十萬）

若用第三四兩測火星在最高之衝因右法得二四一五兩數差二百分平分之以加於小減於大得二三一五然須再用別測末得二三五方可作準用以爲算

火星在本天高低受太陽之變今置太陽距地等處而免其差火星因本圈亦有歲圈半徑大小之變試舉一二徵之

上第一測太陽在中距地之處（兩皆二十七度約爲高低之中）歲圈半徑得六六五八六第三測太陽亦在中距之處壽星宮十二度距最高九十六度第一測末到九十九度其差微

歲圈半徑爲六四〇七七兩數相減差二五〇九乃第一測火星在本天最高處之近當時最高在鶉尾宮初星在鶉火第三測爲遠星在星紀宮十八度此於最高近遠乃爲大小差之根

因前法求大差（用多測相比算定取所得）爲千萬分之二五八五〇（乙壬全數也）若并太陽與火星兩差相比約其子母數得十一與十則繇本天者爲大從太陽者爲小

算火星歲圈半徑盈縮表第九

用前圖乙丁（全徑）得大差（從太陽爲二三五〇〇從本天爲二五八五〇）乙戊丁丙爲引數之圈設乙戊己某弧求其餘線乙庚日乙甲丁全徑得大差某數今乙庚某數得若干從乙最高點隔一度求其餘弦用三率法排表如左

表用省文但書從太陽之差其從本天者用比例法乃十與十一初列先得數又下一位再列并之得本天之差查表時若有單度有分者則用中比例

用法

設太陽實引數（即距最高度分）入本宮本度分對行得數

先以比例法取雙度外單度分秒之數

列書次以火星引數亦入表得數以十一乘以十而一所得兩數并於歲圈極小半徑之數即六六三〇二七五加之得火星當時歲圈半徑之數

火星諸行率第十

火星最高行一年行一分十四秒五十二微以百年計之行二度四分四十七秒三十二微約千年行二十度四十七分五十六秒三十微

火星平行一日行三十一分二十七秒以百日計之行五十二度二十四分二十六秒以一年三百六十五日計之爲一百九十一度十七分〇八秒

火星滿周天之行以前二行計之爲六百八十六日十九時（小時）四十二分十三秒

推算火星經度式第十一

其一用三角形及前平行率算火星經度全假如第谷門人於總積六千三百二十六年爲萬曆四十一年癸丑三月（西曆）二十五日寅正測得火星體會合於井宿第五星（在北星東北新表爲第五）當時此星經度爲鶉首宮四度三十一分二十秒

在曆元前十五年恆星之行六年爲五分則十五年計行十四分於新表減之得數

黃緯度爲二度十一分北（本夜用多儀屢測無可疑）

此時因平行表得火星平行距冬至二百一十七度三十四分（順天數在鶉火宮七度）又距本天最高爲三百三十八度二十七分四十秒引數也又求太陽實行得降婁宮十四度三十一分二十秒又求其實距最高得二百七十八度四十二分如上圖

甲爲地心作辛乙己太陽所行之圈任作甲庚線定庚爲太陽最高順天數太陽實引數沿庚己乙弧到乙乙爲太陽之體又以乙爲心作壬丙丁圈即火星本輪也又作丙乙線乃火星高低之線

先置庚爲太陽最高在鶉首約六度火星高在鶉尾初如辛則丙乙宜爲辛甲之平行丙當鶉尾初度

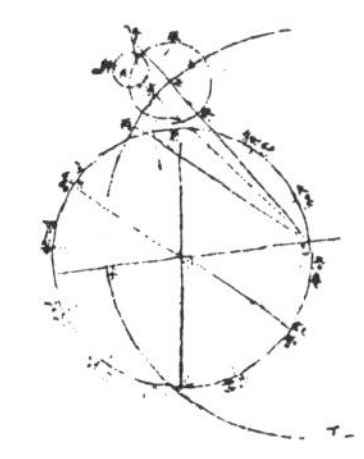

從丙取丙丁壬弧（火星引數）又以壬爲心作子癸圈及壬乙線又取子癸丑引數之弧作壬丑卯線又丑爲心作卯寅圈從辰過卯取引數之倍（減全周）如卯寅弧寅

乃火星體之處作圖如上
一丑寅壬形有丑寅丑壬兩邊（前數見）有壬丑寅角引數以滿周少二十一度三十二分二十秒倍之得四十三度四分四十秒
求丑壬寅角得十一度四十八分又求壬寅邊得百萬分之一二三八八〇（乙壬全數）於子壬丑引數角加丑壬寅角并之得子壬寅角爲三十三度二十分
二乙壬寅形有乙壬壬寅兩邊及寅壬乙角
子壬寅之角以滿半周之餘爲一百四十六度三十九分四十秒求寅乙壬先均角算得三度三十一分三十秒其號爲加（引數過半故也）於平行加之得火星實行爲二百二十一度五分三十秒或鶉火宮十一度又求寅乙邊得一一〇五三五（百萬全數）
三甲乙寅形有乙寅邊又有寅乙甲角或寅乙未角火星實經寅點未到太陽衡之差太陽躔降婁宮其衡爲壽星宮火星在鶉火宮未至日衡所少爲六十三度二十五分寅乙未角也
又有甲乙歲圈半徑之數
因上論以太陽實引九宮八度入表得一三五二七先差又以火星實行引數十一宮十一度入表得二二九二四此數以十一乘十而一得二五二一六此數先差及歲圈極小半徑六三〇二七五

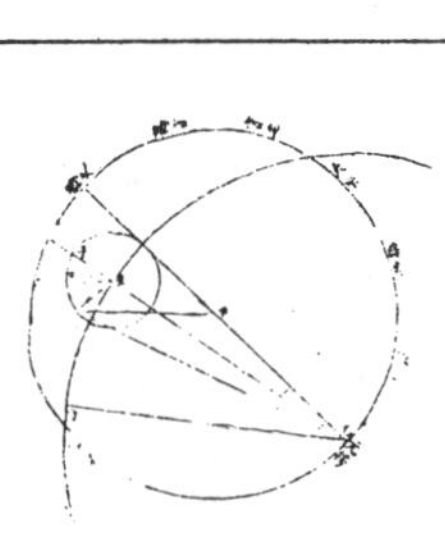

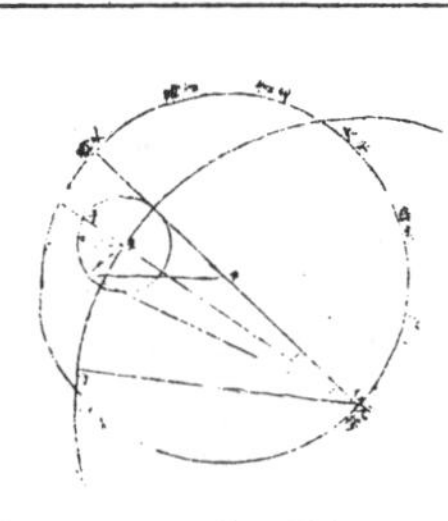

上三數并之得六六六九〇一八乃當時歲圈半徑之數甲乙也
爲六六九〇一八分因法求甲寅乙角得三十六度三十五分十五秒乃歲圈次均數也此時火星過日之會而將衝故此次均數之號爲減（於實經內減之）得鶉首宮四度三十分十五秒所算比所測少一分極微之差也

其二用表算

崇禎四年閏十一月十七日戌初於順天府親測火星見軒轅大星與火星及本座第十三星並在一直線（用界尺定之）又見火星在本座第十三星南爲四十分（用月體比之）查恆星表求第十三星黃經度得鶉火宮二十二度四十七分加五年之行（距新曆元之行）爲四分得五十一分又因兩心直線向東則置二十三度强又恆星之緯爲四度五十二分火星緯四度十二分然火星光大燿目測以界尺或移幾分故難定二三分內也

以設時查火星平行表

因過冬至宜用壬申年之根又測日屬丙寅距根庚子爲二十六日又從子正至戌初算得一十九小時以各數查本表排算如圖

以引數查表得均數爲四度〇五分四十秒其號爲加以得歲均用三角形求之如上圖

一先用壬丑寅形夫形有丑寅丑壬兩邊（如前等）有壬丑寅角（引數以滿全周所餘之倍數）二十五度有奇求寅壬邊得一二七九〇（乙壬爲全數百萬）又求丑壬寅角得十一度五十四分又以丑壬寅角并加于子壬丑角（引數之餘）得三十八度有奇乃子壬寅角也

二壬乙寅形有壬寅壬乙兩邊及寅壬乙角（子壬寅之餘）求壬乙寅角得四度〇五分先均數也查表之號爲加則以加于平行得七宮八度三十二分又求寅乙邊得一一〇三五八〇

	距冬至宮	度	分	秒	最高行宮	度	分	秒
壬申年根	六	二〇	二五	二九	七	二九	三五	〇八
二十六日數		一三	三七	三二				五
十九小時			二四	五三	七	二九	三五	一二
平行	七	四	二七	五四				
最高行	七	二九	三五	一三	引數餘			
引數	一一	四	五二	四一	或	二五	〇五	五五
均數加		四	五	四〇	此刻			
實經	七	八	三三	三四	或本			
日躔	〇	二八	〇四		字有			
實經距日	五	二九	三〇		恐訛			
歲均加		一四	三四	三四	原			
火星視經度	七	二三	八	〇八				
測		二二	強					

三用諸表求甲乙歲圈半徑之數以本時太陽實引數

用日躔表算得六宮二十二度〇一分從最高起入表得八五七又以火星引數入表得三四九八八以兩數及半徑小數六三〇二七五并之得六五五二六三甲乙邊也太陽實躔〇宮二十八度四分減火星實經數得五宮十九度三十分順天算即乙甲寅角也

四甲乙寅形有甲乙寅兩腰及甲角求甲寅乙角得十四度三十四分因火星未衝太陽法宜加則于實經加之得七宮二十二分四十九秒或鶉火宮二十三度七分算與測合

右測覘切可用爲徵火星表之曆元以上原本曆指卷十九五緯之四

曆法典第六十九卷

曆法總部彙考六十九

新法曆書十九

五緯曆指五

金水二星

上土木火三星各以自行能衝太陽亦各有本行不隨太陽是以其平行或本天之行與太陽不同外亦有歲行凡衝太陽爲年歲之界即於此起算然或會太陽必無均數即在太陽之衝亦無年歲之均數古以三測衝太陽時刻度分可得本天兩心之差及極大之均數等金水二星不然其行不衝太陽而且恆隨太陽雖亦有離太陽之時或左或右其距度東西不一在東距度時多時寡會日之時或順或逆二次人目不見古人以爲難測莫定其行之道今依多祿某所著爲法

古者以太陽平行度爲土木火上三星歲行之本若星或會或衝太陽平行者則爲在歲行之界今則不然乃以太陽實行爲歲行之本凡上三星或會或衝太陽實行者始爲歲行之界而金水二星又不然乃以太陽平行即爲本天之平行

本天非太陽之天另有一圈載次輪上三星因能衝對太陽約一年再相會所用圈以齊其順逆等行名謂之歲圈金水二星雖行亦有順逆然此圈不能稱歲圈蓋以一周有二伏有二見之時故曆指中亦名爲伏見圈或名次輪古因用二不同心圈此伏見圈名曰小輪今新法縮二小均輪可免伏見圈之稱也各法詳著於後

金星天以太陽爲心第一

本曆總論有七政新圖以太陽爲五緯之心然土木火三星在太陽上難徵今以金星測定無可疑後詳之

試測金星於西將伏東初見時用遠鏡窺之必見其體其光皆如新月之象或西或東光恆向日又於西初見東將伏時如前法窺之則見其光體全圓若於其晝際觀之見其體又非全圓而有光有魄蓋因金星不旋地球如月體乃得齊見其光之盈縮故曰金星以太陽爲心如圖月在太陽人目之間爲丙則無光金星在太陽人目之間爲乙亦無光若地在戊日丁月之間則月光滿若太陽戊在金星甲地球之間則金星光滿若在左右則月及金星各有半光光之大小如按古圖不析其理雖千百世亦不能透其根也

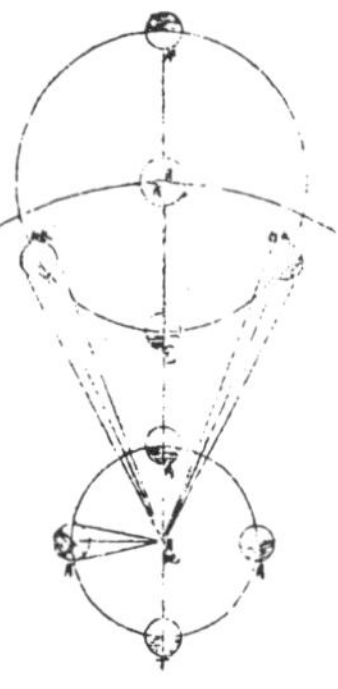

古者言太白在本輪上體小光盛在本輪下體大光淡在左右體不甚大而光甚盛今如圖解之在高於時爲望其體遠則見小全透其光故盛也在庳於時爲晦不可得見晦朔左右去地爲近則體見大哉生明故稍淡也在左右爲上下弦所見半體故不甚大遠近之間又見半光故甚盛也

又金星因歲輪於地時近時遠遠時顯其體小而光全若以遠鏡窺之難分別其或圓或缺之體在極遠左右數十度亦然若在中距者其光稍淡則遠鏡可略測其體之形然光芒銳利亦難明別爲異體或爲虛映之光惟在極近數十度則光更淡又於地近其體顯大可明見之

系凡金星爲遲行或逆行用遠鏡窺之可測其形體若更近見其體缺更大

測金星之最高第二

測金星距太陽兩次其距度分爲等者則太陽兩平行中度分爲金星本天之最高或高衝之處

解曰用不同心一圈及小輪一圈作圖如左丁爲地心己本天心庚辛爲兩心線置庚爲最高辛爲其衝最高庚左右等度分取甲乙兩點各爲心作等徑之兩小輪從己從丁到甲到乙作線又從人目丁作丁

丙丁壬切小輪兩線置夕一測金星在丙晨一測在壬甲乙小輪兩心爲太陽及金星同用平行之經度庚己甲爲距最高度之角（平行數又引數）庚丁丙角爲金星體距最高視角（視角視行正經一同）從丁作丁未丁酉與己甲己乙平行兩線而成未丁丙酉丁壬兩角乃平行庚己甲視行庚丁丙兩角之較

題言凡星在丙在壬而丙丁未壬丁酉兩角之度分爲等者庚最高點必在甲乙兩點之中

欲試之更置其一測乙移在亥星亦在壬則亥丁壬爲距太陽之視角比甲丁丙角更大（觀圖自明不須贅論蓋亥點比乙更近）則反先所定而命取二測皆有距太陽平行之角而爲同度必丁乙於丁甲丁壬於丁丙各兩線相等（因幾何三卷七題）若非等者其距庚辛兩心線必不能爲等其距視角必亦不等若所測之得爲等則兩測兩平行之中有最高距太陽極大數者爲等則其近遠（與地）亦等本天均數亦等蓋皆相連之圖也

古測金星最高及其衝第三

多祿某記古得剏總積四千八百四十五年爲陽嘉元年壬申（西曆）三月初八日夕測金星得大梁宮一度半（用昴宿星比測）當時太陽及金星之平行爲娵訾宮十四度十五分兩行之差爲四十七度十五分乃金星距平行大數也亦名均數又總積四千八百五十三年爲永和五年庚辰（西曆）七月三十日金星見東方多祿某親測得在實沈宮十八度半（用井宿第七星比測定之）當時太陽及金星之平行爲鶉火宮五度四十五分兩行之較爲四十七度十五分用兩測兩平行相減

從娵訾宮十四度十五分順天數到鶉火宮五度四十五分

得中積爲一百四十一度三十分折半得七十度四十五分幷加於娵訾宮十四度十五分以減全周得大梁宮二十五度其衝大火宮同度乃金星兩心之線也孰爲最高尚未之定再用次測

次測乃得剏總積四千八百四十年爲永建二年丁卯（西曆）十月十二日晨測得金星在鶉尾宮初度二十分太陽平行爲壽星宮十七度五十二分星距太陽爲四十七度三十二分乃兩行之較也（用右執法星比測金星得數）

又多祿某於總積四千八百四十九年爲永和元年丙子（西曆）十二月二十五日昏親測見金星近壘壁陣第八星在東如月其小徑爲二十四分時金星光大因用恆星比測得在元枵宮十九度三十六分時太陽平行爲星紀宮二度四分星距太陽爲四十七度三十二分用前後兩測太陽平行相減折半亦得大梁宮二十五度或大火等度乃兩心之線也（亦未定最高之宮分）

多祿某記前人二測幷親測定金星兩心線如上然未知最高或在大梁或大火乃因前論互用取金星平行之近大梁或近大火而測其大距度曰依不同心圈均數極微則大距度全從小輪而生若距度小指平行小輪心於地極遠若距度大指小輪心於地極近遠近之分即最高及其衝也定論如此用得剏測一用親測一（見本曆首卷總說）

總積四千八百四十二年爲永建四年己巳（西曆）五月二十日晨比金星於婁宿第二星及天囷座第四星測算得金星在降婁宮十度三十六分其緯度在南一度半當時太陽平行得二十五度二十四分大距度（兩行之差）爲四十四度四十八分多祿某自測總積四千八百四十九年爲永和元年丙子（西曆）十一月十八日昏以牛宿第二星比測得金星在星紀宮十二度五十分當時太陽平行爲大火宮二十〇度半大距度爲四十七度二十分大距指最高衝則小距指最高也

系金星天最高多祿某於總積四千八百五十三年度辰爲永和五年測定在大梁宮二十五度其衝大火宮同度又日在大火時金星距日度極多日在大梁時星距日度極少他處大距度在兩限之中（近遠各有比例見下文）

金星最高行第四

前章記古測定金星最高在大梁宮二十五度又依後所記第谷九測在總積六千二百九十八年爲萬曆十三年乙酉測得金星天最高在實沈宮二十九度十五分（其行極微先後數年不礙算）兩測比算則以中積一千四百四十五年爲法以兩測最高行之較三十三度

十五分爲實法入實而一得一年之行爲一分三十二秒五十七微有奇約百年行二度一十八分十六秒十二微今曆元總積大千三百四十一年距第谷測四十三年則於所測約加五十分得最高曆元見本表

求金星伏見輪半徑及兩心之差第五

如圖丁地心己金星本天心作庚丙辛圈及己丁兩心線又於庚辛高底二處各爲心作甲乙兩小圈相等而當小輪亦名次輪伏見輪互用又從丁地心作

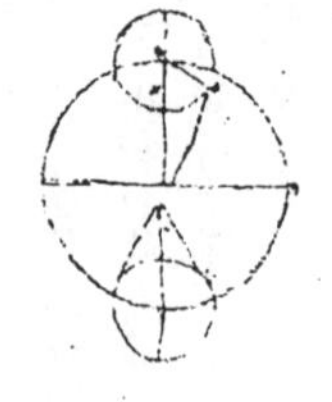

丁甲丁乙二線切於小輪指庚丁甲辛丁乙乃人目所見金星視行距太陽半行度之角也如前所測定上下成兩直角三角形

甲丁庚形有甲丁庚角四十七度二十分測前依法置庚丁邊全數十萬求丁角之正弦得七三五三一乃甲庚邊之數即小輪半徑之數也又丁乙辛直角形有乙丁辛角四十四度四十八分置辛乙邊爲七三五三一甲庚乙辛相等求丁辛邊以法推算

查四十四度四十八分正弦加五位爲實以辛乙七三五三一之數爲法而一

得九五八二七夫庚丁全數十萬甲庚七三五三一辛丁九五八二七皆同類之數也庚丁丁辛相減得數半之爲二〇八六乃己丁線之數即兩心之差也

或庚丁丁辛兩數幷之得庚辛全線折半爲己庚以庚丁減之得己丁兩心之差如上

若置己庚本天半徑爲十萬全數用通法求同類己丁爲二一二九求甲庚或辛乙爲七五〇九八丁辛爲九七八七一乃所求各線之數也

求金星均圈第六

凡金星小輪心在最高及其衝距太陽之限或見大見小而算不同心圈之差先置兩心差從最高各度算距限

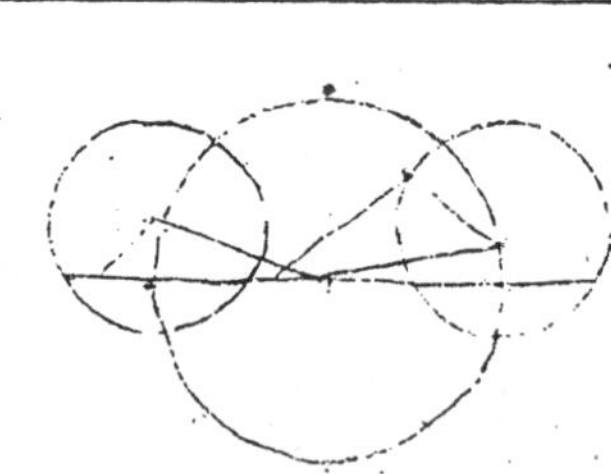

距限乃不同心圈及小輪兩均數或相幷或相減

所得之數

動得若不合天則亦如他星宜用均圈此二圖相割處乃本天大均數也必距最高爲九十度若以前得兩心差求小輪在此之大距度爲九十度又以星視距平行大距度測之因先有不同心圈及其心之差算小輪視距所得以所測相減之較爲本天大均數若本天半徑爲全數此較度分數爲切線之角作表得均圈心距地心或得兩小均輪各徑之總數圖設庚辛最高庳也甲癸各距庚九十度在癸用一均圖古同不同心圖星在戊戊丁癸角爲大距平行癸之度因前得癸壬線己上圖爲丁兩心差及壬戊線上圖爲庚甲或辛乙推算戊丁癸角以壬癸丁壬丁戊二句股形可推算癸丁戊角見表比所測爲小用右圖加乙丙次均小圈如新圖所用二均圈爲足

法曰甲壬癸線求戊丁壬歲輪所生之視角以己丁甲角於大距所測之角減之餘丙丁甲角乃本天之均角也其切線爲丙甲先得甲乙減之餘乙丙乃次均圈之半徑也

多祿某務求得其數乃用二測一於總積四千八百四十七年爲陽嘉三年甲戌二月十七日晨測金星距太陽大數得金星在星紀宮十一度五十五分時太陽平行爲元枵宮二十五度半兩數相減得大距度爲四十三度三十五分第二測總積四千八百五十三年爲永和五年庚辰三月十八日昏得金星在降婁宮十三度十五分太陽平行在元枵宮二十五度半兩行之較爲四十八度二十分乃金星距太陽大度數也用古測亦用古元圖求均圈心距地心若干

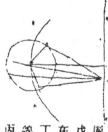

作圖庚丁辛爲本天高庳之線丁爲地心置均圈心於乙丁乙兩心相距未知其數即所求乙上立垂線乙甲

命日垂線蓋置平行距最高爲三宮則庚乙甲角必爲直故

任取甲爲心作丙戊小輪圈又從人目丁作丁丙丁戊兩切線丙指星晨見所在戊指星昏見所在又作丁甲甲丙甲戊丁戊各直線

丙丁戊角爲晨昏兩大距總度即九十一度五十五

分折半得四十五度五十七分丙丁甲角也甲丙丁形有甲丙邊(先定七五〇九八)及丁角求甲丁邊得一〇四五〇一丙戊弧兩大距度之總半之得丙己丙減丙壬第一晨測星在丙距壬平行之度餘壬己爲二十二度二分半卽壬甲己角也

甲乙丁直角形有甲丁邊(先算)及甲角(壬己弧)求乙丁得四三三〇卽均圈距地心之差也若比於先得不同心圈之心距地心二〇八六約爲倍數則如上三星等圖

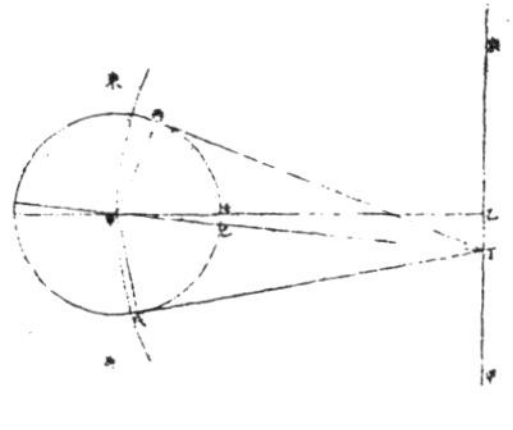

第谷及其門人再測以古今諸測相比得均圈心距地心爲十萬分(甲乙全數)之三千二百〇八分折半得不同心圈心距地心或用本圖第一均圈半徑爲二四〇六第二均圈半徑爲八〇二是乃從後所記九測之數而出也

求金星小輪行率東第七

置古所得兩心差用古一測求金星小輪上距極近處

小輪近處者從平行心到小輪心作線必割小輪周所截之點謂之近處

又用今特一測以法求金星小輪上距近處以金星行滿小輪周幾轉化度爲實以兩測年日中積數爲法除之則得一年一日小輪上之平行可成表(見下文)古曆士弟末加於總積四千四百二十年爲周赧王四十三年己丑(西曆)十月十二日晨見金星蝕左執法星(多祿某記)當時執法星(依新曆法)在鶉尾宮三度十分緯北爲一度十六分卽此爲金星經緯度也又此時算太陽平行得在壽星宮十六度六分半則星距日平行爲四十二度五十六分半越三日再測得金星與日更近一度則因本圖法知金星必過大距之處而在小輪之上半弧

從地人目出兩線切小輪在兩切線中之弧謂之下於目近在兩線外謂之外又凡在下弧逆行會日之前每日更近於日距度更少過會每日更遠至上下兩弧之界以後順行每日更與日近今見金星東邊順行又更近日因知必在小輪上弧

又因古今多測相比得當時金星本天最高在大梁宮十六度十分以日平行減之得小輪心距最高爲一百四十九度五十六分半其餘爲三十度三分半乃距最高之衝

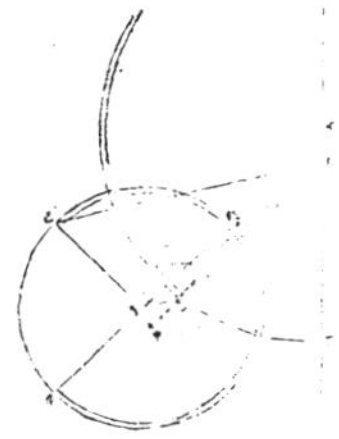

如圖(古測用新圖理同)丙地心人目作丙丁線丁爲最高衝從丙以上取甲點爲本天心作丁乙弧(甲丙新法爲二四〇六)從丁取三十度有奇至乙(左旋)(取蓋引數未到半周)乙爲心作午戊均圈

乙戊爲八〇二甲丙乙戊兩數幷爲三二〇八比古所定少九百五十二然古者所測因無先遺之測無可比證今再攷算而得其謬蓋屢用日星測驗而得其準始各改定如此

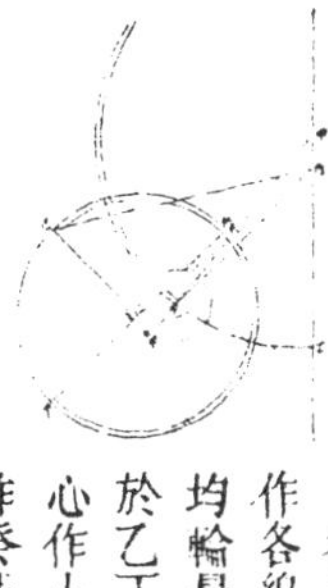

作各線(法見上三星圖各文)從午均輪最遠左行取午戊弧於乙丁弧等度至戊戊爲心作小輪癸己辛戊心上作癸戊辛線與甲乙平行定癸極近辛極遠兩處乃歲輪上起算之界也又辛己癸歲輪上取己點爲金星所居卽在東上半弧依三角形法求辛癸己弧乃古測金星距小輪極遠之處此乃大引數也

一甲丙乙形有甲丙(先定二〇四〇六)甲乙(全數半徑)兩邊及丙甲乙角三十度有奇求甲乙丙角得〇度四十二分二十秒又求丙乙邊得九七九四〇(三角形諸法俱載測量全義後不贅述)

二丙乙戊形有戊乙八〇二及丙乙(前得)兩邊之兩數與戊乙丙角

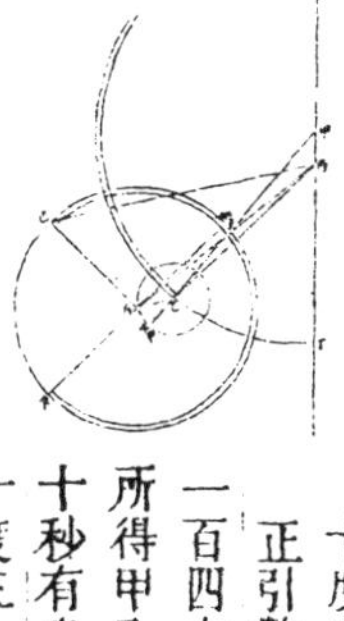

戊乙午爲引數之餘三十度有奇則戊乙丙爲正引數

一百四十九度有奇加先所得甲乙丙角四十分二十秒有半并之得一百五十度三十八分五十秒求乙丙戊角得〇度十三分三十四秒又求丙戊邊得

九八六五五
三以甲乙丙乙丙戊兩角并之得○度五十六分○
三秒乃癸戊丙角先均數也
四丙己戊形有戊己
小輪半徑依新法爲七二二四八
丙戊兩邊及己丙戊角
以先測星距平行數內減去均數從最高衝起於
丁乙宜加於乙己宜減
爲四十二度○分半求丙戊己角得七十一度五十
五分甲乙線定平行線也乃小輪上子己弧次均數
也從最近算對日之處
五因辛極遠處爲算之界則於己子內減癸子先均
數又以所餘加辛癸半周并得二百五十度五十九
分乃當時金星小輪上之引數也
今再譯近世一測以比於古測可徵平行之率
第谷於總積六千二百九十八年爲萬曆十三年乙
酉西曆九月十五日晨測金星得在鶉火宮十五度五
十八分先均蒙氣及地半徑差當時太陽平行躔壽星宮三度
四十八分二十秒金星最高爲實沈宮二十九度十
四分五十秒則金星平行距最高爲九十四度三十
三分三十秒引數也又平視兩行之較爲四十七度
四十九分四十秒依上法求金星歲圈上去極遠處
若干
如圖號名如上丁最高丁乙午戊兩弧各爲引數星
在己晨測也
一甲乙丙形有甲丙甲乙兩邊法如上有丙甲乙角引
數之餘求甲乙丙角得一度二十二分二十六秒又

求丙乙邊得九九八三七
之數
二丙戊乙形有丙乙乙戊
兩邊及戊乙丙角
戊午弧爲引數加午申
弧或甲乙丙角并得丙
乙戊角
爲九十五度五十六分六
秒求戊丙乙角得○度二

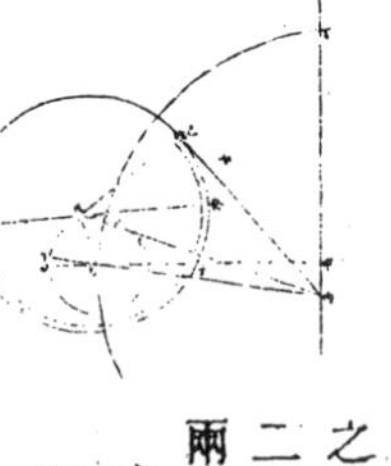

十七分二十六秒又求丙戊邊得九九九二五
三前兩均數甲乙丙乙丙戊兩角之數并爲一度五十分因從最
高起而引數不過半周宜於子己減之其餘四十六
度○分乃戊丙己角也
四己丙戊形有丙戊戊己兩邊及戊丙己角求丙戊
己角得三十九度○分子己弧也丙減去子癸先均
數得三十七度十分如半周得二百十七度十分乃
星體從辛極遠小輪上所行之度數也
兩測中積爲一千八百五十六年不及二十七日化日
或六十七萬七千八百七十日爲法
以三百六十五日又四分日之一爲年也
時刻不算蓋兩測在晨其差不及刻數中積甚大無
所比此中積時金星行滿伏見輪全周爲一千一百
六十轉又三百二十六度二十分
第一測星在小輪上距最高二百五十度五十九
分第二測得二百一十七度十分相減得三十三
度四十九分乃第二測未到第一測之處以全周
減之得三百二十六度一十九分

爲實以法入實而一得星一日平行爲三十六分五
十九秒二十九微有奇以乘法求一平年之行爲二
百二十五度一分五十秒以此數作立成表又以某
日所測得金星小輪上之度以加以減得本曆金星
引數成二百年表或用新測金星一度亦可爲引數
之根
新法所用測金星以定其行之率及曆應第八
一測總積六千二百九十八年爲萬曆十三年乙酉
西曆九月十四日十七小時一刻從午正起中曆爲九月初
二日午正一刻測得金星經度爲鶉火宮十五度五
十八分緯南二度八分
此測皆先均定蒙氣及地半徑差下同
以表算得平行距冬至九宮三度四十八分二十秒
此時最高距冬至五宮二十九度十四分五十秒則
引數爲三宮四度三十三分三十秒小輪上爲七宮
七度十分從極遠起以三角形算得金星體該在鶉火宮
十五度五十三分十秒比所測少四分強
二測萬曆十五年丁亥西曆正月十五日四時四十分
中曆爲丙戌年十二月初七日午初三刻測得金星
經度爲娵訾宮十六度五十五分緯北二度三十九
分當時算表得平行距冬至爲一宮十四度十七分
十五秒引數爲七宮五度○分四十五秒小輪上爲
三百○七度四十二分十七秒以法算得娵訾宮十
六度五十一分比所測少四分
三測萬曆十六年戊子西曆二月十五日酉正五分中
曆爲正月二十六日丑正五分測得金星經度爲娵
訾宮十六度一分緯北爲八度五十六分當時平行

距冬至二宮十度四十八分四十八秒引數爲八宮十一度三十二分十五秒小輪爲六宮〇度三十三分七秒以加減算之得娵訾宮十五度四十九分比測少十二分因小輪度爲六宮〇度必星在極近處其近於日平行均度爲五度（本天及引數生）則距平行內五度又太陽同平行均數二度爲加以五度內減之得三度乃金星順距太陽之體也當時緯度北不及九度四分若置如直線用開方法得金星距日體約十度蓋本方北極高爲五十六度又娵訾宮爲斜升（於地平如平行）太陽將出地平金星在地平上十度可得見又四測小輪引數亦爲六度亦可見之（說見月離曆指四卷并本部八卷）

四測爲本年三月初二日卯初二刻（距第三測十七日）中曆爲二月初五日午正二刻測星經度得娵訾宮十度七分緯北八度二十六分當時平行距冬至爲二宮二十度九分二十秒引數爲八宮二十度五十二分三十秒小輪之行爲六宮六度二十三分三十八秒以法算得視行爲娵訾宮十度十四分比所測多七分

五測萬曆十七年己丑十二月十四日辰初三刻中曆爲十一月初八日未正三刻測得經度爲大火宮十七度十分緯北三度十分當時平行爲初宮三度五十二分十四秒引數爲六宮四度三十三分十五秒小輪行七宮十九度二分十秒以法算得視行爲大火宮十七度六分比測少四分

六測萬曆十九年辛卯（西曆）十二月十七日辰正測星經度得析木宮二十度緯北〇度二十分當時平行爲初宮六度二十一分十五秒引數爲六宮六度五十九分二十五秒小輪行十宮二十度五十七分九秒算得視行爲析木宮二十度四分半比測多四分半

七測萬曆二十一年癸巳十二月十五日酉初十分中曆爲十一月十四日子正十分測得經度在元枵宮二十一度緯南一度十六分當時平行爲初宮三度四十八分五秒引數爲六宮四度二十一分四十五秒小輪行爲四宮二十度四分二十秒以法算得元枵宮二十一度六分比測盈六分

八測萬曆三十八年庚戌十二月十二日申正四十分中曆爲十一月初八日子初二刻測得星經度爲元枵宮十七度五十八分緯南一度二十九分當時平行爲初宮初度五十七分四十八秒引數爲六宮一度九分半小輪行爲四宮二十一度八分三十三秒以法算得元枵宮十八度四分比測多六分

九測萬曆四十四年丙辰三月初九日卯初中曆爲二月初三日午正測星經度爲元枵宮十五度二十四分當時平行爲二宮二十八度〇分五十三秒引數爲八宮二十八度六分十五秒小輪行爲八宮一度二十八分四十秒推算細行得元枵宮十五度二十四分符所測

以上九測因密測詳審可爲金星諸行之元

金星諸行率第九

本天最高行每年一分二十二秒五十七微百年行二度十八分十六秒十二微約一萬六千餘年而滿一周

本天上平行如太陽三百六十五日二十三刻有奇而行滿一周

小輪上之行每日三十六分五十九秒有奇

一平年（三百六十五日）行七宮十五度一分五十秒計六百六十二日十四小時（不及四分）而滿一周

若平行減最高行得引數一日爲五十九分八秒一平年爲十一宮二十九度四十四分十七秒

又算加減二表置兩心差爲三二〇八（全數本天半徑爲十萬）用新圖分二小圈其一爲二四〇六其一爲八〇二

小輪半徑爲七二二四八有半（全數如上）

本天大均數爲一度五十分十六秒在引數三宮一度

小輪在最高時大均數爲四十五度十九分二十秒

最高最庳之差爲二度四十六分四十九秒

以上諸數用以起算定表不外乎此

金星新測第十

崇禎七年十月十五日戊戌酉時在局用弧矢儀比測金星於壘壁陣第四星得相距十七度五十分弱此時金星緯向南二度餘恆星亦向南二星相距之度如黃道上之度其差微

恆心曆元經度爲元枵宮十八度二十三分加八年之行爲七分得十八度三十分因金星在西減相距之度得本宮初度四十分强乃本時太白之經度也今用表推算得金星經度爲一宮〇度四十七分比所測盈七分或測時過酉正而在戌初一小時差二分半又金星視大難測差分已得其準用表算式（以上原本曆指卷二十五緯之五）

水星

水星乃五緯之一其行與金星相似而異於木火土其形亦小於四星故光不甚大不越晨昏二時且不嘗見而嘗伏是以測其行與定其率及其應古今皆以爲難昔西士多祿某（厄日多國人）其本國地氣清朗得測水星之經緯最微借其時所用儀器小所分度數未爲精細至近世谷白泥及第谷兩家留心曆學但其所居在北極高五十度有奇爲欹球之地夏月不辨晨昏冬月雨雪多而蒙氣盛又甚寒冷難於測步谷白泥因借他人之測以詳其理多未經目說雖明而猶難確據後來第谷及其門人深研此道隨在推測不憚勤勞既竭心思又殫目力而曆學始全今新曆譯其書以爲法詳列於後

水星本天象第一

水星以太陽平行處爲本行之心即以太陽之平行爲自行之平行如金星無二然其兩行之差非太陽兩行之差則必有自行本圈而載其次輪又此圈或圈上之行非平有高有低與他星等何以知其然耶曰見其距太陽之大距度時有大小因知其次輪必有遠近也今以圖略解其所測於左後詳釋之（次輪亦名伏見輪）

古圖設甲爲地心任取甲乙某線分爲五平行又以乙爲心取甲乙線五分之一爲半徑作辛丙壬小圈名曰均圈又於小圈周上取丙點爲心作已丁庚戊大圈又作甲乙丁線爲兩心線取丁點作已癸庚圈是名水星次輪

木火土三星名曰歲輪金水不然蓋以其率非滿一年而所差復遠故名次輪又名伏見輪

行法甲丁線順天平行每年一周如太陽平行無二其自載乙點均輪心及丁次輪或伏見輪之心如丁心行丁庚戊本天圈一年一周其心在辛壬丙均輪上而行此本天之心有行

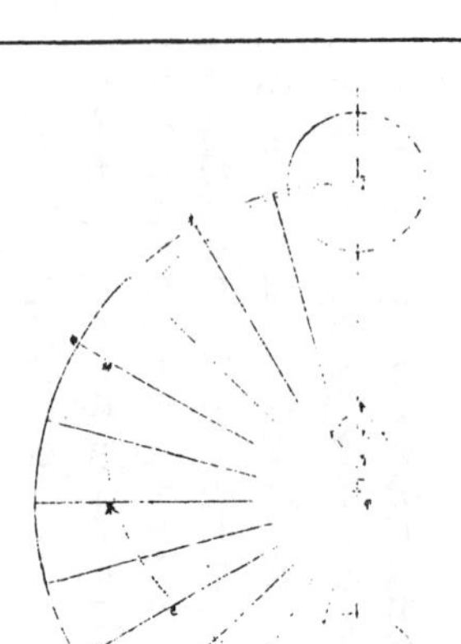

之理獨水星如是而他星不然蓋他星有定兩心差之數不加不減故其歲輪心（如丁）所行之跡亦爲渾圓圈（見本曆首卷）惟水星小輪心丁所行之跡有如卵形上寬下窄故曰己丁庚本圈之心於甲點時近時遠又時在乙甲線內或時在外如置丁心在兩心線上其行之心在辛極遠處丁心行本天一周必行辛壬丙小圈三次丁心在戊最低其行心在丙

系凡丁心在本輪上平行一周即於小均輪上之行有三周本輪上行一度均輪上行三度（以一周與三次論之則知一度三度）

伏見輪心運行圖說第二

丁乙甲戊各號如前甲爲心任作午未申等圖（用半圖簡法也）分爲六平分於未於申等又作甲未甲申等線人在甲所見伏見輪心丁距本天最高之度又均圈往在辛點爲心作丁弧（本天丁弧）又因丁甲未角爲三十度（先分午丑半周爲六分）均輪上從極遠處辛順天向壬取其三倍即九十度止壬壬爲心用辛丁元半徑亦作寅一弧截甲未線於寅又以丙均圈極近處爲心

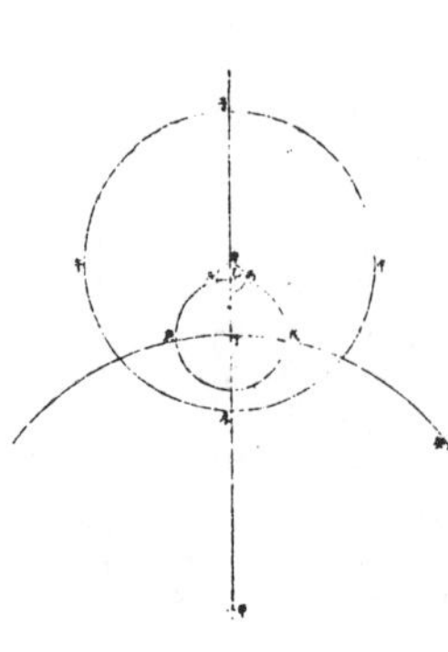

丙辛半周乃午申六十度之三倍作卯弧以己爲心作辰弧以辛爲心作己弧以壬爲心作子弧末以丙爲心作戌弧共爲七點即以曲線聯之得形如圖

又於午丑半周細細分畫作三十分各有六度又辛壬丙圈分二十分各分有十八度作甲寅等線又小圈各點爲心作多弧必可定丁心運行之跡

右依前圖可解水星之諸行并可齊其所行之異新法亦有水星天本象略引之

新圖用二小均圈如他星但辛壬丙截伏見圈心小輪之行爲三倍於丁點大圈上之行皆自行數如古圖無二其乙心留行之迹亦與古圖卵形相似算法亦同丁心往癸乙心往戊辛心往壬比乙及丁疾行爲三倍水星體在子往午未各滿其周

擇測水星以定其最高第三

金星曆曰凡朝夕測得金星距太陽平行兩大距度爲等者則於兩測之兩平行中度折半得爲金星兩心線之處然其最高低之分尚未定也今水星或有兩大距度等者乃若折半不得爲兩心線之處覺測此星爲難古今曆家測得本天一周內伏見輪有多度不見前後多測大距度之差如距度無遠近等故法曰取用朝夕兩大距等及前後多日各測之行相反并平視兩行有差可知兩測兩平行中折半爲兩心之線所在曰相反者何一測之行爲盈一測爲縮必知在兩心線左右曰兩行有差言一測星在此無近遠處或測十日前後之行爲等因可知其引數爲等

如圖（辛壬如前）戊爲最低依各圈之行若伏見輪心到子到巳甲子甲巳距地心兩視線略等不見近遠故亦不見星距太陽大距度之有大小也試作甲壬線先求甲戊線若干分置丙戊本天半徑爲十萬甲乙置爲五六八五（後以測算得）乙丙爲乙甲五分之一數之得一一三七以減丙乙得四五四八丙甲也又以丙戊全數內減之得九五四五二乃甲戊線也爲星最低距地心之數

又置伏見輪心丁在子其心在壬

丁甲子角一百五度從辛往壬數其三倍得一周外有九十度即在壬

先用甲乙壬直角形夫形有乙甲乙壬（與乙丙等）兩邊之數依法求甲壬邊得五七九八（用句股法）又求乙甲壬角得十一度十九分次用甲壬子形夫形有壬子全數有壬甲邊及壬甲子角

先得乙甲壬又先設丁甲子爲一百五十度內減乙甲壬角十度有奇餘壬甲己爲一百三十八度四十一分依法求甲子得九五五六〇六比甲戊多爲一四四約爲千分之一半若置星在己其心在辛用辛甲己形夫形有辛甲（壬甲乙弁加五之一得六八二二）辛己兩邊及辛甲己角（先設戊甲己六十度用其餘以滿半周）一百二十度求甲己得九六四〇九比甲戊多一〇五七約爲百分之一比在子差更大

系凡水星次輪心在戊最低左右（同理）三十度或四十度內其距地不見大差伏見輪視徑亦無小大其大距度亦如之故星在此或左或右不足以定最低之經度分須候星在辰或在卯及其對點始可定也

古測算水星最高第四

多祿某總積四千八百五十一年爲漢末和三年戊寅（西曆）六月初四夕測得水星經度爲鶉首宮七度（用軒轅大星比）當時太陽平行爲實沈宮十度半即水星距太陽爲二十六度半次測爲總積四千八百五十四年爲末和六年辛巳（西曆）二月初二日晨測水星在星紀宮十三度半（用心宿大星比）當時太陽平行爲元枵宮十度大距度爲二十六度半如上測以前後兩測兩平行折半得壽星宮十度十五分或降婁宮十度十五分乃兩心線之處也

古多祿某所測姑舉其二以證所定之處其所多記親測每以古測相比因謂水星天最高行一百年一度與恆星等及後來再加細測積年既久覺當時所謂猶非也

谷白泥記總積六千二百〇四年爲明弘治三年庚戌（西曆）九月初九日瓦而得（曆學名士）晨測水星經度在鶉尾宮十三度半緯北一度五十分當時太陽平行在鶉尾宮二十六度四十七分（用谷白泥表算）得星距太陽平行十三度十七分此非大距之測故又記曰此時水星將伏前此數日測見順行於日更近可知水星當時在次輪之上弧

次測總積六千二百一十七年弘治十七年甲子（西曆）正月初九日（本方）卯正二刻大火宮十度在天頂測得水星經在星紀宮三度二十分時太陽平行在星紀宮二十七度七分算得星距太陽二十三度四十七分又記本年三月十八日夕測得星經度在降婁宮二十六度六分太陽平行在本宮五度三十九分星

距太陽二十七度一十七分

依上二測谷白泥筭得水星最高線本世（總積六千二百十七年前後幾年不得算）在大火宮二十八度半最低在其衝卽大梁宮同度

記今測十端以定曆元第五

此第谷及其門人所記比古測精細因用爲新曆之本

第一測總積六千二百九十八年爲萬曆十三年乙酉中曆十月初四日未初（西曆）爲十一月十四日卯正四刻測得水星視經在大火宮十三度四分緯北二度十八分時太陽平行爲析木宮四度○分十五秒（新法算）星距日爲二十度五十六分一十五秒依多測再算得本年最高行在析木宮初度三十分以平行減之得引數爲三度半次輪行爲八宮十六度二十二分二十秒推算星視經度得大火宮十二度五十七分比所測少七分

二測比前測後九日辰初二十分測得星經在大火宮二十五度三分緯北一度二十五分時太陽平行在析木宮十二度五十三分二十秒引數爲○宮十二度二十三分小輪行爲九宮十四度二十二分半算得大火宮二十四度五十八分比測少五分

三測總積六千二百九十九年爲萬曆十四年丙戌十月二十四日辰初十分（中曆九月二十日未正十分）測得星經在壽星宮二十二度三十二分緯末記太陽平行爲大火宮十三度四分半引數爲十一宮十二度三十四分次輪行八宮五度六分半以算視行比測少七分

四測比三測後四日見星在壽星宮二十六度三十二分緯北二度十七分平行爲大火宮十六度四十九分半引數爲十一宮十六度二十九分次輪行八宮十七度二十七分用算比測少五分

五測總積六千三百年爲萬曆十五年丁亥正月初九日申正五十分（中曆爲十四年十二月十一日）測得星在元枵宮十七度四十八分緯北○度一分太陽平行爲星紀宮二十八度二十二分五十秒引數一宮十六度五十二分次輪行四宮二度二十八分二十秒用算比測少一分

六測總積六千三百三年爲萬曆十八年庚寅三月初六日酉正五十分（中曆二月十二日丑初）測星在降婁宮十三度四十四分緯北一度四十二分太陽平行爲娵訾宮二十三度引數爲三宮二十三度二十分次輪行三宮十一度四十一分十秒用筭少測數八分

七測總積六千三百五年爲萬曆二十年壬辰二月初三日酉初四十分（中曆正月初一日子正四十分）測星得娵訾宮十二度二十分緯北○度四十七分太陽平行爲元枵宮二十二度五十分四十五秒引數二宮二十二度十五分次輪行三宮二十三度八分三十秒用算比測盈九分

八測總積六千三百六年爲萬曆二十一年癸巳五月十一日亥初二刻（中曆四月二十日寅正二刻）測星在實沈宮二十三度十六分緯北二度○分太陽平行在娵訾宮二十九度二十三分引數五宮二十八度五十一分次輪行三宮二十二度四分依算少測十二分

九測總積六千三百二十年爲萬曆三十五年丁未四月十五日亥初（中曆四月初一日寅正）測星在大梁宮二十一度五分緯北一度四十分平行爲大梁宮二度二十分五十秒引數五宮二度十八分次輪行二宮十五度五十分六秒推算盈所測七分

十測總積六千三百二十三年爲萬曆三十八年庚戌十二月初五日戌初（中曆十一月初一日未正）測星在析木宮二度四十二分緯未紀太陽平行在析木宮二十四度四十分引數初宮二十三度三十四分次輪行八宮十度十一分推算少測七分

右十測如法推算盈縮大較不過十二分其差甚微非若右表未經親測者眞可用爲水星曆元之測又本方（闕）北凡星緯在南難見難測故上不測皆緯北焉

定最高處及其行第六

總積六千二百九十八年爲萬曆十三年乙酉第谷測算精密定本年最高在析木宮初度三十分以古測總積四千四百四十九年（多祿某所記）爲周赧王五十年丙申（西曆）十一月十五日晨見水星在大火宮二度三十五分太陽平行大火宮十九度五十六分半（用古表）緯南爲二度二十分依此測及後屢測

多祿某所記本世距周赧王四百年後有多測多算今不詳譯省文也

得水星當時最高在壽星宮六度五分

兩測中積爲一千八百四十九年計兩測中積最高之行爲五十四度二十五分（析木宮初度半內減去壽星宮六度五分得數）以中積最高度分化秒爲實以積年數爲法除之得一年最高行爲一分四十五秒有奇有一年則百年

千年俱有成表如以萬曆十三年之行加之得崇禎元年最高行之應以平行內減去最高得引數說見後

水星伏見輪半徑大小第七

古多祿某用二測其一爲總積四千八百四十七年十月初三日晨測得水星伏見輪心在本天最高算求距太陽大距度爲十九度〇三分太陽平行在壽星宮九度十五分多祿某時最高在大火宮二度此測未到最高少二十三度因水星天之象最高及其衝前後一宮於地不見遠近大差見上文

其二夕測(爲次年四月初五)水星次輪心在最高衝大距度爲二十三度十五分平行爲降婁宮十一度五分此測亦未到高衝少二十一度與上測相對

系凡大距度爲小者其次輪心必在載圈之高若距度爲大者其心必低先定兩心線如上測星在降婁距大在壽星距小

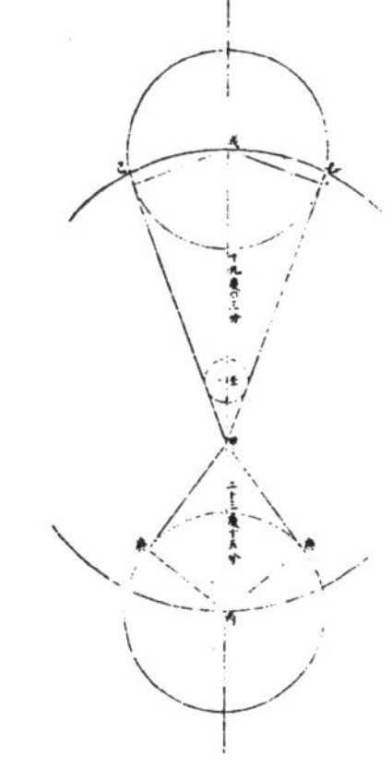

如圖甲地心壬本天心戊爲最高丙爲其衝次輪心在戊最高星在己爲戊甲己距平行極大角人在甲見星在己視星距戊平行之度數

上測得十九度〇三分又次輪心在丙最高衝視距太陽平行大距度爲庚甲丙角依上測得二十三度十五分作戊己丙庚各線於甲己甲庚成直角

依三角形法甲戊己爲直角形有己直角有甲角大距度自亦有戊角己甲戊之餘卽爲七十度五十七分有三角求戊己戊甲之比例設戊甲十萬戊己卽爲十萬分之三二六二九(正弦數也)

又甲丙庚形有三角(因直角形之理有甲乙角自有丙角)求甲丙丙庚兩腰之比例設甲丙十萬丙庚爲十萬分之三九四七四(甲角之正弦)

先定丙庚戊己兩圈半徑爲等者(以上下兩次輪無二)今以三率法通之設甲戊十萬戊己或丙庚爲三二六二九丙甲爲八二六二五戊甲甲丙并之折半得九一三四二卽戊壬線也

今有戊壬戊甲戊己同類之三線又設戊壬本天半徑爲十萬全數求他線之數以法得戊甲爲一〇九四七九減戊壬全數餘九四七九乃壬甲兩心差之數也又壬申數以六除之得一五八〇乃載本天心小輪之半徑說見水星本天象論戊己爲三五七二乃伏見輪半徑也

多祿某依親測得水星各圈比例如此然所記載測數中有可疑(恆星及太陽之行各不精細)第谷及其門人因加密測密算依上記十測設戊壬全數戊己爲三八五〇〇(丁庚同數)壬甲爲六八二二取壬甲六之一卽一一三七爲壬心所行圈之半周

系水星近於地爲本天十萬分之五四六七二極遠爲一四五三二一

算水星經度用三角形試法第八

用上所記第五測時刻以三角形及上定各圈之數求水星經度(用新圖)當時查表得太陽平行在星紀宮二十八度二十二分半水星最高在析木宮初度二十九分半兩數相減得引數爲五十七度五十三分圖上爲庚乙己丙兩弧之度(輪圖及其行之類見上二章)此引數三倍之得一百七十三度三十九分爲戊丁弧丁乃伏見輪心作壬次輪圈從壬極遠順算得一百二十二度二十八分至辛丁丙乙形有丁丙乙角(戊丁弧以滿半周去之餘)六度二十一分有丙乙(上定兩心差六分之五卽五六八五)及丙丁(兩心差六分之一卽一一三七)兩邊求丙乙丁角得一度三十五分又求丁乙邊得四五五一

二甲乙丁形有甲乙丁角己丙弧或己乙丙角內減去丙丁乙角餘丁乙己爲一百二十三度四十二分

凡引數爲六十度以下用減六十度至一百二十度用加一百二十度至一百八十度用減一

百八十度至二百四十度用加又自二百四十至
三百度用減三百至三百六十度用加
又有甲乙全數(半徑)及丁乙(上得數)兩邊求乙甲丁角爲
二度七分又求甲丁邊得一〇二六〇〇
三丁辛甲形有丁辛次輪半徑(前所定三八五〇〇)有甲丁丙
邊及辛丁甲角
次輪爲癸辛弧加壬癸弧或壬丁癸角或丁甲乙
角皆爲同得壬辛弧其餘辛午
五十五度二十五分求乙甲辛角得二十一度二十
九分乃次均數次輪之視差也因次輪行在前半周
法宜用加得元枵宮十七度四十五分比所測縮三
分
若以測法求丁辛次輪半徑亦可得之則於丁辛甲
形中設丁甲邊丁甲辛角
以表得乙甲庚引數角內減丁甲乙本天均數得
丁甲庚角以測得辛甲庚角相減得丁甲辛視差
之角
及壬辛弧或辛丁甲角依法求之
若以引數及各圈半徑從小輪上水星本行處用下
圖各三角形之法亦得算癸丁辛角有假如(見十章)
水星平行率第九(用古今二測)
以測求伏見輪上之行宜擇星近太陽非留行或大
距度之處蓋留時伏見輪上之行人自覺其大距度
多日不變然星更行故測以得近太陽者爲確
古多祿某所記總積四千四百四十九年爲周赧王
五十年丙申(西曆)十一月十五日卯初在本方測得水
星經度爲大火宮二度三十五分緯南爲二度二十
分
當時太陽平行在大火宮十九度五十六分半時水
星最高在壽星宮六度五分兩數相減得四十三度
五十一分半乃水星之引數也又平行視行相減得
十七度二十一分半
設引數及各圈之半徑與星視行距太陽之平行求
水星體在伏見圈之度分(星體距伏見輪極遠之處若干)用新圖諸
號如上
一庚乙己丙兩弧各爲引數之度戊丁弧爲引數之
三倍一百三十一度四十
九分三十秒 
二丙丁乙形有丙丁丙乙
兩邊各圈半徑及丁丙乙
角(戊丁弧以滿半周之餘)四十八度
十分求丁乙邊得十萬分
之(全數)五〇〇二又求丙乙
丁角得九度四十五分
三己丙弧或己乙丙角內
減去丁乙丙角餘丁乙己
爲三十四度五十六分半
其餘以滿半周爲丁乙甲
角是爲一百四十五度四
十八分半
四丁乙甲形有甲乙(全數)乙
丁(前所算)兩腰及丁乙甲角
求丁甲邊爲一〇三九〇
二又求丁甲乙角得一度
三十三分乃均數之度分也其號爲減(引數未過半周)減之
得丁甲庚角爲四十二度二十四分又以最高之宮
度加之得丁點(次輪心)在大火宮十八度二十四分先
測水星在本宮二度三十五分相減得較爲十五度
四十九分乃次輪之視差也均數也圖上爲丁甲辛
角測爲晨刻則水星在太陽後次輪右邊
五丁辛甲形有丁甲(先所算)丁辛(先所設)兩邊及辛甲丁
角(次輪視角)求辛丁甲角得三十一度三十三分乃辛丁
午角或辛午弧水星體距小輪極近處午點之度分
又加半周(一百八十度)得二百一十一度有奇即壬午辛
弧然所定次輪極遠非遠於地心乃比平行爲遠
故圖中命作癸午線與己甲平行而壬丁癸角恆
於乙甲丁均角爲等
則因先均數類亦均之若加加之若減減之今減得
癸午辛弧爲二百一十度〇分乃當時水星次輪上
之行
本章多祿某所記及前第五章所記第谷十測中第
五測兩測相比中積爲一千八百五十一年又五十
五日十一小時依法化年爲日
總積平年爲三百六十五日第四年閏一日爲三
百六十六日
得六十七萬六千一百三十二日爲法
兩測次輪之行相減得較爲八十三度二十五分因
今測小則以週到古測或滿全周少八十三度有奇
或滿全周外多二百七十六度三十五分中積時水
星行滿次輪全周爲五千八百三十六轉外二百七
十六度有奇化作秒得七五六四四九七〇〇〇爲

實以前法入實而一得一日之行爲一一一八四秒有奇約之得木星次輪上一日之行爲三度六分二十四秒有奇欲窮其數各再化作忽算之有一日可得一年百年之行又以分法可算一時一分之行

木星一小時行七分四十六秒

一日行三度六分二十四秒

一平年行三全周外有五十三度五十三分三十二秒

一閏年三全周外行五十七度三分五十六秒

一百一十五日二十一小時三分二十二秒行小輪一周以上原本曆指卷二十一五緯之大

欽定古今圖書集成曆象彙編曆法典

曆法典第七十卷

曆法總部彙考七十

新法曆書二十

五緯曆指六

五緯緯行

太陽乃萬曜之君其所行之道爲直道凡天上諸星悉繇以定其行左右距太陽之道謂之緯而土木火金水五星嘗在太陽之左右不能直行故名曰五緯太陰之行亦斜交太陽之道並可名緯古測未覺月亦有緯南北二行直謂之離然其南北之離比五星更純無多緯之雜其差甚微故仍其名也

曆家非以定日月之行爲足又須兼齊五緯而七政始全其五星經行業詳著各曆指然以明理適用則某星隨時所在躔次及某時應會某星并同某星出入與凌犯近遠見伏諸類必明晰詳盡始全其學若不知緯行南北多寡無從得其準故第谷名士深心攷究制爲多儀密測密算定其進退之兩限南北之距度立爲成表皆務得各星之眞路本道之行限詳解緯圖蓋以止晰經行不能全定其處也

新曆按古今曆家兩測之論以明五星緯行之理各有數端其一爲本天輪其一爲歲圈輪此二根五星皆同若夫金水別有緯行之根異於土木共著論八條

古測緯行第一

王寶翰距今百五十年曰五星緯行前古未有識者迄多祿某始覺其理而明其法測驗功深乃得立成而布算前人但以經度爲本未覺緯行之所以然多祿某密測精求因幾何原本等書以定星行之率始得緯道立成諸法

一覺五星之緯各有天半周恆緯黃道南有半周恆緯黃道北

二覺此南北之交處非一時六宮在南六宮在北或時七宮南五宮北蓋此南北之行非繇視行以所測視行求實行未得各星黃道某宮度以實行到此或南變北或北變南

三測各星極大緯而得其距交度約三宮曰星所行非黃道乃各星有本道而斜交於黃道再測得土木二星凡近壽星宮火星近鶉火宮者皆距黃道北極大緯度若三星在其衝之處土木爲降婁宮火星爲元枵宮則距黃道更南

四用本圖不同心圈及小輪擇各星在南北大緯或在極近合伏太陽之處

凡星在歲輪極遠者其心會合太陽不能窺測惟越前後多日方得其準

或在極近衝日之處或在中距遲留之近處各有異相比測未得星在極近加本緯之度數

本緯乃從本道加加緯度繇於歲輪下半加緯上半減緯

在極遠減本緯之度數若在中距者無大差所云加緯度者如在近處星道向南則加南緯向北則加北緯詳見下文

細究緯形之故古者借圖形解之曰日月五星之本行更順更平各有全圈各圈置一平面蓋圈者乃圓形之外周而面者乃圓形外周內所容之積也不曰積而曰面者以積有厚之形面乃無厚之形也見幾何界說

凡曰黃道白道相交宜想兩圓形相容相割如東西兩堵牆相遇不止而過此兩面相割之處爲一直線如黃赤兩道以春秋兩分之一線上割之兩分謂之兩道之交卽兩面相割之限五星本道及小輪相交各圈之面相割若以楮爲圈之像可明其理

一系置多祿某所言各星有本道之面及小輪之面日凡年歲小輪之徑線

從人目過小輪之心則近遠兩處之線全在黃道之外而不相割相交凡負小輪圈在黃道或南或北則小輪全體亦在或南或北

二系見星緯黃道或南或北則知星之本道交於黃道今見小輪或加或減本道之緯必小輪交於本輪兩面相割不則在一平面何能置其加減乎

又五星之緯古來未有名界卽借太陰用之凡各星本道緯向北者謂之陰曆向南者謂之陽曆從南往北之交謂正交從北往南謂中交凡小輪在其近半周者謂之外蓋恆向黃道本道之外而加凡在其遠

中間者謂之內若恆在黃道本道之中而減

又搭小輪心（[illegible]）在黃道本道兩交之上及星距日大四之一（[illegible]）測得星在黃道下則無緯度分又凡小輪心在黃道下各星在小輪上不拘度分（近於太陽或遠）星恆不見緯度

三系小輪心在交上無緯度者其平面與黃道平面相合爲一

多祿某曰土木火三星本天（[illegible]）之面斜割黃道面可定其斜交之角

如赤黃二道斜相割其交角爲二十三度半

又曰割小輪面而交本天爲不定之角其小輪近遠兩限中有一直線於近遠線在兩交之中爲直角與在交上相合爲一乃於兩交線恆爲平行分小輪上下兩平分此線當小輪之樞因之轉動其上半極遠之點若在黃道北則在本道南若在黃道南則在本道北蓋小輪恆於黃道爲平行面故也

黃道交各星道交角第二

黃道星道兩平面相割一直線上

面割交面生一線如線交線生一點名曰交點點之兩端生四角相對相等而兩面亦生相交割一直線亦生四角等

日同交線此線過黃道之心卽地心也

系交線割星道面不平分蓋星道不過黃道之心不同心圈故也其大半（以六宮上）向北其小半（以六宮下）向南大半在北則北緯比南緯更大

如右圖丁地心作丙乙戊甲黃道圈（[illegible]）又任取已爲某星天之心作庚甲壬乙圈又作甲丁乙同交線分黃道爲平分分星道則任分

多祿某曰此交線以異角交各天兩心之線也今如法

土星兩心線（[illegible]）在析木宮二十七度六分

甲子年所算爲曆元之木見本表

其正交在鶉首宮二十度三十九分相距一百六十五度二十七分中交在其衝

木星最高在壽星宮八度五十四分其正交在鶉首宮七度八分相距爲八十九度一十四分中交在其衝

火星最高在鶉火宮二十九度二十六分其正交在大梁宮一十七度相距一百○二度二十六分中交在其衝

金星正交在本天最高前十六度此時在實沈宮十四度

金水二星差數徵晃緯圖

水星正交於最高爲一此時在析木宮一度

系因圖可見各星交線之異任分本天凡兩心線及交線之交角近於直角者其兩任分之較更大若交角甚鋭者兩任分之較更小如木星本天交線上之弧比土星交線上之弧更大觀圖可見

二系各星本行（[illegible]）時行周天向北之弧比行南弧更多弧之多寡與行時多寡相應故也

問南北兩弧若干曰用上各星之圖從己至正交中交兩處作線成己丁正己丁中兩形夫形爲加減均數之形以視行角己丁中求平行角丁己中之餘卽高中弧之度用加減表求之相并得土星北弧勝南弧爲五度二十分木星北弧勝南弧爲五度五十四分火星北弧勝南弧爲二十一度五十六分

依上多祿某所定黃道本道正交中交之角上凡星在此恆無緯度又緯類從此變或以南往北或自北往南取星在兩交之中測其緯得上三星凡在小輪極遠者緯度少在小輪近者緯度多以多寡之較求小輪之心或本道距黃道若干得數如左

土星本道交黃道角

或一圓球上兩大圈相交之角或兩道之平面相割各用之

爲二度一十六分小輪平面割本天向交角小輪在

兩交之中爲四度半凡在正交或中交之上者交角爲二度一十六分乃兩道之角也

本星本道交黃道角爲一度二十四分小輪交本道爲二度三十分

火星本天交黃道角爲一度○分小輪交本天爲二度十一分

依上論小輪高庳則視緯有多寡如加減表凡引數在高者均數少在低者均數多如圖

依視法凡對周看一平面或圓形者所見之形爲一直線如簡平儀諸線爲直線即當圓形曲線今兩道及小輪各對周看成直線兩線交角當兩面之交角

丁地心戊丁亥線當黃道己爲某星天之心作庚己壬線當某星本道置庚丁戊角爲兩道交角上（數見）又從己心取己庚己壬等線壬庚爲小輪心作午庚未乙壬甲兩線於黃道平行亦兩線相等未庚己爲小輪及本天之交角上下無二從丁（人目所在）作丁甲丁未視線定高庳兩處未丁戊甲丁亥兩緯角題言在最高未丁戊角爲小在高衝甲丁亥角爲大甲壬丁庚丁未兩形各有等底甲壬庚未又有壬庚兩角等庚丁邊比壬丁邊更大則其對角未比甲角亦大又其餘各反之則庚丁未角小甲丁壬角大大角極於大腰相照幾何之言也

若作丁午丁乙兩線定星在極遠午乙兩處必壬丁乙爲大午丁庚爲小今述多祿某定各星所在大緯於左

土星小輪心在兩交之北星若在小輪上如庚線者緯度爲二度三分若在下如未線者緯度爲三度二分小輪在兩交之南若星在上如乙處緯度爲二度二分在下如甲緯度爲三度五分

木星小輪若在北星在上者緯度爲一度六分在下者爲二度四分小輪若在南星在上者緯度爲一度五分在下者得二度七分

火星小輪若在北星在上者緯度爲○度五分在下者爲四度三十分小輪若在南星在上者爲○度四分在下者爲六度五十分

金水二星下有本解

上三星諸輪圖說第三

星之所行爲全圓圈人目或在其心或近其心時見如直線又時見橢圈線以視學論之設上諸圖如人目在天外對黃道之周而看則圈形如直線若人目在南北二極而看則見如全圓形然某平面於某平面或平或相切或相距者不能分別故視學因置人目在黃道及其極之中若可見各圈相距近遠如左二圖一目在極正視一目在黃道及本極之中而斜視也

圖上外圈爲黃道第一第四同心兩中不同心圈此一四兩圈於黃道平面二三兩圈爲不同心又於黃道非平面也

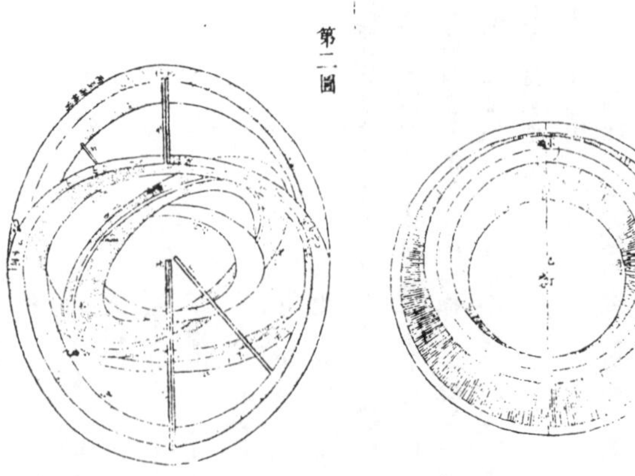

第一圖

第二圖

如第二圖其中有均圈指小輪圖晝如一平面然非一平面者亦如右圖上三星本道切割黃道圖外大圈爲兩至兩極圈指黃道黃道圈上列有宮次其內有同面同色之圈於前圖爲一四其軸爲甲乙其斜切密作點虛面爲星圈即不同心圈中有均圈爲白圈軸爲丙丁此間有小輪亦斜切異心圈然平行於黃道如前上圖可見本輪或行或留之跡皆爲圓形其黃道本道兩軸相切及小輪軸於黃道軸爲平行其本輪爲直線者視法也眞圓面也

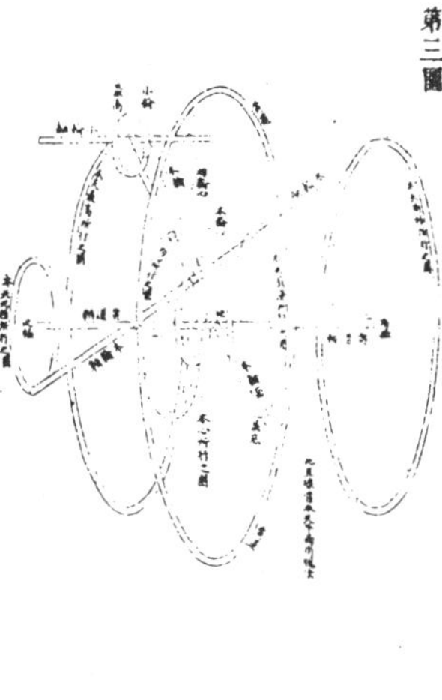

三圖指各星各點所行留之跡各圈有本名但眞一直線有名日本輪面因對周天而看法以圓平面變爲一直線乃視法　若解此諸圈之理須用渾天儀此儀有赤黃二道有冬夏二至及二極乃爲明暢

四圖說甲乙丁線爲黃道本道相交之線因相近相遠必有相交之一線甲丙乙戊爲本圈今用不同心圈及小輪解說更易丙戊二處極距兩交爲九十度乃兩道大相距之兩處也甲爲正交本天向黃道北陰曆初乙爲中交本天向黃道南陽曆初　設小輪甲在乙等處從人目丁作丁庚丁戊等線各近遠線又作子午諸線皆過小輪心而於甲乙交線爲平行此子午己庚二線相交之角非一小輪在兩交上二線合而爲一小輪在大距處丙戊兩線相交成直角午子線當小輪之樞上半下半繇樞而運蓋以本天從南往北從北往南嘗嘗

活動須得黃道之平距爲本故斜交本天之角於本天斜交黃道之角嘗爲等如小輪在甲或乙兩交上即一體合於黃道若在丙陰曆本天距黃道北大距處則小輪下半子巳午向本道北在兩道外上半向本道南在兩道內若在戊陽曆本天距黃道南大距處則小輪下半午巳子向本道北在兩道內上半向本道南在兩道外

從丙到乙有九十度在丙在戊兩線爲直角在己近處爲本道大距即大緯度徐行往乙則己丙子甲更小己距黃道之度亦更小至乙而盡

系小輪在丙在戊或合伏太陽如庚或衝太陽如己時星有大緯度蓋星距太陽九十度則庚子弧在樞線及本道上但有本道之緯若小輪到辛距交四十五度兩線交角亦爲四十五度或合伏如庚或衝如己非大緯度蓋庚己比壬癸二處爲小

距子午樞線爲象限故大距度在此不在己

上圖金水二星亦可用其詳見下

新測上三星緯第四

本曆總論曰以齊五星諸行或用兩心法及小輪以地爲諸行之心或以太陽爲星行之心理可通用新法乃以太陽爲心爲近於正因上譯古多祿某緯行之論以地爲心今依本法舉各星之緯再詳解之

第谷依本法測得各星黃道緯大數古法曰星在小輪下土星北緯二度四十八分南緯二度四十九分木星北緯一度三十八分南緯一度四十九分火星北緯四度三十三分緯南六度四十二分

土木二星其不同心差爲少又更高遠小輪見小故南北差亦少火星近小輪大故其差亦多金水益多下詳之

各星兩交中有南北兩點及距最高度分用三角形法可推小輪心及星體距各天之心亦可得各星年歲圈半徑依法

見各星曆指南北兩點距最高乃引數求距心若干法用三角形算

得土星南點爲降婁宮二十度三十八分距心爲全數十萬九七五九三年歲圈半徑爲一〇四二六木星南

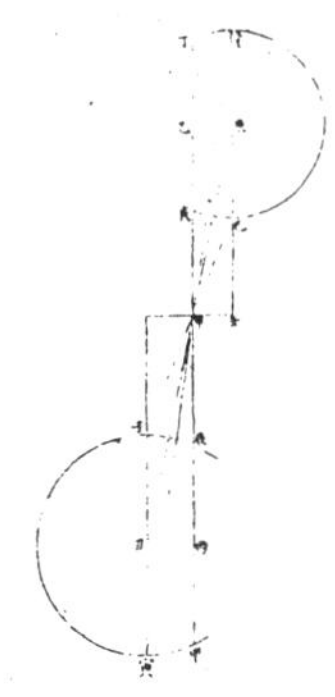

點在降婁宮七度八分距心爲九五二三〇年歲圈半徑爲一九三四九火星南點在元枵宮十八度七分距星爲八九〇九〇年歲圈半徑爲六五〇九五置前推得數求各星大距交黃道若干如右圖甲地心丁甲卯爲黃道庚甲丑爲本道辛己爲小輪前測有己甲戊大南緯角求庚甲乙本天距黃道因與前一致用庚己甲形夫形有庚甲邊星距心各數見上省文有庚己邊小輪半徑及庚己甲角

辛己線引長到壬作甲己壬直角辛己小輪面與

黃道不行則己甲戊角大緯度與甲乙壬等庚己甲爲其餘

用法則邊與邊若角正弦與角正弦以庚己乘己角正弦以庚甲除之得己甲庚角以減於己甲戊數得庚甲乙角乃兩道之交角也

又辛庚甲形夫形有庚甲庚辛兩邊及辛庚甲角即庚甲乙之餘或庚己甲己庚甲兩角之總求庚甲辛角乃星在上之緯角下圖倣此

若用太陽爲五星之心置甲爲地心丁戊爲太陽之

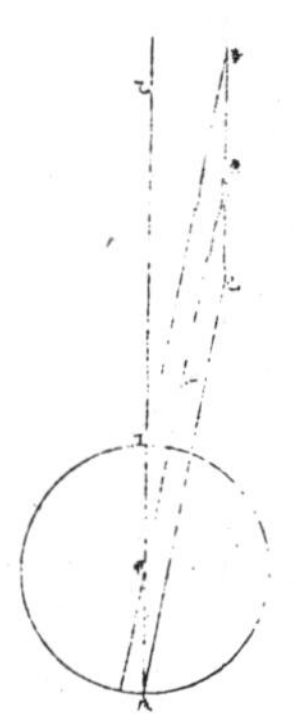

天日在丁星在辛日在戊星在己若日在丁者則日在人目甲及星辛之中謂之星會日若日在戊則人目甲在日戊星己之中謂之星衝日兩法以乙甲己角爲黃道緯之大角推算各角之法與前法同

丁戊圈乃太陽之圈但用丁戊線如辛戊小輪亦但用一直線視法也

算各星緯度用三角形法第五

如總積六千三百六年爲萬曆二十一年癸巳西曆八月初十日卄初三刻時第谷推算太陽及火星諸數於左

太陽實引數（距最高實行）爲五十二度視行在鶉火宮二十七度三十八分火星實引數爲二百度二十分視行在娵訾宮二度四十二分距心爲八八九〇〇年歲圈半徑爲六四九二八距太陽爲一百七十四度（逆算其餘爲順天算）五十六分火星體距本天正交（正交在實沈宮十八度〇分）爲七十五度十八分

圖說乙地心甲太陽天乙甲爲太陽天之半徑即火星年歲圈半徑也丁己爲黃道一弧戊丁爲火星本道一弧與黃道相交於丁

則丁爲正交戊丁爲星距正交若干（數上有）作甲己火星距心之線作甲戊戊己又作乙己火星距地線作乙戊線成戊乙己角乃視緯角也所求之度分也

一戊丁己三角曲線形有丁角

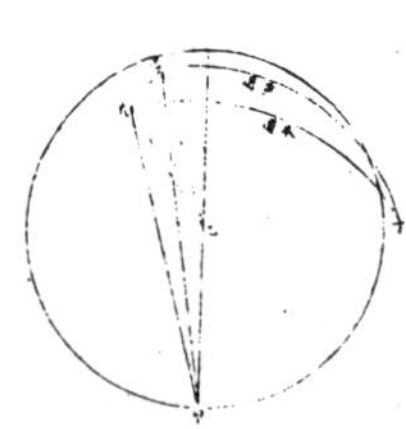

先定本天交黃道爲一度五十分

有丁戊己直角

己戊弧因測緯度必爲直角於戊

求戊己弧

置全數甲己本天半徑爲百萬

得三〇四九五

若用度爲一度四十六分餘今用分數可比於別直線故戊己爲如直線非如弧弧小圈大於直線其差甚微

二先推星在己距甲心爲八八九〇〇〇用法通戊己

則二線爲一全數之分法曰百萬得八八九〇〇〇今三〇四九五應得若干用乘除算之得二七五一〇（甲己己戊兩數之比例也）

三戊己甲直線三角形有己甲己戊兩邊又有戊甲己角

求戊甲邊得八八五七三

戊己弧一度四十六分四十三秒

四戊乙甲形有戊甲（先得數）及甲乙（歲圈半徑）戊甲乙角

火星黃道上未衝日之數即距太陽以滿半周之餘

五度四分求乙戊得二四八五一七

五戊乙己直角形有戊乙戊己求戊乙己角得六度十九分乃人目在乙見己火星距戊黃道緯之度分也

系凡有某星距交及距太陽兩數可推其緯度若用圖亦可算

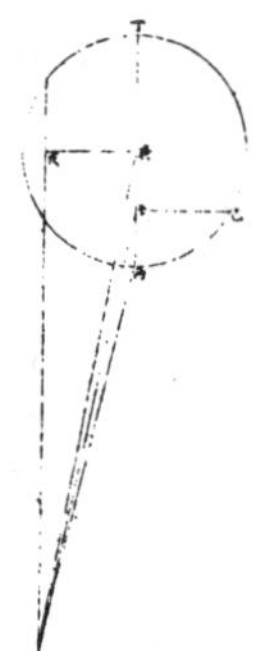

圖說乙人目也乙戊爲黃道面之線乙庚爲星本天面之線戊庚上圖爲戊己弧乃小輪心庚距黃道丁丙小輪面線丁己丙爲小輪圈

夫圖有丁己弧爲星距太陽之度數作己辛垂線於丁丙小輪徑線（辛徑上當己周上曲線球上之理也）又作辛乙丙乙庚乙等線

一以前圖戊丁己形求戊己弧本圖爲庚乙戊角

二以本法求庚乙星距地（各星本曆有均角形可求距地之分數）

三庚丙乙形有庚乙庚丙兩邊又有丙庚乙角（小輪交本天）求庚丙乙角又求丙乙邊以此庚乙丙角亦有其數（丙庚兩角所并餘數）

四辛丙乙形有丙辛

丁己乃辛距日已丙其餘庚辛爲己丙弧之餘弦

說見八線表

有丙乙邊及辛丙乙角求丙乙辛角

五先有戊乙庚又有庚乙丙兩角并之減辛乙丙角其餘爲辛乙戊乃星在己視距黃道之角也

丁己丙圈立春以庚丙戊面爲直角其軸線爲丁丙星在己或在辛無二

定五星本天交行第六

月離有白道交行乃逆行也（右行）先降婁次娵訾次元枵星之交行不然首降婁次大梁次實沈順天而左行故五星緯行引數比本行數少太陰緯離行之引數比自行數多

古多祿某所測定五星正交之宮度比今所測非一有行有衝（測各星正交處見上文）如多祿某於漢順帝永建時測得火星大距處及其最高同度正交在降婁宮二十五度五十一分

用本數以日躔細行及恆星眞行所差不遠

今第谷於萬曆年間測得火星正交在大梁宮一十六度五十三分兩測中積爲一千四百六十四年其差爲二十一度〇二分則以差數爲實以中積爲法除之得一年之行爲五十二秒五十七微比恆星多一秒五十七微（名歲差）古者有作同行

木星正交行古測得鶉首宮一度二十一分今測在本宮六度五十三分兩數之較爲五度三十二分爲實如前中積數爲法得一年之行爲十三秒三十六微（其行甚微）古有曰不行

土星交行古測得鶉首宮三度二十一分今測在本宮二十度二十三分兩數之較爲十七度二分爲實以前中積爲法得一年之行爲四十一秒五十三微於太陽最高約爲同行而少三秒

金星交行於最高約爲同行但恆在最高前逆行爲十六度

水星交行於最高爲同行同處無異

古今測乃萬曆二十八年所定也以法求之得新法曆元之數以定其應及年交行率作立成表（見各星二百恆年表）

土星曆元正交爲六宮二十度三十九分四十秒（從冬至起算）

木星正交爲六宮七度八分一十三秒

火星正交爲四宮十七度二十分二十九秒

金星正交爲五宮十四度十六分〇六秒

水星正交爲十一宮〇一度二十五分四十二秒

一年行成前後之表（平年閏年不論）

金水二星前緯說第七

上三星之緯其故有二本天斜交黃道一也小輪亦斜交本道二也金水二星不然其本道於黃道皆在一平面

如大小多環在平面上旋轉各有本行不相撞遇無緯南緯北其緯全從小輪而生（日小輪伏見輪異名同理詳見下文）二星本天有相衝二處小輪心到此星緯恆變或以南往北或以北往南而交黃道古者此二點亦名爲正交中交金星正交在本道最高前十六度即實沈宮十四度中交在其衝析木宮水星二交即與最高最庳爲一最高在實沈宮初度最庳在其衝

金星過正交在最高後五宮餘行縮曆時緯即向北以滿半周其半周行盈曆時緯俱在南水星反是其在縮曆時緯向南盈曆時緯向北

右論乃古今從天密測所得

上三星小輪交本道有一線名曰樞線恆於兩道交線爲平行小輪上半如向南則下半向北金水二星小輪亦有樞線亦於兩交線爲平行分小輪上下二半又有近遠線若金星小輪心在兩交之中星在近遠線之上其黃道距緯爲一度二分若星在近遠線之下其緯更多至九度二分若小輪心在交線上星在樞線上則無前緯之數若水星小輪心在兩交之中星在小輪之上其黃道緯爲一度三十四分如星在小輪之下其緯爲三度三十三分若心在兩交上及近遠二處則無前緯數也

金水二星後緯說第八

上言此二星有二緯皆從小輪生前緯業已解之今借第三章四圖以明後緯之理圖上小輪子午線恆於交線平行爲上三星小輪緯行之樞此線上三星從本天與黃道爲近爲遠又凡星在兩交之中子午樞線之極皆在本道甲小

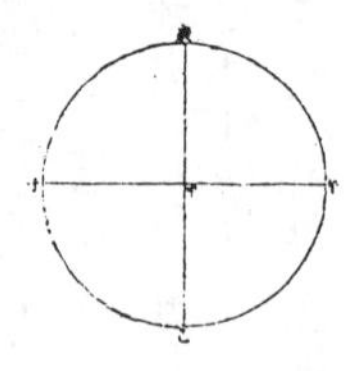

輪心距大距處子午樞線兩極不能在本道上蓋先所定小輪面恆於黃道平行則本輪於黃道兩交中處之外二點不能爲平行故子午線因以得小輪面恆爲黃道平行必不能在本天之上如甲心在本天上子向如南午向如北

上三星本道離黃道不多則子午樞線兩極離本道亦不多故其差可不算乃金水二星本道與黃道爲一面而子午兩樞離黃道有大緯數若星在兩交中之處子午兩極不離黃道金星若在交上或南或北則離黃道爲二度三分若星距最遠卽爲一百三十七度則大離數爲二度三十三分水星在交上而小輪在樞線上九十度距極遠處得爲一度三十分其大離數在一百一十二度從極遠起則爲一度四十八分

系五星小輪或歲輪伏見輪之心釘於本天而上小輪上下二半繇樞線活動如下半向南則上半向北爲緯之原又以樞線之直角線（庚己線也三星圖上爲壬癸線）爲軸若子往本天左而北則午往本天右而南彼此相反

二系如甲心在兩交外及在交中處之外或星在庚子之中如酉則星有二緯之類置庚在本道南置子在本道北星在酉因子庚午上半向南星亦有南緯因庚子己下半向北星亦有北緯法曰以兩緯異類數相減所餘存爲實數

上所定數皆從實測乃第谷及其門人所說

以便算則於表上用中分及緯限其法與經度加減表中有中分較分同類不再譯（以上原本曆指卷二十二五緯之七）

欽定古今圖書集成曆象彙編曆法典

第七十一卷目錄

曆法總部彙考七十一

新法曆書二十一 五緯曆指七

曆法典第七十一卷

曆法總部彙考七十一

新法曆書二十一

五緯曆指七

五緯凌犯論

按大統及古曆皆粗定五星見伏之限而已其緯行不見於書意亦未講明及此又凡於兩星相會者爲災祥之說於理更謬蓋天上諸星紛布自古迄今其行不忒合所不得不合會所不得不會皆理之常初無犯戾緣曆家未明合朔凌犯之故庶民因不知會合之宜駭爲變異耳夫星曾何變異之可言哉然亦有足徵者如農家以之占歲醫家以之療疾及人身之羸壯天時之雨暘皆日月五緯所屬故必得其所同居度分及相對等度分亦爲切要也因著凌犯論共十七章如左

界說第一

七政凌犯曆家恆言顧有所以然之理未明其理未透其根則測無算難相符合惟明其所以然則先推後測無弗合者蓋七政之行有遲疾不等是以後先參錯其所呈象約有五種作界說

一會聚界

會聚者是彼此兩曜在黃道上同經度若月於太陽曰朔星於太陽曰合伏星於星曰凌曰犯

古占法二星相距七寸內曰犯二星光相切曰凌

若經緯度俱同在日月曰食星於星或月於星曰掩

同經度有二或同黃道或同赤道在赤道同度謂之同升此謂同度第指黃道言也

二對照界

對照者乃相距天周之半爲經度一百八十度月對日曰望經緯俱對曰月食星對日曰夕退統名曰衝照

月與土木火三星皆能於日對照亦能各相對照

金水二星不然蓋其不離日之左右故於日不對照亦不相對照

三方照界

方照者相距天周四之一即九十度也月距日曰上下弦其象如弓中明暗之界如弦 他曜相距統名曰方照

四隅照界

隅照者相距天周三之一乃一百二十度也亦名三角形照

五六合照界

六合照者乃相距天周六之一即六十度也

以上諸照視諸曜之性情或相益或相損或相勝或相和象懸於天而宇下徵驗因之曆家所算尤不可爽也

五照圖

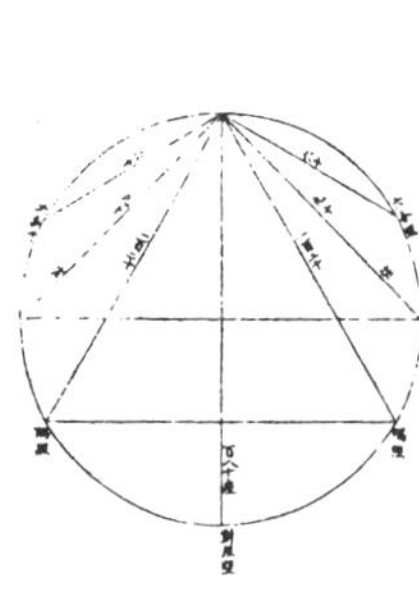

五照圖說

周圜爲黃道各分其照之界以相距之度著其名而照有先後先者順天數後者逆天數

諸曜伏見說第二

凡星會太陽時太陽光大勝於星光人目不能見星故曰伏

夕伏者星比太陽行遲合後太陽故夕初伏不見亦名西伏如土木火三星及金水二星逆行之時

晨伏者星比太陽行疾合先太陽故晨初伏不見亦名東伏

惟金水二星及月名晨伏上三星非晨伏

夕見者星比太陽行疾過合而先行故夕見亦曰西見

惟金水二星及月名夕見上三星非夕見

晨見者星比太陽行遲合後太陽故晨見亦名東見

如土木火三星及金水逆行合太陽之後或初見或初不見之限有本篇

同升者是二星同過于午線或同出地平或同入地

平

七政遲疾二行論第三

日月有遲有疾五星有遲疾兼有順逆星之逆行有限遲行無限蓋遲則不行而留今須求疾遲逆一日之行若干始可攷其凌犯之自也

疾者何視行勝平行謂之疾平行勝視行謂之遲逆行實不能言疾蓋退未進之行也或依舊法言謂之疾遲蓋闕名如意耳按末句不可解恐原本誤大統曆所記有疾初末遲初末等皆從疾遲二行之限而生無他解

太陽及諸政之行在本天最高極遲在其衝極疾何者凡物遠見小近見大如太陽一日平行一度此一度近於人目則見大遠則小大小之分在人目之視角或天上所掩之分弧大則近小則遠太陽近則視行多遠則視行少遠者最高也近者最庳也各星加減表俱平與實一度之差置太陽一日平行度爲五十九分八秒二十微求最高庳五十九分得均數若干或加或減於平行在遲疾二行之度太陽無歲輪無次均則以本天均數若足

太陰與五星遲疾之行其根有三本天最高庳一也小輪二也太陽之行三也合此三根乃得遲疾或逆行之限

　月根於太陽蓋以太陽視行亦有遲疾則所生之行從之金木因用太陽平行免此三根

法曰置小輪心在本天最高求一日平行之均數又置星體在小輪極遠處亦求一日所行分之次均亦置太陽在最高庳之中兩均并之於平行減之得極遲行

五星凡在小輪極近處逆行若逆行大順行小相減得大逆之限

太陽疾行爲六十一分二十秒遲行爲五十七分

太陰疾行爲十五度十七分九秒遲行爲十一度一十九分四十九秒二十三微

土星順疾爲八分九秒逆疾五分十三秒

木星順疾爲十四分二十四秒逆疾七分四十四秒

火星順疾四十七分二秒逆遲三十五分十一秒

金星順疾一度十六分逆遲三十八分

水星順疾一度五十四分逆疾一度〇五分

系觀下太陰細行之圖可見遲疾二行較平行之數非一遲行以平行減一度四十七分疾行加二度〇三分諸星同此

算太陰遲疾限式

設太陰在本天最高又小輪極遠即弦時距太陽三宮亦一日太陰距太陽遲行之均數他星皆用此法得之

		度	分	秒	微
一日	平行	一三	一〇	五三	〇一
	半之	六	三五	二六	三〇
	前均		三三	二一	四九
	倍減	一	〇六	四三	三八
本天	遲行	一二	〇四	〇九	二三
太陽	一日行		五九	〇八	一九
月距日	次引	一一	五	〇一	〇四
	半之	五	三二	三〇	三二
	次均		二三	一〇	
	倍		四六	二〇	
極遲	行	一一	一九	四九	二三

		度	分	秒	微
平行		一三	一〇	五三	
均		一	一〇	四四	
本天	疾行	一四	二一	三七	
	太陽		五九	〇八	
月距	日次引	一三	二二	二九	
	次均		五四	三二	
極疾	行	一五	一六	〇九	

五星留說第四

五星曆指用歲輪伏見輪亦名小輪以明各星進退遲留諸理如諸星在小輪上半順天疾行合伏太陽在小輪下半逆行或土木火三星衝太陽金水二星再合伏太陽其順逆兩行之界謂之留後有圖有說

凡星在小輪上半順天行即於星本天上亦順行兼并小輪之行在人目益見爲疾行

凡星在小輪二切線上人目不得見小輪上之行而但見本天之順行

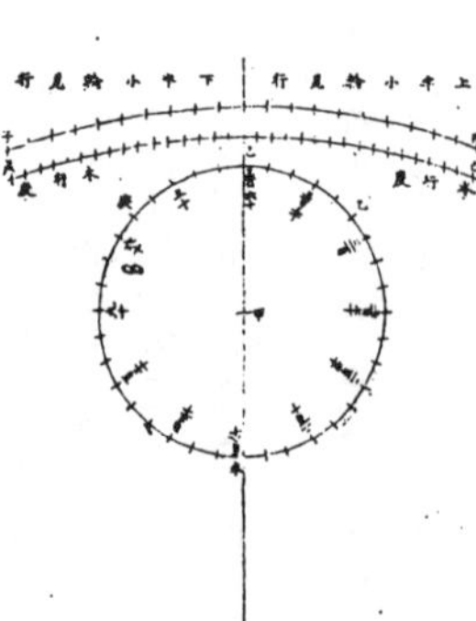

凡星在小輪極遠處之左右人目見其逆行蓋小輪極遠處其逆行多勝本天之順行若略遠則逆行少亦不見其逆

如圖丁爲地心乃人目所見測星之所己戊爲黃道一弧畫有分度以定本行又作丙子一弧亦畫分度以定小輪視行甲爲小輪心己庚乙爲小輪分度丁甲己爲平行線星體行小輪周

置星在己極遠處左行往庚一日行一度又丁己線順天亦行一度人目在丁見己弧行一度己小輪上

亦行一度其視行爲二度凡星行其見界亦行二行并爲一行故爲疾
若星到庚從人目於庚各度作線到黃道兩線之中
弧則漸少以至於無然丁丙線之本行則尚行也若
星從庚漸向乙小輪上度分掩黃道弧爲微爲小到
未則掩弧爲大凡平行弧下圖小輪度掩弧爲等者星
在此爲留其將到未所掩弧大比平行弧逆勝於順
人見之曰逆行

凡星在小輪下得一日逆行多寡與本天順行等謂
之留今欲定此順逆之限所謂留限於次均表上小輪之均
得一日逆行是與順行等

上三星以太陽一日之行減星一日之本行下二
星卽以太陽之行爲本行

如土星本行一日爲二分以太陽一日行減之得五
十七分卽於次均表求五十七分之行生二分之逆
行

表上均數從○度漸長到某度後又漸少少則爲
逆乃小輪下半

查第一宮遞至二宮三宮均數俱漸長至三宮六度
以後漸少又次均行查三宮二十四度求五十七分
行之均數得二分卽與本行等相均是小輪上行從
極遠一百一十四度有奇左右人目實不見星之行
是爲留之二限

上論用土星平行得距本天最高爲九十三度中距
之數也若在本天最高或最庳其一日之行有多寡
以逆行補之不能定小輪上一度而爲恆限因各星
有本行定其留行之限用前法求之

土星在最高一日行一分四十七秒在中距行二分
在最庳行二分十三秒他星俱倣此得各星三限如
左

土星

一限最高一百十二度三十八分
二限中距一百十四度
三限最庳一百十五度二十一分
算日得第二平限爲一百一十九日十三時一十八
分

木星

一限最高一百二十四度八分
二限一百二十五度四十五分
三限一百二十七度十九分
算日得第二平限爲一百五十一日八時五十六分

火星

火星亦繫太陽之行不能全定其限略得其近數
一限爲一百五十七度三十七分
二限一百六十三度二十分
三限一百六十八度五十六分
算日得第二平限三百五十三日二十時五十四分

金星

一限從順合伏一百六十六度一分
二限一百六十七度十分
三限一百六十八度十五分
算日得平限爲二百七十一日三時三十分

水星

一限一百四十六度五十分
二限一百四十三度五十五分
三限一百四十六度
算日得平限爲四十九日十時五十三秒

以上皆平行之限也若實限則不能一定蓋以太陽
平視二行亦非一也法曰推算星之經度二三日相
比得其不行爲留若尚行則前後再相比之

凡以太陽平行爲五曜行之規可得五曜留之定限
然本法以太陽實行爲規故不立留限之表以前法
算之

會聚說第五

會聚者是二曜同度也同度有二或經緯皆同或同
經而不同緯有日朔日食日合伏日犯日凌日掩諸
義詳著篇首但各類有平會實會視會平會者是二
曜因平行得同度未用均數加減名月於日經朔實會者因
各曜加減諸法得天上眞會然人目未見會故第三
曰視會第一第二以天上平實二行相分二三以天
上之行及地平上之行亦相分在月與日便得其交
食之數說見本曆而諸曜亦同此理下文略舉其法
言之

推算諸曜會合時刻其法有二其一以本表求平會
之時刻而以均時得實會視會之眞時其一至各曜
細行在某日子正同度者爲實合若此時細行未同
度則以相近度分變爲時刻加於子正時刻亦得會
合之實時但先法是本法更密更細次乃捷法先置有一年各曜之細行雖便於算然不能得其細在日月會朔或差幾刻若他星亦不甚差
二法各有說

算諸曜會合表說第六

月會日而再會其中積謂之朔實求朔實法以太陽

一日平行減太陰一日平行得十二度有奇爲法以周天三百六十度爲實除之得二十九日有奇設以平朔日時刻如朔實得次平朔他星如日月其互相會合法亦無二如土星一日平行二分木星一日平行五分相減得較爲法周天三百六十度爲實除之得十九年有奇乃土木二星再相會之中積也他星倣此又此中積時求各星之平行得本天各在同度分乃疾行者已滿天周而外有遲行之度分則又以先測二星之本處求測時之平行以加減求合應

推算土木會合中積之率

	分	秒	微	纖
土星一日平行	二	○○	二七	一八
木星一日平行	四	五九	○七	二五
相減得較	二	五八	四○	一七
以較數化纖得		六四	三二	一七
周天度秒化纖	四六六	五六	○○	○○○
除之得	七千二百五十三日			
[illegible]	一十三時弱			

土木二星七千二百五十三日有奇相會合時以表求平行得土星本天上行八宮○二度四十二分三秒木星此時滿一周天又行八宮有奇

各曜會策

土木再會中積爲七千二百五十三日十三時弱

土火中積得七百三十三日十二時四十分

土日金水得三百八十七日六時強

土月二十七日八時五十分

木火八百一十六日十時三十五分強

木日金水三百九十六日十一時三十分

木月二十七日九時五十六分

火日金水七百二十六日十一時四十六分

火月二十八日十時三十六分

日月二十九日十二時四十四分

二星會合圖說第七 設土木二星如上爲式

如圖外圈爲黃道內第一圈爲土星天第二圈爲木星天第三圈爲太陽天置土木日俱會合於甲木星一年約行一宮十二年滿天一周而回元處甲 如道甲於 降婁宮初度等 土星一年約行十二度十二年方行四宮二十六度到乙木星加四年之行亦到乙而土星此時又行四十八度至丙木星追上會合如前所云俱在八宮○二度有奇此時大陽之行已滿天周十九次外又行十宮八度十分矣內減土木二星相會宮度餘二宮五度二十八分是土木二星各距歲輪極遠之處也 餘倣此

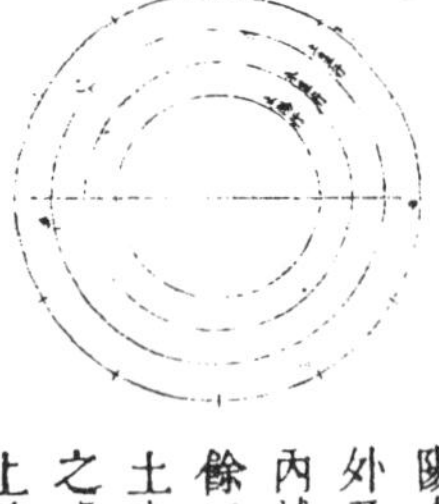

上論用太陽平行定歲輪之行本曆用太陽視行其差或有二度又二星加減雖爲同類然均數不得一其歲輪同度之均數亦不得一故所定乃平行之會合非人目所見之會合

二星再會之中積數見前然非於元處再會今欲得會於元處之中積問該若干法曰以再會宮度倍之又倍以所得數減去十二宮而盡如上八宮三倍之得二十四減去十二宮無餘數即會合中積以三乘之得二一七六 日有半 約五十九年半 又以三乘八宮二度四十二分三秒減去全周餘七度六分九秒俱化爲秒而除全周得一百三十三次又三二四一分之九四七則以一百三十三乘前日數二一七六〇所得數以歲實除之得七千九百九十九平年又六十四日乃土木二星再會合於元處度分也諸星皆可依此法推之然無關大用舉其一爲則爾

求太陰一年會合諸照法第八

先以本年首朔日數加紀日之數并得冬至後第一平朔日時刻隨以日月引數查表求均數兩數如本號或相加或相減即以所得度分變時或加或減於首朔之時則當實朔之時

若交食再算蓋所算未細或有盈縮時之一刻但算會朔可不必細

若於首朔加一平月之諸行 表中名朔實 則得冬至後第二朔會一年中如之若加半月之行 表中名望策 得冬至後第一朔後月望之時用均法得實望第二第三法亦如之若以首朔加一象限之策得首朔後弦日時刻又舉朔實以三以六分之則得隅照六合照之諸策以加於首朔乃得平隅照平六照之時若求其定時亦用均數然依月離諸論月朔望時以一均數能得其實朔望外則有他均數故交食表不能全定日與月諸照之日時分也

次法用日躔月離兩表取某年日月各表曆元用加減各表得某年冬至後日月之兩經度相減得月距日若干距度爲五照數之一必某日太陰於太陽有某照若較數未合照數則於近數相減以所得數於月距日平行表內變時而加於曆元日置日再算日月經度相減或得五照數之一若近則於太陰時

刻表中求時以加以減乃得真視照之時

若某年首得日月一照之日時以加各照之平行再查表求各照之時刻

如崇禎六年冬至後子正（表上爲甲戌年根）日平行距冬至二十六分四十七秒四十七微以均數求實行得十四分半即星紀宮初度十四分半本年月表依法算得距冬至平行爲八宮十一度十九分五十秒即二百五十一度有奇未合照數因取近爲隅照以後數二百四十度加一日行之度分內減隅照數得十二度五分二十秒乃因平行月已過隅照之界或以下弦數二百七十度比之得月平行未到下弦爲十八度五十四分四十秒

查月行表約得一日又十時則於曆元日月平行各加一日十時之行而均之斯得月未到下弦之界以此再試之末於曆元日加二日之行算得太陽躔星紀宮二度十七分太陰在九宮一度四十分減去日行數餘八宮二十九度三十七分乃月距日之數到下弦其數尚少二十三分變時刻四十二分約三刻即甲戌年根後二日爲壬子日子正後三刻月距日順天爲九宮乃下弦之數也

若加月平行三十度之日時刻再算日月各經度求月於太陽若照時刻則遞加遞算乃得一年諸照日時刻

若設某日命算某照法如前先於所設某日求日月經度相比或盈或縮於某照之度數如上加時減時再試但所得爲平時刻宜用日月均時表或加或減乃得本照之定時（法見交食）

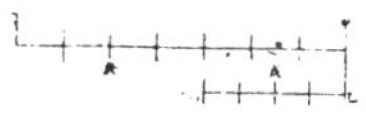

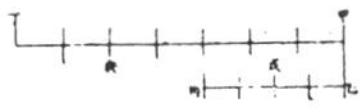

上言以每日七曜細行求合朔諸照法見五緯表用法今略釋其根法曰以相連兩日二曜細行互減爲法次二曜未相合所少數若干以二十四乘之以法數除之得時數（分秒先細化之方合筭）加於子正得合朔諸照之時此三率法也

如圖置甲乙爲二曜如甲一日行甲丁弧乙行乙丙弧兩行之較爲丙丁乙丙丙丁各作四平分置半日行乙行到戊甲行到戊外有較之一半丙庚

甲丁線任分之全線之半等幾其各半與何法也

若用四分日之一亦宜分甲丙丙丁作四分各取四分之一今不用甲丙乙丙分數而用丙丁分數得疾行者比遲行者所盈之度時全較數爲一率一日時刻分爲二率未相合之分數即交行之分數爲三率入法得某時刻

七曜互會合之數第九

古多祿某乃天文家所祖其所定七曜會合有一百二十如土星會木火日金水月則土星有六會合木星有五火星四太陽三金二水一共爲二十一若取二星并而合於他星得三十五若取三星并而合於他星亦得三十五若取四星并合於他星得二十一若取六曜并合他曜得七又七并合一處得合之六類共爲一百二十是七曜互會合之數若求其各會之中積則太繁賾未能罄書也

諸曜細行表說第十

細行者是人目所見各曜一日西東運旋進退之行皆謂細行以兩曜一日之細行可推其會照之時刻又查各曜之細行皆可推其躔度此曆家切要之法所宜詳也

求細行法有二其一以算得某曜相距二日之行相減則得某日之視行然有一日之行又有一時之行如日躔有表曰細行變時乃設太陽一日之視行因以所行某分數可求其時刻若干又以某節候定太陽之行若干其用以求太陽入宮及交節之時今以求各曜入宮宿之時刻并求相會合及凌犯恆星之時刻則於日躔變時同類之表爲喫緊也（其算法見本表名七政凌犯表）

五星極微之行是〇度〇分〇秒乃留而不行也其極大之行數有多寡不一如一度五十五分乃水星一日極疾之行若作變時表即設此一日一度五十五分之行析作二十四分得每一時應行若干用度分俱化作秒以二十四除之次欲得刻數如法以九十六除之成表

二法以加減表從最高一日之行均數加歲輪從極遠起一日所行度分之均數是得一日之細行如土星一日平行二分其均數爲六秒三十微又歲輪一

日約行五十七分求均數得五分三秒先均號爲減則於一日平行減之次均號爲如則加之末得六分五十八秒三十微是土星在兩輪最高一日之細行因其行極微可隔五度一算成土細行表此大約法諸行如之

右法因用歲輪一日平行其微毫之數不能悉蓋歲輪上行繇太陽視行而生則又非平行而有多寡然於五星細行所差不過微數亦得作表

問火金二星之行其極疾退時或但見緯行不見經行比土木更順其所以異者何也曰火金二星其小輪比土木更大與地近遠甚差其小輪一度行黃道上所掩之度分亦大差如火星在本天最高小輪極遠一度掩黃道二十二分極近一度掩黃道一度三十分上下相比得一與四又置火星在本天最庳小輪一度上掩黃道二十六分下掩黃道二度三十五分二數之比得一與六金星亦同此理故在上或下見其細行如無法者

二星緯限大於土木約火星有七度弱金星得九度強其留時前後一宮經度亦行遲星在此處依視法其緯行見大比經行一日分數更多故見如往南往北之行若不見往東往西之行

土木二星行遲小輪不失緯限亦少故不見有異行之類

算留逆順諸行式第十一（以木星立算）

崇禎七年十月內木星當晨留今求其晨留及退行井夕留順行之時與二留之中積

法先於九月推算木星之經度隔十日一算得十日中經度若小則知此十日內其行爲留又每日再算其經度得相連二日不加不減乃名爲留

時刻不算蓋此一日之行在一分下一時不過數秒可略之

其衝太陽幷夕留亦隔十日一算與上法等

九月初七日庚申距根三百一十日以法求木星經緯度得在鶉火宮三度九分三十秒（表中爲七宮）緯北爲十九分三十秒越十日庚午算經度得在本宮三度四十分再十日庚辰得四度五分又十日庚寅得四度二分二十八秒此數比前爲少則知此十日內有留因取其中乙酉日算得四度六分三十六秒此數比庚辰爲多則取前後相近幾日再算得甲申日四度五分三十秒丙戌日得四度六分七秒丁亥日得四度五分三十六秒則定乙酉日爲木星進退之界是爲晨留乃十月初二日也（大統在前十二日）

又本年九月三十日癸未在局用天弧矢儀測得木星距軒轅大星（表上爲第十四星）相距爲二十度四十分軒轅星經度爲七宮二十四度四十六分內減相距之度得四度六分是爲木星之經度測算合又兩星之緯皆向北軒轅緯爲二十七分木星緯爲十九分不大差二者如在一圈上可用爲法

求木星衝太陽依法算得十一月初二日乙酉太陽在一宮〇度三十六分五十六秒木星在六宮二十八度四十分五十秒以正衝差一度五十六分乃太陽已過衝以太陽一日距木星行一度九分四十七秒（木星逆行故兩細行幷之爲相距行）求衝之時得一日又五時三刻以乙酉減之得壬午日酉正一刻乃木星實衝太陽之日時刻也

又求夕留依求算得八年乙亥正月乙亥日（距根爲八十日）太陽躔二宮木星在六宮二十四度五十四分二十九秒次日丙子得在本度五十三分二十七秒仍爲逆行再算得壬午日得本度四十九分二十九秒癸未日得四十九分二十秒甲申日得四十九分四十三秒比癸未日數多二十三秒則甲申日順行癸未爲夕留

二留中積爲一百一十八日

參二留中積折半非衝太陽之日蓋從晨留乙酉日到衝太陽日壬午相距五十七日又從衝日壬午至夕留癸未相距六十一日二留之限差四日

五星過宿第十二（附日月過宿）

宿者是從某距星到他距星之度分也此度數非二星體相距之度乃黃赤兩道上相距之度如從黃道極過二星作二弧割黃道相距若干則得某宿黃道上之距度若從赤道極過二星作二弧割赤道相距若干則得某宿赤道上之距度各宿黃赤二道上積度（從冬至或春分起算）及距度不一曆書中有其故又古今各數見恆星曆如角宿黃道積度爲一百九十八度三十九分赤道爲一百九十六度二十六分本距度黃道爲十度三十五分赤道上爲十一度四十四分他宿各有多寡不等如此凡問某星入宿先宜定黃赤之辨不可紊也

論黃道宿五星與日月及交食用法無二五星有緯無緯所差有限

有緯時非眞在黃道惟土木二星不遠火金大緯

或有六度但二星在本天二交之中與黃道如同升其差極微如兩至左右升度之差爲細可不必算

故或用起宿宮度或用宿積度皆可

論赤道宿則有緯無緯之異若無緯者(七曜同論)以黃道經度求赤道同升度卽爲某曜赤道上之經度以近小赤道經度宿減之卽得某曜躔赤道上某宿之度也

如圖星距春分三十度在黃道丙從赤極作丙甲弧定乙甲弧爲星赤道上距春分以升度表求之得二十七度五十三分黃赤差二度七分以三十度求黃道宿得委宿一度一十四分(用曆元表)以二十七度五十三分求赤道宿得四度二十一分黃赤二類差三度弱

若有緯之星(月與赤同論若太陽非是)上法不足如圖置某星黃經爲乙丙三十度緯北五度星體在丁從赤極過丙作丙甲弧此弧不過星體又從極作過星體之弧爲丁戊是戊乙弧爲赤道上星之實經度此兩道差有表可求戊乙弧測量及恆星曆俱詳其法如設某星黃道上之經緯度求赤道之經度今略舉一法如後圖

圖有黃赤二道有二極某星在乙黃北若干度從黃極丙作丙乙己弧又從赤極丁作丁乙甲戊丙丁乙三弧形夫形有丙乙弧是星從己黃道經至乙某度之餘數有丙丁是二極相距之度分又有丁丙乙角是某星黃道上距某至之經度

圖減從夏至算則右從冬至星在冬至右算亦然

或用己(黃道上星之經度)壬弧或

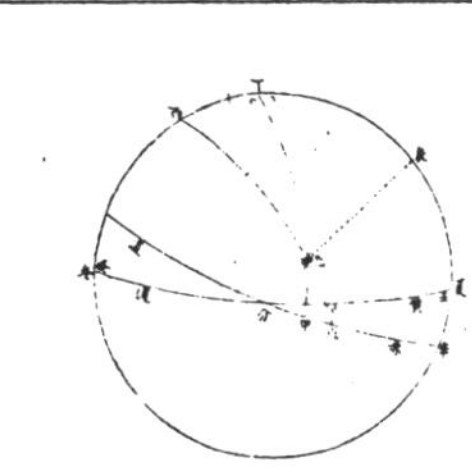

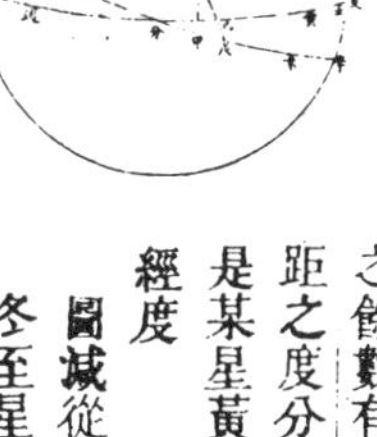

丁丙乙角(角與其對弧同度)皆可求丙丁乙角法曰從乙到丙丁弧作乙庚弧庚爲直角先用丙乙庚形夫形有丙乙邊有丙角求庚乙丙庚兩邊次用丁庚乙形夫形有庚乙有庚丁(庚丙內減丙丁)二弧求庚丁乙角夫角負辛甲赤道上之弧從夏至起算則曰某星體在乙其黃道經在己距至爲己壬弧其赤道經在甲赤道經爲辛甲壬己辛甲二弧定兩道上各相異之宿度分也

算五緯犯恆星式第十三(以木星犯鬼宿積尸氣爲式)

崇禎七年閏八月報木星犯積尸氣又曰十一月再犯又曰越五月又犯今列其法

一本年閏八月二十七日庚戌求木星經緯度得在鶉火宮(官七)二度十二分五十九秒(見圖式下)緯北二十分十一秒依算未到積尸爲三分又在積尸氣南五十六分然氣體非一點有二十分餘徑又木星有二分餘徑各折半幷之得十二分減於緯距得四十四分乃木星氣體相距之分數爲相犯之限也如交食非心與心乃周與周相交謂之食欲得同度之眞時則求木星一日之細行得四分四十二秒經距之三分變時得十五時則庚戌日申初爲木星眞與氣體同度(黃道上筭)

系木星日行遲或前或後二日皆可言犯蓋在其限內故曰二十四日初犯

二本年十一月初六日戊午求木星經緯度得七宮二度十分十九秒因逆行過積尸爲六分退算減一日細行四分半得丁巳日經距星爲一分五十秒(經星爲十六分四十秒)變時得十時以丁巳日減之得丙辰日未正爲木星與氣體黃道上同度求木星緯得向北三十二分弱積尸在北爲一度十四分各因在北相減得四十二分是木星積氣兩心相距減各半徑得體相距爲三十分在犯限內

三崇禎八年四月二十三日壬寅求木星經緯度得七宮二度七分五秒未到積尸少九分(爲一日細行十一分)得戊正爲同度求緯得向北三十九分距氣爲三十五分其體相距爲二十三分

算式圖列後

崇禎七年甲戌閏八月二十七日庚戌木星犯積尸（距根三百日）

	距冬至宮	度	分	秒	引數宮	度	分	秒
年根	五	一二	○○	○	八	一一	六五	四一
日數		四二	六五	八一	九	四二	六五	八一
平行	六	五一	六五	○二	六	六○	五	二二
前均	加	五	二	二三	正交			
實經	六	一二	八一	三五		七○	○一	一二
太陽	九	四二	一	九五	距交			
次引	三	二○	三四	六○	中緯分限	四一	五	○二
二均		○一	一三	五			五一	
三均	加升		二	一四	向		九一	○二
視經	七	二○	二	九五	北		五	
中分			二	七二	視緯		四	六四
較分			五○	五	星緯		○	
			二	七	距緯		四	
三均				○四			六五	
黃宿鬼		一	四三				四四	
赤較加			○二					
赤經	七	四○	三三					
積宿鬼		一	一三					
尸黃經		二	六一					
經距			三					

崇禎七年十一月初五日丁巳木星逆行犯積尸氣

	距冬至宮	度	分	秒	引數宮	度	分	秒
年根	六	一二	○二	四三	九	二一	五一	八四
日數		○	四一	七三	○		四一	七五
平行	六	二	五三	一二	九	二一	○三	五四
前均		五	五一	九四	正交			
實經	六	六	五	○二	六	七○		
太陽		○三	二○	九二	距交			
次引	五	六○	二一	九○	○	九一	○四	五二
二均	加升	五	○	四六	中緯分限		二	○一
三均							五二	
視經	七	二○	○	九一	向北		○二	○一
中分			九一	○四		二	一二	六四
較分			七三	八二	視緯		一二	六五
			一一	四	星緯	一	四一	
				六二	距緯		二四	四○
三均			二一	六一				
黃宿								
赤較								
赤經								
積宿								
尸距	經							

崇禎八年四月二十三日壬寅木星順行再犯積尸氣（距根一百六十七日）

	距冬至宮	度	分	秒	引數宮	度	分	秒
年根	六	二一	二○	四三	九	一二	一五	六四
日數		一三	五二	六五		一三	五二	
平行	七	○五	一三	○二	九	二六	八○	八一
前均		四	四七	二四	正交			
實經	七	○○	一○	二一	六	○七	一○	四五
太陽	五	一五	二二	三七	距交			
次引	一	○○	五三	一二	一	○二	五○	二七
二均		七	四四	三二	中緯分限		三二	四○
三均	減升		九	○五			一二	
視經	七	○二	○七	三五	向		三二	四○
中分			一三	三八	北		六	二四八
較分			四○	○八	視緯		三九	一二
			八	四○				
			二	五				
三均			九	○五				

諸曜陵犯恆星第十四

先于恆星表內取在黃道南北八度內諸星而錄其順天之經數（從冬至起每年距限分數若干如數加之）次以某曜某日之細行入恆星表求本宮同度近大經度星相減若較數比某曜一日細行爲多則本日非犯若少者必到同度查緯向亦是同度必爲食爲掩若緯度相距算在四十二分內謂之犯（中法用七十分通之得四十二分）若兩相切則爲陵欲得陵犯時刻則以恆星經度分減本曜經度分所得較數查本曜細行表求時以加于子正時則得某曜凌犯恆星之某時刻

若二緯南北相距一度以外不算

又恆星五等以下亦不算因其光微五星凌犯時不得見故可略也

五星見不見之界第十五

太陰西初見東初伏之故詳見月離曆指五星略相似第星體小在太陽之光內比月難見今借古論略解其要

多祿某曰先宜求太陽在地平某星相距若干人目能初見否次求星黃赤兩道上距太陽若干三求各宮近遠太陽若干亦依人目可見四立成表以便算初見不見之界共五題

圖說置星在黃道上無緯度又置星出地平初見在乙置日未出地平在丙星距日經度爲乙丙距日光爲甲丙蓋日在丙地平下其朦光未勝星光而人目得以見星也（圖見後）

古測土星初見曰凡土星在鶉首宮可測其與日相距之度蓋本天正交在此宮內其左右數度無大緯差又合伏前後數日小輪之行緯度亦無大差凡星無緯度即在黃道上木星之正交亦在此宮若火星在大梁宮金水亦在鶉首宮測之又測因定得土星夫太陽光即太陽在地平下十一度得見木星約十度火星十一度半皆得見但人目有利鈍此乃略法非人目共見之公法金水二星有夕初見夕初伏有晨初見晨初伏大概金星距日五度水星距日十度人目能見（金星或亦有晝見蓋其光大不在此限內）

設五星無緯度者在本地某宮求五星經度距日若干如圖

多祿某曰日星之行皆弧線宜用曲線形然無大用且算繁難用直線行簡易亦無大差今用之

甲乙丙直角形有甲丙是星距日光或太陽在地平下各星有本數有甲乙丙角

是星黃道上某宮度於地平之角見交食黃平象限表用法或用太陽經度以求甲乙丙角所得非定數然差微不算

求乙丙邊之度分乃某星經天距太陽若干如土星在鶉首宮太陽躔鶉火宮初度土星晨時初見如極出地四十度（順天）求乙角得五十八度五十分甲丙爲十一度用法得丙乙爲十二度五十二分是土星晨初見距太陽經度若求夕初不得見求在西乙角得三十四度三十分求乙

丙得十九度三十六分是昏時土星距日經度之數而爲見之末伏之初若極出地有多寡假如極出地二十度則末見爲十一度初見爲十度有奇若極出地六十度則初見爲十九度末見爲六十餘度他星倣此依法可推各星見伏各宮度之表

若星有緯或南或北某度亦可求距日若干及初見或末見如圖丁爲星戊爲星黃道上經度緯北戊丁弧求戊丙是星經距日若干戊丁乙甲丙於二直角形皆爲同比例

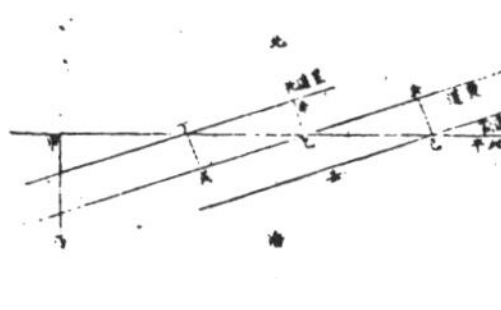

各有直角各用乙角見

幾何六卷四題

先得甲丙丙乙乙甲三腰之比例

先設甲丙以法求丙乙

又以句股法可求甲乙

今置丁戊若干求戊乙

丁戊當甲丙戊乙當甲乙丁乙當丙乙

或丁戊丙形依本法有乙角數及丁戊邊求戊乙若干

以丁乙減乙丙得戊丙是星初見或末見距日若干

若緯南星在辛其經度在庚亦先庚辛乙形而似甲乙丙形如前求庚乙弧而加於乙丙得丙庚是星初見末見距太陽之經度

假如崇禎七年冬至前七日土星合伏太陽距一二日不得筭約合伏前十日太陽距析木宮十四度土星在析木宮二十四度緯北一度二分先求丙乙得十七度二十二分又求戊乙丁戊一度二分用乙角餘切線得一度十九分減之得戊丙爲十六度三分爲土星本年距太陽不見之限

若求初見置星合伏後十日太陽躔星紀宮四度土星在析木宮二十四度求乙角得四十四度求乙丙得十五度四十四分求乙戊如上所差微一度十九分減之得土星晨初見距太陽爲一十四度二十四分

太陽前後一度乙角或差二十分以求乙戊或差一二分

推每歲月大月小之原第十六

天曆紀月有大有小從太陰太陽合朔始蓋首合朔再合朔其中積日經朔或曰平朔此朔策爲二十九日有半若眞合朔則於二十九日半或盈或縮其中積年久不得相同如置甲爲首朔用轉終或引數爲〇宮度分或月在最高次月以平行必相距二十五度四十九分查加減表得二度七分又太陽一平策約行二十九度查均數置在最高得一度以此二均數并之得三度七分變時得二十六刻爲六小時半

用月距日行一十二度算此大數非細算詳見本論

若月在引數三宮左右求朔策均得〇度三十七分以太陽均減之得三十三分變時得一時

系三正合朔中二積大差約六時半小差爲一時或於二月相連大小之較大爲六時半二十六刻小爲一時四刻

以上月大小之論乃曆家從天測算眞原今民曆所云月大月小非本於此月大者是兩合朔內中積有三十箇子正或二朔日干字相同如首朔在乙卯日亥時加朔策并其均得次朔在乙酉日某時此月謂之大蓋二朔干字皆同乙或其中積有三十箇子正月小者是兩合朔內中積無三十箇子正或二朔日干字爲異如首朔在乙丑次朔在甲午其中但有二十九日謂之小

系月大月小之根非係於時之長短

一月有長時反謂之小如首朔在甲子日丑時加二十九日七十八刻兩朔中積約之爲大得次朔在癸巳日戌時而謂之月小蓋以次朔非同甲日也

一月有短時反謂之大加首朔在甲子亥時加二十九日二十二刻兩朔中積爲小得次朔在甲午日丑時而謂之月大蓋以次朔於同甲故也

一所定月大小之法非公法因非從天測乃係方所而定如順天府首朔在甲子日子正一刻到次朔西安府在癸巳日子初三刻順天府前月爲大西安府爲小朔之時刻往西爲少往東爲多

一大統法月之大小皆從順天府定今新法亦然蓋以順天府爲推算曆元之地

定每月節氣及閏法第十七

大統有各月中節具見民曆然節氣有二類有平節氣有實節氣平節氣者爲十五日有奇乃平分歲周二十四分之一分也實節氣者乃天上太陽所行之

節以天周三百六十度作二十四平分各得十五度平節氣謂之地節氣實節氣謂之天節氣然太陽行此十五度冬夏日數不同冬月約十四日十六時夏月十五日又十九時是歲周二十四平分有盈有縮此測太陽在天之行實節氣日不得平分也

問閏月如何曰無宮次之月是閏月天上十二宮爲一年十二月各月有定宮次如冬至在星紀宮爲十一月之中節大寒在元枵宮爲十二月之中節若一月之中積太陽無入宮次謂之閏

系若用實節氣以定閏月則夏時多冬時少蓋冬至二十九日三十二刻太陽行一宮此數於二朔之小中積相近夏至太陽約三十一日行一宮比二朔之大中積更多其中有二朔蓋合朔大數不過二十九日八十餘刻也（以上原本曆指卷二十三五緯之八）

欽定古今圖書集成曆象彙編曆法典

第七十二卷目錄

曆法典第七十二卷

曆法總部彙考七十二

新法曆書二十二

五緯曆指八

五緯後論

五緯之理最奧且賾故各有本指以分解之又復有總論以合明之然猶有所未備也因著爲後論以補其遺而於奧賾終難窮盡凡十二章

五緯天各距地第一

月離曆指第二十六章求月距地之高其法有五又求太陽距地其法有三皆以地半徑爲度又各法因高差（亦名視差地半徑差等）或日月交食爲本恆星曆指三卷中亦測恆星之遠借用五星之測略定土星之高并亦得恆星在上之高今因五緯無視差

土木二星甚遠其視差不過數秒如無差難測水星常在蒙氣中亦不能測火星或有視差然不足爲測其高之本說見下

欲測其高法有二算或用古圖或用新圖各有本論如左

左古圖以地爲日月五星恆星諸天之心設諸曜各居一層天其厚內函有小輪（亦名歲輪）各層相切而無空又各層上下有兩面下內爲凹上外爲凸

各天之厚因兩小輪其小輪於地有近有遠如兩心差之理則各天之厚爲小輪全徑及兩心差之倍分數（謂分數者蓋各有均圈於最高減距高去兩心差之倍分）圖上各天小輪比本天許小以指外有兩心差數

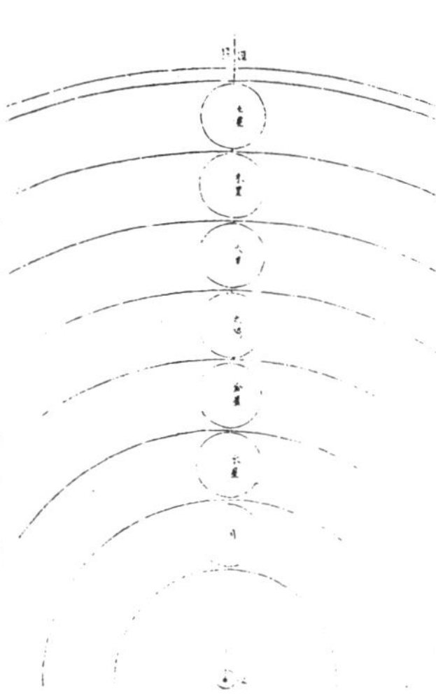

本曆測各星小輪及兩心差定本天半徑皆爲十萬分若加小輪半徑及兩心差數必得其最高距地若干若減之則得最庳距地若干如圖

采凡設一層天上面距地若干度（以地半徑爲一度）必得次層下面距地之若干度蓋兩面中無空隙又設內面所距若干度及次層上下兩面距本心比列以三率法求之并可得其厚距地之度法曰依內面距本心多寡分數得度多寡則上距分之某數必知其度也

月離設三家之數以測定其距地之度今所爲第谷法曰太陰大距地爲六十地半徑有六十分之三十六或百分之六十

水星天兩心差爲六八二二（十萬分爲全天半徑下同）本小輪半徑爲三八五○○兩數并之（水星均圈法凡在最高不減其距地見本曆指）又加半徑（全數）得一四五三二二乃水星最大距之數又前兩數相并於全數內減之得五四六七八乃極近之數也置極近數爲六十度有六十分之三十六乃月天極高數也以此度數或約爲五分之三乘極高之數以小距數除之得一六一乃水星天上面距地之度也

金星在水星上則其下面距地爲一六一（奇零不筭）設金星兩心差爲三二○八用其半因有均圈用其半他星倣此爲一六○四小輪半徑爲七二二四八兩數并加於全數得大距數爲一七三八五二又兩數相并減於全數得二六一四八爲近距之數法以內面距度之數乘大距數以近距數除之得一○七一乃金星外面距地之度數也

太陽有本法求其中距地得一一四二地半徑諸家小異以求大距或用均圈（見日躔曆有表）或不用均圈兩法略差今不用只因太陽兩心差求之得近距爲一一○一遠距爲一一八二

問太陽天內面切金星外面是也今因太陽本算其內面盈金星外面三十度兩算不合何也曰此測難求其密其較雖盈三十度以全數計之不及百分之三數則小矣又曰所測定各天之數皆以日月星諸體之心爲測其體之厚未嘗入數必月及水星金星各數略大而後算始無差又曰所用之數乃新圖之

數不謂各曜各麗一天而相切故其數於此論不合或日星體到本天最高在此其天或仍厚幾許要未可知所定之數亦其大略而已

火星兩心差爲一九六〇取五分之三（均圈心距地心爲三分不日心圈心距地心爲五分）爲一一七六〇小輪極大半徑（有盈有縮故用大數）爲六五八〇〇兩數并之加於全數得遠大距爲一七七五六〇兩數并之減于全數得近小距爲二二四四〇用法以太陽大距數一一八二二乘火星遠大距數以近距除之得九三五二乃火星外面距地之度數或木星天內面距地之數也

木星兩心差爲九一六〇用其半得四五八〇小輪半徑爲一九二九四兩數并加全數得一二三八七四乃木星遠太距數兩數并減於全數得小距數爲七六一二六依前法以內面乘大距以小距數除之得一五二一七乃木星上面距地之數或土星下面距地之度數也

土星兩心差爲一一六二八用其半得五八一四小輪心半徑爲一〇四二六兩數并加于全數得一一六二四〇乃土星大距數也若以前兩數并減於全數得小距數爲八三七六〇依前法乘除得二一一一七乃土星上面距地之數或恆星天距地之數也

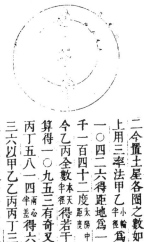

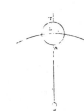

右算皆用古圖以明今測之數然亞耳罷德於唐僖宗廣明中算得水星本天中距地爲一百一十五度金星中距六百一十八度火星中距四千五百八十四度木星中距一萬〇千四百二十三度土星中距一萬五千八百度恆星中距一萬九千度也

因各星距地及其體之視徑亦并可推其大小下有

本篇

用新圖算各星距地第二

新圖以地爲太陽太陰恆星所行之心別五緯以太陽爲本行之心又土木火三星以太陽所行之圈爲古法所謂年歲圈卽上所用法今非其眞因用本法又新圖不言各星各有一天而强星在本重之內但各所行之輪或相切或相割耳

土木火三星以太陽爲本行之心又因其心從太陽卽以太陽所行之輪爲人目所見每年各星之行（見本）

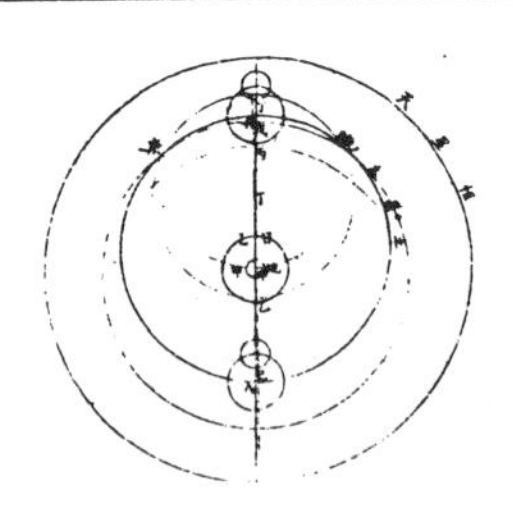

土星行輪新圖

（曆指）欲知小輪於本天及兩心差各數比例則設太陽距地若干可得各星距地若干如圖設甲乙（日距地或小輪）乙丙（半徑星本天半徑爲全數）及丙丁（兩心之差）又設甲乙爲若干度依法可得乙丙丙丁各線之度并之得甲丁乃星距地之度也上三星之法無二今置土星各圈之數如上用三率法甲乙（小輪半徑）爲一〇四二六得距地爲一千一百四十二度（太陽中距度）今乙丙全數（本天半徑）得若干算得一〇九五三有奇又丙丁五八一四（兩心半差）得六三六以甲乙乙丙丙丁三線之數并之得一二一九三二度或地半徑乃土星大距地之數也若於乙丙全數或乙戊半徑數內減去甲乙及戊己（與丙丁等）一七七八得九一七五乃土星近距數若求其中距地（引數爲三宮九宮）得一〇五五〇

木星用法如上求得大距度數爲六一九〇中距爲三九九〇近距爲五九一九

火星用法求得大距爲二一九九八中距爲一七四五近距爲二二二

下金水二星因不圖地球其算法與上三星略不等

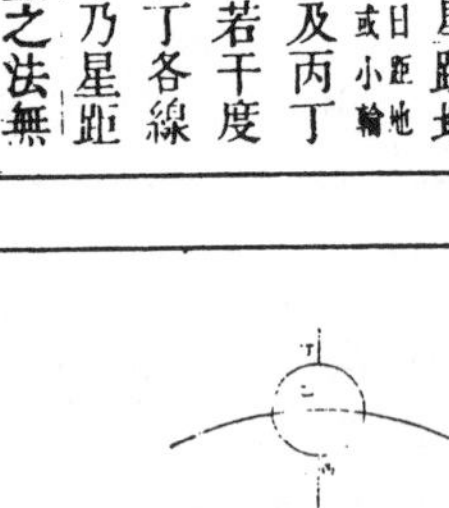

如圖甲乙爲日距之線或小輪心距地之線乙丙爲小輪之半徑以乙甲加減得大小兩距之數

金星兩心差半之得一六〇四并加小輪半徑得一七三八五二用法乙甲全數（本天半徑）得距地二四二二度今算乙丙分數得度爲八四三以加於甲丙得一九八五乃金星距地之度數也若減之得三百度乃近距之度也

水星以法求之得大距度爲一六五九小距爲六二五度

以上因其度數可推各距地之里數蓋以地半徑爲

度有一度之里數因可得各距之里數置地半徑爲二萬八千六百六十二里以各星距地之度乘之先用古圖數

月距地小數爲六十萬七千六百四十六里有奇大距數爲八十六萬七千里有奇此古今小異

木星小距數與太陰大距數等其大距數爲四百六十一萬二千三百二十八里

金星大距數爲三千〇六十七萬二千〇〇八里

太陽中距爲三千二百七十一萬六千〇一十六里

大距爲三千三百八十六萬一千九百三十六里

大星大距數爲二萬六千七百九十一萬六千〇九十六里

木星大距數爲四萬三千五百八十五萬六千六百一十六里

土星大距數爲六萬〇四百九十五萬九千八百一十六里　恆星依法切土星上面則得其距地之數也　若用新圖推算亦可得各星之里數

五星視差第三（即地半徑差）

各星既有距地之度數則可知視差之分數借日躔視差圖以明之甲地心乙人目丙爲某星甲乙爲一度若知甲丙邊之度則可得乙丙甲角乃視差角也　甲丙當全數甲乙爲切線

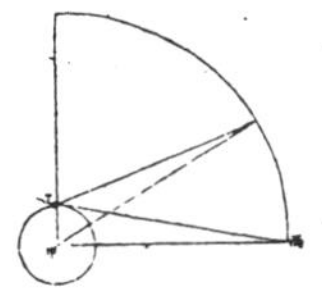

依古圖得各星視差如左

設星在地平求其視差地平以上若星更高其差更小在頂無

月近地視差

水星距遠視差爲二十一分

金星距遠視差與太陽距近差數等爲三分七秒

太陽中距爲三分大距爲二分五十四秒

火木土三星其視差皆不滿一分故不算

若用新圖日月各視差無二

金水二星中距與太陽爲近金星距遠視差爲二分弱極近距爲十一分水星大距亦爲二分小距爲六分

以上火木土三星之差亦微但火星在極近之距卽太陽之衝其差爲十五分蓋其道切割太陽之道而於地更近

以上視差之數日月以外難測難定是以各家不合且不嘗用故不設表

五星體視實兩徑第四

測日月視徑實徑見月離及交食諸書皆有本論但日月體大可用儀器測定五緯體小測之爲難惟以人目所見或於日月相比以定其視徑後以近遠之數求其實徑大小相比等數

亞耳巴得其學本多祿某有曰水星中距地之時（本算得一百一十五度）其視徑比太陽視徑如十五分之一卽天度（周天三百六十度之度也）之二分金星中距時（本算爲六百一十八度）其視徑爲太陽視徑十分之一卽天度之三分火星中距（本算爲四千五百八十四度）其視徑爲太陽視徑二十分之一卽天度之分半木星中距（本算爲一萬〇四百二十三度）其視徑爲太陽視徑十二分之一卽天度之二分半土星中距（本算爲一萬五千八百〇〇度）其視徑爲太陽視徑十八分之一卽天度之一分四十三秒

又星高有視徑以法求實徑如圖甲人目（地心無異）乙庚太陽半視徑乙己某星半視徑其比例如乙己於乙庚若星在太陽如丙丁則其比例爲丙丁與丙戊（丙戊當太陽視徑）用法得丙丁天上度之幾分有丙丁分數則有本天周之分數因周與徑之比例（見測量全義五卷中）甲丙半徑得地半徑若干則其周得若干以周之某分若干得各星比例半徑大小又以各星同類之分數求其容（見月離三大比例）

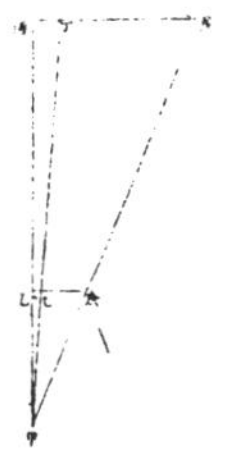

依法算得水星體比地球小爲一萬一千分之一分

金星體小於地球爲三十六分之一分

火星體大爲一地球又三分之一

木星體比地球大爲八十一倍又曰九十五倍

土星體大於地球爲七十九倍又曰九十一倍

恆星六等之大小見本曆指

用新圖求各星大小

新圖以太陽爲五星之心金水二星或在日上或在日下與古法大異

第谷曰水星視徑中距時（一一五〇度）爲二分〇十秒其實徑與地徑爲三與八則其體小於地球爲十九分之一於古法甚遠金星視徑中距時（一一五〇度）爲三十

三分十五秒其實徑爲地球徑十一分之六則其容爲地球六分之一火星中距一七四五度視徑爲二分弱則其實徑爲地徑六十分之二十五强其體小於地球爲十三分之一弱木星中距三九九〇度視徑爲二分四十五秒其實徑於地爲十二與五則其體大於地球爲十四倍土星中距一〇五五〇度視徑爲一分五十秒其實徑爲二地球徑又十分之一則其體大於地球爲二十二倍

若欲以里數求各星之大則先求地球之容得里數次依各比例數求之見月離三大比例

問古今兩數相懸何者爲確曰各有本論然以金星證之見其繞太陽有弦望之異覺新法爲準見五緯總論

五星光色第五

月以光以魄知其光非本體之光乃所借於太陽之光金星亦然蓋以遠鏡窺之見其體亦如月有光有魄故也他星覺無所倚然以相似之理論之亦可謂其光非自光乃如月與金星並借光於太陽者也

問五緯之光既皆爲日光之分乃其色各不同者何也曰如鏡如水如金諸能發光之物咸受太陽之光而所發之光皆非一色蓋亦係本體之色所染故也然則五星之色亦各爲本體之色從日光而發見耳五星本體之色從其各類本質及其面之平與不平或其體之虛實堅脆等勢所發

加利婁曰凡大光照某體能發光之類其所發之火光非全受本體之色而變爲他色如大光照黑體若鍊鐵其所發之光爲紅色如火星以此西名火星亦謂之鐵星若照淡紅體其所發光色如木星紅銅色爲淡紅故木星亦名爲銅星若白體其發光色如土星若黃體其發光色如金星若青體其發光色如水星試以黑鐵等類煉之細閱其光色必如上

又曰星色非純從目審視可見乃知各星亦非純質也見格物諸書

五星時有顫動其理與恆星無異或空中浮氣之游移或自體閃爍如燭光之搖又或人目之缺也

五星中曆攷第六

按中曆舊法自古迄今修訂諸家皆以測定太陽太陰之行爲本而五緯次之今新法亦然但求眞切不差之理須闢從來舛謬之根故著爲日躔考及古今交食考以備參證而五緯行度之差舊法之因循更甚尤宜講求今訂其謬於左

一曰測晨夕二留日時折半得合伏之日時非也

解曰所測之留乃視行之行也星有視行有平行及均數先於視行以均數或加或減得平行乃恆定之行也星在留際有損分益分其中積大小原自不等此根有二

其一從本天行所謂盈縮法此盈縮之數或係小漸大或係大漸小遞有加減其行非順如盈初十度與盈末十度損益差分非一從留初到合伏又從合伏到次留若度數等其均數必不等

其二爲二留中積時太陽之行亦非一如置首合伏在冬至太陽行疾次合伏在春分太陽行平第三合伏在夏至太陽行遲則星各合伏太陽其行亦各有多寡之異又如留初在盈曆次留在縮曆以視行得平行或先留宜減均數或次留宜加均數或二留均數皆宜加皆宜減難膠於一如圖

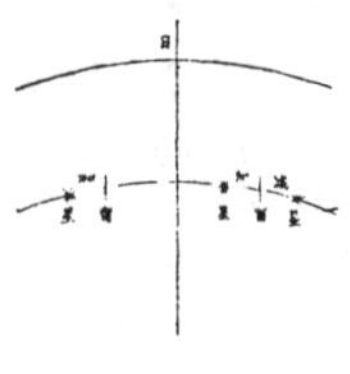

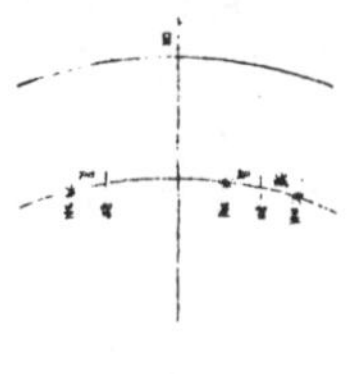

置太陽在中其左右爲二留際凡二留損益分爲同類者太陽非在其中界若異類乃在其中界

系二留之中積非一又太陽不在二留平行之中間則折半之說必不能得合伏太陽之眞時刻故曰非也

又按五星損益表前後度同而盈縮差非一如設星合伏前後五十度前五十度得某差後五十度又得某差差數非一則時刻亦非一

又留際之日時刻最難測其眞蓋星係漸而遲如先一日行幾度次行幾分以至幾秒此時星在進退二行之中誰能別之

若留際不測其日時刻而測天上別宿度分與之相比折半則得合伏之度分此因盈縮差役目非均非順則合伏前後視行果不如一前行疾後行遲欲得其眞難矣

二曰用表晷或簡儀以測五星非正當之法

其一表晷非公法如水星晨夕距太陽極多爲二十三度見時太陽下地平十五度或多或少茲取其中水星在地

平上不過十度設表一尺圭應長五尺五寸若用表八尺圭應設四丈四尺如不便設是法非公也
其二若用簡儀及赤道儀測五星亦不足蓋五星所行非赤道亦非黃道其所測得五星在某宿度是赤道宿度非眞黃道及本道度又星在南在北某宿與某宿相距之度非星之經度測時欲得其眞有數度之差

測五星正法第七

新法測定五星爲本法曆元皆以恆星爲本設五星與某恆星相距若干依法得其經緯度
測星之儀爲黃道渾儀及弧矢六合等儀（見恆星曆指）
法曰先定恆星二星與某緯星相近用儀測其相距若干度分以法求緯星之黃道經緯度（見測量全義九卷及恆星曆指）
首宜密測者乃緯星衝太陽之時刻法曰如本日測得其星經度隨推太陽經度相距爲天半周卽爲相衝之時若有多寡則測之又測務得其衝歲歲如此求之以兩測中積日所行之度相比則可得其盈縮差也（見各星曆指）
次測晨夕二留留時推算太陽經度必得前後二酉距太陽之日度多寡非一若太陽在某宮宿次星在某宮宿次相比得距太陽度數多寡取其大距數而以本法推之可成加減表（詳見五緯曆指）
測星緯行古來無法新法用黃道渾儀比測恆星又求某星而變其緯或從南往北或從北往南得各星黃道上有二相衝之處定六宮爲南六宮爲北又測各星衝對合伏太陽及二留時之經度多測亦可得其緯（有本論）

五星盈縮曆考第八

太陽有盈縮之限或疾遲兩行之界古法定在冬夏二至新法曰不然蓋以今世最高庳在兩至後六度爲盈縮之限太陽於限近遠得均數大小而視行有差太陰最高乃月孛也太陽太陰二最高俱有本行而非恆星之行
五星亦有盈縮之行有盈縮限及遲疾損益之界古法未認其本行而恆定於恆星某宿某度則非也此不合天之一根也
又曰所定於某宿之度分亦非眞盈縮初末等界如古法定木星在虛約四度或元枵宮二十二度新法定木星二行之界在降婁宮十度他星各有前後（見本曆指）

五星盈縮立成考第九

大統曆分天周爲二十二段以十一段爲盈十一段爲縮各段十五度有奇以三差法置各星盈縮大積度求得各段之均數今有可疑蓋各星大均數多寡各有眞數如云木星有六度半實不過五度弱土星有八度又四分度之一實不過六度半弱他星類此若中段所立之均數因三差法尤不足以得眞數（見日躔考）此又不合天之一根也

曆局新推土火金木四星之會合凌犯行度第十

一九月初四日丁巳昏初
新法推得火星與土星同度南北相距差一度五十四分
大統推在初七日同度　二法約差三日
一九月初七日庚申卯正二刻
新法推得金星與土星同度南北相距差三度三十分
大統推在初六日同度　二法約差一日
一九月十一日甲子昏初
新法推得金火二星同度南北相距之差一度三十分
大統推在初三日同度　二法約差八日
一閏八月二十四日丁未
新法推得木星犯鬼宿內積尸氣
一九月初一日甲寅
新法推得木星在鬼宿二度有奇先於閏八月十五日已入鬼宿初度
大統推在鬼宿初度先於閏八月二十四日始交鬼宿初度　二法約差九日
新法四星經緯圖式列後

崇禎七年九月初四日土火金三星經緯圖

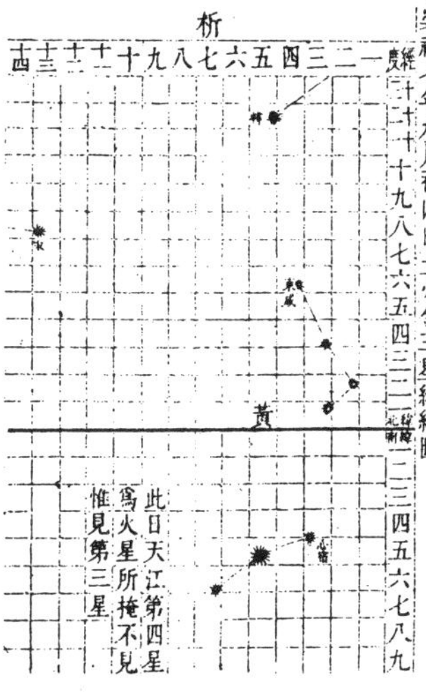

析
黃
此日天江第四星爲火星所掩不見惟見第三星

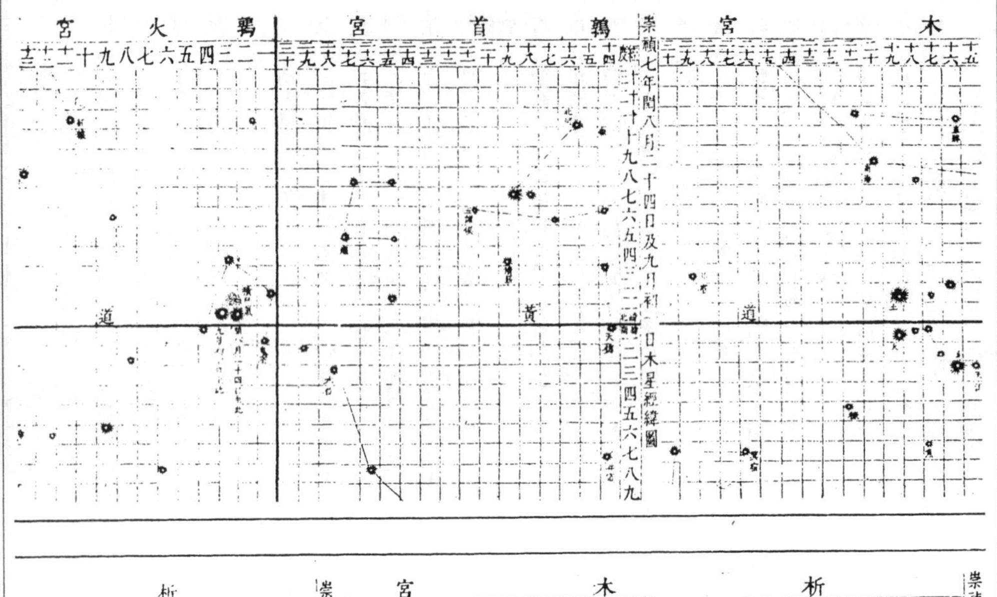

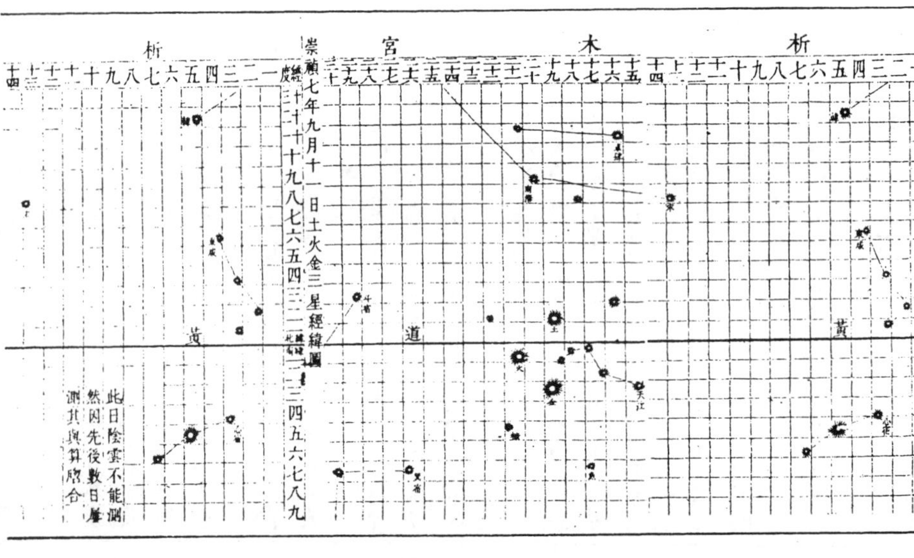

已上五測本年八月十八日疏奏奉旨臨期登臺公同測驗與本局所推悉合覆奏因命再測又皆相符今所繪木星犯積尸氣圖算悉照曩日進呈者其先後相犯時日及已經測驗過各星行度與大統相去懸遠者約錄於後以徵二法之孰疎孰密云

崇禎七年十一月初三日木星以赤道於積尸氣爲同度同分依黃道則於初五日爲同度同分此日木星細行爲百分度之十一迨十月二十日木星自鬼宿東南東北兩星中而入於本宿座至十一月二十日乃繇西南西北兩星中線而出鬼宿其木星體距積尸氣體爲百分度之五十四而爲犯

八年四月二十三日木星以赤道于積尸氣爲同度同分依黃道則于二十四日爲同度同分此日木星細行爲百分度之十九自二十三日午時繇鬼宿西南西北二星之中而入本宿座至本月三十日酉時繇東南東北二星之中而出鬼座其木星體距積尸氣體爲百分度之三十八而爲犯云五十四三十八者卽古書所謂五十四分及三十八分也

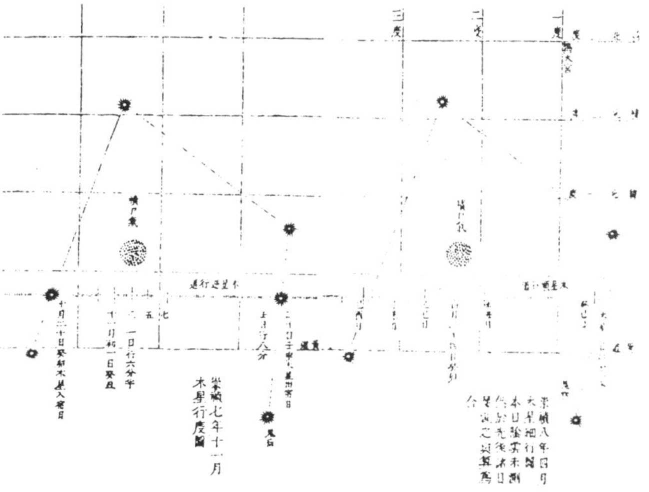

崇禎七年十一月木星行度圖

本年新法推水星三四五六等月俱晨不見而大統載三月十八日晨見至四月二十一日晨伏迨本月會同監局屢測委無水星出見

又新法推水星于七月二十五日晨見至八月二十三日晨不見大統載八月初七日晨伏不見至九月二十一日夕見及公同測驗果于八月二十三日以前皆晨見

本年八月十二日己丑夜新法推木星會合軒轅大星依黃道算本月十二日夜卯十三日子正初刻木星在鶉火宮二十四度三十九分緯北五十分軒轅大星本年在鶉火宮二十四度四十七分緯北二十七分本時木星在出極一直線上未及軒轅八分而南北相距約二十三分依赤道算木時木星在張宿四度〇分是日與軒轅大星俱在出極大統載在張一度與新法約差三度因於本日公同登臺測驗果測得木星與軒轅大星同度同分

本年八月二十七日測木火二星同度以黃道算本日未時二星會同於鶉火宮二十七度二十六分火在北三十分依赤道算二星在張宿六度三十三分至子正時二星皆在出極一直線下距夏至爲五十九度五十分大統推此日木星在張宿四度火星在張宿三度相會合在二十九日則木星差二度半火星差三度半會合差二日　又是日卯正初刻月與木同度月在南三十六分然因視差算得寅正二刻月木火約同度用直線過月之中心至本日子丑時陰雲監官未到迨至寅時天已開霽本局官生親測得月木火皆爲一直線

本年新法推金星八九等月俱晨見至十月初三日始晨不見大統載九月初九日晨伏則此後皆不見時矣及九月十七等日會同公測委見金星曉出

又新法推水星八月二十六日晨不見至十月初六日始夕見大統推九月二十一日夕見至十月二十四日夕伏不見則前此皆見時矣及九月二十八等日會同公測委無水星出見

九年二月十二十三十四等日大統推木星在張宿二度舊法謂軒轅大星在張宿三度又五分度之一則此時木星該見於軒轅大星之西一度弱新法推此日木星逆行將留在張六度又六分度之一新法謂軒轅大星在張四度則木星在東軒轅大星在西相距二度強至測時木星果在軒轅大星之東

本年新法推木星自二月十二日至二十六日常見大統推本日夕伏後此皆不見共差十四日迨部監同測委見木星未伏

本年大統推火星從三月二十七日起至五月初八日止夕退夕留夕遲共三十九日嘗在軫宿十六十七度內新法推此時火星嘗在角宿一二三度內逆行不入軫宿是舊法差四十日而宿度亦差三度矣且據舊法推在軫宿則火星當在角宿大星之西新法推在角宿則火星當居角宿大星之東及疏請親覽每至戌時火星果在角宿大星之東相距不過一度

本年新法推木星七月十四日夕不見大統推七月二十三日始夕不見據舊法推則前九日皆爲見期也迨會同公測委無木星出見

此上所錄皆係會同部監公同測驗過者其未經測者每年相差甚多茲不備錄

古測五星相掩或掩他星摘推目第十一

新曆列有日月五星未表者或用以稽上古五星之凌歷犯掩或用以推未來千百年各星之行故逆推而能上驗往古因知其亦必下合將來矣

按史傳所紀某星之行每有僅錄年月日而未有時刻夫星有一日行度分者今既無時刻何能正合於表乎故於不紀時者並不援以爲證

又紀各星聚於某宿不言相距度分及不言本宿某度者亦不借證又如凌犯古紀甚多迨考其時刻距度仍皆掛漏亦莫能用卽若言相掩者則惟土木可得其準緣其行遲耳至於火金水則每日或行一度或行半度蓋行疾則第可僅得之而已然其緯度數日但移數分又可以得其準也

古史恆謂或金或水失行當見而不見不當見而見此則新曆備闡伏見正法故亦援一二以徵之

表首橫行爲甲子數自帝堯八十一年爲第一甲子至天啓四年則統紀甲子者六十六下爲本甲子內之年

按此下有古測五星記十餘篇年代先後訛謬已甚悉去之

測五星經緯度第十二

一用黃赤全儀此儀制有黃赤二道上繫移線二一用測經一用測緯最爲盡善之器善用之者則各星所行宮度分秒靡不可得其作法見渾儀說中

一凡見某緯星掩某恆星之一卽稽恆星表之經緯度分亦爲某緯星所際之經緯度分也

一凡某星近犯恆星則經度可得其眞而緯度則僅可得之蓋經度乃從黃極過二星之心必定於黃道一度分上若緯度者不能用儀惟以目測其相距若干故莫能得其眞也

一凡某星介於四恆星之或中或外在一直線之交卽取恆星圖界二直線聯而算之亦能得其經緯或不用圖但用算亦可其法見測量全義九卷中

一凡某星在午線上或有恆星亦在午則第測恆星高弧卽可得其赤道經緯

一凡某星在地平而得其出沒點之地平經度卽可得其緯蓋地經度乃正卯酉距南北之若干也或此時有一恆星在午亦略可得某星經緯用星球渾儀可算

一用弧矢儀測某星距二恆星若干用法推算可得其經其緯法見測量全義九卷

以上槩言其測法也大抵測星得其赤道經緯度分似易而最要者則在於以法變黃道之經緯云

駁古測之舛

一以赤道儀測其行而莫能變黃道經緯是其度分非從本極所出也安得無舛

一測月掩某星者甚謬蓋月有氣時二差恆失其經緯之眞度也

一紀掩犯等會不詳時刻乃星極有其行時刻旣略胡可細算其經度乎

一用移線人目追近於線則目瞳子較線爲大焉得視而不失

測五星儀目

黃赤全儀

卽渾儀之類也其制不用他圈惟具黃赤二道及子午規而已測星繫移線以用之

簡儀

以一盤當赤道其移線則代活赤道云

天環

亦渾儀之類也

弧矢儀

以全規六分之一爲弧用半徑爲矢

樞儀

以細絢繫急用代天樞然當定準北極出地及對正子午庶幾不差若二星以赤道在同度者此可測之

直線或界尺

用量二星成一直線

經緯象限

測地平高及經度

過極圈

用之可得赤道緯度以上原本曆指卷二十四五緯之九

欽定古今圖書集成曆象彙編曆法典

第七十三卷目錄

曆法典第七十三卷

曆法總部總論一

易經

革卦

象曰澤中有火革君子以治曆明時

本義 四時之變革之大者 大全 朱子曰林艾軒說因革卦得曆法云曆須年年改革不改革便差了天度此說不然天度之差蓋緣不曾推得那曆元定却不因不改而然曆豈是那年年改革底物治曆明時非謂曆當改革蓋四時變革中便有个治曆明時底道理

書經

洪範

四五紀一曰歲二曰月三曰日四曰星辰五曰曆數

蔡注 歲者序四時也月者定晦朔也日者正躔度也星經星緯星也辰日月所會十二次也曆數者占步之法所以紀歲月日星辰也 大全 臨川吳氏曰歲自冬至至來歲冬至凡三百六十五日四分日之一日行天一周也以分至啓閉定歲之四時是爲一歲之紀月自合朔至來月合朔凡二十九日六辰有奇月與日一會也以晦朔弦望定月之大小是爲一月之紀日自日出至來日日出歷十二辰日繞地一匝也以晨昏出沒定晝夜長短是爲一日之紀星爲二十八宿衆經星辰謂天之壤因日月所會分經星之度爲十二次觀象測候以驗天之體也是謂星辰之紀曆謂日月五緯所歷之度數謂一二三四五六七八九十百千萬七政行度各有盈縮疾遲立數推算以步天之用也是謂歷數之紀

春秋左傳

文公元年

於是閏三月非禮也先王之正時也履端於始舉正於中歸餘於終履端於始序則不愆舉正於中民則不惑歸餘於終事則不悖

漢徐幹中論

曆數

昔者聖王之造曆數也察紀律之行觀運機之動原星辰之迭中寤晷景之長短於是營儀以準之立表以測之下漏以考之布算以追之然後元首齊乎上中朔正乎下寒暑順序四時不忒夫曆數者先王以憲殺生之期而詔作事之節也使萬國之民不失其業者也昔少皞氏之衰也九黎亂德民神雜糅不可方物顓頊受之乃命南正重司天以屬神北正黎司地以屬民使復舊常毋相侵黷其後三苗復九黎之德堯復育重黎之後不忘舊者使復典教之故書曰乃命羲和欽若昊天曆象日月星辰敬授民時於是陰陽調和災厲不作休徵時至嘉生蕃育民人樂康鬼神降福舜禹受之循而勿失也及夏德之衰而羲和湎淫廢時亂日湯武革命始作曆明時敬順天數故周禮太史之職正歲年以序事頒之於官府及都鄙頒告朔於邦國於是分至啓閉之日人君親登觀臺以望氣而書雲物爲備者也故周德既衰百度墮替而曆數失紀故魯文公元年閏三月春秋譏之其傳曰非禮也先王之正時也履端於始舉正於中歸餘於終履端於始序則不愆舉正於中民則不惑歸餘於終事則不悖又哀公十二年十二月螽季孫問諸仲尼仲尼曰丘聞之也火復而後蟄者畢今火猶西流司曆過也言火未伏明非立冬之日自是之後戰國搆兵更相吞滅專以爭強攻取爲務是以曆數廢而莫修浸用乖繆大漢之興海內新定先王之禮法尚多有所缺故因秦之制以十月爲歲首曆用顓項孝武皇帝恢復王度率由舊章招五經之儒徵術數之士使議定漢曆及更用鄧平所治元起太初然

後分至啓閉不失其節弦望晦朔可得而驗成哀之閒劉歆用平術而廣之以爲三統曆比之衆家最爲備悉至孝章皇帝年曆疎闊不及天時及更用四分曆舊法元起庚辰至靈帝四分曆猶復後天半日於是會稽都尉劉洪更造乾象曆追日月星辰之行考之天文於今爲密會宮車晏駕京師大亂事不施行惜哉上觀前化下迄於今帝王興作未有不奉贊天時以經人事者也故孔子制春秋書人事而因以天時以明二物相須而成也故人君不在分至啓閉則不書其時月蓋刺怠慢也夫曆數者聖人之所以測靈曜之賾而窮元玅之情也非天下之至精孰能致思焉今總論數家舊法綴之於篇庶爲後之達者存損益之數云耳

晉書

律曆志序

昔者聖人擬宸極以運璿璣揆天行而序景曜分辰野辨躔歷敬農時興物利皆以繫順兩儀紀綱萬物者也然則觀象設卦扐閏成爻歷數之原存乎此也逮乎炎帝分八節以始農功軒轅紀三綱而闡書契乃使羲和占日常儀占月車區占星氣伶倫造律呂大撓造甲子隸首作算數容成綜斯六術考定氣象建五行察發斂起消息正閏餘述而著焉謂之調曆洎於少昊則鳳鳥司曆顓頊則南正司天陶唐則分命羲和虞舜則因循堯法及夏殷承運周氏應期正朔既殊創法斯異傳曰火出於夏爲三月於商爲四月於周爲五月是故天子置日官諸侯有日御以和萬國以協三辰至乎寒暑晦明之徵陰陽生殺之數啓閉升降之紀消息盈虛之節皆應躔次而無淫流故能該浹生靈堪輿天地周德既衰史官失職疇人分散禨祥不理秦并天下頗推五勝自以獲水德之瑞用十月爲正漢氏初興多所未暇百有餘載襲秦正朔爰及武帝始詔司馬遷等議造漢曆乃行夏正其後劉歆更造三統以說左傳辨而非實班固惑之采以爲志逮光武中興太僕朱浮數言曆有乖謬於時天下初定未能詳考至永平之末改行四分七十餘年儀式乃備及光和中乃命劉洪蔡邕共修律曆其後司馬彪因之以繼班史今采魏文黃初已後言曆數行事者以續司馬彪云

宋書

曆志序

夫天地之所貴者生也萬物之所尊者人也役智窮神無幽不察是以動作云爲皆應天地之象古先聖哲擬辰極制渾儀夫陰陽二氣陶育羣品精象所寄是爲日月羣生之性章爲五才五才之靈五星是也曆所以擬天行而序七曜紀萬國而授人時黃帝使大撓造六甲容成制曆象羲和占日常儀占月少昊氏有鳳鳥之瑞以鳥名官而鳳鳥氏司曆顓頊之代南正重司天北正黎司地堯復育重黎之後使治舊職分命羲和欽若昊天故虞書曰朞三百有六旬六日以閏月定四時成歲其後授舜曰天之曆數在爾躬舜亦以命禹爰及殷周二代皆揚業革制而服色從之順其時氣以應天道萬物羣生蒙其利澤三王既謝史職廢官故孔子正春秋以明司曆之過秦兼天下自以爲水德以十月爲正服色尚黑漢興襲秦正朔北平侯張蒼首言律曆之事以顓頊曆比於六曆所失差近施用至武帝元封七年太中大夫公孫卿壺遂太史令司馬遷等言曆紀廢壞宜改正朔易服色所以明受之於天下也乃詔遂等造漢曆選鄧平長樂司馬可及人間治曆者二十餘人方士唐都分天部洛下閎運算轉曆其法積八十一寸則一日之分也閎與鄧平所治同於是皆觀星度日月行更以算推如閎平法一月之日二十九日八十一分日之四十三詔遷用鄧平所造八十一分律曆以平爲太史丞至元鳳三年太史令張壽王上書以爲元年用黃帝調曆令陰陽不調更曆之過詔下主曆使者鮮于妄人與治曆大司農中丞麻光等二十餘人雜候晦朔弦望二十四氣又詔丞相御史大將軍右將軍史各一人雜候上林淸臺課諸疏密凡十一家起三年盡五年壽王課疏遠又漢元年不用黃帝調曆效劾壽王逆天地大不敬詔勿劾復候盡六年太初曆第一壽王曆乃太史官殷曆也壽王再劾不服竟下吏至孝成時劉向總六曆列是非作五紀論向子歆作三統曆以說春秋屬辭比事雖盡精巧非其實也班固謂之密要故漢曆志述之校之何承天等六家之曆雖六元不同分章或異至今術差或三日或二日數時考其遠近率皆六國及秦時人所造其術斗分多上不可檢於春秋下不驗於漢魏雖復假稱帝王祇足以惑時人耳

隋書

律曆志序

夫曆者紀陰陽之通變極往數以知來可以迎日授

時先天成務者也然則懸象著明莫大於二曜氣序環復無信於四時日月相推而明生矣寒暑迭進而歲成焉遂能成天地之文極乾巛之變天數五地數五五位相乘而各有合天數二十有五地數三十凡天地之數五十有五所以成變化而行鬼神也乾之策二百一十有六巛之策一百四十有四凡三百六十以當朞之日也至乃陰陽迭用剛柔相摩四象既陳八卦成列此乃造文之元始創曆之厥初者歟洎乎炎帝分八節軒轅建五部少昊以鳳鳥司曆顓頊以南正司天陶唐則分命和仲夏后乃備陳鴻範湯武革命咸率舊章然文質既殊正朔斯革故天子置日官諸侯有日御以和萬國以叶三辰至於寒暑晦明之徵陰陽生殺之數啓閉升降之紀消息盈虛之節皆應躔次而不淫遂得該浹生靈堪輿天地開物成務致遠鉤深周德既衰史官廢職疇人分散禨祥莫理秦兼天下頗推五勝自以獲水德之瑞以十月爲正漢氏初興多所未暇百有餘載猶行秦曆至於孝武改用夏正時有古曆六家學者疑其紕繆劉向父子咸加討論班固因之採以爲志光武中興未能詳考逮於永平之末乃復改行四分七十餘年儀式方備其後復命劉洪蔡邕共修律曆司馬彪用之以續班史當塗受命亦有史官韓翊創之於前楊偉繼之於後咸遵劉洪之術未及洪之深妙中左兩晉迭有增損至於西涼亦爲蔀法事迹糺紛未能詳記宋氏元嘉何承天造曆迄於齊末相仍用之梁武初興因循齊舊天監中年方改行宋祖沖之甲子元曆陳氏受禪亦無創改後齊文宣用宋景業曆西魏入關用李業興曆逮於周武帝乃有甄鸞造甲寅元曆遂參用推步焉大象之初太史上士馬顯又上丙寅元曆便卽行用迄於開皇四年乃改用張賓曆十七年復行張胄元曆至於義寧今采梁天監以來五代損益之要以著於篇云

舊唐書

曆志序

太古聖人體二氣之權輿賾三才之物象乃創紀以窮其數畫卦以通其變而紀有大衍之法卦有推策之文繇是曆法生焉殷人用九疇五紀之書周禮載馮相保章之職所以辨三辰之躔次察九野之吉凶歷代疇人迭相傳授蓋推步之成法協用之舊章暨秦氏焚書遺文殘缺漢興作者師法多門雖同徵鍾律之文共演蓍龜之說而建元或異積蔀相懸旁取證於春秋強乱疑於繫象靡不揚眉抵掌謂甘石未稱日官運策播精言稗梓不知天道及至清臺聑𣪂黃道考詳言縮則盈少中多否否則矯云差算中則自負加時章亥不生憑何質證高齊天保中六月日當蝕朔文宣先期問候官蝕何時張孟賓言蝕申鄭元偉董峻言蝕辰宋景業言蝕巳是日蝕於申卯之間言皆不中時景業造天保曆則疏密可知矣昔鄧平洛下閎造漢太初曆非之者十七家後劉洪蔡伯喈何承天祖沖之皆數術之精粹者至於宣考曆書之際猶爲橫議所排斯道寂寥知音蓋寡所以張胄元佩印而沸騰劉孝孫輿棺而慟哭俾諸後學益用爲疑以臣折衷無如舊法高祖受隋禪傅仁均首陳七事言戊寅歲時正得上元之首宜定新曆以符禪代由是造戊寅曆祖孝孫李淳風立理駁之仁均條答甚詳故法行於貞觀之世高宗時太史奏舊曆加時漸差宜有改定乃詔李淳風造麟德曆初隋末劉焯造皇極曆其道不行淳風約之爲法時稱精密天后時瞿曇羅造光宅曆中宗時南宮說造景龍曆皆舊法之所棄者復取用之徒云革易寧造深微尋亦不行開元中僧一行精諸家曆法言麟德曆行用既久晷緯漸差宰相張說言之元宗名見令造新曆遂與星官梁令瓚先造黃道游儀圖考校七曜行度準周易大衍之數別成一法行用垂五十年肅宗時韓穎造至德曆代宗時郭獻之造五紀曆德宗時徐承嗣造正元曆憲宗時徐昂造觀象曆其法今存而無計蔀章之數或異前經而察斂啓閉之期何殊舊法至論徵驗罕及研精綿代流行示存經法耳前史取傅仁均李淳風南宮說一行四家曆經爲曆志四卷近代精數者皆以淳風一行之法歷千古而無差後人更之要立異耳無踰其精密也景龍曆不經行用世以爲非今略而不載但取戊寅麟德大衍三曆法以備此志示於疇官爾

唐書

律曆志序

曆法尙矣自堯命羲和曆象日月星辰以閏月定四時成歲其事略見於書而夏商周以三統改正朔爲曆固已不同而其法不傳至漢造曆始以八十一分爲統母其數起於黃鍾之龠蓋其法一本於律矣其後劉歆又以春秋易象推合其數蓋傅會之說也至唐一行始專用大衍之策則曆術又本於易矣蓋曆

起於數數者自然之用也其用無窮而無所不遍以之於律於易皆可以合也然其要在於候天地之氣以知四時寒暑而仰察天日月星之行運以相參合而已然四時寒暑無形而運於下天日月星有象而見於上二者常動而不息一有一無出入升降或遲或疾不相爲謀其久而不能無差忒者勢使之然也故爲曆者其始未嘗不精密而其後多疎而不合亦理之然也不合則屢變其法以求之自堯舜三代以來曆未嘗同也

五代史

司天考序

司天掌日月星辰之象周天一歲四時二十四氣七十二候行十日十二辰以爲曆而謹察其變者以爲占占者非常之兆也以驗吉凶以求天意以覺人事其術藏於有司曆者有常之數也以推寒暑以先天道以勉人事其法信於天下術有時而用法不可一日而差差之毫釐則亂天人之序乖百事之時蓋有國之所重也然自堯命羲和見於書中星閏餘略存其大法而三代中間千有餘歲遺文曠廢六經無所述而孔子之徒亦未嘗道也至於後世其學一出於陰陽之家其事則重其學則末夫天人之際遠哉微矣而使一藝之士布算積分上求數千萬歲之前必得甲子朔旦夜半冬至而日月五星皆會於子謂之上元以爲曆始蓋自漢而後其說始詳見於世其源流所自止於如此是果堯舜三代之法歟皆不可得而考矣然自是以來曆家之術雖世多不同而未始不本於此

宋史

天文志序

夫不言而信天之道也天於人君有告戒之道焉示之以象而已故自上古以來天文有世掌之官唐虞羲和夏昆吾商巫咸周史佚甘德石申之流居是官者專察天象之常變而述天心告戒之意進言於其君以致交修之儆焉易曰天垂象見吉凶聖人則之又曰觀乎天文以察時變是也然考堯典中星不過正人時以興民事夏仲康之世引征之篇乃季秋月朔辰弗集于房然後日食之變昉見於書觀其數羲和以俶擾天紀昏迷天象之罪而討之則知先王克謹天戒所以責成於司天之官者豈輕任哉箕子洪範論休咎之徵曰王省惟歲卿士惟月師尹惟日庶民惟星星有好風星有好雨禮記言體信達順之效則以天降膏露先之至於周詩屢言天變所謂旻天疾威敷于下土又所謂雨無其極傷我稼穡正月繁霜我心憂傷以及彼月而微此日而微爗爗震電不寧不令孔子刪詩而存之以示戒也他日約魯史而作春秋則日食星變屢書而不爲煩聖人以天道戒謹後世之旨昭然可覩矣於是司馬遷史記而下歷代皆志天文第以羲和既遠官乏世掌賴世以有專門之學焉然其說三家曰周髀曰宣夜曰渾天宣夜先絕周髀多差渾天之學遭秦而滅洛下閎耿壽昌晚出始物色得之故自魏晉以至隋唐精天文之學者犖犖名世豈非難得其人歟宋之初興近臣如楚昭輔文臣如竇儀號知天文太宗之世召天下伎術有能明天文者試隸司天臺匿不以聞者罪論死旣而張思訓韓顯符輩以推步進其後學士大夫如沈括之議蘇頌之作亦皆底於幻眇靖康之變測驗之器盡歸金人高宗南渡至紹興十三年始因祕書丞嚴抑之請命太史局重創渾儀自是厥後窺測占候蓋不廢焉爾寧宗慶元四年九月太史言月食於晝草澤上書言食於夜及驗視如草澤言乃更造統天曆命祕書正字馮履參定以是推之民間天文之學蓋有精於太史者則太宗召試之法亦豈徒哉今東都舊史所書天文禎祥日月薄蝕五緯凌犯彗孛飛流暈珥虹霓精祲雲氣等事其言時日災祥之應分野休咎之別視南渡後史有詳略焉蓋東都之日海內爲一人君遇變修德無或他諉南渡土宇分裂太史所上必謹星野之書且君臣恐懼修省之餘故於天文休咎之應有不容不縷述而申言之者是亦時勢使然未可以言星翁日官之術有精觕敬怠之不同也今合累朝史臣所錄爲一志而取歐陽修新唐書五代史記爲法凡徵驗之說有涉於傅會咸削而不書歸於傳信而已矣

極度

極度極星之在紫垣爲七曜三垣二十八宿衆星所拱是謂北極爲天之正中而自唐以來曆家以儀象考測則中國南北極之正實去極星之北一度有半此蓋中原地勢之度數也中興更造渾儀而太史令丁師仁乃言臨安府地勢向南於北極高下當量行移易局官呂璨言渾天無量行更易之制若用於臨安與天參合移之他往必有差忒遂罷議後十餘年邵諤鑄儀則果用臨安北極高下爲之以清臺儀校

之實去極星四度有奇也

黃赤道

黃赤道占天之法以二十八宿爲綱維分列四方南北去極各九十有一度有奇南低而北昂去地各三十有六度一定不易者名之曰赤道以日躔半在赤道內半在赤道外出入內外極遠者皆二十有四度以其行赤道之中者名之曰黃道凡五緯皆隨日由黃道行惟月之行有九道四時交會歸於黃道而轉變焉故有靑黑白赤四者之異名夫赤道終古不移則星舍宜無盈縮矣然自唐一行作大衍曆以儀窺測之得畢觜參鬼四宿分度與古不同皇祐初日官周琮以新儀測候與唐一行尤異紹聖二年清臺以赤道度數有差復命考正惟牛尾室柳四宿與舊法合其他二十四宿躔度或多或寡蓋天度之不齊古人特紀其大綱後世漸極於精密也若夫黃道橫絡天體列宿躔度自隨歲差而增減中興以來用統元紀元及乾道淳熙開禧統天會元每一曆更一黃道其多寡之異有不可勝載者而步占家亦隨各曆之躔度焉

中星

中星四時中星見於堯典蓋聖人南面而治天下即日行而定四時虛鳥火昴之度在天夷隩析因之候在人故書首載之以見授時爲政之大也而後世考驗冬至之日堯時躔虛至於三代則躔於女春秋時在牛至後漢永元已在斗矣大略六十餘年輒差一度開禧占測已在箕宿較之堯時幾退四十餘度蓋自漢太初至今已差一氣有餘而太陽之躔十二次大約中氣前後乃得本月宮次蓋太陽日行一度近歲紀元曆定歲差約退一分四十餘秒蓋太陽日行一度而微遲後一年周天而微差積累分秒而躔度見焉曆象考之萬五千年之後所差半周天寒暑將易位世未有知其說者焉

律曆志序

古者帝王之治天下以律曆爲先儒者之通天人至律曆而止曆以數始數自律生故律曆既正寒暑以節歲功以成民事以序庶績以凝萬事根本由茲立焉古人自入小學知樂知數已曉其原後世老師宿儒猶或弗習律曆而律曆之家未必知道各師其師岐而二之雖有巧思豈能究造化之統會以識天人之蘊奧哉是以審律造曆更易不常卒無一定之說治效之不古若亦此之由而世豈察及是乎宋初承五代之季王朴制律曆作律準以宣其聲太祖以雅樂聲高詔有司考正和峴等以影表銅臬暨羊頭秬黍累尺制律而度量權衡因以取正然累代尺度與望臬殊黍有巨細縱橫容積諸儒異議卒無成說至崇寧中徽宗任蔡京信方士聲爲律身爲度之說始大盩乎古矣顯德欽天曆亦朴所制也宋初用之建隆二年以推驗稍疏詔王處訥等別造新曆四年曆成賜名應天未幾氣候漸差太平興國四年行乾元曆未幾氣候又差繼作者曰儀天曰崇天曰明天曰奉元曰觀天曰紀元迨靖康丙午百六十餘年而八改曆南渡之後曰統元曰乾道曰淳熙曰會元曰統天曰開禧曰會天曰成天至德祐丙子又百五十年復八改曆使其初而立法脗合天道則千歲日至可坐而致奚必數數更法以求幸合元象哉蓋必有任其責者矣雖然天步惟艱古今通患天運日行左右既分不能無忒謂七十九年差一度雖視古差密亦僅得其槩耳又况黃赤道度有斜正闊狹之殊日月運行有盈縮朓朒表裏之異測北極者率以千里差三度有奇晷景稱是古今測驗止於岳臺而岳臺豈必天地之中餘杭則東南相距二千餘里華夏幅員東西萬里發斂晷刻豈能盡諧又造曆者追求曆元踰越曠古抑不知二帝授時齊政之法畢殫於是否乎是亦儒者所當討論之大者議曰星翁曆生之責可哉至於儀象推測之具雖亦數改若熙寧沈括之議宣和璣衡之制其詳密精緻有出於淳風令瓚之表者蓋亦未始乏人也今其遺法具在方冊惟奉元會天二法不存舊史以乾元儀天附應天今亦以乾道淳熙會元附統元開禧成天附統天大抵數異術同因仍增損以追合乾象俱無以大相過備載其法俾來者有考焉

沈括夢溪筆談

曆數甚微

世之談數者蓋得其麤跡然數有甚微者非巧曆所能知况此但跡而已至於感而遂通天下之故者跡不預焉此所以前知之神未易可以跡求况得其麤也予之所謂甚微之跡者世之言星者恃曆以知之曆亦出乎億而已予於奉元曆序論之甚詳治平中金火合於軫以崇奭宣明景福明崇欽天凡十一家大曆步之悉不合有差三十日以上者曆豈足恃哉縱使在其度然又有行黃道之裏者行黃道之外者

行黃道之上者行黃道之下者有循度者有失度者有犯經星者有犯客星者所占各不同此又非曆之能知也又一時之間天行三十餘度總謂之一宮然時有始末豈可三十度間陰陽皆同至交他宮則頓然差別世言星曆難知唯五行時日爲可據是亦不然世之言五行消長者止是知一歲之間如冬至後日行盈度爲陽夏至後日行縮度爲陰二分行平度殊不知一月之中自有消長望前月行盈度爲陽望後月行縮度爲陰兩弦行平度至如春木夏火秋金冬水一月之中亦然不止月中一日之中亦然素問云疾在肝寅卯患申酉劇病在心巳午患子亥劇此一日之中自有四時也安知一時之間無四時安知一刻一分一剎那之中無四時耶又安知十年百年一紀一會一元之間又豈無大四時耶又如春爲木九十日間當亹亹消長不可三月三十日亥時屬木明日子時頓屬火也似此之類亦非世法可盡者

斗分

曆法步歲之法以冬至斗建所抵至明年冬至所得辰刻衰秒謂之斗分故歲文從步從戌戌者斗魁所抵也

斗建

正月寅二月卯謂之建其說謂斗杓所建不必用此說但春爲寅卯辰夏爲巳午未理自當然不須因斗建也緣斗建有歲差蓋古人未有歲差之法顓帝曆冬至日宿斗初今宿斗六度古者正月斗杓建寅今則正月建丑矣又歲與歲合今亦差一辰堯典曰日短星昴今乃日短星東壁此皆隨歲差移也

歲差

唐書云洛下閎造曆自言後八百年當差一筭至唐一行僧出而正之此妄說也洛下閎曆法極疎蓋當時以爲密耳其間闕略甚多且舉二事言之漢世尚未知黃道歲差至北齊向子信方候知歲差今以今古曆校之凡八十餘年差一度則閎之曆八十年自已差一度兼餘分疎闊據其法推氣朔五星當時便不可用不待八十年乃曰八百年差一筭太欺誕也天文家有渾儀測天之器設於崇臺以候垂象者則古璣衡是也渾象天之器以水激之或以水銀轉之置於密室與天行相符張衡陸績所爲及開元中置於武成殿者皆此器也皇祐中禮部試璣衡正天文之器賦舉人皆雜用渾象事試官亦自不曉第爲高等漢以前皆以北辰居天中故謂之極星自祖暅以璣衡考驗天極不動處乃在極星之末猶一度有餘熙寧中予受詔典領曆官雜考星曆以璣衡求極星初夜在窺管中少時復出以此知窺管小不能容極星遊轉乃稍稍展窺管候之凡歷三月極星方遊於窺管之內常見不隱然後知天極不動處遠極星猶三度有餘每極星入窺管別畫爲一圖圖爲一圓規乃畫極星於規中具初夜中夜後夜所見各圖之凡爲二百餘圖極星方常循圓規之內夜夜不差予於熙寧曆奏議中敘之甚詳

周密齊東野語

漢改秦曆始置閏

余嘗攷春秋置閏之異於前矣後閱程氏考古編謂漢初不獨襲秦正朔亦因秦曆以十月爲歲首不置閏當閏之歲率歸餘於終爲後九月漢紀表及史記自高帝至文帝其書後九月皆同是未嘗推時定閏也至太初九年改用夏正以建寅爲歲首然猶歷十四載至征和二年始於四月後書閏月豈史失書耶抑自此始置閏也余因其說深疑之精思其失頗得其說焉蓋閏月之不書者亦偶以其時無可書之事耳正如春秋經桓公四年七年其所紀事至夏而止以是年秋冬無可紀之事也定公十四年至秋而止亦以是年冬無可紀之事也曾史紀事之法大率如此其於閏月亦然觀文公六年經書閏月不告朔春秋書閏方見於此復以杜預長曆攷之自隱至哀凡更三十餘閏至此方書豈曰前乎此者皆史失書抑豈曰自此始有閏邪今漢紀事正效春秋如太初元年三年天漢元年三年皆止於秋太始元年則止於夏皆以其後無事可紀故不書耳然則閏月不書亦若是乎蓋三歲一閏五歲再閏古曆法也若謂自此始置閏則合自此後三歲五歲累累書之然自征和二年至後元元年當置閏而不書自後元二年至昭帝始元元年乃因事而後書其後當閏歲又皆不書是知不書者偶無事耳然則非史失書亦非自此置閏也雖然此非余臆說也復證以史記曆書自太初更曆以至征和也如太初二年天漢元年四年太始二年皆有閏則知余言似可信云

曆差失閏

咸淳庚午十一月三十日冬至後爲閏十一月既已頒曆而浙西安撫司準備差遣臧元震以書白堂且作章歲積日圖力言置閏之誤其說謂曆法以章法

爲重章歲爲重蓋曆數起於冬至卦氣起於中孚而十九年謂之一章一章必置七閏必第七閏在冬至之前必章歲至朔同日此其綱領也前漢律曆志云朔旦冬至是謂章月後漢志云至朔同日謂之章月積分成閏閏七而盡其歲十九名之曰章唐志云天數終於九地數終於十合二終以紀閏餘此章法之不可廢也如此今頒降庚午歲曆乃以前十一月三十日爲冬至又以冬至後爲閏十一月殊所未曉竊謂庚午之閏與每歲閏月不同庚午之冬至與每歲之冬至又不同蓋自淳祐壬子數至咸淳庚午凡十九年自爲章歲其十一月是爲章月以十九年七閏推之則閏月當在冬至之前不當在冬至之後以至朔同日論之則冬至當在十一月初一日不當在三十日今若以冬至在前十一月三十日則是章歲至朔不同日矣若以閏月在冬至後則是十九年之內止有六閏又欠一閏矣且尋常一章共計六千八百四十日於內加七閏月除小盡積日六千九百四十日或六千九百三十九日止有一日來去今自淳祐十一年辛亥章歲十一月初一日章月冬至後起算十九年至咸淳六年庚午章歲十一月初一日合是冬至方管六千八百四十日今算造官以閏月在十一月三十日冬至之後則此一章止有六閏更加六閏除小盡外實積止有六千九百十二日比之前後章數歲之數實欠二十八日曆法之差莫甚於此況天正冬至乃曆之始必自冬至後積三年餘分而後可以置第一閏今庚午年章歲丙寅日申初三刻冬至去第二日丁卯僅有四箇時辰且未有正日安得便有餘分且未有餘分安得便有閏月則是後一章發頭處便算不行其繆可知也今欲改正庚午曆却有一說簡而易行蓋曆法有平朔有經朔有定朔一大一小此平朔也兩大兩小此經朔也三大三小此定朔也此古人常行之法今若能行定朔之說而改正之則當以前十一月大爲閏十月小以閏十一月小爲十一月大則丙寅日冬至卽可爲十一月初一却以閏十一月初一之丁卯爲十一月初二日庶幾遞趲下一日直至閏十一月二十九日丁未却爲大盡如此則冬至既在十一月初一則至朔同日矣閏月既在至節前則十九年七閏矣此昔人所謂晦節無定由時消息上合履端之始不得歸餘於終正此謂也蓋自古之曆行之既久未有不差既差未有不改者漢曆五變而太初曆最密元和曆最差唐曆九變而大衍曆最密觀象曆最繆本朝開基以後曆凡九改而莫不善於紀元曆中興以後曆凡七改而莫善於統元曆且後漢元和初曆差亦是十九年不得七閏雖曆已頒亦改正之今何惜於改正哉於是朝廷下之有司差官借元震至蓬省與太史局官辨正而太史之辭窮朝廷從其說而改正之因更會天曆爲承天曆元震轉一官判太史局鄧宗文譚玉等已下各降官有差焉余雖不善章蔀元紀之術然以杜征南長曆以攷春秋之月日雖甚精密而其置閏之法則異乎此竊有疑焉謂如隱公二年閏十二月五年七年亦皆閏十二月然猶是三歲一閏五歲再閏如莊公二十年置閏其後則二十四年以至二十八年皆以四歲一閏無乃失之疏乎僖公十二年閏至十七年方閏二十五年閏至三十年方閏率以五歲一閏何其愈疏乎如定公八年置閏其後則十年以至十二年十四年皆以二歲一閏無乃失之數乎閔之二年辛酉既閏矣僖之元年壬戌又閏僖之七年八年哀之十四年十五年皆以連歲置閏何其愈數乎至於襄之二十七年一歲之間頓置兩閏蓋日十一月辰在申司曆過也於是既覺其繆故前閏建酉後閏建戌以應天正然前乎此者二十一年既有閏二十四年二十六年又有閏歷年凡六置閏者三何緣至此失閏已再而頓置兩閏乎近則十餘月遠或二十餘年其疏數殆不可曉豈別有其術乎抑不明置閏之法以致此乎并著於此以扣識者

宋敏求春明退朝錄

歷代曆法因革

上古以來逐朝曆名黃帝起元用辛卯曆高陽氏用乙卯曆有虞氏用戊午曆夏用丙寅曆成湯用甲寅曆周用丁巳曆魯用庚子曆秦用乙卯曆漢用太初曆四分曆三統曆魏用黃初曆景初曆晉用泰始曆合元萬分曆宋用大明曆元嘉曆齊用天保曆同章曆正象曆後魏用興和曆正元曆正象曆梁用大同曆乾象曆末昌曆後周用天和曆丙寅曆明元曆隋用甲子曆開皇曆皇極曆大業曆唐用戊寅曆麟德曆神龍曆大衍曆元和觀象曆長慶宣明曆寶應曆正元曆景福崇元曆晉天福用調元曆周顯德用欽天曆云本朝太祖用應天曆太宗用乾元曆眞宗用儀天曆仁宗用崇天曆英宗用明天曆已而復用崇天曆

朱子語類

論曆疏密

今之造曆者無定法只是趕趁天之行度以求合或過則損不及則益所以多差因言古之鐘律紐算寸分毫釐絲忽皆有定法如合符契皆自然而然莫知所起古之聖人其思之如是之巧然皆非私意撰爲之也意古之曆書亦必有一定之法而今亡矣三代而下造曆者紛紛莫有定議愈精愈密而愈見差舛不得古人一定之法也堯舜以來曆至漢都喪失了不可考緣如今是這大總紀不正所以都無是處康節曆十二萬九千六百分大故密今曆家所用只是萬分曆萬分曆亦自是多了他如何肯用十二萬分天之外無窮而其中央空處有限天左旋而星拱極仰觀可見四遊之說則未可知然曆家之說乃以算數得之非鑿空而言也若果有之亦與左旋拱北之說不相妨此處空中一圓毬自內而觀之其坐向不同而常左旋自外而觀之則又一面四遊以薄四表而止也

曆法要當先論太虛以見三百六十五度四分度之一一一定位然後論天行以見天度加虛度之歲分歲分既定然後七政乃可齊耳

謂天之運無常日月星辰積氣皆動物也其行度遲速或過不及自是不齊使我之法能運乎天而不爲天之所運則其疎密遲速或過不及之間不出乎我此虛寬之大數雖有差忒皆可推而不失矣何者以我法之有定而律彼之無定自無差也

古人立法疎闊而差少今曆法愈密而愈差界限愈密則差數愈遠何故以界限密而踰越多也其差則一而古今曆法疎密不同故爾看來都只是不曾推得定只是移來湊合天之運行所以當年合得不差明後年便差元不曾推得天運定只是旋將曆去合那天之行不及則添些過則減些以合之所以一二年又差如唐一行大衍曆當時最謂精密只一二年後便差

欽定古今圖書集成曆象彙編曆法典

第七十四卷目錄

曆法總部總論二

曆法典第七十四卷

曆法總部總論二

章俊卿考索

卦候論

七十二候一年二十四氣一氣有三候初中末是也立春正月節也東風解凍蟄蟲始振魚上冰此立春之節氣之三候也雨水正月中也獺祭魚鴻鴈來草木萌動此雨水中氣之三候也周二十四氣則七十二候備矣一行曰卦候七十二候原乎周公時訓書名月令雖頗有增益然先後之次第則同自魏以來始載於曆皆依易軌所傳不合經義今改從古昔一行議李淳風專用呂氏春秋今也有取乎月令七十二候之說而分配以七十二卦則月令未可全非也卦止於六十四而坎離震兌居四正宮分主四時此四卦每卦六爻四六二十四每爻當一氣故此四卦分主四時而不專主於一候也其餘六十卦則五卦生六候者中氣之末節氣之初共一卦主之其餘四候各一卦也如中氣初候卦爲公中候卦爲辟末候卦爲侯至於節氣初候卦亦爲侯中候卦爲大夫末候卦則爲卿也五卦主六候六十卦主七十二候也夫坎離震兌且不專主於一候而乾坤二卦何以各主一候邪蓋六十卦之中所謂辟者君也若主十二月中炁也子復丑臨寅泰卯大壯辰夬巳乾午姤未遯申否酉觀戌剝亥坤此十二卦主十二月中炁故乾坤居巳亥之位也以十二卦分配十二月孟氏章句也乾六爻俱爲陽一陽生於子而極於巳爲六陽故乾居巳位坤六爻俱爲陰一陰生於午而極於亥爲六陰故坤居亥位也一陽生爲復二陽生爲臨三陽爲泰四陽爲大壯五陽爲夬六陽爲乾乾之所生凡五卦也一陰生爲姤二陰生爲遯三陰爲否四陰爲觀五陰爲剝六陰爲坤坤之所生凡五卦也乾坤雖分主乎一候而十二中炁皆乾坤之所生也不特此也六十卦可以配七十二候一卦六爻當一日六六三十六以之分配三百六十日可也京房推六十四卦直日悉是道也

宿度

著赤道帶天之腹畫二十八舍以分周天之度而昏旦之中星定矣疏曰二十八舍者二十八宿之度數也以日月五星之所次舍故諸志亦曰二十八舍也東漢志載永元太史黃道銅儀以角爲十三度亢十氐十六房五心五尾十八箕十斗二十四四分度之一牽牛七須女十一虛十危十六營室十八東壁十奎十七婁十二胃十五昴十一畢十六觜三參八東井三十輿鬼四柳十四星七張十七翼十九軫十九唐志一行大衍曆南斗二十六牛八婺女十二虛十太危十七營室十六東壁九奎十六婁十二胃十四昴十一畢十七觜觽一參十東井三十三輿鬼三柳十五星七張十八翼十八軫十七角十二亢九氐十五房五心五尾十八箕十一爲赤道度其畢觜觽參輿鬼四宿度數與古不同舊經角距星去北極九十一度亢八十九度氐九十四度南斗百一十六度牛百六度虛百四度危九十七度營室八十五度東壁八十六度奎七十六度婁八十度胃昴七十四度畢七十八度觜觽八十四度參九十四度東井七十度輿鬼六十八度柳七十七度七星九十一度張九十七度翼九十七度軫九十八度一行大衍曆角距星去北極九十三度半亢九十一度半氐九十八度房百一十度半心百一十度尾百二十四度箕百二十度南斗百一十九度牽牛百四度須女百一度虛百一度危九十七度營室八十三度東壁八十四度奎七十三度婁七十七度胃昴畢七十六度觜觽八十二度參九十三度東井六十八度輿鬼六十八度柳八十度半七星九十三度半張百度翼百三度軫百度今用一行大衍更定度數較之於古尤爲精矣此所以著赤道帶天之腹畫二十八舍以分周天之度也定昏旦之中星其法尤詳

歲差黃道

赤道天度也黃道日度也皆以二十八宿分配焉班志二十八宿之度本劉歆曆譜惟南斗東井之度多觜觽輿鬼之度少蓋觜二度鬼四度斗二十六度井三十三度也唐一行赤道之度其井斗之度與漢志同惟觜觽一度輿鬼三度各減於一度耳至於黃道之度

則南斗三十三度半東井三十度巳與赤道之度不同較之范志所載黃道銅儀斗減二度爲二十四度井減二度爲三十度大略相同是知東漢以前黃道赤道之度混而爲一班志之所紀者是也東漢以後始分爲二故赤道之度差多黃道之度差少范志一行之所紀者也黃道度少赤道度多天行與日月不同也一行日度議曰古曆日有常度天周爲歲故專其度於節氣虞喜乃以天爲天歲爲歲立差以追其變焉觀乎此則知班志所載猶以天周爲歲東漢以來始有黃赤道之異（觀黃道度少赤道度多則一行歲差之說是也）夫既有黃赤道之異而度之加減不同此劉孝孫謂堯時冬至日在危宿武帝太初元年日在牽牛初而晉宋間姜岌何承天以日在斗十七度隋甲辰之歲以日在斗十三度所以紛紛而不齊也夫日在危宿至牽牛初自牽牛而至斗十七度自斗十七度至十三度使日度歲差或常進而無退或常退而無進由古迄今四時易位矣是則歲差之說固當以進退加減之際辨之然亦由古今加減升度之不一與黃赤二道之不齊也

一行議日度曰方以牽牛上星爲距太初改用中星故洪範傳曰日在牽牛一度也與二十八宿起處不同之說相類

日至交道有異

夫中星遲則日至所在不同而黃道隨之矣疏曰黃道者光道也日之所行故曰光道晉志載葛洪渾天儀注謂黃道與赤道東交於角五少弱西交於奎十四少強南至斗二十一度北至井二十五度唐志云黃道春分與赤道交奎五度多秋分與赤道交於軫十四度少南至斗十度北至井十三度愚按葛洪所引渾天儀注似是漢人所作其論黃道東西交南北至度數近太初元年日行之度唐志則據開元甲子而云所以不同也至於漢志謂光道北至東井南至牽牛東至角西至婁其北至東交與葛洪同其南至西交與葛洪異蓋班固主太初曆而云其太初曆謂冬至日在牽牛初東漢賈逵已論其疏矣葛洪與賈逵一說也此所謂日至所在不同而黃道隨之矣

曆法不容不變

曆之名始於黃帝曆之算定於容成夫上稽天象下正人時非曆有所不可故有起之以律者矣累實於黃鐘是已有積之以數者矣較分於絲毫是已又有驗之以象者矣作儀於渾天是已然由古迄今言天者是幾而造曆者尤非一家終不能保其曆之不變者曆法之不容不變也是故黃帝起辛卯顓帝用乙卯夏用丙寅周用丁巳魯用庚子此則曆元之可驗者也夏四百三十二年日差五度商六百二十八年日差八度周訖春秋日差八度戰國及秦日差三度此則歲差之可證者也斗分未易考也古曆謂在建星賈逵謂在牽牛中星范蔚宗謂在斗十一度則言斗分者爲不同日度未易稽也秦曆以孟春在營室五度三統以立春在危斗六度元嘉以正月中在室一度則言日度者爲不一然曆取更歷之義故世代更曆羣言不厭其紛諸家不必其異否則治曆明時之語聖人何以特取於革哉嘗因是而爲之說曰革之爲言更也聖人序卦至四十九而特以革卦居焉是又發明大衍之數足以治曆也

曆元不同

東漢志曰黃帝造曆元起辛卯顓帝用乙卯虞用戊午夏用丙寅商用甲寅周用丁巳魯用庚子漢承秦初用乙卯（秦用顓帝曆也）武帝元封七年作太初曆元以丁丑章帝四分曆元以庚申太初以上諸曆所謂六曆也六曆之書前漢藝文志載之詳矣其起曆之元必於此乎見之自太初以來曆起皆有元諸志所載曆法必先推其元之所起以爲積算之紀綱故太初元法四千六百一十七年

范蔚宗以四千五百六十爲元與古不同太初井閏歲之月總計之也三紀大備之意

三統上元十四萬三千歲（見漢志）乾象元法七千三百七十八年正曆元法九萬七千一年（晉武帝太始中劉智造）遁曆甲子元法推開闢之始亦九萬七十年（晉王朔之）三紀甲子元法八萬三千八百四十一年（蔡邕）張賓甲子元法積四百萬餘算劉焯甲子元法積一百萬餘算一行曆本議積算五千萬億歲夫數往所以知來也考古所以驗今也積算之多於以見密率之詳推步之審焉耳自三皇五帝至於漢方數千年而漢世曆家以三統之數推之亦已參矣王朔之復以九萬餘年爲開闢之始張賓劉焯一行又以數百萬億爲積算豈開闢之上復有開闢耶按後漢順帝漢安二年宗訢等議建曆之本必先正元正元然後定日法日法定然後度周天以定分至也又按靈帝時馮光言盜賊之起由曆元不一蔡邕力辨其非以爲咎不在此范蔚宗作東漢志亦曰曆之興廢以疎密課固不在

乎元二子之論或以爲曆必正元或以爲曆不主於元何者爲是嘗觀唐傳仁均作戊寅曆所以武德元年爲曆始（高祖以戊寅歲甲月登極）而歲朔遲疾交會及五星皆有加減至九年復用上元積算五代晉高祖時馬重績作調元曆不復推古上元止以唐天寶十四載爲元行之輒差遂復用唐末崇元曆搜此二事則推曆起元止據目前攷驗無證則其術失之淺上推開闢冥測洪濛則其術近乎迂也必用太史公三紀大備之法范蔚宗紀元之日推上元甲子四千五百餘年以時考之不近不遠以術言之不淺不迂矣（四分曆仲紀之元起孝文帝後元三年）

總論七政之運行

奚自混元之初七政運行歲序變易有象可占有數可推由是曆數生焉夫日月星辰有形而運乎上者也四時六氣無形而運乎下者也一有一無不相爲侔然而二者實相檢押以成歲功蓋日窮於次月窮於紀星回於天此有形之運於上而成歲者也五日爲候三候爲氣六氣爲時四時爲歲此無形之運於下而成歲者也混元之初日月如合璧五星如連珠自此運行迨今未嘗復會如合璧連珠者何也蓋七政之行遲速不同故其復會也甚難日之行天也一歲而一周月之行天也一月而一周歲星之周也常以十二年（世俗以年爲歲蓋本於此）鎮星之周也以二十八年熒惑之周也以二年惟太白辰星附日而行或速則先日或遲則後日速而先日昏見西方遲而後日晨見東方要之周天僅與日同故亦歲一周天焉夫惟七政之行不齊如此此其所以難合也世之觀漢史者見其論太初曆之密日月如合璧五星如連珠而遂以謂五星會於太初之元年殊不知此乃論太初曆之周密推而上至於混元之初其數之精無有餘分故有是言在太初之年實未嘗如合璧如連珠也何以言之五星之會常從鎮星五星之行鎮星最遲故諸星從之而會以曆攷之漢高祖之元年五星聚於東井蓋鶉首之次也自高祖元年至太初元年凡百有年也鎮星二十八年而一周當是之時鎮之周天蓋已三周而復行半周有餘凡八次矣進在元枵之次安得有日月如合璧五星如連珠起於牽牛之初乎（牽牛星紀之次也）

太初曆元不同

史記曆書載武帝改太初曆之詔曰十一月甲子朔旦冬至其更以元封七年爲太初元年年名閼逢攝提格月名畢聚日得甲子夜半朔旦冬至夫閼逢者甲也攝提格者寅也是以太初元年爲甲寅年也故史記曆術甲子篇以太初元年爲甲寅又五年天漢元年也爲戊午又五年太始元年也爲壬戌自此順數周六十餘年皆以漢家年號紀之是太初元年爲甲寅曉然矣又按東漢志漢安二年宗訢等建議以爲漢興元年歲在乙未又四十五年文帝後元三年也歲在庚辰又五十八年武帝太初元年也歲在丁丑今攷之通鑑編年高祖即位之年以乙未文帝後三年以庚辰武帝太初元年以丁丑與宗訢之議脗合而劉孝孫勘日度之議亦曰武帝太初元年丁丑然則范志所謂太初曆元用丁丑即以太初元年爲元也非推上古之元也太史公所紀武帝之詔曰其更以元封七年爲太初元年年名閼逢攝提格是推上古之元得甲寅之歲其歲十一月甲子朔旦冬至日月如合璧五星如連珠故武帝時以太古甲寅歲爲起曆之元也故曰其更以元封七年爲太初元年猶言以七年爲上古甲寅之歲也上古太初應合璧連珠之瑞今以太初紀年元起丁丑亦與甲寅同耳非元封七年即甲寅也然則太史公曆術甲子篇以古初甲寅爲元順紀六十餘年大餘小餘之數此其起曆之數此其起曆之術也後人不悟太初元年年號依古初之意即以太初天漢太始年號分配年名之下者非也太史出於武帝時安能預知六十年後年號而先書於曆術年名之下哉此必後人增益之無疑也唐一行日度議引洪範傳曰曆始於顓帝上元太始閼逢攝提格之歲畢聚之月朔日已巳立春七曜俱在營室五度是也觀此則知上元太始猶言上元太初也顓帝曆以甲寅爲元故漢曆亦以顓帝之元爲元也又曰漢太初曆元起丁丑秦顓帝曆元起乙卯推而上之皆不值甲寅猶以日月五緯復得上元星度故命閼逢攝提格之歲而實非甲寅也觀此言則又知曆書曰年名閼逢攝提格者以甲子朔旦冬至而爲起曆之元故名之以甲寅云耳未必日月合璧五星連珠正當顓帝甲寅年也劉歆三統曆進太初前一世得五星會庚戌之歲以爲上元顓帝元用乙卯洪範傳云用甲寅又何也太史公曆術甲子篇有天漢正和等年號在劉歆三統曆譜則有之此必後人以此曆譜附入太史公曆術也

冬至周復不同

東漢志曰律首黃鐘曆始冬至月先建子時平夜半當漢高皇帝受命之四十九歲歲在上章陰在執徐(文帝後元三年庚辰年也)冬十一月甲子夜半朔旦冬至日月閏積皆自此始立元正朔謂之漢曆此章帝四分曆元自文帝後元三年始也夫後元三年正太初元年凡五十八歲而十一月甲子夜半朔旦冬至已至於再豈一甲子周則復得此數耶賈逵議曰七十二歲復十一月合朔冬至或爲八十歲則一甲子冬至(賈逵議見東漢志)今考之范志曰至朔同在日首謂之蔀夫十九年得一章四章爲蔀合七十六年也日首者甲子日爲六甲之首也冬至之日與朔日同是甲子則爲蔀所謂十一月甲子夜半朔旦冬至是也何爲有五十八年有七十一年有七十六年有八十年之異耶按班志曰乃以前曆上元太初四千六百至於元封七年復得閼逢攝提格之歲仲冬十一月甲子朔旦冬至日月在建星孟康注曰古以建星爲宿今以牽牛爲宿觀此言則仲冬甲子朔旦冬至乃上元太初甲寅年也非武帝元封七年也

五星約法

晉志云姜岌所造甲子元曆五星據出見以爲正不繫於元本然則算步究於元初約法施於今用曲求其處則各有宜故作者兩設其法也嘗因姜岌之說而求之諸志論五星行度與小周大周之數遲留逆順之率令人目眩而心不領皆由元法積數千萬之遠故五星小周大周積算亦無窮盡也有能得其約法斯可以指諸掌矣

曆必更改乃善

漢太初曆必求上元甲子日月如合璧五星如連珠推之千歲以前以爲曆始至唐士蔿始變其術至五代司天監馬重績造符天曆乃不復推古冬至上元甲子而以天寶十四載乙未爲上元雨水爲歲首自後曆每易差不可傳之則又變之過也

歲差(七則)

按堯時冬至日在虛昏中昴月令冬至日在斗昏中壁而中星古今不同者蓋天有三百六十五度四分度之一歲有三百六十五日四分日之一天度四分之一而有餘歲日四分之一而不足故天度常平運而舒日運常內轉而縮天漸差而西歲漸差而東此卽歲差之由唐一行所謂歲差者日與黃道俱差者是也古曆簡易未立差法但隨時占候修改以與天合至東晉虞喜始以天爲天以歲爲歲乃立差法以追其變約以五十年而退一度何承天以爲大過乃倍其年而又反不及至隋劉焯取二家中數爲七十五年蓋爲近之(書說)

南朝宋武帝永初元年改泰始曆爲永初曆文帝元嘉二十二年何承天撰元嘉新曆刻漏改二十五箭以月食之衝知日所在又以中星驗之知堯時冬至日須女十度今在斗十七度又測景以校二至差三日有餘知今之南至日度在斗十三四度於是更立新法冬至徙上三日五時日之所在移四度又有遲疾前曆合朔月食不在朔望今皆以盈縮定其小餘以正朔望之日詔付外詳之太史令錢樂之等奏皆如承天所上推月頻三大頻二小比舊法殊爲乖異謂宜仍舊詔可(何承天曆)

疏曰凡曆數所起謂之演紀之端皇甫謐曰帝堯以甲辰之歲卽帝位皇極經世所載亦然凡在位七十年四十一年而得甲子卽以爲演紀之端是年天正冬至日在虛一度以紀元曆步之一萬分度之百二十八爲一歲之差凡七十八年日差一度自帝堯演紀之端至漢太初元年丁丑積二千一百九十四年日差二十七度八千二百七十二分至唐開元甲子積三千一年日差凡三十八度四千一百二十八分至宋朝乾德甲子積三千二百四十一年日差凡四十一度四千八百四十八分至慶曆甲申積三千三百二十一年日差凡四十二度五千八十八分至紹興甲子積三千四百二十一年日差凡四十三度七千八百八十八分若不存演紀之端則積分計差之法何所從始此所以只依堯典中星而著演紀之端也

劉炫依大明曆四十五年日差一度則冬至日在虛危而夏至火已過中與日永星火之說不合矣梁武帝據虞劆曆百八十餘年差一度則唐虞之際日在斗牛間而冬至昴尚未中與日短星昴之說不合矣王孝通謂歲差若自昴至壁(隔二宿也)則堯前七千餘年冬至日不在斗建而在東井不應寒暑易其位也(孝通謂日與黃道俱差一行非之)故李淳風謂古曆冬至皆起建星今測建星正在斗十三四度

一行以淳風麟德曆校之太初未平百年間氣當後二日半朔當後天半日烏得謂之無差也

呂不韋春秋(月令)謂黃帝仲春乙卯日在奎至今三千餘年而春分亦在奎

一行謂月令若可謂正則立春正在營室五度淳風安得頻移在啓蟄之節耶

觀諸家之言並不取歲差之說而一行皆非之故其立論曰古曆日有常度天周爲歲終故繫度於氣節其法似是而非故久而益差虞喜覺之使天爲天歲爲歲乃立差以追其變使五十年退一度何承天以爲太過乃倍其年而反不及劉焯取二家中數爲七十五年蓋近之矣觀一行之言歲差之法以劉焯皇極曆爲主所以并非諸家之說也太初曆謂冬至日在牽牛初賈逵謂在斗十八度晉武帝太始三年冬至日在斗十六度晉用魏景初曆宋用元嘉何承天曆其冬至皆在斗二十一度所以不能無進退之差也

自漢改曆之初洛下閎謂八百年後當差一度然當時史官攷諸中星知太初曆已差五度而閎不知察蓋古之爲曆未知有歲差之法其論冬至日躔之宿一定不移而不知今歲之日躔在冬至者視去歲冬至之日躔常有不及之分至晉虞喜始覺其差遂立歲差之法以五十年日退一度然失之太過宋何承天培增其數以百年退一度又反不及至隋劉焯取二家中數以七十五年退一度較之二家之曆雖爲差近亦未甚密故唐一行復以大衍之法推之乃得八十三年而差一度自唐以來曆家皆宗其法迄於今日又不若統天曆之爲漸密也大衍立法謂日躔於一歲之間行周天度未徧於分而日已至爲每歲若有不及之分故一度爲三千四十分其所差之分一歲三十有六太積而至於八十三年則差一度矣然猶未也攷古驗今其實七十九年而退一度故是堯時之日在虛一度自是而降漸退在女又過在斗自牽牛而退在斗二十六歷斗二十五迤邐而退則在建星矣知歲差之法則知古今之中星不同可坐而判或者不知歲差之法每以堯典校之月令至於今日不啻差一次矣求其說而未得遂謂節氣有初中之殊又謂古以午爲中今以未爲中是皆自欺之說固不足信蓋嘗攷諸經史自堯以來至於宋朝冬至日躔各自不同然後知歲差之法固不可廢大衍曆推帝堯演紀之端日在虛一度則鳥火虛昴皆以仲月昏中合於堯典考諸堯時日之所在冬至在虛一度夏至在柳十四度春分在胃十二度秋分在氐十度至唐開元大衍曆冬至日在斗十度夏至在井十六度春分在奎七度秋分在軫十四度今之統元曆冬至在斗二度夏至在井十八度春分在奎初度秋分在軫七度自冬至之日黃道至斗爲極南黃道極南之所出辰入申故日亦出辰入申又漸退而北行至於春分正當黃赤道之交出卯入酉故日亦出卯入酉進而至夏至黃道至井而極北黃道極北之所出寅入戌故日亦出寅入戌自夏至後日漸退而至於秋分復當黃赤道之交出卯入酉故日亦出卯入酉又退而至於冬至復如初之極於南矣日之出入也北而復南南而復北者黃道之勢使然也故太元經曰日一北而萬物生一南而萬物死正謂是矣渾儀略議

裴冑之問董生曰日常右轉星常左轉大凡不滿三萬年日行周二十八舍三百六十五度然必有差約八十年差一度自漢文帝三年甲子冬至日在斗二十二度至唐興元元年甲子冬至日在斗九度九百六十一年差十三度矣唐李肇國史補

疏曰先儒論堯典中星多牽合月令月令乃呂不韋以秦曆增損周公時訓而爲之者也大抵季月中星與仲月中星多合蓋其歲差使然爾歲差之說有以四十五年差一度者宋大明曆是也有以百八十六年差一度者梁虞劆曆是也有以百八十三年差一度者梁祖沖之大同曆是也有以八十四年差一度者唐開元之大衍曆是也虞喜謂五十年差一度何承天謂百年差一度皆未得其實宋朝紀元曆以七十八年差一度最爲密率唐志有云考古史及日官候簿以通法計之三千四十分度之三十九太爲一歲之差蓋亦七十八年而差一度也崇天曆慶曆甲申冬至日在斗五度以歲差之法推而上之自慶曆甲申去唐開元甲子凡三百二十一年日差五度故唐志云開元甲子日在赤道斗十度是也又推而上之自開元甲子至漢太初元年丁丑凡八百二十七年日差十度故唐志云以開元大衍曆歲差引而退之則太初元年冬至日在斗二十度是也其太初曆云日在牽牛初爲術疎矣自太初丁丑推而上之去秦莊襄王元年一百四十五年日差二度冬至日當在斗二十二度故月會云日在斗也自秦莊襄王元年推而上之去堯之甲子凡二千二十八年日差二十六度冬至日當在虛一度日沒而昴中故堯典云日短星昴是也蓋月令之中星不宗堯典固已用歲差之法自漢以來迄於晉唐諸儒皆以日在斗牛互爲膠柱之說雖曆家亦不悟其非至宋梁以來曆家

雖論其差儒者猶未深察故唐臣疏月令中星參以堯典謂七星畢見果然則中星之度數不必考而玉衡爲無用也至宋朝命儒臣修唐志而歲差之法始明矣然先儒言日至所在星度多舉冬至爲例此獨舉仲夏中星者愚於月令仲冬中星有疑故闕之

斗分不同 三則

商曆以四分一爲斗分三統以一千五百三十九分之三百八十五爲斗分乾象以五百八十九分之一百四十五爲斗分景初以一千八百四十三分四百五十五爲斗分疏密不同法數各異姜岌曰殷曆斗分麤故不施於今乾象斗分細故不通於古景初雖在麤細之中而日之所在乃差四度夫劉洪蔡邕之作乾象曆以四分曆斗分太多故也於是更爲新率而降殺焉是後韓翊作黃初曆以爲乾象減斗分太過後當先天而姜岌猶言乾象斗分之細何也嘗觀梁武帝天監中祖暅奏曰先臣在晉冲之仰尋黃帝至今十二代曆元不同周天斗分疏密亦異當代用之各垂一法是知曆不同則斗分不得不異也用他權度而較他人之物其輕重長短彼是不齊矣夫古人所以注意於斗分之疏密者日月初躔星辰之紀也日月合朔於斗以紀一歲之星辰一陽生於此萬物萌於此律曆起於此也甄耀度及魯曆南方有狼弧而無東井北方有建星而無南斗者二十八宿周天之度惟斗井二宿其度最多故月令昏弧旦建指以爲的而正昏明也後世作曆書者必於斗分而加詳焉亦此意耳

晉志曰靈帝光和中洪攷古今曆法言其進退之行知四分曆疏闊更以五百八十九爲紀法一百四十五分爲斗分而造乾象曆冬至日在斗二十二度以術追日月五星之行依易立數名爲乾象曆又制日行月行黃道赤道之度法轉精密矣獻帝建安中鄭元受其法又加注釋焉自黃初後改曆者皆斟酌乾象洪術遂爲後代推步之表此劉洪乾象曆也

宋何承天曰四分於天出三百年而盈一日積世不悟劉歆三統又疏闊方於四分六千餘年又益一日揚雄心惑其說采爲太元班固謂之最密著於漢志

魏文帝黃初中高堂隆議曆數改革韓翊以爲乾象減斗分太過後當先天造黃初曆以四千八百八十三爲紀法千二百五爲斗分其後陳羣奏翊首建恐不審故以乾象互相參校更相是非無時而決徐岳議劉洪以曆後天加太初元十二紀減十斗下分元起己丑實精密可長行今翊所造皆用洪法小益斗下分所錯無幾岳課日月蝕五事乾象四遠黃初一近翊術自疏又楊偉言韓翊據劉洪之術知貴其術而棄其論至明帝景初元年楊偉改造景初曆欲以大呂之月爲歲首建子之月爲曆初遂以建丑之月爲正改其年三月爲孟夏三年正月復用夏正

晉姜岌曰古曆斗分强不可施於今乾象斗分細不可通於古景初雖得其中而日之所在乃差四度合朔虧盈皆不及其次唐一行曰韓翊楊偉更造新術而皆依讖緯三百歲改憲之文攷經之合朔多中校傳之南至則否說齋曰翊創於前偉繼於後咸遵劉洪之議未及洪之深妙蓋二曆皆寫子模毋終不過洪之術也

蜀仍漢四分曆吳王蕃以劉洪術制儀象及論故吳用乾象曆此魏黃初景初曆也

歲朔

東漢志曰日月謂之合朔日月相去近一遠三謂之弦日月相與爲衡分天之中謂之望以月及日光盡體伏謂之晦天一晝夜而運過星從天而西日違天而東日行與天運周在天成度在曆成日日周於天四時備成攝提遷次青龍移辰謂之歲歲首至也月首朔也至朔同日謂之章至朔同在日首謂之蔀蔀終六旬謂之紀歲朔又復謂之元

論晦朔弦望

夫天運一周日移一度月移十三度十九分度之七日舒月速當其同謂之合朔舒先速後近一遠三謂之弦相與爲衡分天之中謂之望以速及舒光盡體伏謂之晦凡一十二晦朔而歲成焉張衡靈憲曰日譬則火月譬則水火則外光水則含景故月光生於日之所照魄生於日之所蔽當日則光盈就日則光盡也皇極外書言月本黑受日之光而白與靈憲之說合矣此所以有晦朔也星家於諸緯行度皆能著曆惟月行最速未及八刻移一度不可著曆其爲算法積分成度求之久遠易致差謬欲明其要不若求之晦朔日之所次則月之所會也自朔日計之每日行十三度十九分度之七至晦又求之會則弦望所次皆可得而推雖不中不遠矣日月之行皆有盈縮日盈月縮則後中而朔月盈日縮則先中而朔故曰雖不中不遠矣日月之會是爲十二次十二次之所

會則十二朔之所紀十二晦朔雖日成歲常有餘分蓋日行三百五十六日有二十五刻而周天月行二十九日有五十三刻強而與日會凡三百五十四日有三十七刻而十二晦朔終矣每歲餘十日有八十八刻三歲餘三十二日有六十四刻而置閏受二十九日有五十三刻尚餘三百有十一刻通十九歲計之共餘二百六日有七十二刻凡置七閏受二百六日有七十一刻乃無餘分故揚雄太元十九歲爲一章一章者閏分盡也按六曆諸緯與周髀云日月同起於牽度日舒月速凡日行十九周月行二百五十四周而復會于端是爲一章後漢制曰閏七而受其歲十九名之曰章是也四章爲蔀蔡邕月令章句曰七十六年爲蔀首是也二十蔀曰紀紀法一千五百二十年三紀爲元韓子曰四千五百六十歲爲元是也此所以書十二次以求月之晦朔而歲成也

夫日舒而月速其相會也以速而及舒月之會日常以二十九日半強而相及（半強謂四百九十九分也）蓋月行速而日行遲故也是故一歲之周凡十有二會焉以其序而言之十有一月會於星紀之次十有二月會於元枵正月會訾娵二月會降婁三月大梁四月實沈五月鶉首六月鶉火七月鶉尾八月壽星九月大火十月析木夫會則爲晦晦而復蘇明於是乎生焉是之謂朔月之行速漸遠於日以周天言之其近日也九十一度有奇其遠於日也二百七十四度有奇是之謂近一遠三鬪之弦此蓋謂上弦也其行上遠而與日對去日百八十二度六十二分有奇是之謂相與爲衡分天之中爲之望蓋日與月相望故也其行過中遠於日也二百七十四度有奇其近日也九十一度有奇亦謂之近一遠三謂之弦此蓋下弦也上弦在於八日下弦在於二十二日望在於十五日此其常也上弦或進則在七日或退則在九日下弦或進則在二十一日或退則在二十三日望或進則在十四日或退則在十六日此皆其變也

平朔定朔不同

平朔者月大月小相間不必以日月會爲朔也定朔者或二小或三大當以日月會之日爲朔多主定朔

朔爲朝會之首氣爲生長之端朔有告餼之文氣有郊迎之典故孔子命曆以定朔旦冬至以爲將來之範此隋志定朔之言之意也然春秋日食三十五書朔者二十七其不書朔者八左傳云不書朔官失之也公羊傳云不言朔者食二日也（初二日也）穀梁傳云不言朔者食晦也（卽二十九三十也）夫日與月會則多食日食於朔則朔日爲有定矣不食於朔而食於晦或食於二日者此由月法拘於一大一小相間廁之小數而不能定其會朔之日故朔在晦或在二日也左氏受經於夫子所以言不書朔官失之者宜也公穀之說皆非矣

不書朔見隱三年二月莊十八年三月僖十二年三月又僖十五年五月又襄十五年八月

劉孝孫以甲子元曆推算其食俱在朔日則是春秋之法主定朔非平朔明矣詩曰朔日辛卯日有食之此定朔之證也何承天亦嘗主定朔之說而虞劆之言亦曰躔次既同何患乎頻大日月相離何患乎頻小也傳仁均主定朔之說以爲三年正月望及二月八月朔日月相蝕而不驗王孝通詰之曰定朔會合雖定而蔀元紀首三端並失之矣李淳風主王孝通劉孝孫主傳仁均更相出入無有定議一行曰合朔先天則經書日食以糾之中氣後天則傳書南至以明之其在晦與二日則原乎定朔以約之一行蓋取左傳官失之之言而申明定朔之有驗也古人議曆法之不正必曰日不食朔月不食望作曆法必以定朔爲正而已王孝通所謂蔀元紀首三端與定朔不合此又在乎巧曆者損益進退之也無以傳仁均推日食不驗而遽更成法也

太初閏餘

周天三百六十五度四分度之一日一歲而周天月一月而周天以算法推之則一月之日止得二十九日半強是日之行也一月止行二十九度半強總一年計之止行三百五十五度有奇尚餘十一度有奇也算法曰一月之日二十九日又曰八十一分日之四十三者分一日爲八十一分也日雖西下未全黑日未東升已先明故夜得三十八分是爲半日強也日一月而行二十九度半強則十二月計三百五十五度餘也每月餘半日弱則十二月餘六日弱即月有六大六小之分也一年而餘六日弱爲閏餘又六旬之外有五日又四分日之一是又得五日強也六日弱與五日強一年共餘十一日有奇也五年共餘六十日爲兩閏月月有一小一大又餘一日強而附合爲一章七閏之數也　月之行也一月而周天以算法推之則二十七日強而月已周天總一年計之

三百二十四日以上已周天三百六十五度有奇其餘三十日之度猶未計也算法日月一日行一十三度十九分度之七夫一日而行一十三度有奇則二十七日強已得三百五十五度也一月計二十九度半強而月行止二十七日有奇則尚餘二日半強也一月而餘二日半強則十二月共餘三十日有奇也一日爲一度一度凡計幾分則三十度之積分可知矣三年一閏五年再閏以日之餘合月之餘而成之也曆法曰以小餘加大餘則知月之小大意其然也

大餘小餘

太史公曆書曰大餘日也小餘月也攷之曆書與諸史曆志大餘未有盈六十之數則知其爲甲子之日也日不盈甲子之數則爲大餘也故大餘日也書志凡曰小餘少則七八多則數百或有至於千餘者何也太史公所謂小餘者月豈以積年所餘之月而計之耶豈以一年之中月周天所行之度積分而計之耶凡一年之中必曰大餘五十小餘六百又曰大餘十三小餘二十凡此等類所以重言之者又何意也豈未合朔未置閏則所餘計若干多已合朔已置閏則所餘計若干少耶按東漢志宗訢議曰百七十歲小餘六十三自然之數也夫一章計十九年九章計百七十年也一章凡七閏九章則六十三閏百七十年之中有六十三閏月此正與太史公小餘者月之說同又按班固志張壽王言太初曆虧四分月之三去小餘一百五分以故陰陽不調又按劉焯算術曰凡日不全爲餘一行大衍算法曰凡分爲小餘則知小餘謂之餘分亦可也大抵諸曆法大餘皆以一甲子之日計之其小餘或爲月或爲分皆以一月之中所餘之日之分積算之耳又元法紀法日紀所主之數不同故小餘說亦不同也其太史公重言大餘小餘之數者此乃太初曆法而他曆皆不然故不容旁引曲說也史記大餘月也小餘日之奇分也註以小餘爲月考索又以月釋之皆誤矣

日月度法

書蔡氏傳四分之一史書曰日法四分日之一便是天度四分度之一蓋在天爲度在曆爲日故也九百四十分日之二百三十五日法有四分日之一又有九百四十分日之二百三十五其實一也蓋四箇二百三十五恰好是九百四十故二百三十五便是九百四十分之一也月一日不及日十三度十九分度之七日法有九百四十分而月一日不及日十三度十九分度之七大抵日法九百四十分之七十六月不及日一度日法之四分月不及日十九分度之七分故七十六分月不及日一度七百六十分不及十度又一百五十二分不及二度七百六十與一百五十二共是九百十二九百四十除九百十二有二十八分在四七二十八恰好退得十九分度之七無欠無餘月一日不及天十三度十九分度之七是月一日實行三百五十一度七十六分度之六十七也月二十九日九百四十分日之四百九十九而與日會月一日不及日十三度十九分度之七二十九日當得全度三百四十八餘分之積又得二百單三分如月法十九而一度百九十分得十度不盡十三分通前共得三百五十八度十九分度之十三又有九百四十分日之四百九十九未算大抵天有四分度之一月有十九分度之七以四乘十九是七十六則九百四十分日之四分月不及日十九分度之一分九百四十分日之七十六月不及日一度此四百九十九分每以七十六分月退一度得一度不盡四十三分及於此四十三分內先除十九分還天度四分度之一外又有二十四分在六四二十四月又不及日十九分度之六分以此六度六分合前三百五十八度十三分共是三百六十五度加以先除四分度之一則無欠無餘矣零分十三與六共成十九恰好湊成一度全

氣朔分齊

十有九歲七閏則氣朔分齊是爲一章按十九全數共計六千九百三十九日九百四十分日之七百單五於內除六千七百三十三日九百四十分日之三十二還十九年省數外其餘恰有二百六日九百四十分日之六百七十三當有十九年所閏之數無欠無餘蓋每年月與日十二會通得三百五十四日九百四十分日之三百四十八合十九年計之共是六千七百三十三日九百四十分日之三十二此卽十九之省數也每年當閏十日九百四十分日之八百二十七十九年當得全日一百九十餘分之積又一萬五千七百一十三如日法九百四十而一得一十有六不盡六百七十三通計得日二百單六九百四十分日之六百七十三二百六日零六百七十三恰好是七箇二十九日零四百九十九分成七箇閏此卽十九年所閏之數也合此二數滿得十九年之全數卽氣朔之分齊矣

又按一歲十二月則十九歲凡當有二百二十八箇月今十九歲之間月乃與日二百三十五會多此七

會非閏而何但若以氣論之則一月二氣一年二十四氣十九年當有四百五十六氣十九年雖則有二百三十五會其實只有四百五十六氣恰好是十九箇二十四氣則分齊之實又可見矣

月道

按漢志月有九行者黑道二出黃道北赤道二出黃道南白道二出黃道西青道二出黃道東以月道出入黃道故謂之九道一行考月行出入黃道爲圖三十六宂九道之增損作大衍曆五代司天考載王朴明九道以步月作欽天曆曰九道者月軌也其半在黃道內半在黃道外去極遠六度出黃道謂之正交入黃道謂之中交自古雖有九道之說蓋亦知而未詳徒有祖述之文而無推步之用今以黃道一周分爲八節一節之中分爲九道盡七十二道而使日月無所隱其邪正之勢焉蓋月之出入黃道時異而日不同非渾天所能述要之極遠不過六度則大數可知矣

月道陰曆陽曆

班志曰陽曆者先朔而月生陰曆者後朔而月生一行曰日道表曰陽曆其裏曰陰曆夫朔而後月生所謂三日哉生明月之三日爲朏是也先朔之月爲晦今曆日月生何也按鄧平等法一月之日止於二十九日半強是一月猶餘半日弱也其日先朔月生後朔月生此必半日之間合朔有遲速故月生有先後藉之以曆明之曰陽曰陰也又不然則本初曆猶用平朔而未用定朔也一行所謂日道表爲陽曆裏爲陰曆者此以日道爲主而配驗月道之交有表有裏故曆之名亦曰陽曰陰也一行九道議曰陰陽曆交或在四立或在分至所交並同而出入之行異蓋九道者月道也青道二朱道二白道二黑道二八行兼黃道而爲九也曰陰陽曆交者月道自裏而交於日道之表或自表而交於日道之裏故曰陰陽交曆也日所交則同而出入之行異者以月道交日道春分與秋分同冬至與夏至同其於四立也亦然特其所以不同者黃道居中月道或出其東而入其西或入其北而出其南也所謂東交於角西交於奎是也又有朔交望交者朔交爲初交望交爲中交也皆視陰陽曆而正其行也然則陰陽曆之名正爲日月之會朔望之交設耳青赤爲陽白黑爲陰陰爲裏陽爲表九歲而一終謂之九道百七年而小終八十一章而九終

論大衍曆

一行倚大衍之數立推步之法是一行求合於大衍者也非失衍合一行之數也大衍之數無窮倚此數立此法庶乎其有所據依亦猶太初以律起曆之意也一行曆本議曰天數五地數五五位相得而各有合所以成變化而行鬼神也此易繫之文一行舉以爲議曆之本蓋其意所主在乎五位相得而各有合之一言是以推而廣之無往而不合也歐陽修志唐曆曰曆起於數數者自然之用也其用無窮而無所不通以之於律於易皆可合也是亦一行之意歟雖然一行亦豈能外諸曆家之法而獨推大衍而爲法歟一行變諸家之法之名而從大衍之數也諸曆雖不倚大衍以立法而其中亦有與大衍暗合之道矣一行之言曰天數始於一地數始於二此卽易繫天一地二之說諸曆之所同用也所謂天數中於五地數中於六爲二中此卽班固志五六者天地之中合之說也所謂天數終於九地數終於十爲二終此卽班志十九年爲章合天地終數得閏法之說也所謂天有五音所以司日地有六律所以司辰此卽揚子雲聲生於日律生於辰之說也此其與諸家之說同者如是也自一而降爲五行生數自六以往爲五行成數一六而退極五十而增極（中極居五六之間故六退極五增極也）

一六爲爻位之統五十爲大衍之母

大衍之說五十或者以爲五爲十者一生而六成之一與六合所以爲爻位之統五生而十成之五與十合所以五與十爲大衍之母也又曰五至十則六七八九在其中間矣大衍之數五十而六爲太陰七爲少陽八爲少陰九爲老陽皆是五十之數之揲也故曰五十大衍之母也自一至六則二三四五在其中間卽六爻之數也故曰一六爻位之統也

成數乘生數其算六百爲天中之積

成數六七八九十生數一二三四五成數共成四十也生數共爲十五也以四十乘十五則是四十箇十五共得六百之數也以十五乘四十亦得六百之數也

生數乘成數其算亦六百爲地中之積合千有二百以五十約之則四象周六爻也

千二百之數五十箇二十四也四六二十四四象周六爻也

以二十四約之則太極包四十九用也

千二百之數亦得二十四箇五十也虛一不用太極包四十九用也

綜生數約中積皆十五

成數四十也四十箇十五則得中積六百之數故曰成數約中積者十五

綜成數約中積皆四十

生數十五也十五箇四十亦得中積六百之數故曰生數約中積四十也十五四十乘六百之數可也復約之而歸於十五四十亦可也

彙而推天地之數以五位取之復得二中之合也

四十與十五即五十五天數二十五地數三十天地之數五十有五與地合也天之中數五地之中數六也五五二十五五六三十共成五十有五故曰以五位取之復得二中之合也

替數之變九六各一乾坤之象也

乾爲九九老陽坤爲六六老陰各居其一也

七八各三六子之象也

七爲少陽震長男坎中男艮少男凡三少陽也八爲少陰巽長女離中女兌少女凡三少陰也

故爻象通乎六十策數行乎四百四十是以大衍爲天地之樞如環之無端此一行取以爲起曆之法也其候卦則本乎月令七十二候之卦也日卦則本乎孟氏章句十二卦主十二月復姤之類也定朔則本乎劉孝孫傅仁均歲差則本乎虞喜何承天更積法曰演法變曰法曰通法改閏天曰乾實此又一行變諸曆法之名以從大衍之類也唐志曰自太初至麟德曆有二十三家與天雖近而未密也至於一行密矣其倚數立法固無以易也後世雖有改作皆依倣而已唐志之言誠是也特其知大衍之曆倚易數之法而不知其變諸曆之術以從大衍之數是以表而出之

大衍演天地之數

以大衍起數者自伏羲始以大衍名曆者自一行始夫衍者演天地之數也後世之曆多以古律起而一行大衍曆獨以易數起焉勾稽微秒分積毫釐蓋有得於伏羲之遺畫君子安可以疎議一行哉今以大衍曆觀之一六爲爻位之統五十爲大衍之母合二始以位剛柔所以明天一地二之數也合二中以通律呂所以正天五地六之數也合二終以紀閏餘所以窮天九地十之數也以生乘成吾於六百而得天中之積焉以成乘生吾又於六百而得地中之積焉自一六至五五六一七至五七一八至五八一九至五九一十至五十生成相乘各有六百吾又於是而得千二百之算焉一行固非拘於數者蓋積黍之法可行而黍之小大則不可積斷竹之制中倣而孔之厚薄則不可均按尺之說可驗而尺之長短則不可證又孰若以無形而御有形以不物而制有物哉吁此大衍曆起於易所以爲後世之精密者歟不然唐自太初至麟德凡二十三家何以獨稱美於大衍乎然而大衍起算亦不專於易也蓋歲星得於虞喜日食衡於姜岌定朔得於傅仁均九道得於張子信而演紀之端日在虛一度又得於堯之甲子此尤足以見其通而不溺於術數也

總論諸曆

西漢之曆莫善於太初東漢之曆莫善於四分由魏至隋莫善於皇極在唐則大衍爲善在五代則欽天爲善然其立法各有不同太初以八十一爲日法四分則用蔀月九百四十皇極則用一千二百四十二大衍則用三千四十欽天則用七千二百其多寡之異何耶太初以三百八十五爲斗分四分則用章法十九皇極則用萬二千一十有六大衍又以七百七十九爲虛分欽天則一千八百八十四其損增又如此之異何耶太初諸曆則日爲一法度爲一法至大衍又合日度爲一法太初諸曆則餘分置於斗分至大衍則餘分置於虛分此又何耶太初之曆本於鍾律以八十一分爲統母其數起於黃鍾之龠而終漢之曆號爲最詳開元之曆本乎大衍以四十九分爲算而終唐之世號爲最密是非所祖之多門而爲數則同也黃帝造曆元起辛卯高陽氏起乙卯虞舜用戊午夏商周以三統改正朔是非立元之多門爲數則同也漢靈帝時劉洪作乾象曆以五百八十九爲紀四百四十五爲斗分魏文帝時韓翊造黃初曆以四千八百八十三爲紀法千二百五爲斗分漢之曆或八十一爲法魯之曆或以九百四十爲算是非倚數之多門而爲數則一也

自劉歆作三統曆推易以合春秋然後知作曆不可無所本自杜預序長曆以爲天運必有差而後知用曆之不可有所拘秦漢以來古曆不傳所存者自黃帝至魯凡七家其用於漢初惟顓帝曆耳然度數之失服色之乖議者已非之豈非法久則弊變而通通而久固有所待耶且太初之曆非不密也然可行於

武帝之時至章帝則復失矣四分之曆非不精也然可用於章帝之時至百年而復差矣唐高祖始用大衍曆至高宗之麟德則變至中宗之景龍則又變殆明皇時大衍用而景龍又廢矣大衍之精密宜可傳遠也未幾而復差則爲五紀爲正元爲觀象爲崇元又何其紛紛耶蓋隨時變通正大易革象之義宋朝之曆率二十年一差又復訂正其以是歟

天之高也日月星辰之遠也寒燠雨暘氣數之不齊章蔀紀元餘分之所積以千百年計之猶可運之掌上及其久也有非巧之所能計者此曆久則必差勢之所必至也治曆明時之君子因其差之未遠革而正之無難也其或盡更前人之法而更復疎遠其或增損前人之舊而更加詆毀則非矣自昔黃帝以來曆凡五十餘家皆由氣朔躔度或先天或後天徵有不應曆象則曆法從而變黃帝始調曆顓帝爲曆宗至漢則不能定疎密漢人課之詳矣由漢以來太初曆法爲第一三統四分乾象或因革焉而復在疎密之間蓋三統則甚疎而乾象則甚密也乾象之曆爲推步之師表韓翊楊偉咸遵其舊法而不及深妙翊又復據其術而背其言唐自開元大衍之曆行算數備悉其後雖屢有變更皆不外於一行之數改曆者又從而指其疎謬不特此也北齊文宣悅宋景業讖緯之佞而改行天寶曆隋高祖喜張賓陳代謝之證而改行開皇曆上之人所以改曆者悅喜諛佞初不爲敬天授民而設也劉孝孫曆法甚精輒爲劉暉所抑劉焯推占至詳常不爲張冑元所容下之人所以造曆者冒寵嗜利初不揆其法之是非也據是心以往其何以議曆爲哉是以知天道遠曆法推測不能每事中程其日日食不效更考日度可也其日斗分有差更定密率可也其日五星疎遠更驗星躔可也其或一事不中程乃盡更前人之法大抵因其實而實其名異其所入之門而同其所歸之極如宋何承天曆法齊用之則爲齊曆隋張賓用之則爲隋曆也如劉孝孫曆法劉焯更名七曜曆其後又更爲皇極曆也一法而異用一曆而數名大抵然也然則自古迄今五十餘曆其立法之異者太初曆本於律大衍曆本於易是也其餘皆襲舊法而增損焉耳

論作曆

漢之曆大率百年而一變唐之曆大率四十年而一變近年以來作曆委之星翁曆家專政故大率二十年一變由今而欲考新曆之異同驗交蝕之得失盍亦委之儒者乎至宋朝司天有監太史有局皆以儒臣提舉之今日能舉行其制則推五星聚奎必有如竇公儀者定渾儀占象必有如蘇公頌者

善言曆者當因天以求合不爲合以驗天不善言曆者爲合驗而已矣善言曆者有三說一曰氣二曰象三曰數不善言曆者數而已矣蓋數可以類推而日月星辰之行有象而見於上四時寒暑之氣無形而運於下二者皆動物也其可執其一定之數以驗其運行而不息者乎故嘗謂淸臺之候乃曆象之元龜也一晷度之差吾志矣一星辰之動吾著焉旦旦而求之步其前往推其後來而毫髮無遺算奈之何預爲合以驗天而執其一定以驗二者之常動此漢唐以來治曆者無慮數十家其始未嘗不密而後未嘗不疎者豈非以此歟（所貴乎治曆明時之君子正以隨時變通也）革卦第四十九象言治曆明時或者以爲合大衍之數非也蓋曆久必差不可不改革耳

蔡氏曰當初造曆便合幷天運所差之度都算在裏幾年差幾分幾年差幾度將這差數都做正數算直推到盡頭如此庶幾曆可以正而不差也

曆法典第七十五卷

曆法總部總論三

大學衍義補

曆象之法

易革之象曰澤中有火革君子以治曆明時

臣按治曆明時爲治之要務自昔聖帝明王莫不以此爲先焉蓋時行於天而有自然之運曆爲於人而有已然之法然天之運惟其有常也故一日之間則有晝夜一月之間則有朔望一年之間則有分至然晝不常晝晝革而爲夜夜不常夜夜革而爲晝以至於朔望分至莫不皆然治曆者隨其常而順其變卽曆數以推之順時氣以察之則千歲之日至可坐而致者皆可以明之矣

書乃命羲和欽若昊天曆象日月星辰敬授人時

臣按先儒謂事之最大最先在推測天道治曆明時萬事莫不本於此蓋爲治之道在歲周於上而天道以明統正於下而人紀以立苟天道不明則時序錯亂歲月無紀官府修爲失其先後之序田里耕作悖其次第之宜所以帝王之命官必先於羲和而羲和之職掌必先於曆象有曆以紀其數有象以觀其運則日月之運行星辰之次舍運於天者有常行驗於人者有常法則官政民庸無不循其序而得其理天下豈有不治者乎

帝曰咨汝羲曁和朞三百有六旬有六日以閏月定四時成歲

臣按先儒謂歲無定日閏有定法朞閏歲三字爲此一節之大要朞者一歲之足日也歲者一歲之省日也閏者補三歲之省日湊爲三歲之足日也蓋無閏則時不定時不定則歲不成三年不閏則差一月而以正月爲二月九年不閏則差三月而以春時爲夏暑寒若反易歲序不成矣此治曆之法所以以定閏爲先也

在璿璣玉衡以齊七政專省璣攻故曆政修明

臣按易曰觀乎天文以察時變日月星辰運行於天所謂天文也然其行也有遲有速有順有逆豈非其變乎然其變之不齊非有器以察之不可得而知也不可得而知則亦不可得而齊也是以帝世有璣衡之設焉以璿爲璣而用以運轉是之謂璣以玉爲管而橫置其中是之謂衡運其機軸而使之轉動窺其簫管而用以測度則天文之齊不齊者可得而知矣是故日月皆循其軌五星不失其次則吾德政之修於此可見矣日月之或有薄蝕五星之或有變動則吾德政之闕於此可見矣因在器之天而觀在天之天因在天之天而循在人之天則天人合一七政不在天而在人矣

洪範四日協用五紀

四五紀一曰歲二曰月三曰日四曰星辰五曰曆數

臣按先儒謂五紀卽堯典羲和所掌者紀者如綱之有紀天時所以相維者也五者之紀其中四者皆係於天最後一者乃成乎人蓋所謂曆者歲月日星辰所歷者皆於此乎稽所謂數者歲月日星辰所行者皆於此乎算使四時以定而歲無不成晦朔以辨而月無或虧甲乙以審而日無不正經緯以彰而星辰無或紊是曆與數又所以紀歲月日星辰以人而合於天者也謂之曰協用五紀者則天運於上人爲於下皆有以合而一之矣

左傳文公元年曰於是閏三月非禮也先王之正時也履端於始舉正於中歸餘於終履端於始序則不愆舉正於中民則不惑歸餘於終事則不悖

臣按古今論置閏之法不出乎此履端於始舉正於中歸餘於終三言

六年閏月不告朔非禮也閏以正時時以作事事以厚生生民之道於是乎在矣不告閏朔棄時政也何以爲民

臣按四時漸差則置閏以正之斯言也治曆明時之要閏正則寒暑不失而民知耕藝之候而有有秋之望矣食者民之天民得其食則生養遂而禍亂不作矣生民之道豈外是哉

昭公七年晉平公曰何謂六物伯瑕對曰歲時日月星辰是謂也公曰多語寡人辰而莫同何謂辰對曰日月之會是謂辰故以配日

臣按曆象所推步者不過此六物而已

史記太史公曰神農以前尚矣蓋黃帝考定星曆建立五行起消息正閏餘於是有天地神祇物類之官是謂五官各司其序不相亂也民是以能有信神是以能有明德民神異業敬而不瀆故神降之嘉生民以物享災禍不生所求不匱少皞氏之衰也九黎亂德民神雜擾不可方物禍災荐至莫盡其氣顓頊受之乃命南正重司天以屬神命火正黎司地以屬民使復舊常無相侵瀆其後三苗服九黎之德故二官咸廢所職而閏餘乖次孟陬殄滅攝提無紀曆數失序堯復遂重黎之後不忘舊者使復典之而立羲和之官明時正度則陰陽調風雨節茂氣至民無夭疫年耆禪舜申戒文祖云天之曆數在爾躬舜亦以命禹繇是觀之王者所重也夏正以正月殷正以十二月周正以十一月蓋三王之正若循環窮則反本天下有道則不失紀序無道則正朔不行於諸侯幽厲之後周室微陪臣執政史不記時君不告朔故疇人子弟分散或在諸夏或在外國是以其禨祥廢而不統周襄王二十六年閏三月而春秋非之先王之正時也履端於始舉正於中歸邪(音餘)於終履端於始序則不愆舉正於中民則不惑歸邪於終事則不悖其後戰國並爭在於強國禽敵救急解紛而已豈遑念斯哉是時獨有鄒衍明於五德之傳而散消息之分以顯諸侯而亦因秦滅六國亦頗推五勝而自以爲獲水德之瑞而正以十月色上黑然曆度閏餘未能睹其眞也漢興高祖曰北畤待我而起亦自以爲獲水德之瑞雖明習曆及張蒼等咸以爲然孝文時魯人公孫臣言漢土德宜更元改正朔易服色當有瑞黃龍見事下丞相張蒼張蒼亦學律曆以爲非是罷之今上(謂武帝)即位招致方士唐都分其天部而巴落下閎運算轉曆然後日辰之度與夏正同乃改元更官號因詔御史曰乃者有司言星度之未定也廣延宣問以理星度未能詹(當作校讎之讎)也蓋聞昔者黃帝合而不死名察度驗定清濁起五部(五行也)建氣物分數然蓋尚矣書缺樂弛朕甚閔焉朕惟未能循明也紬繹日分率應水德之勝今日順夏至黃鐘爲宮林鐘爲徵太蔟爲商南呂爲羽姑洗爲角自是以後氣復正羽聲復清名復正變以至子日當冬至則陰陽離合之道行焉十一月甲子朔旦冬至已詹其更以七年爲太初元年年名焉逢(歲在甲)攝提格(歲在寅)月名畢聚(音陬)日得甲子夜半朔旦冬至

臣按太史公推原作曆之始謂神農以前尚矣黃帝始考定星曆蓋是時始有曆也且引堯禪舜之言曰天之曆數在爾躬蓋見人君繼天而爲之子則必推明上天所懸之象所行之度其責任在乎君之身不可忽也人君知其任之在己既以中道自待又必齊七政建五行立四時以示天下之臣民使之知氣候之早晚時序之先後順時以興作寢息焉下之人奉君之令而不敢違天之時故天降之嘉生民以物享災禍不生而天祿有永矣自堯舜以後以至於三代曆數相傳莫不明時正度以承天意而不敢失其紀序是則有道之世也惟夫昏君庸主不畏天命而失其紀序史不紀時君不告朔臣不共其命諸侯不遵其軌是以其君不免終而禍亂作矣由是觀之則知治曆明時其有關於治亂之大如此承上天之曆數而受其任於躬者其可忽諸其可忽諸

漢志云漢興張蒼首律曆事孝武帝時樂官考正至元始中徵天下通知鐘律者百餘人使羲和劉歆典領條奏之參伍以變錯綜其數稽之於古今效之於氣物和之於心耳考之於經傳咸得其實協不協同數者一十百千萬也所以算數事物順性命之理也夫推曆生律制器規圜矩方權重衡平準繩嘉量探賾索隱鉤深致遠莫不用焉陰陽之施化萬物之終始既類旅於律呂又經歷於日辰而變化之情可見矣玉衡杓建天之綱也日月初躔星之紀也綱紀之交以元始造設合樂用焉

臣按漢晉隋書志皆兼律曆律者作樂之法曆者測候之書其事若無關涉者自太史公言律必兼曆而後世宗之何以見其然哉朱子曰今治曆家用律呂候氣其法最精氣之至也分寸不差蓋此氣都在地中透上來如十一月冬至黃鐘管距地九寸以葭灰實其中至之日氣至灰去晷刻不差緣是推之可見古人作樂必推曆以生律而其測候也亦必協律以定曆二者相資以爲用可相有而不可相無也

又云漢興方綱紀大基庶事草創襲秦正朔以張蒼言用顓頊曆比於六曆疏闊中最爲微近然正朔服色未覩其眞而朔晦月見弦望滿虧多非是至武帝元封七年漢興百二歲矣大中大夫公孫卿壺遂太史令司馬遷等言曆紀壞廢宜改正朔是時御史大夫兒寬明經術上迺詔寬曰與博士共議今宜何以

為正朔服色何上寬與博士賜等議皆曰帝王不改正朔易服色所以明受命於天也創業變改制不相復推傳序文則今夏時也臣愚以為三統之制後聖復前聖者二代在前也今二代之統絕而不序矣唯陛下發聖德宣考天地四時之極則順陰陽以定大明之制為萬世則遂下詔以七年為元年遂詔卿遂遷與侍郎尊人名大典星官名射姓人名等議造漢曆迺定東西立晷儀下漏刻以追二十八宿相距於四方舉終以定晦朔分至躔離弦望迺以前代上元太初四千六百一十七歲至於元封七年復得閼逢攝提格之歲仲冬十一月甲子朔旦冬至日月在建星太歲在子已得太初本星度斯正姓等奏不能為算願募治曆者更造密度各自增減以造漢太初曆迺選治曆鄧平及長樂司馬可酒泉侯宜君侍郎尊及與民間治曆者凡二十餘人方士唐都巴郡洛下閎與焉都分天部而閎運算轉曆其法以律起曆曰律容一龠積八十一寸則一日之分也與長相終律長九寸百七十一分而終復三復而得甲子夫律陰陽九六爻象所從出也故黃鐘紀元氣之謂律律法也莫不取法焉與鄧平所治同於是皆觀新星度日月行更以推算如閎平法法一月之日二十九日八十一分日之四十三先藉半日名曰陽曆不藉名曰陰曆所謂陽曆者先朔月生陰曆者朔而後月迺生平曰陽曆朔皆先旦月生以朝諸侯王羣臣便迺詔遷用鄧平所造八十一分律曆罷廢尤疏遠者十七家復使校律曆昏明官者淳于陵渠復覆太初曆晦朔弦望皆最密日月如合璧五星如連珠陵渠奏狀遂用

鄧平曆以平為太史丞

臣按先儒謂深於律曆之術而作為律曆之書志自漢而下太史公一人而已蓋司馬氏世為太史故其於曆法也非徒能言之蓋有所授受也說者謂司馬氏律曆書卽太初曆法也司馬氏嘗言六律為萬事根本故太初曆法皆本於律先儒謂洛下閎算法其法以律起曆曰律容一龠積八十一寸則一日之分也是知黃鐘之律容一龠長九寸九九八十一則為八十一分漢曆統母日法則本諸此也唐志亦曰漢造曆始以八十一分為統母其數起於黃鐘之龠其法一本於律所謂本於律者蓋謂以律之數起曆司馬氏分律曆為二書劉歆合而為一而班固因之以為志豈無意哉今觀班固述司馬氏之言以為志其間有曰史官喪紀疇人子弟分散解者謂家業世世相傳為疇則知星曆之學必須世業明矣又曰是時御史大夫兒寬明經術上乃詔寬與博士共議則知治曆明時必須儒者不宜專任技術明矣又曰姓等奏不能為算願募治曆者更造密度則知明曆之官必須通算術者又明矣此三事者可以為後世治曆者之節度

後漢志曰天之動也一晝一夜而運過周星從天而西日違天而東日之所行與運周在天成度在曆成日居以列宿終於四七受以甲乙終於六旬日月相推日舒月速當其同謂之合朔舒先速後近一遠三謂之弦相與為衡分天之中謂之望以速及舒光盡體伏謂之晦晦朔合離斗建移辰謂之日月之術則有冬有夏冬夏之間則有春有秋是故日行北陸謂之冬西陸謂之春南陸謂之夏東陸謂之秋日道發南去極彌遠其景彌長遠長乃極冬乃至焉日道斂北去極彌近其景彌短近短乃極夏乃至焉二至之中道齊景正春秋分焉日周於天一寒一暑四時備成萬物畢改攝提遷次青龍移辰謂之歲歲首至也月首朔也至朔同日謂之章同在日首謂之蔀蔀終六旬謂之紀歲朔又復謂之元是故日以實之月以閏之時以分之歲以周之章以明之蔀以部之紀以記之元以原之然後雖有變化萬殊贏朒無方莫不結系於此而稟正焉

臣按自古造曆者必先立元自黃帝調曆起辛卯顓頊用乙卯虞用戊午夏用丙寅殷用甲寅周用丁巳魯用庚子秦用乙卯漢太初用丁丑三統用庚戌四分用庚辰史謂四分曆元上得庚申有近於緯同於緯則或不得於天曆之廢興以疏密課固不主於元也夫孟子謂天之高也星辰之遠也苟求其故千歲之日至可坐而致也朱子謂必言日至者造曆者以上古十一月甲子朔夜半冬至為曆元也歐陽氏亦謂曆家之說雖世多不同而未始不本於此史謂曆之廢興以疏密課蓋以曆之終言也若推原其始不本於元何所造端乎是以黃帝以來立元雖若不同而皆準度於甲子也然則曆烏可無元乎但其假託以同於讖緯則不可耳先儒有言曆元止據目前考驗無證其術失之淺上推開闢莫測鴻濛其術近乎迂必也用太史公三紀大備之法范史紀元之目推上元甲子

四千五百餘年則其時不遠不近矣

唐志曰曆法尚矣自堯命羲和曆象日月星辰以閏月定四時成歲其事略見於書而夏商周三統改正朔爲曆固已不同而其法不傳至漢造曆始以八十一分爲統母其數起於黃鐘之龠蓋其法一本於律矣其後劉歆又以春秋易象推合其數蓋傅會之說也至唐一行始專用大衍之策則曆術又本於易矣蓋曆起於數數者自然之用也其用無窮而無所不通以之於律於易皆可以合也然其要在於候天地之氣以知四時寒暑而仰察天日月星之行運以相參合而已然四時寒暑無形而運於下天日月星有象而見於上二者常動而不息一有一無出入升降或遲或疾不相爲謀其久而不能無差忒者勢使之然也故爲曆者其始未嘗不精密而其後多疎而不合亦理之然也不合則屢變其法以求之自堯舜三代以來曆未嘗同也唐自太初至麟德曆二十三家與天雖近而未密也至一行密矣其倚數立法固無以易也後世雖有改作者亦依倣而已

臣按熹又謂古之曆書必有一定之法而今亡矣三代以下造曆者紛紛莫有定議愈精愈密而愈多差繇不得古人一定之法也嗟乎古人一定之法不可得而見矣得見推移增減以合天運如一行者亦可以隨時救失而不至於界限密而踰越多矣

五代史司天掌日月星辰之象周天一歲四時二十四氣七十二候行十日十二辰以爲曆而謹察其變者以爲占占者非常之兆也以驗吉凶以求天意以覺人事其術藏於有司曆者有常之數也以推寒暑以先天道以勉人事其法信於天下術有時而用法不可一日而差差之毫釐則亂天下之序乖百事之時蓋有國之所重也後世其學一出於陰陽之家其事則重其學則末夫天人之際遠哉微矣而使一藝之士布算積分上求數千萬歲之前必得甲子朔旦夜半冬至而日月五星皆會於子謂之上元以爲曆始蓋自漢而後其說始詳見於世其源流所自止於如此是果堯舜三代之法歟皆不可得而考矣然自是以來曆家之術雖世多不同而未始不本於此

臣按歐陽修謂差之毫釐則亂天人之序乖百事之時有國者所重在乎曆是以堯舜之治莫不以是爲先務命官治曆恤先事而爲之備惟恐其或至於差也

宋志宋興百餘年司天數改曆其說曰曆者歲之積歲者月之積月者日之積日者分之積又措餘分置閏以定四時非博學妙思弗能考也夫天體之運星辰之動未始有窮而度以一法是以久則差差則敝而不可用曆之所以數改造也物銖銖而較之至石必差況於無形之數哉

臣按自古帝王必先正曆象將以前民用授人時也夫聖人之治其於天地之理陰陽五行之運日月星辰之紀考驗推測無有不盡立法倚數固宜歷萬世而無忒往往傳之稍久其應輒差何哉蓋天地之數其妙有不可測者常在於杪忽毫釐之際而其象與氣推移贏縮亦有時而不齊故雖聖智不能盡窮焉積之歲月則曆之不能無差理固然也聖人不能使曆之無差然嘗因其差而正之

謹按先儒程氏有言曆象之法大抵主於日日一事正則其他皆可推洛下閎之作曆言數百年後當差一日何承天以其差遂立歲差法其差後亦不定獨邵堯夫立差法冠絕古今却於日月交感之際以陰陽虧盈求之遂不差朱子亦曰曆不能無差今之學曆者但知曆法不知曆理能布算者洛下閎也能推步者甘公石公也洛下閎等但知曆法揚雄知曆法又知曆理國家承用勝國之曆乃許衡郭守敬等所訂定者也今歷年踰一百矣不能以不差方今以經術取士豈無能通曆學如衡與守敬者乎請於曆官疇人之外別加詢訪委注必有能明曆理之揚子雲善立差法之邵堯夫者出焉以爲聖朝了此一大事

元志曰明時治曆自黃帝堯舜與三代之盛王莫不重之去古既遠其法不詳然原其要不過隨時考驗以合於天而已漢劉歆作三統曆始立積年日法以爲推步之準後世因之歷唐而宋其更元改法者凡數十家豈故相爲乖異哉蓋天有不齊之運而曆爲一定之法所以既久而不能不差既差則不可不改也元至元十三年平宋詔許衡王恂郭守敬改治新曆乃與南北日官參考累代曆法復測候日月星辰消息運行之變參別同異酌取中數以爲曆本十七年曆成賜名曰授時曆尋詔李謙爲曆議發明新曆順天求合之微考證前代人爲傅會之失誠可以貽之永久自古及今其推驗之精蓋未有出於此者也

臣按古今曆法至於元郭守敬可謂度越千古矣

參以古制創立新法所謂類其同而知其中辨其異而知其變其授時曆雖漢太初唐大衍皆莫有過焉者也其所以度越前人者非虛言也蓋以今曆與古曆相較比而其疎密自見也其說曰上能合於數百載之間則下可以行之永久此前人定說古稱善治曆者若宋何承天隋劉焯唐傅仁均僧一行之流最為傑出今以其曆與至元庚辰冬至氣應相校未有不舛戾者而以新曆上推往古無不脗合又曰自春秋獻公以來凡二千一百六十餘年用大衍宣明紀元統天大明授時六曆推算冬至凡四十九事大衍曆合者三十二不合者十七宣明曆合者二十六不合者二十三紀元曆合者三十五不合者十四統天曆合者三十八不合者十一大明曆合者三十四不合者十五授時曆合者三十九不合者十事以前代諸曆校之授時為密噫乎數往所以知來攷古所以驗今今授時曆上而求之千載之前既無不合則下而推之千載之下其必不忒可知矣雖然天時不齊不齊則不能以皆同不同而更元立法以同之隨時考驗以合於天不能無望於今日之許平仲郭守敬為然則更元立法隨時考驗果何從而致力耶杜預曰治曆者當順天以求合非為合以驗天蔡邕曰以籌算為本以天文為驗算之既積驗之皆合則在人之天密而在天之天定矣

以上曆象之法臣按洪武中刻漏博士元統言一代之興必有一代之曆隨時修改以合天道我朝承運以來曆雖以大統為名而積分猶授時之數授時曆法以元至元辛巳為曆元至今洪武甲子積一百四年以曆法推之得一億七千六百一十九萬九千七百七十五分經云大約七十年而差一度每歲差一分五十秒辛巳至今年遠數盈漸差天度擬合修改今以洪武甲子歲前冬至為大統曆元推演得授時曆辛巳閏準分二十萬二千五十分洪武甲子閏準分一十八萬二千七十分一十八秒授時曆氣準分五十五萬六百分洪武甲子氣準分五十五萬三百七十五分授時曆辛巳轉準分一十三萬二百五分洪武甲子轉準分二十萬九千六百九十分授時曆辛巳交準分二十六萬三百八十八分洪武甲子交準分一十一萬五千一百五分八秒當元統上言時歲在甲子也已六年遠數盈漸差天度別今又歷一甲子而過其下其年愈遠其數愈多比所差者當益甚也臣愚以為曆者國家之大事所以齊在朔之數承上天之命以敬大道以授人時者端有在於此臣請詔求天下通星曆之學如郭守敬者以任考驗之責明大人之理如許衡者以任講究之方失今不為後愈差舛伏惟聖明留神聽察臣於曆數之學素無師傳謹述經史所載言及曆象之理者以為明時獻若夫推步占驗之法具見諸書者茲不復贅

唐順之稗編

一行日蝕議

一行日議云日君道也無朏魄之變月臣道也遠日益明近日益虧人臣之象也望而正於黃道是謂臣干君明則陽斯蝕矣又曰十月之交日有食之於詩當德君子猶以爲變詩人悼之然則古之太平日不食星不孛蓋有之矣又曰月或變行以避日或五星潛在日下禦侮以救日或涉交數淺或陽盛陰微則不食或德之休明則天為之隱雖交不蝕此四者皆德教之所由生也又曰劉歆賈逵近古大儒豈不知軌道所交朔望同術哉

日行黃道月行九道其所行之道遇交則有蝕之變也至於合朔如合璧則不蝕其交不軌道則食也故驗日食者必以日躔月道之交驗之耳以日食非常故限而不論魏黃初以來治曆始課日食疏密及張子信劉焯張胄元之徒又謂日月可以密率求是以戊寅麟德曆推春秋之蝕於曆應食而春秋不書者尚多則日食必交限其入限者必不盡食開元十二年七月朔於曆當食半強自交趾至於朔方候之而不食十三年十二月朔於曆當食太半而亦不食然後知德之動天不俟終日若因開元二蝕不驗遂變交限而從之則差者益多杜預以日月動物雖行度有大量不能不少有盈縮故有交會而不食者是也一行因以員儀度日月之經令二經相掩以驗食分之限又曰日月相會大小相若而月在日下自京師斜射而望之假令中國食之既而南方戴日之下所虧纔半日外反觀則交而不食（或明盈縮而驗之也）又曰使日食皆不可以常數求則無以稽曆數之疏密若可以常數求則無以知政之休咎矣

按通鑑開元二年日食不驗姚崇表請書之史冊其後太史奏麟德曆疏日食屢不效遂令一行改造新

曆今一行乃云開元十二年七月十三年二月於曆當食而不食乃曰德之動天不俟終日孰謂一行誤言復蹈姚崇之武耶何者太史奏日食屢不效實開元九年也是年詔一行作新曆十五年而草成十七年而頒行按一行所論開元十二年日食尚以麟德舊曆驗之而新曆猶未成也舊曆日食屢不效此乃曆疎之故而一行乃云德之動天不俟終日恐未免蹈姚崇之武也

五星議

歲星自商周迄春秋之季率百二十餘年而超一次至戰國其行浸急及漢哀平間八十四年而超一次因以爲常此其與餘星異也姬氏出於威靈仰之精受木行正氣歲星主農祥后稷憑焉故周人常閱其禨祥而觀善敗其始王也次於鶉火以達天黿及其衰也淫於元枵以害鳥帑又其後也歲星失行於上而侯王不寧於下則木緯失行之勢宜極於大運之中理數然也唐開元十二年上距西漢河平二年七百五十年考其行度猶未甚盈縮則哀平後不復每歲漸差也春秋僖公六年歲陰在卯歲星在析木昭公三十二年亦歲陰在卯歲星在星紀三統曆因以爲超一次之率考其實猶百二十餘年超一次近代諸曆以八十年齊之或行速而用縮率故或差二次於古或差三次於今一行因爲歲星差合術且曰五事感於中而五行之祥應於下五緯之變彰於上王者失典刑之政則星辰之亂行汩彝倫之叙則天事爲之無象當其亂行無象又可以曆紀齊乎故襄公二十八年歲在星紀而淫於元枵至三十年始及娵訾之口超次而前二年守之其餘皆此類也又曰五星留逆伏見之數表裏盈縮之行皆繫之於時而象之於政不然皇天何以陰騭下民警悟人主哉近代算者昧於象占者迷於數覩五星失行皆謂之曆舛故校曆必稽古記注入氣行度上下相距反覆相求苟獨異常失行可知矣

一行既謂五星失行不可以曆紀齊覩五星失行者亦不可歸罪於曆舛猶且詳爲歲星差合之術又參校諸曆五星行度數有事其故何也太史公之言曰五星失軌度則占又曰雖有明天子必占熒惑之所在是知五星遲留伏見足以驗政治之得失故古人詳爲之法也

五星行度有舒有速金水輔日而行謂之輔星一歲一周天火曰熒惑二歲周天木曰歲星歲易一次十二歲而周天土曰鎮星三十歲而周天其盈縮也近日而疾遠日而遲去日極遠勢盡而留此其大略也

沈括論交蝕起復方位

或問予以日月之形如丸邪如扇也若如丸則其相遇豈不相礙予對曰日月之形如丸何以知之以月盈虧可驗也月本無光猶銀丸日耀之乃光耳光之初生日在其傍故光側而所見纔如鉤日漸遠則斜照而光稍滿如一彈丸以粉塗其半側視之則粉處如鉤對視之則正圓此有以知其如丸也日月氣也有形而無質故相值而無礙

又問日月之行日一合一對而有蝕不蝕何也予對曰黃道與月道如二環相疊而小差凡日月同在一度相遇則日爲之蝕在一度相對則月爲之虧雖同一度而月道與黃道不相近自不相侵同度而又近黃道月道之交日月相值乃相陵掩正當其交處則蝕而既不全當交道則隨其相犯淺深而蝕凡日蝕當日道自外而交入於內則蝕起於西南復於東北自內而交出於外則蝕起於西北而復於東南日在交東則蝕其內日在交西則蝕其外蝕既則起於正西復於正東凡日蝕月道自外入內則蝕起於東南復於西北自內出外則蝕起於東北而復於西南月在交東則蝕其外月在交西則蝕其內蝕既則起於正東復於正西交道每月退一度餘凡二百四十九交而一朞故西天法羅睺計都皆逆步之乃今之交道也交初謂之羅睺交中謂之計都

五星行度

予嘗考古今曆法五星行度惟留逆之際最多差自內而進者其退必向外自外而進者其退必由內其跡如循柳葉兩末銳中間往還之道相去甚遠故兩末星行成度稍遲以其斜行故也中間成度稍速以其徑捷故也曆家但知行道有遲速不知道徑又有斜直之異熙寧中預領太史令衛朴造曆氣朔已正但五星未有候簿可驗前世修曆多只增損舊曆而已未曾實考天度其法須測驗每夜昏曉夜半月及五星所在度秒置簿錄之滿五年其間剔去雲陰及晝見日數外可得三年實行然後以算日綴之古所謂綴術者此也是時司天曆官皆承世族隸名食祿本無知曆者惡朴之術過已羣沮之屢起大獄雖終不能搖朴而候簿至今不成奉元曆五星步術但增損舊曆正其甚謬處十得五六而已朴之曆術今古

未有爲壑曆人所沮不能盡其藝惜哉

鄭樵中星辨

言天文者以斗建以昏中皆定戌時如此則六經之書凡言見者見於辰也凡言正者正於午也凡言中者中於未也凡言流者流於申也凡言伏者伏於戌也中星之說雖經傳無明文要之其說有二有正於午者謂之中（方位）有中於未者謂之中（星宿之見伏）堯典四仲迭建之星則以午爲中月令旦昏之星則以未爲中以午爲中者謂人君南面而聽天下考中星以正四時故以午爲中若夫論星辰之出沒則又不然天傾西北地不滿東南天勢東南高而西北下凡星辰之運始則見於辰終則伏於戌自辰至戌正於午中於未焉故以未爲中且以火星論之惟其以午爲正故堯典言日永星火以正仲夏（五月）惟其以未爲中故月令言季夏（六月）昏火中惟其至申爲流故詩曰七月流火惟其以辰爲見以戌爲伏故傳曰火見於辰火伏而蟄者畢不特火星爲然諸星亦然如詩曰定之方中亦以十月取中於未也大抵巳午未皆南方則以午爲中辰巳午未申酉戌爲火見伏之始終則以未爲中兩言盡之矣堯典則舉四時之正而言之月令則舉十二時之中而言之此其所以不同也

堯典言分至之中月令言昏旦之中

陳櫟中星考

堯典中星與月令中星候之必於正南午位則同而其象與星宿不同所以不同之由有四焉曰古略而後漸詳一也堯典以中氣月令以月本而不專以中氣二也歲差三也昏刻之難定四也周天三百六十五度四分度之一其形之圓如彈丸其覆地之形如覆盂其旋繞也如轉轂天半覆地上半包地下二十八宿亦半隱半見隨天而旋焉天左旋一日繞地一周而過一度日亦左旋一日繞地一周而比天爲不及一度積一朞三百六十五日四分日之一而日與天會故占天者於節氣初昏之時候某星中於正午之位以審作曆之差否古今一律特詳略不同爾不必拘於南面聽治視時授事之說今術家欲辨方位必先定子午針以爲準亦其遺法中星無刻無之特白日不見他時無準惟於節氣初昏之時候之正午爲便爾是故中星二字始見於孔傳曆象日月星辰之下前未之見也堯典候中星之法歷一月而中星移一次歷三月而中星移方地之四方一定不易而天之四象十二次二十八宿運轉不停惟春分星鳥南星昴西星虛北星火東天位與地位合春而夏則鳥轉而西火轉而南虛轉而東昴轉而北矣所謂中星移方者如此做此而推他皆可見堯典中星惟虛昴以二十八宿言星鳥取四象星火取十二次互相備也子午卯酉四正之位四星勻停降而求之月令又降而求之漢晉志三統元嘉等曆分至中星不皆相對閒之先覺曰堯卽位於甲辰其二十一年爲甲子甲子冬至日在虛一度而昏昴中盛矣哉此天地間貞元會合之運曠數千載而一遇者也月令視堯典則漸詳矣其果精密與否未可知也堯惟舉四仲初昏之中星月令則十二月備舉之堯典中星舉四象十二次月令專舉二十八宿且患井斗度闊而別舉弧建以審細求之堯典惟求之初昏月令則併求之旦而必考日行所在以見中星去日遠近之度焉朱子嘗曰天無體只二十八宿便是天體以是知中星之轉移卽天體之轉移也定一歲之運實本於日之行度春秋分有度冬夏至一百一十八度率一氣差三度分至之相距必六度故增減每十八度此法之由來必已久矣堯典雖略然寅出日餞納日冬夏至致日行之惟謹且星鳥星火星昴星虛必冠之以日中日永日短爲非求日之所在以定中星乎月令四仲月中星春昏弧中夏昏亢中秋昏牽牛中冬昏東壁中鄭氏曰呂令與堯典異舉月本也漢志亦引月令章句謂中星當中而不中或不當中而中進在節初自然契合且又有一證三統曆後晉志冬至中星皆在奎度宋元嘉曆方退至壁八度爾豈有呂令時仲冬已昏壁中而漢晉乃反在奎之理月令仲冬惟舉月本也此所以昏東壁中也然唐孔氏曰月令十二月日之所在或舉月初或舉月末皆據大略不細與曆齊同其昏明中星亦皆如此昏明中星在一月之內有中者皆得載之二十八宿其星體有廣狹相去有遠近或月節月中之日昏明之時前星已過於午後星未至正南又星有明暗見有早晚明者昏早見而旦晚沒暗者昏晚見而旦早沒所以昏明星不可正依曆法但舉大略爾長樂陳氏亦曰月令中星或舉朔氣或舉中氣互見也以此二家說言之則月令中星亦未可斷以爲盡舉月本也兼之歲差之說尤所當知而經解家之所鮮知漢唐二孔皆不及此至三山林氏朱子蔡氏始引差法以論經蓋天度於零分而有餘歲日於零分而不足天度常平運而舒

日道常內轉而縮天漸差而西歲漸差而東此歲差之由古曆簡易未立差法但隨時遷改以合其變至東晉虞喜宋祖沖之隋張胄元始用差法率五十年退一度何承天倍之爲百年皇極曆酌二家中數爲七十五年雖近之未精密也唐李淳風不主差法一行力辨其非謂自周迄春秋季日已差八度漢四百餘年日亦差五度矣今又參之大衍曆及近世景祐新書又謂八十三年日差一度近年敘會天曆者又謂今不及六十年輒差一度雖歲差年數難以一說定之而歲之必差可知矣况古今昏刻又自不同日長至六十刻短至四十刻古也後乃謂日未出二刻半而明日既入二刻半而昏一刻之間中星常過三度半強而昏明之刻乃爭五度使分至之日或天氣有陰晴明晦之殊則星之出沒必有遲速難準之異乃欲拘拘以辨千古中星同異難矣哉且是說也一行常慮之矣其說曰何承天以月蝕衝步日所在又驗以中星漏刻不定漢世課昏明中星爲法已淺今候夜半星以求日衝雖近於密而水有清濁壺有增減或積塵所壅則漏有遲莫臣等頻夜候中星而前後相差或至三度愚讀唐書至此未嘗不喟然嘆曰嗟乎以昏難而求之夜半夜半有刻漏可憑若可定矣而又病於水也壺也積塵也以至於三度之差夫三度之差幾一刻之差也曆家用心至此亦良苦矣曆家有曆書有渾儀且世掌天官從事專且久而候中星之難尚如此今吾儕僅據諸經史而以方寸之天想象圓穹之天乃欲定千古中星之同異信難矣哉革卦之大象傳曰君子以治曆明時曆之必不容不革尚矣唐二百九十年曆凡八改近世率二三十年曆必一改惟不免於差也是以不免改革以與天合使古曆可膠固守之則何取於治曆何足以明時哉由是言之則呂令上距堯時幾二千年仲冬日自虛宿而退至斗中星自昴宿而退至壁無怪也其不能不異者不特難辨亦不必辨也抑又有惑焉堯甲子歲冬至日在虛一度昏昴中歷三代秦漢唐迄今日愈益退今大德乙巳距堯甲子三千六百四十有二年而冬至日在箕昏營室中日在虛退至箕凡涉五宿中星自昴退至室亦涉六宿以歲差中數七十五年差一度約之則二萬餘年後冬至中星始又退至昴宿而與堯時合矣而誰其見之論至此豈不曰俛仰終宇宙哉豈可不遐思而永慨也哉

附 熊朋來月令中星（鸞溪在甫水前）

堯典四仲月中星如火虛昴各指一星而言中春星鳥本是柳與星而以鶉鳥言之火雖心星而氐房亦皆大火之法也月令中星孟春月建寅日躔亥自有危室壁而但言室昏參旦尾亦各舉其一宿以記中星中春月卯日戌有奎婁胃而但言奎言日初入戌即躔奎昏旦鬼斗中不言鬼斗而言弧建弧在鬼南建在斗上季春月辰日酉有胃昴而但言胃昏星旦牛中亦不但星牛孟夏月巳日申有畢觜參井而但言畢亦謂初入申在畢昏翼旦女中則軫與虛危以次中矣中夏月午日未有井鬼柳而但言東井昏亢旦危中以次及餘星也季夏月未日午有柳星張而但言柳昏有氐房心中言大火則氐房在焉旦奎中亦有婁胃隨中氣深淺而中孟秋月申日巳先有翼而言軫此不以中氣初過言而究其在巳之末躔昏建星中宜言斗而言建旦畢中則以次觜參中可知中秋月酉日在辰當躔軫末度以及角亢而專言角舉中以見首末昏旦牛參中不言參而言觜二星附參中舉小以見大也季秋月戌日卯有氐房心而但言房猶中秋言角也昏旦虛柳亦舉一星爲記孟冬月亥日寅有尾箕而但言尾記初入寅之度也昏危旦星中接上月虛柳言之中冬月子日丑有斗牛但言斗入寅首躔入斗度以次及牛不言可知昏壁旦軫中接上月包室翼二星在其中矣季冬建丑日躔子有女虛危但言女初入子先女度也昏婁旦氐中大抵太陽行度與昏旦中星皆以中氣過後言之堯典月令皆然若專指一星而謂此一月專在是星則固哉其言星而證之天文必有不合之處俗儒謂堯典中星與月令差又謂月令中星與今逐月中星復差初不思中氣有淺深中星有推移執月令每月所指三星而謂是月專在是星宜其不合矣愚按太陽以逐月中氣後移一辰自有定法如昏旦中星只當以月建對衝昏旦互求之孟春昏中之星即孟秋旦中之星孟夏旦中之星即孟冬昏中之星不可拘一月一星傳曰火中寒暑乃退六月初昏心星中而暑退十二月平旦心星中而寒退此即求昏旦中星之捷法也

月令孟春之月言蟄蟲始振在東風解凍之下仲春之月言始雨水桃始華則雨水宜爲二月節疏云漢時以驚蟄爲正月中雨水爲二月節劉歆作三統曆改雨水爲正月中驚蟄爲二月節祝予經亦云驚蟄

本在雨水之前考工記注冒鼓以啓蟄之日曰孟春中氣也唐一行改在雨水之後周禮考工記注啓蟄正月中太元卦氣亦以驚蟄在雨水前舊圖於雨水下注云律夾鐘今雨水在驚蟄前未知劉歆所改抑亦一行所改也觀太元卦氣舊說疑劉歆欲改而未能至後人始以其書而改之十二月節氣中氣之法亦始於秦漢以來立此法以推日之行度古人簡略止占中星而已堯典占四仲之中星月令占十二月之中星不但宵中而并及其旦中於是占法愈密矣

吳萊二十四氣論

或問曆二十四氣之論予曰是言氣之行有序也而莫不有理存焉俗有相承誤讀者穀雨如雨我公田之雨蓋以此時播種自上而下也今讀爲上聲非矣芒種二字見周禮種之隴反芒當音亡謂種之有芒者麥也今讀芒爲忙種去聲非矣處暑如既處之處處止也謂暑氣將於此時止也今讀作去聲非矣每月有節氣有中氣如丑之終寅之始則爲節寅之半則爲中一年四立卽四時節氣二分二至卽四時中氣九十日之氣往者過來者續故謂之立九十日之半故謂之分夏冬不曰分而曰至至有二義子至巳六陽午至亥六陰至者介乎巳午亥子之間也冬至亥陰極故曰至子陽於此生亦曰至夏至巳陽極故曰至午陰於此生亦曰至日影短至長至亦然且以上半年論之立春正月節雨水正月中漢律曆志驚蟄在正月中注今作雨水蓋自秋分水始涸立冬始冰冬至水泉動大寒水澤腹堅今曰雨水者先是爲露爲霜雪皆水氣凝結以至於寒之極春則水氣流行而又爲暑之始也况天一生水人物之生皆始於水春屬木木生於水今曆立春後繼以雨水宜也卦氣正月爲泰天氣下降當爲雨水二月大壯雷在天上當爲驚蟄今曆先雨水而後驚蟄亦宜也按國語四時有八風曆獨指清明風爲三月節此風屬巽故曰驚蟄者萬物出乎震震爲雷也清明者萬物齊乎巽巽爲風也巽曰潔齊故曰巽風曰清明清明有潔齊之義律曆亦明潔之義穀雨三月中自雨水後土膏脉動今又雨其穀於水也周禮稻人掌稼下地注謂以水澤之地種穀卽穀雨之謂也漢曆律志穀雨注今作清明以今觀之穀雨似遲半月然風土有不同人力有遲速必至此然後無不種之穀也四月中小滿先儒云小雪後陽一日生一分積三十日陽生三十分而成一畫故爲冬至小滿後陰生亦然夫四月乾之初謂之滿者姤初羸豕蹢躅坤初履霜堅冰羸喻其小蹢躅喻其滿霜喻其小堅冰喻其滿易言於一陰既生之後曆言於一陰方萌之初慮之深防之豫也小雪後有大雪此但有小滿無大滿意可知矣若三月中穀雨五月中芒種此二氣獨指穀麥言者處暑農乃登穀此曰穀雨農家方種穀冀今年之秋也穀必原其生之始者穀種於春得木之氣成於秋金克木也麥必要其成之終者麥種於秋得金之氣成於夏火克金也木氣柔故穀穎垂金氣剛故麥穎昂此陰陽自然之理也無穀民何以仰食無麥民何以續食春秋大無麥禾則書之此也六月節小暑六月中大暑不知者以爲夏至後暑已盛不當又謂之小殊不知易曰寒往則暑來暑往則寒來寒暑相推而歲成焉通上半年皆可謂暑通下半年皆可謂寒正月暑之始六月暑之終七月寒之始十二月寒之終而曰小暑大暑者不過上半年氣候之辭爾陰陽冲和之氣不頓息大暑非驟至於大由小而馴至於大也六月中暑之極故爲大然則未至於極則猶爲小也大小二字最可見造化消息進退之理矣復以下半年論之七月中處暑卽如豳風首七月暑之終寒之始大火西流暑氣於此乎處也觀處暑二字便自有豳風七月意思八月中白露九月節寒露秋屬金金色白白者露之色寒者露之氣色先白而氣始寒寒固有漸也九月中霜降露寒始結爲霜也立冬後曰小雪大雪寒氣始於露中於霜終於雪霜之前爲露露由白而後寒霜之後爲雪雪由小而至大皆有漸至小寒大寒亦猶豳風一之日觱發二之日栗烈觱發風寒故十一月之餘爲小寒栗烈氣寒故十二月之終爲大寒豳土寒早故寒氣先要之此不過總結下半年之氣候爾合而言之上半年主生曰雨曰雷曰風皆生之氣下半年主成曰露曰霜曰雪皆成之氣下半年言天時不言農言農莫急春夏也先儒言變者化之漸化者變之成立春雨水後寒氣漸變至立夏則寒漸化爲暑矣然曰小暑大暑其化也固有漸焉立秋處暑後暑氣漸變至立冬則暑盡化爲寒矣然曰小寒大寒其化也亦有漸焉易曰知變化之道者其知神之所爲乎觀二十四氣可見矣大學以格物致知爲第一義此亦格物之一端然不特此也調元氣化玉燭者知之參贊燮理豈無小補耶

陳其愫經濟文輯

貝瓊中星解

中星見於作曆之法尚矣夫有定星星無定位各於四時考之南方而堯典言象言次言星之不同何也末嘉鄭氏本於孔注互見之說諸家無以易之蓋南言朱鳥則知東爲蒼龍西爲白虎北爲元武矣東言大火則知南爲鶉火西爲大梁北爲元枵矣西言虛北言昴則知南爲星東爲房矣余求之經而參之考亭所論豈特以互見爲文哉天道至幽至遠而聖人察之至精至密春言星鳥以二十八宿各復於四方而星鳥適見於昏中故舉而言之至於仲夏則朱鳥轉而西蒼龍轉而南而大火適見於昏中不可以象言亦不可以星言矣秋之中星則元武七宿之虛宿冬之中星則白虎七宿之昴宿故於此獨舉一宿焉大抵天以星爲體而有廣狹遠近明暗早晚惟中者則載之故月令仲春昏弧中旦建星中餘月皆舉二十八宿而此獨非者以弧近井建星近斗井斗不可的指故舉弧建以定昏旦之中則知堯典所載豈非以其中之所見而言乎聖人考中星以正作訛成易之事析因夷隩之宜所謂術不違天政不失時者如此然堯時冬至日在虛昏中昴至朱子之時則日在十昏中壁此見歲差之由而歲差之由恆於中星知之苟以爲互見其法無乃甚疎耶吁差之毫釐謬以千里而學者不之詳也故表而著之

劉基曆度論

天以輕清之氣而運於上一日一夜而過太虛一度其道左行日月五星亦以氣而麗乎天日不及天一度月不及天十三度隨天而左旋日有中道月有九行日月相會歲凡十二方會則月光盡滅而爲晦已會則月光復蘇而爲朔紓前縮後近一遠三則月斜倚而爲弦與日對當天之中則月光正滿而爲望晦朔而日月之合東西同道南北同度則月掩日而日爲之食至望而日月之對東西對道南北對度日射月而月爲之食日至婁井之方月行青朱之道則爲春爲夏日至角牛之方月行白黑之道則爲秋爲冬日道發南則影長極遠而冬至焉日道斂北則影短極近而夏至焉二至之中則道齊影正而春秋分焉山岳之精鍾而爲星中元爲北極上元爲太微下元爲天市二十八宿衆星者言乎其經也金木水火土五星者言乎其緯也金水附日一歲而周天火二歲而周天木十二歲而周天土二十八歲而周天故曰有遲有速也北極則出地上三十六度常見不隱南極則入地下三十六度常隱不見故曰有伏有見也朝出曰贏夕出曰縮西行曰逆東行曰順不東不西曰留芒及曰犯妖變曰孛含譽之生示其喜也格澤之生示其怒也執法郎位象其官也明堂靈臺象其物也是故皇極建而太微明相道得而三台麗諫諍開而執法顯刑罰清而貫索空角應將帥之艮胃應倉廩之實少微以應遺逸之求亢宿以應黎獻之供室應營造之省斗應禮樂之彰五星聚奎以應文運之昌五星聚斗以應武功之競則求端於天而奉若其道不責之以甘石巫咸之術而已也

丘濬論曆象

臣按洪武中刻漏博士元統言一代之興必有一代之曆隨時修改以合天道我朝承運以來曆雖以大統爲名而積分猶授時之數授時曆法以元至元辛巳爲曆元至今洪武甲子積一百四年以曆法推之得三億七千六百一十九萬九千七百七十五分經云大約七十五年而差一度每歲差十分五十秒辛巳至今年遠數盈漸差天度擬合修改今年洪武甲子歲前冬至爲大統曆元推演得授時曆辛巳閏准分二十萬二千五十分洪武甲子閏准分一十八萬二千七十分一十八秒授時曆氣准分五十五萬六百分洪武甲子氣准分五十五萬三百七十五分授時曆辛巳轉准分一十三萬二百五分洪武甲子轉准分二十萬九千六百九十分授時曆辛巳交准分二十六萬三百八十分洪武甲子交准分一十一萬五千一百五分八秒當元統上言時歲在甲子也已云年遠數盈漸差天度矧今又歷一甲子而過其半其年愈遠其數愈多其所差者當益甚也臣愚以爲曆者國家之大事所以膺在躬之數承上天之託以敬天道以授人時者端有在於此臣請詔求天下通星曆之學如郭守敬者以任考驗之責明天人之理如許衡者以任講究之方失今不爲後愈差舛伏惟聖明留神聽察

楊廉讀元史曆志

前代之曆唐虞三代無可攷自漢至元凡四十餘曆漢興四百餘年更三造曆唐興三百餘年更七造曆宋興三百餘年更十八造曆本朝大統曆采用元授時曆自洪武至今百四十年未嘗更造而一一皆驗則斯曆眞可以行之永久矣授時曆乃許平仲郭守

敬所造知曆數既精明曆理又精恐古今之曆未有過之者也其法不用歷代積年日法最爲簡易瓊山丘氏作大學衍義補引洪武中刻漏博士元統之言謂授時曆元年遠數盈漸差天度擬合修改攷之統所改元推步不應曆家尚仍授時之舊而丘氏復謂今去統時年遠數多所差益甚是亦泛論焉耳曆法疎密驗在交食今日月之食分秒不差又何得而疑之哉

鄭善夫改曆元事宜

正德十三年五月朔日食本年十五日十四年四月十五日十月十六日凡三次月食本部劄臣前往觀象臺督同欽天監官生人等看驗其初虧復圓時刻分秒古法新法俱有得失經該奏報外竊以經緯天地治曆明時本聖賢事業而王政之首務也且天道幽元其數精微今欲以人合天非明理達數之原鮮克於此是故歲差之法自晉虞喜始定以歲策五十年差天運一度何承天復定以一百年隋劉焯取二家中數復定以七十五年唐一行復定以八十三年元許衡王恂郭守敬復定以六十六年有餘凡經數十人歷驗千數年至元授時曆似爲精密矣只今新法據許衡等六十六年有餘之數推演仍又不合天道豈易言哉且如定歲之法積四期餘一日一日分加於四期是故二至之時只在絲忽之間自古難準要須酌量以定者如定日之法一日百刻所以變爲九百四十畫者以氣朔有不盡之數難分也凡每月三十日二氣盈四百一十一畫二十五秒一朔虛四百四十一畫積虛盈之數以成閏是故定朔必是四百四十一畫前後爲朓朒只在一晝之間自古無有員知要亦須酌量以定者如日月交食惟日食爲最難測月食分數惟以距交遠近別無四時加減蓋月小暗虛大月入暗虛而食故八方所見皆同也若日爲月體所掩而食蓋日大而月小日上而月下日遠而月近日行有四時之異月行有九道之異故旁觀者遠近自不得而同矣如北方食既南方纔半虧南方食既北方纔半虧是故食之時刻分秒必須據地定表因時求合而後準也如正德九年八月朔日食曆官所報食八分六十七秒而閩廣之間遂至食既其時刻分秒安得而同今按交食以更曆元時分刻刻分秒極精極細及至於半秒難分之處要亦酌量以定者若差半秒積以歲月則躔離朓朒皆不合原算矣是故隨時考驗以求合於天者苟非其人豈易言哉謹按漢唐以來皆設算學與教習儒藝同科稱四門博士如宋錢藻孫覺諸儒皆爲算學博士之官九章之法大明故定差法更曆元每得其人我朝算法既廢而戶部考校數歲限取數人又止於算錢穀戶口此在九章尚未得其一也況古天之書國法所禁而官生之徒明理實少必須理明然後數精方今海內儒術之中固有天資超邁究心天人之學者使得盡觀秘書加以歲月必能上按往古下推未來庶幾曆元可更也

王裔桂歲差考

天體至圓日麗天而行者也周天之度三百六十五度四分度之一天與日偕運並行而成歲功然遲速盈虛不能一律齊於是曆家取其舒縮之中立法以權之俾變者當通各得其所而無有餘不足之憾是曰歲差余考往古堯時冬至初昏昴中日在虛七度漢元和三年冬至日在斗二十一度晉太元九年在斗十七度宋元嘉十年在斗十四度唐開元十二年在斗九度半宋改統天曆在十二度元改授時曆退在箕十度至我朝嘉靖間冬至初昏室中日在箕三度夫虛者北方之宿也日躔北陸在元枵子位箕者東方之宿也日躔東陸在析木寅位今去堯時未四千年而計所差已五十度矣自漢鄧平改曆洛下閎謂百年後當差一度漢末劉洪作乾象曆有歲餘之法晉虞喜始以天爲天歲爲歲立差以追其變而算之約以五十年退一度然失之太過宋何承天倍增其數約以百年退一度而又不及至隋劉焯取二家中數以七十五年爲近之或曰宋祖沖之於歲周之末創設差分每四十六年退一度梁虞劆謂沖之所差太多因以一百八十六年移一度隋張胄元以此二術年限懸隔遂折中兩家以八十三年卻行一度則合堯時日永星火次符漢曆宿起牛初前後皆精密焉或又曰唐僧一行以大衍曆推之得八十三年而差一度由唐以來曆家咸尚爲大衍之說曰日躔一歲行周天之度未徧而日已至故每歲有不及之分約天一度爲三千四十分計一歲不及之分三十有六積而至於八十三年則差三千四十分爲差一度矣元郭守敬許衡王恂輩測景驗氣以至元辛巳爲曆元減周歲爲三百六十五日二十四分二十五秒加周天爲三百六十五度二十五分七十五秒強弱相減差一分五十秒積六十六年有奇而退一度

定爲歲差上考往古則每百年長一下驗將來則每百年消一又推自春秋獻公以來二千一百六十餘年類皆脗合可謂精且密矣我朝洪武中刻漏博士元統以甲子歲前冬至爲大統曆元不用消長之法嘗上言今之曆雖以大統爲名而積分猶仍授時之數授時曆以至元辛巳爲曆元至洪武甲子積一百四十年以曆法推之得三億七千六百一十九萬九千七百七十五分年遠數盈擬之六十六年有奇差一度之法所當修改嘉靖初掌欽天監事華湘奏自元辛巳至元統上言時僅一百四十年迨今則二百四十二年授時曆法每歲差一分五十秒約六十餘年差一度今合差三度餘矣是以正德戊寅日食庚辰月食時刻分秒起沒方位多推算不合宜及今擇知曆理者廣集疇人子弟於冬至前詣觀象臺晝夜詳測日景黃道赤道中星等日計月書至來歲冬至以驗二十四氣七十二候日月交食日躔月離之類視元辛巳以來有所錯謬備錄上覽然後詳定歲差以成一代之制今其言猶存論曰天運至渺而曆紀之民用至賾而曆先之是曆之作也聖人所以弦叅贊之用廓經綸之業厥繫崇且鉅矣然觀之書曰欽若昊天曆象日月星辰易曰澤中有火革君子以治曆明時夫書之言欽也固順天以求合而人罔所庸其智識矣繹革之義則天運雖齊難以數拘而隨時變通亦有不可廢者乎古之曆自黃帝訖秦末凡六改漢凡五改魏文帝訖隋末十二改唐高祖訖周末十六改宋凡十八改金熙宗訖元末二改鑒往昔之數易亦足以明其不得已也洛下閎自信百年後差一度矣而當時史官考諸上古中星知太初曆已差五度虞喜定差法取五十年何承天取百年而劉焯以七十五年易之祖沖之取四十六年虞劆取百八十六年而張胄元僧一行以八十三年易之大衍之後郭守敬立爲六十六年有奇差一度法無遂於此者而今斷弗合豈曆之不善哉天道悠邈運動無常巧曆不能盡其數聖哲莫或窮其變理也勢也隨時窺測以救弊脩軌是安可少乎然有曆數有曆理知數而不知理者曆家之所以流於謬也知理而不知數者儒家之所以失於迂也歲差之法亦在於理與數兩究之哉

戴庭槐氣候總論

夫七十二候見於周公之時訓呂不韋載於呂氏春秋漢儒入於禮記月令其來遠矣若載之於曆則自後魏始耳第其禽獸草木多出於北方蓋緣漢前諸儒皆產江北故後之江南雖號宿儒老師亦難盡通其名義然多識參攷求覈其實則庶幾得之斯亦吾儒格致之學所不廢乎愚嘗因是而知天地氣序推遷之妙矣蓋一歲之間本一氣之周流耳一氣而分爲二則有陰陽二倍而爲四則有四時三四一十二則又有十二月十二倍而爲二十四則有二十四氣復三其二十四而爲七十二則有七十二候是七十二候者吾得之於乾坤之策焉乾之策三十六而兩之夫固七十二也坤之策二十四而三之亦七十二也計乾六爻之策二百一十有六坤六爻之策一百四十有四適合乾坤之策而三百六十日之數盡矣舉乎七十二候之全而三百六十日之歲周矣然曆書之所記者候也而候之所應者氣也氣至而物感則物感而候變是故天地之氣撓萬物者莫疾乎風也正月而東風解凍者則天地發舒之氣散矣七月而涼風至者則天地收斂之氣散矣動萬物者莫疾乎雷也二月而雷始發聲者陽之中也八月而雷始收聲者陰之中也說萬物者莫說乎澤潤萬物者莫潤乎水也六月而土潤溽暑大雨時行者陰之濕陽之終也十一月而水泉動十二月而水澤腹堅者陽之動陰之終也陰陽之氣交而爲虹季春虹始見者陽勝陰也孟冬虹藏不見者陰勝陽也陰陽之氣鳥獸草木得之爲先鷹主殺而秋擊鼠主貪而夜出而卯辰之月能化鳩鴽者以卯辰者陽之壯陰爲陽所化也爵乳子而春集雉求雌而朝呴而戌亥之月能爲蛤蜃者以戌亥者陰之極陽爲陰所化也蟄蟲啓戶者雷聲發之時與陽俱出也蟄蟲坯戶者雷收聲之時與陰俱入也孟春而獺祭魚者此時魚逐陽氣而上遊也季秋而豺祭獸者此時獸感陰氣而見殺也春而鴻鴈北元鳥至者鴈自南而來北燕自北而來南各乘其陽氣之所宜也秋而鴻鴈來元鳥歸者鴈自北而來南燕自南而來北各乘其陰氣之所宜也二月而倉庚鳴四月而螻蟈鳴者鳴以陽也及五月一陰始生鵙一鳴而反舌則無聲矣七月而寒蟬鳴者鳴以陰也及十一月一陽始生鶡鴠能鳴而感陽則不鳴矣四月而蚯蚓出者陰之屈者得陽而伸也十一月而蚯蚓結者陽雖生矣而陰尚屈也夏至得一陰而鹿角解者鹿陽獸也冬至得一陽而麋角解者麋陰獸也草木正月而萌動者陰陽氣交而爲

泰也九月而黃落者陰長陽消而爲剝也桃桐華於春者應陽之盛也黃菊華於秋者應陰之盛也四月而靡草死者陰不盛於陽也十一月而荔挺出者陽初復於陰也麥得陰之穉也故金王而生火王而死而麥秋在於四月也禾得陽之穉也故木王而生金王而熟而禾登在於七月也至於腐草之爲螢則植物之變爲動物無情之變爲有情豈非陽明之極而陰幽之物亦隨之以化哉大抵陰陽二氣無形而默運於內風雨露雷昆蟲草木有形而改換於外君子觸其景而測其應則可以寓對時育物之心因其候而思其義則可以悟陰陽貞勝之理由是而知一歲之間七十二候卽二十四氣也二十四氣卽一十二月也一十二月卽四時也四時卽二氣也二氣卽一氣之周流也而乾坤無餘策曆書無餘術矣

欽定古今圖書集成曆象彙編曆法典

曆法典第七十六卷

曆法總部總論四

草木子

葉子奇論曆元

漢太初曆凡十九年七閏爲一章章者至朔分齊閏無餘分也二十七章五百一十三歲爲一會會者日月交會一終也凡三會八十一章一千五百三十九歲爲一統閏朔並無餘分但非甲子歲首也凡三統四千六百一十七歲爲一元至是閏朔並無餘分又値甲子歲首也此揚子雲擬之以作太元也唐大衍曆亦以積年甲子日子時朔旦冬至在歲次甲子之首爲之至朔同日第二十年爲第二章首復得至朔同日然非甲子之先期夜半乃是癸卯日卯時第三十九年至朔同於癸未日午時第五十八年爲第四章首至朔復同於癸亥日卯時第七十七年至朔又復同於癸卯日子時因其至朔同在夜半與初年第一章同遂以七十六年名一蔀蔀者蒙蔽晻昧之時也凡四章爲一蔀總二十蔀名曰一紀計一千五百二十年必然至朔同於甲子日之先期夜半但非甲子歲首早總三紀積四千五百六十年至朔同於甲子之先期夜半又甲子歲首總會如初名曰一元此僧一行推之演大易也曆說雖多不出此二家之術也

論授時曆

曆自上古黃帝以後莫不隨時考驗以與天合故曆法無數史之弊及秦滅先世之術置閏於歲終古法殫廢矣由漢而下以積年日法爲推步之準以至於今夫天運流行而不息欲以一定之法拘之未有久而不差之理差而必改其勢有不得不然者乃命改造儀象日測月驗以與天合與永終無弊元造定曆命曰授時取堯典敬授人時之義自古曆多用一定之法故未久而差由不知天爲動物有歲亦略有差也古曆雖立差法五十年差一度又太過一百年差一度又不及七十五年差一度稍爲近之尚未精密守敬以八十一年而差一度算已往減一算算將來加一算始爲精密

管窺集要

閏法

易大傳歸奇於扐以象閏五歲再閏故再扐而後掛書堯典以閏月定四時成歲蔡氏傳云云故一歲閏率則十日九百四十分日之六百單一云云五歲再閏則五十四日九百四十分之三百七十五十有九歲七閏則氣朔分齊是爲一章也

愚案閏法大抵皆是三十二月左右一閏若是自正月至四月閏則只間一年使滿三十二月又直置閏所謂五歲再閏者此也若是自五月至十二月閏則須間二年方滿三十三月却當一閏所謂三歲一閏者此也往往多是三二次三年一閏了方有箇五年再閏閏法須是補前借後恰好得二十九日零四百九十九分了（此以九百四十分爲一日所謂分母也）方可當豈有只滿五十四日九百四十分日之三百七十五便於此置兩閏之理蔡氏非不知此特爲五歲再閏之文所拘故如此說且大傳亦非謂三年一閏了便五年再閏特以揲法有一扐再扐而閏法亦有一閏再閏歸奇歸餘有相類處故如此配不以辭害意可也

書堯典以閏月定四時成歲蔡傳云云五歲再閏則五十四日九百四十分日之三百七十五十有九歲七閏則氣朔分齊是爲一章也今世儒者有纂說云愚曰一閏二十九日六時三刻强三歲一閏於三歲閏率之數而有餘二閏五十九日六刻強五歲再閏於五歲閏率之數而不足或者遂疑五歲再閏之說謂五歲餘分而以日法計之僅得五十四日有奇不可當兩閏殊不知置閏之法非必置一閏月卽截然於所餘日及零分都無餘欠也置一閏而有餘則留所餘之分以起後閏置兩閏而不足則借下年之日以終兩閏直至十九歲七閏然後氣朔分齊而爲一章也但七閏之中爲三歲一閏者五爲五歲再閏者二有多少之不同耳旣曆中有五歲再閏之法則傳者之言豈可背乎愚又案書傳旁通及書傳纂圖所刻十九歲七閏細數雖各不同實互相備但纂圖有少缺誤處今以愚說足之觀者可攷

旁通所載

一年閏率十日八百二十七分
二年閏率二十一日七百一十四分
三年閏率三十二日六百一分
除二十九日四百九十九作一閏外餘三日一百二分是
四年閏率一十三日九百二十九分
五年閏率二十四日八百一十六分
借下年四日六百二十三分湊作再閏
六年閏率六日二百四分
七年閏率一十七日九十一分
八年閏率二十七日九百一十八分
借下年一日五百二十一分湊作第三閏
九年閏率九日三百六分
十年閏率二十日一百九十三分
十一年閏率三十一日八十分
作第四閏外餘一日五百二十一分
十二年閏率一十二日四百八分
十三年閏率二十三日二百九十五分
十四年閏率三十四日一百八十二分
作第五閏外餘四日六百二十三分
十五年閏率一十五日五百一十分
十六年閏率二十六日三百九十七分
借下年三日一百二分湊作第六閏
十七年閏率七日七百二十五分
十八年閏率一十八日六百一十二分
十九年閏率二十九日四百九十九分
正作第七閏無餘無欠

按纂說中愚曰之說其曰偕閏之法非必置一閏月卽截然於所餘日及零分都無餘欠也此說以年計之則似是以月計之則實非何則蓋置閏之年其餘分未必截然無餘是矣而不可有所欠欠則必不當於此年偕閏也曆家必於三十三月左右置一閏而補前借後必各得一半則後月節氣必在此月之中而中氣不在其月則閏在是矣是固天然恰好當在此偕非人所可移前移後強置之所不當置之月也春秋於是閏三月之譏正是爲不當置而強偕者發推彼以明此可也其曰置一閏而有餘則留所餘之分以起後閏此不易之論也其曰置兩閏而不足則借下年之日以終前閏此不通之論也既曰不足則所閏之月必當於下年所當恰好置閏之月

所謂恰好卽月之有節氣無中氣者

置豈有預借先閏之理攷於授時曆紀年置閏之次可見何嘗有預借下年之日先於上年置閏之例哉愚曰之說蓋因旁通纂圖所載而誤旁通纂圖之誤蓋因蔡傳五歲再閏之說爲說則不得不如此誤也蓋第二閏既在第五年第三閏若不借下年日湊作在第八年則必在第九年乃成四年一閏矣第三第四第五閏既三箇三年一閏相連若不又借下年日湊作在第十六年則必在第十七年而成四箇三年一閏相連矣此旁通所以不得不如此誤也纂圖不思不可四箇三年一閏相連等說此一誤而愚曰反以爲說過矣蔡氏則爲繫辭五歲再閏之文所拘而如此說殊不思繫辭特以閏以三年一閏五年再閏二等而揲法亦有一扐再扐二等故取其象以相配耳例非謂一閏之後卽須再閏學者不以辭害意可也如以辭而已矣則乾坤之策三百有六十當期之日則之日必三百六十五日四分日之一以乾坤之策當之而不足二篇之策萬有一千五百二十當萬物之數既止於萬以二篇之策當之而有餘矣如以聖人取象之意推之則皆不必泥可也然則置閏之法又何可以五歲再閏之辭泥乎管見如此未知當否姑志於此以俟知者而就正云其一章置閏之次具於左方以使遺忘同志者宜取焉

一年二年三年第一閏當在此年八月置或進在七月或退在九月者閒亦有之
四年五年六年第二閏當在此年五月置或進在四月或退在六月者閒亦有之
七年八年九年第三閏當在此年二月置或進在正月或退在三月者閒亦有之
已上三閏皆是三年一閏
十年十一年第四閏當在此年十月置或進在九月或退在十一月者閒亦有之
此是五年再閏
十二年十三年十四年第五閏當在此年六月置或進在五月或退在七月者閒亦有之
十五年十六年十七年第六閏當在此年三月置或進在二月或退在四月者閒亦有之
已上二閏皆是三年一閏
十八年十九年第七閏當於此年十二月置或進在十一月退在明年正月者有之
此是五年再閏

右十九歲七閏之數夭大約如此蓋因授時曆紀年斟酌其序則然耳以類而推不中不遠矣其氣朔盈虛積實細數則自如旁通纂圖所推但旁通纂圖皆只定其所閏之年而不言其所閏在何月則是閏年非閏月也愚不知其若然定其所閏之月則如所謂借下年日數湊作閏者當於此年何月置耶識者豈宜無見於此愚奚庸贅

閏無中氣

置閏之法積十九年所餘之日而已七閏大略已見日度所餘之說矣所謂斗柄兩辰之間其說易明所謂閏無中氣者二十四氣十二爲中十二爲節一月兼具中節則爲常月其節氣或在月中其中氣或在月晦朔之間是謂無中氣則爲閏也尚書正義曰無閏卽三年差一月以正月爲二月也九年差三月以春爲夏也十七年差六月則四時相反也此履端歸餘所以重閏課曆得失必考諸閏也

釋春秋議失位

左傳襄公二十七年經書冬十二月乙亥朔日有食之傳云十一月乙亥朔日有食之辰在申司曆過再失閏矣杜預以長曆推之曰周十一月今九月也斗當建戌而猶在申故知再失閏也前志劉歆曆譜亦以爲辰在申而司曆以爲在戌史書以爲建亥周十二月夏建亥之月也其說與杜預皆同後秦姜岌乃謂襄公二十七年十月乙亥朔日有食之以定朔而考其交會應在此月不爲再失閏又曰劉歆三統曆不可施於春秋而傳之遵失亦甚多皆此類也觀岌之言非惟不取劉歆之說幷左氏傳杜預長曆而非之矣唐一行亦曰長曆日千不在其月則改易閏餘以求合故閏月相拒近則十餘月遠則七十餘月此杜預所甚謬也然則左氏杜預所謂再失閏者皆非歟意者數百載之下仰求數百載之上各據一法各採一說所以不同也古之書傳編年紀時日非如後世之詳悉惟春秋井井有條而又因史策之誤而書之以示司曆之過故後人推考前代之歲月凡得一言一話則據以爲證如得火猶西流之說則據以爲再失閏三失閏之辯如得十月之交朔日辛卯日有食之說則據以爲平朔定朔之辯亦如得左氏再失閏之一說則據以推春秋之年代也何怪乎紛紛異端迭相訾毀者乎

釋火西流

哀公十二年經書冬十二月螽仲尼以爲火伏而後蟄者畢今火猶西流司曆過也杜預注云周十二月今之十月是歲失置一閏誤以九月爲十月也故有螽劉歆曆譜云以建申流火之月爲建亥司曆誤以七月爲十月也張晏注班志云當八月建酉而司曆誤以八月爲十月再失閏也杜預謂九月誤爲十月則一失閏張晏又謂八月誤爲十月則再失閏劉歆謂七月誤爲十月則三失閏三者之說何如哉按仲尼之言曰火伏而後蟄者畢今火猶西流司曆過也夫大火心星也心星伏而入北方則十月也心星猶西流而未入北方則猶九月也劉歆知七月流火而不知大火八月亦謂之西流也張晏知八月流火而不知九月猶西流也火猶西流蟄蟲未畢伏以九月爲十月明矣以九月爲十月則失一閏曉然矣杜預之言是歆晏之言非也杜預長曆以劉歆三統曆最疎其謂是歟張晏誤以襄公二十七年再失閏之事而釋此也一行議曆亦云以九月爲十月啓自文公不知朔至哀公凡百餘年莫能正曆其爲失閏多矣故春秋日食甲乙者三十四而劉歆三統曆惟一食杜預以此知其曆術此諸家最疎也杜預推春秋之傳詳且審矣然閏月相距近則十餘月遠則七十餘月一行又何復以此議杜預之謬失春秋假日月以定曆數故合朔先天則經書日食以糾之中氣後天則傳書南至以明之後人推究何以紛紛而無定論也

古今治平略

帝王曆法

曆法何昉乎自伏羲畫八卦以象二十四氣炎帝分八節以紀農功至黃帝創受河圖始設靈臺立天神地祇物類之官使羲和占日常儀占月車區占星氣伶倫造律呂大撓作甲子隸首造算數容成總斯六術以考定氣運天以六節地以五制司天氣者六期爲備終地紀者五歲爲周五六合者三十歲七百二十氣爲一紀六十歲千四百四十氣爲一周於是因五量治五氣起消息察發斂以作調曆而是歲己酉十一月朔旦日南至而得寶鼎焉乃迎日推策積餘分以置閏配甲子而作蔀於是時惠而辰從代有專官以司其事少昊時鳳鳥氏實爲曆正焉顓頊受命命南正重司天北正黎司地是歲正月朔旦立春五星會於天歷營室乃建孟春之月爲曆元其後二官咸廢厥職閏餘乖次孟陬殄滅攝提無紀曆數失序

迨唐堯立羲和之官治曆象日月星辰敬授人時所謂日中星鳥日永星火宵中星虛日短星昴非軌度之可見者乎所謂以殷仲春以正仲夏以殷仲秋以正仲冬非時序之可推者乎所謂朞三百六旬有六日以閏月定四時成歲非其數之可積者乎帝舜承之在璿璣玉衡以齊七政嗣是夏正建寅殷正建丑周正建子時夏有昆吾殷有巫咸周有史佚皆能宣明其事而周禮設官分職則大司徒以土圭之法測土深正日景以求地中司治曆之事占天而主日太史氏尸之以正歲年敘事焉馮相氏掌十有二歲十有二月十有二辰十日二十有八星之位以會天位以辨四時之序蓋天行歲歷一辰十有二歲而一周月與日會亦月歷一辰十有二月而一周辰則日月相會之次也辰十有二曰元枵曰娵訾曰降婁曰大梁曰實沈曰鶉首曰鶉火曰鶉尾曰壽星曰大火曰析木曰星紀而二十有八星之位則日月所宿躔舍焉故曰曆者歷也歷日月星辰之歷次而正其經紀者也又保章氏志日月星辰之變動以觀天下之遷辨其吉凶夏商治曆之事不可復詳而以周制推之雖三代歲建不同而要以中星正則天運可求分至定則日行可準振古如茲莫之有易也周德既衰史不記時君不告朔治曆之權不秉於天子故當其時魯有梓慎晉有卜偃鄭有子韋齊有甘德楚有唐昧趙有尹皋魏有石申各掌著於天文圖驗之事如魯哀十年以建申之月爲建亥而仲尼嘆之周襄王二十六年閏三月而春秋非之左氏曰先王之正時也履端於始舉正於中歸餘於終履端於始序則不愆舉正於中民則不惑歸餘於終事則不悖滅傷之也然則春秋之於四時雖無事必書時月時以紀啓閉月以紀分至誠所以正時而作事厚生者也至於秦滅六國兵戎極煩又升至尊之日淺未暇修曆而自以爲獲水德之瑞正以十月色尚黑豈不益謬哉

兩漢曆法

漢興初襲秦正朔以張蒼言主顓頊曆用之而晦朔月見弦望滿虧未能覩其真至武帝元封元年公孫卿壺遂司馬遷等言曆紀壞廢宜改正朔詔選鄧平等及民間能治算者二十餘人更造密度而唐都洛下閎與焉乃以前曆上元泰初四千六百一十七歲至元封七年復得閼逢攝提格之歲仲冬十一月甲子朔旦冬至日月在建星太歲在子得本初星度以造漢太初曆其法以律爲宗曰律容一龠卽八十一寸則一日之分也與長相終長九寸百七十一分而終復三復而得甲子夫律陽陰九六爻象之所從出也故黃鍾紀元氣之謂律律者法也物莫不取法焉蓋以律轉曆也於是察觀星度日月之行以推算之先藉半日名陽曆先朔月生不藉名陰曆朔而後月生而以陽曆朝諸侯王羣臣便議上上使校曆官淳于陵渠覆校陵渠言太初曆晦朔弦望最密而冬至之夕日月如合璧五星如連珠乃詔用鄧平所造八十一分曆罷廢尤疎遠者十七家實始行夏時也遂詔以元封七年爲太初元年其後元鳳三年太史丞張壽王言更曆非是詔雜候於上林淸臺課諸曆疎密十一家盡六年壽王課最疎太初曆第一自漢曆初起盡元鳳六年三十六歲而是非始定至孝成時劉向總六曆列是非作五紀論向子歆究其微眇作三統曆其說以爲三統合於一元而三代各據一統三統常合而迭爲首登降三統之首周還五行之道也故三五相包而生天統之正始施於子半地統受之於丑初人統受之於寅初太極運三辰五星於上元氣轉三統五行於下而皇極建三德五事於中故三辰之合於三統也日合於天統月合於地統斗合於人統五星之合於五行也水合於辰星火合於熒惑金合於太白木合於歲星土合於填星故曆三辰五星相經緯也會三統而復於太極以當萬物氣體之數天下之能事畢矣至後漢太初曆施行百餘年而曆稍後天朔乃或在月晦永平中詔曆官張盛景防鮑鄴等以四分法與舊曆楊岑課弦望而盛等所中多岑六事四分之術頗行至元和而太初失天益遠章帝詔改行四分曆以九道法候弦望無差而以庚申爲元然至熹平三年二十九事之中月先曆食者十六於是差矣會稽尉劉洪悟以爲四分疏闊者斗分太多故也更以五百八十九爲紀法百四十五爲斗分作乾象法冬至日在斗二十二度以術追日月五星之行推而上則合於古引而下則應於今其爲之也依易立數遁行相號潛處相求爲乾象曆蓋月行有進退以日行課其疎密而日月黃道赤道表裏之度始精大儒鄭元受之以爲窮幽極微加注釋爲學是故曆者皆斟酌乾象以爲推步之表至此而漢曆凡五改矣

三國六朝曆法

三國時蜀仍漢四分吳用乾象魏初韓翊本乾象造

造黃初曆以四千八百八十三爲紀法一千二百五爲斗分其後陳羣等言翊所造皆用洪法小益斗分所錯無幾楊偉因改造景初曆蓋二曆皆寫子模母終不過洪之術也晉初因景初改名泰始曆杜預又著春秋長曆以爲天行不息日月星辰各運其舍皆動物也物動則不一雖行度可得而限然累日爲月累月爲歲新故相涉不得不有毫末之差始失於毫末積而成多以失弦望晦朔則不得不改憲以從之書所謂欽若易所謂明時言當順天以求合非爲合以驗天者也至哉言乎咸寧中李修卜顯依預論爲術名乾度曆表上之時尚書史官以乾度與太始參較乾度殊勝渡江後更以乾象五星法代楊偉曆穆帝末初中王朔之又造通曆以甲子爲上元其後太元中姜岌造三紀甲子元曆以爲古曆斗分強不可施於今乾象斗分細不可追於古景初近之而日之所在猶差四度蓋日所在之度難知漢世惟驗諸昏明中星爲法已疎闊於是即月食度分以其衝知日度所在而躔次乃得其正然終晉之世惟用泰始而餘曆不果施行宋武帝初改泰始爲永初曆元嘉中以前曆合朔不在朔月食不在望何承天以爲朔望弦朒縮不辨知也於是即朔弦望皆承大小餘正朔望之日更測中星知堯時冬至日在須女十度舊曆在斗十七度今測景所驗乃當在斗十三四度於是更立新法冬至徙而上三日五時日視舊移四度以定氣至名元嘉曆自宋迄齊多術用焉其時祖沖之世天官覺其失考古法爲甲子元曆未上而河西王牧犍亦遣使獻趙𢾺所撰甲寅元曆亦未施行梁大監中沖之子暅疏言先臣在晉仰觀十二代曆皆元不同斗分疎密隨異當代用之各執一法而不能相通譬之家異權度即輕重不得不隨異也夫十分者日月初躔星辰之紀也日月合朔於此而一陽滋始萬物萌芽此律曆之所起也今以元嘉曆測冬至斗分日月所在覺差三度而二至晷影差幾一日諸五星伏見尤舛詔太史以暅所上曆與舊曆對課疎密沖之曆皆密由是施行大同十年又詔太史虞氏造大同新曆未及用而遭侯景之亂陳氏亦用祖沖之曆蓋南朝之曆曰永初曰元嘉曰甲寅元曰甲子元曰大同新曆然甲寅元與大同不用永初又復因晉四朝所用惟元嘉甲子元二曆而已北魏入中原但得景初曆世祖克沮渠氏得趙𢾺元始曆時人以爲密行之太武時崔浩爲五寅元曆未及施行久之世宗以元始浸疎命更造新曆至肅宗正光中崔光取張龍翔等九家所上曆候驗得失合爲一曆以甲子爲元應魏之水德命曰正光曆東魏興和元年以正光曆漸差命李業興更修號興光曆齊文宣受禪宋景業援圖讖作天保曆遊以爲文宣受命之符文宣悅而施行後董峻鄭元偉立議非之上甲寅元曆時廣平人劉孝孫張孟賓同知曆並更創新法其年諸曆家豫刻日食疎密六月戊申朔太陽虧劉孝孫言食於卯張孟賓言食於申鄭元偉董峻言食於辰宋景業言食於巳至日食乃於卯辰之閒其言皆不能中西魏入關尚行正光曆周明帝武定元年始造周曆於是諸日者採祖暅舊議通簡南北之術然閱齊並時而曆差一日頗覩其謬故正光廢而天和作矣天和曆上於甄鸞大象年間太史馬顯等上丙寅元曆施行之隋高祖輔周欲以符命耀天下道士張賓知其意自言曆是有代謝之證乃更造新曆名己巳元曆其法依何承天法微加增損行於開皇之四年而劉孝孫劉焯張胄元並稱其失議論蜂起久之不定至十四年令參問日食事胄元所剋前後妙爽時起分數合於是令參定新術而劉焯聞胄元進用又增損孝孫曆法名七曜新術奏之與胄元之法頗乖爽開皇二十年帝命皇太子召集曆算之士焯復增修其書名皇極曆太子嘉之未獲考驗以官不稱意稱疾歸蓋北朝之曆曰五寅元曰元始曰正光曰靈憲此元魏之曆也曰興光曰太保曰甲寅元此東魏高齊之曆也曰天和曰景寅元曰己巳元曰皇極此後周隋氏之曆也言曆者不一行之數十年輒復差故南曆則以何承天爲宗而北曆則依趙𢾺祖沖之爲據要皆沿習舊法而增損焉耳

唐代曆法

唐終始二百九十餘年曆凡八改武德初傅仁均所造曰戊寅元曆行之盡一年而月食比不效乃詔崔善爲祖孝孫等考定之至高宗時而疎太史令李淳風作麟德曆以獻其法損益中外術以考日爲本爲木渾圖以測黃道當時以爲密詔與瞿曇羅所上經緯曆參行至開元中日食復比不效於是詔僧一行作新曆曆成而一行卒詔張說與曆官陳元景等次爲大衍曆頒於有司時善曆算者瞿曇譔怨不能預與元景等言大衍獨述天竺九執曆而其法未盡右司禦南宮說亦非之詔令日官於靈臺課候大衍十

得七八麟德三四九執纔一二而是非乃定肅宗時用山人韓穎言更曆節增二日爲至德曆而不與天合寶應元年臺官郭獻之等更曆曰五紀考古甚進退偶合詔頒用之迄建中又變曰正元元和又變曰觀象自是嗣世纘緒必更曆紀穆宗長慶中又改曰宣明然皆因大衍舊術於晷漏交會稍增損之以爲名其制法簡易合望密近惟宣明庶幾焉至昭宗時數亦浸差少詹事邊岡與日官更造崇元曆亦大衍之舊餘殊途而一致者也蓋自太初至麟德凡二十有三家惟一行所爲曆其倚數立法皆本易大衍而立術以應之唐之曆莫善於大衍矣其本議曰天數始於一地數始於二故合二始以位剛柔天數終於九地數終於十故合二終以紀閏餘天數中於五地數中於六故合二中以通律曆自五以降爲五行之生數自六以往爲五材之成數錯而乘之以生數衍成數位一六而退極五十而增極以一六爲爻位之統五十爲大衍之母成數乘生數其算六百爲天中之積生數乘成數其算亦六百爲地中之積合之千有二百以五十約之則四象周六爻也以二十四約之則太極包四十九之用也綜成數約中積皆十五綜生數約中積皆四十兼而爲天地之數以五位取之則復得二中之合也此大衍所以爲天地之樞如環無端而爲律曆之大紀也其中氣議曰曆氣始於冬至無所取之取於晷景也二分爲東西之中二至爲南北之極而晷景進退有至不至者乃日行盈縮使然不可強而叶也蓋曆術在於常數而不在於變行既叶中行之率則可以兩齊先後之變今曲就其變而少者失之多者失在是捨常數而從變行也必不合矣其合朔議曰日月合度謂之朔無所取之取之食也春秋所書日食癸有傳所記其下繫以列國之事蓋列國之赴告也列國赴告不一則其曆有不可以一術齊者矣故合朔先天則經書日食以糾之中氣後天則傳書南至以明之其在晦日若二日則原於定朔以得之列國曆殊則稽六家之術以知之此四者治曆之大端也長曆日不在其月則改易閏餘以求合此甚謬也新曆本春秋日食古史交會加時及史官候簿所詳稽其進退之中以立常率然後以日躔月離先後屈伸之變而損益之故經朔與躔離三者迭相爲經若權衡相持而千五百年之間朔必在晝望必在夜其加時又合則三術之交各當其正若乾度盈虛與時消息告譴於經數之表變常於潛遯之中則雖聖人然且不質非籌曆之所能及矣其日度議曰古曆日有常度周天爲歲終故繫星度於節氣其說似是而非故久而益差虞喜乃立差以追其變使五十年退一度何承天以爲太過乃倍其年而反不及皇極取二家中數爲七十五年蓋近之然而未盡合也大抵古曆分率簡易歲久輒差達曆數者隨時遷革以合其變故三代之興皆揆測天行考正星次爲一代之制及繼體守文疇人代嗣則謹循先王舊制而奉行焉固其理也春秋起蟄而郊龍見而雩以歲差推之周曆立夏日在觜觿二度昏角一度中則龍見當在建巳之初至春秋時已潛退五度猶在建辰之月據麟德曆以小滿後十三日而雩則龍角過中不時矣故唐禮當以建巳之初農祥始見而雩傳曰凡土功龍見而戒事火見而致用水昏正而栽日至而畢以歲差推之周初霜降日在心五度角亢晨見立冬火見營室中後七日水星昏正可以興板幹故祖沖之以定之方中直營室八度爲得時也據晉曆立冬後二十五日火見大雪後營室乃中其時陽氣靜復而以之繕城隍治宮室是謂發天地之房所失多矣則唐制宜以元枵中天興土功其日蝕議曰日君道也月臣道也日月嘉會而陰陽輯睦則陽不疚於位以常其明陰含章示沖以隱其形若望而正於黃道是謂臣干君陽斯蝕之矣朔而正於黃道是謂臣壅君陽爲之蝕矣乃以爲古太平之世日不蝕星不孛蓋有之矣若過至其分月或變行而避之或五星潛在日下禦侮而救之或涉交數淺而不食或在陽曆陽盛陰微而不蝕四者皆德教休明之所由生也近古大儒劉歆賈逵之倫以日蝕非常故闕而不論夫使日蝕不可以常數求則無以課曆數之疎密使日蝕而皆可以常數求亦何以占政教之休咎哉故必稽古史虧蝕淺深加時朓朒數協者反覆求之由曆數之中以參辰象之變觀辰象之變以求曆數之中類其所同而中可知矣辨其所異而變可知矣其循度則合於曆失行則合於占古道順成常執中以追變曆道逆數常執中以俟變天道如示指掌矣其五星議曰日月所以著尊卑不易之象五星所以示政教從時之義也故日月之失行也常微而少五星之失行也常著而多其五星留逆伏見之數表裏盈縮之行皆係之於時而時有變行故其常度與人事相符儆戒而神理從效焉故較

推必稽古今法記八氣均而行度齊上下相距反覆相求以初爲常而以其獨異於常者爲占蓋法以二星相近爲失行三星以上爲失甚天竺曆以爲五曜之精皆有所好惡遇所好之星則趨之遇所惡之星則捨之趨之行疾捨之行遲凡皆以精氣相感也故五星各立歲差以究五精之運而周二十八舍之變其推法密要如此

五代曆法

五代初用唐崇元曆而晉高祖時馬重績始更造新曆不復推古上元甲子冬至七曜之會而起唐天寶十四載乙未爲上元用正月雨水爲氣首此首乃初唐建中時術者曹士蔿所變號符天曆然世謂之小曆祇行於民間而重績乃用以爲法遂施於朝廷賜號調元曆行之五年輒差而復用崇元周廣順中博士王處訥私撰明元曆於家民間又有萬分曆而蜀有永昌曆正象曆南唐有齊政曆周世宗時端明殿學士王朴通曆於是以步日步月步星步發斂著爲書四篇上之世宗頒行之曰欽天曆而朴曆自成一家言其法總日躔差度爲盈縮二曆分月離遲疾爲二百四十八限以考衰序之漸以審朓朒而朔望正校赤道九限更其率數以步黃道使日躔有常度分黃道八節辨其內外以揆九道使月行如循環而二曜協觀天勢之升降察軌道之斜正以制食差而交會密測岳臺之中晷辨二至之日夜以刻躔離而晷漏精推星行之順逆伏留使舒亟有漸而五緯齊然不能宏深簡易而徑急是取至其所長雖聖人出不能廢也

宋代曆法

宋初承用欽天曆建隆二年以欽天曆刻差謬命有司重加研覈而王處訥上新曆號應天曆太平興國中以應天置閏有差詔吳昭素徐瑩董昭等各造新曆而昭素法頗精密賜號乾元其後朔望復差咸平四年史序王熙元獻新曆更名儀天時趙昭逸言其熒惑度數稍謬復推驗之果如其說久之星躔復失度天聖中司天監上新曆賜名崇天英宗初有司言崇天五星之行及諸氣節有差又以日蝕不效詔周琮等各造新曆令范鎮詳定謂惟琮曆最密乃用之號明天曆初石道言琮曆不可用至熙寧中月食東方與曆不叶詔曆官雜候時有言衞朴通曆法召朴至朴言其失在置元不當詔其改造朴以己學爲之視明天曆數減二刻曆成號奉天曆九年奉天以日蝕不當詔集曆家考驗有司言失於後天遂改作元祐六年曆成詔以觀天爲名崇寧姚虞輔改曰占天未幾蔡京令虞輔改用帝受命之年即位之日造曆元用庚辰日起己卯曆成名以紀元蓋宋自開國迄靖康丙午百六十餘年而曆凡八改南渡建炎三年更造統元曆元用甲子日起甲子蓋自古造曆多起朔旦甲子夜半冬至徽京用受命年月日之失也然猶用紀元法推算而以統元爲名孝宗初日食不驗於是改造乾道曆已又改爲淳熙曆時孝宗務知曆法疏密朝廷益重曆事十二年楊忠輔言淳熙曆簡陋於天道不合趙渙亦言淳熙法皆後天一辰紹熙元年頒新曆名曰會元至慶元四年會元占候復差日官草澤互有異同忠輔更之名曰統天然自淳熙以來三曆皆出自劉孝榮一人之手統天須用之初即以測日食不驗因仍至開禧時置閏遂差一月乃詔集草澤精算造者皆獻曆者與造統天曆者皆延之而開禧新曆議論始定韓侂胄當國或謂非所急無復敢言曆差者而開禧曆附統天並行於世淳祐四年韓祥更造新曆賜名會天咸淳六年以冬至至後爲閏不協因更曆七年頒行即成天曆也蓋自南渡之初迄德祐丙子又百五十年而曆復八改嗟夫使其立法脗合天道則千歲日至可坐而致奚必數數更法以求淹合元家哉宋儒程氏有言曆數法大抵主於日日一事正則其他皆可推觀邵堯夫立歲差法只於歲月交感之際以陰陽虧盈求之遂不差可謂冠絕古今矣邵子之言曰曆不能無差今之學曆者但知曆法不知曆理能布算者洛下閎也能推步者甘公石公也洛下閎等知曆法惟揚雄知曆法又知曆理嗚呼斯言固深於曆者矣

元代曆法

元初承用金曆世祖欲釐正之命王恂楊恭懿郭守敬領其事恂等言願得通天道知曆理大臣如許衡者總之曆宜精於是命衡領太史院而是時守敬於曆象特精諸曆事受成焉守敬言司天莫大於測景古今曆以唐一行所造大衍爲稱首則以唐開元間令南宮說行天下測景所歷地最廣也今國家疆宇比唐尤廣亦宜遣使者四往測景成一代之制而測驗莫先於儀表今司天儀本宋皇祐中於汴京所造與大都渾天規環不協北辰南北極差四度有奇又表石年深偏側難以遵用請別創儀表相比較宜可

精於是創簡儀仰儀及諸儀各臻其精妙以爲天樞附極而動昔人嘗展管候之宿度餘分終未得其的用二線測餘分纖微可考作候極儀極辰既位天體斯正作渾天儀儀象形似莫適於用作玲瓏儀以表之矩方測天之正圓欲合也實難法當以圓求圓作仰觀儀古有經緯儀相連絡而不動作新儀東西運轉南北低昂而七政列舍中外宮去極度分燦然作立運儀日有中道月有九行用爲測驗其致一也作證理儀表高景虛罔象非眞作景符月雖有明測景則難作闚几曆法之驗在於交會作日月食儀天有赤道輪以當之兩極低昂標以指之作星晷定時儀皆創以己意爲之又作仰規覆矩圖異方渾蓋圖日出入永短圖與諸儀互參驗當是時監候官十四人分道行測景東至高句驪西極滇池南踰朱厓北盡鐵勒凡二十七所而守敬作懸正儀坐正儀令行四方測景者用之仰察躔離近取晷景微入刻秒遠周寰海徧參曆法酌稽中數蓋五年而曆成衡守敬具疏言帝王之事莫重於曆自黃帝堯舜爰及三代曆無定法迨漢造太初曆以迄於今曆經七十改其創法者十有三家今始改治新曆臣等用創造簡儀高表憑其測實數所考正者凡七事一曰冬至二曰歲餘三曰日躔四曰月離五曰入交六曰二十八宿距度七曰出入晝夜刻所創法凡五事一曰太陽盈縮二曰月行遲疾三曰黃赤道差四曰黃赤道內外度五曰白道交周諸推步之式與見成之數皆比次篇類整齊分秒爲成書皆視古加密而去諸曆法積算年月傳會之誤則固順天道之自然而合也詔賜名授時曆頒行天下攷其法一以攷測爲主取二至遠近日晷酌其中而用之以至元辛巳歲前冬至日時分秒爲氣應以冬至距朔之日爲閏應而歷代所謂積年之法俱廢矣以日爲百分分爲百秒而歷代所謂日法俱廢矣以歲實加氣應即來歲之冬至也以歲實加閏應滿朔實去之即來歲之閏餘也上考往古則每百年長一下驗將來則每百年消一何其密而備簡而明也所謂順天以求合而不爲合以驗天者也夫曆法之所以易於差忒者以宿度宿未眞以天運之不齊耳何也周天三百六十有五四分之一言其常數也殊不知天運常有餘而歲運常不足二差甚微人初不覺晉虞喜以爲五十年退一度何承天以爲太過進之而又不及劉焯折取二家中數爲七十五年折之近似矣然天有自然之運而以己意斷之可乎故郭守敬始測景驗氣減周歲爲三百六十五日二十四分二十五秒加周天爲三百六十五度二十五分七十五秒強弱相減差一分五十秒積六十六年有奇而退一度定爲歲差夫古未有閏也至堯而後置閏閏法立則四時之氣候齊矣古未有歲差也至虞喜諸人而後有歲差歲差立則七政之躔度明矣二者相用而不可偏廢者也天運之可驗者莫顯於日月之交食而交食之不爽又係乎朔望之有定耳何也日行一度月行十三度有奇言其平行也二十九日有奇而會言其經朔也殊不知日者陽之精也行南陸則盈行北陸則縮月者陰之精也近日則行疾遠日則行遲古者止用經縮故月一大一小日食或在朔二月食或在望之前後漢魏以後日食多在晦其弊蓋坐此也張衡以月行遲疾分爲九道何承天以日行盈縮推定小餘唐李淳風作甲子元曆始立定朔之法淳風又以晦月頻見乃以朔日小餘在日法四分之三已上者虛進一日謂之進朔進之誠是也然日躔有自然之度而以己意附之可乎故虞劇嘗曰朔在會同苟躔次既合何疑於頻大日月相離何拘於間小一行亦曰天事誠密雖四大三小庸何傷郭守敬祖用其說一以辰集時刻所在之日爲定朔夫定朔立則交會之時日不紊矣交會準則天運之先後可驗矣二者相因而不可失一者也史謂其推驗之精自古及今無出其右良不誣哉

明代曆法

明太祖吳元年閏括蒼劉基名聘至都以爲太史令基於是率其屬造戊申大統曆以上洪武初名集天下通知律曆名家者赴京議曆法占天象三年立欽天監設官凡元象圖書非其職不得習其習業者分四科曰天文曰漏刻曰大統曆曰回回曆自五官正而下至天文生各專科肄焉五官正理曆法造曆凡曆註帝御曆三十事民曆三十二事壬遁曆六十七事靈臺郎辨日月星辰之躔次分野以占候保章正專志天文之變辨吉凶之占挈壺正知漏孔壺爲漏浮箭爲刻以考中星昏明之度而統於監正丞十七年製觀星盤修天文分野書書成賜秦晉燕周楚齊六王俾讀焉又築欽天監觀星臺於雞鳴山是歲博士元統言本朝曆以大統爲名而積分猶踵授時之數非所以重始敬正也按授時法以至元辛巳爲曆

元至洪武甲子積一百又四年經云大約七十年而差一度今年遠數盈天數漸差請以洪武甲子歲冬至爲曆元書奏報可擢繢爲監正而監丞李德芳言授時曆上推往古每年長一日下推將來每年消一日永久不可易也今統所造曆不用消長之法非是統復疏爭之上曰是皆難憑但以七政交會行度無差者爲是乃以洪武甲子爲曆元而造曆依授時法推算如初三十年革回回監正正統中造己巳曆頒行之而疏舛廢不行正德中禮部主事鄭善夫以歲中月食者二奏命往觀象臺同監官驗候以爲新舊法互有得失宜徵海內究心天文及能爲算者使得盡心更元定曆之事其說主算極於秒微積之無差而後精故言欲定歲差宜定歲法於二至餘分絲忽之間定日法於氣朔盈虛一晝之際定日月交食於半秒難分之所似中曆家皆紊至嘉靖初光祿少卿管監事華湘言曆所以差由天周有餘而日周不足也日之差驗於中星堯冬至昏昴中而日在虛七度躔元枵之十今冬至昏室中日在箕三度躔析木之寅計去堯三千餘年而差者五十度矣再以赤黃道考之至元辛巳改曆冬至赤道歲差一度五十秒今退天三度五十二分五十秒黃道歲差九十二分九十八秒今退天三度二十五分七十四秒故正德戊寅日食庚辰月食時刻分秒起復方位類與推算迕臣伏掇治曆有不可不擇者三家專門之裔明經之儒精算之士臣三者無一早夜皐皐罔知所措伏乞勅禮部延訪有能知曆理如揚雄精曆數如邵雍智巧大授如僧一行郭守敬者徵赴京師令詳定歲差成一代之制萬曆初鄭世子載堉疏請改曆兼採衆說之所長輯爲一書名曰律曆融通其大旨出於許衡與衡曆不同彼以大統授時二曆相較考古則氣差三日推今則時差九刻夫時差九刻在亥子之間則移一日在晦朔之交則移一月設移而前則生明在初二之昏矣設移而後則生明在初四之夕矣弦望亦宜各差一日今似未至此也要知曆家雖有成法必以測驗爲準庶幾無弊之道與二十四年河南僉事邢雲路奏言觀天之器無踰觀象測景候時籌策四事乃今之日至大統推在申正二刻臣測在未正一刻是大統實後天九刻餘矣不寧唯是今年立春夏至立冬皆適值子半之交臣測立春乙亥而大統推丙子臣測夏至壬辰而大統推癸巳臣測立冬己酉而大統推庚戌夫立春與冬乃王者行陽德陰德之令而夏至則其祀方澤之期也今皆相隔一日則理人事神之謂何且曆法疏密驗在交食乃今年閏八月朔日有食之大統推初虧巳正二刻食幾既而臣候初虧巳正一刻食止七分餘大統實後天幾二刻而計閏應及轉應若交應則各宜如法增損之矣此而不改竊恐愈久愈差將不流而至春秋之食晦不止也臣故曰閏應轉應交應之宜俱改也其時相繼疏請改曆者紛紛悉留中不行

欽定古今圖書集成曆象彙編曆法典

第七十七卷目錄

曆法典第七十七卷

曆法總部總論五

曆法西傳

引說

凡學非能驟成莫不始於格物以致其知而後從而推廣從而精詳焉以故古人因目所見心悟頓啓紀而驗之接續成書以詒來世乃成一學即曆學亦然矣其初所悟者槩不出日月交食及冬夏四正五緯凌犯等觸目易見者數事因而再求之然後乃知月有本道焉交食有期有率焉又因而推廣之精詳之以及他數他理而曆學始爲大全此如原泉一脈涓涓流而爲溪浸假而百川衆集由湖由江以入於海浩浩乎無涯際矣後有好學者留思古人之學參以己見曾無幾許而附以傳世是爲坐收其成豈可謂稱超悟屈抑前功哉余著曆書百卷大要取之古人而又括以曆引今復爲此編先明西曆古書大指而次則遂及余書蓋一則著新法非一人之法非近創之法良由博古深思參互考訂以得一眞無容妄議一則令後之人使於循習曉暢數百年後測審差數推往知來善於變通也或疑中西異法如格碍何余謂天行無隱君命非私曆至今日中人亦西學矣且即就中曆而論其根亦本於西如列宿距星皆同又列宿有屬太陽者四屬太陰者四亦同是知根本既同而清其枝幹通其脈絡有成書在展卷研求無不可見豈是相難哉學者勉之可也

西古曆法

西庠之學其大者有五科一道科二治科三理科四醫科五文科而理科中旁出一支爲度數之學此一支又分爲七家曰數學家曰幾何家曰視學家曰音律家曰輕重家曰曆學家曰地理家七家俱統於度數要皆師傳曹習確有根據者也若多祿某即西洋曆學名師在郭守敬前一千百有餘年漢順帝永建時人著書一部計十有三卷

第一卷詳証曆學大指如諸星運行天體渾圜地與海共爲一球地居天與空氣之正中地較天大不過一點等項次著角理不但以句股測直線之長短且用曲線三角形量天是爲以圜齊圜所得諸星相距度分最準又求二至相距幾何度分在赤道內外幾何度分并二曜相離最遠爲幾何度分設黃道緯度求赤道相應經度設黃道經度求赤道相應緯度

第二卷論宗動天設黃道在地平上之點求其距赤道之地平弧設日之高求正側各景之長短又求黃道各點之半晝弧解正儀晝夜等衆星常見之故偏儀二至規下歲一次無景距赤道愈遠晝夜愈不等而兩極下每歲爲一晝夜

第三卷考太陽行求二分時刻辨二至氣至時難求時刻求歲實與每日太陽平行乃作平行立成表又推論日行用同心規及小輪或同心及不同心合一之理推地心與日規相距幾何遠隨求太陽最遠點今名最高定太陽曆元及太陽行度每日不等之數

第四卷論太陰行詳求太陰眞行度即月食可考月有遲疾平二行乃求月平行併月每日緯度即以齊月諸行或用同心圈及小輪或不用同心圈二法同理設三月食求同心規及小輪兩半徑以定月諸行曆元又求月行正交中交之時推二交逆行之數

第五卷解月自行以求月經緯度必用小輪推月加減立成表求月之更大緯度與月之地半徑差度復求日月二輪與地球半徑之比例及日月與地景之似徑

地景其形如角所求之徑乃月所過截地景之處

又求月半徑及景半徑與地半徑之比例求日眞徑求日遠於地求景之長大

已上三求皆以地半徑爲度

求日月地之比例

原書稱三大即日月與地

設日月之遠求地半徑差推視差立成表比日月兩視差分月視差有三種

第六卷解日月合會求日月平朔平望併定朔定望時及其宮度分求地景及月半徑定日月食限論日月半年中能再食月食後五閱月中能再食七閱月中不再食日於五閱月中各地能兩食七閱月中一地能兩食日於三十日中一地不能再食更求月正

緯度設月眞所在求視所在求月正會前後四刻之視行及日月似會（即日食）即求日食初虧食甚復圓三時定日食分秒

第七卷論諸恆星遠近終古如一証其晝夜行外別有他行論其順天經行以黃道極爲本極定歲差度設三星相距以二星經緯度求第三星經緯度詳測星法

第八卷論天漢起沒詳天漢中大星所在及衆星拱向并其出入設黃道經緯度求赤道緯度等

第九卷求五星每年及每日平行解五星大小輪理求水星之本行求木星最高求水星大小圈半徑比例又求水星小輪上平行以求水星各行曆元

第十卷解金水二星之行求金星最高及不同心輪與小輪半徑比例設時定金星諸行曆元求土木火三星之小輪及小輪之本行（亦名歲行）設火星三處求其最高測從地心至不同心圈其遠幾何求火星小輪之半徑推火星平行定火星諸行之曆元

第十一卷解土木二星之理即求地心與木星本心之差及木星本輪與小輪之半徑并其平行定木星之曆元後設土星三次舍以求其最高求土星小輪之半徑而定其曆元設五星之平行求其實經度

第十二卷解五政行度有退留疾等之故即求其留界及逆行之半弧更求金星左右距日之極大弧度并水星與日最遠度

第十三卷論齊五星緯度之法求火木土三星各本圈及黃道交角并定其緯度論五星伏見先求火木土三星伏見相距之時次求金水二星伏見及其相距之時

已上十三卷屬多祿某所著除右引各目外尚有三百餘款可爲曆算之綱維推步之宗祖也但其辭句太古淺學罕能習之故諸名家更互演譯各有論著今不及敘

後又有亞而封所乃極西實祐時人身居王位自諳曆學捐數萬金錢訪求四方知曆之人務依先師所著創立成表以佐推算諸曜之法其功不在多祿某下緣屬祖述成書故今亦不及敘

又其後四百年有歌白泥驗多祿某法雖全備微欠曉明乃別作新圖著書六卷今爲序次之如左

第一卷天動以圓解

第二卷天并七曜圖解衆星各及其次舍解

第三卷論歲差而証其行較古有異論歲實求太陽最遠點及隨年日時太陽躔度

第四卷取古今月食各三度求月小輪之徑求大輪小輪之比例并月經緯度推日月交食

第五卷求五星平行用古今各三測經度求大小兩輪之比例等終求其正經宮度分

第六卷求五星緯度

已上歌白泥所著後人多祖述焉有西滿者嘗証多祿某歌白泥兩家之法惟一麻日諾又取歌白泥測法更爲多祿某之圖益見其理無二矣

近六十年西土有多名家先後繼起較前人用測更精立法更盡造圖更美其一未葉大因悟不同心規與小輪難於推算於是更創蛋形圖以解天文根本設七政三測求最遠點又求地心與不同心差又求各輪比例等理其二第谷竭四十年心力窮究曆學備諸巧器以測天度不爽分秒第谷本大家儲養知曆人造器市書計用二十萬金著書計六卷

第一卷取二分眞氣至時

第二卷取北極之高并解前人之謬解蒙氣反光之差取二至眞氣至時并解二至難得眞時之故求太陽最遠點并地心與太陽心之差求加減數証最遠點之行度及太陽平行求歲實并推立成表用立成求日躔宮度而考其法

第三卷以二十一月食求月平行設月行新圖以齊月行用兩大規及三小輪詳其所以然推立成并其用法仍各設假如求月緯度加圖及立成表算法因求月食又求月與地相距幾何立推交食法因測五緯之眞經緯度先考列宿之眞經緯度

第四卷解測星應用儀器乃駁古測有誤取金星與日與某星相距度以求某星距日度分幾何取近黃赤二道距度并之以合周天全度復取六星之距度以經度相併適合周天之全度求角宿經緯度以起周天之度再求近赤道十二星經緯度証星之黃道緯度今古不同求星之經度并解其時八百餘星之眞經緯度（五十三年前）復加百餘星赤道經緯度說

第五卷解其時新見大客星計十二章一詳初起及漸大至與金星等并漸減二取附某宮星以定其經緯度三解測新星所用諸器四取新星與他星距度五解其更度幾何六用各法以求新星經緯度七求新星赤道經緯度八証新星不麗空際而麗列宿天九考新星之大小十取新星之似徑得三分二十秒

十一証新星大倍於日大於地三百六十倍十二考衆星參差

第六卷測器諸圖圖計五章一解用測器求三曜之高二解用測器求星之緯度三解用測器求星相距度四解各儀象五爲天文答問

又第谷彗星解十卷測彗星之高度尾之長短光之隱顯及其方向考十二星在黃道上度以求彗星之眞所在設彗星離兩星之度求黃赤道經緯度求彗星每日赤道經緯度求彗星所行之道及其道交黃赤之角處依每日彗星行黃赤二道作立成表証彗星在月上較月更遠於地爲三百地半徑故知彗星在日月二天之中証其尾恆向日與金星作彗星行度圖徵彗星之大爲月二之一尾長爲九十六地半徑每地半徑爲一萬五千里因考前人彗星之論當否

第谷沒後望遠鏡出天象微渺盡著於是有加利勒阿於三十年前創有新圖發千古星學之所未發著書一部自後名賢繼起著作轉多乃知木星旁有小星四其行甚疾土星旁亦有小星二金星有上下弦等象皆前此所未聞且西旅每行至北極出地八十度卽冬季爲一夜又嘗周行大地至南極出地四十餘度卽南極星盡見所以星圖記載獨全

已上諸賢所著皆屬推解曆理近因古學奧深學者爲難曆學家別有立成表及測天諸器以便初學又有永年曆亦立成之類預紀七政經緯及交食凌犯諸行取準於天具舉其証蓋由推測二功相佐而成不可疑也今論測器惟渾儀爲最用之取日光求其躔度求日緯度求北極出地幾何日出求東西之緯度求太陽午正之高推時求日星之高求太陽赤道經度求星出地平之時刻求太陽距子午規時刻求太陽出入并晝夜時刻以日星高求時刻又作地平日晷求朦朧時刻隨時求東出黃道宮度分

又渾儀挾持未便因又約爲平儀體製雖異而施用不殊名渾蓋乃有造平儀及百游各儀法其說甚多其用甚廣

又有日晷多種約言其法如作象限作卵形考牆面之方向求子午線設時求日之高設日之高求時分論有法日晷蓋有六種一地平上晷一向南平面晷一向東平面晷一向西平面晷一向北平面晷一向赤道平面晷詳每日晷有十二種線以景証日之行如此從地平起時線從子午起時線節氣線晝線過頂圈線日高線地球之徑圈八十二種高線幾節氣出地平上線日出地平算某時刻日入地平算某時刻每日平分晝爲十二時線名七政時線又有向南向北斜面雜向立面雜向倒面挖面或正圓或長圓正球偏球各日晷及各正表斜表法概因無有定向稱無法日晷又設日晷一圖以大爲小以小爲大焉夫日晷大不越數尺小僅數寸而天之高遠太陽之行度經緯悉備變相以通其理多方以盡其能故曰曆學之廣大卽日晷可徵也

右皆造日晷法然造晷用圖平行垂線最多下手爲難乃用立成表其法更精成功更速又日晷之度數或用立成表查或用幾何要法或用比例尺諸規矩究竟所得皆符不爽毫髮卽此而推所算日躔之密合亦幷可見矣

合而觀之西洋之於天學歷數千年經數百手而成非徒憑一人一時之臆見貿貿爲之者日久彌精後出者益奇要不越多祿某範圍也已前所引在全書僅十分之一覽者卽所見以推所未見可也

西新曆法

余著新法悉本西傳非敢強天就法也乃爲法以合天以測候爲曆家之首務故修政以來除西製大銅儀數具外在局別造有半徑儀三座自心至邊或一丈或八尺具刻宮度分秒一一詳明以求適用日督同監局官生晝測日夜測月星三儀所測或並同或兩同者取以爲準若三各不同則置之俟再測如是者數年列宿距星遠近異同悉於是時考定凡遇五星凌犯伏見日月交食公同部司赴觀象臺測驗務求密合累蒙欽遣內臣同來審視又因交食差官四方測驗異同嗣後奉命造進黃赤大儀及星晷天球大日晷等或內庭親測或偕內靈臺諸臣測如是者又數年於是上下相孚朝野悅服上乃決計散遣魏文魁等囘籍一意頒行新法惜兵事倥偬未免有待將來耳

中土往代修曆不過加減四餘四應歲實等項已耳一時合天久則仍錯有數十年一改者有數年一改者前改旣非後改亦復如是曆學廢弛非一日矣余初奉命修曆時亦有以略改舊法請者謂作者可免創始之勞述者兼得習熟之便然而不能也詳考舊法其錯非在算數乃在基本不清其基而求積壘不治其本而理枝幹其術未有濟焉者余故不辭艱瘁晝夜測驗天行參考西法然後正其紕繆補其闕略

約有數十餘款於是著成曆書解明法原詳整法數自太陽太陰恆星交食以迄五緯莫不條分縷析綱舉目全共計百有餘卷已經進呈御覽蒙恩宣付史館刊本傳布四方與海內知曆者共之矣茲更將法原諸書逐卷挈其大指以便觀覽如左

日躔曆指測準歲實平視二行盈縮元及大差大距度等其題一求南北正子午線以定諸徑圈及十二時之界以記太陽行滿晝夜每日之始末乃取準於天非如從前徒用一指南針而已

一求北極出地度分以定日出入晝夜長短日月帶食日食有無并諸曜正斜照地等類此用象限儀或測日軌午正高得距赤道度餘即北極出地高度或測近極一星在最高又測之在最卑折中取之即正北極高也

一求各氣差氣從地發蒙昧空中故自天頂以迄地平諸曜逐緯詳測定差分秒多寡因而加減原測即得各曜眞位也

一求黃赤二道之距以定太陽赤緯於夏至前後一二日測午正日軌（必於午正者免蒙氣也）乃於所測度內減去地半徑差并赤道高餘即二道相距眞度分

一求太陽盈縮之元以定平行加減乃得每宮度相應之實行蓋設太陽以平行旋天每日前移一度則宜自秋至春與自春至秋日行之度數相等矣今天度等而所行日數不等相差八日有奇此何以故蓋因地在太陽天內非其正中也故設一直線貫地心而以兩端接日天必分爲大小兩半大半之頂距地遠日行經過之時久小半之頂距地近日過此必速矣且日體近冬至現大近夏至現小冬至之月食大小又異於夏至之食總由地景長短大小係於日光遠近之故西古曆家二千年以來闡明此理並立測法傳之後人卽日躔並日月交食皆正其本矣乃此中曆家羲和而下守敬而上舉無有悟此者何也

又一求太陽年日及時之平行以定歲實以確立推算之根所謂曆元也法先後隔數年或春或秋於午正時測日軌務得二分之準時

太陽在二分其緯大日約得二十四分分應四刻故較他時所得爲準

乃於先後間總時以中年分之得每年之平行卽眞歲實而歲實又以周天平度（三百六十）分之得一日之平行時亦倣此但因日天心異於地心漸移右行二心相距遠近未有定數雖所移甚微而一二百年後必少覺之千年後差乃顯著則依本法復測復推以加以減卽造曆無異今時故新法實永法也昔郭守敬若知此法可免歲餘上推百年增一下推百年減一之議惜乎不能也

一求太陽最高所在及地心與日輪天心相距之差以定加減始末以得隨時推日實行確法蓋太陽西行及東本行之外其最高亦順十二宮漸漸東行二心（卽太陽本圈心與地球心）相距歲歲減少古測斷不可泥曆家若不諳此日躔無根又何憑以推五緯乎古西士去今千八百年以三角形測日軌記最高在申宮五度三十五分兩心之差爲全徑百分之四分強千年後又一士測之得最高在申宮二十二度十七分二心相距爲百分之三分半強及據今測又在未宮六度強二心之差不及百分三之半矣中曆[illegible]來以夏至爲準泥在未宮初度相沿不改豈非大[illegible]

一求太陽視差卽地半徑差此差既由[illegible]天與地球大小之比例而生則欲求此差者須取一天與地最遠無可比例者爲之則恆星天是已故於恆星天設三角形查與太陽交角相對之弧（他曜倣此）弧有大小而本差之多寡卽見矣

一論日差以齊諸曜之行所關者大故詳推一立成表以便曆算卽太陽實行贏縮每日不等是也彼旋地一周復於元界（子午圈是）爲日必等者稱用日蓋民間所用也曆家若亦泥之則大惑矣

恆星曆指三卷其一以金星測恆星及黃赤道度等法於日未出時先測恆星與太白之距日出後又測太白太陽之距晚測反是先測太白與太陽而日沒後乃測太白與恆星因而求太白緯經視差及太陽經度則以曲線三角形法推得兩經度以較同測之星加減之并得本恆星之經度今以畢宿大星婁宿北星角宿距星等爲假如定赤道經緯卽餘星倣此可推矣

又測近黃赤二道所有諸大星任定幾星作距星爲界或自西而東或自東而西求兩測之距度及距赤道之緯度用三角形法推得其經度差因連綴求之以迄一周所得經度若既合於赤道周則所測各距之經度必皆密合矣乃復用之爲界以測衆星皆可無不合者再以恆星赤道經緯度推其黃道經緯反復相求非三角形無由而得蓋或星居兩道之中或南或北或居兩道相交之左右必設各極所出之曲

線還星而交而復相離各底本道而止乃爲三角形者數矣最便推算且恆星依本法彼此相推不但其緯度終古不易卽相距之經度差亦終古不易故凡推七政者必用恆星爲界而後諸曜之遠近灼然不爽也

終引所賚以測恆星者如測器如子午線如北極出地高如視差等皆是也蓋測星有三求一求出地平上度分則用象限儀二求相距則用紀限儀三求距黃赤二道之度則用渾天儀若子午線者諸星行度升之極降之始也北極出地者所以正高下也凡用儀必以儀上極與本地之極高下相當卽經緯皆相當故測星者使無子午以正東西升降無極高以正南北高下卽一切推算之法無從措手若視差就地半徑差論恆星以距地遠得免就清蒙差論則恆星近地平必皆有之測時宜用減矣

第二卷測恆星黃赤本行其行黃道上卽歲差也中曆論歲差有曰未能測其所以然第以全曆推之二萬六千八百八十年差一周天每歲差一分三十餘秒上推至帝嚳甲子四十年日在虛六度至夏王不降乙未三十五年日退入女宿商武乙丙寅四年日退入牛宿周簡王丁亥十二年日退入斗宿宋度宗戊辰四年日退入箕宿四度二分餘曰言此定算也又或測日度者以月食衝求之可謂巧矣然而皆非也夫每歲所差甚少月食分數頗寬安得借此求彼此其謬一謂日退者卽日逆行古來測日但有盈縮有公行有本行退逆之行理所必無此其謬二既言未測其所以然何從而得一定之算此其謬三西法則以黃道二分二至爲界據古所測某恆星距界之度從而復測之乃見還移以較中古上古此星離冬至漸遠如前此居冬至者虛也今已順行東去繼之者爲女爲牛爲斗又後爲箕矣是知歲差係恆星前行與七政依黃道本行無異此爲眞所以然非日退之說也且西測星非詳得其分秒眞不用非三四器三四人同時並得在一分以內者置不用此新法所以獨密也所得歲差定數爲五十一秒依六十算由此得恆星歲實小餘爲二十四刻九分又約二十七秒乃古今不易之則也

問星歲無差旣有定算如此曆家不用以推年日何日立歲限以定所爲主如四時如二至二分等日行皆有定所星算雖定而其右旋於各節氣恆無定所故難用推年日也

考黃赤道宿度今古變易緣諸星隨黃道斜交赤道故也每見太陽之行黃道夏日距赤道北冬距其南逐年如此豈非由二道斜交之故乎曆家同時測日經而兩道上所測度分必異又所差日各不等此爲日經之變如從兩極各出直線以交日心引之徑過以至赤道兩線必不復會於一點以是知日經緯在赤道恆變卽恆星亦然逐漸右旋卽赤道宿度逐漸有變其數多寡前後必異惟黃道經度則終古如一而星亦終古如一斗恆似斗尾恆似鉤古二星在一直線者今時亦然彼此相距皆同也

累測黃赤兩道恆星之經度以推古今各宿積及本度並載曆指讀者以參觜不仍舊次爲疑不知宿在黃赤二道原有分別其依黃道不變之度分參前觜後終古恆然若依赤道而論在昔雖先觜後參而近自二百年來則參先而觜後矣蓋因兩道從兩極出線以定度數故有異也

第三卷以黃道經緯變赤道經緯及繪星圖數法蓋星之去離赤道無恆而其去離黃道有恆卽黃赤二道之相距亦如有恆以兩有恆求一無恆則依曲線三角形以乘除三率等法推算可得若直欲從赤道求之無由而得矣緣星行依黃道以向赤道時有還移故也

繪圖舊以恆隱圈界爲總圖界星偏河南之南不復有圖矣新法因見隱圈南北隨地不同故以兩極爲心以赤道爲界或又簡以中土恆見之圈爲界繪總星圖閩粤以北可見諸星無不具載至圖內正斜各圈直曲各線依星本經緯應入其中者本卷一一詳之乃除天漢積屍氣等無算小星外凡可見可測者別以六等令星在圖在天大小異形無不相肖

月離曆指計四卷首卷論測月平行策及遲疾加減正數如各種行度一隨宗動天日一周行二依本天順白道自西而東平行此或以太陽爲界從合朔起算或以宮次節氣爲界從各點起算謂之交周滿一周謂交終三依本輪自行從東而西然依輪之上順行依輪之下則逆本天而行但緣月行甚疾地面但見其遲不見其逆此行謂之轉行滿一周謂轉終四隨次輪乃本輪之周復有一小輪其心隨本輪左旋月在其上則又右旋滿一周名爲次轉終也五爲交行月行白道出入黃道西行所交於黃道中線兩點一名正交一名中交舊所稱羅計是也外又一次輪

實測則有而據之以推度數頗微無大用又一面輪使月一面恆照下向地此亦無關疏密皆置不論

論測月平行乃因視差及蒙氣差參錯難分月體且月體恆虧無從測心以此測月最繁度分難得其準須按西古今法於月食時驗而知之晉史姜岌亦以月食衡驗太陽所在然而考太陽之躔度易考太陰之離度難在差爲倒用兩率皆疎矣且平行亦非一食可驗也蓋任用一食僅得當時之行度何由遽定平行必擇前後兩食各率均齊者以爲兩限然後取其中積平分之庶免日去地時近時遠所生闇虛時大時小與夫月轉時遲時疾時在最高時在最庳諸凡月行不平之緣也但欲得此前後食務須求之記載今考二十一史天文志但記有年月日而略時刻分秒無已借西曆補之

論測正中交行度蓋月本圈之自行度曰轉行及於黃道曰交而轉滿一周曰交終其在後不及轉之度即謂兩交之逆行也測法亦用月食考古無傳仍依西史如前法用兩月食測其前後各率均齊得交逆行日三分十一秒歲十九度零十九秒四十三微此爲二千年前古測後史各加密測推得交行每年盈一秒四十二纖應減

論用不同心圈與用小輪名異理同皆藉以分布度數解明七政盈縮遲疾之行乃公借古今測定本輪之大小遠近之比例以求加減差立推算各表之法然而創始難工增修易善曆家積功二千餘年至近代測驗而後漸次加精較古爲密也

終定太陰諸行曆元宜命一定地以憑起算即依本地初度初分爲準以加以減推算各地本時本曜之各所在度分此法從古未有且測北極出地中率不合蓋前人未悟地半徑差與蒙氣差於二至所測之高應有加減故未得眞高也

二卷論測次輪次加減遲疾及半徑差月徑地景徑等乃引古今西史月天諸輪之圖解各所遲疾行之理并經緯隨時度分更推假如令數與圖互相發明因知欲求月離眞所非一均數可定蓋雖加減本輪之自行度可得定朔定望緣距限在五度內故然而二弦及弦左右之自行差則異於朔望其距限大至七度半强矣故據次輪之自行加減立第二均數於理爲盡從是可得太陰之視行實經度

次定交周交行及交行之曆元皆於月食取法蓋須前後兩月食其距太陽之最高遠近均等兩食分等兩食之在陰曆陽曆正交中交亦略等則因兩食之中積而得交會及交終之數依此用三率法以各數推得交行之度分又得月平行距交之度並其平行距宮次或節氣之度兩數之較爲三分十一秒是爲兩交一日逆行之數所謂羅計行度也若交行之曆元亦於兩月食得其諸率各等則必并得其距交亦等蓋交終由兩食之經時而知今定交應則因兩食之月距交等度考其中積時自行滿交周外即得其距交幾何度分是曆元也遂命曰某年天正冬至爲曆元而某處某府爲曆元本所

又次測黃白二道相距度分法求月軌極高以免諸視差加減故乃得距赤度分去減黃赤距度餘爲黃白距度此西古今通法中曆黃白相距恆大於西術謬矣其推月食恆小於天驗殆緣於此

論月視差此因地半徑而生與他曜同但月天視地爲近爲卑則地與本天各半徑之比例其視差並大古今累測得數無異約一度故測太陰先得其視高乃以地半徑差加之得數又以蒙氣差減之此爲實高如反推則得其實高乃以地半徑差減之得數又以蒙氣差加之此爲視高具見本表但蒙氣之差因地因時所在各異必求本地勢本時刻之確數定之

終測月徑地景徑或由月食測定食分并推求其自行距交距黃道等率而得或以測太陽之似徑比於地而并記其月距地設三角形推月與地各徑又地半徑之比例而兩徑可定

三卷論測日月地大小近遠之比例引古今法數種先求各視徑大小如日食時月視徑隨地不等其各視徑與實徑大小絕異又如月視地爲小月天視六曜天爲小去人又近後定日月之實徑推各體之容

詳測日月各距地之高論月天象數及諸日表之原

四卷論測太陰見伏光體并四餘辯天行無紫氣等引古今交食以証新法並爲後學之資蓋因中史失載交食分秒及陰陽曆與太陽之距最高太陰之自行度分等後人無憑推步以資修改故悉取之西史

交食曆指第一卷詳太陽光景地景及日食之故先引界說如何爲暗體原光照光次光滿光又如何爲初景次景滿景蓋食生於景景生於光滿景非暗也稱光暗之中即日月食可辨

凡交食或地食光於月景爲日食或月體食光於地景爲月食乃日月地三球各體大小不等有靜有動

去人有遠有近當求其大小遠近之比例推其施光受光之體勢乃得交食之體勢今設兩球大小等一暗一明明者半面施光暗者半面受光無分遠近未有交食者也若明球小暗球大暗以小半受光明以大半施光此爲太陰照地而地受其陽日之光也凡大施小受施以小半受以大半二體彌近大者施光之小半彌小小者受光之大半彌大此卽日居最卑而食之勢也若夫小施大受則又二體彌遠而施者亦彌小受者亦彌大此月食之分數有多有少而月近地居景厚處食分多遠地居景薄處食分少總由大小遠近之比例而生也

又詳景之處所在受光之背而乃因月與地勢能出景在日食則爲月景下至於地月食則爲地景上至於月景形爲角形緣出景之圓體與太陽大於地於月之倍數相當也月望月有食乃地景隔日光令月不受照有時失滿光有時全失光月朔日有食乃月隔日光令地不受照有處射滿景有處存少光皆係景之作用也至論月在景之光色或赤或雜或青黑色皆有占驗或生於氣景或映於旁光或染於近地之濛氣皆能令月現種種色也論食之期二景旣隨日月所至終古不爽卽有定候一在定朔一在定望當食必食多寡先後上下千百世可知此則本卷益加詳焉

第二卷詳交食諸類及推交食之原與簡法蓋日月之行雖有隅照方照六合照等悉無交食獨相會相望（亦名合會照會）有食詳之則有實會中會視會之別皆爲推步之原三會或較於地心或較於地面各異實會中會相距又無定度必先推求各元法從本天大小圈以曆元並以三角形細推乃能成表爲密求法以便後人蓋因得其所以然而後握簡御繁無難也

第三卷求推交食依人目所見儀器所測之時刻及所食分數之原必應改實時爲視時而此地此時見食彼地則異時見食也故可隨地推交食之有無又可上推往古下驗將來萬年悉如指掌若食分之多寡旣原於日月地景之各視半徑則定視徑分秒之數逆計太陰居最高或最卑本視徑差地景卽因太陽居高居卑不同其照地生景之差以得各實差然後食分可得而定矣

第四卷詳食限食甚前後時及繪食圖以解各食向位論限日與月不同蓋雖同以所行各道經度距交幾何爲有食之始然而月食則太陰與地景遇因而兩周相切卽以兩視半徑並較白道距黃道度推交周度以定食限日食則太陽與太陰遇雖亦兩周相切而有視差必先加入視差而後得距度定其食限也惟其食限各異故推太陰越五月能再食越七月不再食而太陽越五月七月皆能再食

至於食分則以距度求之蓋兩周之心相距之度也在月食則爲太陰心實距地景之心愈近食分愈多在日食則爲日月兩心以視度相距其近遠不依實度而依目視之所及爲準此卽月食分天下皆同而日食分隨人目東西南北各異之原也

食分以緯度而定食甚前後時刻則並以經緯而定蓋太陰本時距度多寡不同卽入景淺深亦不同淺則歷時少深則歷時多此蓋從緯定也若就經論太陰之自行時疾時遲緯與視徑雖同而自行每食不同卽所得時刻亦必不同但太陰入景之弧與出景之弧略等故依其行弧推食甚前之時倍之隨得食甚後至復圓之時乃日食時刻則又以視差有異焉交食圖列方位方位者日月失光之面所向之方也法先考本食是陰曆或陽曆更考黃道是斜交地平與否蓋黃道斜交日月亦依以斜行食時方向必異不可不審也故繪圖以一直線過日月二心審其與地面相遇之勢乃定日食方位過日景二心審其與地平相遇之勢乃定月食方位舊法徒以陰陽二曆求之疎矣驗時安得合乎

第五卷詳日月視差及日食掩地面幾何凡推步日食要以人目爲主目見之會非實會而視會也此差雖由地半徑生（以人目在地面不在地心故）更爲人目差分別有三等一高卑差以天頂爲限一南北差以黃道爲限此限能變諸曜緯度一東西差以黃道九十度爲限其左右能變經度及時刻測此三差悉用三角形因設地半徑爲一邊日月各距地高爲一邊各距地面之遠爲一邊測之乃得高弧或正或斜交於黃道以四方分視差然東西南北二差又時有變務彼此相較展轉推求可也

論日食之掩地面必係全食或係應不見光之地面又或本日太陽適在最卑而其視徑大似太陰之視徑若此則雖二曜之心合而周邊大小微異乃見金環焉又總論見食之地其廣幾何且見食進退一分應地面幾何由是以推各國各省能見食與否並食分多寡等義

第六卷依原算日食以顯推表及其所用之所以然必以視差求視會因詳前引三差恆垂向下高卑差爲正下南北差爲斜下東西差獨中限之一線爲正左右皆斜此是太陰所變距黃道度及順黃道經度用以加減時刻並求食分可矣但除地半徑差外別有三差名外差不生於日月地而生於氣一曰清蒙高差乃地所出清蒙之氣能變易高下二曰清蒙徑差日月居其中隨變本徑之大小三曰本氣徑差本氣者即月天以下空中氣也較清蒙爲更精微亦能變太陽之光照令目所見之視度視徑隨地隨時大小不一也

第七卷測考食分方位及時刻務推與測並行以自驗其法密與否西曆家創法之初審之於天以求其當然成法之後復考之於天以証其必然正此意也交食推法既備前卷本卷則引測交食多寡之式如測日月各食分或於室內或於室外以眞光形如遠鏡等承其射光之容即食分多寡可得非舊法水盤所能及也至二曜食時所向之方位或正或偏測與算合不爽毫末又日月或全或零食之時其變形之限如二食所共者初虧食甚復圓月食所獨者食既生光皆可得其準也

五緯曆指一卷公論定各星古今次序測五星平行均數據古傳太陰最近地其次爲水爲金爲日而火而木而土而恆星古又謂諸天皆以地心爲本心今測則惟日月與恆星爲然五星各與地不同心即各視差及各高卑距地遠近可徵也

五星諸行較恆星與太陽而得古今共法也乃先記其各平行而因各本行圈皆與地爲不同心圈井亦定其本行而更以古今圖樣解之且增以新測五星左右異像焉

第二卷至六卷每卷測定五緯一星之最高及本天與地中兩心之差並各星表曆元以得各自行及歲行加減等度分但金水二星之行相似與火木土異蓋火木土或會或衝太陽以其實行爲歲行之界而金水即以太陽平行爲本天之平行其本天不出太陽之本輪因加小均輪以齊其順逆行天一周有二伏二見之時非彼三星每歲一會一衝太陽可比也又火星或以其行甚曲或以其行之遲疾不等有時四五旬日行過一宮有時二百餘日不及一宮行似無法玆窮究其理以著於圖定其經緯高卑之行使測與推諸用法皆明也

第七卷論五星緯行推其與恆星或互相照或同出入以定其凌犯近遠見伏諸類蓋各緯行南北多寡而止論經行即凌犯諸類無從得其全也故引古今累測遊星之緯記其各本道與黃道之交角並繪圖用三角形所推兩道闊狹以顯其實相距之比例又定五星各本天交行而較火木土於金水詳其緯從何而生從何而有異同也

第八卷著諸曜凌犯相照伏見之原解七政遲疾二行五星留逆順合衝各情並著表繪圖求入宮入宿等法幷論農家占歲醫家療疾人預知天時之雨暘皆由日月五星所命又定月大月小節氣閏月諸法

第九卷依古今法測五星各距地之遠近以推其降施之力測各視徑及實徑之大小定其凌犯及諸照之密合查五星光色以考其照物之性情蓋星皆借日光之分而所發光色各異有如鏡者有如水者有如金者殆由各染本體之色而然又據新法新測以考中曆之古測乃知古測晨夕二留日時折半以求合伏之時非法也又其所用表臬簡平等儀皆與星行之道絕不相似而用以測五星則非其器也大約測五星須用黃赤全儀弧矢儀經緯象限等與其行相類者而又常較之於恆星乃可得其準也

已上略引書目皆歸曆原以全修曆之學闕一不可古之論曆者或務改曆元如氣應等或務正定歲差不則求之合朔求之五星求之宿度而已總皆掛一漏萬其法立窮必如新法乃爲無歉且此外更著學曆要書如割圜法八線表視學幾何要法測量全義渾天儀用法比例規籌算開方等法以爲旁通之學而曆學於是乎大備後有學者宜究心焉

欽定古今圖書集成曆象彙編曆法典

第七十八卷目錄

曆法總部總論六

皇清一

曆法典第七十八卷

曆法總部總論六

皇清一

新法曆引

曆學維新

曆學有法有用法者測各重天之運行體勢以審諸曜出入隱現以求本行軌道以定準則也用者取本法測定之分數隨方隨時以推步日月五星次舍衝照交食淩犯順逆等情也二者闕一不可然而立法難矣語云毫釐之差千里之謬在曆學爲尤甚中國自漢迄元造曆者七十餘輩立法者僅十有三家且皆不免乖違後人難憑致用有謂得一冬至之正時卽爲密近者非也測冬至之於曆術未及百分之一聞一知百世無其人有謂得一歲實一朔實及轉終交終等策爲已定者非也此皆諸曜平行之率何由遽定視行有謂測率四應可以無忒者非也此不過推算平行之界而已有謂多測交食稽其某法先天某法後天而後彙計籌策折中取之者亦非也曆家法數繁頊用以算步交食不下四十餘條究竟何項何款可以折中取半者因知古來修改門戶雖岐實則互相依傍間有出一二新意亦未必洞曉本元跡其大端猶不過截前至後通計所差加減乘除分派各歲之下便爲修改已耳卽使僅合一時豈能施諸久遠後惟授時曆庶稱精密顧其法亦未盡善在當日已有推食不食食而失推之弊何況沿襲至於今日哉他若回回曆者其曆元爲西域所定使非中曆先推太陽躔度至春分之日彼亦茫然無據以得支干以合中國所用歲月也況其曆元已歷千年不可復用乎茲惟新法悉本之西洋治曆名家曰多禄某曰亞而封所曰歌白泥曰第谷四人者蓋西國之於曆學師傳曹習人自爲家而是四家者首爲後學之所推重著述既繁測驗益密立法致用俱臻至極旅輩採其精詳究其奧賾而又參以獨得發所未發焉更審今測以廣古測必求合天年世互考中西各例半皆仍舊合異歸同成書已進

闕庭新法已行天下用彰

昭代曆典度越前古暨質諸來禩雖億萬年永永不爽云

地球

地在天之中心常靜不動與天相較不啻稊米之於喬嶽也其形渾圓古謂方者蓋指其德耳凡居處地球者其視日景之不同分有五帶其中則自赤道南北各以二十三度半爲限（此卽二極出地之高）名爲煖帶居其下者午正立表於日測景必自射南射北顧每歲必有二日其表無景卽春秋二分太陽正過其天頂之日也（此指正居赤道下者）（春秋二分日中無景過春分則景在南過秋分則景在北）此帶惟一又於其南其北各自二十三度半外各截至六十六度半爲限名爲溫帶其下居南者表景恆射南居北者表景恆射北歲有一日其景極短然太陽則不經其天頂矣此帶有二以上三帶皆太陽每日有出有入者也又於南北二方自六十六度半外各底其極名爲冷帶其下或表景周圜旋轉有日太陽繞其地恆見有日太陽繞其地恆隱隱見之候或久至半歲或數月不等此帶亦二是爲大地共分五帶之槩也因此推知距赤道之南北二方其氣候必相反如太陽躔星紀宮向北之方爲冬至向南之方爲夏至春秋二分以及諸節莫不皆然又因此推知地球爲人所止以天頂而分四方亦可界爲三百六十度以合天行東西爲經測以赤道南北爲緯測以子午（規名詳見下篇）但測南北者有二極以爲之端欲測東西則須先定一所以爲起界（新曆悉以京師爲起界他方雖未經測亦據輿圖以定其經緯）而後地之經緯皆可得而明焉苟不諳此則無以知幅員相距之數而諸方太陽節氣五星經度淩犯交食時刻日食分秒悉無從推步矣（日食南北東西各不同月食分數皆同但東西不同時耳）且不惟是卽古測今測歲實之異日出日入晝夜永短之差咸取準於地之緯度所係大矣其

可忽諸

天道

天體渾淪穹然莫辨必也相形酌理判立界限以爲依據而後推測之功可施則夫設立諸規以著象數爲用甚大且急較爲曆家首務也新法總有四大規一曰地平一曰赤道一曰黃道一曰子午四規闕一不可蓋地平規者從人足所附極目四望之界而設也人附地面所可望見者天之半耳其半恆繞於地下人不可得而見也即此可見不可見之界而諸曜由是而出入明暗晝夜由是而分因設此規剖爲四象以應四方象各限以九十度是爲地平經度而各曜出入之方位以辨矣又自地平上至天頂設距等圈以爲地平緯度而各曜漸升之度以明各曜出地離赤道之緯度并北極出地之數皆可得而稽之矣赤道規者從南北二極相距正中之界而設也古曰天行健又曰天左旋左旋而行健則知南北必有其極矣極也者天體永久不動之兩點周天倚爲環動之樞者也（極非星也云極星者蓋指其最近極之星以命耳）如一極出地必一極入地其出入之度惟均曆家乃於二極相距最中之界設有赤道一規平分天體爲南北南者爲外爲陽而北者爲內爲陰其亘於天中也終古不易推步者畢賴之爲準則無容置議也本規列度三百有六十辰十有二刻九十有六天體一日一周之運於是焉紀晝夜刻分之永短於是焉定黃道出入之廣狹於是焉齊春秋二分之晷景於是焉限南北緯算於是焉起天地全圓於是焉度凡此皆其用也黃道規者從太陽旋周一歲之界而設也蓋太陽行天一歲所周軌蹟旋以成規是名黃道本規斜絡於赤道其半在南最南界爲冬至其半在北最北界爲夏至二道相交之兩點爲春秋分以故四平分之爲象限限各九十度者是即二分二至四正之限也總計爲三百六十度十二剖之爲宮二十四剖之爲節氣七十二剖之爲候蓋用以節七曜列宿之行用以審日月交食之限至較著也子午規者從諸曜升降度適中之界而設也太陽一日旋天一周見於東方漸升至高爲正午此地平以上東半晝分過午向西漸底地平是爲西半晝分乃謂之降他曜皆然於此升降度之中界立有一規名爲子午諸曜際此謂爲在子在午是規透過赤道及地平各二極其偕赤道地平而交爲直角也恆然不動但人在地面南北遷此規惟一東西遷則隨在各異也（與地平同）已上四規各有本用所係非小曆家測候欲求七政行度會望等諸法舍此無從措手以此未言象數先以詳明諸規爲首務也

一系赤道有恆動恆不動二用恆不動者以定各方時刻恆動者以相交相割於黃道也俗謂赤道有二者蓋即指此二用非實有二道也

二系赤道正居天頂則兩極適與地平相當至若赤道斜交地平之所則極出地度數即赤道距天頂度數矣其經度即過極圈緯度即距等圈也

三系黃道與赤道斜交故其極自有本極謂之黃極黃極者恆星與太陽本行之樞也論二道最遠之距（即南至北至之距）今古不同今測定爲天度二十三度三十一分三十秒上古較多數十分後此則漸減矣

四系周天諸道用立多規以便測驗但其爲規也非止旋周一線而已蓋一滿平圓面也面爲各曜之所經行故謂之道某曜在某面上即謂之在某道云

曆元

所謂曆元者乃以諸曜之平行同時而求各所曆數曆家因之用爲起算之根也新法則以天聰戊辰前太陽過天正冬至後第一子正爲曆元其日干則己卯也斯時太陽躔星紀宮初度五十三分太陰在六宮初度五十分他曜皆以此時行度爲準不用冬至時刻與舊曆異緣冬至有正有平最難得其真率也夫曆元爲諸算先資稍有舛忒即諸行皆謬矣況諸曜終歲細行莫不以子正起算又安用冬至時刻爲哉

曆算

舊以周天判爲三百六十五度又四分度之一所謂日度也蓋以太陽之行黃道日一度度析百分分析百秒且又均之分爲宮次氣候法用奇零勢難齊一且天度者歲實之日分也中曆所用歲實諸家多寡不等是其分天非一定之術而爲游移之法欲以是決定諸曜之行豈不

難乎若夫新法之分周天曆度也卽於天度以三百六十平剖之度析六十分分析六十秒蓋六十者半之則爲三十三之一則二十四之一則十五餘任剖析皆爲自然而然之分往古曆紀未始槩載但於測得之數曰某度幾何分之一而已錯綜離合其於曆算甚便也請言曆算夫曆之爲數秖就天行無假淹貫九章而其所須用者加減乘除開方五法古用瓿稜近便珠算西法第賫毫穎今復有算籌之創簡捷尤甚矣所謂加法者以類相比併多分以成全如度併度分併分秒併秒時刻併時刻是也此須知定位及進位之法如積六十秒爲一分積六十分爲一度秒進於分之位分進於度之位而與他度分秒并之若加時刻則以十五分進一刻四刻進一時二十四時進一日二十四西法謂之小時也此加法也減與加反用稽所餘其法先須較數多寡多中減寡理數易明若於少內減多必立借法以通其變如借度化分借分化秒爲本類以用之乘法者九九互積之義有實數有法數凡單數乘度分秒不變位若度乘度復生多度分乘分以生秒秒乘秒以生微則皆變位（分秒相生皆指奇零而言）此不可不知也除法者以少剖多分分除減意也爲法有二或以單數商除亦不變位苟分度不盡卽以餘度化分除之分秒亦然開方者以化法求其微數用籌乘除然後再受爲度或用三率法亦可是五法者盡曆算矣然而新曆之算諸星經緯及交食等項也蓋有二術其一取所圖各宿曜本行規之半徑并其所設某日平行（卽本圈上之弧）用諸三角形法推演乃可得經緯細行或交食之分數時刻此術最爲縝密果能精心於此卽諸天周行軌跡隱微罔不洞然其二以先所推定諸表握算設如某日某刻欲求太陽經度則第用加減二法檢表二三次以求卽可得其宮度較之中曆節氣求經朔之法簡便數倍餘如五星太陰等躔以及交食皆各有表可稽火星兼用乘除他則但賫加減立法雖難致用則易然而一趨超徑萬一操觚小失恐幷迷昧元初之理所以二術不可偏廢皆爲推步家之所朝夕從事者也

句股

句股之術從來尚矣古九章周髀載之究不過一三邊直角形而已垂線爲股橫線爲句斜線爲弦測量家立表代股平圭代句而景爲其弦善斯術者高深廣遠無不可求而測天之爲用尤大然而舊法雖有三元五和五較等用不過設二求三且泥於直角一形若遇斜角弧角無以措用矣新法變而通之既名其公曰三角形又審其平面球面曲線雜線銳角鈍角之別卽知天爲圜體宜測以弧宿曜近遠諸道互交宜測以多類之弧遂生多類之三弧形於是各形咸備有三弧三角互設三以求餘三是謂以圓齊圓於法爲善故雖天道隱微象數零雜未有能遁焉者也

割圜

割圜古法亦卽以圜求圜之意但古法設弧以求弦矢欵目四十餘項頗爲艱繁新法易之以表開卷卽得蓋因圜形之弧與角總代以直線數稱稽其數名爲八線表云夫圜形半徑爲本規六平分之通弦若二半徑各自乘之并而開方可得本規四平分之通弦用幾何諸法又可得各度分之通弦其各弧及其通弦折半乃得正弦正弧有弦弧卽有其矢矣故矢不另立表也通弦之外有切線割線通弦全在規內切線全在規外線從規心出於規周之外則爲割線然而弧有正有餘弦矢切割四者因亦各有正餘如一象限爲本表之限或於限內取幾何度謂爲正弧其或逾九十度者卽謂之餘矣正餘各有弦矢割切四線都爲八線也

恆星

恆星亦名列星亦名經星云恆者謂其象終古不易也云經者以別於五緯南北行之義其數甚夥莫能窮盡就中有光體溷微非目可及非儀可測者略而不錄其在等第之內已經新法測定者南北二極共一千七百二十有五星稽其大小分爲六等第一等大星如五帝座織女類者一十有七二等如帝星開陽類者五十有七三等如太子少衛類者八十有五四等如上將柱史類者三百八十有九五等如上相虎賁類者三百二十有三六等如天皇大帝后宮類者二百九十有五此皆有名之星計共一千一百六十有六餘皆無名者矣至於天漢斜絡天

體古昔多謬解邇來窺以遠鏡知是無筭小星接攢一帶即如積尸氣等亦小星攢聚以成第非人目所能辨遂作如是觀耳小者不足論論其大者古曆以周天諸星分爲三垣二十八宿各定有名位座次每座每宿星數多寡不齊顧其所謂宿者蓋取七曜經行止宿之義且用以便測算經度又爲其各能主施德也西古曆亦列二十八舍所定二十八距星皆與中古脗合第觜距西用天關爲小異耳此二十八宿者各以一字命名分註每日之下內以房虛星昴四宿爲屬太陽之日心危畢張爲屬太陰之日此外五緯各屬四宿每以七日爲期每日各屬一宿西曆亦然西經傳上古有一大師名諾厄者廣宣曆理以遍萬國則亦有所本也

一系星之命名多係借義非可過泥虛名便謂實有其驗比如貫索一星中以其象冏冏名以貫索西以其象冠冕名以冠冕一吉一凶全由人意豈天星實然乎至謂諸星情性不同數施互異是又理所必然不得概置弗論也故總圖於某星屬某緯者咸附註之

二系圖星之法有二一渾球有南北二極有地平子午諸規界判黃赤二道運之能肖天體旋轉以審各星經緯度分以辨星中出沒以測夜時甚便也一平面圖雖乏以上諸用然諸星位置宮度瞭若視掌爲用亦大因有多種之分曰見界圖以北極爲心其最南隱於地中星極非此方人目可見者則截出之一曰赤道圖黃道圖二者各以其極爲心其道爲界蓋皆以天之南北平剖爲二圖者也曰分星圖依黃道分天爲二十圖均賦經緯著以維辰按圖指陳天象莫晰於此外有渾蓋所用天盤以極爲心截冬至規爲界亦圖星於儀上肖天運動以覘諸星出沒升降又有平儀從二極剖天爲南六宮北六宮二面亦繪辰宿可代渾儀旋轉至若古傳星經圖步天歌等雖亦分有宿座便於觀覽而經緯度分悉皆茫然掛漏於測候無用也

星中出沒

太陽右旋一日一度終歲行天一周必復與某恆星合又必有某星與之衝曆家無從測其合者測得其衝者謂爲歲差所從來矣然由本方極出地度恆星有出沒者亦有不出不沒者如京師北極出地四十度則星距極四十度以外皆爲恆見而距南極四十度以內者在京皆不能見矣至論恆星見伏亦由太陽右旋至某宿度附近之星光爲日奪故不能見迨太陽去離漸遠則此星光漸升東方見而不伏矣緣是而升至午點即曰中星此其星中出沒在立象學爲用甚鉅而曆家但於中夜昏之以定時刻而已

日軌

太陽之行黃道也論其積歲平分之數新法以天度計爲五十九分八秒有奇所謂平行度分是也然平行齊而實行則固非齊矣冬盈而夏縮矣所以然者蓋緣黃道圈與日輪天不同心而黃道之心即地球心是日輪天與地球不同心也心既不同則日行距地近遠不等距近即行疾疾則所行之度過於平行而爲盈每冬月一日計行一度一分有奇以較平行盈二分矣距遠即行遲遲則所行之度不及平行而爲縮每夏月一日計行五十七分有奇以較平行則縮二分矣盈縮相差若此豈可謂之齊乎終歲之間但逢最高限最庳限二日平實二行度數惟一此外兩行之較日日不等新法因其或過或不及也故有加分減分謂之加減差蓋以有恆率之平行爲根而以加減差定之然後差而不差非齊而齊矣至論太陽之入某宮次以分節氣也亦有平實二算蓋算平行十五日二十一刻有奇爲一節氣乃一歲二十四平分之一耳若用躔度之日以算則冬夏不齊冬一節氣爲十四日八十四刻有奇夏一節氣爲十五日七十二刻有奇總由夏遲冬疾故其差如此皆非舊曆之所解也

系太陽天距地極遠之點謂之最高極近之點謂之最高衝（亦名最卑）此二點者乃盈縮二行之界古法於冬夏二至謂其恆在一點其實非也按古今諸測皆各不齊古測最高在夏至前數度今則在後六度矣以此推知一年之內太陽自行四十五秒也

年月

紀年者何太陽隨列宿東行旋天一周之期也太陽之行界二其一從某宮次度分行天一周

而復於元度其數爲三百六十五日二十四刻二十一分有奇其一爲太陽會於列宿天之某星行天一周而復與元星會但其星每歲有本行故須加本行以定歲而其所須加者新法定爲五十一秒所謂歲差也然而日曆紀年惟以全日推算不用小餘如以太陽十二次會合太陰爲歲也爲三百五十四日每二年三年而閏一月中曆是已如以太陽周十二宮次爲歲也爲三百六十五日每四年而閏一日西曆是已此紀年之槩也紀月有二或因太陰會朔一次以定謂太陰之月或因太陽行一宮次以定謂太陽之月顧其十二分年之一分則一也一月之終分有大盡小盡者比如初朔子正苟二朔者過二十九日外而不及第三十日之子正則謂之小過子正則謂之大大則二朔同一天干小則不同矣故有三十日弱時刻不及者曆家不得名大或二十九日強而時刻已逾者曆家仍不得名小也且宇內地度不同而月之大小因以互異比如京師第二朔在子初二刻未到子正其月爲小而西安此朔則已在子正初刻又當爲大盡矣地度愈遠時刻愈差非可強而同之也月有閏者太陽躔一宮之時與月會合二次以成者也其月因無中氣故謂之閏但古法置閏用平節氣而新法用太陽所躔天度節氣故閏有合有否或先後一月不等也

晝夜晨昏

太陽隨宗動天西行一周而復於元界謂之一日東升西降循環無端其在曆家起算判定一界以爲依據則恆以太陽在子在午爲準也論從子午起算之日每歲實行度分日日不等差較一刻有餘蓋緣黃道夏遲冬疾差餘四分而黃赤二道又廣狹異距則率度必不同分此其所當審者也今論晝夜太陽在地平上人目可得而覩謂之晝太陽漸隱地平之下人目無見則謂之夜是晝夜者全由人居以分隨方（極出地若干）隨時（太陽躔某宮）其晝夜刻分皆可依法推算焉然而法算與目見恆異蓋太陽體大算法皆以體心出地爲晝始而人目以一見日輪即爲晝始又日出沒升降度有斜正不同又地平各曜出沒之界受清蒙氣有變凡此皆非人目能辨故曆家立有覩差法也一晝一夜平分爲十二時時各八刻一日十二時共刻九十有六此恆率也其晝夜永短遞遷之故則不但日行南陸北陸不同而已亦由北極出地高庳互異而永短因焉比如赤道正過天頂之地兩極合於地平其晝夜均停絕無永短又極在天頂赤道與地平平行其下晝夜亦無長短之較但太陽百八十日恆見百八十日恆隱耳此外諸方各有永短顧其一歲之中晝夜均停者四日握算者引而伸之據四日之一日逐漸加減因得九十日之晝夜長短可以推終歲之數也再論晨昏是分晝分夜之二界也太陽將出未出數刻之前其光東發星光漸爲所奪是名爲晨太陽已入迴光返照亦經數刻始道然滅盡是名爲昏其久暫分數亦因冬夏而分短長新法以日在地平下十八度內爲晨昏之限但太陽行此十八度又各方各宮不等因有五刻七刻十刻之別若論極高七十二度以上之度則夏月晨昏相切雖至丙夜無甚黯黑也

太陰

太陰之行參錯不一推步籌算爲力倍艱苟或分秒乖違交食豈能密合故必細審其行度所以然而後可立法致用也蓋月較諸曜本旋之外行復多種第一曰平行一日十三度有奇但此行之界凡四一界是從某宮次度分起算此界定而不動二界爲本天之最高此非定界每日自順天右行七分有奇是月距本天最高一日爲十三度三分有奇也故其平行二十七日三十刻有奇爲一周已復於宮次元度又必再行二十三刻有奇爲二十七日五十三刻始能及於本天之最高此行新法謂之月自行中曆於此周謂之轉周滿一周謂之轉終其最高則行八年有奇而周天謂之月孛三界爲黃白二道相交之所所謂正交中交此界亦自有行乃逆行也（自東而西）每日三分有奇則月平行距正交一日爲十三度十三分有奇至二十七日二十七刻減交行之一度二十三分得二十七日十五刻有奇月乃回於元界曆謂之交終四界是與太陽去離太陽一日約行一度則太陰距太陽爲十二度十分有奇至二十九日五十三刻有奇逐及太陽復與之會曆謂朔策是也凡上

四行總歸第一平行其第二行曰小輪每一朔內行滿輪周二次每日爲二十四度有奇若以不同心圈論此卽太陰中距圈也因有此行復生第二損益加減分云第二者蓋於朔望所用加減分外再加再減故也此行中曆所無以上太陰諸行新法定其軌轍不外三者均圈一不同心圈一小輪一然不同心圈與小輪名異而理實同曆家資以推算兩用互推所得之數正等也

一系月道惟一古謂月行九道者乃白道正交行及四正陰陽二曆各異命之因有八名加以公名共有九耳非眞有九道也白道兩交黃道論最遠之距謂爲五度此係二曆未甚大差之數新法測得凡朔望外相距皆過五度上下二弦則爲五度一十七分三十秒推知二道相交之角非定而不動者要其廣狹之行恆以十五日爲限也

二系各朔後月夕西見遲疾不一甚有差至三日者其故有三一因月視行度視行爲疾段則疾見遲段則遲見一因黃道升降或斜或正正必疾見斜必遲見一因白道在緯南緯北凡在陰曆疾見陽曆遲見也此外又有極出地之不同朦朧分與氛氣諸異所以遲疾難齊也

交食

凡日月之行二十九日有奇而東西同度謂之會朔至若日行在黃道近交人視爲與日同經同緯是人目與月日相參直而月魄正隔日光於人目則爲日食日食者非日失其光光爲月掩耳凡太陰距太陽百八十度而正與之衝謂之望若當衝時月行近於兩交必入地景而爲闇虛此乃月日同在一線而地居其中間日光爲地所阻不能射照月體則月失其光而爲月食此日月二食者躔度有恆持籌推步分秒確然而曆家各法之疎密於此更難掩也試言其略黃白二道相交之二所名正交中交凡日月行及二交爲同度同度則有食矣然而論交又須論限及交而在限內則食限外則不食此不可不審也顧限度諸方不一蓋太陽於諸方之地平高度不同而陰陽二曆之各限亦異論煖帶下之地二曆互相受變如白道向南極半周有時在天頂及黃道之中勢必反謂爲陰曆白道向北半周是時在黃道外勢必反謂爲陽曆故其下日食之限莫得而定之也他域更近於北必陰曆限多陽曆限少更近於南必陽曆限多陰曆限少比如京師近北約算陽曆八度陰曆二十一度則知日月相會凡在陽曆近二交八度在陰曆近二交二十一度其下必見日食而過此限以往則否卽北可以推南莫不以遠近分多寡矣然而二曆食限之度有異者其故蓋在月輪月輪比日最近於地而月又小於地人目見月之所又在地面不在地心故以月天論地平雖天與地球皆爲平分直過其心而人在地面高所以視天地之兩界則似地球與月天非平分也少半在上多半在下而差約一度故以本法推算月已出正地平其於人目所視之地平尚少一度此其較謂之視差葢惟月在天頂正地平與視地平之極皆以一直線合於天頂無有視差過此左右不免有差愈遠天頂愈近地平差必愈甚夫視差無他恆降下月體數十分耳設令日月同度同在近交之南又因同度並在正地平上高二十度則太陽於視地平爲十九度五十八分祇降二分太陰於視地平爲十九度直降一度矣而日月二差之較爲五十八分故以算論雖二曜同高同度而人目視之太陰恆下於太陽一度弱不掩日光則不食若二曜在地平上高七十度則太陽無視差太陰視差止二十分其降於太陽亦止二十分勢必相切或至掩數分而成食若二曜在交北又當以太陰算在太陽之上庶因視差所降而掩陽光以爲食也顧此二地平之差又分二類一加減交食分數謂之氣差一加減時刻謂之時差曆算之艱且劇莫過於此所最當究心者也

系日食之全與不全其故有二一由天上之行一由食時地平上高弧之度故均一食也有見全食者有見食多寡不等者有全不見食者就南北論見食地界設如北京見全食其南北各距四十五度之地爲萬一千有餘里皆見有食然而多寡不等就東西論各距六十度爲萬五千有餘里各見食而分數多寡亦不等焉卽月食時刻南北亦有不同而東西爲甚也

三餘

三餘舊加紫氣名爲四餘亦謂之四隱曜然詳求天行實無紫氣且絕無當於推步之術故西法棄而不錄第取三餘一羅睺一計都一月孛羅睺卽白道之正交計都卽中交也月道自南遡北以交於黃道之一點此點有本行每日左旋三分有奇而羅睺正對之點卽爲計都蓋兩規斜絡其兩交之二點必正相對也月孛是月所行圈極高極遠之點謂月離於是其行極遲其體見極小蓋孛云者指其交轉兩行相悖之義故其平行右旋每日七分有奇是三點者土木火諸星本圈亦有之名義皆同第其各行不同耳古曆悉所未諳悉置不推不錄新法用算五星之緯故於本曆各詳其名數云獨惜日者之流以羅計月孛等名皆指爲星謂其所躔宿度各有吉凶用以推人祿命不知周天諸道諸點皆人所設以便推算其行度耳並非實物何與吉凶至紫氣一曜或謂生於閏餘或謂土木相會或謂古人以是紀直年宿故二十八年而一周天都無義理可考故月離曆指詳論其必無是曜也

五緯異行

土木火金水五曜名爲緯星者謂其日有近南近北之行與恆星異也夫五緯之行各有二種其一爲本行如塡星約三十年行天一周日二分歲星約十二年一周天日五分熒惑將滿二年一周天日三十五分太白辰星皆隨太陽每年旋天一周各有盈縮各有加減分各有本天之最高與最衝卽其最高又各有本行論其行界亦分四種非若囘囘曆總一最高也其二在於本行之外西法稱爲歲行蓋各星會太陽一次成一周也因此歲行之規（亦名小輪）推知各星順逆留疾諸情故依新法圖五緯各有一不同心圈一均圈一小輪凡星在小輪極遠之所必合太陽其行順而疾其體見小凡在小輪極近之所其行逆而疾其體見大土木火行逆則衝太陽金水行逆夕伏而合行順晨伏而合其各順行轉逆逆行轉順之兩中界爲留留非不行乃際於極遲行之所也留段前後或順或逆皆有遲行其土木火行逆卽衝太陽而金水則否者緣土木火之本天大皆以太陽爲心而包地得與太陽衝而金水之本天雖亦以太陽爲心而不包地不能衝太陽也金水不能衝太陽而能與之離金離太陽四十八度水離二十四度

五緯緯行

太陽之行因黃道斜交於赤道故其距赤道之緯南緯北也各二十三度有半以成二至是黃道者太陽之軌蹟也太陰本道又斜交於黃道最遠之距爲五度以生陰陽二曆五星之道雖相距緯度各異而其斜絡黃道則與月道同理故皆借月道諸名名之其兩交之所亦謂正交中交其在南在北兩半周亦謂陰陽二曆審是而五星緯行庶可詳求矣蓋各本道外之歲行小輪恆與黃道爲平行而又斜交於本道其上半恆在黃本二道中凡星躔於此則減本道之緯其下半恆在本道外星躔於此則加其緯然此小輪之緯向則恆不變如土星三十年行天一周其在正中二交之下必無緯度分十五年恆北十五年恆南耳凡衝太陽因在小輪下半卽加本道緯度凡會太陽因在小輪上半卽減緯度他星亦猶是也其或行近於地小輪加緯益多太白至夕伏合之際因其近地其緯幾及八度矣中曆不諳緯行之原一見金星在緯南北七八九度卽詫謂本星失行豈非誣乎又中曆亦有五星南北緯行圖亦界以黃道本道似矣但其逆行之蹟恆作一斜方形此甚非也五緯不行直線安得方形以此新法圖分二種一設人在地仰觀天上進退諸行故於上三星衝太陽下二星夕伏時第作一僅似之圓形凡衝太陽如在本道交上則不作圓形卽彷彿一之字形而已一各星近遠於地之圖要皆舊曆所未諳也

五星伏見

五星之光與日相較譬猶螢火之於庭燎光本非滅第爲大光所奪人莫能睹耳舊曆亦曉此理故用黃道距度以定諸星伏見如謂太陽在降婁初度歲星在十五度卽以爲見限似矣然而諸星各有緯南緯北之分黃道有正斜升降之勢各宮不同何得泥距度以定限乎新法定限惟以地平爲主緣地平障蔽日光能使星或伏或見耳夫日之下於地平其光漸殺所謂晨昏此晨昏光之久暫四時不等卽冥濛等矣而

星見時刻又自不等所以然者太陽由黃道而下地平或十度或十五度或至三十度有奇原自不等而星在黃道南相距必多數度在北相距必少數度其限豈可泥乎大略土木火三星較太陽行遲行後太陽夕伏晨見金水二星順天東旋較太陽行疾行先太陽晨伏夕見逆行反是其與太陽遇也亦夕伏晨見太陰行較太陽更疾晨伏夕見至於金星之緯不及八度則凡逆行合太陽於壽星大火二宮而其緯又在北七度以上雖與日合其光不伏一日晨夕皆可見之水星之緯惟四度餘若其緯向南合太陽於壽星此後去離夕必不見合太陽於降婁此後去離晨必不見金合而不伏水離而不見此二故者渾儀解之他如恆星亦有夕伏晨見者一因黃道之經緯度一因其小大等第即為見伏之限故亦可推也

欽定古今圖書集成曆象彙編曆法典

第七十九卷目錄

曆法總部總論七

皇清二

新法表異

曆法典第七十九卷

曆法總部總論七

皇清二

新法表異

總說

帝王圖治求端於天曆事由是興焉炎帝八節做農功也軒轅甲子系日成也帝嚳序星徵天象也堯㫖閏月四時乃定舜造璣衡七政以齊夏后周人其敎漸詳月令記於戴禮協紀載於箕疇自是以迄春秋率歲登臺測驗日至然而閏多失置晦朔國殊疎舛爲甚六曆出於周秦之際後人疑其僞作而今不可考矣漢初張蒼承秦用顓頊曆洛下閎太初劉歆三統始立積年日法以爲推步之準後世因之而行之愈不能久者不知順天求合之道也其後李梵造四分曆七十餘年而儀式方備又百三十年劉洪造乾象曆始減歲餘創制月行遲疾陰陽黃赤交錯以合天度爲推步師表又百八十年後秦姜岌造三紀曆始以月食衝檢知太陽躔度所在又五十七年宋何承天造元嘉曆始悟測景以定冬至又六十五年祖冲之造大明曆始悟太陽有歲差及極星去不動處有一度餘又五十二年北齊張子信始悟日月交道有表裏五星有遲留伏逆又三十三年劉焯造皇極曆始知日行有盈縮又三十五年唐傅仁均造戊寅元曆頗采舊儀高宗時李淳風造麟德曆以古曆章蔀元首分度不齊始爲總法用進朔以避晦日晨月見又六十三年開元時僧一行造大衍曆始以月朔建爲四大三小諸法較密又九十四年穆宗時徐昂造宣明曆始悟日食有氣刻時三差又二百三十六年徽宗時姚舜輔造紀元曆始悟食甚汎餘差數又一百七十餘年元郭守敬造授時曆兼綜前術時創新意然亦僅能度越前代諸家而求其密合天行垂之永久而無敝終未能也明初作大統曆襲授時之成法二百餘年不知變通訛舛特甚萬曆間會議改修至崇禎己巳乃召若望等前來著書演器曆成亟欲頒行恭遇

聖朝建鼎遂用新法造時憲寶曆頒行天下豈非一代之興必有一代之曆預修二十年以備

興朝萬年之法傳哉於戲盛矣古來治曆者稱七十餘家考之前史僅四十有餘人而已略引各朝各曆繼以

本朝新曆之凡概以質諸世之知曆者精粗疎密展卷卽得夫孰得而掩乎

漢

武帝太初元年丁丑洛下閎鄧平造太初曆

成帝綏和二年甲寅劉歆造三統曆

積年一十四萬四千五百一十一

日法八十一

二曆同法歆卽衍閎平之法而爲三統非有異也曆家立積年日法以準推步蓋始諸此其法以律起曆說多傅會初稱脗合積漸後天至元和初先天益遠晦朔弦望差天一日宿差五度

後漢

章帝元和二年乙酉李梵編訢造四分曆

積年一萬五百六十一

日法四

是時舊曆舛甚乃詔梵等另造新曆乃以二十五刻爲歲實小餘以四分度之一爲斗分天數與日數齊而日無盈縮月無遲疾止用一平朔步曆疎謬可知至永元十五年七月甲辰造黃道銅儀

獻帝建安十一年丙戌劉洪造乾象曆

積年八千四百五十二

日法一千四百五十七

漢曆三統四分皆四分之一餘分太强劉洪始覺冬至後天乃減歲餘更以五百八十九爲紀法百四十五爲斗分考冬至日日在斗二十二度精思二十餘年始悟月行遲速之理創列差率以因進退損益之數又知月行陰陽交錯於黃道表裏日行黃道於赤道宿度復進有退作

乾象曆

魏

明帝景初元年丁巳楊偉造景初曆

積年五千零八十九

日法四千五百五十九

先是黃初中韓翊因乾象曆減斗分太過後必先天乃少益斗分作黃初曆至是楊偉忿翊之非復作此曆行之乾象黃初二曆叅校多年更相是非無時而決至於景初大概不出乾象範圍而其推五星尤爲疎闊

晉

武帝太元九年甲申姜岌造三紀曆

岌病古今諸曆斗分皆疎以致日月交會無驗復作三紀曆其言曰治曆之道必審日月之行然後可以上考天時下察地化一失其本則四時變移矣於是考古今斗分疎密不同法數各異殷曆斗分粗故不施於今乾象斗分細故不通於古景初斗分雖在粗細之中而日之所在乃差四度日月虧已皆不及其次假使日在東井而食以月驗之乃在參六度差違乃爾安可以考天時治人事乎乃作三紀曆歲實小餘二四六八三八朔實餘五三○五九五轉終餘五五四五一○交終餘三二一六一三凡八萬三千八百四十一算較前爲詳而交終之多則與景初同於五星亦未見考正其獨創者則以月蝕衝檢日宿度所在爲曆術者宗焉惜其曆未見之施行也

宋

文帝元嘉二十年癸未何承天造元嘉曆

積年六千五百四十一

日法七百五十二

承天病前曆昧於日所在之宿度又合朔交食不在朔望因此歲考校於元嘉二十年作元嘉曆行之其上表略曰漢代雜候清臺以昏明中星課日所在雖不可見月盈則食必當其衝以月推日則躔次可知焉堯典日永星火以正仲夏今季夏則火中又宵中星虛以殷仲秋今季秋則虛中邇來二千七百餘年以中星檢之所差二十七八度則堯冬至日在須女十度左右也漢太初曆冬至在牽牛初後漢四分魏景初法同在斗二十一臣以月蝕檢之則景初今之冬至應在斗十七又以土圭測景考校二至差三日有餘然則今之二至非天之二至也宜隨時遷改以取其合乃以一百九十二章積三千六百四十八年爲元法以七百五十二爲日法又改歲實小餘爲二四六七一朔實餘爲五三○五八五轉終餘爲五五四五二一交終餘爲三二一六○四於是曆成較前爲密至武帝時祖沖之覺其疎謬乃議改曆

武帝大明七年癸卯祖沖之造大明曆

積年五萬二千七百五十七

日法三千九百三十九

沖之因元嘉略於置法乖遠已見作大明曆法上之其言曰何承天意存改革而置法簡略今已乖遠日月所在差覺三度二至晷景幾失一日五星伏見至差四旬留逆進退或移兩宿分至乖失則節閏非正宿度違天則伺察無準臣率愚瞽更撰新曆是即大明曆也四應等稍加改易而其改易之意有二內一款因冬至宿度古今不同謂天數既差則七曜宿度漸與曆舛乖謬既著輒應改制今令冬至所在歲歲微差此言得之

魏

明帝正光二年辛丑龍祥李業興造正光曆

積年一十六萬八千五百九

日法七萬四千九百五十二

時龍祥等九家曆合爲一曆以李業興爲主改元正光名正光曆魏書稱元起壬子律始黃鐘考古合今可爲最密今就其曆考之大約踵宋曆爲之者

東魏

靜帝興和二年庚申李業興造興和曆

積年二十萬四千七百三十七

日法二十萬八千五百三十

壬子曆氣朔稍違熒惑失次四星出伏曆亦乖舛興和元年齊獻武王入鄴復命李業興改正武王上言之得詔施行　考洛京已來四十餘歲五星出沒歲星鎮星太白業興曆首尾恆中及有差處不過一日二日一度兩度他曆之失動校十日十度熒惑一星伏見體自無常或不應度祖沖之曆多甲子曆十日六度何承天曆

不及三十日二十九度今曆還與壬子同不有加增辰星一星沒多見少及其見時與曆無舛今此亦依壬子元不改太白辰星唯起夕合爲異業其以天道高遠測步難精五行代謝推考不易人目仰闚未能盡密但取其見伏大歸略其中間小謬如此曆便可行若專據所見之驗不取出沒之效則曆數之道其幾廢矣

北齊

文宣帝天保元年庚午宋景業造天保曆

積年一十一萬一千二百五十七

日法二萬三千六百六十

文宣受禪景業奉命叶圖讖造天保曆行之後武平七年董峻鄭元偉立議非之略曰景業有心改作不會眞理乃使日之所在差至八度節氣後天閏先一月朔望虧食既未能知其表裏遲疾之曆步又不可以傍通妄設平分虛退冬至冬至虛退則日數減於周年平分妄設故加時差於異日五星見伏有違二旬遲疾逆留或乖兩宿又是年六月戊申朔太陽虧劉孝孫言食於卯時張孟賓言食於申時鄭元偉董峻言食於辰時宋景業言食於巳時至日食乃於卯辰之間其言皆不能中大都五代諸曆家俱踵元嘉大明故法改換章蔀斗分妄自各立門戶爭相妒競以塗人耳目如是而已

後周

武帝天和元年丙戌甄鸞造天和曆

積年八十七萬六千五百七

日法二萬三千四百六十

靜帝大象元年己亥馮顯造大象曆

積年四萬一千二百九十五

日法一萬二千九百九十二

西魏入關尚興李業興正光曆後周明帝詔有司造周曆頗謬及武帝天和元年甄鸞造天和曆終於宣政元年至大象元年太史上士馮顯更造大象曆此曆氣多朔少所差實遠而顯自以爲參校精密過矣

隋

高祖開皇四年甲辰張賓造開皇曆

積年四百一十二萬九千六百九十七

日法一十萬二千九百六十

高祖初行禪代之事欲以符命曜於天下道士張賓揣知上意自云洞曉星曆盛言代謝之徵由是大被知遇命造新曆賓乃依何承天法微加增損作開皇曆曆既行劉孝孫與冀州秀才劉焯並稱其失駮有六條及以古今交食并測景辨其是非互有短長如聚訟然殊不知張賓止依元嘉舊法微加增損安得無差卽孝孫等議曆亦止就舊法辨論總之於盈縮遲疾之窾未得其眞雖辯萬言何益

仁壽四年甲子劉焯造皇極曆

積年一百萬九千五百一十七

日法一千二百四十二

開皇二十年太史令袁充表曰京房有言太平日行上道升平行次道霸代行下道蓋日去極近則景短而日長去極遠則景長而日短今日隋興已後日漸長開皇元年冬至之景長一丈二尺七寸二分自爾漸短至十七年短於舊三寸七分矣上臨朝謂百官曰日長之慶天之佑也今當改元乃改明年爲仁壽元年因以曆事付皇太子東宮劉焯以太子新立修增其書名皇極曆與張冑元互相駮難是非不決焯罷歸四年太史奏日食不效帝名焯欲行其曆冑元排之又會焯死曆竟不行

煬帝大業四年戊辰張冑元造大業曆

積年一百四十二萬八千三百一十七

日法一千一百四十四

史稱冑元博學多通精於術數時輩多出其下乃擢拜散騎侍郎被太史令賜物千段改定新曆至是行之大抵學祖沖之之法而小變其說蓋與劉焯皆踵舊法爲之無甚奇異也總之隋人步曆不精氣策未善冬至或差二三日則其景宜乎有三寸七分之差也而乃妄附太平祥稱仁壽歼矣卒之歷年三十傳國二世然則景長之效壽耶不耶

唐

高祖武德二年己卯傅仁均造戊寅曆

積年一十六萬五千三

日法一萬三千六百

高祖受禪將治新曆東都道士傅仁均善推步之學太史令庾儉丞傅奕薦之詔仁均與儉等參議合受命歲名爲戊寅元曆時稱戊寅曆其

大要可考驗者有七唐以戊寅歲甲子日登極曆元戊寅日起甲子如漢太初一也冬至日短星昴合於堯典二也周幽王六年十月辛卯朔入食限合於詩三也魯僖公五年壬子冬至合春秋命曆序四也月有三大二小則日食常在朔月食常在望五也命辰起子半命度起虛六符陰陽之始六也立遲疾定朔則月行晦不東見朔不西朓七也高宗因詔司曆起二年用之擢仁均員外散騎侍郎三年正月望及二月八月朔當食比不效爲祖孝孫王孝通等所駁十八年李淳風上言仁均曆有三大二小云日月之食必在朔望十九年九月後四朔頻大詔集諸解曆者詳之不能定庚子詔用仁均平朔仁均曆法祖述胄元稍以劉孝孫舊議參之麟德間仁均曆較淳風最疎更相出入其有所中淳風亦不能逾之

高宗麟德二年乙丑李淳風造麟德曆

積年二十七萬四百九十七

日法一千三百四十

高宗時戊寅曆漸差岐州雍人太史令李淳風作麟德甲子元曆以古曆有章蔀元紀日分度分參差不齊乃爲總法千三百四十以一之損益中晷術以考日至爲渾儀表裏三重以測黃道初隋末劉焯作皇極曆未行淳風約之爲法改作麟德曆行之淳風又以晦月頻見故立進朔之法謂朔日小餘在日法四分之三已上者虛進一日以避晦月見不知月之隱見本天道之自然朔之進退由人爲之牽强孰若廢人用天不復虛進爲得哉

元宗開元十二年甲子僧一行造大衍曆

積年九千六百九十六萬二千二百九十七

日法三千四十

開元九年一行奉詔作新曆推大衍數立術以應之十二年測景於天下南至安南北至鐵勒十五年曆成而一行卒詔張說陳元景等次爲曆術七篇略例一篇曆議十篇稱旨明年說表上之起十七年頒行其大要著於篇者十二內曆本議有曰日行曰躔其差曰盈縮積盈縮曰先後古者平朔月朝見曰朒夕見曰朓今以日之所盈縮月之所遲疾損益之或進退其日以爲定朔舒亟之度乃數使然躔離相錯偕以損益故同謂之朓朒月行曰離遲疾曰轉度母曰轉法遲疾有衰其變者勢也月逶迤馴屈行不中道進退遲速不率其常過中則爲速不及中則爲遲積遲謂之屈積速謂之伸陽執中以出令故曰先後陰含章以聽命故曰屈伸日不及中則損之過則益之月不及中則益之過則損之尊卑之用睽而及中之志同觀晷景之進退知軌道之升降軌與晷名舛而義合其差則水漏之所從也總名曰軌漏中晷長短謂之陟降景長則夜短景短則夜長積其陟降謂之消息遊交曰交會交而周曰交終交終不及朔謂之朔差交中不及望謂之望差日道表曰陽曆其裏曰陰曆五星見伏周謂之終率以分從日其差爲進退即此議觀之頗勝前人然亦不過從古二十三家之曆增密而已乃欲去增修之名標獨創之美强作議論仍用算數展轉相合附會大衍令不知曆術之人稱爲作者此則欺人甚矣夫大衍之數自古有之假令一行生前漢時能舍四分三統而獨創此曆乎前無劉洪姜岌祖沖之何承天之屬吾知其必不能也

肅宗寶應元年壬寅郭獻之造五紀曆

積年二十七萬四百九十七

日法一千三百四十

先是肅宗初太衍曆有謬詔韓穎直司天臺增益舊術行至德曆至寶應元年六月望月食不效乃詔司天臺郭獻之等復用麟德元紀更立歲差增損遲疾交食及五星差數以寫大衍舊術上元七曜起赤道虛四度帝爲製序題曰五紀曆史稱獻之加減大衍偶與天合遂頒用之

德宗興元元年甲子徐承嗣造正元曆

積年四十萬三千三百九十七

日法一千九十五

是時五紀曆氣朔加時後天詔司天徐承嗣與夏官正楊景風等雜麟德大衍之旨治新曆上元七曜起赤道虛四度建中四年曆成名爲正元要不出五紀舊術範圍也

穆宗長慶二年壬寅徐昂造宣明曆

積年七百七萬五百九十七

日法八千四百

憲宗即位司天徐昂上新曆名曰觀象起元和

二年用之然無蔀章之數至於察斂啓閉之候循用舊法測驗不合至穆宗立以爲累世纘緒必更曆紀乃詔日官改撰曆法名曰宣明上元七曜起赤道虛九度其氣朔發斂日躔月離皆因大衍舊術晷漏交會則稍增損之更立新數以步五星大約皆準大衍曆法其分秒不同則各據本曆母法云起長慶二年自敬宗至於僖宗皆遵用之

昭宗景福元年壬子邊岡造崇元曆

積年五千三百九十四萬七千六百九十七

日法一萬三千五百

是時宣明曆數漸差詔太子少詹事邊岡治新曆岡巧於用算然實冥於本原其上元七曜起赤道虛四度其氣朔發斂盈縮朓朒定朔弦望九道月度交會入食限去交前後皆大衍之舊餘雖不同亦殊塗而至者景福元年曆成賜名崇元被岡用算巧能立術簡捷雖仍大衍而皆變其名如策實曰歲實揲法曰朔實乾實曰周天分之類明白使人易曉較之閉藏閃爍者不同是可尚也其治晷度準陽城日晷前後消息加減得宜九服中晷各於其地立表候之在陽城之南之北者各有距差以加減陽城二至中晷九服所在各於其地置水漏以定漏率各以陽城二至差漏母除之得加時黃道日躔交道有差其術甚詳後世郭守敬做之測驗諸方借未能盡用其術也

周

世宗顯德三年丙辰王朴造欽天曆

積年七千二百六十九萬八千七百七十七

日法七千二百

五代初用唐曆後諸國各有曆皆行之未久法不傳惟周世宗欽天曆乃端明殿學士王朴所造其曆以陰三陽二化成之數得諸法較之八十一取之黃鍾二千四十取之大衍其率附寫尤甚行五年周亡

宋

太祖建隆三年壬戌王處訥造應天曆

積年四百八十二萬五千八百七十七

日法一萬零二

太平興國六年辛巳吳昭素造乾元曆

積年三千五十四萬四千二百七十七

日法二千九百四十

眞宗咸平四年辛丑史序造儀天曆

積年七十一萬六千七百七十七

日法一萬一百

顯德欽天曆行五年周亡宋初猶用之建隆二年五月以其曆推驗疎闊乃詔司天少監王處訥等別造曆法四年四月新法成賜名應天至太平興國間有上言應天曆氣候漸差詔處訥等重加詳定六年表上新曆冬官正吳昭素所獻新曆氣朔稍均衆所推服遂用之賜號乾元應天乾元皆御製序焉眞宗嗣位命判司天監史序等考驗前法研覈舊文取其樞要編爲新曆咸平四年三月曆成賜號儀天天道運行皆有常度曆家之術古今不同蓋變法以從天隨時而推數故法有疏密數有繁簡雖條例稍殊而綱目一也

仁宗天聖元年癸亥宋行古造崇天曆

積年九千七百五十五萬六千五百九十七

日法一萬五百九十

宋興百餘年至乾興初詔曆官宋行古等改造新曆至天聖元年八月曆成詔翰林學士晏殊制序而施行焉命曰崇天其積年上考往古歲減一算下驗將來歲加一算曆成以來年甲子歲用之是年五月丁亥朔日食不效詔候驗至七年會周琮言古之造曆必使千百年間星度交食若應繩準今曆成而不驗則曆法爲未密又有楊皞于淵者與琮求較驗而皞術於木爲得淵於金爲得琮於月土爲得詔增入崇天曆具改用率數云

英宗治平元年甲辰周琮造明天曆

積年七十一萬一千九百七十七

日法三萬九十

崇天曆行至嘉祐末英宗即位命殿中丞判司天監周琮等作新曆三年而成琮言舊曆氣加時後天半日五星之行差半次日食之候差十刻既而司天中官正舒易簡等更陳家學於是詔翰林學士范鎮等考定是非上推尚書辰弗集於房與春秋之日食參今曆之所候而易簡等所學疏闊不可用新書爲密遂賜名明天曆詔翰林學士王珪序之未久以月食不效詔

曆官重造新曆至神宗熙寧元年上之占驗亦差遂復行崇天曆
神宗熙寧七年甲寅衞朴造奉元曆
積年八千三百一十八萬五千二百七十七
日法二萬三千七百
曆行十八年至元祐間測有差
哲宗元祐七年壬申皇居卿造觀天曆
積年五百九十四萬四千九百九十七
日法一萬二千三十
曆行十一年崇寧間冬至有差
徽宗崇寧二年癸未姚舜輔造占天曆
積年二千五百五十萬一千九百三十七
日法二萬八千八十
曆行三年不效
崇寧五年丙戌姚舜輔造紀元曆
積年二千八百六十一萬三千四百六十七
日法七千二百九十
曆行二十一年

金

太宗天會五年丁未（南宋高宗建炎元年）楊級造大明曆
積年三億八千三百七十六萬八千六百五十七
日法五千二百三十
大定二十年庚子（南宋孝宗淳熙七年）趙知微重修大明曆
積年八千八百六十三萬九千七百五十七
日法五千二百三十

天會五年司天楊級始造大明曆十五年春正月朔始頒行之其法不知所本或曰因宋紀元曆而增損之至正隆戊寅三月辛酉朔推日當食而不食大定癸巳五月壬辰朔日食甲午十一月甲申朔日食加時皆先天丁酉九月丁酉朔食乃後天由是占候漸差至庚子乃命史官趙知微重修大明曆十一年曆成二十一年十一月望月食驗知知微曆爲親遂用之

南宋

高宗紹興五年乙卯陳得一造統元曆
積年九千四百二十五萬一千七百三十七
日法六千九百三十
曆行三十二年
孝宗乾道三年丁亥劉孝榮造乾道曆
積年九千一百六十四萬五千九百三十七
日法三萬
曆行九年
淳熙三年丙申劉孝榮造淳熙曆
積年五千二百四十二萬二千一百七十七
日法五千六百四十
曆行十五年
光宗紹熙二年辛亥劉孝榮造會元曆
積年二千五百四十九萬四千八百五十七
日法三萬八千七百
曆行八年
寧宗慶元五年己未楊忠輔造統天曆
積年三千九百一十七
日法一萬二千
曆行八年
開禧三年丁卯鮑澣之造開禧曆
積年七百八十四萬八千一百五十七
日法一萬六千九百
曆行四十四年
理宗淳祐十年辛亥李德卿造淳祐曆
積年一億二千二十六萬七千六百七十七
日法三千五百三十
曆行一年
寶祐元年癸丑譚玉造會天曆
積年一千一百三十五萬六千一百五十七
日法九千七百四十
曆行十八年
度宗咸淳七年辛未陳鼎造成天曆
積年七千一百七十五萬八千一百五十七
日法七千四百二十
曆行四年

高宗時中原既失星翁離散紀元曆亡紹興二年高宗重購得之乃命常州布衣陳得一改造統元曆曆成詔翰林院學士孫近爲序頒行乃有司不善用之端用紀元法推步推得乾道三年丁亥歲十一月甲子朔裴伯壽陳統元法當進作乙丑於是依統元正之光州士人劉孝榮言是年四月戊辰朔日食一分日官言食二分候而輔明不食是年孝宗命孝榮治曆乃採五代民間萬分曆作三萬分以爲日法造乾道曆

時談天者各以技術相高互相詆毀紛紛不已至淳熙三年因推太陽不合仍命孝榮改曆明年頒行賜名淳熙淳熙末驗合朔差光宗紹熙二年詔改新曆仍命孝榮爲之賜名會元四年布衣王孝禮言陳得一造統元曆劉孝榮造乾道淳熙會元三曆皆未嘗測景是以冬至皆後天一日今宜立表測驗是時朝廷雖從未暇改作慶元四年會元曆占候多差日官草澤互有異同舊曆後天十一刻詔楊忠輔造新曆五年曆成賜名統天是年六月乙酉朔推日食不驗又嘉泰二年五月甲辰朔日食統天曆先天一辰有半乃詔草澤有通曆者應聘修治開禧三年大理評事鮑澣之言統天曆氣朔五星皆立虛加虛減之數氣朔積分乃有泛積定積之繁其餘差漏不可備言楊忠輔今見統天曆舛私成新曆容臣太史草澤諸人所著曆參考之檢討曾漸亦言願以諸曆下本省參考以最近者頒用於是改定新曆成賜名開禧詔以戊辰年權附統天曆頒之於是附行於世四十五年嘉定十一年太史局推七月朔日食不驗因命李德卿改造新曆淳祐十年曆成賜名淳祐是年淳祐新曆推壬子歲立春時刻與開禧曆所推相差六刻又推日食分亦差六刻有餘十二年祕書省言李德卿曆與譚玉所進新曆各有得失請商確推算合衆長而爲一未幾曆成賜名會天寶祐元年行之咸淳六年十一月三十日冬至後爲閏十一月既已頒曆浙江安撫司準備差遣臧元震言十九歲爲一章章首朔旦謂之章月今歲十一月三十日冬至又以冬至後爲閏十一月自淳祐壬子至咸淳庚午凡十九年是爲章歲以十九年七閏推之則閏月當在冬至前不當在冬至後以至朔同日論之則冬至當在十一月初一日不當在三十日因更造曆六年成七年頒行卽成天曆也

按宋史云宋開國以來其曆曰應天曰乾元曰儀天曰崇天曰明天曰奉天曰觀天曰紀元迨靖康丙午百六十餘年而八改曆南渡之後曰統元曰乾道曰淳熙曰會元曰統天曰開禧曰會天曰成天至德祐丙子又百五十年復八改曆使其初立法脗合天道則千歲日至可坐而致奚必數數更法以求幸合元象哉雖然天步維艱古今通患天運日行左右既分不能無忒謂七十九年差一度雖視古差密亦僅得其槩耳又況黃赤道度有斜正闊狹之殊日月運行有盈縮朏朒表裏之異測北極者率以千里差三度有奇晷景稱是古今測驗止於岳臺而岳臺豈必天地之中餘杭則東南相距二千餘里華夏幅員東西萬里發斂晷刻豈能盡諧又造曆者追求曆元踰越曠古抑不知二帝授時齊政之治畢殫於是否乎今其遺法具在方冊惟奉天會天二法不存大抵數異術同因仍增損以追合乾象俱無以大相過也

元

國初承用金大明曆庚辰歲太宗西征五月望月食不效二月五月朔微月見於西南中書令耶律楚材以大明曆後天乃定立里差以增損之名爲西征庚午元曆表上之不果頒用至元四年西域扎馬魯丁撰進萬年曆世祖稍頒行之十三年平宋遂詔前中書左丞許衡太子贊善王恂都水少監郭守敬改治新曆乃創簡儀仰儀高表諸器測候日月星辰消息運行之變參考前代曆法參別同異酌取中數以爲曆本當時測景之所二十有七東極朝鮮西至滇池南踰朱崖北盡鐵勒十七年冬至曆成詔賜名曰授時曆十八年頒行按授時曆不用積年日法革去入爲附會之失而惟順天以求合又以日月實合時刻定朔而不用虛進法誠爲卓見超越前代矣約略計之其所考正者凡七事一曰冬至自至元十四年丁丑至十七年庚辰各冬至詳測日晷酌取至日前後同者爲準二曰歲餘自宋大明壬寅年距今八百一十年每歲合得三百六十五日二十四刻二十五分卽用二十五分爲授時曆歲餘合用之數較大明曆減去一十一秒并定上推百年增一下推百年減一之議三曰日躔用至元丁丑四月癸酉望月食既推求日躔得冬至日躔赤道箕宿十度黃道九度有奇較大明曆差七十六分六十四秒四曰月離自丁丑後每日測知逐時太陰行度推算變從黃道求入轉極遲疾并平行得大明曆入轉後天又因考驗交食加大明曆三十刻五曰入交自丁丑五月後憑每日測

得太陰去極度比擬黃道去極度得月道交於黃道仍依日食法度推求皆有食分得入交時刻六曰二十八宿距度自漢太初以來距度不同互有損益大明曆則於度分附以太半少皆私意牽就未嘗實測其數授時新儀皆細刻周天度分每度爲三十六分以距線代管窺宿度餘分並依實測不以私意牽就七曰日出入晝夜刻大明曆止據汴京爲準刻數與大都不同授時一以大都爲正所創法者五事一曰太陽盈縮用四正定氣立升降限求得每日行分初末極差積度二曰月行遲疾古曆用二十八限授時以萬分日之八百二十分爲一限析爲三百三十六限求其遲疾度數逐時不同三曰黃赤道差依新算求得度率積差差率四曰黃赤內外度據累年實測內外極度分求每日去極若十五曰白道交周舊法黃道變推白道以斜求斜授時用立渾比量得月與赤道正交春秋二正度分擬以爲法推逐月每交二十八宿度分已上考正創法共十有二事守敬摘舉此術概在於是顧欲據是遂謂上通往古下驗將來無不密合可垂永久而無敝豈其然乎何者求理未精立法未至也夫天有不同心圖地有緯度太陽高卑限不在二至月與五星有小輪有緯行七政各有視差有清蒙氣差者凡此類縱舉之不下數十種凡皆守敬所未聞也回曆家含此數十種必無密合天行之理無惑乎授時曆成至大德二年八月推日當食而不食六年六月又食而失推守敬亦付之無可奈何也且當日加工僅於日月而略於五星五星則猶沿用大明曆然則其曆術之淺深可知矣

明

洪武初年首命太史監正元統爲正曆典統上言一代之興必有一代之曆隨時修改以合天度遂以洪武十七年甲子歲爲曆元作曆法四卷改名大統而其法實襲授時爾乘去百年消長之法李德芳爭之不能於是相沿二百餘年不知變通交食既訛節候亦爽五星伏見益復舛迷改修之議始於萬曆決於崇禎歲戊己巳望等應召前來著書演器閱六年曆成察前驗後無不密合天行時有布衣魏文魁以曉曆著聞曾隨觀察邢雲路著有律曆考一書乃率門徒上疏要求設局以角勝負卒以測驗屢疎散還閣藉於是舊新法內庭親測屢荷褒嘉乃緣國勢日危兵事紛起遂誤頒行時議惜之

皇清

前朝自改曆已來新法著聞於世久矣徵以國家多事頒行有待乃歲次甲申恭遇

聖朝建鼎本年八月一驗日食時刻分秒方位無差

奉有新法盡善盡美之

旨遂用新法造時憲曆頒行天下天時人事巧相會合豈偶然哉時憲曆書共百有卷皆思竭精默符乾道理明數著度越前代謹採其凡附於

左

天地經緯

天有經緯地亦有之蓋大地隨人所止依天頂以分四方東西爲經南北爲緯曆家不明各方經緯之度則無以知幅幀相距之數即所推太陽節氣與五星經度凌犯及交食時刻日食分數行之一方不能通之各方矣至於日出日入晝夜長短並準地緯定之方適於用須知天地經緯相應古人地方言其德耳地形實圓月食時闇虛之圓是其景也周備生物戴履不殊各以觀日爲晝兩極下極寒以半載爲晝夜赤道下極暑以二分爲夏二至爲冬北行累日北星漸出南星漸沒由是推之形圓明矣大約二百五十里當天之一度經緯皆然

諸曜異天

諸曜各天高卑相距遠甚此創論也然有實驗姑舉二端一驗以測法試立表於此於一線上窺二星其距表止等而其射景則長短不等豈非高者長而卑者短乎一驗以視差設月與星在天實行同度人從地面視之皆有差分然月差一度有餘星差有少至數分者此何以故差少者高差多者庳也舊曆測驗不精認作同天爲誤匪小

圜心不同

太陽本圜與地不同心二心相距古今不等即加減亦異即今二百年後其數小變乃能測審差數以爲萬年通變之法舊法不知也

蒙氣有差

欲測七政經緯度分先須定本地之蒙氣差蓋

地中時有游氣上騰其質輕微雖不能隱蔽天象却能映小爲大升卑爲高故日月出入人從地平上望之比於中天則大星座出入人從地平上望之比於中天則廣此映小爲大也定望日時地在日月之間人在地平無兩見之理而恆得兩見或日未西沒而已見月食於東日已東出而尙見月食於西或高山之上見日月出入以較曆家算定時刻每先升後墜此升卑爲高也且蒙氣又有厚薄有高下近水與浮虛之地氣盛則厚而高堅燥之地氣減則薄而下厚且高則映象愈大升像愈高薄且下則映像不甚大升像亦不甚高大約地勢不等氣勢亦不等故受蒙者其勢亦不等欲定日躔月離五星列宿等之緯度若非先定本地之蒙氣差終難密合也

改定諸應

七政本行各分平實二行乃平行起算之根是卽某曜某日時刻躔某宮之數其名爲應新法改定諸應悉從天聰二年戊辰前冬至後己卯日第一子正爲始

節氣求眞

舊法平節氣非天上眞節氣也蓋太陽之行有盈有縮而盈縮又各不等舊法平分氣策一十五萬二一八四三七五以爲歲周二十四分之一是以平數定節氣不免違天矣於是節氣之差或以時計或以日計至若春分則後天二日秋分則先天二日爲誤匪小新法悉皆改定

盈縮眞限

歲實生於日躔由日輪之轂漸近地心其數浸消往曆强欲齊之今古不相通矣授時創立消長上考往古百年加一下驗將來百年減一此說爲近然而據算測天則又未合者須知日有最高最卑二點盈縮遲疾從此而生乃舊法以高卑二點泥在二至遂以二至爲盈縮之定限非也新法精詳測候見春分至立夏行四十五度有奇立秋至秋分亦行四十五度有奇其行度等而中間所歷時日不等又時日多寡世世不等卽秋分至立冬立春至春分亦然因知日行最高庳度上古在二至前今世在二至後六度有奇則二至後六日乃眞盈縮之限而沿守授時者猶從二至起算如此歲實安得齊也今用授時消分爲平歲更以最高庳差加減之爲定歲因計最高最庳之各一點每年自行四十五秒

太陽出入及晨昏限

諸方北極出地度數不同太陽出入時刻因以各別大統曆自永樂後造自燕都乃猶從江南起算且又執一方以概天下則都城與諸方晝夜長短並與天違甚至日月東西帶食所測不合所算矣新法雖從京都起算而諸方各有加減然後各得眞正時刻卽論晨昏舊以二刻半爲限新以十八度爲限然而太陽行此十八度各宮又各不同因是有五刻七刻之別若北極出地七十二度以上之處則夏月晨昏相切雖至中夜亦未甚有黯黑也

晝夜不等

晝夜之分曆家皆從子午起算一歲行度日日不等其差較一刻有奇新法獨明其故有二一緣黃道夏遲冬疾差四分餘一緣黃赤二道廣狹不同距則率度必不同分也

改定時刻

晝夜定爲九十六刻蓋一晝一夜平分十有二時時各八刻積十二時爲九十六刻其於推算甚便舊增四刻湊成百數求整齊耳乃其分派百刻則謂每時八刻又三分之一則是每時有一奇零益爲繁瑣矣且舊法亦自知百刻之不適於用也其於推交食求時差分仍用九十六刻爲法定之則舊增四刻爲贅矣

置閏不同

餘氣歸終積而爲閏凡閏之月太陽之躔某宮先後會月者二是本月之內太陽不及交宮因無中氣遂置爲閏月乃舊法置閏用平節氣非也新法用太陽所躔天度之定節氣與舊不同

太陰加減

月與五星本輪之外皆有次輪所以行度益繁就月言之同心輪負本輪之心而右本輪又負次輪之心而左俱一周而復月復循次輪而右半周而復次輪半徑半於本輪半徑幷之得五度弱爲二弦惟朔望月在本輪內規不須次輪加減止一加減已足餘日則於一加減外另有二三均數多寡不等

月行高卑遲疾

舊曆言太陰最高得疾最卑得遲且以圭表測而得之非也太陰遲疾是入轉內事表測高下是入交內事若云交卽是轉緣何交終轉終兩率互異明是二法豈容混推以交道之高下爲轉率之遲疾也交轉旣是二行而月行轉周之上又復左旋所以最高向西行則極遲最卑向東行乃極疾正與舊法相反五星高下遲疾亦皆準此

朔後西見

合朔以後月夕西見或遲或疾甚有差至三日者新法獨明其故有三一因月視行度視行爲疾設則疾見遲設則遲見一因黃道升降有斜有正正必疾見斜必遲見一因白道在緯南緯北凡在陰曆疾見陽曆遲見也此外又有北極出地不同之故幷朦朧分與氣差諸異所以遲疾恆不能齊也

交行加減

正交中交行度古定一日逆行三分終古皆爲平行今細測之有時月在交上以平求之必不相合因設一加減爲交行均數

月緯距度

太陰緯度舊法以交食分數及交泛等測定黃白二道相距五度因以爲率不知朔望外距交尚有損益其至大之距計五度又三分之一也又遇一月兩食則二弦又須另用儀測方能審知距度幾何彼拘泥五度豈能合天

交食有無

交食有無惟於入交限定之入交適當交點必食卽前後距點不遠亦食不則不食蓋距交近則其度狹狹則小於兩半徑故食距交遠則其度廣廣則月與景過而不相涉矣何食之有然此論交前後也又當論交左右視太陰與黃道之緯度相距幾何度分月食則以距度較月與景兩半徑幷日食則以距度較日月兩半徑幷而距度爲小則食若大則過而不相涉等則過而僅相切皆不得食也但距度在月爲實距度而在日爲視距度此則不同耳

日月食限不同

食限者日月行兩道各推其經度距交若干爲有食之始也然而日與月不同月食則太陰與地景相遇兩周相切以其兩視半徑較白道距黃道度又以距度推交周度定食限若日食則雖太陽與太陰相遇兩周相切而其兩視半徑未可遂以之定兩道之距度爲有視差故必加入視差而後得距度因知特論半徑則日食之二徑狹月食之二徑廣論日食之限乃反大於月食之限以視差也

日月食分異同

食分多寡惟於距度定之距度在月食爲太陰心實距地景之心兩心愈近食分愈多愈遠則食分愈少矣在日食爲日月兩心之距距近食多距遠食少與月食同但日食不據實距而據視距蓋定朔爲實交會天下所同而人見食分多寡則東西南北各異所以然者皆視度所爲也

實會中會以地心爲主

實會者以地心所出直線上至黃道者爲主而日月五星兩居此線之上則實會也卽南北相距非同一點而總在此線正對之過黃極圈亦爲實會蓋過黃極圈者過黃道之兩極而交會於黃道分黃道爲四直角者也則從旁視之雖地心各出一線南北異緯而從黃極視之卽見地心所出二線東西同經是南北正對如一線也是故謂之實會若月與五星各居其本輪之周地心所出線上至黃道而兩本輪之心俱當此線之上則爲月與五星之中會日無本輪本行圈與地爲不同心兩心所出則有兩線此兩線者若爲平行線而月本輪之心正居地心線上則是日與月之中會也蓋實會旣以地心線射太陰之體爲主則此地心線過小輪之心謂之中會矣若以不同心圈之平行線論之因日月各有本圈卽本圈心皆與地心（卽黃道心）有相距之度分卽日月循各本圈之周右行所過黃道經度必時時有差（與地不同心故也）其從地心出直線過日月之體上至黃道此所指者爲日月之實行度分也設從地心更出一平行直線與本圈心所出直線偕平行而上至黃道此所指者爲日月之平行度分也蓋太陽心線與地心一線平行太陰心線亦與地心一線平行但時多不能遇至相遇時兩地心線合爲一線則是日月

之中相會若太陽實行之直線與太陰實行之直線合爲一線則是日月之實相會合會望會皆有中有實其理不異

視會以地面爲主

前言實會中會食限等皆日月食之公法也皆是準於地心然有視會新法所創也夫月食生於地景景生於日故天上之實食即人所見之視食無二食也日食不然有天上之實食有人所見之視食其食分之有無多寡兩各不同推步日食難於太陰者以此其推算視食則依人目與地面爲準蓋人目居地面之上與地心相距之差爲大地之半徑則所見之食與實食分兩直線各至宗動天各有所指度分是生視差而人目所見之食非實會也特爲視會

黃道九十度爲東西差之中限

地半徑三差恆垂向下但高庳差線以天頂爲宗下至地平爲直角南北差者變太陰距黃道之度以黃道極爲宗下至黃道爲直角東西差則黃道上弧也故論天頂則高庳差爲正下南北差爲斜下而東西差獨中限之一線爲正下一線以外或左或右皆斜下論黃道則南北差恆爲股東西差恆爲句高卑差恆爲弦至中限則股弦爲一線無句矣所謂中限者黃道出地平東西各九十度之限也舊法以子午圈爲中限新曆以黃道出地之最高度爲中限（東西各九十度即是最高）兩法皆於中前減時差使視食先於實食皆於中後加時差使視食後於實食第所主中限不同則有宜多而少宜少而多或宜加反減宜減反加凡加時不得合天多緣於此

三視差

視會即實會者惟當天頂之一點爲然過此則以地半徑以日月距地之遠測太陽及太陰實有三種視差其法以地半徑爲一邊以太陽太陰各距地之遠爲一邊以二曜高度爲一邊成三角形用以得高卑差一也又偏南而變緯度得南北差二也以黃道九十度限偏左偏右而變經度得東西差三也因東西視差故太陽與太陰會有先後遲疾之變二曜之會在黃平象限度東即未得實會而先得視會若在黃平象限西則先得實會而後得視會所謂中前宜減中後宜加也因南北視差故太陰距度有廣狹食分有大小之變如人在夏至之北測太陰得南北視差即以加於太陰實距南度或以減於實距北度又東西南北兩視差皆以黃平象限爲主日距九十度限漸近東西差漸小南北差漸大近之極則無東西差而南北差與高卑差合爲一矣距九十度限漸遠南北差漸小東西差漸大遠之極則無南北差而東西差與高卑差又合爲一矣蓋三差恆爲句股形高卑其弦南北其股東西其句至極南則弦與股合至極東極西則弦與句合也

外三差

交食有東西南北高卑三差皆生於地徑然更有外三差不生於地徑而生於氣氣有輕重有厚薄各因時因地而三光之視度爲之變易一曰清蒙高差是近於地平爲地平所生清蒙之氣變易高下也二曰清蒙徑差亦因地上蒙氣而人目所見日徑之大小變易也三曰本氣徑差本氣者四行之一即素問所謂大氣地面以上月天以下充塞太空者是也此比清蒙氣更爲精微無有形質而亦能變易太陽之光照使目所見之視度隨地隨時小大不一也此外三差之義振古未聞近始得之然論交食至此於理爲盡矣

虧復不一

日食初虧復圓時刻多寡不一此非二時折半之說也其故蓋在視差夫視差能變實行爲視行則用視差以較食甚前後不免參差又安能令視行前後同一乎新法直以視行推變時刻則初虧復圓時刻不一之故了然矣

交食異算

諸方各依地經推算交食時刻及日食分夫諸方所見日月出沒及在天中各有前後不同即所得交食時刻互異日月二食皆同一理但日食又因視差隨地不一即太陰視距不一而所見食分亦因以判焉

日食變差

日食古來有推食不食者或算入限不真或夜食而誤爲晨夕此皆不足置論獨有據法應食而實不見食無可奈何遂云日度失行誣天甚矣朝臣有稱賀者罔上甚矣據新法變差而論

必係此日此地之南北差變爲東西差故論天行則地心與日月兩心相參直實不失食而從人目所見則日月相距近變爲遠實不得食然惟此地爲然若在他方未必不漸見食幷全見食也此亦千百年偶遇一二次非常有者也

推前驗後

交食之法上推往古下驗將來百千萬年當如指掌若悉用古法推步窮年累月不可得竟矣今用新法諸表遠邇唐虞下沿萬禩開卷瞭然不費功力如春秋以來有比月書食者有不書日不書朔者依法考求斷其是非定其日朔至易而至當也至欲累求向後若干年應得若干食是皆不用全表但檢交周度表便可得之

五星準日

推算五星皆以太陽爲準其近太陽而伏則疾行其對太陽而衝則退行且太陽之行又遲疾不一則推五星宜於各本行外幷太陽遲疾之行俱入算內始爲得之乃舊法於合伏日數時多時寡徒以本星段目定之故不免有差一二度者計日則或十日或半月矣新法改正

伏見密合

五星伏見各以距太陽之度分爲限顧舊法惟用黃道距度如謂太陽在降婁初度歲星在十五度卽定爲見限非也須知五星有緯南緯北之分黃道又有正斜升降之勢各宮不同所以加減各異此理未明故有差至一二旬或一月甚且推見而實伏推伏而實見者新法改正

五星緯度

太陰本道斜交黃道因生距度與陰陽二曆卽五星亦然五星相距緯度多寡不一而其斜交黃道莫不與月同理故其兩交亦曰正交中交其在南在北兩半周亦曰陰陽二曆從是各定加減方可合天又土木火三星衝太陽緯大合伏太陽緯小金水順伏緯小逆伏緯大新法一一詳求舊未能也

金水伏見

金星或合太陽而不伏水星離太陽而不見所以然者金緯甚大凡逆行緯在北七度餘而合太陽於壽星大火二宮則雖與日合其光不伏一日晨夕兩見者皆坐此故水緯僅四度餘設令緯向是南合太陽於壽星嗣後雖離四度夕猶不見也合太陽於降婁嗣後雖離四度晨猶不見也此二則用渾儀一測便見非舊法所能知也

恆星東移

恆星以黃極爲極故各宿距星行度時近赤極亦或時遠赤極蓋行漸近極卽赤極所出過距星線漸密而其本宿赤道弧較小行漸遠極卽過距星線漸疎其本宿赤道弧則較大此由二道各極不同非距星有異行或易位也卽如觜宿距星漢測距參二度唐測一度宋測一度迄半度元測五分今測之不啻無分且侵入參宿二十四分此其明驗也然其故至今日始明又宋時所定十二宮次各在某宿度今皆不然正因恆星有本行宿度已東移十餘度矣舊法未諳故所算日月五星過宮俱多舛錯新法改正

繪星大備

舊法繪星僅依河南見界卽中國所見之星亦未全備新法周天皆有不但全備中國見界而已又新法所定二十八宿先後大小俱合天象其分恆星大小有六等之別前此未聞又依各星光測各星性爲天文占驗大用亦新法所創有也

天漢破疑

天漢斜絡天體與天異色昔稱雲漢疑爲白氣者非也新法測以遠鏡始知是無算小星攢聚成形卽積尸氣等亦然足破從前謬解

四餘刪改

羅睺卽白道之正交乃太陰自南遡北交於黃道之一點點有本行而羅睺正對之點卽爲計都卽爲中交矣月孛乃月所行極高之點至此其行極遲孛者悖也謂其交轉兩行若相悖云爾乃從前日者之流指羅計月孛爲星謂其所躔宿度各有吉凶惑世誣民莫此爲甚至於紫氣一餘細考諸曆實無此種行度欲測候無象可明欲推算無數可定欲論述又無理可據明係前人妄增後人傳會今俱改刪

欽定古今圖書集成曆象彙編曆法典

第八十卷目錄

曆法典第八十卷

曆法總部藝文一

三統曆說　漢劉歆

漢書云初孝成世劉向總六曆列是非作五紀論向子歆究其微眇作三統曆及譜以說春秋推法密要故述焉

夫曆春秋者天時也列人事而因以天時傳曰民受天地之中以生所謂命也是故有禮誼動作威儀之則以定命也能者養之以福不能者敗以取禍故列十二公二百四十二年之事以陰陽之中制其禮故春爲陽中萬物以生秋爲陰中萬物以成是以事舉其中禮取其和曆數以閏正天地之中以作事厚生皆所以定命也易金火相革之卦曰湯武革命順乎天而應乎人又曰治曆明時所以和人道也周道既衰幽王既喪天子不能班朔魯曆不正以閏餘一之歲爲蔀首故春秋刺十一月乙亥朔日有食之於是辰在申而司曆以爲在建戌史書建亥哀十二年亦以建申流火之月爲建亥而怪蟄蟲之不伏也自文公閏月不告朔至此百有餘年莫能正曆數故子貢欲去其餼羊孔子愛其禮而著其法於春秋經曰冬十月朔日有食之傳曰不書日官失之也天子有日官諸侯有日御日官居卿以底日禮也日御不失日以授百官於朝言告朔也元典曆始曰元傳曰元善之長也共養三德爲善又曰元體之長也合三體而爲之原故曰元於春三月每月書王元之三統也三統合於一元故因元一而九三之以爲法十一三之以爲實實如法得一黃鐘初九律之首陽之變也因而六之以九爲法得林鐘初六呂之首陰之變也皆參天兩地之法也上生六而倍之下生六而損之皆以九爲法九六陰陽夫婦子母之道也律娶妻而呂生子天地之情也六律六呂而十二辰立矣五聲清濁而十日行矣傳曰天六地五數之常也天有六氣降生五味夫五六者天地之中合而民所受以生也故日有六甲辰有五子十一而天地之道畢言終而復始太極中央元氣故爲黃鐘其實一龠以其長自乘故八十一爲日法所以生權衡度量禮樂之所繇出也經元一以統始易太極之首也春秋二以目歲易兩儀之中也於春每月書王易三極之統也於四時雖亡事必書時月易四象之節也時月以建分至啓閉之分易八卦之位也象事成敗易吉凶之效也朝聘會盟易大業之本也故易與春秋天人之道也傳曰龜象也筮數也物生而後有象象而後有滋滋而後有數是故元始有象一也春秋二也三統三也四時四也合而爲十成五體以五乘十大衍之數也而道據其一其餘四十九所當用也故蓍以爲數以象兩兩之又以象三三之又以象四四之又歸奇象閏十九及所據一加之因以再扐兩之是爲月法之實如日法得一則一月之日數也而三辰之會交矣是以能生吉凶故易曰天一地二天三地四天五地六天七地八天九地十天數五地數五五位相得而各有合天數二十有五地數三十凡天地之數五十有五此所以成變化而行鬼神也并終數爲十九易窮則變故爲閏法參天九兩地十是爲會數參天數二十五兩地數三十是爲朔望之會以會數乘之則周於朔旦冬至是爲會月九會而復元黃鐘初九之數也經於四時雖亡事必書時月時所以紀啓閉也月所以紀分至也啓閉者節也分至者中也節不必在其月故時中必在正數之月故傳曰先王之正時也履端於始舉正於中歸餘於終履端於始序則不愆舉正於中民則不惑歸餘於終事則不誖此聖王之重閏也以五位乘會數而朔旦冬至是爲章月四分月法以其一乘章月是爲中法參閏法爲周至以乘月法以減中法而約之則六扐之數爲一月之閏

法其餘七分此中朔相求之術也朔不得中是爲閏月言陰陽雖交不得中不生故月法乘閏法是爲統歲三統是爲元歲元歲之閏陰陽災三統閏法易九戹曰初入元百六陽九次三百七十四陰九次四百八十陽九次七百二十陰七次七百二十陽七次六百陰五次六百陽五次四百八十陰三次四百八十陽三凡四千六百一十七歲與一元終經歲四千五百六十災歲五十七是以春秋曰舉正於中又曰閏月不告朔非禮也閏以正時時以作事事以厚生生民之道於是乎在矣不告閏朔棄時正也何以爲民故魯僖五年春王正月辛亥朔日南至公既視朔遂登觀臺以望而書禮也凡分至啓閉必書雲物爲備故也至昭二十年二月己丑日南至失閏至在非其月梓愼望氛氣而弗正不履端於始也故傳不曰冬至而曰日南至極於牽牛之初日中之時景最長以此知其南至也斗綱之端連貫營室織女之紀指牽牛之初以紀日月故曰星紀五星起其初日月起其中凡十二次日至其初爲節至其中斗建下爲十二辰視其建而知其次故曰制禮上物不過十二天之大數也經曰春王正月傳曰周正月火出於夏爲三月商爲四月周爲五月夏數得天得四時之正也三代各據一統明三統常合而迭爲首登降三統之首周還五行之道也故三五相包而生天統之正始施於子半日萌色赤地統受之於丑初日肇化而黃至丑半日牙化而白人統受之於寅初日孽成而黑至寅半日生成而靑天施復於子地化自丑畢於辰人生自寅成於申故曆數三統天以甲子地以甲辰人以甲申孟仲季迭用事爲統首三微之統既著而五行自靑始其序亦如之五行與三統相錯傳曰天有三辰地有五行然則三統五星可知也易曰參五以變錯綜其數通其變遂成天地之文極其數遂定天下之象太極運三辰五星於上而元氣轉三統五行於下其於人皇極統三德五事故三辰之合於三統也日合於天統月合於地統斗合於人統五星之合於五行水合於辰星火合於熒惑金合於太白木合於歲星土合於塡星三辰五星而相經緯也天以一生水地以二生火天以三生木地以四生金天以五生土五勝相乘以生小周以乘乾坤之策而成大周陰陽比類交錯相成故九六之變登降於六體三微而成著三著而成象二象十有八變而成卦四營而成易爲七十二參三統兩四時相乘之數也參之則得乾之策兩之則得坤之策以陽九九之爲六百四十八以陰六六之爲四百三十二凡一千八十陰陽各一卦之微算策也八之爲八千六百四十而八卦小成引而信之又八之爲六萬九千一百二十天地再之爲十三萬八千二百四十然後大成五星會終觸類而長之以乘章歲爲二百六十二萬六千五百六十而與日月會三會爲七百八十七萬九千六百八十而與三統會三統二千三百六十三萬九千四十而復於太極上元九章歲而六之爲法太極上元爲實實如法得一陰一陽各萬一千五百二十當萬物氣體之數天下之能事畢矣

曆議　後漢張衡

延光二年謁者亶誦言當用甲寅元河南梁豐言當復用太初尚書郎張衡周興皆能曆數難誦豐或不對或言失誤衡與參案儀註考往校今以爲九道法最密詔下公卿詳議太尉愷等上侍中施延等議太初過天日一度弦望失正月以晦見西方食不與天相應元和改從四分四分雖密於太初皆不可用甲寅元與天相應合圖讖可施行博士黃廣大行令任僉議如九道河南尹祉等議即用甲寅元當除元命苞天地開闢獲麟中百一十四歲推閏月六直其日或朔晦弦望二十四氣宿度不相應者非一用九道爲朔月有比三大二小皆疎遠元和變曆以應保乾圖三百歲斗曆改憲之文四分曆本起圖讖最得其正不宜易愷等議宜從太初尚書令忠上奏諸從太初者徒以世宗攘外廓境享國久長爲辭或云孝章改四分災異卒甚未有善應臣伏惟漢祖受命因秦之紀違於帝典太宗遵修三階以平哀平之際同承太初妖孽累仍痾禍非一議者不以成數相參汎采妄說歸福太初致咎四分漏見曲論未可爲是臣輒復重難衡興議云云上然其言遂改曆事

五紀論推步行度當時比諸術爲近然猶未稽於古及向子歆欲以合春秋橫斷年數損夏益周考之表紀差謬數百兩曆相課六千一百五十六歲而太初多一日冬至日直斗而云在牽牛迂闊不可復用昭然如此史官所共見非獨衡興前以爲九道密近今議者以爲有闕及甲寅元復多違失皆未可取正昔仲尼順假馬之名以崇君之義況天之曆數不可任疑從虛以非易是

曆數議　　蔡邕

熹平四年五官郎中馮光沛相上計掾陳晃言曆元不正故妖民叛寇益州盜賊相續爲曆用甲寅爲元而用庚申圖緯無以庚爲元者近秦所用代周之元太史治曆郎中郭香劉固意造妄說乞與本庚申元經緯有明受虛欺重誅乙卯詔書下三府與儒林明道者詳議務得道眞以羣臣會司徒府議太尉耽等以邕議劾光晃不敬正鬼薪法詔勿治罪

曆數精微去聖久遠得失更迭術術無常是以承秦曆用顓頊元用乙卯百有二歲孝武皇帝始改正朔曆用太初元用丁丑行之百八十九歲孝章皇帝改從四分元用庚申今光晃各以庚申爲非甲寅爲是按曆法黃帝顓頊夏殷周魯凡六家各自有元光晃所據則殷曆元也他元雖不明於圖讖各家術皆當有效於其當時黃帝始用太初丁丑之元有六家紛錯爭訟是非太史令張壽王挾甲寅元以非漢曆雜候清臺課在下第卒以疏闊連見劾奏太初效驗無所漏失是則雖非圖讖之元而有效於前者也及用四分以來考之行度密於太初是又新元效於今者也延光元年中謁者亶誦亦非四分庚申上言當用命曆序甲寅元公卿百僚參議正處竟不施行且三光之行遲速進退不必若一術家以算追而求之取合於當時而已故有古今之術今之不能上通於古亦猶古術之不能下通於今也元命苞乾鑿度皆以爲開闢至獲麟二百七十六萬歲及命曆序積獲麟至漢起庚子蔀之二十三歲竟己酉戊子及丁卯蔀六十九歲合爲二百七十五歲漢元年歲在乙未上至獲麟則歲在庚申推此以上上極開闢則不在庚中讖雖無文其數見存而光晃以爲開闢至獲麟二百七十五萬九千八百八十六歲獲麟至漢百六十二歲轉差少一百一十四歲云當滿足則上違乾鑿度元命苞中使獲麟不得在哀公十四年下不及命曆序獲麟漢相去四蔀年數與奏記譜注不相應當今曆正月癸亥朔光晃以爲乙丑朔乙丑之與癸亥無題勒款識可與衆共別者須以弦望晦朔光魄虧滿可得而見者考其符驗而光晃曆以考靈曜二十八宿度數及冬至日所在與今史官甘石舊文錯異不可考校以今渾天圖儀檢天文亦不合於考靈曜光晃誠能自依其術更造望儀以追天度遠有驗於圖書近有效於三光可以易奪甘石窮服諸術者實宜用之難問光晃但言圖讖所言不服元和二年二月甲寅制書曰朕聞古先聖王先天而天不違後天而奉天時史官用太初鄧平術冬至之日日在斗二十二度而曆以爲牽牛中星先立春一日則四分數之立春也而以折獄斷大刑於氣已迕用望平和蓋亦遠矣今改行四分以遵於堯以順孔聖奉天之文是始用四分曆庚申元之詔也深引河洛圖讖以爲符驗非史官私意獨所興構而光晃以爲固意造妄說違反經文謬之甚者昔堯命羲和曆象日月星辰舜叶時月正日湯武革命治曆明時可謂正矣且猶遇水遭旱戒以蠻夷猾夏寇賊姦宄而光晃以爲陰陽不和姦臣盜賊皆元之咎誠非其理元和二年乃用庚申至今九十二歲而光晃言秦所用代周之元不知從秦來漢三易元不常庚申光晃區區信用所學亦妄虛無造欺語之愆至於改朔易元往者壽王之術已課不效亶誦之議不用元和詔書文備義著非羣臣議者所能變易

劉昭曰不有君子其能國乎觀蔡邕之議可以言天機矣賢明在朝弘益遠哉公卿結正足懲淺妄之徒詔書勿治亦深盡各之致

進景初曆疏　　魏楊偉

臣覽載籍斷考曆數時以紀農月以紀事其所由來遐而尚矣乃自少昊則元鳥司分顓頊帝嚳則重黎司天唐帝虞舜則羲和掌日三代因之則世有日官日官司曆則頒之諸侯諸侯受之則頒於境內夏后之代羲和湎淫廢時亂日則書載引征由此觀之審農時而重人事者歷代然也逮至周室既衰戰國橫騖告朔之羊廢而不紹登臺之禮滅而不遵閏分乖次而不識孟陬失紀而莫悟大火猶西流而怪蟄蟲之不藏也是時也天子不協時司曆不書日諸侯不受職日御不分朔人事不恤廢棄農時仲尼之撥亂於春秋託褒貶糺正司曆失閏則譏而書之登臺頒朔則謂之有禮自此以降暨於秦漢乃復以孟冬爲歲首閏爲後九月中節乖錯時月紕謬加時後天蝕不在朔累載相襲久而不革至武帝元封七年始乃寤其繆焉於是改正朔更曆數使大才通人造太初曆校中朔所差以正閏分課中星得度以考疏密以建寅之月爲正朔以黃鐘之月爲曆初其曆斗分太多後遂疏闊至元和二年復用四分曆施而行之至於今日考察日蝕率常在晦是則斗分太多故先密

後疎而不可用也是以臣前以制典餘日推考天路稽之前典驗之以蝕朔詳而精之更建密曆則不先不後古今中天以昔在唐帝協日正時允釐百工咸熙庶績也欲使當今國之典禮凡百制度皆韜合往古郁然備足乃改正朔更曆數以大呂之月爲歲首以建子之月爲曆初臣以爲昔在帝代則法曰顓頊曩自軒轅則曆曰黃帝暨至漢之孝武革正朔更曆數改元曰太初因名太初曆今改元爲景初宜曰景初曆臣之所建景初曆法數則約要施用則近密治之則省功學之則易知雖復使研桑心算隸首運籌重黎司晷羲和察景以考天路步驗日月究極精微盡術數之極者皆未能並臣如此之妙也是以累代曆數皆疎而不密自黃帝以來改革不已

春秋長曆論　晉杜預

書稱期三百六旬有六日以閏月定四時成歲允釐百工庶績咸熙是以天子必置日官諸侯必置日御世修其業以考其術舉全數而言故曰六日其實五日四分之一日日行一度而月日行十三度十九分度之有畸日官當會集此之遲疾以考成晦朔錯綜以設閏月閏月無中氣而北斗邪指兩辰之間所以異於他月也積此以相通四時八節無違乃得成歲其微密至矣得其精微以合天道事叙而不悖故傳曰閏以正時時以作事事以厚生生民之道於是乎在然陰陽之運隨動而差差而不已遂與曆錯故仲尼丘明每於朔閏發文蓋矯正得失因以宣明曆數也桓十七年日食得朔而史闕其日單書朔僖十五年日食而史闕朔與日故傳因其得失並起時史之謬兼以明其餘日食或曆失其正也莊二十五年經書六月辛未朔日有食之鼓用牲於社周之六月夏之四月所謂正陽之月也而時曆誤實是七月之朔非六月故傳云非常也唯正月之朔慝未作日有食之於是乎有用幣於社伐鼓於朝此非用幣伐鼓常月因變而起曆誤也文十五年經文皆同而更復發傳曰非禮明前傳欲以審正陽之月後傳發例欲以明諸侯之禮也此乃聖賢之微旨先儒所未喻也昭十七年夏六月日有食之而平子言非正陽之月以誣一朝近於指鹿爲馬故傳曰不君矣且因以明此月爲得天正也劉子駿造三統曆以修春秋春秋日食有甲乙者三十四而三統曆唯一食曆術比諸家既最疎又六千餘歲輒益一日凡歲當累日爲次而無故益之此不可行之甚者班固前代名儒而謂之最密非徒班固也自古以來諸論春秋者多述謬誤或造家術或用黃帝以來諸曆以推經傳朔日皆不得諧合日食於朔此乃天驗經傳又書其朔食可謂得天而劉賈諸儒之說皆以爲月二日或三日公違聖人明文其蔽在於守一元不與天消息也余感春秋之事嘗著曆論極言曆之通理其大指曰天行不息日月星辰各運其舍皆動物也物動則不一雖行度大量可得而限累日爲月以新故相序不得不有毫毛之差此自然之理也故春秋日有頻月而食者曠年不食者理不得一而算守恆數故曆無不有差失也始失於毫毛而尚未可覺積而成多以失弦望朔晦則不得不改憲以從之書所謂欽若昊天曆象日月星辰易所謂治曆明時言當順天以求合非爲合以驗天者也推此論之春秋二百餘年其治曆變通多矣雖數術絕滅還尋經傳微旨大量可知時之違謬則經傳有驗學者固當曲循經傳月日日之食以考朔晦也以推時驗而皆不然各據其學以推春秋此無異度己之跡而欲削他人之足也余爲曆論之後至咸寧中善算李修夏顯依論體爲術名乾度曆表上朝廷其術合日行四分之數而微增月行用三百歲改憲之意二元相推七十餘歲承以強弱強弱之差蓋少而適足以遠通盈縮時尚書及史官以乾度與太始曆參校古今記注乾度曆殊勝今其術具存時又幷考古今十曆以驗春秋知三統曆之最疎也今具列其時得失之數又據經傳微旨證據及失閏旨考日辰朔晦以相發明爲經傳長曆諸經傳證據及失閏時文字謬誤皆甄發之雖未必其得天蓋春秋當時文曆也學者覽焉

上曆新法表　宋何承天

臣授性頑惰少所關解自昔幼年頗好曆數躭情注意迄於白首臣亡舅故祕書監徐廣素善其事有既往七曜曆每記其得失自太和至泰元之末四十許年臣比歲考校至今又四十載故其疎密差會皆可知也夫圓極常動七曜運行離合去來雖有定勢以新故相涉自然有毫末之差連日累歲積微成著是以虞書著欽若之典周易明治曆之訓言當順天以求合非爲合以驗天也漢代雜候清臺以昏明中星課日所在雖不可見月盈則蝕必當其衝以月推日則躔次可知焉捨易而不爲役心於難事此臣所不解也堯典云日末星火以正仲夏今季夏則火中

又胥中星虛以殷仲秋今季秋則虛中爾來二千七百餘年以中星檢之所差二十七八度則堯冬令至日在須女十度左右也漢之太初曆冬至在牽牛初後漢四分及魏景初法同在斗三十一臣以月蝕檢之則景初今之冬至應在斗十七又史官受詔以土圭測景考校二至差三日有餘從來積歲及交州所上檢其增減亦相符驗然則今之二至非天之二至也天之南日在斗十三四矣此則十九年七閏數微多差復改法易章則用算滋繁宜當隨時遷革以取其合案後漢志春分日長秋分日短差過半刻尋二分在二至之間而有長短因識春分近夏至故長秋分近冬至故短也楊偉不悟即用之上曆表云自古及今凡諸曆數皆未能並己之妙何此不曉亦何以云是故臣更建元嘉曆以六百八爲一紀半之爲度法七十五爲室分以建寅之月爲歲首雨水爲氣初以諸法閏餘一之歲爲章首冬至從上三日五時日之所在移舊四度又月有遲疾合朔月蝕不在朔望亦非曆意也故元嘉皆以盈縮定其小餘以正朔望之日伏惟陛下允迪聖哲先天不違劬勞庶政寅亮鴻業究淵思於往籍探妙旨於未聞窮神知化罔不該覽是以愚臣欣遇盛明效其管穴伏願以臣所上元嘉法下史官考其疏密若謬有可採庶或補正闕謬以備萬分

曆議　　前人

夫曆數之術若心所不達雖復通人前識無救其爲敝也是以多歷年歲未能有定四分於天出三百年而盈一日積代不悟徒云建曆之本必先立元假言讖緯遂關治亂此之爲蔽亦已甚矣劉歆三統法尤復疏闊方於四分六千餘年又益一日揚雄心惑其說采爲太元班固謂最密著於漢志司馬彪因曰自太初元年始用三統曆施行百有餘年曾不憶劉歆之生不逮太初二三君子言曆幾乎不知而妄言歟

覆奏元嘉曆法疏　　錢樂之

太子率更令領國子博士何承天表更改元嘉曆法以月蝕檢今冬至日在斗十七以土圭測影知冬至已差三日詔使付外檢署以元嘉十一年被勅使考月蝕土圭測影檢署由來用偉(偉楊)景初法冬至之日日在斗二十一度少檢十一年七月十六日望月蝕加時在卯到十五日四更二唱丑初始蝕到四唱蝕既在營室十五度末景初其日日在軫三度以月蝕所衝考之其日日應在翼十五度半又到十三年十二月十六日望月蝕加時在酉到亥初始食到一更三唱蝕既在鬼四度景初其日日在女三以衝考之其日日應在牛六度半又到十四年十二月十六日望月蝕加時在戌之半到二更四唱亥末始蝕到三更一唱食既在井三十八度景初其日日在斗二十五以衝考之其日日應在斗二十二度半到十五年五月十五日望月蝕加時在戌其日月始生而已蝕光已生四分之一格在斗十六度許景初其日日在井二十四考取其衝其日日應在井二十又到十七年九月十六日望月蝕加時在子之少到十五日未二更一唱始蝕到三唱蝕十五分之十二格在昴一度半景初其日在房二以衝考之則其日日在氐十三度半凡此五蝕以月衝一百八十二度半考之冬至之日日並不在斗二十一度少並在斗十七度半間悉如承天所上又去十一年起以土圭測景其年景初法十一月七日冬至前後陰不見影到十二年十一月十八日冬至其十五日影極長到十三年十一月二十九日冬至其二十六日影極長到十四年十一月十一日冬至其前後並陰不見到十五年十一月二十一日冬至十八日影極長到十六年十一月二日冬至其十月二十九日影極長到十七年十一月十三日冬至其十日影極長到十八年十一月二十五日冬至二十一日影極長到十九年十一月六日冬至其三日影極長到二十年十一月十六日冬至其前後陰不見影尋校前後以影極長爲冬至並差三日以月蝕檢日所在已差四度土圭測影冬至又差三日今之冬至乃在斗十四間又如承天所上又承天法每月朔望及弦皆定大小餘於推交會時刻雖審皆用盈縮則月有頻三大頻二小比舊法殊爲異舊日蝕不唯在朔亦有在晦及二日公羊傳所謂或失之前或失之後愚謂此一條自宜仍舊員外散騎郎皮延宗又難承天若晦朔定大小餘紀首值盈則退一日便應以故歲之晦爲新紀之首承天乃改新法依舊術不復每月定大小餘如延宗所難太史所上有司奏治曆改憲經國盛典爰及漢魏屢有變革良由術無常是取協當時方今皇猷載暉舊域光被誠應綜覈晷度以播維新承天曆術合可施用宋二十二年普用元嘉曆詔可

請改元嘉曆疏　　祖沖之

古曆疏舛頗不精密羣氏糾紛莫審其要何承天所

奏意存改革而置法簡略今巳乖遠以臣校之三覩厥謬日月所在差覺三度二至晷影幾失一日五星見伏至差四旬留逆進退或移兩宿分至乖失則節閏非正宿度違天則伺察無準臣生屬聖辰逮在昌運敢率愚瞽更刱新曆謹立改易之意有二設法之情有三改者其一以舊法一章十九歲有七閏之數爲多經二百年輒差一日節閏既移則應改法曆紀屢遷實由此條今改章法三百九十一年有一百四十四閏令卻合周漢則將來永用無復差動其二以堯典云日短星昴以正仲冬以此推之唐代冬至日在今宿之左五十許度漢代之初即用秦曆冬至日在牽牛六度漢武改立太初曆冬至日在牛初後漢四分法冬至日在斗二十二晉時姜岌以月蝕檢日知冬至在斗十七今參以中星課以蝕望冬至之日在斗十一通而計之未盈百載所差二度舊法並令冬至日有定處天數既差則七曜宿度漸與曆舛乖謬既著輒應改制僅合一時莫能通遠遷革不已又由此條今令冬至所在歲歲微差卻檢漢注並皆審密將來久用無煩屢改又設法者其一以子爲辰首位在正北爻應初九斗氣之瑞虛爲北方列宿之中元氣肇初宜在此次前儒虞喜備論其義今曆上元日度發自虛一其二以日辰之號甲子爲先曆法設元應在此歲而黃帝以來世代所用凡十一曆上元之歲莫値此名今曆上元歲在甲子其三以上元之歲曆中衆條並應以此爲始而景初曆交會遲疾亦置紀差裁合朔氣而已條序紛互不及古意今設法日月五緯交會遲疾悉以上元歲首爲始則合璧之曜信而有徵連珠之暉於是乎在羣流共源實精古法若夫測以定形據以實效縣象著明尺表之驗可推動氣幽微寸管之候不忒今臣所立易以取信但深練始終大存整密革新變舊有約有繁用約之條理不自懼用繁之意顧非謬然何者夫紀閏參差數各有分分之爲體非細不密臣是用深惜毫釐以全求妙之準不辭積累以成永定之制非爲思而莫悟知而不改也竊恐讚有然否每崇遠而隨近論有是非或貴耳而遺目所以竭其管穴俯洗同異之嫌披心日月仰希葵藿之照若臣所上萬一可采伏願頒宣羣司賜垂詳究庶陳錙銖少增盛典

欽定古今圖書集成曆象彙編曆法典

第八十一卷目錄

曆法典第八十一卷

曆法總部藝文二

謝賜新曆表　梁簡文帝

五司告肇萬壽載光璿叶璧輪慶休寶曆班和布政縣𨶒徇道式弘敬授之典載闡浹辰之教

又　同前

璿篇環璣鳳司肇律觀斗辨氣玉琯移春萬福維新𧰼固天保

謝賜新曆表　沈約

竊惟觀斗辨日馭生爲本審時分地祿政莫先何則勝殺無舛拘忌之理難忽珠璧有徵禮節之原攸序

謝曆表　王僧孺

竊以龍馭不爽麟見佳薄鳳職是司曾無昃朓璧聯珠璨輪映階平義實明時事惟均政固以先天候其餘始執杓驗其平分九瀛仰化萬寓依朔

謝曆日啓　庾肩吾

凌渠所奏莁曌既符鄧平之言錙銖皆合登臺覘朔覩雲物之必書拂管移灰識權衡之有度初開卷始暫謂春留末覽篇終便傷冬及裴回厚渥比日爲年

考驗曆法疏　魏公孫崇

臣頃自太樂詳理金石及在祕省考步三光稽覽古今詳其得失然四序遷流五行變易帝王相踵必奉初元改正朔殊徽號服色觀於時變以應天道故易湯武革命治曆明時是以三五迭隆曆數各異伏惟皇魏紹天明命家有率土戎軒仍動未遑曆事因前魏景初曆術數差違不協晷度世祖應期輯寧諸夏乃命故司徒東郡公崔浩錯綜其數浩博涉淵通更修曆術兼著五行論是時故司空咸陽公高允該覽羣籍讚明五緯并述洪範然浩等考察未及周密高宗踐祚乃用敦煌趙敺甲寅之曆然其星度稍爲差遠臣輒鳩集異同研其損益更造新曆以甲寅爲元考其盈縮晷象周密又從約省起自景明因名景明曆然天道盈虛豈曰必協要須參候是非乃可施用太史令辛寶貴職司元象頗閑祕數祕書監鄭道昭才學優贍識覽該密長兼國子博士高僧裕乃故司空允之孫世綜文業尚書祠部郎中宗景博涉經史前兼尚書郎中崔彬微曉法術請此數人在祕省參候而伺察晷度要在冬夏二至前後各五日然後乃可取驗臣區區之誠冀效萬分之一

詳察曆法疏　崔光

易稱君子以治曆明時書云曆象日月星辰迺同律度量衡孔子陳後王之法曰謹權量審法度春秋舉先王之正時也履端於始又言天子有日官是以昔在軒轅容成作曆逮乎帝唐羲和察影皆所以審農時而重民事也太和十一年臣自博士遷著作忝司

載述時晉鍾律郎張明豫推步曆法治己丑元草刱未備及還中京轉爲太史令未幾喪亡所造致廢臣中修史景明初奏求奉車都尉領太史令趙樊生著作佐郎張洪給事中領太樂令公孫崇等造曆功未及訖而樊生又喪洪出除涇州長史唯崇獨專其任暨末平初亦已略舉時洪府解停京又奏令重修前事更取太史令趙勝太廟令龐靈扶明豫子龍祥共集祕書與崇等詳驗推建密曆然天道幽遠測步理深候觀遷延歲月滋久而崇及勝前後並喪洪所造曆爲甲午甲戌二元又除豫州司馬靈扶亦除蒲陰令洪至豫州續造甲子己亥二元唯龍祥在京獨修前事以皇魏運水德爲甲子元兼校書郎李業興本雖不預亦知造曆爲戊子元三家之術並未申用故貞靜處士李謐私立曆法言合紀次求就其兄瑒追取與洪等所造遞相參考以知精麤臣以仰測晷度實難審正又求更取諸能算術兼解經義者前司徒司馬高綽駙馬都尉盧道虔前冀州鎮東長史祖瑩前并州秀才王延業謁者僕射常景日集祕書與史官同檢疏密并朝貴十五日一臨推驗得失擇其善者奏聞施用限至歲終但世代推移軌憲時改上元今古考準或異故三代課步始卒各別臣職預其事而朽暗已甚既謝運籌之能彌愧意算之藝由是多歷年世茲業弗成公私負責俯仰慙靦

上神龜曆疏　前人

春秋載天子有日官諸侯有日御又曰履端於始舉餘於終皆所以推二氣考五運成六位定七曜審八卦立三才正四序以授百官於朝萬民於野陰陽雖采仁義之道罔不畢備綜是先代重之垂於典籍及史遷班固司馬彪著立書志所論備矣謹案曆之作也始自黃帝辛卯爲元迄於大魏甲寅曆數千有餘代歷祀數千軌憲不等遠近殊術其消息盈虛晷步疏密莫得而識焉去延昌四年冬中堅將軍屯騎校尉張洪故太史令張明豫息盪寇將軍龍祥校書郎李業興等三家並上新曆各求申用臣學缺章程藝謝籌運而竊職觀閣謬忝厥司奏請廣訪諸儒更取通數兼通經義者及太史並集祕書與史官同驗疏密并請宰輔羣官臨檢得失至於歲終密者施用奉詔聽可時太傅太尉公清河王臣懌等以天道至遠非卒可量請立表候影期之三載乃採其長者史議所從又蒙敕許於是洪等與前鎮東府長史祖瑩等研窮其事爾來三年再歷寒暑積勤構思大功獲成謹案洪等三人前上之曆并駙馬都尉盧道虔前太極採材軍主衞洪顯殄寇將軍太史令胡榮及雍州沙門統道融司州河南人樊仲遵定州鉅鹿人張僧豫所上總合九家共成一曆元起壬子律始黃鐘考古合今謂爲最密昔漢武帝元封中治曆改年爲太初因名太初曆魏文帝黃初中治曆卽名景初曆伏惟陛下道唯先天功邈稽古休符告徵靈蔡炳瑞壬子北方水之正位龜爲水畜實符魏德修母子應義當麟趾請定名爲神龜曆今封以上呈乞付有司重加考議事可施用并藏祕府附於典志

上丙寅元曆表　北周馬顯

臣案九章五紀之旨三統四分之說咸以節宣發斂考詳晷緯布政授時以爲皇極者也而乾維難測斗憲易差盈縮之期致舛咎徵之道斯應寧止虵或乘龍水能沴火因亦玉羊掩曜金雞喪精王化關以盛衰有國由其隆替曆之時義於斯爲重自炎漢已還迄於有魏運經四代事涉千年日御天官不乏於世命元班朔互有沿改驗近則疊璧應辰經遠則連珠失次義難循舊其在茲乎大周受圖膺籙牢籠萬古時夏乘殷斟酌前代曆變壬子元用甲寅高祖武皇帝索隱探賾盡性窮理以爲此曆雖行未臻其妙爰降詔旨博訪時賢并敕太史上士馬顯等更事刊定務得其宜然術藝之士各封異見凡所上曆合有八家精麤踳駁未能盡善去年冬孝宣皇帝乃詔臣等監考疏密更令同造謹案史曹舊簿及諸家法數棄短取長共定今術開元發統肇自丙寅至於兩曜虧食五星伏見參校積時最爲精密庶鐵炭輕重無失寒燠之宜灰箭飛浮不爽陰陽之度上元丙寅至大象元年己亥積四萬一千五百五十四算上日法五萬三千五百六十三亦名部會法章歲四百四十八斗分三千一百六十七部法一萬二千九百九十二章中爲章會法日法五萬三千五百六十三曆餘二萬九千六百九十三會日百七十三會餘一萬六千六百一十九冬至日在斗十二度小周餘盈縮積其曆術別推入蔀會分用陽率四百九十九陰率九每十二月下各有日月蝕轉分推步加減之乃爲定蝕大小餘而求加時之正其術施行

長慶宣明曆序　唐穆宗

古者聖人莫不研七精之數以察天道設四時之官以授人事在顓頊之代雖罕長漫靡察制度未備然

已有重黎二官故可得而述是以欽昊天協時月必首於堯舜之典敘九章用五紀亦冠於周宗之書則知履端受命斯爲本也我國家侔天地以制法統陰陽以立極恭惟烈祖嘗所盡心載誕神人協成曆象太史究洛閎之術大惠極容成之妙而體聖創制賾隱窮神順時氣之發斂考星度之疎密故亦窮變化洞窈冥矣然後陰陽和刑罰清八風之敘立萬物之序成累聖纘緒必更紀曆推體元居正之道彰敬授惟新之法斯舊典也曷敢廢乎朕以菲薄未明至理荷祖宗之耿光守聖人之大寶深懼不德獲戾於上元咸易象之隨時慎禮經之聽朔又睿覽漢丞相魏弱翁之奏以爲帝王法天地順四時以理國家是奉宗廟安天下之大禮也爰命太史洎乎疇人候望於清臺論思於別殿究以微妙考其禎祥觀渾儀以見天心視圭景而知日至則八卦之氣不雜百工之職允釐豈必於記鳳威之晨晦明無爽候仙蓂之莢弦望不僣今勒成三十四卷命之曰長慶宣明曆承唐堯授人之規庶於是矣放軒后合符之驗非所企爲因敘制作之由在乎篇首

開元大衍曆序　張說

特進集賢院學士修國史上柱國燕國公臣張說言曆者先王以明時授人敬天育物者也辰極恆居斗運不息晦朔相推而變月寒暑往來而成歲日月右轉周天之度啓星辰左旋正時之氣合積餘分而置閏配甲子而設蔀鳳鳥爲司曆人受職分分而加之者百鈞必過毫毛而減之者千里必差何則古法存而其人異也不有大聖孰能起之伏惟開元神武皇帝陛下欽崇大道慎徽月令受命再新改制創曆十有三祀詔沙門一行上本軒項夏殷周魯五王一侯之遺式下集太初至於麟德二十三家之衆議比其異同課其疎密或前疑而後定或始會而終乖振古未探之象必發揮於神算大鈞不測之氣盡覼縷於天聰乃更審日晷之短長度星間之廣狹繩九道之朓朒糾五精之進退參大衍天地之數綜八卦六爻之序一轍於文王也覈春秋交蝕之辰研九疇五紀之奧同符於孔子也打軸萬象優遊四載奏章朝竟一行夕落臣說奉詔金門成書策府先有理曆陳景善算趙昇首尾參元之言接承轉算之意因而潤合編次勒成一部名曰開元大衍曆經七章一卷長曆三卷曆議十卷立成法十二卷天竺九執曆一卷今古曆書二十四卷略例奏章一卷凡五十二卷所以貫三才周萬物窮數術先鬼神稱制曰者卽聖人顧訪之旨標謹按者是曆家進退之詞非軒后至聖不啓履端之業非容成詣極不就歸餘之經據其圖也七政之天心不遠守其術也千歲之日月可知蓋中黃之寶符太紫之神器者也謹以十六年八月端午赤光照室之夜皇雄成紀之辰當一元之出符獻萬壽之新曆伏望藏之書殿錄於記言掌之太史頒於司曆制曰可

賀示曆書　前人

臣某等言內侍尹鳳翔至奉宣聖旨內出新撰曆書二十五卷以示臣等竊窺深奧仰觀英華涉海登山罔知攸際臣聞唐堯光宅順昊天而定四時虞舜登庸在璿衡而齊七政伏惟開元聖文神武皇帝陛下至德廣運文明府哲道冠生知與神合契備往聖之能事紹昔王之闕典發揮易象以應乘乾之時考正曆書更表履端之始上包二帝下括三王徵晷運之盈虛究推步之疎密備稽氣象裁體坎離三辰順軌而更明五緯合度而增煥是使天地貞觀神人允諧唐虞舊章於斯重覩臣等幸陪書府得預朝門抃躍之情實萬恆品奉表陳賀以聞

習星曆判　闕名

得甲稱人有習星曆闇會吉凶有司劾以爲妖疑云天文志所載不伏

南正司天北辰列象昭回可議坐微雲漢之詩曆數難推自合史官之序當今銅渾設範五衡齊政四叱各業庶績其疑舉而推之雖頗會於終吉于不語怪竟貽咎於爲妖彼何人斯獨探幽說然古人垂教良史屬詞重黎掌日得唐堯之曆甘公言星明漢家之曆象遐覽前志事有職司攻乎異端誰任其罰請寘清典無取星占

習星曆判　郭休賢

天道非遠人情難測俯察仰觀知來藏往顧惟所習頗曰常途取則四時識乘蛇之度數明諸六曆辨迴蟻之術環習洛閎之平生得陵渠之志事既知休咎同入精微攻乎異端自貽伊感必若門傳良冶亦觀過而知仁如其職異清臺乃欽哉而難郵劾爲妖妄何太忽諸引以天文表聞其可

習星曆判　韋恆

元象垂文星辰作範休咎之徵斯在吉凶之跡可明祕以人倫得之邦國既河長而山久亦自古而迄今

尚有不遵典刑默習推步眷茲所學幸遇休明慕劉氏之高蹤仰張衡之舊業旣而秋槎將泛知河漢之明梭太白初高識將軍之出戰雖灾祥之屢犯在徵應之可憑若彝典以斯違亦公途而難舍有司情惟糾慝志切繩違告爲妖疑事恐乖於五聽科其犯禁誠有叶於三章

習星曆判　薛重暉

藝術多端陰陽不測吉凶潛運倚伏難明預曉灾祥子產稱博通之首逆窮否泰裨竈爲廣學之宗是知羽駕奔星初平言七日之會乘槎上漢嚴君定八月之期習學之規枝無妨於紀曆屢會之禮法禁言於吉凶有司嫉惡居心繩愆軫慮恐或彝憲劾以爲妖冀必靜於金科庶不刑於玉律眷言執旨雖款載於天文審事語情實恐迷於至理卽定刑罰恐失平反庶詰有司方期後斷

習星曆判　褚廷詢

和氏命官疇人繼職裁度曆數辨正陰陽雖日月星辰無幽不燭而吉凶性命象在其中所以班固題編編而作志馬遷著史取以成書安可私議災祥公違典憲仰秦儀而雖隔瞻漢綱而斯存豈得日用不知都勞帝力天文妄習仍委國刑宜峻典彝以申平反

習星曆判　徐楚望

大君有位北辰列象庶官分職南正司天和玉燭而調四時制銅儀而稽六合是則官修其業物有其方彼何人斯而言曆數假使道高王朔學富唐都徒取衒於人間故無聞於代掌多識前載方期爲巳役成稱賤寧是潤身眷彼司存行闕糾慝語其察變應援石氏之經會以吉凶合引班生之志誠其偏習宜肅正刑

曆生失度判　李昂

曆生失秒忽之度

厥皇司曆象[illegible]謀託算象牛有數感而遂通遐探渾元是知元妙眇覩雲物必在精微情至紛擾則他恐交亂形質溷穢則奇鑒不明焉可以見天地之心窮鬼神之狀幽變未測孰辨端倪相彼曆生迹參日御臺觀是忝臯蒙未諳唐都不作糟粕誰傳趙達何追菁華莫繼失秒忽之度曷以敬授人時若歸奇於扐履端於始則毫釐不爽黍累無愆如或未精法將焉捨

又　前人

瞻乎曆生跡編太史按黃鐘之妙算玉管非工察緹幕之微灰銅儀罕究今者三元奧術尚懵履端之明六律幽源未達歸餘之數失之黍忽糾以簡孚誠楨龜之見毀豈書馬而致誤不堪敬授將亂甲乙顚異太初之差宜正羲和之罪

曆生失度判　王泠然

律呂之本今古攸尚周行殷曆孔子於是興嗟漢襲秦正劉歆以之條奏莫不考於經傳稽之氣象惟彼曆生稱明算法理辨銅壺曉唱則聽雞鳴玉斗夜迴方看蟻轉何得輕於秒忽失以毫釐禆竈多言豈知天道羲和廢職幾亂人時遂令太史罷占疇人廢業陸佐公之漏刻莫見新成張平子之渾儀但聞虛設旣失推莢之典何逃貟棘之刑

先王正時令賦以四時漸差置閏以正歲　陳昌言

天序運氣王統時紀欽若是授人之初履端爲步曆之始欲正時而罔忒非置閏其何以伊昔陶唐五帝之世申明推策之術表錫落莢之異羲和之職旣分曆象之文始備於其寅亮帝圖式昭天事其則伊邇其猷孔嘉日月運行故有遲速之異晦朔循軌因爲大小之差立分至則寒暑不忒積餘日而盈虧匪賒且正者王之丕訓時者天之大信正得其序則向離而御乾時失其經則夏雹而冬震人殃於疫年不爲順故時不得不正歲不得不閏也昔周禮在魯曆法可推官或尸位閏則迷時良史爲之追正議士爲之興辭俾夫司曆法者罔或二事建皇極者於焉愼思則序不愆而事不悖沴可伏而祥可期我唐百王居盛九葉伊聖昧爽無忘乎順序動息必繇乎時令茲歲也當仲秋而歸餘居位也闔左扉以舒政化灾爲祥紓變作慶南山之壽閏月而濟弘北戶之甿重譯而歸正於時金風半肅雕雲乍斂野樹丹舒遙峰翠點燕涓海以馳歸鴻溯漢而方漸正時之文存乎往志舍之則玉燭不調得之則銅儀安次可以使四方稟朔之君萬代守文之士知我正往曆奉天時而置也

閏賦　張季友

閏之所起自曆而推得餘日於終歲爰稽候於正時其始也日之行而疾月之行而遲躔次周流運將爲矣毫釐奸度失是遠而不歸餘何以定一歲之曆不小正何以序四時之紀於是太史授事羲和敬理以日纍月積三年而成原始要終豈周月而已天時由之而式叙國令於焉而合軌春生夏長不失其常東

作西成孰知所以雪應冬而絮落雲識夏而峰起秋之夕湛露爲霜春之朝堅冰爲水豈不以律之克中閏之匪虛以風以雨兮各得其序曰寒曰燠兮無悖於初國家握乾符正律書契洛下之言算定乎一日之設考容成之律閏生乎卒歲之餘故得氣正於今律移於昔履端於始節乃差而匪差歸餘於終日雖積而不積矣天之曆象咸若重黎之職司有辟候月盈缺豈資蓂莢而知推日短長不假土圭而測且夫夏有伏冬有臘匪閏則其氣不順月有縮日有盈匪閏則其氣不成故有慢時廢朔則曰不常無藝闔扉聽政則曰假時來歲歷前古之所重綿後王之取制矧可昭翼翼扇巍巍百王之理是倚庶績之廣焉依丕赫哉我后之正時定曆堯典而同歸

撰定歲餘疏　後周王朴

曰臣聞聖人之作也在乎知天之變者也人情之動則可以言知之天道之動則當以數知之數之爲用也聖人以之觀天道焉歲月日時由斯而成陰陽寒暑由斯而節四方之政由斯而行夫爲國家者履端立極必體其元布政考績必因其歲禮動樂舉必正其朔三農百工必順其時五刑九伐必順其氣庶務有爲必從其日月是以聖人受命必治曆數故五紀有常度庶徵有常應正朔行之於天下也自唐之季凡曆數朝亂日失天垂將百載天之曆數汩陳而已陛下順考古道寅畏上天咨詢庶官振舉墜典臣雖非能者敢不奉詔乃包萬象以爲法齊七政以立元測圭箭以候氣審朓朒以定朔明九道以步月校遲疾以推星考黃道之斜正辨天勢之昇降而交蝕詳焉夫立天之道曰陰與陽陰陽各有數合則化成矣陽之策三十六陰之策二十四奇偶相命兩陽三陰同得七十二何則陰陽之數合七十二者化成之數也化成則謂之五行之數五行之得朞數過之者謂之氣盈不及者謂之朔虛至於應變分用無所不通故以七十二爲經法經者常用之法也百者數之節也隨法進退不失舊位故謂之通法以通法進經法得七千二百謂之統法自元入經先用此法統曆之諸法也以通法進統法得七十二萬氣朔之下收分必盡謂之全率以通法進全率得七千二百萬謂之大率而元紀生焉元者歲月日時皆甲子日月五星合在子當盈縮先後之中所謂七政齊矣古者植圭於陽城以其近洛也蓋尚慊其中乃在洛之東偏開元十二年遣使天下候影南距林邑北距橫野中得浚儀之岳臺應南北弦居地之中大周建國定都於汴樹圭置箭測岳臺晷漏以爲中數晷漏正則日之所至氣之所應得之矣日月皆有盈縮日盈月縮則後中而朔月盈日縮則先中而朔自古朓朒之法率皆平行之數入曆既有前次而又衰稍不倫皇極舊術則迂迴而難用降及諸曆則疎遠而多失今以月離朓朒隨曆校定日躔朓朒臨用加減所得者入離定日也一日之中分爲九限每限損益衰稍有倫朓朒之法可謂審矣赤道者天之紘帶也其勢圜而平紀宿度之常數焉黃道者日軌也其半在赤道內半在赤道外去極二十四度當與赤道近則其勢斜當與赤道遠則其勢直當斜則日行宜遲當直則日行宜速故二分前後加其度二至前後減其度九道者月軌也其半在黃道內半在黃道外去極遠六度出黃道謂之正交入黃道謂之中交若正交在秋分之宿中交在春分之宿則比黃道益斜若正交在春分之宿中交在秋分之宿則比黃道反直若正交中交在二至之宿則其勢差斜故校去二至二分遠近以考斜正乃得加減之數自古雖有九道之說蓋亦知而未詳徒有祖述之文而無推步之用今以黃道一周分爲八節一節之中分爲九道盡七十二道而使日月無所隱其斜正之勢焉九道之法可謂明矣星之行也近日而疾遠日而遲去日極遠勢盡而留自古諸曆分段失實陞降無準今日行分尚多次日便留自留而退惟用平行仍以入段行度爲入曆之數皆非本理遂至乖戾今校逐日行分積以爲變段然後自疾而漸遲勢盡而留自留而行亦積微而後多別立諸段變曆以推變差俾諸段變差際會相合星之遲疾可得而知之矣自古相傳皆謂去交十五度以下則日月有蝕殊不知日月之相掩與闇虛之所射其理有異今以日月徑度之大小校去交之遠近以黃道之斜正天勢之昇降度仰視旁視之分數則交虧得其實矣臣考前世無食神首尾之文近自司天卜祝小術不能舉其大體遂爲等接之法蓋從假用以求徑捷於是乎交有逆行之數後學者不能詳知因言曆有九曜以爲注曆之常式今並削而去之謹以步日步月步星步發斂爲四篇合爲曆經一卷曆十一卷草三卷顯德三年七政細行曆一卷以爲欽天曆昔在帝堯欽若昊天陛下考曆象日月星辰唐堯之道也天道元遠非微臣之所盡知

賜曆日謝表　宋王安石

臣伏以太史序年將謹人正之授遠臣尸祿乃叨天指之加臣中謝竊以欽若昊穹虛承黎庶正時所以作事治曆所以明時恭惟皇帝陛下道邁古初德綏方夏治教之象上協於天心正朔所加外通乎海表敢圖幽屏亦誤龍頒徒尊閣以知榮曷糜捐之可報臣無任

又　前人

臣伏以清臺課曆肇明一歲之宜列郡仰成欽布四時之事闕文切林拜賜爲榮恭惟皇帝陛下躬包曆數政順璣衡齊日月之照臨體乾坤之闔闢考觀新度遠存堯象之明推步大端猶得夏時之正盡俯仰察觀之理概裁成輔相之宜歲事備存詔文僭下先天誕告間無秒忽之差率土逢古驗若節符之合臣敢不恭承睿旨順考時行贊聖神化育之功極天人和同之效奉而行政期不戾於陰陽推以治人庶克濟於富壽臣無任

曆者天地之大紀賦　蘇頌

昔聖王建官司地因象知天推曆用明於大紀考星咸自於初躔合三體以爲元成書最密舉二篇之定策備數無愆古有善談載於前志因太初創曆之首述往聖知時之義莫不究極象數精窮天地有時以記夫啓閉有日以紀乎分至躔離弦望也於此而爲正晦朔昏明也於此而攸示下可辨乎斗建上靡差於辰次惟君審璣衡之運所以緒正於元功使民知寒暑之來然後順修於時利況夫曆爲一歲之本紀明太極之根推精微之至妙豈深思之與知必也迎辰以策定晷於儀帝舜則義和而分命顓頊則重黎而是司皆所以準厤二氣乘於四時聖有作也人皆度之制自清臺得舉正履端之要職由太史盡觀文察理之宜若乃辰集於房月窮於紀孟陬既協於月建攝提亦隨乎杓指國將班正朔以爲令王乃觀情性而順理章蔀元之書分著於彼子丑寅之正分見於此可以察發斂於未然定舒慘之所以推而生律子陽午陰而互分治以明時春作秋成而是擬且夫天之運也日與星而代逢地之道也柔以剛而莫窮非乃聖無以探其賾非立法無以舉其中我乃錯綜氣候稽參變通起建星而運算故積歲以成功考連珠合璧之辰得名尤邃應大呂黃鍾之統立道斯同用能鉤校舊儀審觀新度成敗因之而遂紀氣節於焉而可步於以極陰陽之大端於以備六五之中數亦何異魯經比事舉二中以歲成義易窮神合五位而象布後王以是知曆象不可以審經紀不可以循或立元而謹其始或節事而授於民憑相則致乎日月保章則志夫星辰以定五十五數以通三百六旬所謂見道而知治何患以天而占人彼爲刻漏以考中星但紀曉昏之度處璇璣而觀大運蓋明氣候之因猶未若測運動於二儀齊往來於七政建乃星紀先夫算命吾皇所以監古曆之尤疏頒新書而考正天人之際因以明焉乃知夫作者謂聖

授時曆轉神注式序　元楊桓

近古曆法必注人事動作吉凶之說其式圖太歲統吉凶之神於帙端令人知一歲之向背也又注節氣日躔及天道所向天德月厭月殺月德月合月空月之六候三白圖於逐月之下又令人知一月之向背也又注干支於十日下注五行納音於干支下注月建十二於納音下注二十八宿於月建下合是數者通取轉神之名以爲吉凶之由轉神者言其神隨時輪轉而無定位也日是日遇某神作某事吉作某事凶又注天恩天赦母倉天德嫁娶修宅等一切吉凶宜忌雜法於其下事之洪纖一舉足一動手皆知所以擇地擇時而行之也然經涉世代不免有去取失當之弊有司狃於習常無所改正亦已久矣聖上以聰明神算統一六合萬機之暇因知大明曆之度有積久之差乃更立太史院命道德藝明之神掛置表儀測驗推步迎天道揆日景察往知來研精極微新其曆而敕賜名曰授時其以鳥火虛昴爲日中宵中日永日短之驗以正四時之遺制蓋不敢失於古然曆注之義謂吉凶應於人皆有所動年月日方之善惡不無乖於作善降祥作不善降殃之理雖然至敬所寓無往不存原去曆注之初亦所以教天下之敬慎也天下之事敬慎則致成而吉否則致敗而凶曆注之義微矣哉特患夫用知者知其流而不能推其源也誠能推其原其於作善降祥作不善降殃之理渾然爲一體矣復何乖之有今依舊式爲之損益立辭太重者輕之闕脫者補之衍餘者損之位置失當者移之事涉鄙俚者刪之既成定爲轉神一卷上中下注式一十二卷上以備御用中以備青宮之用下以授庶官及億兆之民也嗚呼自古聖人之受天命其於天之所以仁萬物者無不致其極也授時曆存近古轉神之注於日下使人趨吉而遠凶亦所以贊

聖主仁億兆之大端歟

進授時曆經曆議表　前人

協時正日國政之大端章往考來曆書之明驗一或失應衆所共瞻豈天運之靡常殆人爲之未密昔稱作者初匪一家其始也莫不精徵未幾則旋聞疎闊蓋由年掏積算日括周分不知闚測以考眞率多傅會以求合必欲行於永久詎容失之毫釐幸當累洽之辰共仰同文之治事加詳覈法貴變通欽惟憲天述道仁文義武大光孝皇帝陛下政順陰陽德齊穹壤燭消息盈虛之理得裁成輔相之宜爰命文臣若稽乾象晝則考求實晷夜則揆度中星察氣朔之後先定躔離之朓朒精思密索討本窮原革前人苟簡之規成盛代不刊之典其爲要旨具載成書所有授時曆經三卷立成二卷轉神注式一十三卷曆議三卷已繕寫成二十一冊隨表上進干冒天威不勝惶懼震越之至謹錄奏聞伏候敕旨

頒授時曆詔　李謙

自古有國牧民之君必以欽天授時爲立治之本黃帝堯舜以至三代莫不皆然爲日官者皆世守其業隨時考驗以與天合故曆法無數更之弊及秦滅先聖之術每置閏於歲終古法蓋殫廢矣由兩漢而下立積年日法以爲推步之準因仍沿襲以迄於今夫天運流行不息而欲以一定之法拘之未有久而不差之理差而必改其勢有不得不然者今命太史院作靈臺制儀象日測月驗以考其度數之眞積年日法皆所不取庶幾脗合天運而永終無弊乃者新曆告成賜名曰授時曆自至元十八年正月一日頒行布告遐邇咸使聞知

與萬思節主事書　明唐順之

承示途中遇險及當局冷眼之說足知新功甚慰甚慰熱處冷得絕勝冷處冷得然險處惺惑原是易處錯過不曾做得工夫也易論學每以涉川爲說故曰作易者其有憂患乎所謂終身之憂也吾友閒居少過却是不曾抖擻提醒精神吾固頗憂吾友涉川之難今吾友自知之矣自此緊著功夫常常從危處操心常如與天吳河伯對壘毀譽利害諸關悉與照破卽世間一切大川何所不利涉也先輩云聖人於困險中有至樂於安平中却是有至憂然哉吾每欲與大洲兄相會乃欲相與證明絕學非曆數之謂也然曆數自郭氏以來亦成三百餘年絕學矣國初授得一元統僅能於守敬下乘中下得幾何許腳監中二百餘年拱手推讓以爲曆祖吾向來病劇中於此術偶有一悟頗謂神解而自笑其爲屠龍之技無所用之亦歎世無可語者近得來書乃知復有透曉如大洲者在也一快一快但不知大洲所謂透曉而曆官所不解者何所指耶豈所謂曆理者七政盈縮遲疾之所以然如元史所載王恂李謙曆議及綠督氏革象書之類獨能洞其精微是曆官祇知其數而吾輩獨能明其理遂指此爲透曉而曆官所不解者耶蓋昔者太史造曆旣以測定日躔盈縮月離遲疾去極遠近渾淪得一天體在胷臆中而欲傳之形器之間以爲曆本則是以數寸算子握住萬古宇宙轉運蓋甚難下手此子長所謂太初曆旣已測候而姓與都等不能爲算之時也古曆大衍爲精一行和尚藏却金針世徒傳其鴛鴦譜耳於是守敬獨得一法曰弧矢圜算如所謂橫弧矢立弧矢赤道變爲黃道黃道變爲白道者最爲圓機活法自此黃赤白三道之畸零可齊而氣朔之差可定此法不惟儒生不曉而三百年來曆官亦盡不曉矣今監中有一書頗祕名曰曆源者郭氏作法根本所謂弧矢圜術頗在焉試問之曆官亦槩家一啞鐘耳豈大洲所謂透曉而曆官所不曉者蓋謂此耶若所指如前說雖極精微幽眇猶是儒生套子所指如後說雖若九九綴術乃是實得也煩問之大洲求一轉語見示當更有請教夫六藝之學昔人以爲數可陳而義難知在今日曆家却是義可知而數難陳蓋得其數而不通其義者有之矣若謂得其理而不得其數則施之實用旣無下手處而幷其所謂義者亦脫空影響非眞際也雖然今曆家自謂得其數矣今曆家相傳之數如曆經立成通軌云云者郭氏之下乘也死數也弧矢圜術云云者郭氏之上乘也活數也死數言語文字也活數非言語文字也得其活數雖掀翻一部曆經不留一字盡創新法亦可以不失郭氏之意得其死數則挨牆傍壁轉身一步倒矣夫知曆理又知曆數此吾之所以與儒生異也知死數又知活數此吾之所以與曆官異也理與數非二也數者理之實致用處也活數死數非二也死數者活數之所寄也近見一二儒者亦有意象數之學然不得其傳則往往以儒者範圍天地之虛談而欲蓋過曆人布算積分之實用不知豈便吃爾蓋過了也後世儒生所論六藝往往而然不特曆也大洲其於吾言有合耶否也揚子雲曰通

天地人曰儒通天地而不通人曰伎通乎天地之曆數而未必通乎身心之曆數者又一行守敬輩之所以爲薇也今未暇論也雖然所欲請教於大洲者其大者百未一舉也而輒瑣瑣及此毋乃以我不知務乎縱言至此一笑吾友欲吾舉曆家一二緊要語與大洲印證如步日躔中盈初縮末限用立差三十一平差二萬四千六百此死數也又如步月離中用初末限度一十四度六十六分此死數也曆家知據此死數布算而已試求其所以爲平差立差之原與十四度六十六分之數從慿處起則知活數矣似此則舉一兩件更不費辭也活數者如揲蓍求卦之初參伍錯綜而陰陽未分者也死數者如卦畫已成之後爲九爲六而陰陽既定者也

立春考證後序

阮聲和

觀察邢公按金城和以治粟皐蘭爲屬下吏公著曆書成復出戊申立春考證一帙示和和盥誦竊有請曰曆稱千古絕學自公發之其精微藴奧和固難測然立春爲朞實之首與窮月相禪受者大統且差隔日則監官擇日之吉凶不甲乙顚覆令人靡所適從乎公曰善哉問可易言之余訂古今曆數言大運不言事應大統擇日其事應之驗與否我不敢知第今時所用上自軍國重務下逮民間日用吉凶趨避一切稟命於曆書而立春一差其弊有不可勝言者如從大統十二月二十一日己卯立春則己卯爲萬曆三十六年正月節爲除日立前二十日戊寅爲三十五年大寒十二月中之終亦除日爲四絕如從郭太史授時曆與余測晷所步十二月二十日戊寅立春則戊寅爲三十六年正月節爲建日立前十九日丁丑爲三十五年大寒十二月中之終亦建日爲四絕查欽天監大成曆載十二月戊寅除宜施恩封拜宴會整手足甲上官立劵交易掃舍宇不宜出行正月戊寅建不宜出行動土四絕日打上官上梁出行此大統不易之定法也而今監曆謬以戊寅之立春正月節爲四絕以戊寅之建日爲除日丑月戊寅宜施恩封拜等吉應止忌出行乃今建也而非除也一期之首日也而非絕也正月建寅百事皆忌而以之施恩封拜宴會整手足甲立劵交易掃舍宇可乎監曆四絕打上官上梁出行監官遂皆打去而不知建日自不宜上官上梁出行日原不忌出行而正月之戊寅則不宜出行也十二月十九日爲四絕打上官上梁出行監曆宜祭祀不宜出行適偶合者則以丑月建日止宜祭祀餘事皆忌故偶合而非以四絕之正論打去也不寧惟是立春一差則年神方位俱差監曆戊寅日之年神方位太歲黃幡在未一黑以至九白子死符小耗以至壬空授時與余戊寅日之年神方位太歲五鬼金神在申一白以至九紫子大殺官符金神畜官以至壬空監曆非矣夫余不言事應者也監曆之非即姑置勿論乃其大者今去郭太史才三百二十餘年差十餘刻猶可言也若三千年仍舊則計差千餘刻中節俱差十餘日三萬年仍舊則計差十萬餘刻中節俱差千餘日不可言也和聞公是語如夢斯覺如夜斯晝乃仰天太息曰有是哉從古帝王以欽天授時爲首務今若此謂寃天負時何使斯世斯民不用趨避也則可如用趨避則胡可使昭昭之民蹈昏昏之忌也況係軍國重務乎和而後乃今始知臺司之舛謬非小而我公之有功於天下萬世至弘遠矣和不文敬述公明訓題其後

欽定古今圖書集成曆象彙編曆法典

第八十二卷目錄

曆法典第八十二卷

曆法總部藝文三 詩

閏月定四時　唐羅讓

月閏隨寒暑疇人定職司餘分將考日積算自成時律候行宜表陰陽運不欺氣薰灰琯驗數扐卦辭推六曆文明序三年理暗移當知歲功立唯是奉無私

前題　許稷

玉律窮三紀推爲積閏期月餘因妙算歲徧自成時乍覺年華改翻憐物候遲六旬知不惑四氣本無欺月桂虧還正階蓂落復滋從斯分曆象共仰定堯蘉

前題　杜周士

待問因貞歲吾身敬授時體元承夏道推曆法堯咨直取歸餘改非如再失欺葭灰初變律斗柄正當離寒暑功前定春秋氣可推史憐幽谷羽鳴躍尚須期

前題　徐至

積數歸成閏羲和職舊司分銖標斗建盈縮正人時節候潛相應星辰自合期寸陰寧越度長曆信無欺定向銅壺辨還從玉律推高明終不謬委鑑本無私

前題　樂伸

聖代承堯曆恆將閏正時六旬餘可借四序應如期分至寧愆素盈虛信不欺斗杓重指甲灰琯再推離羲氏兼和氏行之又則之願言符大化永永作元龜

書院無曆日以詩代書問路侍御六月大小　李益

野性迷堯曆松窻有道經故人爲柱史爲我數階蓂

頒新曆　明陶望齡

軒后疑圖玉律懸蓂階授節下堯天乾坤更記頒正月宇宙爭傳曆萬年漫訝陽春聯紫極迴看象緯麗璿編皇輿此日宜無外共慶神功格上元

頒曆恭紀　朱國祚

閶門開曉日玉律下雲邊一紀逢羲馭千秋卜漢年靈臺占氣早上苑得春偏瑞靄含蓂莢懽呼雜管絃

皇極門頒曆作　倪元璐

三辰傳夏令萬國戴堯天欲進昇平頌慚無白雪篇鳳闕開彤旭猊爐散紫烟六階齊度緯七政轉璣璿甲曆龍躔改寅賓象魏懸明時功在革賚始羲承乾黑帝威初試青皇位早傳周官新月令甘氏舊星篇人繼羲和後書成蓂莢前庚先三日戒貞下一元旋圖籙符垂赤干支德應元典王惟省歲太史又編年賜出黃星耀披看綠字鮮因知天曆數如日起虞淵

謝人惠壬辰曆　汪衢

唐虞今聖人巢許余前身梅花枝上曆自識山中春

曆法總部選句

劉歆與揚雄書蕭何造律張蒼撰曆皆成於帷幕貢於王門

陶弘景玉匱紀曆數既在於聖躬十年又表於長曆

庾信樂章戊己成初曆黃鐘始變宮 又 賀新樂表律曆著微無煩於太史陰陽晷度躬定於天官

紇干俞玉鉤賦太陰表精知就盈之所漸司曆紀候見哉生之有常

王勃懷龍寺碑客成校曆授日用於天經隸首陳章算神功於地籙

常袞中書門下慶雲見表十月艮月遠曆盈數之期後天奉天近叶下元之曆

顏師古詩七政璣衡始三元寶曆新

王維詩歸燕識故巢舊人看新曆

劉長卿詩建寅廻北斗看曆占春風

元稹詩將課司天曆先觀近砌蓂

陸龜蒙詩休採古書探禹穴自刊新曆闘堯蓂

太上隱者山中無曆日寒盡不知年

周邦彥汴都賦天運載周甲子新曆受朝萬方大慶新闕

陸游詩野人無曆日鳥啼知四時

劉克莊詩若非野店粘官曆不記今朝是立春又新年臺曆無人寄且就村翁壁上看

迺賢詩候儀太史立金鑾寶曆新成錦作槃

馬祖常詩期綿堯曆祚物阜舜風薰

虞集詩呼兒檢餘曆記日待春風

僧明本詩就手揭開新歲曆和光吹滅舊年燈

曆法總部紀事

通曆伏羲在位百一十年始有甲曆五運

路史陶唐氏桐梃東廂蓂生下庭龜書乃來於是稽蓂以正月訪桐以定閏錄龜字而施之是曰龜曆注伏滔述帝功德銘曰胡書龜曆之文蓋堯曆曰龜曆述異記陶唐世越裳獻千歲神龜背有文記開闢以來錄爲龜曆唐事始言堯因軒轅靈龜有圖作龜書也

虞舜牧羊濩陽而獲玉曆於河巖所至彌合注公孫尼子云舜牧羊於濩陽堯舉之以爲天子公孫弘云牧羊於黃河于賓云舜耕歷山獲玉曆於河際之巖知天命之在己體道不倦

拾遺記成王即政有泥離之國來朝其人稱自發其國視日月以知方國所向計寒暑以知年月考國之正朔則序曆與中國相符

史記張蒼列傳丞相灌嬰卒張蒼爲丞相自漢興至孝文二十餘年會天下初定將相公卿皆軍吏張蒼爲計相時緒正律曆以高祖十月始至霸上因故秦時本以十月爲歲首弗革推五德之運以爲漢當水德之時尚黑如故吹律調樂入之音聲及以比定律令若百工天下作程品至於爲丞相卒就之故漢家言律曆者本之張蒼蒼本好書無所不觀無所不通而尤善律曆　又黃龍見成紀於是文帝名公孫臣爲博士草土德之曆

後漢翟酺傳酺善圖緯天文曆算時尚書有缺詔將大夫六百石以上試對政事天文道術以高第者補之酺對第一

晉書杜預傳預耽思經籍作盟會圖春秋長曆備成一家之學

郭璞傳璞好經術博學有高才好古文奇字妙於陰陽算曆

梁書庾詵傳詵子曼倩早有令譽所著有算經及七曜曆術

南史祖暅傳暅少傳學業善算曆

魏書高允傳詔允與司徒崔浩述成國記以本官領著作郎時浩集諸術士考校漢元以來日月薄蝕五星行度幷譏前史之失別爲魏曆以示允允曰天文曆數不可空論夫善言遠者必先驗於近且漢元年冬十月五星聚於東井此乃曆術之淺今譏漢史而不覺此謬恐後人譏今猶今之譏古浩曰所謬云何允曰案星傳金水二星常附日而行冬十月日在尾箕昏沒於申南而東井方出於寅北二星何因背日而行是史官欲神其事不復推之於理浩曰欲爲變者何所不可君獨不疑三星之聚而怪二星之來允曰此不可以空言爭宜更審之時坐者咸怪唯東宮少傅游雅曰高君長於曆數當不虛也後歲餘浩謂允曰先所論者本不注心及更考究果如君語以前三月聚於東井非十月也又謂雅曰高允之術陽元之射也衆乃歎服允雖明於曆數初不推步有所論說唯游雅數以災異問允允曰昔人有言知之甚難旣知復恐漏泄不如不知也天下妙理至多何遽問此雅乃止

北齊書信都芳傳芳河間人少明算術爲州里所稱有巧思每精研究忘寢與食或墜坑坎嘗語人云算之妙機巧精微我每一沉思不聞雷霆之聲也其用心如此以術數干高祖爲館客授參軍丞相倉曹祖珽謂芳曰律管吹灰術甚微妙絕來旣久吾思所不至卿試思之芳遂留意十數日便云吾得之矣然終須河內葭莩灰後得河內葭莩用其術應節便飛餘灰即不動也不爲時所重竟不行故此法遂絕云芳又撰次古來渾天地動欹器漏刻諸巧事并畫圖名曰器準又著樂書遁甲經四術周髀宗芳又私撰曆書名爲靈憲曆算月有頻大頻小食必以朔證據甚甄明每云何承天亦爲此法不能精靈憲若成必當百代無異議書未就而卒

顏氏家訓前在修文令曹有山東學士與關中太史競曆凡十餘人紛紜累歲內史牒付議官平之吾執論曰大抵諸儒所爭四分幷減分兩家爾曆象之要可以晷景測之今驗其分至薄蝕則四分疏而減分密疏者則稱政令有寬猛運行致盈縮非算之失也密者則云日月有遲速以術求之預知其度無災祥也用疏則藏奸而不信用密則任數而違經且議官

所知不能精於訟者以淺裁深安有肯服既非格令所司幸勿當也舉曹貴賤咸以爲然有一禮官恥爲此議苦欲两連强加考覈機杼既薄無以測量還復採訪訟人窺望長短朝夕聚議寒暑煩勞背春涉冬竟無與奪怨誚滋生赧然而退終爲內史所迫此好名好事之辱也

北史張胄元傳胄元勃海蓨人也博學多通尤精術數冀州刺史趙煚薦之隋文帝徵授雲騎尉直太史參議律曆事時輩多出其下由是太史令劉暉等忌之然暉言多不中胄元所推步甚精密上異之令楊素與術士數人立議六十一事皆舊法久難通者令暉與胄元等辯析之暉杜口一無所答胄元通者五十四焉由是擢拜員外散騎侍郎兼太史令賜物千段暉及黨與八人皆斥逐之改定新曆言前曆差一日內史通事顏慜楚上言曰漢時洛下閎改顓頊曆作太初曆云後當差一日八百年當有聖者定之計今相去七百一十年術者舉其成數聖者之謂其在今乎上大悅漸見親用胄元所謂曆法與古不同者三事其一宋祖沖之於歲周之末創設差分冬至漸移不循舊軌每四十六年卻差一度至梁虞劇曆法嫌沖之所差太多因以一百八十六年冬至移一度胄元以此二術年限縣隔追檢古注所失極多遂折中兩家以爲度法冬至所宿歲別漸移八十三年卻行一度則上合堯時日永星火次符漢曆宿起牛初明其前後並皆密當其二周馬顯造丙寅元曆有陰陽轉法加減章分進退蝕餘乃推定日創開此數當時術者多不能曉張賓因而用之莫能考正胄元以爲加時先後逐氣參差就月爲斷於理未可乃因二十四氣列其盈縮所出實由日行遲則月逐日易及令合朔加時早日行速則月逐日少遲令合朔加時晚檢前代加時早晚以爲損益之率日行自秋分已後至春分其勢速計一百八十二日而行一百八十度自春分已後至秋分日行遲計一百八十一日而行一百七十六度每氣之至即其率也其二自古諸曆朔望逢交不問內外交限便蝕張賓立法創有外限應蝕不蝕猶未能明胄元以日行黃道歲一周天月行月道二十七日有餘一周天月道交絡黃道每行黃道內十三日有奇而出又行道外十三日有奇而入終而復始月經黃道謂之交朔望去交前後各五度以下即爲當蝕若月行內道則在黃道之北蝕多有驗月行黃道在黃道之南也雖遇正人無由掩映蝕多不驗遂因前法別立定限隨交遠近逐氣求差損益蝕分事皆明著其超古獨異者有七事其一古曆五星行度皆守恆率見伏盈縮悉無格準胄元候之各得眞率合見之數與古不同其差多者至加減三十許日即如熒惑平見在雨水氣即均加二十九日見在小雪氣則均減二十五日加減平見以爲定見諸星各有盈縮之數皆如此例但差數不同特其積候所知時人不能原其旨其二辰星舊率一終再見凡諸古曆皆以爲然應見不見人未能測胄元積候知辰星一終之中有時一見及同類感召相隨而出即如辰星平晨見在雨水者應見即不見若平晨見在啓蟄者去日十八度外三十六度內晨有木火土金一星者亦相隨見其三古曆步術行有定限自見已後依率而推進退之期莫知多少胄元積候知五星遲速留退眞數皆與古法不同多者差八十餘日留回所在亦差八十餘度即如熒惑前疾初見在立冬初則二百五十日行一百七十七度定見夏至初則一百七十日行九十二度追步天驗今古皆密其四古曆食分依平即用推驗多少實數罕符胄元積候知月從木火土金四星行有向背月向四星即速背之則遲皆十五度外及循本率遂於交分限其多少其五古曆加時朔望同術胄元積候知日蝕所在隨方改變傍正高下每處不同交有淺深遲速亦異約時立差皆會天象其六古曆交分即爲蝕數去交十四度者食一分去交十三度食二分去交十度食三分每近一度食益一分當交即蝕既其應多少自古諸曆未悉其原胄元積候知當交之中月掩日不能畢盡故其蝕反少去交五六時月在日內掩日便盡故其蝕乃既自此以後更遠者其蝕又少交之前後在冬至皆爾若近夏至其率又差胄元所立蝕分最爲詳密其七古曆二分晝夜皆等胄元積候知其有差春秋二分晝多夜漏半刻皆由日行遲疾盈縮使其然也凡此胄元獨得於心論者服其精密大業中卒於官

隋書盧太翼傳太翼博綜羣書爰及佛道皆得其精微尤善占候算曆之術隱於白鹿山

唐書孔穎達傳穎達字仲達冀州衡水人善屬文通步曆貞觀初封曲阜縣男轉給事中除國子司業歲餘以太子右庶子兼司業與諸儒議曆及明堂事多從其說

玉海唐賜曆日集賢注記自置院之後每年十一月內卽令書院寫新曆日一百二十本頒賜親王公主及宰相公卿等皆令硃墨分布具注曆星遞相傳寫謂集賢院本

大唐新語崔善爲明大文曆筭曉達時務爲尚書左丞令史惡其明察乃爲謗書曰崔子曲如鉤隨時待封侯高宗謂之曰澆薄之後人多醜政昔北齊奸吏歌斛律明月高緯闇主遂滅其家朕雖不明幸免斯事乃搆流言者罪之

唐書王勃傳勃嘗讀易夜夢若有告者曰易有太極子勉思之寤而作易發揮數篇又作唐家千歲曆

唐國史補董和究天地陰陽曆律之學著通乾論十五卷成至荆南節度裴胄之問董生言曰日常右轉星常左轉大凡不滿三萬年日行周二十八舍三百六十五度然必有差約八十年差一度自漢文三年甲子冬至日在斗二十二度至唐興元元年甲子冬至日在斗九度九百六十一年差十三度矣

唐書劉瑑傳瑑字子全徙河東節度使未幾以戶部侍郎名判度支始瑑在翰林帝素器遇至是手詔追還外無知者既發太原人方大驚後請閒帝視案上曆謂瑑爲朕擇一令日瑑跪曰某日良帝笑曰是日卿可遂相卽詔同中書門下平章事仍領度支

李氏刊誤賈相國耽撰日月五星行曆推擇吉凶無不差繆夫日星行度遲速不常謹按長曆太陽與水星一年一周天今賈公言一星直一日則是唐堯聖曆廿氏星皆無準憑何所取則是知賈公之作過於率爾復有謬於陰陽曲言其理者曰此是七曜日直非于五星常度所言既有遲速焉可七日之內能致一周賈公好奇而不悟其怪妄也遂致高駢慕一公之作誑惑愚淺往往神之

五代史王朴傳朴爲人明敏多材智非獨當世之務至於陰陽律曆之法莫不通焉顯德二年詔朴校定大曆乃削去近世符天流俗不經之學設通經統三法以歲軌離交朔望周變率策之數步日月五星爲欽天曆

宋史孫思恭傳思恭字彥先登州人精關氏易尤妙於大衍嘗修天文院渾儀著堯年至熙寧長曆近世曆數之學未有能及之者

李之才傳吳遵路調兵河東辟之才澤州簽署判官澤人劉羲叟從受曆法世稱羲叟曆法遠出古今上有揚雄張衡所未喻者實之才授之

劉羲叟傳羲叟字仲更澤州晉城人歐陽修使河東薦其學術試大理評事權趙州軍事判官精算術兼通大衍諸曆及修唐史令專修律曆天文五行志

蘇頌傳頌字子容泉州南安人修兩朝正史轉右諫議大夫使契丹遇冬至其國曆後宋曆一日北人問孰爲是頌曰曆家筭術小異遲速不同如亥時節氣交猶是今夕若踰數刻則屬子時爲明日矣或先或後各從其曆可也北人以爲然使還以奏神宗嘉曰朕嘗思之此最難處卿所對殊善

夢溪筆談慶曆中有一術士姓李多巧思嘗木刻一舞鍾馗高二三尺右手持鐵簡以香餌置鍾馗左手中鼠緣手取食則左手扼鼠右手運簡斃之以獻荆王王館於門下會太史言月當蝕於昏時李自云有術可禳荆王試使爲之是夜月果不蝕王大神之卽日表聞詔付內侍省問狀李云本善曆術知崇天曆蝕限太弱此月所蝕當在濁中以微賤不能自通始以機巧干荆邸今又假禳禬以動朝廷耳詔送司天監考驗李與判監楚衍推步日月蝕遂加蝕限二刻李補司天學生至熙寧元年七月日辰蝕東方不效却是蝕限太強曆官皆坐謫令監官周琮重修復減去慶曆所加二刻苟欲求熙寧日蝕而慶曆之蝕復失之議久紛紛卒無巧算遂廢明天復行崇天至熙寧五年衛朴造奉元曆始知舊蝕法止用日平度故在疾者過之在遲者不及崇明二曆加減皆不曾求其所因至是方究其失

開元大衍曆法最爲精密歷代用其朔法至熙寧中考之曆已後天五十餘刻而前世曆官皆不能知奉元曆乃移其閏朔熙寧十年天正元用午時新曆改用子時閏十二月改爲閏正月外國朝貢者用舊曆比來款塞衆論謂氣至無顯驗可據因此以搖新曆事下有司考定凡立冬晷景與立春之景相若者也今二景短長不同則知天正之氣偏也凡移五十餘刻立冬立春之景方停以此爲驗論者乃屈元會使人亦至曆法遂定

楓窗小牘眞宗時賈昌朝撰國朝時令初景祐中丁度等承詔約唐時令爲國朝時令以備宣讀最後昌朝又參以蔡邕高誘李林甫諸家月令之說爲集時劉安靜撰時鏡所書以四時分十二月各繫其事孫呂撰備用時令見賈昌朝所奏時令見夫紹興中館訪得之非復舊本乃以景祐曆書者日月之合疏列

分度併取一二名數註字音於下以備閱時之宜爲晝堤錄曆日後宮宿相屬相聯本是一甲子以貞廟後年五十九嫌於數窮遂演之爲一百二十歲然竟以是年登遐

宋史周執羔傳執羔拜禮部尚書升侍讀固辭不許方士劉孝榮言統元曆差命執羔釐正之執羔用劉羲叟法推日月交食考五緯贏縮以紀氣朔寒溫之候撰曆議曆書五星測驗各一卷上之

李燾傳燾字仁甫眉州丹稜人紹興八年擢進士第調華陽簿再調雅州推官改秩知雙流縣乾道四年乾道新曆成燾言曆不差不改不驗不用未差無以知其失未驗無以知其是舊曆多差不容不改而新曆亦未有大驗乞申飭曆官討論

金史移剌履傳履秀峙通悟精曆算書繪事先是舊大明曆舛誤履上乙未曆以金受命於乙未也世服其善

張行簡傳行簡累遷禮部郎中司天臺劉道用改進新曆詔學士院更定曆名行簡奏乞覆校測驗俟將來月食無差然後賜名詔翰林侍講學士党懷英等覆校懷英等校定道用新曆明昌三年不置閏卽以閏月爲三月二年十二月十四日金木星俱在危十三度道用曆在十三日差一日三年四月十六日夜月食時刻不同道用不曾考驗古今所記比證事迹輒以上進不可用道用當徒一年收贖長行彭徽等四人各杖八十罷去

元史世祖本紀至元九年秋七月丁巳禁私鬻回回曆

至元十六年春二月乙巳命同知太史院事郭守敬訪求精天文曆數者

至元二十二年夏五月戊寅廣平汴梁鈞鄭旱以遠方曆日取給京師

至元二十三年春正月丁亥焚陰陽僞書顯明曆

癸辛雜識至元甲午節氣之巧三十一年正月初一日壬子立春二月初二日癸未驚蟄三月初三日癸丑清明四月初四日甲申立夏五月初五日甲寅芒種六月初六日乙酉小暑七月初七日乙卯立秋八月初八日乙酉白露九月初九日丙辰寒露十月初十日丙戌立冬十一月十一日丁巳大雪十二月十二日丁亥小寒夷考百年以來正月一日立春二月二日驚蟄三月三日清明四月四日立夏五月五日芒種六月六日小暑七月七日立秋八月八日白露九月九日寒露十月十日立冬十一月十一日大雪十二月十二日小寒餘未見如此者亦一奇事也注寒露係亥正初刻至初八日至有四刻日之遲注疑誤

輟畊錄耶律文正王於星曆筮卜雜算內算音律儒釋異國之書無不通究嘗言西域曆五星密於中國乃作麻答把曆蓋回鶻曆名也

對類編曆日之頒太祖定於九月之朔其後改於十一月之朔分賜百官頒行天下繼又改十月朔是日御殿比於大朝會一切士民拜於廷者例俱得賜

明外史胡儼傳儼字若思南昌人博學於天文律曆舉洪武二十年鄉試授華亭教諭建文四年副都御史練安薦於朝曰儼學足達天人智足資帷幄成祖卽位曰儼知天文其令欽天監試既試奏儼實通象緯氣候之學

彭詔傳詔字景宜東莞人正統中由鄉舉除工部司務歷官右副都御史好古博學通律曆占象

見聞錄荆川公於書無所不讀技藝亦無不名家尤精於算曆二家自謂得之神悟算法有諸論刻之前後集曆法合唐一行及郭守敬之說參之回回曆亦自謂守敬之後一人而已惜其未成書也

曆法總部雜錄

漢月令問答問者曰既用古文於曆數乃不用三統用四分何也曰月令所用參諸曆象非一家之事傳之於世不曉學者宜以當時所施行夫密近者三統已疎闊廢弛故不用也

問者曰既不用三統以驚蟄爲孟春中春雨水爲二月節皆三統法也獨用之何曰孟春月令曰蟄蟲始震在正月也中春始雨水則雨水二月也以其合故用之

問者曰曆云小暑季夏節也而今文見於五月何也曰今不以曆節言據時始暑而記也曆於大雪小雪大寒小寒皆去十五日然則小暑當去大暑十五日不得及四十五日不以節言據時暑也

後漢書百官志太史令一人六百石本注曰掌天時星曆凡歲將終奏新年曆注漢官儀曰太史待詔三十七人其六人治曆

晉書禮志漢儀太史每歲上其年曆又每月旦上其月曆

南史陶弘景傳弘景明帝代年曆以算推知漢熹平三年丁丑冬至加時在日中而天實以乙亥冬至加時在夜半凡差三十八刻是漢曆後天二日十二刻也

文心雕龍術者路也算曆極數見路乃明九章積微故以爲術

鄰幾雜誌己亥曆曰十一月大盡契丹曆此月小十二月十四日夜緩昏月蝕戎使言竊謂已望時修唐書問劉羲叟云見用楚衍曆差一日宜明曆十一月當小盡

嬾眞子今之僧尼戒牒云知月黑白大小及結解夏之制皆五印度之法也中國以月晦爲一月而天竺以月滿爲一月唐西域記云月生至滿謂之白月月虧至晦謂之黑月又其十二月所建各以所直二十八宿名之如中國建寅之類是也故夏三月自四月十六日至五月十五日謂之頞沙茶月卽鬼宿名也自五月十六日至六月十五日謂之室羅伐拏月卽柳星名也自六月十六日至七月十五日謂之婆達羅鉢陀月卽翼星名也黑月或十四日或十五日月有大小故也故中國節氣與印度遞爭半月中國以二十九日爲小盡印度以十四日爲小盡中國之十六日乃印度之初一日也然結夏之制宜如西域記用四月十六日蓋四月十五日乃屬道瑟吒月乃印度四月盡日也僕因讀藏經故謾錄出之

襄鄧之間多隱君子僕嘗記陝州夏縣士人樂舉明遠嘗云二十四氣其名皆可解獨小滿芒種說者不一僕因問之明遠曰皆謂麥也小滿四月中謂麥之氣至此方小滿而未熟也芒種五月節種讀種類之種謂種之有芒者麥也至是當熟矣僕因記周禮稻人澤草所生種之芒種注云澤草之所生其地可芒種種稻麥也僕近爲老農始知過五月節則稻不可種所謂芒種五月節者謂麥至是而始可收稻過是而不可種也古人名節之意所以告農候之早晚深哉

夢溪筆談曆法天有黃赤二道月有九道此皆強名而已非實有也亦由天之有三百六十五度天何嘗有度以日行三百六十五日而一朞強謂之度以步日月五星行次而已日之所由謂之黃道南北極之中度最均處謂之赤道月行黃道之南謂之朱道行黃道之北謂之黑道黃道之東謂之青道黃道之西謂之白道黃道內外各四并黃道爲九日月之行有遲有速難可以一術御也故因其合散分爲數段每段以一色名之欲以別算位而已如算法用赤籌黑籌以別正員之數曆家不知其意遂以謂實有九道甚可嗤也

二十八宿爲其有二十八星當度故立以爲宿前世測候多或改變如唐書測得畢有十七度半觜只有半度之類皆謬說也星既不當度自不當用爲宿次自是渾儀度距疎密不等耳凡二十八宿度數皆以赤道爲法唯黃道度有不全度者蓋黃道有斜有直故度數與赤道不等卽須以當度星爲宿唯虛宿未有奇數自是日之餘分曆家取以爲斗分者此也餘宿則不然

予嘗考古今曆法五星行度唯留逆之際最多差自內而進者其退必向外自外而進者其退必由內其跡如循柳葉兩末銳中間往還之道相去甚遠故兩末星行成度稍遲以其斜行故也中間成度稍速以其徑絕故也曆家但知行道有遲速不知道徑又有斜直之異熙寧中予領太史令衞朴造曆氣朔已正但五星未有候簿可驗前世修曆多只增損舊曆而已未嘗實考天度其法須測驗每夜昏曉夜半月及五星所在度秒置簿錄之滿五年其間剔去雲陰及晝見日數外可得三年實行然後以算日綴之古所謂綴術者此也是時司天曆官皆承世族隸名食祿本無知曆者惡朴之術過己羣沮之屢起大獄雖終不能搖朴而候簿至今不成奉元曆五星步術但增損舊曆正其甚謬處十得五六而已朴之曆術今古未有爲羣曆人所沮不能盡其藝惜哉

補筆談曆法見於經者唯堯典言以閏月定四時成歲置閏之法以堯時始有太古以前又未知如何置閏之法先聖王所遺也固不當議然事固有古人所未至而俟後世者如歲差之類方出於近世此固無古今之嫌也凡日一出沒謂之一日月一虧盈謂之一月以日月紀天雖令名然月行二十九日有奇復與日會歲十二會而尚有餘日積三十二月復餘一會氣與朔漸相遠中氣不在本月名實相乖加一月謂之閏閏生於不得已猶構舍之用磹楔也自此氣朔交爭歲時年錯亂四時失位算數繁猥凡積月以爲四時以成歲陰陽消長萬物生殺變化之節皆主於氣而已但記月之盈虧都不係歲事之慘舒今乃專以朔定十二月而氣反不得主本月之政時已謂

之春矣而猶行肅殺之政則朔在氣前者是也徒謂之乙歲之春而實甲歲之冬也時尚謂甲之冬矣而已行發生之令則朔在氣後者是也徒謂之甲歲之冬而實乙歲之春也是以空名之正二三四反爲實而生殺之實反爲寓而又生閏月之贅疣此殆古人未之思也今爲術莫若用十二月氣爲一年更不用十二月直以立春之日爲孟春之一日驚蟄爲仲春之一日大盡三十日歲歲齊盡永無閏餘十二月常一大一小相間縱兩小相併一歲不過一次如此則四時之氣常正歲政不相凌奪日月五星亦自從之不須改舊法惟月之盈虧事雖有繫之者如海胎育之類不預歲時寒暑之節寓之曆間可也借以元祐元年爲法當孟春小一日壬寅三日望十九日朔仲春大一日壬申三日望十八日朔如此曆術豈不簡易端平上符天運無補綴之勞予先驗天百刻有餘有不足人已疑其說又謂十二次斗建當隨歲差遷徙人愈駭之今此曆論尤當取怪怒攻罵然異時必有用予之說者

甲申雜記老人多言曆日載幾龍治水惟少爲雨多以其龍數多卽少雨也又舊言雨暘有常數春多卽夏旱夏旱卽秋霖皆大不然崇寧四年歲次乙酉凡十一龍治水自春及夏及秋皆大雨水

齊東野語沈存中云近世精於曆者莫若衞朴雖一行亦不及之春秋日食三十六諸曆通驗密者不過得二十六惟一行得二十七朴乃得三十五朴能不用推算古今日月食但口誦乘除不差一算凡古曆算數令人就耳一讀卽能暗誦旁通縱橫誦之甞令人寫算書寫訖令附耳讀之有差一算者讀至其處則曰此誤某字其精如此大乘除皆不下照位運籌如飛人眼不能逐人有故移其一算者朴自上至下手循一遍至移算處則撿正而去熙寧中選奉元曆以無候簿未能盡其術自言其得六七而已然已密於他曆矣至姚虞孫乃出新意用藝祖受命之年卽位之日元用庚辰日起己卯號紀元曆於是立朔旣差定臘亦舛日食亦皆不驗未幾遂更焉宣和間妄人方士魏漢津唱爲皇帝夏禹以聲爲律身爲度之說不以絫黍而用帝指凡中指之中寸三次指之中寸三小指之中寸三合而爲九爲黃鐘律又云中指之經圍爲容盛則度量權衡皆自此出焉或難之曰上春秋富手指後或不同奈何復爲之說曰請指之歲上適年二十四得三八之數是爲太蔟人統過是則寸有餘不可用矣其敢爲欺誕也如此然終於不可用而止此事前所未有於理亦不可誣小人欺罔取媚而世主大臣方甘心受侮而不悟可發識者一笑也

古有數九九之語蓋自至後起數至九九則春已分矣如至後一百六日爲寒食之類也余嘗聞判太史局鄧宗文云豈特此爲然凡推算皆有約法推閏歌括云欲知來歲閏先算至之餘更看大小盡決定不差殊謂如來歲合置閏止以今年冬至後餘日爲率且以今年十一月二十二日冬至則本月尚餘八日則來年之閏當在八月或小盡則止餘七日則當閏七月若冬至在上旬則以望日爲斷十二日足則復起一數焉推節氣歌括云中氣與節氣但有半月隔若要知仔細兩時零五刻謂如正月中子時初刻立春則數至己卯日寅時正一刻則是雨水節正推立春歌括云今歲先知來歲春但看五日三時辰謂如今年甲子日子時立春則明年合是己巳日卯時立春若夫刻數則用前法推之凡朔望大小盡等悉有歌括惜乎不能盡記然此亦曆家之淺事耳若夫精微則非布算乘除不可也

余嘗讀班史曆至周三月二日庚申驚蟄而有疑焉蓋周建子爲歲首則三月爲寅今之正月也雖今曆法亦有因置閏而驚蟄在寅之時然多在旣望之後不應在月初而言二日庚申也及考月令章句孟春以立春爲節驚蟄爲中又自危十度至壁八度謂之豕韋之次立春驚蟄居之衞之分野自壁八度至胃一度謂之降婁之次雨水春分居之魯之分野然後知漢以前皆以立春爲正月節驚蟄爲中雨水爲二月節春分爲中也後漢至始以立春雨水驚蟄春分爲序爾雅師古於驚蟄註云今日雨水於夏爲正月周爲三月於雨水註云今日驚蟄夏爲二月周爲四月蓋可見矣史記曆書亦爲孟春冰泮啓蟄左傳桓公五年啓蟄而郊杜氏註以爲夏正建寅之月疏引夏小正曰正月啓蟄故漢初啓蟄爲正月中雨水爲二月節及天初以後更改氣名以雨水爲正月中驚蟄爲二月節以至於今由是觀之自三代以至漢初皆以驚蟄爲正月中矣又漢以前穀雨爲三月節清明爲三月中亦與今不同竝見前志

王氏談錄公言近世司天算楚衍爲首旣老昏有弟子賈憲朱吉著名憲今爲左班殿直吉隸太史憲運

算亦妙有書傳於世而吉駁憲棄去餘分於法未盡

學齋呫嗶堯典雖曰曆象日月星辰然未嘗連文說曆日字後世方言曆日然竟莫明其所始至坡詩云老去怕看新曆日雖百家注之亦無有一人及之者余按周禮馮相氏以會天位注謂合此歲日月星辰宿五者以爲時事之候若今曆日太歲在某月某日某甲朔日直某也又引孝經說曰故勅以天期四時節有晚早趣勉趣時無失天位皆此術也以此觀之則今之曆法已詳備於漢時然是漢世已謂之曆日矣寶祐元年改曆名會天深得曆日經注本旨

楓窻小牘本朝曆凡十變在建隆則曰應天在太平興國則曰乾元在咸平則曰儀天在天聖曰崇天在治平曰明天在熙寧曰奉天在元祐曰觀天在崇寧曰占天未幾又改曰紀元在紹興曰統元

張世南游宦紀聞書云朞三百有六旬有六日以閏月定四時成歲是一歲三百六十有六日明甚今以每歲十二月計之只三百六十日又有小盡不與焉世南嘗以問學曆者所對皆未精切其說當以今歲立春數至來歲立春恰三百六十有六日世南始得其說未以爲然取百中經試加稽考殊無差者蓋三百六旬有六日言其凡也其實周天三百六十五度四分度之一日行一度一歲一周天一歲云者自今歲冬至數至明年冬至凡三百六十有五日奇三時所奇三時卽四分日之一也若以十二月計之不滿三百六十日者月有小盡又積其餘五度有奇合之以置閏其所以有小盡有閏月者以月行速二十七日有奇已周天進三十度與日合朔合朔之際卽爲一月凡一歲十二合朔故曰十二月若論朞之一當以氣周斷不當以十二月斷也

世南於紀聞首端嘗論朞三百有六旬有六日之說以求教於白鹿胡云周天三百六十五度四分度之一天左旋日月五星右轉此古今曆家之說皆然也天左旋之說信然矣日一日行一度月一日行十三度有零日者陽之精而行遲月者陰之精而行反速大抵陽健而陰順陽剛而陰柔健而剛者運行當速順而柔者運行當遲今不特反是月之行乃過於日十有二倍其理不通從來無人推見其所以然近時晦庵朱文公解毛詩正月篇亦用舊說惟於楚詞天問篇發其端而不詳其實天左旋日月亦左旋一晝夜以日之明晦爲節日之行三百六十五度四分日之一則比天之旋少一周逐日所不及天之運以二十八宿計之分爲度數蓋二十八宿及經星附天而行凝然不動可從而紀其度數亦猶量地之里云至某州某郡若干里州郡有定所人莫不知姑借之以爲限節也高麗國有九執曆正如此竊意曆家以數之少者易算日月天左旋數之不及者少取其易算故假日月右轉也朞三百六旬有五日又四分日之一堯典特舉成數而言耳以之均爲十二月則多六日無所歸故又每歲作五六小盡取其贏而湊足多之數是以五年必有兩閏以定每歲三百六旬有六日之成數也雖是除閏月每歲只三百六旬有四五日只有二十四氣前後相去皆三百六十五六日也胡學於文公者多見前輩議論皆有所本故復記於此

雞肋編按天官曆曆日中治水龍數乃自元日之後逢辰爲支節是得寅卯在六日爲豐年之兆

搜采異聞錄曆家以雨水爲正月中氣驚蟄爲二月節清明爲三月節穀雨爲三月中氣而漢世之初仍用秦所用驚蟄在雨水之前穀雨在清明之前至於太初始正之云

虞喜天文論漢太初曆十一月甲子夜半冬至云歲雄在閼逢雌在攝提格月雄在畢雌在觜日雄在子又云甲歲雄也畢月雄也陬月雌也大抵以十干爲歲陽故謂之雄十干支爲歲陰故謂之雌但畢觜爲月雄雌不可曉今之言陰陽者未嘗用雄雌二字也郎顗傳引易雄雌祕曆今亡此書宋玉風賦有雄雌風之說沈約有雌電連蜷之說春秋元命包曰陰陽合而爲雷師曠占曰春雷始起其音格格其霹靂者所爲雄雷旱氣也其鳴音音不大霹靂者雌雷水氣也見法苑珠林予家有故書一種曰孝經雌雄圖云出京房易傳亦日星占相書也

公餘日錄我朝大統曆每歲各省俱降自禮部有所謂樣曆者依式翻刻不敢更寫其印篆則欽天監曆日印亦先降以俟用者成化之後西北如山陝河南東南如江浙湖閩俱有解送兩京各衙門者近雖言官論列亦未罷止豈本監成造實少而京師仰用故多耶竊意當有調停之法可也

春明夢餘錄治曆之學始於堯典衍於歷代而精於元蓋郭守敬深於數學而又以一代大儒許衡參之故其上合往古下質來今無不脗合卽聖人復起不能易也後人再斟酌於歲差之法百世行之可也故

以明之太祖爲一代神聖毅用其法而不改自太祖至今行之而無弊可謂曆之聖矣後乃不能用郭之法以合郭之曆而曰別事捷法豈其然乎保定邢雲路遂於郭曆者也時不能用惜矣

農田餘話唐麟德開元曆皆以驚蟄爲正月中氣雨水爲二月節氣未審今法起於何時

問予予曰天地之間不過陰陽兩端而已晝夜者陰陽之象也以晝夜而分之則有十二時以十二時而分之則有百刻以百刻而細分之則又有六千分焉非陰陽之數止於此也蓋陰陽無窮盡者愈推則愈有始以六千分而爲之限耳故以一刻言之則得六十分八刻六八四百八十分亦多二十分蓋八刻有上四刻下四刻上四刻如初刻正也有初初刻多十分焉合二百四十分所以十二時一百刻而總六千分也

鍾馗曆日表唐故事歲暮賜羣臣曆日并畫鍾馗劉禹錫有代杜相公謝鍾馗曆日表云圖寫威神驅除羣厲頒行元曆敬授四時弛張有嚴光增門戸之貴動用協吉常爲掌握之珍又有代李中丞謝鍾馗曆日表云績其神象表去厲之方頒以曆書敬授時之始

日知錄禮記月令仲春之月始雨水桃始華倉庚鳴鷹化爲鳩始雨水者謂天所雨者水而非雪也今曆去此一句嫌於雨水爲正月中氣也鄭康成月令註曰夏小正正月啓蟄漢始亦以驚蟄爲正月中疏引漢書律曆志云正月立春節雨水中二月驚蟄節春分中是前漢之末劉歆作三統曆改驚蟄爲二月節也然淮南子先雨水後驚蟄則漢初已有此說而蔡邕月令問答云問者曰既不用三統以驚蟄爲正月中雨水爲二月節皆三統法也獨用之何曰孟夏月令曰蟄蟲始震在正月也仲春始雨水則雨水二月也以其合故用之是則三統未嘗改雨水在驚蟄之前也改之者四分曆耳記疏誤也今二月間尚有雨雪唯南方地煖有正月雨水者左傳桓五年啓蟄而郊註啓蟄夏正建寅之月夏小正正月啓蟄則當依古以驚蟄爲正月中雨水爲二月節爲是注律曆志又先穀雨後清明

淮南子五行子生母曰義母生子曰保子母相得曰專母勝子曰制子勝母曰困抱朴子引靈寶經謂支干上生下曰寶下生上曰義上克下曰制下克上曰伐上下同曰專以保爲寶以困爲伐今曆家承用之

建除之名自斗而起始見於太公六韜云開牙門當背建向破越絕書黃帝之元執辰破巳霸王之氣見於地戸淮南子天文訓寅爲建卯爲除辰爲滿巳爲平午爲定未爲執申爲破酉爲危戌爲成亥爲收子爲開丑爲閉漢書王莽傳十一月壬子直建戊辰直定蓋是戰國後語史記日者傳有建除家

解縉封事言治曆明時授民作事但伸播種之宜何用建除之謬方向煞神事甚無謂孤虛宜忌亦且不經東行西行之論天德月德之云臣料唐虞之曆必無此等之文所宜著者日月之行星辰之次仰觀俯察事合逆順七政之齊正此類也

曆家天盤二十四時有所謂艮巽坤乾者不知其所始按淮南子天文訓曰子午卯酉爲二繩丑寅辰巳未申戌亥爲四鉤東北爲報德之維西南爲背陽之維東南爲常羊之維西北爲蹏通之維斗指子則冬至加十五日指癸則小寒加十五日指丑則大寒加十五日指報德之維則越陰在地故曰距日冬至四十六日而立春加十五日指寅則雨水加十五日指甲則雷驚蟄加十五日指卯中繩故曰春分則雷行加十五日指乙則清明風至加十五日指辰則穀雨加十五日指常羊之維則春分盡故曰有四十六日而立夏加十五日指巳則小滿加十五日指丙則芒種加十五日指午則陽氣極故曰有四十六日而夏至加十五日指丁則小暑加十五日指未則大暑加十五日指背陽之維則夏分盡故曰有四十六日而立秋加十五日指申則處暑加十五日指庚則白露降加十五日指酉中繩故曰秋分加十五日指辛則寒露加十五日指戌則霜降加十五日指蹏通之維則秋分盡故曰有四十六日而立冬加十五日指亥則小雪加十五日指壬則大雪加十五日指子所謂報德之維常羊之維背陽之維蹏通之維即艮巽坤乾也後人省文取卦名當之爾

欽定古今圖書集成曆象彙編曆法典

第八十三卷目錄

曆法典第八十三卷

儀象部彙考一

上古

地皇氏始定三辰分宵晝

按路史地皇氏爰定三辰是分宵晝

見通曆或謂三辰有度晝夜有經何定分之有曰不然茲特後世作儀器以揆躔度準盈虛以正昏明者固非移日月而易晝夜也是知躔度晷景之用有自於此矣

葛天氏促旋穹作權象

按路史葛天氏葛天者權天也爰促旋穹作權象故以葛天爲號

說文葛蓋也與鶡皆音蓋而集韻蓋覆也

太昊伏羲氏始作旋蓋

按路史太昊伏羲氏迎日推策歲月日時亡易於作旋蓋著躔舍

隋志云蓋天者周髀是也本包羲氏立周天度其傳則周公受之於商周人制之謂之周髀言天如蓋笠地似覆盤背中高而四下商者周大夫商高也按周髀算經商高荅周公云古者包羲立周天歷度趙君卿云立周天歷度建章蔀之法後揚雄洛下閎張衡之流俱術渾天之說而蓋遂廢世亦不知其爲太昊之法與渾天之非也有排渾別見

黃帝有熊氏始命容成作蓋天以象周天之形

按史記五帝本紀不載　按通鑑前編引外紀云云

按路史命容成作蓋天綜六術以定氣象

顓頊高陽氏始作渾天

按史記五帝本紀不載　按事物紀原云云

按路史注律家皆謂顓帝始作渾儀故後世尊用之不能改益都傳巴郡洛下閎改顓玉曆爲太初云後八百年差一日隋顏慜楚上言亦云又詳張胄元傳

按歷帝紀顓頊造渾儀黃帝爲蓋天以古未有歲差之法如顓帝曆冬至日宿牛初今宿斗十六度古正月建丑又歲與歲合今亦差一辰且如堯典日短星昴今則日短東壁矣其疎如此顓帝之渾儀其法則實蓋術故劉氏曆正問云顓帝造渾儀黃帝爲蓋天皆以天象於蓋非今之所謂渾也有排渾別見

陶唐氏

帝堯即位命羲和立渾儀

按史記五帝本紀不載　按晉書天文志春秋文曜鉤云唐堯即位羲和立渾儀此則儀象之設其來遠矣

有虞氏

舜在璿璣玉衡以齊七政

按書經虞書舜典云云

傳璿美玉璣衡玉者正天文之器可運轉者蔡傳在察也美珠謂之璿璣機也以璿飾璣所以象天體之轉運也衡橫也謂衡簫也以玉爲管橫而設之所以窺璣而齊七政之運行猶今之渾天儀也七政日月五星也七者運行於天有遲有速有順有逆猶人君之有政事也此言舜初攝位整理庶務首察璣衡以齊七政蓋曆象授時所當先也　按渾天儀者天文志云言天體者三家一曰周髀二曰宣夜三曰渾天宣夜絕無師說不知其狀如何周髀之術以爲天似覆盆蓋以斗極爲中中高而四邊下日月傍行遶之日近而見之爲晝日遠而不見爲夜蔡邕以爲考驗天象多所違失渾天說曰天之形狀似鳥卵地居其中天包地外猶卵之裹黃圓如彈丸故曰渾天言其形體渾渾然也其術以爲天半覆地上半在地下其天居地上見者一百八十二度半強地下亦然北極出地上三十六度南極入地下亦三十六度而嵩高正當天之中極南五十五度當嵩高之上又其南十二度爲

夏至之日道又其南二十四度爲春秋分之日道又其南二十四度爲冬至之日道南下去地三十一度而已是夏至日北去極六十七度春秋分去極九十一度冬至去極一百一十五度此其大率也其南北極持其兩端其天與日月星宿斜而廻轉此必古有其法遭秦而滅至漢武帝時洛下閎始經營之鮮于妄人又量度之至宣帝時耿壽昌始鑄銅而爲之象宋錢樂之又鑄銅作渾天儀衡長八尺孔徑一寸璣徑八尺圓周二丈五尺強轉而望之以知日月星辰之所在卽璿璣玉衡之遺法也歷代以來其法漸密本朝因之爲儀三重其在外曰六合儀平置黑單環上刻十二辰八千四隅在地之位以準地面而定四方側立黑雙環背刻去極度數以中分天脊直跨地平使其半入地下而結於其子午以爲天經斜倚赤單環背刻赤道度數以平分天腹橫繞天經亦使半出地上半入地下而結於其卯酉以爲天緯三環表裏相結不動其天經之環則南北二極皆爲圓軸虛中而內向以挈三辰四遊之環以其上下四方於是可考故曰六合次其內曰三辰儀側立黑雙環亦刻去極度數外貫天經之軸內挈黃赤二道其赤道則爲赤單環外依天緯亦刻宿度而結於黑雙環之卯酉其黃道則爲黃單環亦刻宿度而又斜倚於赤道之腹以交結於卯酉而半入其內以爲春分後之日軌半出其外以爲秋分後之日軌又爲白單環以承其交使不傾墊下設機輪以水激之使其日夜隨天東西運轉以象天行以其日月星辰於是可考故曰三辰其最在內者曰四遊儀亦爲黑雙環如三辰儀之制以貫天經之軸其環之內則兩面當中各施直距外指兩軸而當其要中之內面又爲小竅以受玉衡要中之小軸使衡既得隨環東西運轉又可隨處南北低昂以待占候者之仰窺焉以其東西南北無不周徧故曰四遊此其法之大略也沈括曰舊法規環一面刻周天度一面加銀丁蓋以夜候天晦不可目察則以手切之也古人以璿飾璣疑亦爲此今太史局祕書省銅儀制極精緻亦以銅丁爲之曆家又以北斗魁四星爲璣杓三星爲衡今詳經文簡質不應北斗二字乃用寓名恐未必然姑存其說以廣異聞

按路史注堯曆象立其數舜璣衡立其器璿生於淵月魄終焉陰精之純也玉生於山虹氣藏焉陽精之純也璣運於上以璿爲之衡望乎下以玉爲之取則乎陰陽之運也說苑璿璣謂北辰勾陳樞星以其魁杓所指之十八宿爲吉凶禍福列今盈縮之占云

漢

武帝太初元年立晷儀

按漢書武帝本紀不載　按律曆志武帝元封七年詔以七年爲元年（李奇曰改元封七年爲太初元年）遂詔議造漢曆迺定東西立晷儀下漏刻以追二十八宿相距於四方舉終以定朔晦分至躔離弦望

按尚書通考前漢洛下閎爲漢武帝於地中轉渾天定時節作太初曆

後漢

和帝永元十五年造黃道銅儀

按後漢書和帝本紀不載　按律曆志永元十五年七月甲辰詔書造太史黃道銅儀以角爲十三度亢十氐十六房五心五尾十八箕十斗二十四四分度之一牽牛七須女十一虛十危十六營室十八東壁十奎十七婁十二胃十五昴十二畢十六觜三參八東井三十輿鬼四柳十四星七張十七翼十九軫十八凡三百六十五度四分度之一

按隋書天文志永元十五年詔左中郎將賈逵乃始造太史黃道銅儀

順帝陽嘉元年張衡造候風地動儀

按後漢書順帝本紀不載　按張衡傳陽嘉元年造候風地動儀以精銅鑄成員徑八尺合蓋隆起形似酒尊飾以篆文山龜鳥獸之形中有都柱傍行八道施關發機外有八龍首銜銅丸下有蟾蜍張口承之其牙機巧制皆隱在尊中覆蓋周密無際如有地動尊則振龍機發吐丸而蟾蜍銜之振聲激揚伺者因此覺知雖一龍發機而七首不動尋其方面乃知震之所在驗之以事合契若神自書典所記未之有也嘗一龍機發而地不覺動京師學者咸怪其無徵後數日驛至果地震隴西於是皆服其妙

桓帝延熹七年太史令張衡作渾天儀

按後漢書桓帝本紀不載　按張衡傳衡善機巧尤致思於天文陰陽曆筭安帝雅聞衡善術學公車特徵拜郎中再遷爲太史令遂乃研覈陰陽妙盡璇璣之正作渾天儀著靈憲筭罔論言甚詳明

按張衡本集渾儀說赤道橫帶渾天之腹去極九十一度十分之五黃道斜帶其腹出赤道表裏各二十

四度故夏至去極六十七度而强冬至去極百一十五度亦强也然則黃道斜截赤道者則春分秋分之去極也今此春分去極九十少秋分去極九十一少者就夏曆景去極之法以爲率也上頭橫行第一行者黃道進退之數也本當以銅儀日月度之則可知也以儀一歲乃竟而中閒又有陰雨難卒成也是以作小渾盡赤道黃道乃各調賦三百六十五度四分之一從冬至所在始起令之相當值也取北極及衡各誠栘之爲軸取薄竹篾穿其兩端令兩穿中閒與渾半等以貫之令察之與渾相切摩也乃從減半起以爲八十二度八分之五盡衡減之半焉又中分其篾拗去其半令其半之際正直與兩端減半相直令篾半之際從冬至起一度一移之視篾之半際夕多黃赤道幾也其所多少則進退之數也從北極數之則元極之度也各分赤道黃道爲二十四氣一氣相去十五度十六分之七每一氣者黃道進退一度焉所以然者黃道直時去南北極近其處地小而橫行與赤道且等故以篾度之於赤道多也設一氣令十六日皆常率四日差少半也令一氣十五日不能半耳故使中道三日之中若少半也三氣一節故四十六日而差令三度也至於差三之時而五日同率者一其實節之間不能四十六日也令殘日居其策故五日同率也其率雖同先之皆强後之皆弱不可勝計取至於三而復有進退者黃道稍斜於橫行不得度故也春分秋分所以退者黃道始起更斜矣於橫行不得度故也亦每一氣一度焉三氣一節亦差三度也至三氣之後稍遠而直故橫行得度而稍進也立春立秋橫行稍退矣而度猶云進者以其所退減其所進猶有盈餘未盡故也立夏立冬橫行稍進矣而度猶退者以其所進增其所退猶有不足未畢故也以此論之日行非有進退而以赤道重廣黃道使之然也本二十八宿相去度數以赤道爲强耳故於黃道亦進退也冬至在斗二十一度少半最遠時也而此曆斗二十度俱百一十五强矣冬至宜與之同率焉夏至在井二十一度半强最近時也而此曆井二十三度俱六十七度强矣夏至宜與之同率焉

按晉書天文志順帝時張衡制渾象

按隋書天文志桓帝延熹七年太史令張衡更以銅製以四分爲一度周天一丈四尺六寸一分

按尚書通考東漢延熹中張衡以銅製於密室中具內外規南北極黃赤道列二十四氣二十八宿中外星官及日月五緯以漏水轉之於殿上室內令司之者閉戶而唱以告靈臺之觀天者璇璣所加某星始見某星已中某星已沒皆如合符按衡本傳自安帝時已徵拜太史令晉書云順帝時惟隋志云延熹七年今從之

吳

吳散騎常侍王蕃制儀象

按晉書天文志吳時中常侍廬江王蕃善數術傳劉洪乾象曆依其法而制渾儀立論考度曰前儒舊說天地之體狀如鳥卵天包地外猶殼之裹黃也周旋無端其形渾渾然故曰渾天也周天三百六十五度五百八十九分度之百四十五半覆地上半在地下其二端謂之南極北極北極出地三十六度南極入地三十六度兩極相去一百八十二度半彊繞北極徑七十二度常見不隱謂之上規繞南極七十二度常隱不見謂之下規赤道帶天之紘去兩極各九十一度少彊黃道日之所行也半在赤道外半在赤道內與赤道東交於角五少弱西交於奎十四少彊其赤道外極遠者去赤道二十四度斗二十一度是也其入赤道內極遠者亦二十四度井二十五度是也日南至在斗二十一度去極百一十五度少彊是也日最南去極最遠故景最長黃道斗二十一度出辰入申故日亦出辰入申日晝行地上百四十六度彊故日短夜行地下二百一十九度少弱故夜長自南至之後日去極稍近故景稍短日晝行地上度稍多故日稍長夜行地下度稍少故夜稍短日所在度稍北故日稍北以至於夏至日在井二十五度去極六十七度少彊是日最北去極最近景最短黃道井二十五度出寅入戌故日亦出寅入戌日晝行地上二百一十九度少弱故日長夜行地下百四十六度彊故夜短自夏至之後日去極稍遠故景稍長日晝行地上度稍少故日稍短夜行地下度稍多故夜稍長日所在度稍南故日出入稍南以至於南至而復初焉斗二十一井二十五南北相應四十八度春分日在奎十四少彊秋分日在角五少弱此黃赤二道之交中也去極俱九十一度少彊南北處斗二十一井二十五之中故景居二至長短之中奎十四角五出卯入酉故日亦出卯入酉日晝行地上夜行地下俱百八十二度半彊故日見之漏五十刻不見之漏五十刻謂之晝夜同

晉

安帝義熙十四年劉裕入咸陽得劉曜時所造渾天儀以歸

按晉書安帝本紀不載　按隋書天文志案虞書舜在璇璣玉衡以齊七政則考靈曜所謂觀玉儀之遊昏明主時乃命中星者也璇璣中而星未中爲急急則日過其度月不及其宿璇璣未中而星中爲舒舒則日不及其度月過其宿璇璣中而星中爲調調則風雨時庶草蕃蕪而五穀登萬事康也所言璇璣者謂渾天儀也故春秋文耀鉤云唐堯即位羲和立渾儀而先儒或因星官書北斗第二星名璇第三星名璣第五星名玉衡仍七政之言即以爲北斗七星載筆之官莫之或辯史遷班固猶且致疑馬季長創謂璣衡爲渾天儀鄭玄亦云其轉運者爲璣其持正者爲衡皆以玉爲之七政者日月五星也以璣衡視其行度以觀天意也故王蕃云渾天儀者羲和之舊器積代相傳謂之璣衡其爲用也以察三光以分宿度者也又有渾天象者以著天體以布星辰而渾象之法地當在天中其勢不便故反觀其形地爲外匡於已解者無異在內詭狀殊體而合於理可謂奇巧然斯二者以考於天蓋密矣又云古舊渾象以二分爲一度周七尺三寸半而莫知何代所造今案虞喜云洛下閎爲漢孝武帝於地中轉渾天定時節作泰初曆或其所製也漢孝和帝時太史揆候皆以赤道儀與天度頗有進退以問典星待詔姚崇等皆曰星圖有規法日月實從黃道官無其器至永元十五年詔左中郎將賈逵乃始造太史黃道銅儀至桓帝延熹七年太史令張衡更以銅製以四分爲一度周天一丈四尺六寸一分亦於密室中以漏水轉之令司之者閉戶而唱之以告靈臺之觀天者璇璣所加某星始見某星已中某星今沒皆如合符蕃以古製局小以布星辰相去稠概不得了察張衡所作又復傷大難可轉移蕃今所作以三分爲一度周一丈九寸五分四分之三長古法三尺六寸五分四分分之一減衡法亦三尺六寸五分四分分之一渾天儀法黃赤道各廣一度有半故今所作渾象黃赤道各廣四分半相去七寸二分又云黃赤二道相共交錯其間相去二十四度以兩儀準之二道俱三百六十五度有奇又赤道見者常一百八十二度半彊又南北考之天見者亦一百八十二度半彊是以知天之體圓如彈丸南北極相去一百八十二度半強也而陸績所作渾象形如鳥卵以施二道不得如法若使二道同規則其間相去不得滿二十四度若令相去二十四度則黃道當長於赤道又兩極相去不翅八十二度半強案績說云天東西徑三十五萬七千里直徑亦然則績意亦以天爲正圓也器與言謬頗爲乖僻然則渾天儀者其制有機有衡既動靜兼狀以效二儀之情又周旋衡管用考三光之分所以揆正宿度準步盈虛求古之道法也則先儒所言圓規徑八尺漢候臺銅儀蔡邕所欲寢伏其下者是也梁華林重雲殿前所置銅儀其制則有雙環規相並間相去三寸許正豎當子午其子午之間應南北極之衡各合而爲孔以象南北樞植楗於前後以屬焉又有單橫規高下正當渾之半皆周帀分爲度數署以維辰之位以象地又有單規斜帶南北之中與春秋二分之日道相應亦周帀分爲度數而署以維辰並相連著屬楗植而不動其裏又有雙規相並如外雙規內徑八尺周二丈四尺而屬雙軸軸兩頭出規外各二寸許合兩爲一內有孔圓徑二寸許南頭入地下注於外雙規南樞孔中以象南極北頭出地上入於外雙規規北樞孔中以象北極其運動得東西轉以象天行其雙軸之間則置衡長八尺通中有孔圓徑一寸當衡之半兩邊有關各注著雙軸衡既隨天象東西轉運又自於雙軸間得南北低仰所以準驗辰曆分考次度其於揆測唯所欲爲之者也檢其鐫題是僞劉曜光初六年史官丞南陽孔挺所造則古之渾儀之法者也而宋御史中丞何承天及太中大夫徐爰各著宋史咸以爲即張衡所造其儀略舉天狀而不綴經星七曜魏晉喪亂沉沒西戎義熙十四年宋高祖定咸陽得之梁尚書沈約著宋史亦云然皆失之遠矣

宋

文帝元嘉十三年詔太史造渾儀

按宋書文帝本紀不載　按隋書天文志宋文帝以元嘉十三年詔太史更造渾儀太史令錢樂之依案舊說采效儀象鑄銅爲之五分爲一度徑六尺八分少周一丈八尺二寸六分少地在天內不動立黃赤二道之規南北二極之規布列二十八宿北斗極星置日月五星於黃道上爲之杠軸以象天運昏明中星與天相符梁末置於文德殿前至如斯制以爲渾儀儀則內闕衡管以爲渾象而地不在外是參兩法別爲一體就器用而求猶渾象之流外內天地之狀

不失其位也吳時又有葛衡明達天官能爲機巧改作渾天使地居於天中以機動之天動而地上以上應晷度則樂之之所放述也

按南齊書祖考宋元嘉中錢樂之鑄銅作渾天儀衡長八尺孔徑一寸璣徑八尺圓周二丈五尺强轉而望之以知日月星辰之所在卽璿璣玉衡之遺法也

按律曆志吳中書令闞澤受劉洪乾象法於東萊徐岳又加解注中常侍王蕃以洪術精妙用推渾天之理以制儀象

按隋書經籍志渾天象注一卷吳散騎常侍王蕃撰

元嘉十七年造小渾天

按宋書文帝本紀不載　按隋書天文志元嘉十七年又作小渾天二分爲一度徑二尺二寸周六尺六寸安二十八宿中外官星備足以白青黃等三色珠爲三家星其日月五星悉居黃道亦象天運而地在其中

梁

梁末以木爲渾天象

按隋書天文志渾天象者其制有機而無衡梁末祕府有以木爲之其圓如丸其大數圍南北兩頭有軸徧體布二十八宿三家星黃赤二道及天漢等別爲橫規環以匡其外高下管之以象地南軸頭入地注於南植以象南極北軸頭出於地上注於北植以象北極正東西運轉昏明中星旣其應度分至氣節亦驗在不差而已不如渾儀別有衡管測揆日月分步星度者也吳太史令陳苗云先賢制木爲儀名曰渾天卽此之謂耶由斯而言儀象二器遠不相涉則張衡所造蓋亦止在渾象七曜而何承天莫辨儀象之異亦爲乖失

北魏

太祖天興元年冬十一月命太史令晁崇造渾儀考天象

按魏書太祖本紀云云　按晁崇傳崇善天文術數知名於時爲慕容垂太史郎從慕容寶敗於參合獲崇後乃赦之太祖愛其伎術甚見親待從平中原拜太史令詔崇造渾儀厯象日月星辰遷中書侍郎令如故

太宗永興四年詔造太史候部鐵儀

按魏書太宗本紀不載　按隋書天文志後魏道武天興初命太史令晁崇修渾儀以觀星象十有餘載至明元永興四年壬子詔造太史候部鐵儀以爲渾天法考璇璣之正銘曰於皇大代配天比祚赫赫明明聲烈遐布爰造茲器考正宿度貽法後葉永垂典故其製並以銅鐵唯誌星度以銀錯之南北柱曲抱雙規東西柱直立下有十字水平以植四柱十字之上以龜負雙規其餘皆與劉曜儀大同卽今太史候臺所用也

隋

文帝開皇　年作蓋天圖

按隋書文帝本紀不載　按天文志管侍中劉智云顓頊造渾儀黃帝爲蓋天然此二器皆古之所制但傳說義者失其用耳昔者聖王正厯明時作圓蓋以圖列宿極在其中迴之以觀天象分三百六十五度四分度之一以定日數日行於星紀轉迴右行故圓規之以爲日行道欲明其四時所在故於春也則以青爲道於夏也則以赤爲道於秋也則以白爲道於冬也則以黑爲道四季之末各十八日則以黃爲道蓋圖已定仰觀雖明而未可正昏明分晝夜故作渾儀以象天體今案自開皇已後天下一統靈臺以後魏鐵渾天儀測七曜盈縮以蓋圖列星坐分黃赤二道距二十八宿分度而莫有更爲渾象者矣

唐

太宗貞觀七年李淳風進諸儀器

按唐書太宗本紀不載　按天文志貞觀初淳風上言舜在璿璣玉衡以齊七政則渾天儀也周禮土圭正日景以求地中有以見日行黃道之驗也暨於周末此器乃亡漢洛下閎作渾儀其後賈逵張衡等亦各有之而推驗七曜並循赤道按冬至極南夏至極北而赤道常定於中國無南北之異蓋渾儀無黃道久矣太宗異其說因詔爲之至七年儀成表裏三重下據準基狀如十字末樹鼇足以張四表一曰六合儀有天經雙規金渾緯規金常規相結於四極之內列二十八宿十日十二辰經緯三百六十五度二曰三辰儀圓徑八尺有璿璣規月遊規列宿距度七曜所行轉於六合之內三曰四游儀元樞爲軸以連結玉衡游筩而貫約矩規又元樞北樹北辰南矩地軸傍轉於內玉衡在元樞之間而南北游仰以觀天之辰宿下以識器之晷度皆用銅帝稱善置於凝暉閣用之測候閣在禁中其後遂亡

按唐會要貞觀初李淳風言靈臺候儀是故魏遺範法制疎略難爲占步上令淳風改造渾儀鑄銅爲之

七年三月十六日直太史將仕郎李淳風鑄渾天黃道儀成奏之因撰法象志七卷

高宗麟德二年造木渾圖

按唐書高宗本紀不載　按律曆志高宗時戊寅曆益疎李淳風作甲子元曆以獻詔太史起麟德二年頒用謂之麟德曆古曆有章蔀有元紀有日分度分參差不齊淳風爲總法千三百四十以一之損益中晷術以考日至爲木渾圖以測黃道餘因劉焯皇極曆法增損所宜當時以爲密與太史令瞿曇羅所上經緯曆參行

元宗開元八年南宮說請造渾天許之

按唐書元宗本紀不載　按唐會要開元八年六月十九日左金吾衛長史南宮說奏渾天圖空有其書今無其器昭既修九曜占書須量較星象請造兩枚一進內一留司占測許之

開元十一年僧一行更造諸儀器成

按唐書元宗本紀不載　按天文志開元九年一行受詔改治新曆欲知黃道進退而太史無黃道儀率府兵曹參軍梁令瓚以木爲游儀一行是之乃奏黃道游儀古有其術而無其器昔人潛思皆未能得今令瓚所爲日道月交皆自然契合於推步尤要請更鑄以銅鐵十一年儀成一行又曰靈臺鐵儀後魏斛蘭所作規制朴略度刻不均赤道不動乃如膠柱以考月行遲速多差或至十七度少不減十度不足以稽天象授人時李淳風黃道儀以玉衡旋規別帶日道傍列二百四十九交以推月游法頗難術遂寢廢臣更造游儀使黃道運行以追列舍之變因二分之中以立黃道交於奎軫之間二至陟降各二十四度黃道內施白道月環用究陰陽朓朒動合天運簡而易從可以制器垂象永傳不朽於是元宗嘉之自爲之銘又詔一行與令瓚等更鑄渾天銅儀圓天之象具列宿赤道及周天度數注水激輪令其自轉一晝夜而天運周外絡二輪綴以日月令得運行每天西旋一周日東行一度月行十三度十九分度之七二十九轉有餘而日月會三百六十五轉而日周天以木櫃爲地平令儀半在地下晦明朔望遲速有準立木人二於地平上其一前置鼓以候刻至一刻則自擊之其一前置鐘以候辰至一辰亦自撞之皆於櫃中各施輪軸鉤鍵關鎖交錯相持置於武成殿前以示百官無幾而銅鐵漸澀不能自轉遂藏於集賢院其黃道游儀以古尺四分爲度旋樞雙環其表一丈四尺六寸一分縱八分厚三分直徑四尺五寸九分古所謂旋儀也南北科兩極上下循規各三十四度表裏畫周天度其一面加之銀釘使東西運轉如渾天游旋中旋樞軸至兩極首內孔徑大兩度半長與旋環徑齊玉衡望筩長四尺五寸八分廣一寸二分厚一寸孔徑六分衡旋於軸中旋運持正用窺七曜及列星之闊狹外方內圓孔徑一度半周日輪也陽經雙環表一丈七尺三寸裏一丈四尺六寸四分廣四寸厚四分直徑五尺四寸四分置於子午左右用八柱八柱相固亦表裏畫周天度其一面加之銀釘半出地上半入地下雙間使樞軸及玉衡望筩旋環於中也陰緯單環外內廣厚周徑皆準陽經與陽經相銜各半內外俱齊面平上爲天下爲地橫周陽環謂之陰渾也平上爲兩界內外爲周天百刻天頂單環表一丈七尺三寸縱廣八尺厚三分直徑五尺四寸四分直中國人頂之上東西當卯酉之中稍南使見日出入令與陽經陰緯相固如鳥殼之裹黃南去赤道三十六度去黃道十二度去北極五十五度去南北平各九十一度強赤道單環表一丈四尺五寸九分橫八分厚三分直徑四尺五寸八分赤道者當天之中二十八宿之位也雙規運動度穿一穴古者秋分日在角五度今在軫十三度冬至日在牽牛初今在斗十度隨穴退交不復差謬傍在卯酉之南上去天頂三十六度而橫置之黃道單環表一丈五尺四寸一分橫八分厚四分直徑四尺八寸四分日之所行故名黃道太陽陟降積歲有差月及五星亦隨日度出入古無其器規制不知準的斟酌爲率疏闊尤甚今設此環置於赤道環內仍開合使運轉出入四十八度而極晝兩方東西列周天度數南北列百刻可使見日知時上列三百六十策與用卦相準度穿一穴與赤道相交白道月環表一丈五尺一寸五分橫八分厚三分直徑四尺七寸六分月行有迂曲遲速與日行緩急相反古亦無其器今設於黃道環內使就黃道爲交合出入六度以測每夜月離上畫周天度數度穿一穴擬移交會皆用銅鐵游儀四柱爲龍其崇四尺七寸水槽及山崇一尺七寸半槽長六尺九寸高廣皆四寸池深一寸廣一寸半龍能興雲雨故以飾柱柱在四維龍下有山雲俱在水平槽上皆用銅其所測宿度與古異者舊經角距星去極九十一度亢八十九度氐九十四度房百八度心

百八度尾百二十度箕百一十八度南斗百一十六度牽牛百六度須女百度虛百四度危九十七度營室八十五度東壁八十六度奎七十六度婁八十度胃昴七十四度畢七十八度觜觽八十四度參九十四度東井七十度輿鬼六十八度柳七十七度七星九十一度張九十七度翼九十七度軫九十八度今測角九十三度半亢九十一度半氐九十八度房百一十度半心百一十度尾百二十四度箕百二十度南斗百一十九度牽牛百四度須女百一度虛百一度危九十七度營室八十三度東壁八十四度奎七十三度婁七十七度胃昴七十二度畢七十六度觜觽八十二度參九十三度東井六十八度輿鬼六十八度柳八十度半七星九十三度半張百度翼百三度軫百度又舊經角距星正當赤道黃道在其南今測角在赤道南二度半則黃道復經角中與天象合虛北星舊圖入虛今測在須女九度危北星舊圖入危今測在虛六度半又奎誤距以西大星故壁損二度奎增二度今復距西南大星卽奎壁各得本度畢赤道十六度黃道亦十六度觜觽赤道二度黃道三度二宿俱當黃道斜虛畢尚與赤道度同觜觽總二度黃道損加一度蓋其誤也今測畢十七度半觜觽半度又柳誤距以第四星今復用第四星張中央四星爲朱鳥嗉外二星爲翼比距以翼而不距以膺故張增二度半七星減二度半今復以膺爲距則七星張各得本度其他星舊經文昌二星在輿鬼四星在東井北斗樞在七星一度璇在張二度機在翼二度權在翼八度衡在軫八度開陽在角七度杓在亢四度天關在黃道南四度天鐏天桴在黃道北天江天高狗國外屏雲雨虛梁在黃道外天囷土公吏在赤道外上台在東井中台在七星建星在黃道北半度天苑在昴畢王良在壁外屏在觜觽雷電在赤道外五度霹靂在赤道外四度八魁在營室長垣羅堰當黃道今測文昌四星在柳一星在輿鬼一星在東井北斗樞在張十三度璇在張十二度半璣在翼十三度權在翼十七度太衡在軫十度半開陽在角四度少杓在角十二度少天關天鐏天桴天江天高狗國外屏皆當黃道雲雨在黃道內七度虛梁在黃道內四度天囷當赤道土公吏在赤道內六度上台在柳中台在張建星在黃道北四度半天苑在胃昴王良四星在奎一星在壁外屏在畢雷電在赤道內二度霹靂四星在赤道內一星在外八魁五星在壁四星在營室長垣在黃道北五度羅堰在黃道北黃道春分與赤道交於奎五度太秋分交於軫十四度少冬至在斗十度去赤道南二十四度夏至在井十三度少去赤道北二十四度其赤道帶天之中以分列宿之度黃道斜運以明日月之行乃立八節九限校二道差數著之曆經

蓋天之說李淳風以爲天地中高而四隤日月相隱蔽以爲晝夜遶北極常見者謂之上規南極常隱者謂之下規赤道橫絡者謂之中規及一行考月行出入黃道爲圖三十六究九道之增損而蓋天之狀見矣削篾爲度徑一分其厚半之長與圖等穴其正中植鍼爲樞令可環運自中樞之外均刻百四十七度全度之末旋爲外規規外太半度再旋爲重規以均賦周天度分又距極樞九十一度少半旋爲赤道帶天之紘距極三十五度旋爲內規乃步冬至日躔所在以正辰次之中以立宿距按渾儀所測甘石巫咸衆星明者皆以篾橫考入宿距縱考去極度而後圖之其赤道外衆星疏密之狀與仰視小殊者由渾儀去南極漸近其度益狹而蓋圖漸遠其度益廣使然若考其去極入宿度數移之於渾天則一也又赤道內外其廣狹不均若就二至出入赤道二十四度以規度之則二分所交不得其正自二分黃赤道交以規度之則二至距極度數不得其正當求赤道分至之中均刻爲七十二限據每黃道差數以篾度量而識之然後規爲黃道則周天咸得其正矣又考黃道二分二至之中均刻爲七十二候定陰陽曆二交所在依月去黃道度率差一候亦以篾度量而識之然後規爲月道則周天咸得其正矣

開元十三年作水運渾天成

按唐書元宗本紀不載　按舊唐書元宗本紀十三年十月三日癸丑新造銅儀成置於景運門內以示百官

按通鑑綱目十三年冬十月作水運渾天成水運渾天上具列宿注水激輪令其自轉晝夜一周別置二輪絡在天外綴以日月逆天而行淹速合度置木匱爲地平令儀半在地下又立二木人每刻擊鼓每辰擊鐘機械皆藏匱中

按玉海集賢注記開元十三年十月院中造渾儀成奉勅向數政門外以示百寮一行改進游儀之後上令鑄銅爲渾規之器左衛長史梁令瓚右驍衛長史

亘執珪分擘規制鑄爲天像徑一丈具列宿赤道及周天度數注水激輪令其自轉議者以爲張衡靈憲不能踰今留東京集賢院內院中有仰觀臺卽一行占候之所

後唐

明宗長興三年繕理渾儀

按五代史唐明宗本紀不載　按玉海後梁於汴州造銅渾儀唐長興三年七月繕理

欽定古今圖書集成曆象彙編曆法典

第八十四卷目錄

儀象部彙考二

曆法典第八十四卷

儀象部彙考二

宋

太祖開寶二年有司上渾天太一圖

按宋史太祖本紀不載 按玉海實錄開寶二年十月戊寅有司上渾天圖太一圖各一

太宗太平興國四年春正月癸卯新渾儀成

按宋史太宗本紀云云 按天文志曆象以授四時璣衡以齊七政二者本相因而成故璣衡之設史謂起於帝嚳或謂作於宓犧又云璿璣玉衡乃羲和舊器非舜創爲也漢馬融有云上天之體不可得知測天之事見於經者惟有璣衡一事璣衡者卽今之渾儀也宋王蕃之論亦云渾儀之制置天梁地平以定天體爲四游儀以綴赤道者此謂璣也置望筩橫簫於游儀中以窺七曜之行而知其躔離之次者此謂衡也若六合儀三辰儀與四游儀並列爲三重者唐李淳風所作而黃道儀者一行所增也如張衡祖洛下閎耿壽昌之法別爲渾象置諸密室以漏水轉之以合璿璣所加星度則渾象本別爲一器唐李淳風梁令瓚祖之始與渾儀並用太平興國四年正月巴中人張思訓創作以獻太宗召工造於禁中踰年而成詔置於文明殿東鼓樓下其制起樓高丈餘機隱於內規天矩地下設地輪地足又爲橫輪側輪斜輪定身關中關小關天柱七直神左搖鈴右扣鐘中擊鼓以定刻數每一晝夜周而復始又以木爲十二神各直一時至其時則自執辰牌循環而出隨刻數以定晝夜短長上有天頂天牙天關天指天抱天束天條布三百六十五度爲日月五星紫微宮列宿斗建黃赤道以日行度定寒暑進退開元遺法運轉以水至冬中凝凍遲澀遂爲疎略寒暑無準今以水銀代之則無差失冬至之日日在黃道表去北極最遠爲小寒晝短夜長夏至之日日在赤道表去北極最近爲小暑晝長夜短春秋二分日在兩交春和秋涼晝夜平分寒暑進退皆由於此并著日月象皆取仰視按舊法日月晝夜行度皆人所運行新制成於自然尤爲精妙以思訓爲司天渾儀丞

按圖書編太平興國中命巴人張思訓創渾儀大率依倣一行之法激水運轉加以樓板層高丈餘以藏關柱冬月用水銀代水以防碍澀撞鐘擊鼓之外復有搖鈴執牌之報太宗詔置於文明殿題曰太平渾儀自思訓死機繩斷壞無復知其法制者

至道元年冬十二月庚辰新渾儀成

按宋史太宗本紀云云 按小學紺珠至道元年韓顯符渾儀九事曰天經雙規游規直規窺管平準輪赤道環黃道環龍柱水臬

眞宗大中祥符三年春閏二月甲寅冬官正韓顯符上新造銅候儀

按宋史眞宗本紀云云 按天文志銅候儀司天冬官正韓顯符所造其要本淳風及僧一行之遺法顯符自著經十卷上之書府銅儀之制有九一曰雙規皆徑六尺一寸三分圍一丈八尺三寸九分廣四寸五分上刻周天三百六十五度南北並立置水臬以爲準得出地三十五度乃北極出地之度也以釭貫之四面皆七十二度屬紫微宮星凡三十七座一百七十有五星四時常見謂之上規中一百一十度四面二百二十度屬黃赤道內外官星二百四十六座一千二百八十九星近日而隱遠而見謂之中規置臬之下繞南極七十二度除老人星外四時常隱謂之下規二曰游規徑五尺二寸圍一丈五尺六寸廣一寸二分厚四分上亦刻周天以釭貫於雙規巔軸之上令得左右運轉凡置管測驗之法衆星遠近隨天周徧三曰直規二各長四尺八寸闊一寸二分厚四分於兩極之用夾窺管中置關軸令其游規運四

日窺管一長四尺八寸廣一寸二分關軸在直規中五曰平準輪在水臬之上徑六尺一寸三分圍一丈八尺三寸九分上刻八卦十干十二辰二十四氣七十二候於其中定四維日辰正晝夜百刻六曰黃道南北各去赤道二十四度東西交於卯酉以爲日行盈縮月行九道之限凡冬至日行南極去北極一百一十五度故景長而寒夏至日在赤道北二十四度去北極六十七度故景短而暑月有九道之行歲匝十二辰正交出入黃道遠不過六度五星順留伏逆行度之常數也七曰赤道與黃道等帶天之紘以隔黃道去兩極各九十一度強黃道之交也按經東交角宿五度少西交奎宿一十四度強日出于赤道外遠不過二十四度冬至之日行斗宿日入於赤道內亦不過二十四度夏至之日行井宿及晝夜分炎京等日月五星陰陽進退盈縮之常數也八曰龍柱四各高五尺五寸立於平準輪下九曰水臬十字爲之其水平滿北辰正以置四隅各長七尺五寸高三寸半深一寸四隅水平則天地準唐貞觀初李淳風於浚儀縣古岳臺測北極出地高三十四度八分差陽城九分今測定北極高三十五度以爲常準

按尚書通考大中祥符三年冬官正韓顯符造銅渾儀其制爲天輪二一平一側各分三百六十五度又爲黃赤道立管於側輪中以測日月星辰行度皆無差

仁宗皇祐三年冬十二月庚辰新作渾儀

按宋史仁宗本紀云云　按律曆志堯勅羲和制璣衡以考察星度其機衡用玉欲其燥濕不變運動有常堅久而不能廢也至於後世鑄銅爲圓儀以法天體自洛下閎造太初曆用渾儀及東漢孝和帝時太史惟有赤道儀歲時測候頗有進退帝以問典星待詔姚崇等皆曰星圖有規法日月實從黃道今無其器是以失之至永元十五年賈逵始設黃道儀桓帝延熹七年張衡更制之以四分爲度其後陸績王蕃孔挺斛蘭梁令瓚李淳風並嘗制作五代亂亡遺法蕩然矣眞宗祥符初韓顯符作渾儀但遊儀雙環夾望筩旋轉而黃赤道相固不動皇祐初又命日官舒易簡於淵周琮等參用淳風令瓚之制改鑄黃道渾儀又爲漏刻圭表詔翰林學士錢明逸詳其法內侍麥允言總其工既成置渾儀於翰林天文院之候臺漏刻於文德殿之鐘鼓樓圭表於司天監帝爲製渾儀總要十卷論前代得失已而留中不出今具黃道遊儀之法著於此焉

第一重名六合儀陽經雙環外圍二丈三尺二寸八分直徑七尺七寸六分闊六寸厚六分南北並立兩面各列周天三百六十五度少強北極出地三十五度少強陰緯單環外圍徑闊與陽經雙環等外厚二寸五分內厚一寸九分上列十幹十二支八卦方位以正地形上有池沼環流轉以定平準天常單環外圍二丈四寸六分直徑六尺八寸二分闊厚一寸二分上列十幹十二支四維時刻之數以測辰刻與陽經陰緯環相固如卵之殼幕然

第二重名三辰儀璇璣雙環外圍一丈九尺五寸六分直徑六尺五寸二分闊一寸四分厚一寸兩面各均周天三百六十五度少強作二樞對兩極赤道單環外圍一丈九尺六寸八分直徑六尺五寸六分闊一寸一分厚六分上列二十八宿距度周天三百六十五度少強附于璇璣之上黃道單環外圍一丈九尺二分直徑六尺三寸四分闊一寸二分厚一寸上列周天三百六十五度少強均分二十四氣七十二候六十四卦三百六十策出入赤道二十四度與赤道相交每歲退差一分有餘白道單環外圍一丈八尺六寸三分直徑六尺二寸一分闊一寸一分厚五分上列交度置於黃道環中入黃道六度每一交終退行黃道一度半弱皆旋轉於六合之內

第三重名四遊儀璇樞雙環外圍一丈八尺二寸一分直徑六尺七分闊二寸厚七分兩面各列周天三百六十五度少強挾直距以對樞軸東西轉運於三辰儀內以格星度橫簫望筩長五尺七寸外方內圓中通望孔直徑六分周於日輪在璇樞直距之中使南北遊仰以窺辰宿無所不至十字水平槽長九尺四寸八分首闊一尺二寸七分身闊九寸二分高七尺水槽闊一寸深八分四柱各長六尺七寸八分植於水槽之末以輔大體皆以銅爲之乃格七曜遠近盈縮以知晝夜長短之效其所測二十八舍距度著於後其周天星入宿去極所主吉凶則具在天文志角十二度亢九度氐十六度房五度心四度尾十九度箕十度斗二十五度牛七度女十一度虛十度危十六度室十七度壁九度奎十六度婁十二度胃十五度昴十一度畢十八度觜一度參十度井三十四度鬼二度柳十四度星七度張十八度翼十八度軫十七度

神宗熙寧六年六月司天監陳繹言渾儀尺度與法不合詔依新式製造

按宋史神宗本紀不載　按律曆志神宗熙寧六年六月提舉司天監陳繹言渾儀尺度與法要不合二極赤道四分不均規環左右距度不對游儀重澀難運黃道映蔽橫簫游規璺裂黃道不合天體天樞內極星不見天文院渾儀尺度及二極赤道四分各不均黃道天常環月道映蔽橫簫及月道不與天合天常環相攻難轉天樞內極星不見皆當因舊修整新定渾儀改用古尺均賦辰度規環輕利黃赤道天常環並側置以北際當天度省去月道令不蔽橫簫增天樞爲二度半以納極星規環二極各設環樞以便遊運詔依新式製造置於司天監測驗以較疎密

熙寧七年作渾儀

按宋史神宗本紀七年夏六月丁亥作渾儀　按天文志熙寧七年七月沈括上渾儀浮漏景表三議渾儀議曰五星之行有疾舒日月之交有見匿求其次舍經劘之會其法一寓於日冬至之日日之端南者也日行周天而復集於表鋭凡三百六十有五日四分日之幾一而謂之歲周天之體日別之謂之度度之離其數有二日行則舒則疾會而均別之曰赤道之度日行自南而北升降四十有八度而迤別之曰黃道之度度不可見其可見者星也日月五星之所由有星焉當度之畫者凡二十有八而謂之舍舍所以絜度度所以生數也度在天者也爲之璣衡則度在器度在器則日月五星可摶乎器中而天無所豫也天無所豫則在天者不爲難知也自漢以前爲曆者必有璣衡以自驗跡其後雖有璣衡而不爲曆作爲曆者亦不復以器自考氣朔星緯皆莫能知其必當之數至唐僧一行改大衍曆法始復用渾儀參實故其術所得比諸家爲多臣嘗歷考古今儀象之法虞書所謂璿璣玉衡唯鄭康成粗記其法至洛下閎製圓儀賈逵又加黃道其詳皆不存於書其後張衡爲銅儀於密室中以水轉之蓋所謂渾象非古之璣衡也吳孫氏時王蕃陸績皆嘗爲儀及象其說以謂舊以二分爲一度而患星辰稠穊張衡改用四分而復推重難運故蕃以三分爲度周丈有九寸五分寸之三而具黃赤道焉績之說以天形如鳥卵小橢而黃赤道短長相害不能應法至劉曜時南陽孔挺製銅儀有雙規規正距子午以象天有橫規判儀之中以象地有特規斜絡天腹以候赤道南北植幹以法二極其中乃爲游規窺管劉曜太史令晁崇斛蘭皆嘗爲鐵儀其規有六四常定以象地一象赤道其二象二極乃是挺所謂雙規者也其制與挺法大同唯南北柱曲抱雙規下有縱橫水平以銀錯星度小變舊法而皆不言有黃道疑其失傳也唐李淳風爲圓儀三重其外曰六合有天經雙規金渾緯規金常規次曰三辰轉於六合之內圓徑八尺有璿璣規月游規所謂璿璣者黃赤道屬焉又次曰四游南北爲天樞中爲游簫可以升降游轉別爲月道傍列二百四十九交以攜月游一行以爲難用而其法亦亡其後率府兵曹梁令瓚更以木爲游儀因淳風之法而稍附新意詔與一行雜校得失改鑄銅儀古今稱其詳確至道中初鑄渾天儀於承天監多因斛蘭晁崇之法皇祐中改鑄銅儀于天文院姑用令瓚一行之論而去取交有失得臣今輯古今之說以求數象有不合者十有三事其一舊說以謂今中國於地爲東南當令西北望極星置天極不當中北又曰天常傾西北極星不得居中臣謂以中國規觀之天常北倚可也謂極星偏西則不然所謂東西南北者何從而得之豈不以日之所出者爲東日之所入者爲西乎臣觀古之候天者自安南都護府至浚儀太岳臺纔六千里而北極之差凡十五度稍北不已庸詎知極星之不直人上也臣嘗讀黃帝素書立於午而面子立於子而面午至於自卯而望酉自酉而望卯皆曰北面立於卯而負酉立於酉而負卯至於自午而望南自子而望北則皆曰南面臣始不諭其理逮今思之乃常以天中爲北也常以天中爲北則蓋以極星常居中天也素問尤爲善言天者今南北纔五百里則北極輒差一度以上而東西南北數千里間日分之時候之日未嘗不出於卯半而入於酉半則又知天樞既中則日之所出者定爲東日之所入者定爲西天樞則常爲北無疑矣以衡窺之日分之時以渾儀抵極星以候日之出沒則常在卯酉之半少北此殆放乎四海而同者何從而知中國之爲東南也彼徒見中國東南皆際海而爲是說也臣以謂極星之果中果非中皆無足論者彼北極之出地六千里之間所差者已如是又安知其茫昧幾千萬里之外邪今直當據建邦之地人目之所及者裁以爲法不足爲法者宜置而勿議可也其二曰紘平設以象地體今渾儀置於崇臺之上下瞰日月之所出則紘不與地

際相當者臣詳此說雖粗有理然天地之廣大不爲一臺之高下有所推遷蓋渾儀考天地之體有實數有準數所謂實者此數即彼數也此移赤彼亦移赤之謂也所謂準者以此準彼此之一分則準彼之幾千里之謂也今臺之高下乃所謂實數一臺之高不過數丈彼之所差者亦不過此天地之大豈數丈足累其高下若衡之低昂則所謂準數者也衡移一分則彼不知其幾千里則衡之低昂當審而臺之高下非所當䘏也其三日月行之道過交則入黃道六度而稍却復交則出於黃道之南亦如之月行周於黃道如繩之繞木故月交而行日之陰則日爲之虧入蝕法而不虧者行日之陽也每月退交二百四十九周有奇然後復會今月道既不能環繞黃道又退交之漸當每日差池今必候月終而頓移亦終不能符會天度當省去月環其候月之出入專以曆法步之其四衡上下兩端皆徑一度有半用日之徑也若衡端不能全容日月之體則無由審日月定次欲日月正滿上衡之端不可動移此其所以用一度有半爲法也下端亦一度有半則不然若人目迫下端之東以窺上端之西則差幾三度凡求星之法必令所求之星正當穿之中心今兩端既等則人目游動無因知其正中今以鉤股法求之下徑三分上徑一度有半則兩竅相覆大小略等人目不搖則所察自正其五前世皆以極星爲天中自祖暅以璣衡窺考天極不動處乃在極星之末猶一度有餘今銅儀天樞內徑一度有半乃謬以衡端之度爲率若璣衡端平則極星常游天樞之外璣衡小偏則極星乍出乍入令瓚舊法天樞乃徑二度有半蓋欲使極星游於樞中也臣考驗極星更三月而後知天中不動處遠極星乃三度有餘則祖暅窺考猶爲未審今當爲天樞徑七度使人目切南樞望之星正循北極樞裏周常見不隱天體方正其六令瓚以辰刻十干八卦皆刻於紘然紘平正而黃道斜運當子午之間則日徑度而道促卯酉之際則日迤行而道舒如此辰刻不能無謬新銅儀則移刻於緯四游均平辰刻不失然令瓚天中單環直中國人頂之上而新銅儀緯斜絡南北極之中與赤道相直舊法設之無用新儀移之爲是然當側窺如車輪之牙而不當衡規如鼓陶其旁迫狹難賦辰刻而又蔽映星度其七司天銅儀黃赤道與紘合鑄不可轉移雖與天運不符至於窺測之時先以距度星考定三辰所舍復運游儀抵本宿度乃求出入黃道與去極度所得無以異於令瓚之術其法本於晁崇斛蘭之舊制雖不甚精縟而頗爲簡易李淳風嘗謂斛蘭所作鐵儀赤道不動乃如膠柱以考月行差或至十七度少不減十度此正謂直以赤道候月行其差如此今黃赤道度再運游儀抵所舍宿度求之而月行則以月曆每日去極度算率之不可謂之膠也新法定宿而變黃道此定黃道而變宿但可賦三百六十五度而不能具餘分此其爲略也其八令瓚舊法黃道設於月道之上赤道又次月道而璣最處其下每月移闕交則黃赤道輒變今當省去月道徙璣於赤道之上而黃道居赤道之下則二道與衡端相迫而星度易審其九舊法規環一面刻周天度一面加銀丁所以施銀丁者夜候天晦不可目察則以手切之也古之人以璿爲之璿者珠之屬也今司天監三辰儀設齒于環背不與橫簫會當移列兩旁以便參察其十舊法重璣皆廣四寸厚四分其他規軸椎重樸拙不可旋運今小損其制使之輕利其十一古之人知黃道歲易不知赤道之因變也黃道之度與赤道之度相偶者也黃道徙而西則赤道不得獨膠今當變赤道與黃道同法其十二舊法黃赤道平設正當天度掩蔽人目不可占察其後乃別加鑽孔尤爲拙謬今當側置少偏使天度出北際之外自不凌蔽其十三舊法地紘正絡天經之半凡候三辰出入則地際正爲地紘所伏今當徙紘稍下使地際與紘之上際相直候三辰伏見專以紘際爲率自當默與天合又言渾儀製器渾儀之爲器其屬有二相因爲用其在外者曰體以立四方上下之定位其次曰象以法天之運行常與天隨其在內璣衡璣以察緯衡以察經求天地端極三明匿見者體爲之用察黃道降陟辰刻運徙者象爲之用四方上下無所不屬者璣衡爲之用體之爲器爲圓規者四其規之別一曰經經之規二並峙正抵子午若車輪之植二規相距四寸夾規爲齒以別去極之度北極出紘之上三十有四度十分度之八強南極下紘亦如之對衡二釭聯二規以爲一釭中容樞二曰緯緯之規一與經交於二極之中若車輪之倚南北距極皆九十一度强夾規爲齒以別周天之度三曰紘紘之規一上際當經之半若車輪之仆以考地際周賦十二辰以定八方紘之下有趺從一衡一刻溝受水以爲平中溝爲池以受注水四末建趺爲升龍四以負

紘凡渾儀之屬皆屬焉龍吭爲綱維之四捷以爲固象之爲器爲圓規者四其規之別一日璣璣之規二並峙相距如經之度夾規爲齒對衡二釭釭中容樞皆如經之率設之亦如經其異者經膠而璣可旋二曰赤道赤道之規一刻璣十分寸之三以衡赤道赤道設之如緯其異者緯膠於經而赤道銜於璣有時而移度穿一竅以移歲差三日黃道黃道之規一刻赤道十分寸之二以銜黃道其南出赤道之北際二十有四度其北入赤道亦如之交於奎角度穿一竅以銅編屬於赤道歲差盈度則幷赤道徙而西黃赤道夾規爲齒以別均迴之度璣衡之爲器爲圓規二曰璣對峙相距如象璣之度夾規爲齒皆如象璣其異者象璣對衡二釭而璣對衡二樞貫於象璣天經之釭中三物相重而不相膠爲間十分寸之三無使相切所以利旋也爲橫簫二兩端夾樞屬於璣其中挾衡爲橫一棲於橫簫之間中衡爲轉以貫橫簫兩末入於璣之罅而可旋璣可以左右以察四方之祥衡可以低昂以察上下之祥

按律曆志熙寧七年六月司天監呈新製渾儀浮漏於迎陽門帝召輔臣觀之數問同提舉官沈括具對所以改更之理尋又言準詔集監官較其疎密無可比較詔置於翰林天文院七月以沈括爲右正言司天秋官正皇甫愈等賞有差初括上渾儀浮漏景表三議見天文志朝廷用其說令改造法物曆書至是渾儀浮漏成故賞之

元豐五年春正月乙巳作新渾儀

按宋史神宗本紀云云　按律曆志元豐五年正月翰林學士王安禮言詳定渾儀官歐陽發所上渾儀木樣具新器之宜變舊器之失臣等竊詳司天監至道皇祐渾儀景表各差舛請如法條奏修正從之

哲宗元祐四年春三月己卯作渾天儀

按宋史哲宗本紀云云　按律曆志元祐四年三月翰林學士許將等言詳定元祐渾天儀象所先奉詔製造水運渾儀木樣如試驗候天不差即別造銅器今校驗皆與天合詔以銅造仍以元祐渾天儀象爲名將等又言前所謂渾天儀者其外形圓可徧布星度其內有璣有衡可仰窺天象今所建渾儀象別爲二器而渾儀占測天度之眞數又以渾象置之密室自爲天運與儀參合若併爲一器即象爲儀以同正天度則渾天儀象兩得之矣請更作渾天儀從之

元祐七年四月詔尚書左丞蘇頌撰儀象銘六月渾天儀象成

按宋史哲宗本紀元祐七年六月渾天儀象成　按天文志元祐間蘇頌更作者上置渾儀中設渾象旁設昏曉更籌激水以運之三器一機脗合躔度最爲奇巧　按律曆志元祐七年四月詔尚書左丞蘇頌撰渾天儀象銘六月元祐渾天儀象成詔三省樞密官閱之

按蘇頌傳頌字子容泉州南安人元祐初拜刑部尚書遷吏部兼侍讀請別製渾儀因命頌提舉頌既邃於律曆以吏部令史韓公廉曉算術有巧思奏用之授以古法爲臺三層上設渾儀中設渾象下設司辰貫以一機激水轉輪不假人力時至刻臨則司辰出告星辰躔度所次占候則驗不差晷刻晝夜晦明皆可推見前此未有也

按金史律曆志元祐時尚書左丞蘇頌與昭文館校理沈括奉勅詳定渾儀法要遂奏舉吏部勾當官韓公廉通九章勾股法常以推考天度與張衡王蕃僧一行梁令瓚張思訓法式大綱可以尋究若據算術考案象器亦能成就請置局差官製造詔如所言奏鄭州原武主簿王沇之太史局官周日嚴于太古張仲宣同行監造制度既成詔置之集英殿總謂之渾天儀公廉將造儀時先撰九章勾股驗測渾天書一卷貯之禁中今失其傳故世無知者舊制渾儀規天矩地機隱於內上布經躔次具日月五星行度以察其寒暑進退如張衡渾天開元水運銅渾儀者是也久而不合乖於施用公廉之制則爲輪三重一日六合儀縱置地渾中即天經環也與地渾相結其體不動二曰三辰儀置六合儀內三日四游儀置三辰儀內植四龍柱於地渾之下又置鼇雲於六合儀下四龍柱下設十字水趺鑿溝道通水以平高下別設天常單環於六合儀內又設黃道赤道二單環皆置三辰儀內東西相交隨天運轉以驗列舍之行又爲四象環附三辰儀相結于天運環黃赤道兩交爲置距二縱置於四游儀內北屬六合儀地渾之上以正北極出地之度南屬六合儀地渾之下以正南極入地之度此渾儀之大形也直距內夾置望筒於一筒之半設關軸附直距上使運轉低昂筒常指日日體常在筒竅中天西行一周日東移一度仍以窺測四方星度皆斟酌李淳風孔挺韓顯符舒易簡之制也三辰儀上設天運環以水運之水運之法始于漢張衡

成於唐梁令瓚及僧一行復於太平興國中張思訓公廉令又變正其制設天運環下以天柱關軸之類上動渾儀此新制也舊制渾象張衡所謂蓋密室中者推步七曜之運以度曆象昏明之候校二十四氣考晝夜刻漏無出於渾象隋志稱梁祕府中有宋元嘉中所造者以木爲之其圓如丸徧體布二十八宿三家星色黃赤道天河等別爲橫規繞於外上下半之以象地也開元中詔僧一行與梁令瓚更造銅渾象爲圓天之象上具列宿周天度數注水激輪令其自轉一日一夜天轉一周又別置日月五星循繞絡在天外令得運行每天西轉一匝日正東行一度月行一十三度有奇凡二十九轉而日月會三百六十五轉而日行一匝仍置木櫃以爲地平令象半在地上半在地下又立二木偶人於地平之前置鐘鼓使木人自然撞擊以報辰刻命之曰水運渾天俯視圖既成命置之武成殿宋太史局舊無渾象太平興國中張思訓準開元之法而上以蓋爲紫宮旁爲周天度而東西轉之出新意也公廉乃增損隋志制之上列二十八宿周天度數及紫微垣中外官星以俯窺七政之運轉納於六合儀天經地渾之內同以木櫃載之其中貫以樞軸南北出渾象外南長北短地渾在木櫃面橫置之以象地天經與地渾相結縱置之半在地上半隱地下以象天其樞軸北貫天經上杠中末與杠平出櫃外三十五度稍弱以象北極出地南亦貫天經出下杠外入櫃內三十五度少弱以象南極入地就赤道爲牙距四百七十八牙以銜天輪隨機輪地轂正東西運轉昏明中星卽應其度分至節氣亦驗應而不差王蕃云渾象之法地當在天內其勢不便故反觀其形地爲外郭於已解者無異詭狀殊體而合於理可謂奇巧者也今地渾亦在渾象外蓋出於王蕃制也其下則思訓舊制有樞輪關軸激水運動以直神搖鈴扣鐘擊鼓置時刻十二神司辰像於輪上時初正至則執牌循環而出報隨刻數以定晝夜長短至冬水凝運轉遲澀則以水銀代之今公廉所製共置一臺臺中有二隔渾儀置其上渾象置其中激水運轉樞機輪軸隱於下內設晝夜時刻機輪五重第一重曰天輪以撥渾象赤道牙距第二重曰撥牙輪上安牙距隨天柱中輪轉動以運上下四輪第三重曰時刻鐘鼓輪上安時初時正百刻撥牙以扣鐘擊鼓搖鈴第四重曰日時初正司辰輪上安時初十二司辰時正十二司辰第五重曰報刻司辰輪上安百刻司辰已上五輪並貫於一軸上以天束束之下以鐵杵臼承之前以木閣五層蔽之稍增異其舊制矣五輪之北又側設樞輪其輪以七十二輻爲三十六洪束以三輞夾持受水三十六壺轂中橫貫鐵樞軸一南北出軸爲地轂運撥地輪天柱中輪動機輪動渾象上動渾天儀又樞輪左設天池平水壺平水壺受天池水注入受水壺以激樞輪受水壺落入退水壺由壺下北竅引水入昇水下壺以昇水下輪運水入昇水上壺上壺內昇水上輪及河車同轉上下輪運水入天河天河復流入天池每一晝一夜周而復始此公廉所製渾儀渾象二器而通三用總而名之曰渾天儀

按尚書通考元祐中蘇頌上儀象法要有曰古人測候天數其法有二一曰渾天儀二曰銅候儀又按吳王蕃之渾天儀者羲和之舊器又有渾天象者以著天體以布星辰二者以考於天蓋密矣詳此則渾天儀銅候儀之外又有渾天象凡三器也渾天象歷代罕傳惟隋書志稱梁祕府有之云元嘉中所造由是言之古人候天具此三器乃能盡妙今惟一法誠恐未得精密

按圖書編元祐初吏部尚書蘇頌與吏部守當官韓公廉更造渾儀復以水運著新儀象法要三卷藏之太史謂水運者爲渾天儀不以水運者祇曰銅候儀其說以至道皇祐熙寧新舊渾儀當時翰林院天文院及太史局所用皆是銅候儀不得不爲渾天儀蓋信用韓公廉矜尚機巧之事非通論也其制木閣五層司晨擊鼓搖鈴執牌出沒於閣內皆依倣張思訓之舊兩極內置直距直距夾望筒使南北低昂旋轉持正窺測七曜皆依循行之法以望筒在渾儀腹中實無所用也乃出新意使望筒常指日日體常在銅竅中所謂窺測七曜者如是而已矣且望筒果能於渾儀中窺測七曜又何用臺上測驗哉必使人於其傍驗星在之次與臺上測驗者相應以不差爲準是窺測七曜常在臺上不在望筒也由是觀之望筒當設於司天臺上不當在渾天儀腹中明矣

紹聖元年十月禮部祕書省奉詔詳定儀象擇其可用者以聞

按宋史哲宗本紀不載　按律曆志紹聖元年十月詔禮部祕書省卽詳定製造渾天儀象所以新舊渾儀集局官同測驗擇其精密可用者以聞

徽宗宣和六年七月王黼造璣衡小樣置璣衡所
按宋史徽宗本紀六年秋七月甲辰置璣衡所　按律曆志宣和六年七月辛臣王黼言臣崇寧元年邂逅方外之士於京師自云王其姓面出素書一道璣衡之制甚詳比嘗請令應奉司造小樣驗之踰二月乃成璿璣其圓如丸具三百六十五度四分度之一置南北極崑崙山及黃赤二道列二十四氣七十二候六十四卦十干十二支晝夜百刻列二十八宿并內外三垣周天星日月循黃道天行每天左旋一周日右旋一度冬至南出赤道二十四度夏至北入赤道二十四度春秋二分黃赤道交而出卯入酉月行十三度有餘生明於西其形如鉤下環西見半規及望而圓既望西缺下環東見半規及晦而隱某星始見某星已中某星將入或左或右或遲或速皆與天象脗合無纖毫差玉衡植於屏外持扼樞斗注水激輪其下爲機輪四十有三鉤鍵交錯相持次第運轉不假人力多者日行二千九百二十八齒少者五日行一齒疾徐相遠如此而同發於一機其密殆與造物者侔焉自餘悉如唐一行之制然一行舊制機關皆用銅鐵爲之澀卽不能自運今制改以堅木若美玉之類舊制外絡二輪以綴日月而二輪蔽虧星度仰視躔次不審今制日月皆附黃道如蟻行磑上舊制雖有合望而月體常圓上下弦無辨今以機轉之使圓缺隱見悉合天象舊制止有候刻辰鐘鼓晝夜短長與日出入更籌之度皆不能辨今制爲司辰壽星運十二時輪所至時刻以手指之又爲燭龍承以銅荷時正吐珠振荷循環自運其制皆出一行之外卽其器觀之全象天體者璿璣也運用水斗者玉衡也昔人或謂璣衡爲渾天儀或謂有璣而無衡者爲渾天象或謂渾儀望筒爲衡皆非也甚者莫知璣衡爲何器唯鄭康成以運轉者爲璣持正者爲衡以今制考之其說最近又月之晦明自昔弗燭厥理獨揚雄云月未望則載魄於西既望則終魄於東其遡於日乎京房云月有形無光日照之乃光始知月本無光遡日以爲光本朝沈括用彈做月粉涂其半以象對日之光正側視之始盡圓缺之形今制與三者之說若合符節宜命有司置局如樣製相址於明堂或合臺之內築臺陳之以測上象又別製三器一納御府一置鐘鼓院一備車駕行幸所用仍著爲成書以紹萬世詔以討論制造璣衡所爲名命黼總領內侍梁師成副之　又按志儀象推測之具雖亦數改若熙寧沈括之議宣和璣衡之制其詳密精緻有出於淳風令瓚之表者蓋亦未始乏人也

高宗紹興二年議製渾儀詔差李繼宗等驗定制度官丁師仁等入殿安設
按宋史高宗本紀不載　按律曆志紹興二年始議製渾儀十一月工部言渾儀法要當以子午爲正今欲定測樞極合差局官二員詔差李繼宗等充測驗定正官候造畢進呈日同參詳指說制度官丁師仁李公謹入殿安設

紹興三年造渾天儀
按宋史高宗本紀三年春正月辛未造渾天儀　按天文志三年正月工部員外郎袁正功獻渾儀木樣太史局令丁師仁始請募工鑄造且言東京舊儀用銅二萬餘請折半用八千斤有奇已而不就蓋在廷諸臣罕通其制度者乃名蘇頌子攜取頌遺書考質舊法而攜亦不能通也　又按極度極星之在紫垣爲七曜三垣二十八宿衆星所拱是謂北極爲天之正中而自唐以來曆家以儀象考測則中國南北極之正實去極星之北一度有半此蓋中原地勢之度數也中興更造渾儀而太史令丁師仁乃言臨安府地勢向南於北極高下當量行移易局官呂璨言渾天無量行更易之制若用於臨安與天參合移之他往必有差忒遂罷議　按律曆志紹興三年正月壬戌進呈渾儀木樣壬申太史局令丁師仁等言省識東都渾儀四座在測驗渾儀刻漏所曰至道儀在翰林天文局曰皇祐儀在太史局天文院曰熙寧儀在合臺曰元祐儀每座約銅二萬餘斤今若半之當萬餘斤且元祐製造有兩府提舉時都司覆實用銅八千四百斤詔工部置物料臨安府傭工匠仍令工部長貳提舉

紹興七年六月四川師司進資州隱士張大樕蓋天圖新式
按宋史高宗本紀不載　按玉海紹興七年六月八日四川帥司進資州翠微洞隱士張大樕用唐制刱捷法蓋天圖新式及進翠微洞隱書寶軸司天玉匣祕書金鍵要訣等詔津遣詣行所在　日曆載大樕狀用唐舊制創爲捷法蓋天圖新式亦欲以坐觀天道修上聖乙夜淸覽行軍幕中候驗不勞仰觀陳於几案覆視乎上則乾象雖遠如在目前今造捷法蓋大畫圖及四正地規爲板圖大小四面繳進旨津遣

赴行在仍賚天文祕書前來進呈

紹興十三年冬十月庚寅製渾天儀

按宋史高宗本紀云云　按天文志序靖康之變測驗之器盡歸金人高宗南渡至紹興十三年始因祕書丞嚴抑之請命太史局重創渾儀自是厥後窺測占候蓋不廢焉爾

紹興十四年太史局請製渾儀上命宰相秦檜提舉內侍邵諤專主之

按宋史高宗本紀不載　按律曆志紹興十四年太史局請製渾儀工部員外郎謝伋言臣嘗論渾儀之法太史官生論議不同鑄作之工今尚闕焉臣愚以爲宜先詢訪制度斂求通曉天文曆數之學者參訂是非斯合古制蘇頌之子應詔赴闕請訪求其父遺書考質制度宰相秦檜曰在廷之臣罕能通曉高宗曰此闕典也朕已就宮中製造範制雖小可用窺測日以晷度夜以樞星爲則非久降出第當廣其尺寸爾於是命檜提舉時內侍邵諤善運思專令主之累年方成統元曆頒行雖久有司不善用之暗用紀元法推步而以統元爲名

興紹三十二年出二渾儀寘太史局

按宋史高宗本紀不載　按天文志十四年命宰臣秦檜提舉鑄渾儀而以內侍邵諤專領其事久而儀成三十二年始出其二寘太史局而高宗先自爲一儀寘諸宮中以測天象其制差小而邵諤所鑄蓋祖是焉後在鐘鼓院者是也清臺之儀後其一在祕書省按儀制度表裏凡三重其第一重曰六合儀陽經徑四尺九寸六分闊三寸二分厚五分南北正位兩面各列周天度數南北極出入地皆三十一度少度闊三分陰緯單環大小如陽經闊三寸二分厚一寸八分上置水平池闊九分深四分沿環通流亦如舊制內外八幹十二支畫艮巽坤乾卦於四維第二重曰三辰儀徑四尺三分闊二寸二分厚五分釭鋼刻畫如陽赤經道單環徑四尺一寸四分闊一寸經二分厚五分上列二十八宿均天度數闊二分七釐黃道單環徑四尺一寸四分闊一寸二分厚五分上列七十二候均分卦策與赤道相交出入各二十四度弱百刻單環徑四尺五寸六分闊一寸二分厚五分上列晝夜刻數第三重曰四游儀徑三尺九寸闊一寸九分厚五分釭鋼刻畫如璿璣度闊二分半望筩長三尺六寸五分內圓外方中通孔竅四面闊一寸四分七釐竅眼闊三分夾窺徑五尺三分鼇雲以負龍柱龍柱各高五尺二寸十字平水臺高一尺一寸七分長五尺七寸闊五寸二分水槽闊七分深一寸二分若水運之法與夫渾象則不復設其後朱熹家有渾儀頗考水運制度卒不可得蘇頌之書雖在大抵於渾象以爲詳而其尺寸多不載是以難遂復云舊制有白道儀以考月行在望筩之旁自熙寧沈括以爲無益而去之南渡更造亦不復設焉

理宗端平三年修渾儀

按宋史理宗本紀不載　按續文獻通考理宗端平三年七月詔出封樁庫千緡下祕書省修渾儀從太史局之請也

金

章宗明昌六年故宋儀器壞命營葺復置臺上

按金史章宗本紀不載　按律曆志元祐時韓公廉所制渾儀渾象二器而通三用總而名之曰渾天儀金既取汴皆輦致於燕天輪赤道牙距撥輪懸象鐘鼓司辰刻報天池水壺等器久皆棄毀惟銅渾儀置之太史局候臺但自汴至燕相去一千餘里地勢高下不同望筒中取極星稍差移下四度纔得窺之明昌六年秋八月風雨大作雷電震擊龍起渾儀鼇雲水趺下臺忽中裂而摧渾儀仆落臺下旋命有司營葺之復置臺上

承安四年夏六月奉職醜和尚進浮漏水稱影儀簡儀圖命有司依式造之

按金史章宗本紀云云

宣宗興定　年司天臺官請置渾儀不果

按金史宣宗本紀不載　按律曆志貞祐南渡以渾儀鎔鑄成物不忍毀拆若全體以運則艱於輦載遂委而去興定中司天臺官以臺中不置渾儀及測候人數不足言之於朝宜鑄儀象多補生員庶得盡占考之實宣宗召禮部尚書楊雲翼問之雲翼對曰國家自來銅禁甚嚴雖罄公私所有恐不能給今調度方殷財用不足實未可行他日上又言之於是止添測候之人數罷鑄儀之議遂寢

元

太宗五年冬十二月敕修渾天儀

按元史太宗本紀云云

世祖至元三年夏五月辛丑以黃金飾渾天儀

按元史世祖本紀云云

至元四年造西域儀象

按元史世祖本紀不載　按天文志世祖至元四年扎馬魯丁造西域儀象　咱秃哈剌吉漢言渾天儀也其制以銅爲之平設單環刻周天度晝十二辰位以準地面側立雙環而結於平環之子午半入地下以分天度內第二雙環亦刻周天度而參差相交以結於側雙環去地平三十六度以爲南北極可以旋轉以象天運爲日行之道內第三第四環皆結於第二環又去南北極二十四度亦可以運轉凡可運三環各對綴銅方釘皆有竅以代衡簫之仰窺焉　咱秃朔八台漢言測驗周天星曜之器也外周圓牆而東面啓門中有小臺立銅表高七尺五寸上設機軸懸銅尺長五尺五寸復加窺測之簫二其長如之下置橫尺刻度數其上以準掛尺下本開圖之遠近可以左右轉而周窺可以高低舉而徧測　苦來亦撒麻漢言渾天圖也其制以銅爲丸斜刻日道交環度數於其腹刻二十八宿形於其上外平置銅單環刻周天度數列於十二辰位以準地而側立單環二一結於平環之子午以銅丁象南北極一結於平環之卯酉皆刻天度卽渾天儀而不可運轉窺測者也　兀速都兒剌不定漢言晝夜時刻之器也其制以銅如圓鏡而可掛面刻十二辰位晝夜時刻上加銅條綴其中可以圓轉銅條兩端各屈其首爲二竅以對望晝則視日影夜則窺星辰以定時刻以測休咎背嵌鏡片三面刻其圖凡七以辨東西南北日影長短之不同星辰向背之有異故各異其圖以盡天地之變焉

至元十三年太史郭守敬造儀器十三等又造行測儀四等

按元史世祖本紀不載　按天文志簡儀之制四方爲趺縱一丈八尺三分去一以爲廣趺面上廣六寸下廣八寸厚如上廣中布橫輄三縱輄三南二北抵南輄北一南抵中輄趺面四周爲水渠深一寸廣加五分四隅爲礎出趺面內外各二寸繞礎爲渠深廣皆一寸與四周渠相灌通又爲礎於卯酉位廣加四維長加廣三之二水渠亦如之北極雲架柱二徑四寸長一丈二尺八寸下爲龍雲植於乾艮二隅礎上左右內向其勢斜準赤道合貫上規規環徑二尺四寸廣一寸五分厚倍之中爲距相交爲斜十字廣厚如規中心爲竅上廣五分方一寸有半下二寸五分方一寸以受北極樞軸自雲架柱斜上去趺面七尺二寸爲橫輄自輄心上至竅心六尺八寸又爲龍柱二植於卯酉礎中分之北皆飾以龍下爲山形北向斜植以柱北架南極雲架柱二植於卯酉礎中分之南廣厚形制一如北架斜向坤巽二隅相交爲十字其上與百刻環邊齊在辰巳未申之間南傾之勢準赤道各長一丈一尺五寸自趺面斜上三尺八寸爲橫輄以承百刻環下邊又爲龍柱二植於坤巽二隅礎上北向斜柱其端形制一如北柱四游雙環徑六尺廣二寸厚一寸中間相離一寸相連於子午卯酉當子午爲圓竅以受南北極樞軸兩面皆列周天度分起南極抵北極餘分附於北極去南北樞竅兩旁四寸各爲直距廣厚如環距中心各爲橫關東西與兩距相連廣厚亦如之關中心相連厚三寸爲竅方八分以受窺衡樞軸窺衡長五尺九寸四分廣厚皆如環中腰爲圓竅徑五分以受樞軸衡兩端爲圭首以取中縮去圭首五分各爲側立橫耳高二寸二分廣如衡面厚三分中爲圓竅徑六分其中心上下一線界之以知度分百刻環徑六尺四寸面廣二寸周布十二時百刻每刻作三十六分厚二寸自半已上廣三寸又爲十字距皆所以承赤道環也百刻環內廣面臥施圓軸四使赤道環旋轉無澀滯之患其環陷入南極架一寸仍釘之赤道環徑廣厚皆如四游環面細刻列舍周天度分中爲十字距廣三寸中空一寸厚一寸當心爲竅竅徑一寸以受南極樞軸界衡二各長五尺九寸四分廣三寸衡首斜剡五分刻度分以對環面中腰爲竅重置赤道環南極樞軸其上衡兩端自長竅外邊至衡首底厚倍之取二衡運轉皆著環面而無低昂之失且易得度分也二極樞軸皆以鋼鐵爲之長六寸半爲本半爲軸本之分寸一如上規距心適取能容軸徑一寸北極軸中心爲孔孔底橫穿通兩旁中出一線曲其本出橫孔兩旁結之孔中線留三分亦結之上下各穿一線貫界衡兩端中心爲孔下洞衡底順衡中心爲渠以受線直入內界長竅中至衡中腰復爲孔自衡底上出結之定極環廣半寸厚倍之皆勢穹窿中徑六度度約一寸許極星去不動處三度僅容轉周中爲斜十字距廣厚如環連於上規環距中心爲孔徑五釐下至北極軸心六寸五分又置銅板連於南極雲架之十字方二寸厚五分北面剡其中心存一釐以爲厚中爲圓孔徑一分孔心下至南極軸心亦六寸五分又爲環二其一陰緯環面刻方位取趺面縱橫輄北十字

為中心臥置之其一日立運環面刻度分施於北極雲架柱下當臥環中心上屬架之橫軌下抵趺軌之十字上下各施樞軸令可旋轉中為直距當心為竅以施窺衡令可俯仰用窺日月星辰出地度分右四游環東西運轉南北低昂凡七政列舍中外宮去極度分皆測之赤道環旋轉與列舍距星相當卽轉界衡使兩線相對凡日月五星中外宮入宿度分皆測之百刻環轉界衡令兩線與日相對其下直時刻則晝刻也夜則以星定之比舊儀測日月五星出沒而無陽經陰緯雲柱之映其渾象之制圜如彈丸徑六尺縱橫各畫周天度分赤道居中去二極各周天四之一黃道出入赤道內外各二十四度弱月行白道出入不常用竹篾均分天度考驗黃道所交隨時遷徙先用簡儀測到入宿去極度數按於其上校驗出入黃赤二道遠近疎密了然易辨仍參以算數為準其象置於方匱之上南北極出入匱面各四十度太強半見半隱機運輪牙隱於匱中仰儀之制以銅為之形若釜置於甎臺內畫周天度脣列十二辰位蓋俯視驗天者也其銘辭云不可體形莫天大也無兢維人仰釜載也六尺為深廣自倍也兼深廣倍挈釜兌也環鑿為沼準以溉也辨方正位日子卦也衡縮度中平斜再也斜起南極平釜鐓也小大必周入地畫也始周浸斷浸極外也極入地深四十太也北九十一赤道齡也列刻五十六時配也衡竿加卦巽坤內也以負縮竿子午對也首旋璣板窾納芥也上下懸直與鐓會也視日透光何度在也暘谷朝賓夕餞昧也寒暑發斂驗進退也薄蝕起自鑒生殺也以避赫曦奪目害也南北之偏亦可槩也極淺十五林邑界也黃道夏高人所載也夏末冬短猶少差也深五十奇鐵勒塞也黃道浸平冬晝晦也夏則不沒永短最也安渾宣夜昕穹蓋也六天之書言殊話也一儀一揆孰善悖也以指為告無煩喙也闇資以明疑者沛也智者是之膠者怪也古今巧曆不億輩也非讓不為思不逮也將窺天朕造化愛也其有俊明昭聖代也泰山礪兮河如帶也黃金不磨悠久賴也鬼神禁訶庶勿壞也

按尚書通考至元十三年太史郭守敬言曆之本在於測驗測驗之器莫先儀表今司天渾儀宋皇祐中汴京所造不與此處天度相符比量南北二極約差四度表石年深亦復欹側乃盡考其失而移置之既又別圖爽塏以木為重棚創作簡儀高表用相比覆又以為天樞附極而動昔人常展管望之未得其的作候極儀極辰既位天體斯正作渾天象象雖形似莫適所用作玲瓏儀以表之矩方測天之正圓莫若以圓求圓作仰儀古有經緯結而不動今則易之作立運儀日有中道月有九行今則一之作證理儀表高景虛罔象非眞作景符月雖有明察景則難作闚几曆法之驗在於交會作日食月食儀天有赤道輪以當之兩極低昂標以指之作星晷定時儀以上凡十三等又作正方案丸表懸正儀座正儀凡四等為四方行測者所用又作仰規覆矩圖異方渾蓋圖日出入永短圖凡五等與上諸儀互相參攷

按續文獻通考元典定鼎於燕其初襲用金舊而規環不協難復施用於是太史郭守敬出其所創簡儀仰儀及諸儀表皆臻精妙卓見絕識蓋有古人所未及者

至元十六年太史令王恂等上言儀表等器皆以銅為之分置五處各選監候官從之

按元史世祖本紀至元十六年春二月癸未太史令王恂等言建司天臺於大都儀象圭表皆銅為之宜增銅表高至四十尺則景長而眞又請上都洛陽等五處分置儀表各選監候官從之

按元史紀事本末至元十六年改局為太史院以恂為太史令郭守敬同知太史院事乃進所造儀表式於榻前指陳理致一一周悉自朝及夕上不為倦守敬所為曆測驗既精設法且詳舊儀悉多蔽礙且距齒有度刻而無細分以管望星漸外則所見漸展尤難取的守敬所為儀但用天嘗赤道四游三環三距設四游於赤道之上而附直距於四游之外與雙環兩間同結環距端測日月星則以兩線相望取其正中所當之刻之度之分之秒至為切密

至元十九年春二月辛卯命司徒阿你哥行工部尚書納懷製飾銅輪儀表刻漏

按元史世祖本紀云云

至元二十五年夏五月壬寅渾天儀成

按元史世祖本紀云云

至元二十六年春三月乙未鑄渾天儀成

按元史世祖本紀云云

明

太祖洪武十七年造觀星盤

按明會典凡本監觀星有盤係洪武十七年造

洪武二十四年四月鑄渾天儀

按明大政紀云云

洪武二十九年十一月詔鑄渾天儀

按明大政紀云云

英宗正統二年監正皇甫仲和等上奏乞令本監官往南京以木如式造渾天等儀赴北京用銅鑄造從之

按明英宗實錄正統二年二月行在欽天監監正皇甫仲和等奏南京觀星臺設渾天儀璿璣玉衡簡儀圭表以闚測七政行度陵犯遲留伏逆北京齊化門城上觀測未有儀象乞令本監官一人往南京督匠以木如式造之赴北京較北極出地高低準驗然後用銅鑄造庶占象不失從之

正統四年十月造渾天儀璿璣玉衡簡儀

按明英宗實錄云云

正統七年作渾天簡儀等器

按五雜俎京師城東偏有觀象臺高五丈許其上有渾天儀一具如世所圖璇璣者皆鑄銅爲器四柱以銅龍架而懸之製作精巧又有簡儀一具狀相似而省十之七只周遭數道而已玉衡一亦銅爲之如尺而首尾皆曲有二孔對孔直窺以候中星又有銅毬一左右轉旋以象天體以方函盛之函四周作二十八宿眞形南面有御製銘正統七年作也臺下小室有量天尺鑄銅人捧尺北面室穴其頂以候日中測景之長短冬至後可得一丈七尺夏至後可得二尺云中爲紫微殿殿傍有銅壺滴漏一器然皆不注水徒虛具耳

正統十一年奏准修造簡儀等器

按明會典正統十一年奏准簡儀修刻黃道等度圭表壺漏俱如南京舊制又造晷影堂以便窺測調品

代宗景泰六年造簡儀銅壺

按明會典云云

景泰　年欽天監奏徙觀星臺六年簡儀成以勞擾罷徙

按明代宗實錄景泰中欽天監奏觀星臺在東城上喧擾不便而屋宇牆壁多壞乞徙至東長安街臺基廠則高與西長安街二塔相對足爲青龍白虎之象於堪輿家所言形勢相宜帝允其請六年三月造內觀象臺簡儀成八月以勞擾罷徙

憲宗成化十九年禮部尚書周洪謨奏改造璿璣玉衡從之

按明大政紀成化十九年正月禮部尚書周洪謨奏乞改造璿璣玉衡以備占候從之

洪謨言書載璿璣玉衡蔡傳不得其制乞改造既成有羊酒寶鈔之賜其手製圖以木代之規制工巧識者服其精

孝宗弘治二年奏准渾天修造黃道度分

按明會典云云

弘治十四年十二月欽天監監正吳昊奏改造觀象臺及修儀器從之

按明孝宗實錄先是欽天監監正吳昊請改造觀象臺原製渾儀及修改簡儀禮部請命監正張紳議之紳謂原製渾儀時未經校勘黃赤二道相交於奎軫不合今之四正陽經故南北闚軸不合兩極入地度陰緯而其東西闚管又不與太陽出沒相當是以推驗無準從前不用簡儀雖用以測驗然當時鑄造雲柱頗短小亦稍不合天樞故推測經星去極亦有差謬今改造渾儀宜以赤黃二道改交於壁軫則與今之四正陽經相合而圓軸闚管亦無不相合相當者簡儀雲柱則比舊少加高大足矣禮部復請令紳等呈木樣至是樣成禮部請如昊等所奏從之

世宗嘉靖二年九月修觀象臺占風竿及渾天儀簡儀

按明世宗實錄云云

愍帝崇禎七年十一月儀器告成上命太監盧維寧魏征至局驗之

按明紀事本末崇禎七年冬十一月日晷星晷儀器告成上命太監盧維寧魏征至局驗之先是西儒羅雅谷湯若望在曆局造測儀六式一曰象限懸儀二曰平面懸儀三曰象限立運儀四曰象限座正儀五曰象限大儀六曰三直游儀復有弩儀弧矢儀紀限儀諸器不概錄

皇清

康熙十三年

大清會典康熙十三年

進呈製造新儀器六座繪圖表次爲十六卷名曰新製靈臺儀象志　又一觀象臺上舊列簡儀渾儀天體下有晷景堂表壺漏康熙十三年將舊儀存貯臺下用新製各儀六座安設臺上一爲黃道經緯儀一爲赤道經緯儀一爲地平經緯儀一爲象限儀一爲紀限儀一爲天體儀一

應測驗俱按六儀新法

欽定古今圖書集成曆象彙編曆法典

第八十五卷目錄

儀象部彙考三

新法曆書一 渾天儀說一

曆法典第八十五卷

儀象部彙考三

新法曆書一

渾天儀說一

日月諸星之行俱屬曆家專務因前累測之規卽可定後應行若干度分或以算得或以儀器簡得此非一時一人之事已也蓋遍考古今前後所紀天行之度一一推入算中必至累黍不差然後繪圖製器以發明其所繇來因而設有多圈大小正斜各依本行自然之理逼眞現前則但查本圈合成之儀而諸曜之或前或後或左或右視若指掌舉向之測與算或可不煩誠度數家至簡至妙之法也

諸曜行有二等一晝夜一周此公行也卽屬宗動遲速各行不等此自行也卽屬諸曜之本行製儀者欲盡倣諸行非多設其制以盡其用不可乃有設一宗動以爲諸曜之歸而多種行度俱可並存其上則渾天儀是也儀之面本類宗動用之而經緯諸曜如在本天卽黃赤二圈初未異於在下諸天所設之圈可槩見也

渾天儀圖

古今儀有多種其間最公而易明者無如渾天儀蓋不獨以圓形象天且其所載諸象及諸圈悉存天上之象與圈凡大小遠近之比例但一設圈必與天上之圈應故同一渾形而分虛實兩等其實者以儀面當圓體圖列星或地於面上並顯黃赤兩道乃所借名曰天球地球者是其虛者特有其圈以聯絡黃赤二道等實圈爲法而中無實體外無球面猶存以公名曰渾天儀者是近或獨取其圈或圈與球合成一儀其分圈尚有大小有多寡然彼此約等故總圖之如左

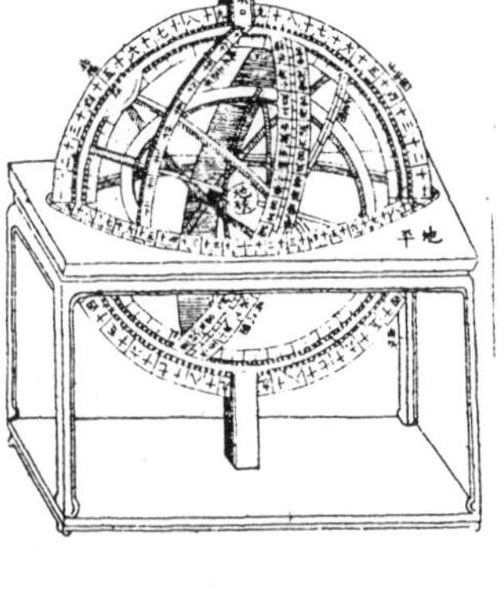

凡儀上諸圈因以顯諸曜之行者必分爲三百六十平度或盡書或止以一象限九十度爲度其圈之大小則以所分平與不平有別大者必平分其儀體有六爲如兩道兩過極圈子午及地平圈而地平子午恆定不移小者卽在大圈之左右與大圈爲平行原無定數任意多寡之惟以利用取規焉凡旋轉之圈俱貫入子午南北二處而承子午圈者地平也地平圈平置架上不動而子午圈則可上可下以應各方北極出地之度承架短柱任用幾端第須長短必等總期上爲極平以負地平耳架下設一羅針以審方位子午圈內安一時盤取本圈能切時刻詳見後製法中

渾天儀之原

一天爲大圜地實居其中心　天在最外能範圍乎萬物則必有最寬之界以容物於內其爲獨圓形也必矣且又旋轉不停動無滯礙恆如是而未嘗出乎其界猶得不謂之圓乎論其體之精微超越有形之美宜乎有形之物美好完全自與天體應總之以容以動以體俱足爲圓形之徵如此故分天體而爲日爲月爲星亦莫非圓形焉何也以到處所現之象無不具有圓體耳就其本行論之各曜在小輪上去離左右曾未變弧面而太陰太白俱有上下弦豈非圓形在中漸顯借日之光以爲完缺乎

地在天之中心故天體旋轉恆半出地平上半在其下因知地未嘗偏左右也其晝夜長短無他原可徵獨見其夏之日冬之夜相較皆等或距春秋分前後兩日此所加必彼所減則距赤道內外必等因知地

正居赤道圈下又未嘗偏內外矣試使地果不居天中何以太陰對日而望必相距半天而始食於地景乎何以四大原行中輕重諸物以去天遠近爲趨避之規乎

輕者求在上與天近愈輕愈就近矣重者求在下與天遠愈重愈遠而趨至中心矣今之重物惟以倚地爲恆規而地豈不居天之中乎

或曰人視日月出沒似在其近處則在地平左右之天未必與天頂等日人從此處視彼遠物之界必中有實體可以約略其遠不然則遠近無從可得今自地平至日月出沒之界渾無實體以間之故若與天近且若與天接矣試令一人立河之東一人立河之西使從遠處視之祇覺兩人並立不復知兩人中尚有河焉因知人目視遠易亂而視天亦然故見恆星在地平與在天頂小大等其測之也則在地面如在地心此其故何哉蓋天之大地實無與之比且若不能分之一點焉雖距目遠近其差爲地半徑約一萬五千里而畢竟見與測了無異耳

一天之旋行不一故設有多圈　天地共一心在萬有形物之中以過心之徑線爲樞以兩界至天上爲兩點乃其極之旋動無終始界夫距兩極愈遠勢愈寬而行愈速在上者能帶下以旋此宗動所原矣既爲宗動一切在下諸天隨之以行故以赤道之兩極爲共極而日月星所繇以出沒晝夜所繇以攸分也又在下諸天各有旋轉各有樞有極總依黃道南北極爲極因以見恆星及諸曜各有本行各行有遲速不等故上下設有多重次第布列而最上者爲宗動天經星天次之緯星天又次之太陽居其中土木火居其上金水月居其下若層疊包裹之也或不以右旋論本行而止設七政俱隨宗動左旋微有遲速不同焉則即以各行度不及滿一周天者以當本行其理一也

或曰經緯諸星各有本行各行又自有異何從而知之曰以人目共足證也如日月五星彼此相離相近或在赤道內外隨時不一或距恆星與極遠近無定人雖至愚誰不見之則從此累測前後所得漸有其數反復推求大槩恆星七十年行一度與恆星稍近者爲土星三十年一周天次木星行十二年次火星二年次日次金水星俱一年下此則月也爲二十七日有奇而一周天蓋距地愈遠去宗動愈近得本行較遲而隨宗動反行速矣

一天之旋動共歸二等惟宗動與本行而已　凡移物使動必以所至之限別之遠近遲速皆倚賴者也今天之旋行雖各遲速不同尚不至爲異類無可比限又天左右並行若相反而不害其爲異蓋緣黃赤二極不一故今依赤極左旋此在下諸天所同必二十四小時一周乃下以從上者正如舟行水而並渡所載之人使之與岸遠耳又依黃極右旋各天遲速不等故曰本行乃因下以逆上者正如舟本順流而行而所載之人則自舟首至尾爲退行耳試以玻璨瓶注水其中令在內之水右旋而却轉瓶左旋則必見水隨瓶轉而實已右旋矣是瓶其宗動之西行而水本向東者乃亦隨而西耳

一地與海共渾得圓形　論東西圓即以諸曜出沒徵向使形非圓而或方或平面或多平面則凡居同面者宜同時見諸曜之東出而今不然也又或爲中凹形則在西先見者宜在東反後見又或其面長圓如柱或三角等形面向東西底向南北則宜近兩極恆見與不恆見之星必到處皆同北方見北斗未入南方亦因之又或本形面向南北底向東西則亦宜諸星出沒盡面必同時而今俱不然也是除渾圓一形無能合諸曜東西行之景也

論南北圓即以兩極出入徵設地爲平面或四平面方形或角平面等形則凡居同面者宜見此極出地之度與彼極入地之度遠近總如一設地南北中凹則宜距極近反見之低距極遠反見之高又設面爲長形即無異於前論而今亦不然也且於兩極高庳之度較於地面進退之廣有定比例而知地體必爲圓形無疑矣至若海附地以爲圓與地同理漂海者每見島從遠望之有若山巔漸近之而後知其爲島也是亦圓形之一徵也

或曰地與海之圓亦各自爲圓形未必井爲一球曰合地與海爲一圓形即因月食之闇虛恆爲圓而知射景之體原不離乎圓也蓋大地與水共有向萬物中心之性必以其體相趨而就矣

地與水皆重物地中之空水即實之故

今見平原之中突出一山或疑地不就圓球而不知此無異於蟻遊麥場無從損地之形且地特以其大體肖球而耳豈眞如車輪器物之渾圓毫無低昂處乎況其略不就圓形者亦因其體之堅硬故耳

隨天圓形地居中心之驗

天以圓形包地在中心其驗有二其一爲諸星隨宗動繞地一周或在東西或正過天頂或偏南北其距地遠近恆如一人目視之時有大小疎密不同乃地之蒙氣使然非星之有遠近也即在天頂每較在地平更小者亦竪視橫視之間氣之多寡已耳其二天每半出地上半入地下蓋地居天之中正如一點而人目依地面周視之故無不得見其半乃所見之界即所謂地平是也地平之大圈以天頂爲極平分目所能視之天與不能視之天使正對南北二極以直角交赤道圈此名爲正渾儀依此體勢可當正球設使二極一在上一在下不以直角交赤道即名爲斜渾儀因之亦可當斜球也

地平有二等一屬目人在地平面或海面周無所阻之物而目之見界及之即人可當中心周界爲圈約得半徑爲六十餘里此外不及見地而天已半出其上矣一屬心人在地與海之上雖四周無物以碍之而目力不能盡見天體止以諸曜之可見者顯其半出半入之理已耳蓋本圈定諸星出沒能見與否必分爲四象限而各象限得九十度則自正東及正西起至正南及正北止此子午圈之定位所繇分矣子午圈爲大圈必過天頂及赤道南北二極因而平分赤道等爲平行之小圈以之定正子午焉蓋以直角交地平本圈可當高弧亦可當緯度圈隨處以諸曜至中之高定赤道高與極出地高及諸星之緯度亦自較較不爽者

又地平子午二圈當天外圈故不隨天行轉而隨地每見地平各處不同子午除正南北外其餘方亦自不同且實無算今曆家祇記一度一圈其不同者共一百八十取其足用已耳而本儀僅僅一地平一子午蓋亦約略諸圈而爲之用也

隨宗動之驗

渾儀倚南北極如樞一晝夜旋一周令諸星井行各爲圈大小不等各圈以極爲心自距極遠近又不等譬之車輪然其轂外之廣較輻中之狹遠近遲速皆異而其復於元處也則同試令去極最遠之處有星隨天行爲圈則較兩極左右之圈必大此即赤道圈也赤道平分天體相交於地平恆得半在上半在下自有其樞極亦皆與天地共一公樞極故有距天頂與本極出地等者則總得晝夜平矣其所以名宗動帶者亦因其正居兩極之中令渾天平分南北故也依赤道測宗動可定時刻蓋每一小時行十五度每二十四小時行天一周此終古不易之定法也雖太陽等曜順黃道行而黃道斜絡天上昇降亦不一又安所得諸曜出沒之限而齊之以定則哉故曰舍赤道別無可以測宗動也

較諸星出沒之時於出沒之限亦惟距赤道北者在地平上之時多而在下少蓋距赤道愈遠則出愈早而沒愈遲其距赤道南者在地平上之時少而在下反多蓋在赤道之極南則出愈遲而沒愈早設一星距南一距北皆等則在北居地平上之時較在南居地平下之時必等反之而北居下南居上其時亦等惟在赤道上者則得見與不見之時等即得東西出入之處亦等總之星距赤道北或與極高之餘度等必不入地平距赤道南或亦與極高之餘度等亦必不出地平雖繞極而上下然相去卒不遠也此北斗之宿常見而老人星常隱者順天府極高使然也甚至數百年後恆星之本行已移南北之距度非故則前之不見者見前之不隱者隱或亦理勢之所必有也

隨本行之驗

有謂諸曜依宗動每日西行其所不及滿一周天之度者即其本行

即蔡註謂日行繞地一周不及一度月不及十三度是也亦曰右行或東行

此解諸曜無兩種行度相反之理其說亦是但未詳本行之所以然蓋諸曜本行原不以正東正西與赤道平相距其斜迤赤道之上者時在內時在外而內與外又等則必更有一極以爲諸行之樞所謂黃道之極是也既極與道異於赤極赤道則東西二行自不相悖而諸曜右旋之名所繇來矣

黃道爲大圈恆斜交赤道圈上而兩圈相交約得直角四之一雖古今相距較二道略有變易而今實得二十三度三十一分三十秒因斜交名爲斜圈故以黃道爲七政本行之道太陽繇中道行以心隨線名曰躔道乃依之每日行一度月五星當出入內外各距之不等各行遲速不等而相距最遠者爲金火二星約八度設南北共一十六度之廣者即全黃道也或有限其寬於十二度者則從三百六十度起見即一宮得一度之比例也又曰經周得十二宮應緯度寬十二度其理同也

黃道交赤道正相對之點爲春秋二分其距赤道最

遠亦正相對之點爲冬夏二至以四季分四象限各象限得九十度或三宮黃極距赤道極亦如兩道最相距之度七政依此以行皆以距太陽爲會望遠近之序而其本行歸黃道與宗動歸赤道無異也古有以周天分十二宮一宮分三十度算在列宿天者蓋不知恆星有本行而今已東移如許矣因設一次宮曰從宗動天算

或問分黃道十二宮何故曰太陰行黃道每歲十三轉其與太陽會合者惟十二次又各會合之處不同故分黃道爲十二宮也卽如太陰行天一周約得二十八日其命爲二十八宿者大率繇此每宮分三十度者因太陽一日約行一度越三十日已過一宮是以總分三百六十度而大小諸圈悉依之也今諸星距黃道遠近命爲入某宮次者何曰曆家設黃極出圈線其過各宮初度自此極至彼極總爲十二半圈凡黃道上之星在彼此極中居圈內者曰入某宮如上圖設甲爲北極乙爲黃道自極過黃道半圈爲甲丙甲丁則星在丙與丁線之間任距黃道南北遠近必共入一宮矣

十二宮或分南北卽以赤道爲初末之限自降婁而大梁而實沈而鶉首而鶉火鶉尾爲北六宮自壽星而大火而析木而星紀而元枵娵訾爲南六宮或以左右較分卽冬夏二至爲初末之限自冬至迄春分爲行盈自夏至迄秋分爲行縮又或以正對宮度相較則北初宮與南初宮北末宮與南末宮得彼此距度加減之數必等

太陽及太陰本行合宗動之驗

太陽爲時日之原一日約東行一度於黃道爲正而於赤道恆爲斜或在兩道之交或北上或南下總無定居故無一定之時此四季所繇以變易也迨加以宗動卽見其出沒之廣不一晝夜之長短有變如日在降婁初度爲春分則出正東沒正西晝與夜皆等自此以往漸斜去赤道北出沒較前爲廣矣晝長而夜短至夏至爲最矣乃從夏至而退行一度其出其沒其晝其夜與前所得等漸退行漸與前等惟過秋分而太陽行赤道南則於前後相對宮度有定比例彼之所廣此之所狹彼之所長此之所短若相背而馳者然

黃道上四點得太陽躔之爲春夏秋冬而卽可當各時之極此過極圈所繇也乃過極圈有二一過兩極以并過春秋分爲極分交圈一過兩極以并過冬夏至爲極至交圈因而共當渾儀之脊骨蓋各與赤道以直角交卽漸去內外至兩赤極之中亦自以直角相交則總得八三角形而各形之弧各成一象限各皆九十度因可以定太陽及諸曜距兩道內外之緯度又名緯度圈卽兩道及兩道之極亦可以得相距度分

太陰依本行隨黃道約二十九日有奇而與太陽會故并論宗動則出沒之廣在地平上下之時皆從赤道緯倣太陽爲則且無本光借光於日因體厚不能透所借之光故依本行距日遠近不等有時顯全光有時少顯其光只至正相望而食於地景正相會而能自以其體掩日原光又依宗動使下地視之時有先後方位各異茲有本論聊述一二如此

隨地圓形之驗

曆家論地與海井爲圓形以應天上之經緯者何蓋每見日月交食東西時刻各先後不等此卽地東西圓之驗夫時之先後取規於度在天十五度爲一小時在地亦然而天地彼此相距約二百五十里爲一度如西安府較順天府恆早二刻餘而見食其見諸曜出地平反遲二刻東西相距八度半故因知地以圓體自掩諸曜之光使在東者先得之而徐及在西者耳非天旋之有異也又見各北極出地不同諸曜之在子午線上者距地遠近因之有異此卽南北圓之驗夫極與諸星之高漸消或長必與里數相應如極高四十度南去一千里必下四度距天頂之南星反高起四度矣因知地以圓體或自低昂其南北各度之弧亦非極與星有異也

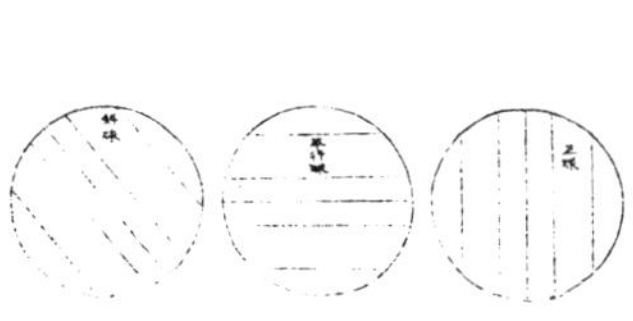

論天總分三容渾儀亦倣之天有正有斜有平行設使南北極等赤道爲過頂圈則以直角交地平卽爲正球得晝夜恆等諸曜之出沒或上或下恆如一蓋惟此天之容距赤道左右圈各自爲平分故諸星隨宗動之旋轉自等又使北

極正居天頂以赤道合地平卽爲平行球此則無晝夜之遞換亦無諸曜每日出沒之行惟太陽半年在地平上恆見不隱半年在地平下恆隱不見蓋以黃道斜交地平春秋二節令距北半圈者在上距南半圈者在下而距赤道南北平圈皆與地平爲平行故諸星居之亦平行又天下總屬南北二極或正居赤道下者少而在赤道左右兩極之間者多此不拘相距多寡卽爲斜球蓋凡平行圈皆與地平爲斜切或多半在地平上少半在下或少半在上多半在下或去赤道向上極之圈以大半出向下極之圈以大半入蓋極愈高而上下之弧愈不平此卽晝夜之所以異而諸曜自有其出沒之時近兩極處亦有恆見與恆不見之星所繇也

渾天儀赤道平行圈

前六圈者皆渾儀之大圈也乃更加小圈於赤道南北各二十三度有奇爲冬至晝短夜長圈夏至晝長夜短圈或再於二至圈之南北距赤道最遠而小以赤極爲心黃極爲界爲南北兩極圈此四圈幷赤道圈分天與地共爲五帶中一帶乃赤道下也地甚熱在末之兩帶距赤道遠地反甚寒惟中末之間得煖氣四時不變萬物利於長養何者冬夏二至之圈限太陽繞地之界令其在圈內過頂恆分晝夜略等太陽正照下地生熱南北兩極之圈限黃赤二極之距爲晝長出十二時之初界

在十二時內晝長之恆法惟南北極圈以往或太陽漸不入得晝爲一二日漸長至數月或漸不出得夜長如前故兩極圈爲晝長出十二時之初界太陽斜照下地生寒惟中末帶二界之間日光不減不增斜正照不甚偏得氣勢平故也

如圖中爲赤道左右各二十三度三十餘分幷得四十七度此中帶之界也又自二至線起南北各寬四十三度爲南北煖帶之界

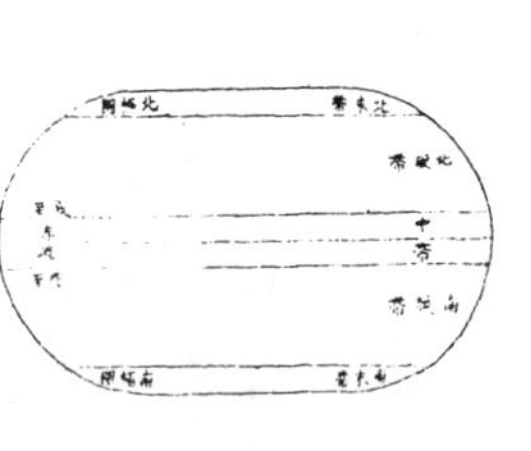

又南北各餘二十三度至兩極下卽末帶之界也古傳中末帶內寒暑過當悞謂人跡罕到而不知邇來大西人周行天下實見中帶人民甚衆風景不亞於他國雖晝夜平等而日之熱常消於夜之凉若末帶因未盡遊不得其詳然北帶內有青土在北諸國極高七十度外冬雖寒夏日之久足以補之其本儀不置此四圈者以黃極能限二赤極圈界而本道最距赤道之邊又能指二至圈卽可當五帶云

渾天儀增圈

本儀內外增設者亦共四圈但在外者不必全圈一爲象限用當高弧上自天頂下至地平一爲半圈用當立象在子午圈之左右竪合子午倒合地平共當六圈古設此六圈皆在黃極中相交因名十二宮圈今設於子午交地平處平分赤道十二弧總黃道及渾天爲十二舍故名天容圈亦名立象圈本圈隨極出地各處不等全與地平同或起或伏順地平而東西地平乃一與七舍之初界子午圈當四與十焉其象限之高弧以直角交地平任游移安置過日月諸星之度故於本弧可求諸曜出地高度並黃平象限等用以螺旋安游表於天頂依各地平爲規儀內又置太陽本圈安黃道線下度分合黃道上內又一圈爲太陰本圈較太陽圈少斜依本行取則焉或南或北時時不一故有正交爲太陰往北之界有中交爲太陰往南之界而本圈依黃道旋其兩交之自行約十九年一周諸圈俱負本曜安黃樞上以顯二曜會望及互相照之理焉

天球

大球爲實面儀得大圈與前同惟極至極分兩圈可免以子午圈當之足矣儀面布列經星依本黃赤二道經緯度點定其不置緯星者因緯星遲速無定行且南北不一臨用以他色識之度分上可也論經星在七政上距地極遠彼此相距有定度終古如一故西曆名爲恆星而七政則游行如奕遂稱曰游星焉凡星行度距黃赤內外顯體質大小天下皆同其在天頂遠近分合座位立像命名或正照斜照紀數多寡天下皆異西曆依恆星本行以黃道爲天之中內外諸象總有六十經黃道者十二宮在內者二十一象餘皆在南或依本然模彷人物取其名或因姓情類某人物而借名各象星數不等各星以所居體勢得稱古未詳南極之星止四十八象卽盡西國之見界今本國人多遊赤道以南往往見南極下諸星因以兩極爲界增象得滿六十焉大統依見界絕昆凡遠南極三十六度者（從中州爲見界）俱不入圖總分爲三垣二十八宿二百八十餘座乃象與名天球因之其所占宮度則依經緯取則就中微渺難測從未定度分

者悉去之而以近南極者補之得渾天之全圖焉學者欲識星當從七政始七政別於恆星約有三緣恆星多閃爍七政否恆星彼此有定距未嘗自爲那移七政總無定距亦無合轍之行恆星一仰視間恍若深邃七政目之如近且各易爲辨別如金星隨太陽前後出沒最遠爲四十八度體大而光異他星晝或可見木星次之色雖同體與光少殺距日遠近無限火星小而暗紅熖熖顫動與金木體色各別土星體與火等色青而光滯行動最遲水星光耀似金星色稍紅體質獨小更近太陽前後焉

恆星大小凡六等積氣易識以色論有黃如北河白如狼星紅如心宿大星青如老人星以光論有盛如五車微如虛宿中等如畢宿大星或以芒角閃爍論有閃多如南河閃少如軒轅大星中等如左肩如玉井大星以形象論如南北斗其象似斗貫索得圓形天津似弓勾陳大星（今當北極）體雖小周無他星可比總之各依本象本度圖之球上與天體脗合焉

地球

地球倣地之原形必爲圓面儀其得大圈與天球同惟黃道地上無定處故可不用夫天球因二十八宿而以南北引圈線過各宿距星則地球亦因子午線有先後以引其圈乃東西任距十度或十五度而南北各作小圈與赤道爲平行以顯南北之距焉古西士紀東西地經一百八十度極西爲福島極東爲日本紀南北地緯約八十度極南爲利未亞月山極北爲都力乃謂大地總當一島在北水海南印度海及大東與大西洋之中此外似無地矣今則不然三百年以來漂海者恆繞利未亞之渾洲至過其赤道極南之地爲大浪山距赤道外三十五度復繞北至新增辣距赤道內七十八度又徑過日本東西繞地一周尋得新洲南北各大塊中以小峽接連總較古所識東西地約等雖南極下未及登岸不詳其內境然順濱而行似亦無所不經矣

天設圈有大小每圈俱分爲三百六十度則凡數等而圈之大小度之廣狹因之乃地亦依此爲則故地上依六圈行則凡度相應之里數等依小圈亦有廣狹如距赤道四十度平行圈下之里數較赤道正下之里數必少若距六十七十等之平行圈尤少則求地周里數若干以大圈爲準而左右小圈惟以距中遠近推相當之比例焉里之長短各國所用雖異其實終同西國有十五里一度者有十七里半又二十二里又六十里者古謂五百里應一度波斯國算十六里阿辣比五十里莫臥爾三十五里印度以大牛鳴聲所至爲一里不知一度應幾許牛鳴矣至大明則約二百五十里爲一度周地總得九萬餘里乃量里有定則古今所同如論古小里一百弓爲一里四肘爲一弓二十四橫指爲一肘四橫麥粒爲一指欲以步求里則應一百二十步爲一里步依幾何法每得五脚一脚約十六橫指

西國人步行或漂海者累考南北直路上一度下所應里數當如前外以日景查對如日輪占本圖若干其地面正應之下立豎竿必無景今使日在夏至全徑爲三十分占本圖七百二十分之一地面亦應大圈七百二十分之一立表無景古查定同時無表景之地徑寬二百五十餘小里故以二百五十乘七百二十得十八萬即地周行之里數也大明與地圖以方格限里數查自順天府至應天府二千二百里至杭州府二千七百里至南昌府三千里至廣州府四千八百里因前後北極出地差度乃求每度應里數若干如應天府較京師差八度南昌差十一度以二百七十二里推一度杭州差十度則用二百七十里廣州差十七度則用二百八十二里所推里數略不合者或測極高未必確而查豎竿無景亦未必定故止以二百五十小里約計之可也若折中多寡以二百七十里論當得九萬七千二百爲地球一周之里數置零數不用尙有九萬餘里

渾天儀不置五帶內中末之四圈而地球則異是蓋居地不同處多以其四圈爲時變天勢地境異同之界先以日景分別之在中帶內者得兩日景時射景正北時射正南在中末界間者得單日景必恆射北或射南在末界內者得轉景恆旋繞無定向是也其居中帶赤道下者因得正天必見諸星出沒晝夜皆平太陽去囘兩過其天頂每年有兩夏兩冬（一去一來故有兩冬夏）雖至冬不寒樹不脫葉居本帶邊如夏至下者以北極圈爲恆見反以南極爲不見之界此二界間之星（除在赤道下者）得見與不見之異晝夜爲不平太陽惟在夏至則過天頂餘皆偏南總得一冬一夏居中末帶間者最得斜天經星恆多不沒晝夜愈不平太陽恆偏南其二至一冬一夏爲定然居本帶之北者得自北極至夏至圈之星恆不沒日躔夏至乃得晝長十二大時躔冬至反得夜長十二大時晝夜甚不平

太陽多偏南止躔夏至之時近地平卽如偏北也居北極正下者得豎天以赤道爲地平故以赤道爲見星之界在北者恆見在南者恆不得見六越月爲一晝六越月爲一夜無夏天止太陽行北時得寒氣少退耳凡此皆居赤道以北之境也居南者亦然惟得正相反之序如此爲冬彼爲夏此晝長彼夜長此景在北彼景在南故耳

以赤道距平行之圈取方向之異同大約分二等或并得子午與平行圈同居赤道南北亦同惟相距之界在赤道正相反之處此大西與大明則然必得四季皆同晝夜長短如一惟日月諸星出沒先後之時不同耳或獨得子午圈同而平行圈之南北相距等其距界以赤道爲限此大明與馬力肚南極地圖則然得午正與子正皆同出沒之時爲異四季晝夜長短恆相反此爲冬彼爲夏此晝長彼夜長又或獨得子午圈同而平行距圈與赤道之距界正相反此卽大明與大東銀河之較也得地平同但因天頂相反故四季與晝夜出沒等時恆互異

如圖甲乙皆在赤道之北屬第一等甲丙一在北一在南屬第二等甲丁在正相對之處故屬第三等

外有距赤道平行圈以晝漸長之刻定界如夏日長二刻卽設一圈長四刻設第二圈以此遞設之必皆以太陽距春秋分內外漸遠之度取則故其距赤道近者彼此相距遠距赤道遠者反密所以然者因晝長之序初得度多而時少後得時多而度少如上圖外圈爲子午圈中引直線者皆赤道平行圈也每以晝長二刻相距雖距時等度數必多寡不等蓋極無高度以赤道當天頂則晝準得六大時設令極漸高至赤道去天頂八度三十四分乃晝長二刻極又高赤道更去頂八度九分共得一十六度四十三分乃晝長四刻若再去頂六度二十七分卽得晝長六刻至極高六十六度半晝正得十二大時以至極六十七度一十五分卽晝長一月復加二度一十五分得晝長二月漸長至六月此皆地球子午圈背面所見時刻之度也

欽定古今圖書集成曆象彙編曆法典

第八十六卷目錄

曆法典第八十六卷

儀象部彙考四

新法曆書二

渾天儀說二

前以天行之效顯儀之理此復依天行之法晰儀之用大端以求三曜日月星爲要領矣至分論之或依本行與黃赤二道相較彼此得經緯度或依宗動之行與地平天頂及子午等圈相較求諸曜出沒之時又或依方位地平高度彼此相較求星距太陽遠近與出沒之先後伏見之期限總於本儀得全用焉但恆星距黃道內外甚遠不能盡載圈上又或光色微渺未足測景以景定度測時則自有天球之實儀在借之以資本用雖虛實兩儀大意相同而推之亦略有異此所以並論天球也卽本卷諸用尚多缺略然欲求其難當自其易者始欲求其煩當自其簡者始則從茲而詳及之姑以俟之他篇

安儀

凡測天諸儀有黃赤道等圈必以本圈正合天上所有之圈爲準如在天有過頂者儀中相當圈宜竪立以應之有距頂向南北東西者儀中相當之圈亦宜向南北或東西地平皆與天上之圈合則日月諸星行度爲儀圈所得者卽天上諸曜實行之度分也今渾儀雖未盡乎測天然能以日景考查時刻並求各方北極出地之度及太陽高弧距地平等用則必一切方位與天脗合先以兩極依出地度安定徐以羅針所得正其南北又以垂線取準地平任置臺几之上以聽次第用焉

求北極出地度

北極高庳隨地東西同南北不一此乃晝夜長短寒暑異同日月諸曜距天頂遠近之所繇也法先將本儀取準地平考正南北隨以游表於黃道上定住太陽本日躔度轉儀切子午圈正面候太陽當正午之時視表周無景卽本北極高度已定而極高之度必爲子午圈自地平至極中之弧也若表尚射景漸運子午圈於架內或上或下展轉那移至表無景乃止而因以得北極出地之度

或先設象限等器於正午時測定太陽出地平高度次於本儀黃道上查取本日太陽躔度置子午圈正面下隨運儀令自地平至躔度間子午圈之弧與前所測之度等則自北極至地平度分卽本北極出地度分或不候午正卽將游表置太陽本躔度與時盤午正初刻正對子午圈後用日晷等器測定時刻以所得時轉儀令居子午圈下從視表無景如射景將子午圈上下那移至無景乃止則子午圈自地平至極中之弧亦準可得本北極高度

或以星求之卽近極諸星中因恆不沒任測一星先於最庳處識所測高度待旋至最高處復測之所得高度加前測之度總而半之爲本北極高度此常法也今不拘出沒或距極遠近之星一測其至天中之高另用一器卽轉球天球令本星居子午圈下較儀上地平與前所測等則本儀北極亦自距地平爲弧因得本方北極高度或依所測天中星高度卽球上查其本星之赤道緯以加距南用加距北用減於至中之高度得本赤道高因得本北極高度如測大角高七十一度球上查緯得距北二十一度宜高度內減之因距北故存五十度爲赤道高應四十度爲順天府北極出地高度

求太陽躔度

太陽依黃道右旋每日約行一度謂之躔度法先依本北極出地高令地平與子午圈如法安置候午正初刻將游表以直角切子午圈上下試之遇表無射景乃止轉儀視黃道正居表下之度卽太陽本日所躔度

又一法用象限等儀測太陽距赤道度因得其距南或北隨於本儀子午圈上點定作識乃令全儀運轉視黃道度正交其點卽本日太陽躔度但距赤道等度與子午圈相交之點黃道可有二處必依晝漸長或短求之卽得其度在冬夏至之前或後也假如崇禎七年七月初八日壬申曆局午正測得太陽高六十八度一十五分因得距赤道北一十八度一十分五分

北極高三十九度五十五分卽赤道高五十度〇

依之作識得大梁宮二十一度或鶉火宮九度俱與

所識點相交第此時夏至已過晝漸短卽知所得必爲鶉火宮度

求恆星黃道經緯度

恆星較黃道有經有緯而共以黃極爲主必依黃道右行在從冬至或春分起算爲之經本道南北爲緯法以高弧切球上使從黃極過星所至經度卽本星之黃經度所居黃道上及星間之弧卽黃緯度但星距北必高弧安之黃北極星距南高弧亦安黃南極如貫索大星距黃道北以高弧從黃北極過本星視至大火宮六度有奇卽貫索大星之黃經度又自黃道北至本星處約得四十四度三十分卽其黃緯度也若先得星黃經緯度欲查球上星所當在之處亦用高弧依球上本星黃經度因之安高弧初度令末度至黃極中（黃極南北依星距南或北）任黃道內外順高弧數星緯度所止之點卽星居球上之處假如崇禎元年測定心宿中星在黃道析木宮四度三十六分距南四度二十七分依此度分安高弧至南黃極從球上黃道數起得本距度之限卽心宿中星所居之處

求太陽赤經緯

太陽依黃道行近考定冬夏二至距赤道南北最遠之處爲二十三度三十一分三十秒近二至前後每日相距不等而二道又以斜交惟分至之點彼此得同經餘俱不得合一也今求緯度法令本儀轉任取黃道若干度正合子午圈下卽於本子午圈視兩道間所容之弧得數卽黃赤相距之緯也求經度亦任取春分或冬至起算視黃道度在子午圈爲限順數其赤道圈之度卽黃道上之赤經度若依地平求之必先安儀使兩極與本地平齊卽用地平當子午圈則赤經弧必過赤極與赤道以直角相交而東西所限赤緯弧亦爲本圈南北所量雖子午圈本當過極諸圈與赤道正球相交而地平與正球亦不異是故所指度分卽得赤道經緯度分

求恆星赤經緯

法以赤極爲準必順十二宮爲經赤道南北爲緯先轉其球以所求星切子午圈下後視赤道是何度分此卽本星赤經度又視赤道與星在子午圈上所開之弧容何度分乃其星之赤緯度如設狼星居子午圈得本圈下赤道度自夏至起算約七度三十分卽狼星赤經度分又赤道南距狼星一十六度乃卽本星之赤緯度求五星赤經緯法與同但先以黃經緯點星於球上如法使高弧自黃極中至黃道本經度過星處卽依高弧之黃緯點球作識後轉球令其點合子午圈亦可得赤經緯也若先算定恆星赤經緯於球上考其處卽從春分依赤道順查星經度移至子午圈下乃本圈上南或北（依星距）查其緯度用點作識卽其星所居之處也如崇禎元年心宿中星得赤經二百四十一度四十三分以本度分轉球至子午圈因星緯度距南二十五度三十分隨以此度正對子午圈下作點必指其本星之實處

求黃道每度赤道緯

法任取黃道何度移置子午圈正而卽從黃道中線至赤道上視本圈所得若干度爲黃道度之赤道緯（南或北依所求點得所距）若從北極起算亦於子午圈從極數至所求之點亦是如求清明初度緯得其距赤道北約五度距北極八十五度寒露初度距赤道南約五度距北極九十五度餘俱倣此

求黃道各弧出沒之時

黃道上出沒較赤道圈之出沒恆異蓋赤道等弧或正球斜球

南北兩極并在地平爲正球一極出地平上一極入地平下爲斜球

所應出入之時恆如一黃道不然遇正出或遲斜出反速每日早晚先後不等隨地有變試以最長之晝其見出止六宮最短之晝亦爲六宮如太陽在鶉首初度（晝長時）任北極高若干使本度切儀東地平漸轉至正午必見壽星初度東出矣復轉至西地平卽星紀初度東出總得黃道半圈爲其所出沒也又如太陽躔星紀初度（晝短時）在本儀東地平轉至正午爲降婁初度東出至本躔度西入則東出者必鶉首初度本等自早至晚亦得半圈是黃道與地平皆大圈相交必各平分故耳法用赤道圈之度或十五三十四十五多寡等弧以限定時刻爲黃道所同出入則黃道不拘大小弧總在其時內行者爲是假如北極高四十度依本地求降婁全宮之升度應時若干先以其初度在東地平因并得赤道初升度（二道相交爲春分卽各升度之初界）轉儀使出至本宮末度卽見東地平指赤道上一十八度強化爲時約得四刻一十二分卽降婁宮全升之時也又求其入地平時亦以本初度切西地平試令本宮之度盡入得赤道同入之弧爲三十七度四十餘分化爲時得十刻有奇卽本宮全入之時與先所升之時大相懸遠欲用時盤求之卽其初度

之或出或入視子午圈所指何時轉儀至全宮之出入已盡復視時盤與子午圈正切者得時刻前後差若干即黃道出入之總時矣

因以度數變爲時而即以時變度數法總度分秒各數以四相乘所得爲次行時之小數如乘度得時之分乘分得時之秒試以一十六度二十分化爲時以度乘四得六十四分以二十分乘四得八十秒總爲一時○五分二十秒又總時分秒各數以四相除所存爲次行度之大數故以時之微得度之秒以秒得分以分得度以時得六十度之弧因之推表或度在初行可當分亦可當秒則時分秒在次行以度數變爲時數或時在初行度次之則以分秒微在初行度分秒俱在後行以時數反變爲度數若查表總數初行不盡即取其近小者以餘數再查之故列表如左

度數變爲時表此下以時反復查度數

度分秒	時分秒	分秒微
一	○	○四
二	○	○八
三	○	一二
四	○	一六
五	○	二○
六	○	二四
七	○	二八
八	○	三二
九	○	三六
一○	○	四○
[illegible]	[illegible]	[illegible]

時分變爲度數表

分秒微	度分秒	分秒微
一	○○	一五
二	○○	三○
三	○○	四五
四	○一	○○
五	○一	一五
六	○一	三○
七	○一	四五
八	○二	○○
九	○二	一五
一○	○二	三○
二○	○五	○○
三○	○七	三○
四○	一○	○○
五○	一二	三○
六○	一五	○○

求兩星出沒之距時

凡兩星在赤緯度上同出沒者此正球也斜球不然蓋距赤道北其較赤道同度之星必先出後沒距南者反是故求星出沒之距時惟以定其斜升度爲先法依本北極高安球任取一星居東地平並識赤道同居之度即本星斜升度或從春分或從冬至起算其法一復取一星亦如前查其斜升度乃以後得數受減前得之數若不足減則借全周減之餘赤道弧爲二星東出其間相距之弧化爲時即二星前後之距時也求星之西入亦然假如北極高四十度移畢宿大星于東地平得赤道同出爲四十九度三十分即本星依本地斜升度與井宿距星相較亦令其居東地平得赤道同出爲七十度以減前度餘二十度三十分爲二星相較之弧化時得五刻半爲二星東出之距時若星入時求法同所得距時異如畢宿大星至西地平得赤道同入爲七十八度三十分其井宿距星同入之赤道度爲一百一十一度三十分相減餘三十三度乃得八刻一十二分爲二星西入之距時

求星出沒與在地平上之時

論恆星之出沒難以定時者緣太陽與之遠近逐日不一而在地平上之總時則百餘年後其本行漸變其赤緯而時亦與之不同矣若五星出沒隨太陽本行亦無定而在地平上之時則因本行恆出赤道內外亦因之有異法依本北極高安球將太陽本躔度與時盤午正初刻正切子午圈下次轉球任取一星居東地平即于時盤得其星出之時刻復轉球令其星至西地平亦如前得其星入之時刻通計前後因得其在地平之總時或欲密求應依赤道度法以本日躔度切子午圈下並識同居圈下之赤道度次轉球令星至各地平西東或復視此時赤道交子午圈之度爲何度兩赤道度以後得數受減前數不足借全周減之餘爲星出沒之度變之即得若干時刻假如北極高四十度夏至日求畢宿大星出沒之時依法鶉首初度在子午圈井得赤道度爲九十度移本星至東地平即赤道三百二十度居子午圈以減前九十度餘一百三十度化得一十五時小二十分即寅初一刻○五分起午正算爲夏至日畢宿大星之東出也又移本星於西地平得赤道在子午圈爲一百六十九度減前九十度餘七十九度化得五時一十六分即酉初一刻○一分爲本日畢宿大星之西入第此法亦就恆星近日之本行爲然也若執此以求前後數十年或數百年則因其本行有變與太陽相較必不能合其出沒亦必自異大率百年中依黃道行約差一度三十五分每年差五十一秒恆依此數前減後加則得其正矣論五星其在地平上之時必先依本經緯度識之球上而後可以如法查取與前同

求黃道升降度

黃道每度分出入所得赤道在地平度分同出入者謂之升降度法轉儀任黃道某度在東地平得同居東地平之赤道度即其升度又本黃道度在西地平得同居西地平之赤道度即其降度然惟正球不異於赤經度而斜球則異愈斜則二道之度其差愈遠如實沈初度距春分六十度試令正球在東地平得赤道同居約五十八度如以斜球使北極高三十度

得赤道同居約四十七度北極高四十度赤道止居地平四十一度此皆斜球中實沈初度之升度也是赤道較黃道恆少如北極高三十度得赤道與實沈初度之同入約七十度北極高四十度則赤道同入約七十五度此其斜球之降度是赤道較黃道反多也至欲以赤道升降度反查黃道同出入之度法同此

求黃道見與不見之弧

依北極出地異同故黃道隨處有先後全見或恆見與恆不見之弧因太陽左行遂以出入分晝夜此常法也然亦有出而不入入而不出之時何也北極高度較二道相距最遠之餘弧〈二道相距二十三度半餘弧爲六十六度有奇〉或小或大或等不同小則黃道諸度每日盡爲出入無恆見與恆不見之弧而晝夜並得滿二十四小時若極高與二道相距之餘弧等即天頂距極與二道相距亦等必其天旋行能令冬夏二至與地平齊故太陽在夏至之日常不入得晝長二十四小時而無夜太陽在冬至之日常不出必夜長二十四小時而無晝設北極高弧大於二道相距之餘弧即極與天頂近夏至左右之弧黃道常隨天旋不入冬至左右之弧黃道常隨天旋不出則得恆見與恆不見之弧而本地晝夜長短每至數月試令本儀北極高七十五度則見黃道自大梁宮一十度至鶉火宮二十度爲恆見不入之弧太陽此間依宗動行雖數十次周天恆晝無夜又自大火宮一十度至元枵宮二十度爲恆不見之弧太陽此間行數十次周天長夜無晝但太陽近地平時每爲蒙氣中映之使起入得地遲出反得速宜以加減均之乃可〈見日躔曆指〉

求星當見之時

依北極出地高各方有恆見恆不見之星蓋近北極星常在地平上而近南極星則又在地平下此定理也惟往往出沒諸星每較太陽遠近以爲隱見之限今欲求其見在何時幷其時刻若干則如法安球〈依本極高〉任取一星至東地平並識其黃道同居地平度復查太陽本躔度因其距之遠近定本星之出見假如畢宿大星在東地平因得黃道之實沈十度同出其西沒必爲析木十度矣設使日躔在實沈十度即本星曉出昏入遍不可見設析木十度爲躔度則本星反昏出曉入終夜恆見矣故求其當見之時必先以躔度與時盤午正相對隨查星之大小等第〈凡六等〉以定其距日光若干爲見不見之限乃準如畢宿大星爲第一等距日光〈距日光與距日不同〉十度其見限也設太陽躔鶉首初度北極高四十度令本度正對時盤午正得本星出地平爲寅初初刻漸轉球至太陽將近地平其未出約差十度〈以正對星犯初度未入前尚高十度可考〉得寅初一刻此後不復見星矣則本日得見畢宿大星者僅一刻又設日躔在鶉首十五度距本星更遠依法轉球得本星東出爲丑正初刻至太陽近地平其不見星之時爲寅初二刻總計見時約六刻或太陽去之愈遠其見時愈多漸可一夜恆見也

求日月諸曜出沒之廣

赤道交地平之處爲正東正西而從此左右之地平則限諸曜出沒之廣者也法依極高安儀以太陽諸曜至地平相交之處爲號限弧即在東或西可得出沒之廣假如太陽躔實沈十五度北極高四十度轉儀令十五度至地平得偏北二十九度強東西皆同此即本度依本地太陽出沒之廣也蓋廣弧大小不一其緣有二一緣黃道斜交赤道因相交之點前後愈遠必得本弧愈大一緣地平所得有正球斜球〈正斜球解見前〉因正卽廣弧小因斜卽廣弧大而愈斜愈大如北極高二十度得鶉首初度出沒廣二十四度極高四十度得鶉首初度出沒廣三十一度使極高五十度卽本度廣三十七度此皆斜球也若正球則本度出沒之廣大槩不外二道相距之弧

以出沒之廣求本黃道度及北極高度

夫出沒之廣或以測得或任設若干度而以之求本黃道度法先定度於地平圈依其在正東西之距南或北令本儀以黃道之中線正交其度乃識黃道何度卽本黃道出沒之廣之度也欲求北極高度亦先於地平圈查本出沒之廣所得度用點作識遂令儀轉使本太陽躔度正交本地平度蓋必相交然後儀上之極高正合天上之極高否則將子午圈低昂試之必躔度與地平所識度脗合乃止

求太陽地平經度

凡圈有經緯者必以縱距爲經橫距爲緯若諸曜不正行於圈下卽隨其距等之圈可當經行今諸曜較地平以高度相距得緯而最距之極卽天頂以南北距得經而初界在正東正西末界在正南正北離諸曜出離地平而經度仍歸之法如黃道上太陽本躔度未有高度必令之至地平因求地平經度與求出沒之廣同設太陽距地平有高度則依前法求高度

若干以高弧過其度下至地平卽限其地平經度或在東西之南若北如北極高四十度日躔在實沈初度設本度在西地平高五十度以高弧過之得其至地平距正西南約二十三度卽實沈初度依本高度及極高之西地平經度也若依時刻考之先以本躔度正對午正隨轉儀令所得時切子午圈下乃以高弧過其躔度如前査地平經度假令前得二十三度今以申初初刻求之所得復同

求太陽出地平高度

日月諸曜東昇漸至天中所得高度不獨前後時有異卽前後等逐日相較亦皆異者乃其依黃道行去赤道內外遠近位不一故也法以本儀黃道上本躔度正切子午圈下其正切之處至地平圈卽得太陽午正初刻之高因視赤道此時交東地平度依所得度東入十五度隨將高弧過本躔度下至地平圈而高弧所截度分卽太陽午初初刻之高度若以前度出十五度必高弧過本躔度至西地平顯太陽未初初刻之高餘時俱做此欲逐刻求之卽以三度四十五分出入赤道爲準蓋躔度之交地平距午前後等得高度亦等假如北極高四十度日躔爲鶉首初度移居子午圈得其距地平約高七十三度半此時則秋分初度交東地平使依赤道入三十度卽巳正而高弧過躔度至地平爲五十七度三十餘分乃太陽在巳正之高度或出三十度卽未正而躔度西距地平所得高度亦五十七度三十餘分設太陽躔星紀初度以本度居子午圈得其地平高二十六度三十分乃春分初度在東地平使入三十度爲巳正測得高度二十三度四十分轉儀往西如前出三十度得未正高度相等若用時盤求之免査赤道度必先以盤上午正及躔度如法居子午圈任儀左右轉至本時交子午圈亦如前得高度矣或更以日景求高度與求時刻無異見後段但過表無景處卽過高弧以定日高焉

用渾儀成高弧表

凡製長圓地平象限等日晷界時刻及節氣線必依高弧得所以然法依本北極高正儀隨將黃道上本節氣躔度使之從子午圈或左或右任取一刻或四刻爲限而每限必與高弧相交因得太陽在某節氣某日某時刻高度若干其時刻在午正前後等者得高度亦等故求其左不必復求其右試以夏至初度北極高四十度得其午正高七十三度三十分未初高六十九度一十二分未正五十九度五十一分戌初高四度一十五分午前及他節氣俱做此但距兩至等得同時高度亦等如芒種與小暑小滿與大暑甚至大雪與小寒之類是也因極高四十度列表如左

		時〇	一	二	三	四	五	六	七
夏至	度	七三	六九	五九	四八	三七	二五	一四	〇四
	分	二〇	一二	五一	五一	三五	五九	五一	一五
芒種小暑	度	七二	六八	五九	四八	三六	二五	一四	〇二
	分	三九	一〇	一八	二二	五五	二九	一九	四一
小滿大暑	度	七〇	六六	五七	四六	三五	二四	一二	〇二
	分	一二	二四	三八	五五	三二	〇五	四九	〇三
立夏立秋	度	六六	六三	五四	四四	三三	二二	一一	〇
	分	二二	〇一	五一	二九	一六	四七	二六	
穀雨處暑	度	六一	五八	五一	四	三〇	一八	〇七	
	分	三〇	三四	〇六	一三	一四	四九	三三	
清明白露	度	五五	五三	四六	三七	二六	一五	〇三	
	分	五五	二一	三四	一四	三四	一七	四八	
春分秋分	度	五〇	四七	四一	三二	二二	一一		
	分	〇〇	四四	三四	四八	三	一六		

		時〇	一	二	三	四	五
驚蟄寒露	度	四四	四二	三六	二八	一八	〇七
	分	〇五	〇三	二五	一二	二二	一三
雨水霜降	度	三八	三六	三一	二三	一四	〇三
	分	三〇	三九	一八	四五	一九	四八
立春立冬	度	三三	三一	二七	一九	一〇	〇〇
	分	二八	五六	〇五	四八	四五	三一
大寒小雪	度	二九	二八	二二	一六	〇七	
	分	四八	一三	二七	四〇	五五	
小寒大雪	度	二七	二五	二一	一四	〇六	
	分	二二	五〇	二五	三九	〇六	
冬至	度	二六	二四	二〇	一三	〇五	
	分	三〇	五九	三七	五五	二七	

時從午正前後數如一時爲午初未初二時爲巳正未正是也

求恒星地平經緯度

恒星較地平經緯與太陽地平經緯不異俱以南北得經高度得緯法先依極高安球隨以太陽躔度移居子午圈並與時盤午正脗合任取某時刻于盤上以之正對子午圈後令高弧與所求星相交卽得球上本星本時所向方位及所距地平遠近之度如北極高四十度太陽躔星紀初度如法正對時盤設寅初求角宿南星之地平經緯乃以盤上寅初初刻對子午圈以高弧過其星得交度一十七度爲本星當時之高度卽本地平緯也因而高弧偏東南二十七度爲本星方位卽本地平經也復依此視球上方位得氐宿東出五車偏西軒轅距午略東俱一一與天上相應卽更以象限等器測星之高用高弧試于球上鮮有不合者則雖大象森羅而此器殆最爲彰著者矣

求星前後合伏之時

諸星會合太陽前後伏見必依其體之大小而本行遲速則又須時多寡不一蓋體大易顯雖近太陽亦得見體小必距太陽遠始見稍近卽伏矣遠近約有定限如土星限一十一度木星十度火與木十一度有半金星五度至恆星則依六等定限約爲十度十二度十四十五十六及十七度此外最小者惟暗乃見而最大者卽更近亦得見矣論遲疾因五緯右旋各有順行退行之異伏見難以時限而恆星則共一本行獨以形體分別其見伏之時耳若依黃道以星與太陽相距定合伏則悞也蓋黃道升降有斜正能變其星見之時雖設距度同其見時必異故正球出

沒之星自不等於斜球出沒之星也法先於球上任取一星使之交西地平後以高弧爲定則必在東地平上量星距日之限令本限交黃道度所得之數卽星在西夕伏之度也如使星交東地平安高弧於西量星距日限至黃道上所得交度卽星在東晨見度也總以太陽日行分依前後度爲限遂得各星合伏不見之期如設畢宿大星距太陽十度應伏試令北極高四十度以黃道度相距因本星黃經約在實沈五度宜太陽躔大梁二十五度卽星夕伏而今不然也必太陽在大梁十四度星卽不見何也使本星交西地平高弧在東以十度交黃道得正對大梁者爲大火宮十四度是大梁十四度星伏黃道上畢宿大星已距太陽二十餘度蓋斜入故也復依黃道距論晨見宜太陽躔實沈十五度其星卽見而今又不然也直至太陽在本宮二十七度星乃見蓋移星於東地平安高弧於西則高弧十度已交析木二十七度乃與實沈二十七度爲正相對之處是本星已距太陽二十二度亦繇斜出故也大都躔度前後相距約四十三度因得畢宿大星前後合伏不見應四十三日有半矣若五緯則宜先定其經緯度於球面餘法同前如崇禎七年十二月二十日大統載金星夕伏至次年正月初三日晨見臨期實測不伏試以天球考之(北極高四十度)此時因金星退行大統所載夕伏之時距太陽甚遠測時尚高十八度固不足論惟次年正月初二日太陽躔元枵二十九度金星在娵訾一度〇二分緯距北約九度乃移星至西地平而日躔對度(在東)尚高出五度餘故夕可見(依前定限)其正月初一日太陽躔元枵二十八度金星在娵訾一度三十九分緯距北約八度半復轉星至東地平其西對度較太陽亦高五度餘故次日夕見者前一日反晨見又水星大統載崇禎八年三月十八日晨見至四月二十四日晨伏不見依新法推本星自三月初二日夕伏不見直至六月初六日始夕見前此俱伏何也三月十八日太陽躔大梁一十三度水星在本宮初度距南三十六分依黃道雖出距限之外(十一度半)然使之交東地平而與太陽相對之處止高五度尚在距限內其不得見也宜矣至四月初三日距太陽最遠乃太陽躔大梁二十六度半星仍在本宮初度但距南二度半較日躔之對度亦止高九度故亦不得見凡此皆繇於黃道斜升斜降也

求晝夜長短

太陽左旋因之以分晝夜必依赤道上取同出弧爲晝長同入弧爲夜長法儀上查太陽本日躔度移至東地平因識赤道同在地平之度後轉儀令本躔度至西地平仍視赤道在東爲何度則總前後相距之弧如法化時卽得晝長若干因得夜長亦若干假如順天府北極高四十度求最長之晝設夏至太陽躔鶉首初度卽令本躔度交東地平並得赤道對黃道之度約七十度(自春分起算)隨轉儀令本躔度至西地平卽得赤道東出爲二百九十三度與前七十度相減餘二百二十三度化時得一十四小時三刻半卽順天府最長之晝餘日長短法俱同求夜長本法以前夏至本躔度安西地平得赤道同居爲一百一十一度復令本躔度東出則西地平得赤道爲二百四十八度相減餘一百三十七度變得九小時〇七分餘爲當日晝所餘也欲用時盤則以午正與本躔度準對卽晝夜各時俱爲子午圈所限而幷得太陽出沒之時如前夏至日出子午圈切寅正二刻餘日入切戌初二刻是也

以晝長時復求北極出地高

法取最長之晝查黃道上太陽本躔度令居子午圈下並與時盤午正脗合後轉儀以本太陽出地平之時正對子午圈爲度架內起儀或稍下游移試之務使本躔度得交東地平卽得本方北極高度假如順天府最長晝(夏至日)約十五小時半之爲七時〇二刻算得寅正二刻乃太陽自東出至午正之時刻也先以鶉首初度(夏至日)與時盤午正並居子午圈隨將寅正二刻代居其下惟游移本圈令鶉首初度至東地平卽得儀上極高四十度爲順天府北極出地度也

求晝時刻

太陽西行每三度四十五分爲一刻十五度爲一小時(四刻)冬夏朝夕皆如此法先依本北極安儀隨置遊表於本躔度移居子午圈與時盤午正相對後令儀轉(東西)至表無射景則子午圈所切盤上時刻卽其時刻或不用遊表止取本躔度與時盤午正居子午圈下隨用他器測日輪高度以所得度識之高弧上如法安弧令高弧與躔度合爲一處則視子午圈所指卽其時刻

求朦朧時刻

太陽在地平下體雖不見而光實射於空中則此昏明之際政所謂朦朧時刻是也定限爲一十八度如

距太陽在限外者固宜地面周暗全無照光然卽在限之內因所行不同爲時亦各有多寡或躔度在黃道爲正出入則太陽從離地平其行速爲朦朧短或躔度在黃道爲斜出入則太陽略遶地平其行較遲得朦朧長試令如法安儀將高弧上十八度與日躔正對之度（在東用西互易之）從地平數起依限於赤道圈作識隨去高弧視本躔度之對度在赤道上交地平爲何度則依赤道相距之弧變時卽得朦朧長短時刻欲用時盤則以午正與本躔度正對子午圈餘法同前如北極高四十度太陽在星紀初度若沓晨刻必安高弧於西地平令弧上十八度與鶉首初度等卽時盤約得卯正（躔度東入十八度故）則是本日朦朧之初刻計至太陽出約差六刻或安高弧於東地平令本儀以鶉首初度與弧上十八度等得酉正爲昏刻之末界此時太陽已西入六刻又如太陽在鶉首初度宜以星紀初度與高弧十八度等東西俱同前法得本日晨初在丑正二刻昏末在亥初二刻總朦朧各得八刻因知朝夕所得同而冬夏所得異也

求距太陽出入前後時刻

以太陽出沒之時較所得時卽於晝夜長短中推取此亦一法也然又有從升入之度求得者如法安儀監表於本躔度轉儀令表無射景因識赤道交東地平度（赤道升度是）復轉儀使東至躔度交本地平亦並識其赤道同居之度（日升度是）兩升度相較必前減後餘爲日出距本時之弧化時卽所求前距時刻或於表無射景時識赤道交西地平度（赤道入度是）又復定赤道與本躔度在西同居之度（日入度是）兩入度相較必後減前得赤道弧爲後距時刻如北極高四十度日躔鶉首初度設巳正初刻表無射景必東地平得赤道一百四十九度西地平三百二十九度令躔度至東復得赤道六十九度與前度相減餘八十度化爲五小時○二刻卽本日巳正之前距時刻若令躔度至西復得赤道一百一十一度借全周減前三百二十九度餘一百四十二度化得九小時○二刻乃本日巳正之後距時刻也欲用時盤必先以午正與本躔度上之遊表居子午圈至表無景處得本時刻隨將躔度交東西地平則本圈兩次所指時刻卽距本時之前後時刻

求七曜時分

七曜輪轉各主一時名爲不等時蓋晝夜雖共分二十四時然此則晝自晝夜自夜各平分必得十二時而晝夜之長短所不論也所以赤道上弧亦不得定以十五度爲一小時

七曜輪轉之時一太陽二金三水四太陰五土六木七火因推每曜當得一時必自日出起算所得第一時之曜卽爲本日之主如遇昴日其第一時應太陽本日遂屬太陽依次輪轉次日第一時屬太陰太陰亦爲次日之主餘倣此

法先查晝長總時（依前法）化爲分以十二除之所得數爲本晝不等之一時次於黃道圈查本晝躔度令與時盤午正依法相對復移躔度至東地平以定日出時（依常法）從此依先得七政不等時平分盤周自日出至日沒之處後用表依常法測日依新分盤得時如北極高四十度最長晝爲一十五小時化得九百分以十二除之得七十五分爲本日一不等時（正五刻）或依前設巳正表對太陽無景時盤得新分四時三十分爲自日出至巳正之不等時也與十二相減餘七時四十五分爲巳正至日沒之不等時也

求夜時刻

太陽依左行分晝夜故此獨爲時刻之原乃欲以星曜定時者必先求其赤道上經度距太陽若干隨以相應之距弧加於午正變爲時卽所當測之時刻法依極安球令本躔度及時盤午正相對後用象限等器測星出地高度并識其方位（東或西）依之安高弧轉球以星對高弧於前所測度視子午圈所切時刻卽本時刻或不測星高度（先以本躔度合時盤午正）止將本儀取正南北視至天中之星（或出沒之星亦可）卽於球上移居子午圈而圈下所指時刻是其時刻假如太陽躔降婁初度卽將本度正合盤上午正設角宿南星至天中乃移球上本星居子午圈下得時爲丑初初刻○六分凡星及各節氣躔度俱準此若依赤道度求時如前法以本躔度及時盤午正居子午圈並識圈下同居之赤道度轉球以星所測得度正對高弧復識其居子午圈之赤道度將前後相距之赤道弧化爲時乃星居午正之時刻必加於午正時得所求時刻如前角宿南星至天之中得赤道同居爲一百九十六度

從春分起算順數因躔度在降婁初度故止用星

赤度化時

查表應十三小時○四分加於午正爲丑初初刻○四分

日躔不正在春分後得度減去前度不足借全周

減之

求太陽等曜距午正之弧

法先以本曜所行度與時盤午正居子午圈因識其同居之赤道度後轉儀任所設時居子午圈復識其同居之赤經度兩經度相減所餘必本曜距午正之弧如太陽躔壽星十五度赤經爲一百九十四度轉儀令辰正初刻居子午圈則同居赤經爲一百三十三度前後度相減餘六十一度即太陽距午正之弧也他曜倣此

求日月食之原

日月地三體必并居一直線上始有食蓋日體恆居一直線之初界而彼界則月體地體疊居焉如月體居界末則月面之日光食於地景地體居界末則地上之日光食於月景（月體厚不能透光故）但太陽本行恆依黃道中線而地居天之中心一爲日光所照則此面受光彼面必生景雖所射景與日正對亦不能越黃道之中線以爲規也乃太陰本行多在黃道內外大端距日與地所居之直線遠則朔望無食惟出入黃道之處與日與地相參直在一線上則朔望必食試於本儀考之設太陰在陰（黃道北）陽曆（黃道南）距兩交甚遠任太陽在何宮度使轉太陰本圈與日體會爲朔或正對爲望從而視之必日月不能與地並居一直線無緣得食若移太陰至正交或中交不拘得何宮度與日相會或相望必日月地之體並居一直線本朔望時雖欲不食不可得也

求交食方位

日月相食之輪或從失光之處求之或從存光之處求之其起復方位恆自不同此中緣於多緣如黃道斜月在南北二曜居午正前後俱能變易方位一一細推其故甚難惟於儀上視之瞭如指掌法論日食依先所算黃道上二曜視度中心圖一小圈當日輪并依太陰視距或南或北復圖一圈與前約等即當月輪

求初虧俱依二曜初虧各視度求食甚復圓必依食甚復圓時之視度

隨令時盤午正與躔度相對轉儀令子午圈切初虧等時後以高弧正居二曜之心所至地平即其所食方位也若月食法同惟與太陽正對之處圖地景圈徑約一度半其左右或前後依月距及各宮度繪圈略小即得月食之象假如崇禎九年正月月食三分餘因太陽躔娵訾約二度以本度對時盤午正乃於太陽正對處（實沈約二度）圖景並月體圈轉儀令卯初（初刻）時正居子午圈即因月輪距南約五十分（以本行至景心論）以高弧試之尚距正東十餘度得其向東北至食甚時月輪又低東行又多約與景心南北相對故此時得其向正北也若欲查二曜初虧等時距地平高即依時轉儀令高弧從天頂過二曜之中心至地平數之即得二曜高度如前月食初虧依卯初定儀而以高弧過太陰圈心則地平上約得十九度即月初虧高度也

求彗星遊星經緯度

先任測一恆星之高度如法安球必使高弧依所測星高度與球上本星脗合隨測彗星或五緯地平經緯度而以本經度查於球之地平隨將高弧過所測之星高於球上用點作識因較黃赤道所距度皆依前法即得其星之經緯度又一法先測彗星高度并測一恆星與本星相距之度隨依彗星方向將高度於高弧上用點作識乃復用規器於赤道上量其二星相距度而以一銳指恆星一銳指高弧所識點（高弧進或退必以規銳至其點爲定）即得彗星經緯度或不必測彗星高度而惟測與一恆星相距之度復以界尺量之更求一恆星與此二星同在一直線而球上任將高弧縱橫安之必依二恆星引對則高弧所得恆星距彗星度點之球上又可得彗星實度遊星俱倣此若彗星有尾欲圖全容即依前法先測得其首後測其渾體之長短并量一恆星同居直線上隨於球上使高弧從首至本恆星依先所測之長識之球面即得星尾之所止或正引高弧向太陽躔度以數其長短於球上爲號亦得蓋因彗尾多向太陽對度故也（以上原本卷二）

立象

立象者何任所得時刻應何宮度依之以推定十二舍也而各舍所當居之度分並經緯諸曜皆從本度起算則此因時之變得天之容乃占驗所繇以生第此中緊要在定每舍之初界（即初度）舉所應得分數繪以方圖或圓形隨點入星曜即渾天之象成矣法依本北極高安球以本日躔度與時盤午正較對始轉球與盤將先所得時刻居子午圈下而本球宛然一當時之天象次於西地平識同居之赤道度並得相應之黃道度即第七舍初界次起半圈至赤道上距三十度之限所得黃道度乃第八舍初界遞起遞加盡得地平上各舍初界而地平下諸舍則以黃道相

對處可定如一與七二與八三與九四與十五與十一六與十二之類是也假如崇禎九年正月十五日辛酉曉望月食順天府食甚在卯正一刻二分日躔在娵訾宮一度五十三分因此時求各舍躔度先以日躔對時盤午正依法轉儀得西地平交赤道一百五十○度交黃道鶉火宮一十三度此卽七舍初界正對東地平得元枵宮一十三度爲第一舍初界(卽命宮是)上居天中得析木宮○二度爲第十舍初界正下得實沈宮○二度爲第四舍初界半圈交赤道一百八十度(卽前數三十度)得黃道壽星宮初度爲第八舍初界正對之降婁初度起第二舍又以半圈交赤道二百一十度得大火宮九度爲第九舍正對之大梁九度卽第三舍後移半圈至子午圈之東得析木宮二十度爲第十一舍星紀一十度爲第十二舍而正對處卽實沈鶉首相等之處爲第五及第六舍因而上下左右四角(四角古驗最得力處)定矣復求緯星所居之舍或依表預算或徑用推定七政細行則以本北極高及本時刻取各曜相應度分入其舍若星近舍初界有距度或可入前舍中必先以黃經緯安球上隨以本曜所居之處求於本舍而以前所立象定球漸移半圈如法起舍乃星入前後界內者卽得本舍是也若地平下各舍之星法起南極於架上與北極等高移前第一舍之初界至西地平而天容在地平下者反居地平上卽得諸曜本舍之界如以鶉火十三度交西地平至壽星初度總弧內得前月食惟木星與太陰略近查丙子年七政細行食甚時木星躔鶉火二十九度五十七分而火星則躔大火三度三十分應入八舍土星躔星紀一十一度三十分緯北三十四分必在十二舍之初界太陽金水二星皆在娵訾宮因同入命舍其土星依本經度惟緯北三十四分故得在十二舍之初界若距黃道北或一度半或二度試以舍圈限之必其已入十一舍因近頂緯多故也求恆星法同此蓋此象一立則凡各曜性情勢力強弱可考而知窮理之家借以觀變於未然鮮有不驗者(其法詳天文卷中)

求兩星於立象圈上相合之時

凡兩星本各無力一合卽增力此實足爲所立象損益之原也故以初得某星某宮度主人生命等事者安東地平(依本地北極高)卽應查其與某星相合否蓋轉立象圈於球面上下得二星在通徑上卽命星在地平時其星必合否則令球與立象圈各自那轉復求其當合時法必得二星能如此合遂識赤道交子午圈度次移本日躔度合子午圈併識其同居赤道度乃以前赤道交度減後赤道交度餘度化爲時刻卽得二星應合之時如極高四十度一星在鶉尾宮二度距緯南三度又一星在本宮四度距緯北一度本日躔鶉首宮七度試轉儀併半圈見子午圈西未合必過東近地平方可得合而合時赤道則以七十五度交子午圈便移日躔至子午圈下得同居赤道九十七度爲前度所減(先借全周後減)餘三百三十八度化爲時得二十二時二刻○四分卽二星去午時後合圈下之限

求經緯星相照度

凡兩星相照增力或阻力多以向黃道爲準大約有五等如會合卽同度同分爲密而同度不同分者則謂之疎六照以六十度爲界四照止於一象限三照以四宮相距而云然望照則以正相對而得半圈之距乃此數照又各有親或遠者蓋星體居正照之界卽親而力強若體未正居其界而第以光居之卽遠而力弱至若光之前後雖同而各星所定之限有異如土得十度(前十後十)木十二度火八度太陽十七度金水皆七度太陰復十二度經星凡第一等有七度三十分二等五度三十分三等三度三十分四等一度三十分五六等最微力弱不入其數總之除會望二照餘皆以順十二宮爲左照逆十二宮爲右照試於儀上考之法用規器量黃道上任取一照之界(六十九十等度)以星爲心於黃道左右分順與逆照之限假如求大角四照以九十度爲限將規一銳居本星體一銳指左界九十度必至星紀十七度爲順照指右界九十度必至鶉首十七度爲逆照若七政必先依各經緯度安其本位餘法同前又一法用立象半圈先依北極出地安球任取本時升度居地平乃移半圈徑過其星依之於赤道上作識後轉球從前所識赤道度相距三四等照界仍移半圈其上所指黃道度卽另照所至界也假如升度在壽星十六度求軒轅大星六照限必移升度於東地平立象圈過星指赤道一百二十八度復加六十度應一百九十八度居立象圈卽併得壽星宮十六度居本圈爲軒轅大星六照之左限其右限則以反減六十度爲法

求歲旋

凡從前所取時刻至太陽復躔元度分其中相去總

數謂之歲旋蓋依後時所立象較前象所得七政等星居舍內應增或阻前星之力即效驗所繇變也法令球依前立象之時定住視赤道交子午圈若干度爲前象天中升度令越若干年復求後象天中之升度必每去一歲加八十八度四十九分滿全周則去之餘數即後象赤道交子午圈度使之於本圈正合可得天容依歲旋之時因以定各舍宮度而各星安舍法亦同前假如崇禎元年正月酉正時立前象因太陽躔元枵一十六度一十九分依法轉球令時盤酉正交子午圈得赤道交本圈之升度爲五十度設相去八年復立象爲崇禎八年十二月二十九日太陽躔元度是則以八乘八十八度四十九分去全周餘四十度三十三分爲後象之升度移居子午圈得本圈指酉初二刻爲歲旋之時如用立成表細求即後歲中先查太陽躔元度分之日爲歲旋終之日次以後象升度減太陽是日之升度不足減借全周減之餘數化爲時刻分即得當日立象之時刻焉假如因十二月二十九日太陽躔元度爲歲旋終之日其升度三百一十八度四十八分後象升度四十度三十三分不足減借全周共得四百度三十三分減去前數餘八十一度四十五分化爲五小時一刻一十二分從午正起算

加升度表

歲數	度	分	歲數	度	分
一	八八	四九	一九	二四七	三二
二	一七七	三八	二〇	三三六	二〇
三	二六六	二七	三〇	一四四	三〇
四	三五五	一六	四〇	三一二	四二
五	八四	〇五	五〇	一二〇	五三
六	一七二	五四			
七	二六一	四三			
八	三五〇	三二			
九	七九	二一			
一〇	一六八	一〇			
一一	二五七	〇〇			
一二	三四五	四九			
一三	七四	三八			
一四	一六三	二七			
一五	二五二	一六			
一六	三四一	〇五			
一七	六九	五四			
一八	一五八	四三			

引照元與增力元相合

凡初得某星某宮居某舍因之以占所效是謂照元設更有一星或一宮所居舍能增力或阻前效即謂爲增力元二元必各依定時著力乃就中求以前者至後之位或反以後者至前之位俱依赤道弧相應二元之距爲限轉球查其弧之大小爲引則一度應一年度數既定應在何時亦可限矣故引後至前以順宗動爲正而引前至後則因五緯逆行時用之遂名曰反引皆於球上可得正引者何轉球先依天象安定令黃道應第一舍初界之度正居東地平次查照元移象圈徑過其上幷識赤道合子午圈度又轉球右行以增力元至半圈復識赤道交子午圈度則先後所識之間弧乃指正引限而總數可推年時也欲反引安球令之轉同前惟立象圈宜先徑過增力元復識轉球時赤道過子午圈弧因以定其中相去之年假如北極高四十度設大梁十度在第一舍初界太陰離黃道娵訾二十度距北二度爲照元火星近東地平躔大梁六度距南三度爲增力元必先依各經緯度帶二曜於球上然後令象圈過太陰處所交赤道點約爲三百五十二度用本圈與子午圈同用次定住象圈移火星與本圈正對約得赤道交圈點爲二十八度以所得前後度相減餘中弧爲三十六度即正引之限求反引法亦同但引限在地平下必先起南極依北極出地度令黃道第一舍初界之度正居西地平餘法同前見前第二卷

求引二元應止黃道何度

因照元漸離初得之象圈乃更有黃道相應故任至某年亦可求其相應度法先安球依本象令象圈與照元合隨查赤道交子午圈度因之順或逆取本度與年數所止限移至子午圈必此時交象圈黃道度即其年所引照元止限也如北極高四十度設壽星十六度東出太陽躔元枵六度爲照元依去四十二年之數復求躔度因安壽星十六度於本地平安象圈於鶉火六度與元枵對度因後在地平下故得子午圈交赤道一百一十度以加四十二度依之應一百五十二度交子午圈得象圈交鶉尾一十六度即娵訾一十六度正對宮度是爲照元去四十二年所至限若照元自居四角不必用象圈依所取年數轉球復居本角黃道度即照元所止度設壽星十六度爲照元而出地平者亦即此度則得地平交赤道二百零一度令球右轉以赤道四十三度至地平則所幷居之大火十九度即爲照元任取之年後止限又設增力元亦居地平等角即以同居赤道度減年數之度所止限復移至地平等角亦即得黃道交地平等角爲其當年所至之限或增力元不正居角仍用象圈與之交幷識其

所過赤道度減總年數餘度限移至本象限復得并交黃道度爲增力元當年之限也

依渾儀解圜線三角形

圜線三角形者何乃過球心大圈相交三弧之形而各弧不及圈之半周所成也蓋形內每兩弧共抱一角在間者謂之腰弧而與角相對之弧卽底弧或又謂直角三角形內以所抱直角弧爲底弧及垂弧卽與勾股不異而以所正對直角者爲弦弧論角其大小以對弧之大小爲則蓋用規器以本角爲心以九十度爲界則兩腰間之弧（先引長）必量其角得本弧爲一象限卽對角爲直角過象限爲鈍角不及象限乃爲銳角凡弧或角不及滿象限之度名之爲餘又凡兩腰引長至合一點則得抱角之對三角形以底弧爲公底以對角爲等角而餘弧餘角皆前三角形所不及滿一百八十度之餘弧餘角者也因止一直角三角形得餘皆鈍角者則與直角正對之形內腰間角必直餘反皆銳也如止一直角三角形得餘一鈍一銳者則與銳角正對之形內惟前形直角相連之角爲直角餘皆銳角也如圖乙戊丙形內設戊爲直角乙丙皆鈍角卽其對形乙甲丙內得甲爲直角乙丙皆銳角也又丁丙戊形內設丙爲銳角戊直角丁鈍角卽其對形爲丁己戊而戊角獨直丁己皆銳角論斜角形如三角總爲銳角必對形獨存一銳角餘皆鈍角也設乙甲丙形內甲爲銳角卽得對形乙戊丙內戊亦爲銳角乙丙皆鈍角如三角總爲鈍角乃對形反存一鈍角餘皆銳角也設乙戊丙形內戊爲鈍角卽乙甲丙內甲亦鈍角今解三角形法多論不及一象限之弧卽銳角之底是也因以斜鈍角形先變爲銳角形以直角形有一或二鈍角者亦先改爲對形則就中推求之法與解原形不異卽餘弧餘角之理所繇出也今用渾天儀解之亦倣此但先解直角形盡之於三比法有以先得一銳角并與各弧者又餘銳角復并與各弧者又以其底同各腰或并得二腰者各列法如左

任取一弧一銳角求餘弧及餘角

設甲乙丙三角形內甲爲直角其底乙丙餘弧卽腰則乙與丙皆銳角也先設得乙丙直角之底弧及乙角欲求餘盡解本三角形法架內北起子午圈令赤道前高依本角之度然後或東或西自赤道交地平處與本地平查底多寡之度以爲限移過極圈至此限上卽三角形儀上定矣如乙角爲二十三度半以前子午圈弧爲則使赤道依之其左右交地平角卽得對弧以定大小今甲爲直角必於赤道交過極圈處求之則地平上得底若設乙丙底弧爲六十度而移過極圈至本度（從乙角算起）因大腰在赤道弧約爲五十八度小腰在過極圈弧

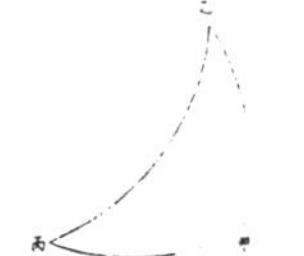

爲二十度有半自過極圈交地平查各圈滿一象限卽以其限安高弧得二圈間之弧爲丙銳角之對弧約七十八度又設以小腰及本角求餘弧及餘角卽先定角等法同前而以所先得甲丙弧（如二十度半）與過極圈上爲點移之至交地平必自得腰與底弧合前度卽丙角亦在高弧同矣或以大腰查求其餘亦先定乙角而轉儀以漸進赤道弧入地平令自其二圈相交之處獨餘五十八度至過極圈交赤道之角必餘法餘度亦合前也

今試以三弧各與丙角爲先得如底爲六十度求餘弧餘角法移過極圈至地平距子午東或西三十度（六十度餘足）定任球使高弧距二圈相交之處各滿一象限得間弧爲七十八度卽所設之形準否則宜前或後起子午圈必令高弧對丙角如其度爲止卽子午圈自地平以上得對乙角之弧而直角兩腰皆明矣或設先得大腰與丙角必進或退赤道圈定其腰之大小（如五十八度）卽安高弧而起子午圈依前法求餘弧及餘角也或以小腰及丙角求餘卽先於過極圈查腰弧大小之度使之交地平以試高弧得全形蓋對角弧不及其度卽球宜北起過極圈宜南下若對弧已過其度則球反宜南起隨移過極圈東西得正然後餘角餘弧皆依前法準得矣任取一腰一底或二腰求餘弧及諸角先設得小腰與底弧皆依前度法

令球轉東或西以過極圈限底弧之度(如六十度)視本過極圈自赤道至交地平弧若正合其度(如二十度半)即三角形已定否則前後起儀求小腰務合於地平乃所對大腰亦復得五十八度而查乙角丙角必同前又設得大腰與底弧亦先定底弧度漸起球或下令之左右轉以幷對大腰度即小腰亦自合而求角必依前法也或復設得二腰求底與角即先定大腰令球下或起即得餘腰與底而求角亦不異前也

解斜角三角形總爲六題

其一曰以二腰及間角求底弧及餘角如甲乙丙三角形內丙爲鈍角甲乙皆銳角設先知甲角(即間角)則乙丙爲底餘弧皆腰也如甲角爲三十度大腰六十度小腰止五十度法於子午圈查距極(南北不拘)六十度之弧移其限於天頂次用過極圈令距子午圈左或右而以赤道三十度爲限末安高弧東西必依極圈所居方位令之交極圈距極限五十度即三角全形定矣大都子午圈爲大腰極圈爲小腰高弧爲底因而如前圖得乙丙底爲二十六度有半乙角以地平爲對弧在子午圈及高弧之間得五十九度有半所餘丙鈍角欲求其對弧未免再移球故先依高弧於球面上界線後轉極圈令交高弧之點正居子午圈下而幷其子午圈起之以當天頂乃復依先界之線安高弧而以至地平爲限則此限及子午圈之中弧即丙餘角之對弧爲一百八十度所減存得丙角一百零三度若用渾儀求之線宜界於黃道上或高弧本位不與黃道遇即於未轉極圈之先移高弧於正對地平度所遇多寡度界線其上餘法同前而所得弧即正丙鈍角之對弧也

其二曰以二弧及先所得一弧之對角求餘弧餘角如前圖設先得甲乙弧六十度乙丙二十六度半及丙角一百零三度法起子午圈以二十六度半爲距極之限令之居天頂則自極至頂得乙丙弧將秋分經圈西距子午圈十三度(依赤道爲則)或將春分經圈東距十三度則自二至經圈至子午圈其中得赤道弧爲一百零三度乃丙角之對弧也又安高弧使之以六十度(自頂下數)交過至經圈即以高弧得甲乙以經圈得甲丙而甲乙丙形全矣今查甲丙必爲五十度乙角則自高弧至子午圈在地平上必五十九度半所餘甲角因依高弧於黃道上界線然後移經圈交高弧之點以正居天頂而依界線復安高弧得交地平至子午圈之中弧爲三十度或不移球止安高弧於地平正對之處用規器於前交經圈及高弧一象限之界量二圈所距亦必得三十度爲甲角之度也

設反得甲丙五十度乙丙二十六度半及甲角三十度以求餘弧餘角法起子午圈令距極五十度之限在天頂次轉儀使過極圈距子午圈之東或西依赤道上三十度爲則即於高弧自頂而下數至二十六度半以之交經圈即得餘弧於本圈爲六十度而高弧在地平上其距子午圈一百零三度乃爲丙角之對弧仍依高弧在黃道上作線令前交之經圈六十度居頂用高弧順線下至地平必得五十九度半即形內乙角也

其三曰以二角及先所得一角之對弧求餘角餘弧設甲乙丙形先得乙角爲十度半丙角爲一百五十四度半又得甲丙弧對乙角爲二十三度半宜求甲角與甲乙及乙丙弧但既先得甲丙對乙角之弧亦應知甲乙對丙角之弧過象限否今使過象限法查經圈左右赤道上之十度半令之正居子午圈隨於地平上從北去南查一百五十四度半以之安高弧因而起或下子午圈必視其所交經圈之點距北極出象限外乃幷觀經圈所交高弧之點必距天頂二十三度半一得距度準即本形定矣蓋乙角在極中經圈及子午圈之間與正對赤道得其若干(十度半)丙角於地平(一百五十四度半)甲乙弧於經圈上約得一百零六度乙丙於子午圈上得八十四度半止餘甲角必起高弧與經圈所交之點至頂而求其角於地平依前法得其爲二十七度

其四曰以二角及角間之弧求餘角餘弧如前形內

設甲角爲三十度丙角一百零三度甲丙弧爲五十度法自極中查子午圈上五十度命之居天頂爲甲丙弧查地平去子午圈北一百零三度以安高弧爲丙角末以赤道上距經圈三十度之限移居子午圈乃得甲角而餘弧自明矣因而高弧上得乙丙爲三十六度半經圈上得甲乙爲六十度若求餘角必起高弧所交經圈之點至天頂依前法查之乃得

其五曰以三弧求諸角設甲乙弧爲六十度乙丙爲五十度甲丙爲二十六度半法使甲乙弧在子午圈出極中至天頂即以之安高弧命以二十六度半從頂算交經圈距極五十度之限必得乙角於赤道圈甲角於地平而丙角則起經圈五十度至頂依前法求也或使乙丙五十度在子午圈而以高弧安經圈之六十度即乙角可在赤道上得丙角則反在地平甲角則起球求之法同前

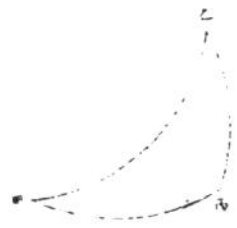

其六曰以三角求諸弧設甲角爲五十九度半乙角爲三十度丙角爲一百零三度法轉經圈於子午圈之東或西任取相距三十度或五十九度半或一百零三度皆以赤道弧爲則必得相應之角在經圈過極之處安高弧亦同法蓋其交地平距北或三十或五十九度半或一百零三度必皆在地平上算而相應之角則在天頂但安高弧必先於地平取準乃於天頂未定之時漸起或下儀試二弧遠近相交之處以對餘角其法或識高弧交經圈之點於頂而地平上試所求角正對之弧或用規器從高弧與經圈相交之各點距一象限量其二弧所距必先轉高弧於地平正對度得合餘角即初起之球必準否即更移之總以試定三角後而其弧自明矣

欽定古今圖書集成曆象彙編曆法典

第八十七卷目錄

儀象部彙考五

曆法典第八十七卷

儀象部彙考五

新法曆書三

渾天儀說三

依比例原法復解圓線三角形

圓線三角形中之比例總歸四原因生四公論以盡解或直或斜三角形之理

一論曰凡多直角三角形得銳角同近底線者以較其弦及垂線之正弦必皆互得比例設後圖於儀上甲乙丙丁為地平戊為天頂從戊過甲戊丙與庚戊己皆以直角交地平彼為子午圈此為高弧乙辛丁當赤道圈以直角交子午於辛以斜角交地平於乙於丁蓋多三角形中取二形即丁辛丙及丁壬己乃二形中有丁辛與丁壬為弦線辛丙與壬己為垂線丁丙丁己皆底線銳角在丁依常法以辛癸及壬寅兩弦線之正弦與辛子及壬丑兩垂線之正弦互相較先得三線其餘線俱可得矣今用渾儀顯之試以二弦線及大形中之垂線求小形中之垂線因而設丁辛得九十度為赤道一象限丁壬為赤道四十二度之弧辛丙則其地平高得四十八度二十五分法移高弧在壬下至地平得壬己弧為三十度〇二分或安高弧以三十餘度交赤道圈即自限小形之弦可幷得兩弦線欲求大形中之垂線則辛丙必為子午圈上之弧自地平至赤道高四十八度二十分或以二垂線及大形中之弦線求小形中之弦線各依前所定度則自壬高弧交赤道處至本赤道交地平丁必得四十二度

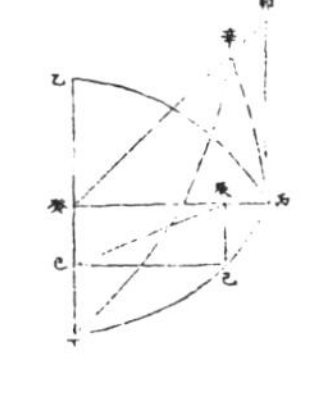

二論曰凡多直角三角形得銳角同近底線者以較其底線之正弦與弦弧之切線必皆互得比例如前圖三角形同而大形底弧之正弦癸丙其切線即卯丙小形底弧之正弦己己其切線為辰己皆可反復相解或求垂線或底線必以算乃得今於渾儀上查之設赤道高同前高弧交處亦同前度必所得垂線亦不異前若求丁己底線即自赤道交地平至高弧切地平之處得其弧為三十度五十餘分因依常法凡弦弧之正弦與垂線之正弦得比例可互求而底線之正弦較垂線之正弦則否何也蓋垂底兩弧之正弦各圓線形內不能合成一直線三角形故（見前第一圖）用渾儀可免直線形止須以圈相交處即得各弧之長短大小焉

三論曰凡圓線三角形其線之正弦必與對角之正弦得正比例如後圖設甲乙丙為直角三角形直角在丙餘皆銳角各邊引長為一象限至壬至戊至丁自丁復引象限至子至庚因得乙丁己斜角三角形今依常法直角形內求甲丙邊即因先比之丙角與甲乙或甲角與乙丙推乙角與甲丙之比例求乙角即因甲乙反比之丙角或乙丙與甲角亦算得甲丙與乙角又求乙丙應以甲角較推如丙比甲乙同而反求甲角應以乙丙邊推如甲乙比丙同此反復用八線表推求法也若用渾儀即本圖內子甲壬自當地平必得天頂在丁而子

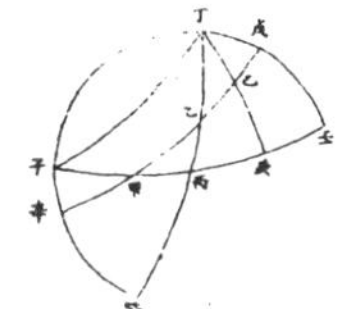

丁壬為子午圈設辛乙戊為赤道丁乙丙為黃道或當高弧則直角形中之三邊各顯於本圖各有定度可取蓋論角則丙角自顯為直角以丁子弧可徵餘角皆以對弧得則甲角以戊壬乙角以辛癸是也試於斜角三角形內先求乙己邊必以丁對角推之用乙與丁己或己與丁乙之比例求乙己等角亦以對邊求之法必同前但查表或疑其所求角應銳與否

如查正弦九二七一八應六十八度幷應一百二十二度

必以取準圖形爲正或用天球尤易明蓋設丁庚爲高弧得丁角於丙庚地平弧乙角在兩道相交之處必對則在過二至之圈弧己角既爲鈍角乃左右之邊無以定其象限必球上自頂順高弧界線而線交乙己弧之點移至頂則球一面依先界線安高弧必盡於地平一面赤道亦自至地平彼此間地平弧即能量定己角矣

四論曰凡圓線三角形兩邊各小於象限先以兩邊弧自并後又以小邊并大邊之餘弧而即以此後總弧之正弦或減先并總弧之餘弦或加其過象限弧之正弦所得線半而用之乃以求第三邊即前兩邊間角之矢與他線如全數與前半線所復得線爲後并弧之正弦所減必餘第三邊之餘弦或爲後并弧之正弦所加亦餘第三邊過象限弧之正弦若反求角則他線與角之矢如前半線與全數而他線亦爲後并弧之正弦以內減第三邊之餘弦或加其過象限弧之正弦所生因此三角形中之兩邊并較象限或等或小或大而各依之以推第三邊設角時直時斜皆同但推角設邊反異蓋兩邊并較象限相等或小則設第三邊必小於象限獨兩邊并大於象限所設第三邊亦能大於象限故法雖同臨推種種略異此等三角形曆家無所不用雖加減法若省然亦未免於煩欲查渾儀則捷若指掌何也以二邊及間角求餘邊先設兩邊并與象限等其一爲四十七度其一爲四十三度間角爲五十度試於儀上極高四十度即安高弧令地平上依間角自南去東距子午圈五十度自頂於高弧上查四十三度亦自頂於子午圈餘四十七度得其中黃道弧從娵訾宮一十四度至降婁宮一十七度共爲三十三度即形內餘邊也復設兩邊并小於象限如各爲三十五度間角與極高同前得三邊在中黃道弧則自降婁宮九度至大梁宮六度共爲二十七度又設兩邊并大於象限如各爲六十度餘皆同前得第三邊在黃道弧自元枵宮二度至娵訾宮十五度共爲四十三度若求角即以先所得三邊反查高弧及子午圈之間角則所得三弧必生五十度之角第原法凡得三邊小於象限者用其餘弦與後并弧之正弦相減大即以其大弧之正弦相加乃儀上亦無二法如黃道自元枵宮一十八度至實沈宮初度共一百零二度爲第三邊其對角當在高弧及子午圈相距之地平上得一百一十度此則抱角之二弧并必大於象限也今試以公論用儀解日食內所算三角形則凡直角形歸一種斜角形又歸一種共列二等如左

求時圈與地平交角

時圈與赤道經圈及過赤極圈皆一而獨以其所用有分別焉設太陽居正午其過時圈至地平正交必爲直角若午前後因斜交地平得角亦斜且大小不一復設太陽在正東距正子午圈共六小時則過時圈至北極得九十度其交角大小與極高度同使交角在正午及正東西間即以高弧求其大小法從交點各圈上正去九十度安高弧（地平上算）必本弧上從地平至交時圈間度爲時圈交地平角也假如太陽躔降婁宮初度設時爲辰正二刻先將午正與本躔度并居子午圈下後轉儀令辰正二刻正切子午圈乃本時圈交地平從正東起南去四十度以之安高弧又距本度滿一象限則又在正北之四十度以此度復安高弧從地平上數起得交時圈五十三度爲時圈交地平角也

求地平與黃道交角

法用高弧過黃平象限下至地平即因高弧爲大圈以所正對交角之弧能量其大小則必自地平至其交黃道點乃得黃道交地平角也假如北極高四十度設實沈宮初度居地平東出得平象限偏子午圈之東以高弧從此點過至地平約得三十四度一十〇分爲地平及黃道二圈之交角蓋黃道因半周恆在地平上而平分左右各得九十度獨冬夏二至此限正合子午圈外此則限每偏東或西所以查交角用高弧不能用子午圈也

求黃平象限距子午圈爲三角形之弧

黃道隨宗動左旋其交子午圈也時高時庳因而兩象限之中點距天頂亦時近時遠且以斜升斜入故則九十度限大半偏東或西乃從冬至迄夏至限常在東從夏至迄冬至限常在西即從而得限及子午圈中之弧也今依法加高弧使之過其限必以直角相交其角左右之弧一在高弧一在黃道而相對之底弧在子午圈則三弧共爲直角三角形也明矣本形內各弧亦能自顯度分乃限距天頂又距子午圈等度皆見於弧若更求高弧距子午圈中黃道之對角必應查於地平即以高弧距子午圈之中弧量之乃得且本弧大小正與黃道出沒之廣弧等如北極高四十度設大梁宮初度爲平象限因偏東十四度

以安高弧得其至地平切子午圈東二十七度卽象限偏子午圈對角之弧與黃道自正東去北之出正西去南之人等而高弧自頂至交限點則三十度也

求子午圈及黃道交角

凡黃道以冬夏二至交子午圈成角者必為四直角因子午圈當過黃極並二至圈此間必正相交故也使以春秋二分交卽為斜角得對弧正與兩道最相距之餘弧等從此距分漸遠交角亦漸易必自冬至至夏至交得銳角向東北或西南自夏至至冬至亦交得銳角向西北或東南法以黃道度正合子午圈定任移交點至天頂從此至地平兩圈各成象限則其間地平弧能量交角之度如大梁宮初度交合子午圈七十九度(從北極算)必移其七十九度在頂與本宮初度相交其二弧至地平間必抱七十度東北與西南皆等又設鶉火宮以十五度相交因在子午圈七十四度移本度居頂得二圈至地平中弧必為七十二度西北與東南皆等

求高弧與黃道各度之交角

先依黃道距午正前後度以赤經圈交黃道角或加或減於高弧交經圈之角乃得高弧與黃道或正或餘(形內外是)之交角此原法也今用渾儀可免加減徑安高弧交黃道於其距正午度卽依前法界線隨移本度至頂復依線安高弧必得角於對地平弧矣如北極高四十度設大梁宮初度距午正六十四度(東西無異)使高弧交其躔度因得界線後起大梁初度居頂依線復安高弧卽得所指地平五十八度為高弧交黃道角也或不必轉儀而獨移高弧於地平對度用規器於高弧及黃道弧距前交點九十度之界量其二弧相距則地平上亦得五十八度如上圖甲為天頂丙戊黃道弧甲丁為子午圈平象限距其東設在乙日食在戊或丙依前第三及第四題公論以二曜躔度丙及定朔時先得丙丁黃道弧必使丁居正午以高弧過丙為甲丙丁斜角三角形內求甲丙弧(二曜地平高之餘弧)及丙交角蓋以甲丙查得太陰高庳差(丙己是)丙角為小形內交角等因井得所餘己角(壬自直角)為而以之推丙壬時差及壬己氣差故也或依第一及第二題公論以先得黃道交子午圈丁點於儀上幷得平象限相距之乙丁弧卽安高弧過乙限先得甲丁乙直角三角形內查甲乙本限距頂之弧而更使高弧過丙躔度乃復得甲乙丙直角三角形內求甲丙弧及丙角皆依前法因解丙己壬小形以求視差其法尤省

依渾儀製日晷法

太陽左旋以定晝夜十二時(二十四小時)則常依赤道三度四十五分為一刻每十五度為一小時故諸圈以二十四平分之而每分又以四平分之乃得時盤必周分各與赤道皆等之度相應令之監立與赤道高下等而中依直角安表則表景所射卽能定時而赤道晷所繇起也今不必恆以竪立合赤道圈或正立面向南北為立晷或正倒面向天頂為地平晷或復正立面東西正向為子午晷或又正立面偏正南左右或不正立面偏地平各以所向天上之圈得名而各以其面承接日光故立表或正或斜不一卽表射景遠近與面分時刻廣狹亦不得一雖太陽左旋同諸時刻平行同而線則實繇景得射景既異相距之線安得不異此諸晷公有日平行之原而私則各有所異總於本儀可得而明矣

求諸晷方位法

日晷之製原以度數考求而度數必有相應之定處則又在取準方位焉故凡平面日晷所向方位多變大約相較有二原或較地平卽與之為平行有正立有曲立種種不同皆應度數不等或較子午圈亦與之為平行乃有偏左偏右而多寡復以間度為則者

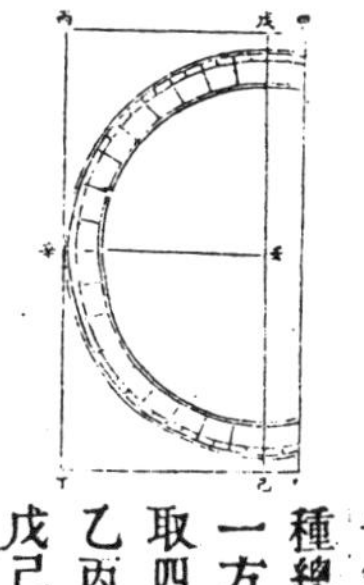

又或有偏於地平偏於子午兼地平子午而別為一種總不外此二原乃復得一方位者必先置木或銅取四方直角平面形為甲乙丙丁依其長邊面內作戊己線與甲乙為平行線應平分於壬卽以壬為心以辛為界作己辛戊半圈

乃平分一百八十度也從中線壬辛左右各一象限而另設垂線於壬則定方位之器全矣臨用時如求地平方位即令此器以丙丁邊倚晷面正立得垂線合壬辛中線者即得其面正與地平同若垂線偏距中線左右則必查象限得晷面前後離地平若干度以垂線依象限辛點之前後度爲法或令甲丙邊依直角倚晷面得垂線正合壬辛線者即其面正立在地平若得垂線距辛點內外則依其距度於象限上亦可得晷面偏前後之廣欲求距子午圈方位即令甲乙邊以直角倚晷面從此器中心壬出尺能旋轉於半圈諸度尺末設指南針其上隨尺同轉乃先安器後轉尺而以羅針對下順尺線者爲準隨以尺距中線之度定晷面距子午圈之廣但羅針未免略差故又一法晷面上界線自上一直下於線上立表表末另懸垂線候日光射垂線之景必合晷面上線乃準且將渾儀依法測得日輪高度而以太陽躔度對高弧則高弧所指地平度或正東西或偏左右因偏若干亦可定晷面離正南北之廣也其求重複方位各依所向可得乃向地平如前向子午則有法於晷面立二表任意相距表銳各設垂線距面皆等候日輪出視其二線準對即於儀上測其地平高以與高弧正合而地平經度可得子午圈方位亦定矣

製正球日晷

凡日晷之表等雖北極出地不等得各時線相距等者謂之正球晷此其製原易可不須球然舍球又無以明其理也如赤道晷因諸時圈與赤道交其相距皆於球心相切設以本儀之樞當表其射景必順時圜行赤道使各依極安儀而表之長短同則時圈在赤道上相距之度亦同或論赤極晷因其面正合卯酉時圈設本面距儀心任表長短等而諸時圈與中心相切從心過晷面相距不等則正午線合儀樞可當儀面中線而餘線左右

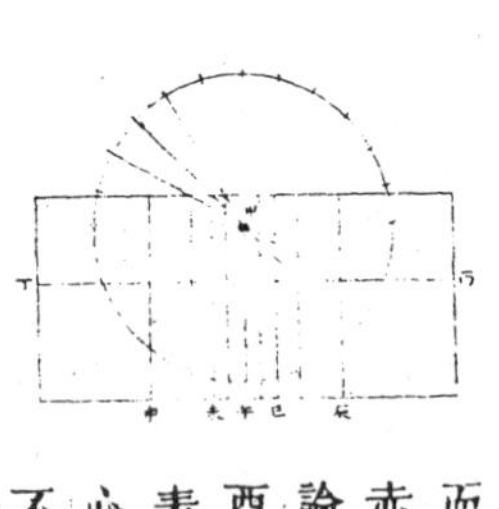

相距漸遠皆平行如右圖以長方形爲晷面其丙丁橫線者即赤道與之相切線其甲午正南北線者即合儀樞從赤道頂過時圈所爲線也立圈者乃赤道周平分以指諸時圈相交之點者也蓋時圈必皆切表頂當地心是而後開之使過至丙丁線上爲時線所居之界故本晷諸線交心在面外而以表頂爲心彼此相距皆平行今設表長短同雖極高多寡不同其線則二晷相距無異又設甲午線依天樞斜臨令晷面偏東或西則午時線不能定在面之中必依面所偏多寡而晷面亦移左右不等至其面向正東正西乃以中線爲卯正酉正餘線漸遠惟午時線不入晷面而丙丁線則尚爲赤道所切雖時線皆平行乃晷則應以一面斜起庶合赤道高度而得中所橫線其高低度與之等也

製斜球正日晷

凡日晷之表等因北極出地不等得各時線相距亦不等者謂之斜球晷其製法原不一今用渾儀列簡法如左

如製地平晷先起儀依本北極高乃令過極圈正合子午圈而子午圈之左或右每於赤道上查十五度移居子午圈下即識過極圈交地平正南北度復於赤道上查十五度如前移居子午圈下又得過極圈交地平度以此逓查逓移必至盡過極圈交地平度之界而止則諸時線在晷面相距之廣全得焉蓋晷面上先作兩直線以直角相交其一爲子午線其一爲卯酉線而以交點爲心任意大小作虛圈或用比例尺或依本圈預分度取儀上地平所識度爲法自卯酉線至子午線東反之以應儀上所識度爲準從心出線過此者皆平晷時線也如北極高四十度以過春分經圈居子午圈下必在地平之正南北初度爲午正移之去東十五度依赤道度得經圈東交地平十度距子午圈等爲午初移之去西十五度得經圈西交地平亦十度爲未初距午前後等時恆得距度等巳正及未正約得二十度半巳初及申初約得三十三度辰正申正得四十八度辰初酉初得六十七度半至卯正酉正則各滿九十度而卯酉外與前距時等必皆得度等若求刻線亦依赤道上三度四十五分爲一刻如前法逓查之安表使之出晷心向午正距晷面漸遠以北極出地度爲則必懸子午線上以正合本地天樞是也

若正南北立晷亦用儀上赤道求距度漸移至子午圈法同前其所異惟在交度蓋高弧與過極圈相遇處爲交度而高弧則定居東西或卯正酉正苟不用高弧惟以極高所餘度求之如北極高四十度依其地製立晷必使儀北極出地平上五十度如前法定時線蓋五十度即極高四十度之餘度其安表漸距

晷面正下以至本地赤道高爲止此晷自卯正至酉正獨十二小時向南而卯前酉後之時面皆向北其表漸距晷面與前同從上反求得正矣

製斜球單偏日晷

若不正立面向南北製法略與正立同但用高弧必依其偏容有異蓋向南面偏北者必查偏度於子午圈從儀頂去北即此安高弧面向南者則偏度宜求於頂之南以此界出高弧其向北晷面偏南者即依偏度於頂南求界或面反偏北尤宜於頂北求界總之偏度多寡及所向方位皆應查於子午圈距頂南或北之處以安高弧而高弧下至地平恆在正東正西之點表位必在正午時線從晷心漸距其面與高弧上距北極等

若不正立面偏正東正西法用立象半圈先於高弧上取偏度如設面向東而偏西三十度令高弧自頂下至正西量三十度爲限即安半圈於其限以當地平必識其與極圈相交之點爲各時線之距如北極高四十度安高弧及半圈如前將時盤與夏至圈對試於太陽出時必得春分經圈北交半圈十六度卯初交十二度漸過以南交二十六度後七十等度至未正一刻餘太陽過半圈西晷面無景其本晷表位偏午正線左右距晷面較地平面高不等求其位法使經圈與立象半圈以直角相交即因經圈自交點至極中弧得表之高半圈自交點至交北地平得表位與午正線相距之遠如依前極高等數則表距三十八度高二十二度

若正立面偏東或西製法亦與正向南北立晷同獨高弧下至地平不得定在正東正西之處必依晷面偏度因之距東西等如面向南偏西三十度即高弧距正西亦北去三十度面偏東必高弧距正西之南向北面偏東西皆倣此但偏晷所得高弧度午前後必異時刻多寡不等試令北極高四十度晷面向南偏西三十度先以高弧北距正西三十度轉經圈西十五度（赤道上或用時盤亦同）得其交高弧點距頂十二度爲未初乃自正午相距線也又漸轉儀每十五度爲限得午後時刻各依交度不同之廣未正交二十三度申初交三十三度半申正交四十四度酉初交五十五度酉正交六十九度戌初交八十七度復移高弧在東距正東之南亦三十度隨轉過極圈東十五度得午初交高弧九度巳正交二十九度巳初交四十八度辰正交七十度辰初則交地平雖夏日最長亦不能全見午前半晝景安表必先查其偏東西若干距晷面多寡法令高弧至地平居本晷偏度限（偏西偏東）（用高弧於東地平偏西用高弧於西）乃轉儀使過極圈距子午圈與偏度等必得以直角交高弧則自頂至交點於高弧上得表在晷面上垂線之度自極至交點於經圈上得表距晷面之度假如前設偏西三十度之晷將高弧下至西地平北距正西三十度過極圈亦應於北地平距子午圈三十度得其與高弧以直角相交則自交點至北極中約四十二度爲表出心漸距晷面之高復自交點至頂約三十度爲表漸距中垂線之廣此立晷之面南偏西用高弧及經圈之法與面北偏東而面南偏東與面北偏西者亦同但表末於面南晷以向南極爲正而面北晷反應向北極也

製斜球重偏日晷

若不正立面向南北復偏東西則較本晷面與地平面或偏向或偏離爲交角時銳時鈍之異故依偏容分別其晷爲二種先論銳角向地平者法查本晷所偏東西度於其本向地平或晷向西南東南必從子午圈南交地平起其所止限爲高弧當至之處則自頂依高弧求晷面偏地平度即以合度處於球上作識復自高弧交地平處去北九十度爲限因之以安高弧移居頂而過前所識處即於高弧上得諸時線相距之度則因交前所識及子午圈間弧爲晷面中垂線距正午線之廣也次轉球過極圈以十五度爲交高弧之界與前法同得午前或後依面向東或西各時線之距而餘方則移高弧於正對地平度轉球使極圈漸交高弧各時俱可定矣若以鈍角向地平法反查偏東西度於本晷所向正對地平或晷向西南東南則從子午圈北交地平起所止限亦爲高弧當至之處乃於球上作識依之求時線相距皆與前同獨高弧宜去南九十度以定復安之限雖高弧不能過球上所識井至子午圈惟令立象半圈過正相對地平而左右轉球則午前後時線度半圈上可得假如北極高四十度晷面偏西距正南三十度向地平偏二十度必使高弧在子午圈西與地平三十度合令夏至圈正居子午圈下乃自頂依高弧量二十度得近黃道處爲實沈宮二十一度與高弧二十度合爲點作識後復安高弧或立象半圈在地平正西之北三十度從前點過（球向不動）與正相對之度至地平則所交子午圈處距頂約二十三度距點一十二度

則一十二度爲晷中垂線距午正線之度便轉球西一十五度（用時盤亦可）夏至圈必交高弧八十七度爲未初次交七十二度爲未正次五十八度次四十五度次三十三度次一十八度末五度爲申初申正等時以至戌初始盡復轉球令夏至圈距子午東一十五度得交對度高弧六十四度爲午初次四十六度次二十六度次一十一度次即入地平蓋辰初不載晷面因其偏西故也欲安表必先查其應距晷面若干偏午正線左右若干因而從晷心出依偏距度起射景與各時正合求距面度法使高弧在晷正面地平（未求餘方時之前）漸轉球以過夏至圈得北極及高弧中最小之弧即因本弧量表距面之廣或於本方使過至圈與高弧以直角交則自交處至極中弧亦爲表距面度查表偏午正法用高弧交過至圈與前同獨偏度當於高弧上從交點至子午圈上求之必中弧爲相應之距度假如前晷求表安高弧在西地平北去正西三十度使之上距頂南二十三度轉球令過至圈以直角交高弧即從交點至北極中約得六十度爲表距晷面度復從交點至高弧切子午圈約得五十五度爲表距午正時線之度餘倣此

界節氣線於正球日晷

凡節氣在黃道上正相對者以較赤道其距內外天上必等蓋隨宗動左旋必爲平行圈故乃平晷節氣線則不然雖赤道線爲直線而內外節氣線其形甚曲多緣彼此相距漸遠或不以赤道爲中界故較赤道平有異向焉惟赤道晷之節氣線亦自爲平行圈亦內外相距等其形正與天合試就渾儀先論之設儀上赤道爲實圈天樞上任取其表之長作識切赤道面向外井取過極圈上與表相等弧識之從所識處量各節氣之距而每界出直線過表頂得凡線至晷面所止之處因以定節氣當居之位焉法用規器以赤道心爲心以線止位

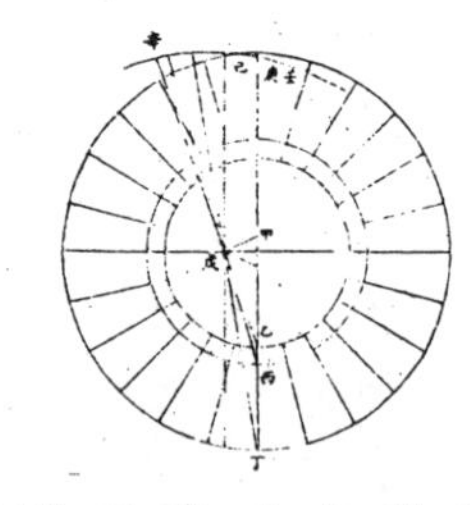

爲界作平行圈如前外圈限赤道晷面周平分爲時刻其中心出表爲甲戌設庚己辛爲過極圈即從庚外取庚己與甲戌等而己爲諸節氣距內外之中界蓋以戌爲心作辛己壬弧從己至辛至壬取二十三度三十一分得夏至及冬至界取二十度一十三分得大暑小滿至大寒小雪其餘節氣皆倣此乃從其各界引辛戌乙等直線得乙丙丁等圈於向北晷爲赤道北節氣向南晷爲赤道南節氣也

凡正球晷之節氣線以赤道爲中線餘線凡相對者左右距必等而各漸開距必不等法設儀心爲表頂其面任距遠近必依表長短爲則與前製晷法同即將過極圈於赤道內外識各節氣之距度隨以各度出直線從儀心過使至本時線上必得赤道在中左右諸點爲節氣應過之處此即界線之所以然臨製時以表頂爲心時線交赤道點爲界作圈即得切割等線依八線表取用蓋赤道爲全數時線左右爲切線從圈心出線與時線相交得割線故將全數截比例尺餘線依之取載晷面是也如後圖上下爲時線設製赤極晷即午正居中卯酉居邊製東西正向晷午正居邊卯酉居中而赤道橫交諸時線彼此必同甲丙爲表長依之爲圈而左右定節氣之距如丙己丙丁等弧即得甲丙全數丙己丙丁直線爲切線甲己甲丁其割線以定夏至

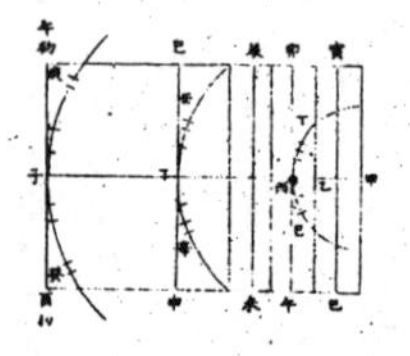

及冬至於午時或卯酉時線而定兩至中節氣亦不異此試於申巳時線必以乙爲心（表頂之距）作壬丁辛圈左右取丁壬丁辛各至之距弧餘節氣線弧皆與前同即乙丁爲全數丁壬丁辛直線爲切線甲壬甲辛爲割線而節氣宜過其點位亦依之定矣又試於午初酉初即丙爲心以作圈求子庚子癸兩至距赤道中界而求他節氣皆同一法也

界節氣線於斜球日晷

凡斜球晷之節氣線雖以赤道分內外然各節氣正相對者距赤道遠近不等而自爲曲形則其曲必等故設過極圈以定各節氣初度之距令出直線過儀心至各時線上皆與前同法先依本地北極高求各節依各時應出地平高（見前卷二）隨以高弧考對即儀心當表末依所行直線各至

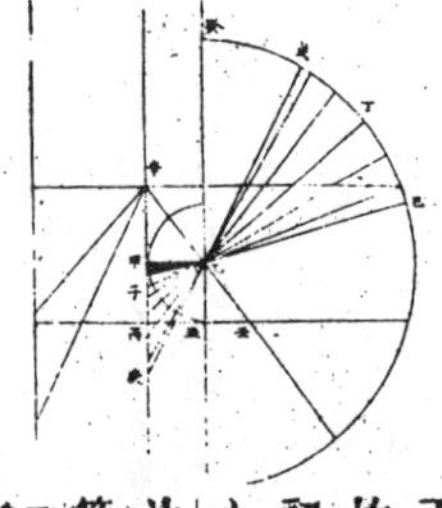

時線爲點而每時識點處連之必爲曲線以指本節氣也假如儀心在乙以辛庚爲晷面得甲乙表癸己爲過極圈設北極高四十度欲製地平晷節氣線即辛庚爲午時線辛壬爲天樞距面四十度入地於辛以定出時線之心任安表於甲即因表銳當地心亦井爲過極圈之心得癸丁弧爲赤道出地平高而餘節氣初度則必距赤道內外皆在戊己二至之中設從各距度引直線至乙點復引過晷面午正線而赤道止於丙夏至在子冬至過赤道下在庚又設過極圈在表頂周轉以對未申等時（午前後同）而赤道二至等節氣初度皆合高弧上本時所對高度令出直線過表頂必至本時線爲點以引節氣於此過矣

凡製立晷節氣線即辛壬距晷面宜依赤道高癸丁弧依北極出地高（癸爲天頂癸丁弧即赤道距頂弧必與北極出地等故）餘節氣度俱依之出直線至午未等時線上以赤道上者爲冬赤道下者爲夏則各節氣自明矣如圖以乙爲心甲爲界作甲丑弧即乙子乙丙乙庚等線皆爲割線甲子甲丙甲庚皆爲切線以表爲全數查節氣依各時高度於八線表用比例尺或平分直線如法簡取蓋依本北極出地地平晷用餘切線立晷反用正切線何也地平晷算高度於癸己弧而用甲丑弧之切線立晷則於癸己算節氣距面之弧其餘即正高度亦應甲丑上取切線也偏晷同一法以各節氣依各時高度出直線過表頂下至晷面定其曲線宜引之點則除正向南北偏晷外其餘安表必於午正線外求位蓋因天樞斜過晷面故乃樞正下別爲直線從晷心出與赤道線以直角相交則線上交表線中節氣線相距最近左右復開展相距必等依前圖論表既不臨在午正線而在天樞線上則癸乙過極圈徑不以本線平行且以直角與甲乙表相交雖轉以對各時線交表法必不變矣

界地平經緯等線於日晷

凡日晷有面與表爲公而載線其私也一切定時分節氣列方位種種各異種種能互爲用而總入諸晷之面與表矣即地平一晷時刻節氣線外尚有可界於其上者如地平經線（太陽方位線）相交於表位自爲直線其相距必等地平緯線（太陽高度）以表位爲心周皆爲平行圈線相距不等十二舍線爲南北平行乃相距遠近不等之直線太陽出沒後時線皆偏左或右皆斜交赤道線亦自爲直線七政時線左右向其中線亦皆爲直線晝夜長短線復倣節氣線之曲形而疎密復異東西諸方相距線與時線同任用多寡乃所以異何也地平經線即高弧自頂至地平所爲者儀上移高弧任取十度或多或少距限恆等而依之覘正對地平度以爲直線故恆得儀心居間此本線所以合於表位也其地平緯線必安高弧於定處從下漸上以相等之距限覘儀心則以目光線所射之面爲界初寬而後狹若移高弧他處亦依此爲法此以表位爲心而圖平行圈之所以然也其製法惟量表大小依之開比例尺於上取各距度之切線從表位帶入面上爲圈即地平緯度限則表景所至必指太陽出地平高度隨將地平緯度平分或五或十等距度（從午正線起）則表位所出直線皆過其分弧界即地平經度已定而表景所至必指太陽所向方位論十二舍線即立象半圈所爲本圈儀上皆合子午圈交地平爲一點者但若左右倒耳故正東西從儀上覘之至面必爲平行直線其製法亦不異正向東西之偏晷也論太陽出沒已距時線即過極圈依各赤緯度所爲起儀依本極高將時盤午正與過極圈合令之轉東或西以太陽本方春秋分出沒爲止則即地平分赤道及二至圈皆不等而赤道恆得六時至午正夏至若過冬至反不及今設去夷地平圈上一時或二時至滿半晝時皆并過橫線至第六時其線赤道上必交子午圈夏至上未及冬至上已過即因其橫線指太陽出沒相離時若干依之從渾儀心覘晷面必皆斜交赤道而愈離愈斜法必先於晷面界赤道線就內或外加一節氣得晝時雙數者因以太陽至本節氣出沒之時定爲初時而餘時漸依之列也如北極高四十度太陽至立夏晝長約十四時而立冬止得十時皆雙數則因立冬日出辰初必得辰正爲距日出第一時而餘時次之立夏日沒戌初而戌正即日沒後第一時餘時亦隨次之今赤道上辰初恆爲日出後第一時戌初爲日沒後之初時即前所識節氣線上諸時點與赤道上相應之時點以直線連引之得太陽出沒後諸時線也論七政時線其向中線繇赤道等圈則自午前及午後以至地平皆平分各六時蓋夏至午前後弧大於冬至午前後之各弧而赤道得居中必與諸時線斜相交是以其線自向中也法先依最長之晝平分時盤或六或十二分遂於地平求各時相距度（皆依首二卷）帶入夏至節氣必得其平分午正左右各六時也然後將赤道與

夏至相應之時以直線連之得左右皆同皆與斜球斜交赤道其晝長短線總係赤道緯度任用疏或密故其理不異節氣線製法亦同若諸方相距東西線皆于午圈所爲與時圈同必以過兩極圈取準與製地平晷線同法以上晷面所得諸線依本容因之有異必從其儀上所得圈觀儀心至面止俱依前法如試於立晷即地平與赤道爲平行故地平緯似節氣線形地平經皆上下平行遠疏而近午時則密全倣赤極晷線十二合線皆出地平與子午線相交太陽出沒距時線如前地平面同七政線亦出地平交子午線之點晝夜長短亦如節氣線諸方相距東西線亦與正時線同製法各隨本類全載日晷本款此不復詳

地球用法

地球以圓形倣地之本體又以旋動反其性情者總欲因各處向頂之自然也蓋地居萬物之中心隨處向天即如圓圈中心出直線無一線不正向其界者然乃製之爲球反若偏居（在地面故）距天此近彼遠（俱以子午圈求天頂故）必宜活動以隨處能移至頂與天相近而從之向頂可也故安球必先取平以合於地平使子午圈南北得正而因以諸方向得本所焉後令球前後起或左右轉務以本處至中頂乃得向天之勢有以二處相提而論或經緯皆異者或經同而緯異者或求二處相距之里及所向之位緯同而經異者總於本球得明矣先論其經緯皆異者法任令一處居頂而從此下高弧至地平使之南北游移以正交其彼處爲度乃識交度與頂之中弧化爲里則得二處直相距之里數又復識本高弧交地平度因以得彼處較前處所居之方位假如順天府北極出地四十度令球極起四十度隨轉球使順天府至子午圈即以之居頂乃依之安高弧過雲南則自頂至交點約二十二度即算得六千里（依二百七十里一度算）而高弧至地平則從正南去西五十二度即西南第四向位也（各向詳下文）又使高弧過星宿海得自頂至本海之中弧爲一十八度化得四千八百餘里而高弧至地平乃距正南六十二度則因本海較順天府在西南第三向位矣若經同而緯異即先移其處同居子午圈下以本圈上度識二處各距赤道若干度以之相減乃得其相距度因以化爲里如順天府與南昌府約在同經試於子午圈上得南昌北距赤道二十八度順天距四十度相差十二度化得三千六百餘里設一處在赤道內一處在赤道外各以所得數相加即其相距度乃因以化爲里若緯同而經異即先各以其處移至子午圈下從鶩鳥圈線起至子午圈下止赤道上算各經度以之相減即得二處經度差但距赤道內外遠近者依赤道平行小圈似不能如前法求里數蓋小圈所應一度之里較本赤道度相應者不等因而度小里數亦應少今惟於球上用高弧乃有一簡即得者何也以一處居頂安高弧使從他處過則止視高弧上交點與頂之間弧即其相距度因復算得里數如前假如大西之極西地得北極高四十度與順天府同緯因屬距赤道四十度之平行小圈論其本經度應差一百三十度依度求里亦應距三萬五千一百有奇今止以高弧爲主則二處直相距約九十度算得爲二萬四千三百里而相應之向位且亦不在正東西焉使以順天府居頂極西地必北去正西五十餘度入從西第五方位使以極西地居頂順天府亦必北去正東五十餘度以入東第五方位凡此皆地爲圓形而更得斜容故也

任以一處依經緯度安於球

地球以東西爲經南北爲緯與天球不異但求緯甚易惟一測其極出地高即得其頂距赤道度而緯定矣若經度必以其所先定處爲界依之東去加度至某處止乃較前所得距度是其本經度也如測緯依測北極諸法即以所得極高度於子午圈上從赤道往極數至本度隨識之球上乃得緯圈應過之界焉測經一法以月食爲準因先知某處月食初虧食甚等時分秒今復得他處所測分秒以之相較必得二處相距之時乃化爲度蓋前處居西所得差度加前經度前處居東所得差度減於前經度乃因得本處之經度次於本球赤道上從前處查得其度而於本度左或右即以距弧所至之處復移至子午圈則本圈交前緯圈之點即某處在地面方位也第月食不常遇更有一法止須測太陰在黃道度幷識其臨測之時刻而復考他處所載太陰細行（曆求極學者）應於何時至所測度分則較二時所距化爲度如前加減乃復得二處距經度然太陰每多視差必候其在冬夏至之時於正過子午線上測之乃可免視差也又或以其角依上下垂線取準蓋兩角居一線上則月體正在黃平象限全無時差否則上角偏東即未及上角偏西即已過也因之求時與度法同前又一法可

於行程中求之於起程時以自鳴鐘準合天任去一二日復以他器測日考時得之與鐘正合則較前處必南北相距東西猶同若不合卽以所差時加減之乃得二處東西相距之時而鐘必求其分毫之不爽者始克有濟

求海中舟道

涉海者依指南針行此定法也總分針盤爲三十二向如正南北東西乃四正向如東南東北西南西北乃四角向又有在正與角之中各三向各相距一十一度一十五分而各向線乃其過頂及交地平之大圈也臨行時其道有三等皆依盤上向線引舟而實有與盤所載直線異同者蓋正南北行則依針線所引之道與所指子午圈同正東西在赤道下行則依東西線所引之道與所指過頂之赤道圈同若正東西在赤道內外行者雖依東西線引舟而其實所行之道與赤道爲平行與線所指之圈則不同

線指過頂交地平大圈因至地平并交赤道與之斜行乃舟離去二界皆距赤道等而路以直角交中子午圈必與赤道平行

若西南西北東南東北行雖依針盤所分正角中諸線引舟而其實所引之舟與所行之道異蓋所行之道非大圈亦非平行圈且亦非圓圈線何者大圈因過天頂斜交子午圈則所交子午圈之角不等必漸遠得角漸大而平行圈皆以直角交乃舟道之交子午者爲等角隨處方向同故自與大小等圈不同也今舟行正南北或正東西赤道下卽未嘗離子午或赤道因而皆爲大圈則須以度加減之乃可得其路程卽正東西與赤道爲平行亦不離此小圈而以所去度化爲赤道度（平行圈度大小不等）復以加減求之亦可得惟斜行推路甚煩故或以經緯推距度及方向或以經及方向推距與緯又或以緯與距度推經及方位或以方向及距推經緯必先知總方所引（西南西北東南東北全圈四分之一）及原界之緯度所開乃依本球求得此簡法也

以經緯推距度及方向

法於子午圈上識開舟時二界（此界以至彼界故名二界）相距之緯隨於球上任用一方向線以交子午圈於前緯爲度因以得二界相距之經乃轉球令之東或西（依引角總方是）視本方向線能復交前緯點則其線必爲舟所應隨之線否則另試一方向線務以得交如前法假如利未亞洲之西獅山距鶯島東一十五度二十分距赤道北七度三十分設於此處開舟引之至依勒納島乃更距東九度一十分距赤道南一十五度三十分試轉球以東南之偏南中線交子午圈距北七度三十分復轉球西（因去界在東故）過赤道九度一十分（二界經度差是）則得本線距赤道南一十五度三十分交子午圈乃依針盤本線引舟至依勒納島也又一法用規器於球上量二界之距必本則正合方向線在二界緯圈上卽本線必爲引舟之線矣假如取瓊州府與小琉球之距因瓊州府距赤道北一十八度小琉球距赤道北二十二度必求方向線於十八及二十二度各緯圈線上得在東南之偏東中線依之從瓊州府去小琉球必正道也向線定矣因求二處相距之至法用規器於里表上取相應半度之數（爲一百三十五里意少取意準）依二處緯圈中之向線量之得數與一百三十五相乘因得總里數或用後表更準初行指一總方向線之數次三行指大向度分秒所應各向線之緯度如自瓊州府至小琉球其路爲東北之偏東中者應從正北數第六線（從子午圈左右數爲恆法）蓋子午線上半度一距度應大圈二度三十六分四十七秒而總二處相距之緯正四度推得二千八百二十一里爲此二處之總路餘倣此

方向	一	二	三	四	五	六	七
度	一	一	一	一	一	二	五
分	一	四	一二	二四	四七	三六	○七
秒	一○	五六	○九	五一	五九	四七	三三

以經及方向求距與緯

法將球本向線至子午圈與開舟處之緯相交復轉球令其經度差過子午圈（東西必係彼界之距）亦視其向線在何度復交子午圈卽是舟所至界之緯設從依勒納島舟行西北之偏西中向相距經約二十四度因使本向線交子午圈得距赤道南一十五度三十分（本島緯是）隨轉之東行至二十四度止得原向線交子午圈爲距赤道南五度三十分卽舟所至界之緯而其距前界之里數亦可依前法推定矣

以緯與距度推經及方向

法依前小表自顯於球如從利未亞洲白山（最西邊）往西北行其所應止之緯爲距赤道北三十度三十分相去四千八百六十餘里乃白山在赤道北二十度三十分則緯差十度以所應里總數推一度應里四百八十六以二百七十除之餘一度四十八分爲應

一緯度之距查表得第五向線卽西北偏西左向線爲舟行之道耳方向已定隨查球上本向線交所至界緯圈點乃自本點至前界中赤道弧卽得二處經度差

以距及方向推經緯

法略同前假如從大浪山開舟繇西北之偏北中向行二千九百二十五里乃先求所止界之緯因本向爲去正北第二線則此緯一度之距應平度一度零五分得里數二百九十二有半故總行之里數得十度爲三十五度所減（大浪山在赤道南三十五度數）餘二十五度卽舟行所止之緯因求經度如前

大小圈度相應表

大小圈皆以三百六十平分爲度但各圈不等必隨其圈之大小爲則又小圈距中大圈愈遠得度愈狹故必依南北緯算表乃可初行載諸緯度次二行載諸緯過小圈所應一度之分秒因而緯遠得分秒漸少其所量小度亦更小以至近極之一小度得對大圈度之一分耳

緯度	應分	應秒	緯度	應分	應秒	緯度	應分	應秒
一	五九	五九	二一	五六	○	四一	四五	一七
二	五九	五七	二二	五五	三七	四二	四四	三五
三	五九	五八	二三	五五	一三	四三	四三	五二
四	五九	五一	二四	五四	四八	四四	四三	○八
五	五九	四六	二五	五四	二二	四五	四二	二四
六	五九	四○	二六	五三	五五	四六	四一	四○
七	五九	三三	二七	五三	二七	四七	四○	五五
八	五九	二五	二八	五二	五八	四八	四○	○九
九	五九	一五	二九	五二	二八	四九	三九	二二
十	五九	○五	三○	五一	五七	五○	三八	三四
一一	五八	五三	三一	五一	二五	五一	三七	四六
一二	五八	四一	三二	五○	五二	五二	三六	五六
一三	五八	二七	三三	五○	一八	五三	三六	○六
一四	五八	一三	三四	四九	四四	五四	三五	一六
一五	五七	五七	三五	四九	○八	五五	三四	二四
一六	五七	四○	三六	四八	三二	五六	三三	三二
一七	五七	二二	三七	四七	五五	五七	三一	四○
一八	五七	○三	三八	四七	一七	五八	三一	四七
一九	五六	四三	三九	四六	三八	五九	三○	五三
二○	五六	二二	四○	四五	五八	六○	二九	五九

緯度	應分	應秒	緯度	應分	應秒
六一	二九	○五	八一	○九	一八
六二	二八	一○	八二	○八	一六
六三	二七	一四	八三	○七	一四
六四	二六	一八	八四	○六	一二
六五	二五	二二	八五	○五	一○
六六	二四	二四	八六	○四	○八
六七	二三	二六	八七	○三	○六
六八	二二	二八	八八	○二	○四
六九	二一	三○	八九	○一	○二
七○	二○	三一	九○	○	○
七一	一九	三一			
七二	一八	三一			
七三	一七	三一			
七四	一六	三一			
七五	一五	三○			
七六	一四	二八			
七七	一三	二六			
七八	一二	二四			
七九	一一	二二			
八○	一○	二○			

用表法或以里數推經度或以經度反求里數如從順天府一直東去至鴨綠江爲二千二百里或一直西去至寧夏其里等盡東西路皆與赤道平行相距俱四十度因表中查四十度之緯得小圈一度爲大圈之四十五分五十八秒應里數二百零七里爲二千二百所除得二處各距順天府十度三十七分以之較順天府總經度東加西減卽得二處各經度若以經度求里數法於球上子午圈對二處之緯得同度卽轉球識二處赤道上距卽經度也經已定隨用表中相應之緯分秒以推彼此相距之里如成都府與杭州府皆距赤道北三十度試以杭州居子午圈漸轉球使成都亦居子午圈得赤道中弧約一十五度今二緯各三十度應五十一分五十七秒乃以此數與十五度相乘得十五小度之分秒而以一平度相應之里求比得二處直相距之里爲三千五百六里有奇凡南北小圈俱倣此（以上原本卷四）

渾天儀製度

儀中諸圈宜合天上相應之圈而相合必有定處大小皆如法乃始成一渾儀也但前以所分之儀平與不平定圜大小之異今則不然而以能合一器各不失乎應天之理者爲則因有三圈內外相等爲赤道及兩過極圈又有二圈內等而外異爲子午及地平圈又二圈外等而內異爲太陰本圈及過羅計以從黃極之小圈餘則各不等各依本儀大小定度焉

製內外等圈

論過極圈爲渾儀之脊骨須先從此圈製起而諸圈依之可定任用銀或銅製二圈爲圜形各厚約半分大小任意兩面磨之使光復如法圈之安於銅板上（此就徑過六七寸者論耳其餘以儀大小爲度後倣此）闊約二分（以其上能刻度與字爲則）（小鉗鉗住）以求中心隨用規器齊其內外之周邊並於面上作圈線以別度與字之間處必於刻度處縮之刻字處寬之乃度居外而字居內也其度數每面爲三百六十至五線稍引長至十其線徑過圈面而字乃識度之數者從正對之二處起至九十度於正對之二處止乃初界爲赤道交二圈之限末界其二圈自相交之點因以定南北極焉須各圈以兩面度及字彼此準對而兩圈尤以諸面皆等爲務（諸圈當磨之使光乃復齊之使平刻度等者倣此）圈製矣必以十字直角交之使合法於止數正對之界圈各開小方孔其孔較圈面有半一內一外若公母筍者然乃用銅成二圓條厚分半餘長五六分一大端開十字方孔以受二圈之交點一小端不令開孔少銳之便入子午圈以當儀樞復於二圈各起數正對之界與赤道圈如前法各開半孔直角相交以爲總合之處如圖甲乙爲二圈相交之地加丙丁各條利其堅且當天樞故向內開孔以受儀樞向外小銳以入子午圈中爲南北極戊己庚辛皆圈腰之孔皆距極等乃所以受赤道圈者蓋二圈既交必少制之使不緊使於入赤道圈矣隨從二圈

相交之點任於一圈上數二十三度半其正相對處皆等復用二銅條一端開小孔少許入其處一端向內任意長短又開一小孔備以受月本圈者（如前圖壬癸皆指銅條小孔自顯於壬）即月圈本極可當黃道極乃其圈必爲過冬夏二至之圈

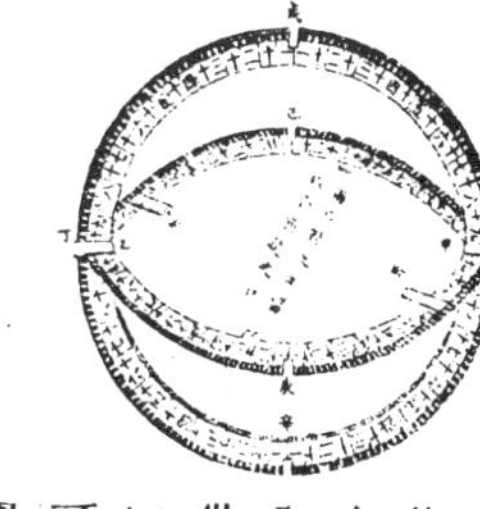

赤道圈周分三百六十度二面俱等順書其數亦二面同乃初度與九十度及一百八十度與二百七十度皆應開孔則初度與一百八十度所交之圈必爲定春秋二分過極圈九十度與二百七十度爲限冬夏二至過極圈之交界蓋春分得初度右行九十度爲夏至遞而秋分而冬至至三百六十度止漸又至春分矣即此可以査升度其製法與製二圈同內外周邊以規器齊之各面以圈線分度與字度居外字居內皆如前圈圖可不贅

製內等外不等圈

論子午及地平圈內周邊之齊同較前三圈約寬一分葢安高弧與時盤必使諸圈利於旋轉勢不得不少處其盈也且分四象限以九十度正對之合處爲止而度反居內字反居外其子午圈之兩面度數同地平獨用一面惟度數外更增以時與刻故較子午必倍其體也今詳各圈之所異子午爲諸圈所倚較他圈獨厚乃取其堅而闊與之等或微過焉其一面於度數初起處各加一銅耳以便於受天樞因樞左

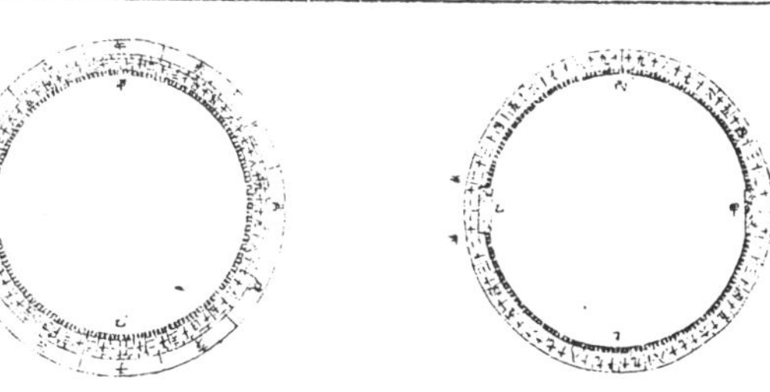

右有釘或螺旋轉安於圈面故如圖甲乙爲各數初起之界井爲南北二極而丙丁正對處則各滿一象限乃正戊己及壬辛爲銅耳長盡於安釘闊止於圈面之半厚以與圈能開孔容天樞爲則故本面當儀之正中臨用時或安高弧或就時盤定時皆以此面爲界前卷所謂子午圈正面是也

地平或安於木架上厚薄不拘獨下面用三四銅釘透入木中使之固且令不隨子午圈起動焉或不用木架而用銅架止令數處倚於銅柱亦可自立其子午正對處各開一口深與子午圈及銅耳之闊等寬如其圈與銅耳之厚取其便於高下出入已耳如圖內層分三百六十度爲四象限每象限各九十度外層周分刻數並十二大時乃午在南子在北甲乙其口也寬窄之勢以緊容子午圈及銅耳爲度而子午圈之面則又平分地平居渾儀之中焉

製外等內不等圈

因太陰本圈用以顯交食者故體勢稍小居儀之中距日約遠應隨渾儀旋轉又能依左右那動乃代月輪從黃道井出黃道內外者必更借一輪與之等以支之法本輪兩面皆無度數獨以十字平分爲四界即於正相對二界上各安銅條外出少許各條於末端少銳用以入黃極所出二銅條中即安於前所云過冬夏二至之圈者復於彼二界向內斜開小孔深入圈面之半以其能受月輪圈且得出入黃道內外其太陰圈外周與前圈等齊內周略闊爲其另加遊圈爲月輪所附以旋轉者亦無度數獨一面分四界爲正中二交陰陽二曆之限故於交處外開小孔與前圈斜孔相交加以銅結入圈其中以固之從交處向左因其圈偏內即以所交爲正交內半圈皆陰曆從此而圈復偏外即以所交爲中交外半圈皆陽曆如圖甲乙丙丁爲所借圈於正對處載銅條爲乙丁乙處少銳應入南黃極丁之銳入北黃極即月本輪隨之轉因以得陰陽曆黃道內外者是其甲丙相交處（一正一中）必居黃道正下使月可得南北緯度其加戊己二結者以總合二圈故也庚辛爲太陰本圈載前四限於其上（二交左右可識日月食限）

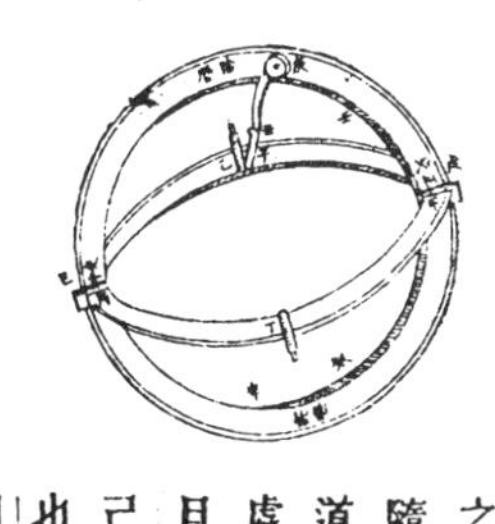

多寡須依法其內周加竪圈爲壬癸周約等闊半分餘卽月輪所倚以旋轉者其南黃極於甲乙丙丁圈內出小表爲于表末正向陰曆限爲太陰本圈之中心乃開小圓孔內載一銅弧如弓形以此弧之一末安其心一末帶月轉如上圖甲爲入心之鉤乙卽附於竪圈之背使月輪自倚其正面以旋動然未安赤道之前不可不預備此免後安置之煩耳

欽定古今圖書集成曆象彙編曆法典

第八十八卷目錄

儀象部彙考六

曆法典第八十八卷

儀象部彙考六

新法曆書四

渾天儀說四

製內外不等圈

全不等圈者卽黃道高弧及時圈是小大形勢各不一蓋黃道有二一在外圈儀周爲匾圈任寬十二或十六度雖總分三百六十度然復依十二宮爲界其橫線每三十度爲一宮限引長之爲全線每十五度爲一節亦引半線以別之度分細界於中一邊書節氣一邊書二十八宿各以本度得節氣而宮名可免矣一在內製與赤道及餘圈等獨一面書度數各以三十度爲限大小較他圈不等外邊周與赤道及過極圈之內周等齊任於三十度正對之界開小口用以合乎過冬夏二至極圈所留之口內邊周開一深圈卽從南黃極中出銅弧如弓形其一末入樞心一末帶日輪於深圈中轉俱不異於月輪爲如圖上圓形爲黃道圈之正面甲乙爲口丙爲帶日輪之弓形

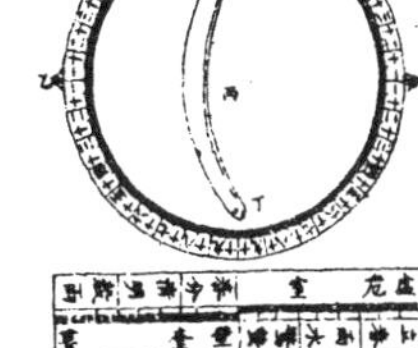

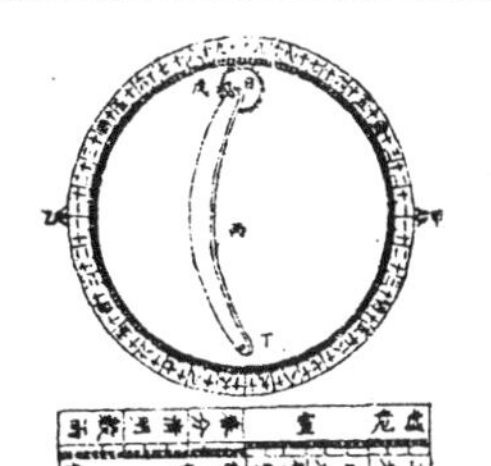

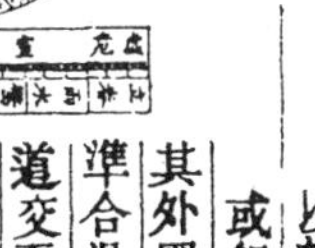

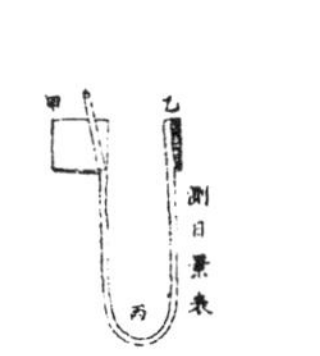

開小圓眼於丁加鉤於戊乃戊鉤在本圈之背日輪在前能對度數旋轉其下長方形爲黃道帶之一方（畢一以粲其餘）中線爲太陽躔道左右刻度春秋二分迭易之以便觀也先將內黃道圈如法安任

以其縫入內合之或釘或銲令刻度分者向北其外圈（黃道圈圈）務令春秋分準合過極圈之中以與赤道交夏至則過赤道北（在內）而冬至則又過赤道南（在外）其點亦與極圈合乃圈所應合之四界微開小孔以釘固之復依黃道外圈之闊更製小表爲測景表如圖甲乙合黃道之闊如法抑之使緊丙爲彎形銅以冷製之得硬體安放進退如意

高弧爲匾圈四方之一以地平或子午圈之內邊爲長短之則寬取其能容度數及所刻字一端中開小孔以能抱合天頂不脫一

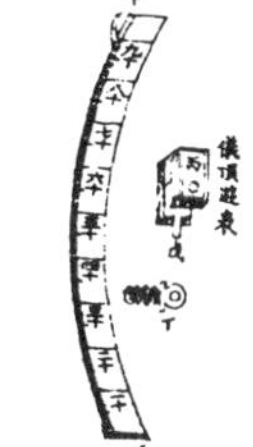

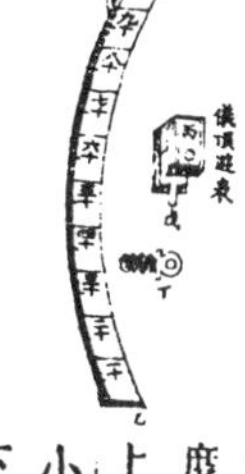

端加一小足度數外復餘少許能入地平初度之下如箭之有所受者然其書度分從下而上如圖甲爲上口度末齊子午面乙爲小足初度倚地平餘入其下但天頂與高弧全依北極出地度安置故更有天頂爲丙中開一長方口以入子午圈下留小釘爲戊安任高弧其丁爲螺旋宜入丙孔定住子午圈可任游移用也時盤以銅爲實圓形其勢少拱取其與儀圓體相合中心緊抱北極之樞能隨諸圈轉亦能自轉其時刻自右而左書之盤周以之安於子午圈內而子午圈正面可當切時之表或時盤在子午圈外定任不移盤之上必須加一銅尺以指時刻其尺緊與樞抱能隨諸圈轉亦能自轉與前盤同第盤周所分時刻從左而右與前盤異焉如圖甲乙爲時盤在子午圈內卽丙丁爲子午

圈能自切時刻戊己爲時盤在子午圈外樞端出中心爲庚辛爲時尺乃隨儀周轉以指時刻者

以上諸圈如法合成隨安置於架中必使子午圈半在地平上半在下而負儀之柱長短務如法必先試之而後乃定住所開之孔亦與地平之孔等以其能函子午圈及兩耳可游行不得也架之下安指南針必線與子午圈正合或與之爲平行臨用時一與針對而本儀之南北得卽東西可定矣

製天地球十二長圓形法

凡造渾球可任意大小界黃赤道等圈其上又依度數帶入諸星此元法也但其功甚難故別爲簡法先製星圖及地圖刊於平板以楮印之糊於球面必合因其圖形爲長圓設長直線以三十平分之從第一分爲心十一分爲界作弧漸大以往止於十二弧後復從下對前弧亦如左作十二弧得十二長圓形如左圖其中橫線應球上黃赤等道兩末至極中諸弧並其中順直線者皆應經圈令弧自得圓自能應其圓形獨中之直線較弧反短倘不伸之使長便不能至二極又或伸之使長必令球略大中腰必寬卽長圓形腰線亦應長矣故楮雖宜堅且耐終未得全合欲免楮闕更有捷法求小圈與大圈之比例以限長圓形之旁線大約線稍曲略就中線而中線無伸長之患可易合法曰全數與小圈相距之餘弦如三百六十度與小圈全周或如九十度與小圈一象限或如一度與小圈一度之分秒得弧後餘數復以六十相乘以全數減得分數再乘再減卽得秒數如求黃道一宮三十度應如距四十度小圈之弧乃距度之餘弦爲七六六〇四與三十相乘總數二二九八一二〇與全數相減得二十二度餘數與六十相乘總數五八八七二〇〇復與全數相減得五十八分今將球上三十度帶於比例尺百平分線上爲長圓形之腰線又使之與長直線以直角平分相交遂於比例尺約取二十三度帶腰線形左右於直線四十度之距界而各等圈弧依距度推求取於比例尺得直線兩旁曲線應過之界以成其長圓形

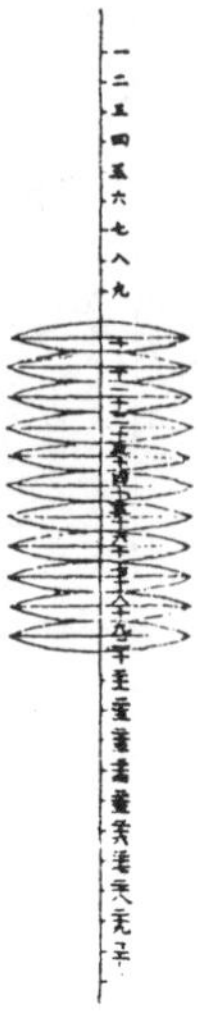

或不必算卽設直線得大圈與球徑之比例一百五十七與五十或三百一十四與一百皆約爲準

爲甲乙十二平分之爲橫線以直角交大線之界乃於中線以丙爲心以最近左右橫線爲界作圓圈宜從丁戊平分每邊十二分而每正對點以直線相連使線過每止於本橫線如圖蓋從甲丁乙甲戊乙依其交點兩旁過曲線必爲長圓形準與球面合卽得之矣隨以楮殼或銅木等板依之裁製一長圓形皆以中橫線正對爲黃赤道線臨點星畫地圖時分黃赤道三百六十度以定經長圓形任一邊分一百八十度以定緯

球製乙以於子午圈定緯因以點星畫地圖用處緯度亦足

其十二星圖等圓形皆以中橫線爲黃道以兩末爲南北各黃極因諸星依黃經緯度點入故橫線內外各引赤道及冬夏至等線而赤道獨分爲度餘皆依本緯相距總於球上合爲圓圈也地圖亦分十二爲形但中橫線指赤道分爲度餘內外線卽冬夏二至南北兩極圈各于本緯取定也其每距十度橫過線者乃與赤道平行線而過赤道線每距十度至二極中點復合者爲經度線其中能量各處東西之距且可較赤道上度因得各處實度化之爲里又于十二點

赤道上四點赤道內外相距等各又爲四點出彎線各三十二以定方向者乃用以分舟行海上之道耳今總天地各球十二等形如左

天地各球十二長圓形圖

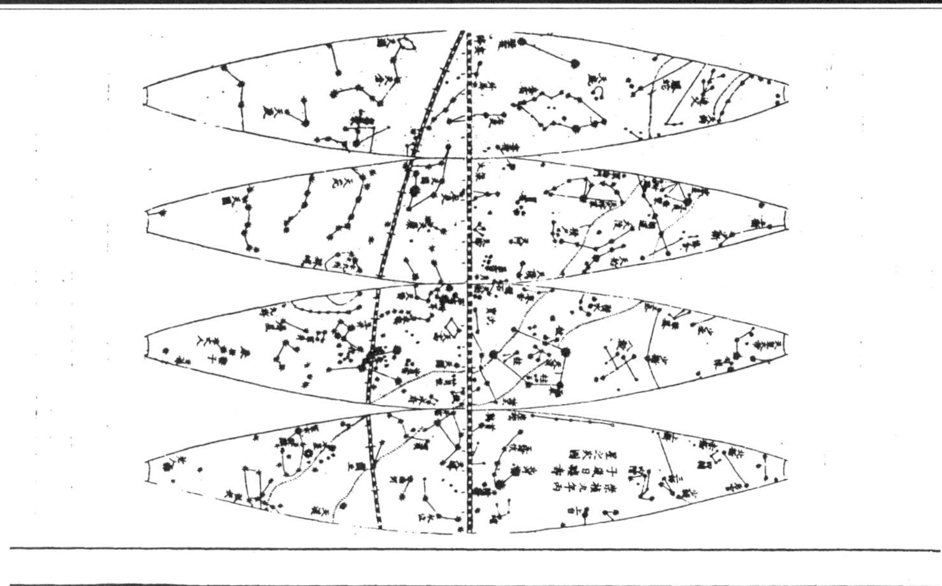

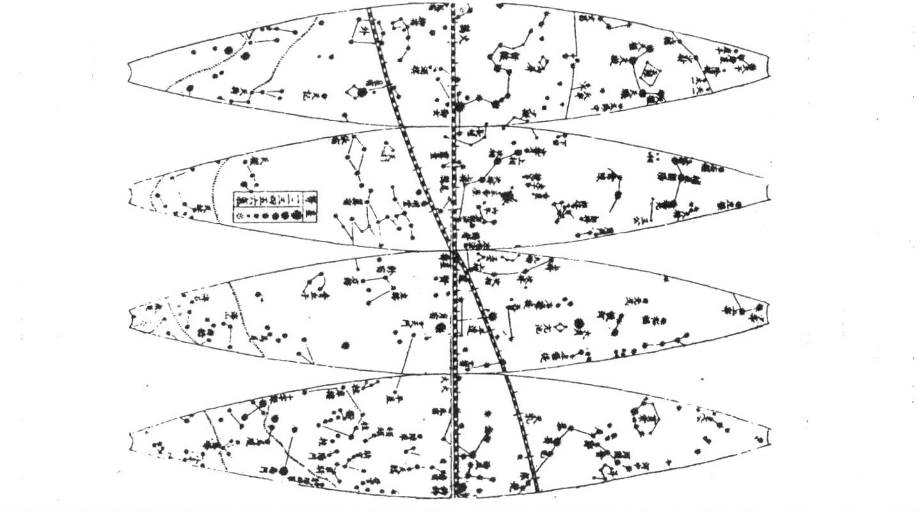

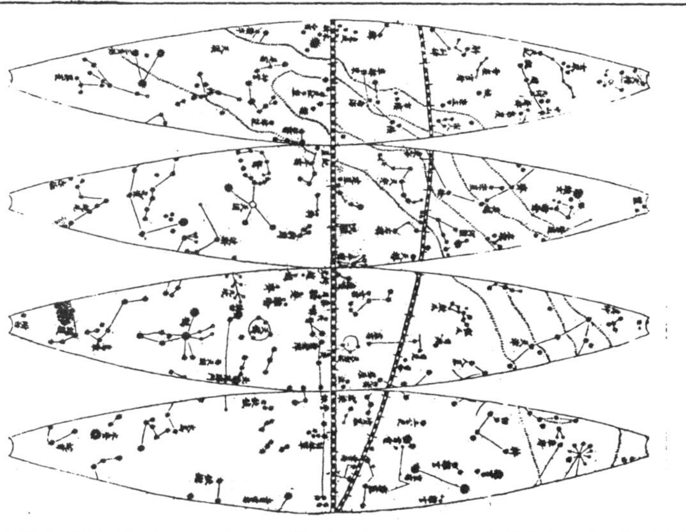

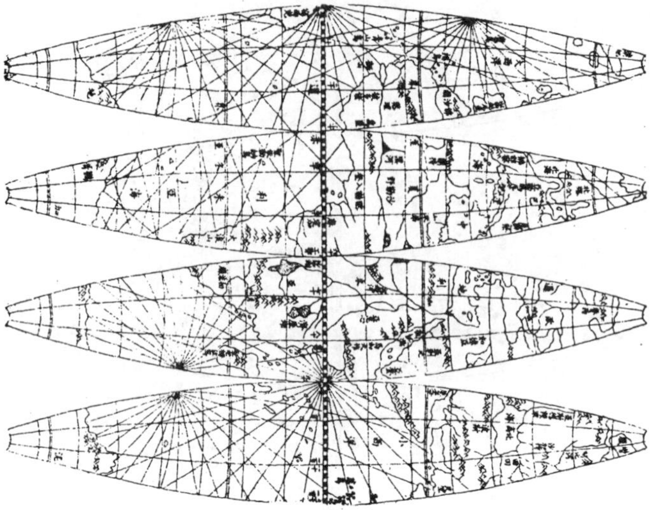

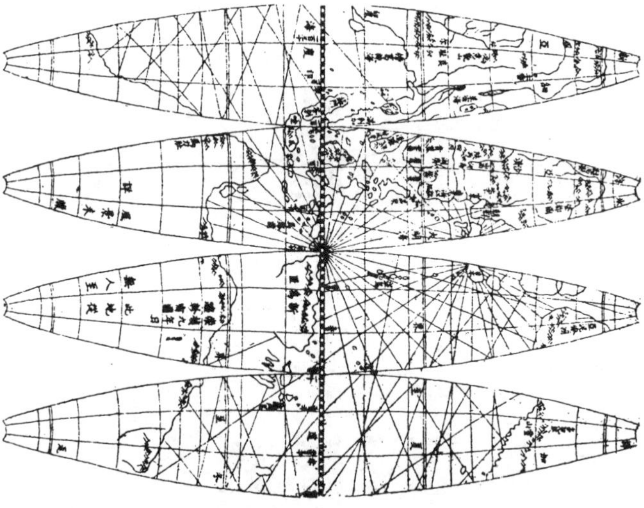

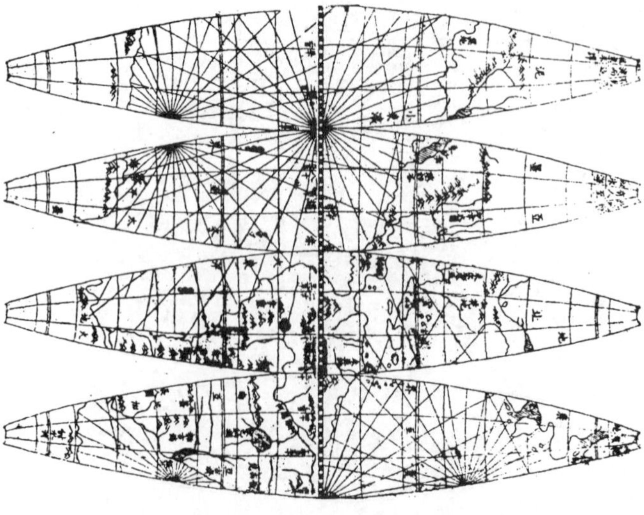

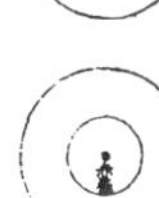

因前圖未盡圓形至二極中尚差十度故復以此圓罽補之各以十二平分而中心當極可合前圖成圓球也臨糊時先從此圈始次將長圖各於相應之界連接之（法詳之後篇）球製已完必地平子午圈高弧及時盤指南針等與渾儀同乃可以全球之用但前圖大小有定則而子午地平必依其則以為徑今定其式如左與圈內周之邊等即球與圈相間之空俱在算內而天地球圈同一式矣

球徑式

製球法

球之製全取其準與便準則必貴極圓以能合天載諸圈與度數相對便則以輕為最體雖大尤宜易為運動設以銅為之欲其薄且圓固不易製即用木體質渾實亦不便於移置莫若以木板數塊漸合成球繪天地等圖於其上或糊前長圓形亦可蓋球未合時內鑿之使空而已合後外得旋圓使之與圖符或用楮須預備一木模塗膏於上幷用堅楮依前所備長圓形裁十二圓外有二小圈心宜通以抱模偏易於進乃自塗以膏餘十二圓必先漬以水兩末微糊圈上使其周盡圍模面次用楮裁圓形漸次合之以滿其體之厚為度（厚分餘）乃更造一半圈任用銅或鐵與應製之球面等以為驗圓之圈（以長圓圈之徑取正一面宜合樞之中心）安樞上而樞又自安於木架二豎柱上乃令球轉高者去之低者補之必漸得圓乃止也取球法先備其樞隨用兩木較球徑長數寸製為方形其中起槽以藏銅絲為球之樞兩木已合自中左右量球內空之徑（以除球體之一倍得之）於各界留結兩結間木以旋轉為圓任厚若干於球未合之先安本樞即從外入小釘至兩結中定住球如圖甲乙為樞之結相距與楮球內面等丙丁皆出球外之銳中函銅絲乃球合後亦去之與面為平欲取球即於架轉依驗圈之中線界球腰線以十二平分從第一至第七分界依驗圈面至兩極引線得正中分球次本線之左右各加平行線各距等依之切楮二三層復界中線又橫加數短線必於中線開球依橫線得合為法球取矣遂於中安樞復合二半圓用膠封固之縫宜合之堅後轉球試樞居其中否乃隨窒之縮於內結務令球得均勻若少有偏即詳其輕處鑽小孔製一木螺絲轉如下圖　以甲為柄乙入球內有數小孔實鉛其中得平乃止其出球之柄亦去之與球面等焉

上長圓圖於球面法

欲上圖先於球面加以白楮安球於架依驗圈之中線復界腰線於上以為赤道又分赤道為四象限使於各界依驗圈面過線至兩極中以為二分二至之極圈次下球於銅樞上貫以楮板如尺狀從樞心出直線使之順球至赤道上為點乃自點至樞心分九十度裁其半依長圓形圖以赤或黃道為腰線用楮尺先於球面為線令與圖上之線相應如設赤道為天中即依楮尺距各極二十三度半為點以界兩極圈又距六十六度半為點以界冬夏二至圈更分赤道為十二界各界過線至兩極中合即得經圈幷為長圓形所依而上界如法黏合矣若設黃道為天中即先依楮尺於二至經圈正對處點二十三度半為黃道極後必用曲腰規器以黃極為心以二分經圈交赤道為界作圈得黃道又合規器任意多寡從各黃極為圈得與黃道為平行乃總應平分以為十二長圓圖之界而皆取準於經圈也諸圈已分用楮尺依分界至黃極中引線兩線間得長圓形之界故將圖於周線中截之先將一半黏上後復合其餘半皆以其線合球上線者為準而種種俱得法矣然天球或依前驗圈或依新安子午圈各宜界二十八宿線過本宿距星與前界經圈同但線不必至二極中正於恆見與恆不見之界圈可總之依本北極出地度取則而地球則無線可加也矣

附黃赤全儀說

全儀共有四圈一赤道圈一黃道圈其赤道圈正居天中一面分二十八宿各距宿度分一面分三百六十平度當天上經度而黃道則斜交赤道圈上兩相交處卽春秋二分兩相距最遠界卽冬夏二至圈上一面依本道分十二宮一面仍分二十八宿其各宿大小則依本黃極測定故異於赤道宿度矣次子午圈以直角交黃赤兩圈乃從赤道內外各分九十平度其距赤道最遠之界則爲南北兩極而極之兩端各出一鐵軸令全儀懸安其上以利旋轉焉三圈內又一圈爲定經度圈亦名測景圈或安赤極下依赤道旋或安黃極下依黃道旋乃任兩道公用者於赤極上另置一盤周分時刻曰時盤隨全儀運轉亦有時能自轉令正午與太陽躔度相對因以定時者復有一小表任游移兩道上一面開一長孔深入景圈而以螺旋定住一面所開孔較短而中有一銳尖以指度分

儀架前後竪兩木柱而以全儀懸置其上其前柱之端出一銅弧分度數者乃約略中華南北之廣依各北極出地數以上下其南極者如京師北極出地四十度則南極度入地四十度廣東極南之地北極出地二十度則南極應入地二十度是以上至二十下至四十度也後柱端一銅表如手形者乃用以指時刻蓋隨全儀之遠近以爲進退者架之下有三螺旋則因前後或左右以起全架令與地平相準而復設一垂線以考之又設一羅針以定子午大槩爲測時計也

安儀法

凡測天之儀必以諸圈正對天上所設之圈令其似直者應直似橫者應橫乃可畫日月經緯諸星本圈上所得度分乃天上實行度分也今本儀或測諸曜實行度分或測晝夜相當時刻必先以其圈與天上所設之圈取正而後餘議測法焉

依本北極出地數起儀而以地平取準復以羅針取定子午向次用垂線於後柱之左右相較務令線與柱上下爲平行則全儀之東西正矣否則以後螺旋進退之蓋垂線遠於東者則架宜東起或西下遠於西者反是末以前螺旋於地平取正南北蓋懸垂線於子午圈本極出地度上令線下過正相對之度亦與上同如上在四十度下亦過四十度則地平之南北正矣否則又以前螺旋或出或入便可如法

定子午線法用黃道正面上查本日太陽躔度移測景圈正居其下以表如法定住令全儀漸轉若得黃道圈與測景圈內並無日光則子午正矣如兩圈內不能并得景必稍那其架之前或後至兩圈內無光乃止

用儀法

測五緯宿度法從北極中出三線一線直過儀心以穿南極謂之內線餘二線俱從赤道上復合於南極謂之外線而遠近可任意游移者臨測時將外一線界定某宿初度令與內線并天上本宿距星相參直復移一線與所欲測之本緯星正對亦令其與內線共在一線上測兩星同見其間度卽相距之實度而緯星所在之宮度卽本星赤道上宿度若欲依黃道測之則移景圈與線於黃極下法與赤道同所得度卽黃道宿度

測恆星相距度法用二十八宿距星以外一線安本宿初度以一線正對當測之星俱取與內線相參直或另測儀所未載之恆星須先查恆星經緯表依本經度識之本圈上測時移線於所識處卽因以同測他星必兩線中得兩星依本道相距之經度黃與赤皆同一法

測星黃經度依常法以恆星求經緯諸星經度卽可得其恆星所居今恆星有本行較黃道終古如一而較赤道不能爲一欲求其實處必從太陽躔度可定法安景圈於黃極下對定太陽本日躔度於日未出之先任取一恆星測五星之法不異測其與太陰或太白相距若干度候太陽出地平上轉儀正對令黃道圈與景圈內無日光乃止而復測太白得其距太陽度與前所測兩星之距度相加卽本星距太陽黃經度或日未入之先依此法先與太白同測太陽後以太白并測恆星終亦得恆星距太陽度則其本黃道經度也

測星赤經度法移景圈安本赤極下或晨測夕測俱與前同第景圈旣正交赤道卽於黃道爲斜絡不能實指兩道相當之度須先查升度表以黃道度取赤道上相應度依之安表於本赤道上如前法測之卽得本赤道經度如測星赤緯度從春分點中出二線一線直過儀心以穿秋分點可當內線一線從子午圈上過復合於內線之元點可當外線遠近任意遊移臨測時亦如測赤經度法將外一線那對所欲測之星亦令其與內線相參直從子午圈上視其距赤

道南北度卽得星緯南北若干度

測太陽定時法先查太陽本日赤道度(用升度表求之)約爲景圈對黃道本度所指轉時盤午正與景圈相對後轉全儀至黃景二圈內無光則後指所指卽本時刻如未安景圈先以外線在赤道太陽本度對時盤午正卽午正線後以目窺之必得線過赤道南者或在北者及午正者皆合一線則準而時刻亦依前法求之乃得

測恆星定時法先對時盤於太陽相應赤道本度皆與前同後任用二十八宿距星卽以外線定本宿初度或別用大星須先查本星赤經度識之本圈以定線臨測轉全儀令內外兩線與本星及人目相參直則後指所指時刻卽本時刻

測交食凡交食有三端可測一爲食之時其法與晝夜測時無異第月食時或夜有微雲星體不顯乃以測月爲法必先安景圈於太陽實度并對時盤午正臨測時以太陽所正衝景圈用以窺月體令內線與外線參直則後指所指時刻卽食甚時刻可合天若初虧復圓因太陰先未正對太陽或後已過彼此約差半度(東行之度)化爲時得二三分則先減後加於見測之時亦可合天一爲食之分別有本儀此不論一爲方位因人目不能正對太陽故止於測月食以黃道圈及景圈取法蓋太陰當食時恆在黃道或黃道內外相近處令儀器既與天合則諸圈亦合天上之圈惟順黃道及景圈窺太陰缺光之邊則以二圈所向與月虧之邊相較卽可得其方位矣

測北極出地高法用羅經或別求定子午線以正本儀之南北次安景圈與太陽依赤道所算度分正對而前漸起儀令黃道圈與景圈皆無日光隨以螺旋定住則卽前極高弧上得本地北極高度或以垂線於子午圈上下所得相應之度卽本方極高度

若以本儀製日晷先如法安儀令子午圈豎立合天(以垂線考正是)時盤上之午正與本圈對準後將白紙一幅依當製之晷或立或倒或在儀左右安之使從赤道上每三度四十五分出線至本紙上所得點引長之爲時刻線假如欲製地平晷必安紙在儀下與地平面平行卽順赤道側以目下視引線至紙上作識或用二三點連之得直線乃赤道線依本線從子午圈交赤道角上下正視之得點爲午正處次轉儀任時盤所行一刻二刻以至於盡亦如前作識(依時盤刻數與依赤道度同覺此更簡便)得午前或午後一邊之時刻線則他邊之刻數等其相距亦與之等次求晷之心以引其時刻線立表法當於時之距午遠者任指一刻作識隨於赤道往南較遠者順切子午圈視下紙作識從本刻引線過此又從午正引與赤道以直角交之線至此其兩線交處卽晷之心也若製立晷宜豎紙在儀後法與前同獨出線立表心當向北極後求之若製東西晷宜豎紙於正東或西法亦同但時刻線皆爲平行線而表則正居赤道卯酉線上其長短以四十五度之切線取規故恆自心至上或下十二刻量之爲止若諸偏晷卽依偏度多寡安紙與前同一法其求心立表惟以目隨內線至極爲安表之地必斜出於晷面以當天樞是也總之偏地平晷倣正地平晷表作式偏立晷倣正立晷表作式各依或以北極或以赤道高取之若欲以直角立表卽用儀心爲表位其長短俱依切線卽本儀半徑矣黃赤全儀之用約不外此

曆法典第八十九卷

儀象部彙考七

皇清一

靈臺儀象志一　臣南懷仁著

新制六儀

夫儀者曆法合天與不合天之明徵也故測驗天行儀愈多愈精而測驗乃愈密蓋凡天上一星所歷時刻雖躔有一定之度分然以儀相對而測之則必與天上東西南北之各道有上下左右遠近之分焉故測驗其星所躔之度分必依各道之經緯度分而推測之始無所戾是則欲爲密合天行之曆法而非有備具密合天行各道之儀厥道無由也如康熙己酉八年正月初三日是日立春內院大學士圖海李霨諸鉅公名卿奉

旨同視測驗立春一節於本日午正仁測得太陽依象限儀在地平上三十三度四十二分依紀限大儀離天頂正南五十六度十八分依黃道經緯儀在黃道線正中在冬至後四十五度零六分在春分前四十四度五十四分依赤道經緯儀在冬至後四十七度三十四分在春分前四十二度二十六分在赤道南十六度二十一分依天體儀於立春度分所立直表則表對太陽而全無影依地平所立八尺零五寸表則太陽之影長一丈三尺七寸四分五釐六儀並用而參互之而立春一節皆合於預推定各儀之度分如此則曆凡所推之節氣其合於天行無疑矣然非藉有合法之儀又何從測而得之夫所謂儀之合法者抑豈悉臆而强就之也哉要皆法其本然之象耳蓋混天之體原有赤道有黃道而居乎渾天之半者曰地平經緯分焉故因其本然之象崇而效之制有三規一曰黃道經緯儀一曰赤道經緯儀一曰地平經緯儀地平儀又分爲二一曰經儀一曰緯儀即象限儀便用故也凡日月五星二十八宿之行以及所躔之度分總於此三規而推定焉四儀之外又有百游之紀限儀旋轉盡變以對乎天凡有或正交或斜交於三規錯綜之行以定諸星東西南北相離遠近之度分不差纍黍總之天行七政於本圈所列之經緯各道之宮次度分諸星先後相連之序與夫東西南北相距之遠近皆從天體而見瞭如指掌焉故制六尺徑之天體儀以爲諸儀之統且此六儀相須並用則凡礙之於彼者而有此以通之則亦何求不得哉故欲密測以求分秒無差則必六儀互用相參要以製器精良安置如式測驗得法而無有不合者矣其有不合者則即推其所以不合之端何在而更爲釐正之使釐正之後測復參差則於諸儀中擇其所測之同者而用之如此而不密合乎天行者未之有也使止據一儀以求盡乎天如舊法之簡儀是何可信其爲必然也故蓋舊法黃赤儀膠柱而不運動兄止可謂赤道儀無黃極無緯圈無黃表無測黃道經緯之正法其天頂立圈太近於地平其窺表不能測在地平相近之星夫天球而旣無星距無黃道等圈無宮次之分其地平無度數則器總歸於無用矣考古圭表之法其圭原偏而向地平其表更偏而離天頂又離正南北之線故仁以勾股之法修正之庶幾可免夫乖舛也已

黃道經緯全儀

諸儀通用之法已詳於前說矣今更以諸儀所需全法而分論之夫儀之設有諸圈所爲相須而互用之者也然圈少則不雜而儀淸其象更爲昭顯而儀之用爲愈便焉如黃道經緯全儀之圈有四各圈之四面分三百六十度每一度細分六十分其外大圈恆定而不移者名天元子午圈其外徑六尺其規面厚一寸三分其側面寬二寸五分此圈之內包括諸圈其衡天頂之下半加寬一寸五分而夾入於雲座仰載之半圈見第一圖欲其不薄弱而失圓形故耳其圈之側面從天頂起算南北各去頂一象限即爲地平線又從地平線起算上下安定

京師南北兩極之高度分於兩極各安鋼軸而各軸之心與圈側面爲一點側面爲下半圓而合之加伏兔上之半圓以收之蓋因度分之界指線所切窺表所及皆在側面故也南北兩軸相向左右上下纖毫不謬子午圈內次有過極至圈南北赤道兩極各以鋼軸相貫之兩極在規面之中心而中心內外有鋼孔鋼軸入鋼樞兔致銅樞磨寬其北鋼樞則安於內規面用小鐵條以貫之而過極圈不致垂下而失圓形矣其南鋼樞則安於外面不令鋼面轉磨而離於儀之中心爲又從南北赤極起算各去二十三度三十一分零三十秒定黃道極去極九十度橫置次三圈名黃道圈與過極圈相交（過極圈赤名帶黃道圈）兩交處各陷其中以相入令兩圈爲一體旋轉相從黃道交一在冬至一在夏至黃道圈內安次四圈名黃道緯圈結於黃道南北之兩極其鋼軸鋼樞之安法皆與帶黃道圈無異夫子午圈內共三圈各規面之寬約二寸五分便於刻度分秒其厚約一寸三分緯圈南北兩極各有歐面以銜圓軸其圓徑約一寸以爲徑表軸之兩端有螺柱定之若欲不用圓軸即開螺柱而安徑線以代表任意用之其軸之中心立圓柱作緯表表之縱徑與黃道中線正對下與緯圈側面恆定爲直角而黃道經圈緯圈各有游表數具於各弧之上游移用之又當天頂設極細銅絲爲垂線下置垂球至下圓孔之內全儀下有雙龍於南北兩邊而承之龍之後足安置於兩交梁兩梁則以斜角相交而收斂之令其地寬裕而便於測驗又交梁之四角有四獅以頂承之而上則有螺柱定之

黃道圈其一側面分刻十二宮每宮三十度其一側面分刻二十四節氣每節十五度內外規面宮度節氣分相應之但規面比側面寬大便於刻度分秒其每度之所容者以縱橫線界之而成長方形每一方又分六小長方即一度分六分也方上下橫線短小難容細分因用其對角長線而十分之蓋規面上平行十圈線與對角線縱橫相交每小方分十格六方六十格因以六對角線十分之比例每一度分六十分矣諸圈內外規面之度分皆如此今游表之指線平分十分與對角線之分各有相當之比例每一分又四細分而每一細分當度分之十五秒因而一分分六十秒一度共有二百四十細分云

過極至圈內外規面從赤道線起算向南北之兩極則赤道線爲初度所從起而兩極各爲九十度其兩側面之度數則以兩極各爲初度所從起而赤道線爲九十度焉緯圈之度數亦然內外規而以黃道中線爲初度所從起而南北兩黃極則爲九十度焉其兩側面之度數則與過至圈兩側面所起之度數同也

赤道經緯全儀

赤道儀之有三圈外大圈者天元子午圈也其徑線其四面寬厚其分劃度分之法並堅固其下週之小半而夾入於雲座半圈之內皆與黃道儀之外圈同又從圈之側面南北極定度起算各去九十度定爲赤道經圈（見第二圖）與子午圈相交之處兩處各以十字直角相交其圈之內面與外面各陷其中以相入令縱橫於兩內規面皆平面則兩圈皆爲一體而恆定不移也次兩圈內之赤道緯圈管於赤道兩極而東西游轉橫相切於赤道之經圈也經緯兩圈之規面其寬各二寸五分側面厚一寸三分而南北兩極安定緯圈其內外之規面上下安以鋼軸鋼樞諸項皆與黃道同法爲又南北兩極各有歐面安定於緯圈內規面之中而歐吻銜其圓軸以代赤道經表軸之中心立有圓柱以代緯表又軸及柱之徑各一寸一分若欲以兩極之徑線而代爲經表用之亦無不可者緯表縱橫有兩徑線其縱徑與赤道圈之中線正對其橫徑與緯圈之側面恆平行又赤道內之規面井上側面刻有二十四小時以初正兩字別之每小時均分四刻二十四小時共九十六刻規面每一刻平分三長方形每一方平分五分一刻共十五分每一分以對角線之比例又分十二細分則一刻共一百八十細分每一分則當五秒今游表之指線亦平分而每分與對角線之十二分各有相當之比例又各細分五秒則一刻每分六十秒十五分共九百秒矣如此而分之法可不謂微矣乎又子午圈向東之正面爲子午線所從起而南與北兩軸之中心正與此面

相對以爲分界至若軸樞之半在於此面而半在於伏兔則兩合螺柱以定之而并如一體焉又赤道之上側面於子午圈之正南交劃有午正初刻其內規面劃有子正初刻而於正北交則側面劃有子正初刻其內規面劃有午正初刻其餘時刻皆從之而定焉且上則用緯圈下則用表景隨便可以測定時刻也若夫赤道圈之外規面分三百六十經度從規內面卯正相對之線起算自西而東隨諸天行每一度依上法作長方形每一方又另分六小方形每一分以對角線之比例又分十小分即一度共六十分今游表之指線亦分十空之界線而每一分空內開爲四格小空每一格當十五秒則四格共六十秒也其赤道之下側面分象限而四之而子午卯酉爲各象限之初度至於緯圈四面列度分秒之法與赤道經圈無異蓋各面四分象限而內與外規面之象限各度數則從赤道線起算向南北兩極而止焉其上下側面之度數則從兩極起算向赤道中線而止焉又經緯圈各有游表者四與黃道儀正同而全儀則下有一龍以爲座向正南而負之其前後兩爪安於兩交梁而兩梁又以斜角相交其四角則有四獅以相負而又各有螺柱以定之諸類皆詳於黃道儀解內茲不復贅其安對之法則以天頂之垂線爲定也

地平經儀

地平經圈之全徑長六尺而周弧之平面則寬二寸五分厚一寸二分東西南北劃象限而四分之每一象限則爲九十度每一度依前法六十分度數之字以南北界線各左右起算爲初度之界以東西界線爲九十度之界從東西向南起算北反是夫地平圈之四面各有一龍以頂承之(見第三圖)而四龍安於十字交梁之四角而每角加螺旋轉一具可以準儀而取平又十字交梁中有立柱與地平圈高等其中心爲地平圈之中心從圈之東西二方地平之圈上又各另加一立柱高約四尺柱之周圍各有一龍蜿蜒於其上乃從柱之上端中各出其前一爪而互捧火珠蓋珠之心爲天頂而正對地平圈之中心則從地平之中心至天頂有立軸而立軸之中開有長方孔其中從上至下有一直線爲立軸之長徑線并爲天頂之垂線過地平之中心加有平方尺表如窺衡然自橫表之兩端各出一線而過天頂與立軸之長徑左右各作三角形三線互相參直共在過天頂圈之平面上而與窺衡之指線準合夫立軸左右旋轉則人窺測之目及某星并過天頂三角形線參直而窺衡之指線指定地平之經度矣此儀之細微不止於地平之分法而更在乎地平中心所出立軸之徑線準合於天頂之垂線毫末不離也故依勾股法之理先自地平之中心劃地平大圈然後以立軸中天頂線爲股以大圈半徑爲勾而自本圈相對之四處斜立一堅硬界方至天頂線之一點以爲勾股之弦若四處之弦長皆一而纖毫不差則立軸之中線必合於天頂之垂線矣其說詳載幾何原本第一卷第四題又儀之輕巧在於四方螺旋之用法(詳於儀器安法)又在於地平方尺之橫表蓋此橫表須厚一寸而寬一寸五分以免致於垂下而不合乎儀之本徑也但既厚且寬則必過重而難以轉動又轉動時則沉重而壓磨於地平上所劃度數之細分故特用螺柱管其中心與地平之中心少起橫表之兩端使之空懸於中而不令其磨損地平之面云

象限儀

象限儀者蓋用之以測高度者也亦名地平緯儀然式雖不一惟取其有適於用焉斯得矣(見第四圖)夫象限爲立運之儀其製法直角爲心六尺爲半徑用規器劃圈四分之一分則爲九十度每一度爲長方形每一方又分十二小方形而各小方之底以對角線之比例上下五分則一度共六十分又對角線之五分每以窺表指線之細分十分之則一度共六百分而每一分則當六秒也夫所劃之度數之字其從上起算以至下而鐫於弧之內邊上者即指星之在地平上若干度分也其從下起算以至上而鐫於弧之外邊上者即指星之離天頂若干度分也故八十正數與一十倒數七十與二十六十與三十等向上向下正倒之數俱爲同線鐫識之弧以內象限空餘之地爲匾龍以充其內而左右上下皆固已然全儀須立軸以運之其安立軸

之法其要有二其一儀形必依權衡之理分之卽軸之周圍輕重相等而取其運動之便葢儀形之中心與其重心不同故也其一須立軸之中線與儀之立邊平行以免致離於天頂之垂線也又於儀之縱橫兩邊相遇之處卽過天頂圈之中心定有圓柱爲表加窺衡而衡之下端依法另加長方孔之表與上表相等相對其指線於弧之正面指定所測之度分任意上下進退之而於弧之背面用螺柱以定之若用象限全圈之徑以爲衡而衡之兩端立圓柱以爲表則可得負圈之角而倍加度數之細分也葢此二度相併歸於一度而此一度共有一千二百分焉立運儀左右有兩立柱其兩柱之上有雲弧下橫一梁相連如樓閣然又立軸之兩邊有雙龍扶拱以爲座架立軸之兩端加以鋼樞上下各以鋼孔受之其在下橫梁中有銅環以承立軸樞環之徑四倍於樞之徑環之三面各加螺柱橫入於環出入展縮以進退樞令就合於垂線也座架四傍上下無所隔礙窺測者從立軸以左右旋轉甚便周視也

紀限儀

紀限儀之全圈則六分之一卽六十度之弧也亦名距度儀全儀分之爲二一幹一弧（見第五圖）幹之長與弧之半徑及弧之通弦皆相等卽皆六尺也弧之寬二寸五分此儀之難製在於其幹何也葢用儀之時其幹大槩離天頂而左右上下移動之衡斜向地平故幹愈長愈軟而愈垂下不合於儀之半徑欲令堅固恐銅加厚而儀不便於用故用三稜角形之法而左右上下之旣堅固亦復輕巧則用以合天使之彼此不相反也幹之上端有小衡以十字直角相交於弧之半徑線下端入弧之中夫幹及弧并小衡之上面皆在一平面令儀合於本圈而便測驗故耳又左右皆有細雲彼此相連益藉之以堅固全儀者也若夫儀之中心及小衡左右之兩端各定有一表皆圓柱左右各表之徑線相距中幹之徑線本弧之十度弧之度分從其中線起算左右各三十度每度則六十分每一分又十細分則一度共六百細分而每細分則當六秒葢與象限儀之分法無殊也其弧上有游表者三其表之平面有三界線長孔孔內之方形依本法與圓柱表相等焉夫儀之全體則用權衡之理以定之葢取其重心以爲儀心耳至如儀之座架有兩端一爲三運之樞軸一爲承儀之臺夫三運之器加於儀之背面定於儀之重心以左之右之高之下之平之側之無所施而不可故又名百游之紀限儀焉其三運之器所以成之者有三其一圓管內有圓軸橫入之便於高下運用也其一半周圈其中心與橫軸之中心正同便於平側運用也其一立軸則便於左右運用焉以圓管定於儀之重心而半周圈與橫軸之心并立軸之上端有小圓柱以爲平側運之軸而立軸所容半周之處則內有山口以容之外有螺柱以定之此輕小之儀之最便法也今制紀限儀甚重大側運之則必下垂而螺柱恐難以定故於半周弧外規加齒而立軸旁則加小輪其徑約二寸其圓面稜齒與半周齒相入又小輪同軸而另加全輪其全徑與小輪之徑如五與一與半周之徑如一與二蓋依舉重學之理轉運之而輕五倍也用此法則全儀不勞力而可側運矣定之則於立軸下端深入臺上端之圓孔因儀左右旋轉而窺測之目可無所不至矣臺約高四尺其座約寬三尺從下至上有游龍蜿蜒以繞之而紀限儀之制於斯全焉

天體儀

諸儀之中其最象乎渾天而爲用甚大者莫天體儀若也蓋天體儀乃渾天之全象而其爲用則又諸儀之用之所統宗也然諸儀中最爲難制者亦莫若天體儀爲夫畢肖乎天形且便於用之爲難也其難於畢肖天形者難以取圓故也其難便於用者難於周圍均輕而無偏垂故也其取圓則以子午圈或地平圈爲準先應分子午圈劃爲四象限（見第六圖）次定兩相對之界以爲南北二極每一象限則分爲九十度而兩極各爲九十度之界子午圈則以兩面度及字彼此準對每一度以對角線之比例而另以六十細分又每一分更細而四分之而每四分之一則當十五秒也則以游表識之焉又子午立圈以向東之規面爲正面而儀之中心乃正對於斯其南北兩極各作圓半孔以受儀之半軸其

他半以伏兔圓半孔受之兩半圓相合以螺旋轉定之而兩極上下以圓鋼樞而受儀之全軸爲夫欲儀之旋轉齊圓而畢肖乎天之形體則必以子午圈內規面之齊圓爲準也欲其均輕而便於用者則又必以權衡之理爲準也蓋權衡之爲義本乎天行之平耳夫惟渾天之恆平行是以左右上下無或有輕重之偏焉而天體儀之所爲最象乎渾天者大端正在於此輕重學有云平衡之梁其心在中其兩端加重各等一端扶之以手手離自不動矣則天體儀亦然任意旋轉手離則儀不動矣其圓形之心及徑與重之心及徑同在一所故也安儀於子午圈之中行令其輕而形令其圓其象天也如此此制器尚象之爲第一義也次之令其準合於地平圈地平圈其座架約高四尺七寸而座之上下有兩圈上圈爲地平之面寬八寸於子午正對處各闕其口深與子午圈側面寬與其規面相等總以恰容子午圈不寬而亦不隘爲當其可爲至兩圈內規面平合而左右上下環抱乎儀周圍則須留五分之縫爲便於安高弧而進退游表隨用規器於地平上面多作平行圈線以別度與字之間處必於劃度處展之於劃字處縮之便以長方對角之線細分宮度地平之上面共分內外中三層內層劃有地平經度分四象限而各爲九十度其經度之上下則劃有度數字平距圈線內外界之上所刻字以正南正北各爲初度以正東正西各爲九十度界下所刻字反是以爲測驗時便於用故耳內層則以周渠爲限界渠之深寬相等即五分內堪容高弧之足即地平經度表也自周渠以外則地平中層矣其上下平距圈線者即限界

京師地平日晷時刻也每一時分八刻而每一刻則十五分午正初刻即自子午圈正面南邊交地平而起子正初刻相對於兩圈北邊相交處日晷源表者即天體過南北之軸也但本軸在儀體之中不見故儀面上過南北兩極不拘何圈俱可以代表也地平面上其外層圈線者即分定三十二方之線也此外圈亦分四象限各有八方之線亦名風線蓋地平周圍從三十二方風之有名者而起凡定方向及細心觀候天象者必應分別之夫地平及子午兩圈因在天體面之外係外圈此兩圈全備如此則儀面上之諸圈可定以爲內圈前南北兩極當其中而劃赤道圈以四象限分之令各象界線與子午卯酉四正正對次則另用規器而以各象限初度爲心以末度爲界劃四半圈正對各兩半相遇於南北兩極而成兩全圈其一定春秋二分名爲過極分圈一定冬夏二至名爲過極至圈二分在黃赤二道相交之界二至爲黃道緯南緯北至遠二界即二十三度三十一分三十秒也故過極至圈上自赤道緯北之二十三度三十一分三十秒爲界而以一象限末度爲心（即黃道極）用規器作圈而定黃道以二分二至四象限分之每象限則三宮每宮則三十度而每度依對角線之比例分六十分此爲黃道之緯度也至於赤道則自西而東分三百六十度以春分界爲初度此赤道經度也兩道緯度依過分過至兩圈而定焉次又以赤道南北二極爲心相距三十九度五十五分爲界而用規器作

京師恆見界圈又以黃道南北二極爲心而黃道南北各作兩圈兩圈互相距三十度各圈所分之宮度數與黃道圈之宮度數相對次於黃赤二極及於天頂即地平之極加扁圈四分之一以定黃赤及地平各圈之緯度總命之曰緯弧以九十度分之每一度依對角線之比例以六十細分之故緯弧之寬以對角線之長方形及所刻度數字爲定則其劃度分從下而上即從黃赤地平各圈之經度界定初度而起緯弧各有橫表上下任意轉移之以定緯度之分黃赤二道之緯弧上端有圓孔以安之於本極下端有一匾弧以十字直角形橫交之以密合於本道之經度線焉蓋緯弧必以直角交本道之經圈橫條之長約緯弧之二十度其寬與緯弧等若地平之緯弧（亦名高弧）另有製法蓋高弧及天頂悉依北極出地度安置故子午圈上抱合天頂另有游表中開一長方口以入子午圈下出小螺柱安貫高弧上端不脫表正面另有螺旋轉可以任游移而定之於天頂高弧下端則另有表如平足與地平上面平行足底有如突起之形入地平上周渠如坳入之形而以直角交地平經圈以定其度分也其黃赤二道經緯之度

全備如此則二十八宿星座等天象有定位矣有次第矣夫星宿依黃赤等各道之經緯度布刻儀面之上以本象線聯之以大小六等印記別識之以黃道十二宮次界線各於本宮次總歸之蓋黃道每一宮界爲心相去三宮爲界用規器作過黃極各大圈凡天上諸星諸點在一宮兩界線中者卽命其在某宮之度分也從來曆家造星球星圖星表必以測驗爲據而定其經緯測驗愈久愈密古人但以目之所見略定星象以東西南北總別之後代歸之於黃赤兩道之宮次又復歸之於宮度今世尤爲加密而定其經緯度分秒矣蓋歷年愈久則測驗愈合也夫先代如元明之儀頗爲粗略用以測天往往不能定諸星經緯之細微今新制之六儀則渾天大小諸星俱可攷測而定此近古所未有也今照現在之星表星圖新儀面上普列一天之星過此以往以六儀互用而攷測之則於數年攷測之後而更加精詳矣夫星球最爲合天象之儀星宿列其上與列在天者無異則一舉目而識之矣若舊法之圖星球所布列星天上所無者或不分別其大小之等第則儀殊不象於天而觀天者之目反混亂而失據矣如星球上凡有密點象者如天漢積尸氣傳說牛宿第四第八星等皆密合微小之星止用遠鏡窺測可分別之舊法疑其非星因稱爲氣耳又子午圈外規面上安有時圈其全徑二尺以北極爲心其上側面分二十四小時每時四刻共九十六刻每刻十五分每一分以對角線之比例又以六分之則每一分當十秒也其指時刻之表以螺柱定於北極樞因能隨天體而轉又能隨本螺柱左右自轉以便對於各時刻分前代如元明以來所造星球止可於一地北極之高度用之今此一天體儀可通用以測普天之下之天象也蓋子午圈下制有鋼象限弧其寬二寸五分厚一寸釘於子午圈之西側面其外規面有齒規齒底之下另有長齒之小輪下齒與上齒相入小輪之同軸另有大輪其外規面之齒與柄軸上小輪之齒相入而大輪與柄軸小輪之比例爲四分之一焉故兩輪互相爲用一人左右轉柄軸則天體隨之進退其北極任上下於地平圈而依各省之本度也夫地平圈切用之處在於平分天體之兩半而天體左右不拘何以旋轉而其周面上所劃在黃赤等大圈者半必在地平之上半必在地平之下而分秒無差故其承儀之座架南北二方有二螺旋轉以便用任天體上下於地平若干之度分無不可以對照焉外此著有黃赤二道南北兩總星圖幷簡平規總星圖解蓋互相發也

窺表

儀之所爲合天者端在於分之法與窺之法也蓋分之務極於細又務極於均窺之務極於密又務極於確此二者造儀之大要也分法詳見後篇今就諸儀通用之窺法而言之蓋窺法所用之具則不離乎窺衡與窺表而已夫窺衡卽古之窺管窺簫之類是也有指線有度指（見二十圖）指線者何衡中指儀之經線也度指者何衡之秒而卽指儀之弧上之線以指定度分者也蓋儀之中心當天之中心儀之經線當天之經線凡測天之法必從天之中心以天之經線爲窺目之視線指定夫在天之度分也窺表者窺衡兩端直立之表也有上有下下表於窺目近而上表則於窺目遠也凡過儀之中心圓柱或兩極相連之圓軸或儀之經線皆可代上表下表有方形有圓形有恆定表有轉表有游表凡兩表須相等相向而其上下左右之窺線須與儀之指線互相平行蓋平行則各以相等角交儀之經線角等則度分亦等而無所差忒矣

地平儀之用法

測日或測星須於地平圈內旋轉中心表向於本點（凡謂點者卽日月之中心某星之所在也）而令橫表上所立勾股形之兩線正對之蓋勾股兩線如股與弦或勾與弦幷人目本星四者相參直則橫表之度指所在卽本星地平之經度分也或從東西或從南北起而數之皆可若當日光照灼難用目視則於白紙上以勾股形兩線相參直之影爲準若日色淡時則可用目視之然人之目與太陽正對亦必射目須用五彩玻璃鏡以窺之（其餘儀器測太陽皆用之）若夜間測星不拘何器必以兩籠炬之光照近遠兩線兩表所謂近遠者卽於測星之目爲近遠也其炬光須對照表而不可以對照測星之目試將籠炬糊其半而不使之透明

於其後則人在籠炬之後於隱暗之地而目所見凡光照之物更爲明顯也

象限儀之用法

象限儀者地平之緯儀也凡測日或星轉儀向天低昂窺衡以取參直卽得地平之高緯度凡轉動儀時若其背面之垂線或有不對於原定之處則其偏內或偏外若干分秒必須與其所測得之緯度或加或減分秒若干蓋儀偏於內則用減偏於外則用加也夫地平而分爲經緯兩儀者以便於用而窺測爲準故也其便於用者蓋謂兩人同時分測乃幷向於一點以轉動而互用之則赤道經緯度可推也並夫日月五星之視差及地半徑差清蒙氣差等無不可推也

紀限儀之用法

紀限儀者原以測星相距之器也其測法先定所測之二星爲何星乃順其正斜之勢以儀面對之而扶之以消車一人從衡端之耳表窺中心柱表及第一星務令目與表與星相參直又一人從游耳表向中心柱表窺第二星法亦如之次視兩耳表間弧上之距度分卽兩星之距度分也若兩星相距太近難容兩人並測則另加定耳表於中線或左或右之十度一人從所定表向同邊之柱表窺第一星又一人從游表向中心表窺第二星其定表至游表之指線度分若干卽兩星相距度分若干也

赤道儀之用法

用赤道儀可以測時刻亦可以測經緯度分若測時刻則赤道經圈上用時刻游表卽通光耳而對之於南北軸表蓋經圈內游表所指卽本時刻分秒也若經度用兩通光耳卽兩徑表在赤道經圈上一定一游一人從定耳窺南北軸表與第一星相參測之第一星者卽先所得之某星經緯度也蓋測星赤黃二道之度必以顯推隱顯者爲先得之某星隱者爲今所求先得之初星必用日月太白遞求之法見恆星曆指一人以游耳轉移遷就而窺本軸表與第二星相參直如兩耳間於經圈外之度分卽兩星之經度差也用加減法卽得某星之經度矣緯度亦以通光耳於緯圈上轉移而遷就焉若測向北之緯度卽設耳於赤道之南測向南之緯度卽設耳於赤道之北務欲其準與夫在本軸中心小表令目與表與所測之星相參直次視本耳下緯圈之度分在赤道之或南或北若干度分卽本星之距赤道南北之度分也若本星在赤道密近難以軸中心表對之則用負圈角表定於緯圈之第十度上在赤道或南或北次以通光游表對之蓋游表距相對之十度若干度分之數則減其半卽爲某星之緯度分也

黃道儀之用法

欲求某星之黃道經緯度須一人於黃道圈上查先所得某星之黃道經緯度分見赤道儀用法其上加游表而過南北軸中柱表對星定儀又一人用游表於緯圈上過柱表對所測之星游移取直則緯圈上游表之指線定某星之緯度又定儀查黃道圈兩表相距之度分卽某星之經度差若本星在黃道密近難以軸中心表對之則用負圈角表而測其緯度其法與測赤道緯法同若夫天體儀之用法詳見新法曆書渾天儀說中以上原本卷一

諸儀之用條目

曆法之本在於測驗而測驗之條目蓋甚繁也然得其一而他可推得其全而一乃貫今臚列諸儀之爲用各有攸當者數十條使學者有所持循焉至其理之深微法之詳密則有新法曆指諸書在所當畢慮而研究之者也

地平經緯儀之用

一測定南北線
一測定極之出入地平度分
一測定清蒙氣差
一測黃赤二道相距度分
一測二十四節氣
一不拘何時刻測七政及諸星地平經緯度
一測太陽最高之處及兩心相距之差
一測日月之視差幷日月及諸星離地近遠若干
一測諸星赤道緯度
一測赤道及地平緯圈於某星互相交角係若干度分
一測黃道在天中度係何宮度
一測黃道幷地平緯圈於太陽中心互相交角係若干度分

一測日月諸星出入之廣度
一測地平及赤道緯圈於某星出入時互相交角係若干度分
一測黃道九十度限在地平高度
一測月相距日近遠幾何
一測日暈月暈之半徑
一測暈高度去離地冬夏春秋近遠不同處

紀限儀之用

一測不拘何兩星互相距度分若干
一測不拘何兩星正升度差
一測某兩星黃道經度差
一測不拘何星赤道經緯度
一測日月全徑
一測日暈月暈半徑

赤道經緯儀之用

一測七政諸星赤道經緯度
一測黃赤二道相距度分
一測某星高度
一測某星黃道經緯度
一測黃赤二道緯圈於某星互相交角係度分若干
一測赤道緯圈於黃道經圈互相交角係度分若干
一測黃道緯圈於赤道經圈互相交角係度分若干
一測黃道及天頂圈於太陽中心互相交角係度分若干
一測黃道在天之中度係何宮度分
一測日月諸星出入之廣度
一測地平及赤道緯圈於某星出入時互相交角係若干度分
一測黃道升降度分
一測某星同黃道何度分出入地平
一測某星同黃道何度分在天中

黃道經緯儀之用

一測七政諸星黃道經緯度
一測黃赤二道相距度分
一測黃道子午圈互相交角係度分若干
一測某星赤道經緯度
一測黃赤二道緯圈於某星互相交角係若干度分
一測赤道緯圈於黃道經圈互相交角係度分若干
一測兩星互相距度分
一測黃道緯圈於赤道經圈互相交角係度分若干
一測某星同黃道何度分出入地平
一測於某時黃赤二道之某度出入度分
一測黃道九十度限係何宮度分

天體儀之用

天體儀者諸儀之所統宗者也其理詳見於新法渾天儀說中今止列其條目如後

一求北極出地度
一求太陽躔度
一求恆星黃道經緯度
一求太陽赤經緯
一求恆星赤經緯
一求黃道每度赤道緯
一求黃道各弧出沒之距時
一求兩星出沒之距時
一求星出沒與在地平上之時
一求黃道升降度
一求黃道見與不見之弧
一求星當見之時
一求日月諸曜出沒之廣
一以出沒之廣求本黃道度及北極高度
一求太陽地平經度
一求太陽出地平高度
一用渾儀成高弧表
一求恆星地平經緯度
一求星前後合伏之時
一求晝夜長短
一以晝長時復求北極出地高
一求晝時刻
一求朦朧時刻
一求距太陽出入前後時刻
一求七曜時分
一求夜時刻
一求太陽等曜距午正之弧
一求日月食之原
一求交食方位

新儀之適於用

儀之式有二一曰內式一曰外式內式爲儀之模而以肖乎本象者也在天有赤道儀之象因定本儀爲赤道之儀而用之則必與在天之赤道經緯圈相似所謂內式也若夫外式則取乎綴飾以美觀且兼於適用令彼此不相滯礙乃爲得耳然從來創儀者多用心於綴飾而罕加意於適用儀之所以弊也仁之創制夫儀也惟務密合乎天行密合乎本曆之法爲第一儀而便用次之綴飾又次之元與明世之儀不適於用之處有三其一則不明透如簡儀渾儀諸圈內多有交梁窺表稠密其規面側面皆粗厚其座架左右上下俱有銅柱縱橫相交以故東西南北多許之星窺表不能對照焉若天頂立運圈則隱於簡儀之下一切在南之星難以窺之若渾儀半隱於四面銅箱之內縱有星象其在地平下時一切不見今六儀之爲制也上下左右極其明透而東西南北渾天之星無不明顯而可以對照焉觀新儀之圖象則即了然於心目間矣其一則難窺測蓋儀之四維多粗銅交梁立柱座架諸類非但爲象緯之蔀障抑且遮蔽人目甚不便於窺測也況測天之法必以多人參同窺測爲準今新儀備極玲瓏東西南北無所隔礙使窺測者之目上下左右諸圈諸表無不豁然而易見如黃赤兩儀其經緯諸圈虛懸於中惟南北二角飾以細身之龍爲之座架而並無所礙也地平經儀從地平周圍至天頂無所不見象限儀亦然若夫百遊紀限儀較之諸儀更爲活潑而易於對照凡天上正斜橫諸道及諸星之行度皆可任意以測之焉至於天體儀之諸星諸道較在天之諸星諸道明晰無異也舉地平下并南極密近之諸星諸道舉中夏之人目力所不能至者而今則有如數指上螺文矣是何也諸儀之制皆靈透而便於測其架座又細巧而不蔽於儀此固善矣且傍各儀之四圍層級其石以爲階使窺步者登降從心有快於目則尤其法之曲盡也其一則難對定蓋簡儀衡表及內圈必須一二人之力以轉動之此一轉動也亦必用力強推之勢難從容漸次移對夫度分也至若渾儀必更藉數人之力以轉動焉是豈可施之於用也哉若夫新儀則不然形製雖較舊儀加大而運旋則甚靈敏也如象限儀黃赤諸儀一舉手而可以轉動且元明之儀每種極其重滯假使地基傾陷或地有動時儀即因之而偏垂矣若欲安對非需數十人之力不可也夫元之渾儀縱有可用然不過如其曆法用之於燕京不能通於各省也原夫南北兩極與子午圈皆爲一定而上下不能轉移故耳若新製之儀無論地基之有所傾陷與地動之有所偏垂一俄頃間而一人之力即可

以安對而有餘蓋新儀各依舉重學之法有螺旋轉左右上下皆可推移而安對之雖一分秒之細微亦不消也天體別有輪法以消息之縱有五千斤之重而一人用四斤之力即可旋轉如意以測夫天下各省北極之高度總之用法無不可通故即此一儀之地平亦即可以爲天下各省之地平而用之以測驗渾天之象焉

新儀體距極分秒之明晰

凡儀之大小式無一定必以無過不及之差者爲準則爲何也儀大則分劃詳悉而分秒畢清儀小則分劃簡略而度分疎漏夫毫釐之差謬以千里創儀用以測天是烏容草率而爲之然定儀之大小以徑線爲準前代諸儀經線極大不踰五尺二寸新儀之徑即小者六尺有餘大則一丈二尺抑思從來曆家創制儀器務爲廣大者無非欲每度寬闊其地得以細劃分秒而已然卒未有得法而曲盡其善者也蓋儀器之貴乎大非爲其形體之鉅有足觀也亦在乎每度加廣使分秒有餘地之可容耳今新儀則每度加廣纖悉畢具是何也新儀另用負圈表因可以得負圈角故有餘地可容而分劃得全也在舊儀止容其半已耳然則新儀之小者全徑六尺即可當一丈二尺見十三圖甲乙丙象限儀其全徑甲乙丁一丈二尺若用其全徑甲乙丁以爲負圈表之衡則甲乙丁爲大圈之半徑而甲丁戊角爲負圈角幾何原本云詳見三卷二十題負圈角與分圈角所負所分之圈分同則分圈角必倍大於負圈角蓋甲乙戊外角與相對之內兩角乙戊丁角及乙丁戊相併必等今乙戊丁角與乙丁戊角相等則甲乙戊角倍大於乙丁戊角明矣故象限儀甲丁戊負圈角之度分倍大於甲乙戊分圈角之度分今按前所論此圈之度分與彼圈之度分大小若干則此之徑與彼之徑大小亦若干此論線之比例也若論面與體之比例又不同矣蓋線與線如一與二爲單比例此面與彼面相比如一與四爲再加之比例此體與彼體相比如一與八爲三加之比例如元之渾天與今之天體相較比例之多寡有三焉蓋渾天之徑線四尺四寸不及天體之徑線約有六尺則徑與徑如四十四與六十此爲單比例就徑推儀面則元儀面與天體儀面約有四十四與八十二此爲再加之比例故天體之所劃星宿度數之周面較元之渾天約大一倍若就徑而推兩儀之體所容載則用三加之比例即元儀之體所容載較新儀如四十四與一百十二云

新儀分法之細微

儀之務爲覃精者局在乎在於度分之細微也夫古者之造儀類必恢宏其制者豈非欲得以分度之細微哉然分度之細微非僅在一度之廣大而已也要在乎一度之分法焉如先代元明之儀有度之數無度之分然即有度之分縱極其細微不過十分已耳若夫新儀則有異蓋每一度爲六十分而每一分又分爲四細分則一度爲二百四十分而每一細分當十五秒較之舊儀所爲極細者細於二十四倍矣又有每度三百六十細分每一分當十秒如用負圈表加細一倍而每度可分七百二十分則比舊儀細於七十二倍矣且每度可分六百細分如象限儀紀限儀每一分當六秒則比舊儀細於六十倍矣若象限紀限等儀用負圈之角則每二度當算一度而此一度細分共一千二百分每一分當三秒則細比舊儀百二十倍矣夫此細分度之法原從三角形內平行線之比例而生蓋三角形每對角之線任爲若干分從各分作線與腰線平行必分底而底之分與弦之比例適相等見十四圖甲乙丙爲勾股形甲乙爲弦弦之對角甲丙乙甲丙爲股今將弦即甲乙線四分之又從各分至勾上引線與股平行此線必亦四分勾線甲丙而甲乙弦線若干分之比例必與甲丙勾線若干分之比例相等矣甲丙及丁乙即方形之長線爲此一度與彼一度之界線甲丁及丙乙即方形之短線爲一度之所容井方形上下之底此形又平分見十四圖或六或十二小方形以長線爲界以短線爲底而每方形內作對角之線爲弦每弦十分之則六弦共六十分蓋窺表之指線恆交每弦之線見十五圖又與方形之界線恆平行以相等之比例必分每一度之底線即每一度方形之底以六十平分矣夫對角之弦平分若干分則窺表之指線平分若干然指線十分之每一分又平分或四見十五圖或六或十等細

分故每一度或有二百四十或三百六十或六百等細分而每細分當算度分之幾秒焉此言細分度之法也如論分時刻之法前代之儀分晝夜一百刻每時八刻零有三分刻之一其爲不合乎天已詳辨於不得已辨新曆曉惑諸書中雖其所分一刻極細者止三十六分已耳今之新儀分晝夜以九十六刻每時八刻並無奇零又每一刻十五分見十一圖每一分以對角線之比例爲十二分而細分之則每一分當十秒而一刻共九百秒是比之舊儀細之又細矣

曆法典第九十卷
儀象部彙考八
皇淸二
靈臺儀象志二
新儀堅固之理
夫曆之為學也其理其法必有先後之序漸以及焉故由易可以入難而由小可以推大未有略形器而可驟語夫精微之理者也如幾何原本諸書為曆學萬理之所從出然其初要自一點一線一平面之解及其至也窮高極遠而天地莫能外焉今之學曆者於凡發明器數之書忽為平常而不屑寓目輒希頓悟於要渺之途譬之登高而不自卑何由至也即有自命博雅以格物窮理為學然而務大而遺小務貴而略賤夫道無往而不在豈事物之大與貴者理在而事物之小與賤者而理即不在乎殊不知形上之理不越乎形下之中也今仁之著測天諸儀說也不惟論其用法與夫測天之細微以及推諸天諸星之奧義其於制作法輕重法堅固法之衆理亦必詳載而論列之蓋精粗表裏互發而益明也夫欲儀制之堅固不在乎尺寸之加廣銖兩之加重而徒以粗厚名也大率在於儀徑長短之尺寸與儀體輕重之銖兩相稱而適均乃為得耳蓋儀之徑愈長則儀愈難承負儀體既重若又加銅以圖堅固則徑反弱而自下垂如赤道黃道經緯諸規兩端懸於南北兩極之軸若銖兩加倍則東西兩半太重必自下垂而不合乎天上所當之平面圈矣若豎立之則上下兩半又下垂而圓圈又類卵形矣其長圓之徑表兩端定處則中心太重必自下垂而離南北之徑線又象限儀之橫梁紀限儀六尺半徑之幹等皆須與地平線平行而用權衡之理依據於中心之一點若過加銖兩則兩端必下垂而不合於本圈之徑線造儀之難正在於此而儀之準與否亦即在於此今更取五金所以堅固之理以明之夫五金等材堅固之力必從人之所推移而見又必從壓之以重物而始見之姑借方圓柱所承之力以類推焉凡形之長者必有縱徑有橫徑其縱徑之力與橫徑不同儀之中有方柱圓柱有長方各梁柱有長遠表其中有豎立者有與地平線平行者有橫斜用者縱徑橫徑各有說焉今先論縱徑之力以定橫徑所承之力西士嘉理勒之法曰觀於金銀銅鐵等垂線繫起若干斤重漸次加分兩至本線不能當而斷如金及銀之垂線其橫徑一釐試加斤兩至二十三斤而斷又同徑之銅鐵線試加斤兩至十八斤而斷因此法而推論曰有金銀立柱於此其橫徑有六釐必得八百二十七斤之分兩能當之銅鐵柱必得六百四十七斤之分兩能當之有同徑之烏木等材料之立柱約得一百一十八斤之分兩能當之如十八圖蓋凡兩柱大小之比例為其兩橫徑再加之比例而其堅固之比例必與之相同譬如有金線於此其橫徑為一釐若能當二十斤則一分徑之金線必能當二十斤矣蓋一釐之徑與一分之徑如一分之徑與一寸之徑則一釐之徑與一寸之徑如二十斤與二千斤同是再加倍之比例從此而推方圓等柱以其橫徑之所當分兩若干如十九圖有方柱豎立為戊己其縱徑僅足拉斷之斤兩即辛繫在於己又有方柱甲乙丙丁於地平線平行其大小於豎立之方柱戊己相同其橫徑僅足拉斷之斤兩即壬繫在於丙題曰辛之斤兩於壬之斤兩如戊己柱之縱徑於甲丙柱之橫半徑蓋丙丁線橫杆之類其支磯在丁其用力在丙由此論之試令本柱之橫半徑丙庚有其縱徑甲乙四分之一而辛之斤兩為四千斤則壬之斤兩不過一千斤而原柱依其橫徑必墜斷矣又有兩長方之柱見二十圖甲乙丙丁而甲乙之厚面及丙丁之寬面兩面於地平線平行與兩柱之一端各有繫於本力相稱之斤兩如戊與己若再加之斤兩則兩柱必不能當而墜斷矣題曰甲乙柱厚面

之橫徑於丙丁柱寬面之橫徑加倍之尺寸若干則戊之斤兩於己之斤兩加倍若干解曰甲乙柱厚面之橫徑與丙丁柱寬面之橫徑如五與一因而若己之重一百斤則戊之重五百斤矣有兩柱（見二十一圖）甲乙丙丁戊己庚壬其長短等其粗細不等其粗柱之堅固與細柱之堅固有己壬之橫徑與乙丁之橫徑三加之比例如乙丁有己壬三分之一而細柱之堅固能當三千斤則粗柱之堅固能當八萬一千斤因此而推圓柱之長應加若干之尺寸以知其不能當本體之重以知其橫繫於空中時若釘此一端於壁則彼一端自弱而重垂下必橫斷矣如甲乙柱（見二十二圖）橫懸於空中其長徑五尺於地平線平行其本體之重有六百斤若再加一千斤之重繫在於丁則圓柱墜斷今球應加若干尺寸以知其自垂而斷之處依本法之理以論之若於本柱加一丈五尺共得二丈則本柱不能當本體之重自垂而橫斷矣總而論之甲乙柱之斤兩與本柱之斤兩並其所繫於丁斤兩之加倍如五尺與二丈一尺七寸之比例今於二丈一尺七寸再加本柱之長五尺而三倍之其積數共得八丈零一寸若此數幷五尺之數中取中比例數得二丈卽所求甲乙柱之尺寸矣從圓或方柱之理可推他類從五金之柱形可推他形幷材料又筋系麻等繩堅固之力同一比例之理以上總論依勾股之理方圓等柱堅固之理今依勾股之弦斜向之柱萬變不同其堅固與否其自弱而垂下之勢若干皆照其斜向之勢若干欲明此理必須先知方圓等柱各依勾股各弦之斜向加減本體之輕重若干而後可也詳載舉重學論內

新儀輕重比例之法

夫儀之重輕與其大小必有一定之比例因其輕重可推而知其大小又因其大小可推而知其輕重凡爲輕重者必以其體形相等爲主兩物體形相等者彼此有輕重多寡之比不相等者其輕重無相比之定理如有銅球於此其徑一尺不可以爲一定之輕重若相等形之他球如同徑之鐵球木球斯可以比之而定其輕重蓋鐵球比銅球爲輕比木球爲重也輕重學有云凡銅色之球如皆爲銅或鐵等其輕重之比例爲其全徑三加之比例如有兩銅球甲與乙（見二十三圖）甲之徑爲二尺乙之徑爲一尺若甲球重三千零四十斤則乙球之重必三百八十斤因此比例法從輕推重從小推大又從同色之類推大小之同類譬如將黃蠟作球從此蠟圈蠟球之輕重可推金銀銅等項之同徑球之輕重（凡鑄銅儀先用蠟作各儀之式樣）其法曰造諸色同徑之體如球體或立方體權之得其輕重之差以爲比例之根率如下表縱橫兩行列諸色之體名上邊之橫行從最重起至最輕止傍邊之縱行從最輕起至最重止縱橫兩行相遇之方位所得之數卽兩同類異色之體輕重之比例也

異色之體輕重比例表

	金	水銀	鉛	銀	銅	鐵	錫	蜂蜜	水	蠟
蠟	十九又二十九分之十九分	十四又二百四十七分之三十二分	十二又二十一分之二分	十又六十三分之五十二分	九又二十一分之九分	八又二十一分之八分	七又一百〇五分之八十九分	一又二百十分之一百〇九分	一又二十一分之二分	一
水	十九	十三又七分之四分	十一又二分之一分	十又三分之一分	九	八	七又五分之二分	一又二十分之九分	一	
蜂蜜	十三又二十九分之三分	九又二百〇三分之七十三分	七又二十九分之二十七分	七又八十七分之十一分	六又二十九分之六分	五又二十九分之十五分	五又二十九分之三分	一		
錫	二又三十七分之二十一分	一又二百五十九分之二百二十一分	一又七十四分之四十一分	一又一百十一分之四十四分	一又三十七分之八分	一又三十七分之三分	一			
鐵	二又八分之三分	一又五十六分之三十九分	一又十六分之七分	一又二十四分之七分	一又八分之一分	一				
銅	二又九分之一分	一又六十三分之三十二分	一又十八分之五分	一又二十七分之四分	一					
銀	一又三十一分之二十六分	一又二百一十七分之六十八分	一又六十二分之七分	一						
鉛	一又二十三分之十五分	一又一百六十一分之二十九分	一							
水銀	一又九十五分之三十八分	一								
金	一									

此表之用法有二其一求兩等大異色體之輕重差其一求兩異色等重體之大小差兩法從先所引輕重學之一題而生若求兩體輕重之差則以其輕體者當一或斤兩等分若球本體大小之差則以其重者當一假如球蠟與銅輕重之差蠟比銅輕則蠟當一而蠟銅縱橫兩行相遇之方內書在九倍又二十一分之九分解曰若蠟球有一斤重則同徑之銅球有九斤重又一斤二十一分之九分欲觀水與水銀之輕重差則在卷內之十三分又七分之四分可考也又如水之重約一斤則水銀相等有十三斤又一斤七分之四若儀器銅圈應厚一寸寬二寸其徑該六尺長求其銅之斤兩法曰先作有一尺徑蠟圈寬厚與銅大圈相等因而照前表法求等大之銅圈大從一尺之徑圈因而推六

尺之徑圈（看新法圖量全義第五卷然後看前表）凡銅鑄儀其座架井方圓各形之柱表梁等先無不用蠟而作大小各式樣因可推其應作銅鐵元柱表梁等各輕重之斤兩矣凡此係前表之第一用法今照第二用法有銅有蠟兩球輕重相等求其大小之差銅球必小當一而銅蠟縱橫兩行相遇之方內書在九又二十一分之九分解曰銅球之大與蠟球之大如一與九又二十一分之九分則蠟球包含銅球之大約九倍半其餘比例皆倣此

新儀之重心向地之中心

凡有重體之論必以其重心爲主所謂重心者卽重物內之一點而其上下左右兩重彼此相等也如（二十六圖）甲乙體內丙點是也但每重體獨有一重心儀器則有本形之中心亦有本體之重心凡儀器中心必當天之中卽地之中心也蓋凡推算日月五星二十八宿等在天所行之度分必以天之中心爲主從天之中心出線至天上各星則定某星在本天大圈之某度分乃從儀之小圈以測驗之而準其度分必儀之小圈之度分與在天大圈之度分相應相合然在天之大圈與儀之小圈之度分上下既一一相應相合則在天之大圈與儀之小圈所向之中心必爲一無二矣今人用儀之時雖在於地面之上而離地之中心卽天之中心約一萬五千里其從地面所測天上之度分卽如從地中心測驗之無二蓋地半徑之差與天之最高最遠無比惟月天略有可比之理因有數分地半徑之差而生也夫儀之重心以地之中心亦爲定向蓋凡重物之體自上直下必欲至地心而止者是也試觀二十四圖甲爲地球之中心乙丙戊皆重物各體皆直下向地心而方止蓋重性就下而地心乃其本所故耳譬如磁石吸鐵鐵性就石不論石之在上在下在左在右而鐵必就之者其性使然也何況地之中心六合內最下之所物離其中心不得爲下必爲上也此地道寧靜而永不動之故也蓋凡謂下者必遠於天而就地心凡謂上者必就天而遠於地心而地一圜球懸於空際居中無著常得安然而四方土物皆降而就於地心之本所東降欲就其心而遇西就者不得不止南降欲就其心而遇北就者亦不得不止凡物之欲就者皆然故凡物相遇之際皆能相衡相逆故凝結於地之中心卽不相及者以欲就故亦附麗不脫致令大地懸居空際也如二十五圖丙爲地中心甲乙兩分各爲之半球甲東降就其心乙西亦降就其心兩半球又各有本體之重心如丁如戊甲東降必欲令本體之重心丁至丙中心然後止乙西降必欲其本體之重心戊至丙中心然後止故兩半球相遇於丙中心甲不令乙得東乙不令甲得西一衝一逆勢力均平遂兩不進亦兩不能退而懸居空際安然未奠矣譬有一門于此二人出入在外者衝欲開之在內者逆欲閉之一衝一逆爲力均平門必不動甲乙半球其理同也至四方八面一塵一土莫不皆然隤然下凝職此之由也

諸儀座架之法

座架者所以托載重體而免致於傾仆者也座架之式有二一直一斜皆以垂線分別垂線於座架爲直角者卽直座也爲斜角者卽斜座也凡座架以重徑線爲平穩之則夫重徑者徑過重心之垂線也其週圍銖兩輕重相均茲姑舉二題以見例

第一題

凡物之重徑在其直座架內則其物必托載平穩而無傾仆也假如重物甲乙（見二十七圖）托於直座架丙丁而重徑爲戊己故重物甲乙自不傾仆矣蓋甲戊乙輕重均平因而甲壬小半比壬乙大半必輕矣凡重徑在直座之外則重物未有不傾仆者

第二題

於重體或左右加減或那移銖兩則其重心必那而改移重心一移則重徑必隨之而移猶人體及禽獸行動之勢可明而推之于他類也人體當竚立之時全托於兩足其兩足所立之地愈大而寬則其身體愈穩矣人體與獸體之所爲托載者與儀之架座正同一理故架座愈寬則其所托之重物愈穩也蓋物重徑如丙丁在架座之中四方離座邊愈遠則重物愈難仆矣（見二十八圖）夫人以至於獸行動之時其身體之重心左右那離不斷則其重徑亦因之那移而不

斷假如提起右足之時其身體必偏於左而獨托於左足故其重徑丙丁徑過左足提起左足之時其身體偏右而獨托於右足設使人竚立時而提起右足若不偏身於左必不能立而仆矣（見二十九圖）又如人坐之時（見三十圖）其胷與股其股與足皆爲直角又若人欲起而立必身體之直角形變爲銳角之形卽胷并手那移向前而足向後（見三十一圖）自令本體之輕重均分於重徑丙丁之週圍若不變通其力使之輕重適均則如三十圖之形而人之身必不能立矣又如人從地掀翻不拘何物其兩足必分開一前一後自令重徑線丙丁徑過本體之中如飛禽之上躍斜坡張翼而前下躍斜坡斂翼而後而重徑線丙丁前後均平分本體之輕重乃不致於身仆爾（見三十二圖）飛禽之頸長者足必長也當禽於空中飛翔之時引頸而前若干必伸足於後若干而重徑丙丁正在本體之中（見三十三圖）又如山坡所栽之樹未嘗隨斜坡之形而斜長蓋必依中徑垂線丙丁竪立而長（見三十四圖）令其根其幹其枝全依之而立以免夫傾仆爲故山坡之斜線甲乙比山底之平線丙乙雖長其所容之樹木麥穗等必相等矣夫物之生成者依重徑線之理如此故能保其本體以免於偏仆也則凡造成之物必法之而以重心重徑爲座架也固宜矣

製儀之器與法

凡測天之儀必極其精良靈巧以準合乎天行之細微而轉動以適於用則其事乃善已是故製儀者欲善其事則必備諸精妙之利器而隨其式變通以作之以務合乎其宜爲則製器之能事畢矣今姑舉其作法之次第如左云

凡儀之大圈必依其大小之尺寸鑄造之後則以十字架粗木定其中心而照第三十五圖以爲立飛輪之形安於架上轉動之去其模而大約歸於圓其圈愈大而重旣懸於中心之軸則其轉動愈易而且疾矣蓋重物之勢使然耳其次則置圈於別架之上務與地面相平而照圈圓形左右作楡木圈於弧內安定刮刀約二十許（見三十六圖）刮刀架以重石緊壓銅圈面上用騾馬之力以轉動刮刀之輪而圈之上下兩面務爲刮平又騾馬週圍轉動自行有大圈之路以其大圈之半徑與銅圈半徑之比例若干則知騾馬用力於刮刀重壓之斤兩若干矣又刮刀輪必須預備磨刀輪法（見三十七圖）其作法其轉動之勢并其所用力之比例與刮刀輪之理無二但刮刀架之下安磨石而上安壓石於壓石之上又安自漏水箭以便於磨平之用（見三十八圖）如刮刀輪與平磨輪之功已畢則銅圈內再定中心此中心應定於鋼片上而鋼片則穩釘重大之木上而在銅圈之正中（見三十九圖）其木之兩端不可抵於圈須稍離一間否則失其圓形矣次用兩螺旋轉展縮其定規（見四十圖）甲乙其前後兩端螺柱之下定心并畫圈線之表皆爲鋼尖表一表定中心一表循銅圈週圍內外過不及之中邊而內外劃兩界線之圈此面已定則又於本圈之下面亦劃兩界線圈而與上面之圈正相對若不正對則內外銅圈邊必斜其上下兩面之圈及度數不出於一圈之同心而以之測天則大舛矣故圜圈應竪立而用上下對面線之比例（見四十一圖）下面之上定內外邊界線與上下之界線正對然後照前法畫內外邊之界線次本圈又竪立而用細齒之鋼鋸照內外之界線鋸解其粗模（見四十二圖）又次用粗細各銼以銼圈之內外邊爲平圓至內外界線而止次本圈又橫置與地面相平而用極細之銼四面平磋之令上下各相對之面平合於內細微之線又次以細微之徑線爲準則從兩相對處緊合之令其相交於圈之中心（見四十三圖）四面皆準合於此則本圈各兩相對弧可代測天之表而可準對於分秒之細微至天體之球則必鏇之而後得圓其鏇之之法與他圈同（見四十四圖）諸圈類此皆須於上下橫竪反覆而經百手則其工之大端得矣乃於其四面上依法劃圈線度數分秒然後諸圈榫對令其中心相合歸於一點卽天體之中心而上下左右各分秒總歸於全儀之一心（見四十五圖）務令各圈四面相對之半徑皆出於一球之中心此作儀之難也然而儀之合天之細微亦卽在此如天球黃赤各儀安於子午圈南北兩軸若其軸纖毫不對於子午圈之中心則球必偏於東西蓋照子午圈正面於球面上下相對處畫線而轉球令上變下則上相對

時下必有過不及之差欲正之必須那移南北之軸于午圈向內向外以其過不及之差若干爲主法曰依此全差四分之一而那軸則得其宜其晝圈度數分秒等線之規矩幷取直取平取方取圓等比例尺甚繁一併繪圖見於別卷中

新儀運用莫便於滑車

用滑車之法而運動儀器其便有二省人力一也儀器不致於損傷二也其省人力者何蓋凡人之起重必力與其重相等如一百斤之重必須一百斤之力始足以當之今法止用一輪之滑車而力之半能起重之全則五十斤之力能當一百斤之重若用二輪之滑車則是以力之四分之一而能當全重即二十五斤之力能起百斤之重也三四等輪之比例皆倣此假如用一對滑車又須用兩絞架而一近一遠置之其近者傍於所動之重物而遠者離於重物也今論一對滑車以定其加力之比例則以近架爲主蓋近架內小輪若干則力必加倍若干也但比例有二其一平分者以平分之數解之如四六八等其一不平分者以不平分之數解之如三五七等依二法安定滑車則各有不同矣如依平分之比例安定倍力之滑車見七十一圖其所倍力之數若干平分而以其數之半若干於近架內安定小輪若干而其繩之一端則必繫於遠架若依不平分之比例安定倍力之滑車於倍之數減一而餘數之半卽爲近架小輪之數而其繩之一端則必繫於近架也見七十二圖如上滑車近遠兩架通用一繩而其一端止繫於一處其倍力之比例皆如此若其小輪則每一輪各用別繩而各繩之一端又各有安定之處則其倍力之比例爲更大焉見七十三圖假如重物在庚滑車各繩定於甲乙丙丁人力在戊則加十六倍蓋依滑車之力也若人力在己則與重物相等在辛則加二倍在壬則加辛之力二倍己之力四倍在癸則又加壬之力二倍卽己之力八倍蓋遞加新輪則遞加倍力有如此此滑車之輪法假若倒用而以重物之所在爲人力之所在則重物之斤兩加倍若干而起之速亦加倍若干見七十四圖假如用爲水箭乙爲人力按此輪法人手拉繩至五尺以下則盈水之箭卽起有四十尺之高而手動五尺之時水箭已去四丈之遠可知其速已

其儀器不致於傷損者何夫儀器愈廣大則用以測天愈精微但其廣大若干而其重之斤兩亦若干若無法以運動之則未有不崩墜而觸損者矣故紀限儀之大弧象限儀之長大表等運動之皆用滑車之法見七十五圖蓋滑車輪多近遠置以兩架用一繩以多繞而相連之雖其重大而有垂壓之勢然因其繩繞之糾纏而勢不能驟開必有先後漸次焉故儀器用滑車以絞動設縱偶有脫手其繩必不能驟開而致有崩墜觸損之患矣蓋滑車之理小輪兩架繩繩若干則其用力加倍亦若干又拉重者比其所拉之重行動之捷若干則其力亦必加倍若干故滑車之繩一端若繫於近架拉重則更加其力矣

又用多輪之滑車一對不如用單輪之滑車兩對其所倍之力更大假如一對滑車其近遠兩架各四輪則共八輪其力之加大爲十倍今有相對相連之滑車其近遠兩架各有二輪則共八輪與前同則其力之加倍爲二十五倍與前大不同也凡用滑車運動最重之物必須絞架所以倍加其力也假有相連兩對之滑車於此各有四輪而有人在丙用四十斤之力則能動一千斤之重若又添絞架其絞柄於其絞柱之徑如十與一則以四十斤之力能動二萬五千斤之重故絞架與滑車互相爲用也若獨用絞架則其所繞絞柱之一單繩不足以當二萬五千斤之重若獨用滑車則其諸繩雖足當乎重物而其倍力之比例實不及矣若用絞架連用滑車則合力當之而有餘焉又其所繞絞柱雖仍有一單繩而此一繩則能當雙繩相連八繩之力也凡此倍力之所以然詳見舉重學內茲不具載

新儀用輪相連以便運動

天體紀限諸儀皆亦用輪相連法以便運動之蓋天體儀之廣大重四千斤其妙用在可對乎天下各省北極之高度夫人之目雖不離於京師觀象臺之一處然究其可見者則在各省之天象與在一處無異也故特用大小輪法以便

運動而對於各處北極之高度用此輪法則用四斤之力而能運四千斤之天體也若紀限儀原爲百遊之儀亦用此輪法以便對於天之正斜左右上下百遊之方向而轉動之所爲輕便者在大小輪相連一定之比例蓋大輪之徑比小輪之徑尺寸有若干（見八十四圖）則即省轉動之力有若干如有輪架五對每一對有大小兩輪同在一軸每大輪與其小輪之比例如五與一五對輪相連大撥小而同爲五倍相連之比例今推算其力如有一孺子於此止能用一斤之力若用此輪法則能起二百九十八萬五千九百八十四斤之重曾照此法造小輪架以爲引重其長不及二尺其闊深不及一尺內有三等輪與三軸彼此相通相撥獨用一絲繩以轉動之而拉重物勝於數十人之力焉其所以然之故則詳見所論重學諸題

新儀用螺旋轉以便起動

諸儀中最有力者螺旋轉也其作法之巧妙與用法之廣大及其運動省力之理甚微故新造之諸儀俱用之螺旋轉上端用絞柄開之旋之緊鬆之其絞柄之尺寸比螺旋轉之半徑若干則其省力亦若干如新儀幷座架共有四五千斤之重今用一寸徑之螺旋轉又加一尺之絞柄則雖一孺子用數斤之力而即能起動之若照此例相連之法用螺旋轉彼此相撥之法則用一斤之力者而可以起數萬斤之重也蓋此相撥之器具一動而有無所不動之勢故其力爲甚大也其螺旋所以省力之故則在句股形之弦與股一定之比例（見八十七圖）并詳於舉重學內則其本論爲甚明也（以上原本卷二）

新儀安置之法並摘羅經之誤

凡測天之儀蓋本乎曆象自然之法而造爲精微之器者也故儀與天合象之規使安之而失其正則儀必不合乎天矣不知者歸咎於曆法之不合天或以爲儀之不合於法又因不知其舛錯之處而究其本源妄意修改反以良法爲弊法目之此曆法之亂所由始也夫安儀之法一以四方向一以北極高度此爲兩大端苟有纖毫之差則儀不合於天矣測定本極之高度詳載日躔曆指二卷諸法中若定安儀之方向斷乎不可以羅經爲主蓋羅經或偏東或偏西天下各省多寡不同向正南正北者絕少

京師偏東四度有餘故京師內外凡房舍墳地山向俱依羅經所定者率多有偏未有一向正南者（仁）數載京華凡所閱歷安定日晷諸儀多所測試每有南北之牆四五丈內偏二尺餘者夫觀象臺原屬安諸儀以測天定諸星諸天象正方向之所究之四面之方向大謬也（仁）於康熙十年以正法考之其東西牆五丈內離正東西二尺有餘古之管窺象緯者何悞一至此也定正向之原所已謬如此將何施而可哉夫差之毫釐謬以千里今四五丈內有二三尺之差則四五里內即有數丈之差如九十一圖甲乙爲舊臺東西牆已丁爲正東西線兩線引長至四五里遠愈遠愈多相離五里既有數丈之差則引長而至於天上元地平圈線豈不有數千里之差乎（凡定方向必以天上元地平線爲主而羅經之中心當元地平之中心）今羅經之所定既差至數千里如此豈可用以定安儀之方向乎

大地之方向并方向之所以然

凡定方向必以地球之方向爲準地球之方向定則凡方向遂無不可定矣夫地虛懸於天之中備靜專之德本體凝固而爲萬有方向之根底一曰天兩極之向一曰天中心之向所謂天兩極之向者即地球南北之極正對天上南北之極未遠而不離者也并無動之之理即使地有偶然之變因動而離於極則地亦必即自具轉動之能以復歸於本極與元所向天上南北之兩極焉夫地球兩極正對天上兩極振古如斯未之或變也故天下萬國從古各有所測本地北極之高度與今日所測者無異可知矣所謂地自能轉動以歸向天上兩極者舉三端之理以推之其一地所生之鐵及土所成之舊磚等其性稟受於地故具能自轉動向南北兩極之力如燒紅之鐵以銅絲懸之空中既復原冷則兩端自轉而向南北兩極再如舊牆內生鐵鏽之磚等照前法懸之空中亦然假使地之本性無南北之向何能使所生之物而自具轉動向南北兩極之理乎其一地之全體相爲葆合有脈絡以聯貫於其間嘗考天下萬國名山及地內五金礦大石深礦其南北陡袤面上明視

每層之脈絡皆從下至上而向南北之兩極焉仁等從遠西至中夏歷九萬里而遙縱心流覽凡於瀕海陡袞之高山察其南北面之脈絡大槩皆向南北兩極其中則另有脈絡與本地所交地平線之斜角正合本地北極在地平上之斜角五金石礦等地內深洞之脈絡亦然凡此脈絡內多有吸鐵石之氣生夫吸鐵石之氣者無他卽向南北兩極之氣也夫吸鐵石原爲地內純土之類其本性之氣與地之本性之氣無異故耳又稽夫講五金諸書皆以鐵性爲純土之性卽五金中鐵之體爲最近純土之體如鐵之有鏽也原其所從生則亦類乎土之渣滓此可以推其理也其餘四金之體皆爲雜體則離純土之性更遠矣所謂純土者卽四元行之一行並無他行以雜之也夫地上之淺土雜土爲日月諸星所照臨以爲五穀百果草木萬彙化育之功純土則在地之至深如山之中央如石鐵等礦是也審此則鐵及吸鐵石幷純土同類而其氣皆爲向南北兩極之氣自具各能轉動本體之兩極而正對夫天上南北之兩極此皆本乎地之脈絡者然也夫地之兩極原自正對夫天上南北之兩極猶之草木之脈絡皆自達其氣而上生焉蓋天下萬物之體莫不有其本性則未有不順本性之行以全乎其爲本體者也又嘗考天下萬國堪輿諸書圖五大洲凡名山大川皆互相綿亙至幾千萬里之遙自南而北逶迤縮錯其列於地者顯而可見也其內之脈絡蟬聯索貫卽何殊乎人身之脈絡骨節縱橫通貫而成其爲全體也哉

其一天下各地萬物生長變化之功皆原太陽及諸星循四時之序照臨而成也在各國之地平上下高卑若干因而剛柔燥濕隨之而萬物各得其所宜耳今使地之兩極不必其爲向天上之兩極而離之或於上下或於左右則是天下萬國必隨之而紛擾動搖將原在乎赤道之北者忽易而爲赤道之南赤道之南者忽易而爲赤道之北近者變遠遠者變近夏之熱忽變乎冬之寒則四序顚倒生長變化之功因之大亂而萬物滅絕矣審乎此則地之南北兩極恆向乎天之兩極互萬古而不移也夫何惑焉

指南針之偏於東西而不合於南北之正向

夫指南針而謂可以定南北之眞向者鮮矣以其或偏東或偏西也遠西從數百年以來知天文地理博學之名士閱歷遍於萬國跡之所至必究心焉是以知指南針之偏而記錄各地之偏若干度分所以定地之經度而因以推知海洋之路仁等西儒未學自遠西接踵而至中華蓋由舫海曲折以歷乎東西南北之境約九萬里而遙每於日出入時依本法測驗指南針之偏而核古人之所記錄者遂照大地之經緯度隨地計指南鍼所偏之度分今試舉其所以然者言之夫吸鐵石一交切於鐵鍼則必將其本性之轉動而向於南北之力以傳之如火所煉之鐵等物必傳其本性之熱焉又凡鐵針及吸鐵石彼此必互相向故卽使有針向正南正北者而或左右或上下有他鐵以感之則針必離南北而偏東西向焉今夫吸鐵之經絡自向南北二極而行但未免少偏而恰合正南正北者少故各地所對之鐵針未免隨之而偏矣試觀水盤內照南北之各線按定大小各吸鐵石而於水面各以鐵針對之則明見多針或偏西之與偏東若干若照盤底內其所對之吸鐵石偏東西又若干矣今繪大海之圖以明之吸鐵之筋脈在水面下者比在水面上者其氣更全以其爲諸星照臨之所不到無有傷之故也東西南北爲地球見九十二圖甲乙丙丁繞地面之大海從南至北抱大地之曲線者卽大地向南北吸鐵之筋脈也夫行海者所爲定南北之針多偏東偏西者因其海底吸鐵之經脈偏東西若干也陸地之針亦然審乎此則指南針多偏之故並其所以不可定南北之正向明矣

眞正南北向之線

欲定南北之線觀日躔曆指諸法可得矣然欲精審乎所定之線正合南北使無毫髮之差則更有三法以詳之其一用地平經緯儀於冬夏二至相近之日將向所定南北線之東西近遠相同者各取若干度分以太陽於午之前後一交某經度分測其高度若午前後同爲一高度分則向所定之線正向南北無疑矣若午前之高度多則先所定南北之線未可以爲準而其向南之一端必改移於東矣應移若干度分則詳見後篇其一天晴時不拘何夜點前所測太

陽之法於南北線之東西測定不拘何名星之高度其南北之線應改與否則以某星午前後之高度異同照前法爲定其一用定時刻分秒之垂球見第四卷垂球儀用法第一題而晴夜測名星向東之高度又從某一定之高度起數垂球之分秒至某星正對於向所定南北之線又從星對南北之線起數垂球之分秒至某星西方之高度與東方之高度相同蓋午前後分秒若彼此相同則向所定南北之線正矣若午前分秒比午後多則其所差刻數之分秒應變赤道之分秒而取其半以改南北之線蓋此一半之分秒若干則南北之線應移於東分秒若干若午後分秒多則南北之線照上法應移於西以上諸法改移南北線或東或西若干分秒詳見九十三圖庚午戊子爲應改南北之線卽子午圈也子午爲地平戊爲天頂甲丁庚爲赤道癸爲赤極戊辛爲高弧壬爲某星午前所測之高度巳爲其午後之高度今依三角形法應推兩角卽戊癸壬角並戊癸己角戊壬癸形有壬癸弧卽星赤道緯之餘弧有壬戊癸角卽星地平經度角之餘角有戊癸弧卽北極高度之餘弧故依法推知戊癸壬角又戊己癸形有某星赤道緯度之餘弧有己戊癸角如前法並戊己弧卽星高度之餘弧因而推知己癸戊角兩角之大減於小而餘數平分隨筆記之次於原南北之線爲心而用窺儀東西作大圈之弧兩弧以對角線之法細分度數分秒然後將上所筆記分秒而加於南北線之東西以爲原移改之界蓋若某星向所測午前之高弧大則從本圈之中心引線至東方界若午後之高弧大則引線至西方界此以較定分界之線而比正南北之線則必合而無疑矣

黃赤二儀安定之法

黃赤二儀安定之法略同以東西南北地平三圈並北極之高度爲定先竪子午圈而左右以六尺之垂線準之使其兩面正合過天頂圈卽以直角交地平也（以後凡說垂線者必須細微鋼絲用斤半重之垂球四方之筒以避風蓋絲綱等線左右轉動難以定準見九十四圖）次照前法依南北之線安定之次於本圈之頂極安垂線至其底極安垂球用座架四角之螺旋轉高下本圈使其北極正對天上之北極卽使垂線正合於本圈之底極度（凡垂線於底極左右所切度分應爲本度分之半耳因垂線之角負圈之角故也其理詳見前章）次用赤道緯圈（若用黃道儀則以過極之圈爲赤道緯圈）而午前午後累測恆星赤道之緯度蓋使午前後兩測之緯度分相同無差則南北東西諸圈正合於天而無差明矣

地平經緯儀並天體儀安定之法

曆家欲精測天象之地平經緯度則必分地平之經儀與緯儀而兩測之如使並測於一儀恐未可以爲準也今先論夫安經儀之法其要端有二其一地平圈必務合於天元地平線而從本圈之中心所離之直線必須合於天元頂線故儀之頂線置窺筒內筒之外有垂線（見九十五圖）次四面之螺旋轉柱上下進退使垂線不倚窺筒而四面正合筒底所刻爲準之記其一地平圈上南北之線必須合於天元地平上南北之線其法與向所論眞正南北向之線諸法無異又可用赤道之儀以考測其差與否蓋冬夏二至相近日太陽在巳位時測其離正午往東若干或度數分或刻數分而於其時又以地平圈表對之並本圈上與其所對之度分記識之又太陽在未位時測其離正午往西與其在午前相同之度數分或刻數分而彼時又卽以地平表對之又記識之次從午前所對設至午後兩所測相距之度數以本地平之表平分之此表平分之線爲本地平圈上正南北之線若依恆星爲據則不拘何夜候測名星在巳申兩位之時與候測太陽同法同理也

若夫地平緯儀卽象限儀其安法以天頂之垂線爲定蓋象限儀背面有垂線球其線必須與本儀之中徑線正對與本儀之立柱須常平行故立柱下端四面有螺旋轉柱進退螺柱（見九十六圖）東西南北務求垂線準合於背面之所記識則安法得宜而全儀合於天元頂圈矣夫天體之安法以子午並地平兩圈爲定其法以地平下所安之輪進退于午圈或南或北使之齊北極高度準合於本地應天之北極之高度次地平圈上面以垂線爲準其定四面方向之法大約似地平經儀之安法若欲取天體之便而定之則本儀上於某時刻太陽所躔之度分立直表次用前所安赤道之經緯儀而於本時刻測

太陽離正午或東或西若干度分並所值時刻轉儀至先所立表無射影處見九十七圖若儀上北極週圍所安時圈之刻分數準合於赤道儀上刻分數則本儀方向必正矣若依恆星定方向則照前法必須兩人同測一人用赤道圈表於某時刻測某星相去午正或東或西若干刻分一人用天體上時圈表於本時刻對齊於某星若兩圈上相去午正之刻分相同則儀之方向又正矣夫紀限儀能應天上東西南北正斜諸圈自無不定之方向其安法以座架正竪立不偏為準也

測地半徑之法

地半徑者凡測天及諸星大小近遠之其度蓋地經緯度與天經緯度相應也其測里數之法實繁故另緒有東西二輿圖剖渾天之半以約定其經緯焉茲姑舉其一端如後

假如乙丙為海水面甲乙為高山見九十八圖在海邊上求其高於海之水平面丈尺幾何先用象限儀而測定之次又用象限儀從山頂甲窺水面盡處丙則甲丙線切圓形於丙而於地半徑戊丙作甲丙戊直角見幾何原本第三卷第十八題次從乙引長切線交甲丙線於己而同丁戊線相遇於丁蓋甲乙己三角形內己甲乙角係若干度分從象限儀窺衡表明見之而甲乙己角為直角則依勾股法而推知甲己并乙己線丈尺幾何然丙己線與己乙線相等則甲丙全線之丈尺可得而推也又甲丙戊三角形內既得其三角并甲丙線之丈尺則依勾股法戊丙地半徑之丈尺亦可得而推也

欽定古今圖書集成曆象彙編曆法典

第九十一卷目錄

曆法典第九十一卷

儀象部彙考九

皇清三

靈臺儀象志三

測地面上高庳近遠表

測近遠高庳之法如山嶽與塔閣等其說詳載於新法測量全義諸書中今以測地半徑之法并其度數演而成表以為測量法特更舉數題以明其表之用法如後

第一題

有人目在地平上之高度若干求地平或水面上見地平界線相距步里遠若干法曰查高度表內目高度則遠度表正對之方內得幾丈幾尺即見遠之之丈里也如人在高阜目向東方之地平竅地平界線而目在本地平上高八丈三尺三寸則其所見東方之地平為三十七里一百零八丈遠也見九十九圖

第二題

有兩人相距里數若干求各從本地空際所能見之天象應高若干法曰相距里數平分兩半而其一半之數查遠度表內則高度表相對之方內可得天象應高之度數假如算此省之道里相距彼省之道里有四千里則其一半即二千里見一百圖查遠度表內第八方則高度表內第八方一百七十三里零三丈五尺即本天象高度也若表中所查之高遠數比本表數或多或少則用兩相近數之比例而依三率法以推定之又於

京師所測有空際之雲氣異象以求天下何省何地之所見法曰先測定本象離地高若干見空際測氣之諸法次照前法查表即了然矣

地平上以高測遠以遠測高表

欄	數（自上而下）
高度表 里	一一
百	一〇一
十	一一二三四六九九六四五
丈	一二三五六八〇四〇六三一一三五三七
尺	四九六六六〇五三二八二四五三七二八二〇
寸	九九八六四二一九六三九九八六一五四九一一八
分	八〇〇六六六六六六〇〇六六〇六六〇六六〇六
遠度表 百	一一一一二
十	一一二二二三三四五五六七八〇二六〇五
里	四八二六〇五九三七一〇八六五三四五六八〇
百	〇〇一一一〇〇〇一一〇一〇〇〇〇一一〇〇
十	三七〇四八〇三七〇四七四〇七三〇四四七〇
丈	六二八四〇〇六二八四〇二四〇二六〇四二〇

欄	數（自上而下）
高度表 十	一一七
萬	一二六一九九
千	二四四三六六三九五
百	一一一二三八一二九八七〇九一八
十	一三五七〇三七一〇九四四四八一九六〇一
里	八八三二六四六三四九〇八一〇八九三五四四
百	〇一一二〇〇〇〇〇一二〇一〇一〇一〇二一
十	九二七一五〇九〇四九〇七六五九九二二〇九
丈	四八四七三五七三九九一七八四二六八九一六
尺	〇五四〇五五五五〇〇〇五〇〇〇五五五
遠度表 萬	一一一二二二
千	一一一二二三五七〇二五七〇一二
百	五七〇二五七〇二五〇〇五〇五〇五〇七五二
十	〇五〇五〇五〇五〇〇〇〇〇〇〇〇五〇五
里	〇〇〇〇〇〇〇〇〇〇〇〇〇〇〇〇〇〇〇〇

地面及水面上測經緯度法

地水球週圍亦分三百六十度以東西爲經以南北爲緯與天球不異（見全地圖）泛海陸行者悉依指南針之向蓋此有定理有定法幷有定器定器者卽指南鍼盤所謂地平經儀其盤分向三十有二如正南北東西乃四正向也如東南東北西南西北乃四角向也又有在正與角之中各三向各相距十一度十五分共爲地平四分之一也自南北徂東西起數而各方向線乃其過頂極交地平之大圈也其鍼愈長而輕則所定方向愈準但其長短勿令有過不及之差而製法務須合於吸鐵石之有力者則自準耳（見一百零一圖指南針及吸鐵石之性另有本論）此所謂定器也定法者凡人之遠行或陸或海皆依鍼盤之向線而行其道列有三等凡正南正北行者則以地緯度而定其里數之遠近焉凡正東正西赤道下行者則以地經度而推其里數之遠近焉其或行于赤道之外而但與赤道圈平行者則以大小圈度相應表而可以推其里數之遠近焉此兩所推近遠之法易明也但正南北東西之外皆爲斜行其爲里數甚繁推步不易或以經緯推距度及方位或以經及方向推其距與緯又或以緯與距度推經度及方向或以方向及距推經緯度凡此卽勾股法有所不能求也要惟依地水球之圜形用曲線之三角形法斯得其解也又或有用銅鐵木等大圓球其法最簡但遠行者率用鍼盤向線爲便而大球等器則難爲攜帶也又推曲線三角形之法其理更爲難明熟於其法者蓋亦鮮矣故特照三角形法推算而爲測路者立有幾度數三等之表名曰地經緯方向表乃用簡法而爲便於測路者詳見於後篇今姑舉數題以明其用法

第一題

有某兩處地緯度及方向求其相距假如從甲處起行依鍼盤第三方之向往丙處（見一百零二圖）而甲處緯度（卽本極高度）爲二十八度丙處之緯度三十六度求兩處相距度分法曰以大緯減小緯卽得八度次查地經緯及方向表內第三向正對緯之八度卽縱橫兩列相遇之方內得九度三十七分變之爲里（見度變里數表）則兩處相距爲二千四百零四里又三十六丈也若緯度外另有緯分卽照前法入表而得其相應之度分假如丙丁兩處緯度之差爲十度四十五分而海上有舟依第五向從丙至丁則第五向對緯之十度縱橫相遇方內得距之十八度又本方對緯之四十分而相應得七十二分（皆度數之分也）又對緯之五分而於相應方內得九分總計之卽得十九度二十一分之相距變爲里數共得四千八百三十七里一百零八丈

第二題

有兩處相距及方向求其緯差假如有舟於此依鍼盤第五方之向從北極高五十三度十二分行過二千二百五十里變之爲度相應九度求本舟見在北極之高度幾何法曰第五向下查九度相對有何緯度卽得五度次以五十三度十二分減五度餘四十八度十二分卽本舟所見在北極之高度分也（自北之南則緯差度減自南之北則緯差度加）

第三題

有兩處經度差及方向求其緯度假如甲處在第三十度之子午圈下本極在地平高二十三度從此地徂東北依鍼盤第四方之向舟發而至丁處卽四十五度子午圈之下兩處經差爲十五度求丁處本極在地平上度數幾何法曰查第二表右直行內兩處經差卽十五度而第四向下縱橫相遇方得十四度四十九分卽爲兩處緯差徂北緯度加卽丁處之本極必在地平上三十七度四十九分也若兩處經差度外另有分數則用三率法以推其緯度假如甲丁兩處經差爲七度二十分而從甲處依第二方向徂東北至丁處求丁處緯度幾何法曰查第二表右直行內七度而第二向下相應得十六度三十九分又本行內查第八度而第二向下相應有十八度五十七分以大減小得差一百三十九分與四十分相乘而所得數與六十分歸之卽得一度三十二分加於甲處緯度卽十六度三十九分共得十八度十一分爲丁處緯度也

第四題

有兩處緯差及方向求其經差假如從緯之五十度依鍼盤第二向徂東南至緯之三十四度

求兩緯度之地經度差幾何法曰第二向下查緯之三十四度第一直行內相應得經之十五度又本向下查緯之五十度而相應得經之二十四度以大減小得九度爲兩緯度之經差若本向下所差之緯度有過與不及則照上法應用比例以推之

第五題

以正南北東西度求其里數正東西在赤道下與正南北度皆大圈之度其每一度當二百五十里若在赤道外而與赤道平行則以大小圈度相應表推其里數其大小圈皆依三百六十平行爲度但各圈之度不等必隨其圈之大小爲則又小圈距中大圈愈遠得度愈狹故必以南北緯算表乃可也於初行載諸緯度次二行載諸緯小圈所應一度之分秒因而緯圈分秒漸小其所量小度亦更小以至近極之一小度得對大圈度之一分耳

大小圈度相應表

推小圈之里數罕譬以明之海中有舟於此在五十三緯圈下正東行一千二百五十里即相應赤道大圈之五度求其五十三小圈相應之度分幾何法曰五十三小圈一度相應赤道大圈三十六分六秒則一度即六十分與五度即三百分相乘與三十六分六秒歸之即得八度一十一分爲五十三小圈相應之度分也又以小圈下所行之度分求赤道大圈相應之度分與里數假如五十三小圈下正東行八度一十一分求其赤道大圈相應之度分與里數法曰本小圈一度相應赤道大圈三十六分六秒則三十六分六秒與八度一十一分相乘與六十分歸之即得相應赤道之五度即一千二百五十里也凡南北小圈俱倣此

大小圈度相應表

緯度	應分	應秒	緯度	應分	應秒	緯度	應分	應秒	緯度	應分	應秒	緯度	應分	應秒
一	五九	五九	二一	五六	〇	四一	四五	一七	六一	二九	〇五	八一	〇九	一八
二	五九	五七	二二	五五	三七	四二	四四	三五	六二	二八	一〇	八二	〇八	一六
三	五九	五八	二三	五五	一三	四三	四三	五二	六三	二七	一四	八三	〇七	一四
四	五九	五一	二四	五四	四八	四四	四三	〇八	六四	二六	一八	八四	〇六	一二
五	五九	四六	二五	五四	二二	四五	四二	二四	六五	二五	二二	八五	〇五	一〇
六	五九	四〇	二六	五三	五五	四六	四一	四〇	六六	二四	二四	八六	〇四	〇八
七	五九	三三	二七	五三	二七	四七	四〇	五五	六七	二三	二六	八七	〇三	〇六
八	五九	二五	二八	五二	五八	四八	四〇	〇九	六八	二二	二八	八八	〇二	〇四
九	五九	一五	二九	五二	二八	四九	三九	二二	六九	二一	三〇	八九	〇一	〇二
一〇	五九	〇五	三〇	五一	五七	五〇	三八	三四	七〇	二〇	三一	九〇	〇	〇
一一	五八	五三	三一	五一	二五	五一	三七	四六	七一	一九	三一			
一二	五八	四一	三二	五〇	五二	五二	三六	五六	七二	一八	三一			
一三	五八	二七	三三	五〇	一八	五三	三六	〇六	七三	一七	三一			
一四	五八	一三	三四	四九	四四	五四	三五	一六	七四	一六	三一			
一五	五七	五七	三五	四九	〇八	五五	三四	二四	七五	一五	三〇			
一六	五七	四〇	三六	四八	三二	五六	三三	二二	七六	一四	二八			
一七	五七	二二	三七	四七	五五	五七	三一	四〇	七七	一三	二六			
一八	五七	〇三	三八	四七	一七	五八	三一	四七	七八	一二	二四			
一九	五六	四三	三九	四六	三八	五九	三〇	五三	七九	一一	二二			
二〇	五六	二二	四〇	四五	五八	六〇	二九	五九	八〇	一〇	二〇			

測地經緯及方向表

緯度	第一向度	第一向分	第二向度	第二向分	第三向度	第三向分	第四向度	第四向分	緯度	第五向度	第五向分	第六向度	第六向分	第七向度	第七向分
一	一	〇一	一	〇五	一	一二	一	二五	一	一	四八	二	三七	五	〇八
二	二	〇二	二	一〇	二	二四	二	五〇	二	三	三六	五	四一	一〇	一五
三	三	〇三	三	一五	三	三七	四	一五	三	五	二四	七	五〇	一五	二三
四	四	〇五	四	二〇	四	四九	五	三九	四	七	一二	一〇	二七	二〇	三〇
五	五	〇六	五	二五	六	〇一	七	〇四	五	九	〇〇	一三	〇四	二五	三八
六	六	〇七	六	三〇	七	一三	八	二九	六	一一	四八	一五	四一	三〇	四五
七	七	〇八	七	三五	八	二五	九	五四	七	一二	三六	一八	一七	三五	五三
八	八	〇九	八	四〇	九	三七	一一	一九	八	一四	二四	二〇	五四	四一	〇〇
九	九	一一	九	四五	一〇	五〇	一二	四四	九	一六	一二	二三	三一	四六	〇八
一〇	一〇	一二	一〇	四九	一二	〇二	一四	〇九	一〇	一八	〇〇	二六	〇八	五一	一五
一一	一一	一三	一一	五四	一三	一四	一五	三四	一一	一九	四八	二八	四五	五六	二三
一二	一二	一四	一二	五九	一四	二六	一六	五九	一二	二一	三六	三一	二一	六一	三〇
一三	一三	一五	一四	〇四	一五	三八	一八	二四	一三	二三	二四	三三	五八	六六	三八
一四	一四	一六	一五	〇九	一六	五〇	一九	四九	一四	二五	一二	三六	三五	七一	四五
一五	一五	一七	一六	一四	一八	〇二	二一	一四	一五	二七	〇〇	三九	一二	七六	五三
一六	一六	一九	一七	一九	一九	一五	二二	三八	一六	二八	四八	四一	四九	八二	〇〇
一七	一七	二〇	一八	二四	二〇	二七	二四	〇三	一七	三〇	三六	四四	二五	八七	〇八
分	分	秒	分	秒	分	秒	分	秒	分	分	秒	分	秒	分	秒

緯度	第一向度	第一向分	第二向度	第二向分	第三向度	第三向分	第四向度	第四向分
一八	一八	二一	一九	二九	二一	三九	二五	二八
一九	一九	二二	二〇	三四	二二	五一	二六	五三
二〇	二〇	二三	二一	三九	二四	〇三	二八	一八
二一	二一	二四	二二	四四	二五	一六	二九	四三
二二	二二	二六	二三	四九	二六	二八	三一	〇八
二三	二三	二七	二四	五四	二七	四〇	三二	三四
二四	二四	二八	二五	五九	二八	五二	三三	五七
二五	二五	二九	二七	〇三	三〇	〇四	三五	二二
二六	二六	三一	二八	〇八	三一	一六	三六	四七
二七	二七	三二	二九	一三	三二	二八	三八	一二
二八	二八	三三	三〇	一八	三三	四一	三九	三七
二九	二九	三四	三一	二三	三四	五三	四一	〇二
三〇	三〇	三四	三二	二八	三六	〇五	四二	二七
四〇	四〇	四七	四三	一九	四八	〇六	五六	三六
五〇	五〇	五八	五四	〇八	六〇	〇八	七〇	四四
六〇	六一	一〇	六四	五八	七二	一〇	八四	五三
七〇	七一	二二	七五	四七	八四	一二	九〇	〇二
分	分	秒	分	秒	分	秒	分	秒

經度	第五度 向五分	第六度 向六分	第七度 向七分
八一	四二二三	二○七四	五一二九
九一	二一四三	九三九四	三二七九
○二	○○六三	六一二五	○三二○一
一二	八四七三	三五四五	九三七○一
二二	六三九三	九二七五	六四二一一
三二	四二一四	六○○六	四五七一一
四二	二一三四	三四二六	一○三二一
五二	○○五四	○二五六	九○八二一
六二	八四六四	六五七六	六一三三一
七二	六三八四	三三○七	四二八三一
八二	四二○五	○一三七	一三三四一
九二	二一二五	七四五七	九三八四一
○三	○○四五	四二八七	六四三五一
○四	○○二七	一三四○一	一○五○二
○五	○○○九	○四○三一	六一六五二
○六	○○八○一	八四六五一	二三七○三
○七	○○六二一	六五二八一	五四八五三
分	秒分	秒分	秒分

經度	第一度 向一分	第二度 向二分	第三度 向三分	第四度 向四分
一	一○五	四二二	九二一	九五○
二	○○○一	九四四	九五二	九五一
三	四五四一	三一七	九二四	九五二
四	二四九一	六三九	八五五	九五三
五	二二四二	八五一一	七二七	九五四
六	一五八二	○二四一	六五八	九五五
七	○一三三	九三六一	五二○一	八五六
八	六一七三	七五八一	三五一一	八五七
九	九○一四	三一一二	○二三一	七五八
○一	○五四四	七二三二	七四四一	六五九
一一	七一八四	九三五二	四一六一	五五○一
二一	一三一五	八四七二	○四七一	四五一一
三一	二三四五	五五九二	五○九一	三五二一
四一	一二七五	九五一三	○三○二	二五三一
五一	八五九五	一○四三	三五一二	九四四一
六一	三二二六	九五五三	六一三二	七四五一
七一	八三四六	五五七三	八三四二	五四六一

經度	第五度 向五分	第六度 向六分	第七度 向七分
一	○四○	四二○	一一○
二	○二一	九四○	三二○
三	○○二	四一一	五三○
四	○四二	九三一	七四○
五	○二三	四○二	○○一
六	○○四	九二二	二一一
七	○四四	三五二	三二一
八	○二五	八一三	五三一
九	○○六	三四三	七四一
○一	○四六	八○四	九五一
一一	九一七	三三四	一一二
二一	九五七	七五四	三二二
三一	九三八	二二五	五三二
四一	八一九	七四五	七四二
五一	八五九	二一六	九五二
六一	七三○一	六三六	一一三
七一	七[illegible]一	一○七	二二三

經度	第一度 向一分	第二度 向二分	第三度 向三分	第四度 向四分
八一	二四六六	八四九三	九五五二	二四七一
九一	六三八六	七三一四	○二七二	九三八一
○二	二二○七	四二三四	九三八二	六三九一
一二	九五一七	八○五四	七五九二	二三○二
二二	九二三七	九四六四	四一一三	八二一二
三二	一五四七	六二八四	一三二三	四二二二
四二		一○○五	六四三三	九一三二
五二		二三一五	○○五三	四一四二
六二		一○三五	三一六三	九○五二
七二		七二四五	五二七三	三○六二
八二		九四五五	六三八三	六五六二
九二		九○七五	五四九三	○五七二
○三		六二八五	五五○四	二四八二
一三		一四九五	一○二四	五三九二
二三		三五○六	七○三四	七二○三
三三		二○二六	二一四四	八一一三
四三		八○三六	六一五四	九○二三

經度	第五度 向五分	第六度 向六分	第七度 向七分
八一	六五一一	六二七	四三三
九一	五三二一	○五七	六四三
○二	四一三一	五一八	八五三
一二	三五三一	九三八	○一四
二二	二三四一	四○九	二二四
三二	一一五一	九二九	四三四
四二	九四五一	三五九	六四四
五二	八二六一	七一○一	八五四
六二	六○七一	二四○一	九○五
七二	五四七一	六○一一	一二五
八二	二○八一	一二一一	三三五
九二	一○九一	五五一一	五四五
○三	八五九一	九一二一	七五五
一三	六一○二	四四二一	九○六
二三	四五○二	八○三一	一二六
三三	一三一二	二三三一	三三六
四三	八○二二	六五三一	四四六

經度	二度 向分	三度 向分	四度 向分	五度 向分
五三	三一四六	八一六四	○○三三	五四二二
六三	四一五六	○二七四	○五三三	二二三二
七三	四一六六	○二八四	○四四三	九五三二
八三	一一七六	七一九四	九二五三	五三四二
九三	六○八六	七一○五	七一六三	二一五二
○四	九五八六	四一一五	五○七三	八四五二
一四	○五九六	○一二五	三五七三	四二六二
二四	九三○七	四○三五	○四八三	○○七二
三四	六二一七	七五三五	七二九三	五三七二
四四	一一二七	○五四五	三一○四	一一八二
五四	五五二七	一四五五	八五○四	六四八二
六四	六三三七	一二六五	三四一四	一二九二
七四	六一四七	○二七五	八二二四	六五九二
八四	五五四七	八○八五	七一三四	一三○三
九四	二三五七	五五八五	八五三四	五○一三
五		○四九五	一二四四	九三一三
一五		五二○六	一二五四	三一二三

經度	六度 向分	七度 向分
五三	○二四一	六五六
六三	四四四一	八○七
七三	八○五一	○二七
八三	二三五一	二三七
九三	六五五一	四四七
○四	○三六一	五五七
一四	四四六一	七○八
二四	八○七一	九一八
三四	一三七一	一三八
四四	五五七一	三四八
五四	九一八一	四五八
六四	二四八一	六○九
七四	六○九一	八一九
八四	九二九一	○三九
九四	三五九一	二四九
○五	六一○二	三五九
一五	九三○二	五○○一

經度	二度 向分	三度 向分	四度 向分	五度 向分
二五	原闕	九○一六	三○六四	七四二三
三五		二五一六	四四六四	一二三三
四五		四三二六	五二七四	四五三三
五五		五一三六	五○八四	七二四三
六五		五五三六	五四八四	○○五三
七五		四三四六	四二九四	三三五三
八五		二一五六	三○○五	五○六三
九五		九四五六	一四○五	八三六三
○六		五二六六	九一一五	○一七三
一六		一○七六	六五一五	二四七三
二六		五三七六	三三二五	三一八三
三六		九○八六	八○三五	四四八三
四六		二四八六	五四三五	六一九三
五六		四一九六	○二四五	七四九三
六六		六四九六	五五四五	七一○四
七六		六一○七	九二五五	八四○四
八六		六四○七	三○六五	八一一四

經度	六度 向分	七度 向分
二五	二○一二	七一○一
三五	六二一二	九二○一
四五	九四一二	○四○一
五五	二一二二	二五○一
六五	六三二二	四○一一
七五	八五二二	五一一一
八五	○二三二	七二一一
九五	三四三二	九三一一
○六	六○四二	○五一一
一六	九二四二	二○二一
二六	二五四二	四一二一
三六	四一五二	五二二一
四六	六三五二	七三二一
五六	一五五二	九四二一
六六	一二六二	○○三一
七六	四四六二	二一三一
八六	五○七二	四二三一

經度	五度	向分	六度	向分	七度	向分
六九	四一	四八	二七	二七	一三	三五
七○	四二	一八	二七	四九	一三	四七
七一	四二	五七	二八	一一	一三	五八
七二	四三	一七	二八	三三	一四	一○
七三	四三	四六	二八	五五	一四	二二
七四	四四	一四	二九	一七	一四	三三
七五	四四	四三	二九	三八	一四	四五
七六	四五	一一	三○	○○	一四	五六
七七	四五	四○	三○	二一	一五	○八
七八	四六	○七	三○	四三	一五	一九
七九	四六	三五	三一	○四	一五	三一
八○	四七	○三	三一	二五	一五	四二
八一	四七	三○	三一	四六	一五	五四
八二	四七	五七	三二	○八	一六	○五
八三	四八	二三	三二	二九	一六	一七
八四	四八	五○	三二	五○	一六	二八
八五	四九	一六	三三	一○	一六	四○

經度	五度	向分	六度	向分	七度	向分
八六	四九	四二	三三	三一	一六	五一
八七	五○	○八	三三	五二	一七	○二
八八	五○	三四	三四	一二	一七	一四
八九	五○	五九	三四	三三	一七	二五
九○	五一	二四	三四	五三	一七	三七
九一	五一	四九	三五	一四	一七	四八
九二	五二	一四	三五	三四	一七	五九
九三	五二	三八	三五	五四	一八	一一
九四	五三	○二	三六	一四	一八	二二
九五	五三	二六	三六	三四	一八	三三
九六	五三	五○	三六	五四	一八	四四
九七	五四	一四	三七	一四	一八	五六
九八	五四	三七	三七	三四	一九	○七
九九	五五	○○	三七	五三	一九	一九
一○○	五五	二三	三八	一三	一九	三○
一○二	五五	四五	三八	三二	一九	四一
一○三	五六	○八	三八	五二	一九	五二

經度	五度	向分	六度	向分	七度	向分
一○三	五六	三○	三九	一一	二○	○三
一○四	五六	五二	三九	三○	二○	一五
一○五	五七	一四	三九	四九	二○	二六
一○六	五七	三六	四○	○八	二○	三七
一○七	五七	五七	四○	二七	二○	四八
一○八	五八	一八	四○	四六	二○	五九
一○九	五八	三九	四一	○五	二一	一○
一一○	五九	○○	四一	二四	二一	二二
一一一	五九	二○	四一	四二	二一	三三
一一二	五九	四一	四二	○二	二一	四四
一一三	六○	○一	四二	一九	二一	五五
一一四	六○	二一	四二	三八	二二	○六
一一五	六○	四○	四二	五六	二二	一七
一一六	六一	○○	四三	一四	二二	二八
一一七	六一	一九	四三	三二	二二	三九
一一八	六一	三八	四三	五○	二二	五○
一一九	六一	五七	四四	○八	二三	○一

經度	五度	向分	六度	向分	七度	向分
一二○	六二	一六	四四	二六	二三	一二
一二一	六二	三五	四四	四三	二三	二三
一二二	六二	五三	四五	○一	二三	三四
一二三	六三	一一	四五	一八	二三	四五
一二四	六三	二九	四五	三六	二三	五六
一二五	六三	四七	四五	五三	二四	○七
一二六	六四	○五	四六	一○	二四	一八
一二七	六四	二二	四六	二八	二四	二八
一二八	六四	三九	四六	四五	二四	三九
一二九	六四	五六	四七	○二	二四	五○
一三○	六五	一三	四七	一九	二五	○一
一三一	六五	三○	四七	三五	二五	一二
一三二	六五	四六	四七	五二	二五	二二
一三三	六六	○三	四八	○七	二五	三三
一三四	六六	一九	四八	二五	二五	四四
一三五	六六	三五	四八	四二	二五	五五
一三六	六六	五一	四八	五八	二六	○五

經度	五度	向分	六度	向分	七度	向分
一三七	六七	○六	四九	一四	二六	一六
一三八	六七	二二	四九	三○	二六	二七
一三九	六七	三七	四九	四七	二六	三八
一四○	六七	五二	五○	○三	二六	四八
一四一	六八	○七	五○	一八	二六	五九
一四二	六八	二二	五○	三四	二七	○九
一四三	六八	三七	五○	五○	二七	二○
一四四	六八	五二	五一	○六	二七	三一
一四五	六九	○六	五一	二一	二七	四一
一四六	六九	二○	五一	三七	二七	五二
一四七	六九	三四	五一	五二	二八	○二
一四八	六九	四八	五二	○七	二八	一三
一四九	七○	○二	五二	二三	二八	二三
一五○	七○	一五	五二	三八	二八	三四
一五一	七○	二九	五二	五三	二八	四四
一五二	七○	四二	五三	○八	二八	五五
一五三	七○	五五	五三	二三	二九	○五

經度	五度	向分	六度	向分	七度	向分
一五四	七一	○八	五三	三七	二九	一六
一五五	七一	二一	五三	五二	二九	二六
一五六	七一	二四	五四	○七	二九	三六
一五七	七一	四七	五四	二一	二九	四七
一五八	七一	五九	五四	三六	二九	五七
一五九	七二	一一	五四	五○	三○	○八
一六○	七二	二四	五五	○四	三○	一八
一六一	七二	三六	五五	一八	三○	二八
一六二	七二	四八	五五	三三	三○	三八
一六三	七二	五九	五五	四七	三○	四九
一六四	七三	一一	五六	○○	三○	五三
一六五	七三	二二	五六	一四	三一	○九
一六六	七三	三四	五六	二八	三一	一九
一六七	七三	四五	五六	四二	三一	二九
一六八	七三	五六	五六	五五	三一	四○
一六九	七四	○七	五七	○九	三一	五○
一七○	七四	一八	五七	二二	三二	○○

經度	六度	向分	七度	向分
一七一	五七	三六	三二	一○
一七二	五七	四九	三二	二○
一七三	五八	○二	三二	三○
一七四	五八	一五	三二	四○
一七五	五八	二八	三二	五○
一七六	五八	四一	三三	○○
一七七	五八	五四	三三	一○
一七八	五九	○七	三三	二○
一七九	五九	二○	三三	三○
一八○	五九	三二	三三	四○
一八一	五九	四五	三三	五○
一八二	五九	五七	三四	○○
一八三	六○	一○	三四	一○
一八四	六○	二二	三四	二○
一八五	六○	三四	三四	三○
一八六	六○	四六	三四	三九
一八七	六○	五八	三四	四九

經度	六度	向分	七度	向分
一八八	六一	一○	三四	五九
一八九	六一	二二	三五	○九
一九○	六一	三四	三五	一九
一九一	六一	四六	三五	二八
一九二	六一	五八	三五	三八
一九三	六二	○九	三五	四八
一九四	六二	二一	三五	五七
一九五	六二	三二	三六	○七
一九六	六二	四四	三六	一七
一九七	六二	五五	三六	二○
一九八	六三	○七	三六	三○
一九九	六三	一八	三六	四五
二○○	六三	二九	三六	五五
二○一	六三	四○	三七	○四
二○二	六三	五二	三七	一四
二○三	六四	○二	三七	二三
二○四	六四	一三	三七	三三

經度	六度	向分	七度	向分
二○五	六四	二三	三七	四二
二○六	六四	三四	三七	五二
二○七	六四	四五	三八	○一
二○八	六四	五五	三八	一一
二○九	六五	○六	三八	二○
二一○	六五	一六	三八	二九
二一一	六五	二七	三八	三九
二一二	六五	三七	三八	四八
二一三	六五	四七	三八	五七
二一四	六五	五七	三九	○七
二一五	六六	○七	三九	一六
二一六	六六	一七	三九	二五
二一七	六六	二七	三九	三四
二一八	六六	三七	三九	四三
二一九	六六	四七	三九	五三
二二○	六六	五七	四○	○二
二二一	六七	○六	四○	一一

經度	六度	向分	七度	向分
二二二	六七	一六	四○	二○
二二三	六七	二六	四○	二九
二二四	六七	三五	四○	三八
二二五	六七	四五	四○	四七
二二六	六七	五四	四○	五六
二二七	六八	○三	四一	○五
二二八	六八	一三	四一	一四
二二九	六八	二二	四一	二三
二三○	六八	三一	四一	三二
二三一	六八	四○	四一	四一
二三二	六八	四九	四一	五○
二三三	六八	五八	四一	五九
二三四	六九	○七	四二	○八
二三五	六九	一六	四二	一六
二三六	六九	二四	四二	二五
二三七	六九	三三	四二	三四
二三八	六九	四二	四二	四三

經度	六度	向分	七度	向分
二三九	六九	五○	四二	五二
二四○	六九	五九	四三	○○
二四一	七○	○七	四三	○九
二四二	七○	一六	四三	一八
二四三	七○	二四	四三	二六
二四四	七○	三二	四三	三五
二四五	七○	四一	四三	四四
二四六	七○	四九	四三	五二
二四七	七○	五七	四四	○一
二四八	七一	○五	四四	○九
二四九	七一	一三	四四	一八
二五○	七一	二一	四四	二七
二五一	七一	二九	四四	三五
二五二	七一	三七	四四	四四
二五三	七一	四五	四四	五二
二五四	七一	五二	四五	○○
二五五	七二	○○	四五	○九

經度	六度	向分	七度	向分
二五六	七二	○八	四五	一七
二五七	七二	一五	四五	二六
二五八	七二	二三	四五	三四
二五九	七二	三○	四五	四二
二六○	七二	三八	四五	五一
二六一	七二	四五	四五	五九
二六二	七二	五二	四六	○七
二六三	七三	○○	四六	一六
二六四	七三	○七	四六	二四
二六五	七三	一四	四六	三二
二六六	七三	二一	四六	四○
二六七	七三	二八	四六	四八
二六八	七二	三五	四六	五七
二六九	七三	四二	四七	○五
二七○	七三	四九	四七	一三
二七一	七三	五六	四七	二一
二七二	七四	○三	四七	二九

經度	七度	向分
二七三	四七	三七
二七四	四七	四五
二七五	四七	五三
二七六	四八	〇一
二七七	四八	〇九
二七八	四八	一七
二七九	四八	二五
二八〇	四八	三三
二八一	四八	四一
二八二	四八	四九
二八三	四八	五六
二八四	四九	〇四
二八五	四九	一二
二八六	四九	二〇
二八七	四九	二八
二八八	四九	三五
二八九	四九	四三

經度	七度	向分
二九〇	四九	五一
二九一	四九	五八
二九二	五〇	〇六
二九三	五〇	一四
二九四	五〇	二一
二九五	五〇	二九
二九六	五〇	三七
二九七	五〇	四四
二九八	五〇	五二
二九九	五〇	五九
三〇〇	五一	〇七
三〇一	五一	一四
三〇二	五一	二二
三〇三	五一	二九
三〇四	五一	三七
三〇五	五一	四四
三〇六	五一	五二

經度	七度	向分
三〇七	五一	五九
三〇八	五二	〇六
三〇九	五二	一三
三一〇	五二	二[illegible]
三一一	五二	二八
三一二	五二	三五
三一三	五二	四二
三一四	五二	五〇
三一五	五二	五七
三一六	五三	〇七
三一七	五三	一一
三一八	五三	一八
三一九	五三	二五
三二〇	五三	三二
三二一	五三	四〇
三二二	五三	四七
三二三	五三	五四

經度	七度	向分
三二四	五四	〇一
三二五	五四	〇八
三二六	五四	一五
三二七	五四	二二
三二八	五四	二九
三二九	五四	三六
三三〇	五四	四二
三三二	五四	五六
三三四	五五	一〇
三三六	五五	二三
三三八	五五	三七
三四〇	五五	五〇
三四二	五六	〇四
三四四	五六	一七
三四六	五六	三〇
三四八	五六	四三
三五〇	五六	五六

經度	七度	向分
三五五	五七	二九
三六〇	五八	〇一
〇五	五八	三二
一〇	五九	〇三
一五	五九	三三
二〇	六〇	〇三
二五	六〇	三三
三〇	六一	〇二
三五	六一	三一
四〇	六一	五九
四五	六二	二七
五〇	六二	五四
六〇	六三	四七
七〇	六四	三九
八〇	六五	三〇

經度	七度	向分
九〇	六六	一八
一〇〇	六七	〇五
一一〇	六七	五一
一二〇	六八	三五
一三〇	六九	一八
一四〇	七〇	〇〇
一五〇	七〇	四〇
一六〇	七一	一九
一七〇	七一	五六
一八〇	七二	三三
一九〇	七三	〇八
二〇〇	七三	四二
二一〇	七四	一五
二二〇	七四	四七
二三〇	七五	一七

地面上度分秒變爲里數表

秒	里	丈
一		一五
二		三〇
三		四五
四		六〇
五		七五
六		九〇
七		一〇五
八		一二〇
九		一三五
一〇		一五〇
一一		一六五
一二		一八〇
一三		一九五
一四		二一〇
一五	一	〇〇九
一六	一	〇二四
一七	一	〇三九
一八	一	〇五四
一九	一	〇六九
二〇	一	〇八四

秒	里	丈
二一	一	〇九九
二二	一	一一四
二三	一	一二九
二四	一	一四四
二五	一	一五九
二六	一	一七四
二七	一	一八九
二八	一	二〇四
二九	二	〇〇三
三〇	二	〇一八
三一	二	〇三三
三二	二	〇四八
三三	二	〇六三
三四	二	〇七八
三五	二	〇九三
三六	二	一〇八
三七	二	一二三
三八	二	一三八
三九	二	一五三
四〇	二	一六八

秒	里	丈
四一	二	一八三
四二	二	一九八
四三	二	二一三
四四	三	〇一二
四五	三	〇二七
四六	三	〇四二
四七	三	〇五七
四八	三	〇七二
四九	三	〇八七
五〇	三	一〇二
五一	三	一一七
五二	三	一三二
五三	三	一四七
五四	三	一六二
五五	三	一七七
五六	三	一九二
五七	三	二〇七
五八	四	〇〇六
五九	四	〇二一
六〇	四	〇三六

分	里	丈
一	四	三六
二	八	七二
三	一二	一〇八
四	一六	一四四
五	二〇	一八〇
六	二五	〇〇〇
七	二九	三六
八	三三	七二
九	三七	一〇八
一〇	四一	一四四
一一	四五	一八〇
一二	五〇	〇〇〇
一三	五四	三六
一四	五八	七二
一五	六二	一〇八
一六	六六	一四四
一七	七〇	一八〇
一八	七五	〇〇〇
一九	七九	三六
二〇	八三	七二

分	里	丈
二一	八七	一〇八
二二	九一	一四四
二三	九五	一八〇
二四	一〇〇	〇〇〇
二五	一〇四	三六
二六	一〇八	七二
二七	一一二	一〇八
二八	一一六	一四四
二九	一二〇	一八〇
三〇	一二五	〇〇〇
三一	一二九	三六
三二	一三三	七二
三三	一三七	一〇八
三四	一四一	一四四
三五	一四五	一八〇
三六	一五〇	〇〇〇
三七	一五四	三六
三八	一五八	七二
三九	一六二	一〇八
四〇	一六六	一四四

分	里	丈
四一	一七〇	一八〇
四二	一七五	〇〇〇
四三	一七九	三六
四四	一八三	七二
四五	一八七	一〇八
四六	一九一	一四四
四七	一九五	一八〇
四八	二〇〇	〇〇〇
四九	二〇四	三六
五〇	二〇八	七二
五一	二一二	一〇八
五二	二一六	一四四
五三	二二〇	一八〇
五四	二二五	〇〇〇
五五	二二九	三六
五六	二三三	七二
五七	二三七	一〇八
五八	二四一	一四四
五九	二四五	一八〇
六〇	二五〇	〇〇〇

度	萬千百十里
一	二五〇
二	五〇〇
三	七五〇
四	一〇〇〇
五	一二五〇
六	一五〇〇
七	一七五〇
八	二〇〇〇
九	二二五〇
一〇	二五〇〇
一一	二七五〇
一二	三〇〇〇
一三	三二五〇
一四	三五〇〇
一五	三七五〇
一六	四〇〇〇
一七	四二五〇
一八	四五〇〇
一九	四七五〇
二〇	五〇〇〇

度	萬千百十里
二一	五二五〇
二二	五五〇〇
二三	五七五〇
二四	六〇〇〇
二五	六二五〇
二六	六五〇〇
二七	六七五〇
二八	七〇〇〇
二九	七二五〇
三〇	七五〇〇
三一	七七五〇
三二	八〇〇〇
三三	八二五〇
三四	八五〇〇
三五	八七五〇
三六	九〇〇〇
三七	九二五〇
三八	九五〇〇
三九	九七五〇
四〇	一〇〇〇〇

度	萬千百十里
四一	一〇二五〇
四二	一〇五〇〇
四三	一〇七五〇
四四	一一〇〇〇
四五	一一二五〇
四六	一一七〇〇
四七	一一五五〇
四八	一二〇〇〇
四九	一二二五〇
五〇	一二七〇〇
五一	一二五五〇
五二	一三〇〇〇
五三	一三二五〇
五四	一三七〇〇
五五	一三五五〇
五六	一四〇〇〇
五七	一四二五〇
五八	一四七〇〇
五九	一四五五〇
六〇	一五〇〇〇

度	萬千百十里
六一	一五二五〇
六二	一五五〇〇
六三	一五七五〇
六四	一六〇〇〇
六五	一六二五〇
六六	一六五〇〇
六七	一六七五〇
六八	一七〇〇〇
六九	一七二五〇
七〇	一七五〇〇
七一	一七七五〇
七二	一八〇〇〇
七三	一八二五〇
七四	一八五〇〇
七五	一八七五〇
七六	一九〇〇〇
七七	一九二五〇
七八	一九五〇〇
七九	一九七五〇
八〇	二〇〇〇〇

度	萬	千	百	十	里
八一	二	○	二	五	○
八二	二	○	五	○	○
八三	二	○	七	五	○
八四	二	一	○	○	○
八五	二	一	二	五	○
八六	二	一	五	○	○
八七	二	一	七	五	○
八八	二	二	○	○	○
八九	二	二	二	五	○
九○	二	二	五	○	○
九一	二	二	七	五	○
九二	二	三	○	○	○
九三	二	三	二	五	○
九四	二	三	五	○	○
九五	二	三	七	五	○
九六	二	四	○	○	○
九七	二	四	二	五	○
九八	二	四	五	○	○
九九	二	四	七	五	○
一○○	二	五	○	○	○

度	萬	千	百	十	里
一一○	二	七	五	○	○
一二○	三	○	○	○	○
一三○	三	二	五	○	○
一四○	三	五	○	○	○
一五○	三	七	五	○	○
一六○	四	○	○	○	○
一七○	四	二	五	○	○
一八○	四	五	○	○	○
一九○	四	七	五	○	○
二○○	五	○	○	○	○
二一○	五	二	五	○	○
二二○	五	五	○	○	○
二三○	五	七	五	○	○
二四○	六	○	○	○	○
二五○	六	二	五	○	○
二六○	六	五	○	○	○
二七○	六	七	五	○	○
二八○	七	○	○	○	○
二九○	七	二	五	○	○
三○○	七	五	○	○	○

度	萬	千	百	十	里
三一○	七	七	五	○	○
三二○	八	○	○	○	○
三三○	八	二	五	○	○
三四○	八	五	○	○	○
三五○	八	七	五	○	○
三六○	九	○	○	○	○

欽定古今圖書集成曆象彙編曆法典

第九十二卷目錄

儀象部彙考十

皇清四

靈臺儀象志四

曆法典第九十二卷

儀象部彙考十

皇清四

靈臺儀象志四

驗氣說

氣者四元行之一蓋天之於地有上中下三域上域近火近火常熱下域近水土水土常為太陽所射故氣煖也中域上遠於天下遠於地故寒也然則各域之界由何而分今姑以極峻之山畫三界以喻之山之巔為上域風雨之所不至者也故其氣極清而人與物不可居焉其下為中域霜雪必留凝結也又其下則為下域而其寒煖之分又有輕重厚薄之不同焉若南北二極之下因遠太陽則上下之煖處薄中之寒處厚若赤道之下因近太陽則上下之煖處厚中之寒處薄以是知氣域之不齊也

四元行之中惟氣行為最易變以氣在天地之間上依星辰異照下依土水異情其星辰各有德性而資育萬物者也然各曜又因相會相對之勢而變異其情則其效遂因之而亦異且氣甚微甚順易受諸天之變諸效之染也但其所為易變者雖以分別而大槩則自冷熱乾濕而來然能驗其為然者則全賴人觸覺之官蓋人之五官所司惟觸司頑鈍而不能斷証其氣細微之變（其觸司所以能覺者賴一身脈絡所通之肌膚）何以言之如有外熱攻伐吾身而身內之本熱與之相等則觸司必不之覺也惟外來之熱有過不及於吾身之熱而人之觸司方能辨其熱之強弱也故仁特造一器而藉觀司即五司之最靈者以補足觸司之所不及焉其器之屬有三一作法一用法一效驗之所以然所謂作法者用琉璃器如甲乙丙丁置木板架如（一百九圖）上毬甲與下管乙丙丁相通大小長短有一定之則木架隨管長短分三層以象天地間元氣之三域下管之小半以地水平為準其上大半兩邊各分十度其所畫之度分俱不均分必須與天氣寒熱加減之勢相應故其度分離地平線上下遠近若干則其大小應加減亦若干假如冬月在本球內之天氣加厚而甚從前所占八寸之地自收斂而歸於二寸之地若五日內如皆八分之冷則球內之氣第一日加厚一寸第二日不及一寸第三日不過五分第四五日加至三分而不動矣若六日內八分之冷氣與此相同而其加厚之寸分每日不同蓋冷熱之驗有所必然者故候氣之具自與之相應而以冷熱之度大小不平分相對之至於用之法頗多總歸於一即所謂辨冷熱之分是也冷熱者天地萬變之所起造化之功所由成也今姑舉其用之有四以驗之一測天氣一測地氣一測人物氣一測月星等之氣先以測天氣言之天之氣晝夜無間而無不變易在卯酉子午時其氣之升降不同譬內之水亦應之如卯時太陽上地平天氣加熱而升午時氣更熱而更升（氣升降之理有本論）在乙戊管之水亦然酉時太陽下地平而天氣降子時更降在管之水隨之而歸於地平如明日較今日天氣熱冷若干而在管之水因而升降亦若干蓋晝夜如此而周年每節氣日亦如此是以冬氣與春氣又春氣與夏秋等氣彼此相比因管之水升降度分若干可以推其冷熱若干又今年之節氣於次年之節氣彼此相比亦然欲辨東西南北等風之氣何如則以此管對之風熱則水必升風冷則水必降捷如影響毫不爽焉又以測地氣者言之凡山谷房屋上下左右之地氣其清濁輕重乾濕諸理即以冷熱之分而大略可推焉蓋凡此諸氣之理或從冷熱而生或因他有而起則冷熱隨之元行之轉而且微以其所染外氣易入人物而熏染之由是推知人物之智愚強弱病否諸理皆屬受於其各地之氣而有所異焉今欲辨其各地之氣何如則置此器於地內少頃視水之升降可以別其地氣之冷熱矣又以測人物之氣者言之譬有兩人於此其薦同欲分別其氣質何如則使之各

摩上球甲至刻之一二分一分即六十秒定分秒之法有本論大約以脈一至可當一秒觀木升降若干則兩人之氣質分矣醫者用是法可定病之輕重進退亦可以別藥材花草等香味力氣以定其性之溫熱平冷其用無窮也又以測太陰金木等星之情氣者言之或曰天星之光下照必同帶熱氣今欲辨之則用此器而對太陰之光則乙庚之水必退分數而向地平若有他物遮隔其光則水必上地平而歸原數故知太陰之光全屬冷氣測金木等星之情氣皆倣此但星光愈微則所用測器必愈大矣又以升降之所以然者言之夫水之升降爲熱冷之效固矣然其故何也蓋如上球甲一偏外來熱氣則內所含之氣稀微舒放奮力充塞則球隘既無所容又無隙漏可出勢必逼左管之水從地平而下至丁右管之水從地平而上至戊矣此熱之理所必然也若冷之理則反是蓋冷氣於凡所透之物收斂凝固如本球甲一偏外來之冷氣則內所含之氣必收斂左管之水欲實其虛故不得不强之而上升矣總之天下之物皆貫通聯屬必相濟而發能相保此空虛之所以必欲其實也今甲丁之氣既被外冷而收斂則原占之所較前必小假如前占甲丁之所而自收斂之後不過甲己耳設丁丙水不上以至己則己丁之管盡無氣而空矣然物性既不容空則丁丙之水勢不得不强升以補之假使塞管之口而不使通外氣則甲丁內氣爲外冷所逼勢必收斂凝固雖甲丁之器爲銅鐵所成必自破裂而受外氣以補盈其空闕矣又自外來之氣甚熱而內氣必欲舒放無隙可出則甲丁既無所容亦必自破裂而奮出矣

測氣燥濕之分

夫燥氣之性於凡物之所入卽收斂而固結之濕氣之性反是欲察天氣燥濕之變而萬物中惟鳥獸之筋皮顯而易見故借其筋弦以爲測器見一百九圖法曰用新造鹿筋弦長約二尺厚一分以相稱之斤兩墜之以通氣之明架空中橫收之上截架內緊夾之下截以長表穿之表之下安地平盤令表中心卽筋弦垂線正對地平中心本表以龍魚之形爲飾驗法曰天氣燥則龍表左轉氣濕則龍表右轉氣之燥濕加減若干則表左右轉亦加減若干其加減之度數則於地平盤上之左右邊明畫之而其器備矣其地平盤上面界分左右各畫十度而闊狹不等爲燥濕之數左爲燥氣之界右爲濕氣之界其度各有闊狹者蓋天氣收斂其筋弦有鬆緊之分故其度有大小以應之譬如人用力緊紉一物初用八分之力其物可旋繞一周再用八分之力物繞不及一周復再用八分之力而物繞則僅半周矣其用力同而旋繞不同夫天氣加減燥濕之氣收斂筋弦之理亦有然者凡欲分別東西南北各方之風氣或上下左右各房屋之氣燥濕何如以此器驗之無不可也夫氣之有厚薄也疎密也輕重也加減而遞相爲[illegible]何以明其然邪今以氣自然所在之地爲七十分之一分而設言之假如有氣於此其自然所在之地止能盈寸若用法以强之則此一寸之氣能放而盈七十寸之地又有氣於此其自然所在之地則盈七十寸若用法以强之而卽拳斂於一寸之地此諸氣厚薄輕重之力與諸測法也其强之法與器詳見水法之本論

測天諸氣之法於蒙氣之差所係爲最大其差加減之於高度則其所測之合天與否可定也其測法幷其差表具載日躔曆指諸書中但蒙氣差纖微之處極繁不過數分秒耳今姑舉他體通廣之差幷其測法差表以明其理而推廣夫儀器之用法夫通廣之體有二一光明易爲透徹一難透徹皆由本體各有厚薄之分厚薄有加減則其所通光之差亦因之而有加減又凡其所差以天頂線爲主其頂線則立於光所初入之地夫日月諸星之光若從易通光之體而難入通光之體則其所透之光必向頂線而凝聚矣若從難通光之體而入易通光之體則其所透之光必離頂線而渙散矣見一百十三圖假如丙丁爲水盈之盤於其底而置一錢而錢所升之象與太陽之升光同一理也其象交水盤之邊而初入空明之氣若立頂線如壬丙己則明見其象不依直線而射於乙必更離於壬丙己頂線而偏射於辛因從難透之水體入易透之氣體故也又試觀空明之地如辛有光而以頂線壬丙己從本盤之底己至立水面丙立有直

表而辛光之一道照至於丙點其光道與表影不依直線而射戊地必依曲線向壬丙己頂線而偏於甲因從易透空明之氣體入難透之水體故也其測法用兩象限儀一在水面上一正對於水面下見一百十四圖而以水中表影所射之度數對比於水外日高之度數假如東西壬辛爲半球空影其東西全徑於地平線平行其壬東辛西兩象限儀各平分九十度兩象限儀相對同穿於壬辛頂線軸上而任遊左右轉移以對於太陽之高度或半球形用水盆之地平東西之線合齊而甲乙窺衡表對於太陽之高度則半徑辛乙表端之影水中所對射之度數爲氣水高下差之度數矣若不用日光則目依窺衡表甲乙線水中所窺對之度數爲氣水差之度數也今照比例法列爲六等之表以明三等體所遇光之差各體立氣水等差二表見於後篇今約舉數端以解之

水差者光既從空明之氣而入透於水則其水中所射之高度比在空明氣之高度所差若干度分也見一百四圖假如太陽空明處距天頂線八十度而其射光一道徑過半徑表端甲若圓球形之器內無水測其光道與表影在圓器內依徑線正射八十度矣若充其水齊邊測其光道止射五十度矣因而遇氣通水之光道差三十度爲其玻璃差者則光或是物象同一理從空明之器透玻璃體於徑線近遠之差也見上氣水差之圖而以丁線爲直徑線以水盆之圓球形爲玻璃球形也凡玻璃望遠顯微等鏡其所以發現物象近遠大小暗明正斜之衆端皆可從此差之理而明之詳見本論

水氣差者則光或物象從水中升出而射空明之氣其所以射光之線水內氣內各離頂線近遠不同之差也假如射光之道其在水內離頂線五十度其在空明氣內離本頂線六十五度兩差十五度則此推表之度數準合於儀器之所測矣試於大盂內照氣水差表製界節氣線日晷盂中注水與表端齊則太陽之光照表其表影盂底正對於本日節氣線及時刻纖毫不爽也若盂內無水則表影與本節氣線不對而大謬矣其照界節氣線日晷依常法空明氣中製之則表端與本節氣線雖免有過不及之差今依氣水差表製之豈有表影與其所測之高度不相合者哉

諸曜出入地平蒙氣廣度差表

諸曜出入地平必在蒙氣之中故其出入之廣度有加分有減分北加而南減多寡不等依各地北極之高度多寡不等也今依蒙氣之高差最大者三十四分而推其出入廣度之差分爲照各方極之出地之高度列表如左

極高度	蒙氣差度	蒙氣差分	蒙氣差秒
四	○	○二	二二
六		三	二二
八		四	三四
一○		六	○○
一二		七	一五
一四		八	三三
一六		九	五○
一八		一一	○七
二○		一二	二五
二二		一三	五○
二四		一五	一七
二六		一六	四五
二八		一八	一二
三○		一九	四○
三二		[illegible]	二四
三四		[illegible]	一○
三六		二四	五六

極高度	蒙氣差度	蒙氣差分	蒙氣差秒
三八	○	二六	四三
四○		二八	四三
四二		三○	五三
四四		三三	一七
四六		三五	四四
四八		三八	○八
五○		四○	三二
五一		四二	二二
五二		四四	二二
五三		四六	○二
五四		四七	五二
五五		四九	四二
五六		五一	三二
五七		五三	二二
五八		五五	一二
五九		五七	○三
六○		五八	五五

氣水等差表

氣水差者卽光及物象從氣入水而斜透水內高度之差也所謂水氣差者卽光從水入氣而斜透則氣內高度之差也氣玻璃差及水玻璃差等俱倣此皆以光離天頂之遠近爲主假如太陽離天頂線四十度氣水差表內相對爲三十度其相差者乃十度也水氣差表內相對之度爲五十一度其差則十一度也氣玻璃差表內相對之度爲二十五度則所差爲十五度也其餘倣此

氣水差全表

距天頂度	度	分	距天頂度	度	分	距天頂度	度	分
一	○	四六	二一	一六	一一	四一		
二	一	三三	二二	一六	五七	四二		
三	二	二○	二三	一七	四二	四三		
四	三	七	二四	一八	二七	四四		
五	三	五四	二五	一九	一二	四五		
六	四	四○	二六	一九	五六	四六		
七	五	二七	二七	二○	四○	四七		
八	六	一三	二八	二一	二五	四八		
九	七	○	二九	二二	一○	四九		
一○	七	四六	三○	二二	五○	五○		
一一	八	三二	三一	二三	三八	五一		
一二	九	一八	三二	二四	二一	五二		
一三	一○	四	三三	二五	四	五三		
一四	一○	五○	三四	二五	四七	五四		
一五	一一	三六	三五	二六	三○	五五		
一六	一二	二三	三六	二七	一三	五六		
一七	一三	九	三七	二七	五五	五七		
一八	一三	五五	三八	二八	三七	五八		
一九	一四	四○	三九	二九	一九	五九		
二○	一五	二五	四○	三○	○	六○		

度	分
三〇	四一
三一	二二
三二	二
三二	四二
三三	二二
三四	二
三四	四一
三五	一九
三五	五七
三六	三五
三七	一二
三七	四七
三八	二四
三九	〇
三九	三五
四〇	九
四〇	四三
四一	一七
四一	四九
四二	二一

距天頂度	度	分
六一	四二	五一
六二	四三	二三
六三	四三	五三
六四	四四	二一
六五	四四	五〇
六六	四五	一七
六七	四五	四四
六八	四六	一〇
六九	四六	三四
七〇	四六	五八
七一	四七	二一
七二	四七	四三
七三	四八	三
七四	四八	二二
七五	四八	四三
七六	四九	一一
七七	四九	一七
七八	四九	二三
七九	四九	四七
八〇	五〇	〇

距天頂度	度	分
八一	五〇	一二
八二	五〇	二三
八三	五〇	三二
八四	五〇	四一
八五	五〇	四八
八六	五〇	五四
八七	五〇	五八
八八	五一	一
八九	五一	三
九〇	〇	〇

距天頂度	氣水差 度	氣水差 分	氣玻璃差 度	氣玻璃差 分	水玻璃差 度	水玻璃差 分
一〇	七	四六	七	〇〇	九	三〇
二〇	一五	二五	一三	三〇	一八	三〇
三〇	二二	五〇	一九	三〇	二七	〇
四〇	三〇	〇	二五	〇	三五	〇
五〇	三六	三五	三〇	〇	四二	三〇
六〇	四二	二一	三四	三〇	四九	三〇
七〇	四六	五八	三八	三〇	五六	〇
八〇	五〇	〇	四二	〇	六二	〇

距天頂度	水氣差 度	水氣差 分	玻璃氣差 度	玻璃氣差 分	玻璃水差 度	玻璃水差 分
一〇	一二	五	一三	〇	一〇	三〇
二〇	二四	三〇	六	三〇	一一	三〇
三〇	三七	三〇	四〇	三〇	[illegible]三	〇
四〇	五一	〇	五五	〇	四五	〇
五〇	六五	〇	七〇	〇	五七	三〇
六〇	七九	三〇	八五	三〇	七〇	三〇
七〇	九四	三〇	一〇一	三〇	八四	〇
八〇	[illegible]	〇	一一八	〇	九八	〇

論飛葭之無合於曆

如前驗氣之法其微妙如此且不可以測天上之節氣分也况葭管飛灰其術莫驗又安所用之哉故凡引鐘律以爲驗節氣法者不過欲附會欺世而援秦曆法耳天其可欺也哉今約舉四端以辨之

一春分之日太陽正交赤道之日也萬國同是此日故萬國同日皆可以測驗飛灰候氣全係地氣地氣有冷熱乾濕之不同萬國有不同之地氣無不一之春分也

二每年太陽一交赤道便爲春分則春分萬年如一永不改變若地氣至春分時各國每年改變不同設欲以地氣測春分則春分年年不同矣

三春分只有一日春分前後幾日地氣乾濕冷熱大概相同難以分別况春分等節氣只在本日一刻之間本日自朝至暮地氣亦大槩如一又難以分別何可執地氣以測定春分在某日某時刻乎

四地氣本乎地勢或傍山或近江湖常有變換又有風雨雲霧皆能變易地氣春分之日全憑太陽交赤道度距地甚遠與地何涉豈可以多變之地氣測驗不變之春分也

測中域雲高度之法

假如空際有雲象見一百十圖其一端爲甲兩人各用象限儀一從乙處一從丁處從丙處更便測其高度因於甲乙丁三角形內得其三角幷乙丁線之步數故照法推知甲乙線今以甲戊線爲從雲而下之垂線甲乙戊三角形內既得甲乙線而甲戊乙爲直角則依句股法之理推知甲戊線之步數而可得雲之高度矣虹霓諸類之高度與雲象諸測法皆倣此其測彗孛新星等另有本論若測雷起處距地近遠等則以測時刻分秒之垂球儀可推而知也詳見别集

測空際異色幷虹霓珥暈諸象

格物家論色之異有二一眞實一幻妄何謂眞實蓋從寒熱燥濕四元行之情相交而生然必雜體可見而純體不可見也何謂幻妄蓋從光照物體退返之勢而生雖易顯著亦易渙散夫二者亦各分五等正相反者有二純白純黑是也又中等者有三黃紅靑是也由是五等彼此相交相變而各色生矣見一百十一圖姑以各色玻璃相交映之勢言之於一密室中戶牖皆閉務令幽暗或戶或牖微開一隙其大小與玻瓈相稱而以通日光隙內置各色玻璃用潔白紙對之其日光透射玻璃玻璃所映之色必映於紙上如隙內並置玻璃兩片一黃色一紅色者則紙上必現黃金之色矣如並置兩片一黃一靑者則紙上必現綠色矣如並置兩片一紅一靑者則紙上必現紫色矣餘倣此若以銅圓柱鏡對於通日光之隙則周圍返照之光而五彩虹霓之象俱顯矣至於各色明麗深淺濃淡之加減則隨其圓柱鏡之光有斜正返照之勢而生焉蓋圓柱鏡返照之日光愈斜則其所映之光愈昏而其色之變異遂去日之原光愈遠矣若夫眞實之色別有關係今止就幻妄之色而論之大凡有形象者皆由質模作爲四者而成諸氣色也其質者卽空際之氣也氣必稍厚而後方可成色其模者卽光也光道愈密則各色必愈明麗矣其作者卽太陽與射光之星月也其爲者卽六合品彙之全而萬有之美也其色之異者或由夫氣質之厚薄或由夫光輝之進退或由夫空際之異勢蓋凡光照空際之體厚則其

所生之色必深而黑若體稍薄而濕則其色必青若又稍薄則其色必紅若體薄其則其色青綠若體精而稍厚色則爲黄矣即日月星辰之異色多爲空際之所映射而致正如火焰之異色由烟氣熏灼而成耳

夫空際彩色之異從雲氣之厚薄而生前論已悉之矣今更借玻璃之五彩以明之如三稜角玻璃從每角起至對角而止則玻璃之體漸次加厚見一百十二圖甲乙戊己爲三稜角玻璃分三等厚薄之界線因而所見彩色約分三等爲如香圓色紅花色天青色是也其餘諸色從此三色交映而生蓋太陽之光斜透玻璃必多混雜其玻璃厚薄若干則日光混雜亦若干而其所現彩色濃淡即若干矣如玻璃上層甲乙較他層更薄日光易透故其所映之光稍混而彩色與原光相近其所現之色淺淡如香圓色是也玻璃下層戊己較他層厚甚日光難透故其所映之光朦混而彩色與原光相遠其所現之色深濃如天青色是也玻璃中層在厚薄之間故人目透視之日光其彩色乃在青黄之中如紅花色是也然則日光之濃淡昏明無不從玻璃之厚薄而生也審此則玻璃所現之彩色與虹霓之彩色其理固無異矣又虹霓本然之妙及其所以然之奇爲衆象首原夫虹霓乃濕雲被日對照而成多色之弧也蓋雲者虹之質而雲之濕乃所以必成其虹質之勢也一被日對照而虹乃由之以成矣夫雲非當其化雨則不能生虹而雲非承日光則虹無由而成又日光非正對則虹又無由而成故虹之見也必朝西而暮東亦或東北也曰弧者虹形之曲也曰多色者別虹於諸色他弧他象也次曰同時多虹可成假如日當於午東西方各有雲氣日光照之遂成虹矣但因人目限於一方止見其一而不能并見其他耳假使一方而有二雲日光照之其一正對者變虹矣而其迴光照及相近之雲又二變而爲虹矣又由此雲所照之日光退傳至於他雲又三變而爲虹矣若論其色之奇三變不如其二變二變不如其初變蓋初所變之虹則受日光之正照而二變與三所變之虹不過受斜退之光已耳虹色雖多約分爲三上如香圓色也中如青草色也下如紅花色也然其所以不同之故由於雲之厚薄異勢故雲之上白而且薄接日之照則現黄色中之體厚則現綠色其下尤厚則現紅色矣至若雲之厚薄之異由於氣之勢異也氣之輕且薄者騰愈高接日光愈深其迴光愈弱所生之色愈輕淡矣氣之濁且厚者騰愈下日光愈淺其迴光愈強所生之色愈濃深矣至言二變之虹較之初變之虹色雖同而序相反上反爲紅中綠自若而下者反黄矣又曰日月暈虹霓等象皆爲圓形其所以然者乃由日光斜透之勢耳凡現虹霓之時皆太陽所映彩色故聚落之雲無不變現但人目止見一圓弧之異色因其斜透圓弧之光道皆離太陽及離人目有一定之遠近故耳如鴿之頸孔雀之翎向日空中雖發多色人目旁見之必有一定之近遠若或過或不及則異色俱不見矣天文家常測得虹霓之半徑爲四十五度日暈半徑爲二十二度半如甲爲日乙爲人目丙丁爲日暈中心爲庚過中心之光道甲庚乙爲日暈之軸也太陽所透周圍之光道各離日暈之中軸二十二度半而此度數以內以外之光道乙目皆不得見其所映之彩色矣月暈日珥及日月旁氣之象其彩其形皆做此凡此類迴光並生雜色之雲氣比之取火之玻璃鏡如太陽之透玻璃鏡遠近無不射其光但其聚光聚火之處在圍光之中離玻璃後面有一定之近遠人目所見雲內彩色之處亦在過不及之中耳

凡從原光所生之彩色皆爲次光之類比之原光猶燈光之比日光焉然燈光白日淡而不顯夜則大顯五彩之光亦然暗地則大顯者是各發其所以映之異色也夫太陽在地平之上終日照耀四方無不斜透空際之雲氣而映成多色矣凡異色於白日不顯至晨昏倍覺分明職此故耳

測水法

水之周遶於地同爲圓形已詳於別集矣并見全地

■今略舉測水平之器與其法而言之夫水平人人之所知也然水平之理及測法之極致則取水平者皆有所不知焉如五六丈之遠以取平雖見其謬若至數十丈或數里之遠并其測

法俱窮矣且測法之準與不準所係爲甚鉅蓋國家之大工如挑濬河渠爲興利防患計者不越乎此夫水之通塞分於毫末之高庳其說別詳於引水法論蓋水平之與地平有異所謂地平者乃地上一線與過地中心之垂線爲直角也其線兩端距地中心近遠不同而與地平無礙見一百三圖　甲丙戊丁爲地水球甲乙線之兩端甲與乙去地中心戊近遠不同但其本線與垂線甲戊作直角實爲地平線也所謂地平線者必其兩端去地中心近遠無二如上圖內辛壬線是也今姑舉數題以明其測法

第一題

測定兩地同在水平線上下若干法曰取其平器安於兩地互相距度數之中見一百四圖　假如測戊己兩處同在戊己水平線中否則取平儀安於丁而從本儀左右之兩端表窺測兩處從右表窺向左處從左表窺向右處若測戊丁兩處而儀器止安於一端如丁則以丁戊線爲水平線而大誤矣若照此線引水從丁至戊則其水必從戊向丁倒流矣蓋測定高法以垂線爲主而垂線以地平中心爲定向不拘何物之垂線在地面上若干則其本物之爲高低亦若干今戊癸線爲戊高之垂線丁戊兩處所差之高度則戊癸線也戊丁兩處互相距愈遠其差愈多古有測山之高而每有所誤者多在於此見一百五圖　乙丙爲高山在地面上古用象限儀從遠處戊測其高以目所窺壬處爲山頂而以其在地平戊己線上之垂線壬己爲山之高但山之高則以其向地中心之垂線乙丙丁爲主而以其在地面上乙丙垂線爲本山之高其測法在測量山岳之論內詳之今姑以測地近遠法內所列測高遠表可推而定焉夫定水平法原係細微之法若儀之安法或窺法有分秒之差而以測高低則大謬矣假如一處相距百步而安取平儀或窺法之誤不過一分之數釐而其水平線遂差至四五尺有餘也若測兩處高低之差其兩處相距倘不甚遠則於其適中處安儀而依法以測之即可以取定其平矣若相距甚遠須於相距處均畫數方而於每方之居中安儀測定左右各至之高低然後將所測定各方左右兩處之高低總歸於一而相比之則可以定其相距之高低矣測大海江河泉井等水之深淺輕重鹹淡若干各有本法本器另有本論詳之

垂線球儀

垂線球何昉乎蓋近今數十年以來遠西之曆學名家特創新意而曲盡其測驗之法者也故凡時刻之分秒纖微天行毫末之差數靡不於時而可悉焉不寧惟是舉天下運動之疾如空際之雷響諸類也弓所發之矢也銃所激之彈也皆可以測而推之也其器較諸儀爲最簡而其爲用則甚便云

測法三題

第一題測日月之全徑見一百十五圖　此題甚有係於推測曆理蓋凡定二曜之大小及交食之分秒地影之廣狹與太陽太陰距地之遠近四時并每月各有不同以至日月與本天有最高最卑之處大約皆用加減表等算法而定也今以垂線球可測而定之法曰安定三角形線見一百十五圖　對天正南北之線測候須以二人如甲人測候至日月體之西弧與南北三角形線及窺目相參直矣乙人放垂線而數其往來之秒至本曜之東弧與角線并窺目相參直彼時若本曜行赤道線則以本表查時刻之分秒而變通於天度之分秒即得本徑之分秒矣若本曜離於赤道之內外則定其緯度與赤道平行圈相距之度分若干而以本圈之分秒與相應赤道之分秒相對則通變之以求其分秒即得矣見大小圈度相應表

第二題測天上不拘何兩星相距赤道經度之分秒　法曰照前題測候此兩星與上三角形線相參直而兩中間凡有垂球往來之分秒照前法變度數之分秒凡二星密近用他儀測候難得其相距之分秒用此垂線儀則一仰觀而即得矣

第三題凡重物隕墜所行之丈尺并求其所須時刻之分秒有再加之比例其比例以不平分之數而明之如一三五七九十一等　假如有重物於此自高墜下若第一秒內下行一丈則第二秒內行三丈第三秒內行五丈第五秒內行七丈後行前行相并如第一秒之行一丈第

二秒之行三丈則并之爲四丈又第三秒之行五丈并於第二秒之行四丈則共得九丈又有八寸之垂線球於此其一往一來而相應則十微也設有物之重八兩者自高墜下則五十微內下行一丈其遞加倣此今依此比例之數列表如左

八寸垂線球單行	五	一〇	一五	二〇	二五
相應秒	〇	一	二	三	四
相應微	五〇	四〇	三〇	二〇	一〇
重物分行丈數	一	三	五	七	九
重物總行丈數	一	四	九	一六	二五
不平分數	一	三	五	七	九

用法

手提垂球不急不緩任意離之於頂線見六十四圖假如甲自甲至乙乃釋手放之則球之中心恆當天頂一圈線之中自上下往來而離頂線其左右則作圈線弧如甲乙丙而其圈之中心在於軸之中心如戊此圈弧短小如將盡時即照前法提球而放之令往來一日相繼以定時刻分秒之準則焉但初放時其圈弧不可太過大略在四十五度之內又從而提之不可等球往來全盡如將盡則又提球而放之各有定規學者習而熟之無所施而不可也今約舉數題以解之

第一題凡垂球一來一往之單行其相應之時刻分秒皆相等又凡垂球往來之雙行其相應之時刻分秒亦相等所謂單行者即垂球之一往或一來也　假若從甲至乙爲一往之單行從乙至甲爲一來之單行從甲至乙并從乙回至甲即往來之雙行也解曰若用測分秒之赤道大儀或細微沙漏水漏或本人脈息之數而對比之夫垂球往來之數必觀其大弧之往來與小弧之往來論時刻之分秒皆相等也又大弧之往來疾小弧之往來遲遲疾不同而其所歷時刻之秒大弧小弧皆相同也又試依正南北安定三角形線而晴夜測候不拘爲何星而交切之一交切則放垂球而數其往來至他星正交之時則記其數若干兩星相距愈遠其測法愈準次夜又測候前兩星交三角形線之時又放球如前而記其往來之數此兩夜中就其往來之弧大小各有不同究之次夜所記之數必與前一夜所記之數相同也如法三夜連測之其從角宿交切本三角形線至大角星交切之則兩間球之往來皆至三千二百十二之數蓋莫準於此也

第二題有兩垂線球除垂線長短不等其餘相等其短者之尺寸與長者之尺寸如長者往來之方數比短者於相等時刻往來之方數　假如兩垂線球甲乙甲球之垂線長一尺乙球之垂線長二尺試觀甲球往來八十五次之時則乙球必往來六十次耳然六十之方數即三千六百與八十五之方數即七千二百如一與二夫八十五之方數雖本爲七千二百二十五而其與前方數有微差原從垂線往來之總數而生若論其細分即無差矣蓋垂線一往一來各有細分但難以分別之又設若乙球之垂線長三尺甲球之垂線仍一尺則甲球六十次往來之時乙球之往來必一百零四次而其方數即一萬〇千八百十六與三千六百約如三與一也

第三題有兩垂線球甲乙除垂線長短不等其餘相等以甲球往來之數求乙球往來之數　法曰甲球往來之方數與其垂線長之尺寸分釐相乘而所得之商數與乙球垂線長之尺寸分釐歸之又歸除之商數依開方法取其根蓋根數多寡若干則乙球之往來多寡若干

第四題以垂線球之往來求相應之時刻分秒　法曰以其準定分秒之日晷法如赤道大儀或以兩星相距定分秒之度數照前第一題交切南北線求某垂線球往來之總數相應天上分秒之總數幾何然後以三率法推定本球每一往一來相應之分秒幾何依此法曾製垂線球推定其一往一來相應天上一秒六十次往來正對一分所以一刻內有九百往來四刻內其三千六百往來之數

第五題以某垂線球相應之分秒求他不拘大小垂球相應之分秒纖微等　法曰照第三題用比例法其一往一來相應三十微其往來之

雙行相應一秒因而上第四題所定之垂球六十次往來之時此垂球往來一百二十次又更加細微亦曾另製小垂線球推定其一往一來相應天上十微所以六次往來對一秒六十往來對十秒三百六十往來對一分若以之定自鳴鐘雖歷二三月之久不調其輪脾而分秒無差待此器至中夏之時自詳言其用法

第六題凡求時刻之分秒如無諸儀參測其細微則隨時隨處而以本身之脈息可推而知也蓋人當氣血平和之時其一息大率應時刻分之一秒如當測時切脈而自數其息則以其定秒推之而以球之往來較之　假如球每一往一來爲一秒而其六十次之往來爲一分當彼六十次往來之時若已之脈息亦至六十次則每一息代秒用之若有過不及之差則用比例法假如球六十次往來之時數已之脈息至六十八次則一次爲比例之共率因得三十四脈息相應三十秒十七脈息相應十五秒餘倣此蓋六十八與三十四如六十與三十又六十八與十七如六十與十五同一比例之理也

第七題擬天以下之疾行比而推天以上之疾行　近今有測量名家依前定秒微諸法曾驗放小銃時於三秒內其彈行一百八十二丈之遠設使此彈常飛行空中而不斷則必閱十一年零一百一十八日而其所行不能盡太陽一日所行之度也照此推算則六十秒即一分內行三千六百四十丈之遠而六十分即四刻內行二十一萬八千四百丈之遠若九十六刻即一日內行五百二十四萬一千六百丈之遠今以丈數歸之里數凡一里旣爲二百一十六丈則前所計丈數共爲二萬四千二百六十六里一百四十丈也然地球每一度爲二百五十里算之則天下週圍共九萬里而銃之彈一日止行二萬四千二百六十七里矣若行至九萬里之遠則必須三日零六十八刻有餘曆學公論曰地球之全徑其在於太陽天之全徑者如一與一千一百四十二之比例今週與週如徑與徑之比例則太陽天週圍之里數包地週圍之里數一千一百四十二倍也若照前所擬銃彈行空三日而不斷則必須四千二百三十三日即十一年零一百一十八日始行盡於太陽天一日內所行一週之里數矣又恆星天全徑與太陽天全徑如十二與一則恆星天一週包日天一週十二倍也故夫銃彈以行盡太陽天之數推之則必須一百三十九年零八十四日始行盡於恆星一日所行之里數矣然凡此天行之疾則又有何所比擬哉

作法假如六十四圖庚辛爲銅橫條釘穩於橫木梁上令毫不動搖壬丁戊己爲粗銅耳中安銅軸而軸長徑線丁戊須與地平線平行軸中繫垂線球其球隨本橫軸轉動恆當甲丙過天頂一圈線之中往來而不離於左右其軸之長徑與垂球之徑相等以便自此軸中心至球之中心比測而定垂線長短之尺寸分釐其垂線爲小圈相連之銅鎖其垂線之長短其重之分兩又垂球之分兩皆須預知而準定使毫不差失而器於是乎全已

欽定古今圖書集成曆象彙編曆法典

第九十三卷目錄

儀象部彙考十一

皇清五

靈臺儀象志五 諸儀象弁言 觀象臺圖 第一圖至第二十六圖

曆法典第九十三卷

儀象部彙考十一

皇清五

靈臺儀象志五

諸儀象弁言

諸儀有作之法有用之法有安之法并有所爲堅固與其輕重之理爲數甚繁有若河漢而無極雖累牘莫盡也故非繪圖以明之而又從而推廣之則何以得其解邪今諸儀既各詳其說矣迺復繪之以圖而附編於末蓋欲令見之論說者無不可索於形似而證之也然且說之所未及者而圖無不及之又所以補說之所未及苟因是而循跡而起悟焉則神明固不出乎矩矱之中矣然諸書之有圖者多綴於其說之下以爲覩其文卽尋其象不勞翻閱也而不知文有繁簡圖有參差使序列而共處於一篇之中則必交互汗漫未有能快於目者也故此編也說自爲一類而圖又自爲一類不相混也然讀某說而有不得於心者檢某圖而卽得之又未始不相貫焉且六儀之外又廣之以各器各法者何蓋一以明諸儀之綱領而釋前篇所引輕重學之諸理一以反覆明夫諸儀之合法隨地隨時用之而無不宜也蓋測天之儀有定於一處而不移者如在於觀象臺者是也亦有可攜而隨身以使用者如在天下各省凡所以測交食節氣日之出入晝夜之長短各地不同者是也有陸路所用而定者有水次所用而懸者有測天測地測水測氣測山嶽之高雲之近遠氣之輕重寒熱燥濕諸類各有所測之儀而其所爲作與用之法於是乎備矣

觀象臺圖

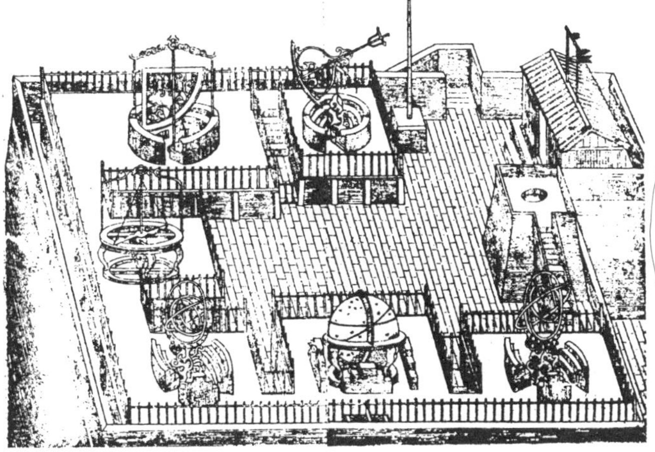

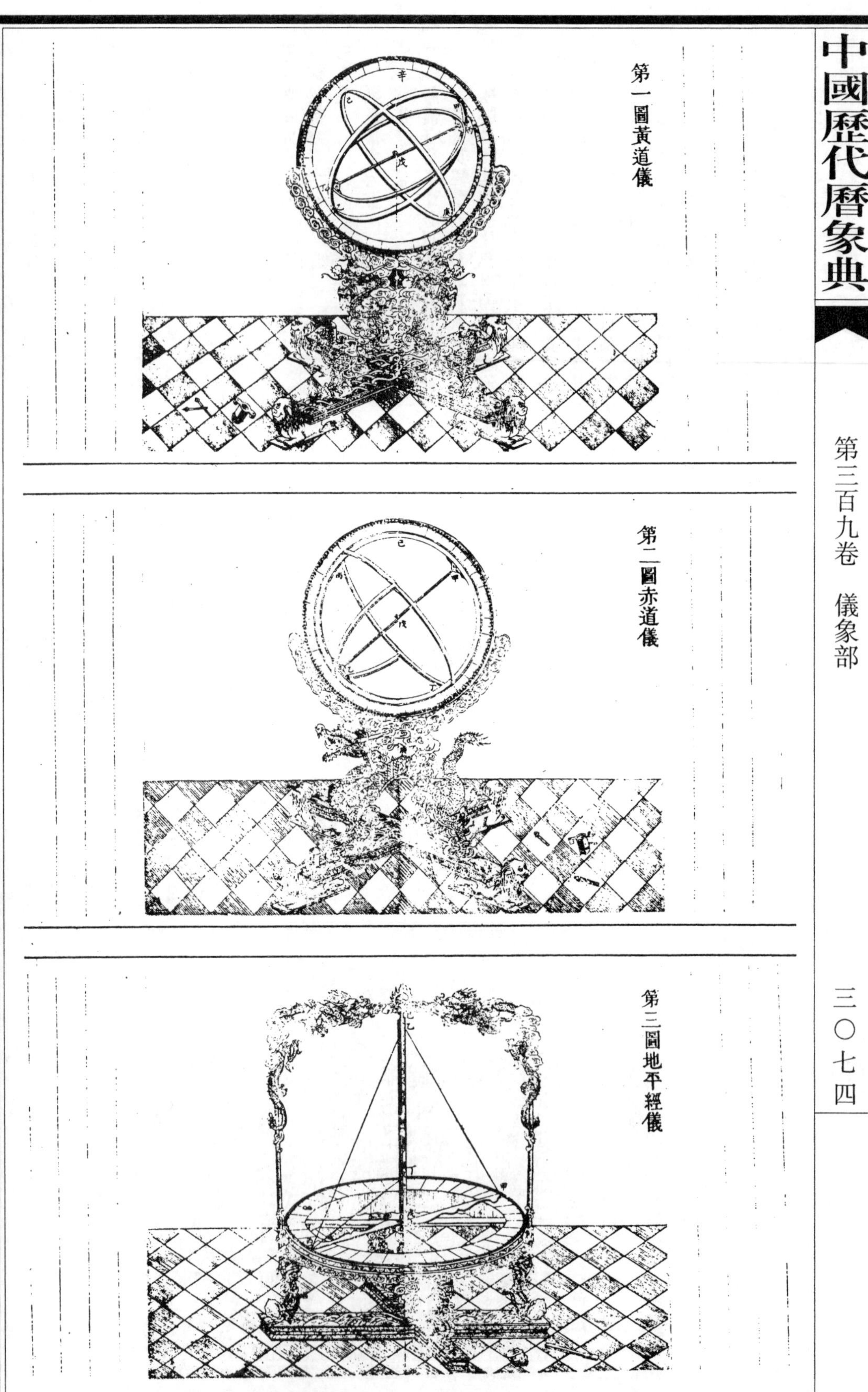

第一圖黃道儀

第二圖赤道儀

第三圖地平經儀

第四圖象限儀

第五圖紀限儀

第六圖天體儀

第七圖黃赤二儀臺式

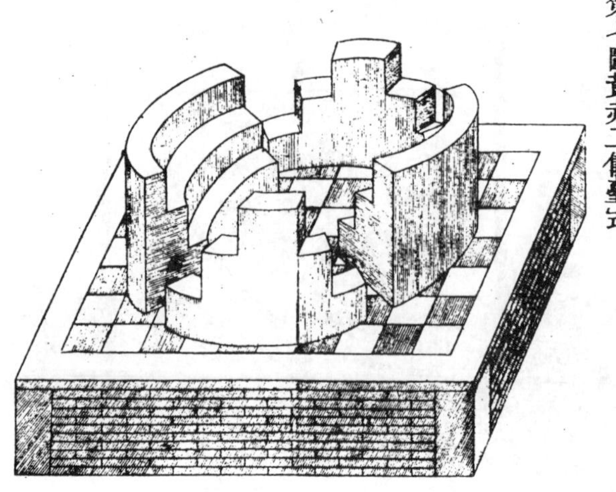

第八圖象限儀臺式

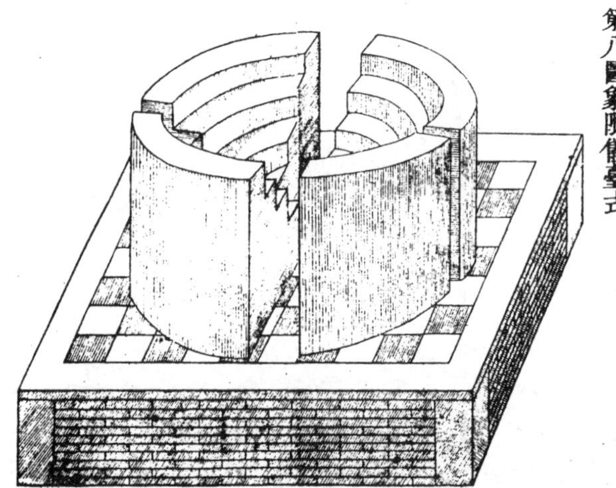

第九圖紀限儀臺式

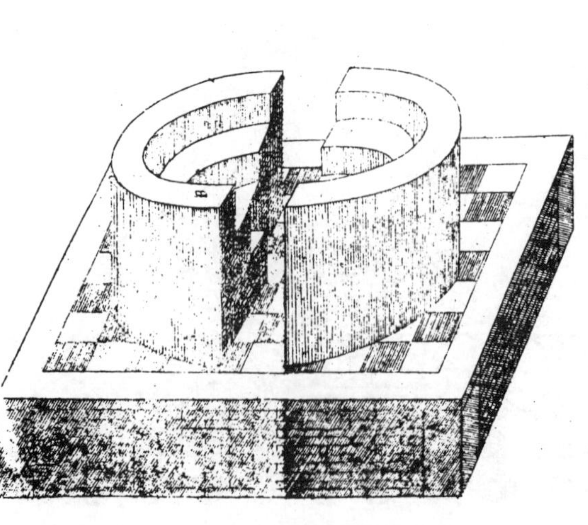

第十圖渾天儀臺式

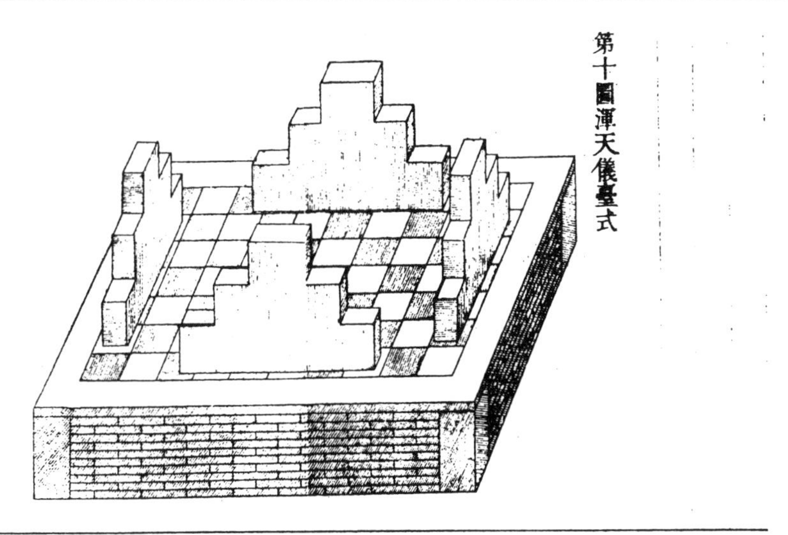

十一圖

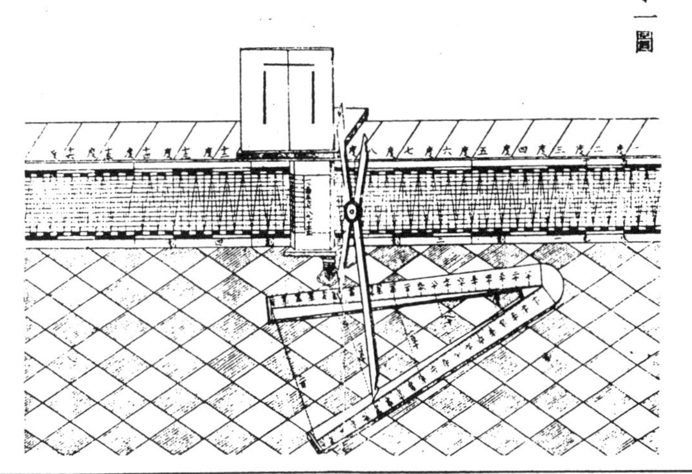

十二圖

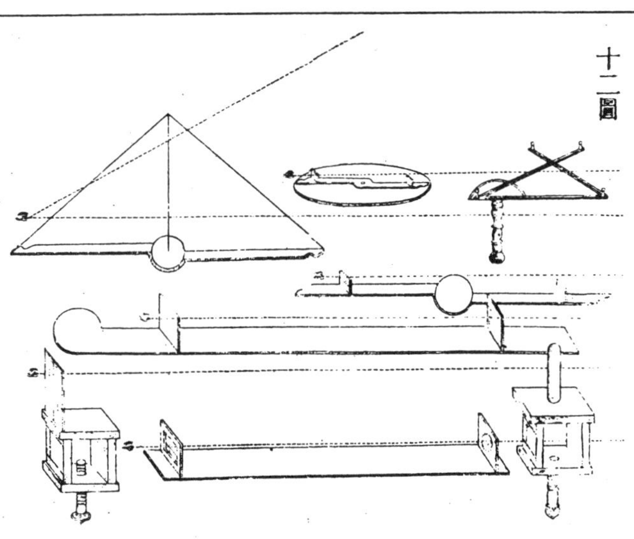

十三圖

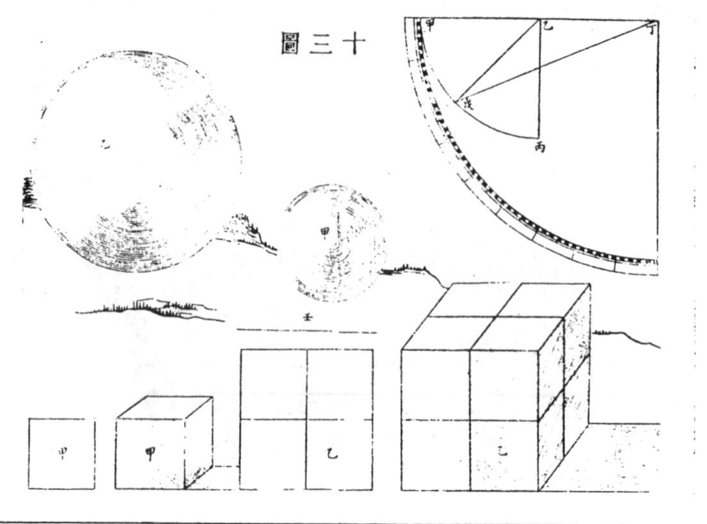

十四圖

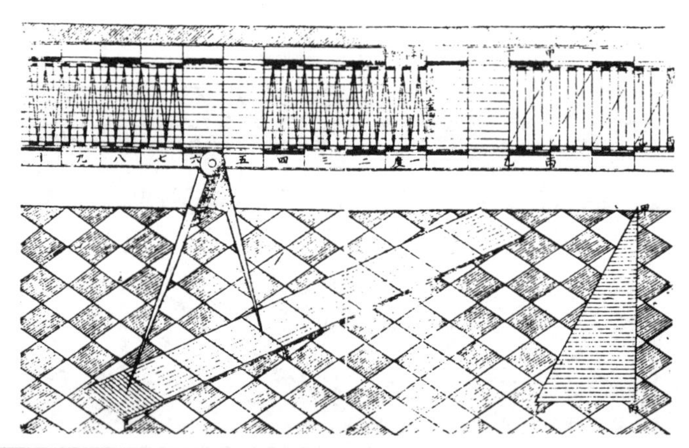

十五圖

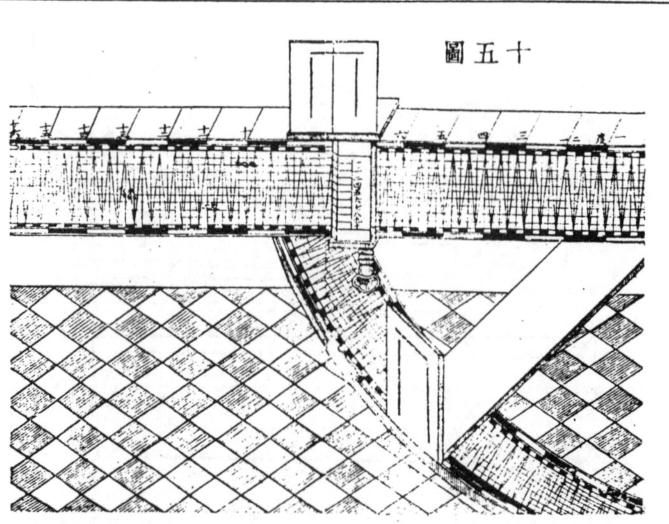

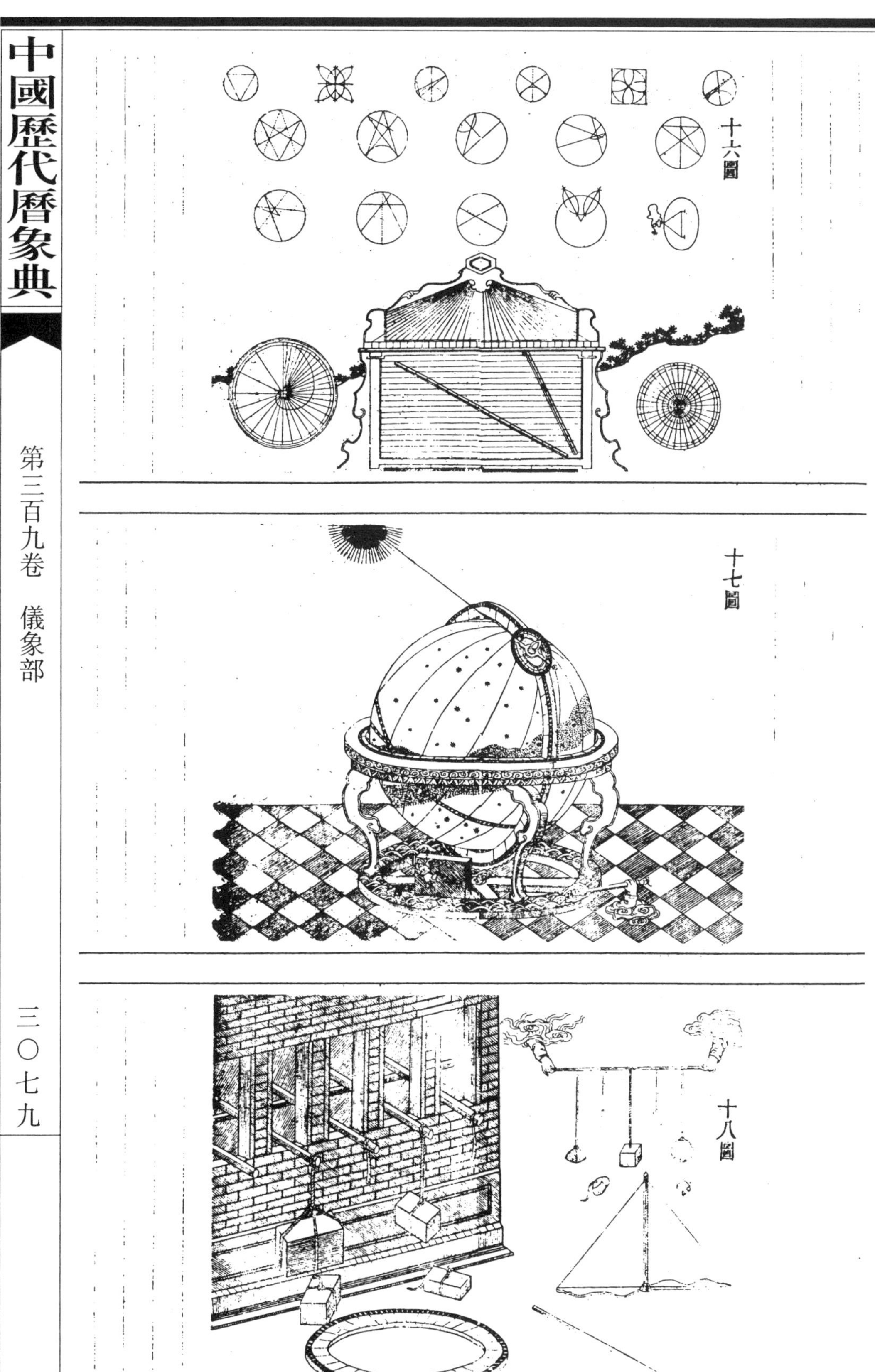
十六圖
十七圖
十八圖

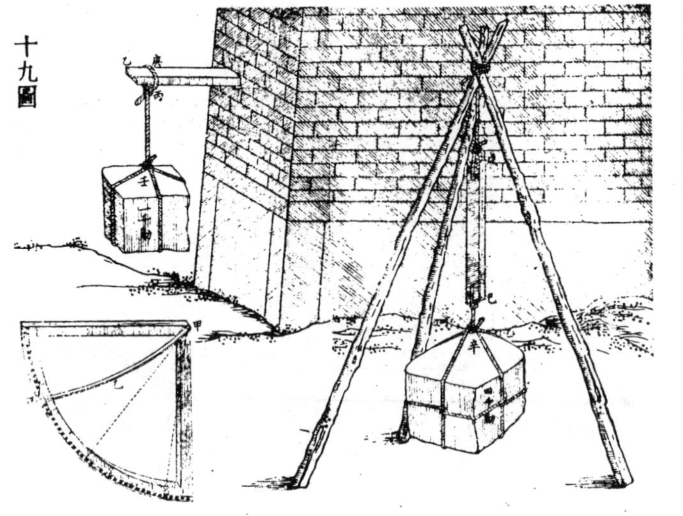
十九圖

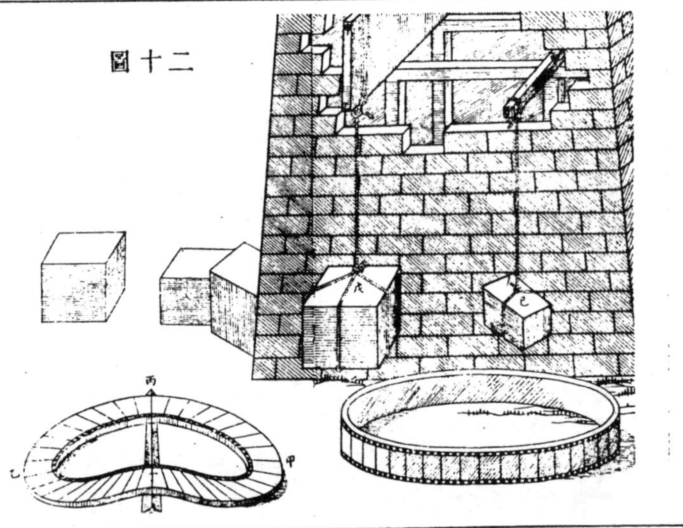
二十圖

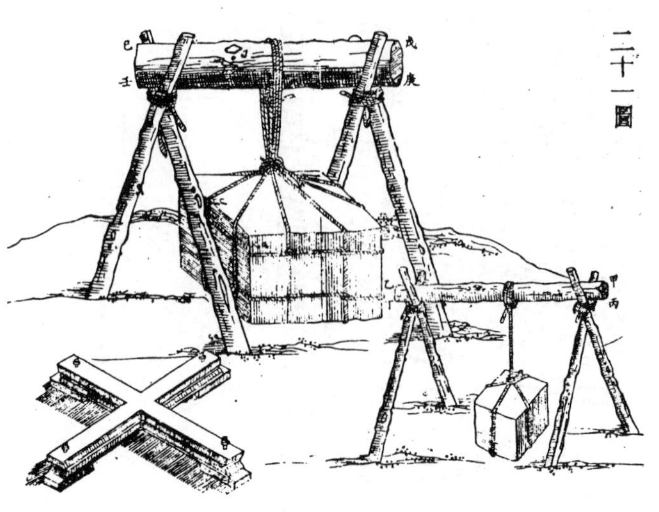
二十一圖

二十二圖

圖三十二

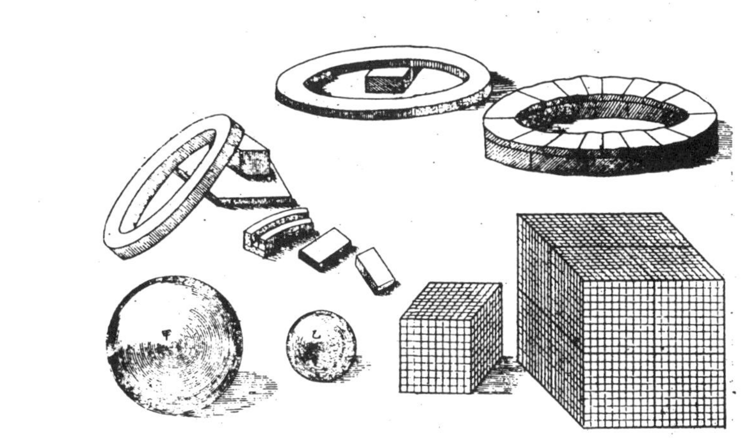

二十四圖

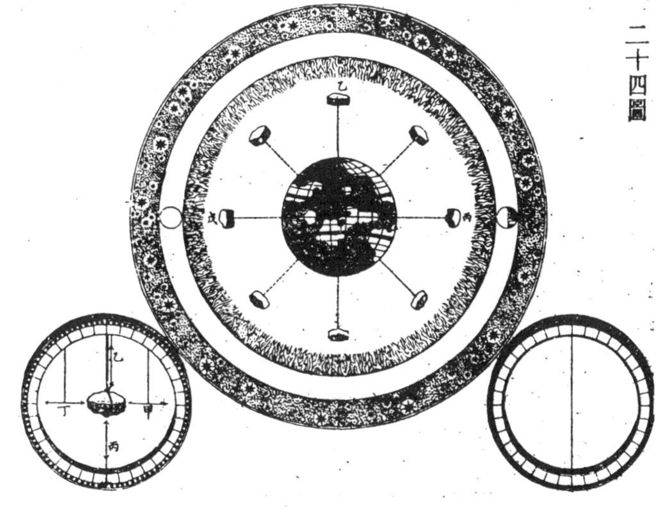

二十五圖

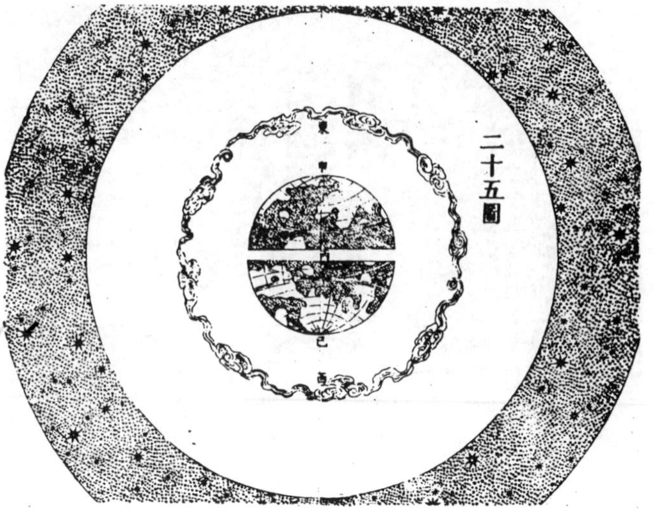

東
甲
乙
西

圖六十二

甲
丙
乙

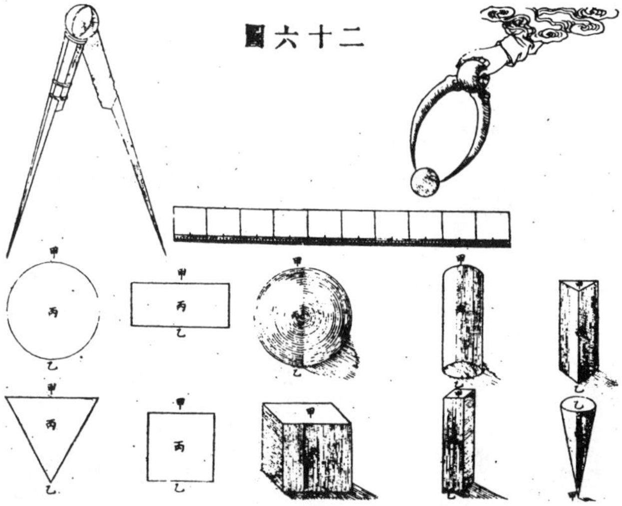

二十七圖

甲
丙
乙
丁

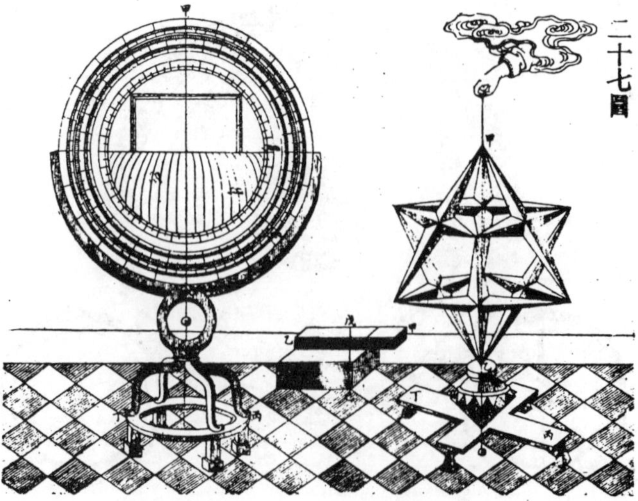

二十八圖

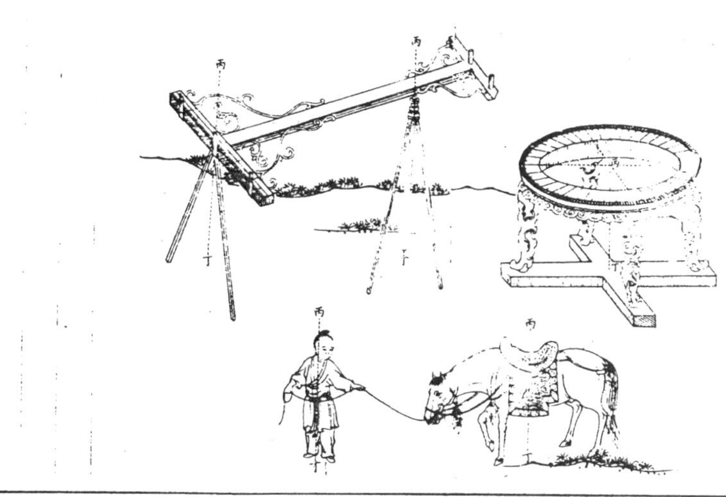

二十九圖

三十一圖　接原本二十圖在後

三十圖

三十二圖

三十三圖

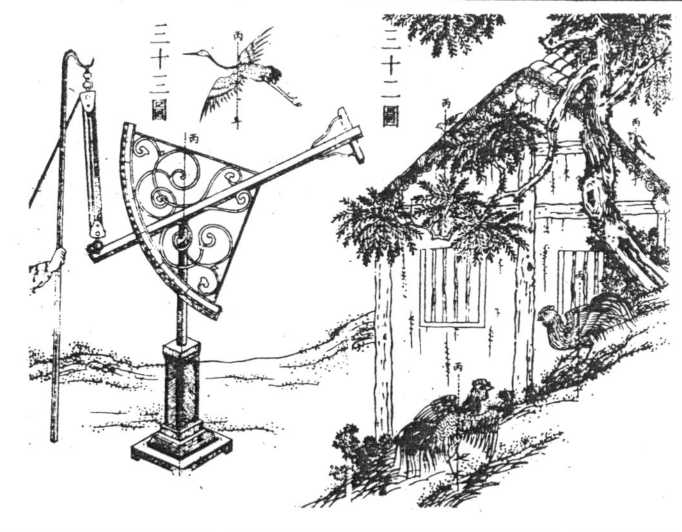

三十四圖

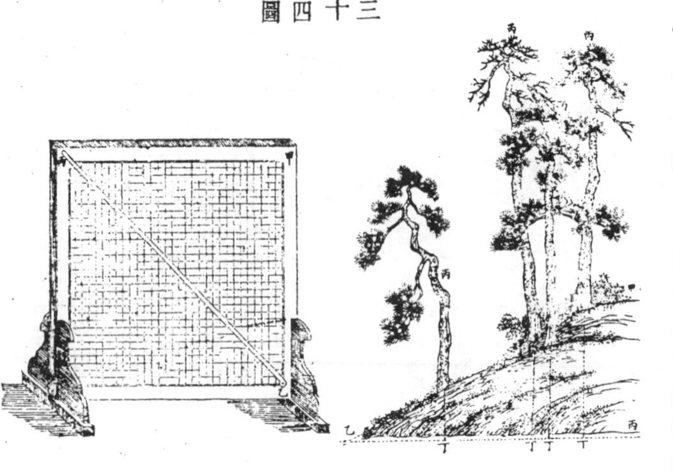

三十五圖

三十六圖

欽定古今圖書集成曆象彙編曆法典
第九十四卷目錄
儀象部彙考十二
皇清六
靈臺儀象志六第三十七圖至第七十圖

曆法典第九十四卷
儀象部彙考十二
皇清六
靈臺儀象志六

三十七圖

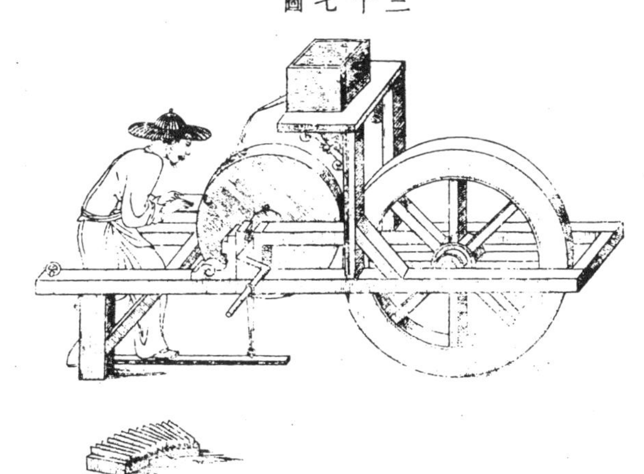

三十八圖

三十九圖

四十圖

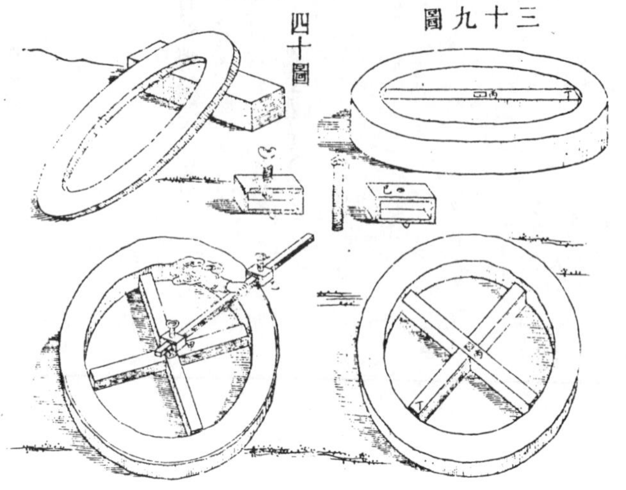

四十一圖

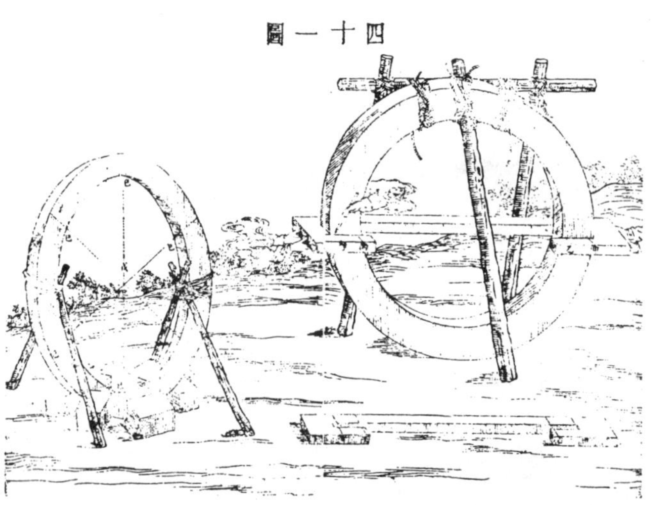

四十二圖

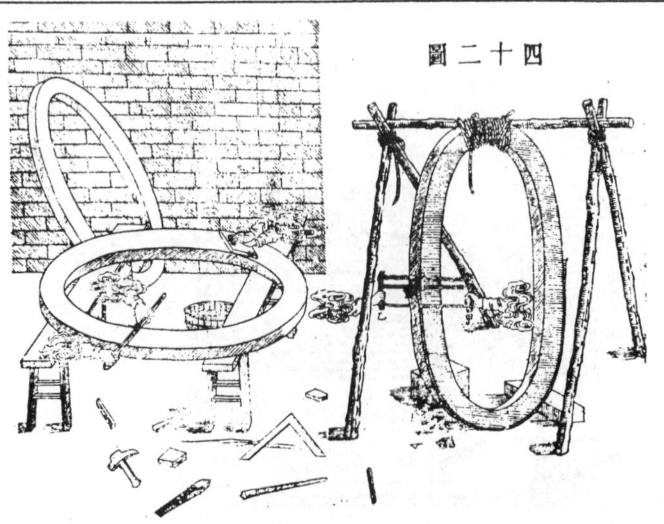

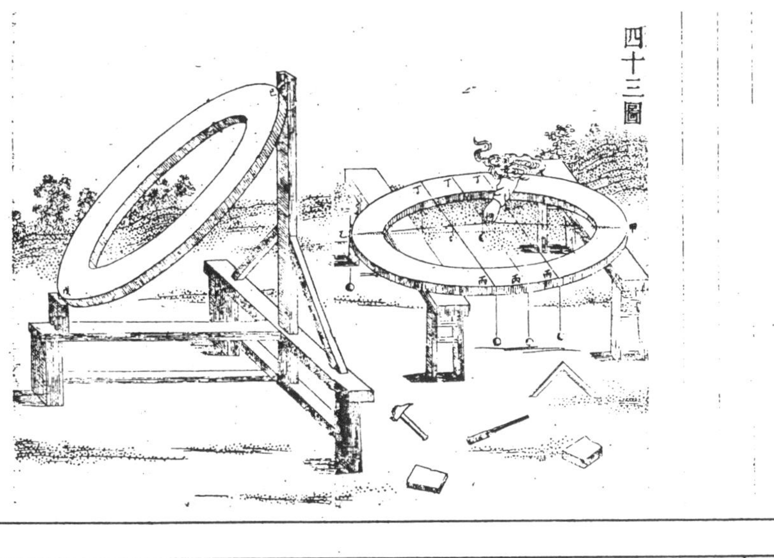
四十三圖

四十四圖

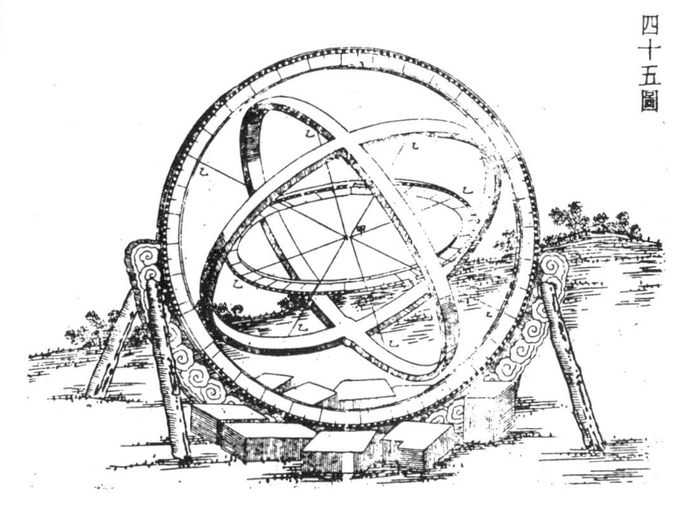
四十五圖

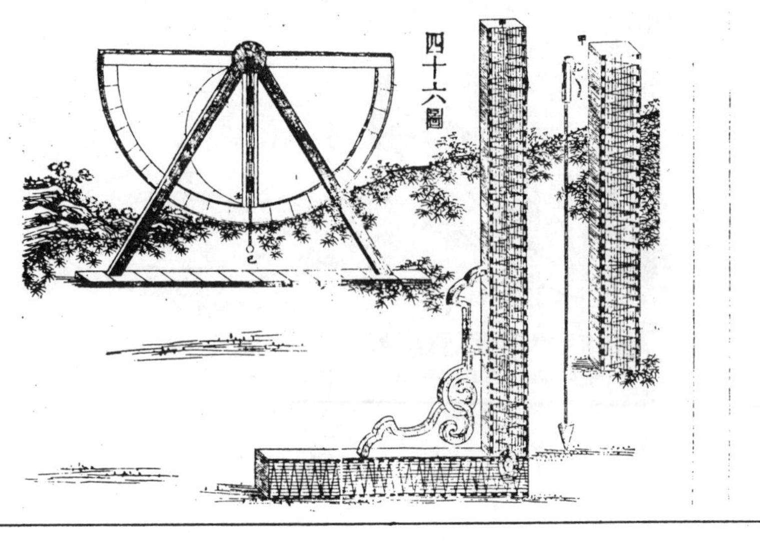
四十六圖

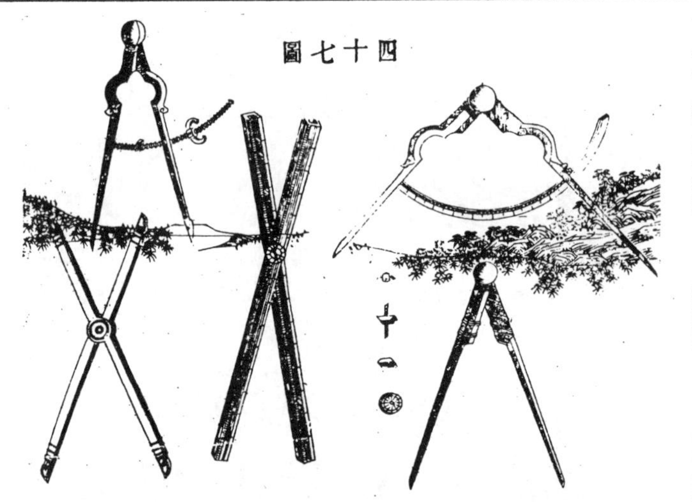
四十七圖
十一

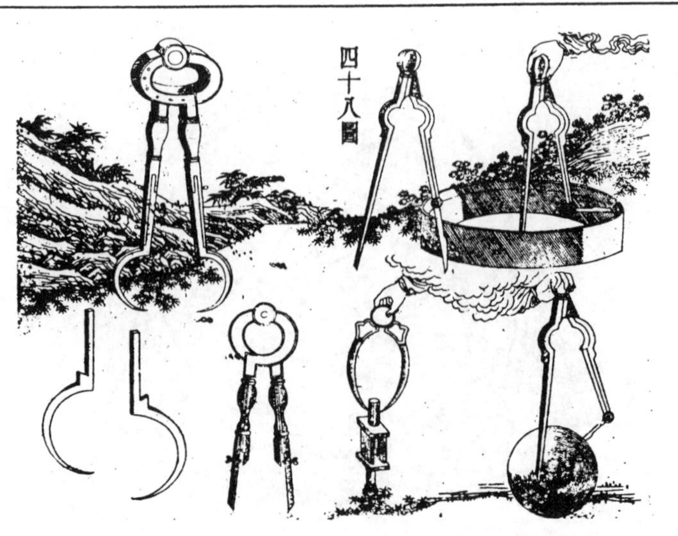
四十八圖

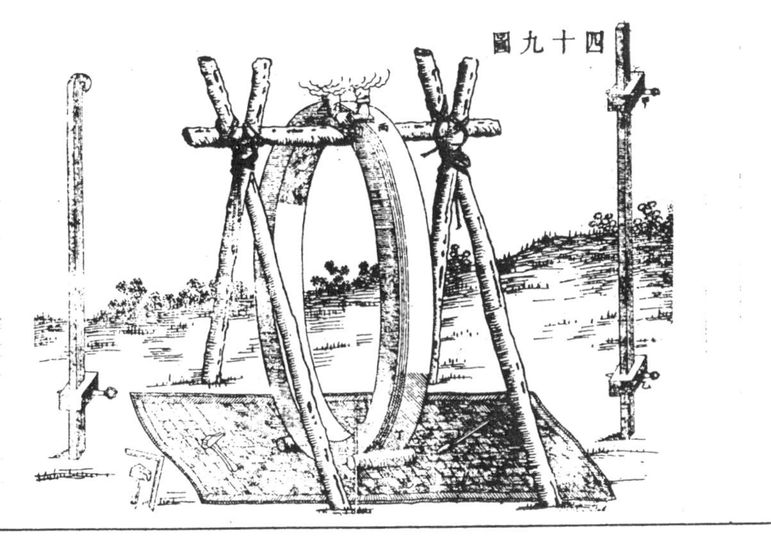

四十九圖

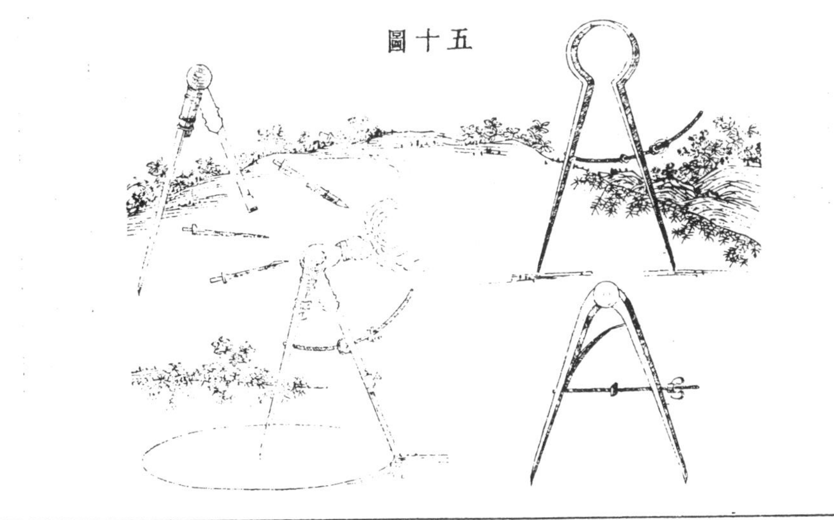

五十圖

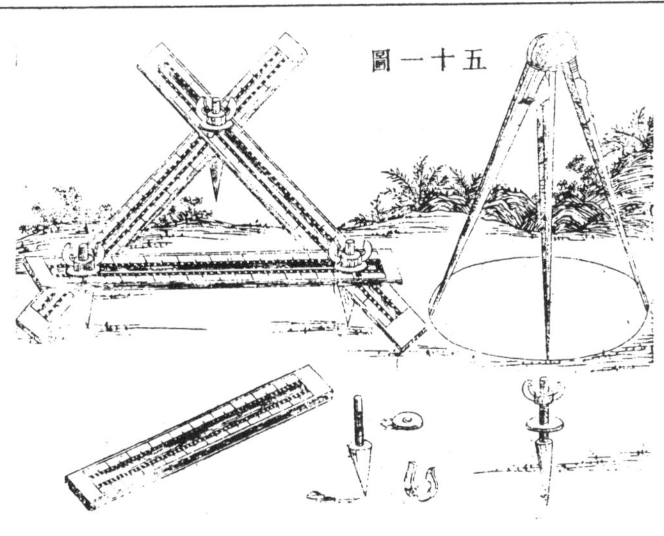

五十一圖

五十二圖

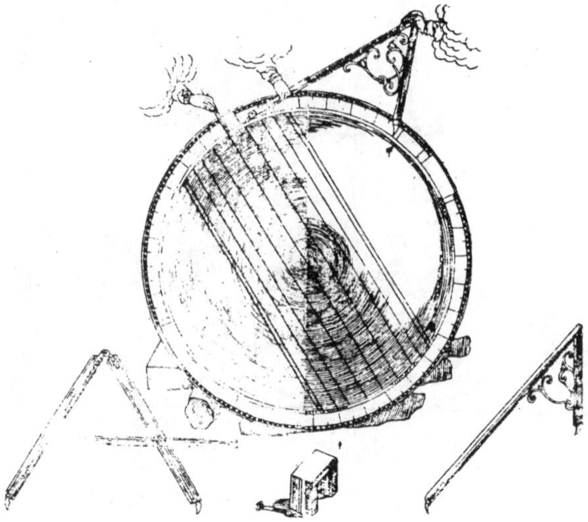

五十三圖

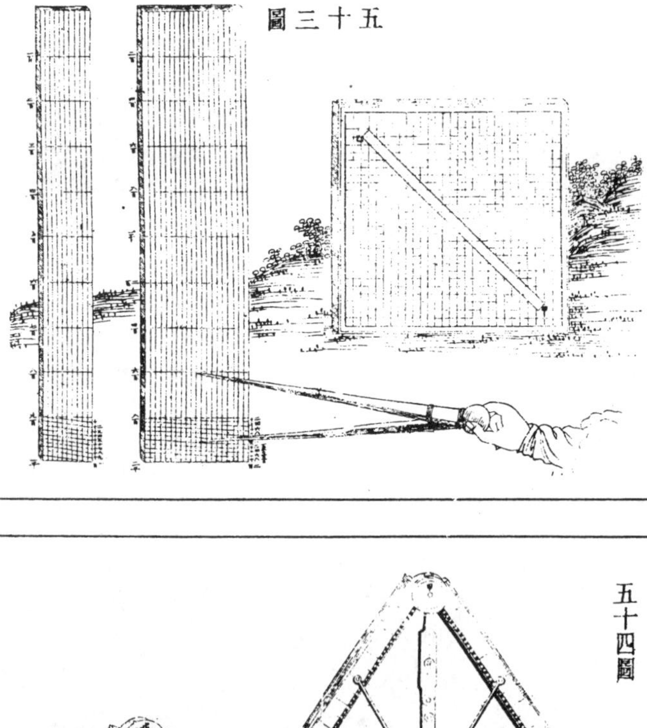

五十四圖

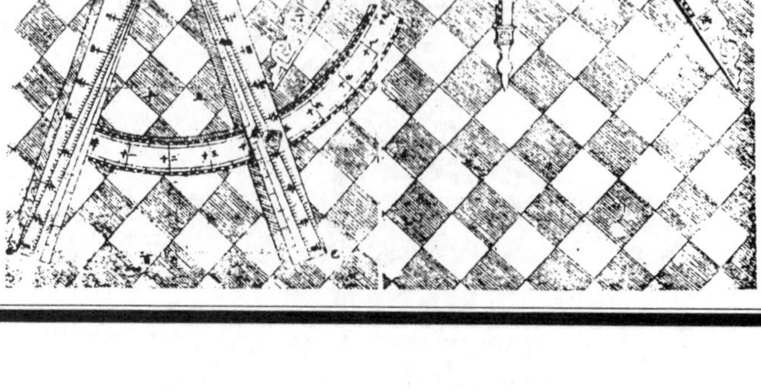

五十五圖

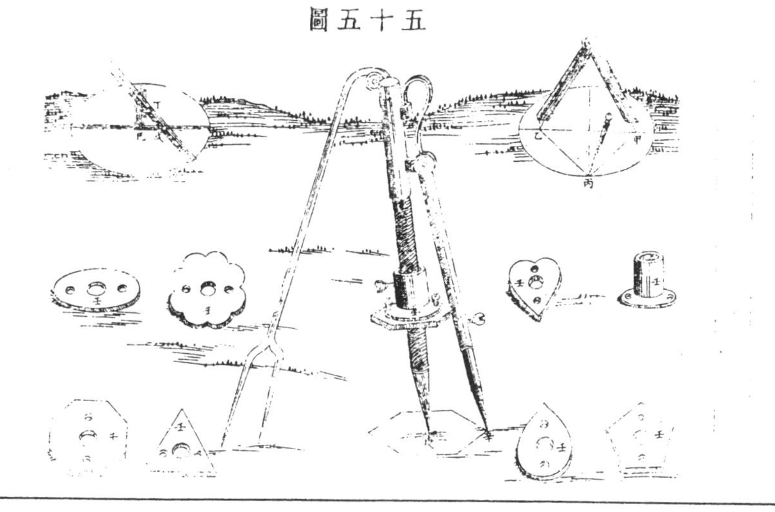

五十六圖

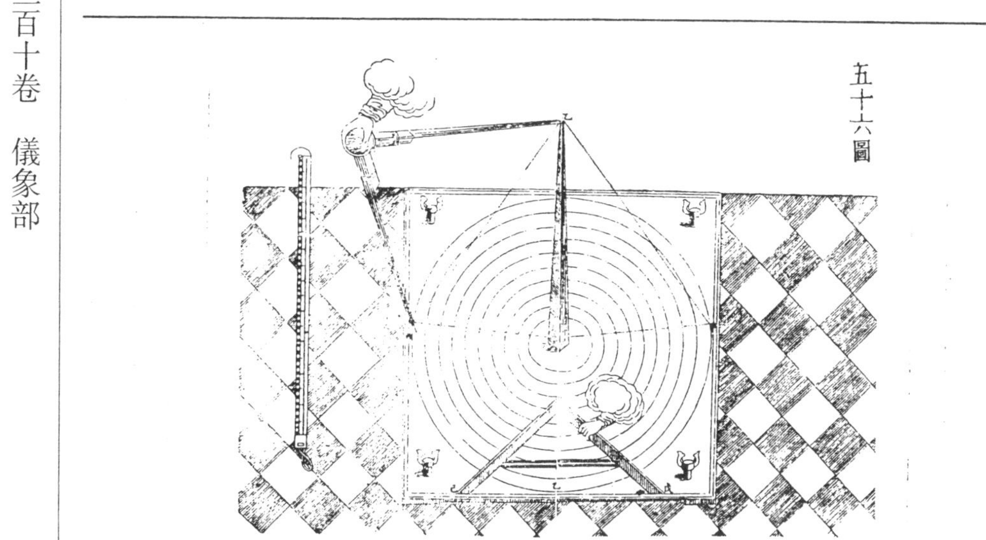

五十七圖

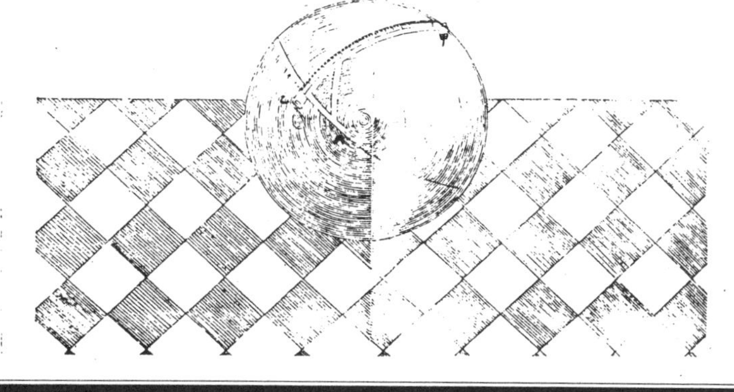

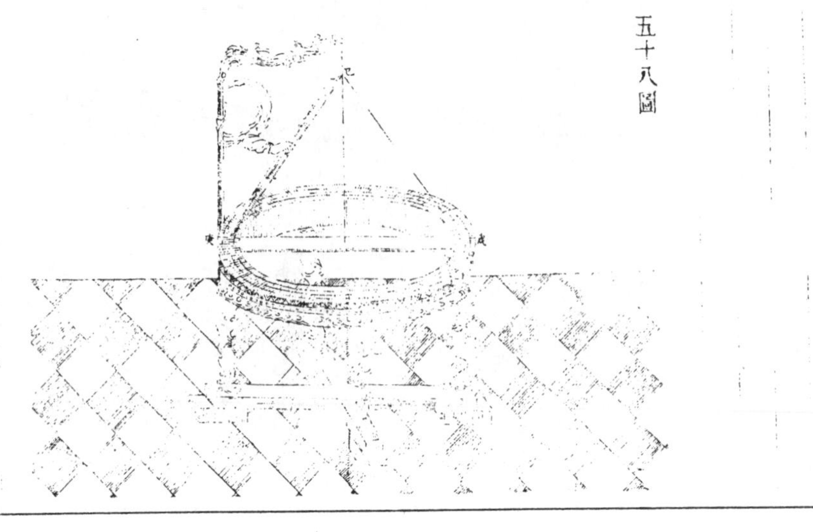

五十八圖

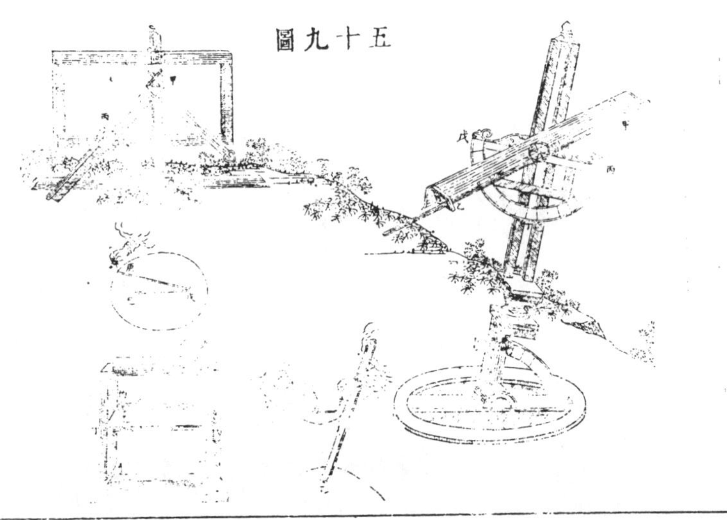

五十九圖

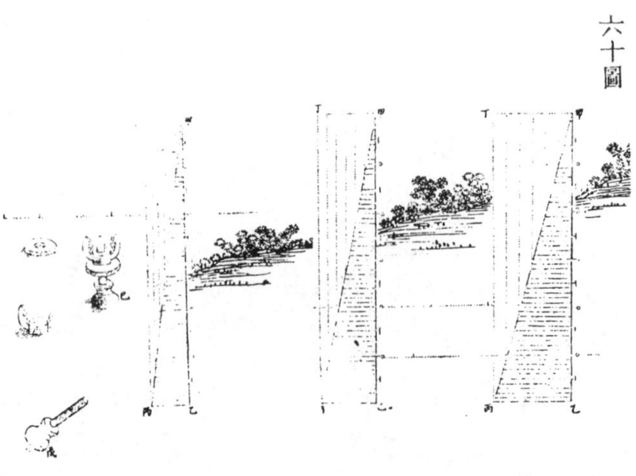

六十圖

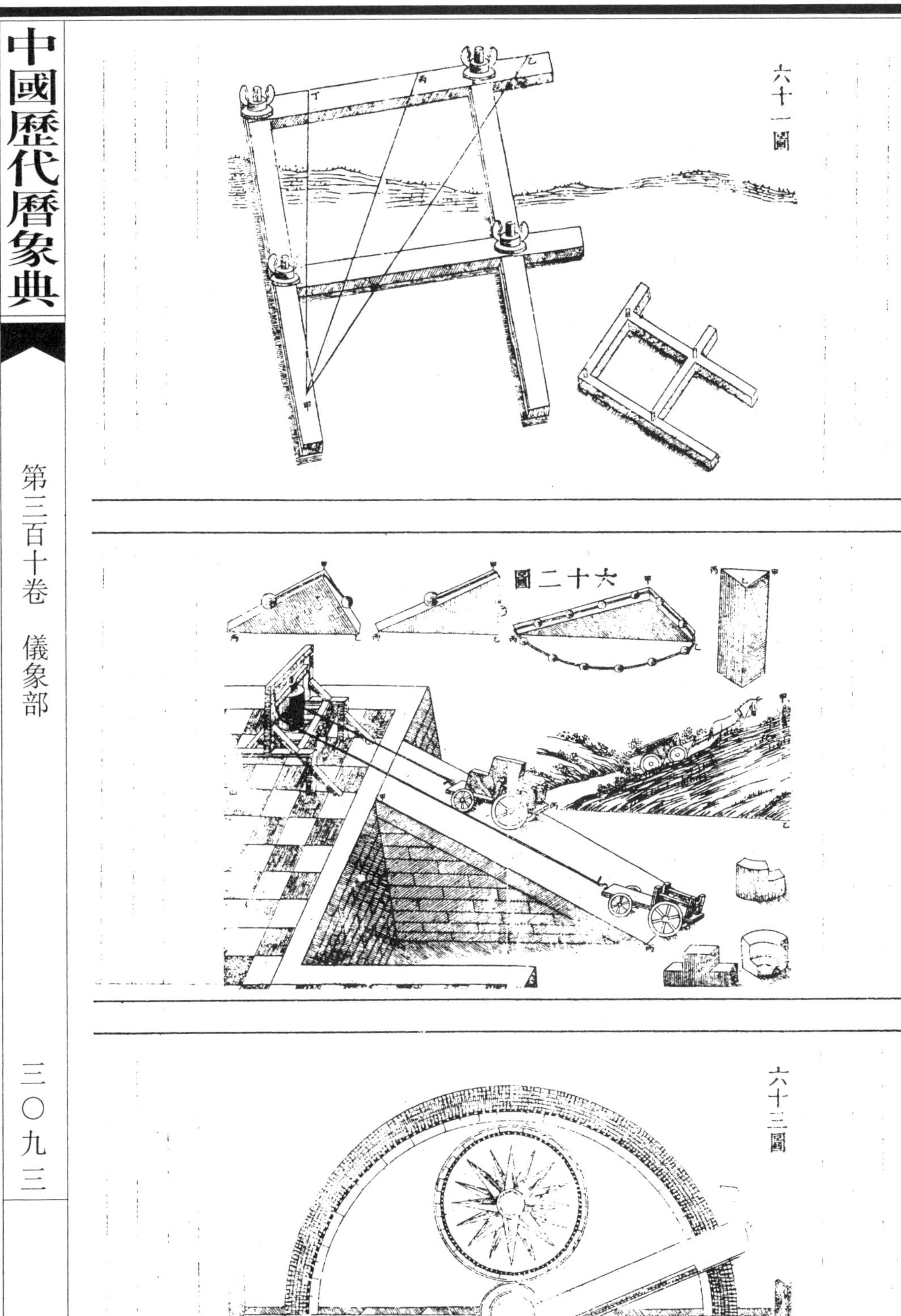
六十一圖
六十二圖
六十三圖

又六十二圖

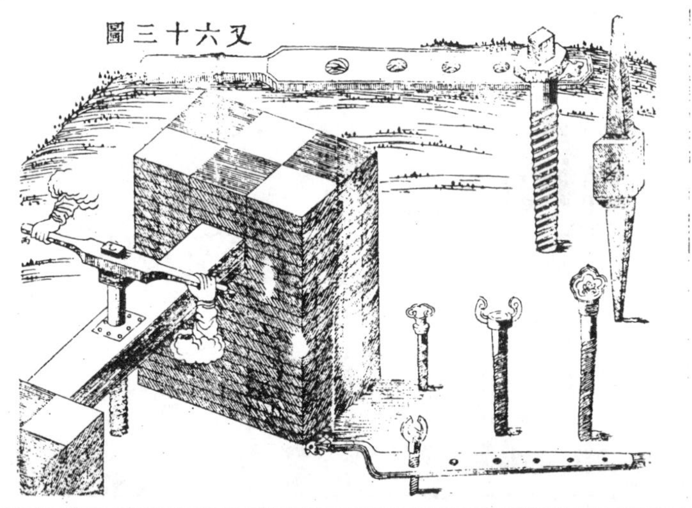
又六十三圖

六十四圖

六十五圖

六十六圖

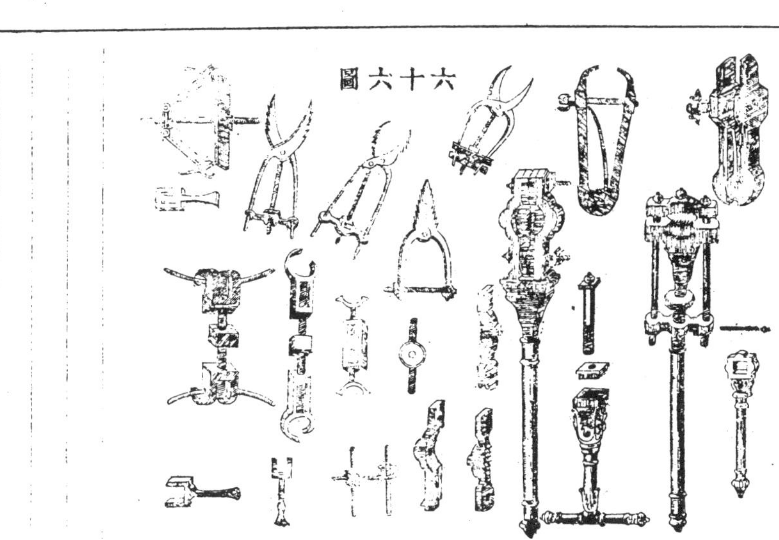

六十七圖

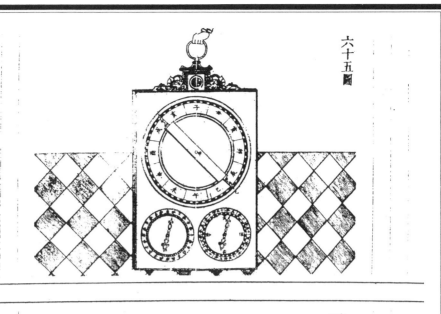

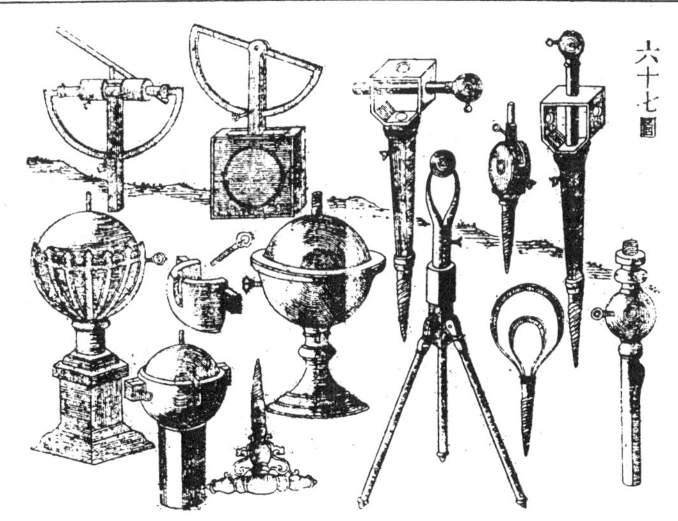

圖八十六

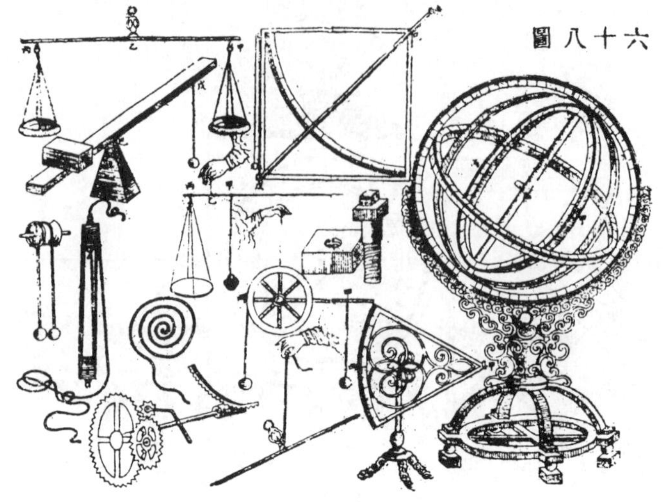

圖九十六

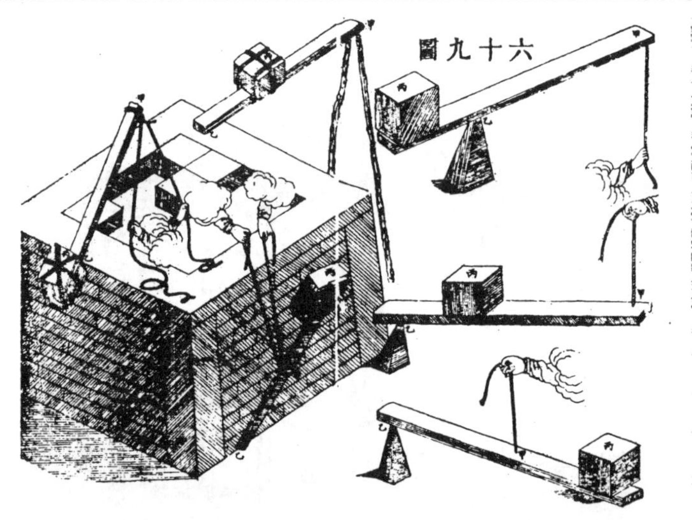

圖十七

欽定古今圖書集成曆象彙編曆法典

第九十五卷目錄

儀象部彙考十三

皇清七

靈臺儀象志七第七十一圖至第一百一十七圖

曆法典第九十五卷

儀象部彙考十三

皇清七

靈臺儀象志七

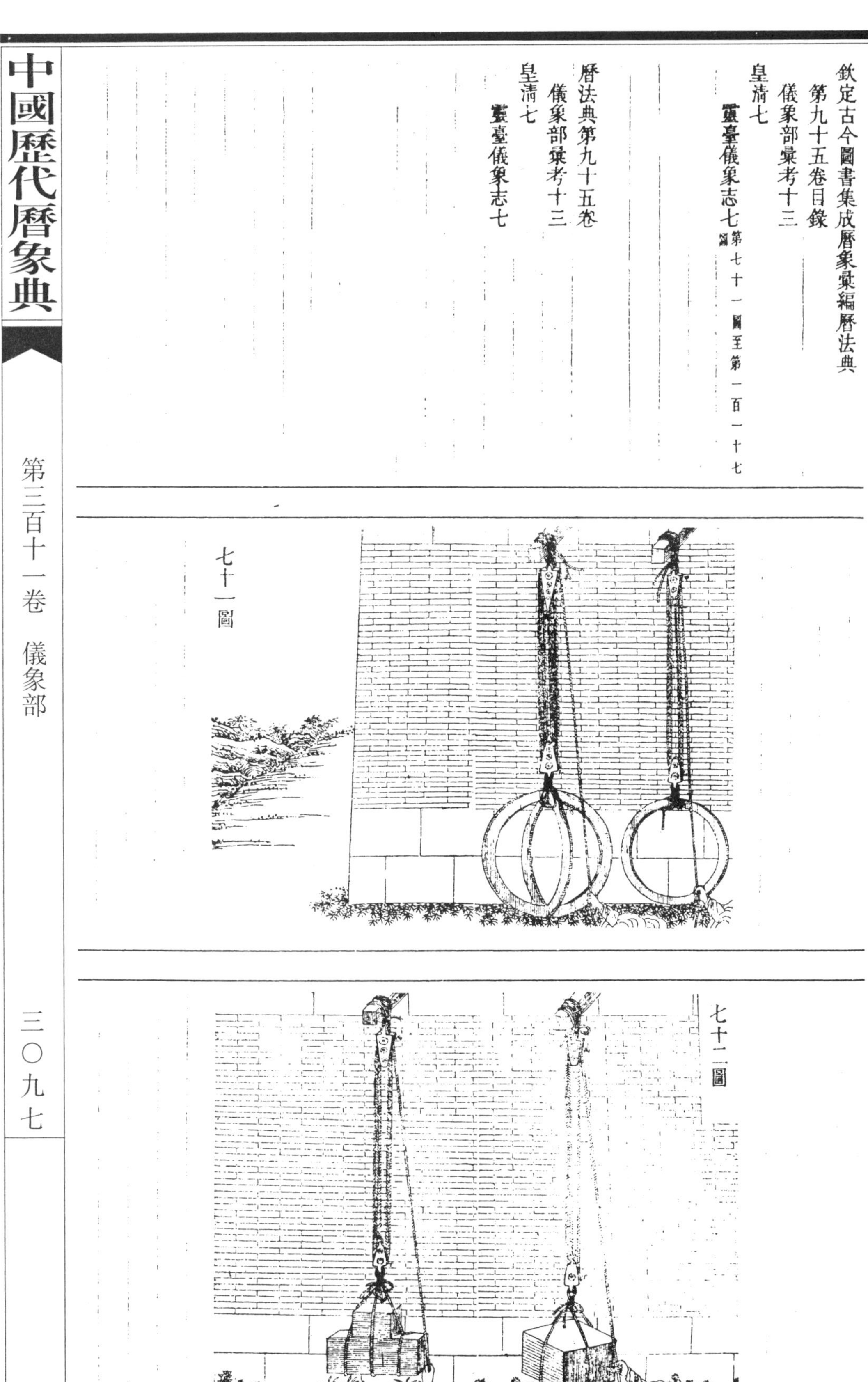

七十一圖

七十二圖

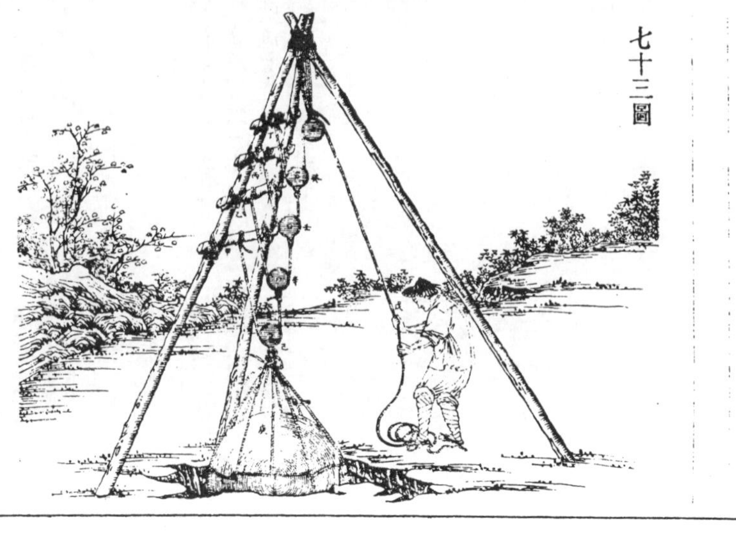
七十三圖

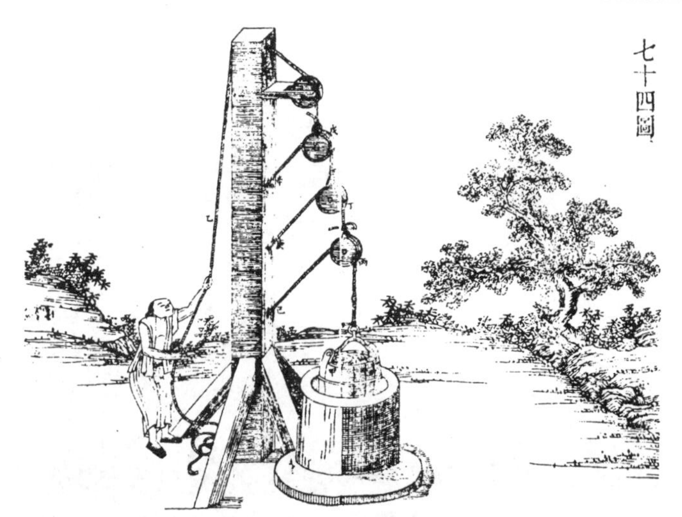
七十四圖

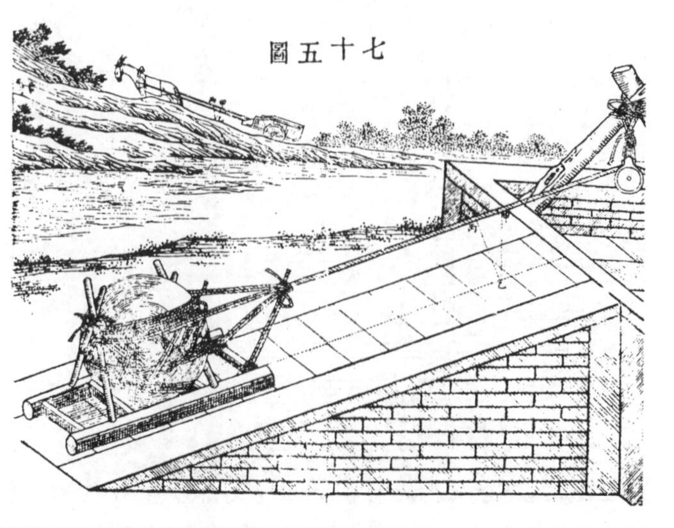
七十五圖

七十六一圖

七十六二圖

七十六三圖

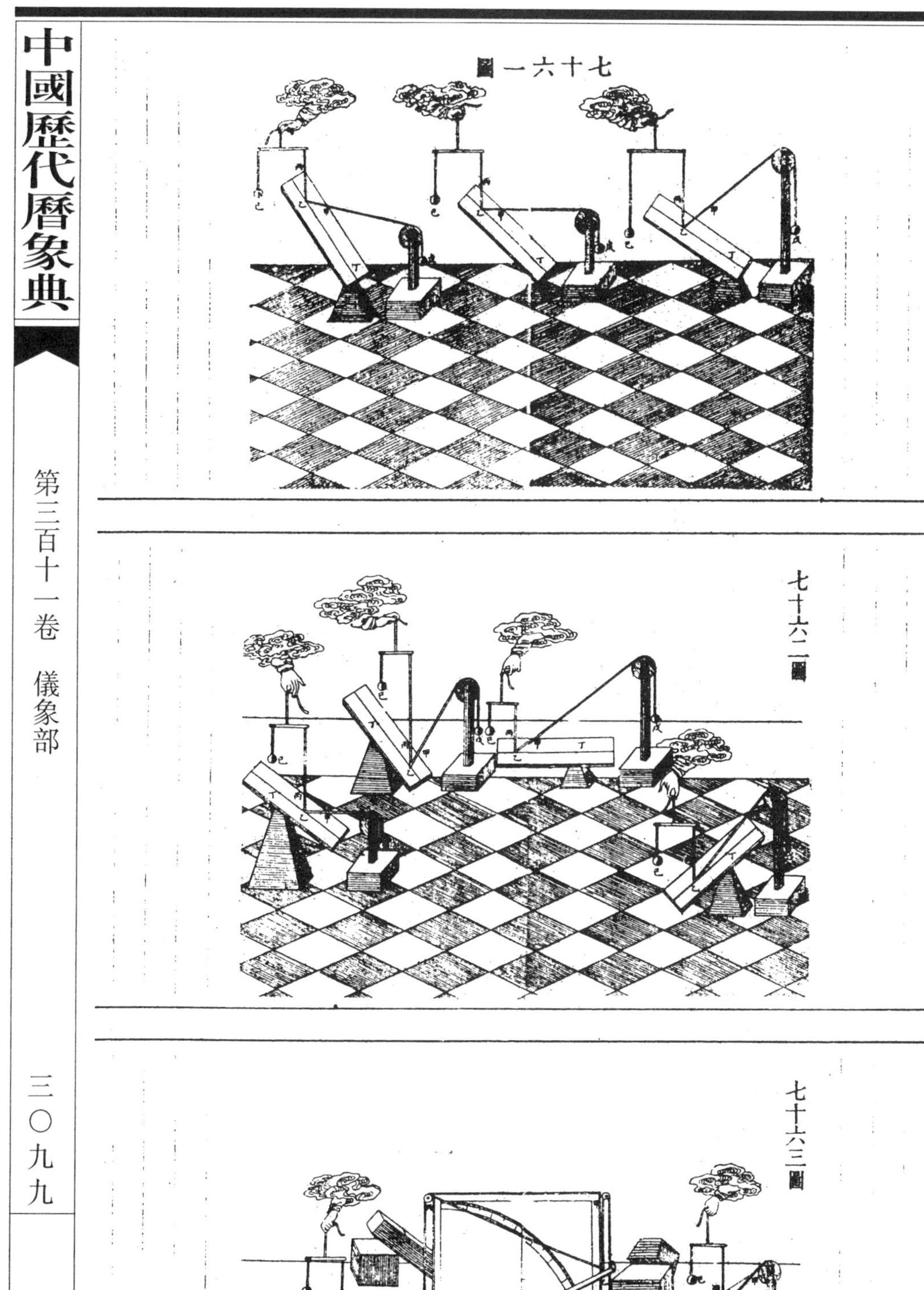

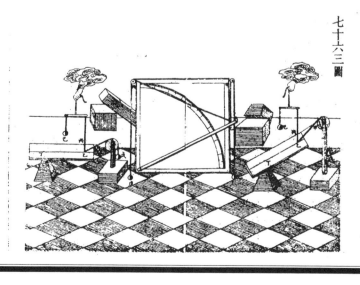

七十七圖

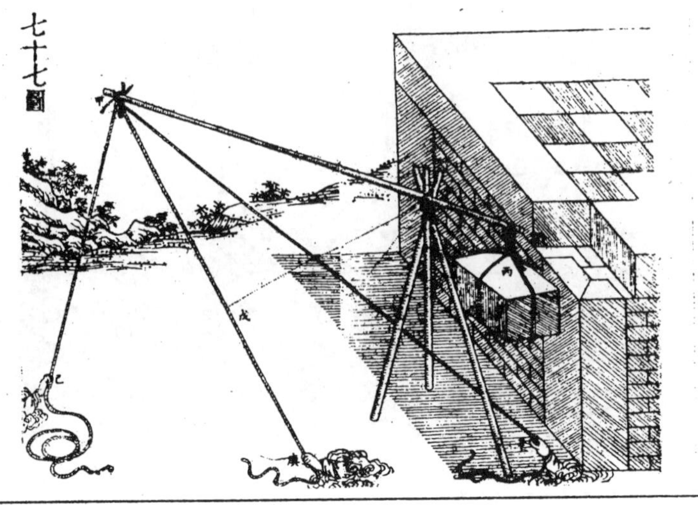

七十八一圖

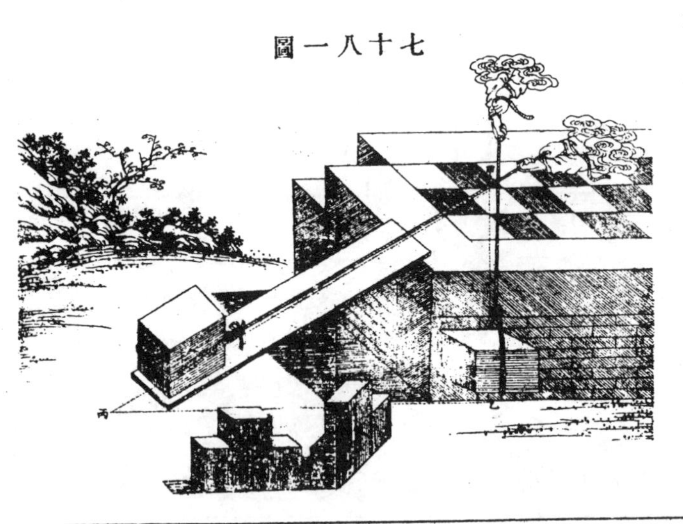

七十八二圖

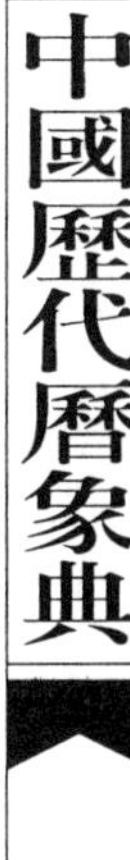

七十九圖

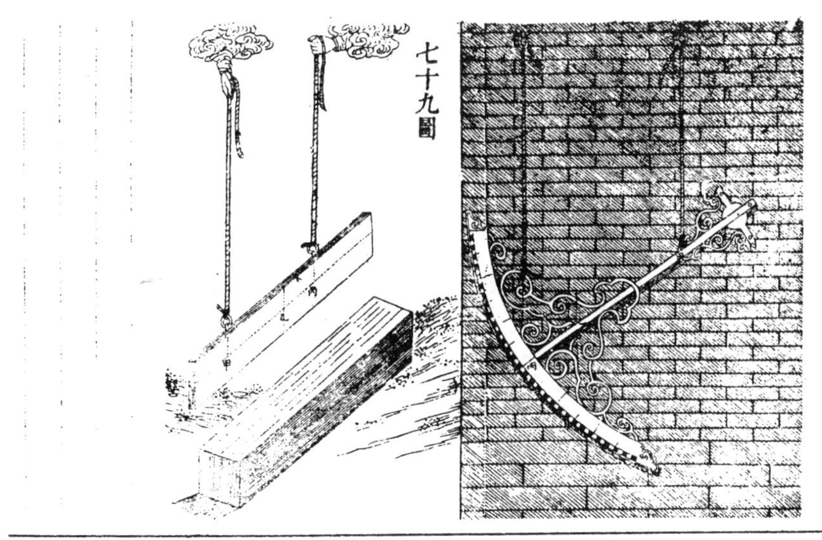

八十圖

八十一圖

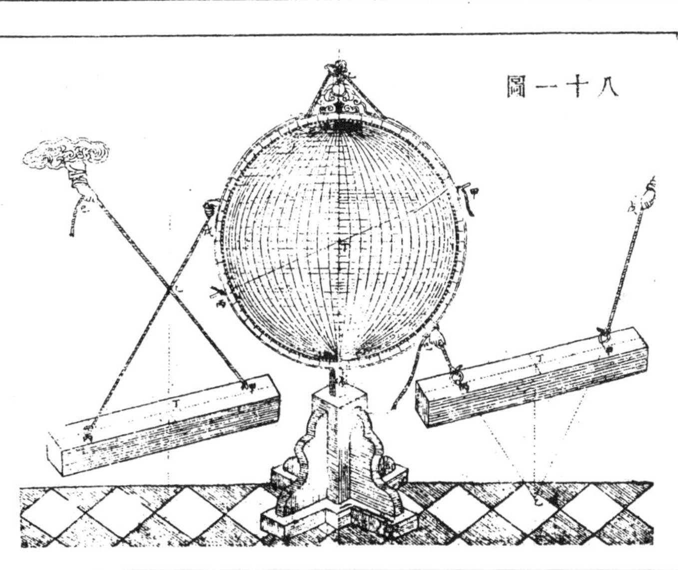

八十二圖

八十三圖

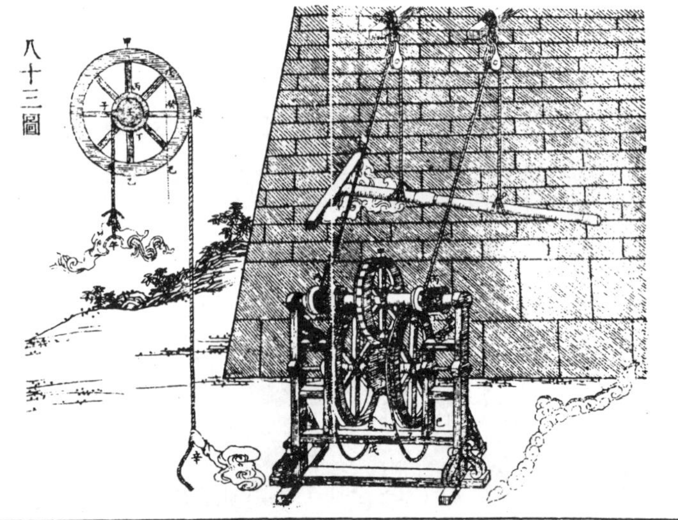

八十四圖

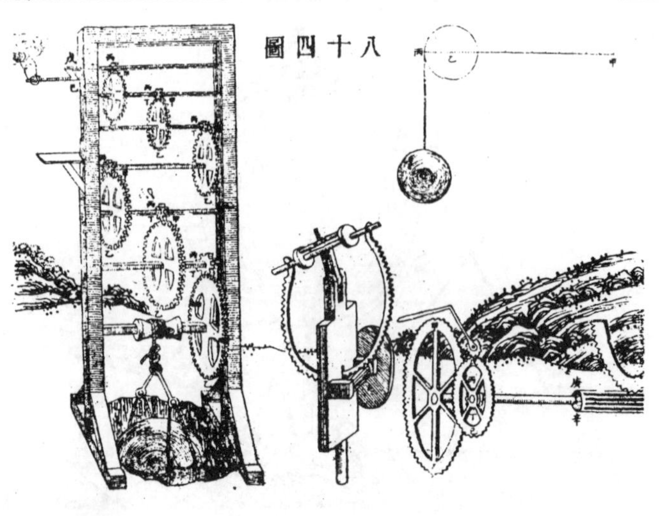

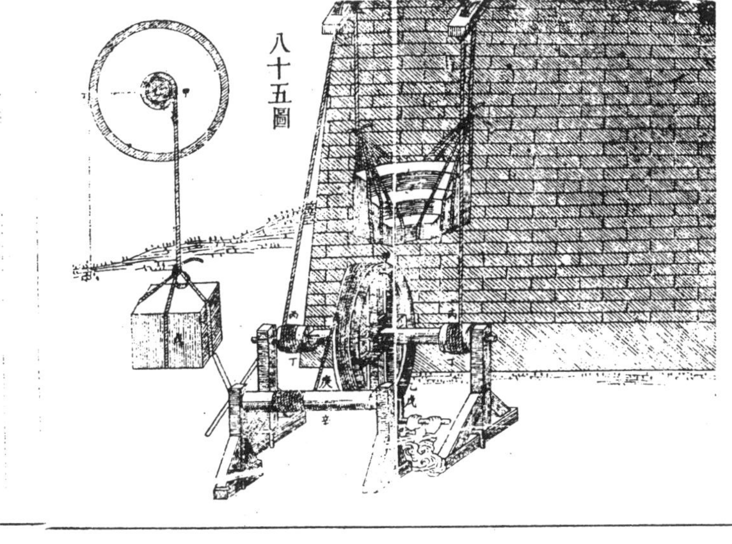
八十五圖

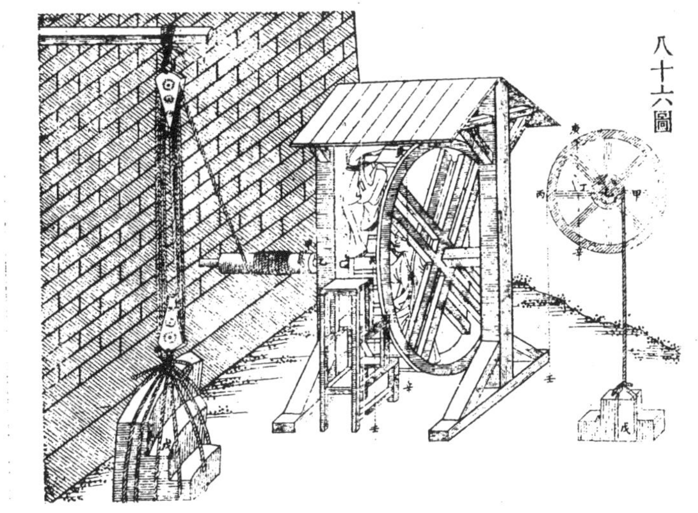
八十六圖

八十七圖

八十八圖

八十九圖

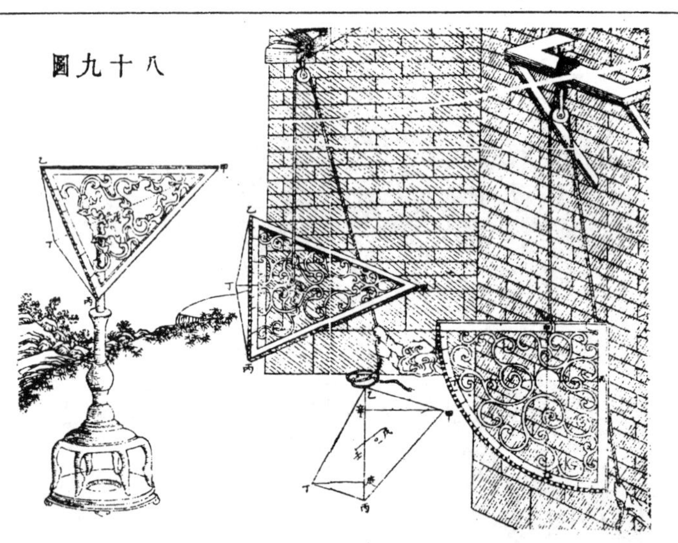

九十圖

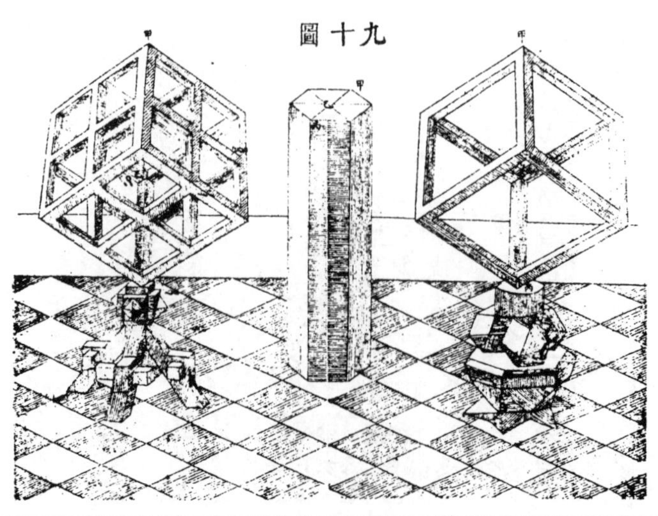

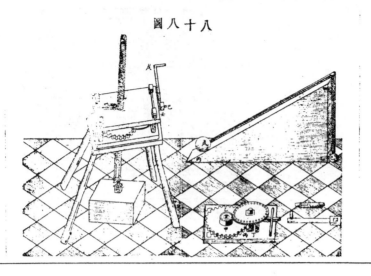

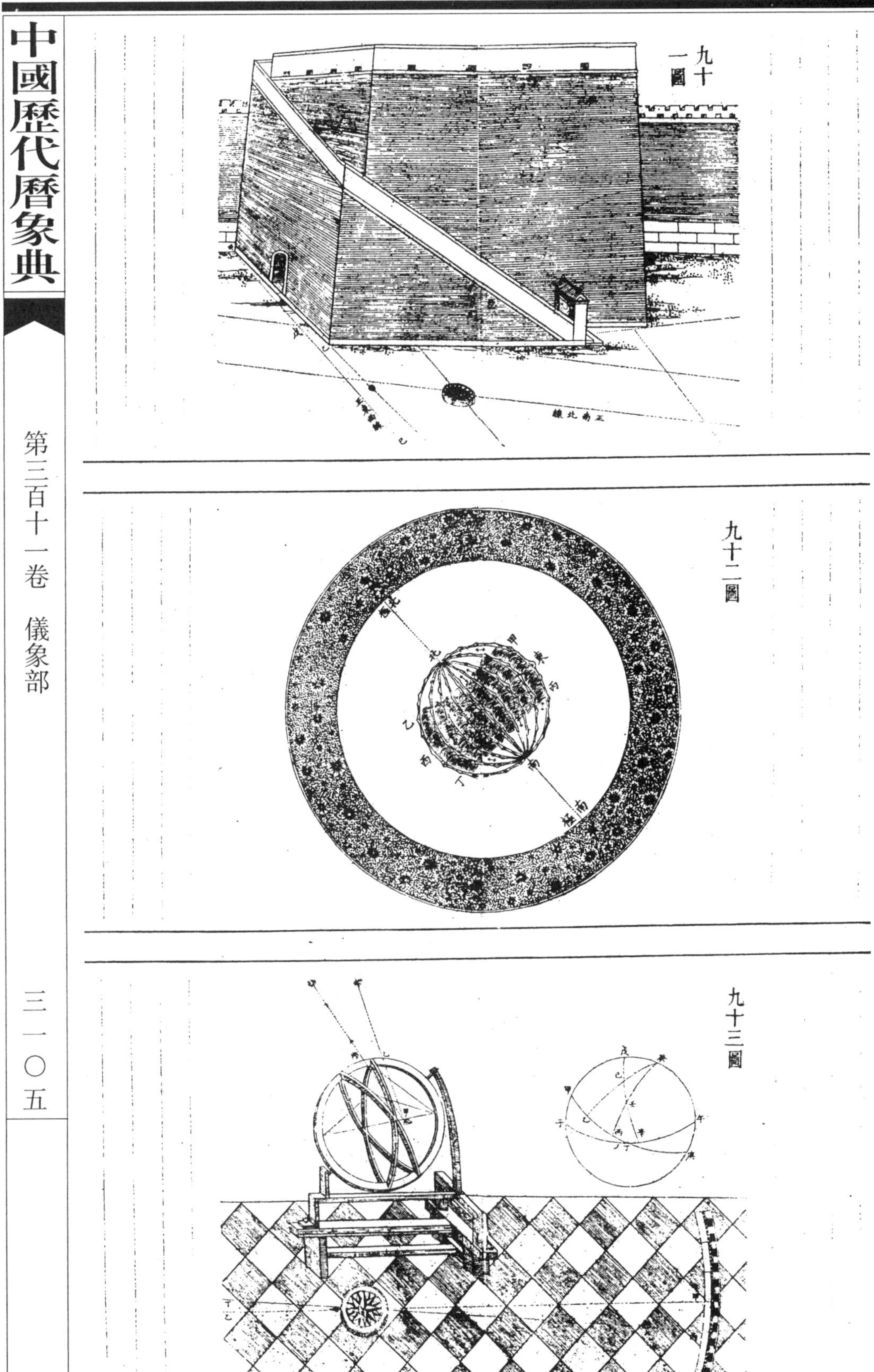
九十一圖
九十二圖
九十三圖

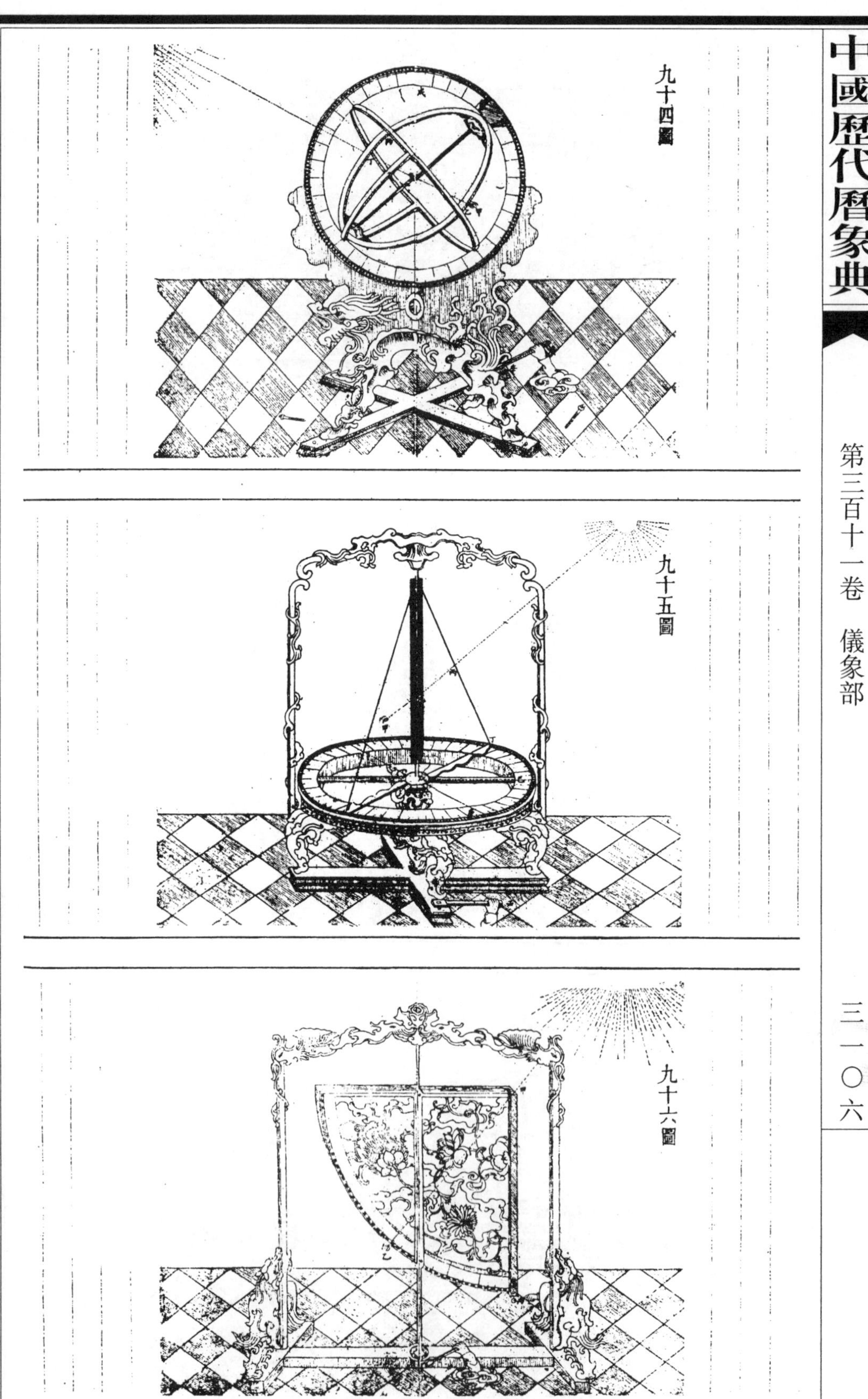
九十四圖

九十五圖

九十六圖

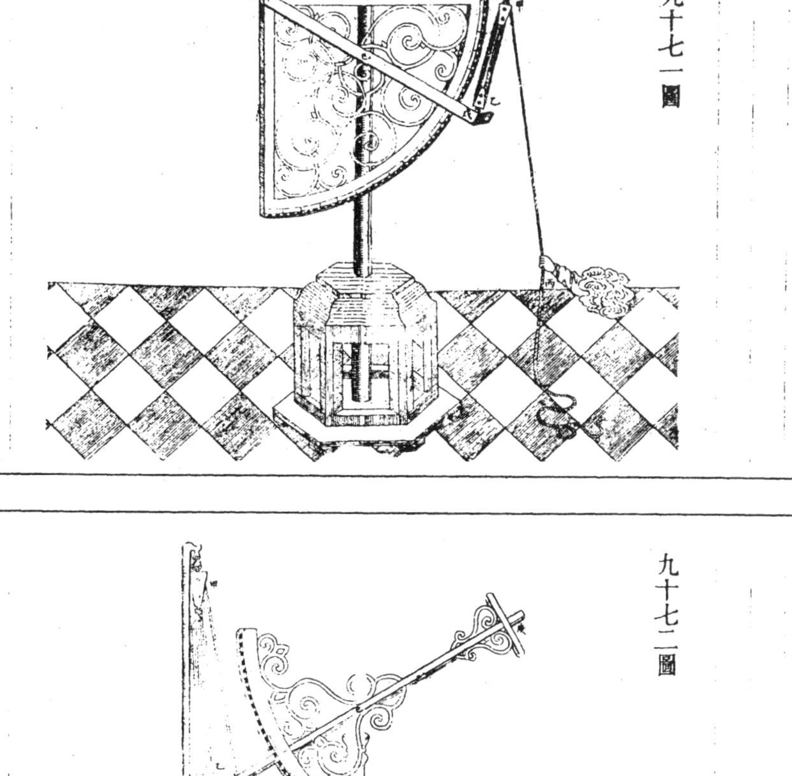

九十七一圖

九十七二圖

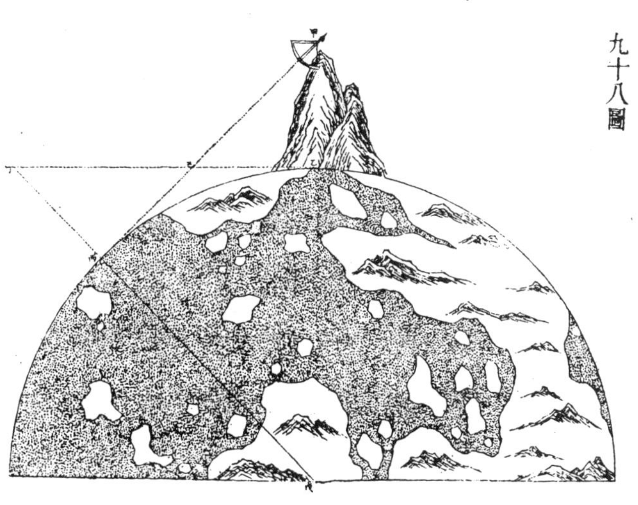

九十八圖

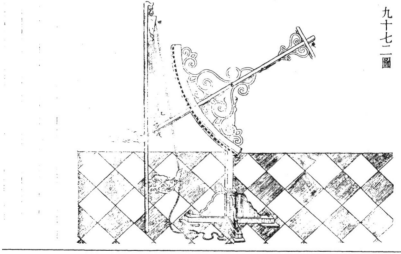

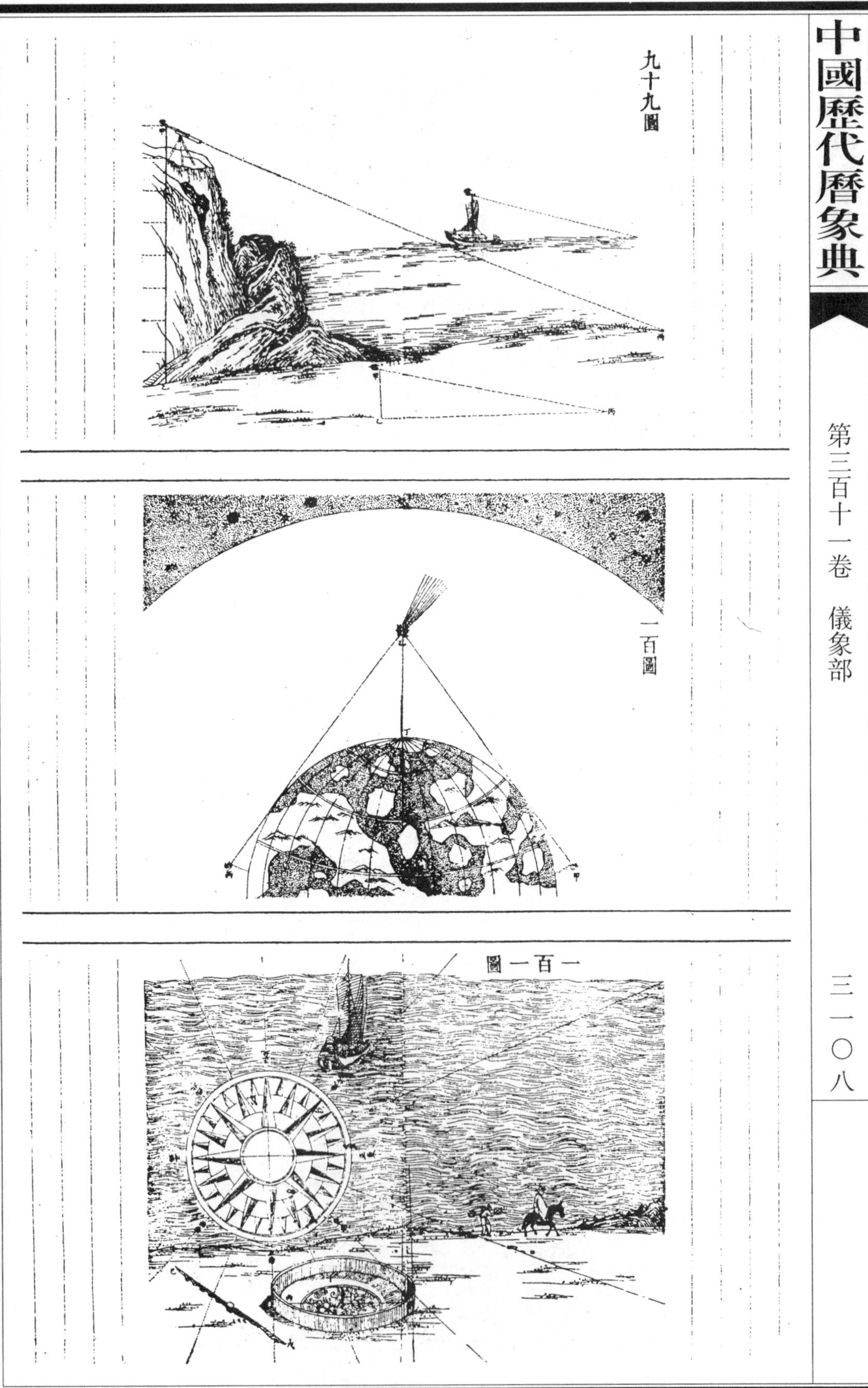
九十九圖
一百圖
一百一圖

一百二圖

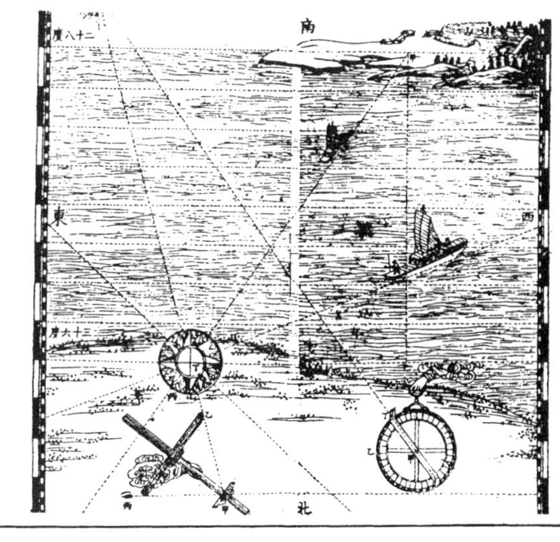

一百四圖

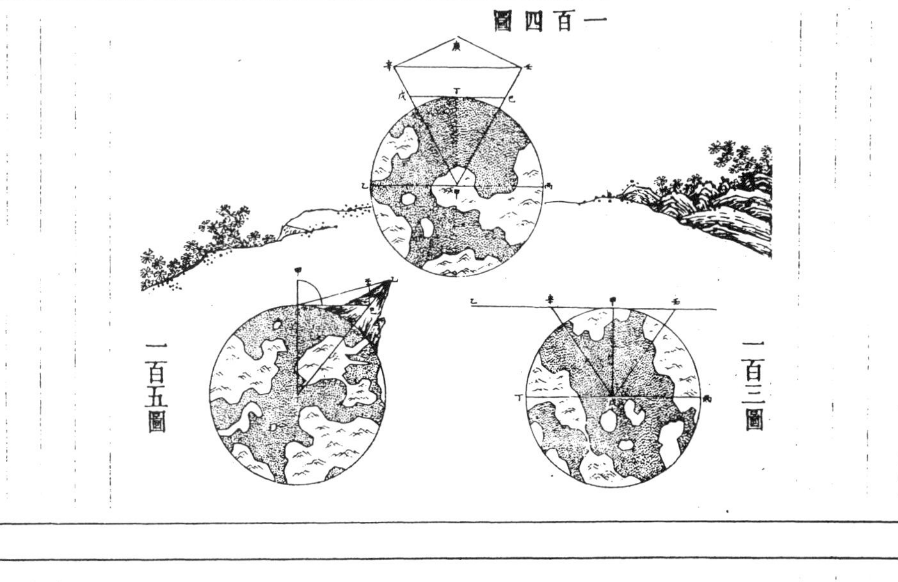

一百五圖

一百三圖

一百六圖

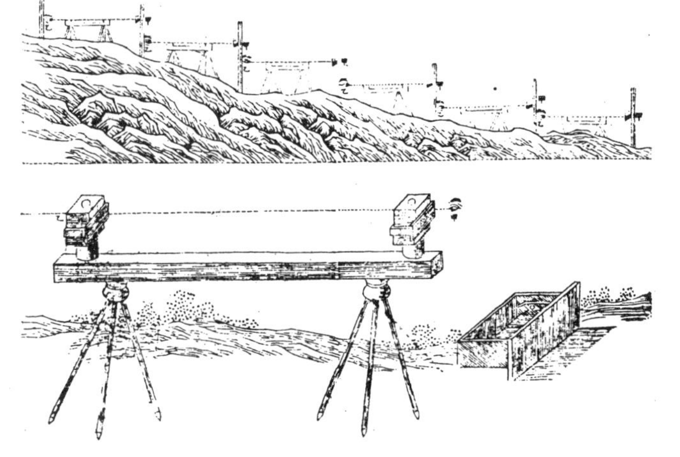

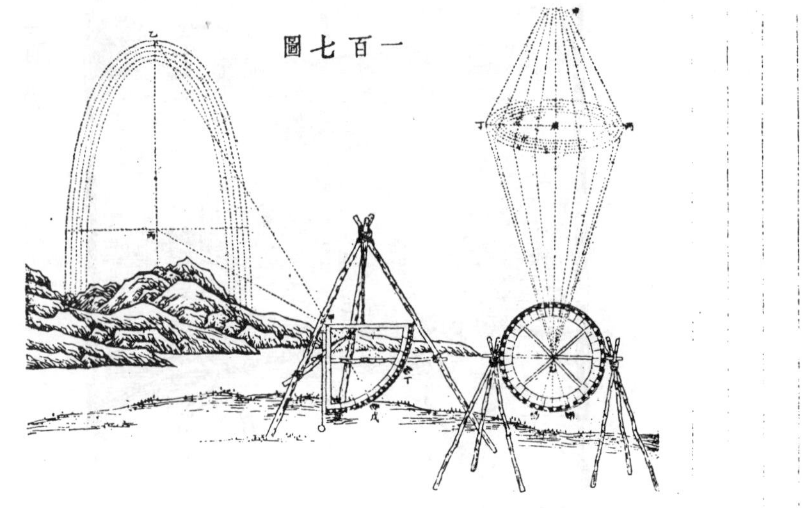
一百七圖

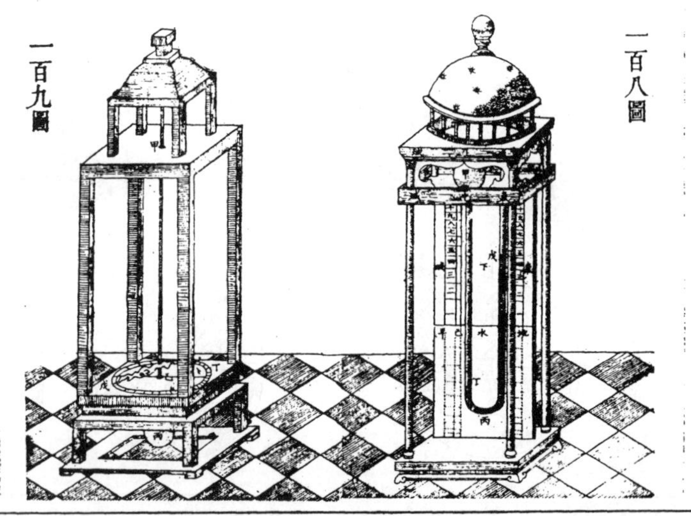
一百九圖
一百八圖

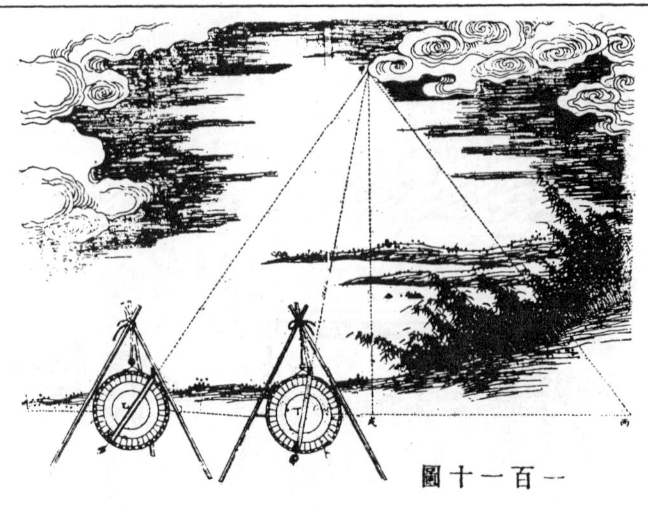
一百一十圖

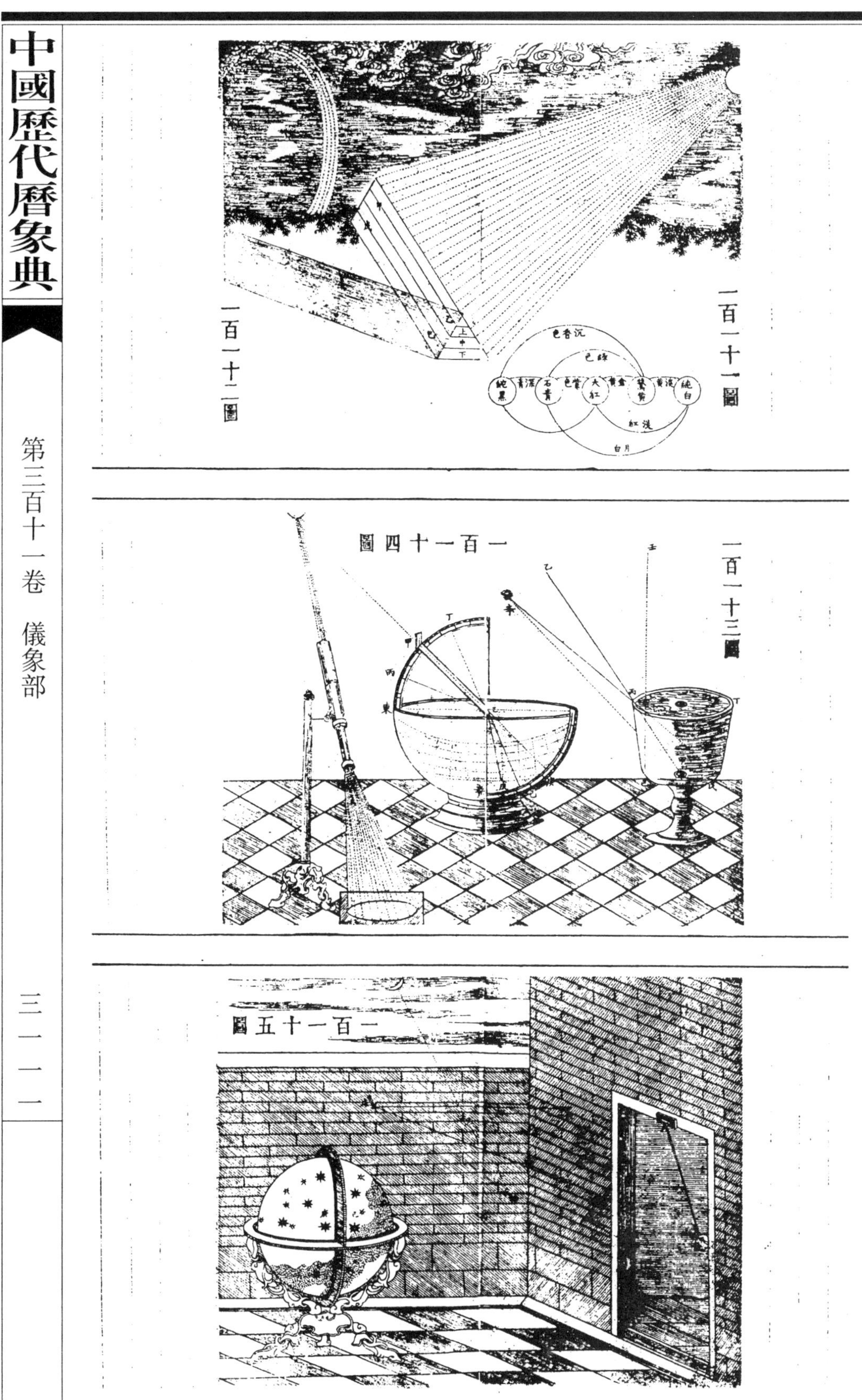
一百一十一圖
一百一十二圖
沉香色
綠色
純黑
深青
石青
紫色
大紅
金黃
鵞黃
淺黃
純白
淺紅
月白
一百一十四圖
一百一十三圖
一百一十五圖

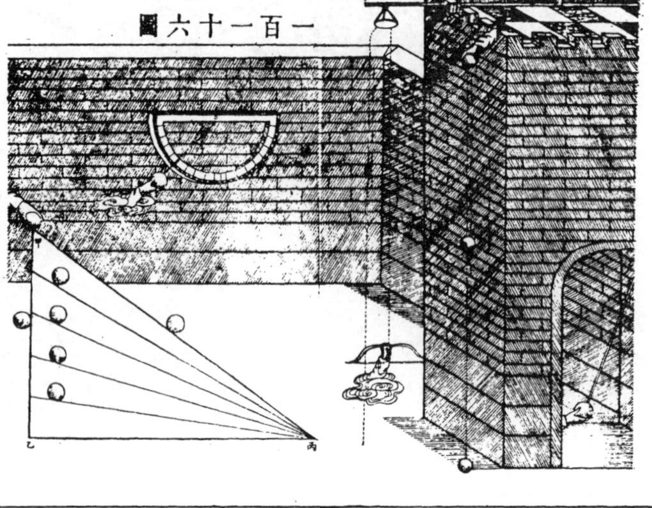
一百一十六圖

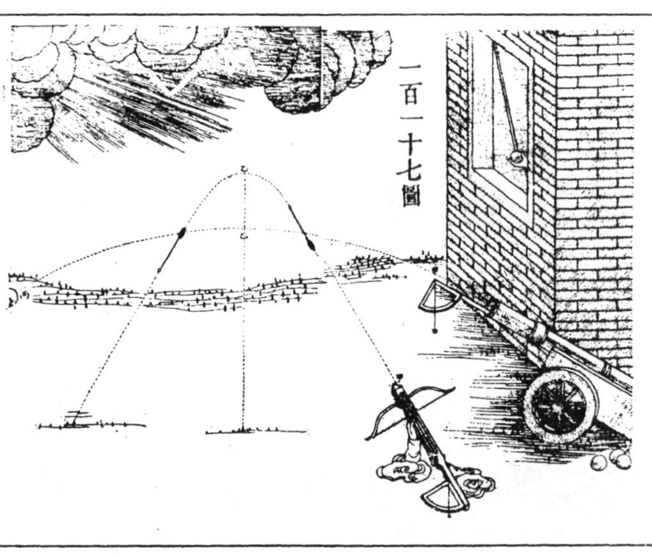
一百一十七圖

欽定古今圖書集成曆象彙編曆法典

第九十六卷目錄

曆法典第九十六卷

儀象部總論

張河間集

靈憲

昔在先王將步天路用之靈軌尋緒本元先準之於渾體是爲正儀立度而皇極有逌建也樞運有逌稽也乃建乃稽斯經天常聖人無心因茲以生心故靈憲作興曰太素之前幽清元淨寂寞冥默不可爲象厥中惟靈厥外惟無如是者永久焉斯謂溟涬蓋乃道之根也道根既建自無生有太素始萌萌而未兆并氣同色渾沌不分故道志之言云有物渾成先天地生其氣體固未可得而形其遲速固未可得而紀也如是者又永久焉斯謂龎鴻蓋道之幹也道幹既育有物成體於是元氣剖判剛柔始分清濁異位天成於外地定於內天體於陽故圓以動地體於陰故平以靜動以行施靜以合化堙鬱構精時育庶類斯謂太元蓋乃道之實也在天成象在地成形天有九位地有九域天有三辰地有三形有象可效有形可度情性萬殊旁通感薄自然相生莫之能紀於是人之精者作聖實始紀綱而經緯之八極之維徑二億三萬二千三百里南北則短減千里東西則廣增千里自地至天半於八極則地之深亦如之通而度之則是渾已將覆其數用重鉤股懸天之景薄地之義皆移千里而差一寸得之過此而往者未之或知也未之或知者宇宙之謂也宇之表無極宙之端無窮天有兩儀以儛道中其可覩樞星是也謂之北極在南者不著故聖人弗之名焉其世人遂九分而減二陽道左迴故天運左行有驗於物則人氣左羸形左繚也天以陽迴地以陰淳是故天致其動稟氣舒光地致其靜承施候明天以順動不失其中則四序順至寒暑不減致生有節故品物用生地以靈靜作合承天清化致養四時而後育故品物用成凡至大莫如天至厚莫若地地至質者曰地而已至多莫若水水精爲漢漢用於天而無列焉思次質也地有山嶽以宣其氣精種爲星星也者體生於地精成於天列居錯時各有逌屬紫宮爲皇極之居太微爲五帝之廷明堂之房大角有席天市有坐蒼龍連蜷於左白虎猛據於右朱雀奮翼於前靈龜圈首於後黃神軒轅於中六擾既畜而狠蚖魚鼈罔有不具在野象物在朝象官在人象事於是備矣懸象著明莫大乎日月其徑當天周七百三十六分之一地廣二百四十二分之一日者陽精之宗積而成鳥象烏而有三趾陽之類其數奇月者陰精之宗積而成獸象兔陰之類其數耦其後有憑焉者羿請無死之藥於西王母姮娥竊之以奔月將往枚筮之於有黃有黃筮之曰吉翩翩歸妹獨將西行逢天晦芒毋驚毋恐後且大昌姮娥遂託身於月是爲蟾蜍夫日譬猶火月譬猶水火則外光水則含景故月光生於日之所照魄生於日之所蔽當日則光盈就日則光盡也衆星被燿因水轉光當日之衝光常不合者蔽於地也是爲闇虛在星星微月過則食日之薄地其明也繇暗視明明無所屈是以望之若火方於中天天地同明繇明瞻暗暗還自奪故望之若水火當夜而揚光在晝則不明也月之於夜與日同而差微星則不然強弱之差也衆星列布其以神著有五列焉是爲三十五名一居中央謂之北斗動變挺占實司王命四布於方爲二十八宿日月運行歷示吉凶五緯經次用告禍福則天心於是見矣中外之官常明者百有二十四可名者三百二十爲星二千五百而海人之占未存焉微星之數蓋萬一千五百二十庶物蠢蠢咸得繫命不然何以總而理諸夫三光同形有似珠玉神守精存麗其職而宣其明及其衰神歇精斁於是乎有隕星然則奔星之所墜至則石文耀麗乎天其動者

七日月五星是也周旋右回天道者貴順也近天則
遲遠天則速行則屈屈則留回留回則逆逆則遲迫
於天也行遲者覿於東覿於東屬陽行速者覿於西
覿於西屬陰日與月此配合也攝提熒惑地侯見晨
附於日也太白辰星見昏附於月也二陰三陽參天
兩地故男女取焉方星巡鎮必因常度苟或盈縮不
逾於次故有列司作使曰老子四星周伯王逢芮各
一錯乎五緯之間其見無期其行無度實妖經星之
所然後吉凶宣周其祥可盡

晉書

天文志

古言天者有三家一曰蓋天二曰宣夜三曰渾天漢
靈帝時蔡邕於朔方上書言宣夜之學絕無師法周
髀術數具存考驗天狀多所違失惟渾天近得其情
今史官候臺所用銅儀則其法也立八尺員體而具
天地之形以正黃道占察發斂以行日月以步五緯
精微深妙百代不易之道也官有其器而無本書前
志亦闕蔡邕所謂周髀者卽蓋天之說也其本庖犧
氏立周天歷度其所傳則周公受於殷商周人志之
故曰周髀髀股也股者表也其言天似蓋笠地法覆
槃天地各中高外下北極之下爲天地之中其地最
高而滂沲四隤三光隱映以爲晝夜天中高於外衡
冬至日之所在六萬里北極下地高於外衡下地亦
六萬里外衡高於北極下地二萬里天地隆高相從
日去地恆八萬里日麗天而平轉分冬夏之間日前
行道爲七衡六間每衡周徑里數各依算術用句股
重差推晷影極游以爲遠近之數皆得於表股者也
故曰周髀又周髀家云天員如張蓋地方如棋局天
旁轉如推磨而左行日月右行隨天左轉故日月實
東行而天牽之以西沒譬之於蟻行磨石之上磨左
旋而蟻右去磨疾而蟻遲故不得不隨磨以左迴焉
天形南高而北下日出高故見日入下故不見天之
居如倚蓋故極在人北是其證也極在天之中而今
在人北所以知天之形如倚蓋也日朝出陽中暮入
陰中陰氣暗冥故沒不見也夏時陽氣多陰氣少陽
氣光明與日同輝故日出卽見無蔽之者故夏日長
也冬天陰氣多陽氣少陰氣暗冥掩日之光雖出猶
隱不見故冬日短也宣夜之書云惟漢祕書郎郗萌
記先師相傳云天了無質仰而瞻之高遠無極眼瞀
精絕故蒼蒼然也譬之旁望遠道之黃山而皆青俯
察千仞之深谷而窈黑夫青非眞色而黑非有體也
日月衆星自然浮生虛空之中其行其止皆須氣焉
是以七曜或逝或住或順或逆伏見無常進退不同
由乎無所根繫故各異也故辰極常居其所而北斗
不與衆星西沒也攝提塡星皆東行日行一度月行
十三度遲疾任情其無所繫著可知矣若綴附天體
不得爾也成帝咸康中會稽虞喜因宣夜之說作安
天論以爲天高窮於無窮地深測於不測天確乎在
上有常安之形地塊焉在下有居靜之體當相覆冒
方則俱方員則俱員無方員不同之義也其光曜布
列各自運行猶江海之有潮汐萬品之有行藏也葛
洪聞而譏之曰苟辰宿不麗於天天爲無用便可言
無何必復云有之而不動乎由此而談稚川可謂知
言之選也虞喜族祖河間相聳又立穹天論云天形
穹隆如雞子幕其際周接四海之表浮於元氣之上
譬如覆奩以抑水而不沒者氣充其中故也日繞辰
極沒西而還東不出入地中天之有極猶蓋之有斗
也天北下於地三十度極之傾在地卯酉之北亦三
十度人在卯酉之南十餘萬里故斗極之下不爲地
中當對天地卯酉之位耳日行黃道繞極極北去黃
道百一十五度南去黃道六十七度二至之所舍以
爲長短也吳太常姚信造昕天論云人爲靈蟲形最
似天今人頤前多臨胷而項不能覆背近取諸身故
知天之體南低入地北則偏高又冬至極低而天運
近南故日去人遠而斗去人近北天氣至故冰寒也
夏至極起而天運近北而斗去人遠日去人近南天
氣至故蒸熱也極之立時日行地中淺故夜短天去
地高故晝長也極之低時日行地中深故夜長天去
地下淺故晝短也自虞喜虞聳姚信皆好奇徇異之
說非極數談天者也至於渾天理妙學者多疑漢王
仲任據蓋天之說以駮渾儀云舊說天轉從地下過
今掘地一丈輒有水天何得從水中行乎甚不然也
日隨天而轉非入地夫人目所望不過十里天地合
矣實非合也遠使然耳今視日入非入也亦遠耳當
日入西方之時其下之人亦將謂之爲中也四方之
人各以其近者爲出遠者爲入矣何以明之今試使
一人把大炬火夜半行於平地去人十里火光滅矣
非滅也遠使然耳今日西轉不復見是火滅之類也
日月不員也望視之所以員者去人遠也夫日火之
精也月水之精也水火在地不員在天何故員故丹
楊葛洪釋之曰渾天儀注云天如雞子地如雞中黃

孤居於天內天大而地小天表裏有水天地各乘氣而立載水而行周天三百六十五度四分度之一又中分之則半覆地上半繞地下故二十八宿半見半隱天轉如車轂之運也諸論天者雖多然精於陰陽者張平子陸公紀之徒咸以爲推步七曜之道度曆象昏明之證候校以四八之氣考以漏刻之分占晷景之往來求形驗於事情莫密於渾象者也張平子旣作銅渾天儀於密室中以漏水轉之令伺之者閉戶而唱之其伺之者以告靈臺之觀天者曰璇璣所加某星始見某星已中某星今沒皆如合符也崔子玉爲其碑銘曰數術窮天地制作侔造化高才偉藝與神合契蓋由於平子渾儀及地動儀之有驗故也若夫果如渾者則天之出入行於水中爲的然矣故黃帝書曰天在地外水在天外水浮天而載地者也又易曰時乘六龍夫陽爻稱龍龍者居水之物以喩天天陽物也又出入水中與龍相似故以比龍也聖人仰觀俯察審其如此故晉卦坤下離上以證日出於地也又明夷之卦離下坤上以證日入於地也需卦乾下坎上此亦天入水中之象也天爲金金水相生之物也天出入水中當有何損而謂爲不可乎故桓君山曰春分日出卯入酉此乃人之卯酉天之卯酉常值斗極爲天中今視之乃在北不正在人上而春秋分時日出入乃在斗極之南若如磨右轉則北方道遠而南方道近晝夜漏刻之數不應等也後奏事待報坐西廊廡下以寒故暴背有頃日光出去不復暴背君山乃告信蓋天者曰天若如推磨右轉而日西行者其光景當照此廊下稍而東耳不當拔出去拔出去是應渾天法也渾爲天之眞形於是可知矣然則天出入水中無復疑矣又今視諸星出於東者初但去地小許耳漸而西行先經人上後遂西轉而下焉不旁旋也其先在西之星亦稍下而沒無北轉者日之出入亦然若謂天磨右轉者日之出入亦然衆星日月宜隨天而廻初在於東次經於南次到於西次及於北而復還於東不應橫過去也今日出於東冉冉轉上及其入西亦復漸漸稍下都不繞邊北去了了如此王生必固謂爲不然者疏矣今日徑千里圍周三千里中足以當小星之數十也若日以轉遠之故但當光曜不能復來照及人耳宜猶望見其體不應都失其所在也日光旣盛其體又大於星多矣今見極北之小星而不見日之在北者明其不北行也若日以轉遠之故不復可見其北入之間應當稍小而日方入之時乃更大此非轉遠之徵也王生以火炬喩日吾亦將借子之矛以刺子之楯焉把火之去人轉遠其光轉微而日月自出至入不漸小也王生以火喩之謬矣又日之入西方視之稍稍去初尚有半如橫破鏡之狀須臾淪沒矣若如王生之言日轉北去有半者其北都沒之頃宜先如豎破鏡之狀不應如橫破鏡也如此言之日入西方不亦孤子乎又月之光微不及日遠矣月盛之時雖有重雲蔽之不見月體而夕猶朗然是光猶從雲中而照外也日若繞西及北者其光故應如月在雲中之狀不得夜便大暗也又日入則星月出焉明知天以日月分主晝夜相代而照也若日常出者不應日亦入而星月亦出也又按河洛之文皆云水火者陰陽之餘氣也夫言餘氣也則不能生日月可知也顧當言日陽精生火者可耳若水火是日月所生則亦何得盡如日月之員乎今火出於陽燧陽燧員而火不員也水出於方諸方諸方而水不方也又陽燧可以取火於日而無取日於火之理此則日精之生火明矣方諸可以取水於月而無取月之水之道此則月精之生水了矣王生又云遠故視之員若審然者月初生之時及旣虧之後何以視之不員乎而日食或上或下從側而起或如鉤至盡若遠視見員不宜見其殘缺左右所起也此則渾天之理信而有徵矣

宋書

天文志

言天者有三家一曰宣夜二曰蓋天三曰渾天而天之正體經無前說馬書班志又闕其文漢靈帝議郎蔡邕於朔方上書曰論天體者三家宣夜之學絕無師法周髀術數具存考驗天狀多所違失惟渾天僅得其情今史官所用候臺銅儀則其法也立八尺圓體而具天地之形以正黃道占察發斂以行日月以步五緯精微深妙百世不易之道也官有器而無本書前志亦闕而不論本欲寢伏儀下思惟微意按度成數以著篇章辠惡無狀投畀有北灰滅兩絕勢路無由宣問羣臣下及巖穴知渾天之意者使述其義時閹官用事邕議不行漢末吳人陸績善天文始推渾天意王蕃者廬江人吳時爲中常侍善數術傳劉洪乾象曆依乾象法而制渾儀立論考度曰前儒舊說天地之體狀如鳥卵天包地外猶殼之裹黃也周旋無端其形渾渾然曰渾天也周天三百六十五度

五百八十九分度之百四十五半露地上半在地下其二端謂之南極北極北極出地三十六度南極入地亦三十六度兩極相去一百八十二度半強繞北極徑七十二度常見不隱謂之上規繞南極七十二度常隱不見謂之下規赤道帶天之紘去兩極各九十一度少強黃道日之所行也半在赤道外半在赤道內與赤道東交於角五弱西交於奎十四少強其去赤道外極遠者去赤道二十四度斗二十一度是也其入赤道內極者亦二十四度井二十五度是也日南至在斗二十一度去極百一十五度少強是也日最南去極最遠故景最長黃道斗二十一度出辰入申故日亦出辰入申日晝行地上百四十六度強故日短夜行地下二百一十九度少弱故夜長自南至之後日去極稍近故景稍短日晝行地上度稍多故日稍長夜行地下度稍少故夜稍短日所在度稍北故日稍北以至於夏至日在井二十五度去極六十七度少強是日最北去極最近景最短黃道井二十五度出寅入戌故日亦出寅入戌日晝行地上二百一十九度少弱故日長夜行地下百四十六度強故夜短自夏至之後日去極稍遠故景稍長日晝行地上度稍少故日稍短夜行地下度稍多故夜稍長日所在度稍南故日出入稍南以至於南至而復初焉斗二十一井二十五南北相覺四十八度春分日在奎十四少強秋分日在角五少弱此黃赤二道之交中也去極俱九十一度少強南北處斗二十一井二十五之中故景居二至長短之中奎十四角五出卯入酉故日亦出卯入酉日晝行地上夜行地下俱百八十度半強故日見之漏五十刻不見之漏五十刻謂之晝夜同夫天之晝夜以日出入爲分人之晝夜以昏明爲限日未出二刻半而明日已入二刻半而昏故損夜五刻以益晝是以春秋分之漏晝五十五刻三光之行不必有常術家以算求之各有同異故諸家曆法參差不齊洛書甄曜度春秋考異郵皆云周天一百七萬一千里一度爲二千九百三十二里七十一步二尺七寸四分四百八十七分分之三百六十二陸績云天東西南北徑三十五萬七千里此言周三徑一也考之徑一不啻周三率周百四十二而徑四十五則天徑三十二萬九千四百一里一百二十二步二尺二寸一分七十一分分之十周體日至之景尺有五寸謂之地中鄭衆說土圭之長尺有五寸以夏至之日立八尺之表其景與土圭等謂之地中今潁川陽城地也鄭元云凡日景於地千里而差一寸景尺有五寸者南戴日下萬五千里也以此推之日當去其下地八萬里矣日邪射陽城則天徑之半也天體圓如彈丸地處天之半而陽城爲中則日春秋冬夏昏明晝夜去陽城皆等無盈縮矣故知從日邪射陽城乃天徑之半也以句股法言之傍萬五千里句也立八萬里股也從日邪射陽城弦也以句股求弦法入之得八萬一千三百九十四里三十步五尺三寸六分天徑之半而地上去天之數也倍之得十六萬二千七百八十八里六十一步四尺七寸二分天徑之數也以周率乘之徑率約之得五十一萬二千六百八十七里六十八步一尺八寸二分周天之數也減甄曜度考異郵五十五萬七千三百一十二里有奇一度凡千四百六里百二十四步六寸四分十萬七千五百六十五分分之萬九千三十九減舊度千五百二十五里二百五十六步三尺三寸二十一萬五千一百三十分分之十六萬七百三十分黃赤二道相與交錯其間相去二十四度以兩儀推之二道俱三百六十五度有奇是以知天體員如彈丸而陸績造渾象其形如鳥卵然則黃道應長於赤道矣績云天東西南北徑三十五萬七千里然則績亦以天形正員也而渾象爲鳥卵則爲自相違背古舊渾象以二分爲一度凡周七尺三寸半分張衡更制以四分爲一度凡周一丈四尺六寸蕃以古制局小星辰稠穊衡器傷大難可轉移更制渾象以三分爲一度凡周天一丈九寸五分四分分之三也御史中丞何承天論渾象體曰詳尋前說因觀渾儀研求其意有以悟天形正員而水周其下言四方者東暘谷日之所出西至蒙汜日之所入莊子又云北溟之魚化而爲鳥將徙於南溟斯亦古之遺記四方皆水證也四方皆水謂之四海凡五行相生於金是故百川發源皆自山出由高趣下歸於注海日爲陽精光耀炎熾一夜入水所經燋竭百川歸注足於補復故旱不爲減浸不爲益徑天之數蕃說近之太中大夫徐爰曰渾儀之制未詳厥始王蕃言虞書稱在璇璣玉衡以齊七政則今渾天儀日月五星是也鄭元說動運爲璣持正爲衡皆以玉爲之視其行度觀受禪是非也渾儀羲和氏之舊器歷代相傳謂之璣衡其所由來有原統矣而斯器設在候臺史官禁密學者寡得聞見穿鑿之徒不解璣衡之意見有七

政之言因以爲北斗七星構造虛文託之讖緯史遷班固猶尚惑之鄭元有瞻雅高遠之才沈靜精妙之思超然獨見改正其說聖人復出不易斯言矣蕃之所云如此夫候審七曜當以運行爲體設器擬象焉得定其盈縮推斯而言未爲通論設使唐虞之世已有渾儀涉歷三代以爲定准後世聿遵孰敢非革而三天之儀紛然莫辯至揚雄方難蓋通渾張衡爲太史令乃鑄銅制範衡傳云其作渾天儀考步陰陽最爲詳密故知自衡以前未有斯儀矣蕃又云渾天遭秦之亂師徒喪絕而失其文爲渾天儀尚在候臺案旣非舜之璇玉又不載今儀所造以緯書爲穿鑿鄭元爲博實偏信無據未可承用夫璇玉貴美之名璣衡詳細之目所以先儒以爲北斗七星天綱運轉聖人仰觀俯察以審時變焉史臣案設器象定其恆度合之則吉失之則凶以之占察有何不可渾天廢絕故有宣蓋之論其術並踈故後人莫述揚雄法言云或人問渾天於雄雄曰洛下閎營之鮮于妄人度之耿中丞象之幾幾乎莫之違也若問天形定體渾儀踈密則雄應以渾儀答之而舉此三人以對者則知此三人制造渾儀以圖晷緯問者蓋渾儀之踈密非問渾儀之淺深也以此而推則西漢長安已有其器矣將由喪亂亡失故衡復鑄之乎王蕃又記古渾儀天度并張衡改制之文則知斯器非衡始造明矣衡所造渾儀傳至魏晉中華覆敗沈沒戎虜績蕃舊器亦不復存晉安帝義熙十四年高祖平長安得衡舊器儀狀雖舉不綴經星七曜文帝元嘉十三年詔太史令錢樂之更鑄渾儀徑六尺八分少周一丈八尺二寸六分少地在天內立黃赤二道南北二極規二十八宿北斗極星五分爲一度置日月五星於黃道之上置立漏刻以水轉儀昏明中星與天相應十七年又作小渾天徑二尺二寸周六尺六寸以分爲一度安二十八宿中外宮以白黑珠及黃三色爲三家星日月五星悉居黃道蓋天之術云出周公旦訪之殷商蓋假託之說也其書號曰周髀髀者表也周天之數也其術云天如覆蓋地如覆盆地中高而四隤日月隨天轉運隱地之高以爲晝夜也天地相去凡八萬里天地之中高於外衡六萬里地上之高高於天之外衡二萬里也或問蓋天於揚雄揚雄曰蓋哉蓋哉難其八事鄭元又難其二事爲蓋天之學者不能通也劉向五紀說夏曆以爲列宿日月皆西移列宿疾而日次之月宿遲故日與列宿昏俱入西方後九十一日是宿在北方又九十一日是宿在東方九十一日在南方此明日行遲於列宿也月生三日日入而月見西方至十五日日入而月見東方將晦日未出乃見東方以此明月行之遲於日而皆西行也向難之以洪範傳曰晦而月見西方謂之朓朓疾也朔而月見東方謂之側匿側匿遲不敢進也星辰西行史官謂之逆行此三說夏曆皆違之迹其意好異者之所作也晉成帝咸康中會稽虞喜造安天論以爲天高窮於無窮地深測於不測地有居靜之體天有常安之形論其大體當相覆冒方則俱方圓則俱圓不同之義也喜族祖河間太守聳又立穹天論云天形穹隆當如雞子幕其際周接四海之表浮乎元氣之上而吳太常姚信造昕天論曰嘗覽漢書云冬至日在牽牛去極遠夏至日在東井去極近欲以推日之長短信以太極處二十八宿之中央雖有遠近不能相倍今昕天之說以爲冬至極低而天運近南故日去人遠而斗去人近北天氣至故冰寒也夏至極起而天運近北斗去人遠日去人近南天氣至故炎熱也極之立時日行地中淺故夜短天去地高故晝長也極之低時日行地中深故夜長天去地下淺故晝短也然則天行寒依於渾夏依於蓋也按此說應作軒昂之軒而作昕所未詳也凡三說皆好異之談失之遠矣

隋書

天文志

梁奉朝請祖暅曰自古論天者多矣而羣氏糾紛至相非毀竊覽同異稽之典經仰觀辰極傍矚四維覩日月之升降察五星之見伏校之以儀象覈之以晷漏則渾天之理信而有徵輒遺衆說附渾儀云考靈曜先儒求得天地相去十七萬八千五百里以晷影驗之失於過多旣不顯求之術而虛設其數蓋夸誕之辭宜非聖人之旨也學者多因其說而未之革豈不知尋其理歟抑未能求其數故也王蕃所考校之前說不啻減半雖非揆格所知而求之以理誠未能遙趣其實蓋近密乎輒因王蕃天高數以求冬至春分日高及南戴日下去地中數法令表高八尺與冬至影長一丈三尺各自乘并而開方除之爲法天高乘表高爲實實如法得四萬二千六百五十八里有奇卽冬至日高也以天高乘冬至影長爲實實如法得六萬九千三百二十里有奇卽冬至南戴日下去

地中數也求春秋分數法令表高及春秋分影長五尺三寸九分各自乘井而開方除之爲法因冬至日高實而以法除之得六萬七千五百二里有奇卽春秋分日高也以天高乘春秋分影長實如法而一得四萬五千四百七十九里有奇卽春秋分南戴日下去地中數也南戴日下所謂丹穴也推北極里數法夜於地中表南傅地遙望北辰紐星之末令與表端參合以人目去表數及表高各自乘井而開方除之爲法天高乘表高數爲實實如法而一卽北辰紐星高地數也天高乘人目去表爲實實如法卽去北戴極下之數也北戴斗極爲空桐 原圖

日去赤道表裏二十四度遠寒近暑而中和二分之日去天頂三十六度日去地中四時同度而有寒暑者地氣上騰天氣下降故遠日下而寒近日下而暑非有遠近也猶火居上雖遠而炎在傍雖近而微視日在傍而大居上而小者仰矚爲難平觀爲易也由視有夷險非遠近之效也今懸珠於百仞之上或置之於百仞之前從而觀之則大小殊矣先儒弗斯取驗虛繁翰墨夷途頓轡雄辭析辯不亦迂哉今大寒在冬至後二氣者寒積而未消也大暑在夏至後二氣者暑積而未歇也寒暑均和乃在春秋分後二氣者寒暑積而未平也譬之火始入室而未甚溫弗事加薪久而逾熾既已遷之猶有餘熱也

唐書

天文志

昔者堯命羲和出納日月考星中以正四時至舜則日在璿璣玉衡以齊七政而已雖二典質略存其大法亦由古者天人之際推候占測爲術猶簡至於後世其法微密者必積衆人之智然後能極其精微哉蓋自三代以來詳矣詩人所記婚禮土功必候天星而春秋書日食星變傳載諸國所占次舍伏見逆順至於周禮測景求中分星辨國妖祥察候皆可推考而獨無所謂璿璣玉衡者豈其不用於三代耶抑其法制遂亡而不可復得耶不然二物者莫有知其爲何器也至漢以後表測景以正地中分別境界上當星次皆略依古而又作儀以候天地而渾天周髀宣夜之說至於星經曆法皆出於術數之學唐興太史李淳風浮圖一行尤稱精博後世未能遍也

遼史

律曆志

孟子有言天之高也星辰之遠也苟求其故千歲之日至可坐而致甚哉聖人之用心可謂廣大精微至矣盡矣日有晷景月有明魄斗有建除星有昏旦觀天之變而制器以候之八尺之表六尺之筒百刻之漏日月星辰示諸掌上運行既察度分既審於是像天圜以顯運行置地櫃以驗出入渾象是作天道之常尋尺之中可以俯窺陶唐之象是矣設三儀以明度分管一衡以正辰極渾儀是作天文之變六合之表可以仰觀有虞之璣是矣體莫固於金用莫利於水範金走水不出戸而知天道此聖人之所以爲聖也歷代儀象表漏各具於志太宗大同元年得晉曆象刻漏渾象後唐清泰二年已稱損折不可施用其至中京者槩可知矣古之鍊銅黑黃白青之氣盡然後用之故可施於久遠唐沙門一行鑄渾天儀時稱精妙未幾銅鐵漸澀不能自轉置不復用金質不精水性不行况移之沍寒之地乎

朱子語類

理氣

渾儀可取蓋天不可用試令主蓋天者做一樣子如何做只似箇雨傘不知如何與地相附著若渾天須做得箇渾天來

有能說蓋天者欲令作一蓋天儀不知可否或云似傘樣如此則四旁須有漏風處故不若渾天之可爲儀也

元史

天文志

司天之說尚矣易曰天垂象見吉凶聖人象之又曰觀乎天文以察時變自古有國家者未有不致謹於斯者也是故堯命羲和曆象日月星辰舜在璿璣玉衡以齊七政天文於是有測驗之器焉然古之爲其法者三家曰周髀曰宣夜曰渾天周髀宣夜先絕而渾天之學至秦亦無傳漢洛下閎始得其術作渾儀以測天厥後歷世遞相沿襲其有得有失則由乎其人智術之淺深未易遽數也宋自靖康之亂儀象之器盡歸於金元興定鼎於燕其初襲用金舊而規環不協難復施用於是太史郭守敬者出其所創簡儀仰儀及諸儀表皆臻於精妙卓見絕識蓋有古人所未及者其說以謂昔人以管窺天宿度餘分約爲太半少未得其的乃用二線推測於餘分纖微皆有可考而又當時四海測景之所凡二十有七東極高麗西至滇池南踰朱崖北盡鐵勒是亦古人之所未及

爲者也自是八十年間司天之官遞而用之雖有差忒而凡日月薄食五緯陵犯彗孛飛流暈珥虹蜺精祲雲氣等事其係於天文占候者具有簡冊存焉若昔司馬遷作天官書班固范蔚宗作天文志其於星辰名號分野次舍推步候驗之際詳矣及晉隋二志實唐李淳風撰其於二十八宿之躔度二曜五緯之次舍時日災祥之應分野休咎之別號極詳備後有作者無以尚之矣是以歐陽修志唐書天文先述法象之具次紀日月食五星陵犯及星變之異而凡前史所已載者皆略不復道而近代史官志宋天文者則首載儀象諸篇志金天文者則唯錄日月五星之變誠以璣衡之制載於書日星風雨霜雹雷霆之災異載於春秋愼而書之非史氏之法當然固所以求合於聖人之經者也今故據其事例作天文志

欽定古今圖書集成曆象彙編曆法典

第九十七卷目錄

曆法典第九十七卷

儀象部藝文一

請立渾天儀表　宋顏延之

張衡創物蔡邕造論戎夏相襲世重其術臣昔奉使入關值大軍旋旆渾儀在路肆觀奇祕絕代異寶旋及王府考諸前志誠應夙聞尚書璿璣玉衡以齊七政崔瑗所謂數術窮天地制作侔造化經志所云圖憲所本故體度不渝精測尚矣則七暑運變無匿康時九代貞觀不絕司曆臣夙懷末意懼干非任今忝惟職統敢昧死以聞

渾天賦有序　唐楊炯

顯慶五年炯時年十一待制弘文館上元二年始以應制舉補校書郎朝夕靈臺之下備見銅渾之儀尋反初服臥疾丘園二十年而一徙官斯亦拙之效也代之言天體者未知渾蓋孰是代之言天命者以爲禍福由人故作渾天賦以辯其辭云

客有爲宣夜之學喟然而言曰旁望萬里之横山而皆青俯察千仞之深谷而黝黑蒼蒼在上非其正色遠而望之無所至極日月載於元氣所以或中或昃星辰浮於太空所以有行有息故知天常安而不動地極深而不測可以作觀象之準繩可以作譚天之楷式有稱周髀之術者聽然而笑曰陽動而陰靜天迴而地游天如倚蓋地若浮舟出於卯入於酉而生晝夜交於奎合於角而有春秋天則西北既傾而三光北轉地則東南不足而萬穴通流比於圓首前臨胷者後不能覆背方於執炬南稱明者北可以言幽此天與而不取焉遑遑而更求太史公有睟其容乃盱衡而告曰楚既失之齊亦未爲得也言宣夜者星辰不可以闊狹有常言蓋天者刻漏不可以春秋各半周三徑一遠近乖於辰極東井南箕曲直殊於河漢明入於地葛稚川所以有詞日應於天桓君山由其發難假蘇秦之不死莫能爲其說倘隸首之重出亦不能成其算二客寗亦知渾天之事歟請語左右揚搉而陳之原夫杳杳冥冥天地之精混混沌沌陰陽之本何太虛之無礙俾造化之多端南溟玉室之宮爰皇是宅西極金臺之鎮上帝攸安地則方如棊局天則圓如彈丸天之運也一北而物生一南而物死地之平也影短而多暑景長而多寒太陰當日之衝也成其薄蝕衆星傳月之光也因其波瀾乾坤闔闢天地成矣動靜有常陰陽行矣方以類聚物以羣分吉凶生矣在天成象在地成文變化形矣鄒之以三門張之以八紀其周天也三百六十五度其去地也九萬一千餘里日居而月諸天行而地止載之以氣浮之以水生之育之長之畜之亭之毒之蓋之覆之天聰明也聖人得之天垂象也聖人則之其道也不言而信其神也不怒而威驗之以衡軸考之以樞樴三十五官有羣生之繫命一十二次當下土之封畿中衡外衡每不名而自至黃道赤道亦殊途而同歸表裏見伏聖人於是乎發揮分至啓閉聖人於是乎範圍可以窮理而盡性可以極深而研幾天有北斗杓攜龍角魁枕參首天有北辰衆星環拱天帝威神尊之以耀魄配之以勾陳有四輔之上相有三公之近臣華蓋巖巖俯臨於帝座離宮奕奕旁絕於天津列長垣之百堵啓閶闔之重闈文昌拜於大將天

理因於貴人泰階平而君臣穆招搖指而天下春東宮則析木之津壽星之野箕爲傲客房爲駟馬天王對於攝提皇極臨於宦者左角右角兩曜之所巡行陰間陽間五星之所取舍後宮掌於蕃息太子承於冢社宗人宗正內外敦叙於家邦市樓市垣貨殖畢陳於天下北宮則靈龜潛匿螣蛇伏藏瓠瓜宛然而獨處織女終朝而七襄登漸臺而顧步御輦道而徜徉聞雷霆之隱隱聽枹鼓之硠硠南斗主爵祿東壁主文章須女主布帛牽牛主關梁羽林之軍所以除暴亂壘壁之陣所以備非常四宮則天潢咸池五車三柱奎爲封豕參爲白虎胃爲天倉婁爲衆聚施頭之北宰制其饑敵天畢之陰蓄洩其雲雨大陵積尸之肅殺參旗九斿之部伍樵蘇之地出入於園苑萬億之賚填積於倉庾南宮則黃龍賦象朱鳥成形五帝之坐三光之庭傷成於鉞誅成於質福成於井德成於銜執法者廷尉之曹大夫之象少微者儲君之位處士之星天弧直而狼顧軍布曉而雞鳴三川之郊鶉火通其耀七澤之國翼軫寓其精南河象闕於是乎增峻左轄邊荒於是乎自寧乃有金之散氣水之精液法清渭之橫橋像昆明之刻石歲時占其水旱滄溟應其潮汐織女之室漢家之史可尋飲牛之津海畔之人易覩日也者衆陽之長人君之尊天雞曉唱靈烏晝踆扶桑臨於大海若木照於崑崙太平太蒙所以司出入南至北至所以節寒溫龍山銜燭不能議其光景夸父弃策無以方其駿奔月也者羣陰之紀上天之使異姓之王后妃之事方諸對而明水洽重暈匝而邊風駛裁盈蚌蛤則虧騎先侵適闕麒麟則暗虎潛值五星者木爲重華火爲熒惑鎮居戊己斯爲土德太白主西辰星主北俯察人事仰觀天則比參右肩之黃如奎大星之黑五才以之致用七政於焉不忒同舍而有四方分天而利中國赤角犯我城黃角天之爭五星同色天下偃兵趨前舍爲贏退後舍爲縮贏則侯王不寧縮則軍旅不復或向而或背或遲而或速金火犯之而甚憂歲鎮居之而有福觀衆星之部署歷七曜之驅馳定天下之文所以通其變見天下之賾所以象其宜然後播之以風雨成之以霜霰或吐霧而蒸雲或擊雷而奔電一旬而太平感膚寸而天下遍白日爲之晝昏恆星爲之不見爾乃重明合璧五緯連珠青氣夜朗黃雲晝扶握天鏡授河圖若曰賜之以福此明王聖帝之休符至如怪雲祓氣冬雷夏雪日暈長虹星芒伏鼈陰有餘而地動陽不足而天裂若曰懼之以災此昏主亂君之妖孽昔者顓頊之命重黎司天而司地陶唐之分叔仲宅西而宅東後宋有子韋鄭有裨竈魏有石氏齊有甘公唐都之推星王朔之候氣周文之視日吳範之占風有以見天地之情狀識陰陽之變通詩云謂天蓋高語曰惟天爲大至高而無上至大而無外四時行焉萬物生焉羣神莫尊於上帝法像莫大於皇天靈心不測神理難詮日何爲兮右轉天何爲兮左旋盤古何神兮立天地巨靈何神兮造山川螟何細兮師曠清耳而不聞離婁拭目而不見鵬何壯兮搏扶搖而翔九萬運海水而擊三千龜與蛇而異其短長之質椿與菌兮殊其小大之年鐘何鳴而應霜氣劍何仗兮上星躔列子何方御風而有待師門何術驗火而登仙魯陽麾戈兮轉於西日陶侃折翼兮登於上元女何怨兮爲精衛帝何恥兮爲杜鵑爭疆理者有陵零之石聞弦歌者有蓋山之泉若怪神之不語夫何述於此篇以天乙之武也焦土而爛石以唐堯之德也襄陵而懷山以顏回之仁也居在於陋巷以孔丘之聖也情希於執鞭馮唐入於郎署也兩君而未識揚雄在於天祿也三代而不遷桓譚思周於圖讖忽然不樂張衡衛達於天地退而歸田我無爲而人自化吾不知其所以然而然

進渾儀表　張說

臣聞迎日授時莫先於曆象先天成務必歸於製作伏惟開元神武皇帝陛下建中立極緯武經文至德難名神功莫測於是定曆成歲立象考天紹唐堯欽若之典繼虞舜璿玉之義上皇能事於斯備矣臣書院先奉勑造游儀以測七曜盈縮去年六月造畢進奏又承恩旨更立渾儀臣等準勑令左衛率府長史梁令瓚檢校創造於是博考傳記舊有張衡陸績王蕃錢樂之等並造斯器雖渾體有象而不能運行事非經久旋亦毀廢臣今按據典故鑄銅爲儀圓以象天使得俯察上具列宿赤道周天度數注水激輪令其自運一日一夜天轉一周又別立二周輪絡在天外綴以日月令得運行每轉一匝日行一度月行十三度十九分度之七凡二十九轉有餘而日月會三百六十五轉而行匝仍置水櫃以爲地平令儀半在地上半在地下晦明朔望不差毫釐又立二木人於地平之上前置鐘鼓以候辰刻每一刻則自然擊鼓每一辰則自然撞鐘皆於櫃中各施輪軸鉤鍵交錯

關鍱相持轉運雖同而遲速各異周而復始循環不息陰陽不能逃其數分至不能隱其時究天地之幹運極乾坤之變化斯皆上禀聖謨傍獲神助臣等愚思非所能及望錄付史館宣示百寮使知告成之功迥超前古無任懃懇之至謹隨表上進以聞

新渾儀賦有序　李光朝

天垂象見吉凶聖人指象之法莫先於渾儀是以王者將下理於萬人先上齊於七政軒昊之後分重黎二官唐虞之日命羲和四子代掌其器以爲人極聖作有程必應其變故有謂之周髀蓋天謂之渾天宜夜用則假於器妙則存乎人日若開元天寶聖神文武皇帝以爲天有時時有變不可從舊更法而取新更立銅渾無毫釐之差得精一之義引而上則邁於古推而下則合於今非古之聰明神睿者孰能爲之乎於是五緯連珠兩曜合璧神輸祥瑞天降嘉生默而不談且慮樵夫之笑言而未遠且陳君子之心遣於鄙辭乃作賦曰

國之神器名之渾儀法天之象知天之爲雖考古以作則亦惟新而成規琢璿爲衡範金爲蓋其狀則小其用則大南極北極正其端隅上規下矩正其外內繚繞黃道環廻紫宮斗居其北日起其東別度數於分寸之內點星象於毫釐之中處動而能靜妙同乎造化之意寂無以爲有用擬於陰陽之功有象必見惟幽是通乃知近能則遠合下正則上同因之以言寶曆遂乃授平人時以通天下之志以斷天下之疑違之則失信之無欺聖也智也念茲在茲四時以之咸序萬物以之攸理弦望之候不忒寒暑之期可紀測天地之否泰知陰陽之終始述作固稱於帝王司存乃歸於太史猗此成器爲國之寶通幽洞微贊我皇道

又　前人

夫象之大者曰天地理之廣者曰陰陽分八極懸三光不言而化有形而彰雖羲氏代掌初聞乎欽若而疇人離散覆亂其紀綱魏滅晉紹易齊爲梁莫革其弊有失其方將以事極則反否泰何長故渾儀之制而新之我皇則天工協謀甄氏畢至煽洪爐以效役鎔珍金以爲器列管之應一十二律罔極爲期周天之列二十八宿各分爾位然仰觀俯察以參以稽森羅乎象緯窮極乎端倪覩朔於初時必書於雲物履端於始歲如得乎攝提候月旣殊於蓂草測景方異乎土圭作漢曆之黍累不失同舜年之風雨不迷且如人之常性也重更改貴因循罔知失善是與謀新更苟有利何憚釐革循苟有失何必相因故天垂象聖人以審度曆乖夫聖人以創陳亦將利物安下適時補政齊上方之斗極爲來代之龜鏡其意旣美於斯爲盛恐貽誚於不談故形之乎賦詠

齊七政賦以明主法天用齊七政爲韻　宋周渭

天之垂象兮無臭無聲君之立德兮赫赫明明將同符而合矩在璿璣於玉衡故運彼四時寒燠隨其建指齊其七政有道感於無情故使黎民於變萬物由庚神不祕其福地不愛其禎原其天斯覆兮地斯載播羣芳而作主日陽德兮月陰靈俾五星而爲輔諒無私於照燭或任晦於煙雨國風可仰守官方贊於羲和人力不侔杖策已疲於夸父夫能文者政乃不乏示寰瀛之大法運天者道在於乾占日月之初躔旣推曆以生律亦鉤深而索元徒觀其如璧之合如珠之聯甲子不迷符太初之朔旦精意以享同肆類於昊天七政匪差萬邦攸共採石氏之經聽疇人之頌遠而望也粲粲映非雲之雲默而識之昭昭爲非用之用歲在木而循度鎮居中而不攜熒惑無犯於奮若太白莫陵於攝提將不盈而不縮豈乍高而乍低故我后所以引唐堯而作式指虞舜而思齊動於天兮德有一麗於天兮曜有七四海以之升平千箱以之充實豈比見暈珥適背之狀語怪變雲氣之贋非訓俗以齊人徒廢時而亂日客有從筆硯而未達懷忠信而待命望蓂莢於朝階知如春之聖政竊昧談天之辯庶俾觀象之詠

答江德功　朱熹

璣衡之制若不能作水輪則姑亦如此可矣要之以衡窺璣仰占天象之實自是一器而今人所作小渾象自是一器不當幷作一說也元祐之制極精然其書亦有不備乃最是緊切處必是造者祕此一節不欲盡以告人耳

答蔡伯靜　前人

天經之說今日所論乃中其病然亦未盡彼論之失正坐以天形爲可低昂反覆耳不知天形一定其間隨人所望固有少不同處而其南北高下自有定位政使人能入於彈圜之下以望之南極雖高而北極之在北方只有更高於南極決不至反入地下而移過南方也蓋圖雖古所創然終不似天體孰若一大圓象鑽穴爲星而虛其當隱之規以爲甕口乃設短

軸於北極之外以綴而運之又設短柱於南極之北以承瓊ㄩ遂自瓊ㄩ設四柱小梯以入其中而於梯末架空北入以爲地平使可仰窺而不失渾體耶古人未有此法著其說以示後人亦不爲無補也

又　　前人

天經已領其論撰詳悉亦甚不易但回互蓋天頗費力只是舊年一般見識不欲惡著古今一箇人耳其心則固深知渾蓋之是非也然則孰若據實而論之省詞說乎

簡儀銘　　元姚燧

舊儀昆侖六合包外經緯縱橫天常爰帶三辰內循黃赤道交其中四遊類仰鈞簫凡今改爲皆析而異由能疏明無窒於觀四遊兩軸二極是當南軸攸沓下乃天常維北欹傾取軸架應鑛以百刻及時初正赤道上載周列經星三百六十五度奇贏地平安加立運所履錯勒干隅若十二子五環三旋四衡挈爲兩綴闕距隨捩酉遷欲知出地究茲立運去極幾何即遊是問赤道重衡四弦未張上結北軸移景相望測日用一推星兼二定距入宿兩候齊視巍巍其高莫莫其遙蕩蕩其大赫赫其昭步仞之間肆所曠考明乎制器運掌有道法簡而中用密不窮歷校古陳未與侔功猗歟皇元發帝之藴畀厥羲和萬世其訓

渾象銘　　楊桓

於昭聖皇德維天希密察乾坤動符化機乃命太史考順求違制器象天具體而微度數碁布星次珠輝道分黃赤擬議元規兩極低昂中主旋璣匱方象地極樞以維地本天函衡取外圍反而觀之其趣同歸體雖至約用足明大象設日前人居天外觀天之裏合象之背日月交錯五行進退造化無窮不出戶內始終參求簡儀是配於昭聖皇夙夜齊思先天天合後天奉時先後惟天聖皇無爲

玲瓏儀銘　　前人

天體圜穹三辰在中星雖紀度天實無窮天度之數環周三百六十五度四分度一因星而步推日而得月次十二往來盈虧五星參差進退有期判爲寒暑分爲四時太史司天咸用周知制諸法象各有攸施萃於用者玲瓏其儀十萬餘目經緯均布與天同體協規應矩徧體虛明中外宣露元象森羅莫計其數宿離有次去極有度人由中闚目即而驗先哲實繁茲制猶未逮我皇元其作始備實因於理匪鑿於智於萬斯年實之無墜

觀天器銘　　明英宗

粵古大聖體天施治敬天以心觀天以器厥器維何璿璣玉衡璣象天體衡審天行歷世更代垂四千禩沿襲有作其制寖備即器而觀六合外儀陽經陰緯方位可稽中儀三辰黃赤二道日月暨星運行可考內儀四游橫簫中貫南北西東低昂旋轉簡儀之作爰代璣衡制約用密疏朗而精外有渾儀反而觀諸上規下矩度數干隅別有直表其崇八尺分至氣序考景咸得縣象在天制器在人測驗推步靡忒毫分昔作今述爲制彌工既明且悉用將無窮惟君勤民事天首務民不失寧天其孚顧政純於人天道以正勒銘斯器以勵予敬

簡儀贊　　于愼行

芒芒元運莫莫三辰嘗彼輻輳轉於一輪舊儀洵美而狀渾淪卓哉良史創物維新其新匪他維舊而析四游兩軸當乎二極南軸攸沓天常下直維北欹傾軸焉足式赤道上載列宿周天三百六十五度奇焉極樞所運五環三旋去極之度游則昭然囊括兩儀珠輝七曜象在靈臺不言而造邈矣斯人何識之妙配皇等極昭茲神造

渾儀贊　　張一桂

於惟帝王憲天出治敬天以心則天以器爰稽往古實造渾儀考時布令仰觀俯闚厥體至圓厥形左運璇璣玉衡推步斯訓度刻雖具細分未全以管望之漸外漸懸及勝國時郭太史氏迸覽幽探獨臻至理實通舊制簡儀乃成四游上附直距外經三距三環天常赤道結環距端遠近相較兩綫相望於以測之日月極遠分杪適左織悉咸備惟精惟密簡要可遵百世莫易我思古人大衍太初三櫃七直視此爲疎赫赫皇朝損益前代尚象明時獨茲不廢都城東隅崇臺巍然爲國重器於萬斯年

儀象部藝文二詩

九月二十三日城外記遊　　元吳師道

杪秋暇日休莅歌五門城外觀新河斗門決水已斷日淺沙漫漫無餘波縱橫疏鑿引別派監官督役猶揮呵徧堤側足懼疏惡驚見崩拆當盤渦故橋舊市不復識祇有積土高坡陀城南靡靡度阡陌疎柳掩映連枯荷清臺突兀出天半金光耀日如新磨璣衡遺製此其的衆環倚値森交柯細書深刻皇祐字觀者嘆息爭摩挲司天貴重幸不毀回首荊棘悲銅駝

長春宮苑最宏麗飛樓湧殿凌層坡喬松夭矯百歲物復有偃蓋低婆娑平生素聞百一帖樂石壁罷問箬阿金源中葉盛文物玉堂學士鏘鳴珂旁搜紙墨作藻飾欲與唐晉爭嵯峨至今琴榻傳好事道士却換人間鵝仙盃珍襲巨桃核御書雲鶴題宣和不知何處有此木偶爾結實良非他瑤池渼陂語茫昧遂使世俗猶傳訛尋幽訪古意未已起視落日歸禽多卻趨林亭憩清絕盆菊采采黃金窠蟹螯硏雪新醅碧對此不樂將如何京華酒壚萬歌舞錦韉翠袖迎嬌娥儒冠已受俗子笑況復衰容雙鬢皤下帷閉閣來跡少杭髒不肯侯門過淸遊良友幸追逐未忍返棹尋漁蓑今朝不飲心已醉笑看坐客朱顏酡鳳城半掩歸路暝爭道擊轂如飛梭九衢冥濛漲塵霧漸見燈火稀星羅作詩寫實不可緩馬上已復成微哦

按元之都城在東北白馬廟柴市瓊華島皆在南城今之觀象臺則在南城之外讀吳正傳城外紀游作可信已

題宋沈存中所鑄銅儀　揭傒斯

法象坤儀重來從汴水遷飛龍躔四極黃道界中天望絕秋毫永循環太古前荒臺明月夜應有淚潺湲

儀象部紀事

益都耆舊傳漢洛下閎明曉天文於地中轉渾天以定時節

桓譚新論楊子雲好天文問之於黃門作渾天老工曰我少能作其事但隨尺寸法度殊不曉達其意後稍稍愈到今七十乃甫適知己又老且死矣今我兒子愛學作之亦當復年如我乃曉知己又且復死焉其言可悲可笑也

董卓別傳卓治鑄候望璇璣儀

三國志陸績傳績博學多識星曆算數無不該覽著述不廢作渾天圖

晉陽秋吳有葛衡明達天官能於機巧作渾天使地居中以機動之若天轉而地止以上應晷度

晉書虞喜傳喜博學好古專心經傳兼覽讖緯乃著安天論以難渾蓋以散騎常侍徵不起

玉海義熙十三年八月劉裕克長安九月先收其彝器渾儀土圭又起居注曰十四年相國表曰向者平長安獲張衡所作渾儀土圭歷代寶器謹遣奉送歸之天府

南史陶弘景傳景嘗造渾天象高三尺許地居中央天轉而地不動以機動之悉與天相會云修道所須非止史官是用

後魏盧辯傳辯少好學博通經籍孝武西遷金石律呂晷刻渾儀皆令辯因時制宜皆合軌度

北史信都芳傳芳少明算術兼有巧思後爲安豐王延明召入賓館延明家聚渾天欹器地動銅烏漏刻候風諸巧事并圖畫爲器準遂令芳算之會延明南奔芳乃自撰注又著四術周髀宗其序曰漢成帝時學者問蓋天揚雄曰蓋哉未幾也問渾天曰洛下閎爲之鮮于妄人度之耿中丞象之幾乎莫之息矣此言蓋差而渾密也蓋器測影而造用之日久不同於祖故云未幾也渾器量天而作乾坤大象隱見難變故云幾乎是時太史令尹咸窮研晷蓋易古周法雄乃見之以爲難也自昔周公定影王城至漢朝蓋器一改焉渾天覆觀以靈憲爲文蓋天仰觀以周髀爲法覆仰雖殊大歸是一古之人制者所表天效元象芳以渾算精微術機萬首故約本爲之省要凡述二篇合六法名四術周髀宗

隋書天文志宋元嘉所造儀象器開皇九年平陳後並入長安大業初移於東都觀象殿

耿詢傳詢見故人高智寶以元象直太史詢從之受天文算術詢創意造渾天儀不假人力以水轉之施於閣室中使智寶外候天時合如符契

大唐新語開元十二年沙門一行造黃道游儀以進元宗親爲之序文多不盡載其略曰孰謂天大此焉取則均以寒暑分諸晷刻盈縮不愆列舍不忒制器垂象永鑒無惑因遣太史官馳往安南及蔚州測候日影經年乃定

圖書編唐一行博覽經史武三思慕其名請結交逃隱匿於僧習梵律元宗勅書強起之訪以安國撫人之道言切直無隱受詔與率府兵曹梁令瓚造渾天儀鑄銅爲圜天之象中具列宿赤道及周天之度數注水激外輪令其自轉外絡二輪綴以日月令與同運天西旋一晝夜適一周而日東行亦適一度月行

適十三度十九分度之七二十九轉有餘而日月適會三百六十五轉而日適一周天於儀象正合置木櫃爲地平儀半在地下晦明朔望遲速有準立木人二於地平上其一前置鼓以候刻每歷一刻能自按鼓擊之其一前置鉦以候辰每歷一辰能自按鐘撞之皆於櫃內各施輪軸鉤鍵關鎖交相持而然置武成殿前示百官

玉海開元十八年試新渾儀賦

楓窗小牘太平興國中蜀人張思訓製上渾儀其製與舊儀不同最爲巧捷起爲樓閣數層高丈餘以木偶爲七直人以直七政自能撞鐘擊鼓又爲十二神各直一時至其時即自執辰牌循環而出余王大父贊善公嘗入文明殿漏室中見之

宋史蘇頌傳頌修兩朝正史轉右諫議大夫使契丹遇冬至其國曆後宋曆一日北人問孰爲是頌曰曆家算術小異遲速不同如亥時節氣交猶是今夕若踰數刻則屬子時爲明日矣或先或後各從其曆可也北人以爲然使還以奏神宗嘉曰朕嘗思之此最難處卿所對殊善遷吏部尚書兼侍讀又請別製渾儀因命頌提舉頌既邃於律曆以吏部令史韓公廉曉算術有巧思奏用之授以古法爲臺三層上設渾儀中設渾象下設司辰貫以一機激水轉輪不假人力時至刻臨則司辰出告星辰躔度所次占候測驗不差晷刻晝夜晦明皆可推見前此未有也

沈括傳括還太子中允檢正中書刑房提舉司天監日官皆市井庸販法象圖器大抵漫不知括始置渾儀景表五壺浮漏招衛朴造新曆募天下士太史占書雜用士人分方技科爲五後皆施用

圖書編至道中韓顯符皇祐中周琮及熙寧元豐新造渾儀皆不以水運

石林燕語蘇子容過省賦曆者天地之大紀爲本場魁既登第遂留意曆學元祐初遂命子容重修渾儀制作之精皆出前古其學略授冬官正袁惟幾而創爲規模者吏部史張士廉士廉有巧思子容時爲侍郎以意語之士廉輒能爲故特爲精密金陷京師毀合臺取渾儀去今其法蘇氏子孫亦不傳云

宋史律曆志婺州布衣阮泰發獻渾儀十論且言統天開禧曆皆差朝廷令造木渾儀賜文解罷遣之

金史五行志明昌六年八月大雨雷電有龍起於渾儀鰲趺臺忽中裂而摧儀仆於臺下

儀象部雜錄

春秋潛潭巴璇璣者轉舒天心玉衡者平氣立常也

孝經援神契折其玉升失其金椎注玉升金椎渾儀之重寶也

述征記長安南有靈臺上有銅渾天儀

沈括夢溪筆談予編校昭文書時預詳定渾天儀官長問予二十八宿多者三十三度少者止一度如此不均何也予對曰天事本無度推曆者無以寓其數乃以日所行分天爲三百六十五度有奇既分之必有物記之然後可窺而數於是以當度之星記之循黃道日之所行一朞當者止二十八宿而已今所謂距度星者是也非不欲均也黃道所由當度之星止有此而已注日所行三百六十五日有餘而一朞天故以一日爲一度也度如傘撩當度謂當正傘撩上者故車蓋二十八弓以象二十八宿則予渾儀奏議所謂度不可見可見者星也日月五星之所由有星焉當度之畫者凡二十有八謂之舍舍所以挈度所以生數也

國朝置天文院於禁中設漏刻觀天臺銅渾儀皆如司天監與司天監互相檢察每夜天文院具有無謫見雲物禨祥及當夜星次須令於皇城門未發前到禁中門發後司天占狀方到以兩司奏狀對勘以防虛僞近歲皆是陰相計會符同寫奏習以爲常其來已久中外具知之不以爲怪其日月五星行次皆只據小曆所算躔度謄奏不曾占候有司但備員安祿而已熙寧中予領太史嘗按發其欺免官者六人未幾其弊復如故

司天監銅渾儀景德中曆官韓顯符所造依倣劉曜時孔挺晁崇斛蘭之法失於簡略天文院渾儀皇祐中冬官正舒易簡所造乃用唐梁令瓚僧一行之法頗爲詳備而失於難用熙寧中予更造渾儀并創爲玉壺浮漏銅表皆置天文院別設官領之天文院舊銅儀送朝服法物庫收藏以備講求

太平御覽賀道養渾天記昔記天體者有三渾儀莫知其始書以齊七政蓋渾體也二曰宣夜夏殷法也三曰周髀當周髀之所造非周家之術也近世復有

四術一曰方天興於王充二曰軒天起於姚信三曰窮天由於虞喜皆以臆斷浮說不足觀也惟渾天之事徵驗不疑

元文類舊儀既多蔽礙且距齒但有度刻而無細分以管望星漸外則所見漸展尤難取的郭公所爲儀但用天常赤道四游三環三距設四游於赤道之上與相套在內同附直距於四游之外與雙環兩間同結線距端凡測日月星則以兩線相望劈取其正中所當之刻之度之分之秒之數舊表公尺謂夏至之景尺有五寸千里而差一寸唐一行已嘗駁議公所爲表五倍其舊懸施橫梁每至日中以符竅夾測橫梁之景折取中數皋舊表殊

記纂淵海蓋天之學惟唐一行知其與渾天不異蓋天之法如繪象止得其半渾天之法如塑像方得其全堯之曆象日星蓋天法也舜之璿璣玉衡渾天法也渾法密於蓋天創意者尚略述作者愈詳也宣夜人雖非之切謂作者不爲無見但論述者失其本旨術

燕都游覽志觀象臺一名瞻象臺高百尺許與城堞女牆並峙距棘闌咫尺耳上有璇璣玉衡渾天立運諸儀傳爲耶律楚材所製乃正統十一年倣元人所製也

野獲編今京師巽隅逼城觀象臺之巔有渾天儀其質皆銅有四柱以龍承之懸儀於上製作精工銅亦古潤作紺色傍另有一儀式小不及其半交道亦減又有玉衡如尺又有銅毬象天闓體外列二十八宿上刻正統七年御製銘予按此非本朝人所辦意必故元舊物按宋沈括云司天監銅渾儀景德中韓顯符所造依劉曜時孔挺晁崇斛蘭之法天文院渾儀皇祐中舒易簡所造用唐梁令瓚僧一行法至熙寧括監太史局受詔改造渾儀置之天文院而移天文院舊銅儀於朝服法物庫蓋宋世渾儀有三金人入汴諸法物俱北去此固蒙古得之完顏者耳至正統而重修則有之且銘有昔作今述之句知非剏矣

欽定古今圖書集成曆象彙編曆法典

第九十八卷目錄

漏刻部彙考一

曆法典第九十八卷

漏刻部彙考一

上古

黃帝有熊氏設靈臺浮箭爲泉孔壺爲漏

按史記五帝本紀不載　按路史黃帝有熊氏浮箭爲泉孔壺爲漏以考中星

注 肇於軒轅見梁刻漏經隋志云黃帝創觀漏水制器取則以分晝夜

周

周制置挈壺氏司漏刻之事

按周禮夏官挈壺氏下士六人史二人徒十有二人

訂義 鄭康成曰挈讀如絜髮之絜壺盛水器也世主挈壺水以爲漏　易氏曰挈壺之制不可攷以唐制推之水海浮箭四匱注水始自夜天池入於日天池自日天池入於平壺以次相注入於水海浮箭而上以浮箭爲刻分晝夜計十二時每時八刻二十分每刻六十分箭四十八二箭當一氣歲統二百一十九萬一千五百分悉刻於箭上銅烏引水而下注浮箭而上登至於晝夜之刻分至之候冬夏長短昏曉隱見與周官晷影無差　鄭鍔曰或謂挈壺氏司漏刻以分陰陽晝夜宜與保章馮相同列乃列於夏官何耶以齊國風攷之襄公之時朝廷興居無節東方未明而召羣臣至使之顛倒衣裳不顧時之早晚爲挈壺氏者不能晨夜不夙則莫若是類正司晝夜之事若夫掌挈壺以令軍井挈轡以令舍挈畚以令糧此行師用兵之時舉以示師徒安得不列爲司馬之屬哉

掌挈壺以令軍井挈轡以令舍挈畚以令糧

訂義 鄭鍔曰軍之所聚不可無井穿井及水則舉壺示人使見壺者知其地有井蓋壺者所以盛水故也乘車馬者必執轡止則解焉軍之所至或當舍止則舉轡示人使見轡者知當解鞍息馬蓋舍則不執轡故也盛糧者必用畚軍於其地或當廩給則舉畚以示人使見畚者知其下有糧蓋畚者盛糧之器故也是三者非挈壺之職皆有取於挈壺之義蓋軍旅所屯號令難與相聞各以其物表之於事使於力省也　易氏曰飲食居處人之大欲存焉故因其令軍井而兼以令之是三者皆挈於竿首而表之雖軍衆不齊莫不目擊而心會鄭氏所謂省煩趨疾是已

凡軍事縣壺以序聚㯺凡喪縣壺以代哭者皆以水火守之分以日夜

訂義 王昭禹曰縣壺以盛水分刻漏也　鄭康成曰擊㯺兩木相敲行夜時也　鄭鍔曰軍中之守尤嚴於夜故行夜者必聚而擊㯺以戒非常必更代而次序之使之適平縣壺爲漏時至則代先後有倫非唯無獨賢之嘆且使擊柝者不倦而事益嚴也野廬氏於賓客至則令其地之人聚㯺之修閭氏掌比國中之互㯺者秋官環人賓客所舍則令聚㯺宮正於宮中則擊柝而比之防患之衛尤戒於夜況軍中乎　鄭康成曰代亦更也禮未大斂代哭　易氏曰守之以水則均其晷刻之多少守之以火則知其漏箭之遷易　鄭康成曰分以日夜者異晝夜漏也漏之箭晝夜共百刻冬夏之時

間有長短焉太史立成法有四十八箭　賈氏曰此據漢法而言以器盛四十八箭各百刻以壺盛木懸於箭上節而下之木水掩刻則爲一刻四十八箭者取倍二十四氣也

及冬則以火爨鼎水而沸之而沃之

訂義鄭司農曰冬水凍漏不下故以火炊水沸以沃之謂沃漏也　薛氏曰以火爨鼎使之不凝以火守壺使之不差施之於軍事所以嚴守警施之於喪事所以嚴凶哀朝廷朝夕之禮亦常以是爲節然春官雞人卜國事爲期則告之時而此復特掌之挈壺氏者蓋天子備官挈壺掌漏雞人告時諸侯則掌漏告時一於挈壺氏而已

秋官司寤氏掌夜時以星分夜

訂義寐而覺謂之寤使掌夜時非覺而不寐者安能定其漏刻之早晚哉　鄭鍔曰夜雖有時其分則以星晚而見星則爲夜早而星沒則非夜仰觀天星之沒見以分之不分以月者月出有早晚唯星麗乎天至夜必見故也

漢

武帝太初元年始復定漏刻

按漢書武帝本紀不載　按律曆志元封七年詔以七年爲元年李奇曰改元封七年爲太初元年遂詔議造漢曆迺定東西立晷儀下漏刻以追二十八宿相距於四方舉終以定朔晦分至躔離弦望

按隋書天文志昔黃帝創觀漏水制器取則以分晝夜其後因以命官周禮挈壺氏則其職也其法總以百刻分於晝夜冬至晝漏四十刻夜漏六十刻夏至晝漏六十刻夜漏四十刻春秋二分晝夜各五十刻日未出前二刻半而明既沒後二刻半乃昏減夜五刻以益晝漏謂其昏旦漏刻皆隨氣增損冬夏二至之間晝夜長短凡差二十刻每差一刻爲一箭冬至互起其首凡有四十一箭晝有朝有禺有中有晡有夕夜有甲乙丙丁戊昏旦有星中每箭各有其數皆所以分時代守更其作役漢興張蒼因循古制猶多疏闊及孝武考定星曆下漏以追天度亦未能盡其理劉向鴻範傳記武帝時所用法云冬夏二至之間一百八十餘日晝夜差二十刻大率二至之後九日而增損一刻焉

哀帝建平二年六月改漏刻爲百二十八月復詔罷之

按漢書哀帝本紀建平二年夏六月待詔夏賀良等言赤精子之讖漢家曆運中衰當再受命宜改元易號詔曰漢興二百載曆數開元皇天降非材之佑漢國再獲受命之符朕之不德曷敢不通夫基事之元命必與天下自新其大赦天下以建平二年爲太初元年號曰陳聖劉太平皇帝漏刻以百二十爲度八月詔曰待詔夏賀良等建言改元易號增益漏刻可以永安國家朕過聽賀良等言冀爲海內獲福卒亡嘉應皆違經背古不合時宜六月甲子制書非赦令也皆蠲除之賀良等反道惑衆下有司皆伏辜、

按隋書天文志哀帝時又改用晝夜一百二十刻尋亦寢廢至王莽竊位又遵行之

後漢

光武帝建武　年以百刻九日加減爲常符漏品

按後漢書光武帝本紀不載　按隋書天文志光武之初亦以百刻九日加減法編於甲令爲常符漏品

章帝　年審正晷漏

按後漢書章帝本紀不載　按律曆志孝章皇帝曆度審正圖儀晷漏與天相應不可復尚

和帝永元十四年詔太史令按定漏刻

按後漢書和帝本紀不載　按律曆志永元十四年待詔太史霍融上言官漏刻率九日增減一刻不與天相應或時差至二刻半不如夏曆密詔書下太常令史官與融以儀校天課度遠近太史令舒承梵等對案官所施漏法令甲第六常符漏品孝宣皇帝三年十二月乙酉下建武十年二月壬午詔書施行漏刻以日長短爲數率日南北二度四分而增減一刻一氣俱十五日日去極各有多少今官漏率九日移一刻不隨日進退夏曆漏隨日南北爲長短密近於官漏分明可施行其年十一月甲寅詔曰告司徒司空漏所以節時分定昏明昏明長短起於日去極遠近日道周不可以計率分當據儀度下參晷景今官漏以計率分昏明九日增減一刻違失其實至爲疏數以耦法太史待詔霍融上言不與天相應太常史官運儀下水官漏失天者至三刻以晷景爲刻少所違失密近有驗今下晷景漏刻四十八箭立成斧官府當用者計吏到班予四十八箭文多故魁取二十四氣日所在幷黃道去極晷景漏刻昏明中星刻於下昔太初曆之興也發謀於元封啓定於天鳳積百三十年是非乃審及用四分亦於建武施於元和訖於永元七十餘年然後儀式備立司候有準天事幽

微若此其難也中興以來圖識漏泄而考靈曜命曆序皆有甲寅元其所起在四分庚申元後百一十四歲朔差却二日學士修之於草澤信向以爲得正及太初曆以後天爲疾而修之者云百四十四歲而太歲超一表百七十一歲當棄朔餘六十三中餘千一百九十七乃可常行自太初元年至永平十一年百七十一當去分而不去故令益有疏闊此二家常挾其術庶幾施行每有訟者百寮會議羣儒騁思論之有方益於多聞識之故詳錄焉

晉

成帝咸和七年山陰令魏丕造漏刻以獻

按晉書成帝本紀不載　按蕭子雲東宮雜記梁天監六年造新漏以臺舊漏給官漏銘云咸和七年會稽山陰令魏丕造卽會稽內史王舒所獻漏也

孝武帝太元十二年增儲宮漏刻并置史

按晉書孝武帝本紀不載　按晉起居注太元十二年有司奏儲宮初建未有漏刻宜參詳永安宮銅漏刻置漏刻史

宋

文帝元嘉二十年何承天以改用元嘉曆漏刻與先不同請臺勒漏郎將考驗施用從之

按宋書文帝本紀不載　按律曆志元嘉二十年何承天奏上尚書今旣改用元嘉曆漏刻與先不同宜應改革按景初曆春分日長秋分日短相承所用漏刻冬至後晝漏率長於冬至前且長短增減進退無漸非唯先法不精亦各傳寫謬誤今二至二分各據其正則至之前後無復差異更增損舊刻參以晷影刪定爲經改用二十五箭請臺勒漏郎將考驗施用從之前世諸儒依圖緯云月行有九道故畫作九規更相交錯檢其行次遲疾換易不得順度劉向論九道云青道二出黃道東白道二出黃道西黑道二出北赤道二出南又云立春春分東從青道立夏夏至南從赤道秋白冬黑各隨其方按日行黃道陽路也月者陰精不由陽路故或出其外或入其內出入去黃道不得過六度入十三日有奇而出出亦十三日有奇而入凡二十七日而一入一出矣交於黃道之上與日相掩則蝕焉漢世劉洪推檢月行作陰陽曆法元嘉二十年太祖使著作令史吳癸依洪法制新術令太史施用之

按隋書天文志宋何承天以月蝕所在當日之衝考驗日宿知移舊六度冬至之日其影極長測量晷度知冬至移舊四日前代諸漏春分晝長秋分晝短差過半刻皆由氣日不正所以而然遂議造漏法春秋二分昏旦晝夜漏各五十五刻齊及梁初因循不改

梁

武帝天監六年始以百刻分配十二辰

按梁書武帝本紀不載　按隋書天文志天監六年武帝以晝夜百刻分配十二辰辰得八刻仍有餘分乃以晝夜爲九十六刻一辰有全刻八焉

按梁漏刻經漏刻之作葢肇於軒轅之日宣乎夏商之代又云至冬至晝漏四十五刻冬至之後日長九日加一刻以至夏至晝漏六十五刻夏至之後日短九日減一刻或秦之遺法漢代施用

按通典天監六年以舊漏乖舛勑員外郞祖暅制之漏刻成太子中書舍人陸倕爲文焉

按陸倕新漏刻銘注梁天監六年上造新漏以舊漏給官

大同十年改漏爲一百八刻

按梁書武帝本紀不載　按隋書天文志大同十年又改用一百八刻依尚書考靈曜晝夜三十六頃之數因而三之冬至晝漏四十八刻夜漏六十刻夏至晝漏七十刻夜漏三十八刻春秋二分晝漏六十刻夜漏四十八刻昏旦之數各三刻先令祖暅爲漏經皆依渾天黃道日行去極遠近爲用箭日率

陳

文帝天嘉　年命中書舍人朱史定漏刻

按陳書文帝本紀不載　按隋書天文志陳文帝天嘉中命舍人朱史造漏依古百刻爲法周齊因循魏漏晉宋梁大同並以百刻分於晝夜　按經籍志漏刻經一卷梁中書舍人朱史撰漏刻經一卷陳太史令宋景撰（按朱史天文志作陳代人經籍志作梁代人大約自梁歷陳皆官中書而造漏刻則在陳時也）

隋

高祖開皇十四年鄜州司馬袁充上晷影漏刻

按隋書高祖本紀不載　按天文志隋初用周朝尹公正馬顯所造漏經至開皇十四年鄜州司馬袁充上晷影漏刻充以短影平儀均十二辰立表隨日影所指辰刻以驗漏水之節十二辰刻互有多少時正前後刻亦不同其二至二分用箭辰刻之法今列之云

冬至日出辰正　日入申正　晝四十刻　夜六十

刻　子丑亥各二刻　寅戌各六刻　卯酉各十三刻　辰申各十四刻　巳未各十刻　午八刻

右十四日改箭

春秋二分日出卯正　日入酉正　晝五十刻　夜五十刻　子四刻　丑亥七刻　寅戌九刻　卯酉十四刻　辰申九刻　巳未七刻　午四刻

右五日改箭

夏至日出寅正　日入戌正　晝六十刻　夜四十刻　子八刻　丑亥十刻　寅戌十四刻　卯酉十三刻　辰申六刻　巳未二刻　午二刻

右一十九日加減一刻改箭

按唐六典隋置漏刻生掌習漏刻之節以時唱漏

按文獻通考隋大駕鐘車鼓車皆刻木爲屋中置鐘鼓下施木臺長竿如鉦鼓輿輿士各二十四人

開皇十七年張胄元議改漏刻

按隋書高祖本紀不載　按天文志袁充素不曉渾天黃道去極之數苟役私智變改舊章其於施用未爲精密開皇十七年張胄元用後魏渾天鐵儀測知春秋二分日出卯酉之北不正當中與何承天所測頗同皆日出卯三刻五十五分入酉四刻二十五分晝漏五十刻一十分夜漏四十九刻四十分晝夜差六十分刻之四十

仁壽四年劉焯議改漏刻

按隋書高祖本紀不載　按天文志仁壽四年劉焯上皇極曆有日行遲疾推二十四氣皆有盈縮定日春秋分定日去冬至各八十八日有奇去夏至各九十三日有奇二分定日晝夜各五十刻又依渾天黃道驗知冬至夜漏五十九刻一百分刻之八十六晝漏四十刻一十四分夏至晝漏五十九刻八十六分夜漏四十刻一十四分冬夏二至之間晝夜差一十九刻一百分刻之七十二胄元及焯漏刻並不施用然其法制皆著在曆術推驗加時最爲詳審

煬帝大業　年令耿詢宇文愷等造諸漏刻

按隋書煬帝本紀不載　按天文志大業初耿詢作古欹器以漏水注之獻於煬帝帝善之因令與宇文愷依後魏道士李蘭所修道家上法稱漏制造稱水漏器以充行從又作候景分箭上水方器置於東都乾陽殿前鼓下司辰又作馬上漏刻以從行辨時刻揆日晷下漏刻此二者測天地正儀象之本也晷漏沿革今古大殊故列其差以補前闕

按文獻通考隋大業行漏車制同鐘鼓樓而大設刻漏如稱衡首垂銅鉢末有鉢象漆櫃貯水渴烏注水入鉢中長竿四輿士六十人

唐

唐漏刻職掌之制

按唐書百官志五官挈壺正二人正八品上五官司辰八人正九品上漏刻博士六人從九品下掌知漏刻凡孔壺爲漏浮箭爲刻以考中星昏明更以擊鼓爲節點以擊鐘爲節　按車服志太極殿前刻漏所亦以左契給之右以授承天門監門晝夜勘合然後鳴鼓

元宗開元十三年爲覆矩圖定晝夜刻之長短

按唐書元宗本紀不載　按天文志開元十三年南至岱宗禮畢自上傳呼萬歲聲聞於下時山下夜漏未盡自日觀東望日已漸高據曆法晨初迨日出差二刻半然則山上所差凡三刻餘其冬至夜刻同立春之後春分夜刻同立夏之後自岳趾升泰壇僅二十里而晝夜之差一節設使因二十里之崇以立句股術固不知其所以然况八尺之表乎原古人所以步圭影之意將以節宣和氣輔相物宜不在於辰次之周徑其所以重曆數之意將欲恭授人時欽若乾象不在於渾蓋之是非若乃述無稽之法於視聽之所不及則君子當闕疑而不議也而或者各守所傳之器以述天體謂渾元可任數而測大象可運算而闚終以六家之說迭爲矛楯誠以爲蓋天邪則南方之度漸狹果以爲渾天邪則北方之極寖高此二者又渾蓋之家盡智畢議未能有以通其說也則王仲任葛稚川之徒區區於異同之辨何益人倫之化哉凡晷差冬夏不同南北亦異先儒一以里數齊之遂失其實今更爲覆矩圖南自丹穴北暨幽都每極移一度輒累其差可以稽日食之多少定晝夜之長短而天下之晷皆協其數矣

後晉

高祖天福三年造懸壺爨之以火

按五代史晉高祖本紀不載　按遼史律曆志晉天福三年造周官挈壺氏懸壺必爨之以火地雖沍寒蓋可施也

宋

宋漏刻之制

按宋史律曆志漏刻周禮挈壺氏主挈壺水以爲漏以水火守之分以日夜所以視漏刻之盈縮辨昏旦

之短長自秦漢至五代典其事者雖立法不同而皆本於周禮惟後漢隋五代著於史志其法甚詳而歷載既久傳用漸差國朝復挈壺之職專司辰刻署置於文德殿門內之東偏設鼓樓鐘樓於殿庭之左右其制有銅壺水稱渴烏漏箭時牌契之屬壺以貯水烏以引注稱以平其漏箭以識其刻牌以告時於晝（牌有七自卯至酉用之制以牙刻字塡金）契以發鼓於夜（契有二一日放鼓二日止鼓制以木刻字於上）常以卯正後一刻爲禁門開鑰之節盈八刻後以爲辰時每時皆然以至於酉每一時直官進牌奏時正雞人引唱擊鼓一十五聲（惟午正擊鼓一百五十聲）至昏夜雞唱放鼓契出發鼓擊鐘一百聲然後下漏每夜分爲五更更分爲五點更以擊鼓爲節點以擊鐘爲節每更初皆雞唱轉點即移水稱以至五更二點止鼓契出（凡放鼓契出禁門外擊鼓然後衛鼓作止鼓契出亦然而更鼓止焉）五點擊鐘一百聲雞唱擊鼓是謂攢點至八刻後爲卯時正四時皆用此法禁鐘又別有更點在長春殿門之外玉淸昭應宮景靈宮會靈觀祥源觀及宗廟陵寢亦皆置爲而更以鼓爲節點以鉦爲節

按職官志祕書省鐘鼓院掌文德殿鐘鼓樓刻漏進牌之事

按宋會要漏刻之法有水秤以木爲衡衡上刻疏之曰天河其廣長容水箭箭有四以木爲之長三尺有五寸著時刻更點納於天河中晝夜更用之

眞宗景德四年奏復報時唱詞之制

按宋史眞宗本紀不載　按律曆志殿前報時雞唱唐朝舊有詞朱梁以來因而廢棄止唱和音景德四年司天監請復用舊詞遂詔兩制詳定付之習唱每大禮御殿登樓入閤內宴晝改時夜改更則用之常時改刻改點則不用

大中祥符三年韓顯符定二十四氣晝夜刻數

按宋史眞宗本紀不載　按律曆志大中祥符三年春官正韓顯符上銅渾儀法要其中有二十四氣晝夜進退日出沒刻數立成之法合於宋朝曆象今取其氣節之初載之於左

二十四氣	日出	日沒
冬至	卯四刻一百四十四半	申三刻五十一半
小寒	卯四刻一百一十九半	申三刻七十六半
大寒	卯四刻三十四半	申四刻十四半
立春	卯三刻五十六半	申四刻一百三十九半
雨水	卯二刻五十八半	申五刻一百三十七半
驚蟄	卯一刻四十半	申七刻八半
春分	卯初空	酉初空
清明	寅七刻八	酉一刻四十半
穀雨	寅五刻一百二十七半	酉二刻六十八半
立夏	寅四刻一百四十九半	酉三刻七十六半
小滿	寅三刻一百四十六半	酉四刻四十九半
芒種	寅三刻七十一半	酉四刻一百二十四半
夏至	寅三刻五十一半	酉四刻一百四十四半
小暑	寅三刻七十一半	酉四刻一百二十四半
大暑	寅三刻一百四十六半	酉四刻四十九半
立秋	寅四刻一百一十九半	酉三刻七十六半
處暑	寅五刻一百二十七半	酉三刻六十八半
白露	寅七刻八半	酉一刻四十半
秋分	卯初空	酉初空
寒露	卯一刻四十半	申七刻八半
霜降	卯二刻五十八半	申五刻一百三十七半
立冬	卯三刻五十六半	申四刻六十九半
小雪	卯四刻三十四半	申四刻十四半
大雪	卯四刻一百十九半	申三刻七十一半

二十四氣	晝刻	夜刻
冬至	四十刻五	五十九刻一百四十二
小寒	四十刻五十五	五十九刻九十二
大寒	四十一刻七十八	五十八刻六十九
立春	四十三刻二十四	五十六刻一百一十三
雨水	四十五刻三十	五十四刻一百一十七
驚蟄	四十七刻六十六	五十二刻八十一
春分	五十刻空	五十刻空
清明	五十二刻八十一	四十七刻六十六
穀雨	五十四刻一百三十七	四十五刻十
立夏	五十七刻六	四十二刻一百四十一
小滿	五十八刻九十九	四十一刻四十八
芒種	五十九刻一百二	四十刻四十五
夏至	五十九刻一百四十二	四十刻五
小暑	五十九刻一百二	四十刻四十五
大暑	五十八刻九十九	四十一刻四十八
立秋	五十七刻六	四十二刻一百四十一
處暑	五十四刻一百三十七	四十五刻十
白露	五十二刻八十一	四十七刻六十六
秋分	五十刻六二	五十刻空
寒露	四十七刻六十六	五十二刻八十一
霜降	四十五刻三十	五十四刻一百一十七

立冬　四十五刻三十四　五十六刻一百一十三
小雪　四十一刻七十八　五十八刻六十九
大雪　四十刻五十五　五十九刻九十二

仁宗天聖八年燕肅上蓮花漏法

按宋史仁宗本紀不載　按宋會要天聖八年燕肅上蓮花漏法其制琢石爲四分之壺剡木爲四分之箭以測十二辰二十四氣四隅十干洎百刻分布晝夜成四十八箭其箭一氣一易二十四氣各有晝夜故四十八箭又爲水匱置銅渴烏引水下注銅荷中插石壺旁銅荷承水自荷莖中溜瀉入壺壺上當中爲金蓮花覆之花心有竅容箭下插箭首與蓮心平渴烏漏下水入壺一分浮箭上湧一分至於登刻盈時皆如之

皇祐　年更造漏刻

按宋史仁宗本載不紀　按律曆志自黃帝觀漏水制器取則三代因以命官則挈壺氏其職也後之作者或下漏或浮漏或輪漏或權衡制作不一宋舊有刻漏及以水爲權衡置文德殿之東廡景祐三年再加考定而水有遲疾用有司之請增平水壺一渴烏二晝夜箭二十一然常以四時日出傳卯正一刻又每時正已傳一刻至八刻已傳次時即二時初末相侵殆半皇祐初詔舒易簡于淵周琮更造其法用平水重壺均調水勢使無遲疾分百刻於晝夜冬至晝漏四十刻夜漏六十刻夏至晝漏六十刻夜漏四十刻春秋二分晝夜各五十刻日未出前二刻半爲曉日沒後二刻半爲昏減夜五刻以益晝漏謂之昏旦漏刻皆隨氣增損焉冬至夏至之間晝夜長短凡差二十刻每差一刻別爲一箭冬至互起其首凡有四十一箭晝有朝有禺有中有晡有夕夜有甲乙丙丁戊昏旦有星中每箭各異其數凡黃道升降差二度四十分則隨曆增減改箭每時初行一刻至四刻六分之一爲時正終八刻六分之二則交次時

神宗熙寧七年沈括上浮漏議作浮漏

按宋史神宗本紀熙寧七年夏六月丁亥作浮漏

按天文志熙寧七年沈括上浮漏議曰播水之壺三而受水之壺一曰求壺廢壺方中皆圓尺有八寸尺有四寸五分以深其食二斛爲積分四百六十六萬六千四百六十日復壺如求壺之度中離以爲二元一斛介八斗而中有達曰建壺方尺植三尺有五寸其食斛有半求壺之水復壺之所求也壺盈則水馳壺虛則水凝復壺之脅爲枝渠以爲水節求壺進水暴則流怒以搖復以壺又折以爲介復爲枝渠達其濫溢枝渠之委所謂廢壺也以受廢水三壺皆所以播水爲水制也自復壺之介以玉權釃於建壺建壺所以受水爲刻者也建壺一易箭則發上室以瀉之求復建壺之泄皆欲迫下水所趣也玉權下水之槩寸矯而上之然後發則水撓而不躁也復壺之達半求壺之注玉權半復壺之達枝渠博皆分高如其博平方如砥以爲水槩壺皆爲之冪無使穢遊則水道不慧求壺之冪龍紐以其出水不窮也復壺士紐士所以生法者復壺制法之器也廢壺鯢紐止水之濫鯢所伏也銅史令刻執漏政也冬設熅燎以澤凝也注水以龍噣直頸附於壺體直則易浚附於壺體則難敗復壺玉爲之喙銜於龍噣謂之權所以權其盈虛也建壺之執窒旋塗而彌之以重帛窒則不吐也管之善利者水所溲也非玉則不能堅良以久權之所出高則源輕源輕則其委不悍而溲物不利箭不效於璣衡則易權洗箭而改畫覆以璣衡謂之常不弊之術今之下漏者始嘗甚密久復先大者管泐也管泐而器皆弊者無權也弊而不可復壽者術固也察日之晷以璣衡而制箭以日之晷跡一刻之度以賦餘刻刻有不均者建壺有眚也贅者磨之創者補之百刻一度其壺乃善晝夜已復而箭有餘才者權鄙也晝夜未復而壺吐者權沃也如是則調其權此制器之法也下漏必用甘泉惡其垽之爲壺眚也必用一源泉之冽者權之而重重則敏於行而爲箭之情慓泉之鹵者權之而輕輕則椎於行而爲箭之情鶩一井不可他汲數汲則泉濁陳水不可再注再注則行利此下漏之法也箭一如建壺之長廣寸有五分三分去二以爲之厚其陽爲百刻爲十二辰博牘二十有一如箭之長廣五分去半以爲之後陽爲五更爲二十有五籌陰刻消長之衰三分箭之廣其中刻契以容牘夜算差一刻則因箭而易牘鎔鮑箭舟也其虛五升重一鎰有半鍛而赤柔者金之美者也然後漬而不墨墨者其久必蝕銀之有銅則墨銅之有錫則屑特銅久溽則腹敗而飲皆工之所不材也

按律曆志七年六月司天監呈新製浮漏於迎陽門帝召輔臣觀之數問同提舉官沈括具對所以改更之理尋又言準詔集監官較其密疏無可比較詔置於翰林天文院七月以括爲右正言司天秋官正皇甫愈等賞有差初括上浮漏議見天文志朝廷用

其說令改造法物至是浮漏成故賞之
按稗編沈括晷漏議古今言刻漏者數十家悉皆疎謬曆家言晷漏者自顓帝曆至今見於世謂之大曆者凡二十五家其步漏之術皆未合天度予占天候景以至驗於儀象考數下漏凡十餘年方粗見眞數成書四卷謂之熙寧晷漏皆非襲蹈前人之跡其間二事尤微一者下漏家常患冬月水澀夏月水利以爲水性如此又疑冰澌所壅萬方理之終不應法予以理求之冬至日行速天運已朞而日已過表故百刻而有餘夏至日行遲天運未朞而日已至表故不及百刻旣得此數然後覆求晷景漏刻莫不脗合此古人之所未知也二者日之盈縮其消長以漸無一日頓殊之理曆法皆以一日之氣短長之中者播爲刻分累損益氣初日衰每日消長常同至交一氣則頓易刻衰故黃道有弧而不圓縱有强爲數以步之者亦非乘理用算而多形數相詭大凡物有定形形有眞數方圓端斜定形也乘除相盪無所附益泯然冥會者眞數也其術可以心得不可以言喻黃道環天正圓圓之爲體循之則其妥至均不均不能中規衡絕之則有舒有數無舒數則不能成妥以圓法相盪而得衰則衰無不均以妥法相盪而得差則差有疎數相因以求從相消以求負從負相入會一術以御日行以言其變則秒刻之間消長未嘗同以言其齊則止用一衰循環無端始終如貫不能議其隙此圓法之微古之言算者有所未知也以日衰生日積及生日衰終始相求迭爲賓主順循之以索日變衡別之求去極之度合散無跡泯如運規非深知造算之理者不能與其微也其詳具予奏議藏在史官及予所著熙寧晷漏四卷之中

元豐五年春正月乙巳作新浮漏

按宋史神宗本紀云云　按律曆志元豐五年五月翰林學士王安禮言詳定渾儀官歐陽發所上浮漏木樣具新器之宜變舊器之失臣等竊詳司天監浮漏疎謬不可用請依新式改造修正從之

孝宗淳熙十四年石萬言淳熙曆漏刻之差請送祕書省禮部詳之

按宋史孝宗本紀不載　按律曆志淳熙十四年國學進士會稽石萬言淳熙曆立元非是氣朔多差不與天合南渡以來渾儀草創不合制度無圭表以測日景長短無機漏以定交食加時設欲考正其差而太史局官尚如去年測驗太陰虧食自一更一點還光一分之後或一點還光二分或一點還光三分以上或一點還光三分以下更點乍疾乍徐隨景走弄以肆欺蔽然其差謬非獨此耳冬至日行極南黃道出赤道二十四度晝極短故四十刻夜極長故六十刻夏至日行極北黃道入赤道二十四度晝極長故六十刻夜極短故四十刻春秋二分黃赤二道平而晝夜等故各五十刻此地中古今不易之法至王普重定刻漏又有南北分野冬夏晝夜長短三刻之差今淳熙曆皆不然冬至晝四十刻極短夜六十刻極長乃在大雪前二日所差一氣以上自冬至之後晝當漸長夜當漸短今過小雪晝猶四十刻夜猶六十刻所差七日有餘夏至晝六十刻極長夜四十刻極短乃在芒種前一日所差亦一氣以上自夏至之後晝當漸短夜當漸長今過小暑晝猶六十刻夜猶四十刻所差亦七日有餘及晝夜各五十刻又不在春分秋分之下至於日之出入人視之以爲晝夜有長短有漸不可得而急與遲也急與遲則爲變今日之出入增減一刻近或五日遠或三四十日而一急一遲與日行常度無一合者請考正淳熙曆法之差俾之上不違於天時下不乖於人事送祕書省禮部詳之

理宗端平三年修漏刻

按宋史理宗本紀不載　按續文獻通考端平三年七月詔出封樁庫千緡下祕書省修漏刻從太史局之請也

金

章宗承安四年夏六月奉職醜和尚進浮漏水稱影儀簡儀圖命有司依式造之

按金史章宗本紀云云

泰和元年夏六月詔有司修蓮花漏

按金史章宗本紀云云　按曆志初張行簡爲禮部尚書提點司天監時嘗製蓮花星丸二漏以進章宗命置蓮花漏於禁中星丸漏遇奉駕巡幸則用之貞祐南渡二漏皆遷於汴汴亡廢毀無所稽其制矣

元

元大明殿燈漏之制

按元史天文志大明殿燈漏之制高丈有七尺架以金爲之其曲梁之上中設雲珠左日右月雲珠之下復懸一珠梁之兩端飾以龍首張吻轉目可以審平水之緩急中梁之上有戲珠龍二隨珠俛仰又可察

準水之均調凡此皆非徒設也燈毬櫬以金寶爲之內分四層上環布四神旋當日月參辰之所在左轉日一週次爲龍虎鳥龜之象各居其方依刻跳躍鐃鳴以應於內又次週分百刻上列十二神各執時牌至其時四門通報又一人當門內常以手指其刻數下四隅鐘鼓鉦鐃各一人一刻鳴鐘二刻鼓三鉦四鐃初正皆如是其機發隱於櫃中以水激之

至元十九年春二月辛卯命司徒阿你哥行工部尚書納懷製飾銅輪儀表刻漏

按元史世祖本紀云云

順帝至正十四年帝自製宮漏

按元史順帝本紀不載　按續文獻通考至正十四年帝自製宮漏高六七尺廣半之造木爲匱藏壺其中運水上下匱上設三聖殿匱腰立玉女捧時刻籌時至輒浮水而上左右二金甲神一懸鐘一懸鉦夜則神人自能按更而擊無分毫差鳴鐘鉦時獅鳳在側者皆自翔舞匱之東西有日月宮飛仙女人立宮前遇子午時自能耦進度仙橋達三聖殿復退立如前其精巧絕出人意皆前所未有也

明

太祖洪武元年司天監進元所製水晶宮刻漏

按明通紀洪武元年十月司天監進元主所製水晶宮刻漏備極機巧中設二木偶人能按時自擊鉦鼓

英宗正統六年以原屬順天府刻漏改屬本監博士提調

按明會典凡定時刻有漏換時有牌報更有鼓警晨昏有鐘鼓其器皆設於譙樓初皆屬順天府正統六年改屬本監輪差漏刻博士提調陰陽人如法調壺換牌其陰陽人仍從順天府各縣僉充鐘鼓改屬旗手衛撥軍擊撞

代宗景泰六年造銅壺

按明會典云云

世宗嘉靖三十六年准行內宮監造銅壺滴漏開寫節候時刻

按明會典凡鑄造銅壺滴漏嘉靖三十六年題准行內宮監造每副物料四火黃銅三千三百五十斤紅熟銅二百五十斤木箭一十九枝行內靈臺開寫節候時刻安設

曆法典第九十九卷

漏刻部彙考二

詩經

齊風東方未明註疏按此詩朱註以爲刺其君今因古註所載有挈壺氏所職甚詳故採列於此

詩序東方未明刺無節也朝廷興居無節號令不時挈壺氏不能掌其職焉傳挈壺氏掌漏刻者疏人君置挈壺氏之官使主掌漏刻以昏明告君今朝廷無節由挈壺氏不能掌其職事焉故刺君之無節且言置挈壺氏之官不得其人也挈壺氏不能掌其職卒章是也箋挈壺氏於天子爲司馬之屬其官士也故夏官序云挈壺氏下士六人注云挈讀如挈髮之挈壺盛水器也世主挈壺水以爲漏然則挈壺者懸繫之名刻謂置箭壺內刻以爲節而浮之水上令水漏而刻下以記晝夜昏明之度數也

折柳樊圃狂夫瞿瞿

傳瞿瞿無守之貌古者有挈壺氏以水火分日夜以告時於朝箋柳木之不可以爲藩猶是狂夫不任挈壺氏之事

不能辰夜不夙則莫

箋此言不任其事者恆失節數也疏此言折柳木以爲藩菜果之圃則柳木柔脆無益於圃之禁以喻用狂夫以爲挈壺之官則狂夫瞿瞿然不任於官之職由不任其事恆失節度不能時節此夜之漏刻不太早則太晚常失其宜故令起居無節以君任非其人故刺之傳序云挈壺氏不能掌其職

則在夫爲挈壺氏矣古者有挈壺氏以水火分日夜謂以水爲漏夜則以火照之冬則冰凍不下又當置火於傍故用水用火準晝夜共爲百刻分其數以爲日夜以告時節於朝職掌如此而今此狂夫瞿瞿然志無所守分日夜則參差不齊告時節則早晚失度故責之也漏刻之箭晝夜共百刻冬夏之間則有長短焉太史立成法有四十八箭是其分日夜之事言冬夏之間有長短者按乾象曆及諸曆法與今太史所候皆云冬至則晝四十五夜五十五夏至則晝六十五夜三十五春秋分則晝五十五半夜四十四半從春分至於夏至晝漸長增九刻半從夏至至於秋分所減亦如之從秋分至於冬至晝漸短減十刻半從冬至至於春分所加亦如之又於每氣之間加減刻數有多有少其事在於曆術以其筭數有多有少不可通而爲率故太史之官立爲法定作四十八箭以一年有二十四氣每一氣之間又分爲二通率七日强半而易一箭故周年而用箭四十八也曆言晝夜考以昏明爲限馬融王肅注尚書以爲日永則晝漏六十刻夜漏四十刻日短則晝漏四十刻夜漏六十刻日中宵中則晝夜各五十刻者以尚書有日出日入之語遂以日見爲限尚書緯謂刻爲商鄭作士昏禮目錄云日入三商爲昏舉全數以言耳其實日見之前日入之後距昏明各有二刻半減晝五刻以裨夜故於曆法皆多校五刻也鄭於堯典注云日中宵中者日見之漏與不見者齊也日永者日見之漏五十五刻日不見之漏四十五刻又與馬王不同者鄭言日中宵中者其漏齊則可矣其言日永日短之數則與曆甚錯馬融言晝漏六十夜漏四十減晝以裨夜矣鄭意謂其未減又減晝五刻以增之是鄭之妄說耳漏刻之數見在史官古今曆者莫不符合鄭君獨有此異不可强爲之辭按挈壺之職惟言分以日夜不言告時於朝春官雞人云凡國事爲期則告之時注云象雞知時然則告時於朝乃是雞人此言挈壺告時者以序云輿居無節挈壺氏不能掌其職明是挈壺告之失時故令朝廷無節也蓋天子備官挈壺掌漏雞人告時諸侯兼官不立雞人故挈壺告也

司馬彪續漢書

曆

孔壺爲漏浮箭爲刻下漏數刻以考中星昏明生焉

許愼說文

漏

漏以銅受水刻節晝夜百刻

晉書

天文志

杜史北一星曰女史婦人之微者主傳漏　織女三星在天紀東端東足四星曰漸臺臨水之臺也主晷漏律呂之事

袖中記

漏刻

法曰以器貯水以銅爲渴烏狀如鉤曲以引器中水於銀龍口中吐入權器漏水一升稱重一斤時經一刻

唐書

百官志

宮門郎掌宮門管籥凡夜漏盡擊漏鼓而開夜漏上水一刻擊漏鼓而閉

宋史

律曆志

消息數因漏刻立名義通晷景麟德曆差日屈伸率天晝夜者易進退之象也冬至一陽爻生而晷道漸升夜漏益減象君子之道長故曰息夏至一陰爻生而晷道漸降夜漏益增象君子之道消故曰消表景與陽而衝從晦者也故與夜漏長短今以屈伸象太陰之行而刻差曰消息數黃道去極日行有南北故晷漏有長短然景差徐疾不同者句股使之然也景直晷中則差遲與句股數齊則差急隨北極高下所遇不同其黃道去極度數與日景漏刻昏曉中星反覆相求消息用率步日景而稽黃道因黃道而生漏刻而正中星四衡旋相爲中以合九服之變約而易知簡而易從

輿服志

行漏輿隋大業行漏車也制同鐘鼓樓而大設刻漏如稱衡

無名氏漏刻經

總叙

嘗觀天文皆按宣洞陽城晷漏且自今年冬至起筭至來年冬至日止所謂周天之正數也一日一夜通計一百刻每八刻二十分爲一時惟寅申巳亥有九刻皆以子午定其晝夜今者所在壺漏異常不遵古

法務在機巧各肆智術工匠一時智臆之見制度既無執則時刻宜乎差謬有過與不及之失今輒撰成滴漏循環之法積年而成不勞人力不費工財妙通元微至簡且捷雖出五里之外篋笥皆可附行於几案之隅所謂天運璇璣盡在目中矣切見好事君子或用表標或用煙篆然香燥則易爇香潤則燼緩天晴日表可驗陰晦又不可考二者俱非悠久之法但依此造似乎簡易而精通元微妙中之妙也

造盂法

其法以銅盂二隻大一小一大者貯水初無定制但寬大過於小者足矣如無以磁盂代之小者重五兩高三寸四分面底並闊四寸七分上下四直造之恐度量差殊當以太平錢五十文準其輕重造畢於盂底微鑽一竅如針眼大浮於水盆上令水顛倒自穴外逆通上入於盂中用籌探之水至子則子時至午則午時至一更則一更矣他皆倣此

下漏法

每日天曉日將出時將小盂浮於大盆水面上至日入時自然水漏小盂沉於水底爲度卻取出小盂去其水再浮水面上至來日天曉仍舊沉於水底昏曉二時俱以水滿爲度定其晝夜其日停水之時切須濾出極淨毋使塵滓隘其水穴庶幾永無緩迫之失

造籌法

用薄木竹片皆可爲如籤筳樣隨尺寸高下書寫時刻用探水定驗時辰更點尤是簡捷凡籌三十四分均布十二段每段該二分五釐惟寅申己亥上分外加添四分謂維偏添之數也閏餘成歲折差之數也今皆捷取小盂內分刻爲驗甚徑更捷小盂分刻處相對先刻取二路以浮魚指點處是也凡一年十二月止用太平錢二十文隨月加減鎮壓小盂

加減法

十一月節晝用二十文太平錢勻鋪小盂底夜用空盂十二月節晝用太平錢十九文夜用一文自十二月節爲始晝減一文夜添一文七日一次加減正月節晝用十一文夜用九文二月節晝用十文夜用十文三月節晝用九文夜用十一文自三月節爲始每七日一次晝減一文夜增一文四月節晝用一文夜用十九文五月節晝用空盂夜二十文六月節晝用一文夜用十九文自六月節爲始每七日一次晝增一文夜減一文七月節晝九文夜十一文八月節晝夜各十文九月節晝用十一文夜用九文自九月節爲始每七日一次晝添一文夜減一文十月節晝用十一文夜用九文

六經圖

唐呂才漏刻圖

夜天池
日天池
平壺
萬分壺
水海

宋燕肅漏刻圖

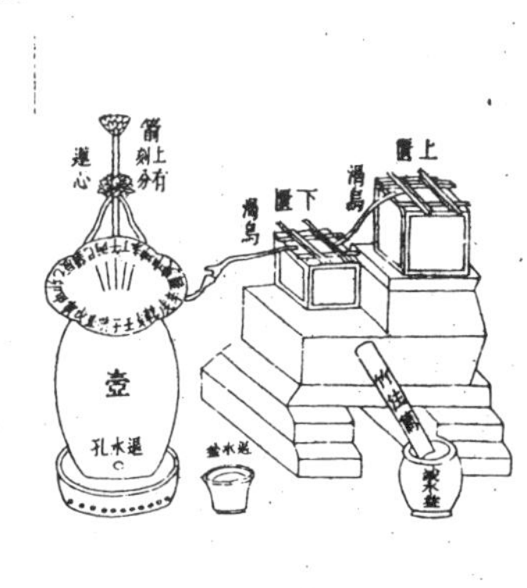

圖說

唐制有四匱一夜天池二日天池三平壺四萬分壺又有水海以水海浮箭以四匱注水始自夜天池以入於日天池自日天池以入於平壺以次相注入於水海浮箭而上每以箭浮爲刻分也

今制有二匱二渴烏一石壺四十八箭竹筒注一銅節水小筒一減水盎一退水盆一匱二漆木爲之深一尺二寸徑三尺二寸五分壺以石爲之深二尺一寸五分徑一尺三寸二分內圍四尺一寸渴烏二銅爲之上者長三尺二寸受水口徑三分出水口一分半下者長二尺八寸受水口徑二分出水口一分箭以漆桐爲之長四尺徑六分重四兩有半刻蓮花爲首飾上一尺六寸刻節候中一尺五寸分二十五刻每刻六分下九分安在蓮心減水盎竹注筒銅節水小筒三物設在下匱之旁以平水勢退水盆設於壺竅之下以受退水

稱漏水法晝夜計十二時每時八刻二十分每刻六十分計水二斤八兩箭四十八二箭當一氣歲統二

百一十六萬分悉刻於箭上銅烏引水而下注蓮心浮箭以上登至於晝夜之別分至之候冬夏長短昏曉隱見與周官水臬晷影無差

三才圖會

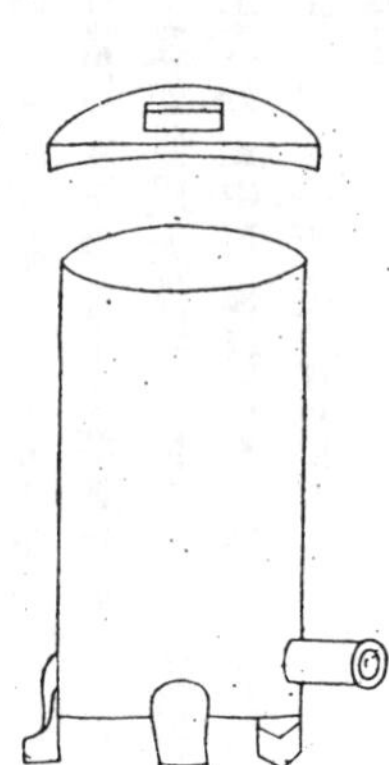

圖說

高九寸有半深七寸有半徑五寸八分容五升有蓋銘二十有一字按此器制度其蓋有長方孔而壺底之上有旒筩乃漏壺也覩其銘文則漢器也

春明夢餘錄

欽天監

漏刻之箭晝夜共百刻冬夏之間則有長短焉太史立成法有四十八箭按乾象曆及諸曆法皆云冬至則晝四十五夜五十五夏至則晝六十五夜三十五秋分則晝五十五半夜四十四半從春分至於夏至晝漸長增九刻半從夏至至於秋分所減亦如之從秋分至於冬至晝漸短減十刻半從冬至至於春分所加亦如之又於每氣之間加減刻數有多有少其事在於曆術以其算數有多有少不可通而為率故太史官立為法定作四十八箭以一年有二十四氣至一氣之間又分為二通率七日強半而易一箭故周年而用箭四十八也曆言晝夜者以昏明為限馬融王肅注尚書以為日永則晝漏六十刻夜漏四十刻日短則晝漏四十刻夜漏六十刻日中宵中則晝夜各五十刻者以尚書有日出日入之語遂以日見為限尚書緯謂刻為商鄭作士昏禮目錄云日入三商為昏舉全數以言耳其實日見之前日入之後距明各有二刻半減晝五刻以裨夜故於曆法皆多校五刻也今欽天監曆日皆用馬王之說而長止於五十九刻不言六十短止於四十一刻不言四十以見陰陽之妙云

漏刻部總論

宋儲泳祛疑說

刻漏說

自古刻漏必曰壺大幾何受水幾何又有水重水輕之別渴烏之嘴吐水如髮惟恐不細向製此器以備火候之用出水入水為制不同大抵一塵入水渴烏旋塞未嘗有三日不間斷者中夜以思忽得其說但使渴烏之水大如中針則小小塵垢隨水而下不復可塞不過倍受水之壺而已製器一成不復間斷深思其故始得其說因著之以傳好事者

王逵蠡海集

曆數

百刻之說衆議紛紛莫有定論惟一說頗優以為每刻得六十分百刻共得六千分散於十二時該五百分如此則一時占八刻零二十分將八刻截作初正各四刻却將二十分零數分作初初正初各一十分也又趙緣督一說將十二時各分八刻計刻九十六刻為大刻却將餘四刻每刻分作六十分四刻作二百四十分每一時中又得二十分為小刻如此則一時之中得八大刻復有二十分小刻截作初初正初各得一十分為微刻也其他或以子午二時各得十刻者或以子午卯酉各得九刻者或以夜子時得四刻者皆非也然夜子時之說只是在夜半之前故稱夜子正如冬至為起曆之端而居中氣其前亦係十一月也是以夜子正在亥時之後故只有初刻而無正刻子時却只有正刻而無初刻其意可見也

朱子語類

理氣

曆數微眇如今下漏一般漏管稍澀則必後天稍闊則必先天未子而子未午而午

漏刻部藝文一

刻漏銘　漢崔駰

天德順動人以立信乃作斯策以咸渥潤封傳令覽爰暨四極

刻漏銘　李尤

昔在先聖配天垂則仰釐七曜俯順神德乃建日官俾立漏刻昏明既序景曜不忒唐命羲和敬授人時懸象著明序以崇熙季末不虔德衰於茲挈壺失職刺流在詩聖哲稽古帝則是欽尺璧非寶重此寸陰昧旦丕顯敬聽漏音思我王度如玉如金

漏刻賦　晉陸機

偉聖人之制器妙萬物而為基形罔隆而弗包理何遠而不之寸管俯而陰陽效其誠尺表仰而日月與之期元鳥懸而八風以情應玉衡立而天地不能欺既窮神以盡化又設漏以考時爾乃挈金壺以南羅藏幽水而北戢擬洪殺於編鐘順卑高而為級激懸泉以遠射跨飛途而遙集伏陰蟲以承波吞恆流其如挹是故來象神造去猶鬼幻因勢相引乘靈自薦口納胷吐水無滯咽形微獨繭之緒逝若垂天之電借四時以合最指昏明乎無殿籠八極於千分度晝夜乎一箭抱百刻以駿浮仰胡人而利見夫其立體也簡而効績也誠其假物也粗而致用也精積水不過一鍾導流不過一莛而用天者因其敏分地者賴其平微聽者假其察貞觀者借其明考計歷之潛慮測日月之幽情信探賾之妙術雖無神其若靈

漏刻銘　孫綽

二儀貞運聖鑒通元數以器徵理以象宣乃制妙漏挈壺是銓近取諸物遠贊自然累筒三階積水成淵器滿則盈乘虛赴下靈虬吐注陰蟲承瀉昏明無隱其晷度陰陽是效其屈伸不下堂而天地理得設一器而萬事同倫

請改漏刻奏　宋何承天

上尚書令既改用元嘉曆刻漏與先不同宜應改革按景初曆春分日長秋分日短相承所用漏刻冬至後晝漏率長於冬至前且長短增減進退無漸非唯先法不精亦各傳寫謬誤今二至二分各據其正則至之前後無復差異更增損舊刻參以晷影刪定為經改用二十五箭請臺勒漏郎將考驗施用

觀漏賦有序　鮑照

客有觀於漏者退而嘆曰夫及遠者箭也而定遠非箭之功為生者我也而制生非我之情故自箭而為心不可憑者弦因生以觀我不可恃者年憑其不可恃故以悲哉況乎沉華密遠輕波潛耗而感神嬰慮者又自外而傷壽以是思生生亦勤矣乃為賦云

佩流嘆於馳年纓華思於奔月結蘭茗以望楚弄參差以歌越撫凝肌於遷滯鑒雕容於彷彿景有墜而易昏憂無方而難歇歷玫階而升陳訪金壺之盈闕觀騰波之吞寫覩驚箭之登沒箭既沒而復登波長瀉而弗歸注沉穴而海漏射懸塗而電飛壟戶牖而知天掩雲霧而測暉創百齡於纖隱積千里於空微彼崢崢而行溢此冉冉而逾衰撫寸心而未改指分光而永違昔傷矢之奔禽聞虛弦之顛仆徒嬰刃而知懼豈潛機之能覺惟主經之霍靡亦悲長而歡促橫鐙古而秉心抱空意其如玉波沉沉而東注日滔滔而西屬落繁馨於纖草殞豐華於喬木對昊離而後歌據窮蹊而方哭雖接薪之更傳寧絕明之還續貫古今而并念信寡易而多難時不留乎激矢生乃急於走丸既河源之莫壅又吹波而助瀾神怵迴而多慮心鞸轢而勤歎望天涯而佇念擢雄劍而長嘆嗟生民之末迷躬與後而皆恤死零落而無二生差池之非一理幽分於化前算冥定於天秩與艾骨而招病猶刳腸而興疾情殊用而俱盡事離方而同失聊弭志以高歌順煙雨而沉逸於是隨秋鴻而汎渚逐春燕而登梁進賦詩而展念退陳酒以排傷物不可以兩大理無得而雙昌薰晚華而後落槿早秀而前亡姑屏憂以愉思樂茲情於寸光從江河之紆直委天地之圓方漏盈兮漏虛長無絕兮芬芳

漏刻銘　梁元帝

玉衡稱物金壺博施司南司火未符茲義帝曰欽哉納隍斯譬實惟簡在密神體智宮槐晚合月桂宵暉清臺莫爽解谷胥依七分六日五祀三微事齊幽贊乃會通幾碧海有乾絳川猶竭飛流五色涓涓靡絕龍首旁注仙衣俯裂箭不停晷聲無暫輟用天之貞分地之平如茲斯直如渭斯清

新漏刻銘有序　陸倕

夫自天觀象昏旦之刻未分治曆明時盈縮之度無準挈壺命氏遠哉義用揆景測辰徵宮戒井守以水火分茲日夜而司曆亡官疇人廢業孟陬殄滅攝提無紀衛宏載傳呼之節較而未詳霍融叙分至之差詳而不密陸機之賦虛握靈珠孫綽之

銘空擅崑玉弘度遺篇承天垂旨布在方冊無彰器用譬彼春華同夫海棗寧可以軌物字民作範垂訓者乎且今之官漏出自會稽積水違方導流乖則六日無辨五行不分歲躔閹茂月次姑洗皇帝有天下之五載也樂遷夏諺禮變商俗業類補天功均柱地河海夷晏風雲律呂坐朝晏罷每旦晨興屬傳漏之音聽雞人之響以爲星火謬中金水違用時乖啓閉箭異錙銖爰命日官草創新器於是俯察旁羅登臺升庫則於地四參以天一建武遺靈咸和餘舛金箭方圓之制飛流吐納之規變律改經一皆懲革天監六年太歲丁亥朔十六日壬寅漏成進御以考辰正晷測表候陰不謬圭撮無乖黍累又可以校運算之睽合辨分天之邪正察四氣之盈虛課六曆之疏密永世貽則傳之無窮赫矣煥乎無德而稱也昔嘉量微物盤於小器猶且昭德記功載在銘典況人神之制與造化合符成物之能與坤元等契動侔樞席事百巾機寧可使多謝會水有陋昆吾金字不傳銀書未勒者哉乃詔小臣爲其銘曰

一暑一寒有明有晦神道無跡天工罕代乃置挈壺是惟熙載氣均衡石晷正權槩世道交喪禮術銷亡遲遲水火爭倒衣裳擊刁舛文叢木乖方爰究爰度時惟我皇方壺外文圓流內襲洪殺殊等高卑異級靈虬承注陰蟲吐噏倏往忽來鬼出神入微若抽繭逝如激雷耳不輟音眼無流盼銅史司刻金徒抱箭履薄非兢臨深罔戰授受靡愆登降弗爽唯精唯一可法可象月不遁來日無藏往分似符契至猶影響合昏暮卷蓂莢晨生尚辨天意猶測地情況我神造通幽洞靈配皇等極爲世作程

漏刻銘 有序　　北周王褒

竊以混元開闢天迴地旋曆象運行暑來寒往二分同道鳥靈正其昏夕兩至相遇表圭測其長短雖則晦朔先後失於公羊之說文舍盈縮惑於丘明之傳至乎出卯入酉黃道青綠季孟相推啓閉從序挈壺掌分數之令太史陳立成之法軍將以之懸井壺郎以之超奏百王垂訓千祀餘烈者焉銘曰

元儀西運逝水東流甘川浴日深壑藏舟測茲祕象是曰神謀正震治曆下武惟周忽微以則積空成數圭表弗差光陰斯赴箭水無絕靈虬長注徑寸日輪四分天度器遵昔典景移新刻荊山既鑄昆吾且勒

刻漏賦 以叶心理曉箭爲韻　　唐顏舒

原夫陰陽遞運日月分馳星紀之輪還或爽律呂之疎密難知迨皇王之有作命壺氏以緝規爰置水於刻漏載以火而守之則晦明之期可準興寢之候無差爾其高卑列級洪殺順理靈虯屹以俯開陰蟲矯而仰止上流注而不竭下吞挹而無已既泓澄而泉濬亦驚激而波起則良工之妙著焉睿哲之心見矣是用斟乾晷測時變視盈闕於金壺觀騰波於銀箭惟箭馳而壺減固流續而波薦筒列之數與運而無乖輝景之移閉戶而可見懿其節正斯代事沿往牒信古往而今來必用之而道叶罷衣裳之顛倒配皇極而調燮不假軒闕之鳳凰何用堯堦之蓂莢別有希榮片玉庇影環林驅疾風之早厲知寒漏之已侵恐年華之不與更悄悄而傷心

漏賦　　竇鞏

易曰天垂象聖人則之故備以人事法乎天時定損益之道察盈虛之期嗟歲運兮倏忽春年容之透遲景苒苒而難駐晷銖銖而在茲蓋以重金壺之器建銅史之司致用久而不易循環因而可推爾其漏之所作漏之所託至精至微惟寂惟寞水滴瀝而滑響箭差池而靡錯俯通軒禁上應參廓亙千門兮連萬戶左彤階兮右丹闕亂微唱於晨雞雜幽聲於夜鶴清清冷冷日殿烏星迗春漏於重扃赫赫曈曈時方祝融傳夏漏於深宮的的綿綿明河爛然耿秋漏於涼天暗暗陰陰濃氛鬱沉轉冬漏於寒林觀夫脩短之意見乎造化之心信晷刻之道廣知挈壺之用深故能度量萬物均分四序既不忒於盈縮亦無差於寒暑順之則千載可通逆之則寸陰是阻應乎日月合乎律呂蓋漏亡則時昧漏存則政舉實邦國之是務諒樞衡之所與悲夫天轉氣流人生悠悠景有虧而有滿時或沉而或浮恥功名之未立懼容華之先秋所以懷寶獻王彈冠振褧歌聖明而不已亦休暇於林丘

漏賦　　符子璋

昔南正重司天北正黎司地迎日推策舉分定至將以綱紀曆象察明躔次算氣候爲晝夜之刻立渾儀驗晦明之異故歲時環廻而有準國家憲章以成事唐虞承用以大輿夏商恭行而無墜其後疇人失業挈壺不舉詩刺東方之未明史書南風之乖序測辰

屢鈞於杓違揆景顚謬於寒暑千官群觀以權衡萬姓孰寧其安處何不謂漏之既定而人自正漏之既衰而人自疑故有國者不可以不明其事今上都咸陽理天下道歸簡易政被風雅人皆得眞事則無假至於挈漏尤足稱也其本則披甲子而求範得黃鐘而下生如因三以窮數隔八以循行課六曆之疎密齊七曜之經營俾攝提之有紀實孟陬之用成其器則方圓列陛高卑中度劍陰蟲以吐輸設靈蚪以盛注銅史應其方金箭刻其數則於道如符契之合精於微無黍絫之誤每至雞人起唱鼉鼓相催九重初曉千門以開國史奏事於平樂羣官謁帝於金臺不失其度及時而廻自邇及遠識往知來漏之爲義實大矣哉

漏賦　闕名

仰察天文俯觀地理參律呂而權度審衡平而璿璣則閏餘之數乖攝提之運無紀空跡馬遷之能竟絕邵平之美時運紛其鼎革禮術於焉中圮樵夫恥王道之不談天子慜挈壺之闕史乃分建斯官疇咨此職將啓閉合敘以繩平俾夙夜在公而端直於是金徒抱箭銅史司刻尊靈蚪吐納之規揆抽繭高卑之力信是模範可爲法則體象陰陽代爲作式故雞人合唱洪殺無差鶴蓋成陰員流不息夫其開闔之勢財成之規準度毫釐之末錙銖圭撮之儀則離婁失其精思班匠亡其所爲將運功於不測當稱物以平施乃若鑑持日夜書備明晦爰受授而是司考事事而必載雲物順其端序寒暑成而不昧雖末代於天工亦無預於權槩能收視返聽周流六虛策勤補拙寅亮三餘枝擊刀之有則均叢木之不疎參銅衡兮氣混混純積水兮來徐徐臨泉非誡危之懼梟幕寧誡安之居是使名勤合道彰圖器於周書則知漏之爲器其大矣哉聖人資之以端拱日月順之以行藏賢者不能減其分度智者不能損其纖芒存之則雙美廢之則兩傷是用齊天長兮地久均國祚兮無疆

引漏水判　闕名

得甲引漏水於衡渠之下乙告違法甲云是金龍口吐轉注入渠法司以爲虛妄科不應爲不伏

七曜成文二儀不測聖人造理璿衡有用爲魯侯之金鏤照合鬼神窺漢史之銅渾有探造化圭撮不謬玉節斯調晝夜必盡其規天地莫逃其算登臺視朔觀雲物之必書拂琯移灰識權衡之有度惟甲名當典刻職在挈壺望朱鳥之在時見金龍之吐水雨霧時降波結霜盤之中晷刻相仍流泄衡渠之下在金徒之昧職徵玉典而可刑不應爲而匪爲甲無過也不應告而輒告乙有罪焉請從罰杖之科以明抱箭之士

池州造刻漏記　杜牧

百刻短長取於口不取於數天下多是也牧太和三年佐沈吏部江西府暇日公與賓史環城見銅壺銀箭律如古法曰建中時嗣曹王皐命處士王易簡爲之公曰湖南府亦曹王命處士之所爲也後二年公移鎭宣城王處士尚存因命工就京師授其術創置於宣城府牧爲童時王處士年七十嘗來牧家精大演數與雜機巧識地有泉鑿必湧起韓文公多與之遊太和四年牧自宣城使於京師處士年餘九十精神不衰牧拜於牀下言及刻漏因圖授之會昌五年歲次己丑夏四月始造於城南門樓京兆杜牧記

穎州蓮華漏銘　宋夏竦

極星建中黃道營外度有遲遐時有明晦聖人觀象女史詔則孔壺爲漏浮箭爲刻資始巧曆稽合小餘重黎是司羲和是圖秦氏遺法漢京垂制歷世彌文舊規加麗玉虬吐水分灌兩壺金龍轉注下激衡渠天道可觀神化無跡日運波澄氣分箭易倚嗟燕君文學餘力博貫舊章肇新景式粲魏既登潼川既營建於青闕作於穎丞五夜持昏三商定夕秒忽無差升降靡息意侔造化數窮天地茫茫有生孰參其智於鑠聖宋世祚無疆刊此樂石永惠萬方

明州修刻漏銘　王安石

戊子王公始治於明丁亥孟冬刻漏具成追謂屬人嗟汝予銘自古在昔挈壺有職匪器則弊人亡政息其政謂何弗棘弗遲君子小人興息維時東方未明自公召之彼寧不勤得罪於時厥荒懈廢乃政之疵嗚呼有州謹哉維茲茲惟其中俾我後思

徐州蓮華漏銘有序　蘇軾

故龍圖閣直學士禮部侍郎燕公肅以創物之智聞於天下作蓮華漏世服其精凡公所臨必爲之今州郡往往而在雖有巧者莫敢損益而徐州獨用瞽人衛朴所造廢法而任意有壺而無箭自以無目而廢天下之視使守者伺其滿則決之而更注人莫不笑之國子博士傅君裼公之外曾孫得其法爲詳其通守是邦也實始改作而請銘於軾

銘曰

人之所信者手足耳目也目識多寡手知重輕然人未有以手量而目計者必付之於度量與權衡豈不自信而信物蓋以爲無意無我然後得萬物之情故天地之寒暑日月之晦明昆侖旁薄於三十八萬七千里之外而不能逃於三尺之箭五斗之缾雖疾雷霾風雨雪晝晦而遲速有度不加虧贏使凡爲吏者如缾之受水不過其量如水之浮箭不失其平如箭之升降也視時之上下降不爲辱升不爲榮則民將靡然心服而寄我以死生矣

答曾無疑　朱熹

晷景製作甚精三衢有王伯照侍郎所定官曆刻漏圖一編亦與此同曆象之學自是一家若欲窮理亦不可以不講然亦須大者先立然後及之則亦不至難曉而無不通矣

漏刻鐘銘　元姚燧

靈臺設簴巍以尊元間大呂非其昴摯職善鼓手自煩宮商艮諧等金釜請無以聲以功論一日之中兩昕昏一鳴一刻有度存九圍一圍折柳樊黔首時作時養殆日月如是相告敦三辰聽命循軌垣四序不忒迭寒暄萬物生翕盈乾坤何獨治曆逌此源凝熙帝績高羲軒積世而運會而元吉金之舌愼莫捫轂譽誰其代天言

重鑄漏壺銘有序　明周瑛

漏壺之製原於上古聖人掌之有司所以敬天時重人事其所關也大矣溫郡漏壺敝於火闕之有年天順丁丑予來守茲郡欲重鑄之顧以漸次舉百廢未及之歲辛巳乃圖成其事郡之文武縉紳士咸樂於贊襄壺既成俾挈壺氏掌其職而不失君子小人以之興居有節所謂術不違天政不失時者是郡有之宜銘以誌不忘銘曰

挈壺有職司彼天時壺既敝矣職何攸司振頹舉廢厥職在誰我吏茲土寧不圖斯稽古而製曰模曰規於以合天毫髮無差君子莅政弗亟弗遲民樂厥生興息有期作銘紀勝載歌雍熙

漏刻部藝文二詩

冬夜集賦得寒漏　唐皇甫冉

清冬洛陽客寒漏建章臺出禁因風徹縈窗共月來偏將寒籟雜乍與遠鴻哀遙夜重城警流年滴水催閑齋堪坐起況有故人杯

尚書郎上直聞春漏　張少博

建禮含香處重城待漏辰徐聲傳鳳闕曉唱辨雞人銀箭聽將盡銅壺漏更新催籌當五夜移刻及三春杳杳從天遠泠泠出禁頻直廬殘響曙肅穆對鉤陳

尚書郎上直聞春漏　周徹

建禮通華省含香直紫宸靜聞銅史漏暗識桂宮春滴瀝疑將絕清泠發更新寒聲臨鳳沼碎韻應雞人迥入千門徹行催五夜頻高臺閑自聽非是駐征輪

太清宮聞滴漏　嚴巨川

玉漏移中禁齋車人太清漸知催辨色復聽續餘聲乍逐徽風轉時因雜佩輕青樓人罷夢紫陌騎將行殘魄棲初盡餘寒滴更生慙非朝謁客空有振衣情

百官乘月早朝聽殘漏　莫宣卿

建禮俄朝冠重門耿夜闌碧空蟾魄度清禁漏聲殘候曉車輿合淩霜劍珮寒星河猶皎皎銀箭尚瑠瑠杳靄祥光起霏微瑞氣攢忻逢聖明代長願接鴛鸞

五更五點後發鼓詞　朱史

朝光發萬戶開羣臣謁平旦寅朝辨色泰時昕日出卯瑞露晞祥光繞食時辰登六樂薦八珍禺中巳少陽時大繩紀日南午天下明萬物覩日昳未飛夕陽清晚氣餔時申聽朝暇湛凝神入日酉群動息嚴扃守

初夜發鼓詞　同前

日欲暮魚鑰下龍韜布甲夜己設勾陳備蘭錡乙夜庚杓位易太階下丙夜辛清鶴唳夢良臣丁夜壬丹禁靜漏更深戊夜癸曉奏闌求衣始

寒漏明　元張翥

寒漏明時一聆夜長不能寐月色明階庭西風落葉爭秋聲雞啼未啼霜滿城城中有思婦正促征衣成東家西家砧杵急使我起坐時時驚歸心如廢弓屢折不可禁寒漏明時一聆

漏刻部選句

漢王褒洛都賦挈壺司刻漏樽瀉流仙叟秉矢隨水沉浮指日命分應則唱籌

宋鮑照觀漏賦注沉穴而海漏射懸塗而電飛

謝莊樂府晨晷促夕漏延

梁簡文帝詩洞門扉未掩金壺漏已催又落闢猶待漏交戟未通車

元帝秋興賦聽夜籤之響殿聞懸魚之扣屏

庚肩吾詩燒香知夜漏刻燭驗更籌

陳張正見詩洛城鐘漏息靈臺雲霧卷
唐太宗詩雕宮靜龍漏綺閣宴王侯
王勃乾元殿頌序蟬機撮化銅渾將九聖齊懸虬箭司更銀漏與三辰合運
宗楚客詩珠胎隨月減玉漏與年長
李嶠詩玉壺初下箭桐井共安牀
蘇味道詩金吾不禁夜玉漏莫相催
杜審言詩冬氛戀虬箭春色候雞鳴
閻朝隱詩箭水冷冷刻漏長
徐彥伯詩夕轉清壺漏晨驚長樂鐘
喬知之詩曉漏離閶闔鳴鐘出未央
張說詩靜聞宮漏疎
韋元旦詩挈壺分早漏伏檻耀初暾
李華含元殿賦節晷漏於鐘律架危樓之筍簴
盧肇觀柘枝舞賦聽銅壺之刻漏瞻銀漢之明滅
崔損霜降賦聞萬戶之輕砧聽九重之永漏
王起庭燎賦聽玉漏而未央仰紫宸而初爇
崔液詩玉漏銀壺且莫催鐵關金鎖徹明開
王昌齡詩臥聽南宮清漏長
劉長卿詩青瑣幽深漏刻長
王維詩寒更傳曉箭清鏡覽衰顏又九門寒漏徹萬井曙鐘多又上路笙歌滿春城漏刻長
儲光羲詩初秋漏刻長
李白詩銀箭金壺漏水多起看秋月墜江波
皇甫曾詩十分午夜漏遙隔萬年枝
杜甫詩五夜漏聲催曉箭又晝漏稀聞高閣報天顏有喜近臣知又豈知驅車復同軌可惜刻漏隨更箭又晝漏傳呼淺春旗簇仗齊
錢起詩薄寒燈影外殘漏雨聲中
獨孤及詩鈴閣風傳漏書窗月滿山
嚴武詩夜鐘清萬戶曙漏拂千旗
李益詩似將海水添宮漏共滴長門一夜長
李賀詩寒金鳴夜刻
元稹詩停驂待五漏人馬同時聞
楊巨源詩爐烟添柳重宮漏出花遲
白居易詩清砧繁漏月高時
鮑溶詩金飈爽晨華玉壺增夜刻
姚合詩微風侵竹影疊漏過林端又清漏和砧疊樓禽與葉連
杜牧詩玉漏輕風順金莖淡日殘
許渾詩閶闔欲開宮漏盡冕旒初坐御香高
李商隱詩玉童收夜鑰金狄守更籌又銀箭耿寒漏金缸凝夜光又促漏遙鐘動靜聞
趙嘏詩高僧夜滴芙蓉漏遠客窗含楊柳風
溫庭筠詩重城漏斷孤帆去惟恐瓊籤報天曙又丁丁暖漏滴花影催入景陽人不知又綺閣空傳唱漏聲又丁冬細漏侵瓊瑟
許棠詩禁風吹漏出原樹映星沉
陸龜蒙詩金龍傾漏盡玉井敲冰早
張喬詩遠公窗下蓮花漏猶向山中禮六時
方干詩丁丁寒漏滴聲稀又晝漏丁當相續滴寒蟬計會一時鳴
鄭谷詩偃漏遲遲出建章宮簾不動透清光又曉籌庭松色風和禁漏聲又鐘絕分宮漏螢微隔御溝
宋韓琦詩銅壺報刻殘星斷
王珪詩漏籤初刻上銅壺
陳師道詩司漏凌晨報曉籤
陸游詩金壺投箭消長日翠袖傳杯領好春
元袁桷詩樓頭換箭鼓聲急堂上傳杯歌韻高
薩都剌詩午箭初長刻漏移
周伯琦詩柏子樹陰浮碧砌蓮花漏水響銅壺
楊維楨詩曉漏壺中水聲遠

漏刻部紀事

周禮春官雞人大祭祀夜嘑旦以嘂百官注夜夜漏未盡雞鳴時呼旦以警起百官使夙興

史記司馬穰苴傳穰苴與莊賈約日旦日日中會於軍門穰苴先馳至軍立表下漏待賈日中不至穰苴則仆表決漏入行軍勒兵申明約束約束既定夕時莊賈乃至注決漏謂決去壺中漏水

漢書百官公卿表秦官有太子率更注掌知漏刻故日率更

東方朔傳建元三年微行始出以夜漏下十刻乃出常稱平陽侯

西京雜記成帝時交阯越巂獻長鳴雞伺雞晨即下漏驗之晷刻無差

漢書董賢傳賢隨太子官爲郎傳漏在殿下爲人美麗自喜哀帝望見說其儀貌拜爲黃門郎注傳漏奏時刻也

衛宏漢舊儀立夏立秋晝六十二刻夏至晝六十五刻夜漏不盡五刻擊五鼓夜漏不盡三刻擊三鼓

後漢書祭祀志雒陽諸陵皆以晦望二十四氣伏臘及四時祠廟日上飯其親幸所宮人隨鼓漏理被枕具盥水陳嚴具

三國志吳範傳關羽在麥城權使潘璋邀其徑路覘候者還白羽已去範曰雖去不免問其期曰明日日中權立表下漏以待之及中不至範曰時尚未正中也頃之有風動帷範拊手曰羽至矣須臾外稱萬歲傳言得羽

翻譯名義集遠公之門有僧慧要患山中無刻漏乃於水上立十二葉芙蓉因波而輪以定十二時晷景無差今日遠公蓮花漏是也

南齊書皇妃傳上數遊幸諸苑囿載宮人從後車宮內深隱不聞端門鼓漏聲置鐘於景陽樓上宮人聞鐘聲早起裝飾至今此鐘惟應五鼓及三鼓也

梁書陸倕傳高祖雅愛倕才乃敕撰新漏刻銘其文甚美遷太子中舍人管東宮書記

南史陳文帝本紀每雞人伺漏傳籤於殿中者令投籤於階石上鎗然有聲云吾雖得眠亦令驚覺

魏書術藝傳河間信都芳字玉琳好學善天文算數甚為安豐王延明所知延明家聚渾天欹器地動銅烏漏刻候風諸巧事并圖畫為器準竝令芳算之會延明南奔芳乃自撰注

北史奚斤傳自魏初大將行兵惟長孫嵩拒宋武斤征河南獨給漏刻及十二牙旗

張胄元傳胄元博學多通隋文帝擢拜太史令古曆二分晝夜皆等胄元積候知其有差春秋二分晝多夜漏半刻皆由日行遲疾盈縮使其然也論者服其精密

隋書耿詢傳詢作馬上刻漏世稱其妙煬帝即位進古欹器帝善之

唐書百官志宮門郎掌宮門管籥凡夜漏盡擊漏鼓而開夜漏上水一刻擊漏鼓而閉

司馬郎中員外郎掌門關入出之籍凡奏事遣官送之晝題時刻夜題更籌命婦諸親朝參者內侍監校尉涖索

率更寺令一人掌宗族次序禮樂刑罰及漏刻之政

舊唐書官品志司天臺漏刻博士二十人漏刻之法孔壺為漏浮箭為刻其箭四十有八晝夜共百刻

拂菻傳拂菻國樓中懸一大金稱以金丸十二枚屬於衡端以候日之十二時又為一金人立於側每至一時其金丸輒落鏗然發聲引唱以紀時日毫釐無失

唐書盧鈞傳武宗以鈞寬厚詔兼節度昭義及潞石雄兵已入雄欲盡夷潞兵鈞不聽坐治堂上左右皆雄親率擊鼓傳漏鈞自居甚安雄引去

唐國史補越僧靈澈得蓮花漏於廬山傳江西觀察使韋丹初惠遠以山中不知更漏乃取銅葉製器狀如蓮花置盆水之上底孔漏水半之則沉每晝夜十二沉為行道之節雖冬夏短長雲陰月黑亦無差也

遼史太宗本紀會同元年春三月壬寅晉方技百工圖籍曆象石經銅人明堂刻漏悉送上京

宋史職官志翰林學士院凡拜宰相及事重者晚漏上天子御內東門小殿宣詔面諭給筆札書所得旨稟奏歸院內侍鎖院門禁止出入夜漏盡具詞進入遲明白麻上

蘇頌傳頌還吏部尚書兼侍讀既達於律曆以吏部令史韓公廉曉算術有巧思奏用之授以古法為臺三層上設渾儀中設渾象下設司辰貫以一機激水轉輪不假人力時至刻臨則司辰出告星辰躔度所次占候測驗不差晷刻晝夜晦明皆可推見前此未有也

燕肅傳肅官至禮部侍郎詔與章得象馮元詳刻漏嘗造指南記里鼓二車及欹器以獻又上蓮花漏法詔司天臺考於鐘鼓樓下云不與崇天曆合然肅所至皆刻石以記其法州郡用之以候昏曉世推其精密

青箱雜記龍圖燕公肅雅多巧思任梓潼日嘗作蓮花漏獻於闕下後作藩青社出守東潁悉按其法而為之其制為四分之壺參差置水器於上刻木為四方之箭箭四觚面二十五刻刻六十四面百刻總六千分以效日凡四十八箭一氣一易鑄金蓮承箭銅烏引水下注金蓮浮箭而上有司唯謹視而易之其行漏之始又依周官水地置泉法考二交之景得午時四刻一十分午為正南北景中以起漏焉以梓潼在南其法晝增一刻夜損一刻青社稍北晝增三刻潁處梓青之間晝增二刻夜損亦如之仍作室祕漏其德天愈密焉茲亦張平子之流也

宋史郭諮傳任顓言諮有巧思自為兵械皆可用詔以所作刻漏圓楯獨轅弩生皮甲來上帝嘉之

東京夢華錄大慶殿庭設兩樓上有太史局保章正測驗刻漏逐時刻執牙牌奏

元史徐履謙傳舊制享祀司天雖掌時刻無鐘鼓更漏往往至旦始行事履謙白宰執請用鐘鼓更漏俾早晏有節從之

元氏掖庭記帝自製宮漏約高六七尺爲木櫃藏壺其中運水上下櫃上設西方三聖殿櫃腰設玉女捧時刻籌時至輒浮水而上左右列二金甲神人一懸鐘一懸鉦夜則神人自能按更而擊

大政記英宗正統十四年二至夏晝冬夜各六十一刻

續文獻通考正統己巳大統曆二至晷晝六十一刻夜三十九刻此從古所無者岳文肅見而異之曰予及第之明年歲己巳之朔禮成而觀其書晝二至之晷有晝夜六十一刻之文即怪其故退而求古諸家曆法無有也楊先生時爲五官司曆予雅相知者主事君又同進士因以所私問之先生曰子以爲何如予曰天行最健日次之月又次之以月會日以日會天天運常舒日月常縮曆家以其舒者縮者之中氣置閏以定分至然以三百六十五度四分度之一之日乘除之積三歲而得三十二日五十九刻者其法常活以三百六十五度四分度之一之天分南北二極日行中道冬至行極南至牽牛得四十刻爲日短夏至行極北至東井得六十刻爲日長春秋分則行南北中東至角西至婁爲晝夜均均者各五十刻也其法常死死者必不可易而活者不能不變故古之以曆名家者必以其變者立差法以權衡之則變者常通而死者得其所矣有如今曆也者毋乃不揣其本而齊其末歟先生曰如子言誠然予曰若然者先生將居其職而卑不預其事耶先生撫然笑曰能者不必用用者不必能又何今日咎也又曰曆者聖政之所先本也苟以私智撓之能無搖其枝乎予始悟當時用事者方赫赫必以先生爲忌已而果有土木之變益以服先生之高識矣

漏刻部雜錄

漢書王莽傳元煒和平考星以漏 注 應劭曰推五星行度以漏刻也晉灼曰和合也萬物皆合藏於北方水又主平故曰和平歷度起於斗分日月紀於攝提攝提值斗杓所指以建時節故考星屬焉

漢雜事鼓以動衆夜漏鼓鳴則起晝漏壺乾鐘鳴則息

歲時廣記燒燭知夜刻燭驗更

晉書天文志東壁北十星曰天廐王馬之官若今驛亭也主傳令置驛逐漏馳驚謂其行急疾與晷漏競馳也

水經注洛陽金墉城東門曰含春門北有退門城上四面列觀五十步睥睨居室置一鐘以和漏鼓也

隋書音樂志六龍矯首七萃驚途鼓移行漏風轉相烏

杜工部詩集鄠籤報水程 注 鄠籤即漏籤也舟中所用以分時者

眞臘風土記一夜只分四更

談苑掌漏官曰壺郎潘岳圖刀斗曰金柝

黔記貴陽城外有漏泃泉一名聖泉一日百盈百涸應漏刻焉

鼠璞西都賦衛以嚴更之署 注 嚴更督夜行鼓也此鹵簿中所謂嚴更警長也嚴與發嚴及中嚴外辦同唐制日未明七刻搥一鼓爲一嚴侍中奏開宮門城門五刻搥二鼓爲再嚴侍中版奏請中嚴羣臣五品以上俱集朝堂未明一刻搥三鼓爲三嚴侍中中書令以下俱詣西閤奉迎嚴即嚴肅之義今以辦嚴爲辦裝因諱而改恐難例論

小學紺珠古今刻漏之法有二曰浮漏曰稱漏 又今之爲晷漏者其法有四銅壺香篆圭表輥彈

閒中今古錄宋太祖建隆庚申受禪後聞陳希夷只怕五更頭之言命宮中轉六更方鼓嚴鳴鐘太祖之意恐有不軌之徒竊發於五更之時故終宋之世六更轉於宮中然後鳴鐘殊不省更庚同音也至理宗景定元年歷五庚申越十七年宋亡而希夷五更頭之數信矣

文獻通考宋司天臺主螭漏

豹隱紀談楊誠齋詩云天上歸來有六更蓋內樓五更絕梆鼓交作謂之蝦蟇更禁門方開百官隨入所謂六更者也外方則謂之攢點

象緯新篇夫天行一週晝夜百刻配以十二時一時得八刻總而計之共九十六刻所餘四刻每刻分爲六十分四刻則當二百四十分也布之於十二時間則一時得八刻二十分將八刻截作初正各四刻却將二十分零數分作初初正初徵刻初初刻者十分

也正初刻者十分也既有初初刻正初刻非一時十刻乎一時十刻非百二十刻乎

欽定古今圖書集成曆象彙編

第一百卷目錄

曆法典第一百卷

測量部彙考一

上古

黃帝有熊氏始置靈臺以爲測候之所

按史記五帝本紀不載　按事物紀原云云

周

周制以土圭測影

按周禮地官大司徒以土圭之法測土深正日景以求地中日南則景短多暑日北則景長多寒日東則景夕多風日西則景朝多陰日至之景尺有五寸謂之地中

訂義史氏曰虞以璿璣玉衡齊七政求天之中周以土圭正日景求地之中中於天地者爲中國先王之建國所以致意焉然必以玉爲之以其溫潤廉潔受天地之中氣以類而求類也　鄭康成曰土圭所以致四時日月之景測猶度也不知廣深故曰測　鄭司農曰測土深謂南北東西之深　王氏曰土圭之法所以度天之高四方之廣測土之深率測土深則天與四方可知矣　鄭鍔曰凡地之遠近里數侵入則謂之深土圭尺有五寸耳日景於地千里而差一寸尺有五寸之土圭則可以探一萬五千里而地與星辰四游升降於三萬里之中故以半三萬里之法而測之也　愚嘗聞土圭測日之法於師今載於此冬夏二至晝漏正中立一表以爲中東西南北各立一表其取中表皆以千里爲率其表則各以八尺爲度於表之傍立一尺五寸之土圭焉日南者南表也晝漏正而中表之景已與土圭等其南方之表則於表南得一尺四寸之景不及土圭之長是其地於日爲近南故其景短南方偏乎陽則知其地之多暑日北者北表也晝漏正而中表之景已與土圭等其北方之表則於表北得一尺六寸之景有過乎土圭之長是其地於日爲近北故其景長北方偏乎陰則知其地之多寒日東者東表也晝漏正而中表景正矣東表之景已昳是其地於日爲近東故晝而得夕時之景也箕者東方之宿箕星好風則知其地之多風日西者西表也晝漏正而中表景正矣西表之景猶未中是其地於日爲近西故晝而得朝時之景也畢者西方之宿畢宿好雨故知其地之多陰陰雖未必雨然陰則雨意也凡此皆偏於一方非建王國之所也　愚按此卽發明疏說考之洛誥但言卜河朔黎水澗水瀍水惟洛食而已未聞置四表於千里之外疏又謂今穎川陽城縣周公度景之處古跡猶存不知四方立表之跡果何地乎此未足信也日月之行分同道也至相過也景晷相過則有可候之理故致日必以冬夏今建國測景只於夏至而不於冬至以冬至景長三尺過於土圭之制未若夏至之日晝漏之半立八尺之表表北尺有五寸正與土圭等則爲地中故於此時權之以表測之以圭假如表北得尺四寸是地於日爲近南景短於表南爲陽陽地常多暑假如表北得尺六寸是地於日爲近北景長於表北爲陰陰地常多寒正中時表其景已昳是地於日爲近東先夕景也東近海卑下故多颶風正中時表其景未中是地於日爲近西猶朝景也西則近山幽陰故多積雪多者不得夫氣之中而偏勝之謂日南日北蓋假借言之以證必如下文地中斯無偏勝之患若以四表而驗中表之正萬一與土圭不協四方相去各千里而遙必非頃刻所能取會苟失其時地中何時而可求耶

夏官土方氏上士五人下士十人府二人史五人胥五人徒五十人

訂義項氏曰土方者主土度四方之地　賈氏曰主

四方邦國之事與職方連類在此（以下至形方氏詳）

掌土圭之法以致日景以土地相宅而建邦國都鄙

訂義黃氏曰地形廣遠不可度量故有土圭之法今九章猶有鉤股存焉　鄭鍔曰冬夏至潁川陽城晝漏半立八尺之表夏至於表北得尺五寸之景冬至於表北得丈三尺之景皆為地中此建國所用也若建諸侯國則不用此何則景一寸差千里一分則百里封侯國之大者不過五百里何取於土圭之寸耶亦取其分而已若建小國又取其分以為小分也一分百里男國也亦大都也二分二百里子國也若小都五十里則為小分五分大夫二十五里則為小分二分半所謂建邦國都鄙也　鄭康成曰土地猶度地知東西南北之深而相其可居者宅居也　李嘉會曰知其風土以相國君居民之所宅蓋宅里所居必陰陽納藏風氣合聚如禹貢所云四隩既宅是也　鄭鍔曰土方氏所掌與大司徒以土圭正日景馮相氏之致日致月不同大司徒建王國而用土圭以測土深求天地之中馮相氏欲知四時之氣土方氏專建諸侯之國不過用土圭以度其地之遠近廣狹而已

以辨土宜土化之法而授任地者

訂義黃氏曰所謂景短多寒景長多暑景朝多陰景夕多風土宜土化由是而有其法焉　鄭康成曰土宜謂九穀植穉所宜也土化地之輕重糞種所宜用也任地者載師之屬　劉氏曰謂授其地以任之耕種者　鄭鍔曰大司徒有土宜之法草人有土化之法用是法以授夫任地之人則非特治王畿千里之地有法而治諸侯之地亦有法何患職貢之不供哉　王昭禹曰大司徒以土圭之法測土深正日景以求地中凡建邦國以土圭土其地而土方氏則輔成司徒建國之事而已大司徒掌土宜之法而土方氏亦辨土宜土化之法則輔相司徒草人任土糞種之事而已司徒草人所掌止於王畿而土方氏所掌則及於四方

考工記

匠人

匠人建國

訂義鄭鍔曰梓匠輪輿皆工之巧而梓人與輪輿只能為器為車而已至於為工而從事於斧斤者匠也攻木攻土無所不能是以謂之匠　陳用之曰大司徒以土圭之法求地中主天地之中而言焉匠人建國水地眡景晝參夜考又將求王國之中

水地以縣

訂義趙氏曰縣者謂於造城之處四角立四柱於柱四畔垂繩以正柱柱正然後去柱遠以水平之法望柱高下定即知地之高下然後平高就下地乃平也蓋地高則柱高柱高則映於水之影短水地者於柱四角之中掘地貯水以望柱也　毛氏曰謂於地之四邊掘而為溝以圍繞之而注水於其中水之淺深相似不偏則雖不平高下依水以為平矣然水所注須臾乾焉故既依水以得其平又以繩依水而縣之水雖乾而繩存則不復資於水也以繩為正足矣此縣宜以繩相牽連而縣於水之上也　鄭鍔曰天下之至平莫如水將以知地之高下則用水而視之天下之至直莫如繩將以知槷之邪正則用繩而視之謂之水地以縣者既度地而槷之未知其高下乃用水以望之也然水可以望高下必以繩而驗之用水以平地立柱以縣繩觀水矣而又觀繩則平與直皆可知也

置槷以縣眡以景

訂義毛氏曰水地之縣求地之平也既得平矣宜辨方以正東西南北之所在正之如何置槷以縣而已夫立槷以致日景而正四方槷或不正則景從而差先王垂其繩以正其槷而後眡其所致之景焉上言水地以縣以依水而橫縣之也此言置槷以縣則直縣之而已　鄭鍔曰八尺之表謂之槷槷與書所謂臬司之臬同皆法也八尺之表則法之所在也　趙氏曰唯置槷平直則冬至夏至日出入景或尺五寸或一丈三尺皆可眡矣置水於地置槷於地必假繩而後正故皆以縣焉　陳用之曰謂之水與司徒所謂土其地者同以測其土之深故謂之土以求諸水之平故謂之水

為規識日出之景與日入之景

訂義毛氏曰識謂記之也此申明上文眡景之義大抵平地宜以水水在地而近人審之為易辨方宜以日月在天而遠人審之為難故置縣槷以致其景而眡之也然日不暫停晷亦隨之槷雖能致其景而又隨其出入之景而規識之如是則日雖在槷而槷所以得之者規畫之識而已此言規猶輪人之言矩其陰陽也矩與規方圓不同皆為刻畫之稱　鄭鍔曰記景之法必畫為規者蓋規圓而

矩方惟因其圜然後中屈之　鄭康成曰度兩交之間中屈之以指槷規之交處則東西正也於兩交之間中屈之指槷又知南北正也　易氏曰又於四旁之地爲規圜之勢晝以識之日出於東其景在西則識其出景之端日入於西其景在東則識其入景之端景之兩端旣定中屈其所量之繩而兩者相合則地中可驗

晝參諸日中之景夜考之極星以正朝夕

訂義 趙氏曰晝是晝漏半正午時此時日正行在天之中雖不正在天中行然必在極旁行及夜後極星則日去極遠近可驗夜正是夜半三更正子之時極星謂北辰正當天極中以居天之中衆星所拱者謂之極極言中也　易氏曰又慮所規之不正也復以出入之景與日中之景三者相參故曰參又慮所參之或偏也復以日中之景與極星之度兩者相考故曰考且極星之度何與於日月之景凡以驗日景之中而已蓋夏至日在南陸躔於東井去極六十六度有奇而其景尺有五寸冬至日在北陸躔於牽牛去極一百一十六度有奇而其景丈有三尺春分日在西陸躔於婁秋分日在東陸躔於角去極九十一度有奇而其景均焉觀日躔去極之遠近以驗四時考四時日景之短長以求地中則東西可正　王昭禹曰晝參日景所以正其朝也夜考極星所以正其夕也　陳用之曰朝主東言夕主西言東西正則南北可從而正矣東西南北位皆正則中可求矣　鄭鍔曰晝參日中之景所以求地之中夜考天之極星所以求天之中如是則可以正朝夕國當天地之中四方各正當朝則朝當夕則夕早晚晷刻不失之先不失之後於此而爲天子之居以受百官之朝則朝不廢朝暮不廢夕自非辨方正位之初克正朝夕安能至此

漢

文帝後三年以庚辰歲冬至爲曆元立儀表以測日景長短

按漢書文帝本紀不載　按後漢書律曆志漢高皇帝受命四十有五歲陽在上章陰在執徐冬十有一月甲子夜半朔旦冬至日月閏積之數皆自此始立元正朔謂之漢曆乃立儀表以校日景景長則日遠天度之端也日發其端周而爲歲 按爾雅太歲在庚日上章在辰日執徐漢受命以來文帝後三年歲在庚辰故編於後三年

後漢

後漢曆二十四氣晷景長短

按後漢書律曆志黃道去極日景之生據儀表也漏刻之生以去極遠近差乘節氣之差如遠近而差一刻以相增損昏明之生以天度乘晝漏夜漏減三百而一爲定度以減天度餘爲明加定度一爲昏其餘四之如法爲少不盡三之如法爲強餘半法以上以成強強三爲少少四爲度其強二爲少弱也又以日度餘爲少強而各加焉

二十四氣

冬至晷景丈三尺

小寒晷景丈二尺三寸

大寒晷景丈一尺

立春晷景九尺六寸

雨水晷景七尺九寸五分

驚蟄晷景六尺五寸

春分晷景五尺二寸五分

清明晷景四尺一寸五分

穀雨晷景三尺二寸

立夏晷景二尺五寸三分

小滿晷景尺九寸八分

芒種晷景尺六寸八分

夏至晷景尺五寸

小暑晷景尺七寸

大暑晷景二尺

立秋晷景二尺五寸五分

處暑晷景三尺三寸三分

白露晷景四尺三寸九分

秋分晷景五尺五寸

寒露晷景六尺八寸五分

霜降晷景八尺四寸

立冬晷景丈四寸二分

小雪晷景丈一尺四寸

大雪晷景丈二尺五寸六分

晉

晉曆二十四氣晷景長短

按晉書天文志夫天之晝夜以日出沒爲分人之晝夜以昏明爲限日未出二刻半而明日入二刻半而昏故損夜五刻以益晝是以春秋分漏晝五十五刻三光之行不必有常術家以算求之各有同異故

諸家曆法參差不齊洛書甄耀度春秋考異郵皆云周天一百七萬一千里一度爲二千九百三十二里七十一步二尺七寸四分四百八十七分分之三百六十二陸績云天東西南北徑三十五萬七千里此言周三徑一也考之徑一不啻周三率周百四十二而徑四十五則天徑三十二萬九千四百一里一百二十二步二尺二寸一分七十一分分之十周禮日至之景尺有五寸謂之地中鄭衆說土圭之長尺有五寸以夏至之日立八尺之表其景與土圭等謂之地中今潁川陽城地也鄭元云凡日景於地千里而差一寸景尺有五寸者南戴日下萬五千里也以此推之日當去其下地八萬里矣日邪射陽城則天徑之半也體圓如彈丸地處天之半而陽城爲中則日春秋冬夏昏明晝夜去陽城皆等無盈縮矣故知從日邪射陽城爲天徑之半也以句股法言之旁萬五千里句也立八極萬里股也從日邪射陽城弦也以句股求弦法入之得八萬一千三百九十四里三十步五尺三寸六分天徑之半而地上去天之數也倍之得十六萬二千七百八十八里六十一步四尺七寸二分天徑之數也以周率乘之徑率約之得五十一萬三千六百八十七里六十八步一尺八寸二分周天之數也減甄耀度考異郵五十五萬七千三百一十二里有奇一度凡千四百六里二十四步六寸四分十萬七千五百六十五分分之萬九千四十九減舊度千五百二十五里二百五十六步三尺三寸二十一萬五千一百三十分分之十六萬七百三十分黃赤二道相與交錯其間相去二十四度以南儀推之二道俱三百六十五度有奇是以知天體員如彈丸也而陸績造渾象其形如鳥卵然則黃道應長於赤道矣績云天東西南北徑三十五萬七千里然則績亦以天形正員也而渾象爲鳥卵則爲自相違背古舊渾象以二分爲一度凡周七尺三寸半分張衡更制以四分爲一度凡周一丈四尺六寸蕃以古制局小星辰稠概衡器傷大難可轉移更制渾象以三分爲一度凡周天一丈九寸五分分之三也　按律曆志冬至晷景丈三尺三寸　小寒晷景丈二尺三寸　大寒晷景丈一尺　立春晷景九尺六寸　雨水晷景七尺九寸五分　驚蟄晷景六尺五寸五分　春分晷景五尺二寸五分　清明晷景四尺一寸五分　穀雨晷景三尺二寸　立夏晷景二尺五寸三分　小滿晷景尺九寸八分　芒種晷景尺六寸八分　夏至晷景尺五寸　小暑晷景尺七寸　大暑晷景二尺　立秋晷景二尺五寸五分　處暑晷景二尺三寸三分　白露晷景四尺二寸五分　秋分晷景五尺五寸二分　寒露晷景六尺八寸五分　霜降晷景八尺四寸　立冬晷景丈八寸二分　小雪晷景丈一尺四寸　大雪晷景丈二尺五寸六分

梁

梁祖暅造銅表於嵩山以測景

按嵩高志觀星臺在測景臺北高五丈闊三丈臺背面正中處凹入數尺上下懸直北有平石三十六方面爲二溜漕接連平鋪至盡頭合通其製難曉按梁祖暅時造八尺銅表其下與圭相連圭上爲溝置水以取平正揆測日晷求其盈縮

北魏

世宗宣武帝正始四年冬公孫崇表薦辛寶貴等伺察晷度詔從之

按魏書世宗本紀不載　按律曆志正始四年冬崇表曰太史令辛寶貴職司元象頗閑祕數祕書監鄭道昭才學優贍識覽該密長兼國子博士高僧裕乃故司空允之孫世綜文業尚書祠部郎中宗景博涉經史前兼尚書郎中崔彬微曉法術請此數人在祕省參候而伺察晷度要在冬夏二至前後各五日然後乃可取驗臣區區之誠冀效萬分之一詔曰測度晷象考步宜審可令太常卿芳率太學四門博士等依所啓者悉集詳察

隋

文帝開皇二十年以袁充奏日長影短詔皇太子徵天下曆算之士

按隋書文帝本紀不載　按律曆志開皇二十年袁充奏日長影短高祖因以曆事付皇太子遣史研詳著日長之候太子徵天下曆算之上咸集於東宮劉焯以太子新立復增修其書名曰皇極曆駁正冑元之短太子頗嘉之未獲考驗焯爲太學博士負其精博志解冑元之印官不滿意又稱疾罷歸

煬帝大業三年勑諸郡測影不果

按隋書煬帝本紀不載　按天文志仁壽四年河間劉焯造皇極曆上啓於東宮論渾天云璿璣玉衡正天之器帝王欽若世傳其象漢之孝武詳考律曆糾洛下閎鮮于妄人等共所營定逮於張衡又尋述作

亦其體制不異閎等雖閎制莫存而衡造有器至吳時陸績王蕃並要修鑄績小有異蕃乃事同宋有錢樂之魏初晁崇等總用銅鐵小大有殊規域經模不異蕃造觀蔡邕月令章句鄭元注考靈曜勢同衡法迄今不改焯以愚管留情推測見其數制莫不違爽失之千里差若毫釐大象一乖餘何可驗況赤黃均度月無出入至所恒定氣不別衡分刻本差輪迴守故其爲疎謬不可復言亦既由理不明致使異家間出蓋及宣夜三說並驅平昕安穹四天騰沸至當不二理唯一揆豈容天體七種殊說又影漏去極就渾可推百骸共體本非異物此眞已驗彼僞自彰豈朗日未暉爝火不息理有而闕詎不可悲者也昔蔡邕自朔方上書曰以八尺之儀度知天地之象古有其器而無其書常欲寢伏儀下案度成數而爲立說邕以負罪朔裔書奏不許邕若蒙許亦必不能邕才不踰張衡衡本豈有遺思也則有器無書觀不能悟焯今立術改正舊渾又以二至之影定去極晷漏并天地高遠星辰運周所宗有本皆有其率祛今賢之巨惑稽往哲之羣疑豁若雲披朗如霧散爲之錯綜數卷已成待得影差謹更啓送又云周官夏至日影尺有五寸張衡鄭元王蕃陸績先儒等皆以爲影千里差一寸言南戴日下萬五千里表影正同天高乃異考之算法必爲不可寸差千里亦無典說明爲意斷事不可依今交愛之州表北無影計無萬里南過戴日是千里一寸非其實差焯今說渾以道爲率道里不定得差乃審既大聖之年升平之日釐改羣謬斯正其時請一水工并解算術士取河南北平地之所可量數百里南北使正審時以漏平地以繩隨氣至分同日度影得其差率里即可知則天地無所匿其形辰象無所逃其數超前顯聖效象除疑請勿以人廢言不用至大業三年勅諸郡測影而焯尋卒事遂寢廢

唐

高宗麟德二年爲木渾圖以測黃道

按唐書高宗本紀不載　按曆志高宗時戊寅曆益疎李淳風作甲子元曆以獻詔太史起麟德二年頒用謂之麟德曆古曆有章蔀有元紀有日分度分參差不齊淳風爲總法千三百四十以一之損益中晷術以考日至爲木渾圖以測黃道餘因劉焯皇極曆法增損所宜當時以爲密與太史令瞿曇羅所上經緯曆參行

儀鳳四年遣太常博士姚元立表於岳臺

按唐書高宗本紀不載　按嵩高志杜氏通典云儀鳳四年五月命太常博士姚元於陽城測景臺依古法立八尺表夏至日中測景尺有五寸正同古法

元宗開元九年詔太史測天下之晷求土中以爲定數

按唐書元宗本紀不載　按天文志中晷之法初淳風造曆定二十四氣中晷與祖沖之短長頗異然未知其孰是及一行作大衍曆詔太史測天下之晷求其土中以爲定數其議曰周禮大司徒以土圭之法測土深日至之景尺有五寸謂之地中鄭氏以爲日景於地千里而差一寸尺有五寸者南戴日下萬五千里地與星辰四游升降於三萬里內是以半之得地中今潁川陽城是也宋元嘉中南征林邑五月立表望之日在表北交州影在表南三寸林邑九寸一分交州去洛水陸之路九千里蓋山川回折使之然以表考其弦當五千乎

按大唐新語僧一行造黃道游儀以進御製游儀銘付太史監將向靈臺上用以測候分遣太史官馳驛往安南朗兗等州測候日影同以二分二至之日午時量日影皆數年方定

開元十一年詔太史南宮說立石表於陽城

按唐書元宗本紀不載　按嵩高志測景臺在告成鎭即古陽城地也有石方可仞餘聳立盈丈上植石表八尺刻其南曰周公測景臺按唐地理志云陽城有測景臺開元十一年詔太史監南宮說刻石表焉即今表是也

開元十二年測各處晷景以校其差

按唐書元宗本紀不載　按天文志開元十二年測交州夏至在表南三寸三分與元嘉所測略同使者大相元太言交州望極纔高二十餘度八月海中望老人星下列星粲然明大者甚衆古所未識乃渾天家以爲常沒地中者也大率去南極二十度已上之星則見又鐵勒回紇在薛延陀之北去京師六千九百里其北又有骨利幹居澣海之北北距大海晝長而夜短既夜天如曛不瞑夕胹羊髀纔熟而曙蓋近日出沒之所太史監南宮說擇河南平地設水準繩墨植表而以引度之自滑臺始白馬夏至之晷尺五寸七分又南百九十八里百七十九步得浚儀岳臺晷尺五寸三分又南百六十七里二百八十一步得

扶溝晷尺四寸四分又南百六十里百一十步至上蔡武津晷尺三寸六分半大率五百二十六里二百七十步晷差二寸餘而舊說王畿千里影差一寸妄矣今以句股校陽城中晷夏至尺四寸七分八釐冬至丈二尺七寸一分半定春秋分五尺四寸三分以覆矩斜視極出地三十四度十分度之四自滑臺表視之極高三十五度三分冬至丈三尺定春秋分五尺五寸六分自浚儀表視之極高三十四度八分冬至丈二尺八寸五分定春秋分五尺五寸自扶溝表視之極高三十四度三分冬至丈二尺五寸五分定春秋分五尺三寸七分上蔡武津表視之極高三十三度八分冬至丈二尺三寸八分定春秋分五尺二寸八分其北極去地雖秒分微有盈縮難以目校大率三百五十一里八十步而極差一度極之遠近異則黃道軌景固隨而變矣自此爲率推之比歲武陵晷夏至七寸七分冬至丈五寸三分春秋分四尺三寸七分半以圖測之定氣四尺四寸七分按圖斜視極高二十九度半差陽城五度三分蔚州橫野軍夏至二尺二寸九分冬至丈五尺八寸九分春秋分六尺四寸四分半以圖測之定氣六尺六寸二分半按圖斜視極高四十度差陽城五度三分凡南北之差十度半其徑三千六百八十八里九十步自陽城至武陵千八百二十六里七十六步自陽城至橫野千八百六十一里二百十四步夏至晷差尺五寸三分自陽城至武陵差七寸三分自野城至橫野差八寸冬至晷差五尺三寸六分自陽城至武陵差二尺一寸八分自陽城至橫野差三尺一寸八分率夏至與南方差少冬至與北方差多又以圖校安南日在天頂北二度四分極高二十度四分冬至晷七尺九寸四分定春秋分二尺九寸三分夏至在表南三寸三分差陽城十四度三分其徑五千二十三里至林邑日在天頂北六度六分彊極高十七度四分周圓三十五度常見不隱冬至晷六尺九寸定春秋分二尺八寸五分夏至在表南五寸七分其徑六千一百一十二里若令距陽城而北至鐵勒之地亦差十七度四分與林邑正等則五月日在天頂南二十七度四分極高五十二度周圓百四度常見不隱北至晷四尺一寸三分南至晷二丈九尺二寸六分定春秋分晷五尺八寸七分其沒地纔十五餘度夕沒亥西晨出丑東校其里數已在回紇之北又南距洛陽九千八百一十五里則極長之晝其夕常明然則骨利幹猶在其南矣吳中常侍王蕃考先儒所傳以戴日下萬五千里爲句股斜射陽城考周徑之率以揆天度當千四百六里二十四步有餘今測日晷距陽城五千里已在戴日之南則一度之廣皆三分減二南北極相去八萬里其徑五萬里宇宙之廣豈若是乎然則蕃之術以蠡測海者也古人所以恃句股術謂其有證於近事顧未知目視不能及遠遠則微差其差不已遂與術錯譬游於太湖廣袤不盈百里見日月朝夕出入湖中及其浮於巨海不知幾千萬里猶見日月朝夕出入其中矣若於朝夕之際俱設重差而望之必將大小同術無以分矣橫既有之縱亦宜然又若樹兩表南北相距十里其崇皆數十里置大炬於南表之端而植八尺之木於其下則當無影試從南表之下仰望北表之端必將積微分之差漸與南表參合表首參合則置炬於其上亦當無影矣又置大炬於北表之端而植八尺之木於其下則當無影試從北表之下仰望南表之端又將積微分之差漸與北表參合表首參合則置炬於其上亦當無影矣復於二表間更植八尺之木仰而望之則表首環屈相合若置火炬於兩表之端皆當無影矣夫數十里之高與十里之廣然猶斜射之影與仰望不殊今欲憑晷差以指遠近高下尚不可知而況稽周天里步於不測之中又可必乎

後周

世宗顯德二年樹圭置箭測岳臺晷漏

按五代史世宗本紀不載　按司天考古者植圭於陽城以其近洛也蓋尚慊其中乃在洛之東偏開元十二年遣使天下候景南距林邑北距橫野中得浚儀之岳臺應南北弦居地之中大周建國定都於汴樹圭置箭測岳臺晷漏以爲中數晷漏正則日之所至氣之所應得之矣

欽定古今圖書集成曆象彙編曆法典

第一百一卷目錄

曆法典第一百一卷

測量部彙考二

宋一

仁宗皇祐　年詔周琮等改造圭表

按宋史仁宗本紀不載　按律曆志觀天地陰陽之體以正位辨方定時考閏莫近於圭表宋何承天始立表候日景十年間知冬至比舊用景初曆常後天三日又唐一行造大衍曆用圭表測知舊曆氣節常後天一日今司天監圭表乃石晉時天文參謀趙延乂所建表既欹傾圭亦墊陷其於天度無所取正皇祐初詔周琮于淵舒易簡改製之乃考古法立八尺銅表厚二寸博四寸下連石圭一丈三尺以盡冬至景長之數面有雙水溝爲平準於溝雙刻尺寸分數又刻二十四氣岳臺晷景所得尺寸置於司天監候之三年知氣節比舊曆後天半日因而成書三卷命曰岳臺晷景新書論前代測候是非步算之法頗詳旣上奏詔翰林學士范鎭爲序以識琮以謂二十四氣所得尺寸比顯德欽天曆王朴算爲密今載氣之盈縮備採用焉

小雪　皇祐元年己丑十月十九日戊寅新表測景長一丈一尺三寸五分王朴算景長一丈一尺三寸九分新法算景長一丈一尺三寸四分（小分四十八）二年庚寅十月二十九日癸未（雲霧不測）三年辛卯十月十日戊子新表測景長一丈一尺三寸王朴算景長一丈一尺四寸七分新法算景長一丈一尺二寸九分（小分九十八）

大雪　元年己丑十一月四日癸巳（雲霧不測）二年庚寅十一月十五日戊戌新表測景長一丈二尺四寸五分半王朴算景長一丈二尺四寸五分新法算景長一丈二尺四寸四分（小分二十五）

冬至　元年己丑十一月十九日戊申新法測景長一丈二尺八寸六分新法算景長一丈二尺八寸五分王朴算景長一丈二尺八寸五分二年庚寅十一月二十日癸丑新表測景長一丈二尺八寸四分王朴算景長一丈二尺八寸六分新法算景長一丈二尺八寸五分三年辛卯十一月十二日己未（雲霧不測）

小寒　元年己丑十二月四日癸亥新表測景長一丈二尺四寸八分新法算景長一丈二尺四寸王朴算景長一丈二尺四寸（小分二十五）二年庚寅閏十一月十五日戊辰（雲霧不測）三年辛卯十一月二十七日甲戌新表測景長一丈二尺三寸七分王朴算景長一丈二尺四寸八分（小分二十六）

大寒　元年己丑十二月十九日戊寅（雲霧不測）二年庚寅十二月一日甲申新表測景長一丈一尺一寸七分王朴算景長一丈一尺四寸四分新法算景長一丈一尺一寸八分（小分四十）三年辛卯十二月十二日己丑（雲霧不測）

立春　元年己丑正月六日甲午（雲霧不測）二年庚寅十二月十六日己亥（雲霧不測）三年辛卯十二月二十七日甲辰新表測景長九尺六寸七分半王朴算景長一丈一寸五分新法算景長一丈六寸八分（小分七）

雨水　二年庚寅正月二十一日己酉（雲霧不測）三年辛卯正月一日甲寅新表測景長八尺一寸半分王朴算景長八尺五寸新法算景長八尺九寸（小分七十六）四年壬辰正月十二日己未新表測景長八丈一寸二分半王朴算景長八尺六寸一分新法算景長八尺一寸二分（小分一十八）

驚蟄　二年庚寅二月七日甲子新表測景長六尺六寸三分王朴算景長六尺八寸五分新法算景長六尺六寸三分（小分三十九）三年辛卯正月十七日己巳新表測景長六尺六寸五分王朴算景長六尺八寸五分新法算景長六尺六寸五分（小分六十八）四年壬辰正月二十八日乙亥（雲霧不測）

春分　二年庚寅二月二十三日己卯新表測景長五尺三寸五分王朴算景長五尺二寸七分新法算景長五尺三寸四分（小分七十七）三年辛卯二月四日乙酉（雲霧不測）四年壬辰二月十四日庚寅新表測景長五尺三寸一分王朴算景長五尺二寸七分新法算景長五尺三寸（小分七十二）

清明　二年庚寅三月八日乙未新表測景長四尺二寸王朴算景長三尺八寸九分新法算景長四尺一寸八分（小分六十一）三年辛卯二月十九日庚子（雲霧不測）

四年壬辰二月二十九日乙巳新表測景長四尺二寸二分王朴算景長三尺九寸六分新法算景長四尺二寸一分小分八十五

穀雨　二年庚寅三月二十三日庚戌雲霧不測　三年辛卯三月四日乙卯新表測景長三尺三寸王朴算景長二尺九寸六分新法算景長三尺二寸九分小分八十六　四年壬辰三月十五日庚申新表測景長三尺三寸一分半王朴算景長三尺一寸新法算景長三尺三寸一分小分一十六

立夏　二年庚寅四月九日乙丑新表測景長二尺五寸七分王朴算景長二尺三寸新法算景長二尺五寸六分小分二十八　三年辛卯三月十九日庚午新表測景長二尺五寸七分半王朴算景長二尺三寸新法算景長二尺五寸七分小分四十二　四年壬辰三月三十日乙亥新表測景長二尺五寸八分半王朴算景長二尺三寸四分新法算景長二尺五寸八分小分四十四

小滿　二年庚寅四月二十四日庚辰新表測景長二尺三分王朴算景長一尺八寸六分新法算景長二尺三分小分五十一　三年辛卯四月五日乙酉新表測景長二尺三分半王朴算景長一尺八寸六分新法算景長二尺三分小分五十一　四年壬辰四月十六日辛卯雲霧不測

芒種　二年庚寅五月九日乙未新表測景長一尺六寸九分王朴算景長一尺六寸新法算景長　尺六寸半分小分九十七　三年辛卯四月二十一日辛丑新表測景長一尺六寸七分王朴算景長一尺五寸九分新法算景長一尺六寸七分小分八十四　四年壬辰五月二日丙午新表測景長一尺六寸八分半王朴算景長一尺六寸新法算景長一尺一寸八分小分二十

夏至　二年庚寅五月二十五日辛亥新表測景長一尺五寸七分半王朴算景長一尺五寸一分新法算景長一尺五寸七分三年辛卯五月七日丙辰雲霧不測　四年壬辰五月十七日辛酉新表測景長一尺五寸七分王朴算景長一尺五寸一分新法算景長一尺五寸七分

小暑　二年庚寅六月十一日丙寅雲霧不測　三年辛卯五月二十二日辛未新表測景長一尺六寸九分半王朴算景長一尺六寸新法算景長一尺六寸九分小分七十五　四年壬辰六月三日丙子雲霧不測

大暑　二年庚寅六月二十六日辛巳新表測景長二尺四寸王朴算景長一尺八寸五分新法算景長二尺四寸小分九十七　三年辛卯六月七日丙戌新表測景長二尺二分太王朴算景長一尺八寸五分新法算景長二尺四分小分二十四　四年壬辰六月十九日壬辰新表測景長二尺五分王朴算景長一尺八寸七分新法算景長二尺六分小分五十三

立秋　二年庚寅七月十一日丙申新表測景長二尺五寸九分王朴算景長二尺二寸九分新法算景長二尺五寸九分小分五十一　三年辛卯六月二十三日壬辰新表測景長二尺六寸一分半王朴算景長二尺三寸三分新法算景長二尺六寸二分小分七十二

處暑　二年庚寅七月二十七日壬子雲霧不測　三年辛卯七月九日丁巳新表測景長三尺三寸六分王朴算景長三尺新法算景長三尺三寸六分小分六十五　四年壬辰七月十九日壬戌雲霧不測

白露　二年庚寅八月十三日丁卯雲霧不測　三年辛卯七月二十四日壬申雲霧不測　四年壬辰八月五日丁丑雲霧不測

秋分　二年庚寅八月二十八日壬午雲霧不測　三年辛卯八月九日丁亥新表測景長五尺三寸八分王朴算景長五尺二寸一分新法算景長五尺三寸八分小分六十九　四年壬辰八月二十日壬辰雲霧不測

寒露　二年庚寅九月十三日丁酉雲霧不測　三年辛卯九月二十四日壬寅新表測景長六尺六寸七分王朴算景長六尺八分新法算景長六尺六寸七分小分八十八　四年壬辰九月六日戊申新表測景長六尺七寸三分半王朴算景長六尺九寸一分新法算景長六尺七寸四分小分八十四

霜降　二年庚寅九月二十八日壬子新表測景長八尺一寸六分王朴算景長八尺四寸五分新法算景長八尺一寸四分小分七十　三年辛卯九月十日戊午雲霧不測　四年壬辰九月二十一日癸亥新表測景長八尺二寸王朴算景長八尺五寸六分新法算景長八尺一寸九分小分六十六

立冬　二年庚寅十月十四日戊辰新表測景長九尺八寸半分王朴算景長一丈一寸新法算景長九尺八寸一分小分二十五　三年辛卯九月二十日癸酉新表測景長九尺七寸九分王朴算景長一丈一寸新法算景長九尺七寸八分小分六十三　四年壬辰十月六日戊寅新表測景長九尺七寸六分王朴算景長一

丈一寸新法算景長九尺七寸六分一十（小分）測景正加時早晚後漢熹平三年四分曆志立冬中景長一丈立春中景長九尺六寸尋冬至南極日晷最長二氣去至日數旣同則中景應等而前長後短頓差四寸此曆景冬至後天之驗也二氣中景日差九分半弱進退均調略無盈縮以率計之二氣各退二日十二刻則晷景之數立冬更短立春更長並差二寸二氣中景俱長九尺八寸矣卽立冬立春之正日也以此推之曆置冬至後天亦二日十二刻也熹平三年時曆丁丑冬至加時正在日中以二日十二刻減之定以乙亥冬至加時在夜半後二十八刻宋志大明五年十月十日景一丈七寸七分半十一月二十五日景一丈八寸一分太二十六日一丈七寸五分强折取其中則中天冬至應在十一月三日求其早晚令後二日景相減則一日差率也倍之爲法前二日減以百刻乘之爲實以法除實得冬至加時在夜半後三十一刻在元嘉曆後一日天數之正也量檢彌年則加減均同異歲相課則遠近應率觀二家之說略而未通熹平乃要取其中而失於至前至後之餘大明則左右率而失於爲實爲法之數若夫較景定氣曆家最爲急務櫢古較驗止以冬至前後數日之間以定加時早晚且景之差行當二至前後進退在微芒之間又日有變行盈縮稍異若以爲準則加時相背又晉漢曆術多以前後所測晷要取其中此亦差過半日今比歲較驗在立冬立春景稍過寸若較取加時則宜以其相近者通計半之爲距至汎日乃以其晷數相減餘者以法乘之滿其日晷差而一爲刻乃以差刻（求冬至覩其前晷多則爲減少則爲加求夏至返之）加減距至汎日爲定日仍加半日之刻命從前距日辰算外卽二至加時日辰及刻分如此推求則二至加時早晚可驗矣

皇祐岳臺晷景法按大衍載日及崇天定差之率雖號通密然未能盡上下交應之理則晷度無由合契今立新法使上符盈縮之行下叅句股之數所算尺寸與天測驗無有先後其術日計二至後日數乃減去二至約餘仍加半日之分卽所求日午中積數而置之以求進退差分

求進退差分者置中積之數如一象九十一日三十一分以下爲在前如一象以上返減二至限一百八十二日六十二分餘爲在後置前後度於上列二百於下以上減下餘以下乘上滿四千一百三十五除之爲分不滿退除爲小分在冬至後則爲進差在夏至後則爲退差

仍列初末二限

求入初末限者置所求日午中積數日在冬至後初限夏至後末限之數四十五日六十二分以下卽爲所求在初限如在以上者乃返減二至限餘卽爲所求入末限其冬至後末限夏至後初限以一百三十七日爲率

用求午中晷數

求午中晷數者視所求如入冬至後初限夏至後末限者以入限日減一千九百三十七半餘爲汎差仍以限日分乘其進退差五因百約之用減汎差爲定差乃以日限日分自相乘以乘定差滿一百萬爲尺不滿爲寸爲分及小分以減冬至常晷一丈二尺八寸五分餘爲其日午中晷數若所求入冬至後末限夏至後初限者乃三約入限日分以減四百八十五少餘爲汎差仍以進退差減極數餘者若在春分後秋分前者直以四約之以加汎差爲定差若在春分前秋分後者乃以去二分日數及分乘之滿六百而一以減汎差餘爲定差乃以入限日分自相乘以乘定差滿一百萬爲尺不滿爲寸爲分及小分以加夏至常晷一尺五寸七分卽爲其日午中晷數若用周歲曆直以其日晷景損益差分乘其日午中之餘滿法約之乃損益其下晷數卽其日午中定晷

如此推求則上下通應之理句股斜射之原皆可覩驗乃具岳臺晷景周歲算數

冬至後

	每日午中晷景常數	每日損差
初日	一丈二尺八寸五分	空分十九小分一
一日	一丈二尺八寸四分十一小分八	空分十八小分五
二日	一丈二尺八寸四分十二小分二	空分十六小分九
三日	一丈二尺八寸三分十七小分二	一分十五小分三
四日	一丈二尺八寸一分十二小分九	一分十二小分七
五日		二分十一小分七

一丈二尺八寸十九小分一

六日　二分十八小分四

一丈二尺七寸八分八小分

七日　二分十五小分八

一丈二尺七寸五分六十小分

八日　三分十一小分二

一丈二尺七寸七分十五小分七

九日　三分十八小分五

一丈二尺六寸九分十四小分五

十日　三分十二小分九

一丈二尺六寸五分十六小分九

十一日　四分十八小分二

一丈二尺六寸二分三小分

十二日　四分十二小分二

一丈二尺五寸七分十五小分七

十三日　四分十六小分九

一丈二尺五寸三分十三小分一

十四日　五分十九小分二

一丈二尺四寸八分十七小分一

十五日　五分十一小分六

一丈二尺四寸二分十八小分八

十六日　五分十一小分九

一丈二尺三寸七分十七小分二

十七日　六分十一小分二

一丈二尺三寸一分十五小分三

十八日　六分十二小分五

一丈二尺二寸五分一十小分

十九日　六分十一小分八

一丈二尺一寸八分六十小分

二十日　七分九小分

一丈二尺七寸七分十九小分七

二十一日　七分十六小分三

一丈二尺四寸七十小分

二十二日　七分十二小分六

一丈一尺九寸七分十四小分三

二十三日　七分十七小分八

一丈一尺八寸九分十三少分七

二十四日　八分十一小分一

一丈一尺八寸一分十五小分八

二十五日　八分十四小分八

一丈一尺七寸三分十四小分七

二十六日　八分十五小分五

一丈一尺六寸五分四十小分

二十七日　八分十三小分七

一丈一尺五寸六分十五小分八

二十八日　九分空小分

一丈一尺四寸八分十三小分一

二十九日　九分十四小分一

一丈一尺三寸九分十二小分一

三十日　九分十二小分三

一丈一尺二寸九分十八小分九

三十一日　九分十八小分四

一丈一尺二寸十六小分六

三十二日　九分十二小分六

一丈一尺一寸一分十八小分

三十三日　九分十六小分七

一丈一尺一分十五小分五

三十四日　九分十九小分八

一丈九寸一分十八小分七

三十五日　一寸一小分

一丈八尺一寸十九小分六

三十六日　一寸十二小分一

一丈七寸一分十八小分八

三十七日　一寸二十小分

一丈六寸一分十六小分七

三十八日　一寸十八小分二

一丈五寸一分十六小分五

三十九日　一寸十五小分三

一丈四寸一分十八小分二

四十日　一寸四十小分

一丈三寸十三小分九

四十一日　一寸十四小分四

一丈二寸十三小分九

四十二日　一寸十八小分四

一丈一寸九小分

四十三日　一寸十九小分四

九尺九寸九分十一小分六

四十四日　一寸五十小分

九尺八寸九分十三小分一

四十五日　一寸十七小分五

九尺七寸八分十二小分六

四十六日　一寸小分十七六
九尺六寸八分小分五
四十七日　一寸小分十一六
九尺五寸七分小分十八三
四十八日　一寸小分十六五
九尺四寸六分小分十七七
四十九日　一寸小分十六五
九尺三寸六分小分十七一
五十日　一寸小分十二五
九尺二寸五分小分十七六
五十一日　一寸小分十九四
九尺一寸五分小分九
五十二日　一寸小分十五四
九尺一寸五分小分九
五十三日　一寸小分十一四
八尺九寸四分小分十八一
五十四日　一寸小分十八三
八尺八寸三分小分十七七
五十五日　一寸小分十二三
八尺七寸三分小分十九三
五十六日　一寸小分十七三
八尺六寸三分小分七
五十七日　一寸小分十七二
八尺六寸二分小分八
五十八日　一寸小分十九一
八尺四寸二分小分十七五
五十九日　一寸小分十二一

八尺三寸二分小分十八三
六十日　一寸小分八
八尺二寸小分十六二
六十一日　一寸小分三
八尺一寸二分小分十八一
六十二日　九分小分十七九
八尺二分小分十五一
六十三日　九分小分十一九
七尺九寸二分小分十八一
六十四日　九分小分十六八
七尺八寸二分小分十五二
六十五日　九分小分十一八
七尺七寸二分小分十九三
六十六日　九分小分十五七
七尺六寸二分小分十八五
六十七日　九分小分十九六
七尺五寸二分小分十三八
六十八日　九分小分十二六
七尺四寸三分小分十四一
六十九日　九分小分十七五
七尺三寸三分小分十二五
七十日　九分小分十一五
七尺二寸三分小分十五九
七十一日　九分小分十九四
七尺一寸四分小分十四四
七十二日　九分小分十八三
七尺四分小分十七九

七十三日　九分小分十一三
六尺九寸五分小分十一六
七十四日　九分小分十五二
六尺八寸六分小分三
七十五日　九分小分十七一
六尺七寸七分小分五
七十六日　九分小分十三一
六尺六寸七分小分十八八
七十七日　九分小分六
六尺五寸八分小分十五七
七十八日　八分小分十七九
六尺四寸九分小分十九六
七十九日　八分小分九十
六尺四寸小分十三七
八十日　、八分小分十三八
六尺三寸一分小分十三八
八十一日　八分小分十七七
六尺二寸三分小分空
八十二日　八分小分十八六
六尺一寸四分小分十三三
八十三日　八分小分十二六
六尺五分小分十五五
八十四日　八分小分十五五
五尺九寸六分小分十三九
八十五日　八分小分十七四
五尺八寸八分小分十八三
八十六日　八分小分十九三

五尺七寸九分小分九十一
八十七日　八分小分三十三
五尺七寸一分小分五十二
八十八日　八分小分二十五
五尺六寸三分小分二十
八十九日　八分小分一十七
五尺五寸四分小分九十五
九十日　八分小分九
五尺四寸六分小分七十八
九十一日　七分小分九十六
五尺三寸八分小分六十九
九十二日　七分小分八十三
五尺三寸小分七十三
九十三日　七分小分七十六
五尺二寸二分小分九十
九十四日　七分小分六十七
五尺一寸五分小分一十四
九十五日　七分小分五十九
五尺七分小分四十七
九十六日　七分小分五十
四尺九寸九分小分八十八
九十七日　七分小分四十一
四尺九寸二分小分三十八
九十八日　七分小分三十四
四尺八寸四分小分九十六
九十九日　七分小分二十六
四尺七寸七分小分六十二

一百日　七分小分一十七
四尺七寸小分二十六
一百一日　七分小分九
四尺六寸二分小分一十九
一百二日　七分小分一
四尺五寸六分小分一十
一百三日　六分小分九十三
四尺四寸九分小分九
一百四日　六分小分八十五
四尺四寸二分小分一十六
一百五日　六分小分七十七
四尺三寸五分小分三十一
一百六日　六分小分六十九
四尺二寸八分小分五十四
一百七日　六分小分六十
四尺二寸一分小分八十五
一百八日　六分小分五十
四尺一寸五分小分二十五
一百九日　六分小分四十五
四尺九分小分七十四
一百十日　六分小分三十七
四尺二分小分二十九
一百一十一日　六分小分二十九
三尺九寸五分小分九十二
一百一十二日　六分小分二十一
三尺八寸九分小分六十三
一百一十三日　六分小分一十二

三尺八寸三分小分四十二
一百一十四日　六分小分四
三尺七寸七分小分三十
一百一十五日　五分小分九十七
三尺七寸一分小分二十六
一百一十六日　五分小分八十九
三尺六寸五分小分二十九
一百一十七日　五分小分八十
三尺五寸九分小分四十
一百一十八日　五分小分七十三
三尺五寸三分小分六十
一百一十九日　五分小分六十五
三尺四寸七分小分八十七
一百二十日　五分小分五十九
三尺四寸二分小分二十三
一百二十一日　五分小分四十九
三尺三寸六分小分六十五
一百二十二日　五分小分四十
三尺三寸一分小分一十六
一百二十三日　五分小分三十二
三尺二寸五分小分七十六
一百二十四日　五分小分二十六
三尺二寸小分四十四
一百二十五日　五分小分一十七
三尺一寸五分小分一十八
一百二十六日　五分小分九
三尺一寸小分二

一百二十七日　五分一小分
三尺四分十二小分九
一百二十八日　四分十三小分九
二尺九寸九分十一小分九
一百二十九日　四分十五小分八
二尺九寸五分十八小分九
一百三十日　四分十七小分七
二尺九寸十三小分一
一百三十一日　四分十六小分六
二尺八寸五分十六小分三
一百三十二日　四分十一小分六
二尺八寸十七小分六
一百三十三日　四分十二小分五
二尺七寸六分一小分
一百三十四日　四分十五小分四
二尺七寸一分十四小分五
一百三十五日　四分十六小分三
二尺六寸七分九小分
一百三十六日　四分十九小分二
二尺六寸二分十三小分七
一百三十七日　四分二十小分
二尺五寸八分十四小分四
一百三十八日　四分十一小分一
二尺五寸四分十四小分二
一百三十九日　四分四小分
二尺三寸十三小分一
一百四十日　三分十五小分九

二尺四寸六分九小分
一百四十一日　三分十七小分八
二尺四寸二分十四小分一
一百四十二日　三分十九小分七
二尺三寸八分十七小分二
一百四十三日　三分七十小分
二尺三寸四分十八小分四
一百四十四日　三分十二小分六
二尺三寸十八小分七
一百四十五日　三分十二小分五
二尺二寸七分十六小分一
一百四十六日　三分十五小分四
二尺二寸三分十三小分六
一百四十七日　三分十七小分三
二尺二寸十八小分一
一百四十八日　三分十九小分二
二尺一寸六分十一小分八
一百四十九日　三分十八小分一
二尺一寸三分十二小分五
一百五十日　三分一十小分
二尺一寸十四小分三
一百五十一日　三分二小分
二尺七寸十四小分二
一百五十二日　二分十三小分九
二尺四分十三小分二
一百五十三日　二分八十小分
二尺一分十九小分二

一百五十四日　二分十六小分七
一尺九寸八分十五小分四
一百五十五日　二分十六小分六
一尺九寸五分十九小分六
一百五十六日　二分十八小分五
一尺九寸三分三小分
一百五十七日　二分十九小分四
一尺九寸十五小分四
一百五十八日　二分十九小分三
一尺八寸七分十六小分九
一百五十九日　二分三十小分
一尺八寸五分十七小分五
一百六十日　二分十一小分二
一尺八寸三分十七小分二
一百六十一日　二分十一小分一
一尺八寸一分五小分
一百六十二日　二分三小分
一尺七寸八分十九小分九
一百六十三日　一分十三小分九
一尺七寸六分十一小分九
一百六十四日　一分十四小分八
一尺七寸四分十八小分九
一百六十五日　一分十五小分七
一尺七寸三分十四小分一
一百六十六日　一分十四小分六
一尺七寸一分十九小分三
一百六十七日　一分十五小分五

一尺六寸九分十五小分七
一百六十八日 一分十六小分四
一尺六寸八分二十小分
一百六十九日 一分十六小分三
一尺六寸六分十七小分四
一百七十日 一分十五小分三
一尺六寸五分十八小分三
一百七十一日 一分十六小分一
一尺六寸四分十三小分一
一百七十二日 一分六小分
一尺六寸三分十七小分九
一百七十三日 空分十六小分九
一尺六寸一分十一小分九
一百七十四日 空分十六小分八
一尺六寸十五小分九
一百七十五日 空分十五小分七
一尺六寸九小分
一百七十六日 空分十五小分六
一尺五寸九分十四小分三
一百七十七日 空分十五小分五
一尺五寸八分十九小分六
一百七十八日 空分十四小分四
一尺五寸八分十四小分一
一百七十九日 空分十三小分三
一尺五寸七分七十小分
一百八十日 空分十三小分二
一尺五寸七分十七小分三

一百八十一日 空分十二小分一
一尺五寸七分十四小分一
一百八十二日 空分三小分
一尺五寸七分二小分
夏至後
每日午中晷景常數 每日益差
初日 空分五小分
一尺五寸七分空小分
一日 空分十六小分一
一尺五寸七分五小分
二日 空分十七小分二
一尺五寸七分十一小分二
三日 空分千八小分三
一尺五寸七分十九小分四
四日 空分十八小分四
一尺五寸七分十六小分八
五日 空分十九小分五
一尺五寸八分十四小分三
六日 空分十九小分六
一尺五寸八分十三小分九
七日 空分十九小分七
一尺五寸九分十二小分六
八日 空分十九小分八
一尺六寸十一小分四
九日 一分空小分
一尺六寸一分三十小分
十日 一分一十小分

一尺六寸二分三十小分
十一日 一分十九小分一
一尺六寸三分四十小分
十二日 一分三十小分
一尺六寸四分十九小分五
十三日 一分十九小分三
一尺六寸五分十九小分八
十四日 一分十九小分四
一尺六寸七分十八小分二
十五日 一分十九小分五
一尺六寸八分十七小分七
十六日 一分十九小分六
一尺七寸十六小分三
十七日 一分十八小分七
一尺七寸二分五小分
十八日 一分十七小分八
一尺七寸三分十五小分八
十九日 二分十八小分九
一尺七寸五分七十小分
二十日 二分六小分
一尺七寸七分十七小分六
二十一日 二分十五小分一
一尺七寸九分十三小分七
二十二日 二分十五小分二
一尺八寸一分十八小分八
二十三日 二分十四小分三
一尺八寸四分十三小分一

二十四日　二分小分四十三
一尺八寸六分小分四十七
二十五日　二分小分五十二
一尺八寸八分小分九十
二十六日　二分小分六十一
一尺九寸一分小分四十二
二十七日　二分小分七十一
一尺九寸四分小分三
二十八日　二分小分七十九
一尺九寸六分小分七十三
二十九日　二分小分八十七
一尺九寸九分小分五十二
三十日　二分小分九十七
二尺二分小分三十九
三十一日　三分小分五
二尺五分小分三十六
三十二日　三分小分一十四
二尺八分小分四十
三十三日　三分小分二十二
二尺一寸一分小分五十五
三十四日　三分小分三十一
二尺一寸八分小分七十七
三十五日　三分小分四十
二尺一寸八分小分八
三十六日　三分小分四十八
二尺二寸一分小分四十八
三十七日　三分小分五十七

二尺二寸四分小分九十六
三十八日　三分小分六十五
二尺二寸八分小分五十三
三十九日　三分小分七十三
二尺三寸二分小分一十八
四十日　三分小分八十二
二尺三寸五分小分九十一
四十一日　三分小分九十
二尺三寸九分小分七十一
四十二日　三分小分九十九
二尺四寸三分小分六十三
四十三日　四分小分六
二尺四寸七分小分六十二
四十四日　四分小分一十五
二尺五寸一分小分六十八
四十五日　四分小分二十三
二尺五寸五分小分八十三
四十六日　四分小分三十三
二尺六寸小分六
四十七日　四分小分三十九
二尺六寸四分小分三十八
四十八日　四分小分四十八
二尺六寸八分小分七十七
四十九日　四分小分五十五
二尺七寸三分小分三十五
五十日　四分小分六十四
二尺七寸七分小分八十

五十一日　四分小分七二
二尺八寸二分小分四十四
五十二日　四分小分七十九
二尺八寸七分小分一十六
五十三日　四分小分八十九
二尺九寸一分小分六十五
五十四日　四分小分九十六
二尺九寸六分小分八十四
五十五日　五分小分四
三尺一寸六分小分八十六
五十六日　五分小分一十二
三尺六寸小分二十四
五十七日　五分小分二十
三尺一寸二分小分九十六
五十八日　五分小分二十八
三尺一寸七分小分二十六
五十九日　五分小分三十六
三尺二寸二分小分四十四
六十日　五分小分四十四
三尺二寸七分小分八十
六十一日　五分小分一十二
三尺三寸三分小分二十四
六十二日　五分小分六十
三尺三寸八分小分七十六
六十三日　五分小分六十八
三尺四寸四分小分三十六
六十四日　五分小分七十五

三尺五寸小分四
六十五日 五分小分十四八
三尺五寸五分小分十九七
六十六日 五分小分十一九
三尺六寸一分小分十三六
六十七日 五分小分十九九
三尺六寸七分小分十五五
六十八日 六分小分八
三尺七寸三分小分十四五
六十九日 六分小分十六一
三尺七寸九分小分十二六
七十日 六分小分十三、二
三尺八寸五分小分十八七
七十一日 六分小分十二三
三尺九寸二分小分一
七十二日 六分小分十九三
三尺九寸八分小分十三三
七十三日 六分小分十八四
四尺四寸小分十三七
七十四日 六分小分十五四
四尺一寸七分小分十五七
七十五日 六分小分十四六
四尺一寸七分小分十五七
七十六日 六分小分十一七
四尺二寸四分小分十九三
七十七日 六分小分八十
四尺三寸一分小分一十

七十八日 六分小分十八八
四尺三寸七分小分九十
七十九日 六分小分十七九
四尺四寸四分小分十八七
八十日 七分小分三
四尺五寸一分小分十五七
八十一日 七分小分十三一
四尺五寸八分小分十八七
八十二日 七分小分二十
四尺六寸五分小分十一五
八十三日 七分小分十九二
四尺七寸三分小分十一一
八十四日 七分小分十七三
四尺八寸小分四十
八十五日 七分小分十四四
四尺八寸七分小分十七七
八十六日 七分小分十四五
四尺九寸五分小分十一二
八十七日 七分小分十三六
五尺二分小分十五七
八十八日 七分小分十九六
五尺一寸小分十八三
八十九日 七分小分十七七
五尺一寸八分小分七
九十日 七分小分九十
五尺二寸五分小分十四八
九十一日 八分小分一

五尺三寸三分小分十四七
九十二日 八分小分十三一
五尺四寸一分小分十五七
九十三日 八分小分二十
五尺四寸九分小分十八八
九十四日 八分小分十七二
五尺五寸八分小分八
九十五日 八分小分十五三
五尺六寸六分小分十五三
九十六日 八分小分十四四
五尺七寸四分小分七十
九十七日 八分小分十七四
五尺八寸三分小分十四一
九十八日 八分小分十八五
五尺九寸一分小分十一六
九十九日 八分小分十六六
六尺小分十九一
一百日 八分小分七十
六尺八分小分十五八
一百一日 八分小分八十
六尺一寸七分小分十五五
一百二日 八分小分十六八
六尺二寸六分小分十五三
一百三日 八分小分十三九
六尺三寸五分小分十一二
一百四日 九分小分空
六尺四寸四分小分十四一

一百五日　九分八小分
六尺五寸三分十四小分一
一百六日　九分十三小分一
六尺六寸二分十二小分二
一百七日　九分十一小分二
六尺七寸一分十五小分三
一百八日　九分十七小分二
六尺八寸十六小分五
一百九日　九分十五小分三
六尺八寸九分十三小分八
一百十日　九分四十小分
六尺九寸九分十八小分一
一百十一日　九分十七小分四
七尺八寸十八小分五
一百十二日　九分十四小分五
七尺一寸八分五小分
一百十三日　九分六十小分
七尺二寸七分十九小分五
一百十四日　九分十四小分六
七尺三寸七分十九小分一
一百十五日　九分七十小分
七尺四寸六分十三小分八
一百十六日　九分十八小分七
七尺五寸六分十三小分五
一百十七日　九分十三小分八
七尺六寸六分十一小分三
一百十八日　九分十七小分八

七尺七寸六分十四小分一
一百十九日　九分十六小分九
七尺八寸六分一小分
一百二十日　九分十九小分九
七尺九寸五分十七小分九
一百二十一日　一寸四小分
八尺五分十六小分九
一百二十二日　一寸九小分
八尺一寸六分空小分
一百二十三日　一寸十七小分一
八尺二寸六分九小分
一百二十四日　一寸十九小分一
八尺三寸六分十六小分二
一百二十五日　一寸十五小分二
八尺四寸六分十五小分四
一百二十六日　一寸十九小分二
八尺五寸六分七十小分
一百二十七日　一寸十三小分三
八尺六寸六分十九小分九
一百二十八日　一寸十八小分三
八尺七寸七分十二小分三
一百二十九日　一寸十三小分四
八尺七寸七分七十小分
一百三十日　一寸十五小分四
八尺九寸八分十三小分一
一百三十一日　一寸十一小分五
九尺八分十八小分五

一百三十二日　一寸十四小分五
九尺一寸九分九小分
一百三十三日　一寸十五小分五
九尺二寸九分十三小分六
一百三十四日　一寸十二小分六
九尺四寸十八小分一
一百三十五日　一寸十四小分六
九尺五寸八十小分
一百三十六日　一寸十六小分六
九尺六寸一分十四小分四
一百三十七日　一寸十二小分五
九尺七寸二分一十小分
一百三十八日　一寸五十小分
九尺八寸二分十二小分六
一百三十九日　一寸十八小分四
九尺九寸三分十二小分一
一百四十日　一寸十六小分四
一丈三分六十小分
一百四十一日　一寸十三小分四
一丈一寸四分六小分
一百四十二日　一寸十九小分三
一丈二寸四分十九小分四
一百四十三日　一寸十二小分三
一丈三寸四分十八小分八
一百四十四日　一寸十五小分二
一丈四寸五分二十小分
一百四十五日　一寸十六小分一

一丈五寸五分小分四十五
一百四十六日　一寸小分八
一丈六寸五分小分六十二
一百四十七日　九分小分九十六
一丈七寸五分小分七十
一百四十八日　九分小分八十五
一丈八寸五分小分六十六
一百四十九日　九分小分七十二
一丈九寸五分小分二十一
一百五十日　九分小分五十七
一丈一尺五分小分三十三
一百五十一日　九分小分四十三
一丈一尺一寸四分小分八十
一百五十二日　九分小分二十五
一丈一尺二寸四分小分二十二
一百五十三日　九分小分七
一丈一尺三寸三分小分四十七
一百五十四日　八分小分九十
一丈一尺四寸二分小分五十四
一百五十五日　八分小分六十八
一丈一尺五寸一分小分四十四
一百五十六日　八分小分四十八
一丈一尺六寸六分小分一十二
一百五十七日　八分小分二十五
一丈一尺六寸八分小分六十
一百五十八日　八分小分二
一丈一尺七寸六分小分八十五

一百五十九日　七分小分七十七
一丈一尺八寸四分小分八十七
一百六十日　七分小分五十二
一丈一尺九寸二分小分六十四
一百六十一日　七分小分二十七
一丈二尺小分一十六
一百六十二日　六分小分九十八
一丈二尺七分小分四十三
一百六十三日　六分小分六十七
一丈二尺一寸四分小分四十二
一百六十四日　六分小分四十五
一丈二尺二寸一分小分一
一百六十五日　六分小分一十一
一丈二尺二寸七分小分五十三
一百六十六日　五分小分八十
一丈二尺三寸三分小分六十四
一百六十七日　五分小分四十九
一丈二尺三寸九分小分四十四
一百六十八日　五分小分六十
一丈二尺四寸四分小分九十三
一百六十九日　四分小分八十三
一丈二尺五寸小分九
一百七十日　四分小分五十
一丈二尺五寸四分小分九十二
一百七十一日　四分小分一十四
一丈二尺五寸九分小分四十二
一百七十二日　三分小分八十

一丈二尺六寸三分小分五十六
一百七十三日　三分小分四十五
一丈二尺六寸七分小分三十五
一百七十四日　三分小分七
一丈二尺七寸小分八十一
一百七十五日　二分小分七十一
一丈二尺七寸三分小分八十八
一百七十六日　二分小分三十四
一丈二尺七寸二分小分五十九
一百七十七日　二分小分三
一丈二尺七寸八分小分九十三
一百七十八日　一分小分五十二
一丈二尺八寸小分九十六
一百七十九日　一分小分二十
一丈二尺八寸二分小分四十八
一百八十日　空分小分八十二
一丈二尺八寸三分小分六十八
一百八十一日　空分小分四十三
一丈二尺八寸四分小分五十
一百八十二日　空分小分七
一丈二尺八寸二分小分九十

欽定古今圖書集成曆象彙編曆法典

第一百二卷目錄

測量部彙考三

曆法典第一百二卷

測量部彙考三

宋二

神宗熙寧七年沈括上景表議

按宋史神宗本紀不載　按天文志沈括上景表議曰步景之法惟定南北爲難古法置槷爲規識日出之景與日入之景晝參諸日中之景夜考之極星極星不當天中而候景之法取晨夕景之最長者規之兩表相去中折以參驗最短之景爲日中然測景之地百里之間地之高下東西不能無偏其間又有邑屋山林之蔽倚在人目之外則與濁氛相襍莫能知其所蔽而濁氛又繫其日之明晦風雨人間烟氣塵坌變作不常臣在本局候景入濁出濁之節日日不同此又不足以考見出沒之實則晨夕景之短長未能得其極數參考舊聞別立新術候景之表三其崇八尺博三寸三分殺一以爲厚者圭首剡其南使偏銳其趺方厚各二尺環趺刻渠受水以爲準以銅爲之表四方志墨以爲中刻之綴四繩垂以銅丸各當一方之墨先約定四方以三表南北相重令趺相切表別相去二尺各使端直四繩皆附墨三表相去左右上下以度量之令相重如一自日初出則量西景三表相去之度又量三表之端景之所至各別記之至日欲入候東景亦如之長短同相去之疎密又同則以東西景端隨表景規之半所以求最短之景五者皆合則半折最短之景爲北表南墨之下爲南東西景端爲東西五候一有不合未足以爲正旣得四方則惟設一表方首表下爲石席以水平之植表於席之南端席廣三尺長如九服冬至之景自表趺刻以爲分分積爲寸寸積爲尺爲密室以棲表當極爲霤以下午景使當表端副表併趺崇四寸趺博二寸厚五分方首剡其南以銅爲之凡景表景薄不可辨即以小表副之則景墨而易度

徽宗崇寧　年姚舜輔造紀元曆求岳臺晷景

按宋史徽宗本紀不載　按天文志土圭周官大司徒以土圭之法正日景以求地中而馮相氏春夏致日秋冬致月以辨四時之敘漢之造曆必先定東西立晷儀唐詔太史測天下之晷蓋校定日景推驗氣節必先乎此也宋朝測景在浚儀之岳臺崇寧間姚舜輔造紀元曆求岳臺晷景冬至後初限六十二日二十二分蓋立八尺之表侯圭尺上正八尺之景去冬至多寡日辰立爲初限用減二至得一百二十日四十二分爲夏至後初限以爲後法蓋冬至之景長短實與歲差相應而地里遠近古今亦不同焉中興後清臺亦立晷圭如汴京之制冬至必測驗焉統天曆開禧曆亦皆以六十二日數分爲冬至初限而議者謂臨安之晷景當與岳臺異或謂當立八尺之表侯圭景上八尺之景在四十九日有奇當用四十九日五分爲臨安冬至後初限用減二至限得一百三十三日有奇爲夏至後初限參合天道其法爲密焉然土圭之法本以致日景求地中而表景不應災祥繫焉占家知之而亦不能知其所以然也

孝宗乾道六年以曆官所推日月食各有異同詔禮部侍郎鄭聞等測驗

按宋史孝宗本紀不載　按律曆志六年日官言比詔權用乾道曆推算今歲頒曆於天下明年用何曆推算詔亦權用乾道曆一年秋成都曆學進士賈復自言詔求推明熒惑太陰二事轉運使資遣至臨安頤造新曆畢還蜀仍進曆法九議孝宗嘉其志館於京學賜廩給太史局李繼宗等言十二月望月食大分七小分九十三賈復劉大中等各虧初食甚分夜不同詔禮部侍郎鄭聞監李繼宗等測驗是夜食八分祕書省言靈臺郎宋允恭國學生林永叔草澤祝斌黃夢得吳時舉陳彥健等各推算日食時刻分數異同乃詔諫議大夫姚憲監繼宗等測驗五月朔日食憲奏時刻分數皆差舛繼宗澤大聲削降有差太史局春官正判太史局吳澤等言乾道十年頒賜曆日其中十二月已定作小盡乾道十一年正月一日注癸未朔畢乾道十一年正月一日崇天統元二曆算得甲申朔紀元乾道二曆算得癸未朔今乾道曆正朔小餘約得不及進限四十二分是爲疑朔更考日月之行以定月朔大小以此推之則當是甲申朔今曆官弗加精究直以癸未注正朔竊恐差誤請再

推步於是俾繼宗監視皆以是年正月朔當用甲申兼今歲五月朔太陽交食本局官生瞻視到天道日食四分半虧初西北午時五刻半食甚正北未初二刻復滿東北申初一刻後令末叔等五人各言五月朔日食分數并虧初食甚復滿時刻皆不同并見行乾道曆比之五月朔天道日食多算二分少彊虧初少算四刻半食甚少算三刻復滿少算二刻已上又考乾道曆比之崇天紀元統元三曆日食虧初時刻爲近較之乾道日食虧初時刻爲不及繼宗等參考來年十二月係大盡及十一年正月朔當用甲申而太史局丞同判太史局荆大聲言乾道曆加時係不及進限四十二分定今年五月朔日食虧初在午時一刻今測驗五月朔日食虧初在午時五刻半乾道曆加時弱四百五十分苟以天道時刻預定乾道十二年正月朔已過甲申日四百五十分大聲今再指定乾道十一年正月合作甲申朔十年十二月合作大盡請依太史局詳定行之五月詔曆官詳定

淳熙五年以金使來言曆異同詔禮部郎官呂祖謙測驗太陰行度

按宋史孝宗本紀不載　按律曆志五年金遣使來朝賀會慶節乃妄稱其國曆九月庚寅晦爲己丑晦接伴使檢詳丘宗辨之使者辭窮於是朝廷益重曆事李繼宗吳澤言今年九月大盡係三十日於二十八日早晨度瞻見太陰離東濁高六十餘度則是太陰東行未到太陽之數然太陰一晝夜東行十三度餘以太陰行度較之又減去二十九日早晨度太陰所行十三度餘則太陰尚有四十六度以上未行到太陽之數九月大盡明矣其金國九月作小盡不當見月體今既見月體不爲晦日乞九月三十日十月一日差官驗之詔遣禮部郎官呂祖謙祖謙言本朝十月小盡一日辛卯朔夜昏度太陰躔在尾宿七度七十分以太陰一晝夜平行十三度三十一分至八日上弦日太陰計行九十一度餘按曆法朔至上弦太陰平行九十一度三十一分當在室宿一度太金國十月大盡一日庚寅朔夜昏度太陰約在心宿初度三十一分太陰一晝夜亦平行十三度三十一分自朔至本朝八日爲金國九日太陰已行一百四度六十二分比之本朝十月八日上弦太陰多行一晝夜之數今測見太陰在室宿二度計行九十二度餘始知本朝十月八日上弦密於天道詔祖謙復測驗是夜邦傑用渾天儀法物測驗太陰在室宿四度其八日上弦夜所測太陰在室宿二度按曆法太陰平行十三度餘行遲行十二度今所測太陰比之八日夜又東行十二度信合天道

淳熙十二年以成忠郎楊忠輔言詔測來年月食

按宋史孝宗本紀不載　按律曆志十二年九月成忠郎楊忠輔言淳熙曆簡陋於天道不合今歲三月望月食三更二點而曆在二更二點數虧四分而曆虧幾五分四月二十三日水星據曆當夕伏而水星方與太白同行東井間昏見之時去濁猶十五餘度七月望前土星已伏而曆猶注見八月未弦金已過氐矣而曆猶在亢此類甚多而朔差者八年矣夫守疏敝之曆不能革舊其可哉忠輔於易粗窺大衍之旨創立日法撰演新曆不敢以言者誠懼太史順過飾非恃刻漏則水有增損遲疾恃渾儀則度有廣狹斜正所賴今歲九月之交食在晝而淳熙曆法當在夜以晝夜辨之不待紛爭而決矣輒以忠輔新曆推算淳熙十二年九月定望日辰退乙未太陰交食大分四小分八十五晨度帶入漸進大分一小分七虧初在東北卯正一刻一十一分係日出前食甚在正北辰初一刻一十分復滿在西北辰正初刻並日出後其日日出卯正二刻後與虧初相去不滿一刻以地形論之臨安在岳臺之南秋分後晝刻比岳臺差長日當先曆而出故知月起虧時日光已盛必不見食以淳熙曆推之九月望夜月食大分五小分二十六帶入漸進大分三小分四十七虧初在東北卯初三刻係攢點九刻後食甚在正北卯正三刻後復滿在西北辰正初刻後並在晝禮部乃考其異同孝宗曰日月之行有疏數故曆久不能無差大抵月之行速多是不及無有過者可遣臺官禮部官同驗之詔遣禮部侍郎顏師魯其夜戌正二刻陰雲蔽月不辨虧食師魯請詔精於曆學者與太史定曆孝宗曰曆久必差聞來年月食者二可俟驗否

淳熙十六年承節郎趙渙請遣官測驗詔從之

按宋史孝宗本紀不載　按律曆志淳熙十六年承節郎趙渙言曆象大法及淳熙曆今歲冬至井十二月望月食皆後天一辰請遣官測驗詔禮部侍郎李巘祕書省鄧馹等視之巘等請用太史局渾儀測驗如乾道故事差祕書省提舉一員專監之

光宗紹熙四年布衣王孝禮請立表測景從之不果行

按宋史光宗本紀不載　按律曆志紹熙四年布衣王孝禮言今年十一月冬至日景表當在十九日壬午會元曆注乃在二十日癸未係差一日崇天曆癸未日冬至加時在酉初七十六分紀元曆在丑初一刻六十七分統元曆在丑初二刻二分會元曆在丑初一刻二百四十分迨今八十有七年常在丑初一刻不減而反增崇天曆實天聖二年造紀元曆崇寧五年造計八十二年是時測景驗氣知冬至後天乃減六十七刻半方與天道協其後陳得一造統元曆劉孝榮造乾道淳熙會元三曆未嘗測景苟弗立表測景莫識其差乞遣官令太史局以銅表同孝禮測驗朝廷雖從之未暇改作

元

元置正方案圭表景符闚几測驗等器定擬二至晷景

按元史天文志正方案方四尺厚一寸四周去邊五分爲水渠先定中心畫爲十字外抵水渠去心一寸畫爲圓規自外寸規之凡十九規外規內三分畫爲重規徧布周天度中爲圓徑二寸高亦如之中心洞底植臬高一尺五寸南至則減五寸北至則倍之凡欲正四方置案平地注水於渠眂平乃植臬於中自臬景西入外規即識以墨影少移輒識之每規皆然至東出外規而止凡出入一規之交皆度以線屈其半以爲中即所識與臬相當且其景最短則南北正矣復徧閱每規之識以審定南北南北既正則東西從而正然二至前後日軌東西行南北差少即外規出入之景以爲東西允得其正當二分前後日軌東西行南北差多朝夕有不同者外規出入之景或未可憑必取近內規景爲定仍校其累日則愈真又測用之法先測定所在北極出地度即自案地平以上度如其數下對南極入地度以墨斜經中心界之又橫截中心斜界爲十字即天腹赤道斜勢也乃以案側立懸繩取正凡置儀象皆以此爲準　圭表以石爲之長一百二十八尺廣四尺五寸厚一尺四寸座高二尺六寸南北兩端爲池圓徑一尺五寸深二寸自表北一尺與表梁中心上下相直外一百二十尺中心廣四寸兩旁各一寸畫爲尺寸分以達北端兩旁相去一寸爲水渠深廣各一寸與南北兩池相灌通以取平表長五十尺廣二尺四寸厚減廣之半植於圭之南端圭石座中入地及座中一丈四尺上高三十六尺其端兩旁爲二龍半身附表上擎橫梁自梁心至表顛四尺下屬圭面共爲四十尺梁長六尺徑三寸上爲水渠以取平兩端及中腰各爲橫竅徑二分橫貫以鐵長五寸繫線合於中懸錘取正且防傾墊按表短則分寸短促尺寸之下所謂分秒太半少之數未易分別表長則分寸稍長所不便者景虛而淡難得實影前人欲就虛景之中考求真實或設望筩或置小表或以木爲規皆取端日光下徹表面今以銅爲表高三十六尺端挾以二龍舉一橫梁下至圭面共四十尺是爲八尺之表五圭表刻爲尺寸舊一寸今申而爲五釐毫差易分別　景符之制以銅葉博二寸長加博之二中穿一竅若針芥然以方闔爲趺一端設爲機軸令可開闔榰其一端使其勢斜倚北高南下往來遷就於虛梁之中竅達日光僅如米許隱然見橫梁於其中舊法以表端測晷所得者日體上邊之景今以橫梁取之實得中景不容有毫末之差至元十六年己卯夏至晷景四月十九日乙未景一丈二尺三寸六分九釐五毫至元十六年己卯冬至晷景十月二十四日戊戌景七丈六尺七寸四分　闚几之制長六尺廣二尺高倍之下爲趺廣三寸厚二寸上闢廣四寸厚如趺以板爲面厚及寸四隅爲足撐以斜木務取正方面中開明竅長四尺廣二寸遊竅兩旁一寸分畫爲尺內三寸刻爲細分下應圭面几面上至梁心二十六尺取以爲準闚限各各長二尺四寸廣二寸存厚五分兩刃斜殺取其於几面相符著限兩端厚廣各存二寸銜入几闆候星月正中從几下仰望視表梁南北以爲識折取分寸中數用爲直景又於遠方同日闚測取景數以推星月高下也　按曆志天道運行如環之無端治曆者必就陰消陽息之際以爲立法之始陰陽消息之機何從而見之惟候其日晷進退則其機將無所遁候之之法不過植表測景以究其氣至之始智作能述前代諸人爲法略備苟能精思密索心與理會則前人述作之外未必無所增益舊法擇地平衍設水準繩墨植表其中以度其中晷然表短促尺寸之下所爲分秒太半少之數未易分別表長則分寸稍長所不便者景虛而淡難得實景前人欲就虛景之中改求真實或設望筩或置小表或以木爲規皆取表端日光下徹圭面今以銅爲表高三十六尺端挾以二龍舉一橫梁下至圭面共四十尺是爲八尺之表五圭表刻爲尺寸舊寸一今申而爲五釐毫差易

分別創爲景符以取實景其制以銅葉博二寸長加
博之二中穿一竅若針芥然以方圓爲趺一端設爲
機軸令可開闔楮其一端使其勢斜倚北高南下往
來遷就於虛景之中竅達日光僅如米許隱然見橫
梁於其中舊法以表端測晷所得者日體上邊之景
今以橫梁取之實得中景不容有毫末之差地中八
尺表景冬至長一丈三尺有奇夏至尺有五寸今京
師長表冬至之景七丈九尺八寸有奇在八尺表則
一丈五尺九寸六分夏至之景一丈一尺七寸有奇
在八尺表則二尺三寸四分雖晷景長短所在不同
而其景長爲冬至景短爲夏至則一也惟是氣至時
刻攷求不易蓋至日氣正則一歲氣節從而正矣劉
宋祖沖之嘗取至前後二十三四日間晷景折取其
中定爲冬至且以日差比課推定時刻宋皇祐間周
琮則取立冬立春二日之景以爲去至既遠日差頗
多易爲推攷紀元以後諸曆爲法加詳大抵不出沖
之之法新曆積日累月實測中晷自遠日以及近日
取前後日率相埒者參攷同異初非偏取一二日之
景以取數多者爲定實減大明曆一十九刻二十分
仍以累歲實測中晷日差分寸定擬二至時刻於後
推至元十四年丁丑歲冬至其年十一月十四日己
亥景長七丈九尺四寸八分五釐五毫至二十一日
丙午景長七丈九尺五寸四分一釐二十二日丁未
景長七丈九尺四寸五分五釐以己亥丁未二日之
景相校餘三分五釐爲晷差進二位以丙午丁未二
日之景相校餘八分六釐爲法除之得三十五刻用
減相距日八百刻餘七百六十五刻折取其中加半

日刻共爲四百三十二刻半百約爲日得四日餘以
十二乘之百約爲時得三時滿五十又作一時共得
四時餘以十二收之得三刻命初起距日己亥算外
得癸卯日辰初三刻爲丁丑歲冬至此取至前後四
日景十一月初九日甲午景七丈八尺六寸三分五
釐五毫至二十六日辛亥景七丈八尺七寸九分三
釐五毫二十七日壬子景七丈八尺五寸五分以甲
午壬子景相減復以辛亥壬子景相減準前法求之
亦得癸卯日辰初三刻至二十八日癸丑景七丈八
尺三寸四釐五毫用壬子癸丑二日之景與甲午景
準前法求之亦合此取至前後八九日景十一月丙
戌朔景七丈五尺九寸八分六釐五毫二日丁亥景
七丈六尺三寸七分七釐至十二月初六日庚申景
七丈五尺八寸五分一釐準前法求之亦在辰初三
刻此取至前後一十七日景十一月二十一日丙子
景七丈九寸七分一釐至十二月十六日庚午景七
丈七寸六分十七日辛未景七丈一寸五分六釐五
毫準前法求之亦得辰初三刻此取至前後二十七
日景六月初五日癸亥景一丈三尺八分距十五年
五月癸未朔景一丈三尺三分八釐五毫初二日甲
申景一丈二尺九寸二分五毫準前法求之亦合此
取至前後一百六十日景
推十五年戊寅歲夏至五月十九日辛丑景一丈一
尺七寸七分七釐五毫距二十八日庚戌景一丈一
尺七寸八分二十九日辛亥景一丈一尺八寸五釐
五毫用辛丑庚戌二日景相減餘二釐五毫進二位
爲實復用庚戌辛亥景相減餘二分五釐五毫爲法

除之得九刻用減相距日九百刻餘八百九十一刻
半之加半日刻百約得四日餘以十二乘之百約得
十一時餘以十二收爲刻得三刻命初起距日辛丑
算外得乙巳日亥正三刻夏至此取至前後四日景
十四年十二月十五日己巳景七丈一尺三寸四分
三釐距十五年十一月初二日辛巳景七丈七寸五
分九釐五毫初三日壬午景七丈一尺四寸六釐用
己巳壬午景相減以辛巳壬午景相減除之亦合此
用至前後一百五十六日景十四年十二月十二日
丙寅景七丈二尺九寸七分二釐五毫十三日丁卯
景七丈二尺四寸五分四釐五毫十四日戊辰景七
丈一尺九寸九釐距十五年十一月初四日癸未景
七丈一尺九寸五分七釐五毫初五日甲申景七丈
二尺五寸五釐初六日乙酉景七丈三尺三分三釐
五毫前後互取所得時刻皆合此取至前後一百五
十八九日景十四年十二月初七日辛酉景七丈五
尺四寸一分七釐初八日壬戌景七丈四尺九寸五
分九釐五毫初九日癸亥景七丈四尺四寸八分六
釐距十五年十一月初九日戊子景七丈四尺五寸
二分五毫初十日己丑景七丈五尺三釐五毫十一
日庚寅景七丈五尺四寸四分九釐五毫以壬戌己
丑景相減爲實以辛酉壬戌景相減爲法除之或以
壬戌癸亥景相減或以戊子己丑景相減若己丑庚
寅景相減推前法求之皆合此取至前後一百六十
三四日景
推十五年戊寅歲冬至其年十一月十九日戊戌景
七丈八尺三寸一分八釐五毫距閏十一月初九日

戊午景七丈八尺二寸六分三釐五毫初十日己未景七丈八尺八分二釐五毫用戊戌戊午二日景相減餘四分五釐爲晷差進二位以戊午己未景相減餘二寸八分一釐爲法除之得一十六刻加相距日二千刻半之加半日刻百約得十日餘以十二乘之百約爲時滿五十又進一時共得七時餘以十二收爲刻命初起距日己亥算外得戊申日未初三刻爲戊寅歲冬至此取至前後十日景十一月十二日辛卯景七丈五尺八寸八分一釐五毫十三日壬辰景七丈六尺三寸一釐五毫閏十一月十五日甲子景七丈六尺三寸六分六釐五毫十六日乙丑景七丈五尺九寸五分三釐十七日丙寅景七丈五尺五寸四釐五毫用壬辰甲子景相減爲實以辛卯壬辰景相減爲法除之亦得戊申日未初三刻或用甲子乙丑景相減推之亦合若用辛卯乙丑景相減爲實用乙丑丙寅景相減除之並同此取至前後十六七日景十一月初八日丁亥景七丈四尺三分七釐五毫閏十一月二十日己巳景七丈四尺一寸四分二十一日庚午景七丈三尺六寸一分四釐五毫用丁亥己巳景相減爲實以己巳庚午景相減除之亦同此取至前後二十一日景六月二十六日戊寅景一丈四尺四寸五分二釐五毫二十七日己卯景一丈四尺六寸三分八釐至十六年四月二日戊寅景一丈四尺四寸八分一釐以二戊寅景相減用後戊寅己卯景相減推之亦同此取至前後一百五十日景五月二十八日庚戌景一丈一尺七寸八分至十六年四月二十九日乙巳景一丈一尺八寸六分三釐三十日丙午景一丈一尺七寸八分三釐用庚戌丙午景相減以乙巳丙午景相減推之亦同此取至前後一百七十八日景

推十六年己卯歲夏至四月十九日乙未景一丈二尺三寸六分九釐五毫二十日丙申景一丈二尺二寸九分三釐五毫至五月十九日乙丑景一丈二尺二寸六分四釐以丙申乙丑景相減餘二分九釐五毫爲晷差進二位以乙未丙申景相減得七分六釐爲法除之得三十八刻加相距日二千九百刻半之加半日刻百約得十五日餘以十二乘之百約得二時餘以十二收之得二刻命初起距日丙申算外得辛亥日寅正二刻爲夏至此取至前後十五日景三月二十一日戊辰景一丈六尺三寸九分五毫六月十六日壬辰景一丈六尺九分九釐五毫十七日癸巳景一丈六尺三寸一分一釐用戊辰癸巳景相減以壬辰癸巳景相減準前法推之亦合此取至前後四十二日景三月初二日己酉景二丈一尺三寸五釐至七月初七日壬子景二丈一尺一寸九分五釐五毫初八日癸丑景二丈一尺四寸八分六釐五毫用己酉壬子景相減以壬子癸丑景相減如前法推之亦合此取至前後六十一二日景三月戊申朔景二丈一尺六寸一分一釐至七月初八日癸丑景二丈一尺四寸八分六釐五毫初九日甲寅景二丈一尺九寸一分五釐五毫用戊申癸丑景相減以癸丑甲寅景相減準前法推之亦同此取至前後六十二三日景二月十八日乙未景二丈六尺三分四釐五毫至七月二十一日丙寅景二丈五尺八寸九分九釐二十二日丁卯景二丈六尺二寸五分九釐用乙未丙寅景相減以丙寅丁卯景相減如前法推之亦同此取至前後七十五六日景二月三日庚辰景三丈二尺一寸九分五釐五毫至八月初五日庚辰景三丈一尺五寸九分六釐五毫初六日辛巳景三丈二尺二分六釐五毫用前庚辰與辛巳景相減以後庚辰辛巳景相減如前法推之亦同此取至前後九十日景正月十九日丁卯景三丈八尺五寸一釐五毫至八月十八日癸巳景三丈七尺八寸二分三釐十九日甲午景三丈八尺三寸一分五毫用丁卯甲午景相減以癸巳甲午景相校如前推之亦同此取至前後一百三四日景

推十六年己卯歲冬至十月二十四日戊戌景七丈六尺七寸四分至十一月二十五日己巳景七丈六尺五寸八分二十六日庚午景七丈六尺一寸四分二釐五毫用戊戌己巳景相減餘一寸六分爲晷差進二位以己巳庚午景相減餘四寸三分七釐五毫爲法除之得三十六刻以相減距日三千一百刻餘三千六十四刻半之加五十刻百約得一十五日餘以十二乘之百約爲時滿五十又進一時共得十時餘以十二收之爲刻得二刻命初起距日戊戌算外得癸丑日戌初二刻冬至此取前後十五六日景十月十八日壬辰景七丈四尺五分二釐五毫十九日癸巳景七丈四尺五寸四分五釐二十日甲午景七丈五尺二分五釐至十一月二十八日壬申景七丈五尺三寸二分二十九日癸酉景七丈四尺八寸五分二釐五毫十二月甲戌朔景七丈四尺三寸六分

五釐初二日乙亥景七丈三尺八寸七分一釐五毫用甲午癸酉景相減如前推之亦同若以壬申癸酉景相減爲法推之亦同此取至前後十八九日景若用癸巳與甲戌景相減以壬辰癸巳景相減推之或癸巳甲午景相減推之或用甲戌癸酉景相減推之或甲戌乙亥景相減推之或以壬辰乙亥景相減用壬辰癸巳景相減推之並同此取至前後二十日景十月十六日庚寅景七丈三尺一分五釐十二月初三日丙子景七丈三尺三寸二分初四日丁丑景七丈二尺八寸四分二釐五毫用庚寅丁丑景相減以丙子丁丑景相減推之亦同此取至前後二十三日景十月十四日戊子景七丈一尺九寸二分二釐五毫十五日己丑景七丈二尺四寸六分九釐十二月初五日戊寅景七丈二尺二寸七分二釐五毫用己丑戊寅景相減以戊子己丑景相減推之或用己丑庚寅相減推之亦同此取至前後二十四日景十月初七日辛巳景六丈七尺七寸四分五釐初八日壬午景六丈八尺三寸七分二釐五毫初九日癸未景六丈八尺九寸七分七釐五毫十二月十二日乙丑景六丈八尺一寸四分五釐用壬午乙丑景相減以辛巳壬午相減推之壬午癸未景相減推之亦同此取至前後三十一二日景十月乙亥朔景六丈三尺八寸七分十二月十八日辛卯景六丈四尺二寸九分七釐五毫十九日壬辰景六丈三尺六寸二分五釐用乙亥壬辰景相減以辛卯壬辰景相減推之亦同此取至前後三十八日景九月二十二日丙寅景五丈七尺八寸二分五釐十二月二十八日辛丑景五丈七尺五寸八分二十九日壬寅景五丈六尺九寸一分五釐用丙寅辛丑景相減以辛丑壬寅景相減推之亦同此取至前後四十七八日景九月二十日甲子景五丈六尺四寸九分二釐五毫至十二月二十九日壬寅景五丈六尺九寸一分五釐至十七年正月癸卯朔景五丈六尺二寸五分用甲子癸卯相減壬寅癸卯景相減推之亦同此取至前後五十日景

右以累年推測到冬夏二至時刻爲準定擬至元十八年辛巳歲前冬至當在己未日夜半後六刻卽丑初一刻

世祖至元十六年二月王恂請增高銅表分置監候官從之三月遣郭守敬測驗晷景

按元史世祖本紀至元十六年春二月癸未太史令王恂等言建司天臺於大都儀象圭表皆銅爲之宜增銅表高至四十尺則景長而眞又請上都洛陽等五處分置儀表各選監候官從之三月庚戌勅郭守敬繇上都大都歷河南府抵南海測驗晷景　按郭守敬傳十六年改局爲太史院以恂爲太史令守敬爲同知太史院事給印章立官府及奏進儀表式守敬當帝前指陳理致至於日晏帝不爲倦守敬因奏唐一行開元間令南宮說天下測景書中見者凡十三處今疆宇比唐尤大若不遠方測驗日月交食分數時刻不同晝夜長短不同日月星辰去天高下不同卽日測驗人少可先南北立表取直測景帝可其奏遂設監候官一十四員分道而出東至高麗西極滇池南踰朱崖北盡鐵勒四海測驗凡二十七所

按天文志南海北極出地一十五度夏至景在表南長一尺一寸六分　衡嶽北極出地二十五度夏至晷日在表端無景　嶽臺北極出地三十五度夏至晷景長一尺四寸八分　和林北極出地四十五度夏至晷景長三尺二寸四分　鐵勒北極出地五十五度夏至晷景長五尺一分　北海北極出地六十五度夏至晷景長六尺七寸八分　大都北極出地四十度太強夏至晷景長一丈二尺三寸六分　上都北極出地四十三度少　北京北極出地四十二度強　益都北極出地三十七度少　登州北極出地三十八度少　高麗北極出地三十八度少　西京北極出地四十度少　太原北極出地三十八度少

安西府北極出地三十四度半強　興元北極出地三十三度半強　成都北極出地三十一度半強

西涼州北極出地四十度強　東平北極出地三十五度太　大名北極出地三十六度　南京北極出地三十四度太強　河南府陽城北極出地三十四度太弱　揚州北極出地三十三度　鄂州北極出地三十一度半　吉州北極出地二十六度半　雷州北極出地二十度太　瓊州北極出地一十九度太

至元十七年新曆成郭守敬等奏上考正測影事

按元史世祖本紀不載　按元史紀事本末至元十七年新曆成郭守敬與諸太史同上奏曰帝王之事莫重於曆我朝統一六合肇造區夏專命臣等改治新曆臣等用創造簡儀高表憑測到實數所攷正者一曰冬至自丙子年立冬後依每日測到晷景逐日

取對冬至前後日差同者爲準得丁丑年冬至在戊戌日夜半後八刻半又定丁丑夏至得在庚子日夜半後七十刻又定戊寅冬至在癸卯日夜半後三十三刻己卯冬至在戊申日夜半後五十七刻半庚辰冬至在癸丑日夜半後八十一刻半凡減大明曆十八刻遠近相符前後應準二曰歲餘自劉宋大明曆以來凡測影驗氣得冬至時刻眞數者有六用以相距各得其時合用歲餘今攷定四年相符不差仍自宋大明壬寅年距至今日八百一十年每歲合得三百六十五日二十四刻二十五分其二十五分爲今曆歲餘合用之數三曰日躔用至元丁丑四月癸酉望月食既推求日躔得冬至日躔赤道箕宿十度黃道箕九度有畸仍憑每日測到太陽躔度或憑星測月或憑月測日或徑憑星度測日立術推算起自丁丑正月至己卯十二月凡三年共得一百三十四事皆躔於箕與日食相符四曰月離自丁丑至今每日測到逐時太陰行度推算變從黃道求入轉極遲極疾并平行處前後凡十三轉計五十一事內除不的者外有三十事得大明曆入轉後天又因考驗交食加大明曆三十刻與天道合五曰入交自丁丑五月以來憑每日測到太陰去極度數比擬黃道去極度得月道交於黃道共得八事仍依日食法度推求皆有食分得入交時刻與大明曆所差不多六曰二十八宿距度蓋自漢太初以來距度不同互有損益大明曆則於度下餘分附以太半少皆私意牽就未嘗實測其數今新儀皆細刻周天度分每度爲三十六分以距線代管窺宿度餘分並依實測不以私意牽就是歲有詔頒行新曆守敬又爲二至晷景考二十卷新測二十八舍雜坐諸星入宿去極一卷新測無名諸星一卷守敬所爲曆至爲切密八尺之表夏至景長尺有五寸千里爲差一寸其說見於周官周髀唐一行雖嘗疑之而未之有改守敬乃爲表比古制加五倍上施橫梁每日中以符竅夾測橫梁之景折取中數視舊法但取表端之影者審矣　按楊恭懿傳恭懿歸田里十六年詔安西王相敦遣赴闕入見詔於太史院改曆十七年二月進奏曰臣等徧考自漢以來曆書四十餘家精思推算舊儀難用而新者未備故日行盈縮月行遲疾五行周天其詳皆未精察今權以新儀木表與舊儀所測相較得今歲冬至晷景及日躔所在與列舍分度之差大都北極之高下晝夜刻長短參以古制創立新法推算成辛巳曆雖或未精然比之前改曆者附會元曆更日立法全踵故習顧亦無愧然必每歲測驗修改積三十年庶盡其法可使如三代日官世專其職測驗良久無改歲之事矣

至元二十一年夏六月壬子遣使分道尋訪測驗晷景日月交食曆法

按元史世祖本紀云云

至元二十二年春三月丙子遣太史監候張公禮彭質等往古城測候日景

按元史世祖本紀云云

明

英宗正統十一年奏准修簡儀等器造晷影堂

按明會典正統十一年奏准簡儀修刻黃道等度圭表壺漏俱如南京舊制又造晷影堂以便窺測調品

世宗嘉靖七年奏准立四丈木表測晷以定氣朔

按明會典云云

嘉靖九年委官考正土圭表漏

按嵩高志嘉靖九年巡按河南何天衢言登封舊有測景觀星二臺周公遺跡也土圭表漏俱存乞勑委官考正制度刻之史冊從之

神宗萬曆二十四年禮部以河南按察司僉事邢雲路奏窺天之器卽請以雲路提督欽天監事率官屬測候未果行

按明紀事本末萬曆二十四年河南按察司僉事邢雲路奏窺天之器無踰觀象測景候時籌策四事議者應宜俱改使得中祕星曆書一編閱而校焉必自有得於是欽天監正張應候等疏詆其誣禮部言使舊法無差誠宜世守而今既覺少差矣失今不修將歲愈久而差愈遠其何以齊七政而釐百工哉理應俯從雲路所請卽行考求磨算漸次修改但曆數本極元微修改非可易議蓋吏曆之初上考往古數千年布算雖有一定之法而成曆之後下行將來數百年不無分秒之差前此不覺非其術之疎也以分秒布之百餘年間其微不可紀蓋亦無從測識之耳必積至數百年差至數分而始微見其端今欲驗之亦必測候數年而始微得其槩卽今該監人員不過因襲故常推衍成法而已若欲斟酌損益緣舊爲新必得精諳曆理者爲之總統其事選集星家多方測候積算累歲較析毫芒然後可爲準信裁定規制伏乞卽以邢雲路提督欽天監事該監人員皆聽約束本

部仍博訪通曉曆法之士悉送本官委用務親自督率官屬測候二至太陽晷刻逐月中星躔度及驗日月交食起復時刻分秒方位諸數隨得隨錄一切開呈御覽積之數年酌定歲差修正舊法則萬世之章程不易而一代之寶曆惟新其於國家敬天勤民之政誠大有裨益矣疏奏留中未行

皇清

康熙七年

大清會典康熙七年

命大臣傳集西洋人與本監官質辨復令禮部堂官與西洋人至

午門測驗正午日影

康熙八年

大清會典康熙八年

特遣大臣二十員赴觀象臺測驗遂令西洋人治理曆法

康熙十四年

大清會典康熙十四年定日月食俱歸欽天監職掌前期欽天監推算分秒時刻奏

聞禮部遣司官一員前往觀象臺督同欽天監官測驗所食分秒仍令欽天監奏覆

康熙二十二年

大清會典康熙二十二年測驗

盛京北極高度推算日月交食表告成

欽定古今圖書集成曆象彙編曆法典

第一百三卷目錄

曆法典第一百三卷

測量部彙考四

詩經

鄘風定之方中

定之方中作于楚宮揆之以日作于楚室

傳定營室也揆度也度日出日入以知東西南視定北準極以正南北室猶宮也箋定星昏中而正於是可以營制宮室故謂之營室定昏中而正謂小雪時其體與東壁連正四方疏正義曰此度日出日入謂度其影也故公劉傳曰考於日影是也其術則匠人云水地以縣置槷以縣視以影爲規識日出之影與日入之影晝參諸日中之影夜考之極星以正朝夕注云於四角立植而縣以水望其高下高下既定乃爲位而平也於所平之地中央樹八尺之槷以縣正之視之以其影端以至日入既則爲規測影兩端之內規之規之交乃其審也度兩交之間中屈之以指槷則南北正也日中之影最短者也極星謂北辰也是揆日瞻星以正東西南北之事也如匠人注度日出日入之影不假于視定視極而東西南北皆知之此傳度日出入以知東西視定極以正南北者考工之文止言以正朝夕無正南北之語故規影之下別言考之極星是視極乃南北正矣但鄭因屈橫度之繩卽可以知南北故細言之與此不爲乖也

大雅公劉

篤公劉既溥既長既景迺岡相其陰陽觀其流泉

傳既景乃岡考于日景參之高岡箋以日景定其經界于山之脊觀相其陰陽寒煖所宜流泉浸潤所及皆爲利民富國疏日影定其經界者民居田畝或南或東皆須正其方面故以日影定之

易緯

通卦驗

冬至之日樹八尺之表日中視其晷景長短以占和否夏至影一尺四寸八分冬至一丈三尺

書緯

考靈曜

日永影尺五寸日短景尺三寸

淮南子

天文訓

正朝夕先樹一表東方操一表卻去前表十步以參望日始出北廉日直入又樹一表于東方因西方之表以參望日方入北廉則定東方兩表之中與西方之表則東西之正也日冬至日出東南維入西南維至春秋分日出東中入西中夏至出東北維入西北維至則正南欲知東西南北廣袤之數者立四表以爲方一里距先春分若秋分十餘日從距北表參望日始出及旦以候相應相應則此與日直也輒以南表參望之以入前表數爲法除舉廣除立表袤以知從此東西之數也假使視日出入前表中一寸是寸得一里也一里積萬八千寸得從此東萬八千里視日方入入前表半寸則半寸得一里半寸而除一里積寸得三萬六千里除則從此西里數也并之東西里數也則極徑也未春分而直已秋分而不直此處南也未秋分而直已春分而不直此處北也分至而直此處南北中也從中處欲知中南也未秋分而不直此處南北中也從中處欲知南北極遠近從西南表參望日日夏至始出與北表參則是東與東北表等正東萬八千里則從中北亦萬八千里也倍之南北之里數也其不從中之數也以出入前表之數益損之表入一寸寸減日近一里表出一寸寸益遠一里欲知天之高樹表高一丈正南北相去千里同日度其陰北表二尺南表尺九寸是南千里陰短寸南二萬里則無景是直日下也陰二尺而得高一丈者

南一而高五也則置從此南至日下里數因而五之爲十萬里則天高也若使景與表等則高與遠等也

隋書

天文志

周禮大司徒職以土圭之法測土深正日景以求地中此則渾天之正說立儀象之大本故云日南則景短多暑日北則景長多寒日東則景夕多風日西則景朝多陰日至之景尺有五寸謂之地中天地之所合也四時之所交也風雨之所會也陰陽之所和也然則百物阜安乃建王國焉又考工記匠人建國水地以縣置槷以縣眡以景爲規識日出之景與日入之景晝參諸日中之影夜考之極星以正朝夕按土圭正影經文闕略先儒解說又非明審祖暅錯綜經注以推地中其法曰先驗昏旦定刻漏分辰次乃立儀表于準平之地名曰南表漏刻上水居日之中更立一表於南表影末名曰中表夜依中表以望北極樞而立北表令參相直三表皆以縣準定乃觀三表直者其立表之地卽當子午之正三表曲者地偏僻每觀中表以知所偏中表在西則立表處在地中之西當更向東求地中若中表在東則立表處在地中之東也當更向西求地中取三表直者爲地中之正又以春秋二分之日旦始出東方半體乃立表於中表之東名曰東表令東表與日及中表參相直是日之夕日入西方半體又立表於中表之西名曰西表亦從中表西望西表及日參相直乃觀三表直者卽地南北之中也若中表差近南則所測之地在卯酉之南中表差在北則所測之地在卯酉之北進退南北求三表直正東西者則其地處中居卯酉之正也

地中

昔者周公測晷景於陽城以參考曆紀其於周禮在大司徒之職以土圭之法測土深正日景以求地中日至之景尺有五寸則天地之所合四時之所交百物阜安乃建王國然則日爲陽精元象之著然者也生靈因之動息寒暑由其遞代觀陰陽之升降揆天地之高遠正位辨方定時考閏莫近於茲也古法簡略旨趣難究術家考測互有異同先儒皆云夏至立八尺表於陽城其影與土圭等案尚書考靈曜稱日永景尺五寸日短景尺三寸易通卦驗曰冬至之日樹八尺之表日中視其晷景長短以占和否夏至景一尺四寸八分冬至一丈三尺周髀云成周土中夏至景一尺六寸冬至景一丈三尺五寸劉向鴻範傳曰夏至景長一尺五寸八分冬至一丈三尺一寸四分春秋二分景七尺三寸六分後漢四分曆魏景初曆宋元嘉曆大明祖沖之曆皆與考靈曜同漢魏及宋所都皆別四家曆法候景則齊且緯候所陳恐難依據劉向二分之景直以率推非因表候定其長短然尋晷景尺丈雖有大較或地域不改而分寸參差或南北殊方而長短維一蓋術士未能精驗馮古所以致乖今刪其繁穢附於此云梁天監中祖暅造八尺銅表其下與圭相連圭上爲溝置水以取平正揆測日晷求其盈縮至大同十年太史令虞𠠎又用九尺表格江左之景夏至一尺三寸二分冬至一丈三尺七分立夏立秋二尺四寸五分春分秋分五尺三寸九分陳氏一代唯用梁法齊神武以洛陽舊器並徙鄴中以暨文宣受終竟未考驗至武平七年訖於景禮始薦劉孝孫張孟賓等於後主劉張建表測景以考分至之氣草創未就仍遇朝亡周自天和以來言曆者紛紛復出亦驗二至之景以考曆之精粗及高祖踐極之後大議造曆張胄元兼明揆測言日長之瑞有詔司存而莫能考決至開皇十九年袁充爲太史令欲成胄元舊事復表曰隋興已後日景漸長開皇元年冬至之景長一丈二尺七寸二分自爾漸短至十七年冬至景一丈二尺六寸三分四年冬至在洛陽測景長一丈二尺八寸八分二年夏至景一尺四寸八分自爾漸短至十六年夏至景一尺四寸五分其十八年冬至陰雲不測元年十七年十八年亦陰雲不測周官以土圭之法正日景日至之景尺有五寸鄭元云冬至之景一丈三尺今十六年夏至之景短於舊五分十七年冬至之景短於舊三寸七分日去極近則景短而日長去極遠則景長而日短行內道則去極近行外道則去極遠堯典云日短星昴以正仲冬據昴星昏中則知堯時仲冬日在須女十度以曆數推之開皇以來冬至日在斗十一度與唐堯之代去極俱近謹案元命包云日月出內道璇璣得其常天帝崇靈聖王初功京房別對曰太平日行上道升平日行次道霸代日行下道伏惟大隋啓運上感乾元景短日長振古希有是時廢庶人勇晉王廣初爲太子充奏此事深合時宜上臨朝謂百官曰景長之慶天之祐也今太子新立當須改元宜取日長之意以爲年號由是改開皇二十一年爲仁壽元年此後百工作役並加程課以日長故也皇太子

率百官詣闕陳賀案日徐疾盈縮無常充等以爲祥瑞大爲議者所貶又考靈曜周髀張衡靈憲及鄭元注周官並云日影於地千里而差一寸案宋元嘉十九年壬午使使往交州測影夏至之日影出表南三寸二分何承天遥取陽城云夏至一尺五寸計陽城去交州路當萬里而影實差一尺八寸二分是六百里而差一寸也又梁大同中二至所測以八尺表率取之夏至當一尺一寸七分彊後魏信都芳注周髀四術稱永平元年戊子當梁天監之七年見洛陽測影又見公孫崇集諸朝士共觀祕書影同是夏至日其中影皆長一尺五寸八分以此推之金陵去淮南北略當千里而影差四寸則二百五十里而影差一寸也况人路迂迴山川登降方於鳥道所校彌多則千里之言未足依也其揆測參差如此故備論之影朴

宋史

律曆志

英宗明天曆法升降分皇極躔衰有陟降率麟德以日景差陟降率日晷景消息爲之義通軌漏夫南至之後日行漸升去極近故晷短而萬物皆盛北至之後日行漸降去極遠故晷長而萬物浸衰自大衍以下皆從麟德今曆消息日行之升降積而爲盈縮焉岳臺日晷岳臺者今京師岳臺坊地曰浚儀近古候景之所尚書洛誥稱東土是也禮玉人職土圭長尺有五寸以致日此即日有常數也司徒職以圭正日晷日至之景尺有五寸謂之地中此即是地土中致日景與土圭等然表長八尺見於周髀夫天有常運地有常中曆有正象表有定數言日至者明其日至此也景尺有五寸與圭等者是其景晷之眞效然夏至之日尺有五寸之景不因八尺之表將何以得故經見夏至日景者明表有定數也

宣和博古圖

周雙螭表座

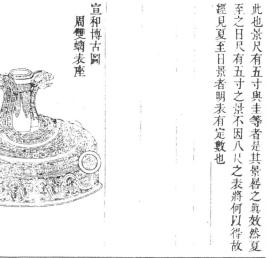

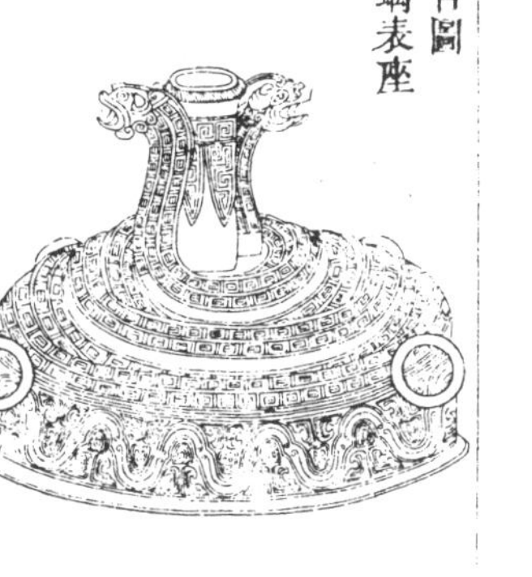

右表座高一尺三寸七分下徑一尺九寸三分重五十五斤無銘周官置槷晝以參諸日中之景槷卽表也是器形若大盤上蟠雙螭而仰其首於兩螭間又出一筩中通上下是爲表座中通所以植槷無欹側以取其端焉

漢表座

右表座高四寸六分深四寸二分闊七寸一分口徑一寸一分重三斤九兩無銘是器表座也作三圜筩相合爲一體措之地則一筩端立可以立表周官所謂槷者是器所以爲測日之具也

元史

天文志

魯哈麻亦渺凹只漢言春秋分晷影堂爲屋二間脊開東西橫罅以斜通日晷中有臺隨晷影南高北下上仰置銅半環刻天度一百八十以準地上之半天斜倚鋭首銅尺長六尺闊一寸六分上結半環之中下加半環之上可以往來窺運側望漏屋晷影驗度數以定春秋二分　魯哈麻亦木思塔餘漢言冬夏至晷影堂也爲屋五間屋下爲坎深二丈二尺脊開

南北一罅以直通日晷隨罅立壁附壁懸銅尺長一丈六尺壁仰畫天度半規其尺亦可往來規運直望漏屋晷影以定冬夏二至

新法曆書一

大測上

大測者測三角形法也凡測算皆以此測彼而此一彼一不可得測九章算多以三測一獨句股章以二測一則皆三角形也其不言句股者句與股交必爲直角直角者正方角也遇斜角則句股窮矣分斜角爲兩直角亦句股也遇或不可得分又窮矣三角形之理非句股可盡故不名句股也句股之易測者直線也平面也測天則圜面曲線非句股所能得也故有弧矢弦割圜之法弧者曲線弦矢者直線也以弧求弧無法可得必以直線曲弧相當相準乃可得之相當相準者圜徑之法也而圜與徑終古無相準之率古云徑一圍三實圍以內二徑之六弦非圜也祖冲之密率云徑七圍二十二則其外切線也非圜也劉徽密率云徑五十圍百五十七則又其內弦也非圜也或推至萬萬億以上然而小損卽內弦小益卽外切線也終非圜也曆家以句股開方展轉商求累時方成一率然不能離徑一圍三之法卽祖率已繁不復能用況徽率乎況萬萬億以上乎是以甚難而實謬今西法以周天一象限分爲半弧而各取其正半弦其術從二徑六弦始以次求得六宗率皆度數之正義無可疑者次用三要法相分相準以求各率而得各弧之正半弦又以其餘弧之正弦爲餘弦以餘弦減半徑爲矢弧之外與正弦平行而交於割線者爲切線以他半徑截弧之一端而交於切線者爲割線其與餘弦平行者則餘切線也卽正割一線交於餘切線而止者餘割線也以正弦減半徑者餘矢也總之爲八線其弧度分爲五千四百每一度分有八線焉合之爲四萬三千二百率也其用之則一形中有三邊三角任有其三可得其餘三也凡測候所得者皆弧度分也以此二三弧求彼一弧先簡此弧之某直線與彼弧之某直線推算得數簡表卽得彼弧之度分不勞餘力不費晷刻爲之者勞用之者逸方之句股開方以測圜者甚易而實是也然則必無差乎曰有之或在其末位如半徑設十萬則所差者十萬分之一也設千萬則所差者千萬分之一也曆家推演至微纖以下率皆棄去卽謂之無差亦可故論此法者謂於推步術中爲模範矣測天者所必須大於他測故名大測其解義六篇謹列如左

因明篇第一

總論 凡三十二條

三角形者一形而三邊容有三角也如左圖甲乙丙爲平面三角形丁戊己爲球面三角形

三角形各以兩邊容一角此兩邊爲角形之兩腰第三邊爲角形之底

如上甲乙丙形若以甲乙甲丙爲兩腰則容乙甲丙角第二字爲所指角乙丙其底也餘二同丁戊己亦同

各邊向一角者名爲對角

如上甲乙線向丙角者名爲對丙角甲丙向乙名爲對乙角

角以何爲尺度一弧之心在交點從心引出線爲兩腰而弧在兩腰之間此弧卽此角之尺度

如上乙甲丙角其尺度則丁丙或戊己皆是其法甲爲心其界或近如丁丙或遠如戊己

大測法分圈三百六十爲度度析百分中曆或六十分遠西分或百析爲秒遞析爲百至纖而止中曆或析爲六十秒遞析爲六十至十位而止遠西

圈愈大其度分亦愈大

兩弧之分數等其圈等弧亦等其圈不等弧亦不等其不等之兩弧名相似弧

如上丁丙雖小於戊己而同對甲角卽同爲若干度分之弧也

圈四分之一爲九十度有弧不足九十度則其外

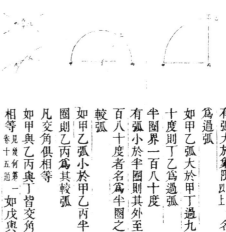

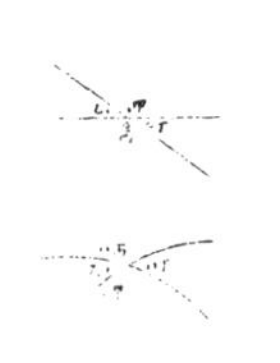

至九十者名餘弧亦曰較弧亦曰差弧

如甲丁弧四十度則丁至丙五十度爲餘弧

有弧大於象限在九十以上名爲過弧

如甲乙弧大於甲丁過九十度則丁乙爲過弧

半圈界一百八十度

有弧小於半圈則其外至百八十度者名爲半圈之較弧

如甲乙弧小於甲乙丙半圈則乙丙爲其較弧

凡交角俱相等

如甲與乙丙與丁皆交角相等見幾何第一卷十五題如戊與己亦交角相等

角有二類一直角一斜角

凡直角其度皆九十

斜角有二類一銳角一鈍角

鈍角者其度大於象限

銳角者其度小於象限

角之餘與弧同理或曰較角或曰差角

有兩角幷在一線上爲同方角幷之等於兩直角如右圖甲與乙丙與丁皆是

同方兩角等於兩直角故彼角爲此角之較

如前乙角卽甲之較甲亦乙之較

三角形或三邊等或兩邊等或三不等

三角形兩腰等其底線上兩角亦等底上兩角等則兩腰亦等見幾何一卷第五

三邊形之三角等則三邊亦等

三角形之角有二類一爲直角三邊形一爲斜角三邊形

直角三邊形形內止有一直角

直角三邊形之對直角邊名弦兩腰名句股

遠西句股俱各垂線互用之

斜角形其角皆斜

斜角形有二類一曰銳角一曰鈍角

鈍角形止有一鈍角

銳角形三皆銳角

三角形有二類一曰平面上形一曰球上形

論平面上三角形凡十一條

平面上三角形有三種一直線一曲線一雜線大測所論皆直線也

凡等角兩三邊形其在等角旁之各兩腰線相與爲比例必等而對等角之邊爲相似邊幾何六卷第四題

凡兩三角形其角兩邊之比例等卽兩形爲等角形而對各相似邊之角各等幾何六卷第五題

此二題爲大測之根本不用開方直以比例得之法至簡用至大也

如左圖甲乙丙丁戊己兩形甲與丁乙與戊丙與己皆等角其旁各兩腰之比例等者十與六若五與三也更之則十與五若六與三也反之則六與十若三與五也

凡兩形中各對相當等角之邊皆相似之邊如甲丙對乙丁己對戊而乙戊爲等角者卽甲丙丁己爲相似之邊也

三角形之外角與相對之內兩角幷等幾何一卷之三十二

如上甲乙丙形之乙甲兩角幷與甲丙丁角等

三角形之三角幷等於兩直角

如上圖丁己庚直角與乙角等其甲丙二角幷與丁己戊角等

平面上三角形止有一直角或一鈍角其餘二必皆銳角

三邊形內之第三角爲前兩角之餘角何者爲前兩角不滿二直角故

直角旁之兩腰其能與弦等能等者謂兩腰上兩方

形并與弦上方形等也幾何一卷之四七

此理之用爲先得二邊以求第三邊如甲乙丙形先得甲乙乙丙兩邊而求第三邊法以甲乙三自之爲九乙丙四自之爲十六并得二十五與甲丙之實等開方得甲丙弦五若先得直角旁之一腰如甲乙三又得甲丙弦五而求乙丙則以甲丙自之得二十五乙甲自之得九相減之較十六開方得乙丙四

直角形之兩等邊有數則其弦無數可推若弦有數則兩等邊無數可推

如圖甲乙甲丙各三自之各九并之得十八乙丙上實十八開方得四餘實二分之或爲八分之二或爲九分之二八分之二則大於眞率九分之二則小於眞率其乙丙眞率無數可得更細分之亦復不盡

直角三邊形之兩銳角彼銳爲此銳之餘

如乙丙二銳角丙爲餘角爲三角并等二直角此二銳應等一直角乙一角不足一直角故丙角爲乙角與直角相減之較

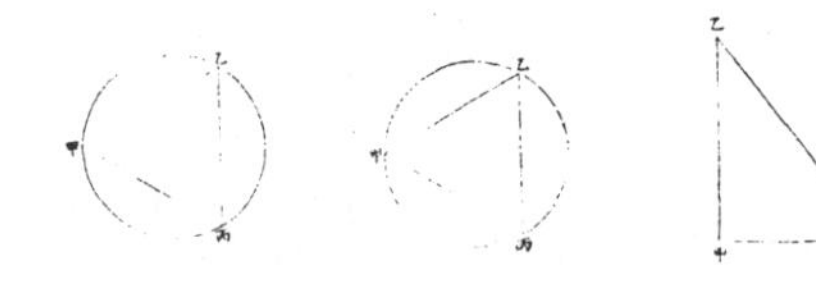

平邊三角形在圈內其各角之度數皆爲其對弧度數之半

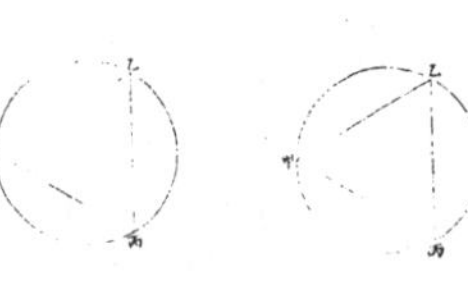

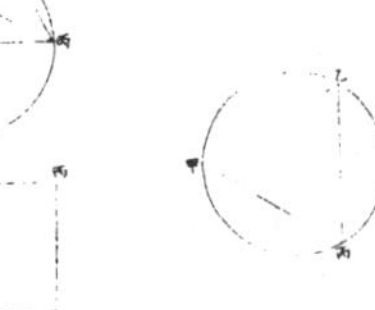

如上甲乙丙形三邊等分圈爲三各弧俱一百二十度本形之三角等二直角并得一百八十則對弧百二十度倍於對角六十度也

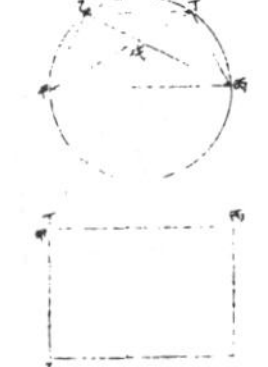

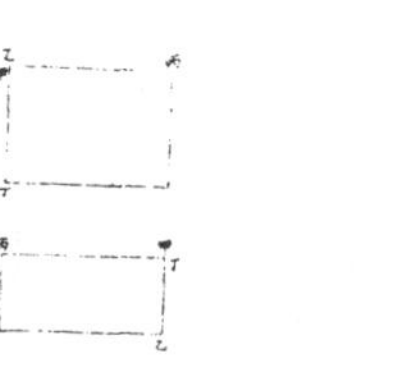

平面兩三角形在圈內同底兩形之頂相連成一四邊形此形內有兩對角線則此形相對之各兩邊各相偕爲兩直角形并與兩對角線相偕爲直角形等

如上甲乙丙甲丁丙兩三角形在甲乙丁丙圈內甲丙同底其頂乙丁相連成甲乙丁丙四邊形形內有甲丁乙丙兩對角線以此兩線相偕爲直角形本以乙丁甲丙兩相對邊以甲乙丁丙兩相對邊各相偕爲直角形題言後兩形并與前一形等

其用爲先得五線以求第六線多羅某之法

論球上三角形凡二十條

凡球上三角形皆用大圈相交之角

大測所用三角形之各弧必小於大圈之半

球大圈分球爲兩平分離於兩極各九十度

彼大圈過此大圈之極此兩圈必相交爲直角兩大圈相交爲直角必彼大圈過此大圈之極

如甲丙大圈其極乙丁有乙戊丁己大圈過兩極其交處如戊如己各成四直角

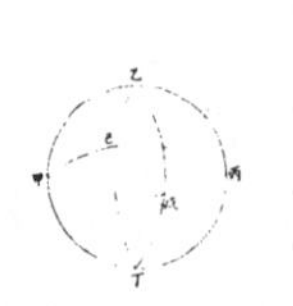

球上角之度必從交引出爲兩弧各九十度而遇一象限之弧兩遇處相去之度即此角之大

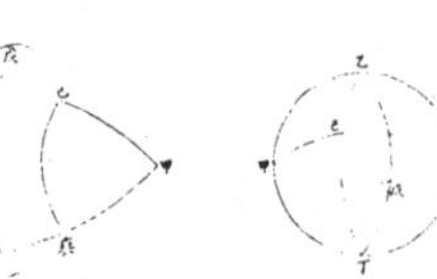

如甲乙丙球上三角形欲知甲角之大爲幾何度分不得用己庚弧爲其尺度必從甲引出至乙至丙各爲一象限之弧而戊丁亦大圈之一象限弧也丁戊弧與甲乙甲丙相遇即乙丙弧之大爲甲角之大

球上角之兩邊引出之至相遇即兩弧俱成半圈而

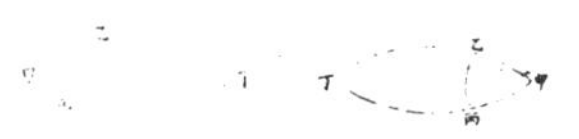

兩對角必等

如甲乙丙三角形從兩腰各引出之至丁則甲丙丁甲乙丁兩弧皆成半圈而甲與丁兩角等

球上三角形有相對彼三角形與同底而對角等卽彼形之兩腰爲此形兩腰之餘腰

初腰不足一百八十度故後腰爲半圈之餘

其彼此之同方兩角亦等兩直角而彼角爲此角之餘角

如上甲乙丙三角形與相對之乙丙丁同乙丙底而甲乙兩角等卽乙丁爲甲乙之餘弧丙丁爲甲丙之餘弧丁乙丙角爲甲乙丙之餘角

爲甲乙丙不足兩直角故

乙丙丁角爲甲丙乙之餘角

球上直角三邊形或有一直角或二直角或三俱直角

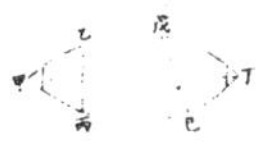

球上三邊形有一直角者或有兩銳角或有兩鈍角或一鈍一銳角

如上甲乙丙形甲爲直角其乙丙爲兩銳角乙丁丙形丁爲直角其乙丙爲兩鈍角若丁戊己形則其戊爲銳角其己爲鈍角甲戊己形則其戊爲鈍角其己爲銳角

球上直角三邊形有兩銳角則其對直角之直角三邊形有兩鈍角

如前圖甲乙丙之甲直角與乙丁丙之丁直角相對者是

球上直角三邊形有兩銳角其三弧皆小於象限

如前圖甲乙丙是

球上直角三邊形有兩鈍角其兩腰皆大於象限而第三弧必小於象限

如前圖乙丁丙是

球上直角三邊形有一銳一鈍角其銳角之相對三角形亦有一直角兩銳角

如上圖丁乙丙三邊形丙爲直角丁爲銳角乙爲鈍角卽丁銳角之相對乙丙戊形其丙爲直角

與乙丙丁共等兩直角其乙與戊爲兩銳角

球上三邊形有多直角其對直角之各弧皆爲一象限

如甲爲直角乙丙弧對之爲一象限餘二同

此圖爲三直角題言多者以該二直角也

球上三邊形有二直角若第三爲銳角卽對角之弧小於象限若鈍角卽對角之弧大於象限

如上丁戊己形丁戊皆直角己爲銳角卽對己之丁戊弧小於象限甲乙丙形甲丙皆直角乙爲鈍角則對角之甲丙弧大於象限

球上斜三角形有三類或俱銳角或俱鈍角或雜銳鈍角

球上斜三角形俱銳角者其相對三角形有兩鈍角一銳角

如上甲乙丙形三皆銳角卽相對丁乙丙形其乙丙爲兩鈍角丁爲銳角

球上三邊形俱鈍角者其

相對三角形有兩鋭角一鈍角

如上甲乙丙形三皆鈍角即相對乙丙丁形其乙丙爲兩鋭角丁爲鈍角

球上三角形之三角并大於兩直角

有二直角即大何况一直一鈍以上

割圜篇第二

總論凡二十六條

三角形有六率三角三邊是也測三角形者於六率中先得其三而測其餘三也

測三角形者止測其線非測其容測或作推或作解下文通用

測三角形必藉同比例法（本曰三率法）同比例者四率同比例先有三而求第四也故三角形之六率其比例欲定其分數欲明

三角形六率之比例其中用弧者最爲難定何者圜線與直線之比例從古至今未有其法故

三角形何以有弧曰球上三角形其三邊皆弧也其三角皆弧角也即平面三角形其可以直線測者三邊耳欲測其角非弧不得而弧爲圜線無數可測故測弧者必求其與弧相當之直線

與弧相當之直線者割圜界而求其直線之分與弧分相當者是也

割圜之直線有四一曰弦一名通弦二曰半弦皆在圜界內三曰切線在圜界外四曰割線在圜界之內外

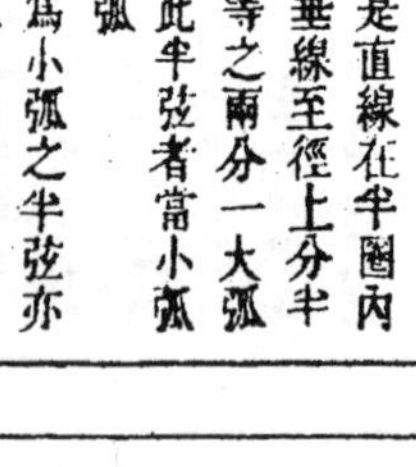

弦者直線在圜內從此點至彼點分圜爲兩分

凡弦皆對兩弧一上一下

如上圖甲乙爲弦分甲丙乙丁圜爲兩分甲丁乙爲大分甲丙乙爲小分則甲乙弦上當甲丙乙小弧下當甲丁乙大弧

正弧者從弧作垂線至全徑上

如上圖從丁作甲乙之垂線若從丁直至戊則爲通弦故丁丙爲半弦

半弦又有二種有正弦有倒弦

正半弦是直線在半圜內從弧作垂線至徑上分半圜爲不等之兩分一小弧一大弧此半弦者當小弧亦當大弧

當者爲小弧之半弦亦爲大弧之半弦

如上圖從己弧下至甲乙全徑上作己庚垂線分甲丙乙半圜爲不等兩分乙己弧爲小分己丙甲弧爲大分則己庚爲己乙小弧之半弦又爲己丙甲大弧之半弦

正半弦從一點作兩半弦第一爲前半弦第二爲後半弦又爲餘弧弦又爲較弦又爲差弦

如前圖先論己庚即爲前半弦其己戊即爲後半弦又爲餘爲較者乙己丙弧九十度乙己不足九十度則己丙爲餘弧亦爲較弧故己戊爲餘弦較弦也前後兩半弦其能等於半徑

如上圖庚己爲前弦當乙己弧己戊爲後弦當己丙餘弧戊己弦等於丁庚（幾何一卷三十四）則丁己半徑上方與庚己己戊上兩方并等故云兩半弦之能等於半徑

論曰其兩半弦可互爲垂線則己庚丁爲直角而對直角之弦己丁上方與句股上兩方并等也（幾何一卷四十七）

系直角三邊形內有半徑亦有一半弦即可求後半弦

法曰半徑上方形實減半弦上方形實其較即後半弦上方形之實開方得後

半弦

如丙乙半徑十甲乙前半弦六而有丙甲乙直角今求丙甲後半弦其法丙乙自之爲百甲乙自之爲三十六相減餘六十四卽甲丙方之實平方法開之得八

兩正弦之較與紀限左右距等弧之半弦等（乃紀限六十度）

解曰甲乙丙象限內有丙己小弧丙己戊丁大弧丙戊弧爲六十度而戊己戊丁兩弧等其兩半弦一爲己辛一爲丁庚兩半弦之較爲丁癸題言丁癸較與己壬半弦壬丁半弦各等

論曰試作一己子線則丁

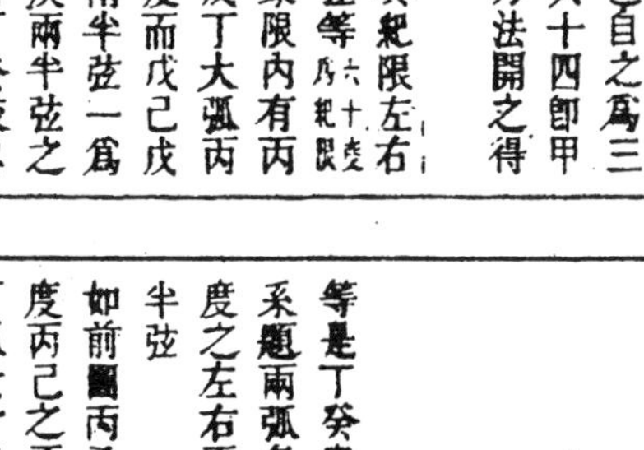

己子戊三邊等角形何也此形中有子丁壬壬己子兩三角形此兩角形等又何也子戊同腰而丁壬壬己兩腰等則丁壬己壬兩直角亦等而丁子子己兩底亦等子丁己子己丁兩角亦等又丙戊弧既六十度其餘戊乙弧必三十度其乙甲戊角爲三十度角甲乙庚丁旣平行甲戊線截二線於子卽內外角等而丁子戊角亦三十度戊子己角亦三十度是丁子己爲六十度角也丁與己與全子三角既等兩直角（一卷三十二）則共爲一百八十度於中減全子角六十度則丁己兩角百二十度而此兩角既等卽各得六十度則此形之三角三邊俱等夫丁己已子兩線等則己癸垂線所分之丁癸子癸兩直角亦等而己癸同腰則丁癸與癸子必等丁癸爲丁子之半丁壬爲丁己之半全線等則所分必等是丁癸與丁壬等與壬己亦等

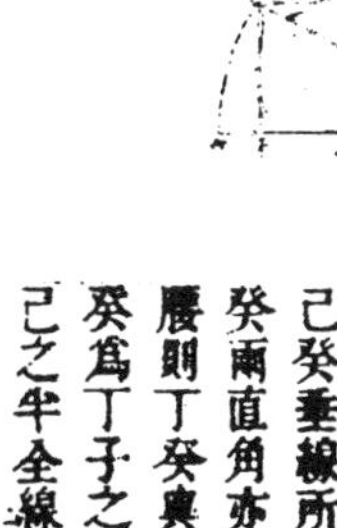

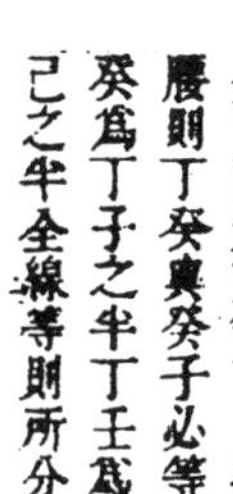

系題兩弧各有其正半弦兩半弦至弧之點在六十度之左右而距度點等其前兩正半弦之較卽後兩半弦

如前圖丙己戊弧六十度丙己弧五十度己戊弧十度丙己之正半弦己辛簡表先得七千六百六十丙丁弧七十度丁戊弧亦十度丙丁弧之正半弦爲丁庚先得九千三百九十六今求丁戊弧之半弦其法以己辛丁庚兩半弦相減得丁癸較一千七百三十六卽丁戊弧十度之丁壬半弦（先設數半徑一萬）

倒弦者餘弦與全數之較本名爲矢

如上圖甲丙徑以乙丁正半弦分徑爲二分一爲甲丁一爲丁丙其丁丙卽乙丁正半弦之倒弦也

矢有二有大有小

如前圖甲丁爲大矢與甲乙弧相當丁丙爲小矢與乙丙弧相當

矢加於餘半弦卽半徑

如前圖乙己爲乙丁正弦之餘弦以加丁丙卽半徑爲乙己與丁戊等故

切線者弧之外有線爲徑一端之垂線半徑爲底線而交於截弧之弦線

弦線者句股之弦非弧矢之弦也

如上圖戊丙弧乙丙爲半徑從丙出垂線至丁又從乙出線截戊丙弧於戊而與丁丙線交於丁卽丁丙爲切線而與戊丙弧相當也

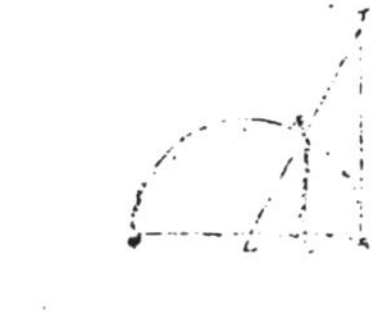

割線者從心過弧之一端而交於切線

如上圖乙戊丁線爲割線與戊丙弧相當也故戊丙弧在三角形內其句爲半徑其股爲切線其弦爲割線皆與戊丙弧相當之直線

又戊丙一弧其相當之直線有四一丁丙切線一乙丁割線一戊己正半弦一己丙矢

定割圓之數當作割圓線以立成表

一名三角形表一名度數表今名大測表

大測表不過一象限

古用弦則須半周

如上圖用弦則乙丙弧必得乙丙弦乃至乙庚弧必得乙庚弦故百八十度之弧必得百八十度之弦也

因此術既繁且難後從簡便則以半弦當之爲各半弦可當上下兩弧故不過一象限而足也

如上圖辛壬半弦當乙壬小弧亦當壬己甲大弧庚己半弦當乙己小弧亦當己甲大弧且一象限之外無切線而亦無割線故用半圈之全不如象限之半也

大測表不止有各弧之各度數亦有其各分數

欲極詳亦可析分爲十爲六也但少用耳

作大測表先定半徑爲若干分愈多愈細

凡割圓四線大抵皆不盡之數無論全數不盡即以畸零法命其分亦不能盡故大測表不得謂其不差但所差甚少不至半徑全數中之一耳

假如半徑爲千萬表中諸線中不至差千萬分之一分自一以內或半或大或少不能無差而微乎微矣

故作表中半徑必用極大之數最少者一萬以上或至百萬千萬或至萬萬可也

七位即千萬八位即萬萬

定半徑之全數即可求一象限內各弧各度分之半弦以此半弦可求得其切線割線

凡半徑用數少即差多

如用千則差千之一用萬則差萬之一

用極大之數即難推

如用萬萬以上數極繁矣

今定爲幾何則可曰凡半徑之數其中之小分與半弧度分之小分大約相等而上之即是中數

假如欲測有分之弧問半徑應定幾何分曰一象限九十度每度六十分則一象限五千四百分又古率圓與徑之比例大略爲二十二與七則象限弧與半徑之比例若十一與七

如左圖周二十二四分之則一象限爲五又半徑七二分之則三又半此二比例有畸零之數故各倍之爲十一與七也

今用同比例法（即三率法）以象限十一爲第一數以半徑七爲第二數以象限五千四百分爲第三數而求得第四數爲三千四百三十六故半徑分爲三千四百三十六則半徑之各分略相等於一象限之各分五千四百也故用大數最少一萬爲與五千相近用此乃可推有分之弧也

欲推弧分之秒亦用此法其象限爲三十二萬四千秒依三率法十一與七若三十二萬四千與二十○萬六千一百八十二其半徑細分與象限之分秒相等而上之必用百萬

表原篇第三

表原者作表之原本也測圓無法必以直線直線與圓相準不差又極易見者獨有六邊一率而已古云徑一圍三是也然此六弧之弦非六弧之本數自此以外雖分至百千萬億皆弦耳故測弧必以弦弦愈細數愈密其法仍由六邊之一準率始自此又推得五率此六率皆相準不差但後五率其理難見推求乃得是名爲六宗率其法先定半徑爲若干數（今用一千萬）則作圈內六種多邊形（俱見幾何第四卷）推此六形各等邊之數得此六數即爲六通弦各當其本弧因以爲

作表原本

宗率一　圈內六邊等切形求邊數

幾何原本四卷十五題言六邊等形在圈內者其各邊俱與半徑等半徑既定爲千萬即邊亦千萬凡邊皆弦也圈分三百六十度此各弦相當之弧各六十度各與千萬相當矣相當者千萬即六十度弧之弦也

如左乙丙圈內有六邊等形其半徑甲乙既定爲千

萬卽乙丙弦爲六邊形之一邊亦千萬而相當之乙丙弧六十度

宗率二　內切圈直角方形求邊數

幾何四卷第六言一線在圈內對一象限爲方形邊其上方形等於兩半徑上方形并（幾何一卷四七）此句股法也故用兩半徑之實并而開方而得本形邊

如上乙丙圈內方形甲乙爲半徑句股法甲乙甲丙上兩方并與乙丙上方等卽以之開方而得乙丙邊今兩半徑上方形并爲二〇〇〇〇〇〇〇〇〇〇〇〇〇〇

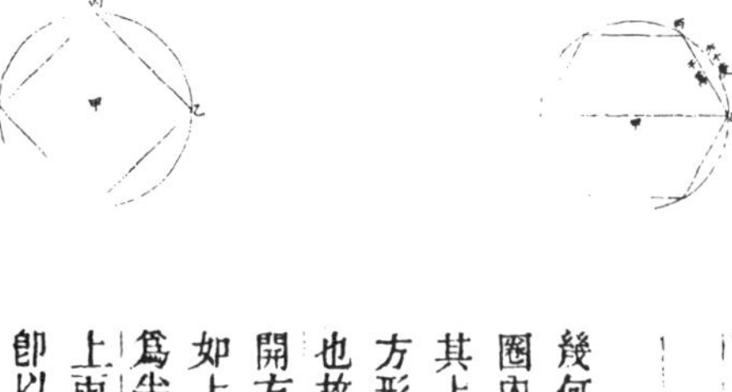
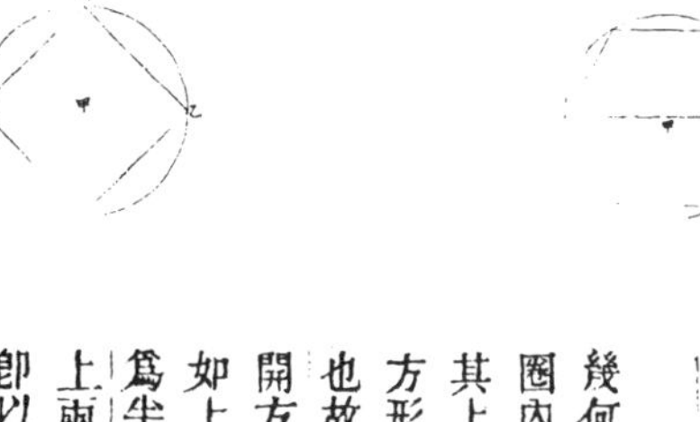
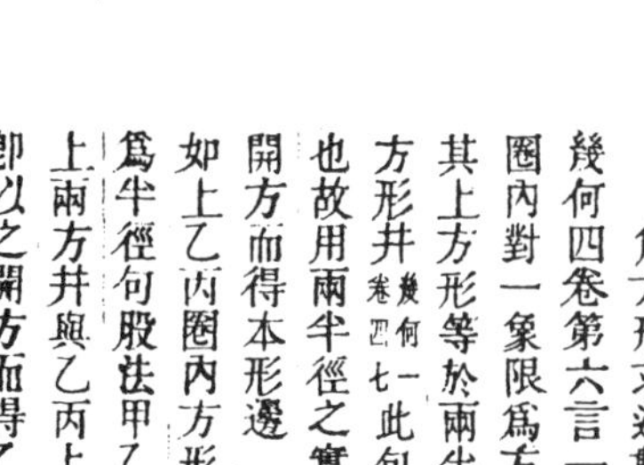

此數爲二百萬萬萬〇旁作點者萬也末〇爲單數

以開方得其邊一千四百一十四萬二千一百九十六此爲乙丙弧之弦也乙丙弧爲四分圈之一九十度則乙丙弧數爲乙丙九十度弦相當之數

宗率三　圈內三邊等切形求邊數

幾何十三卷十二題言三邊等形內切圈其各邊上方形三倍於半徑上方形

丁乙方與丙丁丙乙兩方等而四倍於丙丁形則丙乙爲丁乙四之三而三倍於丙丁

如上圖乙丙圈甲乙爲半徑乙丙上方三倍大於甲乙上方卽三因半徑上方爲三〇〇〇〇〇〇〇〇〇〇〇〇〇〇

此數爲三百萬萬萬有奇

開方得一千七百三十二萬〇五〇八弱

宗率四　圈內十邊等切形求邊數

幾何十三卷九題言以比例分半徑爲自分連比例線其大分則十邊等形之一邊

如上圖甲乙半徑與戊己等用自分連比例法（幾何六卷三十稱理分中末線）分爲大小分其大分爲丁己與十邊形之乙丙邊等蓋戊己線與己癸等己癸線既兩半分於庚則戊己己庚線上兩方并與庚戊上方等（幾何一卷四十七）今以庚

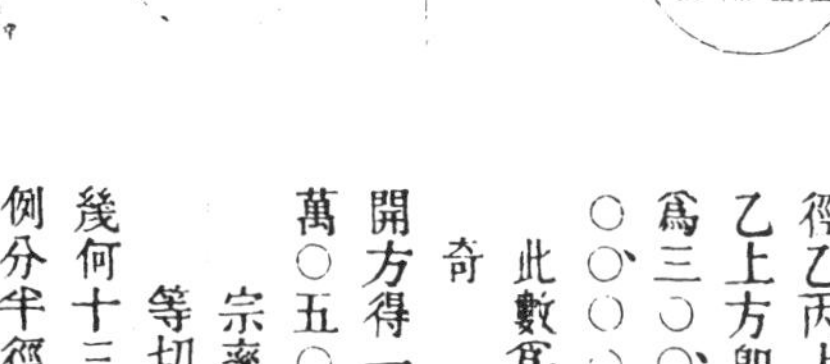
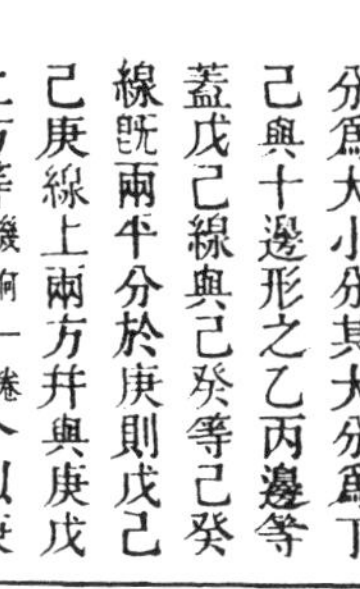

戊上方開得庚戊線爲一千一百一十八萬〇四百三十〇次減去己庚五百萬餘六百一十八萬〇四百三十〇卽丁己線亦卽乙丙弦而乙丙弧爲全圈十分之一得三十六度是乙丙爲三十六度弧之弦

宗率五　圈內五邊等切形求邊數

幾何十三卷第十題言圈內五邊等切形其一邊上方形與六邊等形十邊等形之各一邊上方形并等也

如左圈內甲乙戊爲五邊等形甲丙已爲六邊等形甲丁乙爲十邊等形題言甲丁甲丙上兩方并與甲乙上方等者前言甲丙半徑爲千萬甲丁線爲六百一十八萬〇四百三十〇各自之并得數開方得甲乙線爲一千一百七十五萬五千七百〇四弱其弧五分全圈得七十二卽甲乙爲七十二度弧之弦

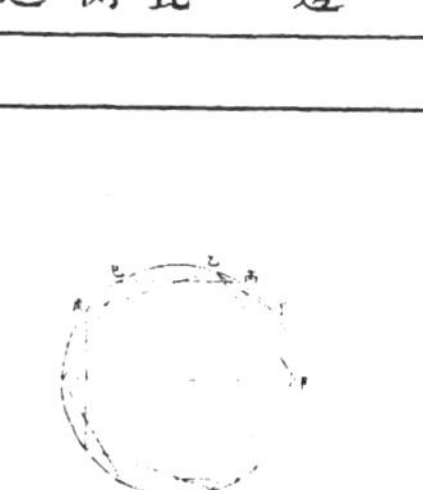
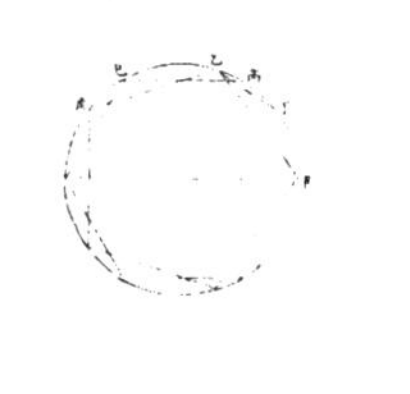
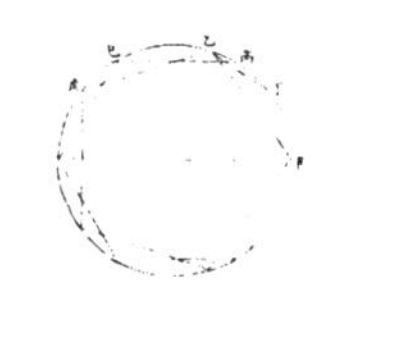
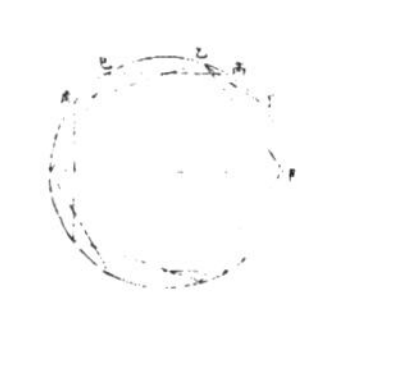

宗率六　圈內十五邊等切形求邊數

幾何四卷十六題言圈內從一點作一三邊等形又作一五邊等形同以此點爲其一角從此角求兩形相近之第一差弧卽十五邊形之一邊

如左圖從甲點作甲乙丙三邊形甲丁戊五邊形求得兩形相近之第一差爲乙戊卽十五邊等形之一邊乃丁乙全差之半其數先有三邊形之乙丙一百二十度之弦爲一千七百三十二萬〇五百〇八弱

又有五邊形之戊子七十二度之弦爲一千一百七十五萬五千七百〇四弱則乙庚六十度之正弦爲乙丙之半得八百六十六萬〇二百五十四弱戊辛三十六度之正弦爲戊子之半得五百八十七萬七千八百五十二兩相減餘爲乙癸得二百七十八萬二千四百〇二夫乙己半徑上方減壬乙六十度之正弦乙庚上方餘己庚依開方法爲五百萬己子半徑上方與己辛三十六度之正弦辛子上兩方幷等依前法亦得己辛八百〇九萬〇一百七十〇己辛己庚兩相減餘爲庚辛得三百〇九萬〇一百七十〇庚辛卽戊癸也旣得乙癸二百七十八萬二千四百〇二今得戊癸三百〇九萬〇一百七十〇用句股術求得乙戊弦爲四百一十五萬八千二百三十四爲十五邊等形之一邊其乙戊弧爲全圈十五分之一得二十四則乙戊爲二十四度弧之相當弦

六題總表

邊	弧度	弦數
三	一百二十	一七三二〇五〇八
四	九十	一四一四二一九六
五	七十二	一一七五五七〇四
六	六十	
十	三十六	六一八〇三四〇
十五	二十四	四一五八二三四

旣得全數今推半弧_{卽半角}半弦

弧度	半弦
六十	八六六〇二五四
四十五	七〇七一〇九八
三十六	五八七七八五二
三十	五〇〇〇〇〇〇
十八	三〇九〇一七〇
十二	二〇七九一一七

以上原本卷一

欽定古今圖書集成曆象彙編曆法典

第一百四卷目錄

曆法典第一百四卷

測量部彙考五

新法曆書二

大測下

表法篇第四

旣得前六宗率更用三要法作表

要法一

前後兩弦其能等於半徑 圖說系法俱見本篇總論第十二條

要法二

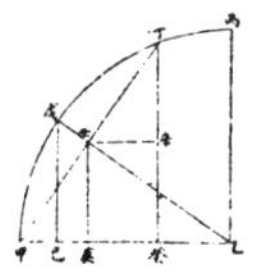

有各弧之前後兩弦求倍本弧之正弦

如上甲戊弧三十五度其正弦爲戊己得五七三五七六四其餘弦卽乙己得八一九一五二〇今以此二弦求倍甲戊而爲甲丁弧之正弦其法以乙戊半徑千萬爲第一率以戊己正弦爲第二率以乙壬餘弦爲第三率卽得壬庚第四率與辛癸等爲四六九八四六二倍之得丁癸爲九三九六九二四其弧甲丁七十度

論曰乙戊己與乙壬甲兩三角形比例等則乙己與乙壬等而戊己與甲壬亦等乙己與乙壬等故乙壬爲餘弦也而乙壬庚乙戊己兩形之比例等故第四率爲壬庚壬庚與辛癸同爲直角形之邊故等又丁壬戊戊壬甲同爲直角則甲戊戊丁兩弧等甲壬壬丁兩弦亦等而丁辛與壬庚亦等故倍辛癸得丁癸也又丁辛壬壬庚甲兩形之三邊俱等依句股法得甲庚邊倍之爲甲癸以減半徑得癸乙爲餘弦

要法三

各弧之全弦上方與其正半弦上偕其矢上兩方并等 句股術也

如左甲丁弧之正弦爲丁辛其矢爲甲辛此兩線上方并與甲丁上方等

系法有一弧之正弦及其餘弦而求其半弧之正弦

如左甲丁弧其正弦爲丁辛餘弦爲乙辛而求甲戊弧之甲己半弦其法於甲乙半徑減乙辛餘弦得甲辛矢其上方偕丁辛半弦上方并與甲丁通弦上方等開方得甲丁線半之得甲己爲甲戊弧之正弦其數如上甲丁弧三十度其半弦丁辛爲五〇〇〇〇〇〇乙辛餘弦爲八六六〇二五四以減全半徑得甲辛矢一三三九七四六丁辛上方爲二五〇〇〇〇〇〇〇〇〇〇〇〇甲辛上方爲一七九四九一九三四四五一六并之得二六七九四九一九三四四五一六開方得甲丁線五一七六三八〇卽甲丁弧三十度之弦也半之爲甲己半弦得二五八八一九〇其弧十五度

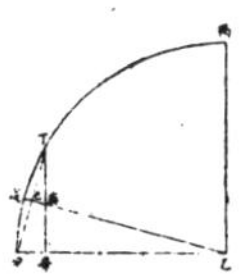

用前三要法卽大測表大略可作又有簡法二題其用甚便但非恆有

簡法一

兩正弦之較與六十度左右距等弧之正弦等 見本卷第二篇

解曰甲乙丙象限內有丙己小弧丙己戊丁大弧丙戊弧爲六十度而戊己戊丁兩弧等其前兩正弦一爲己辛一爲丁庚其較丁癸題言丁癸較與己壬壬丁兩正弦各等

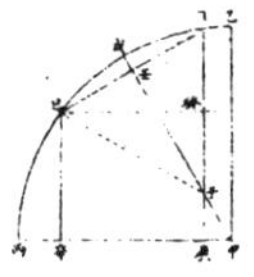

論曰試作一己子線則丁己子成三邊等角形何也此形中有子丁壬壬己子兩三角形此兩角形等又何也子壬同腰而丁壬壬己兩腰等則丁壬己壬兩直角亦等而丁子子己兩底亦等子丁己子己丁兩

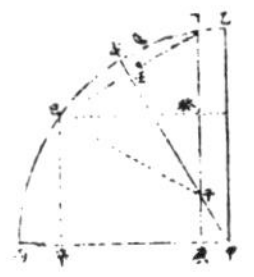

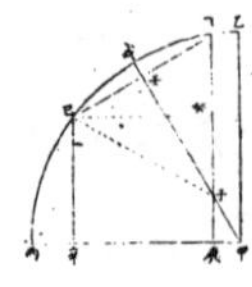

角亦等又丙戊弧既六十度其餘戊乙弧必三十度而乙甲戊角爲三十度角甲乙庚丁既平行甲戊線截二線於子卽內外角等而丁子戊角亦三十度戊子己角亦三十度是丁子己爲六十度角也丁與全己全子三角既等兩直角（一之三十二）則共爲一百八十度於中減全子角六十度則丁己兩全角百二十度而此兩角既等卽各得六十度則此形之三角三邊俱等夫丁己己子兩線等則己癸垂線所分之丁癸子癸兩直角亦等而己癸同腰則丁癸與癸子必等丁癸爲丁子之半丁壬爲丁己之半全線等則所分必等是丁癸與丁壬等與壬己亦等

系題兩弧各有其正半弦兩半弦至弧之點在六十度之左右而距度點等則前兩正半弦之較卽後兩半弦

如圖丙己戊弧六十度丙己弧五十度己戊弧十度丙己之正半弦己辛先得七千六百六十丙丁弧七十度丁戊弧亦十度丙丁弧之正半弦爲丁庚先得九千三百九十六今求丁戊弧之半弦其法以己辛丁庚兩半弦相減得丁癸較一千七百三十六卽丁戊弧十度之丁壬半弦（此數半徑設一萬）

次系有六十度左右相離弧之正弦一率又有其原正弦一率而求其相對之彼正弦其法有二一以大求小一以小求大以大求小者用大弧之正弦與相離弧之正弦相減其較爲小弧之正弦

餘則稱餘倒則稱倒

以小求大者用相離弧之半弦加小弧之半弦卽大弧之半弦

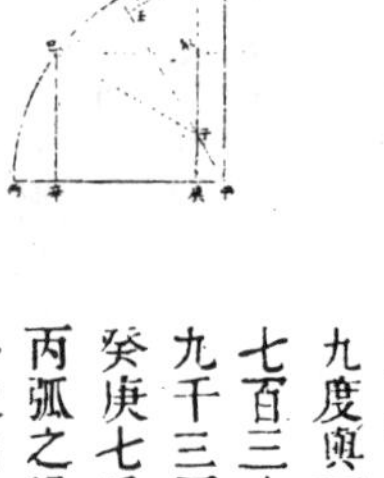

如上丁壬離弧之正弦卽九度與丁癸較等爲一千七百三十六丁庚大弦爲九千三百九十六相減得癸庚七千六百六十卽己丙弧之己辛小弦反之丁癸較爲一千七百三十六（卽丁壬離弦）以加於癸庚（卽己辛小弦）七千六百六十得丁庚大弦九千三百九十六

用此法於象限內先得半弦六十率用加減法卽得其餘三十率

簡法二

有兩弧不等之各正弦又有其各餘弦而求兩弦相加相減弧之各正弦其法有二一相加一相減相加者以前弧之正弦乘後弧之餘弦以後弧之正弦乘前弧之餘弦各得數并之爲實以半徑爲法而一得兩弧相加爲總弧之正弦相減者亦如前法互乘得各數相減餘爲實以半徑爲法而一爲兩弧相減弧之正弦

如上甲乙前弧二十度乙丙後弧十五度總三十五度其差五度甲乙弧之半弦爲三四二〇二〇一其餘弧甲丁之半弦爲九三九六九二六乙丙弧之半弦爲二五八八一九〇其餘弧乙丁之半弦爲九六五九二五八以甲乙半弦與丙丁餘弦之半乘得三三〇三六六〇三八七〇八五八以乙丙半弦與甲丁餘弦乘得二四三三二一〇二九九〇五七四〇以相加得五七三三七六六三

以下滿半收爲一不滿去之

三七七六五九八以半徑爲法而一得五七三五七六三卽三十五度弧之半弦若以相減則餘八七一五五七三九六五一一八以半徑爲法而一得八七一五五七卽〇五度弧之半弦此題多羅某所用全弦故說中云半弦而圖與數皆全弦然全與全半與半比例等則亦未有異也

有前六宗率爲耷有後三要法爲具

耷爲材料具如器械

卽可作大測全表

如用前法求得十二度弧之正半弦率而求其相通之他率

弧　度　分　用法得半弦數

弧	度分		用法得正弦數
正弧	一二		二〇七九一一七
半之	〇六		一〇四五二八五
又半之	〇三		五二三三六〇
又半之	〇一三〇		二六一七六九
又半之	〇〇四五		一三〇八九六
其餘弧	八四	六度之餘第一	九九四五二一九
	八七	三度之餘	九九八六二九五
	八八三〇	一度半之餘	九九九六五七三
	八九一五	度四十五分之餘	九九九九一四三

弧	度分		用法得正弦數
半其餘八十四度	四二		六六九一三〇六
半之	二一		三五八三六七九
又半之	十〇三〇		一八二二三五五
又半之	〇五一五		九一五〇一六
半其餘八十七度	四三三〇		六八八三五四六
又半之	二一四五		三七〇五五七四
半其餘八〇三〇	四十四　十五		六九七七九〇五

又用前七率之餘弧而求其正弦

度分		正弦數
四八	四十二之餘第一	七四三一四四八
六九	二十一之餘	九三三五八〇四
七九三〇	十度半之餘	九八三二五四九
八四四五	五度十五分之餘	九九五八〇四九
四六三〇	四十三度半之餘	七二五三七四四
六八一五	二十一度四十五分之餘	九二八八〇九六
四五四五	四十四度十五分之餘	七一六三〇一九

又半前七率而求其正弦

度分		正弦數
二四	四十八之半	四〇六七三六六

弧度分		用法得正弦數
三四三〇	六十九之半	五六六四〇六二
一七一五	三十四三十分之半	二九六五四一六
三九四五	七十九三十分之半	六三九四三九〇
二三一五	四十六三十分之半	三九四七四三九

又用前五率之餘弧而求其半弦

度分		正弦數
六六	二十四之餘第一	九一三五四五五
五五三〇	三十四三十分之餘	八二四一二六二
七二四五	十七度十五分之餘	九五五〇一九九
五〇一五	三十九四十五分餘	七六八八四一八
六六四五	二十三度十五分餘	九一八七九一二

又半前九率而求其正弦

度分		正弦數
三三	六十六之半	五四四六三九〇
一六三〇	三十三之半	二八四〇一五三
〇八一五	十六三十分之半	一四三四九二六
二七四五	五十五三十分之半	四六五五六一四五

又用前四率之餘弧而求其正弦

度分		正弦數
五七	三十三之餘第一	八三八六七〇六

弧度分		用法得正弦數
七三三〇	十六度三十分之餘第一	九五八八一九七
八一四五	八度十五分之餘	九八九六五一四
六二一五	二十七四十五分餘	八八四九八七六

又半前四率而求其正弦

度分		正弦數
二八三〇	五十七度之半	四七七一五八八
一四一五	二十八三十分之半	二四六一五三三
三六四五	七十三三十分之半	五九八三二四六

又用前三率之餘而求其正弦

度分		正弦數
六一三〇	二十八度三十分餘第一	八七八八一一一
七五四五	十四度十五分之餘	九六九二三〇九
五三一五	三十六四十五分餘	八〇一二五三八

又半前六十一度三十分而求其正弦

度分	正弦數
三〇四五	五一一二九三一

又用前三十〇度四十五分之餘而求其正弦

度分		正弦數
五九一五	第一	八五九四〇六四

以上皆十二度所生之率再用其餘弧七十八度推之亦如前法又十二度之弧為前六宗率之十五邊形也其餘五形如三邊四邊五邊六邊十邊形亦如前法作此既畢即大測表之大段全具矣何者首得者四十五分其次為一度三十分又次為二度一十五分如此常越四十五分而得一率乃至九十度皆然所少者其中之各第一以至四十四分也今欲求初度一分以至四十五分如何其法以四十五分弧之半弦一三〇八九六用第二第三法半之得二十二分三十秒之弧其半弦為六五四四九又半前弧得一十一分一十五秒之弧其半弦為三二七二四半夫二十二分三十秒之前弧倍於一十一分十五秒之後弧而前半弦亦倍於後半弦蓋緣初度之弦與弧切近略似相合為一線故也則用同比例法三率法以二十二分三十秒之弧為第一率以其半弦六五四四九為第二率設十分之弧為第三率而得第四率為二九〇八八再用此法得一分之弧為二九〇九弱既得一分即用前法推之可至一十五分此外更用前三要法推之以至九十度其求切線皆用三率法

以餘半弦爲第一率以半弦爲第二率以半徑爲第三率而得第四率切線

如三十度之弧其餘半弦八六六〇二五四爲第一率其半弦五〇〇〇〇〇〇爲第二率半徑一〇〇〇〇〇〇〇爲第三率則得第四率五七七三五〇

二

其求割線亦用三率法

以餘半弦爲第一率半徑爲第二率又爲第三率而得割線第四率

如前戊乙爲三十度之弧其餘半弦甲丙八六六〇二五四爲第一率半徑甲戊一〇〇〇〇〇〇〇爲第二率又以半徑甲乙爲第三率而得甲丁一一五四七〇〇五爲三十度弧之割線

其求割線之約法不用三率而用加減法

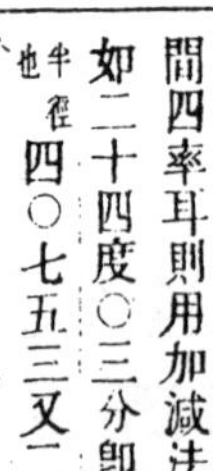

如上乙己弧二十度其切線爲乙戊餘弧爲己丙七十度半之得己丁三十五度即截乙庚弧與己丁等次作乙辛切線得數以加乙戊切線即兩切線幷爲戊乙辛切線與甲戊割線等

其求矢法以餘半弦減半徑得小矢

如丙丁弧五十度餘弧甲丁四十度其餘半弦丁戊即己乙爲六四二七八七六以減乙丙千萬得己丙矢

已上所述皆遠西法也彼自度以下遞析爲六十今中曆遞用百析爲便故須會通前表爲百分之表其會通法如西六十分即中之百分半之三十分即五十分又半之十五分即二十五分以五爲法西三分即中五分次用倍法六分即十分九分即十五分十二分即二十分如是以至六十

三	六	九	十二	十五	十八	二十一	二十四	二十七	三十
五	十	十五	二十	二十五	三十	三十五	四十	四十五	五十
三三	三六	三九	四二	四五	四八	五一	五四	五七	六十
五五	六十	六五	七十	七五	八十	八五	九十	九五	百

通表法書各度之四種割圜線中西法皆同所不同者分也其分數書五分用其三分之率書十分用其六分之率如是遞至於百所闕者每二率相距少其間四率耳則用加減法求之

如二十四度〇三分即中五分也其小弦數小弦者十萬爲半徑也四〇七五三又二十四度〇六分即中十分也其小半弦四〇八三三其差八十五分之得十六爲一差以加於前小半弦即得四〇七六九得中曆二十四度六分之半弦再加一差得四〇七八五爲七分之半弦三加得四〇八〇一爲八分之半弦四加得四〇八一七爲九分之半弦五加得四〇八三三爲十分之半弦合前率矣如是遞加之得六十與百分相通之全表

西法每二率各有差其差大抵半度而一更也若差數有畸零不盡者如西表二十四度二十七分之半弦爲四一三九〇又二十四度三十分之半弦爲四一四六九其差得七十九五分之得十五又五分之四爲一差通之則從中表二十四度四十五分首加一差

二十四度四十五分		四一三九〇	
差法		一五	五之四
四十六分	加一差	四一四〇五	五之四
四十七分	加二差	四一四二一	五之三
四十八分	加三差	四一四三七	五之二
四十九分	加四差	四一四五三	五之一
五十〇分	加五差	四一四六九	

如上有畸零者滿半收爲一不滿去之

考表法　作表未必無誤故立考之之法

如表書七十七度一十八分其切線爲四四三七三四九九此率如屬可疑則以前後各二率考之

四四四九四一八一　差六〇四一九
四四四三三七六二　差六〇二六二
四四三七三五〇〇　差六〇一〇八
四四三一三三九二　差五九九五三
四四二五三四三九

較一五七　一五四　一五五
差之較〇〇三　〇〇一

表用篇第五

表用一　有弧數求其正弦

如三十七度五十四分之弧求其正弦查本度本分

表得六一四二八五三

又如三十七度五十四分四十六秒求其半弦查本度本分之半弦爲六一四二八五三又取大率五十五分之半弦爲六一四五一四八相減得差二二九五（若表上有差率皆取本差）此差以當六十秒用三率法以六十秒爲第一率以二二九五差爲第二率以四十六秒爲第三率而求第四率得一七五九以加所取之前半弦六一四二八五三共得六一四四六一二即所求

系凡求切線割線同上法

次系有正弧求餘弦視本弧同位之餘度分向正弧表上取其正弦

如求三十度之餘弦視正弧表上與同位者爲餘弦六十度即向正弧六十度取其弦八六六〇二五四即三十度之餘弦

表上逆列同位者爲五十九度六十分而此言六十度蓋並其六十分爲六十度其逆列六十度者則是六十一度何者凡所書弧分皆所書弧度之算外分故也

又如求五十度〇分之餘弦本表逆列同位者爲三十九度六十分即於正弦表上簡三十九度六十分之弦得六四二七八七六即所求

三系測三角形欲得見弧

見弧者有已得之弧而求其弦也隱弧者有已得之弦而求其弧也凡已得者稱見未得者稱隱諸線諸角之屬皆倣此

之各線查表之本度分直取之則各線咸在也如弧三十度求其割圓各線卽查表之三十度初分又查其同位之六十度所得如左

三十度初分	正弦	五〇〇〇〇〇〇
	切線	五七七三五〇三
	割線	一一五四七〇〇五
餘（五十九度六十分）	弦	八六六〇二五四
	切線	一七三二〇五〇八
	割線	二〇〇〇〇〇〇〇

四系有鈍角求其各線如鈍角一百四十二度六分

其正弦則以一百四十二度六分減半周餘三十七度五十四分查表求其正弦得六一四三八五三

如上丙丁正弦當丙乙小弧亦當丙戊大弧故當丙甲丁銳角亦當丙甲戊鈍角何者甲上銳鈍二角原當兩直角而表上無鈍角之弧與其正弦故減鈍角於百八十度得銳角三十七度五十四分其半弦丙丁以當丙戊大弧卽以當大弧之鈍角也

表用二　有正弦求其弧

與前題相反如有正弦八八八八八三九欲求其弧查表上正弦格得此數卽得本度爲六十二本分爲四十四也

又如正弦五七六五八三四求弧查表無此數卽取其近而略小者得三十五度十二分之弦爲五七六四三二三與見弦相減餘一五一一又取其近而略大者得五七六六七〇〇與前小弦相減餘二三七七以此大差當六十秒用三率法以二三七七大差爲第一率以六十秒爲第二率以一五一一小差爲第三率而得第四率爲三十五度十二分三十秒卽所求他各線求弦俱倣此

表用三　有弧求其通弦

如七十五度四十八分之弧求通弦其法半之得三十七度五十四分求其正弦得六一四二八五二倍之得一二二八五七〇四卽所求

如甲乙弧七十五度四十八分半之爲乙戊弧求得乙丁正弦倍之卽乙丁甲通弦也因通弦無表故用半弧正弦倍之卽是他準此

表用四　有弧求其大小矢

如乙丁弧三十七度五十四分求兩矢查表截矢數得乙丙小矢爲二一〇九一五九以減全徑二〇〇〇〇〇〇〇得大矢一七八九〇八四一如表無小矢卽求見弧之餘弦得七八九〇八四一以減半徑

得小矢

測平篇第六

測平者測平面上三角形也凡此形皆有六率曰三邊曰三角角無測法必以割圓線測之其比例甚多今用四法以爲根本依此四根法可用大測表測一切平面三角形亦執簡御繁之術也凡測三角形皆用三率法（即同比例）三率法又以相似兩三角形（幾何六卷四）爲宗下文詳之

根法一

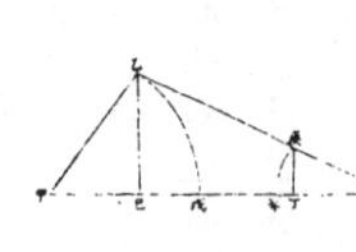

各三角形之兩邊與其各對角兩正弦比例等一云右邊與左邊若左角之弦與右角之弦

如上甲乙丙平面三角形其甲丙兩爲銳角即以甲爲心甲乙爲半徑作乙戊弧次作乙己垂線即乙戊弧之正弦亦即甲角之正弦也又以甲乙爲度從丙截取丙庚從丙心庚界作庚辛弧又作垂線庚丁即庚辛弧與丙角之正弦也題言乙角之甲乙右邊與乙丙左邊若左角丙之庚丁正弦與右角甲之乙己正弦

論曰乙丙己三角形有乙己庚丁兩平行線即乙丙與乙己若庚丙與庚丁而丙庚原與甲乙等即乙丙與乙己若甲乙與庚丁更之即甲乙與乙丙若庚丁與乙己

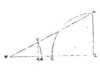

如左甲乙丙形乙與直角有丙乙丁戊兩平行線即甲丙與丙乙若甲丁與丁戊而乙丙與甲丁等即甲丙與丙乙若丙乙與丁戊反之則丙角之丙乙右邊與丙甲左邊若左角甲之丁戊弦與右角乙之丙乙弦

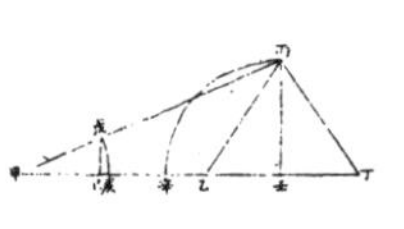

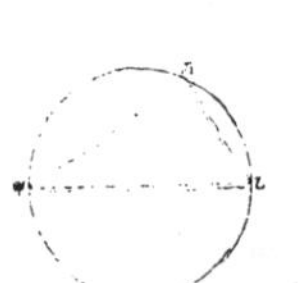

如右甲乙丙形乙爲鈍角其正弦丙壬而甲戊線與乙丙等甲角之正弦爲戊己題言丙角之甲丙右邊與丙乙左邊若左角乙之丙壬弦與右角甲之戊己弦何也試於形外引甲乙至丁作丙丁線與丙乙等即丁角與乙銳角等依首條甲丙與丙丁若丙壬與戊己即甲丙與丙乙亦若丙壬與戊己

總論之各三角形各兩邊之比例與兩對角之兩正弦比例等者何也試於形外作切圈則三邊爲三弦而本形之各邊皆爲各對角之通弦即乙丙邊與甲乙邊若甲角之弦與丙角之弦也當己即是豈止同比例而已乎夫全與全半與半比例等則各半弦與各通弦之比例亦等

此題爲用對角根本

根法二

各三角形以大角爲心小邊爲半徑作圈而截兩邊各爲圈內外兩線即底線與兩腰并若腰之外分與底之外分

如左甲乙丙形其小邊甲丙其底乙丙以甲爲心甲丙爲半徑作圈截底於戊截大腰於庚題言乙丙底與乙甲甲丙兩腰并若腰外分乙庚與底外分乙戊

論曰試作乙己引出線即甲己與甲丙等而乙己與兩腰并等乙己乙庚矩內形與乙丙乙戊矩內形兩容等（幾何三卷三五）即兩形邊爲互相視之邊而乙己與乙丙若乙戊與乙庚即得乙戊底外分以減全底得戊丙半之得垂線所至爲丁丙

此題爲用垂線根本

根法三

有兩角并之數又有其各正弦之比例求兩分角之數

如左乙甲丙角有其弧乙辛丙之數其兩分之大角爲乙甲壬小角爲壬甲丙未得數但知大角正弦乙丁小角正弦丙戊之比例亦未得數而求兩分角之

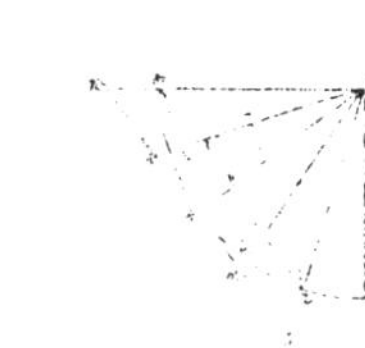

數其法以乙辛丙弧兩平分於辛作甲辛線乙甲辛辛甲丙兩角等而辛甲壬角爲半弧與小弧之差又爲大弧與小弧之半差次截辛庚弧與辛戊等作甲庚線即庚甲壬角爲大小兩弧之差夫乙丙者總角之弦乙丑平分弧之正弦而己辛爲乙辛半弧之切線辛癸爲辛丙半弧之切線此二線等而辛壬辛庚各爲半差弧之切線亦等又乙丁子子丙戊兩形爲兩正弦上三角形此兩形之丁與戊皆直角又同底即兩正弦之對角爲子上兩交角亦等（幾何一卷十題）而丁乙子子丙戊兩角亦等（幾何一卷三二）則兩形爲相似形而乙丁正弦與丙戊正弦若乙子與子丙（幾何六卷四）先既有乙丁丙戊兩正弦之比例即得乙子與子丙之比例而又得乙子與子丙之較爲子寅夫乙丙己癸兩線同爲甲辛半徑上之垂線即半行甲乙丙甲己癸兩形之各角等即爲相似之形（六卷四）而兩形內所分之各兩三角形如甲庚癸甲寅丙之類俱相似即以兩線之幷數乙丙爲第一率以兩線之差數子寅爲第二率以兩半弧之兩切線己癸爲第三率則得兩差弧之切線庚壬爲第四率矣而此比例稍繁別有簡者則半之曰丙丑與子丑若癸辛與壬辛也有更簡者則曰乙丙與子寅若辛癸與辛壬也今用第三法云乙丙爲兩邊之并數子寅其較數辛癸爲兩角總數內半弧之切線而辛壬爲大小兩角較弧之切線既得辛壬切線即得辛甲壬角以加乙甲辛半角即得乙甲壬大角以減辛甲丙半角即得壬甲丙小角

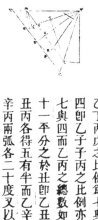

以數明之乙甲丙角爲四十度所包大小兩隱角爲乙甲壬壬甲丙其兩正弦乙丁丙戊之比例爲七與四即乙子子丙之比例亦七與四而乙丙之總數如十一平分之於丑即乙丑丑丙各得五有半而乙辛辛丙兩弧各二十度又以大線七與半線相減餘一有半以半線五有半與小線四相減亦餘一有半又甲辛爲半徑即辛丙二十度弧之切線辛癸爲三六三九七〇二即以丑丙五有半爲第一率以辛癸切線三六三九七〇二爲第二率以子丑一有半爲第三率而得辛壬切線九九二六四六爲第四率既得第四率即得辛壬所當辛甲壬角爲五度四十〇分八秒以減辛丙二十度餘壬甲小角一十四度一十九分五十二秒以加半弧乙辛得乙甲壬大角二十五度四十〇分八秒

此題爲用切線根本

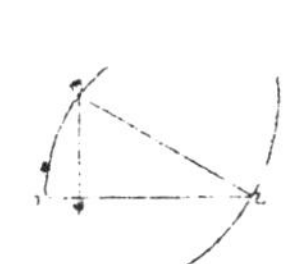

根法四

凡直角三邊形之各邊皆能爲半徑

其一以弦線爲半徑作弧即餘兩腰包直角者各爲其對角之正弦

如上甲乙丙形其乙丙爲對直角之弦線以爲半徑作丁丙弧即甲丙小腰爲對角乙之正弦甲乙大腰爲對角丙之正弦

其二以大腰爲半徑即小腰爲小角之切線而弦線爲小角之割線

如上甲乙大腰爲半徑即甲丙小腰爲乙小角之切線而乙丙爲乙角之割線

其三以小腰爲半徑即大腰爲大角之切線而弦線爲大角之割線

如上甲丙小腰爲半徑即甲乙大腰爲丙大角之切線而乙丙弦線爲其割線

此題爲用割圓各線根本（以上原本卷二）

欽定古今圖書集成曆象彙編曆法典

第一百五卷目錄

測量部彙考六

新法曆書三 測天約說上

曆法典第一百五卷

測量部彙考六

新法曆書三

測天約說上

測天者修曆之首務約說者議曆之初言也不從測候無緣推算故測量亟矣卽測候推算亦非甚難不可幾及之事所難者其數曲而繁其情密而隱耳欲御其繁曲宜自簡者始欲窮其隱密宜自顯者始約說之義則總曆家之大指先爲簡顯之說大指既明卽後來所作易言易知漸次加詳如車向康莊此爲發軔已又古之造曆者不欲求明抑將晦之諸凡名義故爲隱語諸凡作法多未及究論其所從來與其所以然之故牖宇既峻從遊斯稀後來學者多不得其門而入矣此篇雖云率略皆從根源起義向後因象立法因法論義亦復稱之務期人人可明人人可能人人可改而止是其與古昔異也或云諸天之說無從考證以爲疑義不知曆家立此諸名皆爲度數言之也一切遠近內外遲速合離皆測候所得舍此卽推步之法無從可用非能妄作安所置其疑信乎若夫位置形模實然實不然則天載幽元人靈淺尠誰能定之姑論而不議可矣都爲二卷共八篇如左

首篇

度數之學凡有七種共相連綴初爲二本曰數曰度數者論物幾何衆其用之則算法也度者論物幾何大其用之則測法量法也

測法與量法不異但近小之物尋尺可度者謂之量法遠而山岳又遠而天象非尋尺可度以儀象測知之謂之測法其量法如算家之專術其測法如算家之綴術也

既有二本因生三幹一曰視人目所見一曰聽人耳所聞一曰輕重人手所揣耳所聞者因生樂器樂音手所揣者因生舉運之器舉運之法惟目視一幹又生二枝一曰測天一曰測地七者在西土庠士俱有耑書今翻譯未廣僅有幾何原本一種或多未見未習然欲略舉測天之理與法而不言此理此法卽說者無所措其辭聽者無所施其悟矣七者之中音樂與輕重別爲二家故茲所陳特舉其四曰數曰測量曰視曰測地四學之中又每舉其一二爲卷中所必需其餘未及縷悉者俟他日續成之也爲他篇所共賴故列於篇次之外曰首篇欲知他篇須知此篇故又名須知篇

數學一題

比例者以兩數相比論其幾何

比例有二一曰相等之比例一曰不等之比例若二數相等以此較彼無餘分名曰等比例也若二數不等又有二一曰以大不等一曰以小不等如以四與二相比四之中凡爲二者二是爲以大卽命曰二倍大之比例也如以二與四相比倍其身乃得爲四是爲以小卽命曰二分之一之比例或命曰半比例也

測量學十八題

第一題至第十四題論測量之理

第十五題至第十八題論測量之法

幾何原本書中論線論面論體今第一以至第五論線也第六以至第十四論體也此書中不及面故不論面

幾何原本書中多言直線闊線其理易明今不及論論其稍異者有五題前二題言獨線後三題言兩線

第一題 獨線一

長圓形者一線作圈而首至尾之徑大於腰間徑亦名曰瘦圈界亦名撱圈

如甲乙丙丁圈形甲丙與乙丁兩徑等卽成圈今甲首至丙尾之徑太於己至庚之腰間徑是名長圓

或問此形何從生答曰如一長圓柱橫斷之其斷處爲兩面皆圓形若斷處稍斜其兩面必稍長愈斜愈長或稱卵形亦近似然卵兩端小大不等非其類也指其面曰平長圓若成體曰立長圓

第二題 獨線二

蚍蟠線者於平面上作一線自內至外恆平行恆爲

圈線而不遇不盡如上圖自甲至乙者是

旋風線者於平圓柱上作一線亦如蛇蟠但蜿蜒騰凌而上如旋風也

如上圖自甲至乙者是

螺旋線者於球上從腰至頂作一線如蛇蟠而漸高如旋風而漸小

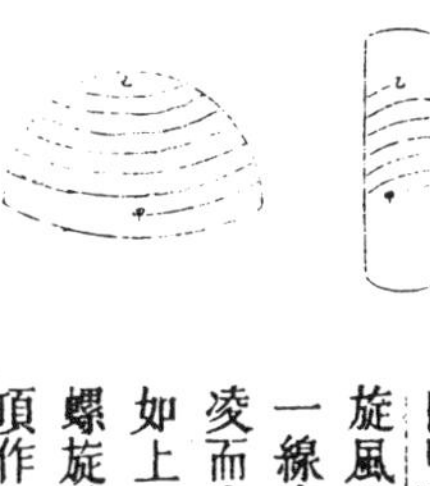
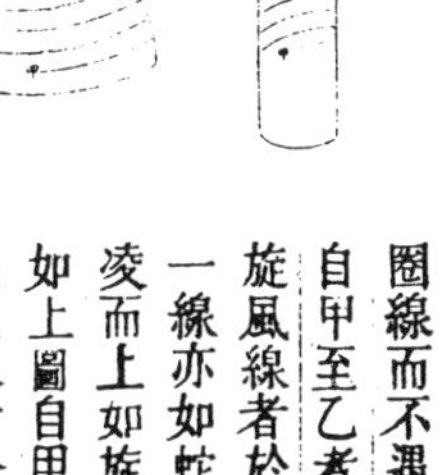
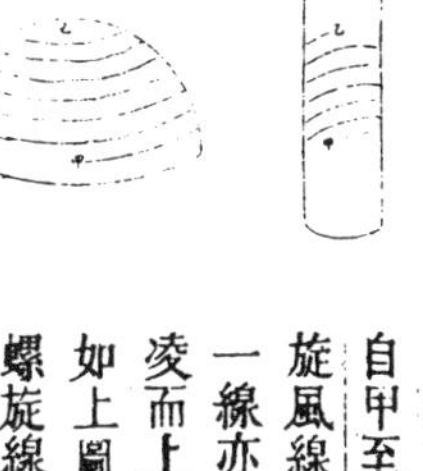
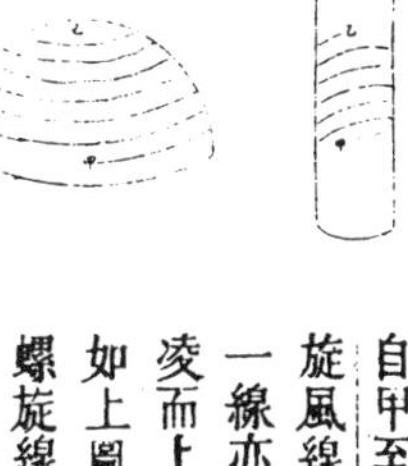

如右圖自甲至乙者是

此書獨用螺旋線欲解其形勢故備言之

第三題

下三題言二線者或直或不直或相遇或相離

二線相遇者有三但相遇而止名曰至線因至線在所至線之上故又曰在上其割截而過者名曰交線亦曰割線亦曰截線其至而不過又不止者名曰切線其至線而有所分截者亦稱割線或曰截線或曰分線

如上圖甲乙線與丙乙丁線丙乙丁圈相遇至乙而止則甲乙爲至線又曰丙乙丁上線

如上三圖甲乙線截丙丁線於戊己庚線截辛壬癸圈於辛子丑寅圈截丑卯寅圈於丑於寅皆謂之曰交線

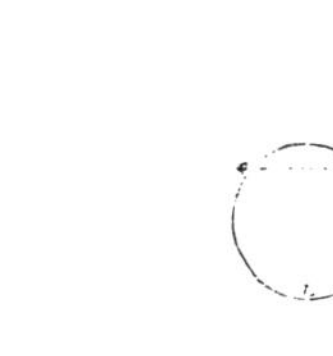
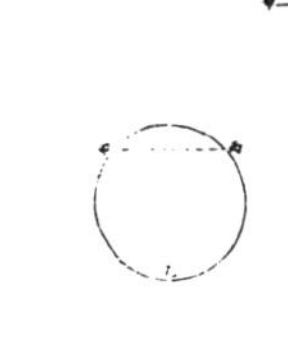
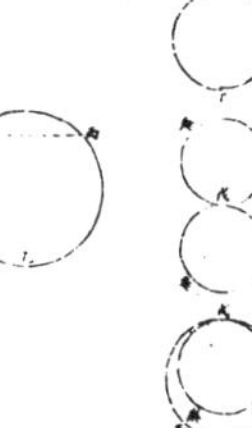

又如上圖甲乙線遇丙丁圈於丙戊己庚圈遇戊辛壬圈於戊皆名之曰切線也

如上圖甲丙線分甲乙丙圈者曰分圈線亦曰割圈線亦曰截圈

第四題

兩線不相遇而相離之度恆等名曰距等線

或稱平行線侶線俱通用

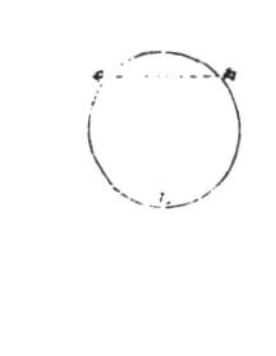

如上三圖甲至己乙至戊丙至丁其相離之度俱等

第五題

兩線相遇卽作角

本是一面爲兩線所限限以內卽成角也

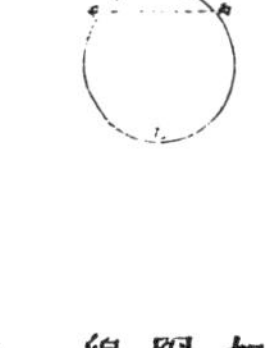
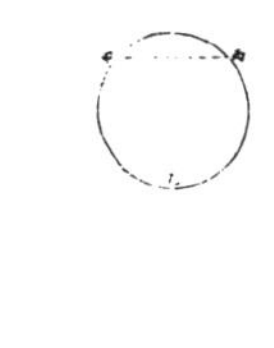
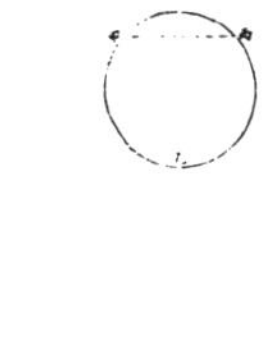

如上圖甲乙與乙丙兩線相遇於乙卽包一甲乙丙角（第二字卽所指角）

其球上兩圈線相交亦作角

如上圖甲丙乙丁兩線交而相分於戊卽成甲戊丁丁戊丙丙戊乙乙戊甲四球上角也

第六題

自此至第十四題皆論體諸體中球爲第一此書所用獨有球體故未他及

凡物之圓者皆名球諸題中名義凡立圓物皆有之非獨天也

第六至第八言球內之理第九至第十四言球外之理

球之內有心心者從此引出線至球面俱相等

如左圖甲乙丙球丁爲心從丁引出線至甲至乙至丙各等卽作百千萬線皆等

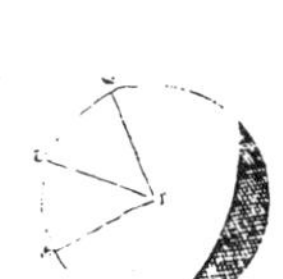
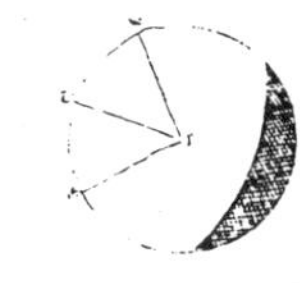
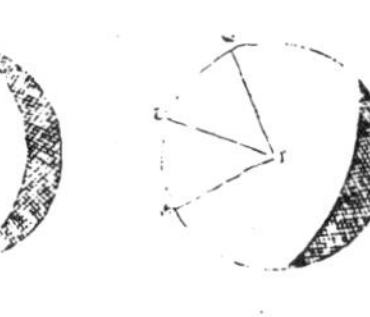

第七題（球內）

徑者一直線過球心兩端各至面半徑者從心至面

如上圖甲乙球丙爲心一直線過丙兩端至甲至乙卽甲乙爲徑線其丙乙丙甲皆爲半徑線

第八題（球內）

球不離於本所而能旋轉則其一徑之不動者名爲軸軸之兩端名爲兩極也

凡一球止有一心凡球之轉止有一軸其徑甚多無數可盡

如上圖甲乙丙丁球戊爲心乙丁過心此球從甲向

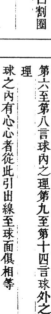

丙丙又向甲旋轉而不離其處則乙戊丁直線爲不動之處是名軸也乙與丁則爲兩極球心若離於戊點如己則從心所出兩半徑線如庚己己辛必不等故曰止有此心凡軸皆利轉若有二軸二俱轉卽相礙一不轉卽非軸故曰止有一軸從心出直線苟至面皆徑也故曰無數

第九題 球外

球之面可作多圈圈有大有小大圈者其心卽球心若從圈剖球爲二則其圈之徑過球心也各大圈從圈面作垂線各有其本圈之軸與其兩極

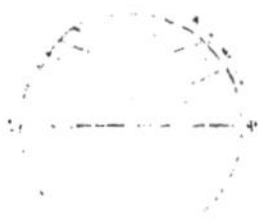

如上圖甲乙丙丁球上作甲戊丙己大圈其垂線乙丁卽乙丁爲本圈之軸乙丁兩點卽其兩極故大圈在兩極之間離兩極俱相等

第十題 球外

小圈者不分球爲兩平分不與球同心其去兩極一近一遠愈近所向極愈小愈近心愈大

如上圖甲乙爲大圈丙丁戊己庚皆小圈也故一大圈之上之下可作無數小圈衆小圈之間止可作一大圈

第十一題 球外

圈不論大小其分之有三等

三等者一曰大分一曰小分一曰細分如兩平分之爲半圈四平分之爲象限此大分也每象限分爲九十度此小分也每度又析爲百分每分爲百秒遞析爲百至纖而止西曆則每度析爲六十分每分爲六十秒遞析爲六十至十位而止此細分也

第十二題 球外

兩大圈交而相分爲角欲測其角之大從交數兩弧各九十度而遇過極之圈兩弧所容過極圈之弧度分卽命爲本角之度分

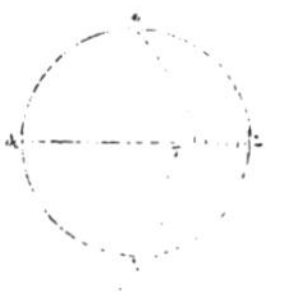

如上圖戊丁乙爲過極圈有甲乙丙甲丁丙兩大圈交而相分於甲於丙問丁甲乙角爲幾何度分之角

法從甲交數各九十度而遇過極之戊丁乙圈爲甲丁甲乙此兩弧間所容過極圈之分爲丁乙弧如丁乙六十度卽命丁甲乙角爲六十度角

第十三題 球外

凡大圈俱相等兩大圈交而相分其所分之圈分兩俱相等

凡大圈必於本球之腰腰者最大之線也凡最大之線止有一不得有二故展轉作無數大圈俱相等圈旣相等則以大圈分大圈其兩交線必在球之腰此交至彼交必居球之半故無數大圈各相分所分之兩圈分各相等有不等者卽小圈也

第十四題 球外

大圈俱相等故所分之度分秒各所容皆相等小圈各不相等故度分秒之名數等其所容各不等

如上圖甲乙己爲大圈丙丁戊爲小圈大圈旣相等卽多作大圈皆與甲乙己圈等而各圈之甲至乙其度皆等若丙丁戊小圈旣與甲乙己大圈不等則甲至乙與丙至丁同名爲若干度而所容之廣狹不等

第十五題 以下四題言測量之法

長方面其中任設一點欲定其所在爲何度分作經緯度求之

法曰先平分其長爲若干度分名經線次平分其廣爲若干度分名緯線經與緯每度分之小大俱等次視經緯之線其過點各若干度分卽命爲點所在之度分

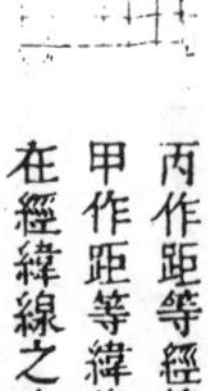

如上圖甲乙丙丁長方形欲知戊點所在先從乙向丙作距等經線次從乙向甲作距等緯線次視戊點在經緯線之交爲是何度卽命曰在經度之四緯度之八也

乙至丙丙點得命爲第

六乙點不得命爲第一而命爲初曆家言算外者俱準此

第十六題

其在球也亦如之球之中任設一點欲定其所在爲何度分亦先作球之經度

法曰先於兩極之間作一大圈爲腰圈平分腰圈爲三百六十度從各度各作一過極大圈卽半圈平分爲一百八十度是爲腰圈上之經度

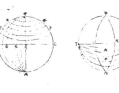

如左圖甲乙丙丁球乙丁爲兩極於其間作甲戊丙己腰圈從戊向丙丙向己各作過極大圈卽乙庚丁乙辛丁等線皆腰圈上之經度

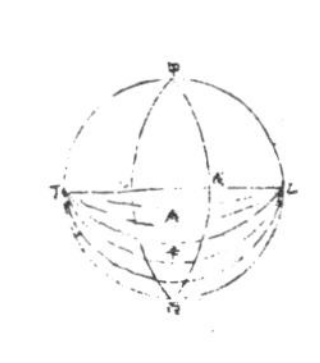

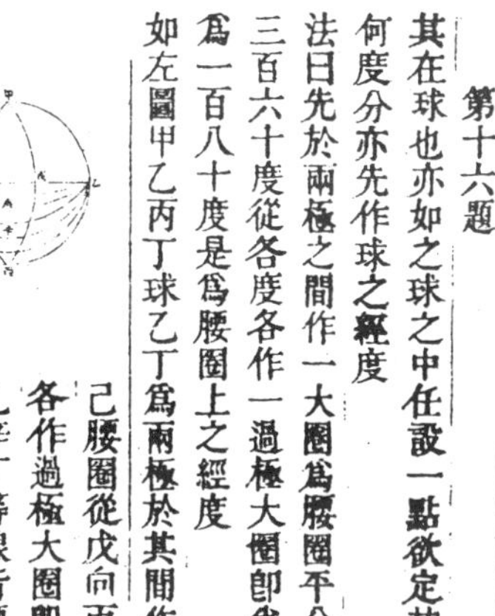

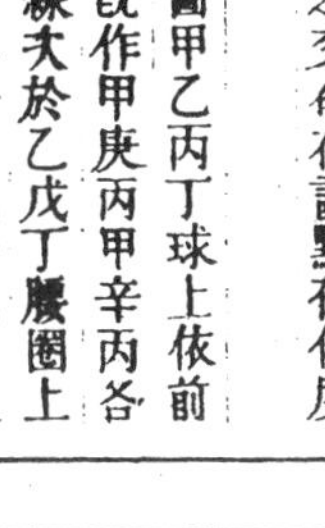

第十七題

次作球之緯度卽定所設點在何度分

腰圈之兩旁有兩極從腰圈向極分爲九十度每度各作一距等小圈漸遠腰漸小至極而爲一點卽第九十小圈也次視經緯兩線之交命在設點在何度分

如圖甲乙丙丁球上依前題旣作甲庚丙甲辛丙各經線次於乙戊丁腰圈上向甲極分爲九十度每度各作一距等小圈如壬子癸丑之類皆緯圈也次視經緯各過點之交從腰圈線考其經度從過極線考其緯度卽命所設己點在從戊向丁之第四經圈從戊向甲之第三緯圈

凡言度者各有二義其一一度之廣能包一度之地是其容也其一自此度至彼度各以一點爲界是其限也腰圈度之容以各過極度之線限之過極度之容以各距等線限之

凡圈互相爲經亦互相爲緯如以過極爲經則距等爲緯若以距等爲經則過極爲緯如幾何原本之論線互相爲直線互相爲垂線也

第十八題

論緯圈以大圈爲宗

過極經圈皆大圈也皆等距等線限之諸度分之容亦等距等緯圈皆小圈也各不等過極圈限之諸度分之容愈近極愈狹至極而盡矣故緯度之容等於經度者獨有腰圈一線獨有初度初分初秒之一率過此以上無不狹也故當以大圈爲宗大圈左右諸緯圈之上凡言經度之容者皆從此推減之圈愈小度愈狹卽差愈多也

視學一題

凡物必有影影有等有大小有盡有不盡

不透光之物體前對光體後必有影焉若光體大於物體其影漸遠漸殺銳極而盡若光體小於物體其影漸遠漸大以至無窮若光物相等其影亦相等亦無窮

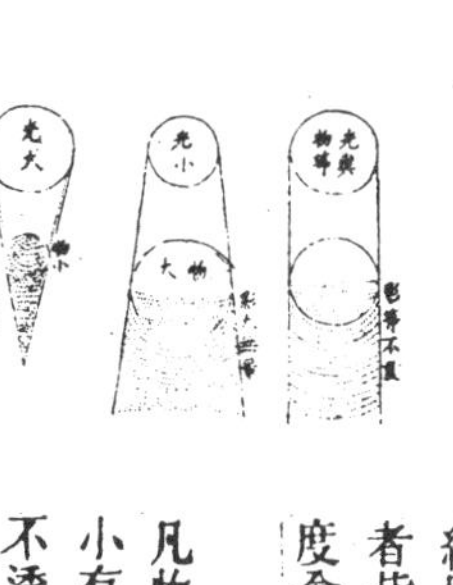

測地學四題

第一題

地爲圓體與海合爲一球

何以徵之凡人任於一處向北行二百里則北方之星在子午線上者必高一度次後二百里復高一度恆如是爲相等之差向南行亦如之知從南至北爲圜體也

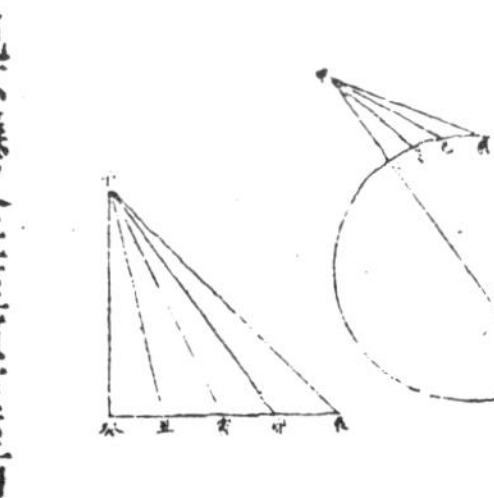

如上圖甲爲北星丁爲南星乙辛丙圈爲地球人在乙則見甲正在其頂至戊則少一度矣從戊至己與乙至戊道里等又少一度矣迨至辛則不見甲至壬則反見丁安得非圓體乎若云地爲平體則見星當如癸從丑向寅至辰宜常見不隱又丑至寅寅至卯若見子之高下所差等則道里宜不等（測有算數）安得有時不見又恆爲相等之差也

若人東行漸遠則諸星出地者漸先見西行漸遠漸後見故東西人見日月食遲速先後各異是知東西必圓體也

第二題

地在大圜天之最中

何以徵之人任於所在見天星半恆在上半恆在下

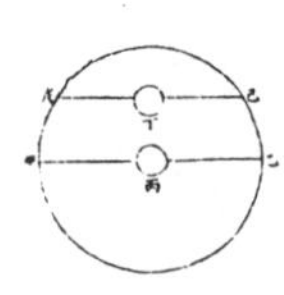

故知地在最中也

如上圖丙爲地東見甲西見乙甲乙以上恆爲天星之半知丙在中也若云非中當在丁則東望戊西望己當見天之小半而不見者大半

第三題

地之體恆不動

一不去本所二亦不旋轉云不去本所者去卽不在天之最中也云在本所又不旋轉者若旋轉人當覺之且不轉則已轉須一日一周其行至速一切雲行鳥飛順行則遲逆行則速人或從地擲物空中復歸於地不宜在其初所今皆不然足明地之不轉

第四題

地球在天中止於一點

何以徵之人在地面不論所在仰覲填星歲星熒惑彼此所見恆是同度故知地體較於天體則爲極小

若地大者兩人相去絕遠其視三星彼此所見不宜同躔

如上圖丙己戊乙爲天甲爲地丁爲星地體若大能爲天分數者則人在庚宜見丁在己度人在辛宜見丁在戊度今不然者是地與天其小大無分數可論也

名義篇第一

測天本義（凡一條）

問測天者何事所論者何義也曰此度數之學度數學有七支此爲第六也所論者一言三曜（日月星）形象大小之比例一言其各去離地心地面各幾何一言其運動自相去離幾何一言其躔離逆順晦明朓朒一言其五相視五相視者一曰會聚

會聚或同一宿或同一宮或相掩或凌犯

二曰六合照（每隔一宮）三曰隅照（三方相望）四曰方照（四方相望）五曰對照（卽衝）一因其行度次舍以定歲月日時此爲大端也

大圜名數（凡十條）

大圜者上天下地之總名也

亦稱宇宙亦稱天下亦稱六合之內下文通用

天實渾圓其中毫無空隙譬如葱本重重包裹其分數幾何則自下數之（地居天中爲最下亦曰最內）第一爲地水補其闕

地有庳窪水則就之若據地面則水土相半蹠實論之水之視地僅當千分之一

其爲一球地外爲氣氣之外爲七政之天七政之外爲恆星（亦日經星下文通用）之天恆星之外爲宗動之天宗動之外爲常靜之天

問地水與氣相次之序其理易明今何以知七政在下恆星在上曰有二驗焉其一六曜有時能掩恆星

六曜者月五星也不言日者日大光星不可見也

唐肅宗上元元年五月癸丑月掩昴代宗大曆三年正月壬子月掩畢八月己未月復掩畢是月掩恆星也唐高宗永徽三年正月丁亥歲星掩太微上將五月戊子熒惑掩右執法元武宗至大元年十二月戊寅太白掩建星是五緯掩恆星也

掩之者在下所掩者在上也其二七政循黃道行皆速恆星最遲也

問七政中復有上下遠近否曰有之月最近也何以知之亦有二驗其一能掩日五星也

月掩日而日爲食不待論也唐文宗太和五年二月甲申月掩熒惑六年四月辛未月掩填星於端門九年六月庚寅月掩歲星於太微武宗會昌二年正月壬戌月掩太白於羽林是月掩五星也

其二循黃道行二十七日有奇而周天餘皆一年以上是七政中爲最速也

問行度遲速以別遠近是則然矣太白辰星與日同一歲而周爲無遠近乎曰舊說或云日內月外相去遼絕不應空然無物則當在日天之下或云在日天之上二說皆疑了無確據若以相掩正之則大光中無復可見論其行度則三曜運旋終古若一兩術旣窮故知從前所論皆爲臆說也獨西方之國近歲有度數名家造爲望遠之鏡以測太白則有時晦有時光滿有時爲上下弦計太白附日而行遠時僅得象限之半與月異理因悟時在日上故光滿而體微

若地日星參直則不可見稍遠而猶在日上則若幾望之月也

時在日下則晦

三絲直故晦稍遠而猶在下若復蘇之月體微而光燿煜然在旁故爲上下弦也辰星體小去日更近難見其晦明因其運行不異太白度亦與之同理

問熒惑歲星塡星孰遠近乎曰熒惑在歲塡星之內在日之外何者一爲其行黃道速於二星遲於日也歲星在其次外其行黃道速於塡星遲於熒惑也塡星在於最外其行黃道最遲也又恆星皆無視差七政皆有之以此明其遠近又最確之證無可疑者

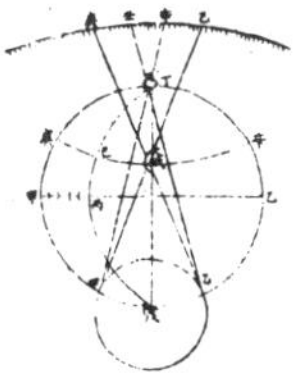

問何爲視差曰如一人在極西一人在極東同一時仰觀七政則其躔度各不同也七政愈近人者差愈大愈遠者差愈小月最大日次之熒惑次之歲星又次之塡星最小幾於無有故知月最近塡星最遠也

如上圖丙爲地甲爲東目乙爲西目甲望戊月在己度乙則在庚度甲望丁星在辛度乙則在壬度己庚差大則月去人近辛壬差小則星去人遠也

問東西相去既是極遠何以得同在一時仰觀七政曰此在一時一地亦可測之特緣算數所得難可遽明故以東西權說若月食則亦東西同時兩地並測亦足證知也

問何以知七政之上復有恆星之天曰恆星布列終古常然而一體東行行度最遲殆如不動既與七政異行知其不得共居一天也故當別有一恆星之天衆星皆麗其上矣

問恆星天之上何以知有宗動無星之天曰七政恆星其運行皆有兩種其一自西而東各有本行如月二十七日而周日則一歲此類是也其一自東而西一日一周者是也非有二天何能作此二動故知七政恆星之上復有宗動一天牽掣諸天一日一周而諸天更在其中各行其本行也又七政恆星既隨宗動西行一日而周其爲感速殆非思議所及而諸天又欲各遂其本行一東一西勢相違悖故近於宗動東行極難遠於宗動東行漸易此又七政恆星遲速所因矣

問宗動天之上又有常靜大天何以知之曰今所論者度數也姑以度數之理明之凡測量動物皆以一不動之物爲準譬如舟行水中遲速遠近若干道里何從知之以離地知之地本不動故也若以此舟度彼舟何從可得諸天自宗動以下隨時展轉八極不同二行各異若以動論動雜糅無紀將何憑藉用資考算故當有不動之天其上有不動之道不動之極然後諸天運行依此立算凡所云某曜若干時行天若干度分若干時一周天之類所言天者皆此天也曆家謂之天元道天元極天元分至此皆繫於靜天終古不動矣

常靜篇第二

總論凡一條

常靜大者有三理一爲此下各動天之一切諸點七政恆星彗孛及諸道諸圈之交之分但須測算者總名爲點不言星者交與分非星也日月大矣亦言點凡測皆測其心心則點也藉此天以測知其所在也二爲測各動天運行之時之度與夫各點之出入隱見以定歲月日時也三爲測諸動天之各點相去離幾何也凡常靜天上諸名皆繫之天元因其不動以驗他動也其最尊者有三圈一曰天元赤道圈或稱中圈或稱腰圈下文通用以定諸點二曰天元地平圈或稱四方圈或稱八風圈或稱分光圈下文皆通用之以驗運行三曰天元距圈或稱去離圈下文通用以辨去離

論三圈凡七章

論天元赤道圈凡一條

天元赤道者繫於宗動之天平分天體者也

各圈各有心天元赤道之心卽大寰之心也卽地心也各圈各有極各有軸天元赤道之極之軸卽大寰之極之軸也卽地之極之軸也

天元赤道之左右各有距等圈以度論則九十爲天元緯圈其前後各有過極圈以度論則一百八十爲天元經圈過極圈者所以定經度容緯度也

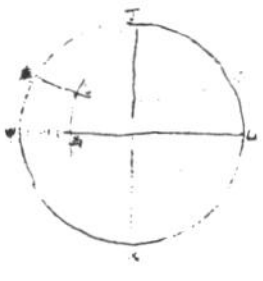

如上圖甲乙爲中圈其上五經圈爲甲丙有兩過極圈以限之丁甲戊限其首丁丙戊限其尾甲丙在其中是大圈上所容之六經

度也又如丙己爲過極圈上四緯圈則首尾兩點有兩距等圈以限之甲丙乙限其首庚己辛限其尾丙己在其中是過極圈上所容之五緯度也

論天元地平圈 凡三條

常靜天下諸所測候欲知各點所在與各點之道各道之交之分則一中圈足矣爲地在中心不能透明明爲地隔人在各所所見止有半天其分明分暗處有一大圈即地平圈也地球之大人居各所明暗所分處處各異故隨在有一地平圈

地平圈分爲四象限定天下之東西南北故可曰方道亦可名風道所謂不周廣莫八風所來也四象限分爲三百六十者是地平之經度也地平之兩端一在人頂爲頂極一在人對足之下爲底極地平之左右各有距等小圈從大圈至極各九十爲地平之緯度亦名高度亦名上度下文通用之其算以大圈爲初度次小圈爲一度其最高爲九十度即頂極下亦如之亦名低度亦名下度下文通用之其最下爲九十度即底極也從地平經度每度出一過頂大圈凡一百八十以定方維之分數其最尊而用大者有二一曰地平東西圈一曰地平南北圈如天元赤道上之有極至極分二圈也

極至極分見後篇

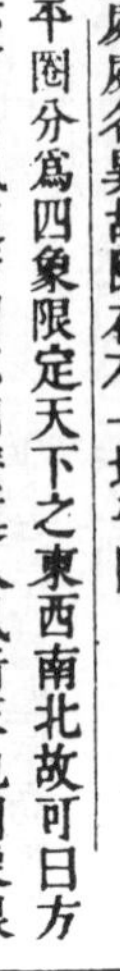

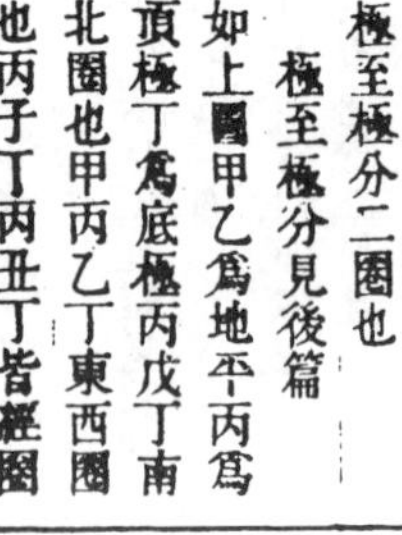

如上圖甲乙爲地平丙爲頂極丁爲底極丙戊丁南北圈也甲丙乙丁東西圈也丙子丁丙丑丁皆經圈

庚寅辛壬卯癸皆緯圈算地平之經度或從東西圈起或從南北圈起其緯度或從地平起或從頂極起各任用

地爲圓體故球之上每一點各有一地平圈從人所居目所四望者即是其多無數

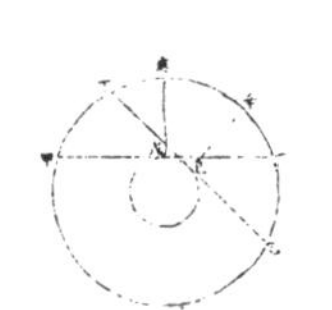

如右圖戊己爲地甲乙丙丁爲天人在戊即甲丙是其地平而庚爲頂極人在己即乙丁是其地平而辛爲頂極

赤道地平二圈比論 凡四條

常靜天上有天元赤道天元南北極恆定不動就人目所視又有天元地平圈今以二圈合論則六合之內共有三球一爲正球二爲欹球三爲平球正有一平有一離此即欹欹者無數

正球者天元赤道之二極在地平則天元赤道與地平爲直角而其左右緯圈各半在地平上半在地平下

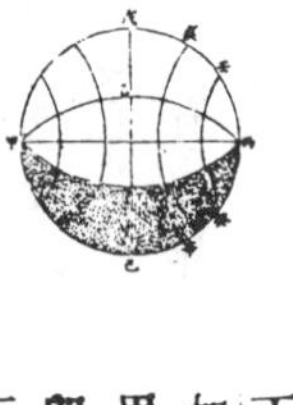

如上圖甲戊丙己圈爲天甲乙丙丁線爲地平甲丙即天元赤道之兩極戊乙丁己爲地平之東西圈亦即天元赤道庚辛壬癸等則地平之經圈是正球也

欹球者天元赤道之二極一在地平上一在地平下赤道與地平爲斜角斜角者一銳一鈍之總名而天元赤道與地平之各經緯圈伏見多寡各不等其極出地之度爲用甚大測候者所必須也赤道緯圈之中隨地各有一緯圈爲用甚大名爲常見緯圈凡極出地若干度即有一去極若干度之緯圈其底點常切地平者是也

如左圖甲丙乙丁爲地平戊己爲赤道極若己乙爲極出地四十度則壬癸乙常見緯圈亦去極四十度而緯圈之乙點即地平之乙點

平球者一極在頂天元赤道與地平爲一線各距等圈皆與地平平行也

如圖甲乙丙丁爲地平即爲天元赤道而戊極在頂庚辛等緯圈皆與地平平行

論地平南北圈 凡一條

地平大圈上之過頂圈一百八十名頂圈皆地平圈之伴侶故又名侶圈其中大者二曰東西曰南北其又最尊者南北也其兩極在地平與東西侶圈之交此圈平分球爲東西二方不但過頂極亦過天元赤道極與天元赤道相交爲直角亦不動與地平圈等但其游移也人於地面上南北遷此圈止有一不得有二東西遷則隨在不同與地平俱無數

如左圖甲乙丙丁爲南北圈人在戊在己在庚俱南北

一線則恆以甲乙丙圈爲頂移極不移圈故云有一無二也若從己東西逕丁爲其頂卽以甲丁丙爲南北圈矣

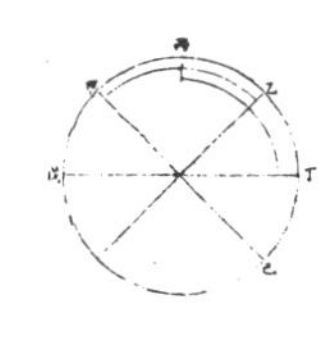
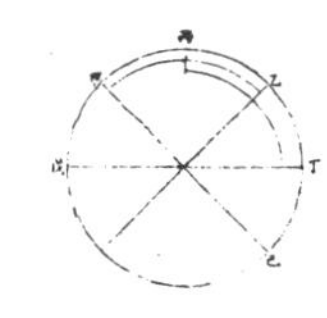
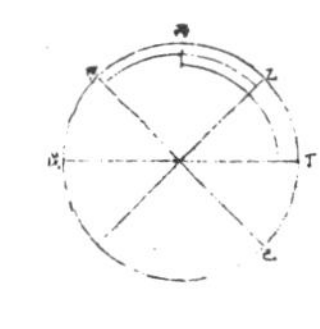
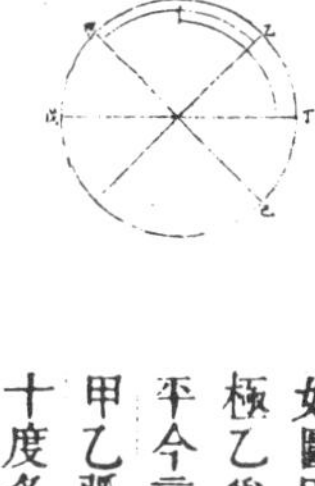
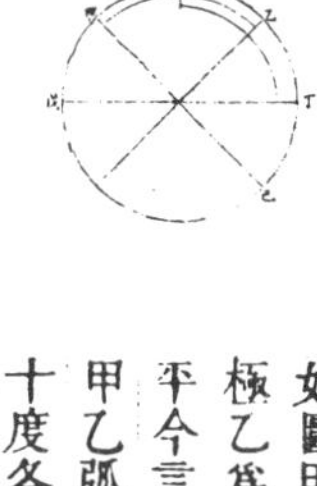

地平南北圈與天元赤道比論 凡一條

此圈交於天元赤道卽爲天元赤道之極高從天元赤道至頂極之度卽北極出地之度

如圖甲己爲赤道丙爲頂極乙爲赤道極戊丁爲地平今言甲丙與乙丁等者甲乙弧丙丁弧各相去九十度各減一丙乙弧則甲丙與乙丁等若赤道極高之甲戊弧亦與丙乙弧等

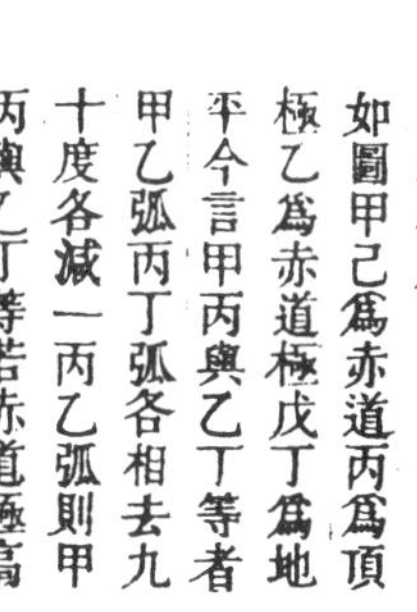

其理同也

論地平東西圈 凡二條

東西亦地平之侶圈也其兩極在地平與南北侶圈之交過此兩極者有六大圈亦分天元球爲十二舍地平以上常見者六舍最尊者地平與南北圈也其次序從東地平起算爲初舍入東一舍爲第一入東二舍爲第二至南北圈之底起第四西地平上起第七南北之頂起第十此法爲用甚大醫家農家及行海者所必須也

如上圖丙丁壬爲東西侶圈甲乙爲兩極甲丁乙爲地平圈甲戊乙甲庚乙等皆過極大圈也

其用之則以此圖甲乙丙丁爲地平甲爲東地平起一舍己爲底極起四丙爲西地平起七戊爲頂極起十也

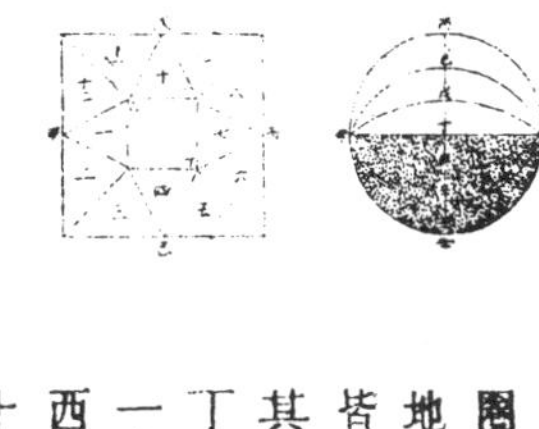
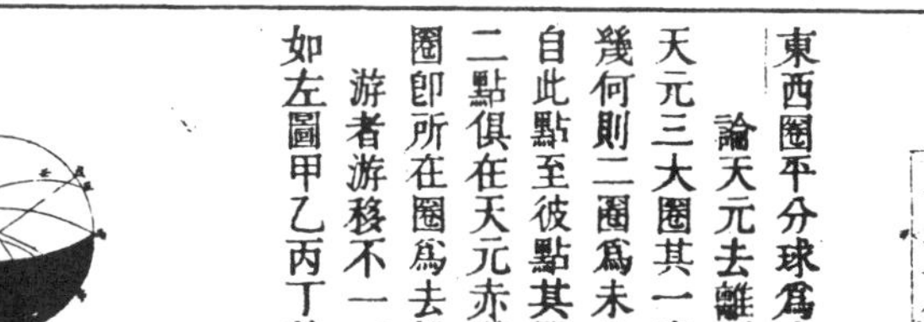

東西圈平分球爲南北二方造日晷必用之

論天元去離圈 凡二條

天元三大圈其一赤道其二地平若欲知兩點相距幾何則二圈爲未足也故有去離大圈過所設二點自此點至彼點其間之容則相去離之度分也若此二點俱在天元赤道或俱在其過極圈或俱在地平圈卽所在圈爲去離圈不用百游去離圈

游者游移不一百言其多

如左圖甲乙丙丁線爲地平戊己爲南北極庚辛爲黃道設壬癸點則子癸壬丑大圈上之癸壬是其度分

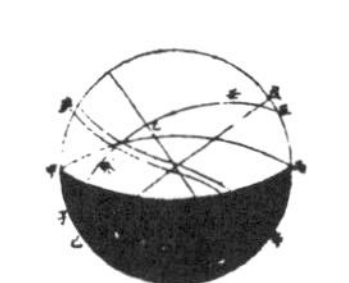
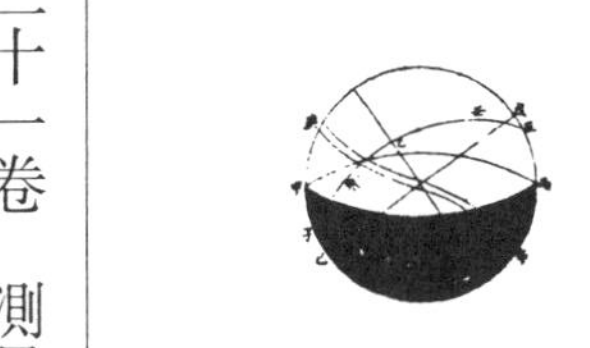

或問二點或俱在緯圈則卽以緯圈爲去離圈不可乎曰凡測量必用準分之尺度準度者止有一不得有二靜天上之大圈分則準度也各緯圈之小大與其度分之廣狹一一不等若多寡不齊之尺度豈能得物之準分乎故測去離必用大圈不得用緯圈也

以上原本卷上

欽定古今圖書集成曆象彙編曆法典
第一百六卷目錄

曆法典第一百六卷

測量部彙考七

新法曆書四

測天約說下

宗動篇第三

總論 凡二條

論宗動有二端一言本天之點與線二言本天之運動

三曜皆有兩種運動宜以兩物測之猶布帛之用尺度也七政恆星皆一日一周自東而西則以赤道爲其尺度又各有遲速本行自西而東則以黃道爲其尺度凡動天皆宗於宗動天故黃赤二道皆繫焉 三曜者日月星也

論本天之點與線 凡三章

論赤道 凡七條

赤道於諸大圈爲最尊其義有三不知赤道則諸大圈無從可解一也赤道之理特爲易明二也一日一周乃七政恆星之公運動赤道主之三也

其兩極卽大圈之兩極何者爲本道與天元赤道相合爲一線動靜雖異終古不離也

大圈之心中圈之心赤道之心地之心同是一點爲赤道與大圈中圈同爲大圈故也

赤道既爲大圈其分數亦有半圈有象限有三百六十度及分秒其算數則從一至三百六十與黃道地平異黃道分十二宮各以三十爲限地平分四象各以九十爲限故赤道亦有過極經圈一百八十爲用甚大其左右旁各有距等倨圈 卽緯圈 每至極各九十不甚爲用爲與天元緯度一一同線故

其用則以赤道之經緯度測各點之所在命爲各點赤道經緯度

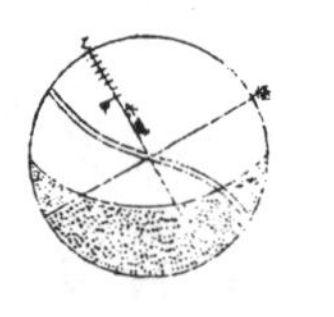

如上圖赤道上任設甲點從赤道初點乙數至甲爲幾度分卽甲點之赤道經度分也爲在赤道上故無緯度

若所設甲點在赤道外則於過極大圈數甲點至赤道交卽定赤道初點至設點之經度爲六甲點至赤道卽所容之緯度爲五

凡分南北大分獨六合之內 卽大圈也 及日以赤道分之他則否

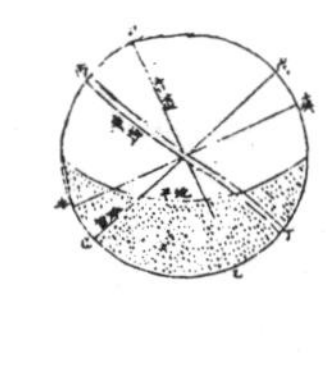

論黃道 凡十條

黃道亦大圈也兩交於赤道兩交之間最遠於赤道者二十三度有奇

黃道之兩極去赤道兩極亦二十三度有奇與二道相離最遠之數同也

如上圖甲至丙爲黃赤二道相離最遠之二十三度有奇則庚至戊亦黃赤二極相離之二十三度有奇也

黃道分數其四象限三百六十度與赤道同又十二分之爲宮二十四分之爲節氣七十二分之爲候與赤道異十二宮曰元枵娵訾降婁大梁實沈鶉首鶉火鶉尾壽星大火析木星紀後曆家從便命之曰子亥戌酉申未午巳辰卯寅丑

節氣曰冬至小寒大寒立春雨水驚蟄春分清明穀雨立夏小滿芒種夏至小暑大暑立秋處暑白露秋分寒露霜降立冬小雪大雪每一節分爲三候節氣中以二至二分爲主

黃赤道交處爲春秋分相離最遠爲冬夏至

黃道左右各八度以定月五星出入之道名爲月五星道 又名六曜道下文通用 諸曜出入於黃道度多寡不同最遠者八度也又總名爲黃道帶 古法左右各六度

如左圖平分二十四氣者爲黃道帶甲至乙廣八度丁戊己庚爲赤道圈辛壬癸爲夏至圈子丑寅爲冬至圈丙則地心也

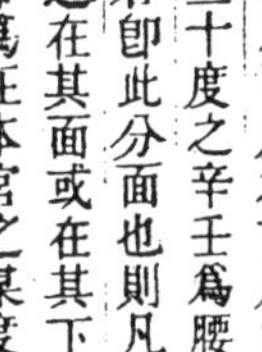
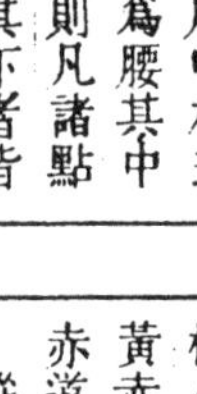

周天分十二宮非獨宗動天之面也凡六合之內即大圜一切所有從宗動之面下至地心皆以十二分之故凡言宮者有四義其一黃道帶上有一長方面爲甲乙丙丁甲乙長三十度乙丙廣十六度凡七政彗孛等從地心作直線過本點至此面之某度分卽命爲本點在本宮之某度分其二以甲乙丙丁爲面從地心戊出四線上至方面之甲乙丙丁各角成銳角體凡六合之內一切所有但入此銳體中卽命爲在本宮之某度分其三爲宗動天之內規面十二分之

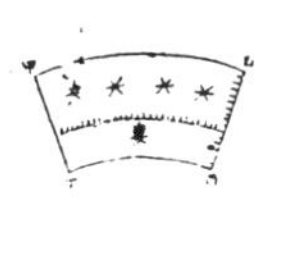

一以黃道兩大經圈各至極之己庚爲首尾中相去三十度之辛壬爲腰其中容卽此分面也則凡諸點之在其面或在其下者皆命爲在本宮之某度分其四己辛庚壬爲面從面分至地心癸爲橘房體則入此體中者皆命爲本宮之某度分

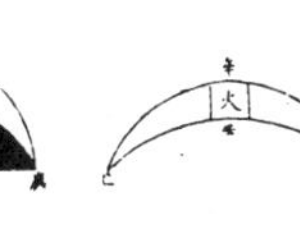
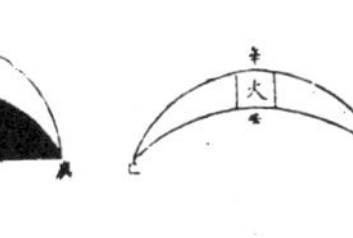
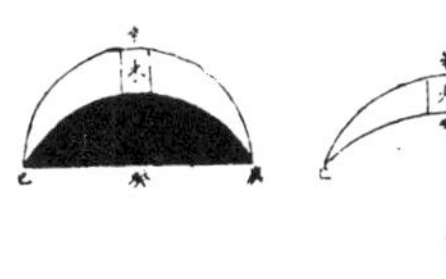
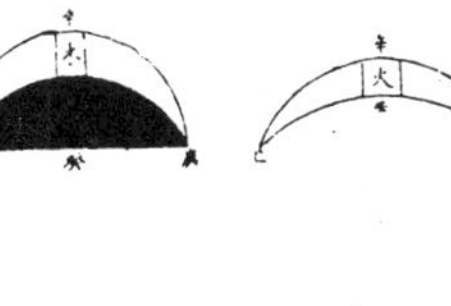

黃道有經度一名長度有緯度一名廣度從黃道作過極圈以定其經度法與赤道同但本道本極異耳若起算從春分始其義有二一爲是黃赤道二大圈之交也二爲其爲大圜之中中者二極之間也

黃道之過極圈容其各緯度限各經度其左右侶圈限其各緯度容各經度

黃道比論凡八條

比論者一與赤道比一與地平圈比一與地平南北圈比

與赤道比論

黃赤道之交爲春秋分從此作過極大圈名爲極分交圈從二道最遠處作過極大圈爲極至交圈此二大圈分黃赤道各爲四分每分各爲九十度

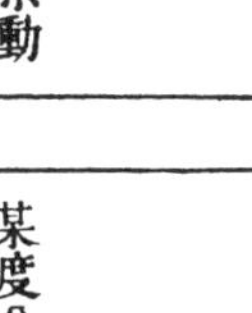
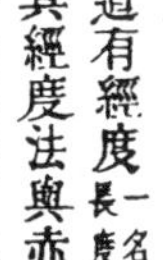
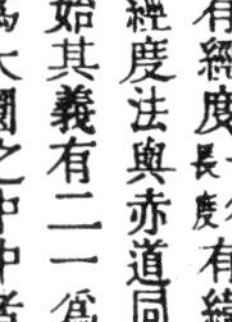
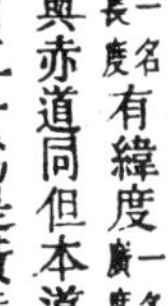

如上圖甲乙爲赤道極丙丁爲赤道戊己爲黃道庚爲二道之交則甲庚乙爲極分交圈甲丙己丁爲極至交圈

黃赤道相距不用黃道之緯度經緯線交爲直角一名廣度而用赤道之緯度

從黃道出線與黃道爲斜角至赤道作直角名偏度

如降婁宮三十度若用廣度則相距十三度今用偏度則十二度半所以然者爲黃道斜迤若用廣度則分及一象限無法可分矣不若用赤道之平直四象皆通也

本以黃道之三十度立算而用赤道之侶圈且與赤道爲直角與黃道爲斜角故名爲赤道上之黃道偏度非從赤道目爲偏度也其在赤道自名旁度侶度

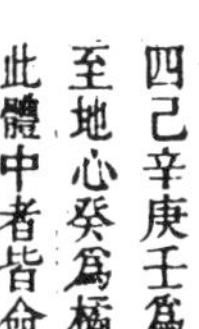
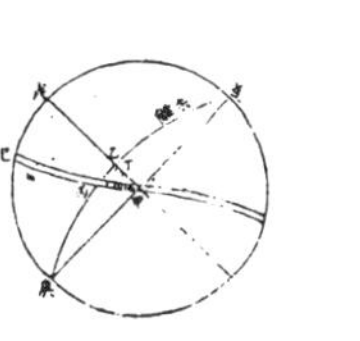
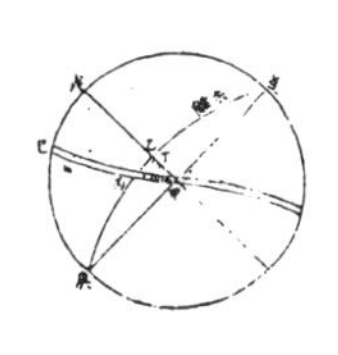
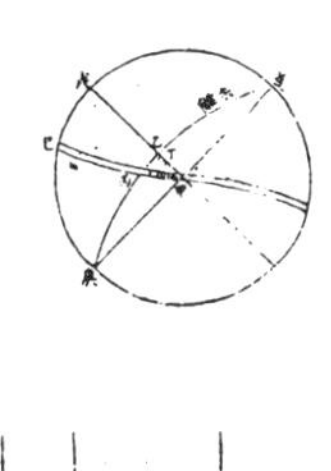

黃道一象限九十度各有其偏度最遠者二十三度有奇不言三百六十者餘三象限與一同理故也

如右圖甲丙爲黃道弧若廣度則値甲乙偏度則値甲丁卽作庚丙丁辛去離圈丙丁在其上爲距度

測黃道弧之經度亦不用黃道之經度而用赤道之經度如降婁宮本三十度以赤道測之則二十七度爲此宮之黃道斜而長赤道直而狹故不命降婁一文黃道上之長度曰三十而命赤道上之黃道升度曰二十七也

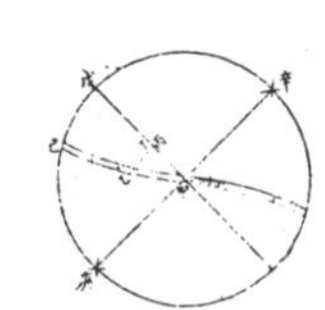

本以黃道三十度立算而用赤道經度二十七其去離圈與赤道爲直角名爲赤道上之黃道升度非從赤道自爲升度也在赤道自名上度

如上圖甲乙爲黃道弧若長度則値甲丁升度則値甲丙於赤道上命甲丙曰黃道之升度

從黃赤交至北最遠黃道圈上有九十度每度作一圈與赤道距等圈平行其初圈則赤道也其第九十爲夏至圈南迄冬至亦然是名日躔圈亦日日距圈

如上圖甲乙爲赤道丙丁爲黃道辛丁爲冬至圈丙庚爲夏至圈己戊等皆其日距圈也

赤道緯圈去極二十三度有奇者過黃道極名爲極圈南北同

如上圖甲乙爲黃道丙丁爲黃道極過此二極之赤道緯圈爲丙己爲戊丁名南北極圈

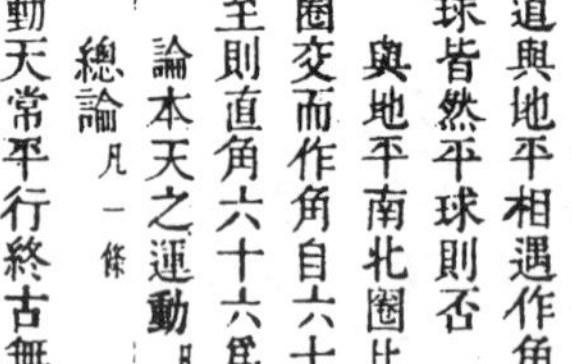
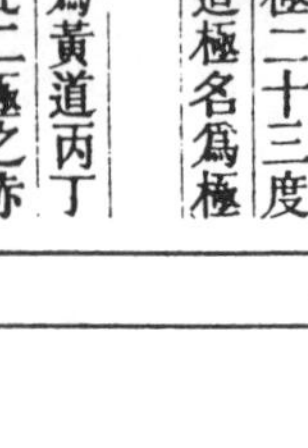
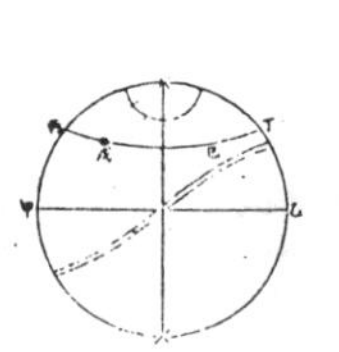
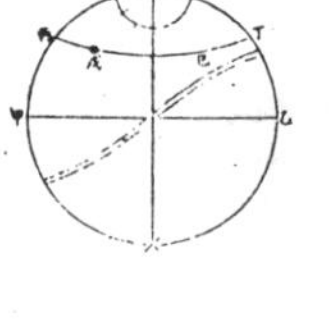

與地平圈比論

黃道與地平相遇作角其角隨時隨地大小不同正偏球皆然平球則否

與地平南北圈比論

兩圈交而作角自六十六度有奇而至九十九十爲二至則直角六十六爲二分則銳角

論本天之運動　凡四章

總論　凡一條

宗動天常平行終古無遲疾赤道繫焉故其行亦終古無遲疾

諸點與地平比論　凡十八條

凡先在地平下不見後見在地平上爲出反是爲入

凡平球各點見地平上者皆與地平平行無出入七政則否

如上圖甲乙爲地平與赤道同線丙丁等爲距等圈凡戊己等點皆與地平甲乙平行獨七政循黃道行則否

若黃道極在天頂則黃道每日一次與地平爲一線一瞬則六宮在地平上六宮在地平下矣此非圖像可明視渾球則得之離黃道極圈而外則出入皆有法一宮先出二宮繼之入亦然若黃道極圈之內赤道極之外則反是

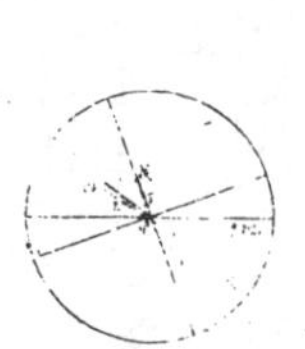
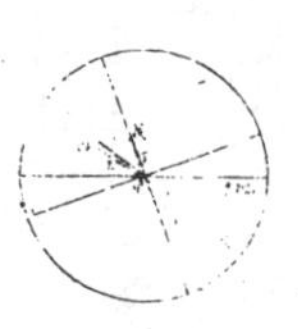

欲測各點運行視其出入於地平測法必以赤道之升度爲其尺度也何者赤道恆平行是名有法是爲有准分之尺度故

平球而外凡各宮出地平上在黃道俱三十度赤道則有長短測法俱不用黃道之長度而用赤道上之黃道升度

如北極出地十度爲丙乙其黃道初宮出地爲丁戊三十度則截取赤道先與黃道初度同出今與黃道第三十度同在地平線上者爲己戊得二十四度弱是爲黃道初宮之地升度凡論時刻及各點出入皆用之不用丁戊也

凡測升度有二或連或斷連者俱初宮初度起至本點依前法視赤道同出度即得若有別設二點在黃道上欲測二點之升度是爲斷也法以前點視初宮相距之升度幾何是爲前升度以後點距初宮之升度幾何是爲總升度於總升度中減去前升度即得後升度

如右圖乙甲爲別設點求其升度則丙乙爲戊丁之升度是前升度戊甲爲丙甲之升度是總升度次於戊甲減戊丁所存丁甲是乙甲之後升度

問黃道弧而用赤道之升度爲其不等故也亦有等者乎曰有之論正球則黃赤道從二分二至起算各出地九十度其黃道弧與升度等周天之中其相等者四而已

問正球黃赤道之四象限其升度與弧俱等者何故曰黃赤道俱爲二大圈相等則所分之相似圈分俱等一也又極至極分二大圈定黃赤道爲四象限此二大圈出入地時卽地平與四象限之交相合爲一線故黃道之象限交必與赤道之象限交偕出偕入二也

若欹球則黃道之半圈從分起從分止與赤道升降度等而周天之中其相等者二何者黃赤道二分之交同時至地平卽二大半圈必相等故

欹球二相等之外其他升度與黃道弧皆不等

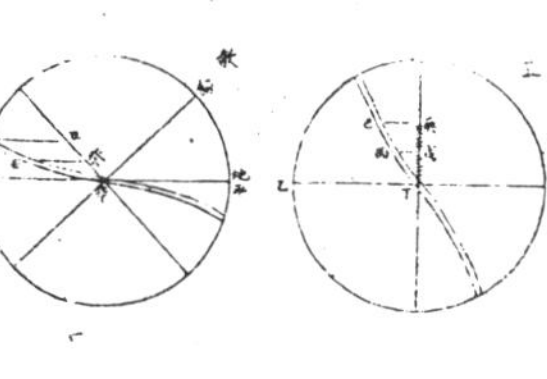

問二象限同升常自不等何以至九十度則等曰黃道弧與升度從初宮初度始每度之升度各有差初差漸多後差漸少漸近漸少至極遠而平故也過二至則反是

若正球則四象限之黃道弧與升度常相似其差甚少不過三度欹球則所差絕多

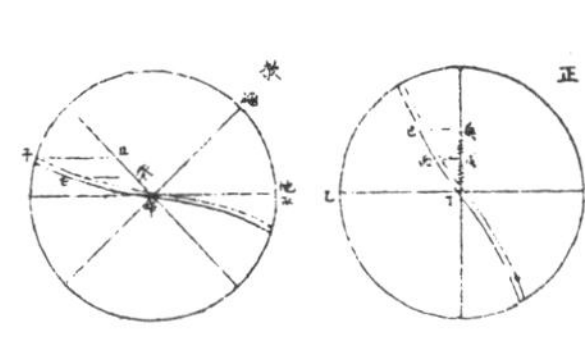

如正球甲乙赤道軸卽地平故丁丙弧與丁戊升度相似欹球北極面則辛壬弧與辛癸升度所差多

升降有二有正升降有斜升降各弧與升度同出入

若赤道上升度大於黃道弧謂之正升降小者謂之斜升降愈大愈正爲黃道與地平爲角近於直角愈小愈斜爲遠於直角

正球但有四宮爲正升冬夏至前後各二宮是也冬至先後者析木星紀夏至前後者實沈鶉首餘八宮有斜者有半斜者

若欹球則恆有六宮爲正升正升謂之遲升斜升謂之疾升欹球有六宮焉正球有八宮焉

問欹球之正升者六爲何宮曰若北極出地一度至六十六度則鶉首鶉火鶉尾壽星大火析木是也此六宮則正升正升則斜降南極出地者反是

球愈欹則黃道與地平爲角亦愈斜

以升降比論凡四條

論正球黃道上兩點去離二至二分亦名爲四大點各等則其升度亦等

其相對之宮升度亦等如降婁壽星各二十七之類是也

若欹球則相對宮之升度各不等

有兩點去春秋分大點等則其升度亦等

以正欹球比論凡二條

從降婁至鶉尾六宮欹球之升度小而正球大從壽星至娵訾六宮反是

有兩弧在黃道上相對相等其正球之兩升度幷爲一率欹球之兩升度幷爲一率此兩率等

以黃道之出入比論卽升降度之合也凡五條

各宮各弧各點之出度必等於入度不論正欹球

各宮之出入度幷與相對宮之出入度幷等

欹球各宮之出入度雖等而正斜不等此正升則彼斜降此斜升則彼正降

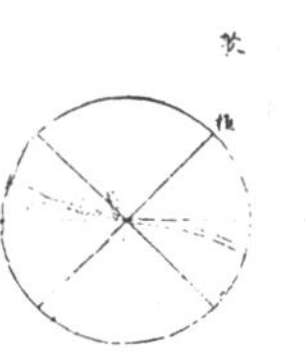

一宮一弧在正球有升度在欹球有升度此兩升度相減之較名升差

如上圖降婁一宮在正球之地升度二十六爲甲乙北極出地四十度之欹球地升度十六爲丁己此二率相減得十度是爲兩球升度之差省曰升差

正球之升降度從地平起算可從地平南北圈起算亦可爲赤道與地平圈與南北圈相遇俱爲直角故等欹球則否必用地平也

太陽篇第四日者篇中有時日之日故別言之月稱太陰同

總論

宗動天之下則有列宿又下則塡星則歲星則熒惑何以序先太陽其義有三一列宿與六曜之理皆繫太陽不先論此不得論彼二理較易明先明其易難者幷易三萬光之原諸曜皆從受光焉月若其配星

其從也

從本體論 凡三章

論太陽之形象本是圓體

圓有面有體太陽之爲圓面舉目即是不待言矣其爲圓體何從知之曰凡物未有有面無體者太陽之爲物大矣知其必有體也凡自然生者初生者無物不圓太陽之生亦本自然會無雕琢初生則然曾無遷變又諸體中圓爲最尊以太陽較天下有形之物亦是最尊知其必爲圓體也

論太陽之大

欲知物大先知其徑徑有二一爲視徑視徑者人目所視也舊云太陽之徑一度近來測驗實止半度

如上圖甲乙乙丁丁戊爲宗動天內規面之三度人從辛視太陽之己庚徑於天度僅得丙丁不滿乙丁之一度約如乙丙者七百二十則滿黃道周故知視徑爲半度也

一爲本徑欲知本徑先論其去地之遠太陽去地有時近有時遠折取中數則以地全徑爲度

里數太多難計故以地徑之里數爲其尺度也

地之周約九萬里其全徑約三萬里

二十四其地徑自之得五百七十六是太陽去地之中數也

其比例云地之徑與太陽去地之半徑若一與五百七十六也

既知其視徑又得其去地之遠因以割圓術求其本徑得太陽之容大於地之容一百餘倍也

割圓術有專書二徑相比見幾何原本第十二卷第十八題容者體之容算術謂之立圓積非徑線亦非面也其算法後篇詳之

論太陽之光

日爲大光六合之內無微不照有不透明之物隔之則生影地在天中體小於日故影漸遠漸殺以至於盡其影之長不至太陽之衝

如右圖甲乙爲日丙丁圈爲地其影至戊而止不至己

太陽面上有黑子或一或二或三四而止或大或小恆於太陽東西徑上行其道止一線行十四日而盡前者盡則後者繼之其大者能減太陽之光先時或疑爲金水二星考其躔度則又不合近有望遠鏡乃知其體不與日體爲一又不若雲霞之去日極遠特在其面而不審爲何物

從運動論 凡五章

太陽之動有二其一與黃赤道比論其一與地平比論與黃赤道比論如從冬至一點起算行天一日一周明日不在冬至即此一圈作螺旋一周次日復然迄夏至點行一百八十餘周而通作一螺旋線也第冬至線與次日一周線相離甚近以次漸遠迄春分而甚遠過此漸近迄夏至而甚近過此又漸遠如是循環無窮耳詳見後篇

又冬至初日之線其螺圈甚小次日漸大至春分甚大過此漸小迄夏至而甚小如是小大循環者何也爲緯圈中冬夏至皆小圈赤道爲大圈故也從冬至迄夏至此爲成歲之半矣若從夏至迄冬至亦作螺旋行每日一周百八十餘日通作一螺旋線但此線非復前線而別作一線每日與前線作一交耳此爲成歲之全也

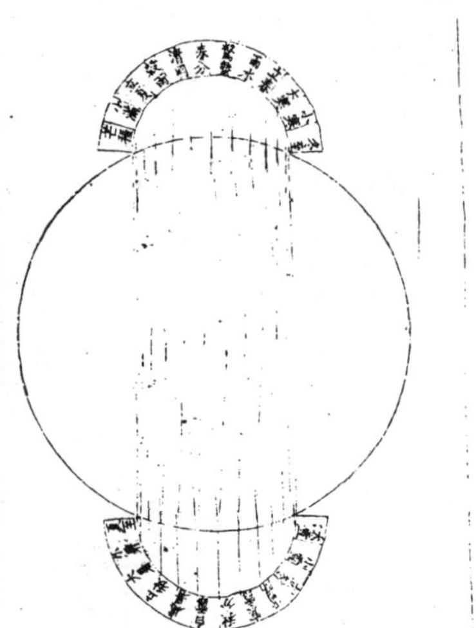

如右圖作螺旋圈不能爲三百六十作二十四以明其意已上所說螺旋線是太陽之體理實作如是運動無可疑者但螺旋則無法之線也以此測候亦復無法可立故天官家別用他術如下文

測候之術

如用春分起算初日從初點循赤道行迄一周是爲一日明日卽不在赤道而在其第二圈又不直距於初點而東西相去爲黃道之一長度其南北距度卽不及一度也此一周卽爲赤道之一距等圈矣太陽恆在黃道下行故無黃道之廣度至第三日復作第三距等圈與次日同凡九十日行黃道九十度卽於赤道旁作九十距等圈其第九十則夏至圈夏至圈去春分圈止二十三度半故太陽之行亦如是而止此九十距等線以當全螺線之半也用此術則從夏至迄秋分亦有九十距等線其線卽春夏距等之原線矣

至秋分卽復行赤道一日無距度距圈與前春分日所行同線相對其兩對處則有極分交圈以爲之限也自春迄秋二分之間行一百八十度黃道長度與赤道之距度其數皆等從秋分而後每日作一距等圈其第九十則冬至圈也凡諸距度圈皆交於黃道獨二至之兩圈切於黃道爲其行至是盡矣其兩盡處則極至交圈爲之限也秋分迄冬至亦二十三度半與其迄夏至等故其間距等圈與其迄夏至之距等圈亦等從冬至以後亦依前所行距等原線以迄春分而歲成矣

太陽之行恆在黃道下無廣度亦恆在兩至之內故兩至之內皆爲太陽所行之道而太陽每日行一度弱故兩至間之距等圈凡一百八十二有奇每一圈歲兩經焉如此術卽分太陽所行爲二路其一分計每日所行各行於赤道侶圈皆在兩赤道極間其二總計每歲所行皆行於黃道在兩黃道極間其一日一周於黃道爲一長度於赤道上不及一上度此一上度弱者名爲黃道一日之升度黃道之升度每宮與赤道不等故每日黃道之升度一一不等見本數表

螺旋合術與黃赤分術比論

論合術則自東而西每日不及一度故云日遲論分術則自西而東每日循黃道行一度故云日疾其實一也但螺旋於理甚合而無法可推分術則分數易明其間卽有參差不能及一微一纖非儀象可測故曆家專用分術加減法也以便推步

與地平比論

太陽至地平上爲出爲明從東而西沒於地平下爲入爲晦

論正球春分日太陽出於東方行赤道赤道卽東西圈漸升至頂極至南北圈爲極高之弧此地平以上之半晝分也亦謂之東半晝弧午正後漸降至地平謂之西半晝弧東西合爲全弧行盡全弧爲一晝其一日之中地平上凡有表卽得影日出則爲無窮之西影漸短至頂僅得一點

或云是爲無影安得一點不知無表卽無影若令表離於地平卽有與表等大之影

午正後影漸長至地平復爲無窮之東影日既入地平下則有朦朧分一名昏度一名黃昏行地平之低度十八

低度者非黃道赤道之度乃地平之緯度也在下名低度在上名高度

後此爲夜

如上圖甲乙爲赤道卽東西圈丙甲丁爲南北圈甲之高九十度滿一象限己戊爲表日出辛表端影在庚至壬影在癸至庚則在辛也至甲止一點丙丁卽地平低度十八至子丑而止矣

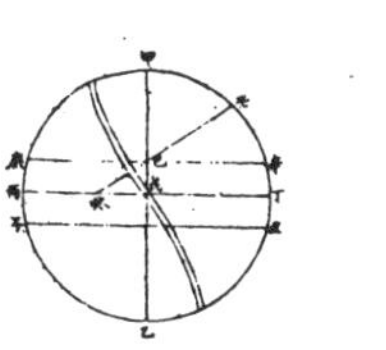

日至於南北圈下爲半夜迨近地平下十八低度復爲朦朧分

一名晨度一名昧旦一名黎明一名昧爽

凡黎明將盡日將出地平上有雲則爲朝霞黃昏之始日初入地平上有雲則爲晚霞所以赤色者爲日光返照如火出烟本是黑色與火並見卽黑見烟不見火卽爲紅烟矣

問日出入則大日中則小何故曰地居天中日周其外因於太陽如受燔炙恆出熱氣是名清蒙之氣此氣之厚去地不能甚遠日出入時人目衡視積氣甚多如物在水中其體大於本體故出入時日形似大非果大也至日中時以垂線照地人直視之積氣甚少日不受蒙則似小矣若出入時或深紫或微紅或似長圓亦皆是氣之厚薄疎密所爲也

其春分次日太陽離赤道卽不出於東西圈之初度而在其稍北之闊度卽地平之經度不言廣者以別于黃道緯度也其相去

也與其日之距度等為正球則赤道與地平為直角故也欹球則否太陽既稍北則其表影亦稍南其晝分與初日等其南北圈下之極高弧則稍減於九十度又次日則闊度愈大極高弧愈小以迄夏至其闊為二十三度有奇其高弧為六十三度有奇從赤道南迄冬至亦如之其方之晝與夜恆等何者赤道與地平為直角即一切經緯圈其隱見恆相半故

如左圖甲乙為赤道即東西圈春分日日從此道行次日以後漸向丁戊行甲至丁乙至戊各二十三度有奇庚至丁其高弧六十三度有奇

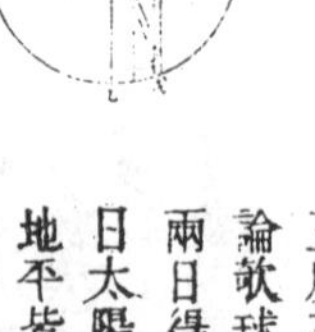

論欹球一歲中獨春秋分兩日得晝夜平何者是其日太陽在赤道下赤道與地平皆大圈交而相分即所分之圈分相等若赤道距等圈大小不等以地平分之其圈分上下皆不等

如上圖甲乙為南北極丙丁為赤道丑寅為地平春秋分兩日日在戊為黃赤道之交則地平上下圈分等過春分日漸北如至辛壬距等圈則丑寅地平分晝夜於子過秋分日漸南如至己庚距等圈則地平分晝夜於癸上下皆不等

又一歲之中凡兩晝之距兩至等則其晝分之長短亦等凡兩晝之距兩分等即一在赤道南一在赤道北其距度等而此日之晝與彼日之夜等

凡球愈欹極愈高即高至不日冬夏至而日高至通南北言之之日愈長

凡正球之南北闊度等欹球則否

凡正球之二至日中時其高下恆相等欹球則否日中時其二至一甚高一甚低

論平球則以半年為一晝以半年為一夜何者北極與頂極合即赤道與地平亦合故九十距等圈從赤道迄一至皆在地平上其在下亦如之也其表極作無窮及最長影不作短影每日為一周亦作十二時或二十四但百八十周恆在晝耳

論朦朧

早為晨分暮為昏分或并曰晨昏或省曰朦曰朦影朦度

太陽在二點二點之距一至等其朦亦等何者去至等則同在一距等圈上故

若二點之距一分等其朦不等孰大孰小近於上極者則大遠則小

北極出地處則北六宮之朦大於南六宮南極出地處反是

北極出地處太陽在北六宮愈近夏至朦愈大迄夏至極大過夏至漸小南方近冬至愈大迄冬至則極大過冬至漸小北極出地處迄冬至不極小極小者在赤道冬至之間南方迄夏至不極小極小者在赤道夏至之間

太陽在北六宮愈北朦愈大平球之處其太陽入地低度不過二十三去朦度之十八未遠也故其晨昏最長一年之中明多於晦幾乎不夜

正球上兩點在赤道南北其距赤道等其朦亦等其距赤道不等其朦亦不等孰大愈遠赤道者愈大故二至之朦甚大二分之朦甚小

問欹球北極出地處之朦夏至極大而冬至不極小極小者在赤道冬至之間然則安在曰此在秋分之後特隨地不同皆在分後至前不在其日也如北極出地四十度春分則六刻三十三分夏至八刻六十分秋分六刻三十三分冬至則七刻最小者六刻二十六分有奇在寒露之中候五日也有本表

太陰篇第五

五緯在二曜之上今先太陰者何故一凡論年月日時皆以二曜定之二其理較五緯特為易明三太陰體大晝時亦見四太陰之能力亞於太陽五緯無能及之

從本體論

論太陰之形象本是圓體與太陽同雖有晦朔弦望不害為圓詳見後論

論太陰之大太陰去人時近時遠折取中數八其地半徑自之得六十四半徑為三十二全徑是太陰去地之中數也

其視徑去人愈近愈大愈遠愈小折取中數亦得半度與太陽等

其本徑則小於地球地之容大於月約三十倍也

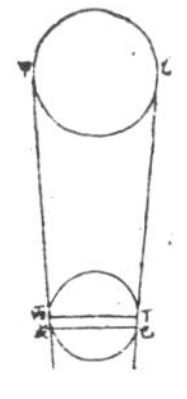

論太陰之光本自無光受光於太陽故本球之光僅得半以上因太陽之體大於其體故

如上圖甲乙爲日丙丁爲月徑因日大故受光至於戊己

太陰面上黑象有二種其一今人人所見黑白異色者是其二小者則日日不同非遠鏡不能見也詳見後論

從運動論

太陰之運動有二其一一日一周隨宗動天行與六曜同公動也其二循白道（白道月之本道一名月道下文通用）日行十三度有奇迄二十七日有奇而一周本動也因太陽同行二十七日有奇則過周二十七度有奇故又二日有奇乃及於日而與之會

白道不與黃道同線而兩交於黃道

兩交名正交中交亦名天首天尾亦名龍頭龍尾亦名羅計

兩半交去黃道五度有奇故每行一周在黃道下者二交初交中是也他詳後論

時篇第六（凡十三條）

既明二曜之體又明二曜之運次因其運動以得時時者何物凡諸有形之物必有變革變革多端中有遷運一端因其遷運先後從而測量剖分之則爲時也

問草木鳥獸人事皆有變革遷運亦可用以爲時何必二曜曰凡立術有三法一須公共一須分明一須永久惟二曜則然他無有足比者故也

時之準分尺度一日是也一日者何太陽行一周而過赤道上之一升度弱（當黃道一度）者是也日之起算有四法或以早或以晚或以晝之中或以夜之中

日有大小分大者爲晝夜小者爲時辰時辰者十二分日之一也（西曆爲二十四分之一）

常靜天之上有二大圈皆過兩極而分赤道爲四平分其一過頂卽子午圈其一過東西點

東西點者赤道交於地平是東西之最中

卽卯酉圈從卯至午其間又有二圈爲辰爲巳從午至酉其間又有二圈爲未爲申此六圈者終古不動凡三曜至某圈上卽爲某時也

十二時辰不止日也月所至卽爲月之十二時星所至卽爲星之十二時

其起算亦有四法或用子或用午或用卯或用酉

時又有刻每時八刻一日則九十六刻東西所同用星官家用百刻取整數易算也

刻又析爲百分分析爲百秒遞爲百以至微西法每刻爲十五分分析爲六十秒遞分之皆以六十也

其積日者以日加之初加爲一旬一旬者甲至癸十日再加爲一月一月者太陰行一周而與日會也

稱一月者有二義一爲二十七日有奇而周於天一爲二十九日有奇而及於日因交會之理分明故不用月周而用朔實也

月之分也兩分之爲朔望四分之爲晦朔弦望

太陽行一周三百六十五日四分日之一弱爲一歲謂之太陽年其起算亦有四法一從冬至一從春分（測天用之）一從秋分（論二十八宿起於角亢在秋分後）一從夏至（古時亦用之）用太陽年者四年而閏一日爲四分之一也四百年而減一閏爲弱也

凡論歲以太陽爲法太陰行十二周爲一歲者爲其近於太陽年也是謂之太陰年用太陰年者歲積氣盈朔虛十日有奇三年一閏爲十日故五年再閏十九年七閏爲有奇故

太陽年之分也二分之爲半歲周四分之爲四季八分之爲分至啓閉（立春立夏爲啓立秋立冬爲閉）十二分之爲節二十四分之爲節氣中氣七十二分之爲候

其積年者以年加之十二年爲一紀三十年爲一世六十年亦爲一紀

恆星篇第七

向已說常靜宗動二天二天之下則恆星天也略論其凡有四其一爲幾何其二爲貌狀其三爲能力其四爲遷變

幾何（凡六條）

萬物中形天爲最大大有二義一在上所最遠故最大二能力最大故其體亦大

其形象爲圓球何以知之天體最爲精純無雜最爲單獨無二圓之爲象亦無雜亦無二體性如此故其形象亦當如此又運行最疾者莫如圓體他體則滯礙也

其去地最遠遠之數以地之半徑爲度最近處得一萬四千度自此以上非人思力所及知也此端似爲

雖信證見後篇

其所在萬物之最上

其質最細何以徵之常在上不賓墜知爲輕虛細密也其質又極精純爲無他夾雜故

貌狀 凡一條

天下之物皆以顏色爲其美飾顏色之外別有二美飾一爲透徹一爲光耀也顏色之美美之下分明光之美美之上分何者其形妙好異於他色一也人之見之無不喜悅二也他物不能自見其美惟光能自見三也他物有色惟光能發揚其美妙四也有此四者故爲天下眞寶天最尊於萬物故一切顏色不足爲其文飾惟光爲其飾矣或云天望之蒼蒼然蒼非色耶何謂無色曰蒼蒼非色也太空之中氣盈其處氣亦無色氣積極厚則成蒼蒼之色譬之玻瓈本自透明略無他色積之數重則成蒼色太空中色亦猶此耳

能力 凡四條

天之下濟其於下土有大能力何以徵之運行一周成爲四季涼燠寒暑萬物藉爲生長收藏一也世間微物無不各有能力稍大則能力稱之天如彼其大也知其能力與之等大二也

天之能力下及每用二器其一光也其一施也光不獨能照天下亦能作熱如用窪鏡對日而成返照則能生火又用玻瓈圓球對日而成折照亦能出火其故爲何光於天下爲最尊熱於四大物情中（四大情者一熱二冷三燥四濕）亦爲最尊以尊生尊是其理也其次亦能生冷亦能生燥亦能生濕爲光本非熱非冷非燥非濕而其中有精足當四情故能生熱生冷生燥生濕也

如仁中無芽葉花實而其精足當四物故能生四物也

夫光之爲體若其發而及物何爲施之不盡若其不發則一切所受爲從何來故其體其用總非人間意量所及

光之外別有施者不屬光也此有二證其一海潮大小不因於光亦不因於冷熱燥濕譬如磁石吸鐵別有相攝相受者則受者爲所施攝者爲能施也又如懷胎生子七月生則長八月生則殀無不驗者此亦非因於光亦非因於四情亦如磁鐵有別相攝受者故也

從上二能知天於下土蓋有四德一曰覆冒一曰包函一曰生育一曰保存也假令不動亦有此德而又加之運動於此若此於彼若彼變化無端眞非思議所及矣

遷變 凡四條

凡物遷變首運動

天之運動皆環行何者天體單獨無二故其運動亦應單獨無二環行者單獨無二之行也何謂單行曰凡動如人如鳥獸如風皆雜亂無法之行也單行有二一曰垂線一曰圜線石在空中下墜於地此爲垂線一切循環無端者皆爲圜線垂線之動勢盡而止惟圜線獨爲無窮天以覆函生存下土者也故不能不爲無窮不能不爲環行矣

天之運動恆不去其本所論其各分無一不動而其全體無一分動

天之運動有四異其一甚疾一刻分中行幾萬里如鳥如矢如礮如霹靂皆非所及其二恆平行

其中遲速別有故實無一不平行者詳見後論

若非一一平行卽測候之術無從可用其三恆久不已其四萬物之動此爲首何者天下之動於此繫焉故也若無此動卽無四季卽無生物問運動而外更有遷變乎曰論其體則無變何者爲在最上物無及其際者故不能受變於物論其情則有變如月星無光因於日光變而有光一也又如日月有光因於交食而若無光二也（以上原本卷下）

欽定古今圖書集成曆象彙編曆法典

第一百七卷目錄

測量部彙考八

新法曆書五 測食

皇清

新法曆引 測太陽 測恆星 測太陰 測五緯 時刻

新法表異 測算異古 測算皆依黃道 表測二分 五星測法

曆法典第一百七卷

測量部彙考八

新法曆書五

測食

似食實食說第一

人恆言日食月食矣輒槩混焉不知月實食日則似食而實非食也何者日爲諸光之宗未無虧損月星皆借光焉朔則月與日爲一線月正會於線上而在地與日之間月本厚體厚體能隔日光於下於是日若無光而光實未嘗失也惡得而謂之食望則日月相對而日光正照之月體正受之人目正視之月光滿矣此時若日月正相對如一線而地體適當線上則在日與月之間而地亦厚體厚體隔日光於此面而射影於彼面月在影中實失其所借之光是爲食也然其食特地與月之失日光耳而其光之失因光在地面與月體之上地與月互相遮掩耳日固自若也總之日也月也地也使三體並不居一直線則更無食矣若食則日體恆居一直線之界末而彼界則月體地體疊居焉月體居界末則月面之日光食於地影矣地體居界末則地之日光食於月影矣

月食圖

日食圖

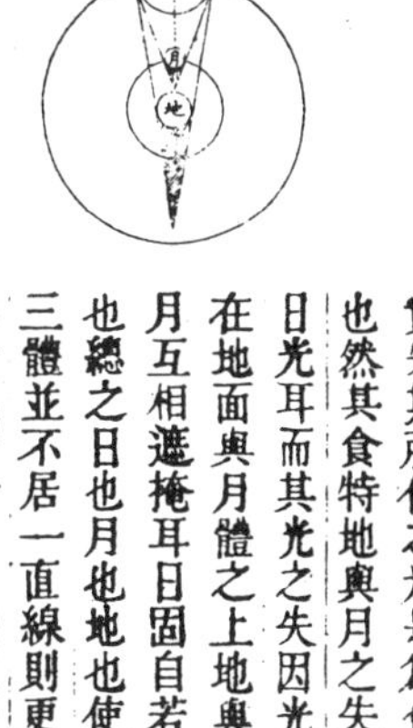

實會中會似會說第二

夫日月星宿之會總名也第有實會有中會有似會實會者以地心所出直線上至黃道者爲主而日月五星政當此線則是實相會也

黃道圖

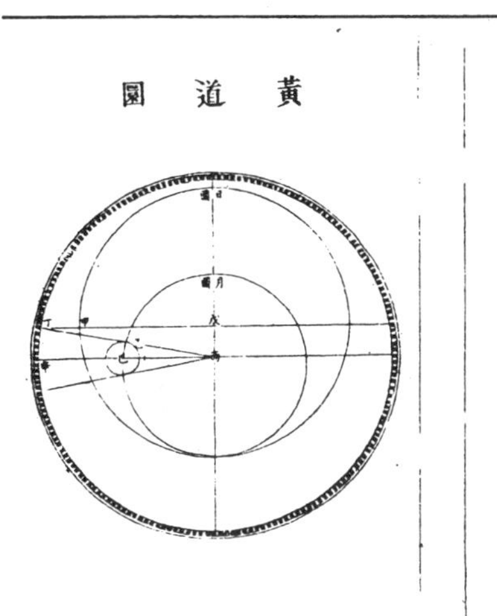

如右圖日在甲月在乙地心在丙甲乙丙線直至黃道圜之丁是也卽南北相距不同在一點而總在此線正對之過極圜亦爲實會蓋過極圜者過黃道之兩極而交會於黃道分黃道爲四直角也從北視南雖不在地心所出之一線却與地心所出之一線正相對猶一線矣故爲實會也然月與五星居小輪之邊地心所出線上至黃道而小輪之心正當此線者則爲月與五星之中會也但日無小輪而日天本圜與地不同心兩心所出必有兩線此兩線若爲平行而月輪之心正當居地心線者則是日月中會也夫實會旣以地心線射七政之體爲主今此地心線過於小輪之心則謂之中會矣如地心爲丙日天之圜心爲戊月小輪之心爲己日在甲日與戊心之戊甲徑線而從地心丙出線至黃道辛平行乃是中會矣然實會中會俱準於地心而吾人所居乃在地面而從心所對一線從面所對又一線惟正當天頂之圜則兩線同在一線與實會無異過此而偏左偏右卽分兩線矣今人所見日食皆地面上人目所對之線也日月在地心所對之線爲實會則在人目所對之線不得爲實會而特爲似會矣如上第二圖地心爲丙地面爲壬天頂爲癸壬丙定爲一直線也若甲日乙月卽在癸丙線上則實會併是似會矣若日在子月在丑與地面壬爲

天頂

一線則似會也必月至寅與地心丙爲一線方爲實會耳則是實會在午前必先於似會實會在午後必後於似會也惟日食全以似會故地面有不同而食之分數時候因之所以隨地所見亦不同也第合朔論實會交食論似會實會似會之線在日月本天無度分而全依宗動天上黃道圜十二宮之度分則必當極論會線至黃道之處實會線所至謂之實處似會線所至謂之似處矣以實會線上之日月爲據而目視日至黃道有日似處目視月至黃道有月似處得其似處可以較實處之距度矣如第二圖子寅丙爲實會線至黃道卯則卯爲實處若壬目視子日至黃道辰視寅月至黃道午則辰爲日似處午爲月似處也然所用既皆實會似會而并論中會者凡地與日圜不同心而與列宿天則同心心同則徑同而日圜之心在列宿天心與地心之上則日圜之徑亦在列宿天徑與地徑之上列宿天之徑割日圜爲大小兩分兩分雖有大小而各應黃道之一百八十度此空度隔度之所出故不得不辯夫必用地中會線者求準對日與黃道遲速不均不平之本動又因而求實會之準則焉

食之徵第三

凡日月相會未必皆食惟因會之有似有實而悉其差之遠近幾何此必須測驗而後得凡人居赤道北者月之似處比實處恆若偏南若偏低者然夫月在日與目之一直線上不偏斜不低昂乃能掩日而爲食若精察之較月食更難焉第觀日月似會之時其距度比日月之半徑或大或等者必無食也小則必食矣愈小則食愈大矣考之在龍頭龍尾若正當龍尾或與龍尾不甚遠則當測其食否若與龍頭龍尾相遠而月似會之距度過三十四分則無食矣可不必測矣月食則於望日求之月之距度若小於月半徑與地半影者必食也其食之處定在龍頭龍尾之兩傍十三度三分度之一過此則月之行道不相涉而不相掩矣如甲子年八月望日月經龍尾不遠則應測其食而考其所經之躔度乃在黃道白羊宮三度五十六分四十一秒其躔道距度則五分三十六秒矣夫月半徑得十六分四十三秒而地影之半徑則四十五分十三秒二數併之即爲六十一分五十六秒距度止五分三十六秒是最小於月徑及地影之半而全體必盡食地影必且有餘矣若乙丑年八月望日其月在龍尾雙魚宮二十三度半夫月半徑十七分十五秒而地影之半徑則四十六分三十七秒二數併之得六十三分五十二秒月距躔道四十八分二秒則小過於地影之半徑而月體必半入地影而不得全食也

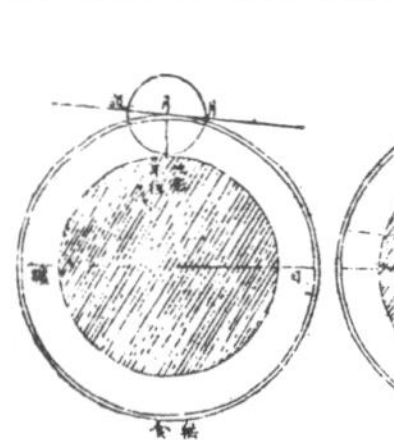

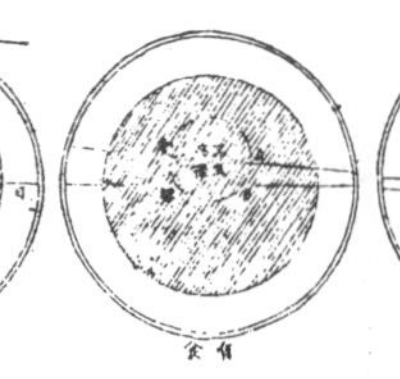

食之處第四

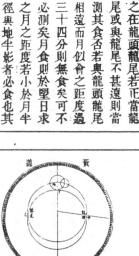

龍頭龍尾者何是日躔之兩界月食所經之處也昔人測日月之食必在所躔之二處而月之距此益遠則距度益廣廣者象腹也則其所起所止者象頭尾矣十二宮右旋從頭至尾則左旋而此頭尾二處非定於二宮但設爲多圜嫌於繁混故止取龍之頭尾以略徵之也如右圖甲丁乙爲日躔圜甲丙乙爲月行圜兩圜交於甲於乙而從甲上升左旋至丙至乙故甲爲頭乙爲尾丙丁相距最廣爲腹也但甲在白羊宮則乙在天秤宮而腹在磨羯宮若甲在雙魚宮則乙在室女宮而腹在人馬宮凡十九年乃復原處故日月之食不十九年不能在本躔同宮同度也

日月地影之徑說第五

日月之徑原自平分今因日在本圜月在小輪有遠

有近則見其徑大遠則見其徑小又地影者是日與地所生故日之遠近亦能爲影之大小也然無有食而月不居本圈之高處第就月居小輪日居本圈則每食自不同而其徑之大小與小輪與日本圈無一定之規則惟用日月之本動方可考定今考月體本動之法每四刻若行半度則知其徑亦半度矣日體每四刻若行二分三十秒須以十三乘之則知其徑十三倍於二分三十秒矣此係一定之常法但日月之行時刻不均故以是法測其體之大小未免少差蓋日愈高其體愈覺小其動亦愈覺遲日愈下其體愈覺大其行亦愈覺速月在小輪其高下遲速亦然其考地影之法須先定日之最遠處月徑假有三十三分即以三率法求月體於影如五與十三之比例即等於三十三與八十五零五分之四之比例也若日不在最遠先當考日之居所離最遠處幾何度次考日行比最遠處幾何疾以疾行之度減去地影則得所求矣

食大小遲速辨第六

夫距度廣狹實爲月食大小遲速之分故望日之月視其進地影厚處則其食遲進地影淺處則其食速朔日之月視其似會少偏日躔或似會大偏日躔而其故總由日月遠乎龍之頭尾也望日之月在頭尾正躔則月食至大至深若少偏而躔影之半徑與月體之半徑等則雖全食而即復若距躔影又遠則食不全也若日雖全食亦不能久因月徑之似處小僅能遮日體而須臾便過故但能全掩不能久掩也今欲知食分大幾何必須定其分數幾何蓋西洋取日

日月彌近龍之頭尾而食之彌大圖

量日食

量月食

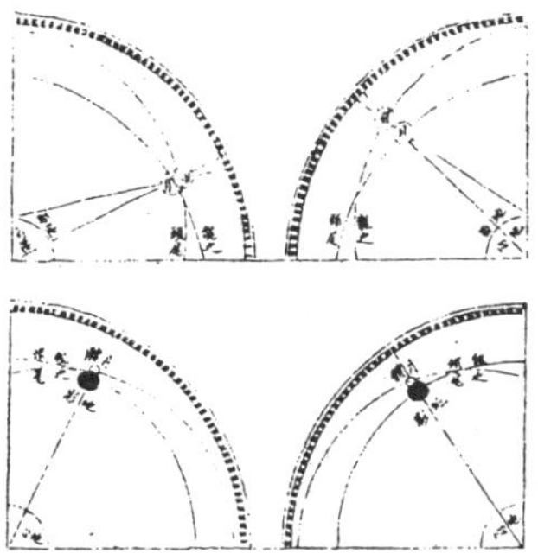

月本體爲十二平分移此分寸量月所經之處若日月食十二分有餘者是謂至全至大之食也但欲精察不謬月食則究食甚時月道距躔道幾何日食則究食甚時月似處距實會幾何

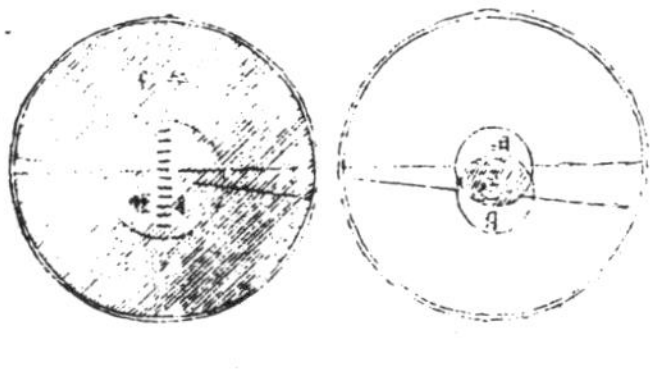

經候幾何第七

欲知食之經候幾何須知日月之本動設若日月本動相同則月必不能進影進亦必不復出矣今月行黃道比日甚速能逐及於日而又過日前故但較月過速日過遲之兩候即知日月食經候得幾何也此有算就立成凡某時刻日月當食其本動之度幾何則以日過遲之少數減去月過速之多數次取立成視月多行之度幾何則得蓋以過速之多數除初食至食甚之度數即係初食至食甚經候之度分也食甚至復圓亦如之顧日食之中前中後與月食有異蓋日食惟在躔道九十度正天中者中前中後均平無異若其食偏在東西即有異矣偏東則初食至食甚短於食甚至復圓偏西則食甚至復圓短於初食至食甚故求日食毫釐不差必須較看日月行動先後兩時刻度分其一在未食前其一挨復圓後而初食至食甚度分用以除食前一時刻度分食甚至復圓度分用以除復圓後一時刻度分即是日食中前中後之經候度分也

日食月食辨第八

夫日食與月食固自有異蓋月食天下皆同而日食則否日食此地速彼地遲此地見多彼地見少此地見偏南彼地見偏北無有相同者也而月食則凡地面見之者大小同焉遲速同焉經候同焉雖所居不同子午綫者則時刻不同矣蓋月一入影失其借光更無處可見其光也

右所舉不過略言食之固然與夫所以然耳若精求合朔之時刻日月之眞方位及月離躔道之距度考南北東西差每處之異同日月每時行幾何度分與夫月進地影食甚時以較太陽行度幾何遲速及他種種議論種種見解是書皆未及言俱各有本論及立成井井臚列俟翻譯後開卷一目便已了然以上原本

卷上

月食爲地影所隔第一

問月食必在於望因日月相對之故其說明矣至謂地影隔之而食竊有疑焉日月對日而受其光苟日月之間非有不通光之實體爲之障蔽則必不能阻

日光之照月體無論空中之火空中之氣與夫天體不能掩月即金水二星雖居日月之間其影俱不及地況能過地而及月乎則知能掩日者惟有地體一面受光一面射影而月體爲借光之物入此影中安得不食而半進則半食全進則全食矣

月體當食尚有光色第二

問無光之月一入地影遂全失其借光也然食時尚有依稀可見之光天文家每視食月之色預言食之徵驗若人以目切牆屋掩其未食之光體而獨視其既食之烏體其光尚明於星也蓋物之可見必借外光不獨能見物體且更能發越物色也月既在地影即失借光安得尚有色乎曰月體雖食尚有微光今直以影爲明者誤也以影爲暗者亦誤也稱影爲明暗之中者庶爲近之蓋日所正照爲最光明有物隔之而四傍之氣映射或對面之光反照雖無最光明亦有次光明也如一室之外爲最光明一室之內爲次光明也雲之上爲最光明雲之下爲次光明也直至所隔愈深去光愈遠并次光明亦漸微微而又微以至絲毫無光乃爲暗耳夫人與地近日與地遠人居地此面日在地彼面至夜子初人在地影至濃之中近物尚能別識何況月在地影至銳之處次光明正盛其有光色又何疑乎且人在極暗則月光雖微視之反覺明也

日食在朔月體掩之第三

問前言月在日前能掩日光是已金水二星亦皆在日前又皆實體且水星雖小而金星則大於月也何獨以食屬月乎曰二星於人甚遠不能掩日百分之一二而日光甚盛即虧百分之一二人亦不覺且二星去日甚近去地甚遠所出銳角之影亦甚短決不能及地面也若夫月體雖不及太白之大然去地近去日遠一指足蔽泰山又何疑乎由此言之求一實體之能全掩日又從西而東過之甚疾唯月爲能蓋月之右旋比諸天更速且必至合朔方有食則日食於月決然之理也

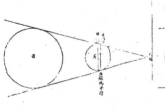

因食知月體不通光第四

問月體受光而反照之必不通光如銅鐵鏡蓋通光則不能受日光而反照他物亦不能掩日而生影也曰鏡之設譬似矣而尚未盡夫鏡之照物而反生之象其大小遠近必與物體相當然後可以鏡喻月今觀鏡之面有突如球有平如案有窪如釜惟平者所生之象乃與物體相當若如釜者所生物象必倍於物體如球者所生物象必小於物體矣試以球鏡照遠物而人又從遠視之則物象必倍小嘗持球鏡照太陽之體其小如星倘月體如球鏡欲其反生太陽之象烏可得乎又問合朔後月之下半未受日光而月體微光比諸星更顯若不通明則此光又從何生且觀其掩日而日全食時月之邊際覺稍明於月之中心似中間厚處雖通而薄處稍可通透乎曰前既言月在地影最中處乃天光映照之明若合朔時則有光之天與月體最爲切近而日光上照月體約有大半四邊豈得無光或言月既非極通光如玻瓈或半通光如玉石特因在後之物其體質不明故不能映見在後之物乎曰試觀日食甚之時天光盡黑星體亦現爾時太陽在後體質最爲明顯何以不能映見絲毫可知月體絕不通光也或言在月後之物必更堅密於月者然後能照見若較月更通徹即不能見乎曰若然日體在月後堅密不亞於月而亦不能見可言日體爲通徹乎又凡目所注必須有色及所照之光此二者必不通徹之體乃能受之則月體從可推矣

月食時人目不及見月受光之面第五

上言日光照月體大半則知日比月體至大然日食甚之時人目所見之面何故絕無絲毫之光曰凡人視圓球止見小半蓋球有大圜有小圜若以兩線切大圜其線必爲平行今目所注視之線既不能平行則不切至大圜可知而目亦僅能及小圜矣

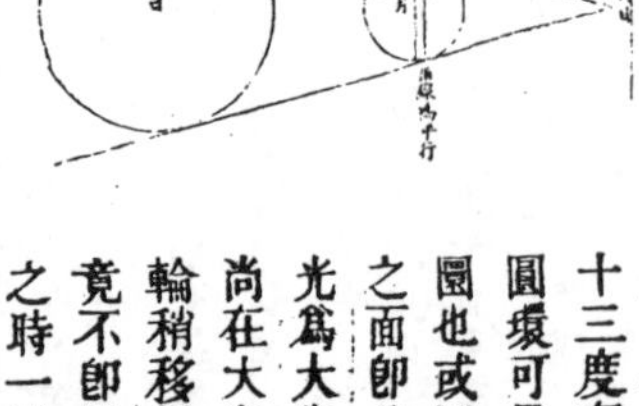

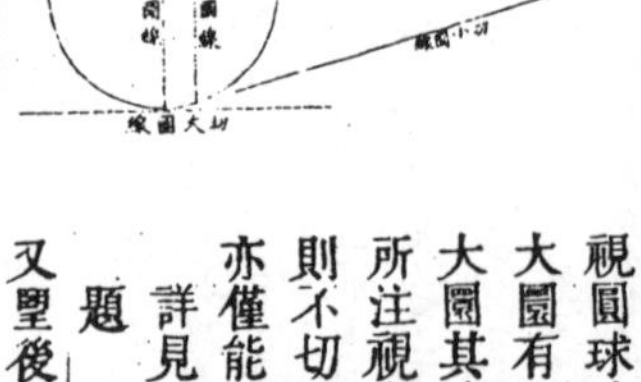

詳見幾何一卷二十八題

又望後三日雖月每日行十三度有奇而月邊尚似圜環可見人目正及其小圜也或曰望日所見月體之面即月所受光之面其光爲大半則二三日其光尚在大半之內則晦後月輪稍移便宜見光而光今竟不即見何也曰月掩日之時一則人所注之圜與

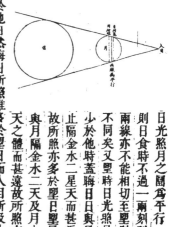

日光照月之圜爲平行一則日食時不過一兩刻則兩線亦不能相切至望則不同矣又望時日光照月少於他時蓋晦日日與月止隔金水二星天而甚近故所照亦多於望日望日與月隔金水二天及月本天之體而甚遠故所照亦

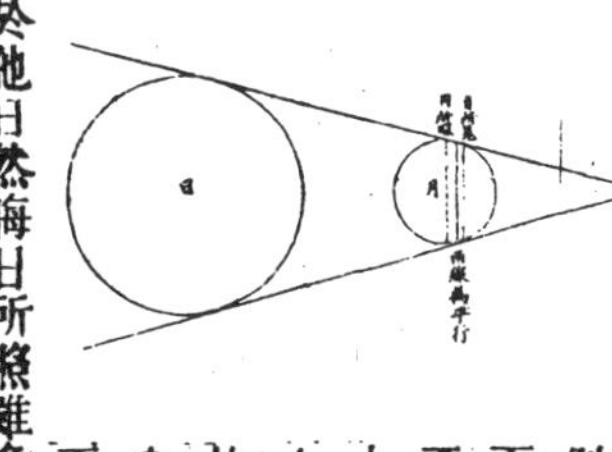

少於他日然晦日所照雖多於望日而人目所及止見小圜而月光不卽見職由此矣

日月每月不食第六

夫月不恆食之故有二一則日體常麗黃道則地影亦常對黃道一則月行常出入黃道故地影不及蓋凡光照物必直射而作直線今日在黃道其光自平面而直通至地則反影亦反射至天如日光之射地其日光繞地一周則影亦繞天一周其地影至月天闊不過一度半黃道十分地影每邊有四分之三又望日月輪不在龍頭龍尾近處故月體與地影不得相遇故不食此前篇言每月食三體必在一直線也或曰日食應有多次爲其不論月之實所但論月之似所若論似所則南北所差甚多如此則人住兩極近處者視月遠於黃道亦能食日矣曰人居在北極下而似所與實所相距不過一度譬如月在地平東西差亦不過一度可見日欲食時月不能離黃道一度强故日食亦少也但論一處則日月之食不等槩論天下日食應多於月食也

因月食徵地圓如球第七

格物家悉言地圓如球驗之洵不得不然也蓋凡物之性重者勢必就下若一無所阻必徑就天心天心者最下處也故大地四旁皆欲就下其勢不得不結爲圓然則雖山岳之高湖海之深亦無損於地體之圓也今以地面論之日月星之出入東西異則時刻亦異試觀同此月食歐邏巴見於丑正亞細亞見於寅正是可見日之沒也先沒於亞細亞之東後沒於歐邏巴之西也非圓如球者必不然矣大率從西而東七千五百里則應天三十度而先八刻見食設地體如案則天下見食共在一時無有彼此後先矣若地體如盌則遠於月之處先得見食近於月之處反後得見食矣至若地體如觚而四方或八稜則凡在一面者見食皆同矣何故有時刻先後之異乎非圓而何也又問地固圓矣但日月初出半露地上圜體切之宜若弧狀今但如弦何也曰地球掩日月之半實自如弧今見如弦者因地形掩日月處較全圜甚短人目視之如直而實圜也今設一圜線其長尋丈若截取分寸之長則不見其曲矣問地既爲圓球吾措足之地在球面則所見四旁之地宜皆低也今見近處覺低遠處反覺高何也曰凡人視物之遠近皆從一直線來入吾目而人之內司從外司億之故視遠物出線似過高於近物出線

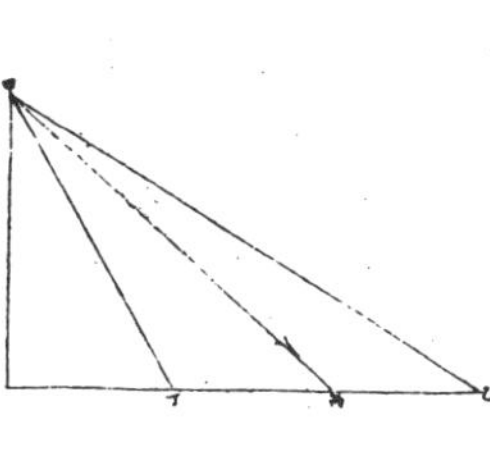

如圖甲爲人目乙爲遠處丙丁爲近處俱屬一平線乙遠出線來甲目似高於丙丁近出者也如人立長廊中或長甃道廊道兩頭平正如一而自此視彼只見其高矣夫視近尚爾况地面之遠乎惟據實理察得之則知外司之似誤矣

因食徵地海併爲圓球第八

航海者遠望他舟之來未見其舟先見桅端須臾漸兩相近則帆檣頭尾全舟畢見矣設海面爲平則此舟全體可見何乃有先後見不見之殊乎

幾何家正之云從一點出線至一界若其線長短若一則所至界必爲圜界之形今從地心出線至海面如此則海面果成肖圜界明矣若弗允其說而謂線有長短長者其界更遠而遠於心點短者其界更近而近於心點如此則地心出線有長有短長處之水獨能居高而不下也豈不逆水之性乎如上圖甲爲地心乙丙丁爲水平面丙近地心而爲水低面丁乙遠地心而爲水高面則乙丁之水逆其性而居高若居己庚處則更高乎乙丁

水邊也觀此可知地與海爲圓之證而其明白顯現者無過於月食敝國有人自依西巴尼亞國至墨是谷國驗月食之時刻則先於依西巴尼亞國兩地時刻俱一一較準故知食有後先而地與海爲圓球又食時月內烏影不拘何地其影必作圓形而光體未受食處若半規然以接其烏影若影爲方爲扁則月之烏影安得如圓形哉若言影圓而其生影之體爲四方八角種種異形此猶不通之甚矣說更詳於視法諸書其言烏影悉隨其生影之體而肖之也

問謂影之圓應地體之圓是已若夫水乃通明之物不能併地而生影亦不能併地而爲圓形如何曰水離地之重濁能有幾何卽不同體寧非連體乎既水與地爲連體則重濁攪混豈得通明而況加以深厚孰謂水之通明全體而不能生影乎蓋月之食影惟係地影則海中有島如瓜哇老冷蘇門之等星羅碁布在在有之有則皆能生種種之影則射於月體何處分別是水乎是地乎

因食知大山不損地圜第九

問客從歐邏巴航海來於西海首見分子午之福島其鄰地有山說者云從千五十里之遠以見其山脊或言天下高山此其首矣又利未亞中一山名亞蘭得其高視之若際天故名天柱又額勒濟亞中一山名百鄂說者云其高出於雲表此數處有山之高如此則天下各國豈無有類是者然大地有此種種高山則未免有凹凸之狀今言其形若球不易信也曰地海併爲圓體其形如球者非實圓如天球通光滑澤不窪不突者也特謂其類天球而少異焉爾顡羅斯德逆謩云地形如球者大都肖球之圓非如工匠車鏇器物之渾圓而毫無凹凸處也否則山之高谷之深將安所置頓哉然山谷在地面圓球之上不過爲球面之一點塵埃耳今視山谷在地面雖不齊而視月食烏影未嘗不圓若謂山谷與月相望之一面不能生影則地球與月相切之一邊豈不能生山谷之影而滅地球圓尖之影哉今俱不見其圓可知矣幾何家用通光測量等器測亞蘭得百鄂二山垂線之高只得千二百五十步況雨雪時天下諸高山頂處處皆有積雪則較之彼所稱天柱者所差又多矣曾何足損地之圓乎

今測大地之圍九萬里矣則其徑應三萬里也以二山之高步化爲里數而以較地之全徑僅爲五千七百二十七之一耳今三倍其高亦僅爲一千七百零八之一是山谷之高深較地全體之大直九牛一毛耳球上些須之點烏能損大地之圓乎

因食徵地球在天心第十

前論地球居天中心者理勢不得不然也蓋四行之重濁下墜者惟地重濁之反而輕清上凝者惟天性之兩相反而兩相去去之至遠者其惟天心乎故地之上下四傍面面皆生民所居首俱戴天足俱履地其首上足下攢聚皆不離斯是知地面上之屋宇樓臺地面中之江河湖海千古安於就下之性初未嘗見其起離地面而超越於天也

問天之四傍恐未必皆是九十度之高人視四傍之天似下垂而近乎地又似相接而比乎地矣且朝暮日月之出沒若出沒於地平之近處則近地平之天未必九十度如天頂也曰欲釋此疑盍驗諸月食夫日月不相望於一直長線之末則終古不能食也設地不居天中而偏近於黃道之上下東西則食不居半圜黃道之一百八十度矣如上圖甲乙丙丁爲黃道若地不居中心戊而居己則日居甲而月至庚卽食然此日月非正居直長線之末相對相望處其甲丁庚之長未足半圜與古來測驗之準的不易之常法大相背戾矣若言地居黃道極但去極不必相等是又迂闊之甚蓋地影近黃道極則地影不能與月

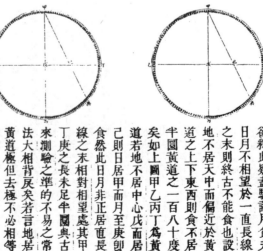

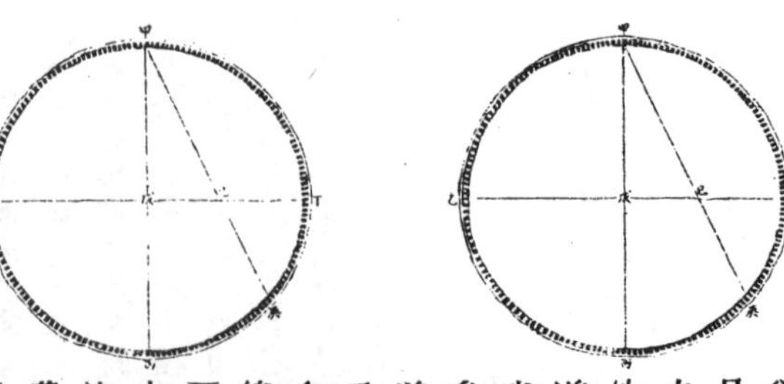

相對而掩其光而月體亦終古不能離黃道而受地影其能服天下高明之耳目乎

夫人視地之四邊若與天近與天相接者尚自有說蓋人從此處以目視彼遠物之界悉憑乎中間有實體與否如於地面視天所見只有天有地以中間渾無實體以間之也則地面之四邊與天若近若比此其故矣今試觀林中竹木或城上旗竿魚貫而列若側而視之在遠者若相近在近者反似相遠而遠近恍惚之不定也又河之兩岸各有人立倘在遠處視

此二人似覺並立而無遠近亦不能料二人中間尚有河隔足徵從遠視物易於淆亂而視天何獨不然

因食而知黃道六宮恆在上六宮恆在下第十一

凡習渾儀之說者卽當知黃道之居儀上隨宗動天以運旋第就黃道之隨動而言固有正斜遲速之不等所以然者因其隨宗動天之極而極與黃道之十二宮遠近不同故也又當知黃道之在儀不拘何度次何節氣其黃道宮從地面而升則其所相對之宮由地面而沒焉夫地平與黃道兩圈在儀爲大圜凡圜交錯分爲十字者實爲半圜而與黃道全圜則半在地面上半在地面下也右所言不必膠執一定卽據渾儀審驗亦可窺見月食之大凡而其故瞭如指掌矣但食居東西兩面方爲相當又見地海全球半居地平上半居地平下蓋食在東則日居西食在西則日居東而日月實相對望於至長至平線之末則見日月出線正當穿過地心又見日月至地平上則地球之面居地平之上矣又見日居東月居西正當半爲影設當此時以通光耳測器平對日月則日光正射月體如此豈不昭然見日月實居地平線之末而貫地球於平線之中乎又見日月及地心並貫於一平直線如此則自通光耳竅測影處以去地心非如一小點乎且凡有月食無拘冬夏天文家正測以日月相去黃道六宮則明見六宮居上六宮居下是又不待食而然四時恆若此也第其宮當從地平游移上下而至於原處地平也

據月食卽知其實本位所第十二

據子午高處欲求星宿之偏居原不屬地心距度者卽因其偏居處求之而知其居於黃道之處所甚易易也故天文家欲求其準的詳製若干儀象以測驗爲然儀象之巧妙全在通光之竅使其射光處有準的不移動不更改則是器之用不惟能測地面足跡所不能至之處卽山岳樓臺之高江湖之闊地里之遠井谷之深凡諸種種悉能測之極而能測量天之星宿與天之尋丈也第今用是器以求月之高度因而知其在黃道之實本位所惟除地方二十三度內如廣東廣西等處不特難之難且無準的可據更難於推算也蓋月之始出其高度少則差度多高度多則差度少由是則時刻之所在其差度恆不一〔闕二字〕以儀象測月要當取地心之所方爲不謬今勢不能得不爲虛器乎但器雖有短心靈無盡故多羅某及諸天文各家言細測月食在於月行本道進影時不居似處而居實處則在食甚時不得不準對乎日既知其的確處所則知其本動之行本行之異知其順往則知其逆來而食之時刻食之大小食之方所舉知之矣

因食而知月有小輪第十三

問月有小輪何所據乎抑因其食而證其有乎曰天文家究心殫思屢經測驗月食悉見夫食屢居本圜之極遠其日屢居本圜一處則生影不得不盡一也然食時之分數有多有寡多則月居影厚處寡則月居影薄處必有小輪焉月體居之因其極而動時居輪上則去地面遠時居輪下則去地面近如後圖所載云問月既有小輪如五星者則其停居順行退行亦宜若五星然今獨未見何也曰夫月行隨其本圜之疾故不言其停居退行只言其行速行遲也速者因其居小輪下隨本圜之動自西而東遲者因其居小輪上隨其自動自東而西逆本圜之自西而東故也

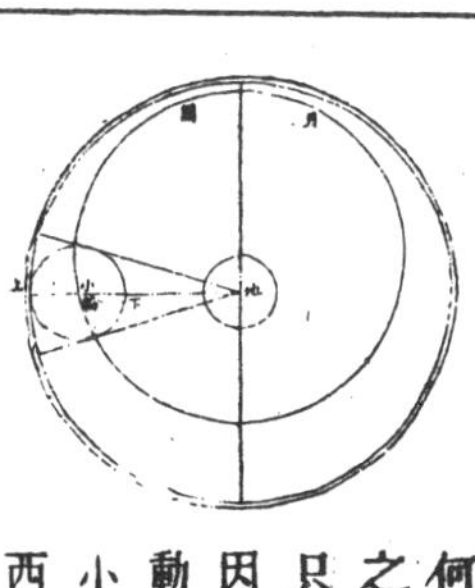

問月體既居小輪隨輪而動則無本動若論其體之圓則宜自能動何如曰有謂月中影象是地體厚處所映者謂月體通光處日光射而達之不得返照者又謂月體中自有高卑如山谷者種種異說然此影象恆俯對地面而人恆仰見之不側不移則月體有本動明矣其動因乎本極而逆乎小輪行之迅速與小輪並速也影象之明恆下垂之安得謂月輪無本動乎

因食而知日有不同心圜第十四

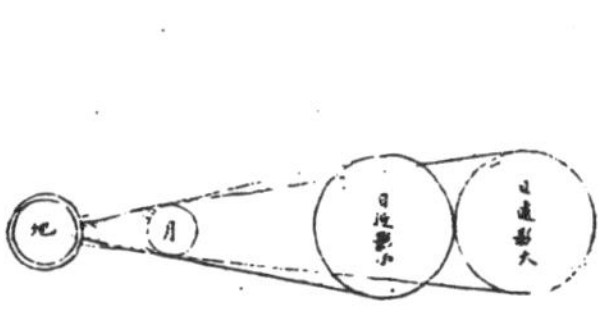

問日食有或全食經候多而見食多處者或全食而經候不多而食不在多方者其故何也曰天文家正據此以驗日有不同心圜不然何其食同而經候不同掩地面之廣狹不同也可見日月俱有不同心圜而居不同心圜之上下則

爲去地之遠近生影之大小也今有一光明之體照一不逼光之小物兩體相近則明體照物體之大分而生影小兩體相遠則明體照實體之小分而生影大此見日食全而大者則日體必遠乎月體日食全而小者日體必近乎月體明矣倘日月無不同心圜之極而以地心爲心則其東西行動必規隨夫地心何有遠近之殊耶丁先生者大西高明之士尤長於天學親見兩日食之異其一于耶穌降生一千五百六十年在哥應巴府見月掩日白晝如夜星宿昭然其一于一千五百六十七年居羅瑪都時見月居日前當中掩之而未全蔽月邊四圍皆有日光即此二食知日月去地而有遠近而日必有不同心圜也

因食而知日月地大小之別第十五

問日體甚大於月與地何徵曰昔有人嘆世人止憑肉眼不求物理嘗設喻曰日出地時設有駿馬疾馳從日始露至全現亦可馳四里縱令日行與馬等速則四里而僅見其全則全體之徑亦必四里矣今駿馬一晝夜所馳於地幾何最速不過全圍百分之一也而太陽日一周焉則其行之疾莫擬也是則馬之四里日之行幾千萬里矣日體之大即此徵可知也且日月體之大小卽食可辨蓋凡物之有形象者若空中無所障礙則其體之全體之分無不出其本象於一直線而至乎界之一點此凡物皆然不拘方圓稜角等形如有物體於此其基址卽物體也其界點則線之銳角所至而入人目者也凡實體出銳角影者照體必大乎實體否則其光不能照實體之全而而使對面銳影之盡處仍聚合而有光也今欲驗日大乎月可視日食月居日前而掩其光是時日邊尚有光是日體在外而其象之入人目非近來自月體乃遠來自日體也其線旣爲角形則從月體至日體更爲廣大是其角形之銳從日來目爲一點而中間能包月體有餘則日體之大於月體復奚疑哉

今欲知日體大乎地者觀諸月食可知月之食地居日前而生角影掩月體也當月食時月體近乎地則入闇影遠乎地則入銳影愈遠愈銳以聚於一點若此者孰不信日體之大於地體也設謂日體與地體均則地影大小均爲無窮盡之等影若言地體大乎日體則地影必益遠益大爲無窮盡之大影其影旣遠不獨食諸天之星必且食諸星之天矣則每遇望時月體詎能逃於大影之外乎由此益信月體之小乎地球也蓋地影益遠益銳而月食居此影或有全而久者則月徑更小於影而影小於地故月體地球之大小從可知矣

因食而知各地之子午第十六

多羅某者天文家之宗匠也其所定子午法諸子皆宗之當時欲定各國各府之子午以便測驗乃先定福島以爲西極而此外因海弗論也職方氏謂心億不如足至多羅某生平足履雖未徧地而垂法之妙足踰百家矣厥後諸天文家自涉多方目測多食益精其遺法之妙而職方圖志益廣其傳焉今欲求經度之準的東西之遠近法莫善乎考兩地之月食以此方之時刻與彼方之時刻相較視所差幾何卽知兩地相去幾何度矣假如癸亥年九月望應月食京師及鄰近地初食在酉初二十七分食甚在戌初五分復圓在戌正四十三分此中國之食候也若在西洋則初食在巳正四十二分食甚在午正十五分復圓在未初四十八分其差得三時零二刻半則知中國去西洋之度東西相距一百一度十五分可見凡兩處月食之先後卽能測兩處道里之遠近矣然旣確識東西之經度卽以西洋所定測算立成舉而按之用力省而獲便多矣前癸亥九月望月食若望承命以西洋法測算是歲若望初來都中未嘗測本地之食莫得其經度不敢輕任嗣後復蒙嚴督因以先寓廣東時所測一次月食之經度又用諸儀器較量知京師更東凡三度强於時刻應先十二分離西洋中心勿尼濟亞國東西一百一度十五分據法推算分秒時刻幸不少爽甲子二月望及本年八月望兩度月食承命推算幸亦無爽今乙丑歲又當月食復蒙命推算敢不祇承謹據西法測驗一一條列於左倘有訛謬則推算之未至非成法之有訛也諸食圖具後

癸亥九月月食圖

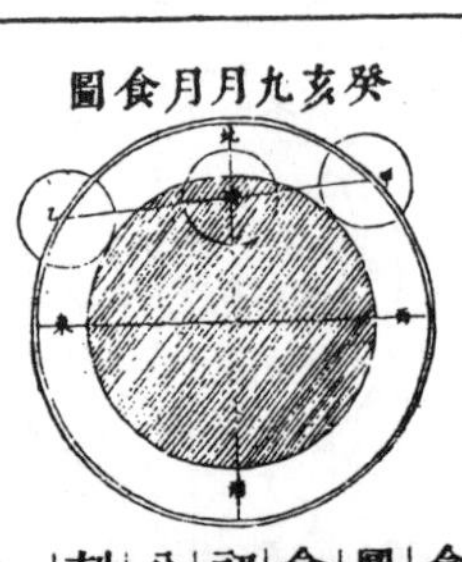

初食月距黃道四十分强食甚距黃道三十六分復圓距黃道三十一分半初食酉初二十七分食甚戌初五分復圓戌正四十三分初食至復圓共一時五刻食甚入影四十分八秒

甲子三月月食圖

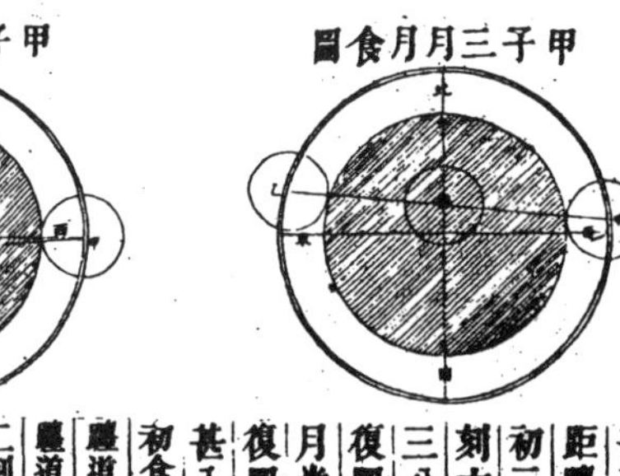

初食月距黃道六分強食甚距黃道十二分弱復圓距黃道十七分半初食子初三刻六分食盡子正三刻十二分食甚丑初三刻三分初復丑正二刻九分復圓寅初三刻食全不見月光共六刻十分初食至復圓共一時七刻九分食甚入影十八分

甲子八月月食圖

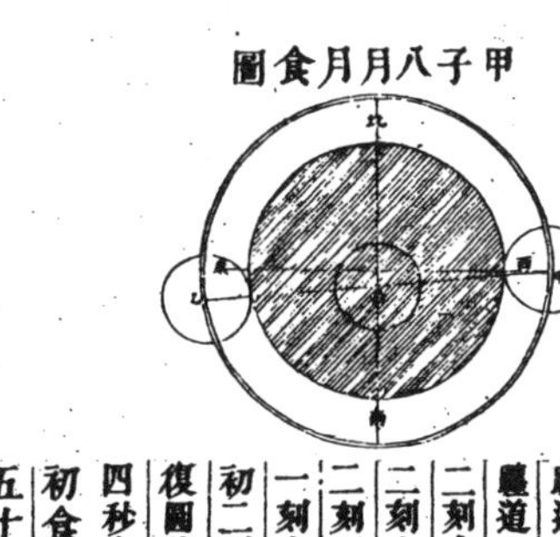

初食月距黃北十六秒食甚距黃道南五分二十六秒復圓距黃道九分二十八秒初食丑初二刻六分二十七秒食盡丑正二刻十分二十七秒食甚寅初二刻四分三十九秒初復寅正一刻十三分五十一秒復圓卯初二刻二分五十一秒初食至復圓共一時七刻十一分二十四秒食甚入影二十分二十秒

乙丑八月月食圖

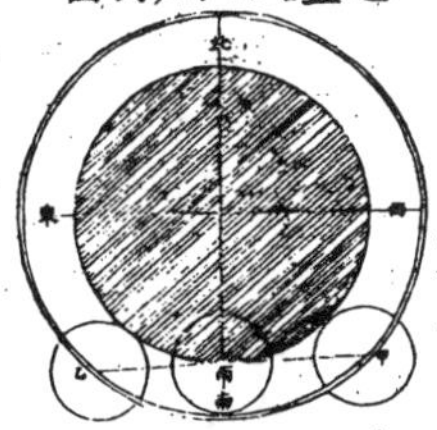

初食月距黃道四十五分五十五秒食甚距黃道四十八分二十二秒復圓距黃道五十三分三十一秒初食酉初四分三十六秒食甚酉正二十分二十秒復圓戌初三十六分四秒初食至復圓共十刻一分二十八秒食甚入影五分二十二秒

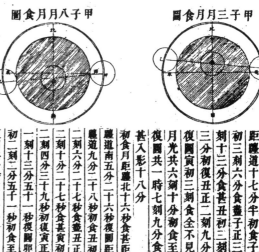

此圖黑圜面是地影圜面東西過心一直線是黃道甲乙線是月行道甲圖是月初食丙圖是月食甚乙圖是月復圓然當知天體渾圓而圖爲平面盡圖終不能得天之似故玩圖必須仰觀而以南北宇面一一對如其方向則甲月自西來入地影背厥天象矣

食不言徵應第十七

前數則不過粗言其要而已每有叩若望以徵應者因喻之曰星宿各有情好也若性情之乾熱者相聚地必暑寒濕者相聚地必冷彗星彩霞火屬也而相值熒惑之星則地之乾燥也亦必矣若此之類理勢必然推驗不謬者豈有日月之食宮次不一而毫無所徵應乎第人過信其必然之理遂泥其已然之迹不事探求其所謂自然者又不精求其所以使之自然者其道未易言也故先師多羅某精於斯業嘗曰斯業之言非一定之法可末守而不變者若望晚學也法師以不言爲言而妄言徵應能無駭乎以上原本卷下

皇清

新法曆引

測太陽

諸耀森羅太陽其宗主也或推或測必首太陽顧其應測之行不外三種一曰盈縮之限一曰盈縮細行一曰盈初縮末之所中曆之測太陽未嘗及此三行卽所測止冬夏二至猶未盡善也其法立八尺表用景符器於冬至前後三四日測定三景因以三景之較數求太陽到冬至時刻其法未嘗不是所以爲未盡善者蓋表景短長乃太陽行南行北所生論其近二至之候南北之行極微計一日所行天度有分半者有一分者有半分者乃於冬至近期建表尋丈而其所得二景差爲一分二釐量度則云分秒量景則云丈尺分寸釐爲八刻而此一二釐間相差甚微彼景符爲能定之況景符光線恆占數釐或更稍爲進退其失彌甚是恆差數十刻也若測夏至則倍難矣今新法用八線表法查古所遺之數以用於推步庶稱密近耳然又不但用表亦時用別法以相濟也比如春秋二分太陽之南北行較大日行天度二十四分乃於其前後數日先測極出地度得赤道高次用象限儀測日軌高不宛相差一分而其於本算日軌入交點時刻則約差四刻耳較之以尋丈表測冬至差釐數而乘違數十刻者豈不大相遠哉且新法於太陽實躔宮度分秒逐日可測而舊法於二至外推步遂窮何也又新法本測日太陽從春分底立夏行黃道四十五度歷四十六日十刻十分又從立秋底秋分亦四十五度而所歷則四十六日三十八刻十分是逐日刻數不等所謂春行盈秋行縮也故定此盈縮初末之界非在二至點也乃在二至之後六度古今不同若如舊法謂恆在二至則是前後行度等也何爲所歷之期日刻數不等乎此率古稱盈末縮初新法稱爲最高因有此最高遂斷太陽之行爲一不同心規也其行遲者在最高行疾者在最高之衝此最高

本行亦猶太陰之有月孛云

測恆星

測星之法不一大要以太陽爲主而以太陰或太白或歲星爲中次任取某星爲界互相測度卽得其度法於太陽將入之時測月或太白或歲星其距太陽度分若干日旣沒再測月或太白或歲星其與某星相距度分若干合兩測卽得太陽與此星之距然後查太陽本日躔某宮度則知此星所在宮度矣測一星之經度如此他星可以類推於是又測此星出地平之最高卽其距極距赤道之緯度并可得也然而恆星之經緯度分有二其一以黃極爲樞每歲東行五十一秒有奇而其距本極之緯度則亙古無變其一則因赤道以算其經緯南北星位古今大異如堯時外屏星全座在赤道南今則在北角宿古在北者今亦在南星緯變易頗多如此至以赤道論各宿距度亦有異者如觜宿距星上古爲三度歷代遞減今且侵入參宿二十四分他宿互有損益距度各各不同因知赤極非恆星之極而其經緯之度亦非赤道之經緯度分也由是觀之象數精微彌測彌明彼自晝者流輒謂循古巳足豈其然哉

測太陰

太陰行度所當測定者五一遲疾之限一遲疾初末一月孛行一每日細行一交行五測有一不詳月離之違合難齊矣又月有氣差時差(卽地半徑所生)所測之經緯度分於正度分復有相較以此測月於七政中爲最難舊曆用表於午正測定三景以求之越四載而得一次測驗之時九載而復推定疑太拙矣新法用三會食推筭其法以食甚正對太陽得月經度以食甚分秒得距交若干以各食中積時日刻數不等并得天上所行不等度分於是用本法以求月天之孛或最高(卽極遲之行)亦遂得平視二行相較之度以簡御繁法莫善於此矣其測上下二弦經度亦有本法蓋弦乃太陰實距太陽或東或西九十度卽周天四分之一也先以本儀測定某限次用法算其平行因其加分極於所測差二度餘頗有二三均數測算乃合又弦時去離南北所測與算亦較天度差四分之一緣白道斜交黃道相距度分各廣狹不同故也至太陰之掩恆星測其出入亦可以知月離度分但須先以地半徑差均之

測五緯

上三星爲土木火與太陽相衝會然於衝會之二時各無歲行加減分緣其會太陽卽在歲行圈之最高而衝之卽在其最卑於實行爲合故也須知實行與平行不同平行百千萬年維均各星本天各有遲疾(卽最高最卑)然而星合太陽無從可測每於其衝測之(測其對太陽用恆星各經度或太陽躔度推算)得此衝經度卽有中積天度日數及本星隨日數之平行而從用此三率以求各星本天最高之所於是又得其盈縮大差因并得衝時各星以平行距冬至之界若干矣下二星爲金水以其不能衝太陽也測之較難法先於或晨或昏求其與太陽距度者數次然後依法測算卽可得其本天諸情也凡歲行之測以二留爲本二留之限各星不同卽所躔天度亦不同然而星在二留非衝太陽乃折中之度故本之以測歲行也下三星亦然又二留之際因無歲圈緯度故可得其本天之緯其或在日之衝距緯極遠又可得歲圈之本緯矣五星之天皆斜交黃道與白道同但其相距之緯各多寡不等又白道交行右旋而五星左旋此其異也

時晷

凡日月交食會合五星淩歷犯守其時刻所由取準者賴有時晷也然而大地之廣時非合一古法不分方土第用時牌揆景以定者非也新法製晷但須預定本方北極出地之度隨在隨處雖垣牆正側皆可製造能於一晷之面視太陽所躔節氣宮次度分及定日之高度并黃道各時出沒其稱最者則地平晷立晷百游晷通光晷數種他若柱晷瓦晷碗晷十字晷等不下數十餘種而此外又有星晷與測月之器以爲夜中測時之需云若遇陰雨則又有自鳴鐘沙水等漏之製水漏與古壺漏異古或以(闕四字)時箭浮新製以木出壺而時牌轉壺體並不開孔似爲勝之

新法表異

測算異古

天氣渾圜其面與諸道相割所生三弧形不一

而足乃古法測天惟以句股為本用平立定三差總是平形豈能測圜又句與股交為直角一遇斜角其法立窮新法測以天弧三角形算以割圓八線表是為以圓齊圓遇直遇斜無往不合且其用甚大其法甚簡弧矢諸線乘除一次卽得非若句股必須展轉商求累時方成一率也

測算皆依黃道

日行由黃道中線月與五星亦皆出入黃道內外不行赤道曆家測天若但用赤道儀所得經度宿次尚非本曜在天之宮次新法就其所得又通以黃赤通率表乃與天行密合且月星之距赤極古今不同而其距黃極則皆終古如一以此新法日月五星皆依黃道起算卽恆星亦從黃極以定歲差

表測二分

舊以圭表測冬至非法之善也蓋表景長短之差上應太陽南北之行顯則俱顯微則俱微二至前後三日內太陽一日南北行為天度六十分之一設表長一丈冬至兩日之景約差一分三十秒準此細求之應差一秒為六刻七分然而圭上一秒之差人目不能無誤且景符之光線較闊不止數秒一秒得六刻有奇如差三秒卽為二十刻矣又安所得準也新法獨用春秋二分蓋是時太陽一日南北行二十四分景差一寸二分縱令測差一二秒算不滿刻所差無幾較二至為最密

五星測法

測五星須用恆星為準測時用黃道儀或弧矢等儀將所測緯星視距二恆星若干度分依法布算乃得本星眞經緯度分又或繪圖亦可免算

欽定古今圖書集成曆象彙編曆法典

第一百八卷目錄

曆法典第一百八卷

測量部總論

大學衍義補

曆象之法

周禮大司徒以土圭之法測土深正日景以求地中日南則景短多暑日北則景長多寒日東則景夕多風日西則景朝多陰日至之景尺有五寸謂之地中

臣按大司徒以土圭之法測土深以正日景專以求地中也而馮相氏致日以辨四時之敘始專以考天象焉大抵天道運行如環無端治曆者苟不卽其陰消陽息之際以爲立法之始則何從而見其消息之機乎惟於其日晷進退之際而候之則其機將有不可遁者矣候之之法在植表測景以究其氣之始至而用以合其所布之算兩無差異則曆之本立矣夫自周立表於陽城漢人造曆必先定東西立晷儀唐詔太史測天下之晷凡十三處宋測景則於浚儀之岳臺元人測景之所二十有七舊說表八尺長夏至之景尺有五寸千里而差一寸唐一行已嘗駁議八尺之表表卑景促古今承用未之或革元郭守敬所謂表五倍其舊懸施橫梁每至日中以符竅夾測橫梁之景折取中數又隨所至之處而立表測景考北極出地高下夏至晷景長短晝夜刻數多寡然後用之以推驗其法可謂精密矣

測量部藝文一

請立表測驗表　魏崔光

易稱君子以治曆明時書云曆象日月星辰迺同律度量衡孔子陳後王之法曰謹權量審法度春秋舉先王之正時也履端於始又言天子有日官是以昔在軒轅容成作曆逮乎帝唐羲和察影皆所以審農時而重民事也太和十一年臣自博士遷著作秦司載述時舊鐘律郎張明豫推步曆法治己丑元草刱未備及遷中京轉爲太史令未幾喪亡所造致廢臣中修史景明初奏求奉車都尉領太史令趙樊生著作佐郎張洪給事中領太樂令公孫崇等造曆功未及訖而樊生又喪洪出除涇州長史唯崇獨專其任暨永平初亦已略舉時洪府解停京又奏令重修前事更取太史令趙勝太廟令龐靈扶明豫子龍祥共集祕書與崇等詳驗推建密曆然天道幽遠測步理深候觀遷延歲月滋久而崇及勝前後並喪洪所造曆爲甲午甲戌二元又除豫州司馬靈扶亦除蒲陰令洪至豫州續造甲子己亥二元唯龍祥在京獨修前事以皇魏運水德爲甲子元兼校書郎李業興本雖不預亦知造曆爲戊子元三家之術並未申用故貞靜處士李謐私立曆法言合紀次求就其兄瑒追取與洪等所造遞相參考以知精麤臣以仰測晷度實難審正又求更取諸能算術兼解經義者前司徒司馬高綽駙馬都尉盧道虔前冀州鎭東長史祖瑩前并州秀才王延業謁者僕射常景一日集祕書與史官同檢疏密并朝貴十五日一臨推驗得失擇其善者奏聞施用限至歲終但世代推移軌憲時改上元今古考準或異故三代課步始卒各別臣職預其事而朽暗已甚旣謝運籌之能彌愧意算之藝由是多歷年世茲業弗成公私負責俯仰慙靦靈太后令曰可如所請延昌四年冬太傅清河王懌司空尚書令任城王澄散騎常侍尚書僕射元暉侍中領軍江陽王繼奏天道至遠非人情可量曆數幽微豈以意輒度而議者紛紜競起端緒爭指虛遠難可求衷自非建標準影無以驗其眞僞頃永平中雖有考察之侧而不累歲窮究遂不知影之至否差失少多臣等

參詳謂宜今年至日更立表木明伺晷度三載之中足知當否令是非有歸爭者息競然後採其長者更議所從

測景臺賦　唐范榮

大聖崇業萬象潛通據河洛之要創造化之功建以黃壤亘以紫宮右輔伊闕左連轘嵩銀臺比而可擬瀛壺方而詎同掩扶桑於日域包蓬萊於海濛式均霜露之氣以分天地之中於是仰元穹之文俯黃壤之理下壓坤德上羅乾緯垂形象物既不假於銀衡可刻探元何必邀於銅史其細也難究其妙也若此斯豈光陰而若易徙且夫聖不可測道實兼致天地與能幽靈必契囊括衆巧網羅羣藝自然而來疇能比計今來古往時移道替滋歲月以成朽覺風塵之漸異人有代兮俗沒地有形兮無制零落空階莓苔古砌頹墉邐迤但覺蕭條高阜荒凉寒城蕪翳攀聖迹而難企感吾徒而流涕猗歟成周系聖纂極君少臣政流言更逼自陝卜洛其儀不忒公數其化人盡其力惠而不費功成事息欽聖德之徵奧豈賦者之能議

測景臺賦以設在天中端景垂則爲韻　闕名

瞻彼古臺揆日爰設載徵經始之旨將測運行之節天地之心可見風雨之交既別玉律匪先土圭是揭以徵陰陽之短長以察浮驂之晷轍不然者焉可以酌其數於高空建天中而有截詳厥周典詢諸日官以寒暑爲候以陰陽爲端且俯接神州迥當嵩嶺憑累土之增構運孤標之直影剏因高以垂範異尋虛而捕景分至有度知王者之迎長盈縮不愆念志士之思末蠖蠖霄聳昭明有融九層一驗萬寓攸同彰宣精而示下表無私而得中況復圭植於臺日生於海常呈象以委照必澄霞而賦彩兩童之辯猶惑太史之占斯在上千里而是馳下寸晷而未改嗟夫悠也久也元之又元昇大明而赫矣顧崇址而歸然是以分北陸識南躔審以作程定此而會期率土中以舉正因茲而仰辨均天睢彼元德我后是則普觀端景知立表於天中揩則末光思勞躬於日昃至若覩朔與紀書雲立規浮箭司辰且於室內建木滅影或在天垂豈比夫茲臺之特立平四氣而正兩儀

測極議　宋沈括

天文家有渾儀測天之器設於崇臺以候垂象者則古璣衡是也渾象符天之器以水激之或以水銀轉之置於密室與天行相符張衡陸績所爲及開元中置於武成殿者皆此器也皇祐中禮部試璣衡正天文之器賦舉人皆雜用渾象事試官亦自不曉第爲高等漢以前皆以北辰居天中故謂之極星自祖暅以璣衡考驗天極不動處乃在極星之末猶一度有餘熙寧中予受詔典領曆官雜考星曆以璣衡求極星初夜在窺管中少時復出以此知窺管小不能容極星遊轉乃稍稍展窺管候之凡歷三月極星方遊於窺管之內常見不隱然後知天極不動處遠極星猶三度有餘每極星入窺管別畫爲一圖圖爲一圓規乃畫極星於規中具初夜中夜後夜所見各圖之凡爲二百餘圖極星方常循圓規之內夜夜不差予於熙寧曆奏議中敘之甚詳

高表銘　元楊桓

聖人修政惟農是本農之所見時則爲準過與不及民安究之動措由中聖人授之時在於天衡何以得制器求之乃見天則日月周運閏餘歲成盈虛消息在表斯徵分至既辨氣序乃會朔晦一定弦望由對爰衍斯曆用詔民時百工允治庶績用熙表中以正圭平以直不言而驗與時偕極天德芒芒參以明爲民生皞皞振以典爲惟昔八尺景促分密爲用雖可每艱辨析聖皇御極百度維新乃五其音其用益神表高之法先哲匪憚其顯景虛取的是患表梁上陳景符下依符竅得梁景辰精微揆月有方闕几是賴几限容光圭表交應器衡之密推步之精歷古於今斯畢其能上天之載無聲無臭聖皇儀型在其左右仁民育物以對天祐眉壽萬年實茲悠久

重修測景臺碑記　明倫文敘

嵩高之南今爲登封縣去治城東南三十里許實古陽城地有石一區方可仞餘聳立盈丈上植石表八尺刻其右曰周公測景臺距北二十餘步則爲觀星臺亦時漏刻以求景者遺址尤廣峻按周禮疏曰周公欲求土中營王城乃立五表以土圭測日景穎川陽城爲中表隋志亦曰周公測景於陽城以參考曆紀則臺建於周公無疑矣但當時皆置於臬今則非是據地理志唐開元中會詔太史監南宮說刻石表焉意或然也自是以降若晷儀中晷法司天臺景表率於是乎取則以爲曆法準驗信非聖人之制不足以及此然典瑞土圭以致四時日月封國則以土地顧其爲用止於宅中明時而已耶後世形勝立國既罔卽乎天地四時之交風雨陰陽之會泊太初乾

元諸曆之作亦因時苟就委差於象緯而已尚望其能推而用之以大而裁成輔相之功使萬物各職其職也哉無怪乎置新臺於榛莽剋敝剝落自列乎銅駝翁仲而莫之注意也弘治戊午今巡撫遼陽張公用和時爲汴臬憲副行部至其地見臺中沕而欹四旁蕪穢不治迺慨然曰使聖人萬古之制日就隳蝕庸非守土者之過歟亟命屬吏合而正之仍拓土若干畝繚以周垣而後門衞森然人知爲周公作處更欲建祠二臺間用妥周公之靈會遭喪去位弗果既而東嘉陳侯文德來守是邦乃踵而成之共其事者縣令鄺君廷用也廷用懼無以詒後謀立石記之爰以文請夫周公德業在詩書經制在六典不係一臺之興廢較然矣慨惟治法莫備於成周皆周公精思妙契之餘以爲天下後世要典夫何人政不齊落落數千載間苟存什一於千百者亦其器數名物之跡耳然實因名存幸其跡之不泯後世有如周公者作得以依憑考驗庶幾精微之意猶或可復則世道之升降未可知也若併與其跡而亡之是雖近代疎略之規猶不能以自立況欲擬躅於三代之盛乎予故嘉諸君子之志旣爲之敘又從而詩之

與萬思節主事書　唐順之

來書謂趙大洲主測候吾主布算此說未之盡也布算未有不始於測候測候未有不寄之布算而可以造曆者兩者相須如足與目但測候之法元史所載簡仰二儀今疇人子弟亦稍能用之而學士大夫亦有曉者及趙緣督革象書測經度測緯度之法尤更分曉吾是以略而不言且吾前書所引史記曆書中語太初曆旣已測定而姓與都等不能爲算自古造曆亦每病布算之難此一行守敬所以獨擅專長司馬公是星曆專家其史記曆書是說自家屋裏說話細讀其敘作太初曆始末其意可識也雖然使人皆輸班自可以目定方圓而不必規矩使人皆義和自可隨時測候而不必布算以成曆故布算以成曆者令後可繼也此堯典中亦自了了其暘谷四投則測候也其閏月成歲數語則布算虛盈以造曆也但古文簡約不詳今渾天儀象自漢相傳以爲義和之遺則測候之器尚在而布算之法獨不傳竊意其法若傳比之一行守敬當更簡易密緻葢古人心學精微範圍天地與後世術家自別今所傳周髀經託之周公雖眞贋不可知豈亦有義和布筭之遺乎而後世曉了者亦少矣

測量部藝文二 詩

測景臺　明倫文叙

天地之中土圭可測陽城之地表景斯得周公肇建以占洛極王城既成百度交式更漢歷唐以憲以則雖小厥用遺規孔飭神靈守護靡有薄蝕迤於近代莫之保嗇棄置榛莽震撼欹刻方圍外敧中徑潛沕有美張公見之太息釐復舊規拓土披棘守令克賢繼踵葺飾門壁神祠如翬矯翼過輙聳瞻居民誠敕後人有作噫疇之德

測量部選句

宋鮑照詩景移風度改日至晷遷換

梁王僧孺中寺碑夫玉律追天故躔次之期不變緹寶候影則發斂之氣罔踰

蕭子雲歲暮直廬賦日臨圭而易落晷中杙而南傃

南齊祖沖之上新法表臣親量圭尺躬察儀漏目盡毫釐心窮籌策

陳沈炯太極殿銘大壯顯其全模土圭測其正影

宋景文筆記植表挺挺下無曲影善聲之唱應無酧

測量部紀事

晉書魯勝傳元康初著正天論云以冬至之後立晷測影準度日月星臣按日月裁徑百里無千里星十里不百里遂表上求下羣公卿士考論若臣言合理當得改先代之失而正天地之紀如無據驗甘即刑戮以彰虛妄之罪事遂不報

歲時記日晉魏宮中以紅線量日影冬至後日添長一線

隋唐嘉話太史令李淳風校新曆成奏太陽合日蝕

當既於占不吉太宗不悅曰日或不蝕卿將何以自處曰有如不蝕則臣請死之及期帝候日於庭謂淳風曰吾放汝與妻子別對以尚早一刻指表影曰至此蝕矣如言而蝕不差毫髮

大唐新語沙門一行俗姓張名遂鄭公謹之曾孫年少出家以聰敏學行見重於代元宗詔於光文殿改撰曆經後又移就麗正殿與學士參校曆經一行乃撰開元大演曆一卷議十卷曆立成十三卷曆書二十四卷七政長曆三卷凡五部五十卷未及奏上而卒張說奏上請令行用初一行造黃道游儀以進御製游儀銘付太史監將向靈臺上用以測候分遣太史官大相元太史馳驛往安南朗兗等州測候日影同以二分二至之日正午時量日影皆數年乃定安南量極高二十一度六分冬至日長七尺九寸二分春秋二分長二尺九寸三分夏至影在表南三寸三分蔚州橫野軍北極高四十度冬至日影長一丈五尺八分春秋二分長六尺六寸二分夏至影在表北二尺二寸九分此二所為中土南北之極其朗兗太原等州竝差牙不同一行用勾股法算之云大約南北極相去纔八萬餘里修曆人陳元景亦善算術歎曰古人云以管窺天以蠡測海以為不可得而致也今以丈尺之術而測天地之大豈可得哉若依此而言則天地豈得為大也其後參校一行曆經竝精密迄今行用

元史曆志至元十三年平宋遂詔前中書左丞許衡太子贊善王恂都水少監郭守敬同改治新曆衡等以為金雖改曆止以宋紀元曆微加增益實未嘗測驗於天乃與南北日官陳鼎臣鄧元麟毛鵬翼劉巨淵王素岳鉉高敬等參改累代曆法復測候日月星辰消息運行之變參別同異酌取中數以為曆本

王恂傳帝以國朝承用金大明曆歲久浸疏欲釐正之知恂精於算術遂以命之恂薦許衡能明曆之理詔驛召赴闕命領改曆事官屬悉聽恂辟置恂與衡及楊恭懿郭守敬等徧考曆書四十餘家晝夜測驗創立新法參以古制推算極為精密

農田餘話至元中遣官十四員分道測日影用四丈之表南海北極出地一十五度夏至日在表南一尺一寸五分晝五十四刻夜四十六刻衡岳北極出地二十五度夏至日在表端無影北至北海北極出地六十五度夏至景長六尺七寸八分晝八十二刻夜十八刻疑即唐太宗時貞觀二十年骨利幹遣使入貢來朝言其國日入後煮羊胛熟巳天明者此地是也

春明夢餘錄大統曆雖本于郭守敬之授時曆然高皇帝精於觀天而特令劉基名集天下律曆名家赴京詳議復自置觀象盤天文分野諸書誠可萬世以為典要者自西洋之法入中國上海徐光啓專習之後湯若望嗣利瑪竇之教而李天經黃應遴等信奉益堅進新曆書一百四十餘本日晷星晷星球星屛闚筩諸器然其法與舊法稍異舊法用日法計日定率西法用天度因天立差舊法用黃道距度西法用黃道緯度各有不同欽天監官生連數爭執禮部因議另立新法一科允之

測量部雜錄

易通卦驗冬至之日植八尺之表日中視其晷晷如度者歲美人和不則歲惡人惑

周髀算經日中立竿測影注將求日之高遠故先見其表影之率

史記平津侯傳未有樹直表而得曲影者也

漢書王莽傳青煒登平考景以晷注如淳曰青氣之光輝也晉灼曰言青陽之氣始生而上以成萬物也春秋分立表以正東西東日之始出也故考景以晷屬焉

後漢書百官志丞一人明堂及靈臺丞一人二百石本注曰二丞掌守明堂靈臺靈臺掌候守日月星氣皆屬太史注漢官曰靈臺待詔四十二人其十四人候星二人候日三人候風十二人候氣三人候晷景七人候鐘律一人舍人

晉書律曆志董巴議云聖人迹太陽於晷景

玉燭寶典十一月建子周之正月冬至日極南影極長陰陽十月萬物之始律當黃鐘其管最長故有履長之慶

玉堂閒話上元監一丈竿候日午影至七尺大稔六尺小稔九尺一丈有水五尺歲旱三尺大旱

唐書天文志原古人所以步圭影之意將以節宜和氣輔相物宜不在於辰次之周徑

夢溪筆談凡立冬晷景與立春之景相若者也今二景短長不同則知天正之氣偏也

宋史律曆志乾德中太常寺和峴上言曰古聖設法先立尺寸作為律呂但尺寸長短後代或不符西京

銅望臬可校古法卽今司天臺影表銅臬下石尺是也影表測於天地律管可以準繩　古今測驗止於岳臺而岳臺豈必天地之中餘杭則東南相距二千餘里華夏幅員東西萬里發斂晷刻豈能盡諧　周琮論曆曰宋何承天始悟測景以定氣序注景極長冬至景極短夏至始立八尺之表連測十餘年卽知舊景初曆冬至常遲天三日乃造元嘉曆冬至加時比舊退減三日

象緯新篇諸書言六合道理之數然乎曰土圭表景之法近之蓋有所傳據者也古者土圭測日必置五表地中置中表表立八尺之木以夏至之日測之其景北一尺五寸與土圭相等謂之地中千里而南置南表表北得影一尺四寸其地於日為近南而多暑千里而北置北表表北得景一尺六寸其地於日為近北而多寒千里而東置東表晝漏未半日景已夕其地於日為近東而多風千里而西置西表晝漏已半日未中央其地於日為近西而多陰中表為四方之則四表明中表之正由是天地之內四旁上下之道里四時風雨之和戾可得而推矣或曰地距千里恐寒暑未必遽爾頓異曰獨不見河朔相去江南特千餘里耳河朔之冬草木黃落而江南草卉凌冬猶青況千里而南豈不愈熱千里而北豈不愈寒當日南無景之區而其暑豈不愈熾陰山瀚海之涯而其寒豈不愈烈哉由是觀之愈西愈陰愈東愈風其理亦可推矣安謂其不然乎六合道里之數信乎曰自土圭之法測之則然然則天地之廣遠孰得而量之其法每地千里景差一寸陽城之景一尺五寸中南至日南表下無景是日南去陽城一萬五千里矣立八十為實表之長數也旁立十五為法土圭之長數也以勾股算之得八萬一千三百九十四里有奇此天頂至地之數也倍之得十六萬二千七百八十八里有奇卽天徑之數也以周徑之法乘之得五十一萬三千六百八十七里有奇卽周天之數也觀周天徑之數則地四方相距之數可推矣土圭之法周公以來相傳如此

暇日記僧崇普說望竿可以度遠近高下其法用長一尺橫一尺如丁字就卩邊望之

曆法典第一百九卷

算法部彙考一

禮記

內則

六年敎之數與方名 又九年敎之數日十年出就外傅居宿於外學書計

注 數謂一十百千萬方名東西南北也九年敎之數日知朔望與六甲也書謂六書計謂九數

周禮訂義

地官

保氏掌諫王惡而養國子以道乃敎之六藝一曰五禮二曰六樂三曰五射四曰五馭五曰六書六曰九數

注 鄭司農曰九數方田粟米差分少廣商功均輸方程贏不足旁要今有重差夕桀句股　賈氏曰皆依九章算術而言云今有重差夕桀句股者此漢法增之

周髀算經 漢趙君卿注

卷上一

昔者周公問於商高曰竊聞乎大夫善數也 唐寅日經文也

周公姓姬名旦武王之弟商高周時賢大夫善算者也周公位居冢宰德則至高尚自卑己以自牧下學而上達況其凡乎 唐寅日此趙注也

請問古者包犧立周天曆度

包犧三皇之一始畫八卦以商高善數能通乎微妙達乎無方無大不綜無幽不顯聞包犧立周天曆度運章蔀之法易曰古者包犧氏之王天下也仰則觀象於天俯則觀法於地此之謂也

夫天不可階而升地不可將尺寸而度

邈乎懸廣無階可升蕩乎遐遠無度可量

請問數從安出

心昧其機請問其目

商高曰數之法出於圓方

圓徑一而周三方徑一而匝四伸圓之周而爲句展方之匝而爲股共結一角邪適弦五政圓方邪徑相通之率故曰數之法出於圓方圓方者天地之形陰陽之數然則周公之所問天地也是以商高陳圓方之形以見其象因奇耦之數以制其法所謂言約旨遠微妙幽通矣

圓出於方方出於矩

圓規之數理之以方方周匝也方正之物出之以矩矩廣長也

矩出於九九八十一

推圓方之率通廣長之數當須乘除以計之九九者乘除之原也

故折矩

故者申事之辭也將爲句股之率故曰折矩也

以爲句廣三

廣圓之周橫者謂之廣句亦廣廣短也

股修四

應方之匝從者謂之修股亦修修長也

徑隅五

自然相應之率徑直隅角也亦謂之弦

既方之外半其一矩

句股之法先知二數然後推一見句股然後求弦先各自乘成其實實成勢化外乃變通故曰既方其外或并句股之實以求弦實之中乃求句股之分并實不正等更相取與互有所得故曰半其一矩其術句股各自乘三三如九四四一十六并爲弦自乘之實二十五減句於弦爲股之實一十六減股於弦爲句之實九

環而共盤得成三四五

盤讀如盤桓之盤言取而并減之積環屈而共盤之謂開方除之其一面故曰得成三四五也

兩矩共長二十有五是謂積矩

兩矩者句股各自乘之實共長者并實之數將以施於萬事而此先陳其率也

故禹之所以治天下者此數之所生也

禹治洪水決流江河望山川之形定高下之勢除滔天之災釋昏墊之厄使東注於海而無浸溺乃句股之所由生也

句股圓方圖

弦圖

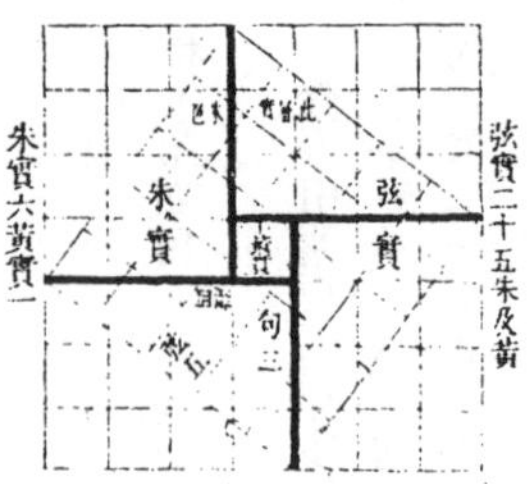

弦實二十五朱及黃

朱實六黃實一

朱實

弦實

句三

右圖

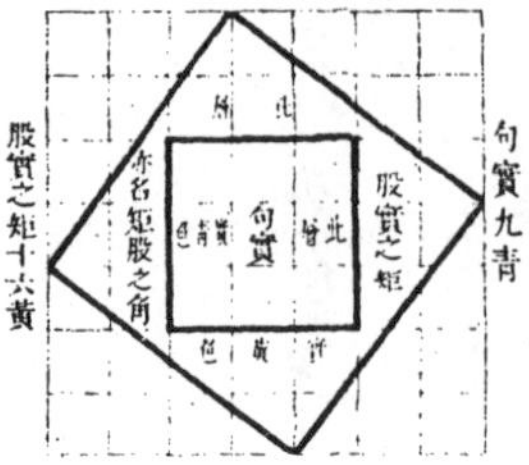

句實九青

股實之矩

亦名矩股之角

句實

股實之矩十六黃

左圖

股實十六黃

句實之矩

亦名矩句之角

股實

句實之矩九青

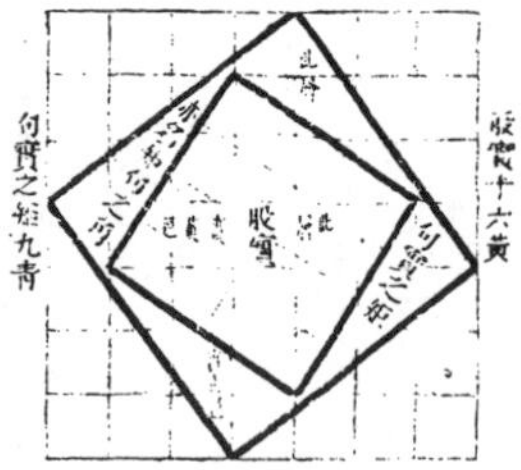

句股方圓圖注

趙君卿曰句股各自乘倂之爲弦實開方除之卽弦也案弦圖又可以句股相乘爲朱實二倍之爲朱實四以句股之差自相乘爲中黃實加差實亦成弦實以差實減弦實半其餘以差爲從法開方除之復得句矣加差於句卽股凡并句股之實卽成弦實或矩於內或方於外形詭而量均體殊而數齊句實之矩以股弦差爲廣股弦并爲袤而股實方其裏減矩句之實於弦實開其餘卽股倍股在兩邊爲從法開矩句之角卽股弦差加股爲弦以差除句實得股弦并以并除句實亦得股弦差令并自乘與句實爲實倍并爲法所得亦弦句實減并自乘如法爲股股實之矩以句股差爲廣句弦并爲袤而句實方其裏減矩股之實於弦實開其餘卽句倍句在兩邊爲從法開矩股之角卽句弦差加句爲弦以差除股實得句弦并以并除股實得句弦差令并自乘與股實爲實倍并爲法所得亦弦股實減并自乘如法爲句兩差相乘倍而開之所得以股弦差增之爲句以句弦差增之爲股兩差增之爲弦倍弦實列句股差實見弦實者以圖考之倍弦實滿外大方而多黃實黃實之多卽句股差實以差實減之開其餘得外大方大方之面卽句股并也令并自乘倍弦實乃減之開其餘得中黃方黃方之面卽句股差以差減并而半之爲句加差於并而半之爲股其倍弦爲廣袤合令句股見者自乘爲其實四實以減之開其餘所得爲差以差減合半其餘爲廣減廣於弦卽所求也觀其迭相規矩共爲反覆互與通分各有所得然則統敘羣倫弘紀衆理貫幽入微鉤深致遠故曰其裁制萬物唯所爲之也

釋川方句股注

按君卿注曰句股各自乘井之爲弦實開方除之卽弦

臣鸞曰假令句三自乘得九股四自乘得十六并之得二十五開方除之得五爲弦也寅曰五五二十五弦實四面之一也

注云按弦圖又可以句股相乘爲朱實二倍之爲朱實四以句股之差自相乘爲中黃實寅曰句股相乘其數一十二也

臣鸞曰以句弦差二倍之爲四自乘得一十六爲左圖中黃實也寅曰甄氏止注以句股十二字之義

臣淳風等謹按注云以句股之差自乘爲中黃實鸞云倍句弦差自乘者苟求異端雖合其數於率不通也寅曰句股之差其數一也自乘得一一如一

注云加差實亦成弦實

臣鸞曰加差實一并外矩靑八得九井中黃十六得二十五亦成弦實也

臣淳風等謹按注云加差實一亦成弦實鸞曰加差實井外矩及中黃者雖合其數於率不逼寅曰加差實之一於前文所言朱實四之上之四爲二十四加一爲弦實二十五也

注云以差實減弦實半其餘以差爲從法開方除之復得句矣

臣鸞曰以差實九減弦實二十五餘十六半之得八以差一加之得九開之得句三也

臣淳風等謹按注云以差實一減弦實二十五餘二十四半之爲十二以差一從開方除之得句三鸞云以差實九減弦實者雖合其數於率不通顧應祥曰以差實一減弦實二十五

注云加差於句卽股

臣鸞曰加差一於句三得股四也

注云凡并句股之實卽成弦實

臣鸞曰句實九股實十六并之得二十五也

注云或矩於內或方於外形詭而量均體殊而數齊句實之矩以股弦差爲廣股弦并爲袤

臣鸞曰以股弦差一爲廣股四并弦五得九爲袤左圖外青也

注云而股實方其裏

臣鸞曰爲左圖中黃十六

注云減矩句之實於弦實開其餘卽股

臣鸞曰減矩句之實九於弦實二十五餘一十六開之得四股也

注云倍股在兩邊爲從法開矩句之角卽股弦差

臣鸞曰倍股四得八在圖兩邊以爲從法開矩句之角九得一也

注云加股爲弦

臣鸞曰加差一於股四則弦五也

注云以差除句實得股弦并

臣鸞曰以差一除句實九得九卽股四弦五并爲九也

注云以并除句實亦得股弦差

臣鸞曰以九除句實九得股弦差一

注云令并自乘與句實爲實

臣鸞曰令并股弦得九自乘爲八十一又與句實九加之得九十爲實

注云倍并爲法

臣鸞曰倍股弦并九得十八者爲法

注云所得亦弦

臣鸞曰除之得五爲弦實曰以法十八除實九十

注云句實減并自乘如法爲股

臣鸞曰以句實九減并自乘八十一餘七十二以法十八除之得四爲股也

注云股實之矩以句弦差爲廣句弦并爲袤

臣鸞曰股實之矩以句弦差二爲廣句弦并八爲袤

注云而句實方其裏減矩股之實於弦實開其餘卽句

臣鸞曰句實有九方在右圖裏以減矩股之實十六於弦實二十五餘九開之得三句也

注云倍句在兩邊

臣鸞曰各三也顧曰倍之得六

注云爲從法開矩股之角卽句股差加句爲弦

臣鸞曰加差二於句三則弦五也

注云以差除股實得句弦并

臣鸞曰以差二除股實十六得八句三弦五并爲八也

注云以并除股實亦得句弦差

臣鸞曰以并除股實十六得句弦差二

注云令并自乘與股實爲實

臣鸞曰令并八自乘得六十四與股實十六加之得八十爲實

注云倍并爲法

臣鸞曰倍句弦并八得十六爲法

注云所得亦弦

臣鸞曰除之得弦五也

注云股實減并自乘如法爲句

臣鸞曰以股實十六減并自乘六十四餘四十八以法十六除之得三爲句也

注云兩差相乘倍而開之所得增股弦差爲句

臣鸞曰以股弦差一乘句弦差二得二倍之爲四開之得二以股弦差一增之得三句也

注云以句弦差增之爲股

臣鸞曰以弦差二增之得四股也

注云兩差增之爲弦

臣鸞曰以股弦差一句弦差二增之得五弦也

注云倍弦實列句股差實見弦實者以圖考之倍弦實滿外大方而多黃實黃實之多卽句股差實

臣鸞曰倍弦實二十五得五十滿外大方七七四十九而多黃實黃實之多卽句股差實也

注云以差實減之開其餘得外大方大方之面卽句股并

臣鸞曰以差實一減五十餘四十九開之卽大方之面七也亦是句股并也

注云令并自乘倍弦實乃減之開其餘得中黃方黃方之面卽句股差

臣鸞曰并七自乘得四十九倍弦實二十五得五

十以減之餘卽中黃方差實一也故開之卽句股差一也

注云以差減幷而半之爲句

臣鸞曰以差一減幷七餘六半之得三句也

注云加差於幷而半之爲股

臣鸞曰以差一加幷七得八而半之得四股也

注云其倍弦爲廣袤合

臣鸞曰倍弦二十五爲五十爲廣袤合

臣淳風等謹按列廣袤術宜云倍弦五得十爲廣袤合今鸞云倍弦二十五者錯也寅曰句廣一袤九股廣二袤八

注云而令句股見者自乘爲其實四實以減之開其餘所得爲差

臣鸞曰令自乘者以七七自乘得四十九四實大方句股之中有四方一方之中有方十二四實有四十八減上四十九餘一也開之得一卽句股差一

臣淳風等謹按注意令自乘者十自乘得一百四實者大方廣袤之中有四方若據句實而言一方之中有實九四實有三十六減上一百餘六十四開之得八卽廣袤差此是股弦差減股弦幷餘數若據股實而言之一方之中有實十六四實有六十四減上一百餘三十六開之得六卽廣袤差此是句股差減句弦幷餘數也鸞云令自乘者以七七自乘得四十九四實者大方句股之中有四方一方之中有方十二四實者四十八減上四十九餘一也開之得一卽句股差一者錯也寅曰大方之中有四弦實故四其句實得三十六減之餘六十四開其餘得八爲句之廣袤差四其股實得六十四減之餘三十六開得六爲股之廣袤差所謂廣袤差者句廣一而袤九股廣二而袤八廣袤相減之餘也

注云以差減合半其餘爲廣

臣鸞曰以差一減合七餘六半之得三廣也

臣淳風等謹按注意以差八六各減合十餘二四半之得一二一卽股弦差二卽句弦差以差減弦卽各袤廣也鸞云以差一減合七餘六半之得三廣者錯也寅曰以句之廣袤差八減廣袤合十餘二半之爲句之廣以股袤差六減廣袤合十餘四半之爲股之廣二注皆未瑩

注云減廣於弦卽所求也

臣鸞曰以廣三減弦五卽所求差二也

臣淳風等謹按注意以廣一二各減弦五卽所求股四句三也鸞云以廣三減弦五卽所求差二者此錯也寅曰甄鸞述注終此

周公曰大哉言數唐寅曰此經文也

心達數術之意故發大哉之歎唐寅曰此趙注也

請問用矩之道

謂用表之宜測望之法

商高曰平矩以正繩

以求繩之正定平懸之體將欲愼毫釐之差防千里之失

偃矩以望高覆矩以測深臥矩以知遠

言施用無方曲從其事術在九章

環矩以爲圓合矩以爲方

旣以追尋情理又可造製圓方言矩之於物無所不至

方屬地圓屬天天圓地方

物有圓方數有奇耦天動爲圓其數奇地靜爲方其數耦此配陰陽之義非實天地之體也天不可窮而見地不可盡而觀豈能定其圓方乎又曰北極之下高人所居六萬里滂沲四隤而下天之中央亦高四旁六萬里是爲形狀同歸而不殊塗隆高齊耽而易以陳故曰天似蓋笠地法覆槃

方數爲典以方出圓

夫體方則度影正形圓則審實難蓋方者有常而圓者多變故當制法而理之理之法者半周半徑相乘則得方矣又可周徑相乘四而一又可徑自乘三之四而一又可周自乘十二而一故圓出於方典實也

笠以寫天

笠亦如蓋其形正圓戴之所以象天寫猶象也言笠之體象天之形詩云何蓑何笠此之義也

天青黑地黃赤天數之爲笠也青黑爲表丹黃爲裏以象天地之位

旣象其形又法其位言相方類不亦似乎

是故知地者智知天者聖

言天之高大地之廣遠自非聖智其孰能與於此乎

智出於句

句亦影也察句之損益加物之高遠故曰智出於句

句出於矩

矩謂之表表不移亦爲句爲句將正故曰句出於矩焉

夫矩之於數其裁制萬物唯所爲耳

言包含幾微轉通旋環也
周公曰善哉
善哉言明曉之意所謂問一事而萬事達
昔者榮方問於陳子
榮方陳子是周公之後人非周髀之本文然此二人共相解釋後之學者謂之章句因從其類列於事下又欲尊而遠之故云昔者時世官號未之前聞
曰今者竊聞夫子之道
榮方問陳子能述商高之旨明周公之道
知日之高大
日去地與圓徑之術
光之所照
日旁照之所及也
一日所行
日行天之度也
遠近之數
冬至夏至去人之遠近也
人所望見
人目之所極也
四極之窮
日光之所遠也
列星之宿
二十八宿之度也
天地之廣袤
袤長也東西南北謂之廣長
夫子之道皆能知之其信有之乎
能明察之故不昧不疑
陳子曰然
言可知也
榮方曰方雖不省願夫子幸而說之
欲以不省之情而觀大雅之法
今若方者可教此道邪
不能自料訪之賢者
陳子曰然
言可教也
此皆算術之所及
言周髀之法出於算術之妙也
子之於算足以知此矣若誠累思之
累重也言若誠能重累思之則達至微之理
於是榮方歸而思之數日不能得
雖潛心馳思而才單智竭
復見陳子曰方思之不能得敢請問之陳子曰思之未熟
熟猶善也
此亦望遠起高之術而子不能得則子之於數未能通類
定高遠者立兩表望懸邈者施累矩言未能通類求句股之意
是智有所不及而神有所窮
言不能通類是情智有所不及而神思有所窮滯
夫道術言約而用博者智類之明
夫道術聖人之所以極深而研幾唯深也故能通天下之志唯幾也故能成天下之務是以其言約其旨遠故曰智類之明也
問一類而萬事達者謂之知道
引而伸之觸類而長之天下之能事畢矣故謂之知道也
今子所學
欲知天地之數
算數之術是用智矣而尚有所難是子之智類單
算術所包尚以為難是子智類單盡
夫道術所以難通者既學矣患其不博
不能廣博
既博矣患其不習
不能究習
既習矣患其不能知
不能知類
故同術相學
術教同者則當學通類之意
同事相觀
事類同者觀其旨趣之類
此列士之愚智
列猶別也言視其術鑒其學則愚智者別矣
賢不肖之所分
賢者達於事物之理不肖者闇於照察之情至於役神馳思聰明殊別矣
是故能類以合類此賢者業精習智之質也
學其倫類觀其指歸唯賢智精習者能之也
夫學同業而不能入神者此不肖無智而業不能精習

俱學道術明不察不能以類合類而長之此心遊目蕩義不入神也

是故算不能精習吾豈以道隱子哉固復熟思之

凡教之道不憤不啓不悱不發憤而悱之然後啓發既不精思又不學習故言吾無隱也爾固復熟思之舉一隅使反之以三也

榮方復歸思之數日不能得復見陳子曰方思之以精熟矣智有所不及而神有所窮知不能得願終請說之

自知不敏避席而請說之

陳子曰復坐吾語汝於是榮方復坐而請陳子說之日夏至南萬六千里冬至南十三萬五千里日中立竿測影

臣鸞曰南戴日下立八尺表表影千里而差一寸是則天上一寸地下千里今夏至影有一尺六寸故其萬六千里冬至影一丈三尺五寸則知其十三萬五千里

此一者天道之數

言天道數一悉以如此

周髀長八尺夏至之日晷一尺六寸

晷影也此數望之從周城之南千里也而周官測影尺有五寸蓋出周城南千里也記云神州之土方五千里雖差一寸不出畿地之分先王知之是故建王國

髀者股也正晷者句也

以髀爲股以影爲句股定然後可以度日之高遠

正晷者日中之時節也

正南千里句一尺五寸正北千里句一尺七寸

候其影使表相去二千里影差二寸將求日之高遠故先見其表影之率

日益表南晷日益長候句六尺

候其影使長六尺者欲令句股相應句三股四弦五句六股八弦十

即取竹空徑一寸長八尺捕影而視之空正掩日

以徑寸之空視日之影髀長則大矩短則小正滿八尺也捕猶索也掩猶覆也

而日應空之孔

掩若重規更言八尺者舉其定也又曰近則大遠則小以影六尺爲正

由此觀之率八十寸而得徑一寸

以此爲日髀之率

故以句爲首以髀爲股

首猶始也股猶末也句能制物之率股能制句之正欲以爲總見之數立精理之本明可以周萬事智可以達無方所謂智出於句句出於矩也

從髀至日下六萬里而髀無影從此以上至日則八萬里

高八萬里
表端
相去十萬里邪至日
日處
六萬里
日底

臣鸞曰求從髀至日下六萬里者先置南表晷六尺上十之爲六十寸以兩表相去二千里乘得十二萬里爲實以影差二寸爲法除之得日底地去表六萬里求從髀至日八萬里者先置表高八尺上十之爲八十寸以兩表相去二千里乘之得十六萬爲實以影差二寸爲法除之得從表端上至日八萬里也

若求邪至日者以日下爲句日高爲股句股各自乘并而開方除之得邪至日從髀所旁至日所十萬里

旁此古邪字求其數之術曰以表南至日下六萬里爲句以日高八萬里爲股爲之求弦句股各自乘并而開方除之卽邪至日之所也

臣鸞曰求從髀邪至日所法先置南至日底六萬里爲句重張自乘得三十六億爲句實更置日高八萬里爲股車張自乘得六十四億爲股實并句股實得一百億爲弦實開方除之得從王城至日十萬里今有十萬里問徑幾何曰一千二百五十里八十寸而得徑一寸以一寸乘十萬里爲實八

十寸爲法卽得

以率率之八十里得徑一里十萬里得徑千二百五十里

法當以空徑爲句率竹長爲股率日去人爲大股大股之句卽日徑也其術以句率乘大股股率而一此以八十里爲法十萬里爲實實如法而一卽得日徑

故日日晷徑千二百五十里

臣鸞曰求以率八十里得徑一里十萬里得徑千二百五十里法先置竹孔徑一寸爲十里爲句更置邪去日十萬里爲股以句十里乘股十萬里得一億爲實更置日去地八萬里爲法除實得日晷徑千二百五十里故云日晷徑也

臣淳風等謹按夏至王城望日立兩表相去二十里表高八尺影去前表一尺五寸去後表一尺七寸舊術以前後影差二寸爲法以前影寸數乘表間爲實實如法得萬五千里爲日下去南表里又以表高八十寸乘表間爲實實如法得八萬里爲表上去日里仍以表寸爲日高影寸爲日下待日漸高候日影六尺用之爲句以表爲股爲之求弦得十萬里爲邪表數目取管圓孔徑一寸長八尺望日滿筒以爲率長八十寸爲一邪去日十萬里日徑卽千二百五十里以理推之法云天之處心高於外衡六萬里者此乃語與術違句六尺股八尺弦十尺角隅正方自然之數蓋依繩水之定施之於表矩然則天無別體用日以爲高下術既隨手而遷高下從何而出語術相違是爲大失又按二表下地依水平法定其高下若北表地高則以爲勾以間爲弦置其高數其影乘之其表除之所得益股爲定間若北表下者亦置所下以法乘除所得以減股爲定間又以高下之數與間相約爲地高遠之率求遠者影乘定間差法而一所得加表日之高也求邪去地者弦乘定間差法而一所得加弦日邪去地此三等至皆以日爲正求日下地高下者置戴日之遠近地高下率乘之如間率而一所得爲日下地高下形勢隆殺與表間同可依此率若形勢不等非代所知率日徑求日大小者徑率乘間如法而一得日徑此徑當卽得不待影長六尺凡度日者先須定二矩水平者影南北立勾齊高四尺相去一丈以二弦候率於勾上幷率二則擬爲候影勾上立表弦下望日前一則上畔後一則下畔引則就影合與表日參直二至前後三四日間影不移處卽是當以候表並望人取一影亦可日徑影端表頭爲則然地有高下表望不同後六術乃窮其實

第一後高前下術高爲句表間爲弦後復影爲所求率表爲有所率以句爲所有數所得益股爲定間

第二後下術以其所下爲句表間爲弦置其所下以影乘表除所得減股餘爲定間

第三邪下術依其北高之率高其句影令與地勢隆殺相似餘同平法假令髀邪下而南其邪亦同不須別望但弦短與句股不得相應其南里數亦隨地勢不得校平平則促若用此術但得南望若北望者卽用句照南下之術當北高之地

第四邪上術依其後下之率下其句影此謂廻望北極以爲高遠者望去取差亦同南望此術弦長亦與句股不得相應唯得北望不得南望若南望者卽用句影北高之術

第五平術不論高下周髀度日用此平術故東西南北四望皆通遠近一差不須別術

第六術者是外衡其徑云四十七萬六千里半之得二十三萬八千里者是外衡去天心之處心高於外衡六萬里爲率南行二十三萬八千里下校六萬里約之得南行一百一十九里下校三十里一百一十九步差下三十步□三十步大强差下十步以此爲準則不合有平地地既平而用術尤乖理驗且自古論晷影差變每有不同今略其梗槩取其推步之要尚書攷靈曜云日永影尺五寸日短一十三尺日正南千里而減一寸張衡靈憲云懸天之晷薄地之儀皆移千里而差一寸鄭元註周禮云凡日影於地千里而差一寸王蕃姜岌因此爲說按前諸說是數並同其言更出書非直有此以事考量恐非實矣謹按宋元嘉十九年歲在壬午遣使往交州度日影夏至之日影在表南三寸二分太康地理志交趾去洛陽一萬一千里陽城去洛陽一百八十里交趾西南望陽城洛陽在其東南較而言之今陽城去交趾近於洛陽去交趾一百八十里則交趾去陽城一萬八百二十里而影差尺有八寸二分是六百里而影差一寸也况復人路迂廻羊腸曲折方於鳥道所較彌多

以事驗之又未盈五百里而差一寸明矣千里之言固非實也何承天又云詔以土圭測影考校二至闕三日有餘從來積歲及交州所上驗其增減亦相符合此則影差之驗也周禮大司徒職曰夏至之影尺有五寸馬融以爲洛陽鄭元以爲陽城尚書攷靈曜日永影一尺五寸鄭元以爲陽城日短十三尺易緯通卦驗夏至影尺有四寸八分冬至一丈三尺劉向洪範傳夏至影一尺五寸八分是時漢都長安而向不言測影處所若在長安則非晷影之正也夏至影長一尺五寸八分冬至一丈三尺一寸四分向又云春秋分長七尺三寸六分此即總是虛妄後漢曆志夏至影一尺五寸後漢洛陽冬至一丈三尺自梁天監已前並同此數魏景初夏至影一尺五寸魏初都許昌與潁川相近後都洛陽又在地中之數但易緯因漢曆舊影似不別影之冬至一丈三尺晉姜岌影一尺五寸宋都建康在江表驗影之數遙取陽城冬至一丈三尺宋大明祖冲之曆夏至影一尺五寸宋都秣陵遙取影同前冬至一丈三尺後魏信都芳注周髀四術云按永平元年戊子是梁天監之七年也見洛陽測影又見公孫崇集諸朝士共觀祕書影同是夏至之日以八尺之表測日中影皆長一尺五寸八分雖無六尺近六寸梁武帝大同十年太史令虞鄺以九尺表於江左建康測夏至日中影長一尺三寸二分以八尺表測之影長一尺一寸七分强冬至一丈三尺七分八尺表影長一丈一尺六寸二分弱隋開皇元年冬至影長一丈二尺七寸二分開皇二年夏至影一尺四寸八分冬至長安測夏至洛陽測及王邵隋靈感志冬至一丈二尺七寸二分長安測也開皇四年夏至一尺四寸八分洛陽測也冬至一丈二尺八寸八分洛陽測也大唐貞觀二年己丑五月二十三日癸亥夏至中影一尺四寸六分長安測也十一月二十九丙寅冬至中影一丈二尺六寸三分長安測也按漢魏及隋所記夏至中影或長短齊其盈縮之中則夏至之影尺有五寸爲近定實矣以周官推之洛陽爲所交會則冬至一丈二尺五寸亦爲近矣按梁武帝都金陵云洛陽南北大較千里以尺表令其有九尺影則大同十年江左八尺表夏至中影長一尺一寸七分若是爲夏至八尺表千里而差一寸弱矣由此推驗即是夏至影差降升不同南北遠近數亦有異若以一等末定恐皆乖理之實

日高圖 凡甲乙之方黃色戊之方青色

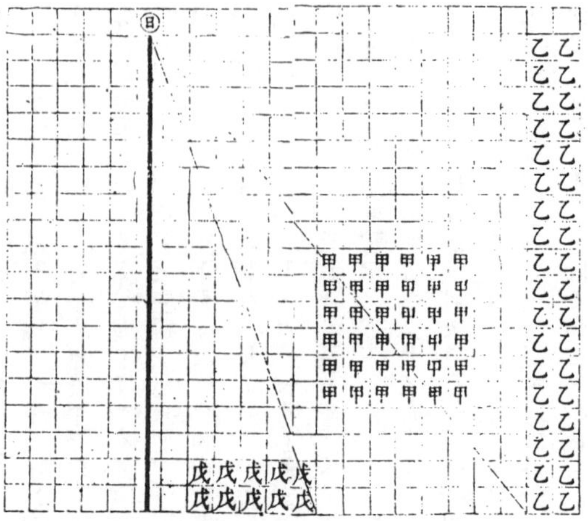

日高圖注

趙君卿曰黃甲與黃乙其實正等以表高乘兩表相去爲黃甲之實以影差爲黃甲之廣而一所得則變得黃甲之袤上與日齊按圖當加表高今言八萬里者從表以上復加之青丙與青己其實亦等黃甲與青丙相連黃乙與青己相連其實亦等皆以影差爲廣

臣鸞曰求日高法先置表高八尺爲八萬里爲袤以相兩表相去二千里爲廣乘袤八萬里得一億

六千萬里爲黃甲之實以影差二寸爲二千里爲
法除之得黃乙之表八萬里即上與日齊此言王
城去天名曰甲日底地上至日名曰乙上天名青
丙下地名青戊據影六尺王城上天南至日六萬
里王城南至日底地亦六萬里是上下等數日夏
至南萬六千里者立表八尺於王城影一尺六寸
影寸千里故王城去夏至日底地萬六千里也
法曰周髀長八尺句之損益寸千里
句謂影也言懸天之影薄地之儀皆千里而差一
寸
故曰極者天廣袤也
言極之遠近有定則天廣長可知
今立表高八尺以望極其句一丈三寸由此觀之則
從周北十萬三千里而至極下
謂冬至日加卯酉之時若春秋分之夜半極南兩
旁與天中齊故以爲周去天中之數
榮方曰周髀者何陳子曰古時天子治周
古時天子謂周成王時以治周居王城故曰昔先
王之經邑奄觀九隩靡地不營土圭測影不縮不
盈當風雨之所交然後可以建王城此之謂也
此數望之從周故曰周髀
言周都河南爲四方之中故以爲望主也
髀者表也
用其行事故曰髀由此捕望故曰表影爲句故曰
句股也
日夏至南萬六千里日冬至南十三萬五千里日中
無影以此觀之從南至夏至之日中十一萬九千里

諸言極者斥天之中極去周十萬三千里亦謂極
與天中齊時更加南萬六千里是也
北至其夜半亦然
日極在極北正等也
凡徑二十三萬八千里
井南北之數也
此夏至日道之徑也
其徑者圓中之直者也
其周七十一萬四千里
周匝也謂天戴日行其數以三乘徑
臣鸞曰求夏至日道徑法列夏至日去天中心十
一萬九千里夏至夜一日亦去天中心十一萬九
千里并之得夏至日道徑二十三萬八千里三乘
徑得周七十一萬四千里也
從夏至之日中至冬至之日中十一萬九千里
冬至日中去周十三萬五千里除夏至日中去周
一萬六千里是也
北至極下亦然則從極南至冬至之日中二十三萬
八千里從極北至其夜半亦然凡徑四十七萬六千
里此冬至日道徑也其周百四十二萬八千里從春
秋分之日中北至極下十七萬八千五百里
春秋之日影七尺五寸五分加望極之句一丈三
寸
臣鸞曰求冬至日道徑法列夏至去冬至日中十
一萬九千里從夏至日道北徑亦十一萬九千里
併之得冬至日中北極下二十三萬八千里從極
至夜半亦二十三萬八千里并之得冬至道徑四

十七萬六千里以三乘徑即冬至日道周一百四
十二萬八千里
從極下北至其夜半亦然凡徑三十五萬七千里周
一百七萬一千里故日月之道常緣宿日道亦與宿
正
內衡之南外衡之北圓而成規以爲黃道二十八
宿列焉日之行也一出一入或表或裏五月二十
三分月之二十一道一交謂之合朔交會及月蝕
相去之數故曰緣宿也日行黃道以宿爲正故曰
宿正於中衡之數與黃道等
臣鸞曰求春秋分日道法列春秋分日中北至極
下十七萬八千五百里從北極北至其夜半亦然
并之得春秋分日道徑三十五萬七千里以三乘
徑即日道周一百七萬一千里求黃道徑法列從
北極南至夏至日中一十一萬九千里以從極北
去冬至夜半二十三萬八千里并之得黃道三十
五萬七千里從極南至冬至日北至夏至日夜半
亦黃道徑也以三乘徑周得一百七萬一千里也
南至夏至之日中北至冬至之夜半南至冬至之日
中北至夏至之夜半亦徑三十五萬七千里周一百
七萬一千里
此皆黃道之數與中衡等

欽定古今圖書集成曆象彙編曆法典

第一百十卷目錄

算法部彙考二

周髀算經卷上二

曆法典第一百十卷

算法部彙考二

周髀算經

卷上二

春分之日夜分以至秋分之日夜分極下常有日光

春秋分者晝夜等春分至秋分日內近極故日光照及也

秋分之日夜分以至春分之日夜分極下常無日光

秋分至春分日外遠極故日光照不及也

故春秋分之日夜分之時日所照適至極陰陽之分等也冬至夏至者日道發斂之所生也至晝夜長短之所極

發猶往也斂猶還也極終也

春秋分者陰陽之修晝夜之象

修長也言陰陽長短之等

晝者陽夜者陰

以明暗之差爲陰陽之象

春分以至秋分晝之象

北極下見日光也日末主物生故象晝也

秋分至春分夜之象

北極下不見日光也日短主物死故象夜也

故春秋分之日中光之所照北極下夜半日光之所照亦南至極此日夜分之時也故曰日照四旁各十六萬七千里

至極者謂璇璣之際爲陽絕陰障以日之時而日光有所不逮故知日旁照十六萬七千里不及天中一萬一千五百里也

人望所見遠近宜如日光所照

日近我一十六萬七千里之內及我我自見日故爲日出日遠我十六萬七千里之外日則不見我我亦不見日故爲日入是爲日與目見於十六萬七千里之中故曰遠近宜如日光之所照也

從周所望見北過極六萬四千里

自此以下諸言減者皆置日光之所照若人目之所見十六萬七千里以除之此除極至周十萬三千里

臣鸞曰求從周所望見北過極六萬四千里法列人目所極十六萬七千里以王城周去極十萬三千里減之餘六萬四千里即人望過極之數也

南過冬至之日三萬二千里

除冬至日中去周十三萬五千里

臣鸞曰求冬至日中三萬二千里法列人目所極十六萬七千里以冬至日中去王城十三萬五千里減之餘即過冬至日中三萬二千里也

夏至之日中光南過冬至之日中光四萬八千里

除冬至之日中相去十一萬九千里

臣鸞曰求夏至日中光南過冬至日中光四萬八千里法列日高照十六萬七千里以冬夏至日中相去一十一萬九千里減之餘即南過冬至之日中光四萬八千里

南過人所望見一萬六千里

夏至日中去周萬六千里

臣鸞曰求夏至日中光南過人所望見萬六千里法列王城去夏至日中光南過人所望見萬六千里加日光所及十六萬七千里得十八萬三千里以人目所極十六萬七千里減之餘即南過人目所望見一萬六千里也

北過周十五萬一千里

除周夏至之日中一萬六千里

臣鸞曰求夏至日中光北過周十五萬一千里法列日光所及十六萬七千里以王城去夏至日中一萬六千里減之餘即北過周十五萬一千里

北過極四萬八千里

除極去夏至之日十一萬九千里

臣鸞曰求夏至日中光北過極四萬八千里法列日光所及十六萬七千里以北極去夏至夜半十一萬九千里減之餘即北過極四萬八千里也

冬至之夜半日光南不至人所見七千里

倍日光所照里數以減冬至日道徑四十七萬六千里又除冬至日中去周十三萬五千里

臣鸞曰求冬至夜半日光南不至人目所見七千里法列日光十六萬七千里倍之得三十三萬四

千里以減冬至日道徑四十七萬六千里餘十四萬二千里復以冬至日中去周十三萬五千里減之餘即不至人目所見七千里

不至極下七萬一千里

從極至夜半除所照十六萬七千里

臣鸞曰求冬至日光不至極下七萬一千里法列冬至夜半去極二十三萬八千里以日光一十六萬七千里減之餘即不至極下七萬一千里

夏至之日中與夜半日光九萬六千里過極相接

倍日光所照以夏至日道徑減之餘即相接之數

臣鸞曰求夏至日中日光與夜半相接九萬六千里法列倍日光所照十六萬七千里得徑三十三萬四千里以夏至日道徑二十三萬八千里減之餘即日光相接九萬六千里也

冬至之日中與夜半日光不相及十四萬二千里不至極下七萬一千里

倍日光所照以減冬至日道徑餘即不相及之數半之即各不至極下

臣鸞曰求冬至日光與夜半日不及十四萬二千里不至極下七萬一千里法列冬至日道徑四十七萬六千里以倍日光所照三十三萬四千里減之餘即日光不相及十四萬二千里半之即不至極下七萬一千里也

夏至之日正東西望直周東西日下至周五萬九千五百九十八里半

求之術以夏至日道徑二十三萬八千里爲弦倍極去周十萬三千里得二十萬六千里爲股爲之求勾以股自乘減弦自乘其餘開方除之得勾一十一萬九千一百九十七里有奇半之各得周半數

臣鸞曰求夏至日正東西去周法列夏至道徑二十三萬八千里爲弦自相乘得五百六十六億四千四百萬爲弦實更置極去周十萬三千里倍之爲二十萬六千里爲股重張自相乘得四百二十四億三千六百萬爲股實以減弦實餘一百四十二億八百萬即勾實以開方除之得正東西去周一十一萬九千一百九十七里二十三萬八千三百九十五分里之七萬五千一百九十一半之即周東西各五萬九千五百九十八里半經曰奇者分也若求分者倍分母得四十七萬六千七百九十即一方得五萬九千五百九十八里半四十七萬六千七百九十分里之七萬五千一百九十一

本經無所餘算之文因而演之也

冬至之日正東西方不見日

正東西方者周之卯酉日在十六萬七千里之外不見日

以算求之日下至周二十一萬四千五百五十七里半

求之術以冬至日道徑四十七萬六千里爲弦倍極之去周十萬三千里得二十萬六千里爲勾爲之求股勾自乘減弦之自乘其餘開方除之得四十二萬九千一百一十五里有奇半之各得東西數

臣鸞曰求冬至正東西方不見日法列冬至日道徑四十七萬六千里爲弦重張相乘得二千二百六十五億七千六百萬里爲弦實更列極去周十萬三千里倍之得二十萬六千里爲勾重張相乘得四百二十四億三千六百萬以減弦實餘一千八百四十一億四十萬即股實開方除之得周直東西四十二萬九千一百一十五里八十五萬八千二百三十一分里之三十一萬六千七百七十五半即周一方去日二十一萬四千五百五十七里半亦倍分母得一百七十一萬六千四百六十二分里之三十一萬六千七百七十五

凡此數者日道之發斂

凡此上周徑之數者日道往還之所至晝夜長短之所極

冬至夏至觀律之數聽鐘之音

觀律數之生聽鐘音之變知寒暑之極明代序之化也

冬至晝夏至夜

冬至晝夜日道徑半之得夏至晝夜日道徑法置冬至日道徑四十七萬六千半之得夏至日中去夏至夜半二十三萬八千里以四極之里也

差數及日光所還觀之

以差數之所及日光所還以此觀之則四極之窮也

四極徑八十一萬里

從極南至冬至日中二十三萬八千里又日光所照十六萬七千里凡徑四十萬五千里北至其夜半亦然故日徑八十一萬里八十一者陽數之終

日之所極

臣鸞曰求四極徑八十一萬里法列冬至日中去極二十三萬八千里復加冬至日光所極十六萬七千里得四十萬五千里北至其夜半亦然幷南北卽是大徑八十一萬里

周二百四十三萬里

三乘徑卽周

臣鸞曰以三乘八十一萬里得周二百四十三萬

自此以外日所不及也

從周至南日照處三十萬二千里

半徑除周去極十萬三千里

臣鸞曰求周南三十萬二千里法列半徑四十萬五千以王城去極十萬三千里減之餘卽周南至日照處三十萬二千里

周北至日照處五十萬八千里

半徑加周去極十萬三千里

臣鸞曰求周去冬至夜半日北極照處五十萬八千里法列半道徑四十萬五千里加周夜半去極十萬三千里得冬至夜半北極照去周五十萬八千里

東西各三十九萬一千六百八十三里半

求之術以徑八十一萬里爲弦倍去周十萬三千里得二十萬六千里爲勾爲之求股得七十八萬三千三百六十七里有奇半之各得東西之數

臣鸞曰求東西各三十九萬一千六百八十三里半法列徑八十一萬里重張自乘得六千五百六十一億爲弦實更置倍周去北極二十萬六千里爲勾重張自乘得四百二十四億三千六百萬以減弦實餘六千一百三十六億六千四百萬卽股實以開方除之得股七十八萬三千三百六十七里一百五十六萬六千七百三十五分里之十四萬三千三百一十一半之卽得去周三十九萬一千六百八十三里半分母亦倍之得三百一十三萬三千四百七十分里之十四萬三千三百一十一也

周在天中南十萬三千里故東西短中徑二萬六千六百三十二里有奇

求矩中徑二萬六千六百三十二里有奇法列八十一萬里以周東西七十八萬三千三百六十七里有奇減之餘卽矩中徑之數

臣鸞曰求矩中徑二萬六千六百三十二里有奇法列八十一萬里以周東西七十八萬三千三百六十七里有奇減之餘二萬六千六百三十二里取一里破爲一百五十六萬六千七百三十五分減一十四萬三千三百一十一餘一百四十二萬三千四百二十四卽徑東西矩二萬六千六百三十二里一百五十六萬六千七百三十五分里之一百四十二萬三千四百二十四

周北五十萬八千里冬至日十三萬五千里冬至日道徑四十七萬六千里周一百四十二萬八千里日光四極當周東西各三十九萬一千六百八十三里有奇

此方圓之法

此言求圓於方之法

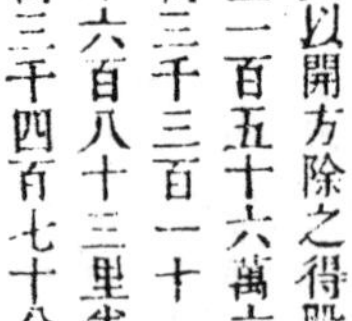

圓方圖

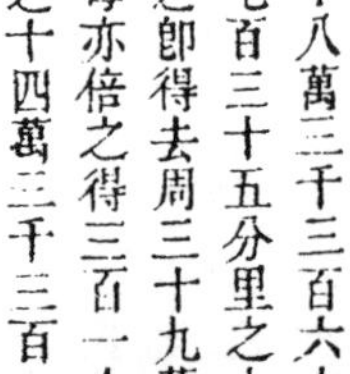

方圓圖

萬物周事而圓方用焉大匠造制而規矩設焉或毀方而爲圓或破圓而爲方方中爲圓者謂之圓方圓中爲方者謂之方圓也

七衡圖

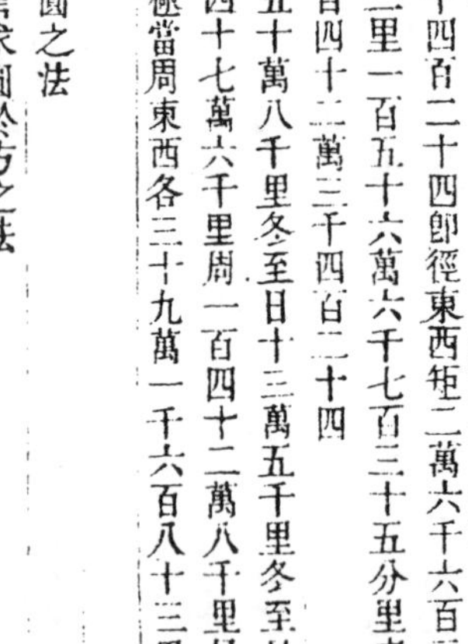

七衡圖註

趙君卿曰青圖畫者天地合際人目所遠者也天至高地至卑非合也人目極觀而天地合也日入青圖畫內謂之日出出青圖畫外謂之日入青圖畫之內外皆天也北辰正居天中之央人所謂東西南北者非有常處各以日出之處爲東日中爲南日入爲西日沒爲北北辰之下六月見日六月不見日從春分至秋分六月常見日從秋分至春分六月常不見日見日爲晝不見日爲夜所謂一歲者卽北辰之下一晝一夜黃圖畫者黃道也二十八宿列焉日月星辰躔焉使青圖在上不動貫其極而轉之卽交矣我之所在北辰之南非天地之中也我之卯酉非天地之卯酉內第一夏至日道也出第四春秋分日道也外第七冬至日道也皆隨黃道日冬至在牽牛春分在婁夏至在東井秋分在角冬至從南而北夏至從北而南終而復始也

凡爲此圖以丈爲尺以尺爲寸以寸爲分分一千里

凡用繒方八尺一寸今用繒方四尺五分分爲二千里

方爲四極之圖盡七衡之意

呂氏曰凡四海之內東西二萬八千里南北二萬六千里

呂氏秦相呂不韋作呂氏春秋此之義在有始第一篇非周髀本文爾雅云九夷八狄七戎六蠻謂之四海言東西南北之數者將以明車轍馬跡之所至河圖括地象云而有君長之州九阻中國之文德及而不治又云八極之廣東西二億三萬三千五百里南北二億三萬三千五百里淮南子地形訓云禹使大章步自東極至於西極孺亥步自北極至於南極而數皆然或以廣闊將焉可步矣亦後學之徒未之或知也夫言億者十萬曰億也

凡爲日月運行之圓周

春秋分冬夏至璿璣之運也

七衡周而六間以當六月節六月爲百八十二日八分日之五

節六月者從冬至至夏至日百八十二日八分日之五爲半歲六月節者謂中氣也不盡其日也此日周天通四分一之倍法四以除之卽得也

臣鸞曰求七衡周而六間以當六月節六月爲一百八十二日八分日之五此爲半歲也列周天三百六十五日四分日之一通分內子得一千四百六十一爲實倍分母四爲八除實得半歲一百八十二日八分日之五也

故日夏至在東井極內衡日冬至在牽牛極外衡也

東井牽牛爲長短之限內外之極也

衡復更終冬至

冬至日從外衡還黃道一周年復於故衡終於冬至

故曰一歲三百六十五日四分日之一一歲一內極一外極

從冬至一內極及一外極度終於星月窮於次是爲一歲

三十日十六分日之七月一外極一內極

欲分一歲爲十二月一衡間當一月此舉中相去之日數以此言之月行二十九日九百四十分日之四百九十九則過周天一日而與月合宿論其入內外之極六歸粗通未必得也日光言內極月光言外極日陽從冬至起月陰從夏至起往來之始易曰日往則月來月往則日來此之謂也此數置一百八十二日八分日之五通分內子五以六間乘分母以除之得三十以三約法得十六約餘得七

臣鸞曰求三十日十六分日之七法列半歲一百八十二日八分日之五通分內子得一千四百六十一爲實以六間乘分母八得四十八除實得三十日不盡二十一更置法實求等數平於三卽以約法得十六約餘得七卽是從中氣相去三十日十六分日之七也

是故一衡之間萬九千八百三十三里三分里之一卽爲百步

此數夏至冬至相去十一萬九千里以六間除之得矣法與餘分皆半之

臣鸞曰求一衡之間一萬九千八百三十三里三分里之一法置冬至夏至相去十一萬九千里以六間除之卽得法與餘分半之得也

欲知次衡徑倍而增內衡之徑

倍一衡間數以增內衡

二之以增內衡徑

二乘所倍一衡之間數以增內衡徑卽得三衡徑

次衡放此

次至皆如數

內一衡徑二十三萬八千里周七十一萬四千里分爲三百六十五度四分度之一度得一千九百五十四里二百四十七步千四百六十一分步之九百三十三

通周天四分之一爲法又以四乘衡周爲實實如法得一百步不滿法者十之如法得十步不滿法者十之如法得一步不滿者以法命之至七衡皆如此

臣鸞曰求內衡度法置夏至徑二十三萬八千里以三乘之得內外衡周七十一萬四千里以周天分母四乘內衡周得二百八十五萬六千里爲實以周天分一千四百六十一爲法除之得一千九百五十四里不盡一千二百六卽而三之爲三千六百十八以法除之得二百步不盡六百九十六步上十之如法而得四十步不盡一千一百一十六復上十之如法而一得七步不盡九百三十三卽是一千九百五十四里二百四十七步一千四百六十一分步之九百三十三

次二衡徑二十七萬七千六百六十六里二百步周八十三萬三千里分里爲度得二千二百八十里百八十八步千四百六十一分步之千三百三十二

通周天四分之一爲法四乘衡周爲實實如法得里數不滿者求步數不盡者命分

臣鸞曰求第二衡法列一衡間一萬九千八百三十三里少半里倍之得三萬九千六百六十六里太半里增內衡徑二十三萬八千里得第二衡徑二十七萬七千六百六十六里二百步是三分里之二又以三乘之步滿三百成一里得二衡周八十三萬三千里以周天分母四乘周得三百三十三萬二千爲實更置周天三百六十五度四分度之一通分內子得一千四百六十一爲法除之得二千二百八十里不盡九百二十以三百乘之得二十七萬六千復以前法除之得一百八十八步不盡一千三百三十二卽是度得二千二百八十里一百八十八步一千四百六十一分步之一千三百三十二

次三衡徑三十一萬七千三百三十三里一百步周九十五萬二千里分爲度度得二千六百六里百三十步千四百六十一分步之二百七十

通周天四分之一爲法四乘衡周爲實實如法得里數不滿法者求步數不盡者命分

臣鸞曰求第三衡法列倍一衡間得三萬九千六百六十六里三分里之二增第二衡徑二十七萬七千六百六十六里二百步卽三分里之二得第三衡徑三十一萬七千三百三十三里一百步以三乘徑步步滿三百成里得周九十五萬二千里又以分母四乘周得三百八十萬八千爲實以周天分一千四百六十一爲法以除實得二千六百六里不盡六百三十四以三百乘之以法除之得一百三十步不盡二百七十卽是度得二千六百六里一百三十步一千四百六十一分步之二百七十

次四衡徑三十五萬七千里周一百七萬一千里分爲度度得二千九百三十二里七十一步千四百一十分步之六百六十九

通周天四分之一爲法四乘衡周爲實實如法得里數不滿法者求步數不盡者命分

臣鸞曰求第四衡法列倍一衡間三萬九千六百六十六里三分里之二增第三衡徑三十一萬七千三百三十三里一百步步滿三百成里得徑三十五萬七千里以三乘之得周一百七萬一千里以分母乘之得四百二十八萬四千里爲實以周天分一千四百六十一除之得二千九百三十二里不盡三百四十八以三百乘之以法除之得七十一步不盡六百六十九卽是度得二千九百三十二里七十一步一千四百六十一分步之六百六十九

次五衡徑三十九萬六千六百六十六里二百步周一百一十九萬里分爲度度得三千二百五十八里十二步千四百六十一分步之千六十八

通周天四分之一爲法四乘衡周爲實實如法得里數不滿法者求步數不盡者命分

臣鸞曰求第五衡法列倍第一衡間三萬九千六百六十六里三分里之二增第四衡徑三十五萬七千里滿三百成里得第五衡徑三十九萬六千六百六十六里二百步以三分乘徑得周一百一十九萬里又以分母四乘周得四百七十六萬爲實以周天分一千四百六十一爲法除之得三千二百五十八里不盡六十二以三百乘之以法除之得十二步不盡一千六十八卽是度得三千二

百五十八里十二步一千四百六十一分步之一千六十八

次六衡徑四十三萬六千三百三十三里一百步周一百三十萬九千里分爲度度得三千五百八十三里二百五十四步千四百六十一分步之六

通周天四分之一爲法四乘衡周爲實實如法得一里不滿法者求步不盡者命分

臣鸞曰求第六衡法列倍第一衡間三萬九千六百六十六里三分里之二以增第五衡徑三十九萬六千六百六十六里一百步又三乘徑得周一百三十萬九千里又以分母四乘周得五百二十三萬六千爲實以周天分一千四百六十一爲法除之得三千五百八十三里不盡一千二百三十七以三百乘之以法除之得二百五十四步不盡六即是度得三千五百八十三里二百五十四步一千四百六十一分步之六

次七衡徑四十七萬六千里周一百四十二萬八千里分爲度得三千九百九里一百九十五步千四百六十一分步之四百五

通周天四分之一爲法四乘衡周爲實實如法得里數不滿法者求步數不盡者命分

臣鸞曰求第七衡法列倍第一衡間三萬九千六百六十六里三分里之二增第六衡徑四十三萬六千三百三十三里一百步得第七衡徑四十七萬六千里以三乘之得周一百四十二萬八千里以分母四乘之得五百七十一萬二千爲實以周天分一千四百六十一爲法除之得三千九百九里不盡九百五十一又以三百乘之所得以法一千四百六十一除之得一百九十五步不盡四百五即是度得三千九百九里一百九十五步一千四百六十一分步之四百五

其次曰冬至所北照過北衡十六萬七千里

冬至十一月日在牽牛徑在北方因其在北故言照過北衡

爲徑八十一萬里

倍所照增七衡徑

周二百四十三萬里

三乘倍增七衡周

分爲三百六十五度四分度之一度得六千六百五十二里二百九十三步千四百六十一分步之三百二十七過此而往者未之或知

過八十一萬里之外

或知者或疑其可知或疑其難知此言上聖不學而知之

上聖者智無不至明無不見攷靈曜曰微式出冥唯審其形此之謂也

故冬至日晷丈三尺五寸夏至日晷尺六寸冬至日晷長夏至日晷短日晷損益寸差千里故冬至夏至之日南北遊十一萬九千里四極徑八十一萬里周二百四十三萬里分爲度度得六千六百五十二里二百九十三步千四百六十一分步之三百二十七此度之相去也

臣鸞曰求冬至日所北照十六萬七千里幷南北日光得三十三萬四千里增冬至日道徑四十七萬六千里得八十一萬里三之得周二百四十三萬以周天分母四乘之得九百七十二萬里爲實以周天分一千四百六十一爲法除之得六千六百五十二里不盡一千四百二十八以三百乘之得四十三萬八千四百復以法除之得二百九十三步不盡三百二十七即是度得六千六百五十二里二百九十三步一千四百六十一分步之三百二十七

其南北游日六百五十一里一百八十二步一千四百六十一分步之七百九十八

術曰置十一萬九千里爲實以半歲一百八十二日八分日之五爲法

半歲者從外衡去內衡以爲法除相去之數得一日所行也

而通之

通之者數不合齊以法等得相通入以八乘也

得九十五萬二千爲實

通十一萬九千里

所得一千四百六十一爲法除之

通百八十二日八分日之五也

實如法得一里不滿法者三之如法得百步

一里三百步當以三百乘而言之三之者不欲轉法便以一位爲百實故從一位命爲百

不滿法者十之如法得十步

上下用三百乘故此十之便以位爲十實故從一位命爲十

不滿法者十之如法得一步

復十之者但以一位爲實故從一位命爲一不滿法者以法命之位盡於一步故以法命其餘分爲殘步

臣鸞曰求南北游法置冬至十一萬九千里以半歲日分母八乘之得九十五萬二千爲實通半歲一百八十二日八分日之五得一千四百六十一以除得六百五十一里不盡八百八十九以三百乘之得二十六萬六千七百復以法除之得一百八十二步不盡七百九十八卽得日南北遊日六百五十一里一百八十二步一千四百六十一分步之七百九十八

欽定古今圖書集成曆象彙編曆法典

曆法典第一百十一卷

算法部彙考三

周髀算經

卷下

凡日月運行四極之道

謂外衡也日月周行四方至外衡而還故曰四極極下者其地高人所居六萬里滂沲四隤而下

從外衡主極下乃高六萬里四隤而下如覆槃

天之中央亦高四旁六萬里

四旁猶四極也隨地穹窿而高如蓋笠

故日光外所照徑八十一萬里周二百四十三萬里

日至外衡而還出其光十六萬七千里故曰照

故日運行處極北北方日中南方夜半日在極東東方日中西方夜半日在極南南方日中北方夜半日在極西西方日中東方夜半凡此四方者天地四極四和

子午卯酉得東西南北之中天地所合四時所交故曰四和

晝夜易處

南方爲晝北方爲夜

加四時相及

南方日中北方夜半

然其陰陽所終冬至所極皆若一也

陰陽之數齊冬夏之節同寒暑之氣均長短之晷等周廻無差運變不二

天象蓋笠地法覆槃

見乃謂之象形乃謂之法在上故準蓋在下故擬槃象法義同蓋槃形等互文異器以別尊卑仰象俯法名號殊矣

天離地八萬里

然其隆高相從其相去八萬里

冬至之日雖在外衡常出極下地上二萬里

天地隆高列外衡六萬里冬至之日雖在外衡其相望爲平地直常出地北極下地上二萬里言日月不相障蔽故能揚光於晝納明於夜

故日兆月

日者陽之精譬猶火光月者陰之精譬猶水光月含影故月光生於日之所照魄生於日之所蔽當日卽光盈就日卽明盡月稟日光而成形兆故云日兆月也

月光乃出故成明月

待日然後能舒其光以成其明

星辰乃得行列

靈憲曰衆星被曜因水火轉光故能成其行列

是故秋分以往到冬至三光之精微以成其道遠

日從中衡往至外衡其徑日遠以其相遠故光微不言從冬至到春分者俱在中衡之外其同可知

此天地陰陽之性自然也

自然如此故曰性也

欲知北極樞璿周四極

極中不動璿璣也言北極璿璣周旋四至極至也

常以夏至夜半時北極南游所極

游在樞南之所至

冬至夜半時北游所極

游在樞北之所至

冬至日加酉之時西游所極

游在樞西之所至

日加卯之時東游所極

游在樞東之所至

此北極璿璣四游

北極游常近冬至而言夏至夜半者極見冬至夜半極不見也

正北極璿璣之中正北天之中正極之所游

極處璿璣之中天心之正故曰璿璣也

冬至日加酉之時立八尺表以繩繫表顛希望北極中大星引繩致地而識之

顛首希仰致至也識之者所望大星表首及繩至地參相直而識之也

又到旦明日加卯之時復引繩希望之首及繩致地而識其端相去二尺三寸

日加卯酉之時望至地之相去子也

故東西極二萬三千里

影寸千里故爲東西所致之里數也

其兩端相去正東西

以繩至地所謂兩端相直爲東西之正也

中折之以指表正南北

所識兩端之中與表爲南北之正

加此時者皆以漏揆度之此東西南北之時

冬至日加卯酉者北極之正東西日不見矣以漏度之者一日一夜百刻從半夜至日中從日中至夜半無冬夏常各五十刻中分之得二十五刻加極卯酉之時揆亦度也

其繩致地所識去表丈三寸故天之中去周十萬三千里

北極東西之時與天中齊故以所望表勾爲天之去周之里數

何以知其南北極之時以冬至夜半北游所極也北過天中萬一千五百里以夏至南游所極不及天中萬一千五百里此皆以繩繫表顚而希望之北極至地所識丈一尺四寸半故去周十二萬四千五百里過天中萬一千五百里其南極至地所識九尺一寸半故去周九萬一千五百里其南不及天中萬一千五百里此璿璣四極南北過不及之法東西南北之正勾

以表爲股以影爲勾繩至地所亦加矩中徑二萬六千六百三十二里有奇法列八十一萬里以周東西七十八萬三千三百六十七里有奇減之餘二萬六千六百三十三里取一里破爲一百五十六萬六千七百三十五分減一十四萬三千三百一十一餘一百四十二萬三千四百二十四卽徑東西二萬六千六百三十二里一百五十六萬六千七百三十五分里之一百四十二萬三千四百二十四

周去極十萬三千里日去人十六萬七千里夏至去周一萬六千里夏至日道徑二十三萬八千里周七十一萬四千里春秋分日道徑三十五萬七千里周一百七萬一千里冬至日道徑四十七萬六千里周一百四十二萬八千里日光四極八十一萬里周二百四十三萬里從周南三十萬二千里

影言正勾者四方之影皆正而定也

璿璣徑二萬三千里周六萬九千里此陽絕陰彰故不生萬物

春秋分謂之陰陽之中而日光所照適至璿璣之徑爲陽絕陰彰故萬物不復生也

其術曰立正勾定之

正四方之法也

以日始出立表而識其晷日入復識其晷晷之兩端相直者正東西也中折之指表者正南北也極下不生萬物何以知之

以何法知之也

冬至之日去夏至十一萬九千里萬物盡死夏至之日去北極十一萬九千里是以知極下不生萬物北極左右夏有不釋之冰

氷凍不解是以推之夏至之日外衡之下爲冬矣萬物當死此日遠近爲冬夏非陰陽之氣爽或疑焉

春分秋分日在中衡春分以往日益北五萬九千五百里而夏至秋分以往日益南五萬九千五百里而冬至

井冬至夏至相去十一萬九千里以往日益北近中衡以往日益南遠中衡

中衡去周七萬五千五百里

影七尺五寸五分

中衡左右冬有不死之草夏長之類

此欲以內衡之外外衡之內常爲夏也然其修廣爽未之前聞

此陽彰陰微故萬物不死五穀一歲再熟

近日陽多農再熟

凡北極之左右物有朝生暮獲

獲疑作穫謂葶藶薺麥冬生之類北極之下從春分至秋分爲晝從秋分至春分爲夜物有朝生暮獲者亦有春芻而秋熟然其所育皆是周地冬生之類薺麥之屬言左右者不在璿璣二萬三千里之內也此陽微陰彰故無夏長之類

立二十八宿以周天曆度之法

以用也列二十八宿之度用周天

術曰倍正南方

倍猶背也正南方者二極之正南北也

以正勾定之

正勾之法日出入識其晷晷兩端相直者正東西中折之以指表正南北

卽平地徑二十一步周六十三步令其平矩以水正如定水之平故曰平矩以水正也

則位徑一百二十一尺七寸五分因而三之爲三百
六十五尺四分尺之一
徑一百二十一尺七寸五分周三百六十五尺二
寸五分者四分之一而或言一百二十尺舉其全
數
以應周天三百六十五度四分度之一審定分之無
令有纖微
所分平地周一尺爲一度二寸五分爲四分度之
一其令審定不欲使有細小之差也纖微細分也
臣鸞曰求一百二十一尺七寸五分因而三之爲
三百六十五度四分度之一法列徑一百二十一
尺七寸五分以三乘得三百六十五尺二寸五分
二寸五分者即四分之一此即周天三百六十五
度四分度之一
分度以定則正督經緯而四分之一合各九十一度
十六分度之五
南北爲經東西爲緯督亦通尺周天四分之一又
以四乘分母以法除之
臣鸞曰求分度以定四分之一合各九十一度十
六分度之五法列周天三百六十五度以四分度
之一而通分內之五法千四百六十一爲實更以
四乘分母得十六爲法除之得九十一不盡五即
是各九十一度十六分度之五也
於是圓定而正
分所圓爲天度又四分之皆定而正
則立表正南北之中央以繩繫顛希望牽牛中央星
之中

引繩至經緯之交以望之星與表繩參相直也
則復望須女之星先至者
復候須女中則當以繩望之
如復以表繩希望須女先至定中
須女之先至者又復如上引繩至經緯之交以望
之
即以一游儀希望牽牛中央星出中正表西幾何度
游儀亦表也游儀移望星爲正知星出中正之表
西幾何度故曰游儀
各如游儀所至之尺爲度數
所游分圓周一尺應天一度故以游儀所至尺數
爲度
游在於八尺之上故知牽牛八度
須女中而望牽牛游在八尺之上故牽牛爲八度
其次星放此以盡二十八宿度則之矣
皆如此上法定
立周度者
周天之度
各以其所先至游儀度上
二十八宿不以一星爲體皆以先至之星爲正之
度
東輻引繩就中央之正以爲轂則正矣
以經緯之交爲轂以圓度爲輻知一宿得幾何度
則引繩如輻湊轂爲正望星定度皆以方爲正南
知二十八宿爲幾何度然後環而布之也
日所以入亦以周定之
亦同望星之周

欲知日之出入
出入二十八宿東西南北面之宿列置各應其方
立表望之知日出入何宿從出入徑幾何度
即以三百六十五度四分度之一而各置二十八宿
以二十八宿列置地所圓周之度使四面之宿各
應其方
以東井夜半中牽牛之初臨子之中
東井牽牛相對之宿也東井臨午則牽牛臨於子
也
東井出中正表西三十度十六分度之七而臨未之
中牽牛初亦當臨丑之中
分周天之度爲十二位而十二辰各當其一所應
十二月從午至未三十度十六分度之七未與丑
相對而東井牽牛之所居分之法已陳於上矣
臣鸞曰求東井出中正表西三十度十六分度之
七法先通周天得一千四百六十一爲實以位法
十二乘周天分母以得四十八爲法除實得三十
度不盡二十一更副置法實等數平於三約不盡
二十一得七約法四十八得十六即位三十度一
十六分度之七
於是天與地協
協合也置東井牽牛使居丑未相對則天之列宿
與地所爲圓周相應合得之矣
乃以置周二十八宿
從東井牽牛所居以置十二位焉
置以定乃復置周度之中央立正表
置周度之中央者經緯之交也

以冬至夏至之日以望日始出也立一游儀於度上以望中央表之晷

從日所出度上立一游儀皆望中表之晷所以然者當驪不復當日得以覘之也

晷參正則日所出之宿度

游儀與中央表及晷參相直游儀之下即所出合宿度

日入放此

此日出法求之

牽牛去北極百一十五度千六百九十五里二十一步千四百六十一分步之八百一十九

牽牛冬至日所在之宿於外衡者與極相去之度數

術曰置外衡去北極樞二十三萬八千里除璿璣萬一千五百里

北極常近牽牛爲樞過極萬一千五百里此求去極故以除之

其不除者二十二萬六千五百里以爲實

以三百乘里爲步以周天分一千四百六十一乘步分內衡之度以周天分爲法法有分故以周天乘實齊同之得九百九十二億七千四百九十五萬

以內衡一度數千九百五十四里二百四十七步千四百六十一分步之九百三十三以爲法

如上乘內步步爲通分內子得八億五千六百八十萬

實如法得一度

以八億五千六百八十萬爲一度法

不滿法求里步

上求度故以此次求里次求步

約之合三百得一以爲實

上以三百乘里爲步而求里故以三百約餘分爲里之實

以千四百六十一分爲法得一里

里步皆以周天之分爲母求度當齊同法實等故乘以散之度以定當次求故還爲法

不滿法者三之如法得百步

上以三百約之爲里之實此當以三乘之爲步之實而言之者不欲轉法更以一位爲百實故從一位命爲百也

不滿法者又上十之如法得一步

又復上之者便以一位爲一實故從一實爲一

不滿法者以法命之

位盡於一步故以其法命餘爲殘分

次放此

次婁與角及東井皆如此也

臣鸞曰求牽牛星去極法先列衡去極樞二十三萬八千里減極去樞心一萬一千五百里餘二十二萬六千五百里以三百乘里得六千七百九十五萬步又以周天分一千四百六十一乘之得九百九十二億七千四百九十五萬步爲實更副置內衡一度數一千九百五十四里二百四十七步一千四百六十一分步之九百三十三亦以三百乘一千九百五十四里爲步內二百四十七步得五十八萬六千四百四十七步又以周天分母千四百六十一乘步內子九百三十三得八億五千六百八十萬爲法以除實得一百一十五度不盡七億四千二百九十五萬去下法不用更以三百約餘分七億四千二百九十五萬得二百四十七萬六千五百爲實更以周天分千四百六十一除之得一千六百九十五里不盡一百五以三百乘之得三萬一千五百復以前法除之得二十一步不盡八百一十九即牽牛去北極一百一十五度千六百九十五里二十一步千四百六十一分步之八百一十九

婁與角去北極九十一度六百一十里二百六十四步千四百六十一分步之千二百九十六

婁春分日所在之宿也角秋分日所在之宿也爲中衡也

術曰置中衡去北極樞十七萬八千五百里以爲實

不言加除者婁與角準北極在樞兩旁正與樞齊以婁角無差故便以去樞之數爲實如上乘里爲步步爲分得七百八十二億三千六百五十五萬

以內衡一度數爲法實如法得一度不滿法者求里步不滿法者以法命之

臣鸞曰求婁與角去極法列中衡去極樞十七萬八千五百里以三百乘之得五千三百五十五萬步又以周天分千四百六十一分乘之得七百八十二億三千六百五十五萬爲實以內衡一度數千九百五十四里二百四十七步千四百六十一分步之九百三十三亦以三百乘里內步二百四

十七得五十八萬六千四百四十七步又以分母千四百六十一分乘之內子得八億五千六百八十萬爲法以除實得九十一度不盡二億六千七百七十五萬以三百約之得八十九萬二千五百下法不用以周天分千四百六十一除之得六百一十里不盡千二百九十以三百乘之得三十八萬七千如前法除之得二百六十四步不盡一千二百九十六卽是婁與角去極九十一度六百一十里二百六十四步千四百六十一分步之千二百九十六

東井去北極六十六度千四百八十一里一百五十五步千四百六十一分步之千二百四十五

東井夏至日所在之宿爲內衡

術曰置內衡去北極樞十一萬九千里加璿璣萬一千五百里

北極游常近東井爲樞不及極萬一千五百里此求去極故加之

得十三萬五百里以爲實

如上乘里爲步步爲分得五百七十一億九千八百一十五萬分

以內衡一度數爲法實如法得一度不滿法者求里步不滿者以法命之

臣鸞曰求東井去極法列內衡去極樞十一萬九千里加璿璣萬一千五百里得十三萬五百里以三百乘里爲步復以分母千四百六十一乘之得五百七十一億九千八百一十五萬爲實通分內衡一度數爲步步爲分得八億五千六百八十萬爲法以除實得六十六度不盡六億四千九百三十五萬以三百約之得二百一十六萬四千五百下法不用更以周天千四百六十一爲法除之得千四百八十一里不盡七百五十九以三百乘之得二十二萬七千七百復以周天分除之得一百五十五步不盡一千二百四十五卽是東井去北極六十六度千四百八十一里一百五十五步千四百六十一分步之一千二百四十五

凡八節二十四氣氣損益九寸九分六分分之一冬至晷長一丈三尺五寸夏至晷長一尺六寸問次節損益寸數長短各幾何

冬至晷長一丈三尺五寸

小寒丈二尺五寸小分五

大寒丈一尺五寸一分小分四

立春丈五寸二分小分三

雨水九尺五寸二分小分二

啓蟄八尺五寸四分小分一

春分七尺五寸五分

清明六尺五寸五分小分五

穀雨五尺五寸六分小分四

立夏四尺五寸七分小分三

小滿三尺五寸八分小分二

芒種二尺五寸九分小分一

夏至一尺六寸

小暑二尺五寸九分小分一

大暑二尺五寸八分小分二

立秋四尺五寸七分小分三

處暑五尺五寸六分小分四

白露六尺五寸五分小分五

秋分七尺五寸五分

寒露八尺五寸四分小分一

霜降九尺五寸三分小分二

立冬丈五寸二分小分三

小雪丈一尺五寸一分小分四

大雪丈二尺五寸小分五

凡爲八節二十四氣

二至者寒暑之極二分者陰陽之和四立者生長收藏之始是爲八節節三氣三而八之故爲二十四

氣損益九寸九分六分分之一

損者減也破一分爲六分然後減之益者加也以小分滿六得一從分

冬至夏至爲損益之始

冬至晷長極當反短故爲損之始夏至晷短極當反長故爲益之始此爽之新術

術曰置冬至晷以夏至晷減之餘爲實以十二爲法

十二者半歲十二氣也爲法者一節益之法

實如法得一寸不滿法者十之以法除之得一分

求分故十之也

不滿法者以法命之

法與餘分皆半之也舊晷之術於理未當謂春秋分者陰陽晷等各七尺五寸五分故中衡去周七萬五千五百里按春分之影七尺五寸七百二十三分秋分之影七尺四寸二百六十二分差一寸

四百六十一分以此推之是爲不等冬至至小寒多半日之影夏至至小暑少半日之影芒種至夏至多二日之影大雪至冬至多三日之影又半歲一百八十二日八分日之五而此用四分日之一率故一日得七百三十分寸之四百七十六非也節候不正十五日有二十二分日之七以一日之率十五日爲一節至令差錯不通尤甚易曰舊井無禽時舍也言法三十日實當改而舍之於是爽更爲新術以一氣率之使言約法易上下相通周而復始以除紕繆

臣鸞曰求二十四氣損益之法先置冬至影長丈三尺五寸以夏至影一尺六寸減之餘一丈一尺九寸上十之爲實以半歲十二爲法除之得九寸不盡十一復上十之如法而一得九分不盡二與法十二皆半之得六分之一即是氣損益法先置冬至影長丈三尺五寸以氣損益九寸九分六分分之一其破一分以爲六分減其餘即是小寒影長丈二尺五寸小分五餘悉依此法求益法置夏至影一尺六寸以九寸九分六分分之一增之小分滿六從大分一即是小暑二尺五寸九分小分一次氣倣此

臣淳風等謹按此術本及趙君卿注求二十四氣影例損益九寸九分六分分之一以爲定率檢勘術注有所未通又按宋書曆志所載何承天元嘉曆影冬至一丈三尺小寒一丈二尺四寸八分大寒一丈一尺三寸四分立春九尺九寸一分雨水八尺二寸八分啓蟄六尺七寸二分春分五尺三寸九分清明四尺二寸五分穀雨三尺二寸五分立夏二尺五寸小滿一尺九寸七分芒種一尺九寸九分夏至一尺五寸小暑一尺六寸九分大暑一尺九寸七分立秋二尺五寸處暑三尺三寸五分白露四尺二寸五分秋分五尺三寸九分寒露六尺七寸二分霜降八尺二寸八分立冬九尺九寸一分小雪一丈一尺三寸四分大雪一丈二尺四寸八分司馬續漢志所載四分曆影亦與此相近至如祖沖之曆宋大明曆影與何承天雖有小差皆是量天實數讎校三曆足驗君卿所立率虛誕且周髀本文外衡下於天中六萬里而二十四氣率乃足平遷所以知者按望影之法日近影短日遠影長又以高下言之日高影短日卑影長夏至之日最近北又最高其影尺有五寸自此以後日行漸遠向南天體又漸向下以及冬至冬至之日最近南居於外衡日最近下故日影一丈三尺此當每歲差降有別不可均爲一槩設其升降之理今此又自冬至畢於芒種自夏至畢於大雪均差每氣損九寸有奇是爲天體正平無高卑之異而日但南北均行又無升降之殊即無內衡高於外衡六萬里自相矛楯又按尚書考靈曜所陳格上格下里數及鄭注升降遠近雖有成規亦未臻理實欲求至當皆依天體高下遠近修短以定差數自霜降畢於立春升降差多南北差少自雨水畢於寒露南北差多升降差少依此推步乃得其實然事涉渾儀與蓋天相返

月後天十三度十九分度之七

月後天者月東行也此見日月與天俱西南游一日一夜天一周而月在昨宿之東故曰後天又曰章歲除章月加日周一日作率以一日所行爲一度周天之日爲天度

術曰置章月二百三十五以章歲十九除之加日行一度得十三度十九分度之七此月一日行之數即後天之度及分

臣鸞曰月後天十三度十九分度之七法列章月二百三十五以章歲十九除之得十二度加日行一度得十三度餘十九分度之七即月後天之度分

小歲月不及故舍三百五十四度萬七千八百六十分度之六千六百一十二

小歲者十二月爲一歲一歲之月十二月則有餘十三月復不足而言大小歲通閏月爲不及故舍亦猶後天也假令十一月朔旦冬至日月俱起牽牛之初而月十二與日會此數月發牽牛所行之度也

術曰置小歲三百五十四日九百四十分日之三百四十八

小歲者除經歲十九分月之七以七乘周天分千四百六十一得萬二百二十七以減經歲之積分餘三十三萬三千一百八則小歲之積分也以九百四十分除之即得小歲之積日及分

以月後天十三度十九分度之七乘之爲實

通分內子爲二百五十四乘之者乘小歲積分也又以度分母乘日分母爲法實如法得積後天四千

七百三十七度萬七千八百六十分度之六千六百一十三

以月後天分乘小歲積分得八千四百六十萬九千四百三十二則積後天分也以度分母十九乘日分母九百四十得萬七千八百六十除之卽得以周天三百六十五度萬七千八百六十分度之四千四百六十五除之

此猶四分之一也約之卽得當於齊同故細言之通分內子爲六百五十二萬三千三百六十五除積後天分得十二周天卽去之

其不足除者

不足除者不及故舍之六百三十二萬九千五十二是也寅日三百五十四度萬七千八百六十分度之六千六百一十二以萬七千八百六十除不及故舍之分得此分矣

此月不及故舍之分度數他皆放此

次至經月皆如此

臣鸞曰求小歲月不及故舍法列經歲三百六十五日九百四十分日之二百三十五通分內子得三十四萬三千三百三十五是爲經歲之積分以十九分月之七以七乘周天分一千四百六十一得萬二百二十七以減經歲積分不盡三十三萬三千一百八小歲積分也以九百四十除之得三百五十四日不盡三百四十八還通分內子復得本積分三十三萬三千一百八更置月後天十三度十九分度之七通分內子得二百五十四以乘本積分得積後天分八千四百六十萬九千四百三十二爲實更列月後天分母十九以乘日分母九百四十得萬七千八百六十爲法除之得積後天四千七百三十七度不盡六千六百一十二卽是得四千七百三十七度萬七千八百六十分度之六千六百一十二還通分內子得本分八千四百六十萬九千四百三十二爲實更列周天三百六十五度萬七千八百六十分度之四千四百六十五卽通分內子得六百五十二萬三千三百六十五以除實得十二下法不用餘分卽不及故舍之分六百三十二萬九千五十二更以日月分母相乘得萬七千八百六十爲法除分不及故舍之分六百三十二萬九千五十二得三百五十四度不盡六千六百一十二卽不及故舍三百五十四度萬七千八百六十分度之六千六百一十二

大歲月不及故舍十八度萬七千八百六十分度之萬一千六百二十八

大歲者十三月爲一歲也

術曰置大歲三百八十三日九百四十分日之八百四十七

大歲者加經歲十九分月之十二以十二乘周天分千四百六十一得萬七千五百三十二以加經歲積分得三十六萬八百六十七則大歲之積分也以七百四十除之卽得

以月後天十三度十九分度之七乘之爲實又以度分母乘日分母爲法實如法得積後天五千一百三十二度萬七千八百六十分度之二千六百九十八

以月後天分乘大歲積分得九千一百六十六萬二百一十八則積後天分也

以周天除之

除積後天分得十四周天卽去之

其不足除者

不足除者三十三萬三千一百八是也

此月不及故舍之分度數

臣鸞曰求大歲月不及故舍法列經歲三百六十五日九百四十分日之二百三十五通分內子得經積分三十四萬三千三百三十五更以十九分月之十二乘周天分千四百六十一得一萬七千五百三十二以經歲積分加大歲積分得三十六萬八百六十七爲實以九百四十除之得大歲三百八十三日九百四十分日之八百四十七還通分內子本分三十六萬八百六十七更列月後天十三度十九分度之七通分內子得二百五十四以乘本分得積後天分九千一百六十六萬二百一十八爲實以萬七千八百六十爲法除之得積後天度五千一百三十二不盡二千六百九十八卽命分還通內子得本積後天分九千一百六十六萬二百一十八爲實以周天分六百五十二萬三千三百六十五爲法除實得十四周天之數餘以日月分母萬七千八百六十除之得大歲不及故舍十八度不盡萬一千六百二十八卽以命分也

經歲月不及故舍百三十四度萬七千八百六十分度之萬一百里

經常也卽十二月十九分月之七也

術曰置經歲三百六十五日九百四十分日之二百

三十五

經歲者通十二月十九分月之七爲二百三十五乘周天千四百六十一得三十四萬三千三百三十五則經歲之積分又以周天分母四乘二百三十五得九百四十爲法除之卽得

以月後天十三度十九分度之七乘之爲實又以度分母乘日分母爲法實如法得積後天四千八百八十二度萬七千八百六十分度之萬四千五百七十

以月後天分乘經歲積分得八千七百二十萬七千九十則積後天之分

以周天除之

除積後天分得十三周天卽去之

其不足除者

不足除者二百四十萬三千三百四十五是也

此月不及故舍之分度數

臣鸞曰求經歲月不及故舍法列十二月十九分月之七通分內子得二百三十五以乘周天分千四百六十一得三十四萬三千三百三十五卽經歲分也以日分母四乘二百三十五得九百四十爲法以除得經歲三百六十五日不盡二百三十五卽命分還通分內子卽復本歲分三十四萬三千三百三十五更列週月後天度分二百五十四以乘經歲分得積後大分八千七百二十萬七千九十爲實更列萬七千八百六十除實得積後天度四千八百八十二不盡萬四千五百七十卽命分還通分內子復本積後天分爲實以周天分六百五十二萬三千三百六十五除實得十三周天卽去之餘分三百四十萬三千三百四十五以萬七千八百六十除之得不及故舍百三十四度不盡萬一百五卽以命分也

小月不及故舍二十二度萬七千八百六十分度之七千七百三十五

小月者二十九日爲一月一月之二十九日則有餘三十日復不足而言大小者通其餘分

術曰置小月二十九日

小月者減經月之積分四百九十九餘二萬七千二百六十則小月之積也以九百四十除之卽得

以月後天十三度十九分度之七乘之爲實又以度分母乘日分母爲法實如法得積後天三百八十七度萬七千八百六十分度之萬二千二百二十

以月後天乘小月積分得六百九十二萬四千四十則積後天之分也

以周天分除之

除積後天分得一周天而去之

其不足除者

不足除者四十萬六百七十五

此月不及故舍之分度數

臣鸞曰求小月不及故舍法置二十九日以九百四十乘之得二萬七千二百六十則小月之分也更列月後天十三度十九分度之七通分內子得二百五十四以乘小月分得六百九十二萬四千四十爲實以萬七千八百六十爲法除實得三百八十七度不盡萬二千二百二十以命分還通分內子得本實更列周天分六百五十二萬三千三百六十五除本實得一周天不盡四十萬六百七十五卽不及故舍之分又以萬九千八百六十除不及故舍之分得二十二度不盡七千七百三十五卽以命分

大月不及故舍三十五度萬七千八百六十分度之萬四千三百三十五

大月者三十日爲一月也

術曰置大月三十日

大月加經積分四百四十一得二萬八千二百則大月之積分也以九百四十除之卽得

以月後天十三度十九分度之七乘之爲實又以度分母乘日分母爲法實如法得積後天四百一度萬七千八百六十分度之九百四十

以月後天分乘大月積分七百一十六萬二千八百則積後天之分也

以周天除之

除積後天分得一周天卽去之

其不足除者

不足除者六十三萬九千四百三十五是也

此月不及故舍之分度數

臣鸞曰求大月不及故舍法置三十日以九百四十乘之得二萬八千二百以後天分二百五十四乘之得七百一十六萬二千八百爲實以萬七千八百六十爲法以除實得四百一度不盡九百四十卽以命分還通分內子復本實更以周天六百五十二萬三千三百六十五爲法除本實得一周餘不足除積六十三萬九千四百三十五分以萬

七千八百六十爲法以除實得大月不及故舍三
十五度不盡萬四千三百三十五卽命分也
經月不及故舍二十九度萬七千八百六十分度之
九千四百八十一
經常也常月者一月月與日合數
術曰置經月二十九日九百四十分日之四百九十
九
經月者以十九乘周天分一千四百六十一得二
萬七千七百五十九則經月之積以九百四十除
之卽得
以月後天十三度十九分度之七乘之爲實又以度
分母乘日分母爲法實如法得積後天三百九十四
度萬七千八百六十分度之萬三千九百四十六
以月後天分乘經月積分得七百五萬七百八十
六則積後天之分
以周天除之
除積後天分得一周天卽去之
其不足除者
不足除者五十二萬七千四百二十一是也
此月不及故舍之分度數
臣鸞曰求經月不及故舍法以十九乘周天分千
四百六十一得二萬七千七百五十九卽經月積
分以九百四十除積分得經月二十九日九百四
十分日之四百九十九還通分內子得本經月積
分以後天分乘本積分得七百五萬七百八十六
卽後天之積分更以萬七千八百六十除之得積
後天三百九十四度不盡萬三千九百四十六卽
以命分還通分內子得本後天積分爲實以周天
六百五十二萬三千三百六十五除之得一周餘
分五十二萬七千四百二十一卽不及故舍之分
以一萬七千八百六十除之得經月不及故舍二
十九度不盡九千四百八十一卽以命分
冬至晝極短日出辰而入申
如上日之分入何宿法分十二辰於地所圓之周
舍相去三十度十六分度之七子午居南北卯酉
居東西日出入時立一游儀以望中央表之晷游
儀之下卽日出入
陽照三不覆九
陽日也覆猶徧也照三者南三辰巳午未
東西相當正南方
日出入相當不覆三辰爲正南方
夏至晝極長日出寅而入戌陽照九不覆三
不覆三者北方三辰亥子丑冬至日出入之三辰
屬晝晝夜互見是出入三辰分爲晝夜各半明矣
考靈曜曰分周天爲三十六頭頭有十度九十六
分度之十四長日分於寅行二十四頭入於戌行
十二頭短日分於辰行十二頭入於申行二十四
頭此之謂也
東西相當正北方
出入相當不覆三辰爲北方
日出左而入右南北行
聖人南面而治天下故以東爲左西爲右日冬至
從南而北夏至從北而南故曰南北行
故冬至從坎陽在子日出巽而入坤見日光少故曰
寒
冬至十一月斗建子位在北方故曰從坎坎亦北
也陽氣所始故曰在子巽東南坤西南日見少晷
陽照三不覆九也
夏至從離陰在午日出艮而入乾見日光多故曰暑
夏至五月斗建午位在南方故曰在午艮東北乾
西北日見多晷陽照九不覆三也
日月失度而寒暑相姦
考靈曜曰在璿璣玉衡以齊七政璿璣未中而星
中是急急則日過其度不及其宿璿璣玉衡中而
星未中是舒舒則日不及其度夜月過其宿璿璣
中而星中是周周則風雨時風雨時則草木蕃盛
而百穀熟故書曰急常寒若舒常燠若急舒不調
是失度寒暑不時卽相姦
往者詘來者信也故屈信相感
從夏至南往日益短故曰詘從冬至北來日益長
故曰信言來往相推詘信相感更衰代盛此天之
常道易曰日往則月來月往則日來日月相推而
明生焉寒往則暑來暑往則寒來寒暑相推而歲
成焉往者詘也來者信也詘信相感而利生焉此
之謂也
故冬至之後日右行夏至之後日左行左者往右者
來
冬至日出從辰來北故曰右行夏至日出從寅往
南故曰左行
故月與日合爲一月
從合至合則爲一月

日復日爲一日

從旦至旦則爲一日

日復星爲一歲

冬至日出在牽牛從牽牛周牽牛則爲一歲也

外衡冬至

日在牽牛

內衡夏至

日在東井

六氣復返皆謂中氣

中氣月中也言日月往來中氣各六傳曰先王之正時履端於始舉正於中歸餘於終謂中氣也

陰陽之數日月之法

謂陰陽之度數日月之法

十九歲爲一章

章條也言閏餘盡爲法章條也乾象曰辰爲歲中以御朔之月而納焉朔爲章中除朔爲章月月差爲閏

臣鸞曰歲中除章中爲章歲求餘法置中氣相去三十日十六分日之七通分內子得四百八十七又置從朔至朔一月之日二十九日九百四十分日之四百九十九通之得二萬七千七百五十九二者法異當同之者以中氣分母十六乘朔分得四十四萬四千一百四十四變爲中氣積分也以朔分母九百四十乘中氣分得四十五萬七千七百八十爲朔日積分以少減多求等數平之得一千九百四十八爲法除中氣積得二百二十八卽章中也更以一千九百四十八除朔積分得二百三十五卽章月也章月與章中差七卽一章之閏更置二百二十八以歲中十二除之得十九爲章歲也更置章月二百三十五以章歲十九除之得十二月十九分月之七卽一年之月也

四章爲一蔀七十六歲

蔀之言齊同日月之分爲一蔀也一歲之月十二月十九分月之七通分內子得二百三十五一歲之日三百六十五日四分日之一通之得一千四百六十一分母不同則子不齊當互乘之以齊同之者以日分母四乘月分得九百四十卽一蔀之月以月分母十九乘日分得二萬七千七百五十九卽一蔀之日以日月分母相乘得七十六得一蔀之歲以一歲之月除蔀月得七十六歲又以一歲之日除蔀日亦得七十六矣歲月餘既終日分又盡衆殘齊合羣數畢滿故謂之蔀

臣鸞曰求蔀法列章歲十九以四乘之得一蔀七十六歲求一蔀之月法十二月十九分月之七通分內子得二百三十五卽月分也更列一歲三百六十五日四分日之一通分內子得一千四百六十一以日分母四乘月分得九百四十卽一蔀之月以月分母十九乘日分得二萬七千七百五十九卽一蔀之日以日分母四乘月分母十九得七十六卽一蔀之歲更以月分母十九乘蔀月九百四十得萬七千八百六十爲實以十二月十九分月之七通分內子得二百三十五爲法以除實得七十六亦一蔀之歲也更列一蔀之日二萬七千七百五十九以分母四乘之得十一萬一千三十六爲實以周天分千四百六十一除之得一蔀之歲七十六也

二十蔀爲一遂遂千五百二十歲

遂者竟也言五行之德一終竟極日月辰終也乾鑿度曰至德之數先立金木木火土五凡各三百四歲五德運行日月開闢甲子爲蔀首七十六歲次得癸卯蔀七十六歲次壬午蔀七十六歲次辛酉蔀七十六歲凡三百四歲木德也主春生次庚子蔀七十六歲次己卯蔀七十六歲次戊午蔀七十六歲次丁酉蔀七十六歲凡三百四歲金德也主秋成次丙子蔀七十六歲次乙卯蔀七十六歲次甲午蔀七十六歲次癸酉蔀七十六歲凡三百四歲火德也主夏長次壬子蔀七十六歲次辛卯蔀七十六歲次庚午蔀七十六歲次己酉蔀七十六歲凡三百四歲水德也主冬藏次戊子蔀七十六歲次丁卯蔀七十六歲次丙午蔀七十六歲次乙酉蔀七十六歲凡三百四歲土德也主致養其德四正子午卯酉而朝四時焉凡一千五百二十歲終一紀復甲子故謂之遂也求五德日名之法置一蔀者七十六歲德四蔀因而四之爲三百四歲以一歲三百六十五日四分日之一乘之爲十一萬一千三十六以六十去之餘三十六命甲子算外得庚子金德也求次德加三十六去之命如前則次德日也求算蔀名置一章歲數以周天分乘之得二萬七千七百五十九以六十去之餘三十九命以甲子算外得癸卯蔀求蔀加三十九滿六十去之命如前得次蔀

臣鸞曰求遂法列一蔀七十六歲以二十乘之得千五百二十歲即以遂之歲求五德金木水火土法列一蔀七十六歲以周天分千四百六十一乘之得十一萬一千三十六即以六十除之餘三十六命從甲子算外得庚子凡三百四歲主秋威金德也加三十六得七十二以六十除之餘十二命從甲子算外得丙子凡三百四歲火德主夏長文放此求蔀名列一章十九歲以周天分一千四百六十一歲乘之得二萬七千七百五十九以六十去之餘三十九命從甲子算外得癸卯蔀七十六歲復加三十九亦六十去之餘十八命亦起甲子算外文得壬午蔀文放此至甲子即止之

三遂爲一首首四千五百六十歲

首始也言日月五星終而復始也考靈曜曰日月首甲子冬至日月五星俱起牽牛初日月若合璧五星如聯珠青龍甲寅攝提格遂四千五百六十歲積及初故謂首也

臣鸞曰求一首法列遂一千五百二十歲三之得一首四千五百六十歲也

七首爲一極極三萬一千九百二十歲生數皆終萬物復始

極終也言日月星辰弦望晦朔寒暑推移萬物生育皆復始故謂之極

臣鸞曰求極先列一首四千五百六十以七乘之得一極三萬一千九百二十歲也

天以更元作紀曆

元始作爲七紀法天數更始復爲法述之

何以知天三百六十五度四分度之一而日行一度而月後天十三度十九分度之七二十九日九百四十分日之四百九十九爲一月十二月十九分月之七爲一歲

非周髀本文蓋人問師之辭其欲知度之所分法術之所生耳

周天除之

除積後天分得一周即棄之

其不足除者如合朔古者包犧神農制作爲曆度元之始見三光未如其則

三光日月星則法也

日月列星未有分度

列星之初列謂二十八宿也

日主晝月主夜晝夜爲一日日月俱起建星

建六星在斗上也日月起建星謂十一月朔日冬至日也爲曆術者度起牽牛前五度則建星其近也

月度疾日度遲

度日月所行之度也

日月相逐於二十九日三十日間

言日月二十九日則未合三十日復相過

而日行天二十九度餘

如九百四十分日之四百九十九

未有定分

未知餘分定幾何也

於是三百六十五日南極影長明日反短以歲終日影反長故知之三百六十五日者三三百六十六日者一

影四歲而後知差一日是爲四歲共一日故歲得四分日之一

故知一歲三百六十五日四分日之一歲終也月積後天十三周又與百三十四度餘

經數月後天之周故度求之餘者未知也言欲求之也

無慮後天十三度十九分度之七未有定

無慮者粗計也此已得月後天數而言未有者求之意未有見故也

於是日行天七十六周月行天千一十六周及合於建星

月行一月則行過一周而與日合七十六歲九百四十周天所過復九百四十日七十六周并之得一千一十六爲一月後天率分盡度終復還及初也

臣鸞曰求於是日行天七十六周日行天千一十六周及合於建星法以九百四十周并七十六周得一千一十六周則日月氣朔合於建星

置月行後天之數以日後天之數除之得一十三度十九分度之七則月一日行天之度

以日度行率除月行率一日得月度幾何置月行率一千一十六爲實日行率七十六爲法實如法而一法及餘分皆四約之與乾象同歸而殊途義等而法異也

復置七十六歲之積月

置章歲之月二百三十五以四乘之得九百四十

則蔀之積月也

以七十六歲除之得十二月十九分月之七則一歲之月

亦以四約法除分蔀歲除月與章歲除章月同

置周天度數以十二月十九分月之七除之得二十九日九百四十分日之四百九十九則一月日之數

通周天四分日之一爲千四百六十一通十二月十九分月之七爲二百三十五分母不同則子不齊當互乘以同齊之以十九乘千四百六十一爲二萬七千七百五十九以四乘二百三十五爲九百四十及以除之則月與日合之數

臣鸞曰求日行一度法還置前一千一十六以七十六歲除之得十三度不盡二十八以求等平於四以四約餘得七約分得十九是十三度十九分度之七更列一章歲積月二百三十五以周天分母四乘之即一蔀月九百四十亦以七十六歲除之得一歲之十二月十九分月之七餘分及法並以四約更通周天得千四百六十一復通十二月十九分月之七得二百三十五分母不同互乘之以月分母十九乘日分得二萬七千七百五十九以日分母四乘月分得九百四十除之二萬七千七百五十九得二十九日九百四十分日之四百九十九而月與日合此其數也

欽定古今圖書集成曆象彙編曆法典

第一百十二卷目錄

曆法典第一百十二卷

算法部彙考四

漢徐岳數術記遺

數術

余以天門金虎呼吸精泉

按星經云昴者西方白虎之宿太白者金之精也太白入昴金虎相薄法有兵亂周宣王時有人採薪於郊間歌曰金虎入門呼長精吸兀泉時人莫能知其義老君曰太白入昴兵其亂徐氏名岳東萊人蓋以漢室版蕩又譎詭見於天將訪名山自求多福也

羽檄星馳郊多走馬

按漢微天下兵必露檄插羽也老君曰天下有道却走馬以糞天下無道戎馬生於郊也

遂負帙游山躡跡志道

躡跡者兩足共躡一足跡也漢文帝河上公躡跡爲士

備歷丘嶽林壑必過乃於太山見劉會稽博識多聞徧於數術余因受業頗稔所由余時問曰數有窮乎會稽曰吾曾游天目山中

會稽官號漢中人也按曆志稱靈帝光和中穀城守門候太山劉洪造乾象曆又制月行遲疾陰陽曆自洪始也方於太初四分轉精密矣洪後爲會稽太守劉洪付乾象於東萊徐岳又授吳中書令闞澤澤甚重焉爲注解今案地記天目山在吳興之界

見有隱者世莫知其名號曰天目先生余亦以此意問之先生曰世人言三不能比兩乃云捐悶與四維

藝經云捐悶者周公作也先本位以十二時相從其文曰周有文章虎不如龍豕者何爲來入兔宮王孫出卜乃造黃鐘犬就馬廐非類相從羊奔蛇穴牛入雞籠徐援稱捐悶乃是奇兩之術發首郎奇一後乃奇兩者卽爲疑更調曰大豬東行逝虎坑兔子欲宿入馬廐羊來入村狗所屯大牛何知乘龍上蛇往西方入猴鄉雞鳴不止夜字闕二其言三不能比兩者孔子所造也布十干於其方戊己在西南維其文曰火爲木生甲呼丁夫婦義重己隨壬貴遺則統領辛參南內妻則須守乙後火戊子天癸就庚四維東萊子所造也布十二時四維之一其文曰天行星紀石隨龍淵風吹羊圈天門地連兔居蛇穴馬到猴邊雞飛豬鄉鼠入虎廳孳亦有四維之戲與此異焉

數不識三妄談知十

三者上中下也十數昴一數也於先之意非止十等之名將關大衍之旨事一也

猶川人事迷其指歸乃恨司方之手爽

司方者指南車也孤疑論稱黃帝將見大隗於具茨之山至襄城之野川谷之山皋多斜曲川人曰積數之常乃固以之非指南車之爲爽乃指謂推司方所指者乃爲我等之西也然則指南豈其謬也乃行數里川人又曰司方所指我等之東也衆共論之爲疑笑於時容成子怪而問之川人以其狀白對容成曰在此望之具茨之山於汝住所復在何方川人又曰在我之東容成曰汝向言在西今更在東何言不常也此非山川之移川曲之斜人心之惑耳川人乃請於斜曲之中定東西南北之術容成曰當豎一木爲表以索繫之表引索繞表畫地爲規日初出影長則出圓規之外向中影漸短入規之中候西北隅影初入規之處則記之乃過中影漸長出規之外候東北隅影初出規之處又記之取二記之所卽正東西也折半以指表則正南北也川人志之以爲知方之術

未識刹那之賒促安知麻姑之桑田

按楞伽經云稱量長短者積刹那數以成日夜刹那量者壯夫一彈日指過頃遙六十四刹那二百四刹那名一怛刹那三十怛刹那名一婆羅三十婆羅名一摩睺羅多三十摩睺羅多子爲一日一夜其一日一夜有六百四十八萬刹那神仙傳稱麻姑謂王方平曰自接待以來見東海爲桑田向到蓬萊水乃淺於往者略半也豈復將爲陵陸乎方平乃曰東海行復揚塵耳

不辨積微之爲量詎曉百億與大千

按楞伽經云積微成一阿耨七阿耨爲一銅上塵七銅上塵爲一水上塵七水上塵爲兎毫上塵七兎毫上塵爲一羊毛上塵七羊毛上塵爲一牛毛上塵七牛毛上塵爲一嚮中由塵七嚮中由塵成一蟣七蟣成一蝨七蝨成一麥橫七麥橫成一指節二十四指節爲一肘四肘爲一弓去肘五百弓爲阿蘭惹據若摩竭國人一拘盧舍爲五里八拘盧舍爲一由旬一由旬計之爲四十里也及以算校之正得一十七里何者計二尺爲一肘四肘爲一弓弓長八尺也計五百弓有四千尺也八拘盧舍則有三萬二千尺除之得五千三百三十三步以里法三百步除之得一十七里餘二百三十三步華嚴經云四天下共一日月爲一世界有千世界有一小鐵圍山遶之名曰小千世界有一小千世界有中鐵圍山遶之名曰中千世界有中千世界有大鐵圍山遶之名曰大千世界此三千大千世界之中有百億須彌山乃今校之世有十億日月十億須彌山何者置小千世界之中有一千日月以一千乘之得一百萬卽中千世界中日月數也置中千世界日月之數以一千乘之得卽大千世界日月之數也又云四天下者須彌山南曰閻浮提山北曰鬱丹越山東曰闕提山西曰俱瞿耶尼山其日月一日一夜照四天下山南日中山北夜半山東日中山西夜半及以成事驗之則有疑矣何者按閻浮提人在須彌山南及至二月八月春秋分晝夜停以漏刻度之則晝夜各五十刻也然則日初出時東向視日之當我之東卽漏刻及其日沒當我之西五十刻其一日一夜之中遶三天下而來所以至曉亦得五十刻也胡以十萬爲億有百倍日月四天下等事有所未詳也

黃帝爲法數有十等及其用也乃有三焉十等者億兆京垓秭壤溝澗正載三等者謂上中下也其下數者十十變之若言十萬曰億十億曰兆十兆曰京也中數者萬萬變之若言萬萬曰億萬萬億曰兆萬萬兆曰京也上數者數窮則變若言萬萬曰億億億曰兆兆兆曰京也

按詩云胡取禾三百億兮毛注曰萬萬曰億此卽中數也鄭注云十萬曰億此卽下數也徐援受記云億億曰兆兆兆曰京也此卽上數也鄭注以數爲多故合而言之

從億至載終於大衍

按易經大衍之數五十其用四十有九又云天一地二天三地四天五地六天七地八天九地十天數五地數五天數二十有五地數三十凡天地之數五十有五也

下數淺短計事則不盡上數宏廓世不可用故其傳業惟以中數耳余時問曰先生之言上數者數窮則變既云終於大衍大衍有限此何得窮先生笑曰蓋未之思耳數之爲用言重則變以小兼大又加循環循環之理豈有窮乎

小兼大者備加董氏三等術數加更載爲煩故略焉

余又問曰爲算之體皆以積爲名爲復更有他法乎先生曰隸首注術乃有多種及余遺忘記憶數事而已

其一積等　其一太乙　其一兩儀　其一三才
其一五行　其一八卦　其一九宮　其一運算
其一了知　其一成數　其一把頭　其一龜算
其一珠算　其一計算

此等諸法隨須更位惟有九宮守一不移位依行色並應無窮

從積以來至珠算從一至於百千已上位更不變改位依行色者位依五行之色北方水色黑數一南方火色赤數二東方木色青數三西方金色白數四中央土色黃數五言位依行色各一位第一用元珠十位第二用赤珠百位第三用青珠千位第四用白珠萬位第五用黃珠千萬位以白縱繫黃珠萬萬位曰億以黃縱繫黃珠自餘諸位唯兼之故曰並應無窮也

余慕其術慮恐遺忘故與好事後生記之云耳積算

今之常算者也以竹爲之長四寸以效四時方三分以象三才言算法是包括天地以燭人情數始四時終於大衍猶如循環故曰今之常算是也

太一算太一之行去來九道

刻板橫爲九道豎以爲柱柱上一珠數從下始故日去來九道也

兩儀算天氣下通地禀四時

刻板橫爲五道豎爲位一位兩珠色青下珠色黃上珠其青珠自上而下第一刻主五第二刻主六第三刻主七第四刻主八第五刻主九其黃珠自下而上第一刻主一第二刻主二第三刻主三第

四刻主四而已故曰天氣下通地稟四時也

三才算天地和同隨物變通

刻板橫爲三道上刻爲天中刻爲地下刻爲人豎爲算位有三珠青珠屬天黃珠屬地白珠屬人又其三珠通行三道若天珠在天爲九在地主六在人主三其地珠在天爲八在地主五在人主二人珠在天主七在地主四在人主一故曰天地和同隨物變通也凡闕三元上元甲子一七四中元甲子二八五下元甲子三六九隨物變通也

五行算以生兼生生變無窮

五行之法水元生數一火赤生數二木青生數三金白生數四土黃生數五今爲五行算色別九枚以五行色數相配爲算之位假令九億八千七百六十五萬四千三百二十一者則以白算配黃爲九億以青算配黃爲八千以赤算配黃爲七百以元算配黃算爲六十以一黃算爲五萬以一白算爲四千以一青算爲三百以一赤算爲二十以元算爲一也故曰以生兼生生變無窮

八卦算針刺八方位闕從天

算爲之法位用一針鋒所指以定算位數一從離起指正南離爲一西南坤爲二正西兌爲三西北乾爲四正北坎爲五東北艮爲六正東震爲七東南巽爲八至九位闕卽在中央豎而指天故曰位闕從天也

九宮算五行參數猶如循環

九宮者卽二四爲肩六八爲足左三右七戴九履一五居中央五行參數者設位之法依五行已注於上是也

運籌算小往大來運於指掌

此法位別須算籌一枚各長五寸至一籌上各爲五刻上頭一刻近一頭刻之其下四刻迭相去一寸令去下頭亦一寸入手取四指三間間有三節初食指上節間爲一位第二節間爲十位第三節間爲百位至中指上節間爲千位中節間爲萬位下節間爲十萬位無名指上節間爲百萬位中爲千萬位下爲億也它皆倣此至算刻近頭者一刻主五其遠頭者一刻之別從下而起主一主二主三主四若一二三四頭則向下於掌中中若具五則廻取上頭向掌中故曰小往大來也廻游於手掌之間故曰運於指掌也

了知算首唯秉五腹背兩兼

了算之法一位爲一了字其了有三曲其下股之末內主一外主九下次第一曲內主二外主八當第二曲內主三外主七其第三曲內主四外主六當了字之首則主五故曰首唯秉五腹背兩兼也

成數算春夏生養秋收冬成

算之法位別須五色算一枚其一算之象頭各以黃色爲本以生數也餘色爲首其五行各配土爲成數也水元生數一成數六火赤生數二成數七木青生數三成數八金白生數四成數九若以首向東及南爲生數向西及北爲成數假令有九億八千七百六十五萬四千三百二十一者則以白算首向北爲九億以青算首向西爲八千以赤算首向北爲七百以元算首向西爲六十以黃算一枚豎爲五萬以白算首向東爲四千以青算首向南爲三百以赤算首向東爲二十以元算首向南爲一也故首向東向南爲生數向西向北爲成數故云春夏生養秋收冬成也

把頭算以身當五目視四方

把頭之法別須算二枚一漫一齒者一面刻爲一其一面爲二一面爲三其一面爲四也漫者爲把爲猶卽當五算生齒者爲把頭一目當一算故曰以身當五目視四方也

龜算春夏秋成遇冬則停

爲算之法位別一龜龜之四面爲十二時以龜首指寅爲一指卯爲二指辰爲三指巳爲四指午爲五指未爲六指申爲七指酉爲八指戌爲九指亥爲十龜頭指不以爲數故云遇冬則停也

珠算控帶四時經緯三才

刻板爲三分其上下二分以停游珠中間一分以定算位位各五珠上一珠與下四珠色別其上別色之珠當五其下四珠珠各當一至下四珠所領故云控帶四時其珠游於三方之中故云經緯三才也

計數既捨數術宜從心計

言捨數術者謂不用算籌宜以心計之或問曰今有大水不知廣狹欲不用算籌度而知之假令於水北度之者在水北置三表令南北相直各相去一丈人在中表之北平直相望北水岸令三相直卽記南表相望相直之處其中表人目望處亦記之又從中相望處直望水南岸三相直看南表相

直之處亦記之取南表二記之處高下以等北表點記之還從中表前望之所北望之北表下記三相直之北即河北岸也又望上記三相直之處即河北岸中間則水廣狹也或曰今有長竿一枚不知高下既不用籌算云何計而知之答曰取竿之影任其長短畫地記之假令手中有三尺之物亦豎之取杖下之影長短以量竿影得矣或問曰今有深坑在上看之可知尺數幾否答曰以一丈極意長短假令以一丈之杖擲著坑中人在岸上手提之一杖舒手望坑中之杖遙量知其寸數即令一人於平地捉一丈之杖漸令却行以前者遙望坑中寸量之與望坑中數等者即得或問曰令甲乙各驅羊一羣人各問多少而甲曰更得乙一口即加五多於甲問各幾何答曰甲九口乙十一口或問曰甲乙各驅羊行人問其多少甲曰我得乙一口即與乙等乙曰我得甲一口則倍多於甲問各幾何答曰甲二乙四或問曰今有雞翁一隻直五文雞母一隻直四文雞兒一文得四隻合有錢一百文買雞大小一百隻問各幾何答曰雞翁十五隻雞母一隻雞兒八十四隻各大小一百隻計數多少略舉其例或問曰今有雞翁一隻直四文雞母一隻直三文雞兒三隻直一文合有錢一百文還買雞大小一百隻問各幾何答曰雞翁八隻雞母十四隻雞兒七十八隻合一百隻

或問鸞曰世人乃云算位者算子則豎信有之乎鸞答之曰依如針算則以針鋒指八卦之位一從離起左行周帀至巽八位既合及其至九無位可指是以在中豎而指天故曰有位合算子豎之名也又問鸞曰昔有吳人趙達用一等之法頭乘尾除其有此術乎鸞答之曰此乃傳之失實猶公獲夔一足丁氏穿井而獲一人也何者按乘之法重張其位以上呼一置得於中置所除之數於下又置得於上亦三重張位然則乘之與除法用不同欲以一算上下當六重之身增損爲衆位之實若其神也則藉一算之功如其凡也理不可爾問者又曰若如來指爲妄矣此言何從而至鸞答之曰此亦傳之過實也何者積一算者蓋一位用一算也頭乘尾除者欲使乘別位乘時以針鋒指之除時則用針尾擣之故有頭乘尾除之名也

宋謝察微算經

大數

一大數之始也　十十個一爲十　百十個十爲百　千十個百爲千

萬十千爲萬數之成也　十萬　百萬　千萬

億萬萬曰億　十億　百億　千億

萬億　十萬億　百萬億　千萬億

兆萬萬億　京萬萬兆　垓萬萬京　秭萬萬垓

小數

分十釐爲分　釐十毫　毫十絲　絲十忽　忽十微

微十纖　纖十沙　沙十塵　塵埃渺

度

丈十尺　尺十寸　寸十分　分十釐

釐　毫　絲　忽同已上

疋四丈今[illegible]定例　端五丈今亦不

量

石十斗　斗十升　升十合　合十勺

勺十抄　抄十撮　撮十圭　圭六粟

粟即一粒之粟也　斛古一石今五斗或二十五升　釜六斗四升

庾十六斗　秉十六斛

衡

斤十六兩　兩二十四銖　銖十絫　絫十黍

黍禾方得而有準　秤原十五斤或三十斤今二十斤　鈞二秤

石四鈞　引二百斤

今兩之下惟用錢分釐毫絲忽也

畝

畝橫一步直二百四十步即闊一丈長六十丈也

若以自方五尺計之積六千尺也

步方五尺也　分五寸　釐半寸　毫

絲　忽　里三百六十步

計一百八十丈約人行一千步

頃今以百畝爲頃

頃畝者乃積稅之總也二十四步爲一分十分爲畝畝之以下曰釐毫絲忽

角一畝分爲四角每角六十步也

九章名義

一曰方田以御田疇界域　二曰粟布以御交質變易

三曰衰分以御貴賤廩稅　四曰少廣以御積冪方圓

五曰商功以御功程積實　六曰均輸以御遠近勞費

七曰盈朒以御隱雜互見　八曰方程以御錯糅正負

九曰句股以御高深廣遠

用字例義

法除數也　實本數也　因法之單數又曰歸數也

加增添也 減除少也 乘法之多位也 歸先歸後除合名也
除減少也 積乘成之數也 乘法實合變數也 如九數用此下一位也
身本位也 則法也 左上邊大位也 右下邊小位也
縱直長也 橫廣闊也 廣橫闊也 闊橫廣也
直長也 面方面也 高立起也 深陷下也
倍加上本數也 併二數相合也 截割斷也 分擘開也
原初數也 差多少不同數也 通會同其數 變改換其數
約量度也 中算盤之中 進移上前一位 逢遇有數而言注
上脊梁之上又位之左 下脊梁之下又位之右 挨隨身變數也 退移下後一位
句闊也 股長也 弦句股斜去日弦弧矢亦有弦也
斜兩隅相去又不正也 隅曲角也 長直也 周外圍也
較相減餘也 廉方直也 方四面同數 徑周中之弦
脊盤中橫梁隔木 列位各置位次 折半減去一半 還原復舊數也
商除心與意商量而除之也 相乘長闊或銀貨等 自乘法實數自相乘
再乘自乘之而又乘 徧乘先以一法徧乘諸數 商總合用商闘之法於盤中
開方即自乘還原也 開立即自乘再乘之還原也
中實即商總也 併率如一二三四五併得十五數也 得令斤兩貫箇石等類也
得術乃法首位每下該得之名 互乘如四處數目上下斜角相乘
相較如二數以少減多餘日較 合得算數定奪
維乘四處顛倒相乘 若干一爲數始十爲數終未算難定 幾何與若干相同

夢溪筆談

算法

審方面勢覆量高深遠近算家謂之朿術朿之文象形如繩木所用墨斗也求星辰之行步氣朔消長謂之綴術謂不可以形察但以算數綴之而已北齊祖暅有綴術二卷

算術求積尺之法如芻萌芻童方池冥谷塹堵鼈臑圓錐陽馬之類物形備矣獨未有隙積一術古法凡算方積之物有立方謂六冪皆方者其法再自乘則得之有塹堵謂如土牆者兩邊殺兩頭齊其法併上下廣折半以爲之廣以直高乘之又以直高爲句以上廣減下廣餘者爲股句股乘弦以爲斜高有芻童謂如覆斗者四面皆殺其法倍上長加入下長以上廣乘之倍下長加入上長以下廣乘之併二位法以高乘之六而一隙積者謂積之有隙者如累棊層壇及酒家積罌之類雖似覆斗四面皆殺緣有刻缺及虛隙之處用芻童法求之常失於數少予思而得之用芻童法爲上行下行別列下廣以上廣減之餘者以高乘之六而一併入上行

假令積罌最上行縱橫各二罌最下行各十二罌行行相次先止以上行相次率至十二當十一行也以芻童法求之以上行二倍之得四併入下長得十六以上廣二乘之得三十二又倍下長得二十四以上廣二併入共得二十六以下廣十二乘之得三百一十二以十六與二相乘所得之三十二併之共得三百四十四以高十一乘之得三千七百八十四爲實重列下廣十二以上廣二減之餘十以高十一乘之得一百一十併入實內共三千八百九十四以六歸之得六百四十九此爲罌數也芻童求見實方之積隙積求見合角不盡蓋出羨積也

履畝之法方圓曲直盡矣未有會圓之術凡圓田既能折之須使會之復圓古法惟以中破圓法折之其失有及三倍者予別爲折會之術置圓田徑半之以爲弦又以半徑減去所割數餘者爲股各自乘以股除弦餘者開方除爲句倍之爲割田之直徑以所割之數自乘退一位倍之又以圓徑除所得加入直徑爲割田之弧再割亦如之減去已割之數則再割之數也

假令有圓田徑十步欲割二步以半徑爲弦五步自乘得二十五又以半徑減去所割二步餘三步爲股自乘得九用減弦外有十六開平方除得四步爲句倍之爲所割直徑以所割之數二步自乘爲四倍之得爲八退上一位爲四尺以圓徑除今圓徑十已是盈數無可除只用四尺加入直徑爲所割之弧凡得圓徑八步四尺也再割亦依此法如圓徑二十步求弧數則當折半乃所謂以圓徑除之也

此二類皆造微之術古書所不到者漫志於此

欽定古今圖書集成曆象彙編曆法典

曆法典第一百十三卷

算法部彙考五

算法統宗一 明程大位著

序目

夫算非小技也有熊氏命隸首創焉周官則置保氏教國子以六藝而數居其一惟是數以候夫算算以成夫數固二而一者也藉令算爲小技何古先哲王用意勤篤如是哉迺今隸首遠矣保氏之職廢精其理者代不數人程汝思氏悵然有恫於衷爰輯算法統宗若干卷汝思少遊吳楚歷大澤名山老憩丘園舉平生師友之所講求咨詢之所獨得者提綱挈要縷析支分著是編而迪來學儻其中有前賢未及者而汝思悉爲闡明之汝思謂余曰大位悅孫武子兵家言而感其通於事理也曰多算勝少算不勝而況於無算乎迄今疇爲隸首而吾幾其徒耶疇爲保氏而吾幾其副耶匪汝思自任所事思之自得者耳汝思之書具在一寓目而千古所謂方田以下旁要以上九數云者靡不了了於胷臆間始知汝思之稱說不迂矣余謂汝思不佞於此道未見一斑第嘗讀漢記至安定嵩眞元菟元理一能自算其年壽一能爲友人算囷米舉所食筋十餘轉不差圭合其術後相授受得其分數而失元妙焉不佞未嘗不欣慕而抱願見之思今觀汝思駸駸乎跂元妙之歸無讓嵩眞元理當吾世而獲覯其人一何快哉吳繼綬著

算義總

總說　河圖　洛書

伏羲則圖作易四圖　洛書釋數

九宮八卦圖　洛書易換數

黃鐘萬事根本圖　先賢格言

算法提綱　九章名義

算學節要　乘除用字釋

用字凡例　數附韻馬式　大數　小數

度　量　衡　畝　諸物輕重數

錢鈔名數　定算盤位次實左法右論

九九八十一　九九合數

九歸歌　因乘論

九歸論　商除論

加法論　減法論

約分法論　通分法論

異乘同除論　異乘同乘論

異除同除論　開平方法論

開立方法論　倍法論

折半法論　定位總歌凡三

直指定位訣　定法實訣

歸除法實凡四　總訣

初學盤式圖　九因八問

九歸九問　乘法八問

歸除十問 歸一 撞歸法 起一還原法

加法四問　減法三問

商除二問　約分四問

乘分一問　課分一問

通分七問　差分七問

異乘同除五問一圖　同乘異除一問

異乘同乘一問　異除同除一問

同乘同除一問　傾煎論色六問

方田章第一

丈量田地總歌凡二　丈量步車圖併製釋

方圓定則九圖　各種田形圖凡七十一

方圍方束圖解　田畝演段根源圖解

方圓論說附圖　方圓環總圖說

帶分母用約分法六問　休邑科則凡二

畝法論　古今折步

粟布章第二

粟布八問 諸數率數

盤量倉窖一十六問　官糧帶耗三問

各處鹽場散堆量算引法一問

衡法二十四問　煉鎔銅鐵礦三問

度法九問　就物抽分三問

衰分章第三

合率差分十問　四六差分五問

二八差分三問　三七差分四問

折半差分三問　遞減挨次差分十問

帶分母子差分四問　互和減半差分八問
匿價差分四問　貴賤差分三問
仙人換影六問　物不知總三問

少廣章第四

開平方法　開平求廉率作法本源圖
方廉隅圖五問　一方四廉兩隅演段圖一問
歸除開平方二問　歸除平方帶縱一問
帶縱開平方四問　長闊相和一問
長闊相差一問　平圓三問
開平方遍分法二問　方圓三稜三圖七問
演段根源開方解附圖　帶縱平方圖一問
長闊相差求和圖二問　減縱開方圖一問
減縱飜積圖　方圓求徑圖一問
減積帶縱開平方一問又名鎮方　附圖
大小三方總一圖一問　開立方法四問
立圓法二問　歸除開立方法二問
開立方帶縱法三問　三乘方法一問
開立方廉隅圖一問　求米倉窖盛貯九問
分田截積法十一圖十五問　圭田截積法四圖四問
梯田截積法二圖二問　環田截積法二圖二問
圓田截積法一圖二問　弧矢法三圖三問

商功章第五

堅河渠濠四問　築臺五問
築牆五問　築方錐三問
築方圓臺三問　築堤一問
開渠一問附推問七　堆粲九問
挑土計方一問　量木梱三問

均輸章第六

問答凡二十七

盈朒章第七

盈不足六問　兩盈兩不足四問
盈適足不足適足六問　取錢買物法三歌五問

方程章第八

二色歌二問　三色歌五問
四色歌二問

句股章第九

句股名義一十三　句股論說釋義
求弦求股求句容方容圓等圖二十九問
求高求遠法四圖七問　難題附亦分列九章

算義總一

總說

數何肇其肇自圖書乎伏羲得之以畫卦大禹得之以序疇列聖得之以開物成務凡天官地員律曆兵賦以及纖悉秒忽莫不有數則莫不本於易範故今推明直指算法輒揭河圖洛書於首見數有原本云

河圖

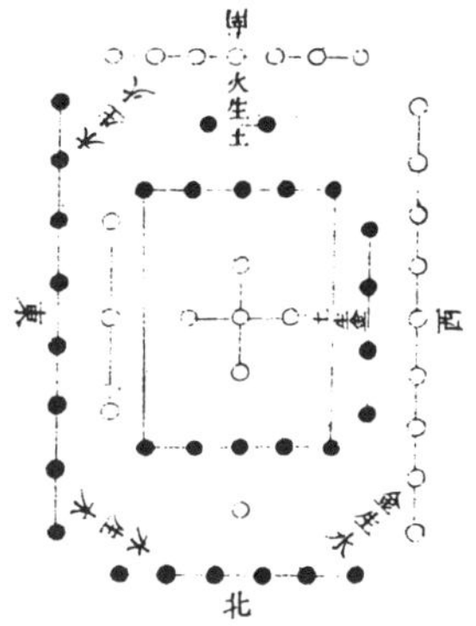

河圖者伏羲氏王天下龍馬負圖出河遂則其文以畫八卦

河圖以相生爲序故右行自北而東而南而中而西復始於北

天數一三五七九積二十五
地數二四六八十積三十

共積五十五數此所以成變化而行

求積法曰置天一地十併得十一以十乘之得一百一十折半得五十五爲天地之數也

洛書

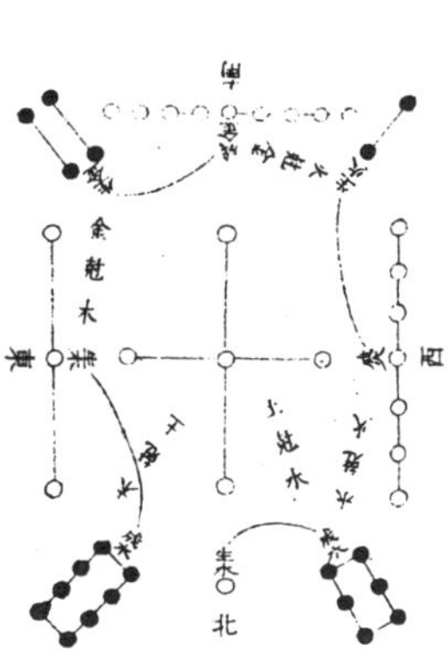

洛書者禹治水時神龜負文列於背有數至九禹遂因而第之以成九疇

洛書以相克爲序故右轉自北而西而南而東而中復始於北

蓋取龜象故其數戴九履一左三右七二四爲肩六八爲足

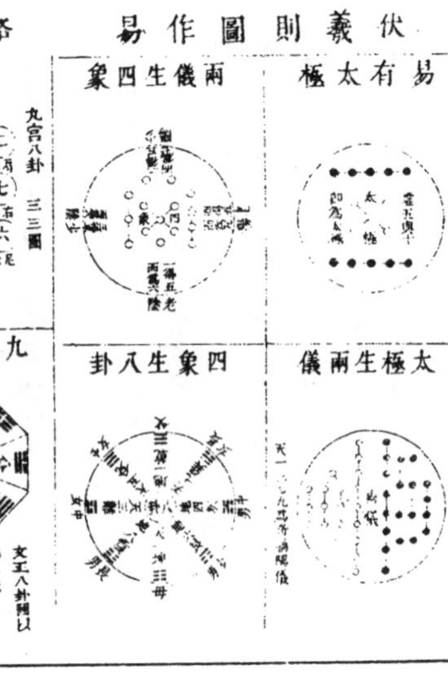

洛書釋數

九宮八卦三三圖

九宮八卦圖

文王八卦圖以釋上義　八卦內太極爲中五併之乃爲九宮之位

洛書易換數

此圖要換前圖　上下左右兩換

易換術曰九歸斜排上下對易左右相換四維挺出

先以上一對換下九次以左七對換右三換畢將四維挺出平直列三行即如前圖縱橫斜角皆積十五數

求積法曰併上下數一九共十以九乘之得九十折半得積四十五爲實以三行爲法除之得縱橫斜角皆十五數也

黃鍾萬事根本圖

黃鍾生度　黃鍾之管其長積秬黍中者九十粒一粒爲一分十分爲寸十寸爲尺十尺爲丈十丈爲引

黃鍾生量　黃鍾之管其長廣容秬黍中者一千二百粒爲一勺十勺爲合十合爲升十升爲斗十斗爲斛

黃鍾生衡　黃鍾所容千二百黍爲勺重十二銖兩勺則數四銖爲兩十六兩爲斤三十斤爲鈞四鈞爲石

黃鍾生律　黃鍾之長九寸空圍九分積一百一十分是爲律本十二律由是而損益焉　隔八相生圖釋具載

先賢格言 改調西江月

智慧童蒙易曉愚頑皓首難聞世間六藝任紛紛算乃人之根本知書不知算法如臨暗室昏昏謾同高手細評論數徹無繁方寸

算法提綱 習學之法

一要先熟讀九歌二要誦歸除歌法三要知加減定位四要知度量衡畝五要知諸分母子六要知長闊堆積七要知盈朒互隱八要知正負行㑹九要知句股弦數十要知開方各色

九章名義

數學從來有九歸方田粟布易推詳衰分辨別貴和賤少廣開除圓與方商度功稅術最妙均平輸運法最艮盈朒得互須列位方圓正負要排行若算高深併廣遠好將句股細思量

一曰方田以御田疇界域　二曰粟布以御交質變易　三曰衰分以御貴賤廩稅　四曰少廣以御積冪方圓　五曰商功以御功程積實　六曰均輸以御遠近勞費　七曰盈朒以御隱雜互見　八曰方程以御錯揉正負　九曰句股以御高深廣遠

算學節要

學算之人須努力先將九數時時習呼如下位算爲先變其身數呼求十觀其法門果何如仔細斟量分法實若然法實既能知次求定位是爲急再考九歸及歸除又將減法細尋繹有能致意用工夫算學雖深可盡識

乘除用字釋

以者用也置者列也爲者數未定也得者數已成也呼者呼喚其數也命者言也首者第一位也尾者末位也身者本位也率者齊數也實者所問之物也法者所求之價也乘之者九字相生之數也除之者謂九歸歸除商除之類

用字凡例

法榛數也　實本數也　因法之單位者又由也　歸入己之數也

加增添也　減除少也　乘法之多位者　歸先歸後除合名也

除減少也　積乘成之數也　乘法實合變數也　如九數用此下一位也

身本位也　則法也　左上邊大位也　右下邊小位也

縱直長也　橫　廣俱闊也　闊橫廣也

直長也　面方面也　高立起也　深陷下也

倍加上本數也　併二數相合也　截割斷也　分撥開也

原初數也　差多少不同數也　通合同共數　變改換其數

約量度也　中算盤之中　進上前一移位　逢遇有逢數面言

上乔梁之上又位之左　下乔梁之下又位之右　挨隨身變數也　退下後一移位

句闊也　股長也　斜兩隅相去又不正也　弦句股斜日弦弧矢亦日

有弦　隅曲角也　長直也　周外圍也

較相減除也　廉方直也　方四面同數　徑圓中之弦

春盤中橫梁隔木 列位各置位次 折半減去一半 還原復歸數也

商除心與意商量而除之 相乘長闊銀貨等類 自乘法實數自相乘

再乘自乘之而又乘 遍乘先以一法遍乘諸數 商總分用商開之法

於盤中

開方卽自乘還原也 開立卽自乘再乘之還原也

中實卽商實也 併率如一二三四五併得十五數也 得令斤兩分節石寸

額也 得術乃法首位每下該得之名 互乘如兩遞數相類

乘例相 相較如二數以少減多餘曰較 合得算數定字

若干萬數如十萬數終未算難定 幾何與若干相同

數附暗馬式

㊀〡㊁〢㊂〣㊃〤㊄〥㊅〦㊆〧㊇〨㊈〩十

右大圈九字配合相生而成法也大圈之下小圈乃暗子馬數惟一二三不拘橫直正位數配合得宜不亂爲式

假如十一數作〡一二十二作〢二三十三作〣三四十四作〤〤五十七作〥〧六十九作〦〩

大數

一數之始 十十箇一爲十 百十十爲百 千十百爲千

萬十千爲萬數之成也 十萬 百萬 千萬

億萬萬曰億 十億 百億 千億

萬億 十萬億 百萬億 千萬億

兆萬萬億 京萬萬兆 垓萬萬京 秭萬萬垓

穰 溝 澗 正

載 極 恆河沙 阿僧祇

那由他 不可思議 無量數

自京垓以後世之罕用姑存之又按萬萬曰億萬萬億曰兆孟子註其麗不億解爲十萬誤也

小數

分十釐爲分 釐十毫 毫十絲 絲十忽

忽十微 微十纖 纖十沙 沙十塵

塵 埃 渺 漠

模糊 逡巡 須臾 瞬息

彈指 剎那 六德 虛空清淨

模糊以下雖有此名虛而無實公私亦不用

度所以分別長短之法

丈十尺 尺十寸 寸十分 分十釐

釐毫絲忽同前 疋四丈今無定則 端五丈今亦不一

量所以分別多寡之法

石十斗 斗十升 升十合 合十勺

勺十抄 抄十撮 撮十圭 圭十粟

粟卽一粒之粟 斛古一石今五斗或二十五升

釜六斗四升 庾十六斗 秉十六斛

衡所以分別輕重之法

斤十六兩 兩二十四銖 銖十絫 絫十黍

黍禾方得而有準以上是自斤而下者然今兩之下皆用錢分釐毫絲忽其銖絫黍等俱不用

秤原十五斤今二十斤或三十斤 鈞卽二秤三十斤 石四鈞

引二百斤以上是自斤而上者

畝所以分別田地闊狹遠近之法

步方五尺也 分五寸一分 釐半寸一爲一釐也 毫絲忽同

畝橫一步直二百四十步爲一畝每步止五尺若以丈計卽橫一丈直長六丈以尺計長橫計積六千尺

分二十四步爲一分十分爲一畝分之下亦有釐毫絲忽然止是步之分釐毫絲忽分是步十分之一

此是畝之釐毫絲忽分是畝十分之一

頃百畝爲頃 角一畝分爲四角每角六十步

里三百六十步爲一里計一百八十丈約人行一千步

諸物輕重數謂長闊高皆方一寸爲則

金重十六兩 銀重十四兩 玉重十二兩 鉛重九兩五錢

銅重七兩五錢 鐵重六兩 青石重三兩

按輕重數不知所本西法比例鉛大于金而重于銀與此不同

錢鈔名數

錢鈔之法謂之文一文之上有十文十十爲百文十百文爲千文千文爲一貫五貫爲一錠 一文之下亦有分釐毫絲忽之數

定算盤位次實左法右論

按洛書數曰左三右七則右者第一之行位也左者第二之行位也又按大學章句曰別爲序次如左則左者以後之事也又曰右傳之某章則右者以前之事也今當以初行爲右次行爲左以理而推之法當從右實當在左此乃不易之位也

九九八十一

一遍

一上一 二上二 三上三 四上四

五上五 六上六 七上七 八上八

九上九

二遍

一上一 二上二 三下五除二

四下五除一 五起五成一十

六上一起五成一十 七上二起五成一十

八退二成一十 九退一成一十

三遍

一上一 二下五除三 三上三

四起六成一十 五上五 六上六

七退三成一十 八退二成一十

九退一成一十

四遍

一上一 二上二 三起七成一十

四下五除一　五起五成一十
六退四成一十　七退三成一十
八上三起五成一十　九退一成一十

五遍
一下五除四　二起八成一十
三下五除二　四起六成一十
五上五　六上一起五成一十　七上七
八退二成一十　九退一成一十

六遍
一上一　二上二　三起七成一十
四下五除一　五起五成一十
六上六　七退三成一十
八退二成一十　九上四起五成一十

七遍
一上一　二下五除三　三上三
四退六成一十　五上五
六退四成一十　七上二起五成一十
八退二成一十　九退一成一十

八遍
一上一　二上二　三下五除二
四下五除一　五起五成一十
六上一起五成一十　七退三成一十
八退二成一十　九退一成一十

九遍
一上一　二上二　三上三　四上四
五上五　六上六　七上七　八上八
九退一成一十

九九合數乘除加減皆呼此數故呼小數在上大數在下

一一如一
一二如二　二二如四
一三如三　二三如六　三三如九
一四如四　二四如八　三四一十二　四四一十六
一五如五　二五得一十　三五一十五　四五得二十　五五二十五
一六如六　二六一十二　三六一十八　四六二十四　五六得三十　六六三十六
一七如七　二七一十四　三七二十一　四七二十八　五七三十五　六七四十二　七七四十九
一八如八　二八一十六　三八二十四　四八三十二　五八得四十　六八四十八　七八五十六　八八六十四
一九如九　二九一十八　三九二十七　四九三十六　五九四十五　六九五十四　七九六十三　八九七十二　九九八十一

右法遇十挨身上逢如下位加　謂句內有十字之數就本身之位上之若句內有如字之數下一位上之也

九歸歌呼大數在上小數在下

一歸
一歸不須歸一者原數不必歸也　其法故不立

二歸
二一添作五　逢二進一十　逢四進二十
逢六進三十　逢八進四十

三歸
三一三十一　三二六十二　逢三進一十
逢六進二十　逢九進三十

四歸
四一二十二　四二添作五　四三七十二
逢四進一十　逢八進二十

五歸
五一倍作二　五二倍作四　五三倍作六
五四倍作八　逢五進一十

六歸
六一下加四　六二三十二　六三添作五
六四六十四　六五八十二　逢六進一十

七歸
七一下加三　七二下加六　七三四十二
七四五十五　七五七十一　七六八十四
逢七進一十

八歸
八一下加二　八二下加四　八三下加六
八四添作五　八五六十二　八六七十四
八七八十六　逢八進一十

九歸
九歸隨身下　逢九進一十

右法與九九合數相混但記句法悄辨多數在先少數在次即九歸之句如八六七十四是歸六八四十八是因之類已上句法併後各樣歌訣皆學者所當熟記按一歸不須歸者爲單一數言耳若除法自兩位三位以上其法首或爲一十或爲一百一千則仍有逢一進一至逢九進九之用　九歸歌有法有實有得數有作實如云二一添作五者則二是法一是實五是得數其意是兩人分一數則各得其半如分一兩各得五錢也又此所分不能成一整數故不言進而但于本位添一作五故謂之添作也其云逢二者二即實也進一十者得數也兩人分二數則各得其一也所得旣爲整一故進前一位而謂之進一十逢二上宜有二字爲法數今不言者省文也餘做此其云三一三十一者三爲法一爲實三十爲得數末一字則餘實也其意如三人分一兩各得三錢仍餘一錢也此三十卽本位而餘實一則置于下位以待再分也餘做此其五歸倍作云者皆得數在本位倍之與添作五同其云六一下加四者六爲法一爲實又爲得數下加四者餘實也假如六人分一兩各得一錢而仍餘四錢以待再分也因得數在本位與實數同爲一故不用添倍即借原數爲得數而但于下位加餘實四卽得之矣他倣此

因乘法者單位曰因位數多曰乘通而言之乘也置所有物爲實以所求價爲法皆從末位而起如法乘之呼九字相生之數次第乘之呼如須次位言十在本身陞積謂之乘其數雖陞而位反降矣必須用定位之法而治之詳見於後

九歸歸除法者單位者曰歸位數多者曰歸除通而

言之曰歸除置所出率爲實以所求率爲法皆從實首位而起以法之首位用歸以次之位皆用除之故曰歸除歸者呼九歸之歌除者呼九字相生之數次第除之降積謂之除其數雖降而位反陞矣須詳定位訣而求之以法爲母以實爲子實如法而一法實相反失之千里必須用心詳玩直指定位法實訣於後或有畸零之不盡者設有約分之法而命之

商除法者商量法實多寡而除之古法未有歸除故用之不如歸除最是捷徑之法也然開方法用之

加法者隨母留身增添謂之加謂如正米每斗帶耗七合者留身以七合隔位加之又如每銀一兩加利三錢不破本身以三增之故謂之加法或用乘法而代之如每斗加七合就以一斗零七合乘之得正耗之數也

減法者卽曰定身除法約存原本之數而除之故謂之減假有正耗米共九斗只約正米八斗呼七八減去五升六合之類又如本利銀四兩每兩減去三錢只呼三三除減九錢得本銀三兩有零之類或用歸除而代之如正耗米爲實就以一斗零七合爲法歸除之得正米之數也

約分法者凡用除法多有畸零數之不盡位數多者以法約之則簡假如九百四十分之二百三十五以法約之得四分之一何也曰分母九百四十分乃是四箇二百三十五故謂四分之一也去其繁而截其約之故耳

通分法者謂法實帶有畸零之數若不設法通之則何由而置位乎假如畸零四分之一者就以一分之數變作四分加入零一分可用乘除而算之故曰通母凡公私皆不用之今但有畸零者至於毫忽以五收之以四去之算家若不精微豈可合得數乎

異乘同除者謂先應用除法而後用乘法者其除法多有畸零不盡之數則何出而用乘法乎故變法而先用乘法然後用歸除雖有畸零數之不盡者而可命之故曰異乘同除至於精奥其變通之大術矣

異乘同乘者謂如用四乘之又用五乘之再以七乘之者就變法以四乘五得二十再以七乘之得一百四十就以一百四十爲法乘之以代三次相乘而數不差矣

異除同除者謂用四歸之又用五歸之再用十二歸之者就變法以四乘五得二十再以一十二乘之得二百四十就以二百四十歸四除以代三次除也已上皆言算法變通之理

開平方法者謂如平地四面皆然也如長十步闊十步自乘得積一百步開者以積求方面之數也此法別是一種有實而無法則商約而除之所以最難之法也今新增歸除開平方而法之便矣

開立方法者立者立起之方也如長十尺闊十尺自乘得一百尺再以高十尺乘之得積一千尺開者以積求立方每面之數也有實而無法則商約而除之所以更難也今新增歸除開立方而法又便矣

倍法者加一倍是也法當用二因而位反降矣今變用五歸而位不降矣

折半法者謂減去一半是也法當用二歸而位反陞矣今變用五因而位不陞矣

定位總歌

數家定位法爲奇因乘俱向下位推加減只須認本位歸與歸除上位施法多原實逆上法位前得令順下宜法少原實降下數法前得令逆上知

又十二字訣

乘從每下得術歸從法前得令

定位祕訣

凡定位俱從實上原首位數起至遇法首位乘則每數卽斤兩貫鈞石等類除則不拘斤兩貫箇石等類則止

乘從每下得術

術者乃法首位每下該得之名也從實上原首位起往後順數至法首位每數則止於下位得法首每該之名是錢呼錢是石呼石是兩呼兩已上十百千萬已下釐毫合勺回向前數則陞依數呼之

歸從法前得令

令者斤兩貫鈞石等類亦從實上原首位起　實多法少者往後順數至法首之數則止轉向前一位得令往前逐位陞之令得　實少法多者亦從實上原首位數起往前逆數順至法首之數則止再進前一位得令回則往後降起

直指定位訣

用因乘定位訣曰預先以算盤上寫定萬千百十或項畝石斗兩錢之類因乘完畢得數莫動或云每畝科糧四升但以畝之下位得升以畝變斗以十變石以百畝變十石之類是也餘物倣此

用歸除定位訣有二條曰預先以算盤上寫定石斗或兩錢項畝步分之類

假如有米四百餘石每銀一兩糴米三石問共該銀若干法曰置米爲實以銀每兩糴米三石爲法除之得數莫動定位訣曰此是實多法少先從實首位起數原實百順下至石遇法首位是石則止前一位得令是兩又前一位是十兩又前一位是百兩此是逆上

假如麥四百五十石賣銀三十二兩四錢問每石該銀若干法曰置銀爲實以麥爲法歸除之得數莫動定位訣曰此是法多實少先從實首位起數原實十逆上至百遇法首位是百則止前一位得令是兩降下順數至實是七分次位即二釐也

但用因乘法實後定位故云乘法雖陞而位反降矣

但用歸除法實前定位故云除法雖降而位反陞矣

定法實訣

訣曰凡因乘不必拘於法實或以法乘實或以實乘法皆可也惟歸除不可顛倒錯亂詳理而用之

歸除法實

假如有銀若干買物若干或幾人分或幾人出以銀物爲實以人分爲法

假如有銀若干買貨若干問銀每兩該貨若干以貨爲實以總銀爲法若問貨價則以銀爲實以貨爲法

假如有銀若干每貨價若干問共該買貨若干以總銀爲實以貨價爲法

假如有貨若干每兩賣貨若干問共該銀若干以總貨爲實以每兩之貨爲法

總訣

一日以所有總數爲實以所求每數爲法除之

一日有總物而又有總價或問每物則以物爲法以價爲實或問每價即以價爲法以物爲實餘倣此

初學盤式

分別法實左右圖

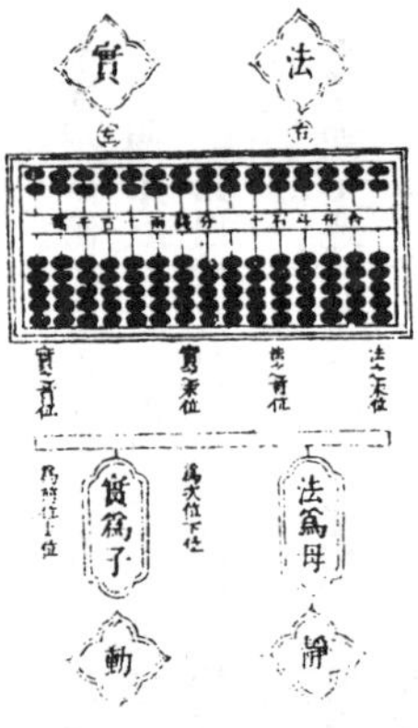

法（右）　實（左）

萬千百十兩錢分　十石斗升合

法之末位　法之首位　實之末位　實之首位

法爲母　靜　爲次位下位

實爲子　動　爲首位上位

九因

凡二至九單位者用此置物爲實以價爲法呼九九合數言十就身言如隔位從末位算起用九歸還原

因法歌

合數九因須記熟起手先從末位推言十就身如隔位若要還原用九歸

歸因總歌

歸從頭上起因從足下生逢如須隔位言十在本身

假如今有銀一百二十三兩四錢每銀一兩糴米二石問共該米若干

答曰二百四十六石八斗

法曰置銀於左爲實以每銀糴米二石於右爲法因之合問　定位法只認兩下位即銀之位定石逆上即兩之位定十石再上位十兩之位定百石合得

此所謂因乘俱向下位推　先數左首原實百位起順下至兩遇右法首位每兩二石則止下位得術是石回向前逐位逆數陞上合得也今列布算之法於後

法（二石）爲因

此所謂總如隔位者也

實（四錢）起呼　二四如八　本位除去下位加八　（一分）是石也回向前逆數逐位陞之合得　（八斗）

（二兩）　二三如六　本位除去下位加六　（兩）法上是每兩二石遇兩即止下一位得術是石也　（四石）

（二十）　二二如四　本位除去下位加四　（十）　合得（二百）

（一百）　二二如二　本位除去下位加二　實（百）起呼百往後顛數至兩

還原　用二歸法詳後

逢二進一十　逢四進二十　逢六進三十　逢八進四十

假如今有米二百三十四石五斗每石賣銀三錢問共該銀若干

答曰共該七十兩零三錢五分

法曰置所有米爲實以每石銀三錢爲法因之合問

定位先數原實百起順下至石止下一位得術是錢回向前逆數陞上合得

法（三錢）爲因

實尾（五斗）起呼　三五一十五　變五爲一下位加五　（五分）　是錢也回向前逆陞合得　（三錢）　（五分）

四十二 三四一十二 變四爲一 下位加二 石 法上是每石三錢遇石 卽止下一位是錢也 ○

三十 三三如九 本位除去 下位加九 十 合得 三十

實首 三百 三三如六 本位除去 下位加六 實百 起呼百往後 順數至石 一百

還原 用三歸法詳後

逢六進二十　三一三十一　三一三十一　逢三
進一十　三一三十一　逢六進二十

假如有人借去本銀二百五十八兩二錢每年加四還利問該利銀若干

答曰該利一百零三兩二錢八分

法曰置本銀爲實以利四錢爲法因之合問　定位同前

法 四錢 爲因 圖 八分

實尾 二錢 起呼 二四如八 本位除去 下位加八 下位 是錢也回向 前逆陞合得 二錢

八兩 四八三十二 變八爲三 下位加二 兩 法上是每兩加四遇兩 卽止下一位是錢也 三兩

五十 四五得二十 變五爲二 十 ○

實首 二百 二四如八 本位除去 下位加八 實百 起呼百往後 順數至兩 合得 一百

還原 用四歸法詳後

四一二十二　四二添作五　四三七十二　逢四
進一十　逢八進二十

假如今有穀二百四十六石九斗每石碾米五斗問該白米若干

答曰一百二十三石四斗五升

法曰置穀爲實以每石碾米五斗爲法因之合問

法 五斗 爲因 圖 五升

實尾 九斗 起呼 五九四十五 變九爲四 下位加五 下位 是斗也回向 前逆陞合得 四斗

六十 五六得三十 變六爲三 石 法上是每石碾五斗遇石 卽止下一位是斗也 三石

四十 四五得二十 變四爲二 十 二十

實首 二百 二五得一十 變二爲一 實百 起呼百往後 順數至石 合得 一百

還原 用五歸法詳後

五一倍作二　五二倍作四　五三倍作六　五四
倍作八　逢五進一十

假如今有杉木二萬三千五百六十九根每根價銀六分問共該銀若干

答曰一千四百一十四兩一錢四分

法曰置木爲實以每根價銀六分爲法因之合問

法 六分 爲因 圖 下位 是分也回向 前逆陞合得 四分

實尾 九根 起呼 六九五十四 變九爲五 下位加四 根 法上是每根六分遇根 卽止下一位是分也 一錢

六十 六六三十六 變六爲三 下位加六 十 四兩

五百 五六得三十 變五爲三 百 十

三千 三六一十八 變三爲一 下位加八 千 四百

實首 二萬 二六一十二 下位加二 實萬 起呼萬往後 順數至根 合得 一千

還原 用六歸法詳後

六一下加四　逢六進一十　六二三十二　六三
添作五　六四六十四　六五八十二　逢六進一
十

假如秋糧米二萬三千四百五十七石九斗每石科銀七錢問共該銀若干

答曰一萬六千四百二十兩零五錢三分

法曰置糧米爲實以每石七錢爲法因之合問

法 七錢 爲因 圖 三分

實尾 九斗 起呼 七九六十三 變九爲六 下位加三 下斗 是錢也回向 前逆陞合得 五錢

七石 七七四十九 變七爲四 下位加九 石 法上是每石七錢遇石 卽止下一位是錢也 ○

五十 五七三十五 變五爲三 下位加五 十 二十

四百 四七二十八 變四爲二 下位加八 百 四百

三千 三七二十一 變三爲二 下位加一 千 六千

實首 二萬 二七一十四 變二爲一 下位加四 實萬 起呼萬往後 順數至石 合得 一萬

還原 用七歸法詳後

七一下加三　逢七進一十　七二下加六　逢七
進一十　七三四十二　七四五十五　七五七十
一　七六八十四　逢七進一十

假如今有軍人一百三十四萬五千六百七十九名每名給米八斗問共該米若干

答曰一百零七萬六千五百四十三石二斗

法曰置軍人爲實以每名給米八斗爲法因之合問

法 八斗 爲因

○ 圖 是斗也回向 前逆陞合得 二斗

實尾 九名 起呼 八九七十二 變九爲七 下位加二 名 法上是每名八斗遇名 卽止下一位是斗也 三石

七十 七八五十六 變七爲五 下位加六 十 四十

六百 六八四十八 變六爲四 下位加八 百 五百

五千 五八得四十 變五爲四 千 六千

四萬 四八三十二 變四爲三 下位加二 萬 七萬

三十萬 三八二十四 變三爲二 下位加四 十萬 ○

實首 一百萬 一八如八 本位除去 下位加八 實百萬 起呼百萬往後 順數至名 合得 一百萬

還原 用八歸法詳後

八一下加二　八二下加四　四下五除一　逢八進
一十　八三下加六　逢八進一十　八四添作五

八五六十二　八六七十四　八七八十六　逢
八進一十

假如濕穀一千二百三十四石五斗六升七合九勺
每石晒得乾穀九斗問該乾穀若干
答曰一千一百一十一石一斗一升一合一勺一抄
法曰置濕穀爲實以晒乾九斗爲法因之合問

法（九斗）爲因
實尾（九勺）（起）呼九九八十一　變九爲八　下位加一　（一抄）
（七合）七九六十三　變七爲六　下位加三　（一勺）
（六升）六九五十四　變六爲五　下位加四　（一合）
（五斗）五九四十五　變五爲四　下位加五　（位）　是斗也何向前逆陞合得　（一升）
（四石）四九三十六　變四爲三　下位加六　（石）　法上是每石乾穀九斗遇石即止下一位是斗也　（一斗）
（三十）三九二十七　變三爲二　下位加七　（十）　（一石）
（二百）二九一十八　變二爲一　下位加八　（百）　（一十）
實首（一千）一九如九　本位除去　下位加九　原實（千）（起）呼千往後順數至石　合得（一百）（一千）

還原用九歸法詳後

九一下加一　九二下加二　九三下加三　九四
下加四　九五下加五　九六下加六　九七下加
七　九八下加八　逢九進一十

九歸
凡二至九單位者用此置物爲實以價或分物者爲
法呼九歸之歌或進或倍從實首位算起用因法還
原
歌曰
九歸之法乃分平湊數從來有現成數若有多歸作
十歸如不盡搭添行

又歌
學者如何算九歸先從實上左頭推逢進起身須進
上下加爻位以施爲

假如今有米四百八十六石二斗每銀一兩糴米二
石問共該銀若干
答曰二百四十三兩一錢
法曰置總米數爲實以每兩糴米二石爲法歸之合
問　定位法只認石上前一位即十之位定兩逆上即百之位
定十兩再陞上一位定百兩合得
此所謂歸與歸除上位施　先數原實百起順下至
石遇法首位是每兩二石則止轉向前一位得令是
兩逐位逆數陞上合得也今列布算於後

法（二石）爲歸
實尾位（二斗）逢二進一十　本位除去　（位）　法上是每兩二石遇石即止前一位得令是兩也　（　）
（六石）逢六進三十　本位除去　進三於左　（石）　是兩也向前逆數逐位陞合得　（一錢）
（八十）逢八進四十　本位除去　進四於左　（十）　（三兩）
實首位（四百）（起）逢四進二十　本位除去　進二於左　原實（百）（起）呼百往後順數至石　合得（四十）（二百）
（　）

還原用二因

一二如二　二三如六　二四如八　二二如四

假如今有銀八百三十五兩八錢每銀三兩糴米一
石問該米若干
答曰二百七十八石六斗
法曰置總銀爲實以每石銀三兩爲法歸之合問
定位法只認兩前一位是石逆上依次陞之合得

法（三兩）爲歸
實尾（八錢）逢九進三十　本位除法進三於左　（位）

[illegible]
還原用三因

三六一十八　三八二十四　三七二十一　二三
如六

假如今有苧麻七百三十五斤每苧四斤賣銀一錢
問該銀若干
答曰一十八兩三錢七分五釐
法曰置總苧麻爲實以每錢賣苧麻四斤爲法歸之
合問　定位法只認斤前一位定錢依次逆陞合得

法（四斤）爲歸
（　）四二添作五　變二爲五　（位）　（五釐）
實尾（五斤）四三七十二　變三爲七右位加二　（斤）　法上是四斤遇斤即止前一位得令是錢也　（七分）
（三十）逢四進一十　本位去四進一於左　（十）　是錢也向前逆陞合得　（三錢）
（三十）四一二十二　變一爲二右位加二　（八兩）
實首（七百）（起）四三七十二　變三爲七右位加二　逢四進一十　本位去四進一於左　原實（百）（起）呼百往後順數至斤　（一十）
（　）合得（十）

還原用四因

四五得二十　四七二十八　三四一十二　四八
三十二　一四如四

假如今有銀一百二十三兩四錢五分每銀五兩換
金一兩問該金若干
答曰二十四兩六錢九分
法曰置總銀爲實以每銀五兩爲法歸之合問　定
位法只認銀兩上前一位是金兩數逆陞合得

法（五兩）爲歸

實尾（五分）　逢五進一十　本位去五進一於左
（八錢）　五四倍作八　變四爲八　（圖）　（九分）
（三兩）　五三倍作六　變三爲六　（兩）　法上是銀兩遇兩即止前一位得令是金兩也　（六錢）
（二十）　五二倍作四　變二爲四　（十）　是金兩也向前逆陞合得　（四兩）
實首（百）起　五一倍作二　變一爲二　原實（百）　起呼百往後順數至兩　合得（二十）

還原用五因

五九四十五　五六得三十　四五得二十　二五得一十

假如今有米二十石五萬人分之問每人該米若干

答曰四勺

法曰置米爲實以人五萬爲法歸之合問　定位法多實少先從實首原位數起逆上至遇法首位是萬則止向前一位得令是石也順數降一合得

法（八萬）爲歸
實首（二十）起　五二倍作四　本位加二爲四　原實（十）　（圖）　起呼十往前逆數遇法是萬止　合得（四勺）
（百）　（合）
（千）　（升）
（萬）　法上是五萬人遇萬即止前一位得令是石也　（斗）
（十萬）　是石也退後降小合得　（石）
〇
〇
〇
〇

還原用五因

四五得二十

假如今有銀二百六十五兩二錢二分作六人分之問每人該銀若干

答曰四十四兩二錢二分

法曰置銀爲實以六人爲法歸之合問　定位法從原實數百降下次位幾十又次位幾人遇法是人則止前一位得令是兩逆上陞之合得

法（六人）爲歸
實尾（二分）　逢六進一十　本位去盡進一於左
（二錢）　六一下加四　本位不動右位加四　逢六進一十　本位去六進一於左　（圖）　（二分）
（四兩）　六一下加四　本位不動右位加四　逢六進一十　本位去六進一於左　（人）　法上是六人遇人則止前一位得令是兩也　（二錢）
（六十）　六二三十二　本位加一右位加二　逢六進一十　本位去六進一於左　（十）　是兩也向前逆陞合得　（四兩）
實首（二百）起　六二三十二　變二爲三右位加二　原實（百）　起呼百往後順數至人　合得（四十）

還原用六因

二六一十二　二六一十二　四六二十四　四六二十四

假如今有銀七十兩糴大麥七百五十五石一斗六升問每銀一兩該麥若干

答曰一十石零七斗八升八合

法曰置麥爲實以總銀七十爲法歸之合問　定位同前

法（七十）爲歸
實尾（六升）　逢七進一十　本位去盡進一於左　（八合）
（一斗）　七五七十一　變五爲七右位加一　（八升）
（五石）　七六八十四　變六爲八右位加四　（圖）　（七斗）
（五十）　七五七十一　變五爲七右位加一　（十）　法上是七十遇十即止前一位得令是石逆陞合得　（零）
實首（七百）起　逢七進一十　本位盡去進一於左　原實（百）　起呼百往後至十　（石）
〇　合得（十）

還原用七因

七八五十六　七八五十六　七七四十九　一七如七

假如今有銀九十八兩九錢二分買羊八十隻問每隻該銀若干

答曰一兩二錢三分六釐五毫

法曰置銀爲實以羊八十爲法歸之合問

法（八十）爲歸
實尾（二分）　八四添作五　變四爲五　（五毫）
（九錢）　八五六十二　變五爲六右位加二　逢八進一十　本位去八進一於左　（圖）　（六釐）
（八兩）　八二下加四　本位不動右位加四　逢八進一十　本位去八進一於左　（兩）　（三分）
實首（九十）起　八一下加二　本位不動右位加二　逢八進一十　本位去八進一於左　原實（十）　法上是八十遇十即止前一位得令是兩也　（二錢）
〇　（兩位）　是兩也本位合得　合得（一兩）

還原用八因

五八得四十　六八四十八　三八二十四　二八一十六　一八如八

假如今有銀二百六十五兩二錢二分買椒每斤價銀九分問共該椒若干

答曰二千九百四十八斤

法曰置總銀爲實以每斤椒價九分爲法歸之合問

法（九分）爲歸
實尾（二分）　逢九進一十　本位去九進一於左　（分）　（圖）
（二錢）　九七下加七　本位不動右位加七　（錢）　法上是九分遇分即止前一位得令是斤也　（八斤）
（五兩）　九四下加四　本位不動右位加四　逢九進一十　本位去九進一於左　（兩）　是斤也向前逆陞合得　（四十）
（六十）　九八下加八　本位不動右位加八　（十）　（九百）
實首（二百）起　呼九二下加二　本位不動右位加二　原實（百）　起呼百往後順數至分　合得（二千）

還原用九因

八九七十二　四九三十六　九九八十一　二九一十八

第一百十四卷目錄

曆法典第一百十四卷

算法部彙考六

算法統宗二

算義總二

乘法 留頭乘

按因與乘一也單位者謂之因位數多者謂之乘特以此而異其名耳

原有破頭乘掉尾乘隔位乘總不如留頭乘之妙故皆不錄

歌曰

下乘之法此爲眞起手先將得二因三四五來乘遍了却將本位破其身

用留頭乘法若依盤式小九數位次先後不一難以挨次今將暗馬數以別先後庶不亂矣 暗馬式附前用字凡例中

假如今有布四百二十五疋每疋價銀二錢五分問共該銀若干

答曰一百零六兩二錢五分

法曰置布爲實以每疋價銀二錢五分爲法乘之合問 定位法只認疋下一位定錢依次逆數陞上合得也此所謂因乘俱向下位推

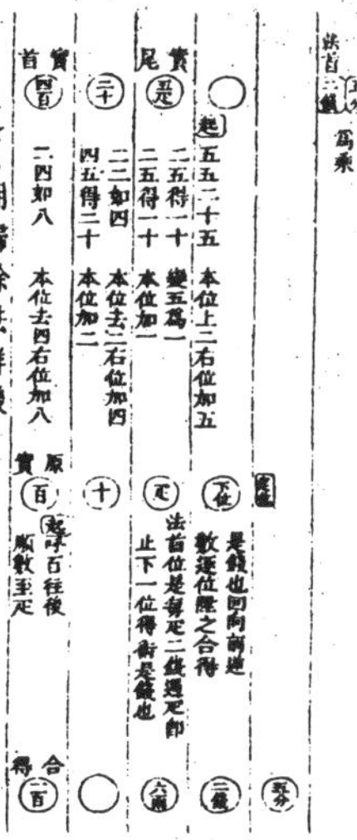

法首二錢 五分 爲乘

定位 (五分)

〇 起五五二十五 本位上二右位加五 (下位) 是錢也向前逆數逆位陞之合得 (二錢)

二五得一十 變五爲一

實尾(五疋) 二五得一十 本位加一 (疋) 法首位是每疋二錢遇疋即止下一位得銜是錢也 (六兩)

(二十) 二二如四 本位去二右位加四

四五得二十 本位加二 (十) 〇

實首(四百) 二四如八 本位去四右位加八 原實(百) 起呼百往後順數至疋 合得(二百)

還原 用歸除法詳後

二一添作五 無除 起一下還二 四五除二十 逢四進二十 二五除一十 二一添作五 五五除二十五

假如今有豆二十八石六斗每斗價銀三分四釐五毫問共該銀若干

答曰九兩八錢六分七釐

法曰置豆爲實以每斗三分四釐五毫爲法乘之合問 定位同前

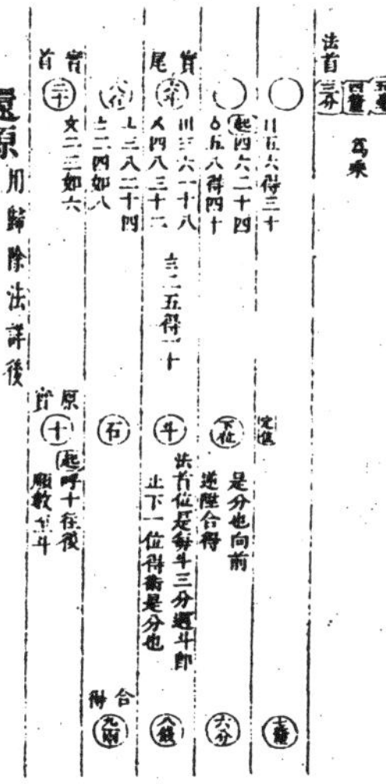

法首三分 四釐 五毫 爲乘

〇 〡五六得三十 定位 (七釐)

( ) 起四六二十四 (下位) 是分也向前

( ) 〥五八得四十 逆陞合得 (六分)

實尾(六斗) 〣三六一十八 〤四八三十二 三二五得一十 (斗) 法首位是每斗三分遇斗即止下一位得銜是分也 (八錢)

(八石) 〦三八二十四 三二四如八 (石) 合得(九兩)

實首(二十) 〤二三如六 原實(十) 起呼十往後順數至斗

還原 用歸除法詳後

逢六進二十 二四如除八 二五除一十 三二六十二 逢六進二十 四八除三十二 五八除四十 三二六十二 四六除二十四 五六除三十

假如今有銀三十五兩八錢每銀一兩糴米二石四斗六升八合問該米若干

答曰八十八石三斗五升四合四勺

法曰置總銀爲實以每兩糴米數爲法乘之合問 定位同前

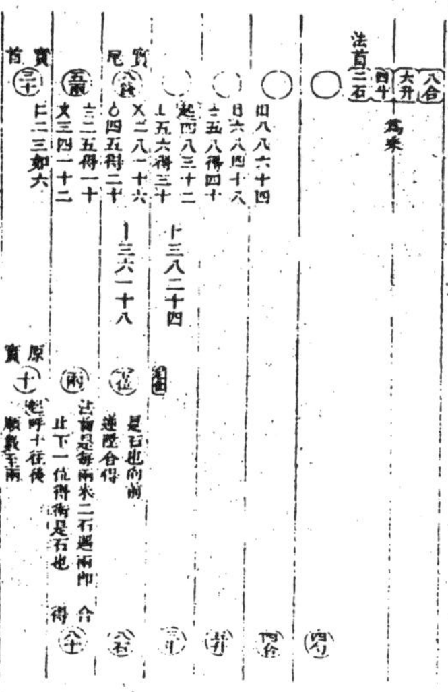

法首二石 四斗 六升 八合 爲乘

〇 (四勺)

〇 〤八八六十四 (四合)

( ) 〥六八四十八 三五八得四十 (五升)

( ) 起四八三十二 〡五六得三十 〦三八二十四 (三斗)

實尾(八錢) 〤二八一十六 〣三六一十八 (下位) 是石也向前逆陞合得 (八石)

(五兩) 〥四五得二十 三二五得一十 (兩) 法首位是每兩米二石遇兩即止下一位得銜是石也 合得(八十)

實首(三十) 〥二三如六 〡三四一十二 原實(十) 起呼十往後順數至兩

還原 用歸除法詳後

逢六進三十 三四除一十二 三六除一十八 三八除二十四 二一添作五 四五除二十 五六除三十 五八除四十 二一添作五 逢六進三十 四八除三十二 六八除四十八 八八除六十四

假如今有米三百四十五石每石價銀四錢外牙用三釐問該銀若干

答曰一百三十九兩零三分五釐

法曰置總米爲實以每石價銀併牙用共四錢零三釐爲法乘之合問 定位同前

法首四錢 三錢 爲乘

起三五一十五 本位上一 右位加五
一二四一十二 本位上一 右位加二
實尾 二四五得二十 變五爲二 下位加九 九退一還十 本位存一 右位加六
實首 一三四一十二 本位存一 右位加二

定位 是錢也向前逆陞合得 法首是每石四錢遇石即止下一位得錢是錢也

原實 起呼石往後順數至石

合得

還原 用歸除法詳後

四一二十二 逢四進一十 三三如除九 四一二十二 逢八進二十 三四除一十二 四二添作五 三五除一十五

假如今有田二千三百四十五畝每畝科糧一斗八升七合問該糧米若干

答曰四百三十八石五斗一升五合

法曰置總田爲實以每畝科米一斗八升七合爲法乘之合問

法首 爲乘

定位 是斗也向前逆陞合得 法首是每畝一斗遇畝即止下一位得斛是斗也

原實 起呼千往後順數至畝

合得

還原 用歸除法詳後

逢二進二十 二八除一十六 二七除一十四
逢三進三十 三八除二十四 三七除二十一
逢四進四十 四八除三十二 四七除二十八
逢五進五十 五八除四十 五七除三十五

假如今有直田長三十六步三分闊七步四分問該田積若干

答曰二百六十八步六分二釐

法曰置長爲實以闊七步四分爲法乘之合問 定位法只認步下一位是法首步數逆上合得也

法首七步 四分 爲乘

定位 是步也向前逆陞合得 只認步下一位定法首位是步也

原實 起呼十往後至步

合得

還原 用歸除法詳後

七二下加六 逢七進一十 三四除一十二 七二下加六 逢七進一十 四六除二十四 四五十五 逢七進一十 三四除一十二

假如今有田長七十五步闊三十二步問該積步若干

答曰二千四百步

法曰置長爲實以闊爲法乘之合問 定位法只認原實步下一位定法首位十逆陞合得

法首三十 二步 爲乘

起二五得一十 三五一十五 二七一十四

定位 是十也因向前逆陞一位爲百又前一位爲千合得 只歸步下一位最法首十也

假如今有方田長闊各一百二十六步問該積步若干

答曰一萬五千八百七十六步

法曰置方面一百二十六步爲實亦置一百二十六步爲法即自乘之合問

法首一百 二十 六步 爲乘

起一六六三十六 二六一十二 一六如六 二二如四 一二如二 一一如一

定位 是百也向前逆陞合得 只認步下一位定法首是百也

原實 起呼百往後順數至步

合得

還原 用歸除法詳後

逢一進一十 一二如除二 一六如除六 逢二進二十 二二如除四 二六除一十二 逢六進六 二六除一十二 六六除三十六

歸除

凡二至九位數多者用此置物爲實以價或分者爲法先將法首對實首呼九歸歌或進或倍後將法次位對所歸數呼九九數除之用乘法還原

歌曰

惟有歸除法更奇 算學中惟歸除最妙 將身歸了次除之 先將本位呼歸法歸之其次不拘幾位俱呼小九數除之 有歸若是無除數 若本位有數子可歸次位無子可除也 起一還將原數施 如一歸本位起一下位還一如二歸本位起一下位 遇二除 或遇本歸歸不得 如一歸只一下二歸只二個數 子因下位無子可除故不

能歸也餘做此撞歸之法莫教遲如一歸見一無除加八撞法作九下位加一如撞歸訖除數不足照前用起一還原法若人識得其中意如學者曉得歸除中間之理深奥也算學雖深可盡知云算者用心習學可以盡識者矣

撞歸法

一歸見一原實無除作九得數一餘數後做此　三歸見三無除作九三

二歸見二無除作九二　五歸見五無除作九五

四歸見四無除作九四

六歸見六無除作九六　七歸見七無除作九七

八歸見八無除作九八　九歸見九無除作九九

已有歸而無除用起一還原法即是起一還將原數施也

一歸起一得數下還一原實○本位起一下位還一若二歸起一則下位還二餘做此

二歸起一下還二　三歸起一下還三

四歸起一下還四　五歸起一下還五

六歸起一下還六　七歸起一下還七

八歸起一下還八　九歸起一下還九

撞歸者有歸而無除之謂也予以法實盈虧進退之理推之盈則有歸照法首之數進於上位成十虧則無除起一退於下位照法首之數還原先哲有云見一無除作九一之類此正謂有歸無除之秘法知此可與論制算纂法之深奥矣

假如今有銀二百四十三兩糴米每斗價銀五分四釐問共該米若干

答曰四百五十石

法曰置總銀爲實以每斗價五分四釐爲法歸除之合問　定位法只認實上原首位起往後順數至分遇法首位是每斗三分則止前一位得令是斗逆數陞上合得後倣此

法首（四釐）（五分）爲歸除　定位法少實多

○　○　○

實尾（二兩）　四五除二十　本位去二盡

逢五進一十　本位逢五進一於左

（四十）　五二倍作四　變二爲四

四四除一十六　本位去二下位加四

實首（二百）起　五二倍作四　變二爲四

（定位）

（分）法首位是每五分遇分即止前一位得令是斗也

（錢）是斗也向前逆數陞上合得

（兩）　（十）

原實（百）起呼百在後順數至分

（斗）　（石）　（九十）　合得（四百五十）

還原　用乘法

四五得二十　五五二十五　四四一十六　四五得二十

假如今有銀二百六十五兩三錢二分作十二人分之問每人該銀若干

答曰二十二兩一錢一分

法曰置銀爲實以十二人爲法歸除之合問　定位與前歸法同

法首（二人）（一十）爲歸除　定位法少實多

實尾（二分）　一二如除二　本位去盡

（三錢）　逢一進一十　本位去一進一於左

二二如除二　本位去二存一

（五兩）　逢一進一十　本位去一進一於左

二二如除四　去四存一

（六十）　逢二進二十　本位去二進二於左

二二如除四　去四存二

實首（二百）起　逢二進二十　本位去二進二於左

（定位）○

（十）法首位是十遇十即止前一位得令是兩逆陞合得

原實（百）起呼百在後至十

○　○

（一分）　（一錢）　（二兩）　合得（二十）

還原　用乘法

一二如二　一一如一　一二如二　一一如一

二二如四　一二如二　二二如四　一二如二

假如今有米一百二十九石九斗六升作一十九人分之問每人該米若干

答曰六石八斗四升

法曰置米爲實以一十九人爲法除之合問

法首（九人）（一十）爲歸除　定位法少實多

實尾（六升）　四九除三十六　本位去三右位去六盡

（九斗）　逢四進四十　本位去四進四於左

八九除七十二　本位去七右位去二

（九石）　無除起一下還一　本位去一右位加一

見一無除作九一　本位加八爲九右位加一

（二十）　六九除五十四　本位去五右位去四

無除起三下還三　本位去三右位加三

實首（一百）起　見一無除作九一　本位加八爲九右位加一

（定位）

○　（四升）

（十）法首位是十遇十即止前一位得令是石合得　（八斗）

原實（百）起呼百在後至十　合得（六石）

還原　用乘法

四九三十六　一四如四　八九七十二　一八如八

六九五十四　一六如六

假如今有銀二十六兩六錢買猪二十八隻問每隻該銀若干

答曰九錢五分

法曰置銀爲實以猪二十八隻爲法除之合問

法首（八隻）（二十）爲歸除　定位法實首位十數皆同

實尾（六錢）　五八除四十　除盡

（六兩）　二一添作五　本位加四爲五

八九除七十二　本位去七右位去二

實首（二十）起　見二無除作九二　變二爲九右位加二

（定位）　（五分）

原實（十）法首是十遇十即止前一位得令是兩也是兩也順數　合得（九錢）

（兩位）降下合得

還原　用乘法

五八得四十　二五得一十　八九七十二　二九一十八

假如今有金二兩八錢三分五釐作四百零五人分之問每人該金若干

答曰七釐

法曰置金爲實以人數爲法除之合問　定位法多

實少先從原實首位起徃前逐位逆數陞上至呼遇
法首位百則止向前一位得令是兩降下合得

法首四百 五八 除 歸
實尾 分 五七除三十五 本位去三右位除五恰盡
迭 逢八進二十 本位去八進二於左
首 兩 起 四二添作五 變二爲五
原實 兩 起呼兩向前逆陞至遇法首位百止 定位 合得
法首位是百遇百卽止前一位得令是兩也 是兩也順數降下合得

還原 用乘法

五七三十五　四七二十八

假如今有米二十二石五斗二升作五千六百三十
八分問每人該米若干

答曰四合

法曰置米爲實以人數爲法除之合問　定位法多
實少同前

法首五千 六百 三十 八 除 爲除 歸 法多實少
實尾 三四除一十二 本位去一右位去二盡
四六除二十四 本位去二右位去四
首 升 起 五二倍作四 變二爲四
原實 石 起呼石實十徃前逆陞至法首千卽止 定位 合得
法首位是千遇千卽止前一位得令是石也 是石也順數降下合得

還原 用乘法

四六二十四　三四一十二　四五得二十

假如今有銀一千零九十七兩二錢五分作五百七
十八分之問每人該銀若干

答曰一兩九錢二分五釐

法曰置銀爲實以人數爲法除之合問　定位法先
數原實千順下至法首百前位定兩合得

法首五百 七十 八 除 爲歸
實尾 五七除三十五 逢五進一十 五二倍作四 二七除一十四
七九除六十三 見五無除作九五 一七如除七
首 實 起五一倍作一 無除起一下還五
定位 法首位是百遇百卽止前一位得令是兩合得
原實 千 起呼千徃後至百 合得 兩

還原 用乘法

五七三十五　五五二十五　二七一十四　二五
得一十　七九六十三　五九四十五　一七如七
一五如五

假如今有銀四錢八分每銀七分五釐換赤金一分
問該金若干

答曰六分四釐

法曰置總銀爲實以七分五釐爲法除之合問

法首七分 五釐 除 爲歸 定位法少實多
四五除二十 七二四十二 五六除三十 逢七進一十 七四五十五
首 實 釐
定位 法首位是分遇分卽止前一位得令是金分也合得
原實 錢 起呼錢順下至分 合得

還原 用乘法

四五得二十　四七二十八　五六得三十　六七
四十二

假如今有錢五千六百四十文買梨一萬六千九百
二十枚問每錢一文買梨若干

答曰三枚

法曰置梨爲實以錢數爲法除之合問

法首五千 六百 四十 除 爲歸 定位法少實多
實尾 三四除一十二 本位去一右位去二盡
三六除一十八 本位去一右位去八
逢五進一十 本位去五進一於左
首 萬 起 五一倍作二 本位加一爲二
定位 法首位是千遇千卽止前一位得令是枚合得
原實 萬 起呼萬徃後順至千 合得

還原 用乘法

三六一十八　三四一十二　三五一十五

假如今有銀五萬五千三百八十五兩作一千零七
八分之問每人該銀若干

答曰五十五兩

法曰置銀爲實以人數爲法除之合問

法首一千 七八 除 爲 歸
實尾 八五七除三十五 本位去三右位去五盡
除可隔二位在八十位上除
用逢五進五十 本位去五進五於左
除可隔二位在三百位上除
首 實 起逢五進五十 本位去五進五於左
定位 法首位是千遇千卽止前位得令是兩逆陞合得
原實 萬 起呼萬徃後順數至千 合得

還原 隔二位乘

五七三十五　一五如五　五七三十五　一五如
五

加法

凡乘法首位有一數者用此置所有物爲實以所求價爲法加之然加法不用首位一數只以次位餘數加之言十就身加十言如次位加如亦從末位算起用減法還原

歌曰

加法仍從下位先如因位數或多爲十歸本位零居次一外添加法更无

假如今有珍珠二百六十八顆每顆價銀一兩一錢問該銀若干

答曰二百九十四兩八錢

法曰置珠爲實以每顆價除價首一兩只以次價一錢爲法從末位加起次第而上　定位只認顆本位定兩十顆上定十兩百顆上定百兩所謂加減只須認本位也餘倣此

法一錢 爲加
起 一八加八 因如字故下位
實尾 八顆 一六加六 六上一起五進一於左
十 一二加二 併七共九
實首 二百
定位 下位 是錢也面向前逆數陞上合得
顆 法首是每顆加一錢遇顆即止下一位是錢也
十
原實 百 起呼百往後順數至顆
八錢　四兩　九十　合得 二百

還原用減法即定身除也

一二減去二 九去二存七　一六減去六 除六下還四　一八減去八 恰盡

假如今有絹九丈八尺每尺價一錢三分五釐問共該銀若干

答曰一十三兩二錢三分

法曰置絹爲實以每尺除價首一錢只以三分五釐爲法加之　定位只認尺本位定錢丈上定兩十丈定十兩合得

法首三分 五釐 爲加
起 五八加四
三八加二十四 本位加二共十下位加四
五九加四十五 本位加四共十四下位加五
三九加二十七 本位加二下位加七
實首 丈
定位 分 是分也向前逆陞合得
尺 法首是每尺三分遇尺即止下位是分也
原實 丈 起呼丈往後順數至尺
合得

假如今有羅二百四十六疋每疋價銀一兩二錢七分五釐問該銀若干

答曰三百一十三兩六錢五分

法曰置羅爲實以每疋除價首一兩只以二錢七分五釐爲法加之　定位只認疋位上定兩依次逆陞合得

六七加四十二　五六加三十　二六加一十二　四七加二十八　四五加二十　二四如加八　二七加一十四　二五加一十　二二如加四

假如今有米四萬六千七百五十一石每石加耗七升問共該米若干

答曰正耗共該五萬零零二十三石五斗七升

法曰置正米爲實以耗米七升爲法隔位加之合問

一七加七 先從石上起呼於隔位升上　五七加三十五 三石上加三斗下位加五　七七加四十九 十位加四下位加九九退一成一十　六七加四十二 百位加四四下五除一下位加二二起八成一十　四七加二十八 千位加二下位加八

按因乘加三法其名雖殊而理則一但加法須記實位不動本身學者宜當詳審不致差悞也

減法

凡歸除遇法首位有一數者用此所謂定身除者先定本身之位而後減除也置所有物爲實以所求價爲法與身數相呼九九之數言十就身言如隔位次第如法減而除之 用加法還原先從實首位起

定位法因實位本身減去而無違進比歸除而降一位今將法首一數除而不用亦可以抵違進陞位也

歌曰

減法須知先定身得其身數始爲眞法中有一何曾用身外除零妙入神

假如今有銀二百九十四兩八錢買絹每疋價銀一兩一錢問該絹若干

答曰二百六十八疋

法曰置總銀爲實以每疋除價首一兩不用只以次位一錢爲法定身減而除之合問　定位此是求總之法數原實順下至錢則止前一位是疋也逆數陞上合得

法一錢 爲減
實尾 八錢 一八如除八盡
四兩 一六如除六 本位十四去六存八
九十 本位七約存六可將一退於下位共十四
起 一二如除二 本位去二存七
實首 二百
定位 錢 法首是每疋錢數遇錢則止前一位得合是疋也
兩 是疋也逆陞合得
十
原實 百 起呼百往後順數至錢
八疋　六十　合得 二百

假如今有米一千零三十八石作一百七十三人分之問每人該米若干

答曰六石

法曰置米爲實以人數除首位百不用只以七十三

人爲法定身除之合問　定位此是求零之法先數
原實起順下至遇法首十數則止前一位得令是石
也

法首七十 二人 爲被
實尾 (八石) 　定位
(二十) 三六除二十八 本位去二十下位去八恰盡 (十) 法首是七十遇十即止前一位得令是石也
(一) 六七除四十 本位去四右位去二 (百) 是石也本位合得 合得(六石)
本位定六
實首(二千)起 此一千下位空無除可退作十百 原實(千)起呼予在後順數至十

假如今有金八十九兩三錢八分令金戸一百零九
人辦納問每人各該若干
答曰八錢二分
法曰置金爲實以金戸除百不用只以九人爲法隔
位定身除之合問

法首 九人 爲減
實尾 (八分) 　定位
(三錢) 二九除一十八 本位去一右位去八盡
(九兩) 本位定二 八九除七十二 本位去七存二右位去二 (　) (二分)
實首(八十)起 本位定八 原實(十)起 法首空十遇十即止前一位得令是兩也 合得(八錢)
(　) (前位) 是兩也順降下位合得 (兩)

求一乘除法

按古有之大位因考其法用倍折之繁難不如歸除
之簡易故今於此而廢之使學者專心於乘除加減
之法而無他岐之惑焉

商除

商除者商量而除之也如定商太過則總數不足而
無除如定商不及則總數有餘務要酌量設除方可
然此一術亦兼歸除歸除既通不必學此但開方之
法必用商除演此而爲梯階其法不可廢也

歌曰

數中有術號商除商總分排兩位推惟有開方須用
此續商不盡命其餘

假如今有軍士六百名分糧三百九十四石二斗問
每名該若干
答曰六斗五升七合
法曰置糧米於盤中爲實以軍士六百名於右爲法
商除之初商六十於左位就以左右相呼六六除實
三百六十石餘實三十四石二斗次商五升於左位
六斗之次就以次商五升對右六相呼五六除實三
十石餘實四石二斗再商七合於左位五升之下就
以左七對右六相呼六七除實四斗二升恰盡　今
列布算式於後

商除式樣

學者但看初商即看初除又看次商又看次除復看
再商復看再除挨次位數則不亂矣

右法(六百名)
中尾(二斗) 去恰盡
(四百) 再除 六七除四斗二升 本位去四下位去二
(九十) 次除 五六除三十石 本位去盡
中實(三百)起 初除 六六除三百六十石 本位去三百下位除六十
(七合) 再商
(五升) 次商
左位(六十) 初商

假如今有芝麻六十七石榨得油三千零一十五斤
問每石該油若干
答曰四十五斤
法曰置油數於盤中爲實以麻六十七石於右爲商
除法初商四十斤於左就以左右相呼四六除實二
千四百又呼四七除二百八十斤餘實三百三十五
斤次商五斤於初商四十之下位就以五斤對右六
相呼五六除三百又呼五七除三十五斤恰盡合得

約分法

約以分子遍以分母也法曰可半者半之不可半者
以少減多更相減損求其有等以等約之若數如四
分兩之一者二錢五分也此爲有盡若數如三分兩
之一者三錢三分三釐三毫有零也此所謂不盡必
須約分之法
解曰約分者謂用除法多有畸零數之不盡帶有
幾千百分者以約去其繁而就其簡也或有不可
約者
法曰數多爲母數少爲子子母之數兩列互相減損
至同就以此數爲法各以法除子母原數却無畸零
所謂齊不齊而致其齊也如人分銀以至數之不能
盡者亦有物之不可分者不能呼數必以法而約之

歌曰

數有參差不可齊須憑約法命分之法爲分母實爲
子不與差分一例推

又歌

約分須分子母名更相減損至同成就把其同爲法
則除來各數自無零

假如今有物九十八除了四十二問約得若干
答曰七分之三

法曰數多爲母數少爲子置母九十八內減去二箇四十二餘一十四另置子四十二減去二箇一十四亦餘一十四謂之子母相同就以十四爲法除母九十八是七箇一十四另以十四爲法除子四十二是三箇一十四故曰七分中除三餘做此

假如今有二十一分之一十四問約得若干

答曰三分之二

法曰置母二十一減去子一十四餘七另置子一十四減去七亦餘七就以七爲法除母二十一得三又以法七除子一十四得二合問

假如今有絲二百五十二斤賣過一百四十四斤問約得若干

答曰七分斤之四

法曰置母二百五十二減去子一百四十四餘母一百零八反將原子一百四十四減去餘母一百零八餘子三十六又將餘母一百零八減去餘子二箇三十六餘母亦三十六爲之更相減損就以母子同數爲法以除原母原子各得分數

假如今有鴨七十二隻生子六十三箇問約得若干

答曰八分箇之七 卽是八隻鴨生七箇子也

法曰列子母數更相減損置母七十二減去子六十三餘母九反將子六十三內減去六箇餘母九子亦餘九就以九爲法除原母七十二得八箇九又以法九除原子六十三得七箇九故命之曰八分之七也

乘分

假如今有一百九十人支銀一兩十九分兩之一問該銀若干

答曰二百兩

法曰置銀一兩以分母十九通之加分子一共得二十又以人一百九十乘得三千八百爲實却以支銀一兩以分母十九通之得十九兩爲法除之合問

解題曰十九分兩之一每人卽一兩零五分二釐六毫有零

課分

假如今有布二疋九分疋之五用過一疋六分疋之一問尚餘若干

答曰餘一疋又十八分疋之七

法曰置用過布一疋以分母六通之加分子一共得七又以原布分母九通之得六十三另置原布二疋以分母九通之加分子五共得二十三疋又以用過布分母六通之得一百三十八內減去前六十三餘七十五爲實以兩分母九六相乘得五十四爲法除之得一疋餘實二十一法實皆三約之合問

通分

通分者通以分母約以分子也夫數之有盡者不必通也若畸零之不盡者使不通之則何以置位而算之乎此通分之法所由立也假如四分兩之一者則二錢五分也此所謂數之有盡者也若三分兩之一者三錢三分三釐以至於三三之無窮此所謂數之不盡者也必須以分通之乃可算也不然則畸零之不盡終無可置位矣

假如今有布四十五疋每疋價三分兩之二問共該銀若干

答曰三十兩

法曰置布四十五疋以分之二因之得九十兩爲實却以分母三爲法歸之合問

解題曰三分兩之二卽每疋六錢六分六釐而不能盡故用約分之法也

假如今有米三分石之二每斗價銀七分二釐問共該銀若干

答曰四錢八分

法曰置銀七分二釐以每石十斗因之得七錢二分又以分子之二因之得一兩四錢四分爲實却以分母三爲法歸之合問 按此法卽異乘同除也

假如今有商毅論本分物俱得八分之七至銀百兩問該若干

答曰八十七兩五錢

法曰置銀一百兩以子之七因之如故仍以分母八爲法歸之合得

假如今有羅六十六疋九分疋之六每疋價二兩五錢問該銀若干

答曰一百六十六兩六錢三分錢之二

法曰置六十六疋以分母九通之得五百九十四加分子六共六百以二兩五錢因之得一千五百以分母九爲法歸之得一百六十六兩六錢三分錢之二

假如今有米六分石之二每斗價四分錢之三問該銀若干

答曰二錢五分

法曰置分子石之二錢之三因之得六兩爲實以分母六分四分相乘得二十四兩爲法除之得二錢五分合問 按此法卽異乘同除也

假如今有緞四十五疋每疋價四兩三分兩之二問該銀若干

答曰二百一十兩

法曰置每疋價四兩以分母三兩因之得一十二兩加入分子二兩共得一十四兩以乘總緞四十五得六百三十兩爲實以分母三兩爲法除之合問

假如今有豆九石六斗六分斗之四每石價銀二錢三分錢之一問該銀若干

答曰二兩二錢五分九分錢之五

法曰先置每石價二錢以分母三因之得六加納子之一共得七錢另置豆九石六斗以分母六因之得五七十六加納子之四共得五十八以七錢因之得四十兩零六錢爲實却以分母六分三分相因得一十八爲法除之不盡之數一法實皆折半而命之

差分　衰分意同

差分之法併來分須要分數一分成將此一分爲之實以乘各數自均平

假如今有東西二鄰共織絲絹東鄰四斤六兩西鄰三斤二兩共絲七斤八兩織絹二十一丈八尺問各該若干

答曰東鄰一十二丈七尺一寸六分六釐西鄰九丈零八寸三分三釐

法曰置總絹二十一丈八尺爲實以共絲七斤八兩先將八兩變化爲五就以七斤五爲法除之得二丈九尺零六分六釐六毫六絲爲法另以東西各絲斤數不動將兩減六東六兩變作三七五西二兩變作一二五併原斤爲實乘之合問

假如今有元亨利貞四人合本經營元出本銀二十兩亨出本銀三十兩利出本銀四十兩貞出本銀五十兩共本一百四十兩至年終共得利銀七十兩問各該利銀若干

答曰元該利一十兩亨該利一十五兩利該利二十兩貞該利二十五兩

法曰置利銀七十兩爲實以四人共本一百四十兩爲法除之得五錢爲每兩之利就以此爲法以乘各人原本合問

假如今有甲乙丙三人合夥同商因各人本銀不齊前後付出甲於正月付出本七十兩乙於四月付出本八十兩丙於七月付出本九十兩三人共本二百四十兩至年終得利七十兩問各該利銀若干

答曰甲該利二十八兩乙該利二十四兩丙該利一十八兩

法曰置利銀七十兩爲實另置甲本七十兩以十二箇月通之得八百四十兩又置乙本八十兩以九箇月通之得七百二十兩再置丙本九十兩以六箇月通之得五百四十兩三共併得二千一百兩爲法除實得三錢三分三釐三毫三絲此乃是每月每兩之利也就以此又爲法以乘甲通八百四十月得利二十八兩又乘乙通七百二十月得利二十四兩再乘丙通五百四十兩得利一十八兩合問

此是差分乘而相併除而又乘之法也

假如今有人借去銀二百六十兩每年加三起息今有十箇月二十四日問該利銀若干

答曰七十兩零二錢

法曰先將二十四日用三歸得八數在十月隔空一位之下再以十二月除之得九數如年以乘原本得二百三十四兩爲實以每年加三爲法因之合問

解曰凡算年月日期卽與兩求斤法減六同理每斤一十六兩減六只作一數每年十二月每月三十日故先用三歸如月併月後用十二除月如年以乘各人原本合得餘皆倣此　圖式具左

定盤算日月爲年式

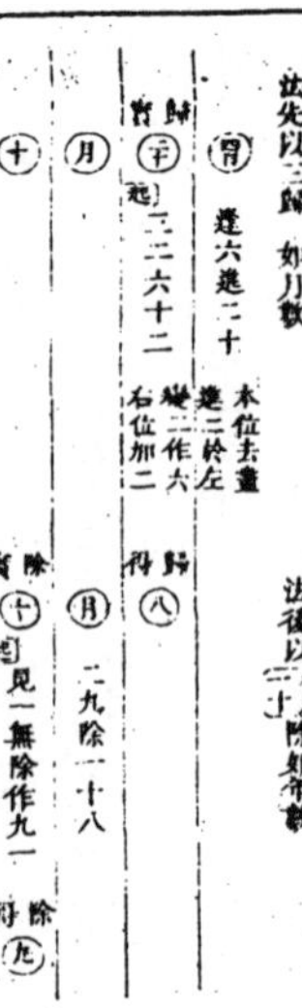

法先以三歸如月數　法後以十二月除如年數

實(四)　進六進二十　本位去畫進二於左

歸實(二十)起　二二六十二　變二作六右位加二　歸得(八)

(月)　(月)　二九除一十八

(十)　除實(十)起　見一無除作九一　除得(九)

假如今有趙錢孫李四人同商前後付出本銀趙一於甲子年正月初九日付出本銀三十兩錢二於乙丑年四月十五日付出本銀五十兩孫三於丙寅年八月十八日付出本銀七十兩李四於丁卯年十月二十七日付出本銀九十兩四共得本銀二百四十兩至戊辰年終共得利銀一百二十兩問各該得利銀若干

答曰趙一該得利二十九兩五錢五分〇〇一絲錢二該得利三十六兩七錢一分一釐孫三該得利三十二兩八錢〇〇三毫李四該得利二十兩零九錢三分七釐五毫

法曰置利銀一百二十兩爲實另置各人年月日數照依前式歸日如月除月如年次位之零併年以乘原本合問

趲一計四年十一箇月二十一日先歸日後除月又原本遍得一百四十九兩二錢五分錢二計三年零八箇月一十五日先歸日後除月又原本遍得一百八十五兩四錢一分六釐五毫孫三計二年零四箇月一十二日先歸日後除月又原本遍得一百六十五兩六錢六分六釐六毫李四計一年零二箇月零三日先歸日後除月又原本遍得一百零五兩七錢五分

將四人年月日通得之數共併得六百零六兩零八分三釐三毫爲法除實得一錢九分七釐九毫九絲即是每年每兩之利也就以此又爲法以乘各人遍得之數合問

假如人借去銀每年每兩加利二錢七分今有一年零三箇月二十日收還銀三百六十二兩四錢七分問本利各得若干

答曰本二百六十八兩利九十四兩四錢七分

法曰置還本利共銀爲實另置年月日數照依前式用三歸二十日得六六六六六於三月之下位併月再以十二除之得三月零五五五五於一年之下位另以每年利二錢七分乘之得每兩利三錢五分二釐五毫加原本一兩二共爲法除實得原本銀二百六十八兩再以每兩利三錢五分二釐五毫乘之得利九十四兩四錢七分合問

假如原借本銀一十五兩每月加利二分五釐今有六箇月已還過銀九兩除作本及利問本利各該若干仍存原本若干

答曰除原本七兩八錢二分六釐該利一兩一錢七分四釐仍存原本銀七兩一錢七分四釐仍以原日起利

法曰置還銀九兩爲實另置六箇月以月利二分五釐通之得一錢五分加原本一兩本利共一兩一錢五分爲法除實得除本銀七兩八錢二分六釐又以通利一錢五分乘之得利銀一兩一錢七分四釐本利共合九兩之數另將原本一十五兩除還原本七兩八錢二分六釐餘者仍存數也

異乘同除

此法雖易知之術其意至奧或人用先除後乘之法若除之不盡將何以乘之乎此異乘同除實爲通變之法也

歌曰

異乘同除法何如物賣錢來作例推先下原錢乘這物卻將原物法除之將錢買物互乘取百里千斤以類推算者留心能善用一絲一忽不差池

假如原有米五石八斗四升賣銀四兩三錢八分今只有米一石七斗二升問該銀若干

答曰一兩二錢九分

法曰置今有米一石七斗二升以原賣銀四兩三錢八分乘之得七兩五錢三分三釐六毫爲實卻以原有米五石八斗四升爲法除之合問

一法先用除而後乘先置原價四兩三錢八分以原米五石八斗四升爲法除之得每石價銀七錢五分又爲法以乘今米一石七斗二升亦得

此法雖易知之恐愚拙者法則難於取價須用先乘後除其法捷玅

異乘同除互換捷用法圖

原物　兌位

同除

今異有物

異乘

原價

空

原價今物一是異乘

原物今物一是同除

歌曰

此法有四隅內有一隅空異名斜乘了同名兌位除

詳此歌則知異名乘同名除也

假如原有小麥八斗六升磨麪六十四斤八兩今有小麥三十五石四斗八升問該麪若干

答曰二千六百六十一斤

法曰置今麥三十五石四斗八升以磨麪六十四斤半乘之得二萬二千八百八十四斤六爲實以原麥八斗六升爲法除之合問

假如今有夏布四十五疋欲換棉布只云夏布三疋共價二錢棉布七疋共價七錢五分問該換棉布若干

答曰棉布二十八疋

法曰先置今有夏布四十五疋以原夏布價二錢因之得九兩又以棉布七疋因之得六十三疋爲實以夏布三疋因棉布價七錢五分得二兩二錢五分爲法除之得棉布二十八疋合問

假如原有麥三斗五升磨麪二十五斤今欲用麪一百七十五斤問該麥若干

答曰二石四斗五升

法曰置原麥乘今用麪爲實以磨麪二十五斤爲法除之合問

假如今有綾一百六十一疋每七疋價銀五兩問共該銀若干

答曰一百一十五兩

法曰置總綾以五兩因之爲實以七疋爲法歸之合問

同乘異除歌

此法買賣石珍珠大小塊顆價用此果品亦同

同乘異除法可識原物價相乘爲實今物除實求今價今價除實求今物

假如原有小珍珠五十顆重一兩價銀一十二兩今有大珍珠三十顆重一兩問該銀若干

答曰二十兩

法曰置原珠五十以原價十二乘得六百兩爲實以今珠三十顆除之合問

異乘同乘法

假如原每人一日織錦八尺二寸五分今有五十六人共織二十七日問織錦若干

答曰一千二百四十七丈四尺

法曰置五十六人乘二十七日得一千五百一十二工再以日織八尺二寸五分乘之得一萬二千四百七十四尺合問

異除同除法理

假如今有客一十五人住一十二日共用米三石六斗問一客每日用米若干

答曰每日二升

法曰置米三石六斗爲實另以一十五人乘一十二日得一百八十人爲法除實得二升合問

同乘同除法理

假如原有鵝八隻換雞二十隻每雞三十隻換鴨九十隻每鴨六十隻換羊二隻今却有羊五隻換鵝問該若干

答曰該鵝二十隻

法曰用異乘同乘之法置原鵝八隻以乘原雞三十隻得二百四十隻又以原鴨六十隻乘之得鵝一萬四千四百隻再以今有羊五隻乘之得七萬二千隻爲實　又用異除同除之法以所換雞二十隻乘換鴨九十隻得一千八百隻又以所換羊二隻因之得羊三千六百隻爲法除實得鵝二十隻合問

指曰法應一除一乘多有不盡之數今變法總乘爲實總除爲法此術極妙

傾煎論色

假如今有九二成色銀七兩四錢八分傾銷足色銀問該若干

答曰足色銀六兩八錢八分一釐六毫

法曰置銀爲實以九二色爲法乘之合問

假如今有足色紋銀一十五兩二錢換九五色銀問該若干

答曰九五色銀一十六兩

法曰置紋銀十五兩二錢爲實以九五色爲法除之即得

假如今有八五色銀五兩六錢換九五色銀問該若干

答曰該九五色銀五兩零一分零五毫

法曰置銀五兩六錢以八五乘之得四兩七錢六分爲實以九五爲法除之合問

假如今有足色紋銀七兩六錢五分傾出成色銀九兩問色幾何

答曰八五色

法曰置紋銀爲實以傾出色銀九兩爲法歸之合問

假如今有足色紋銀三十五兩二錢欲傾八八色銀問用銅若干

答曰銅四兩八錢

法曰置紋銀爲實以八八色爲法除之得色銀四十兩內減原銀餘四兩八錢是銅數也合問

假如有銅七錢五分今煎作八八色銀問紋銀若干

答曰紋銀五兩五錢

法曰置銅爲實以每兩用銅一錢二分爲法除之得八八色銀六兩二錢五分於內減去原銅七錢五分餘得紋銀合問

欽定古今圖書集成曆象彙編曆法典

第一百十五卷目錄

算法部彙考七

曆法典第一百十五卷

算法部彙考七

算法統宗三

方田章第一

此章以田疇界域之形狀求畝步之積實以廣縱而求方直圭梭梯斜等形以周徑而求圓田碗田環田等形按田之形狀甚多具載難盡學者不必執泥在於臨時機變必須截盈補虛俾小減大以合規式但田中央先取出方直勾股圭梭等形另積旁餘併而於一然後用法乘除之用少廣章開平等法還原始爲精密之術焉

丈量田地總歌

古者量田較闊長全憑繩尺以牽量一形雖有一般法惟有方田法易詳若見喎斜併凹曲直須俾補取其方却將乘實爲田積二四除之畝數明

又歌

方自乘之積步明直田長闊互相乘勾股圭梭乘折半圓田周徑折半乘周自乘之十二約徑自乘之七五乘周徑相乘四歸是碗田丘田同上乘環田內外周相併折半須將徑步乘梯斜兩頭相併折長乘便見積分明三廣倍中加二闊四歸得步以長乘弧矢弦長併矢步半之又用矢相乘牛角眉田長步併折半還將半徑乘二不等併東西步折半仍將闊步乘蛇船三闊同相併三歸得步以長乘四不等田分兩段一爲勾股一斜形田形不一須推類二四除之畝數明

新制丈量步車圖

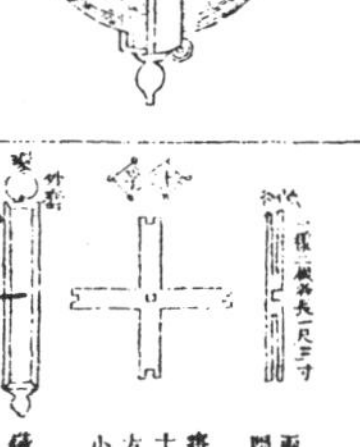

車式三而合一圖

前圖下段作車三式總合於一以完成車樣於上外套似無蓋底畧匣兩旁木比十字木空長存作兩頭橫木插角合枸內空僅容十字轉動下橫木鑿一匾眼後高前低出篾上可釘環下釘鑽脚十字中心如墨斗攪轉之心作曲尺樣三折裝在十字中心內者方而不動外者俱圓活動以便收放即似紡車之形套匣上頭橫木之下鑿一眼其十字四頭各開一口但遇一頭湊著匣眼用拴拴之置鎖其篾擇嫩竹竹節平直者接頭處用銅絲扎住篾上逐寸寫字每寸爲二釐二寸爲四三寸爲六四寸爲八不必釐字五寸爲一分自一分至九分俱用分字五寸爲一步依次而增至三十步以上或四十步以下可止篾上用明油油之雖污泥可洗

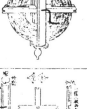

又後制一式只用十字內中開槽留頭不通中用木圓餅轉篾篾雖不散但轉其篾盡皆挨擦損壞甚速總不如前制車式篾在十字十字轉動其篾安靜故難壞也

丈量之法以五尺爲一步每步自方五尺計積二十五尺也以五尺計之步下五寸爲一分一寸爲二釐

新立畝法

積步問畝用二四歸除畝問積步用二四乘法今惟休邑

方圓定則九圖

周三徑一

方內容圓

圓容六角

方五斜七

圓內容方

六角容圓

正六面七

三角容圓

圓容三角

假如今有方田一坵長闊各五十步問積稅各若干

答曰積二千五百步　稅十畝零四分一釐六毫六絲

方田

法曰置長五十步以闊亦五十步乘之得積二千五百步爲實以畝法二四除之　定位法先從原實首位數幾十起順下至幾步止下一位定法首十數逆數陞上至實首位合得二千順下卽是五百也餘皆倣此

假如方田斜量東南角至西北角西南角至東北角各斜七十步問積稅各若干

方形斜量

答曰積二千四百五十步　稅十畝零二分零八毫

法曰置斜弦七十步自乘得四千九百步折半得二千四百五十步爲實以畝法二四除之合問　定位同前

假如直田南北各長六十步東西各闊三十二步問積稅各若干

直田

答曰積一千九百二十步　稅八畝

法曰置長六十步以闊三十二步乘之得積一千九百二十步爲實以畝法二四除之合問

假如今有圓田徑五十六步周一百六十八步問積步若干

圓田

答曰二千三百五十二步

法曰以徑問積置徑五十六步自乘得三千一百三十六步又以七五乘之得積二千三百五十二步　若周徑問積步置周一百六十八步以徑五十六步乘之再以四歸之亦得　若周問積步以周自乘用十二除之亦得

假如覆月田弦長五十六步矢闊二十八步問積步若干

覆月形

答曰一千一百七十六步

法曰置弦五十六步併矢二十八步共八十四步折半得四十二步又以矢二十八步乘之得積

一法以弦矢相乘另以矢自乘併之折半亦得

假如弧矢田弦長四十步矢闊八步問積步共該若干

弧矢形

答曰一百九十二步

法曰置弦矢相併得四十八步折半得二十四步又以矢八步乘之得積合問

又考如前圓田內除方田一坵方四十步占積一千六百步四邊四弧矢占積七百六十八步共合圓田積却多一十六步其多者何也是弦自乘得一千六百步每百步中多一步該十六步也或每弧矢內減去四步只該一百八十八步

考矢數問圖

又考弧矢田居直田四分之三

假如弧矢田弦長四十步矢闊八步問圓中徑該若干又設此問以辨前大小二弧矢虛實之數

答曰今改正得徑五十六步

法曰置弦長折半得二十步自乘得四百步以矢八步除之得五十步加矢八步共得五十八步却比前圓徑多二步今減去是也

今改其數乃是細半箇圓田因弦長而矢短故虛數差不準

今減二步者何也是弦長折半得二十步是十步中多一步故減二步也　或云弦長四十步矢二十步問圓徑者置弦四十步折半得二十步自乘得四百步以矢二十步除之得二十步加矢二十步卽得此乃是平半圓田則數再無差矣

假如圭田中正長六十步下闊三十二步問該積若干

圭田　卽半梭

答曰九百六十步

法曰置中長六十步以下闊三十二步乘之得一千九百二十步折半得積九百六十步合問　圭形乃直田之半故用折半之法梭形則是二圭合一也

假如三角田每面一十四步問該積若干

答曰八十四步

三角形

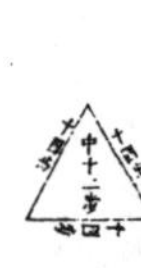

法曰置十四步以六因之得八十四步以七歸之得中長十二步另以每面十四步折半得七步因之合問　三角卽圭也以半闊乘中長十二步亦得按三角田用六因七歸得中長十二步其數有差今以句弦求股法校之得十二步一分有零之數

假如梭田中長五十二步中廣一十二步問積若干

答曰三百一十二步

梭形

法曰置長五十二步以廣十二步乘之得六百二十四步折半得積三百一十二步合問　勾股圭梭乘折半田形雖異理一同

斜圭形

假如斜圭田長三十步闊一十六步問該積若干

答曰二百四十步 計稅一畝

法曰置長三十步以闊十六步乘之得四百八十步折半得積二百四十步合問

梯田

假如梯田上廣二十步下廣三十步中長四十五步問該積若干

答曰一千一百二十五步

法曰置上下二廣併之得五十步折半得二十五步以中長四十五步乘之得積合問

一法併二廣以乘長折半亦得

假如斜田南廣三十步北廣四十二步縱六十四步問該積若干

斜形田

答曰二千三百零四步

法曰置南北二廣併得七十二步折半得三十六步以縱六十四步乘之得積合問

假如眉田上周四十步下周三十步徑八步問積若干

眉形田

答曰一百四十步

法曰置上下二周相併得七十步折半得三十五步另以徑八步折半得四步乘之得積合問

假如牛角田中依灣長十七步五分闊八步問該積若干

牛角形 如眉之半

答曰七十步

法曰置中長一十七步五分以廣八步折半得四步乘之得積合問　或量內外灣併之折半另以半徑乘之亦得

假如欖形中長四十步闊一十六步問該積若干

欖形 如二弧矢合一

答曰三百八十四步

法曰置長四十步如弧弦以半闊八步如矢併得四十八步折半得二十四步又以矢八步乘之得一百九十二步即一弧矢之積倍得欖積合問

假如三廣田南廣二十六步北廣五十四步中廣一十八步正長八十六步問積若干

答曰二千四百九十四步

法曰併南北二廣折半得四十步加中廣共五十八步以長乘之得四千九百八十八步折半得積合問

三廣形 即兩圭二梯

一法倍中廣併南北二廣共一百一十六步以四歸之得二十九步以長乘之亦得　按三廣田乃是二段梯田之併必其三廣相去俱停乃可以三廣法算或上段長下段短或上段短下段長並不可用三廣法當以二梯算而併之乃為無弊又按鼓田杖鼓田又有箭箬箭翎田亦要三廣相去俱停可用三廣法若不停者亦可以二梯或以二斜算而併之是也

假如勾股田股長六十步勾闊三十二步問積若干

勾股形

答曰九百六十步

法曰置股長六十步以勾闊三十二步乘之得一千九百二十步折半得九百六十步合問

假如直田廣縱相和九十二步兩隅斜去六十八步問積若干

直如勾股和

答曰一千九百二十步 若折半如勾股積

法曰置斜六十八步自乘得四千六百二十四步　另以相和九十二步自乘得八千四百六十四步以少減多餘三千八百四十步折半得積一千九百二十步合問

假如直田縱長六十步廣斜相和一百步問積步若干

直如勾弦和 股弦和同

答曰一千九百二十步 若折半如勾股積

法曰置廣斜百步自乘得一萬步　另以縱六十步自乘得三千六百步以少減多餘六千四百步折半得三千二百步為實以廣斜一百步為法除之得廣三十二步以縱六十步乘之得積一千九百二十步合問 按句弦和以股自乘以句弦和除之得較較加和折半得弦弦減較即得句再以股乘之見積

假如直田兩隅斜去六十八步只云縱多廣二十八步問積若干

答曰一千九百二十步 若折半如句股積

直如句股相差

法曰置斜六十八步自乘得四千六百二十四步另以縱多廣二十八步自乘得七百八十四步以少減多餘三千八百四十步折半得積合問

直田股弦差

假如直田廣三十二步只云斜多縱八步問積若干

答曰一千九百二十步 若折半如句股積

法曰置廣三十二步自乘得一千零二十四步另以多八步自乘得六十四步以少減多餘九百六十步爲實倍多八步作一十六步爲法除之得縱長六十步以廣三十二步乘之得積合問

直如句弦差

假如直田縱六十步只云斜多廣三十六步問積若干

答曰一千九百二十步 若折半如句股積

法曰置縱六十步自乘得三千六百步　另以多廣三十六步自乘得一千二百九十六步以少減多餘二千三百零四步爲實倍多三十六步作七十二步爲法除實得廣三十二步以縱六十步乘之得積合問

假如四不等田一坵截作三段量之一段直田長四十步闊二十八步南邊句股一段股長三十二步句闊十步東邊句股一段股長四十步句闊四步問共積若干

四不等形 斜形正量

答曰三段共積一千三百六十步

法曰先置所截直田長四十步以闊二十八步乘之得直積一千一百二十步　又置南句股一段股三十二步以句十步乘之折半得積一百六十步　再置東句股一段股四十步以句闊四步乘之折半得積八十步三共併積一千三百六十步此乃半數毫忽無差　若依古法南邊依斜弦量比股多一步五分二釐東邊依斜弦量比股多二分總合積多地二十七步二分七釐　今考較當以截法皆得其當以見前古法有差使學者易曉此理也但遇歪斜不等必有斜步豈可作正步相乘若截之庶無悞矣

假如五不等田一坵截作二段量之四角斜長三十六步上徑十五步二分下徑十二步八分三角長二十二步徑一十二步問積若干

答曰共積六百三十六步

法曰先置四角二徑併得二十八步折半得一十四步以乘長三十六步得積五百零四步　又置三角長二十二步以徑十二步乘之折半得積一百三十二步二共併得積六百三十六步合問

五不等形

倒順二圭

其形截作二圭量之倒下圭中長二十二步闊八步　向上順圭中長一十二步闊六步問共積若干

答曰二共積一百二十四步

法曰置倒圭中長數以半闊四步乘之得積八十八步又以順圭中長數以半闊三步乘之得積三十六步二數相併共得積一百二十四步合問

三圭形

其形截作三圭形量之東西二圭形同中弦長二十六步東徑八步西徑十二步　又北半梭之弦十四步徑五步問共積若干

答曰二百九十五步

法曰置東西所共中弦長數以二徑併之折半乘得二百六十步　又以北弦十四步以徑五步乘之折半得三十五步二共併得積二百九十五步合問

六角形

假如中段四角中弦十六步以東西二徑共一十四步折半乘之得積一百一十二步

南尖三角弦十步以半徑二步乘之得積二十步　西弧矢弦十三步以半徑二步乘之得積二十六步　東北三角弦十二步以半徑二步乘之得積二十四步　四共計積一百八十二步合問

八角形

假如東北弦八步以半徑三步乘之得積二十四步

又正東三角弦六步以半徑二步乘之得積一十二步　又弦十八步以半徑四步乘之得積七十二步　又南弧矢弦八步加矢折半以矢乘得積十步

又西三角弦二十四步以半徑六步乘之得積一百四十四步　又西北弧矢弦十四步加矢折半以矢乘得十六步　六共計積二百七十八步

凡圖形內用點斷節以爲繩索耕形定式之辨

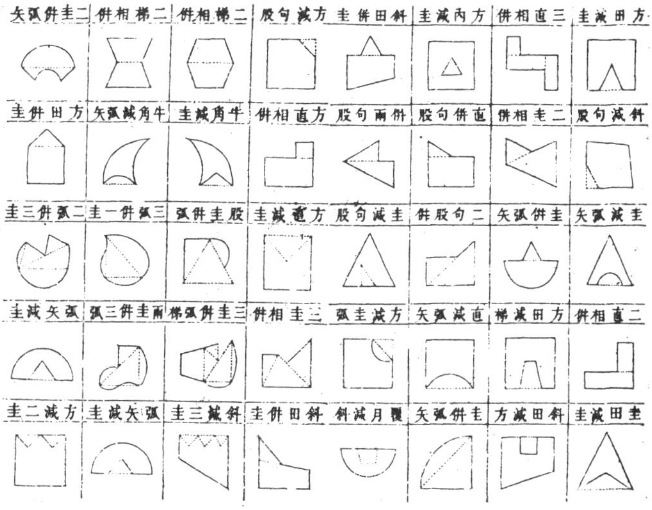

方田減圭　三直相併　方內減圭　斜田併圭　方減句股　二梯相併　二梯相併　二圭併弧矢

斜減句股　二圭相併　直併句股　併兩句股　方直相併　牛角減圭　牛角減弧矢　方田併圭

圭減弧矢　圭併弧矢　二句股併　圭減句股　方直減圭　股圭併弧　三弧併一圭　二弧併三圭

二直相併　方田減梯　直減弧矢　方減圭弧　二圭相併　三圭併弧梯　兩圭併三弧　弧矢減圭

圭田減圭　斜田減方　圭併弧矢　覆月減斜　斜田併圭　斜減三圭　弧矢減圭　方減二圭

右量田地之法舉此數條已見大意若截作幾段湊形以例其餘如蛇碗丘扇輞盆瓜磬歃側者形狀極多難以一一盡述考究校之數無準積恐悞學者故盡删去不錄今纂集直指圖形具之於前以爲通變之術若平地而無礙者或作幾段定形立法只以句股圭梭梯斜弧矢牛角之類截而量之或併或減以求實積倘遇基地有房屋者難用此法必須取其方直或借別地以湊方直算積內減除還則形可窮而數可盡學者詳玩形勢理何異焉

凡量田地切不可以周圍步數算而計積其謬已甚今舉方直二形較之其方田每面三步計積九步其直田長四步闊二步計積八步論周圍俱各一十二步二者小數較之而差一步何況於大者乎

解曰方者內中藏一步而無周直者外周而無藏隱也

方圍實

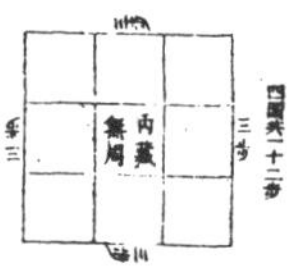

內藏無周　三步　三步　四圍共一十二步

直圍虛

二步　四步　四步　二步　四圍共共一十二步

假如錢田外周二十七步徑三步內錢眼方周一十二步問該積若干

答曰五十一步四分步之三（步之三即是七分五釐也）

原法曰置外周二十七步自乘得七百二十九步以圓法十二除之得六十步零七分五釐以減內方周十二步自乘得一百四十四步以方周法十六除之得內方積九步餘積五十一步七分五釐

孤峯馬傑斷曰錢塘算師吳信民編集比類世罕聞孤峯裁改鶴坡校錢田之法有差爭

又論此錢眼方周一十二步中間明有跡一十六步何云九步已知圓三徑一得徑九步除方四步外徑一面豈有三步哉

又增比意駐雲飛　比意錢田題法雖明不足觀非俺自誇美改正珍寶籃（咪）二十七步圓眼中間十二方周改法精制算圖樣明名天下傳　答曰改正得四十四步七分五釐

又改正法置錢周二十七步自乘得七百二十九步以圓法十二除之得六十步零七分五釐爲實另以錢眼方周一十二加八得二十步與一十二步相乘得二百四十步爲實以方周法一十六除之得一十五步加一步共一十六步以減前實六十步零七分五釐餘四十四步七分五釐合問

大位因傑辨吳氏之非故立圖考校前法每一步自方五尺橫直相乘得積二十五尺乃是本身連根其理甚明

假如錢內方周每面三步四圍共合爲十二得積九步無差

據傑用方束之法反正爲邪不免有差殊不知束積皆是論箇論隻之物而無零者宜當除根不辯自明矣　求束法具載少廣章

大位歌曰孤峯改正吳氏法未得眞傳奇妙訣丈量之法要分明方自乘之爲何說方周摺角數連根豈可除根用束法今立圖形考校明倒依吳氏爲定決

方圍方束圖解

方圍積圖

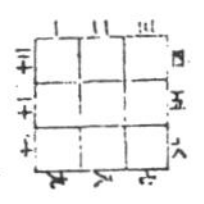

一　二　三　四　五　六　七　八　九　十　十一　十二

論量田地周圍法乃是連根謂角以數自乘用十六除之得積

連根周圍十二步計積九步

方束積圖

一　二　三　四　五　六　七　八　中心積一

論方束法乃是整物無零數周宜當除根以數加八再以原數相乘用十六除之加中心一得積

除根周圍是八計積九數

田畝演段根源圖解

方求積法置方十步自乘得積一百步合問

方演段圖

張丘建方求斜法置方十步用五歸得二是兩箇方五却用七因得斜十四步故曰方五斜七　若依方五求斜則斜有餘若依斜七求方則方不足

假如方田隅斜一十四步問積步併方面各若干

答曰積一百步實只有九十八步　方面十步實只有九步九分

斜演段圖

張丘建法置斜十四步用七歸得二乃是二箇斜七却用五因得方面十步是兩箇方五就以方十步自乘得積一百步　有斜必有方只以方求積無差

楊輝方求斜法置方步自乘得一百步是一箇小方積倍之得二百步是兩小方積用開平方法除之得斜十四步却有不盡餘實四步　斜求積法置斜步如大方面自乘得積一百九十六步如兩箇斜方積折半得九十八步如一箇斜方積却比前方積步中少二步　斜求方面斜自乘折半得積九十八步如箇斜方積以開平方法除之得方面九步九分

方斜演段圖

此論大方一箇方面一十四步內容斜方一箇卽小方也斜亦一十四步自乘得一百九十六步是兩箇斜方積內小方斜積一箇九十八步外四角用句股求弦法得弦九步九分卽如小方面自乘亦得九十八步將四角總合亦爲一小方每角正方二十一步斜方七步折半得三步五分併得二十四步五分以四角因之得九十八步亦爲一斜方積也此合大方

方斜黑白演段圖

求積毫忽無差楊輝用開平求方求斜理明以合方積張丘用方五斜七麄以合數　又論大方面十四步內容小方斜十四自乘得一百九十六步是兩箇斜方積乃黑白四段以上下斜白配合爲一方又以左右斜黑配合爲一方故用折半得一箇斜方積九十八步

周三徑一圖

古法周圓三尺圓徑一尺

假如圓徑三十二尺以周三因之得九十六尺而四尺閑矣

徽術周百尺徑三十一尺四寸

密術周二十二尺徑七尺

智術圓徑三十二尺周有百尺

術曰圓徑卽方徑若求圓積四分之三不必立法惟以圓求方其法不一姑錄於此蓋圓徑一則周不止於三所謂周三徑一者舉其大槩耳

方五斜七者言其大略耳內方五尺外方七尺有奇

方五斜七圖

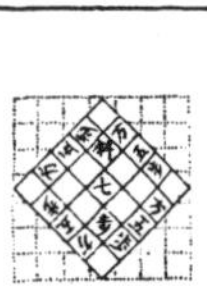

方面求弦法曰以方面自乘倍之爲實以開平方法除之得七步〇七一故曰斜七有奇以此自乘折半得積二十五步若以七步自乘折半得積二十四步半校之得積不全矣

假如圓田徑六步周十八步問積若干

答曰二十七步

圓演段圖

徑六步是一箇六周十八步是三箇六故曰周三徑一也其方積三十六步是四箇九其圓積二十七步是三箇九其圓外剩九是一箇九故曰圓居方四分之三也圓三象天方四象地

徑求積法置徑六步如方面自乘得方積三十六步用三因得一百零八步是三箇方積合四箇圓積故用四歸之得一箇圓積二十七步

周求積法置周十八步如大方面自乘得三百二十四步是九箇小方積每積三十六步正合十二箇圓田積故用十二除之得一箇圓積二十七步

周徑求積法置徑六步是一箇六與周十八是三箇六相乘得數卽如前徑自乘以三因數同故仍用四歸得積二十七步

半周求積法置半周九步自乘得八十一步如三箇圓田積故用三歸之得圓積亦二十七步

半徑求積法置半徑三步自乘得九步如方田積四分之一卽圓三分之一故用三因之得圓積

半周半徑求積法置半周九步以半徑三步相乘得圓積二十七步如方積四分之三正合圓田之積

若問圓田外四角剩積法置一角長闊各三步折半得一步半自乘得一角剩二步二分五釐以四因得四角剩積共九步也已上求積六法皆合周三徑一已後二術但有不盡非良法也

徽術周求徑以五十因周再以一百五十七除之得徑　徑求周以一百五十七乘徑用五十歸之得周

密術周求徑以七因周再以二十一除之得徑　徑求周以二十二乘徑用七歸之得周

隅虛圓實變四之圖

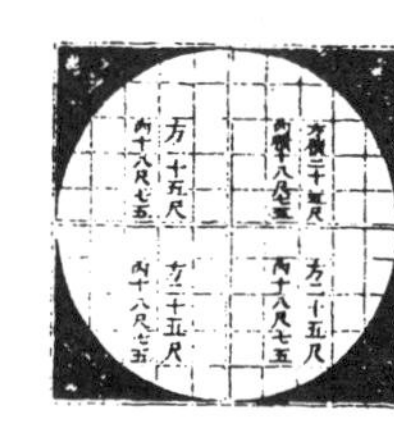

虛隅圖說

此圖以十尺爲率若徑十二其在內者七十五箇一百四十四其在外者二十五箇一百四十四若徑十三其在內者七十五箇一百六十九其在外者二十五箇一百六十九不論圓之大小俱可倣

此方圓徑十尺平方積百尺內平圓七十五尺外四角虛隅二十五尺分而爲四每方在內者一十八七五是七十五箇二寸五分其在外者六二五是二十五箇二寸五分

方圓論說

世之習算者咸以方五斜七圍三徑一爲準殊不知方五則斜七有奇徑一則圍三有奇故古人立法有句三股四弦五之論而不能使方斜爲一定之法有割圓矢弦之論而不能使方圓爲一定之法試以句股法求之句股各自乘併爲弦實平方開之此施之於長直方則可若一整方句五股五各自乘併得五十平方開之得七而又多一算矣割圓之法求矢求弦固是至於求弧背則恐未盡也何以知之試以平圓徑十寸者例之中心割開矢闊五寸自乘得二十五寸以徑除之得二寸五分爲半背弦差倍之得五寸以加弦得一十五寸與圍三徑一之論正合然徑一則圍三有奇數則不能盡矣以是知弧背之說猶未盡也不特是也凡平圓一十二立圓三十六皆不過取其大較耳或曰密率徑七則圍二十二徽率徑五十則圍一百五十七何不取二術酌之以立一定之法曰二術以圓爲方以方爲圓非不可但其還原與原數不合數多則散漫難收故算曆者止用徑一圍三亦勢之不得已也曰曆家以徑一圍三立法則其數似猶未精然郭守敬之曆至今行之無弊何也曰曆家以萬分爲度秒以下皆不錄縱有小差不出於一度之中況所謂黃赤道弧背度乃測驗而得止以徑一圍三定其平差立差耳雖然行之日久安保其不差也竊嘗思之天地之道陰陽而已方圓天地也方象法地靜而有質故可以象數求之圓象法天動而無形故不可以象數求之方體本靜而中斜者乃動而生陽者也圓體本動而中心之徑乃靜而根陰者也天外陽而內陰地外陰而內陽陰陽交錯而萬物化生其機正合於畸零不齊之處上智不能測巧曆不能盡者也向使天地之道俱可以限量求之則化機有盡而不能生萬物矣余因論方圓之法而併著其理如此

又述直圭梯斜句股弧矢等形圖于左

今有直田長一十二步闊九步問田積併斜弦各若干

答曰積一百零八步　該斜弦一十五步

直演段圖

求積法曰置長闊相乘得一百零八步　若問斜者如句股求弦以長自乘又以闊自乘併二數得二百二十五步爲實以開平方法除之得弦十五步　若以斜問積置斜十五步自乘折半得一百一十二步半却比直積多四步半其多者何也是長多闊三步自乘折半得四步半也

假如斜若干只云廣縱相和若干問積以斜自乘另以相和自乘二數相減餘折半得積

假如有廣若干只云縱斜相差若干問積以廣自乘另以相差自乘二數相減餘折半爲實以相差爲法除之得縱以廣乘之得積

縱斜相和者倣此廣斜相和相差及廣縱相差與前廣縱相和者俱同

假如今有圭形田廣八步縱一十二步問該田積若干

答曰積四十八步

法曰置廣縱相乘折半得積四十八步合問

圭形演段圖

半縱乘廣圖

句股演段圖

半句乘股圖

長闊相乘折半圖

半廣乘縱圖

句股相乘折半圖

其句股折半之法據理推之卽是東北句闊折半倒上以湊東南如直

半股乘句圖

又將東南股夫一半倒下以湊西北抑直　但折半之法折長不可折闊或折闊不可折長切不可一槩盡折相乘實差一倍

梯形演段圖

併上下廣乘半長圖

併上下廣折半乘長圖

併上下廣乘長折半圖

梯形折廣圖

梯斜兩廣併來折半乘長得積　假如上廣六步下廣八步併得一十四步折半得七步以長乘之得積　如觜西北之角斜面倒湊東南之角直其理明矣

斜形折廣圖

梯斜二田形異理同　解曰此是將北廣除一步以湊南廣六步均七爲直之理　形雖委曲算折爲方　其形雖有定界不能變移算中折法以湊方直之理

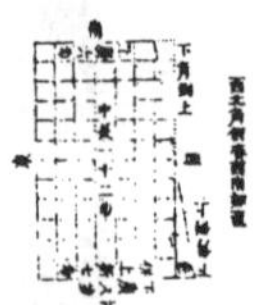

今有直田長一十四步闊七步計積九十八步問內容弧矢田一段占積併二角餘積各若干

答曰弧矢積七十三步半　二角積二十四步半

法曰置長一十四步爲弧弦以闊七步爲矢相併得二十一步折半得十步零五分又以矢七步乘之得弧矢占積七十三步五分以減直積九十八步餘二十四步五分是二角餘積

直內容弧矢圖

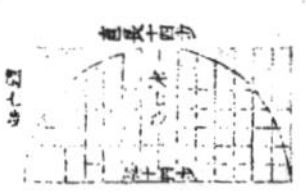

今有直田長二十步闊十八步計積三百六十步問內容六角田一段每角面十步問六角占田積併餘積各若干

答曰六角積二百七十步　角外餘積九十步

法曰置中長二十步減去半面闊五步餘長一十五步以通闊一十八步乘之得六角占積二百七十步　另以角外之餘長九步以餘闊五步折半得二步五分乘之得一角餘二十二步五分以四因之得四角餘積九十步併入六角占積二百七十步共合直田之總積也

直容六角圖

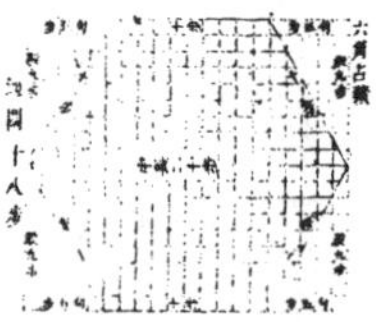

假如方田一段面方十七步計積二百八十九步內容八角田一段每角面闊七步問八角占積併外餘若干

答曰八角占積二百三十九步　角外餘積五十步

法曰方七步是上下斜角面如斜求方以五因七歸得五倍之得十步是上下二段長加中一段面七步共十七步自乘得方面總積二百八十九步另以一角長五步自乘得二十五步倍之得外餘積五十步以減上積餘得八角占積二百三十九步合問

方容八角圖

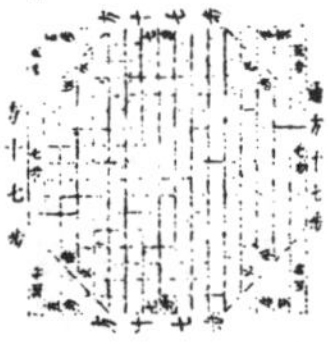

假如圓田徑十四計積一百四十七步內容錠田占積併兩腰外餘積如欖形田二段長十步闊四步問各該積若干

答曰錠占積一百步　兩腰外餘積四十八步

法曰圓徑卽錠長十四步又如圓內方之斜也以方五斜七之法置十四步以七歸五因得方十步自乘得錠占積一百步另置兩腰外如欖田長十步加半闊二步共十二步以闊四步乘得餘積四十八步加入錠占積共合圓田總多一步者是欖長十步自乘得百步內多一步

舊法以錠長自乘折半得九十八步却少二步其錠長如方田斜求積則百步中少二步可用九八歸除卽一百步

方內容錠圖

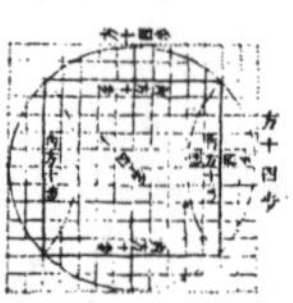

一法截上下有餘補兩腰不足作方十步自乘得一百步錠田還原以積用開平方法除得十步却以五歸七因得斜長十四步也

方圓環總圖說

平方求積法曰以方面十六步自乘得二百五十六步　平圓求積法曰以外周四十八步自乘得二千三百零四步再以十二除之得全積一百九十二步

方內容圓內減圓爲環圖

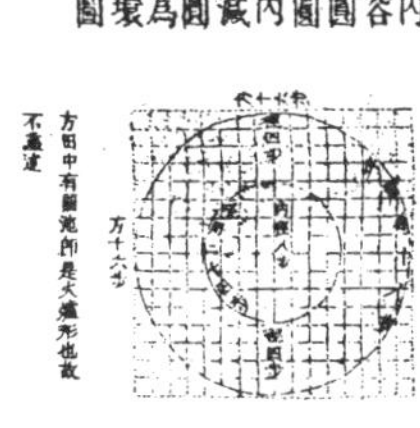

四旁餘積六十四步另以內周二十四步自乘得五百七十六步再以十二除之得內圓積四十八步

圓環求積法曰以大圓積內減小圓積餘一百四十四步卽是環積也

又法以環徑四步以三因之得一十二步以減外周餘得三十六步爲長以徑四步乘之得環積一百四十四步　環田者如圓田中間有圓池也若圓池不在中而偏者只以圓田算之得全積卻減去圓田積餘爲本田實積也

法以外周自乘又以內周自乘二數相減餘數以十二除之得環積　若以內周外周問徑者置外周減內周餘數以六除之得徑　若以內周併徑問外周者置徑以六因之得數併入內周數卽是外周　若以外周併徑問內周者置徑以六因之得數減外周數餘爲內周

先論方內容圓外方十四步自乘計積一百九十六步問容圓併四旁庇積若干

答曰圓積一百四十七步

四旁庇積四十九步

法曰置方徑十四（卽圓徑）自乘再以七五乘之得圓積

方內容圓內容方圖

也　若問四庇積以二五乘方積（四庇居方四分之一）是也方積四分取三爲圓積故法用七五乘之或用三因四歸亦得圓積

後論圓內容方圓徑（卽方斜）十四步計積一百四十七步問容方併四旁冪積若干

答曰圓內容方每面十步計積一百步　四旁冪積四十七步

右明方圓之理

方環者謂如方田中央有方池方環求積法曰以外方自乘得全積另以內方自乘得內積以減全積餘得方環積　又法以外方併入內方倍之爲長以徑闊乘之得方環積

解曰非言田也皆言托物比興算家窮理盡性致知格物以明方圓句股之理至於天地高廣乎

平方環積之圖

帶分母用約分法

今有直田廣二步二十分步之九縱九十七步四十九分步之四十七問該積若干

答曰一畝

法曰置廣二步以分母二十乘之得四十加分子九共四十九另以縱九十七步以分母四十九乘之加分子四十七共四千八百以乘縱四十九得二十三萬五千二百爲實又以分母二十乘四十九得九百八十爲法除之得二百四十步以畝法除之合問

今有圭田廣五步二分步之一縱八步三分步之二問該積若干

答曰二十三步六分步之五

法曰置廣五步以分母二通之加分子一共十一另置縱八步以分母三通之加分子二共二十六與廣十一相乘得二百八十六折半得一百四十三爲實以分母二分三分相乘得六分爲法除之得二十三步餘實五以法命之得六分之五

今有圓田徑六步十三分步之十二周圍二十步四十一分步之三十二問該積若干

答曰三十六步

法曰徑求積置徑六步以分母十三通之加分子十二共九十自乘得八千一百　又以分母十三減分子十二餘一以乘分子十二併前共得八千一百一十二以三因四歸之得六千零八十四爲實以分母十三自乘得一百六十九爲法除之合問　若以周求積置周二十步以分母四十一通之加分子三十二共八百五十二自乘得七十二萬五千九百零四又以分母四十一減分子三十二餘九以乘分子三十二得二百八十八併入前數共七十二萬六千一百九十二以圓法十二除之得六萬零五百一十六爲實以分母四十一自乘得一千六百八十一爲法除之合問

今有環田內周六十二步四分步之三外周一百一十三步二分步之一徑十二步三分步之二問該積若干

答曰四畝六分五釐四分步之一

法曰併內外周共一百七十五步以內周之三乘外周二分得六分另以外周之一乘內周四分得四併之得十却以分母二分四分相乘得八爲法除十得一步二分五釐併前共得一百七十六步二分五釐折半得八十八步一分二釐五毫爲實却以徑十二步分母三通之加分子二共三十八爲法乘之得三千三百四十八步七分五釐又以分母三除之得一千一百一十六步二分五釐以畝法除之得四畝六分五釐不盡步下二分五釐以法約之得四分步之一合問

今有方田一坵面方十二步四分步之二問該積若干

答曰一百五十六步五分

法曰置十二步以分母四通之得四十八步加分子二共得五十步自乘得二千五百步另以分母四減分子二餘二以乘分子二得四併前積共得二千五百零四步爲實另以分母四自乘得一十六爲法除之（此合開方不盡之法已上皆變分母子法）

今有直田長一十五步闊三步五分步之四問該積若干

答曰五十七步

法曰置闊三步以分母五通之得十五加分子四共十九另置長十五步以分母五通之得七十五將此二數相乘得一千四百二十五爲實另以分母五自乘得二十五爲法除之合問（此是算分母子法）

休寧縣科則（附辨畝法論）

休寧縣於萬曆九年清丈有糧里編號二百一十一里　帶管無糧里三十四里半（以千字文編號自在城東北隅天字一號起至三十三都八圖建字號止）

田畝起科等則（每斗加耗七合地山同）

田每一畝古科米帶耗共五升三合五勺麥帶耗共二升一合四勺

地每一畝古科米帶耗共三升二合一勺麥帶耗共二升一合四勺　新制米帶耗共三升八合七勺一抄三撮麥帶耗共一升九合八勺七抄

比古米增而麥減何也蓋謂古有官莊產土租米重而租麥輕又紫陽書院田府縣學田有米無麥今變總歸於一則丈出畝步攤派租米租麥各畝步不同等而田山塘等起科不廢古法惟地抑合米麥總數之故云

山按原額計畝（新丈不計步數）每畝米帶耗共一升零七勺麥數同

塘池潭堨（同田則）　園圃洲堤（同地則）

墳塋境蹟（多作上地）　開墾隴野（以作荒地三百爲畝入山境）

畝法論

愚按前賢畝法率二百四十步爲一畝萬曆九年遵詔清之休邑總書擅變畝法田分四等上則一百九十步中則二百二十步下則二百六十步下下則三百步地亦四等上則二百步中則二百五十步下則三百五十步下下則五百步在城基地有等正之名一等正三十步二等正四十步三等正五十步四等正六十步與前賢二百四十步一畝大相繆戾借曰土地有肥磽徵役有輕重亦宜就土田高下別米麥之多寡不得輕變畝法第總書開其弊實舉邑業已遵行何容置喙姑記於此以見作聰明亂舊章之自云

古今折步

原用古弓每步五尺今以鈔弓校之只有四尺八寸問古弓百步該鈔弓若干

答曰九十二步一分六釐

法曰置四尺八寸倍之得九分六釐自乘得九分二釐一毫六絲乃古弓一步今折得鈔弓數也自此歷上合問　若鈔弓步數每百步用八十五步加之以合原古弓步之數

其方直田形截積具載少廣章中

欽定古今圖書集成曆象彙編曆法典
第一百十六卷目錄
算法部彙考八

曆法典第一百十六卷

算法部彙考八

算法統宗四

粟布章第二

粟米也布錢也以粟稻等率求米之精粗以斛斗求糧之多寡以丈尺求帛之長短以斤兩求物之輕重以御變易

粟布歌

穀爲糙米要須知法實分明莫亂題米爲實數穀爲法以法除之更不疑若言糙米爲白米糙法白實以除之要將易換貴求賤乘來除去不差池

諸數率數

比若粟換稻置粟以稻率乘之爲實以粟率爲法除之得稻今率不一姑記之餘倣此

粟率五十 稻率六十 糲率三十 糲飰七十五 粺米二十七 御米二十一 御飰四十二 粺飰大麪各五十四 小麪十三半 糳米二十四 豉六十三 麻麥菽各四十五

今有穀八百六十八石五斗舂爲糙米四百一十六石八斗八升問每穀一石舂糙米若干

答曰糙米四斗八升

法曰置糙米爲實以穀數爲法除之卽得

今有糙米四百一十六石八斗八升舂作白米三百三十三石五斗零四合問糙米每石得白米若干

答曰白米八斗

法曰置白米數爲實以糙米數爲法除之卽得

今有糯米二百一十六石每糯米一石換粳米一石五斗問該粳米若干

答曰三百二十四石

法曰置糯米爲實以每石加五爲法加之或用十五乘法亦得

今有粳米三百二十四石每米一石五斗換糯米一石問該糯米若干

答曰二百一十六石

法曰置粳米爲實以每石減五爲法定身除之或用十五除亦得

原借人小麥四百五十六石今將白米照依時價估折還之其麥每石價四錢五分白米每石價七錢五分問該還白米若干

答曰二百七十三石六斗

法曰置麥數以麥價四錢五分乘之得二百零五兩二錢爲實却以米價七錢五分爲法除之卽得

今有芝麻四百五十六石易換米豆只云芝麻三斗換米五斗米五斗換豆七斗問米豆各若干

答曰米七百六十石 豆一千零六十四石

法曰置麻爲實以三斗歸之得一百五十二石以米五斗因之得米七百六十石 若換豆卽以米用五歸之仍得一百五十二石以豆七斗因之得豆一千零六十四石合問

今有人原借九色金五十兩今還八色金問該若干

答曰八色金五十六兩二錢五分

法曰置借九色金五十兩以九因之得赤金四十五兩爲實却以今還八色除之卽得

今有八色金五十兩用價銀二百兩今又換九色金四十兩問該銀若干

答曰銀一百八十兩

法曰置九色金四十兩以九因之得赤金三十六兩以價二百兩因之得七千二百兩爲實另置八色金五十兩以八因之得赤金四十兩爲法除之卽得

官糧帶耗歌

官糧帶耗在其中一石例加七升同要見正米減去七隔位除之法更隆

今有正米二百一十二石每石加耗七升問該耗米若干

答曰一十四石八斗四升

法曰置正米爲實以耗米七升爲法因之卽得

今有耗米一十四石八斗四升每石耗米七升問該正米若干

答曰二百一十二石

法曰置總耗米爲實以每石耗米七升爲法除之卽得

今有官糧二千七百六十五石九斗五升每正米一

石帶耗米七升問正米耗米各若干

答曰正米二千五百八十五石　耗米一百八十石零九斗五升

法曰置正耗糧爲實以耗米七升併正米一石共一石零七升爲法除之得正米二千五百八十五石爲實以耗七升因之得耗米合問　若要見正耗共米隔位加七卽得

盤量倉窖歌

方倉長用闊相乘惟有圓倉周自行各再以高乘見積圓圓十二一中分尖堆法用三十六倚壁須分十八停內角聚時如九一外角三九甚分明若還方窖兼圓窖上下周方各自乘乘了另將上乘下併三爲一再乘深如三而一爲方積三十六弓圓積成斛法却將除見數一升一合數皆明

古斛法以積方二尺五寸爲一石謂長一尺闊一尺高二尺五寸是也

解曰斛有大小尺有長短古之度量與今不同不可爲定則也

直指曰若較今時斛法可將棹四張橫頭竪地以爲井字樣式[圖]內用今尺橫直各量一尺上下皆同四旁用物擠住不動將米一石傾放其內米上以平爲度却用尺量高若干定爲斛法除之得積米之數也

此乃本處斛斗之積若別處斛斗大小不同但較一石大者多若干併石爲法除之如斛斗小者就以不足之數除之卽得彼處之積也

今有方倉[圖]方一十五尺高一十五尺問積米若干

答曰一千三百五十石

法曰置方一十五尺自乘得二百二十五尺再以高一十五尺乘之得三千三百七十五尺爲實以斛法二尺五寸除之合問

乘法定位從實首原數順數降下至尺止下一位得術定法首是十逆上逐位陞之卽得之數爲實

又定位斛法除之先數原實千順降下至遇法首每石二尺五寸遇尺卽止前一位得令是石逆數陞上卽得一千三百五十石餘倣此

今有長倉[圖]長二十八尺闊一十八尺高一十二尺問積米若干

答曰二千四百一十九石二斗

法曰置長二十八尺以闊一十八尺乘之得五百零四尺又以高一十二尺乘之得六千零四十八尺爲實以斛法除之合問

今有圓倉[圖]周三十六尺高八尺問積米若干

答曰三百四十五石六斗

法曰置周三十六尺自乘得一千二百九十六尺以高八尺乘之得一萬零三百六十八尺以圓法十二除之得積八百六十四尺爲實以斛法除之卽得

今有平地[圖]尖堆米下周二丈四尺高九尺問積米若干

答曰五十七石六斗

法曰置下周二丈四尺自乘得五百七十六尺以高九尺乘之得五千一百八十四尺却以尖堆積三十六除之得一百四十四尺爲實以斛法除之得數合問

今有倚壁[圖]堆米下周六十尺高一十二尺問積米若干

答曰九百六十石

法曰置下周六十尺自乘得三千六百尺又以高十二尺乘之得四萬三千二百尺用倚壁率十八除之得積二千四百尺爲實以斛法除之合問

今有倚壁內角[圖]堆米下周三十尺高十二尺問積米若干

答曰四百八十石

法曰置下周三十尺自乘得九百尺又以高一十二尺乘之得一萬零八百尺用內角率九除之得一千二百尺爲實以斛法除之合問

今有倚壁外角[圖]堆米下周九十尺高十二尺問積米若干

答曰一千四百四十石

法曰置下周九十尺自乘得八千一百尺又以高十二尺乘之得九萬七千二百尺用外角率二十七除之得三千六百尺爲實以斛法除之合問

其平地尖堆倚壁堆內角外角堆古法皆以量高而算後樂氏不用其高假如平地尖堆亦以下周十而取一爲高其倚壁堆乃尖堆之半以五除下周爲高其內角堆乃尖堆四分之一以二五除下周爲高其外角堆乃尖堆四分之三以七五除下周爲高按筭堆積倣用量高爲是

一法圓倉等五條併率數斛法總算

假如原法圓倉以周自乘又以高乘再用圓率十二除之爲實又以斛法二尺五寸除之得積　今併圓

率斛法總作三十除之即得（按此法雖捷但各處斛法不同須臨時較定不必皆二尺五寸爲一石也仍依前法爲是）

解曰以圓率十二恰用斛法二尺五寸乘得三十數凡餘做此

平地尖堆併圓窖俱併斛法九十尺

倚壁堆併斛法四十五尺

內角堆併斛法二十二尺五寸

外角堆併斛法六十七尺五寸

今有方窖（方窖）上方六尺下方八尺深一十二尺問積米若干

答曰二百三十六石八斗

法曰置上方六尺自乘得三十六尺另置下方八尺自乘得六十四尺又以上方六尺乘下方八尺得四十八尺併三位共得一百四十八尺以深一十二尺乘之得一千七百七十六尺用三除之得五百九十二尺爲實以斛法除之合問

今有圓窖（圓窖）上周一十八尺下周二十四尺深一十二尺問積米若干

答曰一百七十七石六斗

法曰置上周一十八尺自乘得三百二十四尺另置下周二十四尺自乘得五百七十六尺又以上周一十八尺乘下周二十四尺得四百三十二尺併三位共得一千三百三十二尺以深一十二尺乘之得一萬五千九百八十四尺用圓率三十六除之得四百四十四尺爲實以斛法除之合問

今有船倉南頭面廣六尺腰廣六尺五寸底廣五尺北頭面廣七尺腰廣七尺五寸底廣六尺深二尺四寸長九尺問積米若干

答曰五十六石一斗六升

法曰以南頭腰廣倍之併入面廣底廣共二十四尺以四歸之得六尺另以北頭腰廣倍之併入面廣底廣共二十八尺以四歸之得七尺併二數共一十三尺折半得六尺五寸以深二尺四寸乘得一十五尺六寸以長乘得一百四十尺零四寸爲實以斛法除之合問

今有蘆蓆二領長闊相同先以蓆一領作囤較之盛米二石五斗問蓆二領爲一囤盛米若干

答曰盛米十石

法曰置蓆二領自乘得四領爲實以較囤米二石五斗爲法乘之合問

今有蓆三領作一囤亦用一蓆較數同前問盛米若干

答曰二十二石五斗

法曰置蓆三領自乘得九領以較米二石五斗乘之合問

今有蓆四領作一囤照前一蓆較數相同問盛米若干

答曰四十石

法曰置蓆四領自乘得一十六領以較米二石五斗乘之合問（若五六七領俱倣前例自乘再以較數乘之即得）

今有米十石欲用蘆蓆囤盛之先以一蓆作囤較數盛米二石五斗問該用蓆若干

答曰二領

法曰置米十石以較米二石五斗除之得四領爲實以平方開之得二領作囤合問

今有米二十二石五斗欲用蓆囤盛之亦以一蓆較數同前該用蓆若干

答曰三領

法曰置總米爲實以較米二石五斗爲法除之得九領又爲實以平方開之得三領合問

論曰蓆求盛米法于以蓆一領且如長四尺作一囤較之四面各方一尺也若二領共長八尺作一大囤是每面方有二尺以每面計小囤二箇共該四小囤故以二蓆自乘得四却以一小囤米數乘之是也餘做此（凡蓆皆相等取一領較之不問盛幾石幾斗就以此爲法）

各處鹽場散堆量算引法歌（每方一尺積鹽四十斤）

長闊相乘共一遭已乘之數又乘高每方四十乘斤總三百斤歸即引包（按每方四十斤未可爲定數恐輕重不等也亦須較爲妙）

今有鹽一堆長一丈五尺闊一丈二尺高六尺五寸問該斤引各若干

答曰四萬六千八百斤 一百五十六引

法曰置長一丈五尺以闊一丈二尺乘之得一百八十尺又以高六尺五寸乘之得一千一百七十尺又以每尺四十斤乘之得鹽重四萬六千八百斤爲實以每引三百斤爲法除之得一百五十六引若問包以包數除之即得

衡法斤秤歌

斤如求兩身加六減六留身兩見斤論銖三百八十四六十四分爲一斤二十四銖爲一兩三十二兩一裹名一秤斤該一十五二秤併之爲一鈞四鈞之數爲一石又名一馱實爲眞二百整斤爲一引兩下別

有毫釐分

截兩爲斤歌

一退六二五　二一二五　三一八七五
四二五　五三一二五　六三七五
七四三七五　八五　九五六二五
十六二五　十一六八七五　十二七五
十三八一二五　十四八七五　十五九三七五

積兩成斤歌（此謂斤下零兩倒積以求斤數）

一退十五（成斤以後同）　二退十四　三退十三
四退十二　五退十一　六退十
七退九　八退八　九退七
十退六　十一退五　十二退四
十三退三　十四退二　十五退一

位嘗見算者遇斤下帶兩用法各不相同有將兩數化爲一二五者又有將兩隔位疊數而除十六加斤者俱不合式雖兼歸除甚非意也予觀算盤梁之上二子爲十梁之下五子共有十五兩論一斤該數十六而欠一兩故曰一退十五以成一斤之數此法極敏捷餘皆倣此但貨物用秤者不拘法實斤下有兩數切不可隔位必須挨斤之次設若五斤十二兩就以十二兩在五斤之下位算盤梁之上二子梁之下二子即十二兩也若兼歸除爲法爲實就以十二兩本身梁之上除去一子餘七另以下位加五即爲七五然後用法乘除之即不差也如除畢斤下有零數必須從尾位起用加六之法逐位逆上加之至斤下止切不可加於斤上學者慎之

今有金一十二斤半問該兩若干

答曰二百兩

法曰此是斤求兩置金一十二斤半爲實以六爲法加之或用十六乘法亦同定位只認原斤位得十兩依次求之即得今列布算於後

(半)起　先呼五六加三（不動本身加三爲八兩）
(斤)　次呼二六加一十二（本身加一更於下位加二兩）
(十)　又次呼一六如加六（不動本身只於下位加六）

今有銀四百三十二兩問該斤若干

答曰二十七斤

法曰此是兩求斤置銀四百三十二兩爲實以截兩法遍之定位只認十兩上得斤依次陞上即得

(兩)起　先呼二一二五（變本身二爲一更於下位加二又下位加五）
(十)　次呼三一八七五（變本身三爲一更於下位加八七五）
(百)　又次呼四二五（變本身四爲二更於下位加五）

一法或用十六兩除之亦得

今有麝香一百兩乳香一千兩芸香一萬兩問各斤數若干

答曰麝香六斤四兩　乳香六十二斤八兩　芸香六百二十五斤

法曰置香各用截兩歌一退六二五法　麝香一百兩退作六斤二五斤數不動二五可用加六之法先從尾五加起五六加三作八次於前位二六加一十二共得四兩合問　乳香一千兩退作六十二斤五六十二斤不動五可用加六之法五六加三作八兩合問　芸香一萬兩退作六百二十五斤因無兩數不必加也餘倣此

還原

五六加三　二六加一十二　六六加三十六以合萬兩

今有心紅每斤價銀三錢八分問每兩價若干

答曰每兩價銀二分三釐七毫五絲

法曰置銀三錢八分以截兩爲斤法變之即一退六二五也或用十六除之亦同

(分)起　八五（本身八去三變爲五）
(錢)　三一八七五（變本身三作一下位挨次加八七五）

今有水銀每兩價銀一分八釐五毫問每斤價若干

答曰每斤價銀二錢九分六釐

法曰每斤一十六兩以每兩價一分八釐五毫乘之即得

一法置每兩價一分八釐五毫以加六法加之五六加三十六八加四十八一六加六亦得

今有靛花一十八斤每兩價錢一十二文問該錢若干

答曰三千四百五十六文

法曰此是斤問兩價置靛花一十八斤用加六法得二百八十八兩爲實以價錢一十二文爲法乘之合問

今有黃蠟五百三十五斤七兩每兩價八釐九毫問該銀若干

答曰七十六兩二錢四分六釐三毫

法曰此是斤問兩價置蠟五百三十五斤用加六法得數併入零七兩共八千五百六十七兩爲實以價八釐九毫爲法乘之合問

今有大青四百三十二斤一兩每斤價銀二兩問該

銀若干
答曰八百六十四兩一錢二分五釐
法曰置青四百三十二斤不動以斤下一兩用截兩歌通之將一兩退位作六二五併得四百三十二斤○六二五爲實以斤價爲法乘之合問
今有杏仁二百一十八斤四兩每斤價五錢二分問該銀若干
答曰一百一十三兩四錢九分
法曰置斤以上不動只將四兩化作二五併入斤共二百一十八斤二五爲實以價五錢二分爲法乘之合問
今有銅絲四百六十八斤十兩每斤價銀二錢四分問該銀若干
答曰一百一十二兩四錢七分
法曰置銅絲百斤不動只將十兩化作六二五併斤得四百六十八斤六二五爲實以價二錢四分爲法乘之合問
今有棗子七十八斤二兩每棗一斤換栗二斤四兩問該栗若干
答曰一百七十五斤一十二兩五錢
法曰置棗七十八斤不動將二兩化爲一二五併得七十八斤一二五爲實另以二斤不動將四兩化作二五併得二斤二五爲法乘之得一百七十五斤七八一二五却將斤下零七八一二五用加六之法加之得一十二兩五錢合問
今有生漆三百七十七斤每斤曬得熟漆四兩問該熟漆若干
答曰九十四斤四兩
法曰置生漆爲實以曬熟漆四兩化作二五爲法乘之得九十四斤二五却將二五用加六法得四兩合問
原買大綠一斤用價七錢六分五釐今又買六兩問該價銀若干
答曰二錢八分六釐八毫七絲五忽
法曰置今買綠六兩化爲三七五爲實以每斤七錢六分五釐爲法乘之合問
原有銀一錢買猪肉四斤今只有銀三分五釐問該肉若干
答曰該肉一斤六兩四錢
法曰置銀三分五釐爲實以每銀一錢肉四斤爲法乘之得一斤四此乃是虛數合斤之數也其四宜當每兩用加六之法四六加上二兩四錢共得一斤六兩四錢合問
原有銀二錢三分買白銅一十三兩今欲買五斤二兩問該銀若干
答曰一兩四錢五分零七毫七絲
法曰置今買銅五斤二兩以斤求兩法加之（只加斤不加兩）五六加三十共得八十二兩以原銀二錢三分乘之得一十八兩八錢六分爲實以原銅一十三兩爲法除之合問（此乃異乘同除之法）
原有銀七錢五分買墨二斤四兩今有銀二錢四分問該墨若干
答曰一十一兩五錢二分
法曰置今有銀二錢四分以原買墨二斤四兩可將四兩化爲二五共二斤二五爲法乘之得五十四兩爲實以原銀七錢五分爲法除之得七二此乃合斤之兩數可用加六法加之二六加一十二六七加四十二共成一十一兩五錢二分是也（此亦是異乘同除法）
今有木香一十二斤價銀四兩三錢二分問每兩價若干
答曰二分二釐五毫
法曰置銀四兩三錢二分爲實以木香一十二斤爲法除之每斤得價三錢六分以兩求斤法呼之六三七五三一八七五合問（若用十六歸除亦得）
今有猪肉八十四斤每銀一兩四十八斤算問該銀若干
答曰一兩七錢五分
法曰置肉八十四斤爲實以每兩四十八斤爲法除之合問
今有棉花一百五十七斤半每花八斤十二兩換布一匹問該布若干
答曰一十八匹
法曰置花一百五十七斤半爲實以八斤十二兩先將十二化作七五共八斤七五爲法除之卽得
今有猪一口因無大秤以小秤稱之不及原秤錘重一斤十兩又加秤錘一斤四兩八錢稱得六十七斤問該公道實數若干
答曰實重一百二十斤九兩六錢
法曰置原秤錘一十六兩又加錘二十兩八錢共四十六兩八錢以共稱猪六十七斤乘之得三千一百三十五斤六爲實另以原秤錘二十六兩爲法除之

得一二〇六乃一百二十斤實數六乃斤下虛數用加六法加得九兩六錢是也

原秤稱物八斤二兩因失去錘今欲買錘配秤不知輕重另將別錘重二斤五兩稱之原物只得六斤問原錘重若干

答曰原錘重一斤十一兩三錢有畸

法曰置後錘稱物六斤以加六法通之得九十六兩以後錘三十七兩乘之得三五五二爲實另以原物八斤二兩亦用加六法通之得一百三十兩爲法除之得二十七兩三錢有畸合問

今有菜子二百五十斤換油八十八斤問百斤十斤一斤一兩各該油若干

答曰百斤該油三十五斤三兩二錢十斤該油三斤八兩三錢二分一斤該油五兩六錢三分二釐一兩該三錢五分二釐

法曰置油八十八斤爲實以菜子二百五十斤爲法除之得數三五二爲實聽從法變而用加六之法遇斤十百以上不可加但兩起以下加之合問

今有胡椒六百斤價銀七十五兩問銖分兩裹秤鈞石引及價各若干

答曰銖二十三萬四百銖（每銖價三毫二絲五忽五微二纖）

分三萬八千四百分（每分價一釐九毫五絲三忽一微二纖五沙）

兩九千六百兩（每兩價七釐八毫一絲二忽五微）

裹三百裹（每裹價二錢五分）

秤四十秤（每秤價一兩八錢七分五釐）

鈞二十鈞（又曰租　每鈞價三兩七錢五分）

石五石（又曰斛　每石價一十五兩）

引三引（每引價二十五兩）

法曰置椒六百斤爲實以二歸之得三百裹就以七五除之得四十秤又以二歸之得二十鈞復以四歸之得五石再以十二乘之仍得原六百斤却以二歸之得三引又以二乘之仍得原六百斤却以六加之得九千六百兩又以二四乘之得二十三萬零四百銖　另以價銀七十五兩爲實却以各率數爲法除之合問

今有銅一千零五十六銖問該斤兩若干

答曰二斤十二兩

法曰此是銖求斤兩置銅一千零五十六爲實以銖法三百八十四除之得二斤尚餘二百八十八銖另以二十四銖除之得一十二兩合問

煉鎔銅鐵礦

今有銅一經入爐每十斤得八斤今三經入爐得七十五斤一十三兩四錢四分問原生銅若干

答曰一百四十八斤二兩

法曰置銅七十五斤加六併入零兩錢共得一千二百一十三兩四錢四分爲實另置八斤自乘得六十四再乘得五百一十二爲法除之得二千三百七十兩以斤法十六除之得一百四十八斤一二五却將一二五加六爲二兩合問　一法置銅變作兩數以八歸三次亦得

今有鐵一經入爐每十斤得七斤今三經入爐得鐵七十九斤一十兩零九錢三分一釐問原生鐵若干

答曰二百三十二斤五兩

法曰置鐵七十九斤加六併入零兩錢共一千二百七十四兩九錢三分一釐爲實另以七斤自乘得四十九再乘得三百四十三爲法除實得三百七十一兩七錢以斤法除之得二百三十二斤三一二五却將三一二五加六爲五兩合問

今有煉礦爲銀初次入爐每三兩煉得二兩第二次入爐每七兩煉得五兩第三次入爐每五兩煉得四兩凡三次入爐煉到足色銀一十六兩問原礦若干

答曰四十二兩

法曰以每次煉得二兩五兩四兩相乘得四十兩爲法另以入爐三兩七兩五兩相乘得一百零五兩以乘一十六兩得一千六百八十兩爲實以法除之得原礦四十二兩合問

度法端匹歌

四十爲匹五爲端或減或加尺寸寬端匹乘來方見尺尺求端匹法除看

諸物皆所用度故首論之今世俗尺度不等無物可爲定則或云以黍作一分十分爲一寸又云黃金方寸爲一斤今較古斛法二尺五寸比俗用尺不同難爲準則

解曰原以四丈爲一匹五丈爲一端今無定規或三丈上下亦爲匹也古設端匹之數今亦長短不一難以執法從俗可也

今有布四百二十五匹每匹價銀二錢五分問該銀若干

答曰一百零六兩二錢五分

法曰置四百二十五匹爲實以匹價二錢五分爲法乘之合問

今有絹一端長五丈每尺價鈔二百四十文問該鈔若干

答曰一十二貫

法曰置絹五十尺爲實以每尺價二百四十文爲法乘之合問

原有羅二丈四尺共價一兩八錢今羅一匹長四丈問該銀若干

答曰三兩

法曰置原銀一兩八錢以乘今羅四丈得七十二爲實以原羅二丈四尺爲法除之合問

今有紗一十二匹二丈六尺每匹四丈二尺賣鈔二百六十五貫問每尺該鈔若干

答曰五百文

法曰置鈔二百六十五貫爲實以紗一十二匹用匹法四丈二尺乘之加入零二丈六尺共得五百三十尺爲法除之合問

今有銀二十六兩五錢買紗每匹長四丈二尺價銀五錢問該買紗若干

答曰五十三匹

法曰置銀二十六兩五錢以乘每匹四丈二尺得一千一百一十三匹爲實以匹價五錢爲法除之得二千二百二十六尺又以匹法四丈二尺除之得五十三匹合問

今有布三匹二丈八尺每匹價銀二錢四分問該銀若干

答曰八錢八分八釐

法曰以匹下二丈八尺用匹法四丈歸之得七分併入三匹共三匹七分爲實以價二錢四分爲法乘之合問

原借人布一匹長四丈闊二尺今將狹布闊一尺八寸算還問該長若干

答曰四丈四尺九分尺之四

法曰置布長四丈以闊二尺乘之得八十尺爲實以今布一尺八寸爲法除之得四十四尺不盡八以法實皆折半命之曰九分尺之四合問此是借寬還窄法

原有銀二十三兩買布七十五匹每匹長四丈闊二尺今要狹布闊一尺六寸長與前同狹數照前扣減問價若干

答曰四兩六錢

法曰置銀爲實另置布七十五匹以每匹四丈通之得三百丈以闊二尺乘之得六千尺爲法除實得每尺價三釐八毫三絲三忽三微三纖另以闊二尺減去一尺六寸餘闊四寸以乘三千尺得一千二百尺爲不及數以尺價三八三三三三乘之得退還銀四兩六錢合問

假如原買布共長二百四十八尺闊二尺一寸今無原布却將狹布長二百八十尺問折算合還闊若干

答曰一尺八寸六分

法曰置原布長以原闊乘爲實以今長爲法除之合問

就物抽分歌

抽分法就物中抽脚價乘他都物求別用脚錢搭物價以其爲法要除周除來便見脚之總餘者皆爲主合留算者不須求別訣只將此法記心頭

今有米三千五百石每石脚價五分因無存銀却將原米扣出准還照原米價每石六錢五分扣算還脚問主脚各若干

答曰主米三千二百五十石　脚米二百五十石

法曰置米三千五百石以脚價五分乘之得一百七十五兩是脚銀總數爲實另將米每石價六錢五分併脚價五分共七錢爲法除實得脚價米二百五十石以減總米三千五百石餘三千二百五十石爲主米合問

今有白羅六十七丈五尺於內抽一丈七尺五寸買顏色作染只染得紅羅六丈二尺五寸問各該若干

答曰紅羅五十二丈七尺三寸四分三釐七毫五絲

買顏色羅一十四丈七尺六寸五分六釐二毫五絲

法曰置總羅六十七丈五尺以染紅羅六丈二尺五寸乘之得四百二十一丈八尺七寸五分爲實以染紅羅六丈二尺五寸併入顏色羅一丈七尺五寸共得八丈爲法除之得紅羅五十二丈七尺三寸四分三釐七毫五絲以減總羅餘得顏色羅合問

今有絲四十三斤十二兩織絹每匹用絲一斤與織工絲四兩問各該若干

答曰織成絹三十五匹　織工絲八斤十二兩

法曰置絲四十三斤不動斤下十二兩化爲七五併共四十三斤七五以織工絲四兩化爲二五乘之得十斤○九三七五爲實另將織絹絲併織工絲共一斤二五爲法除之得八斤七五却將七五用加六法加之爲十二兩共八斤十二兩爲織工絲以減總絲餘爲織絹絲三十五斤每匹用絲一斤即三十五匹

合問

一法置絲四十三斤十二兩以斤通兩共七百兩以織工絲四兩乘之得二千八百兩爲實以每匹絲一十六兩加入織工絲四兩共二十兩爲法除之得織工絲一百四十兩通斤得八斤十二兩以減總絲餘得三十五斤每匹用一斤卽三十五匹合問

欽定古今圖書集成曆象彙編曆法典
第一百十七卷目錄
算法部彙考九
算法統宗五 衰分章第三

曆法典第一百十七卷

算法部彙考九

算法統宗五

衰分章第三

衰者等也物之混者求其等而分之以物之多寡求其出稅以人戶等第求其差徭以物價求貴賤高低者也

衰分歌

衰分法數不相平須要分敎一分成將此一分爲之實以乘各數自均平

法曰各列置衰排列所求等次之位副併共若干爲法以所分物總乘未併者（是前列衰）各自爲實以法除之卽得所問

可約者約分之不盡者以法命之

一法置所分物爲實併各衰爲法除之得一衰以乘各衰

合率差分

今有銀一千二百兩買綾絹議要絹一停綾二停其綾每疋價三兩六錢絹每疋價二兩四錢問二色併價各若干

答曰綾二百五十疋價九百兩　絹一百二十五疋價三百兩

法曰置銀一千二百兩爲實另置綾價以二因之得七兩二錢併入絹價二兩四錢共九兩六錢爲法除之得絹一百二十五疋倍之得綾二百五十疋各以原價乘之合問

今有銀一百二十一兩一錢七分五釐糴米麥豆議要米一分麥二分豆三分其米每斗九分二釐麥每斗八分五釐豆每斗三分六釐問三色併價各若干

答曰米三十二石七斗五升價銀三十兩零一錢三分　麥六十五石五斗價銀五十五兩六錢七分五釐　豆九十八石二斗五升價銀三十五兩三錢七分

法曰置總銀爲實另置麥價以二因之得一錢七分又置豆價以三因之得一錢零八釐米價九分二釐併三價得三錢七分爲法除實得米數二因得麥數三因得豆數各以原價乘之得各價合問

又法先得米數倍之得麥數加五卽豆數

今有鰥寡孤獨四貧民共給米二十四石其鰥者四分寡者五分孤者七分獨者九分問四民各該米若干

答曰鰥者給米三石八斗四升　寡者給米四石八斗　孤者給米六石七斗二升　獨者給米八石六斗四升

法曰置米爲實另置鰥四寡五孤七獨九併之共二十五爲法除實得九斗六升爲一衰之數以各自衰因之合問

今有甲乙丙丁四人各出本銀七兩五錢甲銀八色乙銀七色丙銀六色丁銀四色共三十兩入爐傾成一錠合夥不成各欲分散問各該若干

答曰甲銀九兩六錢　乙銀八兩四錢　丙銀七兩二錢　丁銀四兩八錢

法曰併四人各出七兩五錢共三十兩爲法另以四人各原銀折作足色紋銀甲得六兩乙得五兩二錢五分丙得四兩五錢丁得三兩四共併得足色銀一十八兩七錢五分爲實以法除實得六二五色就以此爲法以除各人折過足色銀得分六二五色銀數合問

今有張三出本銀十九兩六錢四分李四出本銀十二兩三錢六分共出本銀三十二兩管運折了七兩問各折若干

答曰張三折銀四兩二錢九分六釐二毫五絲　李四折銀二兩七錢零三釐七毫五絲

法曰置折銀七兩爲實以共本銀三十二兩爲法除之得二錢一分八釐七毫五絲乃是一兩折數就以此乘各人原本合得各折數也合問（按此法置張本銀李本銀列二位各以七兩乘之却以三十二兩爲法歸除之亦得）

今有三色金共二十兩內九色四兩七色七兩五色九兩欲銷一處問成色若干

答曰六五成色

法曰置九色四兩以九因得三兩六錢七色七兩以七因得四兩九錢五色九兩以五因得四兩五錢併

三位折赤金一十三兩爲實以原金二十兩爲法除
之合問
今有一人將桃二百七十五箇一人將梨二百二十
箇各欲換西瓜其瓜每箇錢二十七文半桃每箇三
文半其梨每箇八文問各換瓜若干
答曰桃主該換瓜三十五箇　梨主該換瓜六十四
箇
法曰置桃數以價三文半乘得九百六十二文半爲
實以瓜價爲法除之得桃換瓜數另置梨數以價八
文因之得一千九百六十文爲實以瓜價爲法除之
得梨換瓜數合問
今有官米七十三石二斗令三等人戶出之上等二
十五戶每戶五分中等四十戶每戶三分下等六十
戶每戶一分問各等戶米若干
答曰上等每戶一石二斗共三十石　中等每戶七
斗二升共二十八石八斗　下等每戶二斗四升共
一十四石四斗
法曰置總米爲實另置上等二十五戶五因得一百
二十五中等四十戶三因得一百二十下等六十戶
得六十以三數併之共得三百零五爲法除之得二
斗四升是下等一戶所出之數三因得七斗二升是
中等一戶所出數五因得一石二斗是上等一戶所
出數各以戶數乘之得各等共數合問
今有軍二萬五千二百名共支米麥豆三色只云四
人支米三石七人支豆八石九人支麥五石問各該
若干
答曰米一萬八千九百石　麥一萬四千石　豆二
萬八千八百石
法曰置軍數列三位　一位以三因得七萬五千六
百以四除得米一萬八千九百石　一位以五因得
一十二萬六千以九除得麥一萬四千石　一位以
八因得二十萬零一千六百以七除得豆二萬八千
八百石合問
今有官田一頃三十八畝每畝科正米二斗今要七
分本色米三分折納細絲每米一石折絲一斤問各
納若干
答曰米一十九石三斗二升　絲八斤四兩四錢八
分
法曰置田數以正米二斗乘得二十七石六斗置列
二位　一位以七乘得米一十九石三斗二升　一
位以三乘得八石二斗八升以石變斤零二八用加
六得兩錢之數合問

四六差分

法曰各以四爲首用加五以求各衰　首位四就身
加五得六又加五得九又加五得十三衰五分又加
五得二十衰零二分五釐　如位數多者各加五以
生各衰倣此
一法以首位爲四用四歸六因以求各衰（不如加五捷徑）
二位者（四六）併得十　三位者（四六九）併得十九
四位者（四六九十三衰半）併得三十二衰五分　五位
者（四六九十三衰五分二十衰二分五釐）併得五十二衰七分五
釐各副并爲法除實得一衰以乘各衰合問
今有金四千兩令二等金戶四六納之問各該若干
答曰上等戶該二千四百兩　下等戶該一千六百
兩
法曰置總金爲實以六因得上戶以四因得下戶合
問
今有米一千五百五十八石令甲乙丙三人四六納
之問各該若干
答曰甲七百三十八石　乙四百九十二石　丙三
百二十八石
法曰置米爲實列（丙四 乙六 甲九）副併共得十九衰爲法
除實得八十二石爲一差衰以乘各人衰數卽出納
數也
今將前米令甲乙丙丁四等人戶作四六出納問各
該若干
法曰置米爲實列（丁四 丙六 乙九 甲十三衰五分）副併共得三
十二衰五分爲法除實得若干乃爲一衰之數以四
因得丁所該納數列一衰則以乘各人衰數合得各
人所納數也
又將前米令甲乙丙丁戊五等人戶作四六納之問
各該若干
法曰置米爲實列（戊四 丁六 丙九 乙十三衰五分 甲二十衰〇二分五釐）
副併得五十二衰七分五釐爲法除實得若干爲一
衰之數以此爲則以乘各人衰數合得各人出納數
也
今有米三百八十五石五斗二升令二等人戶從上
四六出之甲上等二十六戶乙下等四十戶問各戶
各若干
答曰上等每戶七石三斗二升共計一百九十石零
三斗二升　下等每戶四石八斗八升共計一百九

十五石二斗

法曰置米爲實另以上等二十六戶以六因得一百五十六衰又以下等四十戶以四因得一百六十衰二共併之得三百一十六衰爲法除實得一石二斗二升爲一差衰以六因得七石三斗二升是上等一戶出數另以一衰數以四因得四石八斗八升是下等一戶所出數各以戶數乘之合問

二八差分

法曰各以二爲首用四因以求各衰　首位二以四因得八衰又四因得三十二衰又四因得一百二十八衰又四因得五百一十二衰如位數多者各以四因以生各衰

一法以首爲二用二歸八因以求各衰不如四因捷徑

二位者二八併得十　三位者二八三十二三共併得四十二　四位者二八三十二一百二十八四共併得一百七十　五位者二八三十二一百二十八五百一十二五共併得六百八十二

今有金三千兩令二等人戶二八納之問各該若干

答曰上等戶二千四百兩　下等戶六百兩

法曰置總金列二位爲實　一位以八因得上等戶所納之數　一位以二因得下等戶所納之數

若令三等人戶作二八出之

法曰置總金爲實列丙二乙八甲三十二三共併得四十二衰爲法除實得若干爲一衰之數以爲法則以二衰因得若干爲丙出金之數又以八衰因得若干爲乙出金之數又以三十二衰乘之得若干爲甲出金之數合問

若令四等人戶二八出納只加上第四衰一百二十八四共併衰一百七十爲法除實得一衰之數以乘各衰即得

若五等亦只加衰用法如前

三七差分

法曰各以三爲首就以三因或又三因再三因務求得宜爲首衰却用三歸七因以求各衰

二位者首位三次位七併得十　三位者首位三就以三因得九爲丙衰却以九用三歸七因得二十一爲乙衰再以二十一用三歸七因得四十九爲甲衰三位併得七十九衰　四位者首位三以三因得九又三因得二十七爲丁衰却以二十七用三歸七因得六十三爲丙衰却以六十三用三歸七因得一百四十七爲乙衰却以一百四十七用三歸七因得三百四十三爲甲衰四併得五百八十　五位者首位三以三因又三因再三因得八十一爲戊衰却以戊衰用三歸七因得一百八十九爲丁衰却以丁衰用三歸七因得四百四十一爲丙衰却以丙衰用三歸七因得一千零二十九爲乙衰却以乙衰用三歸七因得二千四百零一爲甲衰五併共得四千一百四十一各以副併爲法除實得一衰數以乘各衰如位數多者皆以三因首位用三歸七因以求下位衰數

今有金三千兩令休績二縣金行鋪戶三七上納問各該若干

答曰休寧縣二千一百兩　績溪縣九百兩

法曰置金數爲實以七因即休邑納數以三因即績邑納數合問

今有銀四百九十七兩七錢令甲乙丙三人三七分之問各該若干

答曰甲三百零八兩七錢　乙一百三十二兩三錢　丙五十六兩七錢

法曰置總銀爲實列丙九乙二十一甲四十九副併得七十九衰爲法除實得六兩三錢爲一衰數以乘各衰得各人數合問

若令四人作三七分之

法置總銀爲實列丁二十七丙六十三乙一百四十七甲三百四十三副併得五百八十衰爲法除實得若干爲一衰之數以乘各衰得各人數

若令五人作三七分之

法置總銀爲實列戊衰八十一丁一百八十九丙四百四十一乙一千零二十九甲二千四百零一副併得四千一百四十一衰爲法除實得若干爲一衰之數就以此爲法以乘各衰得數合問

折半差分

法曰以所分物折半爲衰　二位者一二併得三　三位者一二四併得七　四位者一二四八併得十五　五位者一二四八十六併得三十一各副併爲法除實按此法加一倍法也首衰倍之得次衰又倍之得三衰四五同

今有錢五百九十四文令甲乙二人折半分之問各該若干

答曰甲三百九十六文　乙一百九十八文

法曰置總錢爲實以甲二乙一併得三衰爲法歸實得一百九十八文爲乙所得數倍之得三百九十六文爲甲所得數合問

今有銀六百七十二兩令三等人作折半分之問各該若干

答曰甲三百八十四兩　乙一百九十二兩　丙九十六兩

法曰置總銀爲實以甲四乙二丙一併得七衰爲法除實得九十六兩爲丙所得數以二因得乙數以四因得甲數合問

今有女子善織初日遲次日加倍第三日轉速倍增第四日又倍增織成絹六丈七尺五寸問各日織若干

答曰初日織四尺五寸　次日織九尺　第三日織一丈八尺　第四日織三丈六尺

法曰置絹爲實列一二四八併得十五爲法除實得初日織四尺五寸倍之得次日數再倍得第三日數又倍得第四日數合問

遞減挨次差分

法曰置所分物者挨次爲衰各列置衰算之　三位者一二三併得六　四位者一二三四併得十　五位者一二三四五併得十五　六位者一二三四五六併得二十一各副併爲法除實

今有絹七百二十匹令甲乙丙三人依等挨次分之問各該若干

答曰甲三百六十匹　乙二百四十匹　丙一百二十匹

法曰置絹爲實以甲三乙二丙一併得六衰爲法除實得一百二十匹爲丙所得數以二因得乙數以三因得甲數合問

今有銀九十二兩分散四子依等挨次分之問各該若干

答曰長子三十六兩八錢　次子二十七兩六錢　三子一十八兩四錢　四子九兩二錢

法曰置總銀爲實以長子四次子三三子二四子一副併得十衰爲法除實得九兩二錢爲四子所得數自下而上各加九兩二錢合問

今有金八兩一錢欲挨次造套盃五箇問各重若干

答曰大號二兩七錢　二號二兩一錢六分　三號一兩六錢二分　四號一兩零八分　五號五錢四分

法曰置金爲實以五四三二一併得一十五衰爲法除實得五錢四分爲五號鍾數自下而上各加五錢四分合問

若造禮樂射御書數六號杯

法置總金數爲實以六五四三二一副併得二十一衰爲法除實得數字杯重若干自下而上各加數字號杯重若干合問

今有糧一千一百三十四石令五等人戶挨次上納一等二十四戶二等三十三戶三等四十二戶四等五十一戶五等六十戶問各若干

答曰一等每戶十石零五斗共計二百五十二石　二等每戶八石四斗共計二百七十七石二斗　三等每戶六石三斗共計二百六十四石六斗　四等每戶四石二斗共計二百一十四石二斗　五等每戶二石一斗共計一百二十六石

法曰置糧爲實第五等戶不動將四等戶數以二因得若干又將三等戶數以三因得若干再將二等戶數以四因得若干又將一等戶數以五因得若干併五等數共得五百四十衰爲法除實得二石一斗是第五等一戶所出數以二因得四等一戶所出數以三因得三等一戶所出數以四因得二等一戶所出數以五因得一等一戶所出數各以戶數乘之合問自五等起遞加一石一斗至一等止

今有米二百四十石令甲乙丙丁戊五人遞差分之要將甲乙二人數與丙丁戊三人數同問各該若干

答曰甲六十四石　乙五十六石　丙四十八石　丁四十石　戊三十二石

法置總米爲實列甲五乙四丙三丁二戊一又併甲五乙四得九又併丙三丁二戊一得六減九餘三却以前五人衰內各增三甲得八乙得七丙得六丁得五戊得四副併得三十衰爲法除實得八石爲一衰數以乘各人後增衰數得各人所得數合問戊起遞加八數至甲止

或七人分者要將甲乙丙三人數與丁戊己庚四人數同者　又云三人分者要將甲得數與乙丙二人所得數同者俱倣前法算之

今有金六十兩令甲乙丙三人依等遞差五兩問各該若干

答曰甲二十五兩　乙二十兩　丙一十五兩

法曰置金六十兩內減差甲多丙十兩乙多丙五兩共一十五兩餘四十五兩爲實以三人爲法除之得丙金一十五兩加五兩得二十兩爲乙所得又加五兩爲甲所得合問按凡算遞差者皆可互和折半故不必另立互和之法即以金六十兩用三歸之即得乙數也

今有俸米三百零五石令五等官依品遞差十三石分之問各該若干

答曰正一品八十七石　從一品七十四石　正二品六十一石　從二品四十八石　正三品三十五石

法曰置五等於上又列五等減一餘四以乘五得二十折半得一十爲實以每等差十三石乘之得一百三十石以減總米三百零五石餘一百七十五石卻以五等除之得三十五石是第五等正三品俸米加十三石是第四等從二品俸米又加十三石是正二品俸米各品遞加十三合問（按此法置總銀爲實只用五歸即得正二品數遞加則得從一品正一品數遞減則得從二品正三品數也）

今有官米二百六十五石令三等人戶出之上等二十戶每戶多中等七斗中等五十戶每戶多下等五斗下等一百一十戶問每戶所出及逐等各若干

答曰上等每戶二石四斗共四十八石　中等每戶一石七斗共八十五石　下等每戶一石二斗共一百三十二石

法曰置中等五十戶以每戶多下等五斗因之得二十五石又置上等二十戶以每戶多中等七斗多下等五斗共一石二斗乘之得二十四石併二數共四十九石以減總米餘二百一十六石爲實併三等戶數共一百八十爲法除實得一石二斗是下等一戶所出數加五斗得一石七斗是中等一戶所出數又加七斗得二石四斗是上等一戶所出數各以戶數乘之合問

帶分母子差分

今有馬軍七人給褌布四十八尺步軍六人給襖布九十二尺今共給布一十二萬五千八百二十尺問各該若干

答曰馬步軍各五千六百七十人　襖布八萬六千九百四十尺　褌布三萬八千八百八十尺

法曰置分母子互乘（七人 六人 互 四十八 九十二）以七人乘九十二尺得六百四十四尺另以六人乘四十八尺得二百八十八尺併之得九百三十二尺爲法置布一十二萬五千八百二十尺卻以六人七人相乘得四十二而乘之得五百二十八萬四千四百四十尺爲實以法除之得軍數各五千六百七十人以四十八乘又用七歸得褌布又以九十二乘軍數用六歸得襖布合問

今有昆仲三人小弟謂長兄曰我年紀比汝四分之三次兄年紀比汝六分之五我多八歲問三人歲數各若干

答曰長兄九十六歲　次兄八十歲　小弟七十二歲

法曰置（四分之三 六分之五 互）以母四互乘子五得二十爲次兄之差又以母六互乘子三得十八爲小弟之差又以母四六相乘得二十四爲長兄之差另以二十減去十八餘二爲法先置長兄差二十四以八歲乘之得一百九十二爲實以法二除之得九十六爲長兄之歲另以次兄差二十以八歲乘之得一百六十爲實以法二除之得八十爲次兄之歲另以小弟十八亦以八歲乘之得一百四十四爲實以法二除之得七十二爲小弟歲數合問

今有七人差等均錢甲乙均七十七文戊己庚均七十五文問丙丁各若干

答曰甲四十文　乙三十七文　丙三十四文　丁三十一文　戊二十八文　己二十五文　庚二十二文

法曰置（二人 三人 互 七十七文 七十五文）令母互乘子以二人乘七十五文得一百五十另以三人乘七十七文得二百三十一文以少減多餘八十一爲一差之實併分母二人三人得五折半得二人半以減總七人餘四人半卻以分母二人三人乘得六以乘四人半得二十七爲一差之法餘實八十一得三文爲一差數置甲乙均七十七文加三文共八十文折半得四十文爲甲得數遞減三文合問

今有兵士三千四百七十四名每三人支衫絹七十尺每四人支裙絹五十尺問該總絹若干

答曰共絹一十二萬四千四百八十五尺　衫絹八萬一千零六十尺　裙絹四萬三千四百二十五尺

法曰置（三人 四人 互 七十尺 五十尺）以三人互乘五十得一百五十以四人互乘七十得二百八十併之共四百三十乘兵士得一百四十九萬三千八百二十爲實又以三四相乘得十二爲法除實得總絹數另置兵士總以七因三歸得衫絹數以五因四歸得裙絹數合問

互和減半差分

法曰以（一 三 五 七 九）爲陽位（二 四 六 八 十）爲陰位三位者（三 五 七）併得十五數四位者（二 四 六 八）併得二十數五位者（一 三 五 七 九）併得二十五數照位併而

爲法除實得首尾二人共數於內減甲多或丙少數餘數折半得首尾數加甲多或丙少數爲首數

三位者互和首尾甲丙二人所得數折半得中乙數合問

四位者照前得首尾甲丁二人數其中有乙丙二人不可折半得數却置甲多或丁少數依例用三歸之合問

五位者照依前得首尾甲戊二人數互和首尾數折半得中丙數又互和丙戊數折半得丁數又互和丙甲數折半得乙數如位數多者皆以空位取之併而爲法除實得首尾數四位者用三歸之六位者用五除之

今有白米一百八十石令三人從上互和減半分之只云甲多丙米三十六石問各該若干

答曰甲七十八石　乙六十石　丙四十二石

法曰置米一百八十石爲實以三七五併得一石五斗爲法除實得一百二十石乃甲丙二人首尾共數於內減甲多三十六石餘八十四石折半得丙四十二石加多三十六石得甲米七十八石互和甲丙米折半得乙米六十石合問

今有銀二百四十兩令四人從上互相減半分之只云甲多丁一十八兩問各該若干

答曰甲六十九兩　乙六十三兩　丙五十七兩　丁五十一兩

法曰置銀爲實以二六四八併得二兩爲法除實得一百二十乃甲丁首尾二人共數於內減甲多一十八兩餘一百零二兩折半得丁銀五十一兩加多一十八得甲銀六十九兩惟乙丙二人不可併折以甲多一十八例用三歸之得六兩加入丁銀得丙銀五十七兩又加六兩得乙銀六十三兩合問

今有鈔二百三十八貫令五等人從上作互和減半分之只云戊不及甲三十三貫六百文問各該鈔若干

答曰甲六十四貫四百文　乙五十六貫　丙四十七貫六百文　丁三十九貫二百文　戊三十貫零八百文

法曰置鈔爲實以一七三九五併得二貫五百文爲法除之得九十五貫二百文乃首尾二人共數於內減戊不及甲鈔餘六十一貫六百文折半得戊鈔三十貫八百文仍加戊不及甲鈔三十三貫六百文得甲鈔六十四貫四百文互和甲戊鈔共九十五貫二百文折半得丙鈔四十七貫六百文又互和丙戊鈔共七十八貫四百文折半得丁鈔三十九貫二百文又互和甲丙鈔共一百一十二貫折半得乙鈔五十六貫合問

今有五人均銀四十兩內甲得十兩四錢戊得五兩六錢問乙丙丁亦第均之各該若干

答曰乙九兩二錢　丙八兩　丁六兩八錢

法曰併甲戊共一十六兩折半得丙銀八兩又併甲丙共一十八兩四錢折半得乙銀九兩二錢又併丙戊共一十三兩六錢折半得丁銀六兩八錢合問

假如前三人四六分物者可將一等與二等所得數併作一處却分爲十分此驗其一等原得數是六分其二等原得數是四分再將二等與三等仍前考之其二等原得數却是六分三等原得數却是四分也其二八三七俱照此考驗無差

因指明等書不依古法却以十分之六誤爲四六以十分之七爲三七以十分之八爲二八俱差矣因差而考之

今有絹四百七十丈零一尺八寸四分令三等人戶作十分之六出之上等二十五戶中等三十戶下等四十八戶問每戶各該若干

答曰上等每戶七丈八尺共一百九十五丈　中等每戶四丈六尺八寸共一百四十丈零四尺　下等每戶二丈八尺零八分共一百三十四丈七尺八寸四分

法曰置總絹爲實另置上等戶數以一百因之得二千五百衰中等戶數以六十因之得一千八百衰下等戶數以三十六乘之得一千七百二十八衰併三位共六千零二十八衰爲法除實得七丈八尺是上等一戶所出數以六因是中等一戶所出數再以六因是下等一戶所出數各以戶數乘之合問

今有粟一百六十八石四斗八升八合令四等人戶作十分之七出之問每戶逐等各若干

答曰第一等二十二戶每戶二石共四十四石　第二等三十六戶每戶一石四斗共五十石零四斗　第三等四十二戶每戶九斗八升共四十一石一斗六升　第四等四十八戶每戶六斗八升六合共三十二石九斗二升八合

法曰置總粟爲實另置一等戶以一千因得二萬二千第二等戶以七百因之得二萬五千二百第三等戶以四百九十乘之得二萬零五百八十第四等戶

以三百四十三乘之得一萬六千四百六十四併四位共八萬四千二百四十四衰爲法除實得二石是第一等一戸所出數以七因是二等一戸數又七因是三等一戸數又七因是四等一戸數各以戸數乘之合問　十分之七卽以七因以生各等詳後解法

今有官米二百二十五石三斗六升令五等人戸作十分之八出之問每戸逐等各若干

答曰第一等四戸每戸二石五斗共一十石　第二等八戸每戸二石共一十六石　第三等十五戸每戸一石六斗共二十四石　第四等四十一戸每戸一石二斗八升共五十二石四斗八升　第五等一百二十戸每戸一石零二升四合共一百二十二石八斗八升

解法曰一等定率一萬以八因之得八千爲二等率又八因得六千四百爲三等率又八因得五千一百二十爲四等率又八因得四千零九十六爲五等率

前問十分之七做此卽以七因定率

法曰置總米爲實另置第一等四戸以一萬因之得四萬第二等八戸以八千因之得六萬四千第三等十五戸以六千四百乘之得九萬六千第四等四十一戸以五千一百二十乘之得二十萬零九千九百二十第五等一百二十戸以四千零九十六乘之得四十九萬一千五百二十併五位共九十萬零一千四百四十衰爲法除實得二勺五抄爲一衰數就以此乘一等衰一萬每戸該米二石五斗以八因得二石是第二等一戸所出數又八因得一石六斗是三等一戸數又八因得一石二斗八升是四等一戸數又以八因得一石零二升四合是五等一戸數各以戸數乘之合問

匿價差分歌

匿價分身法更奇多乘高物以爲實得價減總餘又列共物除餘低價知低價添多爲高價各乘各物不差池學者能知此般算三四物價也相宜

今有銀一萬七千六百九十兩買馬騾一千匹議要馬七百匹騾三百匹其馬價多騾價七兩七錢問各價若干

答曰馬每匹價二十兩　騾每匹價一十二兩三錢

法曰置馬七百匹以多七兩七錢乘之得五千三百九十兩以減總銀餘一萬二千三百兩以馬騾一千爲法除之得騾一十二兩三錢加多七兩七錢爲馬價合問

今有銀二千九百二十八兩共買綾一百五十匹羅三百匹絹四百五十匹只云綾匹價比羅匹價多四錢七分羅匹價比絹匹價多一兩三錢五分問三物匹價各若干

答曰綾價每匹四兩三錢二分　羅價每匹三兩八錢五分　絹價每匹二兩五錢

法曰列羅三百匹以多絹價一兩三錢五分乘得四百零五兩又列綾一百五十匹以二項多價共一兩八錢二分乘得二百七十三兩併之得六百七十八兩減總銀餘二千二百五十兩爲實併綾羅絹共九百匹爲法除之得二兩五錢爲每匹絹價加多一兩三錢五分得羅匹價三兩八錢五分又加多四錢七分得綾匹價四兩三錢二分合問

今有綾七尺羅九尺共價適等只云羅每尺價比綾每尺價少錢三十六文問各錢價若干

答曰綾每尺一百六十二文　羅每尺一百二十六文

法曰置羅九尺以綾價三十六文乘之得三百二十四文爲實另以綾七尺羅九尺相減餘二尺爲法除實得綾尺價一百六十二文另置綾七尺以三十六文乘之得二百五十二文爲實仍將前法二尺爲法除之得羅尺價一百二十六文合問

今有金九塊銀十一塊秤之適等交換二塊則餘金比換銀多一十三兩問金銀各重若干

答曰金一塊重三十五兩七錢五分　銀一塊重二十九兩二錢五分　金九塊銀十一塊各共重三百二十一兩七錢五分

法曰列金重一十三兩折半得六兩五錢乘金九塊得五十八兩五錢爲實却以金九銀十一相減餘二爲法除實得銀一塊重二十九兩二錢五分數另置銀十一塊以六兩五錢乘之得七十一兩五錢爲實仍以前二爲法除之得金一塊重三十五兩七錢五分合問

貴賤差分歌

差分貴賤法尤精高價先乘共物情却用都錢減今數餘留爲實甚分明別將二價也相減用此餘錢爲法行除了先爲低物價自餘高價物方成

今有米麥五百石共價銀四百零五兩七錢只云米每石價八錢六分麥每石價七錢二分五釐問米麥各若干

答曰米三百二十石價銀二百七十五兩二錢　麥一百八十石價銀一百三十兩零五錢

法曰置米麥五百石以米價八錢六分乘之得四百三十兩減去共價餘二十四兩三錢爲實以米價內減麥價餘一錢三分五釐爲法除之得麥一百八十石卻以米麥五百石內減麥數餘三百二十石爲米數各以原價乘之合問

今有銀五十五兩五錢共買銅錫鐵八萬三千零五十兩只云銀價相做每銀一錢買銅一百三十兩每銀一錢買錫一百五十兩每銀一錢買鐵一百七十兩問三色各若干 此爲三色差分

答曰銅二萬四千七百兩價銀一十九兩　錫二萬七千七百五十兩價銀一十八兩五錢　鐵三萬零六百兩價銀一十八兩

法曰置總銀以三歸之得一十八兩五錢約錫爲中以每銀一錢買一百五十兩乘得錫二萬七千七百五十兩於總物內減訖餘五萬五千三百兩另置總銀內減去一十八兩五錢餘三十七兩卻以銅一百三十兩乘之得四萬八千一百減去五萬五千三百餘七千二百爲實另以銅鐵數相減餘四十爲法除實得鐵價一十八兩又於三十七兩減去一十八兩餘一十九兩爲銅價各以每銀一錢買數乘之合問

今有綾羅紗絹一百六十匹共價九十三兩綾每匹價九錢羅每匹價七錢紗每匹價五錢絹每匹價三錢問四色各若干

答曰綾三十五匹該銀三十一兩五錢　羅四十匹該銀二十八兩　紗四十匹該銀二十兩　絹四十五匹該銀一十三兩五錢

法曰此四色差分先置一百六十匹以四除之得四十匹就定中物羅紗二色及價卻於一百六十匹內減羅紗共八十匹餘八十匹又於共價九十三兩內減去羅價二十八兩紗價二十兩餘四十五兩以貴賤差分算之置餘八十匹以綾價九錢乘之得七十二兩減去四十五兩餘二十七兩爲實以綾價九錢減絹價三錢餘六錢爲法除之得四十五匹爲絹數卻於八十匹內減絹四十五匹餘三十五匹爲綾各以原價乘之合問

凡三色四色差分之法俱先定中等惟畱首尾二色以貴賤差分法算之不拘五六七八九色者倣此

仙人換影歌 又曰貴賤相和

貴賤相和換影仙賤物互乘貴價錢貴物互乘賤價訖相減餘爲長法然先使總錢乘賤物後用總物乘賤錢二數相減餘爲實長法除之短法言貴物貴價各乘短物價分明皆得全總內減貴餘爲賤不遇知音不輿傳

今有錢四千九百九十五文共買桃梨五千個只云錢一十一文買桃九個又錢四文買梨七個問桃梨各若干

答曰桃三千二百八十五個該錢四千零一十五文　梨一千七百一十五個該錢九百八十文

法曰列置 九箇 十一文 互 七箇 四文 互 五千箇 四千九百九十五文先以上十一互乘中七箇得七十七箇又以四文乘九箇得三十六箇以少減多餘四十一爲長法若求桃數價者以中下互乘置總錢以七箇乘得三萬四千九百六十五箇另置總菓以四文乘之得二萬以減三萬四千九百六十五箇餘一萬四千九百六十五箇爲實以長法四十一除之得三百六十五箇爲短法列二位一位以九箇乘得桃三千二百八十五箇一位以十一文乘得桃價四千零一十五文於總內減桃數餘者卽梨數價也　若求梨數價者卻置總錢以九箇乘之又置總菓以十一文乘之二數相減餘一萬零零四十五爲實仍以長法四十一除之得二百四十五爲短法列二位一位以七箇乘得梨數一位以四文乘得梨價合問 求桃者以梨價求之求梨者以桃價求之

今有牛羊一百隻共價一百六十八兩只云牛三隻價銀一十二兩羊四隻價銀一兩五錢問牛羊倂價各若干

答曰牛三十六隻價銀一百四十四兩　羊六十四隻價銀二十四兩

法曰列置 牛三 十二兩 互 羊四 一兩五錢 互 共一百隻 共一百六十八兩先以上牛貴價一十二兩互乘賤物羊四隻得四十八兩又以貴物牛三互乘賤物羊價一兩五錢得四兩五錢以減四十八兩餘四十三兩五錢爲長法次以中羊四互乘總價一百六十八兩得六百七十二又置總物一百隻以賤價一兩五錢乘之得一百五十以減六百七十二餘五百二十二爲實以長法四十三兩五錢除之得一兩二錢爲短法列二位一位以貴物牛三乘之得牛三十六隻一位以牛貴價一十二兩乘之得一百四十四兩以減總銀餘得羊價合問

今有大小魚一百斤共價八錢七分五釐只云大魚二斤價四分小魚七斤價五分問大小魚及價各若干

答曰大魚一十二斤半價銀二錢五分　小魚八十七斤半價銀六錢二分五釐

法曰列大魚二斤價銀四分互小魚七斤價銀五分互總魚一百斤總價八錢七分五釐先以上大魚價四分互乘中小魚七斤得二錢八分又以大魚二斤互乘小魚價五分得一錢以少減多餘一錢八分爲長法次以中小魚七斤互乘下總價得六兩一錢二分五釐又以小魚價五分互乘總魚一百斤得五兩以少減多餘一兩一錢二分五釐爲實以長法除之得六分二釐五毫爲短法列二位一位以二斤乘之得大魚一十二斤半一位以四分乘之得大魚價二錢五分於總魚一百斤減去大魚餘得小魚合問

若求小魚者置總價以大魚二斤乘之得一兩七錢五分又置總魚一百斤以貴價四分乘之得四兩以少減多餘二兩二錢五分仍用前長法一錢八分除之得一錢二分五釐爲短法列二位一位以七斤乘之得小魚八十七斤半一位以五分乘之得小魚價六錢二分五釐合問

今有圓木大小二根內大者一根頭徑一尺二寸梢徑八寸長二丈五尺小者一根頭徑一尺梢徑七寸長二丈共價銀四十九兩零八分問大小木各價若干

答曰大木三十一兩二錢　小木一十七兩八錢八分

法曰先置大木頭徑一尺二寸自乘得一百四十四寸又將梢徑八寸自乘得六十四寸併之得二百零八寸以長二丈五尺乘之得積五萬二千寸又置小木頭徑一尺自乘得一百寸又將梢徑七寸自乘得四十九寸併之得一百四十九寸以長二丈乘之得積二萬九千八百寸併大小積共八萬一千八百寸爲法以除原價四十九兩零八分每寸派得六毫就以此爲法各乘大小積合問

今有石石中有玉外方三寸共重一十二斤十五兩只云玉方一寸重一十二兩石方一寸重三兩問玉石各重若干

答曰玉一十四寸重一十斤零八兩　石一十三寸重二斤七兩

法曰置方三寸自乘得九寸再乘得二十七寸以玉率重一十二兩乘之得三百二十四兩減共重一十二斤十五兩卽二百零七兩餘一百一十七兩爲賤實以貴賤率玉十二兩石三兩相減餘九兩爲法除實得石一十三寸減共積二十七寸餘得玉一十四寸以玉率一十二兩乘之得一百六十八兩另以石一十三寸以石率三兩乘之得三十九兩各以斤法通之得斤數合問

今有客三次出外爲商俱得合利每次歸還銀三百兩三次本利恰盡問原本若干

答曰二百六十二兩五錢

法曰置銀三百兩折半得一百五十又加三百得四百五十又折半得二百二十五兩又加三百得五百二十五兩又折半得原本二百六十二兩五錢合問

物不知總　又云韓信點兵也

孫子歌曰三人同行七十稀五樹梅花廿一枝七子團圓正半月除百零五便得知

今有物不知數只云三數剩二箇五數剩三箇七數剩二箇問共若干

答曰共二十三箇

法曰列三七五維乘以三乘五得一十五又以七乘之得一百零五爲滿法數列位另以三乘五得一十五爲七數剩一之衰又以三乘七得二十一爲五數剩一之衰又以五乘七得三十五倍作七十以三除之餘一故用七十爲三數剩一之衰其三數剩二者剩一下七十剩二下一百四十也五數剩三者剩一下二十一剩二下四十二剩三下六十三也七數剩二者剩一下十五剩二下三十也併之得二百三十三內減去滿數一百零五又減一百零五餘二十三箇合問

今有客至不知其數只云三人共飯四人共羹通共用碗三百零一隻問客併羹飯碗各若干

答曰客五百一十六人　羹一百二十九碗　飯一百七十二碗

法曰置碗三百零一隻以三人因之得九百零三爲實併三人四人共七人爲法除之得羹碗一百二十九隻又以四因之得客五百一十六人以三除之得飯碗合問

今有客不知數只云二人共飯三人共羹四人共肉通共用碗六十五隻問客若干

答曰客六十人

法曰置二人三人四人維乘以二乘三得六以三乘四得一十二又四乘二得八併之得二十六爲法另以二乘三得六却以四乘之得二十四以乘碗六十五得一千五百六十爲實以法二十六除之得客合問維乘者四處顛倒相乘也

右二條先用合分後用互換也

欽定古今圖書集成曆象彙編曆法典

第一百十八卷目錄

算法部彙考十

算法統宗六少廣章第四上

曆法典第一百十八卷

算法部彙考十

算法統宗六

少廣章第四上

此章如田截縱之多益廣之少故曰少廣如方田還原之意以方法除積冪而求方以圓法除方實而求圓所註開平方平圓頭緒繁冗初學者難今註釋簡明列於後

開平方法認商歌

一百一十定無疑一千三十有零餘九千九九不離十一萬纔爲一百推得商方除倍作廉次商名隅併廉除餘數續商隅又倍只依此法取空虛

解曰平方者乃方面自乘之積也開者以求方面之數也一百一十定無疑者謂如積一百步可約方面十步已無疑矣一千三十有零餘者謂積一千步可約方面三十步有零也九千九九不離十者謂如積九千步約方面九十步自乘九九八十一也一萬纔爲一百步自乘得一萬步也此言約初商之訣再具商積於後

開平方初商定首位訣是自乘之數也

商一步積一步　　商一十步積一百步

商二步積四步　　商二十步積四百步

商三步積九步　　商三十步積九百步

商四步積一十六步　　商四十步積一千六百步

商五步積二十五步　　商五十步積二千五百步

商六步積三十六步　　商六十步積三千六百步

商七步積四十九步　　商七十步積四千九百步

商八步積六十四步　　商八十步積六千四百步

商九步積八十一步　　商九十步積八千一百步

法曰置積爲實別置一算名曰下法於實數之下自本位至首常超一位約實一下定一數千百下定十數萬下定百數百萬下定千數實上商置第一位得若干下位亦置上商若干名曰方法與上商相呼除實若干餘實若干乃以二乘方法即倍法也得若干爲廉法　續商置第二位於上商之次得若干下法亦置續商若干爲隅法隅法者乃曲尺樣二廉之角爲隅則小方也　於倍方之次共若干皆與續商相呼除實盡得平方一面數如不盡仍前再商之或數不足以法命之何謂之命若餘實若干不盡却以所商得平方數若干倍之再添一箇共得若干便商得面方多一數也因此數不足而爲之命平圓不盡數亦做此但立方立圓於此不同

若要還原如算方田法以面方數自乘即見積也若還原遇面方下原有不盡數者以面方數自乘併入不盡數便可見積也

開方求廉率作法本源圖

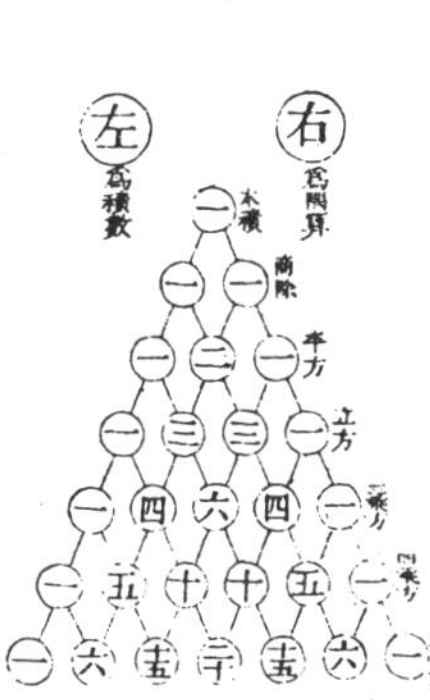

左 爲積數　右 爲隅算

一 本積

一　一 商除

一　二　一 平方

一　三　三　一 立方

一　四　六　四　一 三乘方

一　五　十　十　五　一 四乘方

一　六　十五　二十　十五　六　一 五乘方

左袤乃積數右袤乃隅算中藏者皆廉以廉乘商方命實而除之

右圖吳氏九章內雖有自開平方至五乘方却不云如何作用註釋未見詳明今依圖式自上一得二爲平方率又併一二一得一三三一爲立方率又併一四六四一得一四六四一爲三乘方率向下求出三十餘乘方皆取自然生率之妙今略具五乘方圖式可爲求廉率之梯階也

又考其平方形如方田以平方面自乘得平方積數是一乘方

其立方形如骰子樣以平方面自乘得平方積再以高方面乘之得立方積數是二乘方

其三乘方以平方面自乘得平方積數再以高方面乘得立方積數又以方面乘得三乘方積數故曰三乘方然其形不知如何模樣只是取數而已或至十乘方三十餘乘方皆是先賢取生率之妙以明開方正律亦不可廢

開平方有實而無法商約而除之也

今有平方積三百二十四步問每方面若干

答曰得每方面一十八步

方廉隅法之圖

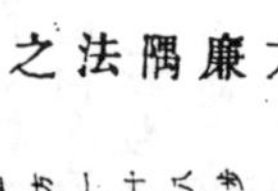

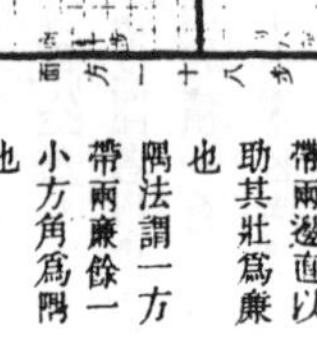

廉法謂一方帶兩邊直以助其壯爲廉也

隅法謂一方帶兩廉餘一小方角爲隅也

法曰置積三百二十四步爲實約初商一十步於實左另置下法一十步於實右名曰方法與上商相呼一一除實一百步餘實二百二十四步就以方法一十步倍之得二十名曰廉法又約次商八步於左初商一十之次共得一十八步亦置八步於實右廉法二十步之次名曰隅法共得二十八步與左位次商八步相呼二八除實一百六十步又將左八對右八相呼八八除實六十四步恰盡　若還原自乘是也

右法以明方廉隅之名也

假如今有圍棊盤共子三百六十一箇問每面子若干

答曰每面一十九箇

法曰置棊子爲實約初商一十步於實左另置下法一十步於實右左右相呼一一除實一百箇餘實二百六十一箇就以下法一十倍之得二十次商九箇於左初商一十之次亦置九箇於右倍方二十之次共得二十九皆與左次商九相呼二九除實一百八十箇又左九對右九相呼除實八十一箇恰盡

今列開平方法定分左中右式凡看字亦照算盤自左至右

（右）下法初商（千）爲方法與左初商呼除中實後倍作（二千）爲廉法與左次商呼除中實

（百）爲隅法亦與左次商呼除中實

（實）除恰盡

（中）（卒）加二共八十又呼九九除實八十一個併下位一去盡

（言）次商呼二九除一百八十箇本身去二下位加二

初商呼除本身一百箇餘二百箇

空位

次商（九）又對右九呼九九除實八十一箇恰盡

左九對右二呼二九除實一百八十箇

（左）初商（千）左一對右一呼一一除實一百箇

今有方田積三千一百三十六步問平一面若干

答曰五十六步

法曰置田積爲實約實定初商五十步於左另置下法五十步於右左右相呼五五除實二千五百步餘積六百三十六步就以下法五十步倍之得一百步次商六步於左初商五十之下亦置六步於右倍方一百隔位之下共得一百零六步皆與次商六步相呼一六除實六百步又左六對右六相呼六六除實三十六步恰盡

今有方田積二十萬零七千九百三十六步問平方一面若干

答曰四百五十六步

法曰置方積爲實約初商四百於左位亦置四百於右位爲方法與上商相呼四四除實一十六萬餘實四萬七千九百三十六步就以方法四百倍作八百爲廉法次商五十於左初商四百之下亦置五十於右廉法八百之下爲隅法共八百五十皆與次商五十呼除先以左五對右八呼五八除實四萬又左五對右五呼五五除實二千五百餘實五千四百三十六步却以下法次商五十倍之併廉共得九百又爲廉法又商六步於左初次商四百五十之下亦置六步於廉法九百隔位之下共九百零六皆與左再商六步呼除先左六對右九呼六九除實五千四百又左六對右六呼六六除實三十六步恰盡合問

今有方磚一千四百六十一塊欲爲平方問一面方若干

答曰一面方三十八塊又七十七塊之十七

法曰置磚積爲實初商三十塊於左另置下法三十於右爲方法左右相呼三三除實九百餘實五百六十一塊就以方法三十倍作六十爲廉法次商八於左初商三十之下亦置八於右廉法六十之下爲隅法共六十八皆與上商八相呼六八除實四百八十又呼八八除實六十四餘實一十七不盡却將所商三十八倍之再添一塊共得一方數七十七命一十七何謂之命以原總數內除去一十七另加上七十七便商得面方三十九塊因此不及而爲之命餘倣此

今有方田積七萬一千八百二十四步問平方一面若干

答曰每一面方二百六十八步

法曰置方田積爲實以開平方法除之初商二百於左位亦置二百於右位爲方法以左二對右二相呼二二除實四萬訖餘實三萬一千八百二十四步就以方法二百倍作四百爲廉法次商六十於左初商二百之下亦置六十於廉法四百之下爲隅法共四

百六十皆與次商六十呼除先以左六對右四呼四六除積二萬四千又左六對右六呼六六除積三千六百餘實四千二百二十四步却以右位次商六十倍加六十於四百之下共五百二十皆爲廉法又商八於左初次商二百六十之下亦置八於右廉法五百二十之下皆與上商八步呼除先以左八對右五呼除五八除積四千又呼二八除一百六十又呼八八除實六十四步恰盡

一方四廉兩隅演段圖

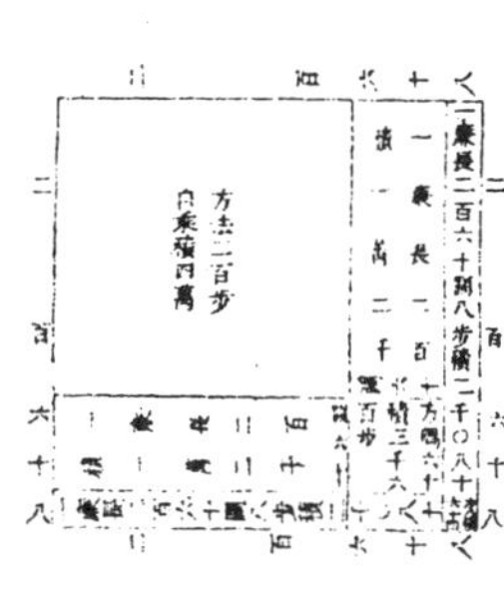

演段解曰共初商二百自乘得積四萬是大方積也次商六十內有闊六十長二百兩段故倍初商二百作四百爲廉法與左次商六十乘得二萬四千是兩箇闊六十長二百之積其次商六十自乘得三千六百是中方積又商八步內有闊八步長二百六十兩段故倍初次商二百六十爲五百二十却以八步乘得積四千一百六十是兩箇闊八步長二百六十步小廉積也其又商八步自乘得積六十四步是小方隅積也　凡平圓先用開平方法後用十二除爲圓

歸除開平方

今有平方積五萬四千七百五十六步問平方一面若干

答曰二百三十四步

歸除開平方法曰置積五萬四千七百五十六步爲實於盤中見實約商二百於實左另置二百於右下左右相呼二二除實四萬步餘實一萬四千七百五十六步以右下二百步倍之得四百步爲法歸除之呼四一二十二逢四進一十得商三十步就置三十步於右四百之下相呼三三除實九百步餘實一千八百五十六步就以右下三十步倍之得六十步共四百六十步爲法歸除之呼四一二十二逢八進二十得商四步亦置四步於右六之下相呼四六除實二百四十步又呼四四除實一十六步恰盡以左上所商得二百三十四步爲平方一面之數也

今有平方積四百九十步欲爲平方問每面若干

答曰每面二十二步又四十五分步之六

歸除開平方法曰置積四百九十爲實於盤中見實四百商二十步於實左另置二十步於右下左右相呼二二除實四百步餘實九十步就以右位二十步倍之得四十步爲法歸除之呼逢八進二步就以二步於右四十之下相呼二二除實四步餘實六步不盡以直方命之法曰以所商二十二步倍之又添一步共得四十五步爲分母命之曰四十五分步之六也

解曰若以積四百九十步加入四十五步減去分子六步仍得五百二十九步便商二十三步所謂不及故爲之命也

歸除平方帶縱歌

平方帶縱法最奇四因積步不須疑縱多自乘加因積又用開方法除之再以縱多併開積折半方爲長數施若問闊步知多少將長減却縱多基

今有直田積一千七百五十步長比闊多一十五步問長闊各該若干

答曰長五十步　闊三十五步

法曰置積一千七百五十步以四因之得七千步另以縱多一十五步自乘得二百二十五步相併共得七千二百二十五步爲實以開平方法除之約商八十於左亦置八十於右左右相呼八八除實六千四百步餘實八百二十五步就以下法八十倍之得一百六十步爲法歸除之呼逢五進五於初商八十之次共得八十五步下法亦置五於一百六十之下共一百六十五步左五對右六相呼五六除實三百步又左五對右五呼五五除實二十五步恰盡得左商八十五步如長闊相和之步加入縱多一十五步共得一百步折半得五十步於內減去縱多一十五步餘三十五步即是闊也

帶縱開平方法歌（兼商除）

平方帶縱法爲奇下位先安縱步基上商得數加縱內縱方下法併爲題上下相呼除實畢倍方不倍縱開餘餘數續商方再倍何愁此術不能知

法曰如有田積若干只云闊不及長若干問闊者幾何則置田積若干爲實以不及若干爲縱列於下法以帶縱開平方法除之實上初商得若干下法亦置

初商若干於縱內共得若干皆與上商相呼除實若干餘實若干另以下法初商若干倍之倍方不倍縱次商若干於左位初商之次下法亦置次商若干於倍方之次共若干皆與次商相呼除實盡得闊數加不及數爲長　若要還原以所商得闊若干爲實另以所得商數加上差多共若干或減不及餘若干若干乘之見積

今有田積一千七百五十步只云長比闊多一十五步問長闊各若干

答曰長五十步　闊三十五步

法曰置積爲實以多一十五步爲縱列於下位以帶縱開平方法除之初商三十於左位另於下法亦置三十加於縱上共得四十五步與上商相呼左三對右四呼三四除實一千二百又左三對右五呼三五除實一百五十另以下法初商三十倍作六十加縱多十五共得七十五次商五於左位另於下法亦置五於倍方之下共八十皆與次商五相呼左五對右八呼五八除實四百步恰盡得闊三十五步加多一十五步爲長合問

又法名減積開平方置田積爲實於中另置不及十五步於右位爲減積　上商三十於左位另以下法亦置三十於右爲方法以乘減積一十五步得四百五十步以減中實餘實一千三百步却以初商三十與上商三十相呼三三減積九百餘實四百就以方法三十倍作六十爲廉法次商五步於左三十之次下位亦置五步以乘減積一十五步得七十五步以減中積仍餘實三百二十五步却以下位廉法六十併入次商五步共六十五步皆與上商五步呼五六除實三百五五除二十五步得廣三十五步合問

若問縱照前布列　上商五十步以乘不及十五步得七百五十步併加前積共二千五百步却呼五五除實二千五百步盡得縱合問

今有圭田積一百二十六步闊不及長九步問長闊各若干

答曰長二十一步　闊一十二步

法曰倍田積得二百五十二步爲實以不及九步爲縱方於右上商十步下法亦置十步於縱九步上共一十九步與上商十步除實一百九十步餘六十二步另以下法初商一十倍之作二十次商二步於左下法亦置二步加於縱方九上共三十一步皆與上商二相呼除實盡得闊一十二步加不及九步得長合問

今有句股田積四百八十六步只云句少弦一十八步問各若干

答曰句闊二十七步　股長三十六步　弦斜四十五步

法曰倍積得九百七十二步爲實以弦差一十八步折半得九步爲縱方開平方法除之得句二十七步加差一十八步爲弦斜四十五步另以句自乘弦自乘二數相減餘一千二百九十六步爲實以開平方法除之得股長三十六步合問

今有句股田積四百八十六步只云股少弦九步問各若干

答曰股三十六步　句二十七步　弦四十五步

法曰三因積得一千四百五十八步爲實以弦差九步折半得四步五分爲縱方開平方法除之得股長三十六步加九步爲弦四十五步另以股自乘弦自乘二數相減餘七百二十九步爲實以開平方法除之得句闊二十七步合問

長闊相和歌與減縱開平方法同

長闊相和不識情四因積步莫差爭和步自乘減去積餘用開方差步名却將和步加差步折半當爲長數成要知闊步如何見長步減差闊便明

今有直田積一千九百二十步長闊相和九十二步問長闊各若干

答曰長六十步　闊三十二步

法曰置田積以四因之得七千六百八十步另以和步九十二步自乘得八千四百六十四步減去因積餘七百八十四步爲實以開平方法除之得長闊相差二十八步加入和步九十二步共一百二十步折半得長六十步內減差步二十八步餘得闊三十二步合問

又法名減縱開平方置田積一千九百二十步爲實以相和九十二步於右爲減縱上商三十以減九十二步餘縱六十二步與上商三十相呼三六除實一千八百又呼二三除六十餘實六十步又以上商三十再減餘縱六十二仍餘縱三十二次商二又減縱二餘縱三十與次商二相呼二三除實六十合問

若先問長者仍前布列先商長六十減縱亦得

今有句股田積九百六十步長闊相和九十二步問長闊各若干

答曰長六十步　闊三十二步

法曰置田積以八因之（或倍田積以四因同）得七千六百八十步另以和步自乘得八千四百六十四步相減餘七百八十四步以平方開之得長闊相差二十八步加入和步共一百二十步折半得長六十步內減差步二十八餘得闊三十二步合問　若以減縱開平方法算置積倍之得一千九百二十步爲實以相和九十二步爲減縱如前商之即得

長闊相差歌（與帶縱開平方法同）

長闊相差要識情積數將來以四乘差步自乘加入積開方得數以和名和步加差須折半此爲長數更無零以長減差便爲闊學者留心仔細尋

今有直田積一千九百二十步長闊相差二十八步問長闊各若干

答曰長六十步　闊三十二步

法曰置田積以四因之得七千六百八十步另以相差二十八步自乘得七百八十四步加入積數共八千四百六十四步爲實以開平方法除之得長闊相和九十二步加入差步二十八共一百二十步折半得長六十步內減相差二十八步餘得闊三十二步合問

又法名帶縱開平方置田積一千九百二十步爲實以相差二十八步爲帶縱列於右上商三十於左右位亦置三十加於縱上共得五十八步皆與上商三十相呼三五除實一千五百又呼三八除實二百四十餘實一百八十另以下法初商三十倍之得六十加差二十八共得八十八步次商二於左三十之次下法亦置二於倍方之次共九十步皆與次商二相呼二九除實一百八十恰盡得闊三十二步加差二十八步得長六十步合問　如何般出積長闊相差問答倍積用法同前

平圓法歌

平圓之法若求周十二乘積數可求求徑四因三而一開平方法以除收

法曰問外周者置積若干以圓法十二乘得若干爲實以開平方法除之得周若要還原如圓田以外周自乘又以十二除之見積若周下原有不盡數者以周自乘併入不盡以十二除見積　問徑者置積若干以四因三歸得若干爲實以開平方法除之得徑算圓居方四分之三故用四因三歸之若要還原如圓田以徑自乘併入不盡數以三因四歸之見積若問周問徑遇有餘積不盡之數依開平方法下命之

今有圓田積二千三百五十二步問平圓周若干

答曰周一百六十八步

法曰置圓田積步以十二乘之得二萬八千二百二十四步爲實以開平方法除之初商一百於左位於下法亦置一百爲方法呼一一除積一萬餘積一萬八千二百二十四就以方法一百倍之得二百爲廉法續次商六十於左初商一百之下右位亦置六十於廉法二百之下爲隅法共二百六十皆與上商六十呼除先呼二六除積一萬二千又呼六六除積三千六百餘積二千六百二十四另以右位次商六十倍作一百二十併入廉法二百共三百二十又爲廉法再商八步於左位初次商一百六十之下於右位亦置八步又爲隅法於廉法之下共三百二十八皆與上商八呼除先呼三八除積二千四百又呼二八除積一百六十又呼八八除積六百四十恰盡

今有圓田積二千三百五十二步問平圓徑若干

答曰徑五十六步

法曰置積步先以四因後用三歸得三千一百三十六步爲實以開平方法除之初商五十於左位亦置五十於右位爲方法左右相呼五五除積二千五百餘積六百三十六步却以右位五十倍作一百爲廉法次商六於左初商五十之次亦置六於右廉法一百隔一位下爲隅法共一百零六皆與上商六相呼一六除積六百又左六對右六呼六六除積三十六步恰盡

今有圓積五萬四千箇欲爲平圓問徑若干

答曰徑二百六十八箇又五百三十七箇之一百七十六

法曰置積數先以四因後用三歸之得七萬二千爲實以開平方法除之初商二百於左位於下法右位亦置二百爲方法呼二二除積四萬餘積三萬二千就以右位二百倍之得四百爲廉法次商六十於左亦置六十於右廉法四百之次爲隅法相呼四六除積二萬四千又呼六六除積三千六百餘積四千四百却以右位六十倍之併入廉法共五百二十皆爲廉法又商八於左二百六十之次右位亦置八於廉法之次共五百二十八皆與上商八呼除先呼五八除積四千又呼二八除積一百六十又呼八八除積六十四餘積一百七十六不盡却將所商數倍之再

加一箇得五百三十七命之一百七十六若於總內減去一百七十六加上五百三十七便商得徑二百六十九也

開平方通分法

今有積一千五百九十步六十四分步之一問平方一面若干

答曰三十九步又八分步之七即八分七釐五毫

法曰置積一千五百九十步以分母六十四分乘之加入分子一共得一十萬零一千七百六十一分以開平方法除之得方面三百一十九分爲實另以分母六十四以開平方法除之得八分爲法除之得方面三十九步不盡七命之曰八分步之七

今有方田一段面方四步一十八分步之一十七問斜弦步方積步各若干

答曰斜弦七步　方積二十四步五分

法曰置四步以分母一十八乘之加入分子一十七共得八十九步自乘得七千九百二十一步另以分母分子相減餘一以乘分子十七如故併前共得七千九百三十八步爲實另以分母十八自乘得三百二十四爲法除之得二十四步五分爲方積倍之得四十九步以開平方法除之得斜弦七步　但方面下有零分數求積者倣此

右商法開方歸除開方二者聽從人便

方圓三稜總歌

方圓三稜求周數各減總一分明布十六乘方帶縱八十二乘圓加縱六十八三稜添縱九俱用帶縱開方術倍方不倍縱開除何愁外周不知數

還原束法歌

四方之束添八乘十六歸除數顯明圓束外周加六湊乘來十二法除清三角加九乘周數十八歸除不差爭各要臨時添一數即中心也束積推詳數可成

今有方箭八十一根問外周若干

答曰外周三十二根

方箭圖

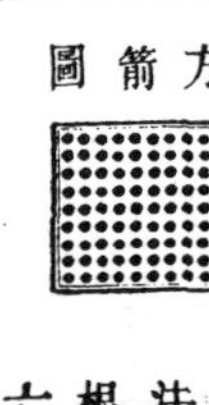

法曰此是八箇周中包一置方箭八十一根減去中心一根餘八十根以十六乘之得一千二百八十根爲實於中位以八爲縱列於右位用帶縱開平方法除之初商三十於左位下法亦置三十於右縱八之上共三十八左右對呼三三除實九百又左三對右八呼三八除二百四十就以下法初商三十倍作六十不倍縱次商二於左初商三十之次下法亦置二於倍方之次共得七十左二對右七呼二七除實一百四十恰盡得周三十二根合問

今有方箭一束外周三十二根問總積若干

答曰八十一根

法曰置外周三十二根於左亦置三十二根於右加內周八共四十相乘得一千二百八十爲實以方束法十六除之得八十加上中心一共得八十一根合問

凡方物乃是八箇周中包一自內之外每層加八自外之內每層減八故以八歸外周即知層數如外周三十二是四八即是四層餘倣此

今有圓箭一百二十七根問外周若干

答曰外周三十六根

圓箭圖

法曰此是六箇周中包一置圓箭一百二十七根減去中心一餘一百二十六根以十二乘之得一千五百一十二根爲實於中以縱六列於右用帶縱開平方法除之初商三十於左下法亦置三十於右縱六之上共三十六左右相呼三三除實九百又呼三六除實一百八十就以右位初商三十倍作六十不倍縱次商六於初商三十之次下法亦置六於倍方之次共七十二左六對右七呼六七除實四十二又左六對右二呼二六除實一十二恰盡合問

今有圓箭一束外周三十六根問總積若干

答曰一百二十七根

法曰置外周三十六於左亦置三十六於右加內周六共四十二相乘得一千五百一十二爲實以圓束法十二除之得一百二十六加中心一合問

凡圓物乃是六箇周中包一自內之外每層加六自外之內每層減六故以六歸外周即知層數如外周三十六是六六即是六層餘倣此

今有三稜物九十一箇問外周若干

答曰外周三十六箇

三稜圖

法曰此是九箇周中包一置三稜物九十一箇減去中心一箇餘九十箇以十八乘得一千六百二十箇爲實以九爲縱列於右用帶縱開平方法除之初商三十於左下法亦置三十於右縱九之上共三十九左右相呼三三除實九百又呼三九除實二百七十除實四百五十另以下法初商三十倍作六十不倍縱共六

十九次商六箇於左初商三十之次下法亦置六於倍方之次共七十五以左六對右七呼六七除實四百二十又左六對右五呼五六除實三十恰盡合問

今有三稜物外周三十六箇問總積若干

答曰九十一箇

法曰置外周三十六於左亦置三十六於右加內周九共四十五相乘得一千六百二十爲實以束法十八除之得九十加中心一合問

凡三稜物乃是九箇周中包一自內之外每層加九自外之內每層減九以九歸外周即知層數如外周三十六是四九即四層餘倣此

假如方箭積六十四根問外周若干

答曰外周二十八根

法曰此是雙層者只以方箭積爲實以開平方法除之得一面方八根却減去一根得七根以四因得外周二十八根　若前方箭積八十一根乃是單層者若只以方箭爲實以開平方法除之得一面方九根却減去一根得八根以四因亦得外周三十二根

面方八數爲雙乃八八六十四也九數爲單乃九九八十一也　此法捷徑無差雙層單層皆可用

演段根源開方圖解

夫算之術入則諸問出則直田蓋直田能致諸用而有此說故立演段蓋欲演算之片段也知片段則能窮根源既知根源而心無朦昧矣今摘數問詳註圖解以明後學其餘自可引而伸之不待盡述

直田長闊相乘與萬象同意

今有直田積八百六十四步只云闊不及長一十二步問長闊各若干

帶縱平方圖

答曰長三十六步　闊二十四步

法曰置積爲實以不及十二列於右爲帶縱開平方法除之初商二十於左下法亦置二十加於縱上共三十二皆與上商二十相呼除實六百四十餘實二百二十四却以下法初商二十倍之共五十二次商四於初商二十之次下法亦置四於倍方之次共五十六皆與左次商四相呼除實恰盡得闊二十四步加差一十二步得長三十六步合問

今有直田積八百六十四步只云長闊相差一十二步問長闊相和共若干

答曰長闊相和六十步

法曰置田積以四因得三千四百五十六步另以差一十二步自乘得一百四十四步併四因積共三千六百步乃是相和之積用開平方法除之得長闊相和六十步合問　若問長數加差折半即得

長闊相和求差圖

演段解曰四因積者乃是四長四闊積居邊共三千四百五十六步却以相差一十二步自乘得一百四十四步補中得相和積三千六百步以開平方法除之得長闊相和六十步也

今有直田積八百六十四步只云長闊相和六十步問長闊相差若干

答曰長闊相差一十二步

法曰置田積以四因得三千四百五十六步另以相和六十步自乘得三千六百步却減去四因積三千四百五十六步餘一百四十四步乃相差自乘積用開平方法除之得長闊相差一十二步合問

長闊相和求差圖同前

解曰其相和六十步自乘積三千六百步內有四因積四箇共三千四百五十六步居邊有一箇相差自乘積一百四十四步用開平方法除之得長闊相差十二步

今有直田積八百六十四步只云長闊相和六十步問長闊各若干

答曰長三十六步　闊二十四步

法曰置積爲實以相和六十步於右爲減縱開平方法除之上商二十於左就將右縱減去上商二十餘

減縱開方圖

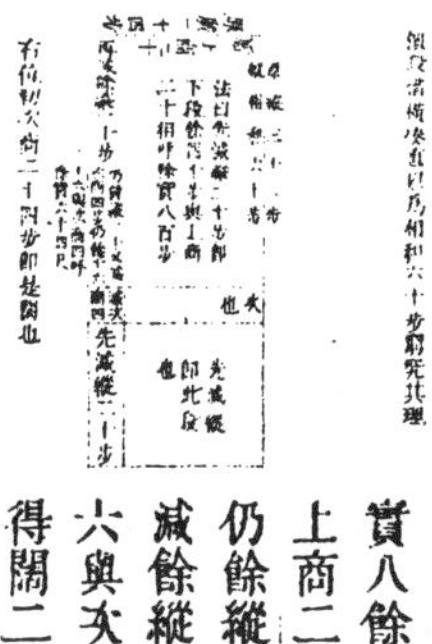

四十與上商二十相呼除實八餘實六十四步又以上商二十再減餘縱二十仍餘縱二十次商四步亦減餘縱二十仍淨餘縱十六與次商四相呼除實盡得闊二十四步以減相和六十步餘得長三十六步合問

解曰若不益積便用減縱或有不可益積者須用減縱之術先問闊者用此若先問長則用減縱飜積法

法曰置積爲實以相和爲減縱開平方法除之上商三十以減縱六十餘縱三十與上商三十相呼合除

減縱飜積圖

積九百而積實不及乃命飜法除原積八百六十四餘負積三十六爲實再置上商三十以減餘縱三十訖次商六步下法亦置六爲隅法與上商六呼除負積恰盡得長三十六步合問

今有方田一段圓田一段共積二百五十二步只云方面圓徑適等問方圓徑各若干

答曰方面圓徑各一十二步

法曰置共積爲實以四因得一千零八步併方四圓三共七爲法除之得一百四十四步以開平方法除之得方面一十二步圓徑亦同

方圓求徑圖

術曰四因方圓共積得四箇方積四箇圓積其四箇圓積恰折三箇方積故用七除得一箇方積以開平方法除之得方圓徑

舊法四因共積得一千零八步爲實以開平方法除之併方四圓三共七爲隅於下法初商一十以隅七乘得七十爲方法與上商一十相呼除實七百餘實三百零八步另倍方法得一百四十爲廉法次商二步以隅七乘得十四併入廉法一百四十共一百五十四與次商二步相呼除實恰盡合問

減積帶縱開平方

今有大小方田二段相併共積四百步只云大方田面比小方田面多四步問大小方面併積各若干

答曰大方面一十六步計積二百五十六步　小方面一十二步計積一百四十四步

法曰置共積於中另置大方田面多小方田面四步自乘得一十六步以減共積四百步餘積三百八十四步折半得一百九十二步爲實又另置大方面多小方面四步爲縱方以帶縱開平方法除之初商一十於左下法亦置一十於縱方之上共一十四步皆與上商一十相呼除實一百四十步餘實五十二步却以下法初商一十倍作二十併入縱四步共二十四步次商二步於左初商一十之次下法亦置二步於縱方之次共二十六步皆與次商二步相呼除實恰盡得小方面一十二步加四步得大方面一十六步各以方面自乘得各積合問

方積帶縱開平方圖

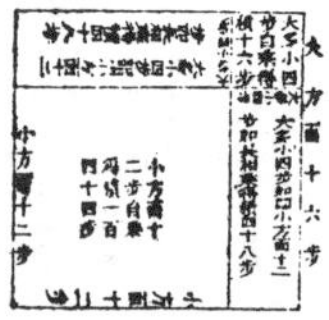

解曰共積是一段大方積一段小方積其大方積內有一段小方積一段大多小方自乘積如隅又大多小的兩段長闊積如廉每廉長即小方面數闊即大多小數先用大多小方步數自乘得數以減共積者是減云大方田一段小隅積餘積折半是一段小方積一段長闊廉積（就如一段直田）用帶縱開平方法除之求出一段小方面數加多步爲大方數也

今有大中小方田三段相併共積八百步只云大方田面比中方田面多四步中方田面比小方田面多四步問大中小方面併積各若干

答曰大方面二十步計積四百步　中方面一十六步計積二百五十六步　小方面一十二步計積一百四十四步

法曰置共積於上另置大方面多小方面八步自乘得六十四步又以中方面多小方面四步自乘得一十六步併二數共八十步以減共積八百步餘積七百二十步以三歸之得二百四十步爲實初商一十自乘得一百步以減實積餘實一百四十步次商二併初商共十二自乘得一百四十四內除初商自乘一百餘四十四以減餘實又餘實九十六却以三因得二百八十八另併大方多中四小八共十二倍之得二十四與初商十步相呼一二除二一四除四又與次商二相呼二二除四二四除八得小方面十二步加多四步得中方面十六步又加多四步得大方

大小三方總一圖

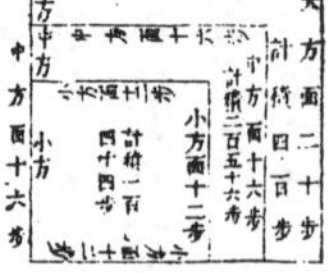

面二十步各以方面自乘得各積合問

若四段則用四歸五段則用五歸

假如大小圓田二段共積只云大圓徑多小圓徑者法置共積以四因三歸得數仍如前方田算或只云大圓周多小圓周者法置共積以十二乘得數仍如大小方田算

假如大小立方二所共積只云大立方面多小立方面者法置共積另置大立方面多小立方面數自乘再乘以減共積餘積折半爲實初商自乘再乘得數除實訖次商若干併入初商共若干自乘再乘得數內減去初商自乘再乘數餘若干除實訖仍餘實若干倍之却以大多小數併入初商次商數共若干以初次商若干乘得數又以大多小數乘得若干却以三因之得若干除實恰盡得小立方面數加多數得大立方面數各以方面自乘再乘得各積立方三所共積用三歸若四所共積用四歸餘倣此

開立方法歌自乘爲平方再乘爲立方

自乘再乘除實積三因初商方另列次商遍乘名爲廉方法乘廉除次積次商自再乘名隅依數除積方了畢初次三因又爲方三商遍乘倣此的

認商歌

一千商十定無疑三萬纔爲三十餘九十九萬不離十百萬方爲一百推

解曰謂如積一千步約商一十步又如積三萬就約商三十步又如積九十九萬步就約商九十步如積一百萬步可約商一百步乃自乘再乘之積而求原數也此謂有實無法故曰約之

商一步　積一步起至七步止皆商一步

商二步　積八步起至二十六步止

商三步　積二十七步起至六十三步止

商四步　積六十四步起至一百二十四步止

商五步　積一百二十五步起至二百一十五步止

商六步　積二百一十六步起至三百四十二步止

商七步　積三百四十三步起至五百一十一步止

商八步　積五百一十二步起至七百二十八步止

商九步　積七百二十九步起至九百九十九步止

商一十步　積一千步起至七千步止

商二十步　積八千步起至二萬六千步止

商三十步　積二萬七千步起至六萬步止

商四十步　積六萬四千步起至一十二萬步止

商五十步　積一十二萬五千步起至二十一萬止

商六十步　積二十一萬六千步起至三十四萬止

商七十步　積三十四萬三千步起至五十一萬止

商八十步　積五十一萬二千步起至七十二萬止

商九十步　積七十二萬九千步起至九十九萬止

商一百步　積一百萬步起至七百萬步止

已上皆言初商首位之積以所商自乘再乘之數

次商用法不同

法曰置積爲實別置一算名曰下法於實數之下自末位至首常超二位約實自千至九十餘萬俱定十及百萬後俱定百實上商置第一位得若干下法亦置初商若干自乘再乘得若干除實訖餘實若干却以三乘下法初商若干得若干爲方法列位次商置第一位於初商之次得若干下法亦置次商若干於初商之次共得若干就以次商若干遍乘得若干爲廉法再以方法乘廉得若干除實訖餘實若干却以次商若干自乘再乘得若干爲隅法除實盡得立方面數若有不盡數仍前再商之或有不盡數以法命之何謂之命若餘實若干不盡却以所商得立方數若干自乘得若干又以三因之得若干另以所商得立方數若干用三因之得若干再添一箇共得若干便商得多一立方數也因此不及而爲之命也立圓法還有不盡者亦倣此若要還原以立方面自乘再乘見積若還原遇立方原有不盡數者以立方面自乘再乘併入不盡數見積

今有物三千三百七十五尺問立方面若干

答曰立方面一十五尺

法曰置物三千三百七十五尺爲實約初商得一十於左下法亦置一十於右自乘得一百再乘得一千除實訖餘實二千三百七十五尺却以三乘下法一十得三十爲方法列位次商五尺於左初商之次下法亦置次商五於初商一十之次共一十五就以五遍乘之得七十五爲廉法再以方法三十乘廉法七十五得二千二百五十除實訖餘實一百二十五恰以次商五自乘再乘得一百二十五爲隅法除實恰盡

開立方法圖式此如方倉還原之意

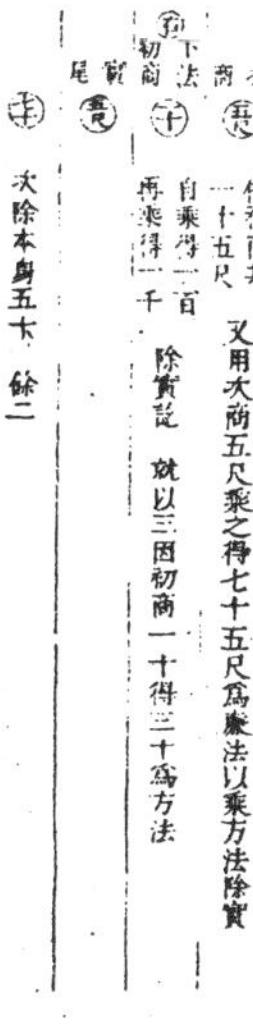

次商（五尺）　併初商共一十五尺　又用次商五尺乘之得七十五尺爲廉法以乘方法除實

下法（十）初商　自乘得一百　再乘得一千　除實訖　就以三因初商一十得三十爲方法

實尾（壹）

（三）　次除本身五十　餘二

（一百二十五）次除本身一百　餘一　再以次商五尺自乘再乘得一百二十五尺爲隅法除實俱盡

（中）實　首（二十五）　右法呼先除本身一千　又以右法方乘相乘得二千二百五十除本身二盡　更於換次二三位亦

次商（五尺）

（初）初商（一十）

今有積一百九十五萬三千一百二十五尺問立方面若干

答曰立方面一百二十五尺

法曰置積尺數爲實約初商一百自乘再乘得一百萬除實訖餘實九十五萬三千一百二十五尺恰以三乘下法一百得三百爲方法列位次商二十於初商一百之次下位亦置二十於初商一百之次共一百二十就以二十乘之得二千四百爲廉法再以方法三百乘廉法得七十二萬除實訖餘實二十三萬三千一百二十五尺恰以次商二十自乘再乘得八千爲隅法除實訖餘實二十二萬五千一百二十五另以三乘下法一百二十得三百六十又爲方法列位再商五於左初次商一百二十之下共一百二十五就以五乘之得六百二十五又爲廉法再以方法三百六十乘廉法六百二十五得二十二萬五千除實訖再以再商五自乘再乘得一百二十五又爲隅法除實恰盡合問

今有積四千一百五十尺問立方面若干

答曰立方面一十六尺又八百一十七之五十四

法曰置積爲實初商一十自乘再乘得一千尺除實訖餘實三千一百五十却以三乘下法一十得三十爲方法列位次商六尺於上初商一十之次共一十六就以六乘之得九十六爲廉法再以方法三十乘廉法九十六得二千八百八十除實訖餘實二百七十恰以次商六自乘再乘得二百一十六爲隅法除實訖餘實五十四尺不盡以法命之却以所商立方一十六尺自乘得二百五十六又以三因得七百六十八另以十六以三因之得四十八再添一箇併入共得一立方數積八百一十七之五十四也何謂之命以原總數除去五十四加上八百一十七便商得面方一十七因此不及而爲之命

假如今有銀一萬兩問立方每面若干

答曰八寸九分三釐有畸難盡

法曰置銀一萬兩爲實以銀率每寸一十四兩爲法除之得七百一十四寸二分八釐又爲實以開立方法除之初商八寸於左亦置八寸於右爲下法自乘得六十四寸再乘得五百一十二寸除實訖餘實二百零二寸二分八釐却以三乘下法八寸得二十四寸爲方法次商九分於初商八寸之次亦置九分於右初商八寸之次共八寸九分就以九分遍乘得八寸零一爲廉法再以方法二十四寸乘廉法得一百九十二寸二分四釐除實訖餘實十寸〇〇四毫恰以次商九分自乘再乘得七寸二分九釐除實訖餘實不盡一寸七分五釐

欽定古今圖書集成曆象彙編曆法典

第一百十九卷目錄

曆法典第一百十九卷

算法部彙考十一

算法統宗七

少廣章第四中

立圓法歌

立圓問徑法何如十六乘積九歸除除此數當爲實積立方開見更何如立圓若問周圍數四十八乘積數軀乘爲實積用開立即見周圍數不虛

法曰外周者置積若干以四十八乘之得若干爲實以開立方法除之得周若要還原以周自乘再乘以四十八除之見積　問徑置積若干以十六乘之得若干又用九歸之得若干爲實以開立方法除之得徑　若要還原以徑自乘再乘以九因十六除之見積　周徑下原有不盡者或周徑自乘再乘併入不盡數周以四十八除之見積徑以九因十六除之見積　若問周問徑遇有餘積不盡者依開立方下命法命之

今有積六萬二千二百零八尺欲爲立圓問徑若干

答曰徑四十八尺

法曰置積尺數以十六乘之又用九歸之得一十一萬零五百九十二尺爲實以開立方法除之初商四十自乘得一千六百再乘得六萬四千除實餘實四萬六千五百九十二尺另將初商四十以三因得一百二十爲方法列位次商八尺於初商之次得四十八尺就以八乘之得三百八十四尺爲廉法以方乘廉得四萬六千零八十尺除實餘實五百一十二另以次商八尺自乘再乘得五百六十二尺爲隅法除實恰盡得立圓徑合問

此問周徑如圓毬

今有積六萬二千二百零八尺欲爲立圓問周若干

答曰周一百四十四尺

法曰置積尺以四十八乘之得二百九十八萬五千九百八十四尺爲實以開立方法除之初商一百尺自乘得一萬再乘得一百萬除實餘實一百九十八萬五千九百八十四尺另以初商一百以三因得三百爲方法次商四十於初商之下共一百四十就以四十乘之得五千六百爲廉法以方乘廉得一百六十八萬除實餘實三十萬零五千九百八十四另以次商四十自乘再乘得六萬四千爲隅法除實餘實二十四萬一千九百八十四再以初次商一百四十以三因得四百二十爲方法再商四尺於初次商之下共得一百四十四尺就以四尺因之得五百七十六爲廉法以方乘廉得二十四萬一千九百二十除實餘實六十四又以再商四尺自乘再乘得六十四除實訖合問

凡立圓問周徑遇數單者則有不盡

今有立方積一萬五千六百二十五步問立方一面若干

答曰二十五步

歸除開立方法曰置積一萬五千六百二十五尺爲實以萬積商二十置於積前就置二十於右下自乘得四百步與上商二十相呼二四除實八千餘實七千六百二十五步却以右下四百步以三十乘之得一千二百爲法歸除之呼逢五進五又呼二五除一千另置初商二十步以次商五步乘之得一百步以三因之得三百步以加入自乘次商五步得二十五步共三百二十五步於右與次商五步相呼除之呼三五除一千五百步又二五除一百步又五五除二十五步積盡以左上二十五步爲立方一面之數合問

今有立方積一億零二百五十萬零三千二百三十二尺問立方一面若干

答曰四百六十八尺

歸除開立方法曰置積爲實以七千萬該商四百尺於左上又置四百尺於右下自乘得一十六萬相呼一四除四千萬尺又四六除二千四百萬餘實三千八百五十萬零三千二百三十二尺却以右下一十六萬尺以三乘之得四十八萬爲法歸除之呼四三七十二少除（因下位數不足除）呼四歸起一下還四呼六八除四十八另置初商四百尺以次商六十尺乘之得二萬四千尺以三因之得七萬二千尺爲廉法加入次商六十尺自乘得三千六百尺共七萬五千六百

尺却以次商六十尺相呼除之六七除四十二又五六除三十又六六除三十六餘實五百一十六萬七千二百三十二尺以方法四十八萬併入兩箇廉法七萬二千再併入隅法三箇三千六百尺共得方法六十三萬四千八百尺爲法歸除之呼六五八十二呼三八除二十四又呼四八除三十二又八八除六十四右下之法不用再置所商共四百六十尺以次商八尺乘之得三千六百八十尺以三因之得一萬一千零四十尺併入再商八尺自乘得六十四尺共一萬一千一百零四尺又以次商八尺相呼除之一八除八萬又一八除八千又一八除八百又四八除三十二尺除實恰盡以左上所商四百六十八尺爲立方一面之數合問

開立方帶縱法

今有方倉貯米五百一十八石四斗方比高多三尺問方高各若干

答曰方一丈二尺　高九尺

法曰置米五百一十八石四斗以斛法二尺五寸乘之得積一千二百九十六尺爲實以開立方帶縱除之以方多三尺自乘得九尺爲縱方再置三尺倍之得六尺爲縱廉約積一千商十尺今有縱方只商九尺置於實前另以九尺自乘得八十一尺加入縱方九尺共九十尺爲方法另以縱廉六尺以九尺乘之得五十四尺爲廉法二法併共一百四十四尺於右下以所商九尺相呼一九除九又呼四九除三十六又四九除三十六除實恰盡以商九尺爲高加入方多三尺得方倉一十二尺合問

今有立方一所積一千七百八十七萬五千尺只云高闊相等長多闊三十六尺問立方高闊及長若干

答曰長二百八十六尺　闊二百五十尺　高二百五十尺

法曰置積一千七百八十七萬五千尺爲實以開立方帶縱法除之初商約得二百尺自乘得四萬尺再乘得八百萬尺又約二百五十尺自乘得六萬二千五百尺再以二百五十尺乘之得一千五百六十二萬五千尺減去積餘積二百二十五萬尺爲實另置長多三十六尺以所商二百五十尺乘之得九十尺再以二百五十尺乘之得二百二十五萬尺除實恰盡得闊二百五十尺加入長多三十六尺共二百八十六尺爲長數合問

今有立方積二萬九千八百零八尺高比方不及一丈三尺問高方各若干

答曰高二丈三尺　方倉三丈六尺

法曰置積二萬九千八百零八尺爲實以開立方帶縱法除之約實二萬商三十尺自乘得九百尺再以三十尺乘之得二萬七千尺又約商三十六尺自乘得一千二百九十六尺另置三十六尺減不及一十三尺餘二十三尺乘之得二萬九千八百零八尺除實盡得方倉三十六尺高二丈三尺合問

今有三乘方積二千零一十五萬一千一百二十一尺問一面若干

答曰六十七尺

法曰置積爲實下法常超三位初商六十於左下法亦置六十自乘得三千六百再乘得二十一萬六千爲隅法與上商六十相呼除實一千二百九十六萬餘實七百一十九萬一千一百二十一尺乃以四乘隅法二十一萬六千得八十六萬四千爲方法另置上商六十自乘得三千六百又以六因之得二萬一千六百尺爲上廉又置上商六十以四乘得二百四十尺爲下廉次商七尺於左六十之次下法亦置七尺自乘得四十九尺再以七因得三百四十三尺爲隅法又以次商七尺乘上廉二萬一千六百得一十五萬一千二百又以下廉二百四十用兩次七因初次因得一千六百八十尺二次因得一萬一千七百六十尺以方法八十六萬四千上廉一十五萬一千二百下廉一萬一千七百六十隅法三百四十三併四法共一百零二萬七千三百零三尺皆與次商七尺相呼除實恰盡得一面六十七尺合問此三乘方捷徑

一法用二次開平方法除之亦得初一次置積數爲實以開平方法除之商得四千四百八十九尺第二次就以此初商數爲實亦以開平方法除之卽得一面六十七尺合問此又捷徑

若還原置一面六十七尺自乘得四千四百八十九尺再乘得三十萬○○七百六十三尺又乘之卽見原積數也

自乘再乘又乘故曰三乘其四乘乃四次乘也其五乘乃五次乘也

今有田積三千三百七十五尺問立方面若干

答曰面方一十五尺

法曰置積三千三百七十五尺爲實以開立方法除之古法用三爲廉率約實定位從實末位尺十尺定

尺百尺千尺定十尺初商一十於左下法亦置初商一十自乘得一百再乘得一千除實訖餘實二千三百七十五尺却以下法初商一十自乘得一百用三因爲方法又以初商一十以三因得三十爲廉次商五尺於左初商之次下法亦置次商五尺自乘得二十五尺爲隅法又以次商五尺乘廉三十得一百五十爲廉法併方法三百廉法一百五十隅法二十五共四百七十五尺皆與次商五尺相呼四五除二五七除三十五五五除二十五得方面一十五尺合問

開立方廉隅圖

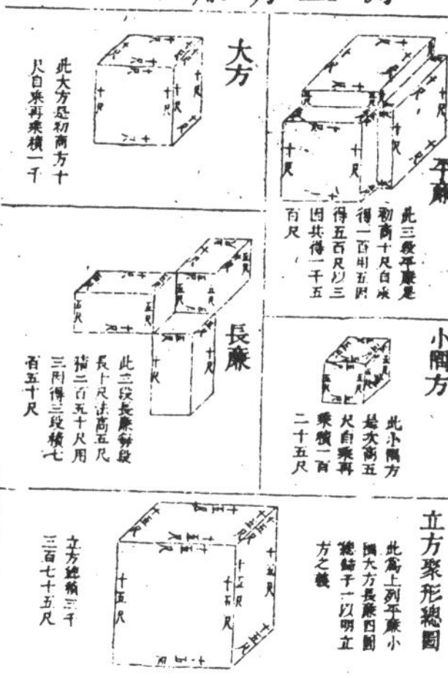

平廉　此三段平廉是初商十尺自乘得一百用五因得五百尺以三因共得一千五百尺

大方　此大方是初商方十尺自乘再乘積一千

小隅方　此小隅方是次商五尺自乘再乘積一百二十五尺

長廉　此三段長廉每段長十尺濶高五尺積二百五十尺用三因得三段積七百五十尺

立方聚形總圖　此爲上列平廉小隅大方長廉四圖總歸于一以明立方之義

立方總積三千三百七十五尺

大段解曰立方積形如骰子有上下左右前後六面方如一段大方積是初商方高十尺自乘再乘得一千尺三段平廉每段方十尺高五尺即初商十尺自乘又以次商五尺乘積五百尺用三因即三段積一千五百尺三段長廉每段長十尺闊五尺高五尺即初商十尺以次商五尺乘又以次商五尺乘得每段積二百五十尺用三因即三段積七百五十尺一段小方隅即次商五尺自乘再乘積一百二十五尺也

求米倉窖盛貯歌每石斛法二尺五寸

米求倉窖要知源斛法先除米數全若見圓倉乘十二方窖三因米數然三十六乘圓窖米各爲實積定無偏却用立方開見約方求長闊約爲先圓數求周爲約數各將約數自乘焉乘來爲法除實積便見深高法更元

今有米二千四百一十九石二斗欲爲方倉盛之問長闊高各若干

答曰長二十八尺　闊一十八尺　高一十二尺

法曰置米數以斛法二尺五寸乘之得六千零四十八尺爲實以開立方法約之得闊一十八尺便約長二十八尺却以長闊相乘得五百零四尺爲法除實得高合問

今有米七百零五石六斗欲作圓倉盛之問周圍及高各若干

答曰周四十二尺　高一十二尺

法曰置米數以斛法二尺五寸乘之得一千七百六十四尺再以圓法十二乘之得二萬一千一百六十八尺爲實以開立方法約之得周四十二尺自乘得一千七百六十四尺爲法除實得高一十二尺合問

今有米五百七十七石二斗欲作方窖盛之問上下方及深各若干

答曰上方九尺　下方一十二尺　深一十三尺

法曰置米數以斛法二尺五寸乘之得一千四百四十三尺又以三因之得四千三百二十九尺爲實以開立方法約之得上方九尺便約下方一十二尺却以上方自乘得八十一尺另以下方自乘得一百四十四尺又以上方九尺乘下方一十二尺得一百零八尺併三位共三百三十三尺爲法除實得深一十三尺合問

今有米七十七石二斗欲作圓窖盛之問上下周及深各若干

答曰上周一十四尺　下周一十八尺　深九尺

法曰置米數以斛法二尺五寸乘之得一百九十三尺再以圓率三十六乘之得六千九百四十八尺爲實以開立方法約之得上周一十四尺便約下周一十八尺另以上周一十四尺自乘得一百九十六尺又以下周一十八尺自乘得三百二十四尺又以上周一十四乘下周一十八得二百五十二尺併三位共七百七十二尺爲法除實得深九尺合問

今有米二千四百一十九石二斗欲造長倉盛之只云闊一十八尺高一十二尺問長若干

答曰長二十八尺

法曰置米數以斛法二尺五寸乘得六千零四十八尺爲實另以高乘闊得二百一十六尺爲法除實得長合問

或只云長二十八尺高一十二尺問闊若干

答曰闊一十八尺

法曰仍以前實却以長高相乘得三百三十六尺爲法除實得闊一十八尺合問

今有米七百零五石六斗欲作圓倉盛之只云高一十二尺問周若干

答曰周四十二尺

法曰置米數以斛法二尺五寸乘之得一千七百六十四尺又以圓率十二乘之再以高一十二尺除之

如故爲實以開平方法除之得周四十二尺合問

今有米五百七十七石二斗欲作方窖盛之只云上方九尺深一十三尺問下方若干

答曰下方一十二尺

法曰置米數以斛法二尺五寸乘之得一千四百四十三尺以三因之得四千三百二十九尺以深一十三尺除之得三百三十三尺內減上方自乘得八十一尺餘二百五十二尺爲實以上方九尺爲縱方開平方法除之得下方一十二尺合問

或云下方一十二尺深一十三尺問上方若干

答曰上方九尺

法曰仍以前實四千三百二十九尺以深除之得三百三十三尺內減下方自乘一百四十四尺餘一百八十九尺爲實以下方一十二爲縱方以開平方法除之得上方九尺合問

今有米七十七石二斗欲造圓窖盛之只云上周一十四尺深九尺問下周若干

答曰下周一十八尺

法曰置米數以斛法二尺五寸乘之得一百九十三尺又以圓率三十六尺乘之得六千九百四十八尺以深九尺除之得七百七十二尺內減上周自乘一百九十六尺餘五百七十六尺爲實以上周一十四爲縱方以開平方法除之得下周一十八尺合問

或云下周一十八尺深九尺問上周若干

答曰上周一十四步

法曰仍以前實六千九百四十八尺以深九尺除之得七百七十二尺內減下周自乘得三百二十四尺餘四百四十八尺爲實以下周一十八尺爲縱方以開平方法除之得上周一十四尺合問

今有米五百一十八石四斗欲造方倉盛之問方高各若干

答曰方一十二尺　高九尺

法曰置米數以斛法二尺五寸乘之得一千二百九十六尺爲實以開立方法約之得方一十二尺却以方一十二尺自乘得一百四十四尺爲法除實得高九尺合問

或云高九尺問方若干

答曰方一十二尺

法曰仍以前實以高九尺除之得一百四十四尺以開平方法除之得方一十二尺合問

分田截積法上

直田截積歌

直田截積法尤奇截長積步闊除之截闊用長除且易得其步數不須疑

法曰若依原長截積則以原闊除之若依原闊截積則以原長除之

直田截積原載方田章因與圭梯等截積間隔不便觀覽今移此以統於一

今有直田長四十八步闊四十步今依原長截積七百二十步問截闊若干

答曰闊一十五步

法曰置截積七百二十步爲實以原長數爲法除之卽得截闊數合問

直田截闊圖

今有直田長四十八步闊四十步今依原闊截積七百二十步問截長若干

直田截長圖

答曰長一十八尺

法曰置截積七百二十步爲實以原闊四十步爲法除之得截長一十八步合問

今有方田一坵要從東南角截一直形積三十二步南邊闊四步問截東邊長若干

答曰截東長八步

法曰置截積三十二步爲實以南闊四步爲法除之得截積東長八步合問　若東長定數問截南闊就以長數爲法而除截積

方田截直圖

今有直田長一十五步六分闊一十二步今從東邊截積五十四步六分北頭要闊四步問截南頭濶若干

答曰截南頭闊三步

法曰置截積五十四步六分爲實以原長一十五步六分爲法除之得截闊三步五分此是二廣均匀之數加倍得七步減去北廣四步餘得截南廣三步是也

直田截斜圖

又法倍截積得一百零九步二分爲實以原長一十五步六分爲法除之得共截闊七步減北廣四步餘得截南廣三步亦得

今有直田長一十五步闊一十二步今從西北角截句股形一段積三十一步五分原坐落西邊股長九步問截北邊句闊若干

直截句股圖

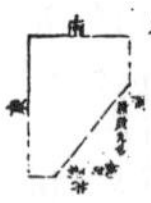

答曰截北句闊七步
法曰置截積三十一步五分倍之得六十三步以西股長九步爲法除之得截北句闊七步合問
今有直田積一千九百二十步只云長六十步問闊若干
答曰闊三十二步
法曰置積一千九百二十步爲實以長六十步爲法除之得闊　若是只云闊三十二步問長若干就以闊爲法除之即得長
今有圭田積二百二十五步只云長三十步問闊若干
答曰闊一十五步
法曰置積倍之得四百五十步爲實以長爲法除之得闊　若云中長步數倍積爲實以闊爲法除之即得
以上二款名曰忘長失短與直田截積意同
今有句股田長三十步闊一十五步今從尖截長一十二步問中廣若干
答曰截中廣六步
法曰置截長一十二步以句闊乘之得一百八十步爲實以股長爲法除之

句股截積圖

又法置句爲實以股爲法除之每股長一步得闊五分以乘截長亦得
今有斜田南廣四步北廣十二步長三十二步今從中截腰廣六步問截南長若干
答曰截南長八步

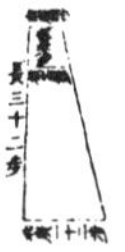

法曰置截中廣六步減上廣四步餘二步以乘長三十二步得六十四步爲實却將南北二廣相減餘八步爲法除之即得　若截下長

斜田截積圖

置下廣減中廣餘六步以乘原長得一百九十二步爲實以上下二廣相減餘八步爲法除之得截下長二十四步合問
今以前圖截下長二十四步問截中廣若干
答曰六步
法曰將下廣減去上廣四步餘八步爲實以原長三十二步爲法除之每長一步得闊差二分五釐就以此爲法以乘下長二十四步得闊差六步以減下闊一十二步餘六步即是中廣合問
今有梯田積一千五百步北廣四十步中長五十步問南廣若干
答曰南廣二十步
法曰置積一千五百步倍之得三千步爲實以長五十步爲法除之得六十步於內減北廣四十步餘得南廣二十步合問
原有斜田南廣四步北廣十步長一十二步今欲增作句股樣式問股長出若干
答曰股長出八步
法曰以南廣四步乘長一十二步爲實另以二廣相減餘六步爲法除之得尖出股長八步合問

斜增爲句股圖

圭求廣縱歌　除圭尖即是梯形
梯求上廣出尖長上闊乘縱法最良却將上下廣相減餘法除之宛思量
今有上圭下梯田上廣一尺六寸下廣一十二尺八寸圭下正縱一十尺零五寸問圭尖長若干

圭求廣縱圖

答曰尖高長一尺五寸
法曰置正縱一十尺零五寸以上廣一尺六寸乘之得一十六尺八寸爲實另以下廣一十二尺八寸減上廣一尺六寸餘一十一尺二寸爲法除之得圭尖長一尺五寸合問
圭求下廣歌
圭田若問梯下廣圭梯併長不必想上廣乘長爲實則尖長法除即下廣
法曰置圭長併梯長共一十二尺以上廣一尺六寸乘之得一十九尺二寸爲實以尖長一尺五寸爲法除之得下廣一十二尺八寸合問
圭求外梯長歌
圭田欲問外梯長下廣減去上廣良除以圭長乘爲實上廣法除是梯長
法曰以下廣一十二尺八寸減去上廣一尺六寸餘一十一尺二寸以圭長一尺五寸乘之得一十六尺八寸爲實以上廣一尺六寸除之得梯正縱長一十尺零五寸合問
圭求中廣歌
圭求中廣要思量却用下廣乘尖長正縱加入尖長數爲法除之中廣良
法曰置下廣一十二尺八寸以尖長一尺五寸乘之得一十九尺二寸爲實另以正縱一十尺零五寸加

入尖長一尺五寸共一十二尺爲法除之得中廣一尺六寸合問

假如三角田一坵三面各一十四步今作三段俱要四角問長闊各若干

三角截四角圖

答曰共積八十四步　三角各得二十八步　每角計長八步　闊七步

法曰置每面一十四步六因七歸得中徑一十二步另以每面一十四步與徑一十二步相乘得一百六十八步折半得積八十四步爲實以三段歸之各得二十八步却以每面折半得闊七步以歸二十八步得四步倍之得中長八步合問

今有直田長一十五步闊一十二步今依闊截圭積四十五步問截圭長若干

直田截圭圖

答曰圭長七步五分

法曰置截積倍之得九十步爲實以闊一十二步爲法除之卽得　其餘

圭梯等截法俱用開方列法於左

圭田截積歌（若作三段分若先截尖段下二段以作梯形截法）

圭田截積小頭知倍積原長以乘之原闊歸除爲實積開方便見截長宜仍以截長乘原闊原長爲法以除之除來便見截闊數法明簡易不須疑

今有圭田長七十五步北闊三十步今自尖頭截積四百零五步問截長闊各若干

圭截小頭圖

答曰長四十五步　闊一十八步

法曰置截積四百零五步倍之得八百一十步以原長七十五步乘之得六萬零七百五十步以闊三十步除之得二千零二十五步爲實以開平方法除之得截長四十五步就以原闊三十步乘之得一千三百五十步爲實以原長七十五步爲法除之得截闊一十八步合問

今有句股田股長四十步句闊二十步今從大頭截積一百七十五步問所截長闊各若干

勾股截積圖　與前圭同法

答曰截下長一十步　截上廣一十五步

法曰先將句股相乘得八百折半得積四百步減截積一百七十五步餘積二百二十五步以作圭田截積小頭知而筭之置小頭積二百二十五步倍作四百五十步以原長四十步乘之得一萬八千步以原闊二十步除之得九百步爲實以開平方法除之得上尖長三十步就以此爲法以除倍積四百五十步得截闊一十五步另將原長減去截長三十步餘得下長一十步合問

今又有圭田長七十五步北闊三十步今自北闊截積七百二十步問截長闊各若干

圭截大頭圖

答曰截下長三十步　闊一十八步

法曰置截積七百二十步倍之得一千四百四十步以原闊三十步乘之得四萬三千二百步爲實以原長七十五步爲法除之得五百七十六步再以北闊三十步自乘得九百步以減五百七十六步餘三百二十四步爲實以開平方法除之得截闊一十八步併北廣三十步共四十八步折半得二十四步爲法除截積七百二十步得截長三十步合問

欽定古今圖書集成曆象彙編曆法典

第一百二十卷目錄

曆法典第一百二十卷

算法部彙考十二

算法統宗八

少廣章第四下

分田截積法下

原有直田一坵今從東北角截句股形積三十八步七分二釐其股數與句數相同問該若干

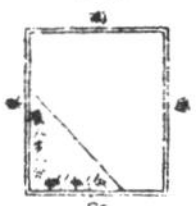

答曰東北角各八步八分

直田截句股圖

法曰置截積三十八步七分二釐倍得七十七步四分四釐爲實以開平方法除之得截東北角各八步八分合問　若還原以句股自乘折半卽得

梯田截積歌

梯田截積細端詳倍積闊差乘最長却用原長爲法則歸除乘數實之行若截大頭田積步大闊自乘減實當若截小頭田積步小闊自乘併實傍俱用開方爲截闊兩廣併來折半強折半數來爲法則法除截積便知長

今有梯田長九十步西廣二十步北廣三十八步今自南邊小頭截積八百二十二步五分問截長闊各若干

梯截小頭圖

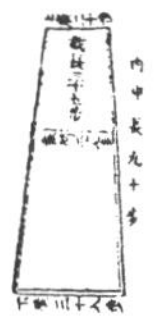

答曰截上長三十五步　截中闊二十七步

法曰置截積八百二十二步五分倍之得一千六百四十五步以二廣相減餘一十八步爲闊差以乘倍積得二萬九千六百一十步以原長九十步除之得三百二十九步另以小頭自乘得四百步併入三百二十九步共七百二十九步爲實以開平方法除之得截闊二十七步就以截闊二十七步併小頭原闊二十步共四十七步折半得二十三步五分爲法以除截積八百二十二步五分得截長三十五步合問

今有梯田長九十步小頭闊二十步大頭闊三十八步今自大頭截積一千七百八十七步五分問截長闊各若干

答曰截下長五十五步　截中闊二十七步

梯截大頭圖

法曰置截積倍之得三千五百七十五步以大小二闊相減餘一十八步爲闊差以乘倍積得六萬四千三百五十步以原長九十步除之得七百一十五步另以大闊三十八步自乘得一千四百四十四步減去七百一十五步餘七百二十九步爲實以開平方法除之得二十七步爲截中闊就以此闊二十七步併大頭原闊三十八步共得六十五步折半得三十二步五分爲法以除截積一千七百八十七步五分得截長五十五步合問　若作三段分者先截大小二頭長併中闊餘長卽是中段數也　或又作四五段分者亦先截去大小二頭長闊再將原長內減去二頭長數餘長步數併截二段中廣復作梯法截之是也　其斜形截法與梯形同理　如截東西兩旁積具載難題少廣章中

環田截積歌

環田要截外周積倍積二周差步乘原徑爲法除見數另以外周周自乘以少減多餘作實開方便得內周成二周相減餘零數六而取一徑分明

今有環田外周七十二步內周二十四步徑八步今自外周截積二百八十五步問截中周併徑若干

環截外周圖

答曰中周四十二步　截徑五步

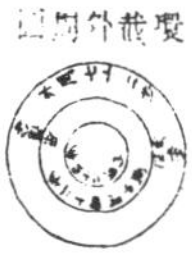

法曰置截積二百八十五步倍之得五百七十步却以外周減內周二十四步餘四十八步爲差步以乘倍積五百七十步得二萬七千三百六十步以原徑八步除之得三千四百二十步又置外周七十二步自乘得五千一百八十四步以少減多餘一千七百六十四步爲實以開平方法除之得中周四十二步以減外周七十二步餘三十步以六除之得徑五步合問

今有環田外周七十二步內周二十四步徑八步欲從內周截積九十九步問截中周併徑若干

環截內周圖

答曰中周四十二步　徑三步

法曰先將內外二周併之折半以徑乘之得總積三百八十四步內減今截內積九十九

步餘二百八十五步即是前截外周積也

圓田截積

今有圓田中徑一十三步今從邊截積三十二步問所截弦矢各若干

圓田截積圖

答曰弦一十二步　矢四步

法曰倍積得六十四步自乘得四千零九十六步爲實另以四因積三十二步得一百二十八步爲上廉又以四因徑一十三步得五十二步爲下廉以五爲負隅用開三乘方法除之商四步於左上爲法以乘上廉得五百一十二步就以商四乘隅五得二十以減下廉五十二步餘三十二另以商四自乘得一十六以乘下廉三十二得五百一十二併上廉五百一十二共一千零二十四爲下法除實得矢四步另置積倍之得六十四步以矢除之得一十六步減矢四步餘得弦一十二步合問

今有圓田徑二十六步今從旁截一弧矢積一百二十八步問截弦矢各若干

答曰矢八步　弦二十四步

法曰倍積自乘得六萬五千五百三十六步爲實另以四因積得五百一十二步爲上廉又以四因徑得一百零四步爲下廉又以五爲負隅法商得八於左上爲法以乘上廉得四千零九十六步又以商八乘隅五得四十以減下廉餘六十四步另以商八步自乘得六十四步以乘餘下廉得四千零九十六步併上廉共八千一百九十二步爲下法除實得矢八步也　若問求弦法曰置積倍之得二百五十六步以矢八除之得三十二於內減矢八步餘得弦二十四步合問

弧矢法

圓徑與截矢求截弦歌

圓徑與矢求弧弦半徑自乘立一邊另以半徑減去矢餘亦自乘減却前又餘平方開見數倍之名即是弧弦

假如有圓徑十寸弧矢闊一寸問截弦若干

答曰弦六寸

法曰置半徑五寸爲弦自乘得二十五寸另以半徑五寸減矢一寸餘四寸爲股自乘得一十六寸相減餘九寸平方開之得三寸爲句倍之得六寸爲截弧弦即是二句相併爲弦餘皆倣此

又法以圓徑自乘得一百寸爲弦冪另以圓徑減倍矢二寸餘八寸自乘得六十四寸爲股冪相減餘三十六寸爲句冪平方開之得全弦六寸

弧矢內股弦求句圖

圓徑與截弦求截矢歌

圓徑與弦求截矢半徑爲弦自乘是弧弦折半名爲句亦自乘之相減矢餘用開方得股數半徑減股餘者矢

假如有圓徑十寸弧弦長八寸問截矢若干

答曰矢二寸

弧矢內句弦求股圖

法曰以半徑五寸爲句股之弦另以弧弦八寸折半得四爲句各自乘相減餘九寸平方開之得股三寸以減半徑五寸餘二寸即矢

圓徑與截矢求截弧背其截弦求弧背同

術曰先求出弦徑除矢冪得半弦背差

解曰圓之大小本於弧背之長短係於圓之大小與矢之多寡假如平圓十寸平分一半則矢長五寸自乘得二十五寸以徑除之得二寸五分爲半弦背差倍之得五寸加入圓徑得一十五寸爲半圓周故不論圓之大小矢之多寡皆準也

弧矢求積積求弦矢調寄西江月

一段田禾之外東邊近有荒坵離邊五步聚頭牛只爲繩長遊走蹤跡五分八步如同弧矢弦疇索長多少是根由演立天源窮究

原在難題少廣章中無圖今共圖之於此以便檢閱併具法於後

假如今有弧矢田積一百二十八步離徑五步問矢闊弦長各若干

答曰索長一十三步　弧周二十八步有零　矢闊八步　離徑五步　弧弦二十四步　圓徑二十六步

法曰置積一百二十八步爲實另以此數倍之得二百五十六步以開平方法除之得一十六步爲法除

實得矢八步加法十六共二十四步是弦長折半得一十二步自乘得一百四十四步爲實以矢八步爲法除之得一十八步加矢八步共得圓徑二十六步若問索長以矢八步加離邊五步乃是索長一十三步合問

弧矢求積求弦矢圖

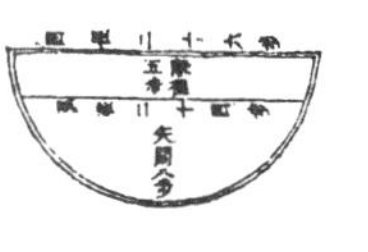

弧矢求積歌

弧矢求積弧矢形丈量之法註分明弧矢弦長併矢步半之又用矢相乘

法曰置弦二十四步併矢八步共三十二步折半得一十六步以矢八步乘之得積一百二十八步

積求弧弦歌

弧矢之積求弧弦倍積以矢除爲先除來之數減去矢餘存此即是弧弦

法曰置積一百二十八步倍之得二百五十六步爲實以矢八步爲法除之得三十二步減矢八步餘得弧弦二十四步

積求矢闊歌

積求矢闊倍爲實弦爲縱方莫教遲商於左位右併縱前後呼除矢得宜

法曰置積一百二十八步倍得二百五十六步爲實以弦二十四步於右爲縱方約初商八步於左亦置商八步於右縱方二十之下共三十二步皆與上商八相呼三八除實二百四十二八除實一十六步恰盡得矢八步

弦矢求圓徑併離徑歌

弦矢求圓徑可推半弦自乘矢除之再加矢闊爲圓徑半之減矢離無疑

法曰置弦二十四步折半得一十二步自乘得一百四十四步爲實以矢八步爲法除之得一十八步再加矢闊八步得圓徑二十六步復折半得一十三步減矢八步餘爲離徑五步

圓徑及弧徑求離徑併矢闊歌

徑弦求離徑矢闊圓徑弧弦各折半各自乘減餘開方離徑圓徑弧矢辨

法曰置圓徑二十六步折半得一十三步自乘得一百六十九步另以弧弦二十四步折半得一十二步自乘得一百四十四步二數相減餘二十五步以開平方法除之得離徑五步另以圓徑二十六步折半得一十三步減離徑五步餘爲矢八步

圓徑及矢闊求弧弦歌

圓徑矢闊求弧弦圓徑矢闊減餘存復以矢闊乘爲實開方倍之得弧弦

法曰置圓二十六步減矢八步餘一十八步以矢八步乘之得一百四十四步以開平方法除之得一十二步倍之得弧弦二十四步

弧弦及離徑求圓徑歌

弧弦離徑求圓徑弧弦折半自相乘離徑自乘併爲實開方倍數爲圓徑

法曰置弦二十四步折半得一十二步自乘得一百四十四步以離徑五步自乘得二十五步相併得一百六十九步爲實以開平方法除之得一十三步倍之得二十六步爲圓徑

圓徑及離徑求弧弦歌

圓徑離徑求弧弦圓徑折半自相乘離徑自乘減餘實開方倍得弧弦成

法曰置圓徑二十六步折半得一十三步自乘得一百六十九步以離徑五步自乘得二十五步相減餘一百四十四步爲實以開平方法除之得一十二步倍之得弧弦二十四步

解曰弧矢狀類句股句股得直方之半故倍其積以股除之卽得句弧背曲倍積則長一弦而又一矢以矢乘積倍之恰得一弦一矢之數因未知矢故以積自乘爲實約矢一度乘積以爲上廉兩度乘徑以爲下廉併之爲法而後可以得矢用三乘者何也積本平方以積乘積是兩度平方矣故用三乘方法開之上廉下廉俱用四因者何也倍積則乘出之數爲積者四故上下廉俱四以就之減徑者何也徑乃圓之全徑矢乃截處之句矢本減徑而得故亦減徑以求矢五爲負隅者何也凡平圓之積得平方四分之三在內者七五在外者二五不拘圓之大小每方一尺該虛隅二寸五分其矢得四其虛隅得一合而爲五亦從實就法之意也　如不倍積廉不用四因以一二五爲隅法亦通　或不減徑作添積三乘方法亦通

商功章第五

商度也商量用力之法也此章以堅壤之率求穿地之實以廣闊高深求城塹溝渠之積以車担往來求

程途負載之功
商功歌（即修築）
商功須要問工程長闊相乘深又乘乘此數來以爲
實每日工程爲法行惟以築城別一樣上下將來折
半平高以乘之長又續（又以長乘之也）以爲城積甚分明五
因其積三而一此是堅求壤法行穿地四因爲壤積
法中仍用五歸成
穿地四尺爲壤五尺爲堅三尺（壤是虛土也　堅是實土也）
穿地　求壤（五因）　求堅（三因）　皆四歸之
壤地　求穿（四因）　求堅（三因）　皆五歸之
堅地　求穿（四因）　求壤（五因）　皆三歸之
城垣堤溝求積併上下廣折半以高深乘之又以長
乘之得積
方臺求積上方自乘下方自乘另以上下方相乘併
之又以高乘再以三歸之如方窖芻童者倍上長加
下長以上廣乘之又倍下長加上長以下廣乘之併
二數以高乘又以六歸之
圓臺求積上周自乘下周自乘上下周相乘併之又
以高乘再用三十六除之如圓窖圓錐者下周自乘
又以高乘再用三十六除之如尖堆
方錐求積下方自乘以高乘之又三歸之如圭形（下方上尖）
方堡壔求積以方自乘又以高乘之如方倉方柱也
圓堡壔求積以周自乘又以高乘之再用十二除之
如圓倉圓柱也
芻甍倍下長加上長以廣乘之又以高乘用六歸之
一如屋脊上斜下平

羨除併三廣以深乘之用六歸之（上平下尖或倍上長加下長）
假如今有堅地積七千五百尺問穿地壤土各該若
干
答曰穿地一萬尺　壤土一萬二千五百尺
法曰置堅地積以五因三歸之爲壤土積另置壤積
以四因五歸之得穿地積合問
今有開河長七千五百五十尺上廣五十四尺下廣
四十尺深一十二尺每日一工開三百尺問用工若
干
答曰一萬四千一百九十四工
法曰併上下二廣折半得四十七尺以深一十二尺
乘之得五百六十四尺又以長乘之得積四百二十
五萬八千二百尺爲實以每工三百尺爲法除之卽
得
今有穿渠上廣二丈四尺下廣二丈一尺深九尺長
三百八十四尺每用人夫一十二名日開積六百尺
問該人夫幾何
答曰一萬五千五百五十二名
法曰併兩廣共得四十五尺折半得二十二尺五寸
以深九尺乘之得二百零二尺五寸又以長乘之得
七萬七千七百六十尺爲積又以人夫一十二名乘
之得九十三萬三千一百二十尺爲實却以六百尺
爲法除之
今有開濠上廣七尺下廣九尺深四尺長一千八百
尺每人日穿一百四十四尺今用人夫二百名問幾
日開畢
答曰二日開畢

法曰併上下廣折半得八尺以深四尺乘之得三十
二尺又以長乘之得五萬七千六百尺爲實另置二
百人以每人一百四十四尺乘之得二萬八千八百
尺爲法除之合問
築臺歌
築臺丈尺要推詳上長倍之加下長上廣乘之別列
位另倍下長加上長仍以下廣乘見數二數共併積
相當原高乘併積爲實六歸實數積如常
今有築直臺一所上廣八尺長二丈下廣一丈八尺
長三丈高一丈八尺問積若干
答曰六千尺
法曰倍上長得四十尺加下長共七十尺以上廣八
尺乘之得五百六十尺另倍下長得六十尺加上長
二十尺共八十尺以下廣一十八尺乘之得一千四
百四十尺併二數共二千尺以高一十八尺乘之得
三萬六千尺以六歸之合問
今有築方臺上方六尺下方八尺高一十二尺問積
若干
答曰五千九百二十尺
法曰依方窖法以上方六尺自乘得三十六尺下方
八尺自乘得六十四尺又以上方乘下方得四十八
尺併三數共一百四十八尺以高一十二尺乘之得
一千七百七十六尺以三歸之合問
一法依築臺歌倍上方加下方共二十尺以上方乘
之得一百二十尺另倍下方加上方共二十二尺以
下方乘之得一百七十六尺併二數共二百九十六
尺以高一十二尺乘之得三千五百五十二尺以六

歸之亦得

今有圓臺上周一十八尺下周二十四尺高一十二尺問積若干

答曰四百四十四尺

法曰置上周自乘得三百二十四尺以下周自乘得五百七十六尺又以上下二周相乘得四百三十二尺併三數共一千三百三十二尺以高一十二尺乘之得一萬五千九百八十四尺爲實以圓率三十六除之合問此如圓窖

今有立錐高三十二尺下方二十四尺問積若干

答曰六千一百四十四尺

法曰置下方自乘得五百七十六尺以高乘之得一萬八千四百三十二尺爲實以三歸之合問

今有圓錐高三十二尺下周七十二尺問積若干

答曰四千六百零八尺

法曰置下周自乘得五千一百八十四尺再以高三十二尺乘之得一十六萬五千八百八十八尺爲實以圓率三十六尺除之得積合問

築牆截高問今上廣歌

上下原廣數相減餘用今高數相乘原高爲法除爲積積減下廣上廣存

假如原築牆上廣一尺下廣三尺高一十二尺今已築高九尺問上廣若干

答曰一尺五寸

法曰將原下廣三尺減原上廣一尺餘二尺以今築高九尺乘之得一十八尺爲實以原高一十二尺爲法除之得一尺五寸却於原下廣三尺減去一尺五寸餘得今築上廣合問

一法將原下廣三尺減原上廣一尺餘二尺另以原高一十二尺內減今高九尺餘三尺以乘二尺得六尺爲實以原高一十二尺爲法除之得五寸加原上廣一尺共一尺五寸亦得

原築牆上廣一尺下廣三尺高一丈二尺今欲築高一丈五尺問上廣若干

答曰上廣五寸

法曰置原下廣三尺減原上廣一尺餘二尺另以原高一丈二尺減今高一丈五尺餘三尺以乘二六尺爲實以原高一丈二尺爲法除之得五寸以減原上廣一尺餘五寸爲今上廣合問

築牆截下廣問今高歌即是截今下節

原今下廣數相減餘以原高乘爲實原下廣減原上廣餘爲法除高數是

原築牆上廣一尺下廣四尺高一十二尺今只築下廣二尺一寸問今高若干

答曰七尺六寸

法曰置原下廣四尺減今築下廣二尺一寸餘一尺九寸以原高一十二尺乘之得二十二尺八寸爲實另以原下廣四尺減原上廣一尺餘三尺爲法除之合問

原築牆上廣二尺下廣六尺高二丈今已築上廣三尺六寸問今築高若干

答曰一丈二尺

法曰置原下廣六尺內減去今築上廣三尺六寸餘二尺四寸以原高二十尺乘之得四十八尺爲實另以原下廣六尺減原上廣二尺餘四尺爲法除之得今高合問

原築牆上廣十尺下廣三十尺高四十尺今欲築上廣九尺問接高若干

答曰二尺

法曰置原高四十尺爲實另以原上廣十尺減原下廣三十尺餘二十尺除之得二尺又爲實以今欲築上廣九尺減原上廣十尺餘一尺爲法除之得接高二尺合問

築方錐丈尺今改作方臺歌

今上方與原高乘便爲實積數分明原下方數宜爲法法除實積截高成

原築方錐下方二十四尺高三十二尺今改作方臺只用上方六尺問截去高若干

答曰截去高八尺

法曰置原高三十二尺以今只用上方六尺乘之得一百九十二尺爲實以下方二十四尺爲法除之得截去高八尺合問

原有方錐下方二十四尺高三十二尺今改作方臺已築高二十四尺問今上方若干

答曰六尺

法曰置原高內減今高二十四尺餘截去八尺以乘下方二十四尺得一百九十二尺爲實以原高爲法除之得上方合問

原有方錐下方二十四尺高三十二尺今改作方臺只用上方六尺問今高若干

答曰二丈四尺

法曰置原下方二十四尺內減今上方六尺餘一十八尺以原高三十二尺乘之得五百七十六尺爲實以原下方二十四尺爲法除之得今高二十四尺合問

築方臺丈尺今改作方錐問接高歌

上方與高乘爲實下方內減上方積餘積爲法除實數便見接高今丈尺

原方臺上方六尺下方二十四尺高二十四尺今改作方錐問接高若干

答曰接高八尺

法曰置原高二十四尺乘原上方六尺得一百四十四尺爲實另以原下方二十四尺內減原上方六尺餘一十八尺爲法除之得接高八尺合問

原有圓錐下周七十二尺高三十二尺今改作圓臺只用上周一十八尺問今築高若干

答曰二十四尺

法曰置原下周七十二尺內減今用上周一十八尺餘五十四尺以原高三十二尺乘之得一千七百二十八尺爲實以原下周七十二尺爲法除之得今高二十四尺合問

原有圓錐下周七十二尺高三十二尺今改作圓臺已築高二十四尺問今上周若干

答曰一十八尺

法曰置原高三十二尺減今高二十四尺餘八尺以乘原下周七十二尺得五百七十六尺以原高爲法除之合問

築堤歌

築堤之法最蹊蹺東高倍之加西高上下廣併乘折半西高另倍加東高上下廣併仍乘折一折數併共相交却用原長乘爲實五歸其實積無饒

今築堤一所東頭上廣八尺下廣一十四尺高九尺西頭上廣二十尺下廣二十二尺高二十一尺東至西長九十六尺問積若干

答曰二萬八千八百尺

法曰倍東高九尺爲一十八尺加西高二十一尺共三十九尺却以東頭上下廣相併爲二十二尺乘之得八百五十八尺折半得四百二十九尺另倍西高加東高共五十一尺却以西頭上下廣相併爲四十二尺乘之得二千一百四十二折半得一千零七十一二數相併共一千五百尺再以長九十六尺乘之得一十四萬四千尺爲實以五歸之得積合問

今有甲乙二人開渠甲日開積四百尺乙日開積三百五十尺先甲開七十日後令乙開問幾日與甲同

答曰八十日

法曰置甲開七十日以每日四百尺乘得二萬八千尺爲實却以乙日開三百五十尺爲法除之得八十日纔與甲同數

今有人快行者日行九十五里慢行者日行七十五里今令慢行者先行八日問快行者幾日趕至追及之行路程各若干

答曰快行者三十日　慢行者多八日　路程二千八百五十里

法曰置慢行者日行七十五里以八日乘之得六百里爲實以慢行減快行餘二十里爲法除之卽得

今有慢行者已去七日後令快行者趕去六日追至中途及之共路程已行一千一百七十里問快慢每日各行若干

答曰快者日行一百九十五里　慢者日行九十里

法曰置已行路程一千一百七十里爲實以六日爲法除之得快者日行一百九十五里另將先行七日併後趕六日共一十三日爲法除總一千一百七十里得慢行里數合問

今有甲乙二人行步不等甲日行八十里乙日行四十八里令乙先行二百四十里甲纔發步追之問幾里可及

答曰六百里　甲七日半　乙十二日半

法曰置先行二百四十里以甲日行八十里乘之得一萬九千二百里爲實却以甲乙日行里數相減餘三十二里爲法除之合問

今有人盜馬乘去已去三十七里馬主方覺追去一百四十五里不及二十三里仍復追之問幾里可及

答曰二百三十八里又一十四分里之三

法曰置不及二十三里以馬主追去一百四十五里乘之得三千三百三十五里爲實另置已行三十七里減去不及二十三里餘一十四里爲法除實二百三十八里不盡三以法約之

今有大都路至杭州四千二百七十五里馬從大都往南日行一百二十里船從杭州往北日行七十里問船馬幾日相會各行若干

答曰二十二日半　馬行二千七百里　船行一千五百七十五里

法曰置四千二百七十五里爲實却併船馬日行共一百九十里爲法除之得二十二日半又爲實各以原行里數乘之得各行里數

原有一夫日耘田七畝一夫日耕三畝一夫日種五畝今令一夫自耘自耕自種問治田若干

答曰一畝四分七釐又七十一分之六十三

法曰以田爲分母夫爲分子以母互乘之列分母分子之位七畝一夫　三畝一夫　五畝一夫先以七畝乘三畝得二十一畝又以五畝乘之得一百零五畝爲實又以七畝乘三畝得二十一畝又以三畝乘五畝得一十五畝又以五畝乘七畝得三十五畝并之得七十一畝爲法除實得一畝四分七釐不盡六十三以法命之

原有三女各納錦一方長女五日完中女七日完小女九日完今令三女共納錦一方何日可畢

答曰二日又一百四十三分日之二十九

法曰以日爲分母方爲分子以三母相乘先以五日乘七日得三十五日又以九日乘之得三百一十五日爲實以母互乘子法五日長女　七日中女　九日小女先以五日乘七日得三十五日又以七日乘九日得六十三又以九日乘五日得四十五并之得一百四十三日爲法除實得二日不盡二十九以法命之

堆垜歌

缶瓶堆垜要推詳底脚先將闊減長餘數折來添半箇併入長內闊乘艮再將闊搭一乘實以三除之數相當一面尖堆只添一乘來折半積如常三角果梁亦堪知脚底先求箇數齊一二添來乘兩遍六而取一不差池要知四角盤中果添半仍添一箇隨乘此數來以爲實如三而一法求之

今有酒瓶一垜底脚闊八箇長一十三箇問該積若干

答曰三百八十四箇

法曰置長內減闊餘五箇折半得二箇半添半箇作三箇併入長共一十六箇以底脚八箇因之得一百二十八箇另以闊八箇添一箇作九箇乘之得一千一百五十二箇以三除之合問

今有物靠壁一面尖堆底脚闊一十八箇問積若干

答曰一百七十一箇

法曰置闊一十八箇爲實另以一十八箇加頂一箇共一十九箇爲法乘之得三百四十二箇折半卽得

今有物一面平堆底脚闊七箇上闊三箇問積若干

答曰二十五箇

法曰置底脚七箇減去上闊三箇餘四箇加一箇共五箇爲法乃是五層也另併上下闊共得十箇爲實以法五乘之得五十箇折半得二十五箇合問

堆垜圖式具左

一面平堆圖

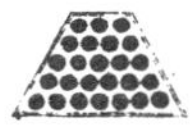

其形如梯此是一面尖堆無上二箇者用梯形法併上下數爲實以高數爲法乘之折半得積其半堆底數卽連尖高數却減今上二箇卽平堆高五層也

一面尖堆圖

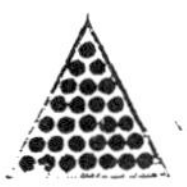

其形如圭借梯田法置底數併入上一爲實以底數爲法乘之得數折半卽積也其尖堆脚底闊數卽是高之數也

右二圖用法權變便人易曉故立此以做其餘

今有三角果一梁底闊每面七箇問該若干

答曰八十四箇

法曰置底闊七箇另以七箇添一箇共八箇相乘得五十六箇又以七箇添二箇共九箇乘五十六箇得五百零四箇爲實以六歸之合問

今有三角半堆果一垜每面上闊五箇底闊一十二箇問該若干

答曰三百四十四箇

法曰亦用三角法先以底闊一十二箇求出全積三百六十四另以上尖虛底闊四箇求出虛積二十以減全積餘半堆積三百四十四箇

一法上闊五箇自乘得二十五下法十二自乘得一百四十四上闊五乘下闊十二得六十又倍下闊得二十四加上闊五得二十九併四數共二百五十八爲實另以下闊十二減上闊五餘七加一得高八爲法乘實得二千零六十四以六除之合問

今有物四面尖堆底闊一十二箇問該若干

答曰六百五十箇

法曰置底闊一十二箇另以十二加一箇共一十三箇乘之得一百五十六箇又以十二加半箇共一十二箇半乘一百五十六箇得一千九百五十箇以三歸之卽得

今有物一堆橫面下闊十箇上闊一箇正面下闊一十二箇上闊三箇問該若干

答曰四百九十五箇

法曰置正面下闊一十二箇倍之得二十四加上廣

三共二十七以橫面下廣一十乘之得二百七十另置二百七十以橫下廣一十乘之得二千七百併入二百七十共得二千九百七十以六除之即得

半堆歌

半堆瓶法另推詳上長倍之加下長却用上闊乘見數下長仍倍加上長別以下闊乘見積下長另減上頭長餘存三位同相併再以高乘爲實是要知其積從何見六而取一積該當

今有半堆酒瓶一棧上長二十五箇闊一十二箇下長三十箇闊一十七箇高六箇問積若干

答曰積二千四百一十箇

法曰倍上長加下長以上闊乘之得九百六十又倍下長加上長以下闊乘之得一千四百四十五併之得二千四百零五又以下長減去上長餘五併入共得二千四百一十以高乘之得一萬四千四百六十爲實以六爲法除之即得

今有磚一堆長三丈高九尺入深四尺每塊長一尺闊五寸厚二寸問共該若干

答曰一萬零八百塊

法曰置長三丈爲實以每塊二寸爲法歸之得一百五十塊另以高九尺以每塊闊五寸歸之得一十八塊乘之得二千七百塊又以入深四尺乘之合問

挑土計方歌（每一方長闊各一丈高一尺開塘法同）

東西併折半南北亦如斯互乘爲實位深數再乘之

今有田內開土挑泥填基東六丈五尺西七丈五尺南八丈北九丈深二尺問取泥該方數若干

答曰一百一十九方

法曰置東六丈五尺併西七丈五尺共一十四丈折半得七丈又以南八丈併北九丈共一十七丈折半得八丈五尺相乘得五十九丈五尺又以深二尺乘之得一百一十九方合問

量木梱（調寄西江月）

梱有封書模樣

梱法不一一名一封書一名方梱

深闊各倍相乘

如闊若干深若干俱各加倍以五寸爲一根即是爲倍法也

丈五除長再乘行

如長若干以每根長一丈五尺除之餘數再乘

書梱加深爲定

如一封書梱深闊長俱乘訖又照原深若干加之是也

方梱須知加闊

如方梱深闊長俱乘訖又照原闊若干加之是也

荒深三折倍成

又名荒排者異前二形即以深三歸而一方可倍之即一尺二根也

闊長皆是照前因

雖荒排闊亦倍之與三歸深者相乘長亦照前丈五除者相乘

三折一加有準

但荒排闊深長俱乘訖亦照深三歸而一加之

今有一封書梱深七尺五寸闊四丈七尺長九丈問木若干

答曰一萬四千八百零五根

法曰置深七尺五寸以每尺二根計之得一十五根即倍法也又以闊四丈七尺倍作九十四根相乘得一千四百一十根爲實另置長九丈以每根長一丈五尺除之得六根爲法乘實得八百四十六根又以深七尺五寸加之或用一七五乘亦可合問

今有方梱深七尺闊五丈長六丈問木若干

答曰八千四百根

法曰置深七尺倍作一十四根又以闊五丈亦倍作一百根相乘得一千四百根爲實另置長六丈以一丈五尺除之得四根爲法乘實得五千六百根又以闊五丈加之合問

今有荒排深二丈一尺闊四丈四尺長六丈問木若干

答曰八千三百七十七根六分

法曰置深二丈一尺以三歸得七尺倍作一十四根又以闊四丈四尺倍作八十八根相乘得一千二百三十二根爲實另以長六丈以一丈五尺除之得四根爲法乘之得四千九百二十八根又以深二丈一尺用三歸得七尺加之合問　若量方圓束木法已見前少廣章中

右梱法雖設則廠弊客弊或差免但一封書併荒排法無異其方梱所加或闊深長不一法難必矣

均輸章第六

均平也輸送也此章以戶數多寡道里遠近而求車數粟數以粟數高下而求僦直以錢數多少而求傭錢

歌曰

均輸只要一般般不許虧民及損官勞費程途知遠近分毫依法要詳端行道駕船皆一體負挑車載重輕看

今有銀二十二兩八錢買黃白蠟各要均平其黃蠟每三斤價銀四錢白蠟每斤價銀五錢問黃白蠟各若干

答曰各三十六斤　黃該銀四兩八錢　白該銀一十八兩

法曰置總銀以黃蠟三斤乘之得六百八十四斤爲實另置黃蠟三斤以白蠟價五錢乘之併黃蠟價四錢共得一兩九錢爲法除之得黃白各三十六斤就以白蠟三十六斤以每斤五錢乘之得價一十八兩再置黃蠟三十六斤以價四錢乘之得一十四兩四錢又以蠟三斤爲法除之得價四兩八錢合問

今有銀三十七兩八錢糴米麥豆三色各要均平每石米價八錢麥價六錢豆價四錢問各若干

答曰米麥豆各二十一石

法曰置總銀爲實併米麥豆價共一兩八錢爲法除之得每色二十一石之數各以價乘之合問

右法不拘四色五色者倣此推之

今有甲乙丙三人以田多寡應當一年差役甲田三十五畝乙田二十五畝丙田二十畝問各該值月若干

答曰甲該五箇月零七日半　乙該三箇月二十二日半　丙該三箇月

法曰置甲乙丙三人田共併得八十畝爲法另置甲田以十二月乘之得四百二十爲實以法八除之得五箇月零二五却以三十日乘二五得七日半又置乙田以十二月乘之得三百爲實以法八除之得三箇月零七五却以三十日乘七五得二十二日半又置丙田以十二月乘之得二百四十爲實以法八除之得三箇月合問

又法置一年計三百六十日爲實併甲乙丙三人田共八十畝爲法除之每畝得值月四十五日以乘各人田數亦得

今有甲乙二人往縣應役甲該十二日一往乙該十五日一往問一人何日同會

答曰六十日會

法曰置甲十二日以乙十五日乘之得一百八十日爲實却以乙十五日減甲十二日餘三日爲法除之合問

今有官派糧八百四十石令四縣照依田地多寡納之甲縣田五十六畝乙縣四十四畝丙縣三十二畝丁縣二十八畝問各該納若干

答曰甲三百九十四石　乙二百三十一石　丙一百六十八石　丁一百四十七石

法曰置列甲乙丙丁四縣田數各以官派糧八百四十乘之各列爲實另以四縣田併之得一百六十畝爲法以除各縣乘數卽得各縣該納之數合問

又法置總糧爲實併四縣田爲法除之以乘各田數亦得

今有五縣輸粟二萬石照人戶多少道里遠近僦值上下而均輸之每車載二十五石行道一里與僦里鈔一錢甲縣二萬零五百二十戶粟石價二兩乙縣一萬二千三百一十二戶粟石價一兩遠輸所二百里丙縣七千一百八十二戶粟石價一兩二錢遠輸所一百五十里丁縣一萬三千三百三十八戶粟石價一兩七錢遠輸所二百五十里戊縣五千一百三十戶粟價一兩三錢遠輸所一百五十里問各輸粟若干

答曰甲七千一百四十二石三斗五升九合九勺　乙四千七百六十一石五斗七升三合二勺該僦里鈔二十兩　丙二千七百七十七石五斗八升四合該僦里鈔一十五兩　丁三千四百三十八石九斗一升四合該僦里鈔二十五兩　戊一千八百七十九石五斗六升八合三勺該僦里鈔一十五兩

解曰甲縣乃自輸本縣而無僦里惟乙丙丁戊四邑有之各照里數遠近以僦鈔一錢因之各得僦里鈔也

法曰置甲縣戶數爲實以粟價二兩爲法除之得一千零二十六衰乙縣行道二百里以每車載二十五石除之得八錢併粟價一兩共一兩八錢除戶數得六百八十四衰丙縣行道一百五十里以每載二十五石除之得六錢併粟價共一兩八錢除戶得三百九十九衰丁縣行道二百五十里亦以二十五石除之得一兩併粟價共二兩七錢除戶得四百九十四衰戊縣行道一百五十里亦以二十五石除之得六錢併粟價共一兩九錢除戶得二百七十衰就以五衰列置五縣再併五衰共二千八百七十三衰爲法另以賦粟二萬石以乘五縣各衰爲實以法除之合

問

原有綾每疋價四兩一錢絹每疋價二兩一錢今欲將綾換絹問多少可均

答曰綾二疋一　絹四疋一

法曰以綾絹價相乘得八兩六錢一分為實以絹疋價除之得絹數以綾價除之得綾數合問

其疋下有零者照疋長若干加之是也

今有麻每石價九錢米每石價八錢豆每石價七錢令三主只以價均扣算麻米豆數及價問各若干

答曰各該價五錢零四釐　麻五斗六升　米六斗三升　豆七斗二升

法曰先置麻豆價相乘得六斗三升退位為米數又以米豆價相乘得五斗六升退位為麻數再以麻米價乘之得七斗二升退位為豆數各以價乘之合問

但相乘數多者為賤少者為貴可以辨之

原有人挑茶九十斤行道五百里腳銀九錢今挑一百二十斤行道三百里問該銀若干

答曰七錢二分

法曰以今挑茶一百二十斤乘今行三百里得三百六十又以腳銀九錢乘之得三兩二錢四分為實另以九十斤乘原行五百里得四百五十里為法除之合問

原雇車一輛議行道一千里載重一千二百斤與銀七兩五錢今重一千五百斤行一千三百里問該銀若干

答曰一十二兩一錢八分七釐五毫

法曰置今重一千五百斤以今行一千三百里乘之得一千九百五十里又以銀七兩五錢乘之得一十四兩六錢二分五釐為實以原重一千二百斤乘原行一千里為法除之合問

今有貨重一千六百斤先付車主銀六兩照前議行道一千里載重一千二百斤價七兩五錢問該行道若干

答曰六百里

法曰置今付車主銀六兩以原行道一千里乘之得六千里又以原重一千二百斤乘之得七千二百里為實另以今重一千六百斤以原價七兩五錢乘之得一十二兩為法除之合問

今有道一千七百里車主已支去銀七兩六錢五分照前議每一千里載重一千二百斤價七兩五錢問該載重若干

答曰七百二十斤

法曰置原重以原行道乘之仍得一千二百里又以今去銀七兩六錢五分乘之得九兩一錢八分為實另置今行道以原與銀七兩五錢乘之得一十二兩七錢五分為法除之即得

原有人擔物一百五十斤行道一百三十里與腳銀二錢今擔一百八十斤行道九十里問該銀若干

答曰一錢六分六釐一毫五絲

法曰置今重一百八十斤乘今行道九十里得一百六十二里又以原腳銀二錢乘之得三錢二分四釐為實另以原擔重一百五十斤乘原行道一百三十里得一百九十五斤為法除之即得

今有空車日行七十里重車日行五十里今載穀往倉五日三返問路遠若干

答曰四十八里又三十六分之二十二

法曰置空車重車日行里數相乘得三百五十里又以五日乘之得一千七百五十里為實另併空車重車日行里數以三返乘之得三百六十為法除之不盡二十二以法命之

原有人負米一石一斗二升行三十步日五十返今負米一石二斗行四十步問日幾返

答曰三十五返

法曰置負米一石一斗二升以行三十步乘之得三百三十六又以五十返乘之得一千六百八十為實另以今負米一石二斗以行四十步乘得四百八十為法除之合問

今有衆兄弟輩出錢買物長兄出錢八文次兄以下各加一文順至小弟出錢六十文問兄弟輩及共錢各若干

答曰五十三人　共錢一千八百零二文

法曰以八文併入六十文共得六十八文另置六十文於內減去八文餘五十二文再加長兄一人共得五十三人另以六十八文乘五十三人得三千六百零四文折半即得

今有中式舉人一百名第一名官給銀一百兩自第二名以下挨次各減五錢問該銀若干

答曰七千五百二十五兩

法曰置一百名減去第一名餘九十九名以五錢乘之得四十九兩五錢以減一百兩餘五十兩零五錢為第一百末名之數併入第一名給一百兩共一百

五十兩零五錢以乘一百名得一萬五千零五十兩折半合問

今有錢一文日增一倍倍至三十日問該若干

答曰十億零七千三百七十四萬一千八百二十四文

法曰置錢一文以十度八因卽得一度八因乃三日倍數十度八因乃三十日數

一法以五度六十四乘亦得一度六十四乘乃六日倍數五度六十四乘是三十日數

一法以三度三十二乘得數自乘亦得三度三十二乘乃十五日數自乘卽三十日也

解曰十度者以八因十次也五度者以六十四乘五次也餘倣此

今有天干十位地支十二位問干支相配若干

答曰六十甲子

法曰置天干十位以地支十二乘之得一百二十爲實却以天干十位減地支十二餘二爲法除之卽得

今有車一輪輪高六尺推行二十里問輪轉若干

答曰輪轉二千次

法曰置二十里以里率一千八百尺乘之得三萬六千尺爲實另以輪高六尺三因得周一十八尺爲法除之合問

今有人車不知其數凡三人共車二車空二人共車九人步行問人車各若干

答曰一十五車　三十九人

法曰置二人以三人乘之得六加九人得車一十五又以二人乘車十五得三十加九人得人數

今齋僧不知人數初日每五人米八斗次日每九人米七斗凡二日共米三十二石一斗問僧併米各該若干

答曰一百三十五人　初日米二十一石六斗　次日米一十石零五斗

法曰置列五人九人╳八斗七斗另以九人乘八斗得七十二又以五人乘七斗得三十五併之得一百零七爲法另以九人五人相乘得四十五復乘共米三十二石一斗得一千四百四十四石五斗爲實以法除之合問

今有圍兵二萬三千四百人以布圍之各相去五步今圍內縮除一十六里九十步而止問圍兵各相去若干

答曰四步七分五釐

法曰置兵數以五步乘之得一十一萬七千步另以一十六里以三百六十步通之得五千七百六十步加零九十步共五千八百五十步以減上數餘一十一萬一千一百五十步以圍兵二萬三千四百爲法除之卽得

今有糧三千六百石只云每石則例令三處倉上納東倉二斗三升四合西倉三斗四升五合南倉四斗二升一合依則均開問各倉該米若干

答曰東倉八百四十二石四斗　西倉一千二百四十二石　南倉一千五百一十五石六斗

法曰置總糧爲實以各倉則例數乘之合問

今有夏稅麥二百七十四石三限催徵初限五分六月完中限三分半七月完末限一分半八月完問各限該徵若干

答曰初限一百三十七石　中限九十五石九斗末限四十一石一斗

法曰列置麥數三位一位以五分乘爲初限數二位以三分半乘爲中限數三位以一分半乘爲末限數合問

今有雞兔同籠上有三十五頭下有九十四足問雞兔各若干

答曰雞二十三隻　兔一十二隻

法曰置總頭倍之得七十於總足內減七十餘二十四折半得一十二是兔以四足乘之得四十八足於總足減之餘四十六足爲雞足折半得二十三隻合問

一法以四因總頭減去總足餘折半得雞另以二因四歸總足減總頭餘得兔

倍頭減足折半是兔

不分雞兔以雞二足乘頭數於共足內減之所餘者是一兔剩二足故折半爲兔也

四頭減足折半是雞

不分雞兔以兔四足乘頭數以共足減之所餘者雞足也故折半爲雞

此法名二率分身卽貴賤差分也

今有狐狸一頭九尾鵬鳥一尾九頭只云前有七十二頭後有八十八尾問二禽獸各若干

答曰狐狸九箇　鵬鳥七隻

法曰置總頭七十二以減總尾八十八餘一十六是二禽獸共數以尾九因之得一百四十四內減總尾

八十八餘五十六爲實另以尾九內減一頭餘八爲法除實得鵰鳥七隻以減共數餘得狐九箇合問

欽定古今圖書集成曆象彙編曆法典

第一百二十一卷目錄

算法部彙考十三

算法統宗九盈朒章第七

曆法典第一百二十一卷

算法部彙考十三

算法統宗九

盈朒章第七

盈多也朒少也此是假設有餘不足者以求隱雜之數也隱雜者不見之數顯者可見之數故以顯者推隱雜者且如數人共買物出錢多則有餘少則不足無可考究者故以有餘不足數求之則人數物價可知矣

歌曰

算家欲知盈不足兩家互乘併爲物併盈不足爲人實分率相減餘爲法法除物實爲物價法除人實人數目

法曰置所出率與盈不足〔出率　盈率 互 出率　不足率〕以盈不足互乘所出率併之共若干爲物實另併餘不足共若干爲人實置所出率相減餘若干爲法除人實得人數除物實得物價

又法併盈不足爲人實以出率相減餘爲法除實得人數却以出率乘人數得若干減盈增不足卽得物價

若人分物者却是增盈減不足卽得物數也　其盈朒互乘出率併爲物實又併盈朒爲人實　或併盈朒爲人實俱出率相減餘爲法也其理則一作法之意也

今有人買物每人出銀五兩盈六兩每人出銀三兩不足四兩問人物價各若干

答曰五人物價銀一十九兩

法曰置盈不足〔出五兩　盈六兩 互 出三兩　不足四兩〕先以出五兩互乘不足四兩得二十兩次以出三兩互乘盈六兩得一十八兩併二位共三十八兩爲物實另併盈六兩不足四兩共十兩爲人實却以出五兩內減出三兩餘二兩爲法除人實得五爲人數除物實得一十九兩爲物價

此是盈朒互乘出率併爲實又併盈朒爲人實者

今有人分物每人分一十二箇盈一十二箇每人分一十四箇不足六箇問人數及物若干

答曰九人物一百二十箇

法曰置盈不足併盈十二不足六共一十八箇爲人實以分十四減分十二餘二爲法除人實得九人却以分一十四箇乘人數得一百二十六箇內減去不足六箇餘一百二十箇是物數　或置九人以分一十二箇乘得一百零八箇內增十二亦得物數合問

此是併盈朒爲人實出率相減餘爲法除人實得人數以分率乘之或增盈減不足得物數凡分物則用增盈減不足若買物者則用減盈增不足

今有買物每人出錢八文盈三文每人出錢七文不足四文問人數物價各若干

答曰七人　物價五十三文

法曰置盈不足併盈三文不足四文共七文爲人實以出八文減出七文餘一文爲法除人實得七人却以出八文乘人數得五十六文內減盈三文餘五十三文是物價　或置七人以出率七文乘之得四十九文內增不足四文亦得物價合問

此因前併盈朒爲人實者是買物也仍前得人數却以出率乘之或減盈增不足卽得物價凡買物者倣此

今有人分絹只云每人分八匹盈一十五匹每人分九匹不足五匹問人絹各若干

答曰二十人　絹一百七十五匹

法曰置盈不足〔分八匹　盈十五匹 互 分九匹　不足五匹〕先以分八匹互乘不足五匹得四十匹次以分九匹互乘盈十五匹得一百三十五匹併二位得一百七十五匹爲絹數又併盈十五不足五共二十爲人數合問

此是分八匹分九匹相減餘一爲法者雖用歸之數亦如故惟以大數變化爲小故不必用此法亦得　只併盈朒爲人實　另併前互乘二位爲絹數

人有絹一匹欲作帳幅先摺作六幅比舊帳長六寸後摺作七幅比舊帳短四寸問絹及舊帳幅長各若干

答曰絹長四丈二尺　舊帳幅長六尺四寸

法曰置先摺絹六幅以比舊帳長六寸乘之得三尺

六寸另置七幅以短四寸乘得二尺八寸如盈不足列六幅七幅╳互長三尺六寸短二尺八寸以七幅互乘長三尺六寸得二丈五尺二寸又以六幅互乘二尺八寸得一丈六尺八寸併二數得四丈二尺爲絹實却以七幅減去六幅餘一幅爲法除絹實得絹長數另併互乘長短得六尺四寸爲舊帳幅實仍前法除之

今有直田一段欲截南頭賣之只云截長六步不足七步截長八步盈九步問截賣步數及田原闊各若干

答曰截賣五十五步　原闊八步

法曰置盈不足截六步截八步╳互不足七步盈九步先以截六步乘盈九步得五十四步次以截八步乘不足七步得五十六步併二位共得一百一十步爲截積之實却以截賣六步八步相減餘二步爲法除之得截積五十五步另以不足七步併多九步共得一十六步爲田闊之實仍以前法二除之得原闊八步合問

兩盈兩不足歌

兩盈出率互相乘多減少剩是物情兩盈相減遺人實出率相減法之名法除物情是物價法除人實人數稱若問算中兩不足與盈法例一般行

法曰置所出率與兩盈互乘各得若干以少減多餘爲物實另以兩盈相減餘爲人實又以出率相減餘爲法除人實得人數除物實得物數

今有人買物每人出銀三兩五錢盈六兩每人出三兩三錢盈二兩八錢問人數物價各若干

答曰一十六人　物價銀五十兩

法曰置兩盈出三兩五錢出三兩三錢╳互盈六兩盈二兩八錢先以出三兩五錢互乘盈二兩八錢得九兩八錢次以出三兩三錢互乘盈六兩得一十九兩八錢二數相減餘十兩爲物實另以置六兩內減盈二兩八錢餘三兩二錢爲人實又以出三兩五錢內減出三兩三錢餘二錢爲法除物實得五十兩爲物價法除人實得一十六爲人數合問

今有人買牛每人出銀五兩不足四兩每人出五兩四錢不足二兩問人數物價各若干

答曰五人　物價銀二十九兩

法曰置兩不足出五兩出五兩四錢╳互不足四兩不足二兩先以出五兩乘不足二兩得一十兩次以出二兩四錢乘不足四兩得二十一兩六錢二數相減餘一十一兩六錢爲物實另以不足四兩減不足二兩餘二兩爲人實又以出五兩四錢內減出五兩餘四錢爲法除物實得物價就以法四錢除人實得五爲人數合問

今有里長值月議云每里科出銀五錢依帳買物以辦酒席多銀三兩五錢每里科出四錢亦多五錢問合用銀併里數若干

答曰三十里　用銀一十一兩五錢

法曰置兩盈出五錢出四錢╳互多三兩五錢多五錢先以出五錢互乘多五錢得二兩五錢次以出四錢互乘多三兩五錢得一十四兩二數相減餘一十一兩五錢爲用銀實另以多三兩五錢減多五錢餘三兩爲人實再以出五錢減出四錢餘一錢爲法除銀實卽銀數除人實卽里數合問

今有井不知深先將繩摺作三條入井汲水繩長四尺後將繩摺作四條入井亦長一尺問井深及繩長各若干

答曰井深八尺　繩長三丈六尺

法曰兩盈置繩長四尺以摺作三條通之得一十二尺又置長一尺以摺作四條通之得四尺各列置位三條四條╳互長十二尺長四尺先以三條乘四尺得一十二尺又以四條乘長一十二尺得四十八尺二數相減餘三十六尺爲繩實却以三條四條相減餘一爲法除繩實得繩長另以前通兩盈數相減餘八尺爲井實仍以法一除之得井深數合問

此是三條四條相減餘一爲法者不必用法除卽是

盈適足不足適足歌

盈與適足數相乘乘數將來爲物情盈數自稱爲人實二位各列要分明出率相減餘爲法法除物實物價眞法除人實爲人數不足適足一般行

法曰盈適足者置所出率于上以盈與適足于下或以盈數互乘適足出率得若干爲物實另以盈數爲人實又以出率相減餘爲法除人實得人除物實得物

一法以盈數爲人實另以出率相減餘爲法除人實得人數若干却以適足數乘之得物數此乃捷徑

今有人買物每人出銀二兩五錢盈六兩每人出銀二兩三錢適足問人數物價各若干

答曰三十人　物價銀六十九兩

法曰置盈適足列出二兩五錢出二兩三錢╳互盈六兩適足只以盈六兩互乘出二兩三錢得一十三兩八錢爲物實另以盈六兩爲人實却以出二兩五錢減出二兩三錢

餘二錢爲法除物實得物價除人實得人數合問

一法以盈六兩爲人實另以出率相減餘二錢爲法除人實得三十却以二兩三錢乘之亦得物價

今有人買物每人出銀七兩不足一十四兩每人出銀九兩適足問人數物價各若干

答曰七人　物價銀六十三兩

法曰置不足適足列 出七兩 出九兩 互 不足十四兩 適足 只以不足一十四兩互乘出九兩得一百二十六兩爲物實另以不足一十四兩爲人實却以出九兩內減出七兩餘二兩爲法除物實得物價除人實得人數合問

一法以不足一十四兩爲人實以出率相減餘二爲法除實得七人以九兩乘之得物價

今有米換布七匹多四斗換九匹適足問米布價各若干

答曰米一石八斗　布匹價米二斗

法曰置盈適足以多四斗爲實另以九匹減七匹餘二匹爲法除實得匹價米二斗却以適足九匹乘之得總米一石八斗合問

盈朒雙套 今述釋義于左

盈朒章 盈不足 盈適足 兩盈兩不足 不足適足 三宗皆先賢立法正律格式自劉氏通明吳氏比類始增雙套者用分母子者皆存于後以便學者

雙套法三宗五條布算俱分左右二行各列上中下三位俱先以右上左上相乘得若干爲乘人率通法以右上乘左中左上乘右中二數相減餘若干爲法除人實物實之法 三宗雙套俱先如此

雙套盈不足法先用前雙套法次以右中得數乘左下左中得數乘右下二數相併爲物實以前除法除得物數却以右下盈若干左下不足若干二數相併爲人率先以前通法乘之爲人實後仍以前除法除之得人數

雙套兩盈法先用前雙套法次以右中得數乘左下左中得數乘右下二數相減餘爲物實以前除法除得物數却以右下盈若干左下盈若干二數相減餘爲人率先以前通法乘之爲人實後仍以前除法除得人數 兩不足同

雙套盈適足法先用前雙套法次以右中得數乘左下盈數就爲物實以前除法除之得物數却以左下盈若干就爲人率先以前通法乘爲人實後仍以前除法除之得人數 不足適足同

今有人買物每八人出銀七兩盈四兩五錢每九人出銀六兩不足三兩問人數物價各若干

答曰三十六人　物價銀二十七兩

法曰 雙盈不足 置 右上八人 左上九人 互 中出七兩 中出六兩 互 得六十三 得四十八 互 下盈四兩五錢 下不足三兩

先以左上九人右上八人相乘得七十二爲乘人率通法又以左上九人互乘右中七兩得六十三再以右上八人互乘左中六兩得四十八二數相減餘十五爲除人實物實法次以左中得數四十八互乘右下盈四兩五錢得二百一十六又以右中得數六十三互乘左下不足三兩得一百八十九二數相併共四百零五爲物實以法十五除之得銀二十七兩却以左下不足三兩右下盈四兩五錢二數相併得七兩五錢爲人實率先以前通法七十二乘之得五百四十爲人實後仍以前法十五除之得三十六人合問

今有人買物每六人出銀九兩多三兩每四人出銀七兩多六兩問人數物價各若干

答曰一十二人　物價銀一十五兩

法曰雙兩盈置 右上六人 左上四人 互 中出九兩得三十六 中出七兩得四十二 互 下盈三兩 下盈六兩

先以左上四人右上六人相乘得二十四爲乘人率通法又以左上四人互乘右中九兩得三十六再以右上六人互乘左中七兩得四十二二數相減餘六爲除人實物實法次以左中得數四十二互乘右下多三兩得一百二十六兩以右中得數三十六互乘左下多六兩得二百一十六二數相減餘九十兩爲物實以前法六除之得銀一十五兩却以左下多六兩右下多三兩二數相減餘三兩爲人實率先以前通法二十四乘之得七十二爲人實後仍以前法六除之得一十二人合問 雙套兩不足法做此

今有買物每三人出銀五兩多十兩每五人出銀九兩適足問人數物價各若干

答曰七十五人　物價銀一百三十五兩

法曰雙套盈適足置 右上五人 左上三人 互 中出九兩得二十七 中出五兩得二十五 互 下適足 下盈十兩

先以左上三人右上五人相乘得十五爲乘人率通法次以左上三人互乘右中九兩得二十七再以右上五人互乘左中五兩得二十五二數相減餘二爲除人實物實法次以右中得數二十七乘左下盈十兩得二百七十兩就爲物實以前法二除之得銀一百三十五兩却以左下盈十兩就爲人實率先以前通法十五乘之得一百五十爲人實後仍以前法二

除之得七十五人合問（雙套不足適足倣此）

取錢買物盈朒歌

取錢買物求盈朒分子互將分母乘乘訖却來通物價以錢併作物之情互乘物價亦相併乘子除爲錢實名買率減餘爲法則除來錢物自分明

今有銀不知其數欲買田取銀三分之二買之盈三兩取銀五分之三買之不足一兩問總銀田價各若干

答曰總銀六十兩　田價銀三十七兩

法曰先以之二互乘五分得一十以通不足一兩得十兩次以之三互乘三分得九以通盈三兩得二十七兩如盈朒法列位（九　多二十七兩　十　少一十兩　互乘）先以十互乘多二十七兩得二百七十兩又以九互乘少十兩得九十兩併二位得三百六十兩却以分子之二之三相乘得六十兩爲銀實却以通十減九餘一爲法除之得總銀六十兩次以多二十七兩少十兩併之得三十七兩爲田價實仍以前法一除之得田價三十七兩合問

取錢買物兩盈歌（附兩朒即兩不足）

取錢買物兩皆盈分子互乘分母訖以母通乘物價周對減盈錢爲物實物價互乘少減多乘子除爲錢實積率減零餘爲法行法實相除盡可識

今有銀不知數欲買鹿取銀六分之四買之盈二兩取銀四分之三買之盈三兩五錢問銀數鹿價各若干

答曰銀一十八兩　鹿價一十兩

法曰先以之四互乘四分得一十六以通盈三兩五錢得五十六兩次以之三互乘六分得一十八以通盈二兩得三十六兩各列位（十八　盈三十六　十六　盈五十六　互乘）先以十六互乘三十六得五百七十六兩又以十八互乘五十六得一千零八兩二位相減餘四百三十二兩却以分子之三之四相乘得十二除之得三十六爲銀實却以十八十六相減餘二爲法除之得銀數一十八兩另以兩盈三十六五十六相減餘二十爲鹿價實仍以前法二除之得鹿價一十兩合問

今有官派銀不知數依例令上等八戶下等五戶納之不足五兩復令上等六戶下等八戶納之亦不足三兩其銀下戶例如上戶例十分之八問派銀數及各戶則例若干

答曰官派銀六十五兩　上戶例五兩　下戶例四兩

法曰先置上等八戶以十因之得八十戶又置下等五戶以八因之得四十戶併之得一百二十戶列位次置上等六戶以十因之得六十戶又置下等八戶以八因之得六十四戶併之得一百二十四戶列位（一百二十戶　不足五兩　一百二十四戶　不足三兩　互乘）先以一百二十戶互乘不足三兩得三百六十兩又以一百二十四戶互乘不足五兩得六百二十兩二位相減餘二百六十兩爲銀實却以戶數一百二十與一百二十四相減餘四爲法除之得官派銀六十五兩另以兩不足五兩三兩相減餘二兩爲則例實仍以前法四除之得五錢以十因之得上等一戶則例銀五兩另列五錢以八因之得下等一戶則例銀四兩合問

取錢買物盈適足歌

取錢買物盈適足子互乘母自相通却以盈錢爲物實減率留餘作法宗取錢適足乘盈數乘子除爲錢實官如法除之錢可見不足適足術相同

假有銅錢不知數欲買木一根取錢二分之一買之盈錢四文取錢七分之三買之適足問錢數木價各若干

答曰總錢五十六文　木價二十四文

法曰先以二分下之一互乘七分得七數次以七分下之三互乘二分得六數以通盈四文得二十四文如盈適足列位（六　盈二十四　七　適足　互乘）先以盈二十四文爲木價實却以六相減餘一爲法除之得木價二十四文次以七互乘盈二十四得一百六十八却以之一之三相乘得三爲法除之得錢五十六文合問

今有芝麻不知數只云取麻八分之三糶銀十兩不足二石取麻三分之一糶銀八兩適足問麻數及每兩該麻若干

答曰總麻四十八石　每銀一兩該麻二石

法曰先以八分下之三互乘三分得九數以通八兩得七十二兩次以三分下之一互乘八分得八數以通十兩得八十兩以八通不足二石得一十六石如不足適足列位（八十兩　不足十六石　七十二兩　適足　互乘）先以七十二互乘一十六石得一千一百五十二却以之一之三相乘得三除之得三百八十四石爲麻實却以八十兩減去七十二兩餘八兩爲法除之得總麻四十八石另以不足一十六石爲銀該麻之實仍以前法八除之得每銀一兩該麻二石合問

此取錢買物數條是帶分母之法

欽定古今圖書集成曆象彙編曆法典

第一百二十二卷目錄

曆法典第一百二十二卷

算法部彙考十四

算法統宗十

方程章第八

方正也程數也以諸物總併爲問去繁就簡爲主乃諸物繁亢諸價錯雜必須布置行列或損益加減同異正負遞互遍乘求其有等以少減多餘物爲法餘價爲實法實相除得一價以推其餘若繁雜甚者次第求之

正者正數負者欠數

二色方程歌

世人欲要識方程物價俱將左右陳右上法乘左中下次將左上右行乘中間相減餘爲法下位相減餘實情法除實爲右中價得價須將右中乘右下價內減去積餘爲實數甚分明右上爲法除下實便爲上價細推尋

今有馬三匹牛二頭共價銀一百一十四兩又馬四匹牛五頭共價一百六十二兩五錢問馬牛價各若干

答曰馬每匹價三十五兩 牛每匹價四兩五錢

法曰列所問數

(右) 上馬三匹爲法 先乘左 中牛二 乘得八 下價一百一十四兩 得四百五十六兩

(左) 上馬四匹爲法 次乘右 中牛五 乘得一十五 下價一百六十二兩五錢 得四百八十七兩五錢

先以右行馬三爲法遍乘左行中牛五得一十五又以法乘左行下價一百六十二兩五錢得四百八十七兩五錢却以左行馬四爲法復遍乘右行中牛二得八減左行乘得牛十五餘七爲法又以左上馬四乘右下價一百一十四兩得四百五十六兩減左行乘價四百八十七兩五錢餘三十一兩五錢爲實以法七除之得牛匹價四兩五錢却以右行中牛二乘之得九兩以減右行下價一百一十四兩餘一百零五兩爲實以右行馬三爲法除之得馬一匹價三十五兩合問

今有綾三尺絹四尺共價四錢八分又綾七尺絹二尺共價六錢八分問綾絹各價若干

答曰綾每尺價八分 絹每尺價六分

法曰列所問數

(右) 綾三尺爲法 先乘左 絹四尺 得二十八 價四錢八分 得三兩三錢六分

(左) 綾七尺爲法 次乘右 絹二尺 乘得六 價六錢八分 乘得二兩零四分

先以右行綾三爲法遍乘左中下得數却以左行綾七爲法復遍乘右行中絹四得二十八減左行中得絹六餘二十二爲法又以左綾七乘右價四錢八分得三兩三錢六分減左行乘得價二兩零四分餘一兩三錢二分爲實以法二十二除之得絹每尺價六分就以右行絹四尺乘之共得絹價二錢四分以減右行價四錢八分餘二錢四分以綾三尺爲法除之得綾每尺價八分合問

三色方程歌

三色方程法更奇物價三行左作基左右互乘須減盡中下價餘左位宜又列二行仍乘減中中左中減無餘下餘爲法價餘實法實相除下價知

此三色方程已後內中或有正負同異加減者

今有硯三箇墨五匣筆九枝共價八錢一分又硯四箇墨六匣筆七枝共價八錢九分又硯五箇墨七匣筆八枝共價一兩零六分問硯墨筆各價若干

答曰硯每箇八分 墨每匣六分 筆每枝三分

法曰列所問數

(右) 硯三爲法 先乘左中 墨五 得二十 筆九 得三十六 價八錢一分 得三兩二錢四分

(中) 硯四 得一十二 墨六 得一十八 筆七 得二十一 價八錢九分 得二兩六錢七分

(左) 硯五 得一十五 墨七 得二十一 筆八 得二十四 價一兩零六分 得三兩一錢八分

先以右行硯三爲法遍乘左中二行得數却以中行硯四遍乘右行墨筆得數墨得二十筆得三十六價得三兩二錢四分與中行對減餘墨二筆十五價五錢七分另列右位又以左行硯五爲法遍乘右行墨筆得數墨二十五筆四十五價四兩零五分與左行對減餘墨四筆二十一價八錢七分另列左位再列減餘以分左右位數以右行墨二爲法遍乘左行筆價得數列左位

(右) 墨二 筆十五 得六十 價五錢七分 得二兩二錢八分

(左) 墨四 筆二十一 得四十二 價八錢七分 得一兩七錢四分

復以左行墨四爲法遍乘右行筆價得數列右位却以左右對減墨盡餘得筆一十八枝爲法又以餘價

得數相減餘五錢四分爲實以法除實得筆價每枝三分就以筆價乘後右餘筆十五得四錢五分以減右行餘價五錢七分餘一錢二分以右行餘墨二爲法除之得墨價每匣六分於前右行原價八錢一分內減原筆九價二錢七分原墨五價三錢餘二錢四分爲實以前右原硯三爲法除之得硯價每箇八分

今有馬一匹騾二匹驢三匹皆載四石二斗至坡皆不能上馬借騾一匹騾借驢一匹驢借馬一匹方過其坡問三等力各若干

答曰馬二石四斗　騾一石八斗　驢六斗

法曰列所問數

右　正馬一　爲法　先乘左中　借騾一　下空　四石二斗
中　空　正騾二　借驢一　四石二斗
左　借馬一　空　負一　正驢三　得三　四石二斗　得四石二斗

先以右行正馬一爲法遍乘左行中下得數却以左行借馬一爲法遍乘右行中下得數中得一因左行中空無減加入負騾一下空無數轉乘本行下正驢三得三四石二斗得四石二斗與左行減盡又以中行正騾二遍乘左行中下得數中加一得二下三得六四石二得八石四斗再以左行中一爲法遍乘中行中下得數中中正二得二與左中二減盡下一得一加左行下六得七爲法四石二斗得四石二斗與左行八石四斗對減餘四石二斗爲實以法除之得驢匹力六斗中行四石二斗內減借驢一匹除六斗仍三石六斗作騾二匹除之得騾力一石八斗右行四石二斗內減借中行騾一匹除一石八斗餘二石四斗爲馬一匹力合問

今有砵二斤粉三斤價二兩零四分又粉五斤丹六斤價六錢四分又砵三斤丹七斤價二兩九錢八分問三色各價若干

答曰砵每斤九錢　粉每斤八分　丹每斤四分

法曰列所問數

右　砵二　爲法　先乘左行　粉三　得一空　價二兩零四分
中　空　粉五　丹六　價六錢四分
左　砵三　空　負九　丹七　得一十四　價二兩九錢八分　得五兩九錢六分

先以右行砵二爲法遍乘左行得數列于左位却以左行砵三爲法遍乘右行粉三得九左空亦立負九價二兩零四得六兩一錢二分與左行得數五兩九錢六分對減餘一錢六分又以中行粉五爲法遍乘左行粉負九得負四十五丹十四得七十餘價一錢六分得八錢再以左行負粉九爲法遍乘中行粉五得四十五與左行負粉對減盡丹六得五十四異加左丹七十共一百二十四爲法以中原價六錢四分亦以負粉九乘得五兩七錢六分減左餘價八錢餘四兩九錢六分爲實以法除之得丹每斤價四分於中行價六錢四分內減原丹六共價二錢四分餘價四錢爲實以粉五爲法除之得粉每斤價八分又於右行價二兩零四內除粉三斤共減價二錢四分餘價一兩八錢爲實以砵二斤爲法除之得砵每斤價九錢合問

今有鵝四隻鴨三隻共價七錢五分又鵝三隻雞四隻共價六錢又鴨五隻雞六隻共價八錢一分問三色價各若干

答曰鵝每隻價一錢二分　鴨每隻價九分　雞每隻價六分

法曰列所問數

右　鵝四　爲法　先乘中行　鴨三　中法乘得九　空　七錢五分　中法乘得二兩二錢五分
中　鵝三　爲法　次乘右行　空　照右負九　雞四　右法乘得十六　左法乘得八十　六錢　右法乘得二兩四錢　左法乘得[illegible]
左　空　鴨五　中法負九乘得四十五　雞六　中法負九乘得五十四　八錢一分　中法[illegible]乘得七兩二錢九分

先以右行鵝四爲法遍乘中行得數雞一十六價二兩四錢列中位又以中行鵝三爲法遍乘右行得數鴨九價二兩二錢五分列右位以中右對減餘雞一十六價一錢五分又列中位爲用再以左行鴨五爲法復遍乘中行得數鴨照右設立負九得四十五雞十六得八十價一錢五得七錢五分列中位又以中行負九爲法遍乘左行得數鴨四十五雞五十四價七兩二錢九分列左位以中左對減鴨盡雞中行八十加左行五十四共一百三十四爲法以價中七錢五分加左七兩二錢九分共八兩零四分爲實以法除之得六分爲雞一隻之價另以左行原價八錢一分減雞六隻共價三錢六分餘四錢五分以鴨五隻爲法除之得鴨價每隻九分再以右行原價七錢五分減鴨三隻共價二錢七分餘四錢八分以鵝四爲法除之得鵝每隻價一錢二分合問

今有賣二牛五羊買十三猪剩銀五兩賣一牛一猪買二羊適足賣六羊八猪買五牛少銀三兩問牛羊猪各價若干

答曰牛價銀六兩　羊價銀二兩五錢　猪價銀一兩五錢

法曰以賣牛爲正以買猪爲負以多爲正以少爲負列所問數

㊨牛正二爲法 羊正五 猪負十三 正五兩
㊥牛正一 羊負三得負六 猪正一得正二 空適足
㊧牛負五 羊正六得正十二 猪正八得正十六 負三兩得六兩

先以右行牛正二爲法遍乘中左二行得數却以中行牛正一爲法復遍乘右行羊正五得正五異加中行羊負六共得羊負十一猪負十三得負十三異加中行猪正二共得猪正十五價正五兩得正五兩因中行價空無減得正五兩再以左行牛負五爲法復遍乘右行羊正五得羊正二十五同名加左羊正十二共得三十七猪負十三得猪負六十五異減左行猪正十六餘得猪負四十九價正五兩得正二十五兩異減左行負六兩餘得負一十九兩再以中行羊負十一爲法遍乘左行羊正三十七得羊正四百零七猪負四十九得猪負五百三十九價負一十九兩得價負二十兩零九錢却以左行羊正三十七爲法復遍乘中行羊負十一得羊負四百零七與左行羊正四百零七異名對減盡猪正十五得猪正五百五十五異減左行猪負五百三十九餘得猪正一十六爲法價正五兩得正一十八兩五錢異減左行價二十兩零九錢餘得正二兩四錢爲實以法除之得猪價一兩五錢中行猪正十五以價一兩五錢乘得二十二兩五錢加正五兩共二十七兩五錢以羊十一除之得羊價二兩五錢右行猪負十三以價一兩五錢乘得一十九兩五錢加入正五兩共得二十四兩五錢減五羊價共一十二兩五錢餘得一十二兩以牛二除之得牛價六兩合問

四色方程歌附五六色倣此

四色方程法可誇須存末位作根芽諸行乘減同前例偶與奇行認莫差若遇奇行須減價偶行之價要相加加減作實須加法減法亦須減法佳隨問幾多繁雜色憑斯推廣更無他

今有瓜二箇梨四箇共價四分梨二箇桃七箇共價四分桃四箇櫑七箇共價三分瓜一箇櫑八箇共價二分四釐問各該價若干

答曰瓜八釐 梨六釐 桃四釐 櫑二釐

法曰列所問數 以一行三行爲奇二行四行爲偶

㊀瓜二 梨四 空 空 價四分
㊁空 梨二 桃七 空 價四分
㊂空 空 桃四 櫑七 價三分
㊃瓜一 空負四 空 櫑八得一十六 價二分四釐 得四分八釐

先以一行瓜二爲法遍乘四行梨空負四桃空櫑八得一十六價二分四釐得四分八釐却以四行瓜一遍乘一行梨四得四第四行梨空無減桃空價四分得四分與四行四分八釐對減餘八釐次以二行梨二遍乘四行梨負四得八桃空櫑十六得三十二價八釐得一分六釐却以四行梨負四遍乘二行梨二得八與二行梨八對減盡桃七得二十八櫑空價四分得一錢六分加四行一分六釐共一錢七分六釐又以三行桃四遍乘四行桃負二十八得一百一十二櫑三十二得一百二十八價一錢七分六釐得七錢零四釐却以四行桃負二十八遍乘三行桃四得一百一十二與四行桃減盡櫑七得一百九十六減四行櫑一百二十八餘六十八爲法價三分得八錢四分減四行價七錢零四釐餘一錢三分六釐爲實以法除之得二釐爲櫑價於三行價三分內減櫑七共價一分四釐餘一分六釐以桃四除之得四釐爲桃價於二行價四分內減七桃價共二分八釐餘一分二釐以二梨除之得六釐爲梨價於一行價四分內減四梨共價二分四釐餘一分六釐以二瓜除之得八釐爲瓜價合問

今有絹三疋添價六錢買布十疋又布五疋添價一錢買絹二疋問絹布價各若干

答曰絹疋價八錢 布疋價三錢

法曰如前正負術之法此問可作盈不足算

㊨絹三正爲法 布十疋負 價六錢正
㊧絹二負 布五疋得正十五 價一錢正得三錢

先以右行絹正三爲法遍乘左行布正五得正一十五價正一錢得正三錢却以左行絹負二爲法遍乘右行布負十疋得正二十疋減左行布正十五餘五爲法價正六錢得一兩二錢加左行三錢共一兩五錢爲實以法除之得三錢爲布疋價却以左行布五疋以每疋三錢乘之得一兩五錢加添價一錢共一兩六錢以絹二疋除之得絹疋價八錢合問

句股章第九

橫闊謂之句直長謂之股兩隅斜去謂之弦此章以句股求弦之斜句弦求股之長以股弦求句之闊求句股中容方容圓求山之高木之深城之廣路之遠皆可知也

句股形圖

句股之形卽今木匠曲尺之形也句是尺股是尺稍自尺頭至稍尾斜去是弦也

設如句三尺股四尺弦卽五尺也

句股名義 生變有一十三

句 橫曰句　句股較 句股相減

句弦較 句弦相減　句股和 句與股併

句弦和 句與弦併　股弦較 股弦相減

股 直曰股

股弦和 股與弦併

弦 斜曰弦　弦較和 弦與句股較併

弦和和 弦與句股和併　弦和較 弦與句股和相減

弦較較 弦與句股較相減

句股論說釋義

假如句二十七步　股三十六步　弦四十五步

其求句　求股　求弦　容方　容圓另具圖於後

句股之法　橫曰句　直曰股　斜之爲弦　句二十七股三十六相減其差九曰較　句股相併得六十三曰和　股三十六減弦四十五之差九曰股弦較　句二十七弦四十五之差十八曰句弦較　併句股共六十三減弦四十五之差十八則曰弦和較　弦四十五減句股之差九其差三十六曰弦較較　股弦相併得八十一則曰股弦和　句弦相併得七十二曰句弦和　句股之差九併弦共五十四則曰弦較和　句股弦併得一百零八曰弦和和　倍弦實 卽弦自乘倍之 得四千零五十減句股和自乘得三千九百六十九餘八十一爲實平方開之得九爲句股較　前倍弦實減句股較九自乘得八十一餘三千九百六十九平方開之得六十三爲句股和　併句弦共七十二除股自乘得一千二百九十六得十八爲句股較　卽句弦之差十八除股自乘得一千二百九十六得七十二爲句弦和併得股弦共八十一以除句自乘得七百二十九得九爲股弦較　卽股弦之差九除句自乘得七百二十九得八十一爲股弦和　句股和六十三自乘得三千九百六十九減弦自乘得二千零二十五餘一千九百四十四爲實以弦較較三十六除之得五十四爲弦較和　弦較和除前實得弦較較　句股之差九自乘得八十一以減弦自乘得二千零二十五餘一千九百四十四爲實以弦和和一百零八除之得十八爲弦和較　弦和較除前實得弦和和　句二十七加股弦較九共三十六卽弦較較　句二十七減股弦較九餘十八卽弦和較　句加弦較和五十四共八十一卽股弦和　股三十六加句弦較十八共五十四卽弦較和　股三十六減句弦較十八餘十八卽弦和較　股加弦較較三十六共七十二卽句弦和　句股較九加股弦較九共十八卽句弦較　句股較九減股弦和八十一餘七十二卽句弦和　句股和六十三加股弦較九共七十二爲句弦和　股弦和八十一減句股和六十三餘十八卽句弦較　句股較九加句股和六十三共七十二半之爲股　句股和六十三減句股較九餘五十四折半爲句　股弦較九加股弦和八十一共九十半之爲弦　股弦和八十一減股弦較九餘七十二半之爲股　句弦較十八加句弦和七十二共九十半之爲弦　句弦和七十二減句弦較十八餘五十四半之爲句　弦和較十八加弦和和一百零八共一百二十六半之爲和　弦和和一百零八減弦和較十八餘九十半之爲弦　弦較較三十六加弦較和五十四共九十半之爲弦　弦較和五十四減弦較較三十六餘十八半之爲較　變而通之神而明之存乎其人焉

句股求弦句弦求股股弦求句共歌

句股求弦各自乘乘來相併要分明開方便見弦之數法術從來有見成句弦求股要推詳各自乘來各一張以少減多餘作實實求股數要開方弦股求句皆一例算師熟記莫相忘

句股求弦法曰置句自乘股自乘併二數以開平方法除之得弦數

其句自乘股自乘二數併之合弦自乘數故用開平方法除之卽得弦斜數也

句弦求股法曰置弦自乘內減句自乘餘以開平方除之得股長數

其弦自乘數內有一句自乘一股自乘數今減去句自乘數餘是股自乘數故用開平方除之得股長數

股弦求句法曰置弦自乘內減股自乘餘以開平方除之得句闊數

其弦自乘有一句一股自乘數今減去股自乘數餘是句自乘數故用開平方除之得句闊數

今有句二十七尺股三十六尺問弦斜若干

答曰弦斜四十五尺

法曰置句二十七尺自乘得七百二十九尺另以股三十六尺自乘得一千二百九十六尺二數併之得二千零二十五尺爲實乃合弦自乘數以開平方法

除之初商四十於左亦置四十於右爲方法左四對右四呼四四除實一千六百尺餘實四百二十五尺却以下位初商方法四十倍作八十爲廉法次商五尺於左位初商四十之次亦置五於右位廉法八十之次爲隅法左五對右八呼五八除實四百又左五對右五呼五五除實二十五尺恰盡得弦斜四十五尺

今有句二十七尺弦四十五尺問股長若干

答曰股長三十六尺

法曰置弦四十五尺自乘得二千零二十五尺內有一句一股自乘之數另以句自乘得七百二十九尺二數相減餘一千二百九十六尺爲實是股自乘數以開平方法除之初商三十於左位亦置三十於右位爲方法左三對右三呼三三除實九百餘實三百九十六尺另以下位初商三十倍作六十爲廉法次商六尺於左三十之次亦置六於右廉法六十之次爲隅法左六對右六呼六六除實三百六十又左六對右六呼六六除實三十六尺恰盡得股長三十六尺合問

今有股三十六尺弦四十五尺問句闊若干

答曰句闊二十七尺

法曰置弦四十五尺自乘得二千零二十五尺內有一句一股自乘之數另以股自乘得一千二百九十六尺二數相減餘七百二十九尺爲實是句自乘數以開平方法除之初商二十於左亦置二十於右爲方法左二對右二呼二二除實四百餘實三百二十九尺却以下位初商二十倍作四十爲廉法次商七尺於左初商二十之次亦置七尺於右廉法四十之次爲隅法左七對右四呼四七除實二百八十又左七對右七呼七七除實四十九恰盡得句闊二十七尺合問

句股容方容圓共歌

句股容方法最長以句乘股實相當併之句股數爲法以法除實便知方句股容圓法可知句弦股數併爲奇三數併來爲法則句股相乘倍實宜法除倍實爲圓數算者詳之不用疑

今有句股內容方句二十七尺股三十六尺問中容方面徑若干

句股容方圖

答曰中容方面一十五尺有畸

法曰置句二十七尺乘股三十六尺得九百七十二尺爲實以句股併得六十三尺爲法除之得中容方面徑一十五尺有畸

今有句股容圓句二十七尺股三十六尺弦四十五尺問中容圓徑若干

句股容圓圖

答曰中容圓徑一十八尺

法曰置句二十七尺股三十六尺相乘得九百七十二尺倍之得一千九百四十四尺爲實併句股弦三數共一百零八爲法除實得容圓徑一十八尺合問

今有句股玉一塊長一尺二寸闊六寸今欲截角爲方取印一顆問方面若干

答曰方面四寸

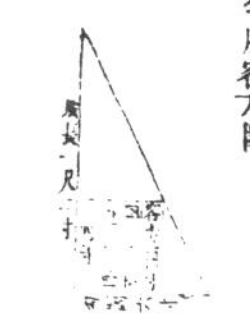
句股容方圖

法曰置句股相乘得七十二寸爲實以句股相併得十八爲法除之卽得

若以圓徑十八尺用一尺二寸歸除得方徑十五尺　若以方徑十五尺用一尺二寸乘之得圓徑十八尺

較求句股弦共歌較差也是股弦相差及句弦相差也

股較求股句自乘股較自乘減句盈減除句餘爲實數股較倍之爲法行法實相除爲股數句較求句一樣成弦較求弦句自乘弦較除之爲實情仍加弦較須折半就得弦長數卽成

今有句闊二十七步只云弦多股九步問股弦各若干

答曰股三十六步　弦四十五步

法曰置句二十七步自乘得七百二十九步另以弦多股九步爲股較卽以此自乘得八十一步二位相減餘六百四十八步爲實倍較九步得一十八步爲法除之得股長三十六步加較九步得弦長四十五步合問

此是股較求股卽股弦相差也

一法名弦較求弦置句自乘得七百二十九步爲實以弦較九步爲法除之得股弦和八十一步仍加弦較九步得九十步折半是弦長四十五步內減較九步是股長三十六步亦可得也

今有葭二莖生池中並根杪齊出水三尺卽葭一莖斜去至岸九尺與水適平問水深若干

答曰水深一丈二尺

股較求股圖

法曰置去岸九尺爲句自乘得八十一尺以出水三尺爲股較自乘得九尺以減八十一尺餘七十二尺爲實以較三尺倍作六尺爲法除之得水深一丈二尺合問水深如股葭至岸如弦

今有句九尺却將弦比股有餘三尺問弦股各若干

答曰弦一十五尺　股一十二尺

法曰以句九尺自乘得八十一尺爲實以多三尺爲法除之得二十七尺減去多三尺餘得二十四尺折半得股長一十二尺加入弦多三尺得弦一十五尺合問

今有立木不知其高索不知其長垂索委地二尺引

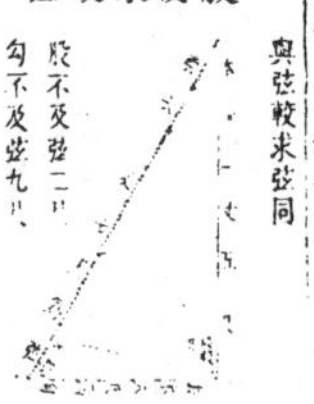

股較求股圖　與弦較求弦同

索去木八尺其索斜柱地適盡問木高索長各若干

答曰木高一丈五尺　索長一丈七尺

法曰置去木八尺爲句自乘得六十四尺以委地二尺爲股較自乘得四尺以減六十四尺餘六十尺爲實以較二尺倍作四尺爲法除之得木高一丈五尺如股加較二尺得索長一丈七尺如弦合問　若以弦較求弦法置去木八尺爲句自乘得六十四尺爲實以委地二尺如弦較爲法除之得三十二尺加弦較二尺共得三十四尺折半得索長一丈七尺將弦內減去較二尺得木高一丈五尺卽股

今有廳門外懸簾下垂離地五寸引簾離閫六尺離地二尺五寸問簾高若干

弦較求弦圖

答曰簾高一丈

法曰置去閫六尺爲句自乘得三十六尺以離地二尺五寸減去原離地五寸餘二尺爲弦較除之得一十八尺加弦較二尺共得二十尺折半得簾高一丈合問

今有開門去閫一尺不合二寸問門廣若干

答曰門二扇廣九尺九寸

股較求股圖

法曰置去閫十寸爲句自乘得一百寸以不合二寸折半得一寸爲股較自乘得一寸以減一百寸餘九十九寸爲實以較一寸倍作二寸爲法除之得一扇門廣四尺九寸五分如股倍之得二扇門廣九尺九寸合問

今有牆高一丈斜倚二木於上木杪與牆頭齊其木根抵地却將木一根平臥於地其木杪抵牆脚此木根則過斜木根一尺問木長併去牆若干

答曰木長五丈零五寸　去牆四丈九尺五寸

弦較求股圖

法曰依弦較求弦以牆高十尺爲句自乘得一百尺以過斜木根一尺爲弦較除之如故一百尺加較一尺共得一百零一尺折半得木長五丈零五寸如弦減過斜木一尺餘如股至牆四丈九尺五寸合問

今有圓木泥在壁中不知徑以鋸鋸之深一寸鋸道

弦較求弦圖

長一尺問木徑若干

答曰木徑一尺六寸

法曰置鋸道一尺折半得五寸爲句自乘得二尺五寸爲實以深一寸爲股較除之如故得二尺五寸爲股加深一寸共得木徑二尺六寸合問　此如圓田中截去一弧矢田問原徑同法置鋸道一尺如弧矢之弦折半得五寸自乘得二尺五寸爲實以深一寸如矢爲法除之得二尺五寸併入矢深一寸共二尺六寸爲圓木原徑亦得

今有圓木徑二尺六寸鋸深入木八寸問鋸道長若干

答曰鋸道長二尺四寸

此問與右圖式相同今以數併注于圖內徑左以便共覽

法曰以徑二尺六寸減深八寸餘一十八寸復以鋸深八寸乘之得一百四十四寸爲實以開平方法除之得一十二寸倍之得二尺四寸合問

今有股長三十六步只云弦多句十八步問句弦各若干

答曰句二十七步　弦四十五步

法曰置股三十六步自乘得一千二百九十六步另以弦多句一十八步爲句較自乘得三百二十四步二位相減餘九百七十二步爲實倍較十八得三十六步爲法除之得句一十七步加較一十八步得弦長四十五步合問此卽句弦相差

一法名弦較求弦置股自乘得一千二百九十六步爲實以弦較十八步爲法除之得句弦和七十二步仍加較一十八步共九十步折半得弦四十五步內減較一十八步餘二十七步卽句之數也

今有弦長四十五步只云股多句九步問句股各若干

答曰句二十七步　股三十六步

法曰置弦四十五步自乘得二千零二十五步另以股多句九步爲句股較自乘得八十一步二位相減餘一千九百四十四步加入弦自乘得二千零二十五步共三千九百六十九步爲實以開平方法除之得句股相和六十三步加入差九步共得七十二步折半得股三十六步內減差九步餘得句二十七步合問

今有戶高多廣六尺八寸兩隅斜去十尺問高廣各若干

答曰高九尺六寸　廣二尺八寸

法曰置兩隅斜十尺如弦自乘得一百尺另以高多廣六尺八寸爲句股較自乘得四十六尺二寸四分二位相減餘五十三尺七寸六分加入斜自乘得一百尺共一百五十三尺七寸六分爲實以開平方法除之得句股相和一丈二尺四寸加入差六尺八寸共得一丈九尺二寸折半得高九尺六寸內減差六尺八寸餘得廣二尺八寸合問 此二條卽句股相差

股別句弦歌 附句別股弦 卽句弦和亦卽股弦和

股別句弦股自乘句弦自乘減股零折半留爲句實積句弦爲法最公平法除句積爲句數句別股弦依此行

今有竹高一丈爲風所折仆地稍尖去根三尺問折處高若干

股別句弦圖

答曰高四尺五寸五分

法曰置去根三尺如句自乘得九尺是以竹高一丈如股弦和爲法除之得九寸以減股弦和一丈餘九尺一寸折半得四尺五寸五分卽是折處高股也

今有股長三十六步只云句弦相和七十二步問句弦各若干

答曰句二十七步　弦四十五步

法曰置股三十六步自乘得一千二百九十六步另以句弦和七十二步自乘得五千一百八十四步二位相減餘三千八百八十八步折半得一千九百四十四步爲實以句弦七十二步爲法除之得句二十七步以減句弦和餘得弦四十五步合問

一法以股自乘得一千二百九十六步爲實以句弦和七十二步爲法除之得句弦相差一十八步仍加和七十二步共九十步折半得弦四十五步內減差一十八步餘二十七步是句亦得 此乃句弦和

今有句闊二十七步只云股弦相和八十一步問股弦各若干

答曰股三十六步　弦四十五步

法曰置句二十七步自乘得七百二十九步另以股弦和八十一步自乘得六千五百六十一步二位相減餘五千八百三十二步折半得二千九百一十六步爲實以股弦和八十一步爲法除之得三十六步爲股長以減股弦和八十一步餘四十五步爲弦合問

今有弦長四十五步只云句股相和六十三步問句股各若干

答曰句二十七步　股三十六步

法曰置弦四十五步自乘得二千零二十五步另以句股和六十三步自乘得三千九百六十九步二位相減餘一千九百四十四步再減弦自乘得二千零二十五步餘八十一步以開平方法除之得句股相差九步加入相和六十三步共七十二步折半得股三十六步內減去差九步餘得句二十七步合問 此是句股相和

句弦較股弦較歌 此是句弦差又股弦差

句弦股較法尤精句乘股較二來因平方開見弦和數和加句較股分明股較加和句可見算師熟記看靈局

句弦股較圖

今將弦比句餘四尺復將弦比股餘二尺問句弦股各若干

答曰句六尺　股八尺　弦一丈

法曰以句較四尺乘股較二尺得八尺倍之得一十六尺爲實以開平方法除之得四尺加入股較二尺得六尺爲句另以四尺加入句較四尺得八尺爲股又加入股較二尺得一丈爲弦合問

今有直田不知長闊只云兩隅斜比長多二步又云斜

比闊多九步問長闊及斜各若干

答曰長一十五步　闊八步　斜一十七步

法曰置句弦較九步以股弦較二步乘之得一十八步以二因之得三十六步爲實以開平方法除之得弦和六步加句較九步得股長一十五步另以弦和六步加股較二步得闊八步再加句較九步得斜弦一十七步合問

今有句弦和七十二步股弦和八十一步問句股弦各若干

答曰句二十七步　股三十六步　弦四十五步

法曰置句弦和七十二步以股弦和八十一步相乘得五千八百三十二步倍之得一萬一千六百六十四步爲實以開平方法除之得句股弦和一百零八步以減股弦和八十一步餘得句二十七步又置一百零八步內減句弦和七十二步餘得股三十六步又置一百零八步以減句二十七步減股三十六步餘得弦四十五步（此是句弦和又股弦和）

今有直田積一百二十步廣不及縱七步問廣若干

答曰廣八步

法曰置田積一百二十步以四因之得四百八十以較七步自乘得四十九步相併得五百二十九步以開平方法除之得句股和二十三步加較七步共得三十步折半得股長一十五步內減較七步餘廣八步

今有井不知其深井徑五尺直立木五尺於井上從木末望井底人目入徑四寸問井深若干

答曰井深五丈七尺五寸

法曰以井徑五尺除目入四寸餘四十六寸與木高五十寸相乘得二千三百寸爲容方積以餘句四寸爲法除之

今有邑不知大小四面居中開門西門外三十步有木一根出南門外七百五十步見木問邑方若干

餘句餘股求容方

答曰邑方三百步

法曰出西門三十步爲餘句出南門爲餘股相乘得二萬二千五百步以平方開之得一百五十步爲半邑之方倍之爲全邑方也（即句股容方）

今有邑方二百步四面居中開門東門外一十五步有木一根問出南門若干

容方餘句求餘股

答曰六百六十六步六分步之一

法曰半邑方爲容方一百步自乘得一萬步爲實以東門外十五步爲餘句爲法除之合問（此是容方與餘句求餘股）

求高求遠法

海島題解

魏劉徽註九章重立差著於句股之下以闡世術夫度高測深非句股之法則無可知矣故以重表累矩旁求審察其窺望海島隔水望木是重表也其岸望谷深山望津廣是累矩也以海島去表爲之篇首因以名之實九章之遺法也後至唐李淳風而續算草宋楊輝釋名圖解以伸前賢之美本經題目廣遠難於引證學者今將孫子度影量竿題問於前引用詳解以驗海島之法亦循循誘人之意姑以一問其餘好學者自能觸類而考知矣

假有立木不知高日影在地長五丈隨立一竿長一丈在邊影長一丈二尺五寸問立木高若干

答曰木高四丈

法曰置立木影長五丈爲實以竿影長一丈二尺五寸爲法除之合問

今有立木不知高日影在地長四丈隨立一竿長一丈在邊影長八尺問木高若干

答曰木高五丈

法曰置木影長四丈爲實以竿影八尺爲法除之合問

右二問乃孫子度影量竿之法

遙望木竿歌

望木須知立表竿表離木處幾多寬退行表後參眸望望表斜平末與竿表數減除人目數餘表乘遠實相看退行之數爲法則法實相除加一竿

假有木不知高從木脚量遠二十五尺立一丈表竿表後退行五尺用窺穴望表與木斜平其人窺穴高四尺問木高若干

答曰木高四丈

法曰以表高十尺減去人目穴四尺餘六尺以乘表竿去木遠二十五尺得一百五十尺爲實以退行五尺爲法除之得三十尺加表高十尺得木高四十尺合問

解曰木高如股（是上節三十尺表高十尺減人目四尺餘六尺是餘股）木至表末如句二十五尺表後退行五尺是餘句木頂斜至

股較求高之圖

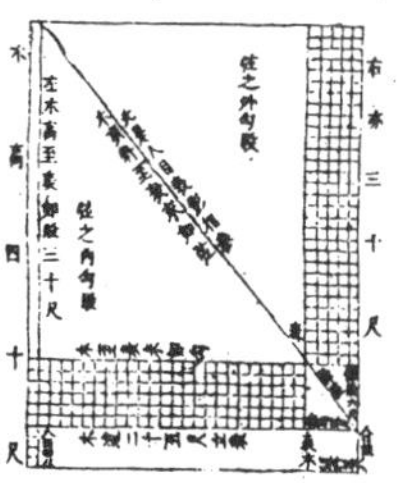

此乃較數辨理湊方合總式

表末如弦表末斜至人目是餘弦弦之內外分二段句股其句中容橫股中容直二積皆同各一百五十尺以餘句五尺除橫積一百五十尺得積外之股卽木上三十尺加表高十尺卽木高四十尺以餘股六尺除直積一百五十尺得積外之句卽木至表二十五尺古人以題易名若非釋名則無以知其源

今較還原法曰置弦內外二句股木高四丈內除人目四尺餘股各三丈六尺爲長以遠二十五尺加退後五尺共三十尺爲闊相乘得方積一千零八十尺今復將弦內外二股各長三十尺二句各闊二十五尺相乘得方積七百五十尺另以下句直長二十五尺闊六尺乘之得直積一百五十又以右邊股直三十尺以闊五尺乘之得直積亦一百五十再以餘句五尺乘餘股六尺得積三十尺四共亦得一千零八十尺較之以合前數而不差也

已上遙望木竿是一表望木也

今立表三尺六寸退行二尺又立表三尺人目望其高處二表俱與參合自前表相去二丈五尺問高若干

答曰高一丈一尺一寸

法曰置遠二十五尺加入退行二尺共二十七尺以二表相減餘六寸乘之得一十六尺二寸爲實却以退行二尺爲法除之得八尺一寸加入後表三尺得高一丈一尺一寸合問

若依前法置前表三尺六寸減去後表三尺卽是人目數餘六寸以乘遠去二丈五尺得一丈五尺爲實以退行二尺爲法除之得七尺五寸加入前表三尺六寸共高一丈一尺一寸

今立表三尺退行一尺八寸又立表三尺六寸人目望其二表俱對遠處參合問遠若干

答曰十尺零八寸

法曰置後表三尺六寸以退行一尺八寸乘之得六十四寸八分爲實却以二表相減餘六寸爲法除之得一十尺零八寸爲後表相去之遠　若以前表三尺以退行一尺八十乘之得五尺四寸爲實却以二表相減餘六寸爲法除之得九尺爲前表相去之遠也

句較求遠之圖

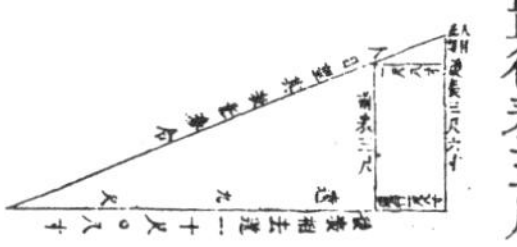

窺望海島歌

望島知高法術奇立來二表並高低表間尺數乘高數以作實情更不疑二表退行相減較減餘爲法以除之更將一表相加併海島巔高盡可知另置表間之尺數以乘前表退行宜前法除之知隔木水程遠近不差池

假如隔水望木有竿不知其高立二表各長一丈前後參直相去一十五尺從前表退行五尺人目四尺窺望表與竿齊平復從後表退行八尺窺望亦與竿齊平問竿高隔水各若干

答曰竿高四丈　隔水廣二丈五尺

法曰置表高十尺減人目四尺餘六尺以相去一十五尺乘之得九十爲實另以前表退行五尺減去後表退行八尺餘三尺爲法除實得三十尺加表高十尺得竿高四十尺另置相去一十五尺以前表退行五尺乘之得七十五尺仍以前法三尺除之得隔木廣二十五尺合問

解曰前表是第一圖以表望木後表是第二圖以表望木蓋總設人不知所以分作兩圖其以隔水望木爲問設窺望海島爲題以重差爲術好事者引而伸之以發其餘也其前表去木遠乃小股中容積一段後表去木遠乃大股中容積一段以小容積減大容積其餘不盡者乃前後表兩界之中各表間積所以古人以表高減人目四尺餘六尺乘爲實以前圖小餘股五尺減後圖大餘股八尺餘三尺爲法除實得弦外之高卽木上節三十尺加表高十尺得木高四十尺本是大小容積相減餘爲實以大小餘股相減餘爲法除實得弦外之高加表高十尺爲木高也

股較隔水望木之圖

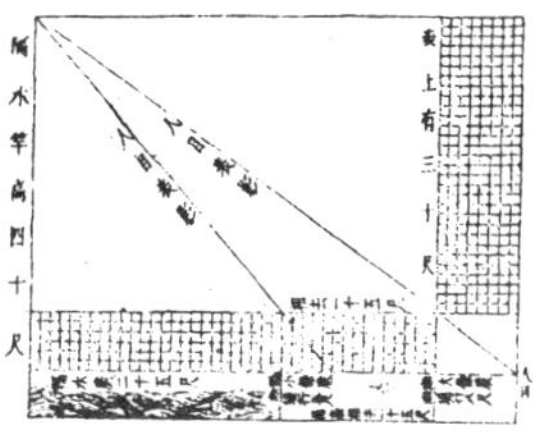

此乃二表較數辨理湊方式以合總而不差故也

今有海島不知其高遠立表竿三丈退行六十丈又

窺望海島之圖

立短表三尺人目望其二表俱與島峯參合復却退行五百丈又立表三丈退行六十二丈又立表三尺人目望其二表俱與島峯參合問海島高遠各該若干

答曰島高三里一百三十八丈　島遠八十三里六十丈

法曰置表高三丈減去短表三尺卽是人目數也餘二丈七尺以表間相去五百丈乘之得一千三百五十丈爲實另置後表退行六十二丈減去前表退行六十丈餘二丈爲法除之得六百七十五丈加入表高三丈共六百七十八丈以里法一百八十丈爲法除之得島高三里一百三十八丈又置表間相去五百丈以前表退行六十丈乘之得三萬丈爲實亦以所餘二丈爲法除之得一萬五千丈以里法一百八十丈爲法除之得島遠八十三里六十丈合問

欽定古今圖書集成曆象彙編曆法典

第一百二十三卷目錄

曆法典第一百二十三卷

算法部彙考十五

算法統宗十一

難題一

序目

夫難題昉於永樂四年臨江劉公仕隆偕內閣諸君預修大典退公之暇編成難法附於九章通明之後及錢唐吳信民九章比類與諸家算法中詩詞歌括口號總集名曰難題難者難也然似難而實非難惟其詞語巧捏使算師一時迷惑莫知措手不知難法皆不離於九章非九章之外其難題惟在乎立法立法既明則迎刃而破又何難之有哉今分列九章立法明辯附集雜法於統宗之後俾好事者共覽云

方田一 凡七問

歌

昨日丈量田地囘記得長步整三十廣斜相併五十步不知幾畝及分釐

答曰二畝

法曰置廣斜相併五十步自乘得二千五百步另以長三十步自乘得九百步二位相減餘一千六百步折半得八百步爲實以廣斜五十步爲法除之得闊一十六步以乘長三十步得四百八十步以畝法二四除之合問 此是句股和

歌

三十八萬四千步正長端的無差誤六絲二忽五微闊不知共該多少畝

答曰一畝

法曰置長三十八萬四千步爲實以闊六絲二忽五微爲法乘之得二百四十步以畝法二四除之合問

歌 此是直田長闊問積

一段環田徑不知二周相併最幽微皆知一畝無零積一百六十不差池三般可以見端的只要名家仔細推

答曰徑三步 外周八十九步 內周七十一步

法曰通田一畝得二百四十步爲實另以二周相併一百六十步折半得八十步爲法除之得徑三步以三步自乘得九步以減八十步餘七十一步爲內周以減總一百六十餘得外周八十九步合問

鳳棲梧

一段環田余久慮衆說分明亦有誰人悟忘了二周併徑步人道二周不及爲差處七十有餘單二步三事通知答曰分明仕五畝二分無零數元機奧妙堪思慕 題解內周不及外周七十二

答曰徑一十二步 內周六十八步 外周一百四十步

法曰以畝法通田五畝二分得一千二百四十八步倍之得二千四百九十六步爲實以不及七十二步以六除得徑一十二步爲法除之得二百零八步以減不及七十二步餘一百三十六步折半得內周六十八步加不及七十二步得外周合問 此是環田問周徑

弧矢問難已載少廣章中故不重述

雙搗練

長十六闊十五不多不少恰一畝內有八箇古墳墓更有一條十字路闊一步每箇墓周六步十字路闊一步每畝價銀二兩五除了墓除了路問君該剩多少數

答曰路墓共占地二分二釐五毫 內八墓計二十四步路計三十步 剩地七分七釐五毫該銀一兩九錢三分七釐五毫

法曰通田一畝爲二百四十步於上另置墓八箇以每箇周六步自乘得三十六步以十二除之得三步八墓共積二十四步又十字路闊一步長一十六步闊一十五步二共三十一步除路中心一步實三十步加八墓共二十四步通共占地五十四步以畝法二四除之得二分二釐五毫爲占地數以減去一畝餘剩地七分七釐五毫以每畝價銀二兩五錢乘之得剩地價銀合問

路墓地圖

竿上安箍歌

圓圍三丈一高竿稍尖頭徑尺二寬今有鐵箍徑九寸試問將來何處安

答曰自上而下二丈二尺五寸

法曰置竿高三丈爲實以頭徑一尺二寸爲法除之得二尺五寸以箍徑九寸乘之得自上而下二丈二尺五寸上安箍只離頭七尺五寸合問（此如方錐作方臺問截高）

歌

今有直田不知畝長闊相和十七步平不及長廿五尺請問田該多少數

答曰二分五釐　計六十步

法曰置相和一十七步減不及五步餘一十二步爲長以闊五步相乘合問

歌

今有直田用較除一百二十步無餘長闊相和該一百問公三事幾何如

答曰長六十步　闊四十步　較二十步

法曰置較除一百二十步減長闊相和一百步餘二十步爲較以減相和一百步餘八十步折半得四十步爲闊加較二十得長六十合問

粟布二

啞子買肉歌

啞子來買肉難言錢數目一斤少四十九兩多十六試問能算者合與多少肉

答曰一十一兩　每兩該錢八文

法曰置少四十加多十六共五十六爲實以多十六減九兩餘七兩爲法除之得八文却以九兩因之得七十二加多十六共得原錢八十八文以八歸之得肉一十一兩合問

解曰若買一斤少錢四十文若買九兩多錢十六文

老人問甲歌

有一公公不記年手持竹杖在門前借問公公年幾歲家中數目記分明一兩八銖泥彈子每歲盤中放一丸日久歲深經雨濕總然化作一泥團秤重八斤零八兩加減方知得幾年

答曰一百零二歲

法曰置總八斤半以每斤三百八十四銖乘之得三千二百六十四銖爲實以每歲一兩作二十四銖加入八銖共三十二銖爲法除之合問

西江月

白麪秤來四斤使油一斤相和今來有麪九斤多六兩五錢不錯已用香油和合二斤十二無訛再添多少麪來和不會應須問我

答曰添麪一斤九兩五錢

法曰合用異乘同除法置今有油二斤十二兩先將十二兩化爲七五於二斤之次以乘原麪四斤得麪一十一斤爲實以原用油一斤爲法除之如故仍得實麪一十一斤減去已用麪九斤六兩五錢餘爲添麪一斤九兩五錢合問

梅氣清

三石五斗粟會換芝麻三石足又有五斗五升麻換來小麥量八斗今有小麥換粟米九石六斗無零數

解題曰假如有粟米三石五斗換芝麻三石又如芝麻五斗五升換折小麥八斗今却有小麥九石六斗要換粟米問該若干

答曰粟米七石七斗

法曰合用異乘同乘法置今有小麥九石六斗以乘所問芝麻五斗五升得五石二斗八升再以粟米三石五斗乘之得一十八石四斗八升爲實又用異除同除法置所換芝麻三石以乘小麥八斗得二石四斗爲法除之得粟米七石七斗合問

解法曰置米三石五斗爲實以換麻三石爲法除之得麻每石換米一石一斗有零又云麻五斗五升換麥八斗置麻五斗五升以每石折米一石一斗併零乘之得米六斗四升併零爲實以換麥八斗爲法除之得麥每石折米八斗有零又云今有麥九石六斗換米問該幾何置麥九石六斗以麥每石折米八斗併零乘之得米七石七斗此乃用法之理是一乘一除理之然也蓋因除法多有畸零數之不盡故前法用總乘然後用總除眞是大術矣

西江月

甲釧九成二兩乙釵七色相同李銀鋪內偶相逢各欲改成器用其子未詳所以誤將一處銷鎔當時悶惱李三翁又把算師擾動

答曰共銷鎔八成色金四兩　甲該分二兩二錢五分（折足色一兩八錢）　乙該分一兩七錢五分（折足色一兩四錢）

法曰置甲金二兩折足色一兩八錢乙金七成二兩折足色一兩四錢併之得足色三兩二錢以原金二共四兩歸之得八色就以八爲法除甲一兩八錢得甲金二兩二錢五分亦以法八除乙一兩四錢得乙金一兩七錢五分合問

歌

肆中聽得語吟吟薄酒名醨厚酒醇好酒一缾醉三客薄酒三缾醉一人共同飲了一十九三十三客醉醺醺試問高明能算士幾多醨酒幾多醇

答曰好酒十缾　薄酒九缾

解曰共三十三人飲酒一十九缾好酒三人飲一缾薄酒一人飲三缾

法曰列置問衰三人一缾　一人三缾　十九缾　三十三人先以右上一瓶互乘左中一人得一人又以左上三人互乘右中三瓶得九瓶相減餘八瓶爲法另以右中三缾互乘左下三十三人得九十九人另以左上三人乘右中三缾得九缾再乘共酒一十九缾得一百七十一人內減九十九人餘七十二人爲實以法八缾除之得薄酒九缾以減總酒餘得好酒十缾合問

水仙子

爲商出外去經營將帶白銀去販參爲當初不記原銀錠只記得七錢七分買六斤脚錢便使用三分總記用牙錢四錠是六分中取二分問先生販買數分明

答曰人參四萬三千五百斤　原銀六千兩　牙錢二百兩　脚錢二百一十七兩五錢

解曰每人參六斤價七錢七分又用脚錢三分牙錢二百兩乃是六十分中取二分也

法曰置牙錢四錠以錠率五十兩乘之得二百兩以六十分取二分該得原銀六千兩減牙錢二百兩餘剩五千八百兩以買參六斤因之得三萬四千八百斤爲實却以價七錢七分用脚錢三分共八錢爲法除之得參四萬三千五百斤以每六斤歸之得七千二百五十斤以參價七錢七分乘之得參價五千五百八十二兩五錢以減總銀五千八百兩餘得脚銀合問

歌

二丈四長尺八闊四兩半銀休打脫三丈六長尺六闊該銀多少要交割

答曰六兩

法曰用異乘同除法置令長三丈六尺闊一尺六寸相乘得五丈七尺六寸以乘賣銀四兩五錢得二百五十九兩二錢爲實以原長二丈四尺闊一尺八寸相乘得四丈三尺二寸爲法除之合問

歌

足色黃金整一斤銀匠悞侵四兩銀斤兩雖然不曾耗借問却該幾色金

答曰八色

法曰置金一十六爲實另以金加銀四兩共二十兩爲法除之合問

歌

足色紋銀十二兩欲傾八成預忖量分兩雖然添得重入銅多少得相當

答曰入銅三兩

法曰置紋銀一十二兩以八色歸之得一十五兩減去原銀一十二兩餘三兩爲入銅數合問

歌

一斤半鹽換斤油五萬白鹽載一舟斤兩內除相爲換須教二色一般籌

答曰各二萬斤

法曰置總鹽五萬斤爲實併鹽油共得二斤半爲法除之得各二萬斤合問

鋪金問積歌

皇城內丹墀中周圍有八里鋪金二寸深方寸十六兩秤來有一斤不知多少數特來問緣因

答曰金七百二十萬斤

法曰置周八里以四歸之得每面二里自乘得四里又以每里三百六十步乘之得一千四百四十步以每步二千五百寸乘之得三百六十萬寸又以深二寸因之得七百二十萬寸即七百二十萬斤也合問

西江月

客向新街糴米共量八十四石一千二百七十知石價盡依鄉例雇覔小車搬運裝錢三百三十脚言家內缺糧食只據原錢要米

答曰客米六十六石六斗七升五合　脚米一十七石三斗二升五合

法曰此乃就物抽分之法置米八十四石以價一千二百七十文乘之得一十萬零六千六百八十文爲實另以石價併脚錢共一千六百文爲法除實得客米數以減總米餘爲脚米合問

衰分三

西江月

淨揀棉花彈細相和共雇王孀九斤十二是張昌李德五斤四兩紡績織成布匹一百八尺曾量兩家分布要明彰莫得些兒偏向

答曰張昌七丈零二寸　李德三丈七尺八寸

法曰列各衰張昌九斤十二兩李德五斤四兩各以

兩法通之張得一百五十六兩李得八十四兩副併共得二百四十兩爲法另以織布一百零八尺乘張一百五十六兩得張一千六百八十四丈八尺乘李八十四兩得李九百零七丈二尺各自爲實以法除之合問

歌

趙嫂自言快績麻李宅張家雇了他李宅六斤十二兩二斤四兩是張家共織七十二尺布二人分布鬧喧譁借問鄉中能算士如何分得的無差

答曰張宅五丈四尺　李宅一丈八尺

法曰置共織布七十二尺爲實併二麻張六斤一十二兩以斤加六得一百零八兩李二斤四兩以斤加六得三十六兩共一百四十四兩爲法除之每兩得五寸以乘各出麻合問

誦課增倍歌

有箇學生心性巧一部孟子三日了每日增添一倍多問君每日讀多少

答曰頭一日讀四千九百五十五字　第二日讀九千九百一十字　第三日讀一萬九千八百二十字

法曰置一二四併爲七衰爲法以孟子字數三萬四千六百八十五字爲實以法除之得四千九百五十五字爲頭日之數倍之爲第二日數又倍之爲第三日數合問

行程減等歌

三百七十八里關初行健步不爲難次日脚痛減一半六朝纔得到其關要見每朝行里數請公仔細算相還

答曰初日一百九十二里　次日九十六里　三日四十八里　四日二十四里　五日一十二里　六日六里

法曰置三百七十八里爲實列置衰一二四八十六三十二併得六十三衰爲法除實得六里爲第六日之數遞加一倍合問

浮屠增級歌

遠望巍巍塔七層紅光點點倍加增共燈三百八十一請問尖頭幾盞燈

答曰頂層三盞

法曰置共燈數爲實列置衰一二四八十六三十二六十四併之得一百二十七衰爲法除實得三爲頂層燈數各加倍得各層燈數合問

三等賠償鷓鴣天

八馬九牛十四羊趕在村南牧草塲吃了人家一段穀議定賠他六石糧牛一隻比二羊四牛二馬可賠償若還算得無差錯姓字超羣到處揚

答曰馬八共賠三石　牛九共賠一石六斗八升七合五勺　羊十四共賠一石三斗一升二合五勺

解曰馬八隻牛九隻羊十四隻共議賠穀六石羊一分牛二分馬四分

法曰置米六石爲實另置馬八以四因得三十二衰牛九以二因得一十八衰羊一十四衰併得六十四衰爲法除之得九升三合七勺五抄爲一羊所吃賠穀數爲法遍乘各衰先以羊一十四衰乘之得一石三斗一升二合五勺爲羊主賠數又以牛衰十八乘之得一石六斗八升七合五勺爲牛主賠數又以馬衰三十二乘之得三石爲馬主賠數合問

五等分金歌

公侯伯子男五四三二一假有金五秤依率要分訖

答曰公一秤十斤　侯一秤五斤　伯一秤　子一十斤　男五斤

法曰置金五秤以每秤一十五斤乘得七十五斤爲實列公五侯四伯三子二男一副併得一十五爲法除實得五斤爲男所得數加五得十斤爲子所得數再加五得一秤爲伯所得數又加五得一秤零五斤爲侯所得數再加五得一秤一十斤爲公所得數合問

八子分綿歌

九百九十六斤綿贈分八子做盤纏次第每人多十七要將第八數來言務要分明依次第孝和休惹外人傳

答曰長子一百八十四斤　次子一百六十七斤　三子一百五十斤　四子一百三十三斤　五子一百一十六斤　六子九十九斤　七子八十二斤　八子六十五斤

法曰置七衰一二三四五六七併得二十八衰爲實以多十七乘之得四百七十六以減總綿數餘五百二十以八子除之得六十五斤爲第八子數加十七得八十二斤爲七子數做此遞加十七至長合問

九兒問甲歌

一箇公公九箇兒若問生年總不知自長排來爭三歲共年二百七歲期借問長兒多少歲各兒歲數要詳推

答曰長兒三十五歲　次兒三十二歲　三兒二十九歲　四兒二十六歲　五兒二十三歲　六兒二十歲　七兒一十七歲　八兒一十四歲　九兒一十一歲

法曰列八衰以一五六二七三八四各以差三歲因之爲各人之衰數長兒因得三次兒因得六三兒因得九四兒因得十二五兒因得一十五六兒因得一十八七兒因得二十一八兒因得二十四併八衰得一百零八數以減總二百零七歲餘九十九歲以九人除之得一十一歲爲第九兒之年歲次遞加三歲至長合問

依等算鈔歌

甲乙丙丁戊己庚七人錢本不均平甲乙念三七錢鈔二十三兩七錢念六一錢戊己庚二十六兩一錢惟有丙丁鈔無數要依等第數分明請問高明能算者細推詳算莫差爭

答曰甲該鈔一十二兩二錢　乙該鈔一十一兩五錢　丙該鈔一十兩零八錢　丁該鈔一十兩零一錢　戊該鈔九兩四錢　己該鈔八兩七錢　庚該鈔八兩

法曰置戊己庚三人添一爲四以三乘之得十二折半得六減去三餘三爲下差率另以甲乙二人乘總七人得十四減去下差率三餘得十一爲上差率

列置戊己庚甲乙二三五八餘三餘十一得六得三十三二十六兩一錢二十三兩七錢得五十二兩二錢得七十一兩一錢

先以左上二互乘右中三得六又以左上二乘右下二十六兩一錢得五十二兩二錢次以右上三乘左中十一得三十三以減去右中六餘二十七爲法又以右上三乘左下二十三兩七錢得七十一兩一錢減去右下五十二兩二錢餘一十八兩九錢爲實以法二十七除之得七錢爲一差之數另置甲乙共鈔二十三兩七錢加入差七錢共二十四兩四錢折半得一十二兩二錢爲甲所得數除差七錢餘一十一兩五錢是乙鈔各減七錢得各數

竹筒容米歌

家有九節竹一莖爲因盛米不均平下頭三節三升九上稍四節貯三升惟有中間二節竹要將米數次第盛若是先生能算法教君直算到天明

答曰第一節[illegible]容米一升四合　第二節[illegible]一升三合　第三節[illegible]一升二合　第四節[illegible]一升一合　第五節[illegible]一升　第六節[illegible]九合　第七節[illegible]八合　第八節[illegible]七合　第九節[illegible]六合

法曰置上四節加一爲五與四乘得二十折半得一十減去四餘得六爲下差率另以下三節以總九節乘之得二十七減去下差率六餘二十一爲上差率

列置右四左三互餘六餘二十一得一十八得八十四三升三升九合得九分得一十五分六釐

先以左上三互乘右中六得一十八次以右上四互乘左中二十一得八十四以少減多餘六十六爲法復以左上三乘右下三得九分又以右上四乘左下三升九合得一十五分六釐減去九分餘六分六釐爲一節之差數却以下三節盛米三升九合爲實以法六十六乘之得二百五十七分四釐以三歸之得八十五分八釐是第二節數加六分六釐爲第一節數減六分六釐得七十九分一釐爲第三節數又減去六分六釐餘七十二分六釐爲第四節數每節次第減六分六釐得各數以法六十六除之合問

原法下頭三節貯四升米不盡者多今改爲三升九合却盡矣

歌

一萬六百八兩銀四箇商人依率分原銀輪遞四六出休將六折術瞞人

答曰甲四千四百零六兩四錢　乙二千九百三十七兩六錢　丙一千九百五十八兩四錢　丁一千三百零五兩六錢

解曰四六者乃是每兩多五故自丁起遞用加五爲衰併之爲法除實

法曰各列置衰丁四甲一十三衰五分丙六乙九副併得三十二衰五分爲法另以銀一萬零六百零八兩以乘各衰甲十三衰五分得一十四萬三千二百零八兩乙九衰得九萬五千四百七十二兩丙六衰得六萬三千六百四十八兩丁四衰得四萬二千四百三十二兩各自爲實以法各除之合問

歌

三千四百十兩銀五箇爲商照本分原銀輪遞二八出休將八折易瞞人

答曰甲二千五百六十兩　乙六百四十兩　丙一百六十兩　丁四十兩　戊一十兩

解曰二八者乃是每兩多四故自戊起依次遞用四因爲衰併之爲法

法曰各列置衰戊二丁八丙三十二乙一百二十八甲五百一十二副併得六百八十二衰爲法以所分銀三千四百一十兩爲實以法除之得五十爲一衰以乘各衰得各人數

合問

歌

三百六十九斤絲出錢四客要分之原本皆是八折出莫教一客少些兒

答曰甲一百二十五斤　乙一百斤　丙八十斤　丁六十四斤

法曰各列置衰甲一千乙八百丙六百四十丁五百一十二副併得二千九百五十二為法另以所分絲三百六十九斤乘未併各衰甲一千得三十六萬九千乙八百得二十九萬五千二百丙六百四十得二十三萬六千一百六十丁五百一十二得一十八萬八千九百二十八各自為實以法除實得各人絲合問

歌

甲乙丙丁戊分銀一兩五甲多戊錢三互和折半與

答曰甲三錢六分五釐　乙三錢三分二釐五毫　丙三錢　丁二錢六分七釐五毫　戊二錢三分五釐

解曰甲多戊一錢三分也

法曰此互和減半之法置分銀一兩五錢為實以例用一分三分五分七分九分併之得二錢五分為法除之得六錢乃首尾之數於內減中多戊一錢三分餘四錢七分折半得戊二錢三分五釐仍加多一錢三分得甲三錢六分五釐互和甲戊共得六錢折半得丙三錢互和加甲三錢六分五釐共得六錢六分五釐折半得乙銀三錢三分二釐五毫併丙戊共五錢三分五釐折半得丁二錢六分七釐五毫合問

西江月

羣羊一百四十剪毛不憚勤勞羣中有母有羊羔先剪二羊比較大羊剪毛斤二十二兩羔毛百五十斤是根苗子母各該多少

答曰大羊一百二十隻　小羊二十隻

法曰置羊一百四十以大羊剪毛一斤二加六為一十八兩乘之得二千五百二十兩以減共剪毛一百五十斤亦加六為二千四百兩餘一百二十兩為實另以大羊毛一十八兩減小羊毛一十二兩餘六兩為法除之得小羊二十隻以減總羊餘得大羊一百二十隻合問

二果問價歌

九百九十九文錢甜果苦果買一千甜果九箇十一文苦果七箇四文錢試問甜苦果幾箇又問各該幾箇錢

答曰甜果六百五十七箇該錢八百零三文　苦果三百四十三箇該錢一百九十六文

法曰列置九箇十一文╳七箇四文一千箇九百九十九文先以右上九箇互乘左中四文得三十六箇文以右中七箇互乘左上一十一文得七十七文以少減多餘四十一為長法又以右中七箇互乘左下九百九十九文得六千九百九十三文再以左中四文互乘右下一千箇得四千以少減多餘二千九百九十三文却以長法除之得七十三為短法若求甜果以七十三乘九箇得甜果六百五十七箇另以七十三乘一十一文得甜果錢八百零三文於總果內除六百五十七餘苦果三百四十三箇又於總錢減去甜果錢餘得苦果錢合問

均舟載鹽歌

四千三百五十鹽大小船隻要齊肩五百鹽裝三大隻三百鹽裝四小船請問船隻多少數每隻船載幾引鹽

答曰大船一十八隻裝鹽三千引　小船一十八隻裝鹽一千三百五十引

法曰列置四隻三百╳三隻五百先以左上三隻互乘右下三百引得九百文以右上四隻互乘左下五百得二千併之得二千九百為法列置三四乘得一十二隻以乘總鹽得五萬二千二百為實以法除之得十八是大小船數先以大船鹽五百因之得九千再以船三隻歸之得鹽三千引又置小船一十八隻以鹽三百因之得五千四百又以船四隻歸之得鹽一千三百五十引合問

增錢剗淺歌

鄰家有客亂爭喧相見問其所以然二百三十六擔貨程途遠近論船錢九十五擔六分算八十五擔四分還更有五十六擔貨二分五釐算為先只因剗淺爭船價二兩五錢二分添請問高明能算士各人分派免憂煎

解曰假如趙一錢二孫三三人共貨二百三十六擔雇船一隻原各以程途遠近不等水脚多寡不同內趙一貨九十五擔交卸甚遠每擔船脚銀六分錢二貨八十五擔卸處頗近每擔船脚四分孫三貨五十六擔程途又近每擔船脚二分五釐算其銀付足外因中途剗淺貼銀二兩五錢二分照依遠近船錢派分各該若干

答曰趙一該貼一兩三錢六分八釐　錢二該貼八錢一分六釐　孫三該貼三錢三分六釐

法曰置趙一貨九十五擔以每擔船脚銀六分乘之得五兩七錢另以錢二貨八十五擔以每擔船銀四分乘之得三兩四錢又以孫三貨五十六擔以每擔船銀二分五釐乘之得一兩四錢併三數原船脚銀一十兩零五錢爲法却以貼銀二兩五錢二分爲實以法除之得二錢四分乃是船脚每兩貼剩之數就以此二錢四分爲法以乘各客船脚銀數即得

筆套取齊歌

八萬三千短竹竿將來要把筆頭安管三套五爲期定問君多少配成完

答曰管套各得一十五萬五千六百二十五箇　管竹五萬一千八百七十五竿　套竹三萬一千一百二十五竿

解題共有短竹八萬三千竿每一竿截作筆管三箇每一竿截爲筆套五箇問各該用竹若干裁截配合成筆

法曰置竹八萬三千爲實以管三套五併作八爲法除之得一萬零三百七十五又爲實另以管三乘套五得一十五又爲法乘實得管套各得一十五萬五千六百二十五箇列置問管竹以三歸之問套竹以五歸之合問

金毬問積歌

有箇金毬裹面空毬高尺二厚三分一寸自方十六兩試問金毬多少金

答曰一百三十八斤一十兩零二錢四分

解曰金毬者形如立圓高尺二即圓中之徑也厚三分者乃中徑之兩頭俱有故併共厚六分以減全徑尺二餘得內中空徑一尺一寸四分也其用立圓之法自再乘畢又用九因十六除者何也其平圓居方內四分之三故用三因四歸得積今立圓而又多一再乘者故以三三如九因之平圓四歸而一今立圓亦再以四自乘得一十六而除之是也若毬周問積置周數以三歸求出徑數同法算積

法曰置毬高一十二寸自乘再乘得一千七百二十八寸以九因十六除得九百七十二寸是全箇金毬之實另置徑一十二寸減去徑兩頭共厚六分餘得毬中空徑一十一寸四分亦自乘再乘得一千四百八十一寸五分四釐亦以九因十六除得八百三十三寸三分六釐爲毬內空積之數以減全毬積數餘一百三十八寸六分四釐以一百三十八寸變爲一百三十八斤零者用加六之法得一十兩零二錢四分合問

西江月

帝城三五元宵鼇山兩樣燈毬都來一秤三斤油七兩又來添湊三兩分爲四盞四兩分作三甌三停盞子二停甌請問先生知否

答曰甌一百二十隻油十斤　盞一百八十箇油八斤七兩

法曰置油一秤爲一十五斤又添三斤共一十八斤每斤用加六法得二百八十八兩又添七兩共二百九十五兩以每兩二十四銖乘之得七千零八十銖爲實另置油三兩以二十四銖乘得七十二銖以四盞歸之每盞得一十八銖又以三停乘之得五十四銖爲盞之法另又置油四兩以二十四銖乘之得九十六銖以三甌歸之每甌得三十二銖又以二停乘之得六十四銖爲甌之法併甌盞二法共一百一十八爲總法除實七千零八十銖得六十爲則以二停因得一百二十爲甌數以每甌油三十二銖乘之得三千八百四十銖以每斤三百八十四銖除之得十斤爲甌油總數另以則六十以三停因之得一百八十爲盞總數以每盞油一十八銖乘之得三千二百四十銖以每兩二十四銖除之得一百三十五兩以斤法一十六兩除之呼見一無除作九一無除起一下還一六八除四十八餘七兩不可除即是八斤七兩爲盞油總數併甌總油共一十八斤七兩合問

以碗知僧歌

巍巍古寺在山中不知寺內幾多僧三百六十四隻碗恰合用盡不差爭三人共餐一碗飯四人共嘗一碗羹請問高明能算者算來寺內幾多僧

答曰六百二十四人　飯碗二百零八隻　羹碗一百五十六隻

法曰以三人四人相乘得一十二人以乘總碗三百六十四隻得四千三百六十八爲實另以三四併之得七爲法除之得僧數用三歸得飯碗用四歸得羹碗合問

河邊洗碗歌

婦人洗碗在河濱試問家中客幾人答曰不知人數目六十五碗自分明二人共餐一碗飯三人共喫一

碗羹四人共肉無餘數請問布算莫差爭

答曰客六十人 飯碗三十隻 羹碗二十隻 肉碗一十五隻

法曰以二人乘三人得六人又以四人乘之得二十四人以乘總六十五碗得一千五百六十爲實另列維乘（二）得八乘（四）乘（三）得六 得一十二先以二乘三得六次以三乘四得一十二又以四乘二得八併之得二十六爲法除實得六十人各列以二歸得飯碗以三歸得羹碗以四歸得肉碗合問

書生分卷歌

毛詩春秋周易書九十四冊共無餘毛詩二冊三人共春秋一本四人呼周易五人讀一本要分每樣幾多書就見學生多少數請君布算莫躊躕

答曰毛詩四十本 春秋三十冊 周易二十四本

學生各經一百二十名 總計三百六十人

法曰列置三人四人五人維乘以三人乘四人得一十二又以四人乘五人得二十又以五人乘三人得一十五併之得四十七爲法另以[illegible]九十四本在位以詩三人乘之得二百八十二本再以易四人乘之得一千一百二十八本又以書五人乘之得五千六百四十本爲實以法四十七除之得各經學生一百二十名列三位以三人歸之得詩經四十本以四人歸之得春秋三十本以五人歸之得易經二十四本併三經學生共三百六十人合問

僧分饅頭歌

一百饅頭一百僧大和三箇更無爭小和三人分一箇大小和尚得幾丁

答曰大和尚二十五人該饅頭七十五箇 小和尚七十五人該饅頭二十五箇

法曰置僧一百名爲實以三箇一箇併得四箇爲法除之得大僧二十五人以每人三箇因之得饅頭七十五箇于總僧內減大僧餘七十五爲小僧以三人歸之得饅頭二十五箇合問

歌

一千官軍一千布一官四匹無零數四軍纔分布一匹請問官軍多少數

答曰官二百員該布八百匹 軍八百名該布二百匹

法曰置官軍共一千爲實以四匹一匹併得五匹爲法除之得官二百員以每員四匹因之得布八百匹於總官軍內減二百餘八百名爲軍以四軍歸之得布二百匹合問

歌

今有千文買百雞五十雄價不差池草雞每箇三十足小者十文三箇知

答曰公雞八隻價錢四百文 母雞十一隻價錢三百三十文 小雞八十一隻價錢二百七十文

原法曰置錢千文爲實另置公雞一母雞一各以小雞三因之得公雞三母雞三小雞三共得九爲法除實得十一爲母雞數不盡一返減下法九餘八爲公雞數另列總雞一百隻減去公雞八隻母雞一十一隻餘八十一隻爲小雞數各以價錢因之合問

又引前法置所答數公雞八隻增四作十二母雞十一減七爲四小雞八十一益三爲八十四共百雞千文也此乃張丘建云雞公增四雞母減七雞雛益三又細叅之仍置原數却將雞公八隻減四得四隻雞母十一增七得一十八隻雞雛八十一減三得七十八隻亦得百雞千文也其一法而生三故在變通之意也

水仙子

元宵十五鬧縱橫來往觀燈街上行我見燈上下紅光映遶三遭數不眞從頭兒三數無零五數時四瓯不盡七數時六盞不停端的是幾盞明燈

解題初以三算之恰盡次以五算之餘四盞再以七算之餘六盞問共燈若干

答曰六十九盞

法曰此如孫子物不知總法也先置三數無零不必下五數剩四每一下二十一數四共該下八十四數七數剩六每一下十五數六共該下九十數併之共得一百七十四減去滿法一百零五餘得六十九盞合問

欽定古今圖書集成曆象彙編曆法典

第一百二十四卷目錄

曆法典第一百二十四卷

算法部彙考十六

算法統宗十二

難題二

少廣四

歌

直田七畝半忘了長和短記得立契時長闊爭一半今特問高明此法如何算

答曰長六十步　闊三十步

法曰置田七畝半以畝法二四通之得積一千八百步折半得九百步爲實以開平方法除之約商三十步自乘得九百步除實盡得闊三十步爲法以除總田積一千八百步得長六十步合問

西江月

今有方田一段中間有箇圓池步量田地可耕犂十畝無零在記方至池邊有數每邊十步無疑外方池徑果能知到處芳名說你

解題耕犂十畝乃是池外餘地忘却方面圓徑二數只記得方至池邊十步今問外方面內圓徑各若干

答曰方面六十步　內圓池徑四十步

法曰置田十畝以畝法二四通之得二千四百步另以每邊十步自乘得一百步又以三因之得三百步加入積內共得二千七百步爲實另以每邊十步以六因之得六十步爲縱方於右以開平方帶縱法除之約商三十步於左位就置三十於右位併入縱方六十共得九十步於左商三十相呼三九除二千七百步積盡以商三十倍作六十步爲方面減去每邊各十步共減二十步餘得圓池徑四十步合問

解法曰方內容圓四分之三故以三因池外自乘之數得三百併積爲實另以三倍之爲六乘每邊十步得六十步爲縱方平方開之

西江月

今有圓田一段中間有箇方池丈量田地待耕犂恰好三分在記池面至周有數每邊三步無疑內方圓徑若能知堪作算中第一

答曰圓徑一十二步　內方池六步

法以畝法通田三分得七十二步以每邊三步約之得圓徑一十二步自乘得一百四十四步三因四歸得一百零八步減田積七十二步餘三十六步平方開之得方池六步合問

又法以每邊三步自乘得九步又以四因得三十六步加入倍積一百四十四步共一百八十步爲實另以每邊三步以八因之得二十四步爲縱方以平方帶縱法開之約商六步於左亦置六步於右併入縱方二十四步共得三十步與上商六步相呼除實盡得半徑六步倍之得全徑一十二步是也

孤峯馬傑斷古法曰以每邊三步約之得圓徑一十二步此數非圓田之正徑乎以正徑論之積步不及三分豈有方池六步之容前後不接細考後矣　改正法曰置耕犂地三分通爲七十二步以四歸之得弧矢田積一十八步爲實另以此數倍之得三十六步以平方開之得六步爲法除實得矢三步併法六步共九步爲弦折半得四步半自乘得二十步零二分五釐以矢三除之得六步七分五釐加矢三步共九步七分五釐爲圓徑內減二矢闊六步餘三步七分五釐爲方池合問

予因二數不一故將傑改正圓徑九步七分五釐較之具立圖形於左細究以辨曲直其古法數準無疑惟每邊三步約之得徑十二但約之之說而無定法含糊之甚孤峯改正妄減數目理甚不明

大位法曰存方池餘地取作上下二大弧矢兩邊二直又二小弧矢以每邊三步爲矢求弦法置半徑四步八分七釐五毫自乘得二十三步七分六釐五毫另置半徑減矢三步餘一步八分七釐五毫自乘得三步五分一釐五毫相減餘二十步零二分五釐以平方法開之得四步五分倍之得九步爲上下弧弦用弧矢法得一矢積一十八步倍之得三十六步爲上下二弧矢之積又以方池左右兩旁取直二段闊各二步六分二釐五毫以池方三步七分五釐乘之

求弦合總圖

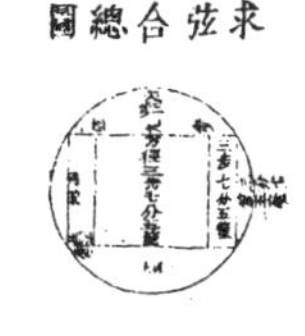

得九步八分四釐四毫倍之得一十九步六分八釐八毫爲左右直積再以東西二小弧矢矢各三分七釐五毫弦各三步七分五釐各用弧矢法得七分七釐三毫五絲併之得一步五分四釐七毫爲東西二小弧矢積併四旁積只有五十七步二分三釐五毫加方池積一十四步零六釐二毫五絲通共總得七十一步三分此乃較準毫忽無差併池地合原積七十二步尚且不足七分爲得三分耕犂之地乎予思駡傑用四歸七十二步乃是圓內容方弧弦方角俱至邊周可用此法若是錢形內容方池角不還邊外有餘空豈可以四均而歸之重疊四角其理明矣

西江月

方田一十五畝及時人去耕犂圓池在內甚稀奇圓徑不知怎記方至池邊有數每邊二十無疑外方圓徑若能知細演天源如積

答曰面方六十步　圓徑二十步

法曰以畝法通田得三千六百步以平方法開之得六十步以減每邊二十步二邊共減四十步餘得圓徑二十步合問

西江月

今有圓田一所不知頃畝端的直河一道正中穿圓分弧矢兩段通田七十四步二十四步河寬除河見在幾多田水占如何得見

答曰見在田九畝八分九釐五毫八絲　水占田七畝二分一釐六毫六絲

弧矢二變圖

法曰先置通徑七十四步自乘得五千四百七十六步以三因四歸得四千一百零七步爲全圓總積再置通徑七十四步減去河寬二十四步餘五十步折半得二箇弧矢各得矢二十五步宜用圓徑與截矢求截弦之法另置通徑七十四步折半得半徑三十七步爲弦自乘得一千三百六十九步另以半徑三十七步減矢二十五步餘一十二步爲股自乘得一百四十四步以減弦自乘數餘一千二百二十五步以平方法開之得三十五步倍之得七十步爲截弦併矢二十五步共九十五步折半得四十七步五分以矢二十五步乘之得一千一百八十七步五分爲一段弧矢田積倍之得二千三百七十五步爲見在田以減通徑總田四千一百零七步餘一千七百三十二步爲水占田各以畝法二四除之合問

古法設弦七十步併無用法出處今用求弦之法也

歌

今有梯田長一百小頭十五大廿七截實一百九十二欲從一邊截去積

解題截積一邊如句股之形也

答曰截長八十步　闊四步八分

梯積句股圖

法曰倍截積得三百八十四步以乘長一百步得三萬八千四百步爲實以大頭二十七步減小頭一十五步餘一十二步折半得六步爲法除之得六千四百步以闊平方法除之得截長八十步以所折半之六步乘之得四百八十步却以原長一百步除之得截闊合問

歌

弧矢一畝積一段更加九十七步半矢不及弦十五步弦矢各長怎的算

答曰弦三十步　矢一十五步

法曰通田一畝得二百四十步加零九十七步半共得三百三十七步半以四因三歸得四百五十步爲實以不及一十五步爲縱方於右上商十步下法亦置十步加於縱方一十五之上共二十五皆與上商一十步除實二百五十步餘實二百步另以下法初商一十倍之得二十次商五步於左下法亦置五步加於縱方一十五之上併倍初商共得四十步皆與上商五除實盡得矢一十五步加不及十五共三十步爲弦合問

歌

梭田共積一千二又零二十有四步闊不及長三十二要見闊長多少數

答曰長六十八步　闊三十六步

法曰倍積得二千四百四十八步爲實以不及三十二步爲縱方於右初商三十步於左下法亦置三十加於縱方之上共六十二步與左初商三十相呼三六除實一千八百又呼二三除六十餘五百八十八步另以下法六十二加倍初商三十得九十二次商六步於左下法亦置六步加於縱方九十二之上共九十八步皆與次商六步相呼六九除五百四十又呼六八除四十八步盡得闊三十六步加不及三十二步得長六十八步合問

船缸均載歌

三百六十一隻缸任君分作幾船裝不許一船多一隻不許一船少一缸

答曰船一十九隻　每隻裝缸一十九箇

法曰置缸三百六十一隻爲實以開平方法除之初商一十於左亦置一十於右爲方法左右相呼一一除實一百餘實二百六十一右法初商一十倍作二十爲廉法次商九於左初商之次亦置九於倍商二十之次皆與左次商九相呼二九除實一百八十又呼九九除八十一實盡得一十九船每船載缸一十九箇合問

船糧均載歌

今歲都要納秋糧雇船搬載去上倉五萬七千六百石河中漏濕一船糧每船負帶一石去船仍剩得一石糧秋糧納米已有數不知原用幾船裝

解題問總糧用船及每隻裝數相同各該若干

答曰船二百四十隻　每隻裝二百四十石

法曰置米爲實以開平方法除之初商二百於左亦置二百於右左右相呼二二除四萬石餘實一萬七千六百另以右商二百倍作四百次商四十於左初商之次亦置四十於右倍商四百之次皆與上商四十相呼四四除一萬六千又呼四四除一千六百恰盡

駐馬聽

不比尋常欲造金毬內外光要求高徑尺寸今有金積耀眼睛黃百二十一五分詳立圓高許如等杖折半會量折半會量金實虛積無偏向

答曰立圓徑高六寸

法曰置金積一百二十一寸五分以十六乘得一千九百四十四寸以九歸之得二百一十六寸爲實以開立方法除之初商六寸自乘再乘得二百一十六寸除實恰是得徑合問　又曰要知金積將徑六寸自乘再乘以九因十六除得積

西江月

假有坡地一段中間一實安塋總皆一畝二分平更有八釐相應只要縱多兩堵每堵八尺無零築牆選日雇工興幾許封堆可定

解題假如有地一段共積三百零七步二分周圍築牆每堵八尺東西長比南北闊多二堵問各該地併堵數若干

答曰東西各長一十九步二分　牆一十二堵　南北各闊一十六步　牆十堵

法曰置田一畝二分八釐以畝法二四通之得三百零七步二分爲實以縱多二堵共一十六尺以五歸之得三步二分爲縱方以平方帶縱法除之得闊一十六步加三步二分得長一十九步二分各以一步六分除之得牆一十二堵合問

解法縱多二堵共一十六尺以五歸之即每尺爲二分也各以一步六分除之即每堵八尺也

繫羊問索歌

曠野之地有箇樁樁上繫著一腔羊團團踏破三畝二試問羊繩幾丈長

答曰繩長八尺

法曰此乃平圓之法置地三畝二分以畝法二四通之得七百六十八步以四因三歸之得一千零二十四步爲實以開平方法除之初商三十自乘得九百除實餘一百二十四步另以右位初商三十倍作六十次商二步於左下法亦置二步於倍商六十之次皆與左次商相呼二六除一百二十又呼二二除四步恰盡得三十二步乃地之全徑折半得一十六步爲羊所繫樁處再以每步五尺乘之得八十尺爲羊繩長合問

西江月

今有酒罎一垛共積一百六十下長多廣整七枚廣少上長三隻堆積槽坊園內上下長廣難知煩公仔細用心機借問各該有幾

答曰上長八箇　下長十二箇　上廣一箇　下廣五箇

法曰置積一百六十以六乘之得九百六十爲實倍多廣七箇得一十四箇加上長三箇共一十七箇爲縱方再加上長三箇共二十箇爲縱廉以三爲隅算用開立方法除之上商五箇下法亦置五箇自乘得二十五箇又以隅三乘之得七十五箇爲隅法又以五乘縱廉二十得一百以方廉隅三法共得一百九十二皆與上商五除實盡得下廣五箇加多七箇爲下長加多三箇爲上長合問

堆梁罎式

歌

紅桃一垛積難知共該六百八十枚三角垛來尖上一每面底子幾何爲

答曰底子一十五箇

法曰置果積六百八十以六因之得四千零八十箇爲實以二爲縱方三爲縱廉以開立方法除之初商一十於左下法亦置一十於右自乘得一百爲隅法又以上商一十乘縱廉三得三十併方二隅一百共一百三十二皆與上商一十相呼除實一千三百二十餘實二千七百六十乃二乘縱廉三十得六十以三乘隅法一百得三百皆併入縱方二共三百六十二爲方法下法再置上商一十以三因得三十加入縱廉三共三十三爲廉法次商五下法亦置五自乘得二十五爲隅法又次商五乘廉三十三得一百六十五併方三百六十二廉一百六十五隅二十五三法共五百五十二皆與上商五相呼除實盡得底脚一十五箇合問

商功五

歌

穿渠二十九里程再加一百四步零上廣一丈二尺六下廣八尺丈八深每日一夫三百尺問該夫數雇工興

答曰三萬二千五百八十人不盡二百八十八尺

法曰置二十九里以每里三百六十步乘之得一萬零四百四十步加零一百零四步共一萬零五百四十四步以每步五尺乘之得五萬二千七百二十尺爲長積另併上下廣二丈零六寸折半得一丈零三寸以深一丈八尺乘之得一百八十五尺四寸以乘長積得九百七十七萬四千二百八十八尺爲實以每人日開三百尺爲法除之得三萬二千五百八十人不盡二百八十八尺不殺一人一日合問

西江月

張家三女孝順歸家頻望勤勞東村大女隔三朝五日西村女到小女南鄉路遠依然七日一遭何朝齊至飲香醪請問英賢回報

答曰一百零五日同到相會

法曰以三朝五日相乘得一十五再以七日乘之得一百零五日合問

歌

今有四人來做工八日工價九錢銀二十四人做半月試問工錢該幾分

答曰一十兩零一錢二分五釐

法曰置二十四人以一十五日乘之得三百六十又以銀九錢因之得三百二十四兩爲實以四人乘八日得三十二日爲法除之合問

均輸六

粒米求程歌

廬山山高八十里山峯峯上一黍米黍米一轉止三分幾轉轉到山脚底

答曰四百八十萬轉

法曰置山高八十里以每里三百六十步乘之得二萬八千八百步以每步五十寸乘之得一百四十四萬寸爲實以米轉三分爲法除之合問

排魚求數歌

三寸魚兒九里溝口尾相銜直到頭試問魚兒多少數請君對面說因由

答曰五萬四千箇

法曰置九里以每里三百六十步乘之得三千二百四十步以每步五十寸乘之得一十六萬二千寸以每魚長三寸爲法除之得魚數合問

推車問里歌

一人推車忙且苦半徑輪該尺九五一日推轉二萬遭問君里數如何數

答曰一百三十里

法曰置半徑輪一尺九寸五分倍之得三尺九寸爲全徑之數以周三因之得一百一十七寸爲一轉之數却以二萬遭乘之得二百三十四萬寸爲實另以每里三百六十步每步五尺計五十寸乘之得一萬八千寸爲法除之合問

遲疾求平 調寄西江月

甲乙同時起步其中甲快乙遲甲行百步且交立乙纔六十步矣使乙先行百步甲行起步方追不知幾步方追及算得揚名說你

答曰二百五十步

法曰置甲行百步乘先行百步得一萬步爲實另以甲行百步減乙行六十步餘四十步爲法除之合問

行程問日歌

三藏西天去取經一去十萬八千程每日常行七十五問君幾日得回程

答曰一千四百四十日 計四年

法曰置一十萬零八千里以每日行七十五里爲法除之得日數再以三百六十日除之得年數合問

歌

當年蘇武去北邊不知去了幾周年分明記得天邊月二百三十五番圓

答曰一十九年

法曰置月閏二百二十五番以每年十二月除之得一十九年不盡七月乃是閏月合問

歌

昨日街頭幹事畢閑來稅局門前立見一客持三百布每匹必須稅二尺貼回銅錢六百文收布一十五半匹不知每匹賣幾何只言每匹長四十

答曰一貫二百文

法曰置布三百匹以稅二尺乘之得六百尺另以收布一十五匹半以匹法四十尺乘之得六百二十尺以減該稅六百尺餘得多稅二十尺爲法以貼回錢六百文爲實以法除之得每尺價三十文以乘每匹長四十尺得每匹價一貫二百文合問

雞兎同籠一條前均輸章內已載故不重述

鷓鴣天

三足團魚六眼龜共同山下一深池九十三足亂浮水一百二眼將人窺或出沒往東西倚欄觀看不能知有人算得無差錯好酒重斟贈數杯

答曰團魚一十五箇　龜一十二箇

解曰以團魚（三足二眼）龜（四足六眼共九十三足共一百二眼）此乃托比興也

法曰置（三足二眼）互（四足六眼）互（九十三足一百二眼）互乘先以三足六眼乘得一十八以四足二眼乘得八以少減多餘一十爲法又以六眼乘九十三足得五百五十八又以四足乘一百二眼得四百零八以少減多餘一百五十爲實以法除之得團魚一十五箇以三足乘之得足四十五以減總足餘四十八足以龜四足除之得龜一十二箇合問

西江月

甲乙問說牧放二人暗裏參詳甲云得乙九箇羊多你一倍之上乙說得甲九隻兩家之數相當二邊閑坐惱心腸畫地算了半晌

答曰甲六十三隻　乙四十五隻

解曰甲云借乙九隻共七十二乙借與甲九仍三十六故曰甲多乙一倍乙云借甲九隻共五十四甲仍五十四故云相當

法曰甲羊添乙羊九箇多乙羊一倍者爲二十分却減借乙羊九箇爲一分淨一十九分另以乙羊添甲九箇兩家相當者爲十分內減借甲九箇爲一分淨得九分置甲一十九分以九乘之得一百七十一又以乙九分以九乘之得八十一相減餘九十折半得乙羊四十五隻又以甲一百七十一內減乙羊四十五餘一百二十六折半得甲羊六十三隻合問（原法置甲七分乙五分各以九乘之亦得）

鳳棲梧

甲趕羣羊逐草茂乙拽肥羊一隻隨其後戲問甲及一百否甲云所說無差謬若得這般一羣湊再添半羣小半羣得你一隻來方湊元機奧妙誰參透

答曰甲羊三十六隻

解題甲原羊三十六隻爲一羣借一羣亦三十六隻再借半羣一十八隻又借小半羣九隻又湊一隻共百隻也

法曰置羊一百隻減乙羊一隻餘九十九隻爲實併羣率原一羣又一羣再湊得半羣卽五分小半羣卽二分半共二羣七分半爲法除之得甲原羊一羣三十六隻合問

歌

今有程途二千七十八人騎馬七匹言定十里輪轉騎各人騎行怎得知

答曰人行一千六百五十里　騎馬一千零五十里

法曰置程途二千七百里爲實以一十八人爲法除之得每人一百五十里以馬七匹乘之得騎馬一千零五十里以減程途里數餘得人行一千六百五十里合問

歌

三人二日四升七一十三口要糧喫一年三百六十日借問該糧幾多食

答曰三十六石六斗六升

法曰置今喫糧三百六十日以乘一十三口得四千六百八十又以原喫糧四升七合乘之得二百一十九石九斗六升爲實以原三人乘二日得六爲法除之合問

歌

諸葛統領八員將每將又分八箇營每營裏面排八陣每陣先鋒有八人每人旗頭俱八箇每箇旗頭八隊成每隊更該八箇甲每箇甲頭八箇兵

答曰一千九百一十七萬三千三百八十五人

法曰置總兵一以八因之得將八員又八因得營六十四又八因得陣五百一十二又八因得先鋒四千零九十六人又八因得旗頭三萬二千七百六十八人又八因得隊長二十六萬二千一百四十四人又

八因得甲二百零九萬七千一百五十二人又八因得兵一千六百七十七萬七千二百一十六人除營陣不作數其總兵將先鋒旗隊甲兵併之合問

馬傑曰以八八相因得六十四自乘得數又自乘得數加總兵一共得一千六百七十七萬七千二百一十七人　予據傑變用此法差數二百餘萬改正之誤也

比如有錢一文每日生利八文問八日該生利併本一文問共若干

答曰一千六百七十七萬七千二百一十七文

法曰置初日利八文自乘得六十四文又以六十四文自乘得四千零九十六文又以四千零九十六自乘得一千六百七十七萬七千二百一十六文加本錢一文合問

前諸葛統兵一問出吳氏九章因傑改正數差反爲不正故設此問以明上意

歌

一條竿子一條索索比竿子長一托折回索子却量竿却比竿子短一托

答曰竿長一丈五尺　索長二丈

法曰置倍短一托得二托併長一托得竿三托加長一托得索長四托各以每托長五尺乘之合問

盈朒七

歌

隔牆聽得客分銀不知人數不知銀七兩分之多四兩九兩分之少半斤

答曰六人　銀四十六兩

法曰置盈不足以分七兩互乘少八兩得五十六兩另以分九兩互乘多四兩得三十六兩併之得九十二兩爲實又以九兩七兩相減餘二兩爲法除實得銀四十六兩以多四兩少八兩併得一十二兩爲人實以法二除之得六人合問

浪淘沙

昨日獨看瓜因事來家牧童盜去眼昏花信步廟東牆外過聽得爭差十三俱分咱十五增加每人十六少十八借問人瓜各有幾何先答

答曰一十一人　瓜一百五十八箇

法曰併盈十五不足十八得三十三爲實以各十三十六相減餘三爲法除之得十一以各得十六乘之得一百七十六減不足十八餘得瓜數合問

歌

我問開店李三公衆客都來到店中一房七客多七客一房九客一房空

答曰房八間　客六十三人

法曰置盈七客以一房空九人乘之得六十三以九客乘多七客得六十三併之得一百二十六爲實以盈七客與不足九客相減餘二爲法除之得六十三人以減去多七客餘五十六人以每房七客除之得房八間合問

西江月

幾箇牧童閑耍張家園内偷瓜將來林下共分拏三人七枚便罷分訖剩餘一箇内有伺人兜搭四人九箇又分拏又餘兩箇斷打

答曰一十二人　瓜二十九箇

法曰置兩盈四人三人五六九箇七箇三人乘九箇得二十七四人乘七箇得二十八箇併之得五十五箇加兩盈數三箇共五十八箇折半得瓜二十九箇以三四相乘得一十二人合問

歌

牧童分杏各爭競不知人數不知杏三人五筒多十枚四人八枚兩筒剩

答曰二十四人　杏五十枚

法曰置兩盈以三人互乘八枚得二十四以四人互乘五箇得二十以少減多餘四爲法又以三人四人相乘得一十二爲實却以多十枚減剩二箇餘八枚爲法乘得九十六爲實又以前法四除之得二十四人另以盈一十乘二十四得二百四十人盈二乘二十得四十以少減多餘二百爲杏實以法四除之得杏五十枚合問

歌

今有糧長犒勞夫不分老幼唱名呼每人七箇少三箇五箇却少四十五

答曰二十一人　錢一百五十文

法曰置兩不足七文五文五六少三箇少四十五箇兩不足相減餘四十二爲實兩分率七文五文相減餘二文爲法除實四十二得二十一却以人分七文乘之得一百四十七加不足三得錢合問

歌

林下牧童鬧如簇不知人數不知竹每人六竿多十四每人八竿恰齊足

答曰七人　竹五十六竿

法曰置盈適足以多十四爲實以分六竿八竿相減餘二爲法除之得七人以適足八竿乘之得竹五十六竿合問

歌

隔牆聽得客分綾不知綾數不知人每人六疋少六疋每人四疋恰相停

答曰三人　綾一十二疋

法曰置不足適足以不足六疋爲實以分綾六疋四疋相減餘二爲法除之得三人以適足四疋乘之得綾一十二疋合問

歌

今攜一壺酒遊春郊外走逢朋添一倍入店飲斗九相逢三處店飲盡壺中酒試問能算士如何知原有酒合問

答曰原酒一斗六升六合二勺五抄

法曰置三處倍飲列一倍二二倍四併之得七率爲法以乘一斗九升得一石三斗三升折半三遭得原酒合問

又法置一斗九升併倍酒率七乘之爲實另以倍酒率七加原酒率一共得八爲法除之亦得　若要知三處飲盡者置原酒一斗六升六合二勺五抄倍之得三斗三升二合五勺除第一處飲酒一斗九升餘一斗四升二合五勺又倍之得二斗八升五合除第二處飲一斗九升餘九升五合倍之得一斗九升是第三處飲盡也

原吳氏用盈不足法今因其繁冗故不錄

歌

昨日沽酒探親朋路遠迢遙有四程行過一程添一倍卻被安童盜六升行到親家門裏面半點全無在酒鋪借問高明能算者幾何原酒要分明

答曰原酒五升六合二勺五抄

法曰置四處倍飲列一倍二二倍四四倍八併之得一十五率爲法乘盜六升得九斗折半四遭得原酒五升六合二勺五抄合問

又法置盜六升以併倍酒率十五乘之得九升爲實以倍酒率十五加原酒一共十六爲法除之亦得

若以原酒倍飲四次即知酒盡也

西江月

待客攜壺沽酒不知壺內金波逢人添倍又相和共飲斗半方可添飲還經五處壺中酒盡無多要知原酒無差訛甚麼法兒方可

答曰原酒一斗四升五合三勺一抄二撮五圭

法曰置五處恰飲列一二四八十六併之得三十一爲法以乘一斗五升得四石六斗五升折半五遭即得原酒數

又法置飲一斗五升以併倍酒率三十一乘之得四石六斗五升爲實以倍酒率三十一加原酒率一共三十二爲法除之亦得　若以原酒倍之除飲去一斗五升餘倍五次得四斗五升即知酒盡也

歌

本利年年倍債主催速還一年取五斗三年本利完

答曰原本四斗三升七合五勺

法曰置三年本利平列一倍二二倍四共七率乘五斗得三石五斗折半三遭合問

又法置五斗以七乘八除亦得

已前五款原用盈不足法因繁冗删去不錄

鷓鴣天

百兔縱橫走入營幾多男女鬧來爭一人一箇難拿盡四隻三人始得停來往聚鬧縱橫各人捉得往家行英賢如果能明算多少人家甚法評

答曰七十五人

法曰置百兔爲實以四隻歸之得二十五卻以三人因之合問

自前問三處四處五處倍飲併三年倍利還債俱是原本一初倍得利一又倍得利二再倍得利四併其倍利倍飲乘飲酒爲實另以倍利加原本一爲法除之得原本原酒也

方程八

歌

今有布絹三十疋共賣價鈔五百七四疋絹價九十貫三疋布價該五十欲問絹布各幾何價鈔各該分端的若人算得無差訛堪把芳名題郡邑

答曰絹一十二疋該鈔二百七十貫　布一十八疋該鈔三百貫

法曰列所問數

㊨價九十爲法　㊥價五十　㊦共五百七十

㊧絹四疋　㊥布三疋得二百七十　㊦共三十疋得二千七百

先以右行價九十貫爲法遍乘左行中下得數卻以左行絹四爲法復遍乘右行中價五十得二百減左行二百七十餘七十爲法又以左四遍乘右行下共價五百七十得二千二百八十減左行二千七百餘四百二十爲實以法除之得六爲錯綜之數以布三

疋乘之得布一十八疋以減總絹布三十疋餘得絹一十二疋布十八以價五十乘之得九百貫以三疋除之得三百貫絹十二以絹四疋除之得三以價九十貫乘之得二百七十貫合問

西江月

甲借乙家七硯還他三管毛錐貼錢四百整八十恰好齊同了畢丙却借乙九筆還他三箇端溪一百八十貼乙齊二色價該各幾

答曰筆價五十文　硯價九十文

法曰列所問數

右 硯正七爲法	甲 筆負三	下 價正四百八十	
左 硯正三	中 筆負九得負六十三	下 價負一百八十得負一千二百六十	

先以右行硯正七爲法遍乘左行中下得數却以左行硯正三爲法復遍乘右行中筆負三得九同減左行筆負六十三餘得筆負五十四爲法價正四百八十得正一千四百四十異加左行價負一千二百六十共得二千七百爲實以法除之得筆價五十文右行價正四百八十異加筆負三價一百五十共得六百三十以硯七除之得硯價九十文合問

西江月

七釧九釵成器釧子分兩重多九兩四錢是相和仔細與公說過二物相交一隻秤之適等無那不能算得是嘍囉二人却來問我

答曰釧一隻重七錢　釵一隻重五錢

法曰此問七釧九釵共金九兩四錢交易其一秤之適等乃六釧一釵重四兩七錢八釵一釧重四兩七錢排列（六釧　一釵　重四兩七錢）（一釵　八釧　重四兩七錢）先以右行六釧爲法遍乘左行中下得數釧四十八重二十八兩二錢次以左行一釵爲法遍乘右行中一釵得一減左行四十八餘四十七爲法下重四兩七錢得四兩七錢減左行二十八兩二錢餘二十三兩五錢爲實以法除之得釵重五錢右行重四兩七錢減一釵重五錢餘四兩二錢以釧六隻除之得釧重七錢合問

西江月

甲乙二人沽酒不知誰少誰多乙鈔少半甲相和二百無零堪可乙得甲錢中半亦然二百無那英賢算得的無訛將甚法兒方可

答曰甲錢一百六十文　乙錢一百二十文

法曰列所問數（甲二八一百六十　乙三四一百二十）故（甲二分之一錢二百　乙三分之一錢二百）先以二分互乘二百得四百次以三分互乘二百得六百以少減多餘二百爲實以甲二分乙三分併之得五分爲法除之得四十以乙三乘之得乙該錢一百二十文以減原錢二百餘八十以甲二分乘之得甲該錢一百六十文合問

解曰甲借一半湊乙乃八十併之爲二百也

句股九

西江月

田中有一枯柱丈六全沒枝梢尖頭一馬繫難牢吃盡田中禾稻四分五釐田地團團吃一週遭索長幾許算償招不算難賠多少

答曰三丈四尺

法曰此爲句股求弦置四分五釐以畝法二百四十通之得一百零八步四因得四百三十一用三歸之得一百四十四爲實以開平方法除之上商一十自乘得一百除實餘實四十四步以初商一十倍作二十爲方法次商二步呼二二除四十又呼二二除四步恰盡得一十二步爲全徑步折半得六步乃枯柱繫馬之處以每步五尺乘之得三十尺爲股自乘得九百尺另以一十六尺爲句自乘得二百五十六尺併之得一千一百五十六爲實以平方開之初商三十自乘得九百除實餘實二百五十六以初商三十倍作六十爲方法次商四尺呼四六除二百四十又呼四四除一十六恰盡得三十四尺爲索長合問

歌

二丈木長三尺圍葛生其下纏繞之徐徐纏繞七週遍葛梢却與木梢齊試問高明能算者葛長多少請君題

答曰二丈九尺

法曰置木圍三尺與週七相乘得二十一爲股自乘得四百四十一尺以木長二十尺爲句自乘得四百尺併之得八百四十一尺爲實用開平方法除之得二丈九尺合問

西江月

三月清明節氣蒙童鬬放風箏托量九十五尺繩被風括起空中量得上下相應七十六尺無零縱橫甚法問先生算之多少爲平

答曰五十七尺

法曰此弦股求句法也以繩斜長九十五尺如弦自乘得九千零二十五尺又繩頭量至風箏上下相應七十六尺如股自乘得五千七百七十六尺以減弦積餘三千二百四十九尺爲實以開平方法除之得

句五十七尺爲高合問

歌

池河八分下釣魚吞水底是根由鈎繩五十岸齊併使盡機關無法籌縱橫源流雖辨認水深幾尺數難求

答曰水深三十尺

法曰置圓池八分以畝法二四通之得一百九十二步以四因三歸得圓積二百五十六步爲實以開平方法除之得圓池徑一十六步折半得八步以每步五尺乘之得池半面如股四十尺自乘得一千六百尺鈎繩五十尺如弦自乘得二千五百尺相減餘九百尺爲實以開平方法除之得水深三十尺爲句合問

西江月

今有坡田一段西高東下曾量十步五寸是斜長南北均闊六丈欲要修爲平壤東增一丈新牆不知幾許請推詳平闊須教相當

答曰得平地四分九釐五毫　闊九步九分

法曰此如句弦求股置斜弦十步以每步五尺乘之得五十尺加零五寸自乘得二千五百五十尺零二寸五分以減句牆一十尺自乘得一百尺餘二千四百五十尺零二寸五分爲實以開平方法除之得股四丈九尺五寸以步法五尺除之得闊九步九分以乘南北均闊一十二步得平地一百一十八步八分以畝法二四除之合問南北均闊一十二步即六丈也

歌

八尺爲股六尺句內容圓徑怎生求有人識得如斯妙算學方爲第一籌

答曰內容圓徑四尺

法曰置句六尺以股八尺相乘得四十八尺倍之得九十六尺爲實另以句六尺自乘得三十六尺以股八尺自乘得六十四尺相併得一百尺以開平方法除之得弦一十尺加句六尺股八尺共二十四尺爲法除實得內容圓徑四尺合問

歌

六尺爲句九尺股內容方面如何取有人達得這元機便是高明算中舉

答曰內容方面三尺六寸

法曰置句六尺以股九尺乘之得五十四尺爲實另併句六尺股九尺共一十五尺爲法除之得內容方面三尺六寸合問

西江月

平地鞦韆未起板繩離地一尺送行二步恰竿齊五尺板高離地才子佳人爭蹴終朝語笑歡戲良工高士請言知借問索長有幾

答曰一丈四尺五寸

法曰置送行二步化爲十尺如句自乘得一百尺爲實以股弦較離地五尺減去原離地一尺餘四尺爲法除之得二十五尺加較四尺共得圓徑二十九尺折半得索長一丈四尺五寸合問

西江月

今有方池一所每邊丈二無移中心蒲長一根肥出水過於二尺斜引蒲梢至岸適然與岸方齊請君明算更能推蒲長水深各幾

答曰蒲長一丈　水深八尺

法曰此股弦差也置半池方六尺如句自乘得三十六尺以減股弦較出水二尺自乘得四尺餘三十二尺爲實倍出水二尺得四尺爲法除之得股水深八尺加出水二尺即蒲長一丈合問

西江月

今有門廳一座不知門廣高低長竿橫進使歸室爭奈門狹四尺隨即豎竿過去亦長二尺無疑兩隅斜去恰方齊請問三色各幾

答曰門高八尺　廣六尺　竿長一丈

法曰置句弦較橫闊四以股弦較豎不出二尺相乘得八尺倍之得一十六尺爲弦和較積用開平方法除之得弦和四尺加股弦較二尺得六尺爲句即門廣另以弦和較四尺倍之得八尺爲股即門高又以句六尺加句較四尺得竿長即斜一丈合問

一法置門廣如句以多四尺爲句弦較門高如股以多二尺爲股弦較二數相乘得八尺倍之得一十六尺以平方法除之得四尺即弦和較加多豎之二尺得門廣六尺加多廣之四尺得門高八尺共加多廣多豎共六尺得竿長即門斜十尺也

欽定古今圖書集成曆象彙編曆法典

第一百二十五卷目錄

算法部彙考十七

算法統宗十三 難題三

曆法典第一百二十五卷

算法部彙考十七

算法統宗十三

難題三 以下係雜法

金蟬脫殼 又名乘除易會算訣

因乘歌

起雙下加倍見一只還原倍一挨身下餘皆隔位遷

此法不用乘除只以此歌二十字代之

假如有米三石五斗每斗價銀七分問該銀若干

答曰二兩四錢五分

法曰置米三石五斗爲實將斗價七分爲原法另將七分倍之得一錢四分爲倍法先於實末位五斗上呼起雙下加倍起了二斗挨身下一錢次位下四分再起二斗挨身下一錢四分却呼見一只還原起了一斗隔位下七分次於三石上呼起雙下加倍起了二石挨身下一兩次位下四錢却呼見一只還原起了一石隔位下七錢該得二兩四錢五分合問

假如棉布五十七匹每匹價銀二錢五分問該銀若干

答曰一十四兩二錢五分

法曰置布五十七匹爲實以每匹價二錢五分爲原法另以二錢五分倍作五錢爲倍法先於末位七匹內起了三箇二匹挨身下三箇五錢又起了一匹又挨身下二錢五分次於五十匹內起二箇二十匹挨身下二箇五兩又起了一十匹挨身下二兩五錢共該得一十四兩二錢五分合問

前算米之法價是分倍爲錢則倍數挨身下原數隔位下此算布之法價是錢倍亦是錢則倍數原數俱挨身下餘倣此

九歸併除歌

加雙下除倍加一下除原倍一挨身除餘皆隔位遷

假如有錢二千二百五十文給軍九十名問每名該若干

答曰每名二十五文

法曰置錢二千二百五十文爲實以軍九十名爲原數另以九十倍之得一百八十名爲倍數先於二千前挨身呼加雙下除倍除實一千八百餘實四百五十次於餘實四百前呼加雙下除倍除實一百八十又呼加雙下除倍再呼加一下除原九十恰盡得每名該錢二十五文合問

今有香油四百二十斤每油七斤半換芝麻一斗問芝麻若干

答曰芝麻五石六斗

法曰置油四百二十斤爲實以七斤半爲原數另以七斤半倍之得一十五斤爲倍數先於四百前加二箇雙除二箇一百五十斤又加一除七十五斤次於原二十斤前加三箇雙除三箇一十五斤得芝麻五石六斗合問

有除隔位進無除挨身進

二句字訣歌

隔一位除者只用一原法而無倍折數也但因乘從實尾位起除一隔一位而加原法數也歸除則從實前過一位起亦隔一位而除原法數也推除實盡方是得數

按金蟬脫殼併此二句字訣布算繁疊只是小智之術蠢子頑兒之數若遇開方等法則不能施又不如乘除簡易此小智之術不學可也

寫算歌 即鋪地錦

寫算鋪地錦爲奇不用算盤數可知法實相呼小九數格行寫數莫差池記零十進於前位逐位數數亦如之照式畫圖代乘法釐毫絲忽不須疑

今有布二十三疋每疋價銀五錢六分五釐問該銀若干

答曰一十二兩九錢九分五釐

法曰先畫格眼圖置布二十三疋填於圖上橫寫寫實再將五錢六分五釐爲法於右圖外直寫法實相呼填寫格內先從末行起依次相乘逆上至實首止得數從下右邊小數起亦是逆陞向前自下而上合問

因乘圖

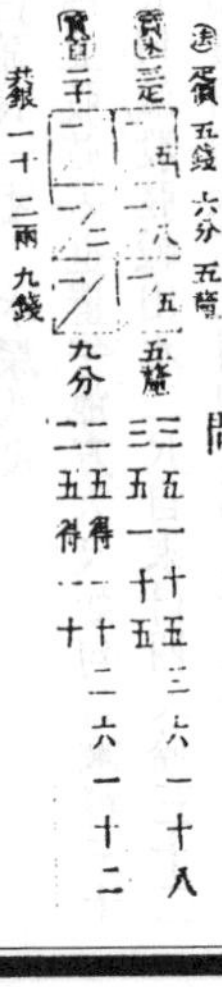

法 價 五錢 六分 五釐
實 布 二十 三 疋
共 銀 一十 二兩 九錢 九分 五釐

三五一十五　三六一十八　三五一十五
二五一十　二六一十二　二五得一十

今有絹四百三十五疋每疋價鈔五千六百七十八文問該鈔若干

答曰二百四十六萬九千九百三十文

又因乘圖

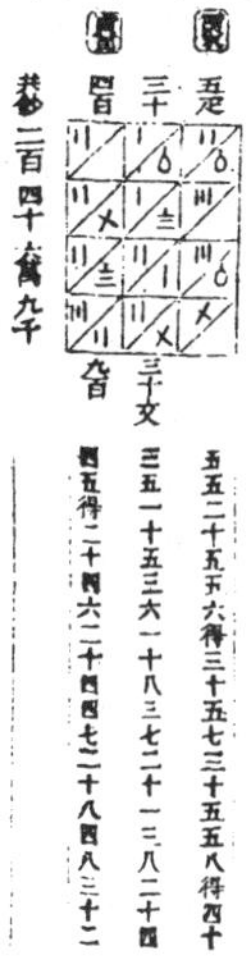

五五二十五下六得三十五七三十五五八得四十

三五一十五三六一十八三七二十一三八二十四

四五得二十四六二十四四七二十八四八三十二

法曰先畫格眼將絹數爲實於上橫寫以每疋鈔數於右直寫爲法法實相呼塡寫格内先從末行起依次相乘逆上至實首止得數從下右邊小數起亦是逆陞向前遇十進上合問

已上二款名曰寫乘格如樓梯

已下二問名曰寫除圖式與前不同今列于左

今有銀九十四兩五錢買絹七十疋問每疋價若干

答曰一兩三錢五分

法曰先畫圖式置銀數於内爲實次將絹七十於右爲法歸之合問

每一圖自中心起從下旋左而前至右而止

歸除圖

逢七進一十　本位去盡于前位四上增作五分

七三四十二　本位二增一作四下位五錢上增二作七

逢七進一十　本位去七存三于前位三上增作三錢

七二下加六　本位不動下位四兩上加六共十

逢七進一十　將本位九去七存二于前位定一兩

今有銀一千二百三十三兩買綾四十五疋問每疋價銀若干

答曰二兩七錢四分

法曰圖依前式置銀爲實以綾四十五疋爲法除之合問

又歸除圖

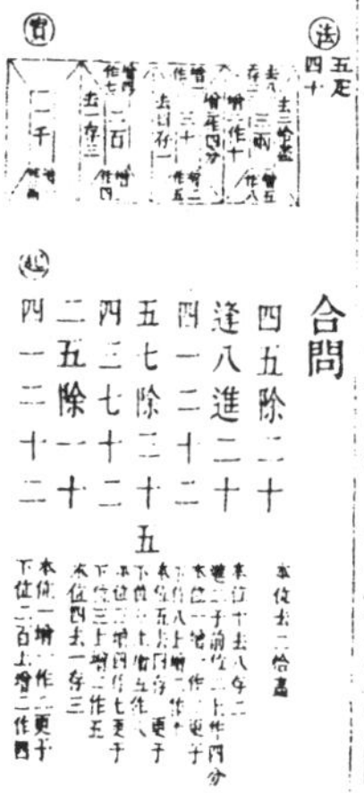

四五除二十

逢八進二十

四一二十二

五七除三十五

四三七十二

二五除一十

四一二十二

舊法九位圖

舊法以九歸歸除減法俱列九位置九圖如河圖方攢凡數有九位者少常處設其位者多今變立歸除二圖于右直排不論幾位皆可用也而無虛設位矣

一筆錦

歌

巧算一筆錦爲奇不用算盤數可知歸除乘總乘除法各行寫數莫差池但看直行末後數逐位合數似走之照式用心明其理釐毫絲忽不須疑

法曰照算盤定位布列行數用暗馬直下但丨〢〣〤〥可加一畫者加之如〤〸〹〺文不能加者須另書馬若本行退盡無存者用一小圈隔之以別闌數如俱完畢只看各行末後之數自左至右猶似走之是也

梁積合總

假如今有銀一兩二錢三分又二兩六錢四分又三兩八錢五分又四兩九錢二分問四共若干

答曰一十二兩六錢四分

法曰先以一兩二錢三分列爲三行從左起依次增加逐位而下

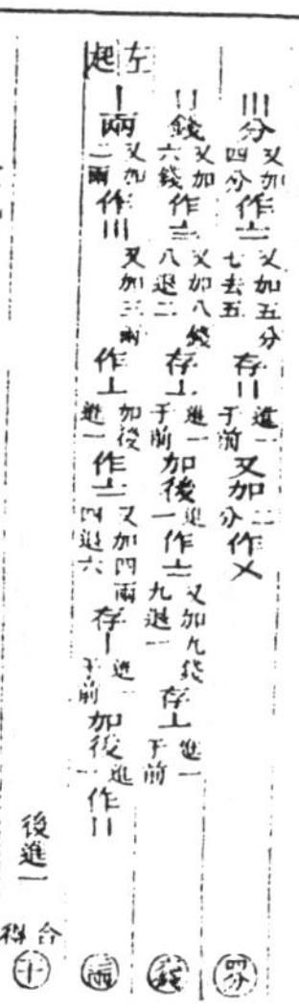

又式

假如照前問數

一兩二錢三分
二兩六錢四分
三兩八錢五分
四兩九錢二分

因法式

假如今有米三十六石五斗每石價銀四錢問該銀若干

答曰一十四兩六錢

法曰置米於左列爲三行以價四錢於右爲法因之呼四五得二十　四六二十四　三四一十二　此三句乃總呼之法後分三行用之

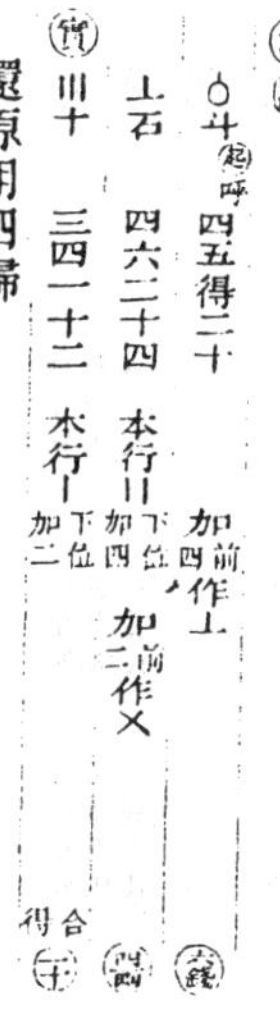

還原用四歸

歸法式

假如前銀一十四兩六錢糴米每石價四錢問該米若干

答曰三十六石五斗

法曰置總銀于左爲實列爲三行以每石價銀四錢于右爲法歸之呼四一二十二　逢四進一十　四二添作五　逢四進一十　四二添作五　此五句後分三行用

（法）〆錢

丄錢　逢四進一于前本位去四存‖　四二添作五○　（五斗）

〆兩　加前二作丄　逢四進一于前本位去四存‖　四二添作五○　加後進一作丄　（六石）

（實）|十　（起）呼四一二十二‖　下位加二　加後進一作川　合得（三十）

乘法式

假如今有米五十三石二斗每石六錢四分問該銀若干

答曰三十四兩零四分八釐

法曰置米于左列爲三行以價六錢四分于右爲法乘之呼二四如八　二六一十二　三四一十二　三六一十八　四五得二　五六得三　此六句總呼之法後分五行用之

（法）〆分 丄錢

○　（起）呼二四如八亖　（八釐）

○　加前‖又加前二作〆　（四分）

‖斗　二六一十二丨　下位加二又三四一十二一加作‖　下位加二又加八八退二除盡進一于前　（零錢）

川石　三六一十八丨　下位加八加後進一作‖又四五得二二加作〆　（四兩）

（實）五十　五六得三川　合得（三十）

除法式

假如今有銀一千二百三十三兩買綾四十五疋問每疋該價若干

答曰二兩七錢四分

法曰置銀于左列爲四行以綾四十五疋于右爲法除之呼四一二十二　二五除一十　四三七十二　五七除三十五　四一二十二　逢八進二十　四五除二十盡　此七句亦總呼之法後分作四行用

（法）○疋 〆十

川兩　加前五作亖加前二共丨　逢八進二于前位　存‖四五除二十恰盡

川十　加前二作○五七除三十五　去四存丨　下位加五又四一二十二‖　下位加二又加後進二作〆　（四分）

‖百　加前二作〆二五除一十　存川　四三七十二　下位加二作亠　（七錢）

（實）|千　（起）呼四一二十二‖　下位加二　合得（二兩）

卽三三圖也爲籌數算

河圖縱橫圖

巽 四	離 九	坤 二
震 三	中 五	兌 七
艮 八	坎 一	乾 六

歌曰

縱橫十五人能曉天下科

差掌上觀萬中千坎百歸

艮十震兩巽錢離安分坤

釐兌毫乾上河圖千載再

重看免用算盤併算子乘

除加減總不難

自古有河圖縱橫十五數今以此數九位爲算先熟記其位數坎一坤二震三巽四中五乾六兌七艮八離九次書其圖形布排運用乘除不用算盤並無差悞依前排列九圖爲萬千百十兩錢分釐毫用錢九箇若遇開方只動分圖上一箇錢其九箇卽是九位也　若實數位少只用三四圖卽得

右上一圖相生爲九定式于左

其左九圖其中有圖上一圈者四乃是各色總物之數也有圖上三圈者五乃臨時遇物而呼以別分類之不同也

縱橫定位分別九圖

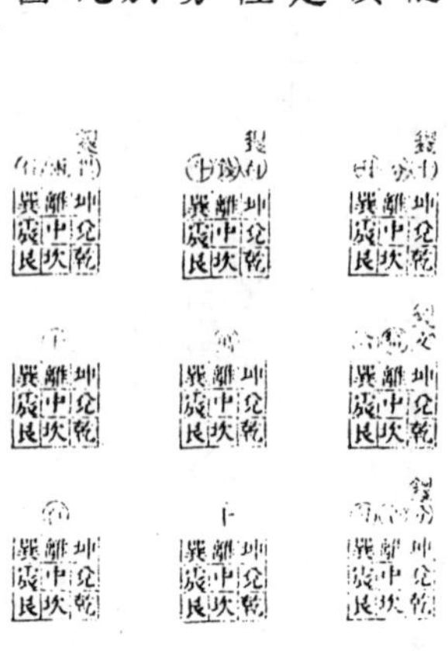

巽	離	坤
震	中	兌
艮	坎	乾

今有人支銀四錢五分又支三錢四分又支三兩五錢問共該若干

答曰四兩二錢九分

法曰置九圖先呼四錢五分將銅錢置錢圖巽四上又將五分置分圖中五上又呼三錢四分將錢圖巽四移在兌七仍四分於分圖內起中五移在離九上再呼三兩五錢置兩圖內震三上卻將五錢在於錢圖內兌七去五移在坤二上進一於兩圖內震三移在巽四共得四兩二錢九分合問

今有米五百七十六石每石價銀三錢問共該銀若干

答曰一百七十二兩八錢

法曰置米五百七十六石於圖中爲實以每石三錢爲法因之

乾　（六石）　三六一十八　將乾六移在坎一　卻于十圖下艮八定位八錢

兌　（七十）　三七二十一　將兌七移在坤二　卻將石圖坎一移在坤二

中　（五百）　三五一十五　將中五移在坎一　卻將十圖坤二改作兌七

今有絲六十八兩每兩價鈔四百六十文問該鈔若

干

答曰三十一貫二百八十文

法曰置絲總數于圖爲實以每兩價鈔數爲法乘之

六八四十八　將次位下巽四　入次位下艮八

艮　㊇　四八三十二　將艮八移在震三　又將次位巽四改作乾六

六六三十六　將次位震三移在乾六　却將下位乾六加六退四

移在坤二進一加于前乾六共七移在兌位

乾　㊅　四六二十四　將乾六移在坤二　却將下位兌七加四退六移在坎一

進一加于前坤二共三移在震位

今有銀一百七十二兩八錢糴米每石價銀三錢問該米若干

答曰五百七十六石

法曰置銀于圖中爲實以每石價三錢爲法歸之

艮　㊈　逢九進三十　將離九除盡進三十加于前震三共六移在乾位

坤　㊁　逢三進一十　三一三十一　將坎一加二移在震三　却于下位艮八加一移在離九

兌　㊆　三二六十二　將巽四除三移在坎一　却于前位乾六加進一移在兌七

坎　㊀　逢六進二十　將坤二加四移在乾六　却于下位坤二加二移在巽四

三一三十一　將艮八除六移在坤二　却于前位震三加進二移在中五

將坎一移在震三又將下位兌七移在艮八

今有鈔二十三貫九百二十文每鈔四百六十文買絲一兩問共絲若干

答曰五十二兩

法曰置鈔于圖中爲實以每兩鈔四百六十文爲法歸之

坤　㊁

離　㊈　二六除一十一　將本位坎一除去更於下位坤二亦除盡　逢八進二十　將離九除八移在坎一進二加于前坤二上

震　㊂　五六除三十　除去震三盡

坤　㊁　四二添作五　將坤二移在中五

一掌金定位圖

左手

右圖以九數置於左手列爲三行每指左邊逆上一二三中間順下四五六右邊逆上七八九以五指而定位數大指爲百二指爲十中指爲兩四指爲錢五指爲分或數大小亦可權變算時暗於袖中用左右兩手五指各指配合相對照每指上定數一二三右指尖在左指左旁四五六右指尖在左指中行七八九右指尖在左指右旁五指皆同務記淸白假如左右兩手中指指若左中指右下爲七錯記在四指左爲一此是以前位七而降後位一數差悞非小宜謹愼之如遇位數多者二足底亦當二位平立爲五平指歆前爲四平跟歆後爲六側於東南爲三側於西南爲九歆於東北爲一歆於西北爲七學者須依暗讀熟記自然慣便不拘乘除皆可用也

卽四四圖

花十六圖

陽數

十三	九	五	一
十四	十	六	二
十五	十一	七	三
十六	十二	八	四

陰數

四	九	五	十六
十四	七	十一	二
十五	六	十	三
一	十二	八	十三

右易換術曰以十六子依陽圖作四行排列先將外四用對換一換十六四換十三次將內四角對換六換十一七換十只以內外四角換畢橫直斜角皆積三十四數

求積法曰以上西南一下東北十六兩角共十七以十六乘之折半得積一百三十六爲實以四行爲法除之得縱橫斜角皆三十四數

易換術曰先以十三居中位周圍連中位各皆三層也列圖於左

五五圖

五	二十三	十六	四	二十五
十五	十四	七	十八	十一
二十四	十七	十三	九	二
二十	八	十九	十二	六
一	三	十	二十二	二十一

列	一	二	三	四	五	六	七	八	九	十	十一	十二
	斜	正	正	斜	正	正	斜	正	正	正	正	斜
	對	對	對	對	對	對	對	對	對	對	對	對
	二十五	二十四	二十三	二十二	二十一	二十	十九	十八	十七	十六	十五	十四
	外	外	外	外	外	外	內	內	內	外	外	內

各相對換畢卽得數　上橫有餘下橫不足各數八

求積法曰併上一下二十五共二十六以二十五乘之折半得積三百二十五爲實以五行爲法除之得縱橫斜角皆得積六十五數

解曰併上下數者非圖中之上下一乃數之始爲上二十五乃數之終爲下後皆倣此

六六圖

二十七	二十九	二	四	十三	三十六
九	十一	二十	二十二	三十一	十八
三十二	二十五	七	三	二十一	二十三
十四	十六	三十四	三十	十二	五
二十八	六	十五	十七	二十六	十九
一	二十四	三十三	三十五	八	十

求積法曰併上下數上一下三十六共三十七以三十六乘之折半得積六百六十六爲實以六行爲法除之得縱橫斜角皆積一百一十一數

易換術曰以一換三十六俱斜對相取

衍數

七七圖

46	8	16	20	29	7	49
3	40	35	36	18	41	2
44	12	33	23	19	38	6
28	26	11	25	39	24	22
5	37	31	27	17	13	45
48	9	15	14	32	10	47
1	43	34	30	21	42	4

法曰併上下數上一下四十九共數五十以四十九乘之得二千四百五十折半得一千二百二十五爲實以七行爲法除之得縱橫斜角皆一百七十五數也

八八圖

61	4	3	62	2	63	64	1
52	13	14	51	15	50	49	16
54	20	19	46	18	47	48	17
36	29	30	35	31	34	33	32
5	60	59	6	58	7	8	57
12	53	54	11	55	10	9	56
21	44	43	22	42	23	24	41
28	37	38	27	39	26	25	40

易數 與八陣圖數同

法曰併上下數上一下六十四共六十五以六十四乘之得四千一百六十折半得積二千零八十爲實以八行爲法除之得縱橫斜角皆二百六十數大抵縱橫八八惟縱後行多數九又橫上至下第三路多數九不能易換

九九圖

31	76	13	36	81	18	29	74	11
22	40	58	27	45	63	20	38	56
67	4	49	72	9	54	65	2	47
30	75	12	32	77	14	34	79	16
21	39	57	23	41	59	25	43	61
66	3	48	68	5	50	70	7	52
35	80	17	28	73	10	33	78	15
26	44	62	19	37	55	24	42	60
71	8	53	64	1	46	69	6	51

法曰併上下數上一下八十一共八十二以八十一乘折半得積三千三百二十一爲實以九行爲法除之得縱橫斜角皆三百六十九數

百子圖

1	20	21	40	41	60	61	80	81	100
99	82	79	62	59	42	39	22	19	2
3	18	23	38	43	58	63	78	83	98
97	84	77	64	57	44	37	24	17	4
5	16	25	36	45	56	65	76	85	96
95	86	75	66	55	46	35	26	15	6
14	7	34	27	54	47	74	67	94	87
88	93	68	73	48	53	28	33	8	13
12	9	32	29	52	49	72	69	92	89
91	90	71	70	51	50	31	30	11	10

法曰併上下數上一下一百共一百零一以一百乘之得一萬零一百折半得五千零五十爲實以十行爲法除之得縱橫皆五百零五數已上圖求積皆如堆垜算

聚五圖

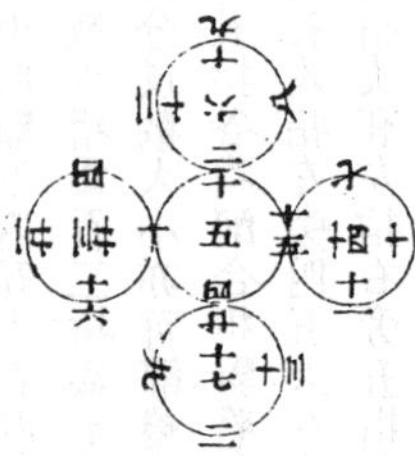

二十一子作二十五子用五圈各皆得積六十五數

聚六圖

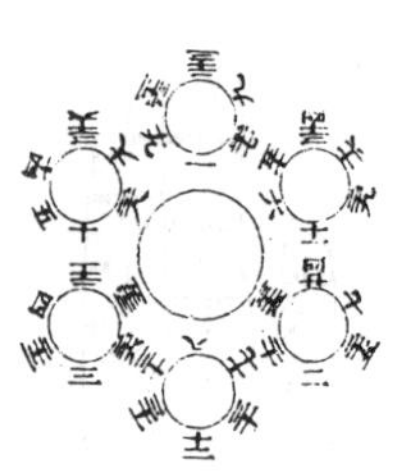

六子廻環各積一百一十一數

聚八圖

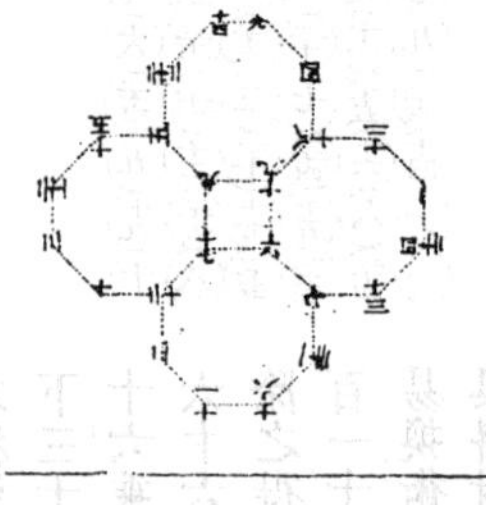

各積一百數二十四子作三十二子用

攢九圖

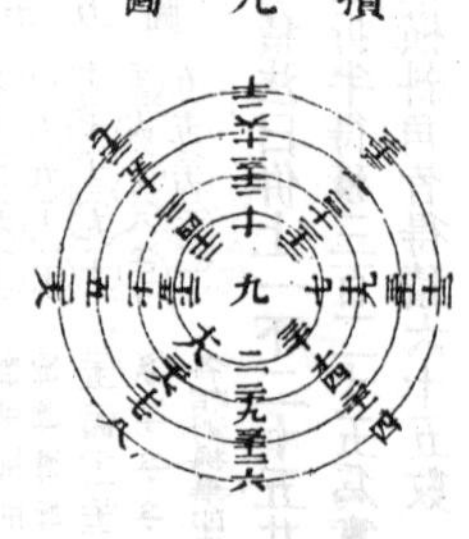

斜直周圍併中九各積一百四十七數

歌

奇行八子順流來遇偶之行逆上排八八盡將排列畢把來橫取更休猜㊀行帶㊇兼求㊄㊂㊁須尋㊆㊅陪却以㊃行居隊角均平八陣顯奇才

法曰以一三五七之行爲奇以二四六八之行爲偶却以六十四子依上順逆排畢然後橫取上層排于次陣先以第一行一居北次以八行六四居東北又以五行三十三居東又以三行十七居東南又以二

八陣圖

六四	四九	四八	三三	三二	一七	一六	一
六三	五十	四七	三四	三一	一八	一五	二
六二	五一	四六	三五	三十	一九	一四	三
六一	五二	四五	三六	二九	二十	一三	四
六十	五三	四四	三七	二八	二一	一二	五
五九	五四	四三	三八	二七	二二	一一	六
五八	五五	四二	三九	二六	二三	十	七
五七	五六	四一	四十	二五	二四	九	八

行十六居南又以七行四九居西南又以六行四八居西又以四行三二居北至第二層俱依此法排之則八陣自然均平各積數二百六十以小輔大而無强弱不齊之數也

又八陣圖

如截坎之東四子艮之西四子亦成一陣之積凡兩陣各取半面四子積一百三十合而俱成一陣共積二百六十數也

求積法見易數圖內

連環圖

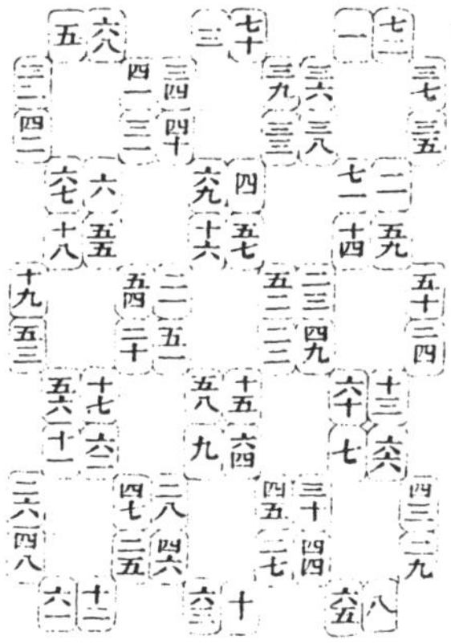

求積法曰併上一下七十二共七十三以七十二乘之得五千二百五十六折半得二千六百二十八爲實以九爲法除之得每環八子爲一陣各一百九十二子多寡相資鄰壁相兼以九陣化一十三陣此見運用之道也

黃鐘　五音相生歌

黃鐘九九起宮音循此三分損一尋六九遂之生徵火三分益一屬商金商居八九還生羽羽木傳流六八侵復以三分而益一角音八八妙通神

五音相生圖

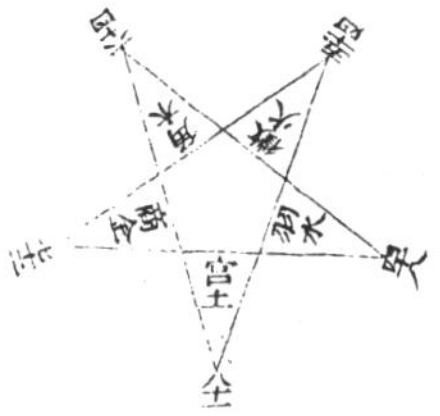

三分損一者乃三分之二也

三分益一者乃三分之一也

法曰黃鐘之管長九寸以九寸自乘得八十一寸爲宮音却以八十一以二因之得一百六十二寸以三歸之得五十四寸所謂三分損一而生徵火却以五十四以四因之得二百一十六以三歸之得七十二寸所謂三分益一而生商金却以七十二以二因三而一得四十八寸而生羽水復以羽數四十八四因三而一得六十四而生角木此乃五音相生之法多者爲尊爲濁少者爲卑爲清

律呂相生圖

律呂相生歌

律呂相生識者稀黃鐘九寸是根基隔八生陰三損一陰律生陽益一奇黃林太蔟皆全寸餘者通之更不疑俱用九分乘見積四時氣候配攸宜

黃鐘太蔟姑洗蕤賓夷則無射爲陽大呂夾鐘仲呂林鐘南呂應鐘爲陰陽呂生陰三分損一陰律生陽三分益一二因三除爲損四因三歸爲益律呂之中惟黃鐘林鐘太蔟之律皆得全寸餘者皆有畸零不盡之數以法通之

黃鐘陽屬空圍九分律長九寸以九分因之得積八百一十分其候冬至　陽律生陰之法却以九寸二因之得一十八寸三歸之得長六寸隔八下生林鐘

林鐘陰屬空圍九分律長六寸以九分因之得積五百四十分其候大暑　陰律生陽之法却以六寸四因之得二十四寸三歸之得長八寸隔八下生太蔟

太蔟陽屬空圍九分律長八寸以九分因之得積七百二十分其候雨水　陽律生陰之法却以八寸二因之得一十六寸三歸之得長五寸三分之一隔八下

生南呂

以上三律皆得全寸自此以下九律不盡之寸俱用通法通之

南呂陰屬律長五寸三分之一却以分母三通五寸加分子之一共得一十六寸以九分因之以三歸之得積四百八十分其候秋分　却以通寸一十六以四因之得六十四寸另以三因分母三得九爲法歸之得七寸九分寸之一隔八下生姑洗

姑洗陽屬律長七寸九分寸之一却以分母九通七寸加分子之一共得六十四寸以空圍九分因之得五千七百六十分以分母九歸之得積六百四十分其候穀雨　却以通寸六十四以二因之得一百二十八寸另以三因分母九得二十七爲法除之得四寸二十七分寸之二十隔八下生應鍾

應鍾陰屬律長四寸二十七分寸之二十却以分母二十七通四寸加分子二十共得一百二十八寸以空圍九分因之得一萬一千五百二十分以分母二十七除之不盡一十八分法實皆九約之得積四百二十分三分寸之二其候小雪　却以通寸一百二十八以四因之得五百一十二寸另以三因二十七得八十一爲法除之得六寸八十一分寸之二十六隔八下生蕤賓

蕤賓陽屬律長六寸八十一分寸之二十六却以分母八十一通六寸加分子二十六共得五百一十二寸以空圍九分因之得四萬六千零八十分以分母八十一爲法除之不盡七十二分法實皆以九約之得積五百六十分九分寸之八其候夏至　却以通寸五百一十二以四因之得二千零四十八寸另以三因八十一得二百四十三爲法除之得八寸二百四十三分寸之一百零四隔八上生大呂

按蕤賓陽律生陰之法當用三分損一如上所云乃三分益一之法此又不可曉者抑夏至一陰始生之故歟

自此以後陰律生陽三分損一陽律生陰三分益一

大呂陰屬律長八寸二百四十三分寸之一百零四却以分母通八寸加分子共得二千零四十八寸以九分因之以分母二百四十三爲法除之不盡一百二十六分法實皆三約之得積七百五十八分八十一寸寸之四十二其候大寒　却以通寸二千零四十八寸以二因之得四千零九十六寸爲實另以三因二百四十三得七百二十九爲法除之得五寸七百二十九分寸之四百五十一隔八下生夷則

夷則陽屬律長五寸七百二十九分寸之四百五十一却以分母通五寸加分子共得四千零九十六寸以空圍九分因之得三十六萬八千六百四十分爲實以七百二十九爲法除之不盡四百一十四分法實皆九約之得積五百八十一分寸之四十六其候處暑　却以通寸四千零九十六以四因之得一萬六千三百八十四寸另以三因七百二十九得二千一百八十七爲法除之得七寸二千一百八十七分寸之一千零七十五隔八上生夾鍾

夾鍾陰屬律長七寸二千一百八十七分寸之一千零七十五却以分母通七寸加分子共得一萬六千三百八十四寸以空圍九分因之得一百四十七萬四千五百六十分以分母二千一百八十七除之不盡五百二十二分法實皆九約之得積六百七十四分二百四十三分寸之五十八其候春分　却以通寸一萬六千三百八十四寸以二因之得三萬二千七百六十八寸爲實另以三因二千一百八十七得六千五百六十一爲法除之得四寸六千五百六十一分寸之六千五百二十四隔八下生無射

無射陽屬律長四寸六千五百六十一分寸之六千五百二十四却以分母通四寸加分子共得三萬二千七百六十八寸以空圍九分因之得二百九十四萬九千一百二十分却以分母六千五百六十一分爲法除之不盡三千二百三十一分以法命之得積四百四十九分六千五百六十一分寸之三千二百三十一其候霜降　却以通寸三萬二千七百六十八寸以四因之得一十三萬一千零七十二寸另以三因分母六千五百六十一得一萬九千六百八十三爲法除之得六寸一萬九千六百八十三寸之一萬二千九百七十四隔八上生仲呂

仲呂陰屬律長六寸一萬九千六百八十三分寸之一萬二千九百七十四却以分母通六寸加分子共得一十三萬一千零七十二寸以空圍九分因之得一千一百七十九萬六千四百八十分以分母一萬九千六百八十三爲法除之得積五百九十九分一萬九千六百八十三分寸之六千三百六十三其候小滿

統紀歷年度分地里

今有一元統十二會一會統三十運一運統十二世一世積三十年問一元該年若干

答曰一十二萬九千六百年

法曰置十二會以三十運乘之得三百六十又以十二世乘之得四千三百二十世爲實却以每世三十年爲法乘之得一元共該一十二萬九千六百年合問

今有周天三百六十五度四分度之一每度經地二千九百二十里零二十步問該里若干出聖斗眞經註

答曰一百零六萬六千五百五十里零一百零五步

法曰置二千九百二十里以里法三百六十步通之加零二十步共得一百零五萬一千二百二十步以四而一得二十六萬二千八百零五步爲法另置三百六十五度以四通之加入分子之一共得一千四百六十一度爲實以法乘之得三億八千三百九十五萬八千一百零五步却以里法三百六十步除之合問

袖中定位訣歌

掌中定位法爲奇從寅爲主是根基因乘順數下回轉歸與歸除上位施法多原實逆上數法少原實降下如乘除大小從術化釐毫絲忽不差池

定位掌圖

凡用算盤已畢以手指推定位

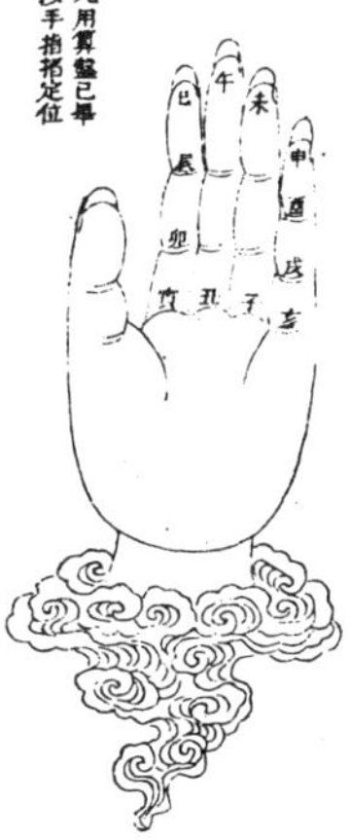

因乘定位法

假如有田三百一十二畝每畝科糧四升問共該米若干

答曰一十二石四斗八升

法曰置田畝爲實以每畝糧四升爲法因畢得數莫動先從寅上定百畝以卯上得十畝以辰上得一畝就以畝下巳位上得術變升逆回辰上得斗卯上得石寅上即十合問

歸除定位法

用歸法有逢進故陞前一位而得令

假如有米四百石每銀一兩糴米二石五斗問共該價銀若干

答曰一百六十兩

法曰置總米爲實以每銀糴米二石五斗爲法除之得數莫動却從寅上起百石卯上得十石辰上得石就以石前卯上定兩逆陞前寅上得十兩過前一位丑上即百兩也

假如有米四百石用船脚銀三十兩問每石該銀若干

答曰七分五釐

法曰置銀三十兩爲實以米四百石爲法除之得數莫動此乃法多實少却從寅上起原實十逆陞上丑位遇法是百止逆前一位子上得令是兩復轉順下降丑爲錢降寅位即得七分卯位是五釐也

孕推男女法

歌

四十九數加孕月減行年歲定無疑一除至九多餘數逢雙是女隻生兒

今有孕婦行年二十八歲八月有孕問所生男女

答曰生男

法曰置四十九加孕月八共五十七減年二十八餘二十九減天除一地除二人除三四時除四五行除五六律除六七星除七不盡奇爲男偶爲女也一三五七九皆奇二四六八十皆偶如數多再以八風除八

算經源流

朱元豐七年刊十書入祕書省又刻於汀州學校

黃帝九章　周髀算經　五經算法　海島算經

孫子算法　張丘建算法　五曹算法　緝古算法

夏侯陽算法　算術拾遺

元豐紹興淳熙以來刊刻者多且以見聞者著之

議古根源　益古算法　証古算法　明古算法

辨古算法　明源算法　金科算法　指南算法

應用算法　曹唐算法　賈憲九章　通微集

通機集　盤珠算　走盤集　三元化零歌

鈐經　鈐釋

嘉定咸淳德祐等年又刊各書

詳解黃帝九章

詳解日用算法

乘除通變本末

續古摘奇算法

以上俱出楊輝摘奇內

詳明算法

元儒安止齋何平子作有乘除而無九章不備

九章通明算法

明末樂二十二年臨江劉仕隆作九章而無乘除等法後作難題三十三款

指明算法

正統己未江寧夏源澤作而九章不全

九章比類算法

景泰庚午錢唐吳氏作共八本有乘除分九章每章後有難題其書章類繁亂差訛者亦多

算學通衍

成化壬辰京兆劉洪作

九章詳註算法

成化戊戌金陵許榮作採取吳氏之法

九章詳通算法

成化癸卯鄱陽余進作採取詳明通明法

啓蒙發明算法

嘉靖丙戌福山鄭高昇作

馬傑改正算法

河間吳橋人嘉靖丙戌作而無乘除只改錢唐吳信民法反正爲邪數款今予辨明圖釋衆校兎悞

後學

句股算術

嘉靖癸巳吳典尚書箬溪顧應祥作無乘除

正明算法

嘉靖己亥金臺張爵作

算理明解

嘉靖庚子江西寧都陳必智作

重明算法

訂正算法

嘉靖庚子浙東會稽林高作詳解定位

測圓海鏡

嘉靖庚戌學士欒城李冶作無乘除

弧矢弦術

嘉靖壬子顧箬溪作無乘除

算林拔萃

隆慶壬申宛陵太邑楊溥作

一鴻算法

萬曆甲申銀邑余楷作

庸章算法

萬曆戊子新安朱元濬刊

欽定古今圖書集成曆象彙編曆法典

第一百二十六卷目錄

算法部彙考十八

新法曆書比例規解

曆法典第一百二十六卷

算法部彙考十八

新法曆書

比例規解　遠西羅雅谷著

序目

天文曆法等學舍度與數則授受不能措其辭故量法算法恆相發爲其法種種不襲而器因之各國之法典器大同小異如算法之或以書或以盤珠吾西國猶以爲未盡其妙也近世設立籌法似更超越千古至幾何家用法則籌有所不盡者而量該之不能不藉以爲用今錄幾何六卷六題推顯比例規尺一器其用至廣其法至妙前諸法器不能及之因度用數開闔其尺以規揞度得算最捷或加減或乘除或三率或開方之面與體此尺悉能括之又函表度倒景直景日晷句股弦算五金輕重諸法及百種技藝無不賴之功倍用捷爲造瑪得瑪第嘉最近之津梁也昔在上海曾爲徐宗伯造其尺而未暇譯書今奉旨修曆兼用敵庠之法思此小器爲用既廣曷敢祕而不傳第中西文字絕不相同倘因艱澀而輟譯是坐令此器不得其用不甚可惜哉因草創成書請教宗伯此器之倘爲用于世也則潤色之增補之定有其時而谷之不文或見亮於天下後世也矣

論度數者其綱領有二一曰量法一曰算法所量所算者其節目有四焉曰點曰線曰面曰體總命之曰幾何之學而其法不出於比例蓋比例法又不出於句股第句股爲正方角而別有等角斜角句股不足盡其理故總名之曰三角形此規名比例者用比例法也器不越咫尺而量法算法若線若面若體若弧矢方圓諸法凡度數所須該括欲盡斯亦奇矣所分諸線篇中稱引之說特其指要各有本法本論未及詳焉若所從出與其致用則三角形之比例而已按幾何原本六卷四題云凡等角三角形其在等角旁之各兩腰線相與爲比例必等而對等角之邊爲相似之邊六題云兩三角形之一角等而對等角旁之各兩邊比例等卽兩形爲等角形而對各相似邊之角各等作者因此二題創爲此器今依左圖解之如甲乙丙與丁乙戊大小兩三角形同用乙角卽爲等角則甲乙與乙丙之比例若丁乙與乙戊而對等角之邊如甲丙與丁戊爲相似之邊也又顯兩形爲等角形而對各相似邊之角各等也今此規之樞心卽乙角兩股卽乙甲乙丙兩腰甲丙爲底卽與乙丁戊爲等角形而各相當之各角各邊其比例悉等矣任張翕之但取大小兩腰其兩底必相似也或取兩底其兩腰必相似也或取此腰此底其與彼腰彼底必相似也以數明之如甲乙大腰一百乙丁小腰六十而設甲丙大底八十以求小底丁戊卽定尺用規器量取丁戊爲度向平分線取數必四十八不煩乘除矣又如平方積一萬其根一百求作別方爲大方四之三卽以一百爲腰分面線之四點爲大底次以三點爲小腰取小底爲度向平分線得八十六半強爲小方根自之約得七千五百爲小方積不煩開平方矣又如立方積八千其根二十求作大方倍元方卽以二十爲小底分體線之一點爲小腰次以二點爲大腰取大底爲度於平分線得二十五半自之再自之約得一萬六千爲大方積不煩開立方矣篇中所言某爲腰某爲底設某數得某數者皆此類也規凡二面面有五線共十線其目如左

第一平分線

第二分面線

第三更面線

第四分體線

第五更體線

第六分弦線

第七節氣線

第八時刻線

第九表心線

第十五金線

右比例十類之外依幾何原本其法甚多因一器難容多線故止設十線其不爲恆用者姑置之稍廣焉更具四法如左

一平面形之邊與其積

二有形五體之邊與其積與其面

三有法五體與球或內或外兩相容

四隨地造日晷求其節氣

比例規造法 一名度數尺其式有二

第一式

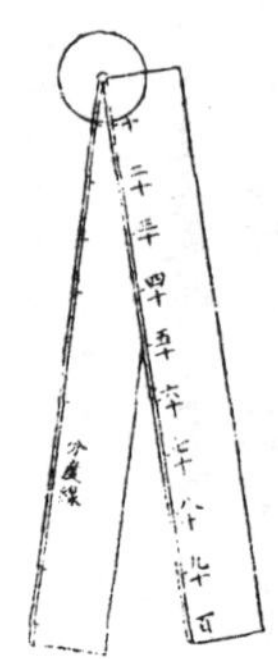

一以薄銅板或厚紙作兩長股如圖任長一尺上下廣如長八之一兩股等長等廣股首上角爲樞以樞心爲心從心出各直線以尺大小定線數今折中作五線兩股之面共十線可用十種比例之法線行相距之地取足書字而止尺首半規餘地以固樞也用時張翕游移

第二式

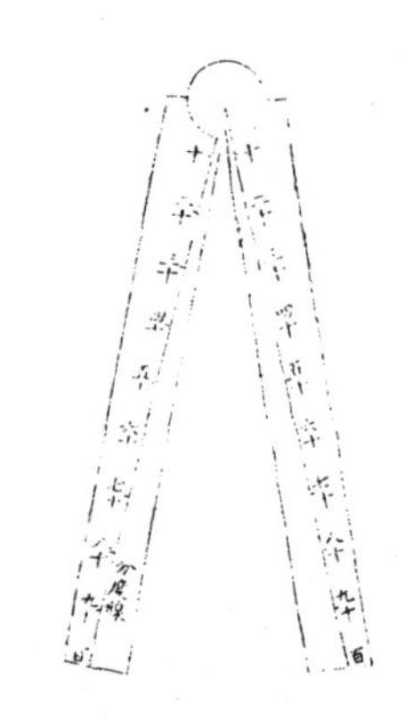

一以銅或堅木作兩股如圖厚一分以上長任意股上兩用之際以爲心規餘地以安樞其一規面與尺面平而空其中其一刻規面入於彼尺之空令密無罅也樞欲其無偏也兩尺並欲其無罅也樞心爲心與兩尺之合線欲其中繩也用則張翕游移之張盡令兩首相就成一直線可作長尺或以兩半直角相就成一直角可作矩尺

比例矩之類別有二種一爲四銳定心規一爲四銳百游規不解之其造法頗難爲用未廣姑置之

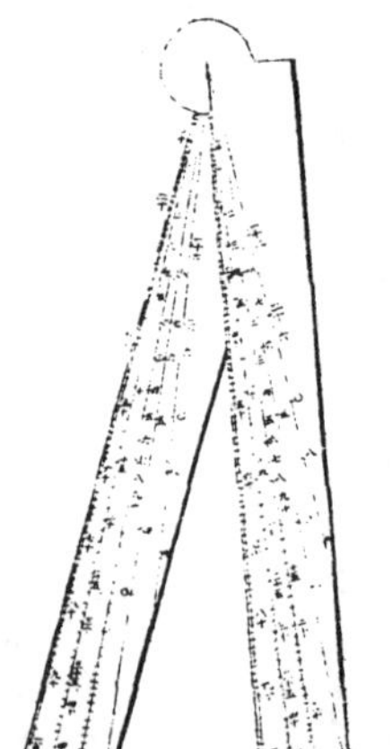

比例各線總圖一

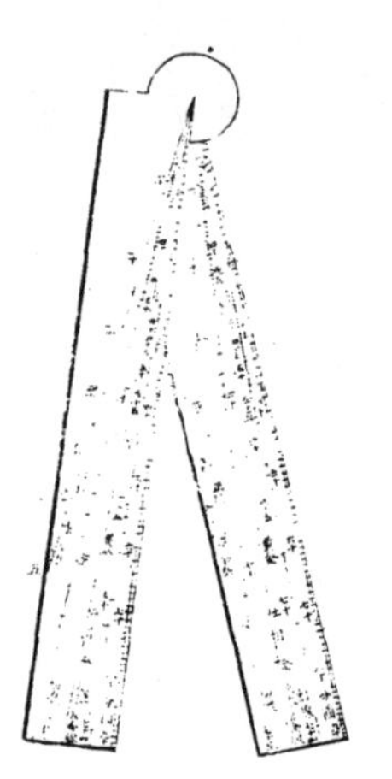

比例各線總圖二

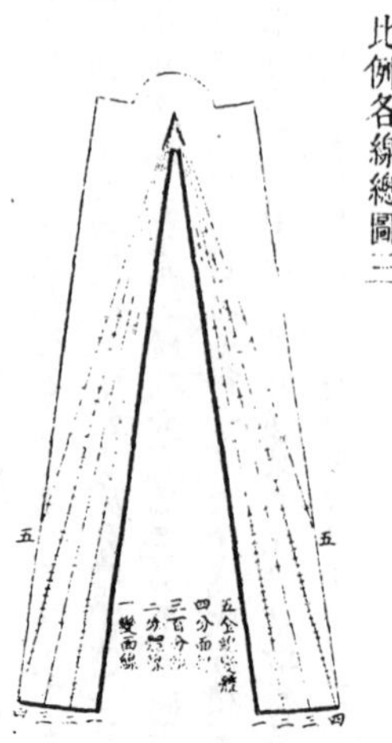

比例各線總圖三

比例各線總圖四

第一平分線

分法

此線平分爲一百或二百乃至一千量尺之大小也分法如取一百先平分之爲二又平分爲四又各五分之爲二十自此以上不容分矣則用更分法以元分四復五分之或以元分六復五分之如左圖甲乙線分丙丁戊爲元分之四今更五分之得己庚辛壬元分與大分之較爲壬丙爲戊己皆甲乙二十分之一爲元分五之一

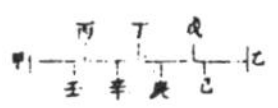

每數至十至百各書字識之

論曰甲乙四與甲丙一若甲己四與甲壬一更之甲乙四與甲己四若甲丙一與甲壬一甲己爲甲乙五之四即甲壬爲甲丙五之四壬丙爲甲丙五之一又甲丁爲十甲辛爲八辛丁爲甲丁十之二或丙丁五之二戊庚爲丁戊五之三又壬丙爲甲丙五之一必爲甲壬四之一 幾何五卷

用法一

凡設一直線任欲作幾分假如四分即以設線爲度數兩尺之各一百以爲腰張尺以就度令設線度爲兩腰之底置尺數兩尺之各二十五以爲腰斂規取二十五兩點間之度以爲底向線上簡得若干數即所求分數 凡言線者皆直線依幾何原本大小兩三角形之比例則二十五與得線若一百與設線也更之二十五與一百得線與設線皆若一與四也若求極微分如一百之一如上以一百爲腰設線爲底置尺大以九十九爲腰取底比設線其較爲百之一 若欲設線內取零數如七之三即以七十爲腰設線爲底置尺大以三十爲腰斂規取底即設線七之三 置尺者置不復動下倣此

用法二

凡有線求幾倍之以十爲腰設線爲底置尺如求七倍以七十爲腰取底即元線之七倍若求十四倍則倍得線或先取十倍更取四倍并之

用法三

有兩直線欲定其比例以大線爲尺末之數 尺自百即千 置尺斂規取小線度於尺上進退就其等數如大線爲一百小線爲三十七即兩線之比例若一百與三十七可約者約之

約法以兩大數約爲兩小數其比例不異如一百與三十約爲十與三

用法四

乘法與倍法相通 乘者求設數之幾倍也 如以七乘十三於腰線取十三爲度七倍之即所求數也

用法五

設兩線或兩數

凡言數者腰上取其分或以數變爲線或以線變爲數

欲求一直線而與元設兩線爲連比例 若設大求小則以大設爲兩腰中設爲底大以中設爲兩腰得小底即所求如甲乙甲丙尺之兩腰所設兩數爲三十爲十八欲求其小比例從心向兩腰取三十如甲辛甲己識之斂規取十八爲度以爲底如辛己大從心取十八如甲丁甲戊即丁戊爲連比例之小率得十一有奇 若設小求大則反之以中設爲兩腰小設爲底置尺以中設爲度進求其等數以爲底從底向心得數即所求如甲丁甲戊爲兩腰丁戊爲底大以甲丁爲度引之至辛至己而等從辛從己向心得三十即大率論見幾何六卷十一題

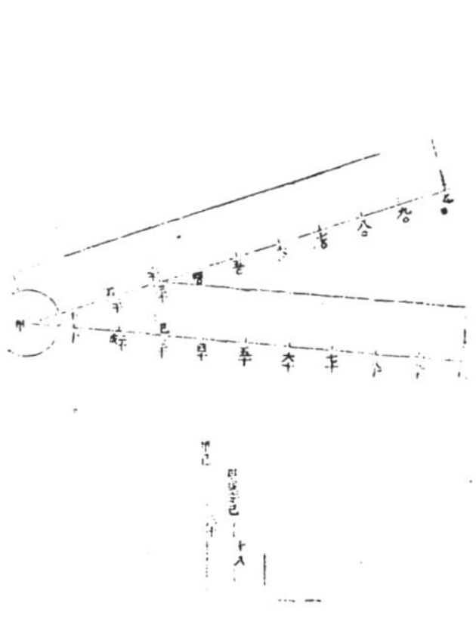

凡言等數者皆兩腰上縱心取兩數等下同

用法六

凡有四率連比例既有三率而求第四或以前求後則丁戊爲第一率辛己甲丁甲戊爲第二又爲第三而得辛甲爲第四若以後求前則甲辛甲己爲第一辛己甲戊甲丁爲第二又爲第三而得丁戊爲第四甲辛與辛己若甲丁與丁戊故也

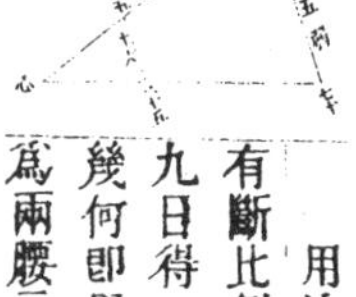

用法七

有斷比例之三率求第四如一星行九日得一十一度今行二十五度日幾何即用三率法以元得一十一度爲兩腰元行九日爲底置尺以二十

五度爲兩腰取大底腰上數之得二十日（十一之五）爲所求日

此正三率法九章中名異乘同除也

用法八

句股形有二邊而求第三法於一尺取三十爲內句一尺取四十爲內股更取五十爲底以爲內弦卽腰間角爲直角置尺若求弦則以各相當之句股進退取數各作識於所得點兩點相望得外弦線以弦向尺上取數爲外弦數

言內外者以先定之句股成式爲內甲乙丙是以所設所得之他句股形爲外甲戊己是

若求句於內股上取外股作識以設弦爲度從識向句尺取外弦得點作識從次識向心數之得句求股亦如之

下有開方術爲句股本法可用

用法九

若雜角形有一角及各傍兩腰求餘邊先以弦線法依設角作尺之腰間角次用前法取之（見下二十一用四法）

用法十

有小圖欲更畫大幾倍之圖則尺上取元圖之各線加幾倍如前作之

用法十一

此線上宜定兩數其比例若徑與周爲七與二十二或七十一與二百二十三卽二十八數上書徑八十六上書周　有圈求周徑法以元周爲腰設周爲底次于元兩徑取小底得所求徑　反之以徑求周徑爲腰如前

用法十二

此線上定兩數求爲理分中末線之比例則七十二與四十二又三之一不盡爲大分其小分爲二十四又三之二弱　有一直線欲分中末分則以設線爲度依前數取之（幾何六卷三十題）

第二分面線

今爲一百不平分分法有二　一以算　一以量

以算分

算法者以樞心爲心任定一度爲甲乙十平分之自之得積一百　今求加倍則倍元積一百爲二百其方根爲十四又十四之九卽於甲乙十分線加四分半強而得甲丙爲倍面之邊求三倍則開三百之根得十七有半爲甲丁求五六七倍以上者邊法同（用方根表甚簡易）

以量分

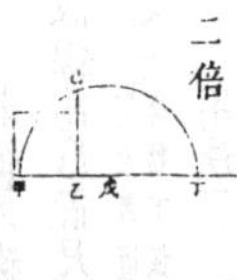

任取甲乙度爲直角方形之一邊求倍則於甲乙引至丁截乙丁倍於甲乙次平分甲丁於戊戊心甲界作半圈從乙作乙己垂線截圈於己卽己乙線爲二百容形之一邊（十六卷二十六增）求三倍則乙丁三倍於甲乙四倍以上法同於尺上從心取甲乙又從心取乙己等線成分面線

試法

元線爲一正方（直角方形省曰正方）之邊倍之得四倍容方之邊否則不合三倍之得九倍容方之邊四倍得十六五倍二十五又取三倍之邊倍之得十二再加倍得二十七倍之邊再加倍得四十八倍之邊再加倍得七十五倍之邊若五倍容形之邊倍之得二十倍容形之邊再加倍得四十五倍容形之邊再加倍得八十倍容形之邊（本邊之論見幾何六卷十三）

用法一

有同類之幾形

方圓三邊多邊等形容與容之比例若邊與邊其理具幾何諸題

欲并而成一同類之形其容與元幾形并之容等如正方大小四形求作一大方其容與四形并等第一形之容爲二二形之容爲三三形之容爲四有半四形之容爲六又四之三其法從心至第二點爲兩腰以第一小形之邊爲底置尺次并四形之容得十六又四之一以爲兩腰取其

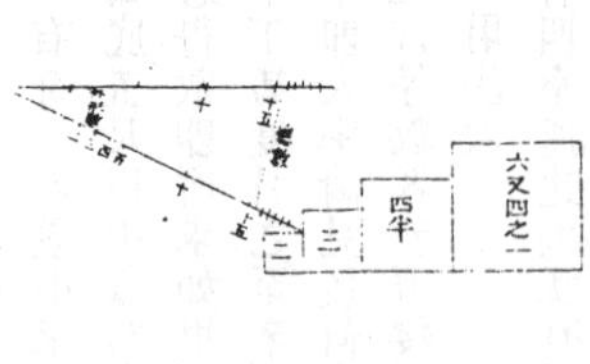

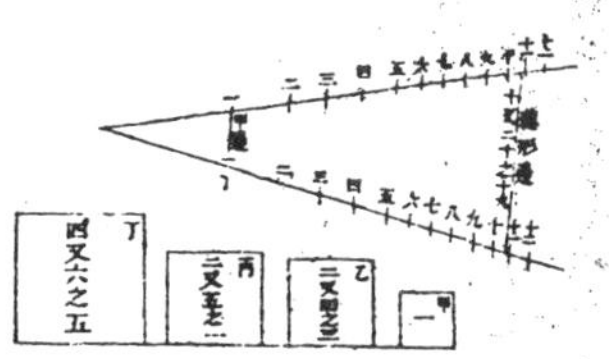

底爲大形邊其容與四形之容幷等　若無容積之比例但設邊如甲乙丙丁四方形其法從心至尺之第一點爲兩腰小形甲邊爲底置尺次以乙形邊爲度進退取等數得第二點外又四分之三卽書二又四之三次丙形邊爲度得三又五之一丁形邊得四又六之五幷諸數及甲形一得十又二十之十九向元定尺上進退取等數爲底卽所設四形同類等容之一大形邊（此加形之法）

用法二

設一形求作他形大於元形幾倍法曰元形邊爲底從心至第一點爲腰引至所求倍數點爲大腰取大底卽大形之邊（此乘形之法）

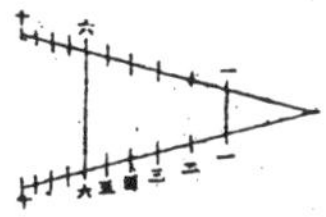

用法三

若於元形求幾分之幾以元形邊爲底命分數爲腰退至所求數爲腰取小底卽得　如正方一形求別作一正方其容爲元形四之三以大形邊爲底第四點爲腰（卽命分數）次以第三點爲腰（卽得分數）得小底卽小形邊

此除形之法若設一形之積大而求其若干倍小而求其若干分則以原積當單數用第一線求之

用法四

有同類兩形求其較或求其多寡或求其比例若干法曰小形邊爲底第一點爲腰置尺以大形之邊爲度進退就兩等數以爲腰得兩形比例之數次於得數減一所餘爲同類他形之一邊此他形爲兩元形之較　如前圖小形邊爲一大形邊爲六其比例爲一與六則從一至六爲較形邊（此減形之法）

用法五

有一形求作同類之他形但云兩形之容積若所設之比例法曰設形邊爲底比例之相當率爲腰次他率爲腰取其底爲他形之邊

用法六

有兩數求其中比例之數法曰先以大數變爲線變線者於分度線上取其分與數等爲度也以爲底以本線上之本數爲腰置尺次於小數上取其底線變爲數變數者於分度線上查得若干分也此數爲兩元數中比例之數　如前圖二與八爲兩元數先變八爲線以爲底以本線之第八點爲腰置尺次於第二點上取其底線變爲四數則二與四若四與八也　若設兩線不知其分先於分度數線上查幾分法如前

用法七

有長方求作正方其積與元形等法曰長方兩邊變兩數求其中比例之數變作線卽正方之一邊與元形等積

用法八

有數求其方根設數或大或小若大如一千三百二十五先於度線上取十分爲度以爲底以本線一點爲腰卽一正方之邊其積一百次求一百與設數之比例得十三倍又四之一以本線十三點強爲腰取其底於度線上查分得三十五强爲設數之根

第三更面線

分法

如有正方形欲作圓形與元形之積等置公類之容積四三二一九六四以開方得六五八正方邊也以開三邊形之根得一千爲三邊等形之一邊開五邊之根得五〇二六邊形之根爲四〇八七邊形之根爲三四五八邊形之根爲二九九九邊形之根爲二六〇十邊形之根爲二三七十一邊形之根爲二一四十二邊形之根爲一九七圓形之徑爲七四二以本線爲千平分而取各類之數從心至末取各數加本類之號

言平形者有法之形各邊各角俱等

用法一

有異類之形欲相併先以本線各形之邊爲度以爲底以本類之號爲腰置尺取正方號之底線別書之末以各正方之邊於分面線上取數合之而得總邊也

假如甲乙丙三異類形欲相併先以三邊號爲腰甲一邊爲底置尺取正方號四點內之底向分面線上

用十數爲腰正方底爲底於甲形內作方底線書十次五邊號爲腰乙一邊爲底如前取正方底向分面線得二十一半卽於乙形內作方底線書之次圓號爲腰徑爲底如前得十六弱併得四十七半弱　若欲相減則先遍類如前法

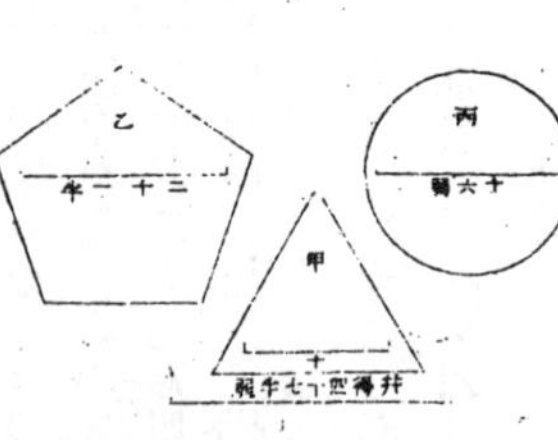

次於分面線上相減同上圖

用法二

有一類之形求變爲他類之形同積以元形邊爲度以爲底從心至本號點爲腰置尺次以所求變形之號爲腰得底卽變形邊

用法三

凡設數求開各類之根先於分面線求正方之根次以方根度爲底本線正方號爲腰置尺則所求形之號之底線卽元數某類之根

有法之平形其邊可名爲根與方根相似

用法四

若異類形欲得其比例與其較則先變成正方依分面線求之

第四分體線

線不平分分法有二一以算一以量

以算分

從尺心任定一度爲甲乙十平分自之又自之得積一千卽定其線爲一千卽體之根今求加一倍積體之根倍元積得二千開立方根得十二又三之一卽於甲乙加二又三之一爲甲丙乃倍體之邊求三倍開三千數之立方根以上同

又捷法取甲乙元體之邊四分之一加於甲乙元邊得甲丙卽倍體邊又取甲丙七分之一加於甲丙得甲丁乃三倍體之邊取甲丁十分之一加於甲丁得甲戊乃三倍體之邊再分再加如圖

元體甲乙	倍體甲丙	三倍甲丁	四倍甲戊	五倍甲己	六倍甲庚	七倍甲辛	八倍甲壬	九倍甲癸	十倍甲子
一〇〇	一二六	一四四	一五九	一七一	一八二	一九一	二〇〇	二〇八	二一五

試置元體之邊二十八四之一得七以加之得三十五法曰兩根之實數卽用再自之數爲一與二不遠蓋二十八之立實爲二一九五二倍之爲四三九〇四比於三十五倍體邊之實四二八七五其差纔〇一〇二九約之爲一千四百五十二分之一不足爲差若用三十六之四六六五六其差爲遠　又加倍體七之一得再倍體之邊三十五又七之一七之一者五也以加之得四十其實爲六四〇〇〇元積再倍之數爲六五八五六較差纔〇一八五六或三十五之一可不入算也若用四十一根之實六八九二一其差爲遠

又試倍邊上之體爲體之八倍卽依圖計零數至第八位爲五之四八之七十一之十十四之十三十七之十六二十之十九二十三之二十二用合分法合之得一二〇四二八〇之六〇八六六〇八約之爲一〇七五〇之五四三四與二之一不遠則法亦不遠

右兩則皆用開立方之法不盡數難爲定法

以量分

先如圖求四率連比例線之第二蓋元體之邊與倍體之邊爲三加之比例也今求第二幾何法曰第二線上之體與第一線上之體若四率連比例線之第四與第一假如丙乙元體之邊求倍體之邊則倍丙乙得甲丁以甲丁乙丙作壬巳辛庚矩形於壬角之兩腰引長之以形心爲心如戊作圈分截引長線於子於午漸試之必令子午直線切矩形之辛角乃止卽乙丙（卽庚辛）午庚子己甲丁（卽庚壬）爲四率連比例線用第二率午庚爲次體之一邊其體倍大於元體（詳雙中率論）　若甲丁爲乙丙之三倍四倍卽午庚邊上之體大於元體亦三四倍以上做此　用前法則元體之邊倍之得八倍體之邊若三之得二十七倍體之邊四之得六十四倍體之邊五之得一百二十五倍體之邊

又取二倍體邊倍之得十六再倍得一二八倍體之邊本線上量體任用其邊其根其面其對角線其軸皆可

用法一

設一體求作同類體大於元體幾倍法以元體邊爲底從心至第一點爲腰置尺次以所求倍數　爲腰得大底卽所求大體邊　若設零數如元體設三求作七以三點爲初腰七點爲次腰如上法此乘體之法

用法二

有體求作小體得元體之幾分如四分之一四分之三等法以元體之邊爲底命分數之點爲腰置尺退至得分數爲小腰得小底是所求分體邊此分體之法

用法三

有兩體求其比例以小體邊爲底第一點爲腰置尺次以大體邊爲底就等數得比例之數也不盡則引小體邊於二點以下以大邊就等數兩得數乃上可得比例之全數而省零數

用法四

有幾同類之體求并作一總體　若有各體之比例則以比例之數合爲總數以小體邊爲底一點以上爲腰置尺於總數點內得大底卽總體邊　若不知其比例先求之次用前法此加體之法

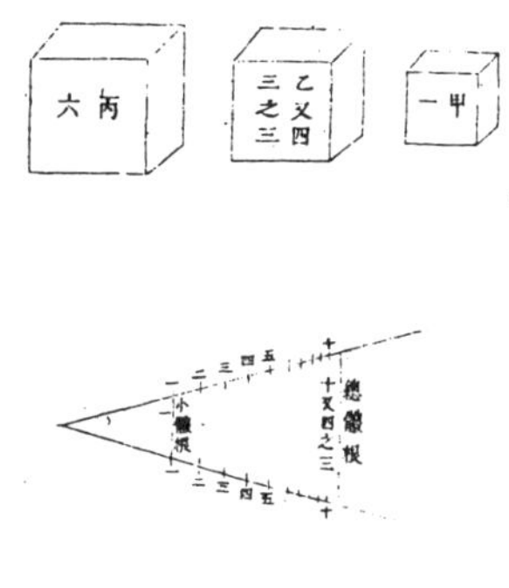

如圖甲乙丙三立方體求併作一大立方體其甲根一乙三叉四之三丙六併得十叉四之三以甲邊爲底本線一點以上爲腰置尺向外求十叉四之三爲腰取底爲度卽所求總體之根

用法五

大內減小所存求成一同類之體　先求其比例次以小體邊爲底比例之小率點以上爲腰置尺次以比例兩率較數點上爲腰得較底卽較體之邊此減體之法

用法六

有同質同類之兩體得一體之重知他體之重蓋重與重若容與容先求兩體之比例次用三率法某容得某重若干求某容得某重若干

同質者金鉛銀銅等同體者方圓長立等

用法七

有積數欲開立方之根　置積與一千數求其比例次於平分線上取十分爲底本線一點以上爲腰置尺次比例之大率以上爲腰得大底於平分線上取其分爲所設數之立方根如設四萬則四萬與一千之比例爲四十與一如法於四十點內得大底線變爲分得三十四強　若所設積小不及千則以一分爲底一點或半點或四之一等數爲腰置尺設數內求底而定其分若用半點用所設數之一半用四之一亦用設數四之一　蓋算法通變或倍或分不變比例之理

用法八

有兩線求其雙中率線數同理如三爲第一率二十四爲第四率求其比例之中兩率　法求兩率之約數得一與八以小線爲底一點以上爲腰置尺次八點以上爲腰取大底卽第二率有第二第四依平分線求第三

第五變體線

變體者如有一球體求別作立方其容與之等

分法

置公積百萬依算法開各類之根則立方之根爲一百四等面體之根爲二〇四八等面體之根爲一二八半十二等面體之根爲五十二十等面體之根爲七六　圓球之徑爲一二六　因諸體中獨四等面體之邊最大故本線用二百〇四分平分之從心數各類之根至本數加字開根法見測量全義六卷

用法一

有異類之體求相加以各體之邊爲度以爲底本線本類之點以上爲腰置尺次從立方點內取底別書之各書訖依分體線法合之

用法二

有異類之幾體求其容之比例先以各體變而求同容之立方邊次於分體線求其比例乃所設體之比例若知一體之容數因三率法求他體之容數

第六分弦線亦日分圜線

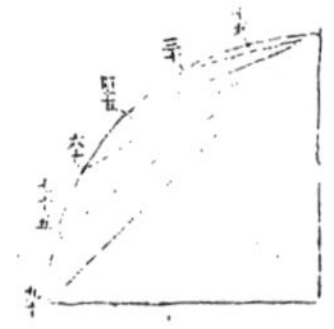

分法有二

一法

別作象限圈分令半徑與本線等長分弧爲九十度各作識從一角向各識取度移入尺線從尺心起度各依所取度作識加字若尺身大加半度之點可作一百八十〇度若身小可六十度或九十度止

又法

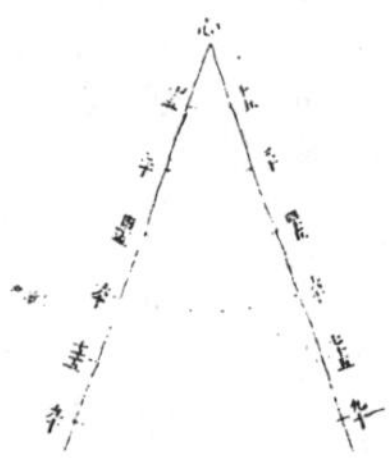

用正弦數表取度分數半之求其正弦倍之本線上從心數之識之

如求三十度弦即其半十五度之正弦爲二五九倍之得千分之五一九爲三十度之弦從心識之

用法一

有圈徑設若干之弧求其弦以半徑爲底六十度爲腰置尺文以設度爲腰取底即其弦移試元圈上合其弧　反之有定度之弦求元圈徑以設弧之弦爲底設度爲腰置尺文取六十度爲腰取底即圈之半徑

用法二

有全圈求作若干分法以半徑爲底六十度（其弦即半徑也）爲腰置尺命分數爲法全圈爲實而一得數爲腰取底試元圈上合所求分（此分圈之法）　約法本線上先定各分之點如百二十爲三之一九十爲四之一七十二爲五之一六十爲六之一五十一又七之三爲七之一四十五爲八之一四十爲九之一三十六爲十之一三十二又十一之八爲十一之一三十爲十二之一各加字

用法三

凡作有法之平形先作圈以半徑爲底六十度爲腰置尺文本形之號爲腰取底移圈上得分

用法四

有直線角求其度以角爲心任作圈兩腰間之弧度即其對角之度（有半徑有弧求度如左）

用法五

有半徑設弧不知其度數法以半徑爲底六十度爲腰置尺文以弧爲度就等數作底其等數即弧度反之設角度不知其徑及弧求作圖其法先作直線一界爲心任作圈分以截線爲底六十度之弦線爲腰置尺文於本線取設度之弦線爲腰得底以爲度從截圈點取圈分即設度之弧再作線到心即半徑成直線角如所求

因此有兩法可解三角形省布數詳測量全義首卷

第七節氣線（一名正弦線）

分法

全數爲一百平分尺大可作一千用正弦表從心數各度之數每十度加字

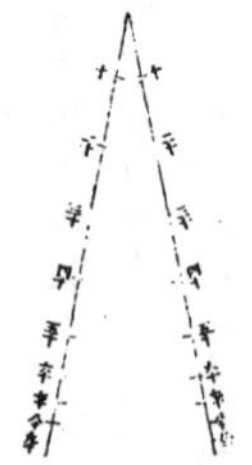

如三十度之正弦五十則五十數傍書三十二度之正弦五則五數傍書三

簡法

第一平分線可當此線爲各有百平分則一線兩傍一書分數字一書度數字

用法一

半徑內有設弧求其正弦以半徑爲底百爲腰置尺文以設度爲腰取底即其正弦

用法二

凡造簡平儀平渾日晷等器用此線甚簡易如簡平儀之下盤周天圈其赤道線左右求作各節氣線先定赤道線爲春秋分文於弧上取赤道左右各二十三度半之弧兩弧相向作弦以其半弦爲底本線百數爲腰置尺文數各節氣離春秋分兩節之數尋本線之相等數爲腰取底爲度移赤道線左右兩旁作直線與相對之節氣相連爲各節氣線

或於赤道線上及二至線上定時刻線之相距若干亦可

如欲定立春立冬立夏立秋

因四節離赤道之度等故爲公度

法曰立春至春分四十五度則取本線四十五度內之底線移於儀上春分線左右　若欲定小暑小寒之線離秋分春分各七十五度則取七十五度內之底線爲度移二分線左右得小暑小寒之線

第八時刻線（一名切線線）

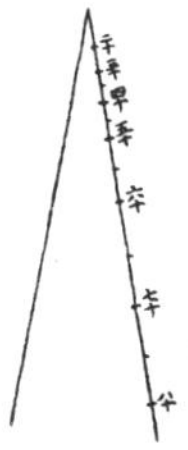

分法

切線之數無限爲九十度之切割兩線皆平行無界故今止用八十度於本線立成表上查八十度得五六七卽本線作五六七平分次因各度數加字

一度至十五切線正弦微差尺上不顯可卽用正弦

第九表心線 一名割線線

分法

此線亦止八十度依表查得五七五平分之其初點與四十五度之切線等 初點卽全數故等 次依本表加之

用法一

有正弦或角欲求其切線或割線法以元圈之半徑爲底切線線四十五度之本數爲腰割線線則以〇度〇分爲腰置尺次以設度爲腰取底爲某度之切線割線　反之有直線又有本弧之徑欲求設線之弧若干度以半徑爲度以爲底設弧之度數爲腰置尺又設線爲底求本線上等數卽設線之弧

用法二

表度說以表景長短求日軌高度分今作簡法用切線線凡地平上立物皆可當表以表長爲底本線四十五度上數爲腰置尺次取景長爲底求兩腰之等數卽日軌高度分　若用橫表法如前但所得度分乃日離天頂之度分也安表法見本說

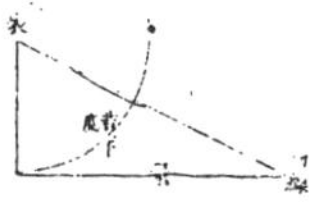

用法三

地平面上作日晷法先作子午直線卯酉橫線令直角相交從交至橫線端爲底就切線線上之八十二度半爲腰置尺次於本線七度半點內取底爲度向卯酉線交處左右各作識爲第一時分次遞加七度半取底爲度如前遞作識爲各時分

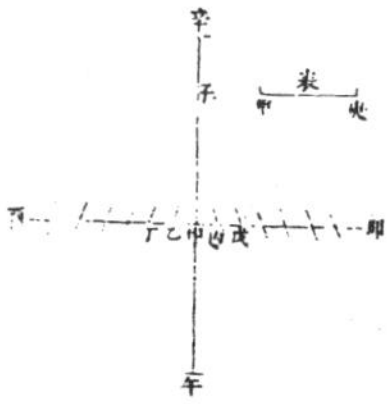

每七度半者如七度半十五度二十二度半三十度三十七度半四十五度五十二度半六十度六十七度半七十五度八十二度半

若求刻線則遞隔三度四十五分而取底爲度也次於元切線上取四十五度線 四十五度之切線卽全數 爲底割線初點爲腰置尺次以本地北極高度數爲腰於本線上取底爲表長於子午卯酉兩線之交正立之又取北極高之餘度線爲度於子午線上從交點起向南得日晷心從心向卯酉線上各時分點作線爲時線在子午線西者加午前字如巳辰卯在子午線東者加午後字如未申酉

日晷圖說

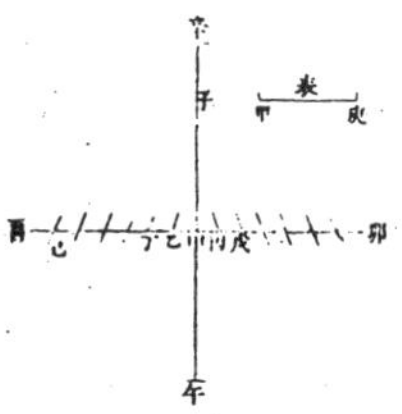

子午卯酉兩線相交於甲甲酉爲度以爲底以切線之八十二度半爲腰置尺遞取七度半之底向甲左右作識如甲乙甲丙次取十五度線之底作第二識如甲丁甲戊每識遞加七度半每識得二刻則丁點爲午初戊爲未初餘點如圖　次取甲己線上四十五度之切線爲底割線之初點爲腰置尺取北極高餘度 順天府約五十 之割線爲度從甲向南取辛辛爲心從心過乙丁等點作線爲時刻線又割線上取北極高度之線 順天府約四十 爲表長卽甲庚也表與面爲垂線

立表法以表位甲爲心任作一圈次立表表末爲心又作圈若兩圈相合或平行則表直矣

用法四

先有表度求作日晷則以表長爲底割線上之北極高度爲腰置尺次以極高餘度爲腰取底爲度定日晷之心次用元尺於切線上取每七度半之線如前

凡言表長以垂表爲主或垂線

用法五

有立面向正南作日晷法如前但以北極高度求晷心以北極高之餘度爲表長

又平晷之子午線爲此之垂線書時刻以平晷之卯爲此之酉各反之

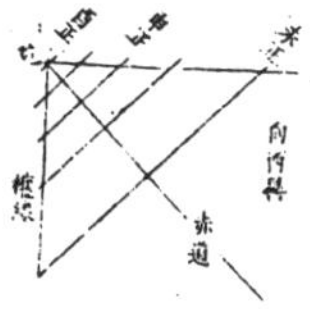

用法六

若立面向正東正西先用權線作垂線定表處卽晷心從心作橫線與垂線爲直角　若面正東於橫線下向北作象限弧若面正西於橫線下向南作弧弧上從下數北極高之餘度爲界從心過界作線爲赤

道線又以表長爲底切線線上之四十五度爲腰置尺遷取七度半之線從心向外於赤道上各作識從各識作線與赤道爲直角則時刻線也其過心之線向東晷爲卯正線向西晷爲酉正線　若欲加入節氣線法以表長爲度從表位甲上取乙點爲表心從心取赤道上各時刻點爲度以爲底以切線線之四十五度爲腰置尺又以二十三度半爲小腰取小底爲度於各時刻線上從赤道向左向右各作識爲冬夏至日景所至之界　如左圖甲乙爲卯酉正線以

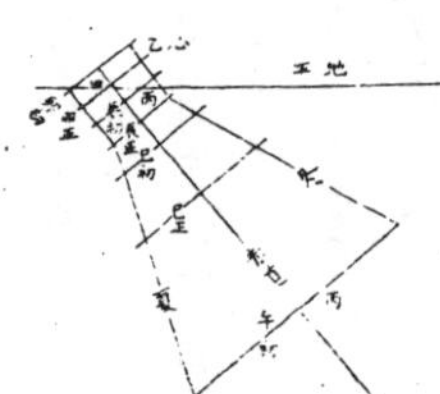

表長爲度從甲取乙爲表心以切線上之四十五度爲腰甲乙爲底置尺又以二十三度半爲小腰取小底於本線上從赤道甲向左向右各作識卽卯酉正時冬夏至之景界　次從表心向卯酉初刻線取赤道之交丙點爲底切線之四十五度爲腰置尺以二十三度半爲小腰取小底於丙左右各作識爲本時冬夏至之景界次於各時線如上法各作二至景界訖聯之爲本晷上冬夏二至之景線　次作二至前後各節氣線以節氣線之兩至點爲腰（卽節首之交酉爲巨蟹宮）以各時線上赤道至兩至界爲底置尺次以各節氣爲小腰取小底爲度從各線之赤道左右作識如前法

第十五金線

分法用下文各分率及分體線

置金一度

下方所列者先造諸色體大小同度權之得其輕重之差以爲比例

置水銀一度又七十五分度之三十八

置鉛一度又二十三分度之一十五

置銀一度又三十一分度之二十六

置銅二度又九分度之一

置鐵二度又八分度之三

置錫二度又三十七分度之一

先定金之方立體其重一斤爲一度本線上從心向外任取一點爲一度卽是金度次以分體線第十點爲腰此度爲底置尺依各色之本率於分體線上取若干度分之線爲底從心取兩等腰合於次底作點卽某色之度點

又法

取各率之分子用通分法乘之

得金四五九九二五

得水銀六九二四五二七

得鉛八六二七四〇〇

得銀八四三二二二一七

得銅九〇〇一四〇〇〇

得鐵一〇九一四〇七五

得錫一一七九九〇〇〇

次以各率開立方求各色之根

得金一六六弱

得水銀一九一弱

得鉛二〇二

得銀二〇四

得銅二一三

得鐵二二二

得錫二二八

若金立方重一斤其根一百六十六弱用各色之根率爲邊成立方卽與金爲同類（皆爲立方）同重（皆爲一斤）之體也

今本線用此以二二八爲末點如各率分各色之根數加號

石體輕重不等故不記其比例

用法一

有某色某體之重欲以他色作同類之體而等重求其大小法以所設某色某體之一邊爲度以爲底以本線本色點爲腰置尺次以他色號點爲腰取底卽所求他體之邊

用法二

若等體等大求其重法以所設體之相似一邊爲度以爲底置尺於他色號點取其底兩底並識之次於分體線上先以設體之重數爲腰以先設體之底爲底置尺以次得他體之底爲底進退求相等數爲腰卽他體之重

用法三

有異類之體求其比例先依更體線通爲同類次如前法

欽定古今圖書集成曆象彙編曆法典

第一百二十七卷目錄

算法部彙考十九

幾何要法

曆法典第一百二十七卷

算法部彙考十九

幾何要法 明鄭洪猷著

序目

世之執牛耳盟者幽言理至度數之學則以爲迂而無當於道而芻狗置之夫度數而斤斤術藝也者則芻狗置也可度數之中大而授時定曆正律審音算量分秒不爽水泉灌溉有資與夫力小任重營建機巧畢具而兵家制勝列營陣揣形勢策攻守所須乎此者尤亟用之如斯其廣且切也此而可芻狗視之將義畫虞璿亦枯而不靈之器而禹奏平成可舍句股勿用而姬公測驗必周髀是問何爲也始信理悅數而藏易借以覆短數傳理而見則有物有事假作不得假說亦不得也善哉幾何原本之帙譯自西國裁自徐太史先生之手其中比分櫛解義數詳明可以佐隸首商高之不逮可以補十經九執之遺亡而梓甘翟襄不擅長焉者神而明之引類而伸之先王制器前用之法備見矣特初學望洋而嘆不無驚其繁余因晤西先生得受幾何要法其意約而達簡而易從如攻堅木先其易者後其節目久也相說以解先河而後海昔有言之矣不操縵而能安絃有是學乎爰是訂而副諸梓人僭數語弁其端有笑而詑歟以俗吏而迂譚度數之理也歟烏知

論線 計界說十六 要法三十 章數十七

總論

幾何家者脫物體而空窮度數數其截者度其完者度有三曰線曰面曰體線以度長短面以度廣狹體以度厚薄線自點始點引爲線線展爲面面運爲體點者無長線者無廣面者無厚點爲線之界線爲面之界面爲體之界體不可爲界點線面體幾何之論起焉

界說章第一 凡十六則

界者一物之始終解篇中所用名目作界說

第一界

幾何者度與數之府也

第二界

點者無分無長短廣狹厚薄故無分如左圖甲點

眞圓眞平相遇處止一點畢世積點不能結線也

凡圖十干爲識干盡用十二支等字

第三界

線止有長無廣厚如一平面光照之有光無光之間不容一物是線也如上甲乙圖畢世積線不能結面

第四界

面者有長有廣無厚一體所見爲面凡體之影極似於面無厚之極也如上甲乙丙丁圖畢世積面不能結體

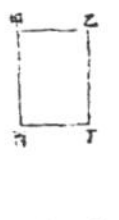

第五界

體有長有廣有厚如上甲乙丙丁戊己庚圖

第六界

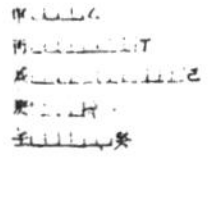

分者幾何之幾何也小能度大而盡之無贏不足者以小爲大之分若小不能盡度大當稱幾分幾何之幾如上甲乙四與丙丁八戊己十二等數皆能盡分者則甲乙四爲丙丁八戊己十二之分若庚辛四與壬癸六一即贏二即不足不能盡度者不得正名爲分則稱之爲三分六之二 他數倣此

第七界

點者非幾何故不能爲線及諸幾何之分

第八界

線非廣狹之幾何故不能爲面之分

第九界

面非厚薄之幾何故不能爲體之分

第十界

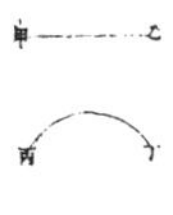

線有曲直線之一點能遮兩界是直線如上圖甲乙不遮則不直如下圖丙丁

第十一界

面之中間線能遮兩界不礙不空是平面如上圖甲乙丙丁不遮則不平如下圖戊己庚

第十二界
直線垂於橫線之上爲橫線之垂線
如上圖丁乙爲甲丙之垂線

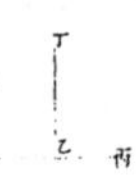

第十三界
兩直線於同面行至無窮不相離亦不相遠終不得相遇者爲平行線如上甲乙丙丁兩線

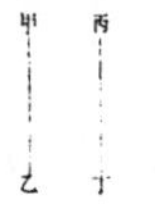

第十四界
兩幾何以幾何相比之理爲比例兩幾何者或兩數或兩線或兩面或兩體各以同類大小相比謂之比例若線與面或數與線此異類不爲比例若同類相比而不以幾何亦不爲比例也如白線與黑線或有窮之線與無窮之線雖則同類實無比例有窮之線畢世倍之不能及無窮之線故也

凡比例有三種有數之比例有量法之比例有樂律之比例本卷論量法之比例

第十五界
比例相續不斷爲連比例其中率與前後兩率遞相爲比例而中率既爲前率之後又爲後率之前如上圖甲二與乙四比乙四又與丙八比是也

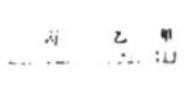

第十六界
中率一取不再用爲斷比例如上圖甲四自與乙八比丙六自與丁十二比是也

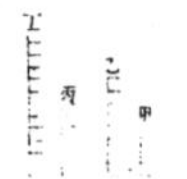

備器章第二
幾何在曆家則多用圖畫圖必先備器器有三曰尺曰規曰矩尺以畫線而貴直規以畫圜而貴調矩以畫方而貴準器準矣不識用法則茫無措手今以用法著於篇

審尺章第三
畫圖首畫線線貴直線界於尺故先求尺直
如甲乙爲尺面丙丁爲尺側一稜先以丙丁畫一戊己線丙合戊丁合己次轉丙下稜畫一己戊線丙合己丁合戊不出不入則尺直矣不直再當琢削

畫線章第四
尺既直矣線可無曲然畫時又有法須以鐵或銅鑄筆上長其柄令可把手下截闊出復漸窄而下其正面削極平背令稍圓去末寸許作一小窩窩下漸細至末用時以墨汁入小窩以平面緊倚尺作線則墨汁自就下或恐墨汙其地將尺削去丙丁側一稜則墨線瑩細如絲即作於規末亦得

審平面章第五
平面者諸方皆作直線
法曰如甲乙丙丁爲面欲審其平即用直尺施於甲角繞面運轉不礙不空全合直尺是平面也

引線章第六
有一短直線求平引長之
法曰如有甲乙線欲平引長之先以甲爲心以乙爲界畫小半圜以乙爲心任取一度於小半圜上下各作規界線爲丙爲丁次以丙丁爲心任取一度向前作短界線相交爲戊末引甲乙線至戊則得所求若欲更引長仍依此法

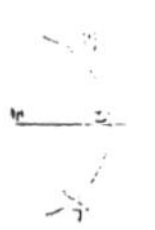

平分直線章第七 法有二
有有界之線求兩平分之
第一法
如有甲乙線求兩平分先以甲爲心任用一度但須長於甲乙線之半愈長愈準向上向下各作一短界線次用元度以乙爲心亦如之兩界線交處卽丙丁末用尺作丙丁直線卽甲乙有界之線兩平分于戊矣 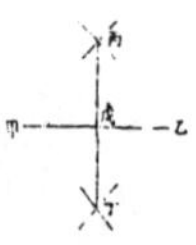
第二法
若所分之線下面無地可作短界線卽於甲乙線上先畫兩短界線於丙次或開或收規度仍前從甲從乙向上又作兩短界線於丁規度愈相遠畫線愈準末以丙丁二交用尺如前畫線則得所求

作垂線章第八 法有四
有一直線任於一點上求作垂線
第一法
甲乙直線任指一點於丙求丙上作垂線先於丙點左右任用一度愈遠愈準各截一界爲丁爲戊次以丁爲心任用一度但須長於丙丁線向丙上方作短界線次用元度以戊爲心亦如之兩界線交處爲己從己至丙以尺畫線則得所求
第二法

於丙左右如上法截取丁與戊卽任用一度以丁爲心于丙上下方各作短界線次用元度以戊爲心亦如之則上交爲己下交爲庚末作己庚直線視直線交於丙點卽得所求若丙點在甲乙端上則當暗引長甲乙線後如前作亦得

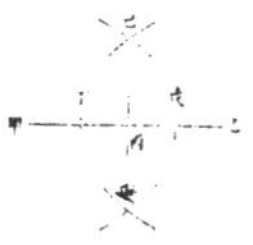

第三法

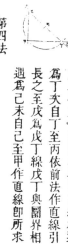

若直線甲端上求立垂線又甲點外無地可暗引線則先以甲乙原線上方任取一點爲丙以丙爲心甲爲界作大半圜圜界與甲乙線相遇爲丁次自丁至丙依前法作直線引長之至戊爲戊丁線戊丁與圜界相遇爲己末自己至甲作直線卽所求

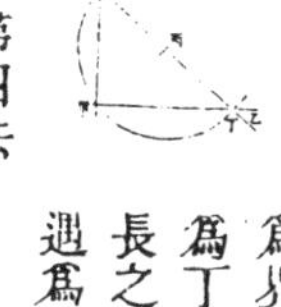

第四法

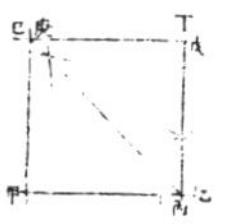

若甲乙線所欲立垂線之點乃在線末甲界上甲外無餘線可截則於甲乙線上任取一點爲丙如前一二法於丙上立丁丙垂線次以甲丙丁角兩平分之分法在後三卷第四章爲己丙線次以甲丙爲度於丁丙垂線上截戊丙線又用元度以戊爲心向己作短界線爲庚末自庚至甲作直線得所求

立垂線章第九法有四

有無界直線線外有一點求自彼點作垂線至直線上

第一法

如有甲乙無界直線直線外有丙點求自丙點作垂線至甲乙線先以丙爲心向直線兩處各作小半圜或兩短界線爲甲爲乙次仍用一度以甲爲心向丙點相望處作短界線又以乙爲心亦如之兩線相交處爲丁末自丙至丁作直線截甲乙線於戊則丙戊爲垂線

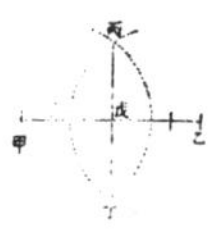

第二法

於甲乙線上近甲或乙任取一點爲心以丙爲界作一圜界於丙點及相望處各稍引長之次於甲乙線上視前心或相望如前圖或進或退如後圖任移一點爲心以丙爲界作一圜界與前圜交處得丁末自丙至丁作直線得丙戊垂線

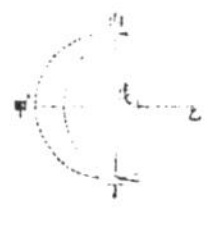

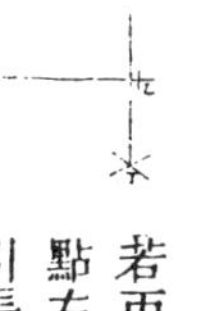

第三法

若丙點垂於甲乙線之界不能於丙點左右晝圜如前二圖又或不能暗引長甲乙線則當以甲爲心於丙點及相望處各作短界線於丙於丁又進以乙爲心以丙爲界仍相望作兩短界線末從丙丁二交處作直線則得所求

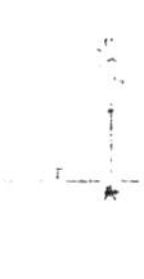

第四法

若甲乙線在面之邊且下無地可措規如前四圖則當用前章第三法或以丙爲心任指甲乙線上兩點爲丁爲戊次任取一度以丁爲心向丙上作短界線次用元度以戊爲心仍向丙上作短界線交於己末自己至丙作直線引長之至庚得所求又有便法在後平行線中

作平行線章第十法有三

一點求作直線與原設直線平行

第一法

於甲點求作直線與乙丙線平行先任作甲丁線與乙丙斜交次以丁爲心任作戊己圜界次用元度以甲爲心作庚辛圜界稍長於戊己次取戊己圜線爲度於庚辛圜界截取庚辛末自甲至辛作直線卽所求

第二法

先以甲點爲心於乙丙線近乙處任指一點作短界線爲丁次任用一度以丁爲心向丙截取一分作短界線爲戊又用丁戊元度以甲爲心對甲平行作短界線爲己次用甲丁元度以戊爲心對甲平行作短界線於己末自甲至己作直線卽所求

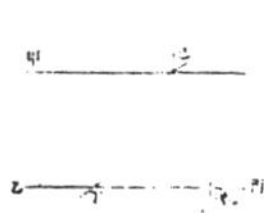

註曰凡有不等度須一度用一規始元度不爽如一規而數易其度則元度永不復矣此丁先生祕法以上二法以甲點定遠近若無甲點任指所欲遠近爲界可當甲點

第三法

此法比前法更簡易卽西本幾何亦未載乃敝師伯先生所授如有甲乙線任遠近求作平行線近甲取心向上以所求遠近爲度作小半圜次用元度近乙取心向上復作小半圜末

以尺依半圜爲界作直線卽所求

註曰以上平行數法可推用作

沿邊直線之垂線如有甲乙線

求乙線界上作一垂線先以乙爲心向甲任取一點爲丙又用元度以丙爲心向甲指一點爲丁又以乙爲心任取一度向上方作一短界線愈遠愈準又以丁爲心用元度仍向上方作一短界線與前界線相交於戊次自戊至丙作垂線末以前作平行線法隨用一法以丙乙爲度作平行線正垂在乙點上卽得所求

求分一直線任爲若干平分章第十一 法有四

凡造曆象數欲分直線爲不等分不諳其法大費手力抑且不準宜熟後法以便用

第一法

如甲乙線求五平分先從甲任作甲丙線爲丙甲乙角次從甲向丙任作五平度爲甲丁丁戊戊己己庚庚辛次作辛乙直線末用平行線法作丁壬戊癸己子庚丑四線皆與辛乙平行卽壬癸子丑與甲乙爲五平分

第二法

如甲乙線求五平分卽從乙任作乙丙線爲丙乙甲角次於乙丙任取一點爲丁作丁戊線與甲乙平行次從丁向戊任作五平分爲丁己己庚庚辛辛壬壬癸而丁癸線令小於甲乙次從甲過癸作甲子線遇乙丙於子末從子作子壬子辛子庚子己四線各引長之而分甲乙於丑於寅於卯於辰爲五平分

第三法

如甲乙線求五平分卽從甲從乙作甲丁乙丙兩平行線次從乙任作戊己庚辛四平分次用元度從甲作壬癸子丑四平分末作戊丑己子庚癸辛壬四線相聯卽分甲乙於巳於辰於卯於寅爲五平分

第四法

右圖之法極簡極神可分百千不等之線與百千不等之分先作一器如丙丁戊己爲平行線任平分爲若干格器愈大格愈密其用愈廣格每分作平行線相聯今欲分甲乙爲五平分卽規取甲乙之度以一規髀任抵戊丙線上一規髀抵第五庚辛線上如不在庚辛者卽漸移之至線界而止既至壬卽戊壬之分爲甲乙之分

又如右圖有甲乙線求十七平分先以規取甲乙之度以一規髀抵戊丙線一處以一規髀抵此器庚辛第十七格爲壬次從戊至壬畫一直線次取所過兩格相距之度以此爲準分甲乙直線則得十七分矣或圖小而所分者大欲廣其用則遞倍之如圖一尺欲分一丈爲十九分須取一丈十分之一爲一尺用前法爲十九分後以尺遞十倍之則一丈已分爲一百九十分矣每十分作識如所求餘以此推之

一直線求截所取之分章第十二 法有二

第一法

如有甲乙直線求截取三分之一先從甲任作一甲丙線爲丙甲乙角次從甲向丙任作所命三分之平度如甲丁丁戊戊己爲三分也次作乙己直線末作丁庚線與己乙爲平行線卽甲庚爲甲乙三分之一也

第二法

如甲乙直線求截取七分之三先以

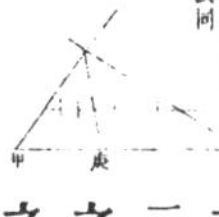

前章之法分甲乙線爲七分後取其三於庚則得所求也如欲截取十分之七十四分之九等不均之數亦如之

此圖與十二章一二法同

有一直線求截各分如所設之分章第十三一法

法曰甲乙線求截各分如所設甲丙任分之丁戊者謂甲乙所分各分之比例若甲丁丁戊戊丙也先以甲乙甲丙兩線相聯於甲任作丙甲乙角次作丙乙線相聯末從丁從戊作丁己戊庚兩線皆與丙乙平行卽分甲乙線於己於庚若甲丙分於丁戊焉

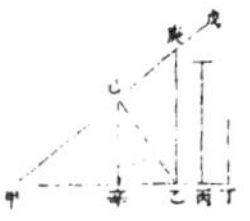

有直線求兩分之而兩分之比例若所設兩線之比例章第十四一法

法曰如甲乙線求兩分之而兩分之比例若所設丙與丁先從甲仍作甲戊線爲戊甲乙角次截取甲己與丙等己庚與丁等次作庚乙線聯之末作己辛線與庚乙平行卽分甲乙於辛而甲辛與辛乙之比例若丙與丁

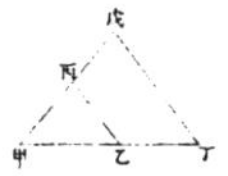

有兩直線求別作一線相與爲連比例章第十五法有二

第一法

有甲乙甲丙兩線求別作一線相與爲連比例者任合兩甲乙甲丙爲甲角而甲乙與甲丙之比例若甲丙與所求他線也先於甲乙引長之爲乙丁與甲丙等次作乙丙線相聯次從丁作丁戊線與丙乙平行末於甲丙引長之遇於戊卽丙戊爲所求線若以甲丙爲前率倣此

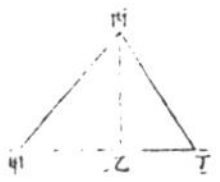

第二法

以甲乙乙丙兩線聯作甲乙丙直角次以甲丙線聯之而甲乙引長之末從丙作丙丁爲甲丙之垂線遇引長線於丁卽乙丁爲所求線

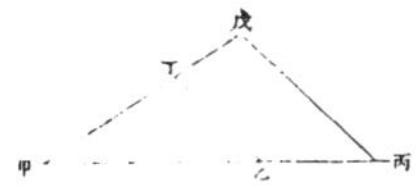

三直線求別作一線相與爲斷比例章第十六

法曰甲乙乙丙甲丁三直線求別作一線相與爲斷比例者謂甲丁與他線之比例若甲乙與乙丙也先以甲乙乙丙作直線爲甲丙次以甲丁線合甲丙任作甲角次作丁乙線相聯次從丙作丙戊線與丁乙平行末自甲丁引長之遇丙戊於戊卽丁戊爲所求線

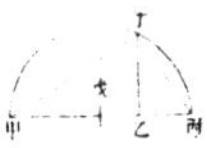

兩直線求別作一線爲連比例之中率章第十七

法曰甲乙乙丙兩直線求別作一線爲中率者謂甲乙與他線之比例若他線與乙丙也先以兩線作一直線爲甲丙次以甲丙兩平分於戊次以戊爲心甲丙爲界作甲丁丙半圜末從乙至圜界作乙丁垂線卽乙丁爲甲乙乙丙之中率以上原本卷之一

論圜計界說十二章數二十九要法三十二

總說

圜成於線線有二種爲曲爲直直線或單或衆前卷已詳之衆線或三而成三角形或四而成方形或多而成諸不等形曲線或半或全半線有不等之用全線或成圜形或成卵形等角形及方形卵形詳見後卷今先論圜形

界說章第一凡十二則

第一界

圜形於平地居一界之間爲圜

第二界

外圜線爲圜之界

第三界

圜之中處爲圜心

第四界

自圜之界作一直線過中心至他界爲圜徑如上圖甲丁乙戊爲圜界丙爲心甲乙爲徑

第五界

凡直線切圜界過之而不與界交者爲切線如上圖甲乙丙線是也若先切圜界而引之入圜內則謂之交線如丁戊是也

第六界

凡兩圜相切而不相交者爲切圜相切而相入者爲交圜如上圖

第七界

凡直線形居他直線形內而此形之各角切他形之各邊爲形內切形如上圖丁戊己爲甲乙丙形內切形

第八界

凡直線形居他直線形外而此形之各邊切他形之各角爲形外切形如前圖甲乙丙爲丁戊己形外切形其餘各形倣此二例

第九界

直線形之各角切圜之界爲圜內之切形如上圖甲乙丙形之三角各切圜界於甲於乙於丙三者是也圜之界切直線形之各角爲形外切圜同上圖

第十界

直線形之各邊切圜之界爲圜外切形如上甲乙丙形之三邊切圜於丁於己於戊是也

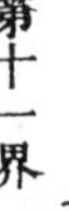

第十一界

一圜之界切直線形之各邊爲形內切圜如前圖

第十二界

一直線之兩界各抵圜界爲合圜線如上圖之甲乙線

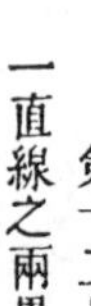

造規章第二法有四

圜形以至圜爲準至圓必出於規規必欲極準極順其用甚活乃堪造曆凡造規之法有四詳列於後

第一法

先以銅或鐵範成二股上闊下窄至末而銳近頭小半截作凹凸狀令可相合次以釘釘其圜頭貴寬緊得宜任意可開收規下半截爲規髀一規髀作墨池如首卷第三章法以適用凡欲造曆象必須備規其造式見後

規圖

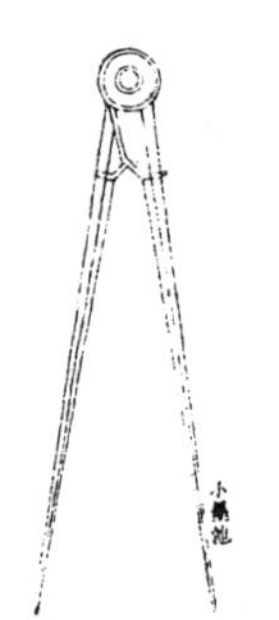

第二法

凡規有三用一畫虛線則須鉛條當先以銅葉爲管虛其中橫開小路上套小銅圜可上下鬆緊以出入鉛條末略爹出以留小圜如下甲圖一畫墨線則當作墨路如前章法如下乙圖一畫銅板線須以純鋼爲末如下丙圖右三髀俱另作不相連本規其本規如前法造但截去一髀臨截處長半寸許作一小箱狀虛其中亦令方可受規髀柄如下圖丁處箱而作旋螺用時任入一規髀以銅消息如旋螺者貫定之如下戊圖則任意可畫綫而一規可具三用矣此爲第二法如下圖

第三法

造曆極用規依比例法分線分圜或以大形移變小形或以小度移變大度其分法稍難令作一四髀規或銅或鐵略如剪形上下作四規髀上短下長令上準下度或半或三之一或十之一及種種不等則作線圜時或欲以大變小先以下髀取度次以上髀移度或欲以小變大先以上髀取度次以下髀移度則得所求其或半或三之一或十之一俱從髀之長短而分下愈長則度愈大上愈短則度愈促

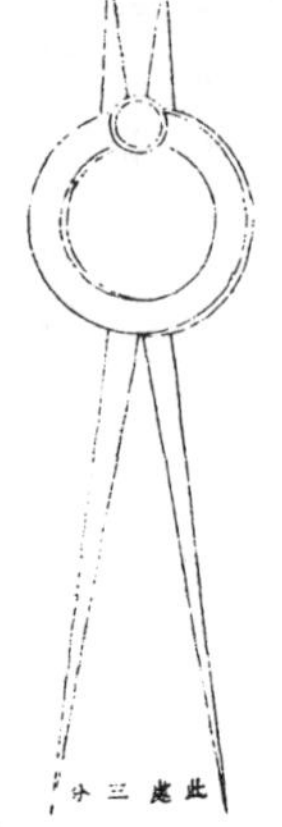

第四法

前三種規長不踰尺止堪小用如欲造璣衡大器則當更變其式如下圖其規以銅範爲極方條上下如一任作幾尺於條左末作錐垂下二三寸以純鋼爲之更造一錐與前錐等上方寸許仍鑿方孔令透可受方條任遠近可推移方孔旁更鑿圓孔仍前法作旋螺貫定方條使兩錐堅定不爽分毫可畫大圜如下圖

有圜求兩平分之章第三 一法

如有甲乙丙圜求兩平分用尺任以圜一處爲界正過心畫一直線則圜體兩平分矣

有圜之分求兩平分之章第四 一法

如有甲乙丙圜分求兩平分之先於圜分兩界作甲乙線次兩平分之於丁從丁作丙丁爲甲乙之垂線一卷第八章即丙丁分甲乙圜分爲兩平分若有圜不露其心又求兩平分之亦如此法

有圜求四平分之章第五 一法

凡立天象多用四分圜爲周天四象限故造法不可不準如有甲乙丙圜求四平分先以前法作甲乙線過戊心兩平分之次依作垂線法於戊心上自丙至丁作垂線得所求

有圜求六平分之章第六 一法

凡曆家分周天度多用六數或十二或二十四今詳其法如有一圜求作六分不用他法惟以畫圜之元規周圜界六步則自然分爲甲乙丙丁戊己六平分矣

有圜求十二平分之章第七 一法

先以本卷五章法四平分於甲乙丙丁次以畫圜元規從甲從乙上下各指一點又從丙從丁左右各指一點則得所求若欲二十四分每分爲兩則得所求矣

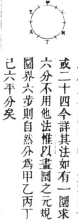

有圜求三百六十平分之章第八 一法

凡曆家所用細分周天度以三百六十爲率今詳其法

如有甲乙丙圜先依前法四平分之爲四象限次以規元度依前法十二平分爲十二宮就以所分十二宮各三分之各包十度次每十兩平分之各包五次每宮又五平分之各包六今用六度之規至終不改從子宮初一度步起完一周又次從初五度初十度十五度二十度二十五度各步完一周則平分三百六十分矣

有圜之分任截幾度章第九 一法

如有甲乙圜之一分欲取三十五度如用常法必須先求圜分之心依後十一章之法成圜後均分爲三百六十乃取三百六十之三十五分其法頗繁今有簡妙之法先備一銅板分一子丑寅象限爲九十分合極準設有甲乙圜之界自甲起欲取三十五度之分先從甲至圜心作甲丙半徑線如與子丑寅象限半徑相合則移彼度子卯至甲乙線上至庚即得所求矣如大小不合則以規取子丑寅半徑以丙爲心或甲乙內或甲乙外作一圜分若丁戊圜在外則當

引長甲丙線至丁取子丑寅限三十五度以丁爲始移於丁戊圜上至己從丙心過己作一直線截甲乙於庚則甲庚爲甲乙圜上三百六十分之三十五也若所範銅板欲其用廣當從寅心重作圜與子丑平行又自子丑外圜逐度引直線至寅心後所欲取圜分之度若其半徑與子寅不等或同於他子丑內圜之半徑則可徑移其度於所分圜上不爾仍用前法

有圜求尋其心章第十　一法

如有甲乙丙丁圜欲求其心先於圜之兩界任作一戊己直線次以平分線法作丙丁垂線兩平分之於庚則庚爲圜心

有圜之分求成圜章第十一　一法

如有甲乙丙圜分求成圜先於圜分任取三點於甲於乙於丙從甲至丙丙至乙各作一直線各兩平分於丁於戊次於丁戊上各作垂線相交處爲己末以己爲心以圜爲界旋轉即得所求

任設三點不在一直線求作一過三點之圜章第十二　法有二

第一法

如有甲乙丙三點求作一圜貫之先以甲爲心任取一度向乙上下各作小圜分又以乙爲心向甲仍用元度上下各作小圜分相交處爲丁爲戊次又以甲爲心向丙上下作小圜分如前次以丙爲心亦如之相交處爲己爲庚次從丁至戊從己至庚各作直線相交處爲辛末以辛爲心任取一點爲界旋規成圜即得所求

第二法

先以三點作三直線相聯成甲乙丙三角形次平分兩線於丁於戊次於丁戊上各作垂線令相遇於己末以己爲心甲爲界作圜即得所求

有圜求作合圜線與所設線等此設線不大於圜之徑線章第十三　一法

如有甲乙丙圜求作合線與所設丁線等其丁線不大於圜之徑線徑爲圜內之最大線更大不可合先作甲乙圜徑爲乙丙若乙丙與丁等者即是合線若丁小於徑者即於乙丙上截取乙戊與丁等次以乙爲心戊爲界作甲戊圜交甲乙丙圜於甲末作甲乙合線即與丁等何者甲乙與乙戊等則與丁等

三角形求作形外切圜章第十四　一法

甲乙丙角形求作形外切圜先平分兩邊於丁於戊次於丁戊上各作垂線爲己丁己戊而相遇於己末以己爲心甲爲界作圜必切甲乙丙而爲三角形之形外切圜

三角形求作形內切圜章第十五　一法

甲乙丙角形求作形內切圜先以甲乙丙角甲丙乙角各兩平分之作乙丁丙丁兩直線相遇於丁次自丁至角形之三邊各作垂線爲丁己丁庚丁戊末以丁爲心戊爲界作圜即過庚己爲戊庚己圜而切角形之甲乙乙丙丙甲三邊于戊于己于庚

此爲形內切圜

有圜求作圜內三角切形與所設三角形等角章第十六

甲乙丙圜求作圜內三角切形其三角與所設丁戊己形之三角各等先作庚辛線切圜于甲次作庚甲乙角與設形之己角等次作辛甲丙角與設形之戊角等末作乙丙線即圜內三角切形與所設丁戊己形等角

有圜求作圜外三角切形與所設三角形等角章第十七

甲乙丙圜求作圜外三角切形其三角與所設丁戊己形之三角各等先于戊己邊各引長之爲庚辛次于圜界抵心作甲壬線次作甲壬乙角與丁戊庚等次作乙壬丙角與丁己辛等末於甲乙丙上作癸子子丑丑癸三垂線此三線各切圜於甲於乙於丙而相遇於子於丑於癸若作甲丙線即癸甲丙癸丙甲兩角小於兩直角而子癸丑癸兩線必相遇餘倣此

此癸子丑三角與所設丁戊己三角各等

有圜求作內切圜直角方形章第十八

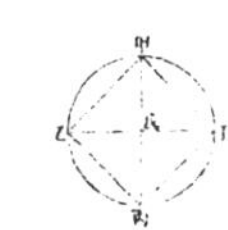

有甲乙丙丁圜求作內切圜直角方形先作甲丙乙丁兩徑線以直角相交於戊次作甲乙乙丙丙丁丁甲等四線即甲乙丙丁爲內切圜直角方形也

有圜求作外切圜直角方形章第十九 法有二

第一法

甲乙丙丁圜其心戊求外切圜直角方形先作甲丙乙丁兩徑線以直角相交於戊次於甲乙丙丁作庚己己辛辛壬壬庚四線爲兩徑末界之垂線而相遇於己於辛於壬於庚即己庚壬辛爲外形

第二法

以戊甲爲度依平行線法作己庚辛壬上下兩線與乙丁平行次用元度作己辛庚壬左右兩線與甲丙平行即得所求同前圖

有直角方形求作形內切圜章第二十

甲乙丙丁直角方形求作形內切圜先以四邊各兩平分於戊於己於庚於辛而作辛己戊庚兩線相交於壬末以壬爲心戊爲界作圜必過戊己庚辛而切甲丁丁丙丙乙乙甲四邊是爲形內切圜

有直角方形求作形外切圜章第二十一

甲乙丙丁直角方形求作外切圜先作對角兩線爲甲丙乙丁而交於戊末以戊爲心甲爲界作圜必過乙丙丁甲而爲形外切圜

有圜求作圜內五邊切形其形等邊等角章第二十二

如有甲乙丙丁戊圜求作五邊內切圜形等邊等角先作己庚辛兩邊等角形而庚辛兩角各倍大於己角次於圜內作甲丙丁角形與己庚辛角形各等角次以甲丙丁甲丁丙兩角各兩平分作丙戊丁乙兩線末作甲乙乙丙丙丁丁戊戊甲五線相聯即甲乙丙丁戊爲五邊內切圜形而五邊五角俱自相等

有一圜求作內切圜五邊及十邊形章第二十三

如有甲乙丙圜心爲丁先作甲丙過心線次作乙丁垂線次平分丁丙線於戊作乙戊線次取戊乙度移於徑線爲戊己次作乙己直線蓋乙己爲甲乙丙圜五分之一以此爲度可作內切圜五邊形丁己度可作內切圜十邊形

有圜求作圜外五邊切形其形等邊等角章第二十四

甲乙丙丁戊圜求作五邊外切圜形等邊等角先依前章法作圜內甲乙丙丁戊五邊等邊等角切形次乃從己心作己甲己乙己丙己丁己戊五線次從此五線作庚辛辛壬壬癸癸子子庚五垂線相遇於庚於辛於壬於癸於子五垂線既切圜即成外切圜五邊形而等邊等角

五邊等邊等角形求作形內切圜章第二十五

甲乙丙丁戊五邊等邊等角形求作內切圜先分乙甲戊甲乙丙兩角各兩平分其線爲己甲己乙而相遇於己自己作己丙己丁己戊三線次從己向各邊作己庚己辛己壬己癸己子五垂線末作圜以己爲心庚爲界必過辛壬癸子庚而爲甲乙丙丁戊五邊形之內切圜

五邊等邊等角形求作形外切圜章第二十六

甲乙丙丁戊五邊等邊等角形求作外切圜先分乙甲戊甲乙丙兩角各兩平分其線爲己甲己乙而相遇於己次從己作己丙己丁己戊三線與己甲己乙俱等末以己爲心甲爲界作圜必過乙丙丁戊甲即得所求

求作圜內六邊切形其形等邊等角章第二十七

如有甲乙丙丁戊己圜其心庚求作六邊內切圜形等邊等角先作甲丁徑線次以丁爲心庚爲界作圜兩圜相交於丙於戊次從庚心作丙庚戊庚兩線各引長之爲丙己戊乙末作甲乙乙丙丙丁丁戊戊己己甲六線相聯即得所求

求作圜內十五邊切形其形等邊等角章第二十八

如有甲乙丙圜求作十五邊內切圜形等邊等角先

作甲乙丙內切圜平邊三角形卽各邊當圜十五分之五次從甲作甲戊己庚辛丙切圜五邊形等角各邊當圜十五分之三而戊乙得十五分之二次以戊乙圜分取乙己度兩平行於壬則壬乙得十五分之一次作壬乙線依壬乙共作十五合圜線卽得所求

以此爲例推用遞分可作無量數形

圜內有同心圜求作一多邊形切大圜不至小圜其多邊爲偶數而等章第二十九

如有甲乙丙丁戊兩圜同以己爲心求於甲乙丙大圜內作多邊切形不至丁戊小圜其多邊爲偶數而等先從己心作甲丙徑線截丁戊圜於戊也次從戊作庚辛爲甲戊之垂線卽庚辛線切丁戊圜於戊也次以甲丙兩平分於乙乙丙兩平分於壬以壬丙兩平分於癸則丙癸圜分必小於丙庚而作丙癸合圜線卽丙癸爲所求切圜形之一邊也次以癸丙爲度遞分一圜各作合圜線得所求形 以上原本卷之二

論線 計界說十 章數十四 要法十四

界說章第一 凡十則

第一界

角者兩線縱橫相遇所作線有曲直兩直相遇爲直線角兩曲相遇爲曲線角一直一曲相遇爲雜線角曲雜兩線角更有別論今先明直線角

第二界

凡直線正垂於橫直線之上必成兩直角相等如上圖甲乙爲垂線丙丁爲橫線而乙之左右兩角相等爲兩直角若反以甲乙爲橫線則丙丁爲甲乙垂線也

如今用矩尺一縱一橫互相爲直線互相爲垂線

第三界

垂線斜交於橫直線之上必成兩不等角兩不等角一大於直角一小於直角大爲鈍角小爲銳角如上圖戊己庚爲鈍角戊己辛爲銳角故直角惟一而銳鈍兩角其大小不等乃至無數

第四界

凡二直線不能爲有界之形故直線之形有界者至少有三角有三直線爲邊名曰三邊形亦曰三角形如上圖三邊形止有三種

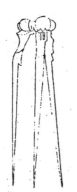

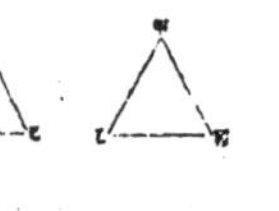

第五界

三邊線相等爲等邊三角形亦爲平邊三角形如上甲乙丙圖

第六界

兩邊線相等爲一不等三角形如上丁戊己圖

第七界

三邊線俱不等爲不等邊三角形如上庚辛壬圖

第八界

三邊形有一直角爲三邊直角形有一鈍角爲三邊鈍角形有三銳角爲三邊各銳角形如上三圖

第九界

凡三邊形恆以在下者爲底在上邊爲腰如上圖甲乙甲丙爲腰乙丙爲底

第十界

凡言角者俱用三字爲識其第二字卽所指角也如甲乙丙角其乙字指角

三腳規章第二

規以二腳爲常法或倍之於兩端爲四腳前卷已詳之矣茲有三腳規新式造法兩腳如常如前二卷中所設是也旁一腳卽附於二腳之樞稍引長之出頭其頭端上有眼銜旁一腳令其圜活可上下左右如下圖用法見後

於有界直線上求立等邊三角形章第三

如甲乙直線上求立等邊三角形先以甲爲心乙爲界或上或下作短界線次以乙爲心甲爲界作短界線兩線交處爲丙末自甲至丙丙至乙各作直線即所求

於有界直線上求立一不等三角形章第四

如甲乙直線以甲爲心任取一度或長或短於甲乙線上用前法作一短界線次以乙爲心用前度亦如之兩短界線交處爲丙從丙至甲至乙各作直線即所求

於有界直線上求立三不等角形章第五

如甲乙直線以甲爲心或長或短用一度如前作短界線次以乙爲心甲度長今用短度甲度短今用長度於甲乙不等作短界線交處爲丙從丙至甲至乙作兩直線即所求

有直線角求兩平分之章第六

如乙甲丙角求兩平分之先於甲乙線任截一分爲甲丁次於甲丙線截甲戊與甲丁等次或用元度或任取一度以丁爲心向乙丙間作一短界線次以戊爲心亦如之兩線交處爲己從甲至己作直線即所求若向乙丙無地可作短界線則宜仍以丁以戊爲心向甲上作短界線爲己從己至甲作直線即所求如上圖

有直角求三平分之章第七

如甲乙丙直角求三平分之先任於一邊立平邊角形爲甲乙丁次分對直角一邊爲兩平分丁戊從此邊對角作垂線至乙即所求

有角任分爲若干分章第八

如乙甲丙角欲分爲四爲八爲十六等分則先分兩分又各兩分之得四又各兩分之得八又各兩分之得十六愈分則愈倍任欲分爲幾分如三五七九之類則先以甲爲心向乙作一圜分次以規分圜分任作幾何分末從所分度至甲作直線即所求如上圖

有三直線求作三角形其三邊如所設三直線等章第九

如甲乙丙三線每兩線并大於一線任以一線爲底以底之甲爲心第二第三線爲度向上作短界線兩界線交處爲丙次向下作丙甲丙乙兩腰即所求

設一三角形求別作一形與之等章第十

以所設三角形之三邊當甲乙丙三線以前法作之即所求或又用前所備三髀規以規形所設三角形度移於別處即所求

一直線任於一點上求作一角如所設角等章第十一

如甲乙線上有丙點求作一角如所設丁戊己角等先於戊丁線任取一點爲庚於戊己線任取一點爲辛自庚至辛作直線次以前法於甲乙線上作丙壬癸角形與戊庚辛角等即所求

有三角形求兩平分之章第十二

如有甲乙丙三角形求兩平分之任於一邊兩平分之於丁向角作直線即所求

凡角形任於一邊任作一點求從點分兩形爲兩平分章第十三

有甲乙丙角形從丁點求兩平分之先自丁至相對甲角作甲丁直線次平分乙丙線於戊作戊己線與甲丁平行末作己丁直線即分本形爲兩平分

有三邊直角形以兩邊求第三邊長短之數章第十四

如甲乙丙三角形甲邊直角先得甲乙甲丙兩邊長短之數如甲乙六甲丙八求乙丙邊長短之數其甲乙甲丙上所作兩直角方形并既與乙丙上所作直角方形等原本卷四十七則甲乙之冪自乘之數曰冪得三十六甲丙之冪得六十四并之得百而乙丙之冪亦百百開方得十即乙丙數十也又設先得甲乙乙丙如甲乙六乙丙十而求甲丙

之數其甲乙甲丙上兩直角方形并旣與乙丙上直角方形等則甲乙之冪得三十六乙丙之冪得百百減三十六得甲丙之冪六十四六十四開方得八卽甲丙八也求甲乙做此以上原本卷之三

論方形計界說八章數十三要法十四

界說章第一凡八則

第一界

方形者四直線兩縱兩橫相遇所成亦謂之四邊形如上甲圖

第二界

四邊形之四線等而四直角者爲直角方形如上甲圖

第三界

四邊兩兩相等而俱直角者爲長直方形如上乙圖

第四界

四邊等但非直角者爲斜方形如上丙圖

第五界

四邊兩兩相等但非直角者爲長斜方形如上丁圖

第六界

已上方形四種謂之有法四邊形四種之外他方形皆謂之無法四邊形如上戊圖等本卷多以直方形爲論爲其多有用也

第七界

凡形每兩邊有平行線爲平行線方形如上己圖

第八界

凡作平行線方形若於兩對角作一直線其直線爲對角線也又於兩邊縱橫間各作一平行線其兩平行線與對角線必交羅相遇卽此形分爲四平行線方形其兩形有對角線者爲角線方形其兩形無對角線者爲餘方形如甲乙丙丁方形於丙乙兩角作一線爲對角線又依乙丁平行作戊己橫線依甲乙平行作庚辛縱線其對角線與戊己庚辛兩線交羅相遇於壬卽作大小四平行線方形矣則庚壬己丙及戊壬辛乙謂之角線方形而甲庚壬戊及壬己丁辛謂之餘方形

審矩章第二

凡作方形必欲用矩故先論審矩法後論棄矩求方之法矩以兩尺縱橫而成然必成直角方準若稍出入必爲銳鈍兩角而不能成矩今欲審直角先審兩尺之稜如首卷第一法後於他堅體上作半圜中畫徑線次以矩角倚半圜之界視二尺稜正切徑線與圜相交之處則矩準而可用矣若有出入則當更改或於堅體上作一直線更作一垂線四邊作直角以一矩準四直角不爽則至準矣

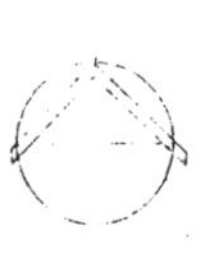

一直線上求立直角方形章第三

如甲乙線上求立直角方形先於甲乙兩界各立垂線爲丁甲爲丙乙皆與甲乙線等次作丁丙線相聯卽得所求

有直線形求作直角方形與之等章第四

甲直線無法四邊形求作直角方形與之等先作乙丁形與甲等本卷第五第六章而直角次任用一邊引長之如丁丙引之至己而丙己與乙丙等次以丁己兩平分於庚其庚點或在丙點或在丙點之外若在丙卽乙丁是直角方形與甲等矣若庚在丙外卽以庚爲心丁己爲界作丁辛己半圜末從乙丙線引長之遇圜界於辛卽丙辛上直角方形與甲等如上圖丙辛壬癸

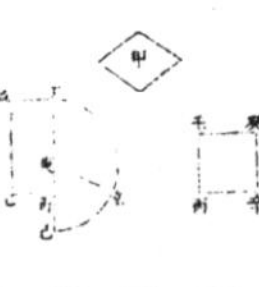

有三角形求作平行方形與之等而方形角又與所設角等章第五

設甲乙丙角形丁角求作平行方形與甲乙丙角形等而有丁角先分一邊爲兩平分如乙丙邊平分於戊次作丙戊己角與丁角等次自甲作直線與乙丙平行而與戊己線遇於己末自丙作直線與戊己平行爲丙庚而與甲己線遇於庚則得己戊丙庚平行方形與甲乙丙角形等而有丁角

有多邊直線形求作一平行方形與之等而方形角又與所設角等章第六

設甲乙丙五邊形丁角求作平行方形與五邊形等

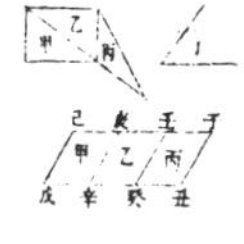

而有丁角先分五邊形爲甲乙丙三三角形次依前章法作戊己庚辛平行方形與甲等而有丁角次於戊辛己庚兩平行線引長之作庚辛壬癸平行方形與乙等而有丁角末復引前線作壬癸子丑平行方形與丙等而有丁角卽此三形幷爲一平行方形與甲乙丙倂形等而有丁角自五邊以上可至無窮俱倣此法

有多直角方形求幷作一直角方形與之等章第七

如五直角方形以甲乙丙丁戊爲邊任等不等求作一直角方形與五形等先作己庚辛直角而己庚線與甲等庚辛線與乙等次作己辛線旋作己辛壬直角而辛壬與丙等次作己壬線旋作己壬癸直角而壬癸與丁等次作己癸線旋作己癸子直角而癸子與戊等末作己子線而己子線上所作直角方形卽所求

有平行方形求作三角形與之等而三角形一角如所設角等章第八

如有甲乙丙丁平行方形戊角先作丁乙己角與戊等遇甲丙線於己次以乙丁線引長之爲庚取丁庚度與乙丁等末作己庚直線乙丙庚三角形與甲乙丙丁平行方形等而有戊角卽所求

一直線上求作平行方形與所設三角形等而方形角又與所設角等章第九

設甲線乙角形丙角求於甲線上作平行方形與乙角形等而有丙角先依本卷第五章法作丁戊己庚平行方形與乙角形等而戊己庚角與丙角等次於庚己線引長之作己辛線次作辛壬線與戊己平行次於丁戊引長之與辛壬線遇於壬次自壬至己作對角線引出之又自丁庚引長之與對角線遇於癸次自癸作直線與庚辛平行又於壬辛引長之與癸線遇於子末於戊己引長之至癸子線得丑卽己丑子辛平行方形如所求如欲卽於甲線立形則先依本章法作己辛子丑方形次於甲線一界作寅角如辛己丑角等次取寅卯如己丑等末成平行方形卽得所求

設不等兩直角方形如一以甲爲邊一以乙爲邊求別作兩直角方形自相等而幷之又與元設兩形幷等章第十

先作丙戊線與甲等次作戊丙丁直角形而丙丁線與乙線等次作戊丁線相聯末於丙丁戊角丙戊丁角各作一角皆半於直角己戊己丁兩腰相遇於己而相等卽己戊己丁兩線上所作兩直角方形自相等而幷之又與丙戊丙丁上所作兩直角方形亦相等

兩直線形不等求相等之較幾何章第十一

甲與乙兩直線形甲大於乙以乙減甲求較幾何先任作丁丙己戊平行方形與甲等次於丙丁線上依丁角作丁丙辛庚平行方形與乙等卽得辛庚戊己爲相減之較矣

有圜求作一直角方形與之等章第十二

方圓圓方之法自古名賢究析而未準吾師丁先生幾何六卷之末設此神法其法之用甚廣今撮其要以推作方圓圓方之法先設甲乙丙丁直角方形次以乙爲心以甲爲界作甲丁限象任分爲若干度今姑分爲九十度又分甲乙丙丁兩線如前數爲九十次自乙心至象限逐度皆作虛線次從甲乙丙丁兩線對望作平行線其與限象線交處俱作點次從甲作曲線貫諸點貫諸點之線則甲戊線爲方圓圓方之根線而乙甲爲邊乙丁爲底次自甲至戊作一直線若乙戊直線與所設欲方之圜半徑等則甲乙線爲所設圜限象之界線若圜半徑長則於乙丁線上截乙己與半徑等引長甲乙線作己庚與戊甲線平行庚至乙卽長徑圜象限之界線若圜半徑短則於乙丁線上截乙辛與半徑等作辛壬線與

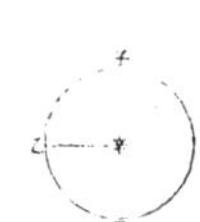

戊甲平行則壬至乙即短徑圜限象之界線今有子丑圜或大或小其半徑與乙辛等先作一寅卯直線立一辰己垂線次從己起取己午午未各與乙壬等次取己申與乙辛等次兩平分申未於酉以酉爲心以申或未爲界作半圜切垂線於辰末取己辰作直角方形之一邊則此方形與所設圜等以此可推不特一方與一圜即方之一邊線與圜一限象等方之半邊線與圜半限象等

有直角方形求作一圜與之等章第十三

如有甲線爲方之邊先取一圜依前法求其作方之線如前度得申己次作辰申直線次截戊己如所設甲線等次自戊作戊卯線與辰申平行末以己卯爲半徑之度作一圜即得所求

推用一法

依兩章方圓圜方之法可推任有直線形可作一圜與之等又任設一圜可作直線形與之等須先依前章法求多邊直線形作一方形與之等次依本章法作一圜形與直角方形等則得一圜與所設直線形等若又有圜求作一三角形先依本章法作一方與所設圜等次依前法作三角形如所設方形等則所作三角形如原設圜等以上原本卷之四

欽定古今圖書集成曆象彙編曆法典

第一百二十八卷目錄

曆法典第一百二十八卷

算法部總論

隋書

律曆志備數

五數者一十百千萬也傳曰物生而後有象滋而後有數是以言律者云數起於建子黃鐘之律始一而每辰三之歷九辰至酉得一萬九千六百八十三而五數備成以爲律法又參之終亥凡歷十二辰得十有七萬七千一百四十七而辰數該矣以爲律積以成法除該積得九寸卽黃鐘宮律之長也此則數因律起律以數成故可歷管萬事綜覈氣象其算用竹廣二分長三寸正策三廉積二百一十六枚成六觚乾之策也負策四廉積一百四十四枚成方坤之策也觚方皆經十二天地之大數也是故探賾索隱鉤深致遠莫不用焉一十百千萬所同由也律度量衡歷率其別用也故體有長短檢之以度則不失毫釐物有多少受之以器則不失圭撮量有輕重平之以權衡則不失黍絫聲有清濁協之以律呂則不失宮商三光運行紀以曆數則不差晷刻事物糅見御之以率則不乖其本故幽隱之情精微之變可得而綜也夫所謂率者有九流焉一曰方田以御田疇界域二曰粟米以御交質變易三曰衰分以御貴賤廩稅四曰少廣以御積冪方圓五曰商功以御功程積實六曰均輸以御遠近勞費七曰盈朒以御隱雜互見八曰方程以御錯糅正負九曰句股以御高深廣遠皆乘以散之除以聚之齊同以通之今有以貫之則算數之方盡於斯矣古之九數圓周率三圓徑率一其術疎舛自劉歆張衡劉徽王蕃皮延宗之徒各設新率未臻折衷宋末南徐州從事史祖沖之更開密法以圓徑一億爲一丈圓周盈數三丈一尺四寸一分五釐九毫二秒七忽朒數三丈一尺四寸一分五釐九毫二秒六忽正數在盈朒二限之間密率圓徑一百一十三圓周三百五十五約率圓徑七周二十二又設開差冪開差立兼以正圓參之指要精密算氏之最者也所著之書名爲綴術學官莫能究其深奧是故廢而不理

明唐順之本集

句股測望論

句股所謂矩也古人執數寸之矩而日月運行朓朒遲速之變山谿之高深廣遠凡目力所及無不可知蓋不能逃乎數也句股之法橫爲句縱爲股斜爲弦句股求弦句股自乘相併爲實平方開之得弦句股求股句弦自乘相減爲實平方開之得股股弦求句同法蓋一弦實藏一句一股之實一句一股之實併得一弦實也數非兩不行因句股而得弦因股弦而得句因句弦而得股三者之中其兩者顯而可知其一者藏而不可知因兩以得三此句股法之可通者也至如遠近可知而高下不可知如卑則塔影高則日影之類塔影之在地者可量而人足可以至於戴日之下而日與塔高低之數不可知則是有句而無股弦三者缺其二數不可起而句股之法窮矣於是有立表之法蓋以小句股求大句股也小句股每一寸之句爲股長幾何則大句股每一尺之句其長幾何可知矣此以人目與表與所望之高三相直而知之也人目至表小弦也人目至所望之高大弦也又法表爲小股其高幾何與至塔下之數相乘以小句除之則得塔高蓋橫之則爲小股至塔之積縱之則爲小句至塔頂之積縱橫之數恰同是變句以爲股因橫而得縱者也句股弦三者有一可知則立表之法可得而用若其高與遠之數皆不可知而但目力可及如隔海望山之類則句股弦三者無一可知而立表之法又窮矣於是有重表之法蓋兩表相去幾何爲影差者幾何因其差以求句股亦可得矣立表者以通句股之窮也重表者以通一表之窮也其實重表一表也一表句股也無二法也

句股容方圓論

凡奇零不齊之數準之於齊圓準之於方不齊之圓準於齊之圓不齊之方準於齊之方句股容圓準於句股容方假令句五股五弦七有奇此爲整方均齊無較之句股其容方徑該得句之半蓋容方積得句股全積四分之一其取全積時句股分在兩廉則句五股五五五二十五內一半爲句積一半爲股積其

求容方則併句股爲縱一廉得十爲長之數得闊二五與原句相半蓋始初則一半句積一半股積橫列之而爲正方及取容方則股積在上句積在下而爲長方矣其容方所以止得半句者則以句股之數均也若句短股長則容方以漸而闊不止於半句矣故大半爲股積小半爲句積其始橫列時句積與股同長而不同闊其從列時則股積之闊如故而句積截長以爲闊則闊與股積同而長與股積異與橫列正相反此變長爲闊而取容方之法也其謂之句積股積者從容方徑與句股相乘之數而名之也若取容圓徑則用句股自之而倍其數以句股與弦併爲法蓋容圓之徑多於容方方有四角與弦相礙故其數少圓循弦宛轉故其數多若以求容方與求容圓相比則積中恰少一弦和較之數假令勾五股五相和較者勾股併與弦相較之數也假令勾五股五相乘亦倍之得五十如求容方則亦倍勾股爲法得二十亦恰得二寸五分之徑如求容圓則不用倍勾股爲法而用一句股併與一弦是以一弦代一句股併也以一弦代一句股併恰少一弦和較加一弦和較則亦兩句股矣假令一句股得十倍句股得二十是取容方之徑一句股得十一弦得七恰少一弦和較三是取容圓之徑其所以少一弦和較者圓徑多於方徑也假令取容圓不用句股倍積而止用句股本積則宜用句股併爲廉而除去半弦和較亦得或約得圓徑之後與半弦和較相乘添積而以句股併爲廉不除亦得或用句股倍積用兩句股相併爲廉而以全弦和較與約得圓徑相乘添積亦得此改方爲圓之妙其機括只寓之於弦和較間也至於句股積與弦積亦只於句股較中求之蓋數起於參伍參伍起於畸零不齊也假令股五句五齊數之句股則句股冪倍之卽得弦冪蓋兩句股積而成弦積也至於句短股長相乘之積則成一長方倍之而弦側不當中徑亦不成弦冪惟以一句股較積補之乃能使長方爲一正方而得弦積蓋句股之差愈遠則長方愈狹長方愈狹則句股之差積愈多故句股差者所以權長方不及正方之數以相補輳此補狹爲方之法也

弧矢論

凡弧矢算法準之於矢而參之於徑背徑求矢之法先求之背弦差而半背弦差藏之矢冪與徑相除之中倍矢冪與徑相除則全背弦差也半法簡捷故用其半冪者方眼也自乘之數必方故謂之冪假令徑十寸截矢一寸一寸隅無開方卽以一寸爲矢冪而以十寸之徑除之該得一分是半背弦差一分若二寸矢開方得四寸是爲一寸者四半背弦差得四分三寸矢開方得九是爲一寸者九半背弦差得九分皆準之於十寸之徑故一寸之冪而差一分遞而上之視其冪以爲差之多少又假令徑十三寸矢冪一寸則以十三寸之徑與一寸相除每寸該差七釐七毫弱以爲半背弦差若二寸矢開方得四該四箇七釐七毫併之得三分八毫以爲二寸矢半背弦差此準之十三寸之徑亦遞而上之視其冪以爲差之多少蓋徑長則背弦之差減故一寸矢而差止七釐有奇徑短則背弦之差增故一寸矢而差及一分雖其數有增減而準之於一寸之冪與徑相除而以漸開之每得一寸則得元差而相併以爲背弦之差則其法之一定不可易者也背徑求矢矢背求徑諸法消息皆於是矣至於徑積求矢一法古法以倍截積自乘爲實四因截積爲上廉四因直徑爲下廉五爲負隅與矢相乘以減下廉而以上下廉與矢除實今立一法但以截積自乘爲實而遂以截積爲上廉直徑爲下廉每一寸矢帶二分五釐二寸矢則帶五分四分而增其一以減徑其倍積四因之法悉去不用頗爲簡捷蓋徑積求矢準於矢徑之差矢徑差者矢徑互爲升降也矢一寸則該減徑一寸二分五釐矢二寸則該減徑二寸五分而矢徑之差起於積數之不足且夫圓準於方而畸零之圓又準於均齊之圓以方爲率徑十寸矢一寸則積必是十寸矢二寸則積必是二十寸但得積爲實只約矢與徑爲從平方開之足矣蓋方無虛隅也又以整圓爲率徑十寸矢五寸則圓積必居方積四分之三而以四之一爲虛隅足矣蓋雖有虛隅而其數易準也惟是矢以漸而短則積以漸而減有不能及四分之三虛隅以漸而加有不止於四分之一者矣於是平方法與四分而一爲虛隅之法皆不可用惟是乘平方之積爲三乘而以四分之矢減五分之徑則不問矢之長短積與虛隅之多寡而其數皆至此而均齊猶之平方之法數有多寡而減來減去必得一均齊之數以爲準而後不齊者皆齊此天然之妙也夫積自乘而爲三乘方之實則一整方耳而矢數藏焉及立法求矢則分爲上下兩廉而矢數著焉蓋整方所以聚積而分廉所

以散積補短截長而方圓斜直通融爲一此亦天然之妙也假令徑十寸矢一寸積該三寸五分自乘該十二寸二分五釐上廉三寸五分下廉十寸以三乘方開之而一寸無開方則上下廉如元數共得十三寸五分爲廉法與一寸矢相乘除實恰少一寸二分五釐是爲負隅之數所以用每矢一寸則帶二分五釐爲準以減徑然後法實相當也又如徑十寸矢二寸積該十寸自乘該百寸上廉十寸下廉亦十寸以三乘方開之則須以矢數乘上廉上廉該得三十寸蓋長十寸而高二寸之數以矢數自乘得四而乘下廉下廉該得四十寸蓋高十寸而闊四寸之數上下廉共得六十寸又以矢二寸爲方面與上下廉相乘除實共二箇六十寸該得一百二十寸其數乃足而元數止得百寸恰少積二十寸所以用二寸五分以除下廉則該止得七寸五分爲下廉其下廉減去高二寸五分中闊該四寸則四箇二寸五分該得十寸方面二寸與十寸相乘共二十寸恰勾負隅之數所以二寸矢則用二寸五分減法也遞而上之每寸以二分五釐爲準蓋雖徑有極長極短而一寸矢帶二分五釐減徑之法則定數也徑積求矢矢積求徑徑矢求積諸法消息曾於是矣然此二法者背弦之差則隨徑而不隨矢所以均爲一寸之矢而其差則有多寡之不齊矢徑之差則隨矢而不隨徑所以但得一寸之矢則不問徑之長短而一例爲差此二法之異也若以今法與舊法相通今法不倍積所以不用四因四因者生於倍積也古法之五爲負隅即今之一寸帶二分五釐也蓋以五乘之矢除四因之徑則亦一寸矢而減一寸三分五釐之徑也然有廉而無方隅者蓋截積止得廉數也即此二法可見截弧截積之法皆從邊起而準之於邊以漸消息之矣既得一寸之定差則雖倍蓰十伯錯綜變化而皆不能出乎範圍之外此天然之妙也故曰握其機而萬事理矣其弦矢求徑法半弦自乘爲實而以矢除之加矢得徑是徑之數藏於半弦冪與矢相除而加矢之中也今環而通之以爲背弦求矢諸法背弦求矢其半背冪中藏一箇半弦冪與矢相除而加矢之徑數藏一箇矢冪以徑數相除爲背弦差之數二數消息恰得半背冪本數則矢數見矣假令徑十寸矢一寸半背弦差一分半背數三寸一分自乘得九寸六分一釐其九寸爲弦冪所謂中藏半弦冪與矢相除而加矢之徑數其六分一釐乃是兩半背冪而空其一差亦名差與半背相開方之數即以與其差一分相乘之數所謂一箇矢冪以徑數相除爲背弦差之數也二數消息以盡背冪而法可立矣其背矢求弦法若背矢先求出徑而後以矢徑求弦則爲簡捷蓋半背冪中所藏弦冪與背弦差冪今以矢冪約徑而以徑除矢冪爲背弦差又以矢截徑以矢乘之爲半弦冪二數消息恰得半背冪本數則徑數見矣得徑而弦在其中矣其矢弦求背亦須先得徑而後得背蓋半弦冪爲實乃以矢約徑以矢減之以矢乘之恰得半弦冪本數則徑數見矣得徑而背在其中矣假令矢一寸半弦三寸自乘九寸爲半弦冪爲實以矢約寸得十寸以矢一寸減之得九寸以矢一寸乘之得九寸恰與半弦冪相同則爲徑十寸矣此背弦矢徑四者相乘除循環無窮之妙也至於徑積求矢則既然矣因而通之積矢求徑假令徑十寸矢一寸積三寸五分自乘該十二寸二分五釐乃以原積三寸五分爲上廉一寸之矢爲下廉以除自乘之積餘數得八寸七分五釐加矢帶數一寸二分五釐則爲徑十寸矣又如徑十寸矢二寸積十寸自乘寸百爲實矢乘積得二十寸爲上廉再矢自乘得八爲下廉以二乘上廉消積四十以八消餘積六十得七寸五分加入矢帶數二寸五分則徑十寸矣徑積求矢則積爲上廉而徑爲下廉矢積求徑則亦積爲上廉而矢爲下廉此其縱橫往來相通之妙而一乘上廉再乘下廉則三乘開方之定法也積矢求弦則倍其積以矢除積而減矢弦矢求積則并矢於弦以矢乘積而半其積蓋矢弦并之爲長以矢乘之而得兩積故半之而積可見也倍之則爲矢弦相併之積以矢除之而得矢弦相併之本數除矢而弦可見也徑矢求積則先得弦而後得積蓋以矢減徑以矢乘之四因得數而弦冪藏於其中平方開之得弦乃以矢自乘以矢與弦相乘合二數而半之則得積矣此又積矢徑弦四者相乘除循環無窮之妙也其徑背求矢法則以半背自乘爲實而約矢以減徑以矢乘之爲半弦冪而平方開之以減背其減餘之數恰與矢之背弦差數相當則矢數見矣蓋半背數中藏一半弦數藏一背弦差數故令二數而消息之也徑十寸矢一寸半背三寸一分十寸之徑每一寸矢該差二分二寸矢該差四分爲定差今約矢一寸以減徑得九寸以矢乘亦得九寸平方開之得三寸爲半弦以除半背而

餘一分恰勾一寸差數則矢之爲一寸也無疑矣又如徑十寸半背四寸四分約得矢二寸以減徑餘八寸以矢乘得十六寸爲弦冪平方開之爲四寸以減半背四寸而餘四分恰得二寸矢之定差則矢之爲二寸也無疑矣又法半背冪自乘爲實中藏一箇半弦自乘之數一箇背弦差與兩半背而空出一差相乘之數亦各背弦差與背相開方之數以此兩數與實相消而矢數見矣假令徑十寸半背三寸一分其半背冪該九寸六分一釐約矢一寸與徑相減相乘如前法得九寸以除實九寸而以一寸之差一分與兩半背而空出一差之數得六寸一分與上差一分相乘得六分一釐并二數九寸六分一釐除實恰盡以是知矢之爲一寸也又如半背四寸四分自乘得十九寸三分六釐爲實約矢二寸與徑相減相乘如前法得十六寸以除十六寸而以二寸之差四分與兩半背而空出一差之數得八寸四分與上差四分相乘得三寸三分六釐併二數十九寸三分六釐除實恰盡以是知矢之爲二寸也此其法亦始於先得定差而約矢與徑兩相消息以得矢也其徑數有長短差數有多寡亦準此法而通之也在先得定差而已又法半徑自乘爲徑冪半背自乘爲背冪二冪相乘爲實乃約矢以減徑以矢乘之爲半弦冪與徑冪相乘以除實又以徑冪除其餘實恰得矢數之定差則矢可得矣蓋二冪相乘中藏一箇徑冪與弦冪相乘之數藏一箇徑冪與半背弦差冪相乘之數而背弦差者矢之所藏也假令徑十寸矢二寸背差八分半徑自乘得二十五寸半背自乘得十九寸三分六釐相乘得四百八十四寸爲實及約矢得二寸以減徑而乘之得十六寸爲弦冪與徑冪相乘得四百以除實餘八十四寸又以徑冪除之得三寸三分六釐恰與二寸矢之定差相合然二寸矢之定差四分而乃有三寸三分六釐者蓋始求背冪之時以兩背數相乘則四分寓其間恰得此數所謂差與背相開方之數也以四分與八寸四分相乘得三寸三分六釐故定差四分而其積則三寸三分六釐也以八寸四分除之則定差本數也夫背弦差者矢之所藏也以差立法古未有之而實求矢之大機也差徑求矢以差與徑相乘平方開之得矢差矢求徑矢自乘以差爲從平方開之得徑而差與弦亦可以求矢徑半弦之冪矢除徑而矢乘徑之數也差者矢冪而徑除之之數也先約徑矢數與弦冪相同而又以徑除矢冪與差數同則得矢徑差與背求矢徑減差則得弦即差弦求矢徑也積者矢與弦幷以矢除而半之之數也積弦求矢倍積爲實約矢而加之於弦爲從方以矢爲法除之則得矢也矢積求弦矢自乘而置虛積與元積相當然後減去矢自乘之冪而以矢除其虛積與元積之幷則得弦也假令矢一寸積三寸五分矢自乘得寸添積二寸五分乃與元積相當然後減去矢自乘之寸餘六寸以矢除之得弦六寸也矢二寸積十寸矢自乘得四寸加虛積六寸與元積相當減去矢自乘之寸餘十六寸以矢除之得弦八寸也如不以矢徑求弦得積而遂以矢徑求積則矢每寸截徑寸二分五釐而以矢自乘再乘以乘截餘之徑爲徑積然後以徑約積而以積與矢自乘之數相乘添入徑積合爲積冪而復以約積自乘亦與前積冪同數則積亦可得矣然不如得弦而後得積之爲簡捷也至於殘周與弦求矢則亦用半弦自乘爲實而約出矢數以除半弦冪而加矢爲徑乃以徑補出全周之數而以半背數除半弦數餘爲半背弦差恰得矢之定差則矢可得矣假令弦六寸殘周二十三寸八分則以半弦自乘得九爲實而約出矢一寸以除實而加之得十寸爲徑該周三十寸除殘周數得半背三寸一分除半弦三寸而餘一分恰得一寸矢之定差則矢一寸也又如弦八寸殘周二十一寸二分半弦自乘得十六爲實約出矢二寸以除實而加之得十寸爲徑該周三十寸除殘周數得半背四寸四分除半弦四寸而餘四分恰得二寸矢之定差則矢二寸也數雖如是而起筭極周折惟求之弦矢徑三相權則其數可準蓋徑矢求弦則以矢減徑以矢乘之爲半弦冪徑弦求矢則以半弦自乘爲實而以徑爲益方以矢減益方而相乘除實亦是以矢減徑以矢乘之而得半弦冪也弦矢求徑則以半弦自乘以矢除之加矢而得徑由是三者輾轉求之則是半弦冪中藏却以矢減徑以矢乘之之定數以是約出矢徑而因徑以爲周減其殘周而得背以半背與半弦相較而得差恰與矢之定差相同則矢數無所失矣其有不合則更約之此數雖若眇茫然準之於以矢減徑即以矢乘必須與半弦冪相當則亦未嘗無繩墨也此意元之又元也至神莫知也積也矢也徑也弦也背也殘周也差也凡七者轉相爲法而轉相求共得三百二十六法而後盡渾然一圓圈而中含錯

綜變化乃至於此嗚呼豈非所謂至妙至妙者哉

分法論

差分方程盈朒粟米總是一分法也物有多寡價有貴賤兩物相形已知物之孰貴孰賤各有定價矣若使兩物總共若干兩價亦總共若干則兩物混雜雖則兩物混雜而總價固相差也於是以價權物則因價之貴賤而差之也未知兩物之孰貴孰賤而但知兩物相參伍之總價若使此三而彼五則價共增若干此五而彼三則價共減若干則兩價混雜而物數固相形也於是以物權價則因物之參伍而推出價之貴賤謂之方程方程者言物價相檢括有定式而不可亂也差分方程之所不能盡於是有盈朒盈者有餘朒者不足盈朒者因其外露畸零可見之數而推知其中藏隱雜不可見之數以據末穎而窺全錐也假令物共若干兩價共若干兩兩物混雜而法有不盡於差分也於是而盈朒之假令總是貴物則原總價不足若干總是賤物則原總價有餘若干於是推乘以齊其數以不足之數乘賤物以有餘之數乘貴物兩物各得其所乘之數以爲實而并有餘不足之數以爲法而各歸之則物之多寡可得矣此差分之盈朒也未知兩物之孰貴孰賤而但知此三而彼五則價共增若干此五而彼三則價共減若干兩價混雜而法有不盡於方程也於是而盈朒之假令此賤若干彼貴若干則原總價有餘幾何此貴若干彼賤若干則原總價不足幾何於是維乘以齊其數以有餘乘此貴彼賤亦以不足乘彼貴此賤令兩賤自相減兩貴自相減爲實有餘不足亦自相減爲法則價之貴賤可得矣此方程之盈朒也差分以價權物方程以物權價差分露價而混物方程露物而混價露價而混物故以價相轄露物而混價故以物相參而盈朒通乎其間矣至於物有以多而易寡價有以貴而易賤於是有粟米則乘除互換之間而多遂與寡相當賤遂與貴相當而其數齊矣以粟易米則以粟率乘以米率除以米易粟則以米率乘以粟率除以貴物易賤物則以貴率乘以賤率除以賤物易貴物則以賤率乘以貴率除以賤物易皆以本率乘以所易之率除謂之粟米者因粟米以名諸物也

六分論

數欲以繁而從簡而數之有分者不可以常法約也於是有約分之法則以子減母以母減子至於等而後止等數者母子之數所共止齊也必相減而後得之所謂減損求原也然後以等約母以等約子而繁者簡矣數有以少而合多以聚其零散亦有以少而減多以較其多寡而數之有分者不可以常法合而減也於是有合分課分之法分母不同分子亦異於是母互乘子以齊其數假令二分之一與三分之一相乘二分之母數本少也與子之二數相乘而爲四則雖少而多三分之母數本多也與子之數相乘而爲三則雖多而少一互乘而裒多益寡之義著矣諸分皆母互乘子而合分則相併以爲實所以爲合也課分則相減以爲實所以爲減也其實有相乘相減之異而其法則皆以母相乘蓋其始皆母互乘子以爲實則其母亦互相乘以爲法也合分觀其所總而聚散著矣減分觀其所餘而多寡著矣數有多寡損益以取平而數之有分者不可以常數平也於是有平分之法亦母互乘子而副置之其一相併以爲平實其不相併而據諸分之位數凡幾謂之列數名以列數乘其不相併之分子以爲列元是三位相併則以三爲列數原是四位相併則亦以四爲列數以三數乘不相併則亦與三數相併相當矣以四數乘不相併則亦與四數相併相當矣但相併則諸分總得其相乘之數不相併則諸分各得其相乘之數耳以各較總而有餘不足見矣故平實者總也列實者各也非總無以準各非各無以自準有總有各而有餘不足見矣列實有餘者以平實準之而得其減數列實不足者以平實準之而得其益數減有餘之列實益不足之列實皆齊於平實而後止是若齊於總也於是以諸母相乘猶之母互乘子也亦以列數乘諸母之相乘者猶之列數乘諸分子也則分母恰與分子相當以爲法以命平實而諸分平矣乘分者乘法之有分者也除分者除法之有分者也其乘分除分皆用通分法假如有銀十兩三分兩之二則無分之全數與有分之零數相礙而不相通於是以分母三乘全兩其十兩得三十分帶分子二共三十二分所謂分母乘其全分子從之也通分則全數與零數均爲一法而不相礙通分之後乘分則以各通分相乘爲實分母相乘爲法除分則以實分母乘法以法分母乘實而法與實之數始相當而無偏亦所謂變而通也算經曰學者不患乘除之爲難而患分法之爲難然必精於無分之乘除而後能通於有分之乘除非二致也法有淺深而已矣

天地之間聚散分合而已天氣下降地氣上騰而天地合天氣上騰地氣下降而天地判合則氣發洩於其外判則氣凝結於其中其分所以爲合也兵之用聚散分合而已矣分不分謂之縻軍聚不聚謂之孤旅然聚易而分難其分所以爲聚也韓信多多益辦兵家以爲分數明也數之用聚散分合而已矣聚小以爲大謂之乘散大以爲小謂之除聚小以爲大則無畸零不盡之數散大以爲小則多有畸零不盡之數矣是以乘法省而除法繁乘法易而除法難也可知矣

算法部藝文

明算　　冊府元龜

自隸首作算容成造曆後之學者不絕英華或抄盡其能或略窮其理忘寢廢食精鶩心游耳不聞於雷霆行或墜於坎窞睿齡亂而躭味射隱伏以冥符小則括毫氂之形大則周天地之數聊屈指而洞明運隻筯而無爽若非苦志名山尋師遠道則何以臻此哉

測圓海鏡序　　李冶

數本難窮吾欲以力強窮之彼其數不惟不能得其凡而吾之力且憊矣然則數果不可以窮耶既已名之數矣則又何爲而不可窮也故謂數爲難窮斯可謂數爲不可窮斯不可何則彼其冥冥之中固有昭昭者存夫昭昭者其自然之數也非自然之數其自然之理也數一出於自然吾欲以力強窮之使隸首復生亦末如之何也已苟能推自然之理以明自然之數則雖遠而乾端坤倪幽而神情鬼狀未有不合者矣予自幼喜算數恆病夫考圓之術例出於牽強殊乖於自然如古率徽率密率之不同截弧截矢截背之互見內外諸角析會兩條莫不各自名家與世作法及反覆研究而卒無以當吾心焉老大以來得洞淵九容之說日夕玩繹而鄉之病我者始去之而無遺餘山中多暇客有從余求其說者於是乎又爲衍之遂累一百七十問既成編客復目之測圓海鏡蓋取夫天臨海鏡之義也昔半山老人集唐百家詩選自謂廢日力於此良可惜明道先生以上蔡謝君記誦爲玩物喪志夫文史尚矣猶之爲不足貴況九九賤技能乎嗜好酸鹹平生每痛自戒敕竟莫能已類有物憑之者吾亦不知其然而然也故嘗私爲之解曰由技進乎道者言之石之斤扁之輪庸非聖人之所予乎覽吾之編察吾苦心其憫我者當百數其笑我者當千數乃若吾之所得則自得焉耳寧復爲人憫笑計哉

算法部紀事

通鑑前編黃帝有熊氏命隸首作數注外紀曰帝命隸首定數以率其羨要其會而律度量衡由是而成焉

史記張蒼明習天下圖書計籍又善用算律曆故令蒼以列侯居相府主領郡國上計者

冊府元龜漢許商爲博士治尚書爲算能度功用嘗著五行論曆注藝文志有許商算術二十六卷杜忠算術十六卷

桑弘羊武帝時以計算年十三爲侍中

耿壽昌宣帝時爲大司農丞以善算爲算工得幸於帝

後漢書馮勤傳勤爲司徒八歲善計注計算術也

冊府元龜張衡爲尚書尤致思於天文陰陽曆算

王子山與父叔師到泰山從鮑子眞學算

西京雜記漢安定皇甫嵩眞元菟曹元理並善算術皆成帝時人眞嘗自算其年壽七十三於綏和元年正月二十五日晡時死書其屋壁以記之二十四日晡時死其妻曰見算時常下一算欲以告之慮脫有旨故不告今果先一日也眞又曰北邙青塚上孤檟之西四丈所鑿之入七尺吾欲葬此地及眞死依言往掘得古時空槨即以葬焉

曹元理嘗從其友人陳廣漢廣漢曰吾有二囷米忘其石數子爲吾計之元理以食箸十餘轉曰東囷七百四十九石二斗七合西囷六百九十七石八斗遂大署囷門後出米西囷六百九十七石七斗九升中有一鼠大堪一升東囷不差圭合元理後歲復

遇廣漢廣漢以米數告之元理以手擊牀曰遂不知鼠之食米不如剝面皮矣廣漢爲之取酒鹿脯數臠元理復算曰甘蔗二十五區應收一千五百三十六枚蹲鴟三十七畝應收六百七十三石千牛產二百犢萬雞將五萬雛羊豕鵝鴨皆道其數果蓏殽核悉知其所乃曰此資業之廣何供具之褊廣漢慚曰有倉卒客無倉卒主人元理曰俎上蒸肫一頭廚中荔枝一盤皆可以爲設廣漢再拜謝罪入取盡日爲歡其術後傳南季南季傳項滔項滔傳子陸皆得其分數而失其元妙焉

後漢書鄭元傳元以永建二年七月戊寅生八九歲能下算乘除年十一二隨母還家臘日宴會同時十許人皆美服盛飾語言通了元獨漠然狀如不及母私督數之乃曰此非元之所志也

異苑鄭元在馬融門下三年不相見高足弟子傳授而已常算渾天不合問諸弟子弟子莫能解或言元融召令算一轉便決衆咸駭服及元業成辭歸融心忌焉元亦疑有追者乃坐橋下在水上據屐融果轉式逐之告左右曰元在土下水上而據木此必死矣遂罷追元竟以免一說鄭康成師馬融三載無聞融鄙而遣還元過樹陰假寐見一老父以刀開腹心謂曰子可以學矣於是寤而卽返遂精洞典籍融歎曰詩書禮樂皆已東矣潛欲殺元元知而竊去融推式以算元元當在土木上躬騎馬襲之元入一橋下俯伏柱上融踟躕橋側云土木之間此則當矣有水非也從此而歸元用免焉

冊府元龜鄭元造太學受業師事京兆第五元先始通春秋三統曆九章算術又因盧植事馬融融素貴元在門下三年不得見會融集諸生考論圖緯聞元善算乃召見元因質諸疑義後徵大司農不起圭三統曆劉歆所撰九章算術周公作凡有九篇方田一粟布二差分三少廣四均輸五方程六旁要七盈不足八鉤股九

三國魏志王粲本傳粲子仲宣山陽高平人也性善算作算術略盡其理

冊府元龜吳顧譚爲左節度每省簿書未嘗下籌徒屈指心計盡發疑謬下吏以此服之

趙達明算術事大帝帝令達算作天子之後當復幾年達曰高祖建元十二年陛下倍之帝大喜左右稱萬歲果如達言黃武三年魏文帝在廣陵大帝令達算之曰曹丕走矣雖然吳衰庚子歲帝曰幾何達屈指而計之曰五十八年帝曰今日之憂不暇及遠此子孫事也達治九宮一算之術究其微旨是以能應機立成對問若神至計飛蝗射隱伏無不中效或難達曰飛者固不可校誰知其然此殆妄耳達使人取小豆數斗播之席上立處其數驗覆果信嘗過知故知故爲之具食畢謂之曰倉卒之酒又無佳肴無以敘意如何達因取盤中隻箸再三縱橫之乃言卿東壁有美酒一斛又有鹿肉三斤何以辭無時適坐有他賓內得主人情主人慚曰以卿善射有無欲相試耳竟效如此遂出酒酣飲又有書簡上作千萬數著空倉中封之令達算之達處如數云但有名無實其精微若是達又閒居無爲引算自較乃歎曰吾筭訖盡某年月日其終矣達妻數見達效聞而哭泣達欲弭妻意乃更步算言向者謬誤耳尙未也後如期死大帝聞達有書求之不得乃錄問其女及發達棺無所得法術絕焉

宋闕康之字伯愉河東楊人世居京口寓屬南平昌少而篤學筭術妙盡其能太宗詔徵不起

祖冲之爲長水校尉善算注九章造綴術數十篇

後魏安豐王猛子延明爲尙書右僕射以河間人信都芳工筭術引之在館共撰古今樂事九章十二圖

高允爲太常明算法爲筭術三卷

殷紹長樂人少聰敏好陰陽術數游學諸方達九章七曜太武時爲算生博士

北齊書信都芳傳芳河間人少明算術爲州里所稱有巧思每精研究忘寢與食或墜坑坎嘗語人云算之妙機巧精微我每一沉思不聞雷霆之聲也其用心如此以術數干高祖爲館客授叅軍丞相倉曹祖珽謂芳曰律管吹灰術甚微妙絕來旣久吾思所不至卿試思之芳遂留意十數日便云吾得之矣然終須河內葭莩灰後得河內葭莩用其術應節便飛餘灰卽不動也不爲時所重竟不行故此法遂絕云

冊府元龜信都芳初爲魏安豐王延明所館延明家有羣書欲抄集五經算事爲五經宗又聚渾天欹器地動銅烏候風諸圖爲器準並令芳算之會延明南奔芳乃自撰注芳注重差句股撰史宗仍自注之合數十卷

北齊許遵明易善算高祖引爲館客從文宣無道日甚遵語人曰多折算來吾筮此狂夫何時當死遂布算滿牀大言曰不出多初我乃不見遵果以九月死

隋蕭吉字文休爲上儀同博學多通尤精陰陽算術

劉炫爲旅騎尉撰算術一卷行於世

唐傅仁均爲太史令善曆算

李淳風爲太史令尤明天文曆算陰陽之學與算學博士梁述太學助教王眞儒等注釋五曹孫子等十部算經分二十卷顯慶元年左僕射于志寧等奏之付國學行用

僧一行姓張氏公謹之孫也初求訪師資以窮大衍至天台山國淸寺見一院古松數十門有流水一行於門屛間聞院僧於庭布算聲而謂其徒曰今日當有弟子自遠求吾算法已合到門豈無人導達也卽除一筭又謂曰門前水當却西流弟子亦至一行承其言而趨入稽首請法盡授其術而門前水果却西流

稽神錄後唐表弘禦爲雲中從事尤精算術同府令筭庭下桐樹葉數卽自起量樹去地七尺圍之取圍徑之數布筭良久曰若干葉衆不能覆命撼去二十二葉復使算曰已少向者二十一葉矣審視之兩葉差小止當一葉耳節度使張敬達有二玉椀弘禦量其廣深算之曰此椀明年五月十六日巳時當破敬達聞之曰吾敬藏之能破否卽命貯大籠藉以衣絮鏁之庫中至期庫屋梁折正壓其籠二椀俱碎太僕少卿薛文美同府親見

宋史徽宗本紀大觀三年冬十一月丁未詔算學以黃帝爲先師風后等八人配饗巫咸等七十人從祀

欽定古今圖書集成曆象彙編曆法典

第一百二十九卷目錄

曆法典第一百二十九卷

數目部彙考一

一類　小學紺珠

一龍　買會里中號一龍　魏華歆管寧邴原時人以三人爲一龍歆爲龍頭原爲龍腹寧爲龍尾

一門忠孝　晉卞壼二子眕盱忠孝之道萃於一門

一封軺傳　漢律當乘傳及發駕置傳者皆持尺五寸木傳信封以御史大夫印章其乘傳參封之有期會累封兩端端各兩封凡四封也乘置馳傳五封之兩端各二中央一也軺傳兩馬再封之一馬一封也

一弓　周禮大司寇束矢注古者一弓百矢

二類　小學紺珠

兩儀　天　地　易繫辭易有太極是生兩儀正義云太極謂天地未分之前元氣混而爲一老子云道生一是也混元既分卽有天地老子云一生二也兩儀謂兩體容儀　周子太極圖云無極而太極動而生陽動極而靜靜而生陰靜極復動一動一靜互爲其根分陰分陽兩儀立焉此以陰陽爲兩儀　易本義云兩儀者始爲一畫以分陰陽

兩曜又曰二紀　日陽曜　月陰曜　張衡思元賦二紀五緯注二紀日月日行遲一日行一度一歲一周天月行速一日行天十二度十九分度之七計二十九日過半已行天一周　傳長虞詩二離

二至二分日景　周禮說夏至景尺五寸日南陸躔東井景短多暑　冬至景丈三尺日北陸躔牽牛景長多寒　春分秋分景七尺三寸六分春分日西陸躔婁景朝多陰秋分日東陸躔角景夕多風

二至　月令日長至陰陽爭死生分君子齋戒處必掩身毋躁止聲色毋或進薄滋味毋致和節嗜欲定心氣百官靜事毋刑以定晏陰之所成夏至　日短至陰陽爭諸生蕩君子齋戒處必掩身身欲寧夫聲色禁嗜慾安形性事欲靜以待陰陽之所定冬至

兩戒　北戒　南戒　唐天文志一行以爲天下山河之象存乎兩戒　觀兩戒之象與雲漢之所始終而分野可知矣　北戒北紀以限戎狄南戒南紀以限蠻夷星傳謂北戒爲胡門南戒爲越門

二極　朱文公書說北極去地上三十六度南極入地亦三十六度嵩高正當天之中極南五十五度當嵩高之上又其南十二度爲夏至之日道又其南二十四度爲春秋分之日道又其南二十四度爲冬至之日道

二法　唐六典太府以二法平物　度量　權衡

二氣　陰　陽　易自復至乾爲六陽卦自姤至坤爲六陰卦

二之日　毛詩傳一之日周正月建子二之日殷正月建丑三之日夏正月建寅四之日周四月夏之二月建卯　王氏詩義七月九月陰生矣則言月一之日二之日陽生矣則言日與易臨至於八月有凶七日來復同意四月正陽言月陰生也陰始於四月生於五月　南齊禮志孟春之月以元日祈穀又擇元辰躬耕帝籍盧植云郊天陽也故以日籍田陰也故以辰日甲至癸也辰子至亥也亥者辰之末故記稱元辰法曰吉亥蔡邕月令章句云日幹也辰支也有事於天用日有事於地用辰元善也

兩尺　漢章帝時冷道舜祠下得玉律度以爲尺謂之漢官尺　晉始平得古銅尺　晉律志兩尺長短度同　大戴禮記布指知寸布手知尺舒肘知尋　公羊傳註側手爲膚按指爲寸　投壺註鋪四指曰扶一指按寸　國語注五尺爲墨倍墨爲丈八尺爲尋倍尋爲常

二首六身　左傳襄公三十年三月癸未絳縣老人曰臣生之歲正月甲子朔夏正月四百四十有五甲子矣其季於今三之一也三分卌六之一得甲子甲戌盡癸未奇二十日師曠曰郤成子會於承匡之歲也文公十一年七十三年矣史趙曰亥有二首六身下二如身是其日數也亥字二畫在上并三六爲身如算之六也下亥上二畫豎置身旁下二畫使就身士文伯曰然則二萬六千六百有六旬也

歲差二術　隋書宋祖沖之於歲周之末創設差分冬至漸移不循舊軌每四十六年却差一度梁虞

劉曆法嫌沖之所差太多因以一百八十六年冬至移一度隋張胄元以此二術年限懸隔追檢古注所失極多遂折中兩家以爲度法冬至所宿歲別暫移八十三年却行一度上合堯時日永星火次符漢曆宿起牛初　唐大衍曆議古曆日有常度天周爲歲終故係星度于節氣其說似是而非故久而益差虞喜覺之使天爲天歲爲歲乃立差以追其變使五十年退一度何承天以爲太過乃倍其年而反不及皇極取二家中數爲七十五年蓋近之矣

二始　二終　二中　唐大衍曆議天數始於一地數始於二合二始以位剛柔天數終於九地數終於十合二終以紀閏餘天數中於五地數中於六合二中以通律曆　素問立端於始立首氣於初節之日表正於中示斗建於月半之辰推餘於終退餘閏於相望之後

二南　周南　名南　朱子詩傳周國本在岐山之陽岐周今鳳翔府天興縣文王辟國日廣徙都於豐而分岐周故地爲周公旦名公奭之采邑扶風雍縣南有名亭且使周公爲政於國中而名公宣布於諸侯於是德化大成於內而南方諸侯之國江沱汝漢之間莫不從化南南方諸侯之國也周公相成王制作禮樂其得之國中者雜以南國之詩謂之周南言自天子之國而被於諸侯不但國中而已也其得之南國者直謂之名南言自方伯之國被於南方而不敢以繫於天子也

兩周　平王東遷之後西周豐鎬也東周東都也威烈王之後西周河南也王城東周洛陽也成周　呂氏大事記解題考王封其弟於河南是爲桓公以續周公之官職惠公封其少子於鞏以奉王於是有東西二周

二渠　漢溝洫志禹釃二渠以引河一出貝丘西南一漯川

兩京唐又曰兩都　西京京兆　東京河南

兩關　玉門　陽關　西域傳列四郡據兩關

二越　文選注吳越　南越　閩越　漢書兩粵南粵　閩粵

兩渠　漢溝洫志鄭國　白公　杜佑謂秦漢鄭渠溉田四萬頃白渠溉田四千五百頃　唐永徽中兩渠灌浸不過萬頃大曆初減至六千畝

河兩源　一出葱嶺東流　一出於寘南山下北流與葱嶺河合東注蒲昌海

二江　汶江　流江　江水出岷山分爲二江經成都南　漢溝洫志蜀守李冰穿二江成都中

兩銅柱　林邑國記馬援植兩銅柱於象林南界與西屠國分漢之南境

二羊腸坂　漢書地理志上黨壺關　皇甫士安地理書太原北九十里

二華　太華　少華　張衡西京賦綴以二華注二山

二崤　左傳崤有二陵焉其南陵夏后皐之墓也其北陵文王之所辟風雨也　西都賦二崤之阻

兩池　唐食貨志有鹽池五總曰兩池　安邑　解

二津　唐杜牧傳白馬盟　盟津

兩河　河南淄青淮西　河北成德魏博盧龍唐憲宗曰兩河數十州政令所不及　爾雅兩河間曰冀州　通典西則龍門之河東則洚水大洛之河

兩畿　京畿治西京城　都畿治東都城開元十七年置京都兩畿按察使

二戒　命　義　莊子天下有大戒二子之愛親命也臣之事君義也

二物　夫治外　婦治內　左傳子太叔曰爲夫婦外內以經二物注各治其物

二名　老子無名天地之始　有名萬物之母　孫綽天台山賦釋二名之同出

二經　春秋　孝經　中庸注孔子曰吾志在春秋行在孝經固足以明之　公羊傳序曰孔子有云云云此二學者聖人之極致治世之要務也　孝經疏孝經鉤命決云志在春秋行在孝經

二用　用九者乾之坤　用六者坤之乾　乾爻七九九變而七無爲易占其變用九不用七　坤爻八六六變而八無爲用六不用八　於乾坤見之其餘可知　九六變七八不變者揲蓍之法遇純則變參同契二用無爻位周流行六虛

二雅　小雅　大雅

孝經二家　孔安國　鄭氏或云鄭康成　隋志梁代二家並立國學　唐劉子元上孝經注議云孝經非鄭康成所注其驗十二條行孔廢鄭於義爲允　司馬貞請鄭孔並行明皇集諸說自注以奪二家

孟子音釋二家　張鎰　丁公著孫奭等刊正二家

集成音義一卷

二氏　老　釋韓文

史二體　編年始左氏　紀傳始司馬遷　呂氏曰論一時之事紀傳不如編年論一人之終始編年不如紀傳

二賦　許都　洛都魏劉劭作二賦諷諫

二銘　宋張橫渠先生作西銘訂頑東銘砭愚曰二銘

文有二道　柳文著述出於書之謨訓易之象繫春秋之筆削　比興出於虞夏之詠歌殷周之風雅

二友　陶淵明柳子厚二集東坡謂之南遷二友

二帝　國語黃帝　炎帝

堯甲辰即帝位　舜

二代　夏　殷　論語周監於二代

二后　文王　武王　詩昊天有成命二后受之二后文武也

二文　晉文侯仇　文公重耳　左傳復二文之業

二皇　伏羲　神農　張衡東京賦踵二皇之遐武

二祖　漢高祖　世祖

二周　西周　東周　大事記顯王二年趙與韓分周爲二東西周各爲列國世本西周桓公揭居河南東周惠公班居洛陽

二公二伯　齊桓有召陵之師　晉文有踐土之盟　左傳椒舉言二公之事　漢志二伯齊桓晉文

二老　伯夷　太公　孟子二老者天下之大老也　老子　老萊子　孫綽天台山賦躡二老之元蹤

二儒　韓文公進學解孟子軻荀卿況

二官　南正重司天屬神　火正黎司地屬民　史記顓頊命重黎其後二官咸廢所職堯復還重黎之後不忘舊者使復典之而立羲和之官

湯二相　伊尹右　仲虺左　晉志成湯初置二相以伊尹仲虺爲之　左傳仲虺爲湯左相伊尹爲右相　孟子伊尹萊朱注萊朱一曰仲虺是也

二公　書金縢召公　太公　顧命召公　畢公注二公爲二伯

二伯二相　書正義東伯周公畢公代　西伯召公　王制八伯各以其屬屬於天子之老二人分天下爲左右曰二伯　公羊傳自陝以東周公主之自陝以西召公主之　史記宣王即位二相輔之注召公周公

二國士　里克　荀息　晉語丕鄭曰二國士之所圖無不遂也

二守　齊國子　高子　左傳管仲有天子之二守國高在天子所命爲齊守臣皆上卿也

魯二臣　仲孫蔑孟獻子　季孫行父文子　左傳子叔聲伯曰二人者魯國社稷之臣也

二李　李固　李膺　皆師宗荀淑　贊曰二李師淑

二疏　太子太傅疏廣字仲翁　太子少傅疏受字公子廣兄子　宣帝時以老告退

二耆艾　龔勝　邴漢　策曰光祿大夫大中大夫耆艾二人

魯兩生　叔孫通徵魯諸生共起朝儀魯有兩生不肯行　法言曰齊魯有大臣史失其名

二逸民　谷口鄭子真樸　蜀嚴君平遵　揚雄著書稱此二人近古之逸民也

兩將　岑彭　馮異　建方面之號自函谷以西方城以南兩將之功爲大

二守　任延九真　錫光交阯　嶺南華風始傳二守

兩龔　龔勝字君賓　龔舍字君倩楚人皆清節　法言曰楚兩龔之絜其清矣乎

二良史　司馬遷文直而事覈　班固文贍而事詳　後漢論二子有良史之才

兩伏波　路博德　馬援漢兩伏波將軍

二仲　求仲　羊仲　高士傳蔣詡元卿還杜陵舍中有三逕二人從之游

二子孝養　毛義　薛包　後漢二子能以孝養

二烈士　臧洪　陳容

二稺　周澤字稺都　孫堪字子稺　京師號二稺

二君子　張昭　周瑜　陸機辨亡論二君子弘敏而多奇雅達而聰哲

二子　顧榮　賀循　瑯琊王至建業王導曰榮循此士之望宜引之以結人心二子既至則無不來矣

兩哲　劉頌　李重　贊曰懋哉兩哲邦家之基

二妙　衞瓘爲尚書令與尚書郎索靖俱善草書時人號爲一臺二妙　唐韋維爲戸部郎中善裁剖員外郎宋之問善詩時稱戸部二妙

二郎　杜彰成都人　李騭涪人爲尚書郎齊名號

蜀有二郎

兩玉人　謝鯤謝晦同在武帝前帝目之曰一時頓有兩玉人

二義士　朱邊榮　程邑之　齊袁昂　馬仙琕

二協　梁顏協　顧協

兩賢相　徐勉　周捨兩人俱稱賢相　梁世言賢相者稱范雲徐勉

二驥　齊劉繪　王詡　豫章王疑曰閣下自有二驥

二超　郗超　檀超　檀超自比晉郗超言高平有二超

二少　梁謝覽　王暕　武帝時二少實名家

二鴻　崔鴻　李志字鴻道爲二鴻於洛陽

二將　梁韋叡　曹景宗　武帝曰二將和師必濟矣

二隱　臧榮緒　關康之　南齊京口二隱

雙廟　唐張巡　許遠廟在睢陽

二孝　宋潘綜　吳逵　王韶之有詩　唐侯知道程俱羅　李華作贊

二文公　韓愈　李翺

二艮　陸長源汴州　鄭通誠徐州　白居易哀二艮文

二龍　呂晦叔　司馬君實　明道先生詩二龍閒臥洛波清

二俊　王文正曾　劉子儀筠　陳恕領春官以文正爲舉首歲中拔子儀於常選云吾得二俊名世才也

二名臣　向敏中　張詠　淳化中飛白書二名付宰相曰此名臣也

二相　文彥博　富弼　士大夫相慶得人仁宗語歐陽修曰朕用二相人情如此豈不賢於夢卜哉

二將　狄青　种世衡　歐陽公言兵興以來惟得邊將二人

二卿　劇可久　張仁琢　國史贊劇張二卿用法持平

二寶　謝靈運詩　書　宋文帝稱爲二寶　胡伸汪藻　有聲太學中爲之語曰江左二寶

二絕　梁顧野王畫古賢　王褒書贊宋伏曼容袁粲　一臺二絕　北齊宋世軌廷尉少卿蘇珍之大理正　時人以爲寺中二絕

二始　阮咸始平　顏延之始安　宋顏延之出爲始安太守謝晦謂曰昔阮咸斥爲始平郡今卿又爲始安可謂二始　梁裴邃左遷始安太守與呂僧珍書曰阮顏有二始之歎吾才不逮古人今爲二始非其願也

兩儁　何妥　蕭謹　隋何妥傳時人語曰世有兩儁白陽何妥靑陽蕭謹

二子　北宮黝　孟施舍　孟子曰二子之勇　魏成　翟璜　史記文侯謂李克曰二子何如　司馬相如　枚皐　梁張率奏賦武帝曰相如工而不敏枚皐速而不工卿可謂兼二子於金馬矣　李栖筠　李鄘　唐書贊二子其剛者歟

虞二妃　娥皇　女英　後漢劉毅曰有虞二妃周室三母二妃堯二女

二虢　虢仲　虢叔　文王弟國語文王敬友二虢

齊二惠　公孫竈子雅　公孫蠆子尾　皆惠公之孫　左傳昭三年晏子曰二惠競爽猶可欒高二族皆出惠公

晉二公子　左傳重耳　夷吾

楚二穆　左傳子重　子辛　皆出穆王

二卿　子重　子反

宋二華　華元　華喜

竇氏二君　長君　廣國字少君　竇氏兄弟　崔駰曰竇氏二君以淳淑守道成名

一門二史　後魏崔孝伯修國史　鴻撰十六國春秋

二王後　杞　宋　詩振鷺箋周封夏殷之後　郊特牲天子存二代之後　殷紹嘉公漢成帝封孔子世孔吉平帝改宋公　周承休公武帝始封姬嘉爲周子南君元帝尊爲周承休侯成帝進爵爲公平帝改鄭公　介　酅　唐以周隋爲二王後封酅公武后元宗以周漢爲二王後後復舊　酅萊　後梁以介公爲三恪以酅公唐宗子李嵸爲萊國公爲二王後

兩獻　漢河間獻王德　沛獻王輔　晉書齊王以兩獻之親弘二南之化

二方　陳紀字元方　諶字季方　太丘長寔之子後漢贊曰二方承則

兩夏侯　夏侯勝　建

二馮　馮野王君卿　弟立聖卿　相代爲上郡太守治行相似吏民歌曰大馮君小馮君兄弟繼踵

相因循周公康叔猶二君　唐馮宿拱之　定介
夫　方漢二馮　梁蕭景再爲兗州弟昂來代時
人方之馮氏　劉之亨代兄之遴爲南郡太守武
帝曰豈直大馮小馮而已

荀氏二仁　荀彧文若　荀攸公達　文中子曰生
以救時死以明道

兩唐　唐林子高　尊伯高

二蘇　蘇章孺文　蘇不韋公先　後漢贊曰二蘇
勁烈

二班　班彪字叔皮　子固字孟堅

二鮑　鮑永爲司隸校尉　鮑恢爲都官從事　光
武曰貴戚宜斂手避二鮑

二卿　馬嚴威卿　馬敦孺卿　號鉅下二卿

二元　謝元　張元之　時稱南北二元

二謝　世說謝安　謝萬

二陸二俊　陸機士衡　雲士龍　張華曰伐吳之
役利獲二俊　陳陸瑜　琰　並以文學侍東宮
時人以二陸比二應　後魏陸暐　弟恭之　孫
惠蔚曰二陸復在坐隅

二范　范宣　范甯　江州人士並好經學化二范
之風

二王　王戎　衍　時人語曰二王當國羊公無德
晉王羲之逸少　子獻之子敬　梁王銓　弟
錫　時人謂銓錫可謂玉昆金友

二傅　南史傅琰父子山陰令　二傅沈劉不如一
丘沈憲劉元明丘仲孚

二龍　許劭子將與兄虔子政俱知名汝南人謝甄
稱平輿淵有二龍　齊柳氏二龍　悅　惔　唐
轅門二龍　烏承玼　承恩　南唐徐氏二龍
鉉　鍇　陶丘洪曰御二龍於長塗　劉岱　繇

兩鳳　北齊崔倰爲侍中弟仲文爲銀青光祿大夫
同日拜受時云兩鳳聯飛　隋魏景義景禮有才
行鄉人呼爲雙鳳

二荀　晉荀邃道元　闓道明　明帝問王廙曰二
荀兄弟孰賢廙答以闓才明過邃

二何　世說何充　弟準

二吳　世說吳坦之　隱之　唐吳通微　通元
兄弟爲翰林學士

兩到　到溉　洽　兄弟比二陸　世祖贈詩云雙
丁二陸何如兩到

二孫　梁東莞二孫　謙　廉

二安　建安王偉　安成王秀　好人物世以二安
重士方四豪

二母　班彪王命論陳嬰母知廢　王陵母知興

二高　高允　高閭　時稱二高

二蘇　蘇亮　綽　世稱二蘇

兩邢二魏　邢子明　子才　魏季景　收　洛中
號兩邢二魏

二柳　隋柳機　昂

再世賢相　蘇瓌　子頲　再世稱賢宰相

二鄭　鄭從讜河東　鄭畋鳳翔　以忠義號二鄭

二蓋　蓋文達　文懿　以儒學稱號二蓋

二衡　武元衡伯蒼　儒衡廷碩　舊傳贊曰平一
辭榮鍾在二衡

二韋　韋處厚　表微　爲翰林學士

二李　李遜友道　建杓直　舊唐書贊二李英英

二包　包何　佶　融二子齊名世稱二包

二皇甫　皇甫冉茂政　曾孝常　時號二皇甫

二郗　晉郗愔　弟曇　郗純　士美　士美言十
二父友蕭穎士顏眞卿柳芳曰異日當交二郗之
間

二世修史　蔣乂　子係　伸　偕　二世踵修國
史世稱良筆

溫顏二家兄弟　大雅在隋與思魯俱在東宮　弟
彥博與愍楚同直內史省　彥將與遊秦並典校
祕閣　二家兄弟各爲一時人物之盛學業顏氏
爲優職位溫氏爲盛

二賢　唐郎餘令　從父知年　霍王元軌曰郎家
二賢皆入府不意培塿而松柏爲林也

二扈　後周扈蒙　載　兄弟並掌內外制號二扈

二宋　宋庠公序元憲公　宋祁子京景文公

二蘇　蘇軾子瞻　蘇轍子由

二吳　吳育春卿　充冲卿

二劉　隋劉焯　炫　唐劉懿之　褘之　鳳賓之
朔復之　宋劉敞仲原父　攽叔貢父　敞攽
奉世爲三劉　靖之子和　清之子澄　爚　炳

二李　李東之　李受　致仕命賦詩送之王珪序
云二李遠過二疏　李柟和伯　樗迂仲

二杜　杜純孝錫　紘君章

二程　明道顥　伊川頤　二先生

二任　任孜遵聖　伋師中　當時謂大任小任

二孫　孫何漢公　僅鄰幾　兄弟狀元
渚宮二疎　朱昂　弟協　皆享眉壽謂之渚宮二疎陳堯咨表其居爲東西致仕坊
家法二門　韓休　穆寧　言家法者尚韓穆二門
梁韋叡裴邃二門子弟各著名節
二林　林敏功子仁　敏修子來
二管　管師復　師常　兄弟齊名號二管
兩龔　龔夬　弟大壯
一宗二相　吳陸遜　凱　世說陸凱一宗二相五侯
二史　左史　右史　禮記動則左史書之言則右史書之　漢志右史記事左史記言
漢爵二等　王　列侯　史記漢書漢爵二等
二大　大司馬　大將軍　後魏北齊典司武事
二傅　太子大傅　少傅　晉明帝爲太子賀循太傅周顗少傅燕韓常李座俱傅東宮
二司　司徒　司空　劉愷傳頻歷二司
二宰　太宰　少宰　左傳成十五年宋向帶爲太宰魚府爲少宰　宋朝政和中左僕射爲太宰右僕射爲少宰
二國史　薛瑩爲左　華覈爲右　史通吳有左右二國史之職
兩省　門下　侍中審侍郎省給事中讀　中書令宣侍郎奉舍人行　通典叙職官以三師三公門下中書兩省爲先
兩制　翰林學士內制　中書舍人外制
二相　乾道八年尚書左右僕射改左右丞相虞允文左梁克家右
兩臺　武后改御史臺曰肅政臺分左右　左臺知百司監軍旅　右臺察州縣省風俗
二師　左傳襄公九年宋右師　左師　白虎通云里中之老有道德者爲里右師其次爲左師　書傳說大夫退老歸其鄉里大夫爲父師士爲少師
二丞　梁天監九年詔曰二丞尚書左丞　右丞
兩使　節度　觀察
兩府　中書　樞密
二館　選舉志太宗置弘文館門下省　崇文館東宮
兩監　國子監　東都國子監　選舉志舉人舊重兩監
二坊　百官志東宮門下坊曰左春坊　典書坊曰右春坊　左春坊庶子以比侍中中允以比門下侍郎司議郎以比給事中贊善大夫以比諫議大夫論德以比散騎常侍　右春坊庶子以比中書令中舍人以比中書侍郎太子監國則庶子比尚書令
二柄　韓子二柄　刑　德
二先　司馬文正公治身莫先於孝　治國莫先於公
兩科　漢匈奴傳贊縉紳之儒守和親　介胄之士言征伐
二急務　漢鼂錯言當世急務二事守邊備塞　勸農力本
二柄　文　武　魏元忠言天下之柄有二文武而已
二精　玉　帛　楚語注明絜爲精　周禮大祝注幣號玉云嘉玉幣云量幣
二球　商頌小球尺二寸之鎭圭　大球三尺之珽
正義天子所服所守唯此二玉
二體　左傳舞者有文武二體
二樂　磬師注二樂縵樂　燕樂
二社　大社　王社　禮三正記王者二社
兩社　周社　亳社　左傳閒於兩社爲公室輔注兩社之間朝廷執政所在
兩學　國學教胄子　大學招賢良　晉潘岳賦兩學齊列
二帶　周禮疏帶有二大帶大夫以上用素士用練即紳也　革帶所以佩玉帶劍
二郊　鄭元郊丘爲二　南郊祀感生帝幷圜丘祀天皇大帝北郊祭神州地祇方丘祭崑崙之神　王肅郊丘爲一　晉泰始初幷圜丘方丘於南北郊祭一天一地用肅義
合祭天地　漢元始光武魏黃初晉元帝唐武后元宗宋因之元豐六年不設地祇位元祐合祭
親祠北郊　後魏太和後周建德隋開皇唐先天宋政和宣和四祭
兩塾　學記古之教者家有塾門側之堂謂之塾古者二十五家爲閭同共一巷巷首有門門邊有塾里中之老有道德者爲左右師坐於兩塾民在家之時朝夕出入受教於塾　漢食貨志春將出民里胥平旦坐於右塾鄰長坐於左塾畢出然後歸夕亦如之入者必持薪樵輕重相分班白不提挈

書傳大夫七十致仕退老歸其鄉里大夫爲父師士爲少師新穀已入餘子皆入學距冬至四十五日始出學上老平明坐於右塾庶老坐於左塾餘子畢出然後乃歸夕亦如之

二禮　朝事　薦黍稷　祭義報以二禮注

二衛　晉二衛左衛熊渠虎賁　右衛佽飛虎賁

兩軍　左右神策分左右廂爲天子禁軍貞元二年改左右神策軍

魯二廟　公羊傳魯公之廟文世室也武公之廟武世室也　明堂位注此二廟象周有文王武王之廟　周公稱太廟魯公稱世室羣公稱宮　牲周公用白牡魯公用騂犅羣公不毛　盛周公盛魯公壽羣公廩

兩觀　公羊傳注天子外闕兩觀　諸侯內闕一觀　董仲舒傳周設兩觀

雙闕　三輔舊事漢未央宮東有蒼龍闕北有元武闕

二廣　右廣　左廣　左傳楚軍之戎分爲二廣廣有一卒卒偏之兩十五乘爲一廣

二廏　祥驎　鳳苑　唐爲二廏以繫飼之

二部樂　唐樂志堂下立奏謂之立部伎　堂下坐奏謂之坐部伎

二舞　宋文舞元德升聞大中祥符五年改盛德武舞天下大定乾德　化成天下　威加海內淳化

二社　太社　帝社祭法王社　漢高紀立漢社稷所謂太社也官社配以禹所謂王社也光武不立官稷魏以官社爲帝社晉太康九年幷二社爲一十年復置二社　太社帝社太稷凡三壇二社一稷梁大同初加官社官稷爲五壇

泉二品　周禮注泉始蓋一品周景王鑄大泉而有二品　漢唯五銖久行王莽作泉布多至十品

周語注單穆公云古者有母權子子權母而行二品之泉古而然矣　古曰泉後轉曰錢

兩下　儀禮注東榮卿大夫以下其室爲夏屋兩下　禮記注殷人以來始屋四阿夏家之屋唯兩下

二樓　開元中興慶宮西南置樓花萼相輝　勤政務本

鬱儀　結鄰　在東內大明宮

兩科　經義　詩賦　紹興十五年詔分爲兩科二十七年詔兼習兩科　三十一年復分科取士

雙印　續漢志刻書文六十六字曰正月剛卯旣決靈殳

二路　大路金路　戎路　左傳周襄王賜晉文公

雙節　唐百官志節度使賜雙旌雙節行則建節樹六纛　國史志旌節唐天寶中置凡命節度使有司給門旗二旌一節一麾槍二豹尾二

二耜　漢食貨志耜廣五寸二耜爲耦　考工記注古者耜一金兩人人倂發之今之耜岐頭兩金后稷始甽田以二耜爲耦

再飯　卿大夫再飯

二羞　房中之羞內羞　庶羞　詩楚茨注豆謂內羞庶羞也　正義有司徹云宰夫羞房中之羞司士羞庶羞注云房中之羞其籩糗餌粉餈其豆酏食糝食庶羞羊臐豕膮皆有胾醢房中之羞內羞也彼大夫賓尚有一羞明天子正祭有二羞有司徹注二羞所以盡歡心內羞在右陰也庶羞在左陽也

二匕　挑匕今文作枕　疏匕　儀禮有司徹注此二匕皆有淺升狀如飯掺挑湯澆反或作桃詩注匕所以載鼎實

兩蕢　上蕢　下蕢　特牲饋食禮兩蕢執爵拜

二簋　唐禮志簠簋皆一者簋以稷簠以黍用皆二者簋以黍稷簠以稻粱　易損二簋可用享內方外圓曰簋盛黍稷外方內圓曰簠盛稻粱皆容一斗二升方曰簠圓曰簋

二竹簋方　聘禮夫人使下大夫勞以二竹簋方器名以竹爲之狀如簠而方　元被纁裏有蓋其實棗蒸栗擇兼執之以進　考工記案十二寸棗桌十二列諸侯純九大夫純五夫人以勞諸侯注夫人王后也

二事　魏管輅持酒以禮　持才以愚

欽定古今圖書集成曆象彙編曆法典
第一百三十卷目錄
數目部彙考二
三類上

曆法典第一百三十卷
數目部彙考二
三類上　小學紺珠
三才又曰三極三儀　天　地　人　易繫辭易之爲書也廣大悉備有天道焉有人道焉有地道焉兼三才而兩之故六　說卦立天之道曰陰與陽立地之道曰柔與剛立人之道曰仁與義兼三才而兩之故易六畫而成卦　繫辭六爻之動三極之道也注三極三才也王肅云陰陽柔剛仁義爲三極三極之道三才極至之理　太元經三儀同科　三靈天地人之神
三無私　天無私覆　地無私載　日月無私照　禮記孔子閒居奉三無私以勞天下
三光又曰三辰　日　月　星　史記天官書三光者陰陽之精　後漢贊曰三精　揚雄校獵賦曰三靈　書益稷注日月星爲三辰　周禮掌三辰之法注云日月星辰　左傳三辰旂旗昭其明也注云日月星　國語帝嚳能序三辰以固民注曰月星
三光　大火　伐　北辰　禮記鄉飲酒義紀之以日月參之以三光注
三辰　日　月　斗　漢書三統曆謂三辰之合於三統也日合於天統月合於地統斗合於人統
三垣　上垣太微十星　中垣紫微十五星　下垣天市二十二星　三垣四十七星　中一百四十八星　外一百三十二星
三正　天地人之正道　書甘誓怠棄三正注蘇氏謂子丑寅之正
三家星　甘氏齊甘德　石氏魏石申夫　巫咸殷　晉志三百八十三官二千四百六十四星
三儀　六合儀　三辰儀　四遊儀　唐李淳風爲渾天儀表裏三重
三五盈闕　禮運月三五而盈　朔始與日合三日而明生八日而上弦其光半十五日而望其光滿　三五而闕　既望而漸虧二十二日而下弦其虧半三十日而晦其光盡　武成旁死魄月二日　哉生明月三日　既生魄十六日
三大辰　大火心　伐參　北辰北極　公羊傳有星孛於大辰大火也何休曰大火與伐天所以示民時早晚天下取以爲正故謂之大辰　鄉飲酒義注三光三大辰也天之政教出於大辰
三台　上台司命爲太尉　中台司中爲司徒　下台司祿爲司空　周禮疏武陵太守星傳三台與文昌皆有司中司命
三星　詩集傳三星在天　心星昏始見於東方建辰之月也
三統又曰三正三微　夏正建寅太簇爲人統人正正月尚黑　商正建丑林鍾未之衝爲地統地正十二月尚白　周正建子黃鍾爲天統天正十一月尚赤　唐虞曰載夏曰歲商曰祀周曰年　夏曰清祀殷曰嘉平周曰蜡秦曰臘　周夜半爲朔殷雞鳴爲朔夏平旦爲朔
三時　春　夏　秋　左傳三時不害注　穀梁傳罷民三時　周語三時務農而一時講武一時冬也
三餘　冬者歲之餘　夜者日之餘　陰雨者時之餘　魏董遇從學者苦無日遇言以三餘
三令節　唐書中和節二月朔　上巳　九日
三朝又曰三始　三朝元日也謂歲之朝月之朝日之朝　漢書谷永曰三朝之會　班固東都賦春王三朝　鮑宣曰三始　正月一日爲雞二日爲狗三日爲豬四日爲羊五日爲牛六日爲馬七日爲人出北史魏收傳董勛問答禮俗云　八日爲穀東方朔占書
言天三家　周髀蓋天　宣夜殷代之制　渾天　晉志言天者有三家　漢蔡邕言宣夜絕無師法周髀術數具存考驗天狀多所違失惟渾天近得其情　賀道養渾天記曰一曰方天興於王充二曰軒天起於姚信三曰穹天聞於虞昺皆臆斷浮說唯渾天徵驗不疑　月令正義凡有六等一曰蓋天見周髀二曰渾天三曰宣夜四曰昕天昕讀爲軒吳姚信說五曰穹天虞氏說六曰安天虞喜

論

三數　上　中　下　夏陽侯算經序黃帝分三數
爲十等
三兆　玉陽　瓦陰　原陰陽之半　周禮太卜掌
三兆之法　杜子春云玉兆顓頊瓦兆堯原兆周
經兆之體百有二十其頌千有二百頌繇也　曲
禮卜筮不過三儀禮占者三人　卜用三兆筮用
三易　金縢卜三龜
三式　雷公　太乙　六壬　其局以楓木爲天棗
心爲地刻十二神下布十二神　唐六典太乙式
凡舉事皆欲發三門順五將
三調　文選注清　平　側　隋何妥傳清　平
瑟
三器　程迥述三器圖義度　量　衡
三均　黃鍾　姑洗　無射　唐楊收言琴通三均
側出諸調　馬少良琴譜三均以姑洗爲中呂
漢魏三曆　鄧平太初　劉洪乾象　楊偉景初
宋書志三人漢魏之善曆者
甲庚三日　蠱先甲三日後甲三日　巽九五先庚
三日後庚三日　易本義甲日之始事之端也先
甲三日辛也後甲三日丁也前事過中而將壞則
可自新以爲後事之端而不使至于大壞後事方
始而尚新然便當致其丁寧之意以監前事之失
而不使至於速壞庚更也事之變也先庚三日丁
也後庚三日癸也丁所以丁寧於其變之前癸所
以揆度於其變之後　易玩辭甲者日之首事之
始也庚更也續也甲庚者十日十二辰之綱也戊
己分王四時自甲歷乙丙丁三日而至庚自庚歷
辛壬癸三日而至甲故取以爲三日之象甲庚之
先後皆稱三日先後者上下卦也三日者三爻也
三代尺　蔡邕獨斷夏十寸爲尺　殷九寸爲尺
周八寸爲尺
三宮　周禮大司樂注天宮夾鍾圜鍾圜丘　地宮
林鍾函鍾方丘　人宮黃鍾宗廟
三代卜筮　史記龜策傳塗山之兆從而夏啓世
飛燕之卜順故殷興　百穀之筮吉故周王
三伏　伏者金氣伏藏之日立秋以金代火金畏火
故庚日必伏　後漢志注秦德公始爲伏祠　反
支日戌亥朔一日申酉朔二日午未朔三日辰巳
朔四日寅卯朔五日子丑朔六日　後漢王符潛
夫論明帝時公車以反支日不受章奏注陰陽書
反支日用月朔爲正
三王都　夏都安邑　湯都亳　周都雍洛
三江　吳松江　錢塘江　浦陽江　禹貢釋文韋
昭云越語吳三江環之注云云　吳地記松江東
北行七十里得三江口東北入海爲婁江東南入
海爲東江幷松江爲三　漢地里志北江　中江
南江　郭景純云岷江　浙江　松江　王介
甫云一江自義興一江自毗陵一江自吳縣　蘇
子瞻云岷山之江爲中江嶓冢之江爲北江豫章
之江爲南江　曾氏云北江中江皆禹所導南江
乃其故道故經不之志　周禮職方氏揚州其川
三江疏云江至尋陽南合爲一東行至揚州入彭
蠡復分爲三道入海
三條　導岍北條岍隴州吳山縣吳嶽山　西傾中
條山在洮州臨潭縣　嶓冢南條山在興元府西
屬三泉縣　禹貢馬融王肅三條
三川　涇　渭　洛　國語西周三川皆震　河
洛　伊　秦置三川郡　華池水　黑水　洛水
唐志鄜州三川縣
三壤　田上中下　冀中中　兗中下　青上下
徐上中　揚下下　荆下中　豫中上　梁下上
雍上上　禹貢咸則三壤　楚辭天問地方九
則注九州之地有九品
三亳　北亳蒙湯所受命亦曰景亳　南亳穀熟湯
所都　西亳偃師盤庚所遷　書立政三亳阪尹
皇甫謐云二在梁國一在河洛
三農　周禮太宰三農生九穀鄭康成注原　隰
平地　鄭司農注平地　山　澤　朱子詩傳三
事就緒上中下農夫
三丘　蓬萊　方丈　瀛洲　東海中三山　張衡
思元賦問三丘乎句芒　秦紀海中有三神山
王子年拾遺記三山曰三壺方壺蓬壺瀛壺也
爾雅天下有名丘五其三在河南其二在河北
三采　家邑大夫之采地　小都卿之采地　大都
公之采地王子弟所食邑　載師注畿內三等采
地　顏師古曰采官也因官食地故曰采地　小
司徒注采地食者皆四之一其制三等百里五十
里二十五里
三輔　京兆尹長安以東　左馮翊長陵以北　右
扶風渭城以西

三河　河南　河內　河東　漢高祖收三河士　史記唐人都河東殷人都河內周人都河南在天下之中若鼎足王者所更居也

三河　河南　河北　河東　後漢光武紀贊三河未澄注

三都　費季氏　郈叔孫氏　成孟氏　左傳仲由爲季氏宰將墮三都注三家之邑　水經注蜀有三都成都　廣都　新都　左思三都賦蜀　吳　魏

三秦　雍章邯都廢丘　塞司馬欣都櫟陽　翟董翳都高奴項羽三分關中立秦三將爲王

三楚　漢書注南楚江陵　東漢吳　西楚彭城　文選三楚多秀士注楚文王都郢　昭王都鄀　考烈王都壽春

三齊　田榮幷三齊之地注齊　濟北　膠東　三齊說卽壘右　臨淄中　平陸左

三都　京兆西都　河南東都　太原北都

三峽　廣溪峽　巫峽　西陵峽　水經注瞿唐峽不在三峽之數

三城　魏東置合肥　南守襄陽　西固祁山　明帝曰賊來輒破於三城之下者地必有所爭也

三關　陽平　江關　白水　漢南記蜀漢三關吳賀邵曰劉氏據三關之險　郡縣志義陽三關平靖　武陽　黃峴　馮衍傳上黨三關上黨　壺口　石陘

三關　益津霸州　瓦橋雄州　淤口信安軍　周世宗取三關

三監　管　蔡　霍　鄭康成詩譜王制天子使大夫爲三監監於方伯之國國三人　管　蔡　商　孔安國書傳　漢地理志邶封武庚庸管叔尹之衞蔡叔尹之以監殷民謂之三監　夏氏書說云當從康成蔡仲之命言管蔡霍　林氏曰武王封武庚而使三叔監之

河朔三鎭　成德鎭州　魏博魏州　盧龍幽州

三晉　魏　趙　韓　周威烈王二十三年初命晉大夫魏斯趙籍韓虔爲諸侯　史記三晉多權變之士　韓非子幷知范中行爲六晉

三越　文選注吳越　南越　閩越　漢書西粵南粵　閩粵

三吳　水經注吳興　吳郡　會稽　通典吳郡吳興　丹陽

三蜀　蜀郡　廣漢　犍爲　蜀都賦注三蜀本一蜀國漢高祖分置廣漢武帝分置犍爲

三荆　北荆州河南伊陽縣　東荆州唐州　荆州鄧州　通典西魏三荆

三巴　華陽國志巴郡今重慶府　巴東今夔州巴西今合州

三魏　魏郡　東西部都尉　水經注　晉劉毅三魏稱爲魏以東部爲陽平郡西部爲廣平郡

三湘　江　湘　沅　文選注三湘謂三江也

河陽三城　通典北城　南城　中潬城

淮南三鎭　南齊壽陽　盱眙　淮陰　元魏高閭曰三鎭淮南之本原

三苑　唐西內苑　東內苑　禁苑

三陽　世說注山陽　東陽　暨陽

三餘　餘干　餘姚　餘杭

三山　閩山西　九僊山東　粵王山北　南豐道山亭記福州城中三山

三河　黃河　析支河　湟中河　通典羌爰劍入三河間

三川　通鑑三川劍南西川成都　東川梓州　山南西道興元

西戎三國　崑崙　析支　渠叟　禹貢地理志注三國名皆織皮毛

三衆　外國傳中國人衆　大秦寶衆　月氏馬衆

三方　西南夷發於唐蒙司馬相如　兩粵起嚴助朱買臣　朝鮮由涉何　漢書贊三方之開皆自好事之臣

三邊　幽　幷　涼三州　後漢鮮卑寇三邊

海東三國　唐書新羅弁韓苗裔　高麗　百濟扶餘別種

三域　自葱嶺以東流沙以西爲一域姑墨以南月氏以北爲一域兩海之間水澤以南爲一域　後魏董琬使西域言其地爲三域

三韓　後漢書韓有三種　馬韓　辰韓　弁韓

三族　父　子　孫　周禮小宗伯掌三族之別　漢書注父族　母族　妻族　儀禮注昏禮注父昆弟　己昆弟　子昆弟

三綱　君臣　父子　夫婦　白虎通君爲臣綱父爲子綱　夫爲妻綱　禮緯含文嘉　太元曰三綱得於中極　漢谷永曰動三綱之嚴

三達尊　孟子爵　齒　德
三友　論語益者三友友直　友諒　友多聞
三樂　孟子父母俱存兄弟無故一樂也　仰不愧於天俯不怍於人二樂也　得天下英才而教育之三樂也
三事　父　師　君　國語欒共子曰民生於三事之如一父生之師教之君食之　禮記事親有隱而無犯　事君有犯而無隱　事師無犯無隱
三孝　祭義曾子曰孝有三大孝尊親　其次弗辱　其下能養
小孝用力　中孝用勞　大孝不匱
三道　祭統孝子事親有三道養順　喪哀　祭敬時　孝經始於事親　中於事君　終於立身
三善　父子之道　君臣之義　長幼之節　禮記文王世子行一物而三善皆得世子齒於學
三本　天地者生之本　先祖者類之本　君師者治之本　荀子禮論禮有三本故禮上事天下事地尊先祖而隆君師
三恕　事君　報親　敬兄　荀子君子有三恕有君不能事有臣而求其使非恕也有親不能報有子而求其孝非恕也有兄不能敬有弟而求其聽令非恕也
三行　冠義注三行正君臣　親父子　和長幼
三老　月令章句三老國老也五更庶老也　盧植禮記注三公老者爲三老卿大夫老者爲五更　鄭康成注老人更知三德五事　漢書注父事三老兄事五更　陳用之曰古者建國立三卿鄉飲酒立三賓禮曰三公在朝三老在學三公非一人則三老五更亦非一人矣
三老　左傳杜氏注上壽　中壽　下壽　服氏注工老　商老　農老
三擯　聘禮卿爲上擯　大夫爲承擯　士爲紹擯
天子見公擯者五人見侯伯擯者四人見子男擯者三人　覲禮注皆宗伯爲上擯
聘義上公七介　侯伯五介　子男三介
三言　夫婦別　父子親　君臣嚴　禮記哀公問願聞所以行三言之道
三從　父　夫　子　儀禮婦人有三從之義無專用之道
三壽三卿　詩三壽作朋如岡如陵或曰壽與岡陵等而爲三　張衡東京賦送迎拜於三壽注三老
三類　孝行著於家門　仁恕稱於九族　義斷行於鄉黨　魏夏侯元議三者之類取於中正
隱者三概　唐隱逸傳上焉者身藏而德不晦其次絜治世具弗得伸將峭行不可屈於俗末焉者資槁薄樂山林
三名　周禮疏易通卦驗云輔有三名公　卿　大夫
三世　公羊傳所見　所聞　所傳聞　曲禮三世注自祖至孫
三親　夫婦　父子　兄弟　顏氏家訓一家之親此三者而已至於九族皆本於三親
三忠　荀子大忠周公之於成王　次忠管仲之於桓公　下忠子胥之於夫差
三德　晉語衛寧莊子曰禮賓　親親　善善
三行　孝如曾參孝已　信如尾生高　廉如鮑焦史鰌　戰國策蘇代謂燕昭王曰兼此三行以事王
三順　臣事君　子事父　妻事夫　韓非子三者順則天下治
三德　正直　剛克　柔克　洪範剛柔正直三德之俊曰三俊　至德爲道本　敏德爲行本　孝德知逆惡　周禮師氏以三德教國子　義以生利　祥以事神　仁以保民　國語富辰曰明王不失此三德　忠信　調和　均辨　荀子三德者誠乎上
三行　周禮師氏教三行孝行親父母　友行尊賢良　順行事師長
三達德　中庸知　仁　勇　論語君子道者三仁者不憂　知者不惑　勇者不懼
三思　荀子云孔子曰君子有三思少思學　老思敎　有思施
三畏　論語君子有三畏畏天命　畏大人　畏聖人之言　和靖尹先生一室名三畏齋
三戒　論語君子有三戒少戒色　壯戒鬬　老戒得
三有　老子三寶文中子三有慈　儉　不敢爲天下先
三子言性　孟子言人性善　荀子言人性惡　楊子言人性善惡混
性三品　韓文公原性上焉善　中焉可上下　下

焉惡

鄉三物　六德　六行　六藝　周禮大司徒敎萬民而賓興之

三知　中庸生而知之　學而知之　困而知之論語困而學之　論語知命　知理　知言　中庸注三知知遠之近知風之自知微之顯

三行　中庸安而行之　利而行之　勉彊而行之

三近　中庸好學近乎知　力行近乎仁　知恥近乎勇

三善　見人之一善而忘其百非　見人有善若己有之　聞善必躬親行之然後道之　說苑曾子曰吾學夫子之三善而未能行

大學三綱領　明明德　新民　止於至善　大學章句三者大學之綱領

益者三樂　論語樂節禮樂　樂道人之善　樂多賢友

三立　左傳穆叔曰立德黃帝堯舜　立功禹稷立言史佚周任臧文仲

三好　楊子天下有三好　衆人好己從　賢人好己正　聖人好己師

三省　論語曾子曰吾日三省吾身謀不忠　交不信　傳不習

三患　禮記雜記君子有三患未之聞患弗得聞　既聞之患弗得學　既學之患弗能行

仁有三　表記安仁　利仁　强仁

三就　大戴禮子貢曰夫子之門人蓋三就焉注云大成　次成　小成

三命　文選注養生論上壽百二十　中壽百年下壽八十　孝經援神契行善得善曰受命　行善得惡曰遭命　行惡得惡曰隨命

三宮　淮南子三宮交爭食　視　聽

君子道三　論語曾子曰君子所貴乎道者三容貌　顏色　辭氣

三不惑　漢楊秉酒　色　財

三門　楊子天下有三門由於情欲入自禽門　由於禮義入自仁門　由於獨智入自聖門

三變　論語子夏曰君子有三變望之儼然　卽之也溫　聽其言也厲

三始　正容體　齊顏色　順辭令　冠義禮儀之始注三始既備服未備者未可求以三始也

三史　書　詩　春秋　文中子聖人述史三焉

三等經　禮記　春秋左氏傳爲大經　詩　周禮　儀禮爲中經　易　尚書　春秋公羊傳　穀梁傳爲小經　唐百官志論語孝經爾雅附中經

三易　連山始艮夏　歸藏始坤殷亦曰坤乾　周易始乾周　周禮大卜掌三易之法其經卦皆八其別皆六十四　歐陽文忠公曰易至漢分爲三有田何之易焦贛之易費直之易

三陳　易繫辭三陳九卦以明處憂患之道九卦見九之九

易三義　鄭康成易贊易一名而含三義易簡一也　變易二也不易三也

易三家　藝文志施讎　孟喜　梁丘賀

三墳　左傳書序伏羲神農黃帝之書言大道　山氣　形　張商英得於北陽民家山墳連山氣墳歸藏形墳坤乾　張平子說三禮禮爲人防墳大防也　馬融說三氣天地人之氣

三頌　周　魯　商

三類　風　雅　頌　左傳晏子曰一氣二體三類四物五聲六律七音八風九歌　朱子曰二南正風房中之樂也鄉樂也二雅之正雅朝廷之樂也商周之頌宗廟之樂也

三禮　天神地祇人鬼之禮　舜典伯夷作秩宗典三禮注　班固幽通賦姜本支庳三止注止禮也　鄭元說天事地事人事之禮　林少頴謂以郊廟祭祀爲主禮之本也

三禮　周禮　儀禮　禮記　後漢儒林傳　鄭元注通爲三禮　唐明經有三禮科　聶崇義考正三禮圖　崔靈恩三禮義宗

禮三家　戴德　戴聖　慶普　藝文志皆后倉弟子三家立於學官

周禮綱領三　陳傅良君舉說養君德　正朝綱均國勢

周禮三家　杜子春　鄭大夫興　鄭司農衆　周禮疏鄭康成所存注者三家二鄭皆康成之先故言官不言名字

升歌三終　工歌鹿鳴四牡皇皇者華　儀禮鄉飲酒禮大射乃歌鹿鳴三終乃管新宮三終其篇亡

笙入三終　鄉飲酒禮笙入樂南陔白華華黍

間歌三終　鄉飲酒禮合樂三終　乃間歌魚麗笙由庚歌南有嘉魚笙崇丘歌南山有臺笙由儀間

代也謂一歌則一吹　乃合樂周南關雎葛覃卷耳召南鵲巢采蘩采蘋合樂謂歌樂與衆聲俱作

三夏　二曰肆夏一名樊國語作繁　三曰韶夏一名遏　四曰納夏一名渠　左傳金奏肆夏之三三夏天子所以享元侯也　國語金奏肆夏繁遏渠　周禮注呂叔玉云肆夏時邁也繁遏執競也渠思文也　樊遏渠左傳國語注分爲三夏之別名

文王之三　大雅之首文王　大明　緜　左傳工歌文王之三兩君相見之樂也

鹿鳴之三　小雅之首鹿鳴　四牡　皇皇者華　左傳歌鹿鳴之三

春秋三傳　左氏丘明魯太史　公羊高齊人　穀梁赤一名喜一名俶魯人

三國史記　孟子晉乘　楚檮杌　魯春秋

三科九旨三科九旨　何休說新周故宋以春秋當新王此一科三旨也　所見異辭所聞異辭所傳聞異辭此二科六旨也　內其國而外諸夏內諸夏而外邊裔此三科九旨也

三傳疏　左氏正義孔穎達　公羊疏徐彥　穀梁疏楊士勛

書三家　漢儒林傳歐陽宇和伯　大小夏侯勝建

三禮圖　冠冕衣服見吉凶之象宮室車旗見古今之制弓矢射侯見尊卑之別鐘鼓管磬見法度之均祭器祭玉見大小之數圭璧繅藉見君臣之序喪葬飾具見上下之紀　聶崇義重集三禮圖二十卷

三朝記　孔子三見哀公言成七卷　七略曰孔子三見哀公作三朝記七篇

三家禮範　司馬氏　程氏　張氏張宣公栻所次

論語三家　古論二十一篇分堯曰下章有兩子張　魯論二十篇　齊論二十二篇有問王知道

三經　書　詩　周禮　龜山先生三經義辯辯王安石三經義之失

三經　孝經　道德經　東京記崇慶坊司空李昉宅有三經堂按原本少一經

三字石經　古　篆　隸　水經注魏正始中立

三蒼　隋志蒼頡篇李斯作　訓纂篇揚雄作　滂喜篇賈魴作　說文繫傳蒼頡篇爰歷篇趙高作博學篇胡母敬作通謂之三蒼

三體　唐志石經三體古文篆隸　說文　字林

三體　何中正書孝經古文　秦篆　漢隸　顏氏干祿字書俗　通　正

三元　天元二十七首中至事　地元二十七首更至昆　人元二十七首咸至養　揚雄太元三方九州二十七部八十一家七百二十九贊爲天地人三元首衡錯測攡瑩數文棿圖告凡十一篇

三墨　相里氏　相夫氏　鄧陵氏　韓非子墨子之後墨離爲三莊子相里勤之弟子鄧陵之屬相謂別墨　陶淵明集三墨　宋鈃尹文　相里勤五侯子　苦獲已齒鄧陵子

三端　韓詩外傳君子避三端文士之筆端　武士之鋒端　辯士之舌端

兵法三等　李靖問對道　天地　將法

三教　儒周孔之教　道老氏之教　釋佛氏之教

文中子程元曰三教何如子曰政惡多門久矣

後周武帝定三教先後以儒爲先道爲次釋爲後遂禁佛道二教

三史　司馬遷史記　班固漢書　范蔚宗後漢書

唐殷侑言三史亞於六經後魏劉延明以三史文繁著略記百三十篇

史三長　唐劉知幾曰史有三長才　學　識

文三變　唐書論文章三變相如形似司馬相如　二班情理固彪　子建仲宣氣質曹植王粲　王楊飾繪王勃楊炯　燕許雄渾張說蘇頲　韓柳法度森嚴韓愈倡之柳宗元李翱皇甫湜等和之

諸司相質有三　唐志關　刺　移

佩觿三科　造字　四聲　傳寫　郭忠恕佩觿三卷上卷列三科

三子　司馬文正公注法言序孟子好詩書荀子好禮楊子好易孟子之文直而顯荀子之文富而麗楊子之文簡而奧

三略　黃石公上略　中略　下略

三大典　開元禮　通典　會要　周寶儼言三者經國之大典

文章三易　顏氏家訓沈約曰文章當從三易易見事　易識字　易讀誦

三多　看讀多　持論多　著述多　楊文莊公言學者當取三多三多之中持論尤難

詩評三品　鍾嶸詩評自漢以來能詩者一百二十

二人分三品爲評
三謝詩　靈運　惠連　元暉　唐子西取六十四
篇爲三謝詩
詩三變　朱文公曰古今之詩凡有三變自書傳所
記虞夏以來下及漢魏爲一等　自晉宋間顏謝
以後下及唐初爲一等　自沈宋以後定著律詩
下及今日爲一等
集錄三類　舊唐志丁部楚辭　別集　總集
元和制策三卷　唐藝文志三卷元稹　獨孤郁
白居易
三都賦　蜀都　吳都　魏都　晉左思賦三都張
載爲注魏都劉逵注吳蜀
三皇　孔安國書序皇甫謐帝王世紀太昊伏羲氏
炎帝神農氏　黃帝有熊氏　鄭康成伏羲
女媧　神農　白虎通伏羲　神農　祝融
宋均燧人　伏羲　神農　譙周風俗通云遂皇
戲皇農皇　皇王大紀天皇　地皇　人皇　史
記秦紀天皇　地皇　泰皇　索隱炎黃二帝雖
相承帝王世紀中間隔八帝五百餘年
三代　夏　商又曰殷　周　漢書注三季三代之
末　左傳注二叔夏殷之叔世
三王　孟子注孔子閒居注夏禹　商湯　周文王
三宗　殷太宗太甲　中宗太戊　高宗武丁　漢
劉歆曰周公爲毋逸之戒舉殷三宗以勸成王
三后　周大王　王季　文王　詩三后在天　禹
湯　文王　離騷三后之純粹
三祖　魏三祖太祖武帝　高祖文帝　烈祖明帝

三國　漢劉備昭烈　魏曹丕文帝　吳孫權大帝
三宗　唐太宗　元宗　憲宗　范祖禹曰貞觀之
治幾於三代開元之治幾於貞觀元和之政號爲
中興
三聖　伏羲　文王　孔子　漢藝文志易道深矣
人更三聖世歷三古伏羲爲上古文王爲中古孔
子爲下古　禹　周公　孔子　孟子曰禹抑洪
水而天下平周公兼夷狄驅猛獸而百姓寧孔子
成春秋而亂臣賊子懼　堯　舜　禹　董仲舒
曰禹繼舜舜繼堯三聖相授而守一道　漢功臣
表湯法三聖　文王　武王　周公　漢諸侯王
表三聖制法
三子　伯夷聖之清　伊尹聖之任　柳下惠聖之
和　孟子曰三子者不同道其趨一也
三子　三子言志子路　冉有　公西華　論語由
也果　賜也達　求也藝　孟子注三子言孔子
宰我　子貢　有若　韓詩外傳子路勇士　子
貢辯士　顏淵聖士　荀子子路士　子貢士君
子　顏淵明君子
黃帝三公　風后配上台　天老配中台　五聖配
下台　帝王世紀謂之三公
三正　重爲勾芒木正　該爲蓐收金正　修及熙
爲元冥水正出左傳蔡邕注漢張衡云四敘三正
三后　伯夷降典　禹平水土　稷降播種　書呂
刑堯命三后恤功於民　周公　君陳　畢公
畢命三后協心　禹　契　后稷　淮南子
三公　史記殷紀禹　皐陶　后稷

殷三仁　論語微子去之　箕子爲之奴　比干諫
而死
三公周成王　賈誼傳名公爲太保　周公爲太傅　太
公爲太師
三材　狐偃　趙衰　賈它　晉語三材侍之卿材
三人也
三卿　知莊子荀首　范文子士燮　韓獻子厥
欒武子曰三卿爲主可謂衆矣注皆晉之賢人
齊三賢　管仲　鮑叔牙　隰朋　袁宏曰三賢進
而小白興
三良　詩左傳子車氏三子奄息　仲行　鍼虎
鄭叔詹　堵叔　師叔　左傳僖七年管仲曰
三良爲政未可間也　晉王導　郗鑒　庾亮
衞三臣　論語仲叔圉治賓客孔文子　祝鮀治宗
廟　王孫賈治軍旅
趙三士烈侯　牛畜　荀欣　徐越　公仲進三人
魏三士文侯　子夏　田子方　段干木　新序白圭
曰文侯師子夏友田子方敬段干木三士翊之
魏三大夫　徒師沼　郄辛　芒卯　說苑魏太子
曰此三大夫魏國之大寶
楚三大夫　戰國策子良　昭常　景鯉
漢三傑　留文成侯張良子房　酇文終侯蕭何
淮陰侯韓信　新序曰漢祖驂三龍而乘雲路
三儒　董仲舒江都相　公孫弘　兒寬內史　循
吏傳序三人皆儒者通於世務以經術潤飾吏事
三王　京兆尹王尊子贛　王章仲卿　王駿　先
是有趙廣漢張敞京兆稱曰前有趙張後有三王

後漢邊鳳延篤爲京兆尹有能名郡中語曰前有趙張三王後有邊延二君　唐賈敦頤張仁愿爲洛州長史時時人語曰洛有前賈後張敵京兆三王

三侯　高密侯鄧禹　固始侯李通　膠東侯賈復　光武時列侯唯三侯與公卿參議國家大事

三悊　劉向　谷永　耿育　漢敘傳陳湯挺節救在三悊

三將軍　周亞夫細柳　劉禮霸上　徐厲棘門　文帝備匈奴

三賢　後漢王充仲任　王符節信　仲長統公理　韓文公作贊　唐元德秀紫芝文行先生　蕭穎士茂挺文元先生　劉迅捷卿　李華作論

三名儒　董仲舒　劉向　揚雄　劉歆作贊　伊川先生曰漢有三儒毛公董仲舒揚雄

三名卿　馮野王　陳咸　逢信　翟方進傳御史大夫缺三人皆名卿俱在選中

三名臣　管仲　樂毅　諸葛亮　唐李翰三名臣論諸葛自比管樂

三君　竇武天下忠誠竇游平　陳蕃天下義府陳仲舉　劉淑天下德弘劉仲承　言一世之所宗

三休　金尚元休　第五巡文休　韋端休甫　號京兆三休

三達　韋彪孟達　公孫伯達　魏仲達　並平陵人同時齊名三輔決錄

三明　涼州三明張奐然明　皇甫規威明　段熲紀明　晉中興三明　諸葛恢　蔡謨　荀闓皆字道明

正始名士三人　夏侯太初元　何平叔晏　王輔嗣弼　袁宏作傳

三傑蜀漢　諸葛亮　張飛　關羽　三國志注傅子曰以劉備之略三傑之才

三偉人　魏鍾繇太尉　華歆司徒　王朗司空　文帝此三公乃一代之偉人後世殆難繼矣

三俊　顧榮　陸機　陸雲　榮與機兄弟同入洛時人號爲三俊

三康　晉陽秋孔愉敬康　丁潭世康　張茂偉康　時謂會稽三康

三忠臣　周虓梓潼太守　丁穆順陽太守　吉挹魏興太守　秦王苻堅歎曰周孟威不屈於前丁彥遠潔己於後吉祖冲閉口而死何晉氏之多忠臣也

三哲　王遵業　袁翻　王誦　並領黃門郎號三哲

三才　魏收　溫子昇　邢子才　時號三才　晉東海王越府有三才潘滔大才劉輿長才裴邈清才

三儁　李瑾　王遵業　盧觀　臨淮王彧曰三儁共掌帝儀

三徽　北史張烈字徽之　崔徽伯　房徽叔　並有令譽號三徽

三傑　開元中右丞相宋璟左丞相張說太子少傅源乾曜同日拜明皇賜三傑詩　富嘉謨吳少微魏谷倚亦稱北京三傑

三賢　韓文公釋言鄭絪　李吉甫　裴垍

三君　高適三君詠魏鄭公徵　郭代公元振　狄梁公仁傑

三俊　李紳　李德裕　元稹　同時爲翰林學士號三俊

三良將　李晟　馬燧　渾瑊

三師　長孫無忌太子太師　房元齡太傅　蕭瑀太保　貞觀十七年立晉王爲太子定太子見三師儀

三高　陸龜蒙三高士贊漢王霸　摯恂　申屠蟠　梁何引與兄求點號何氏三高　吳江三高祠范蠡鴟夷子皮　張翰季鷹江東步兵　陸龜蒙魯望甫里先生

三高士　五代鄭遨隱華山與道士羅隱之李道殷世目以爲三高士

三諫臣　張符　趙璘　牛叢　宣宗曰諫臣舉職三人足矣

清節三人　開元後治廣有清節者宋璟李朝隱盧奐三人

三隱　宋潯陽三隱周續之　劉遺民　陶淵明　阮孝緒　劉訏　劉歊　梁都下謂之三隱　李伯時公麟　德素案　元中沖元　宋龍眠三隱

三儒　敦煌張湛　金城宗欽　武威段承根　後魏崔浩曰三人皆儒者

三賢　五代桑維翰　李濤　王朴　王元之懷賢詩

全節三士　王彥章　裴約　劉仁贍　五代史全

節之士三

三諫官　歐陽修　余靖　王素　慶曆中蔡襄以詩賀亦除諫官當時號爲四諫

三得人　至和中富弼宰相（彥國）　歐陽修翰林學士（永叔）　張昇御史中丞（昇卿）

三舍人　熙寧中宋敏求次道　蘇頌子容　呂大臨才元

三老　文彥博　張方平　范鎮　元祐初蘇軾言國之元老歷事四朝耄期稱道者獨三人而已

三友　高懌　張嶢　許勃　從种放號南山三友

三傑　程顥鄠縣簿　張山甫武功簿　朱光庭萬年簿　關中號爲三傑

三人並登兩府　王堯臣伯庸第一　韓琦稚圭第二　趙槩叔平第三天聖五年榜　王珪禹玉第二　韓絳子華第三　王安石介甫第四慶曆二年楊寘榜

三元　孫何漢公　王曾孝先　楊寘審賢　馮京當世（按宋庠亦宋朝三元　明代有商文毅輅）

元祐三黨　洛黨程頤爲領袖朱光庭賈易等爲羽翼　蜀黨蘇軾爲領袖呂陶等爲羽翼　朔黨劉摯爲領袖

三詞人　李邴漢老　汪藻彥章　樓鑰大防　西山眞文忠公云南渡以來詞人三人

諡文正三人　王曾　范仲淹　司馬光　李昉王旦皆諡文貞

三鄉老　逸老王規　拙老任粹　野老士建中鄆州人學易集

三老　傅堯俞　范純仁　劉摯　皆守和州有三老堂

三君子　王文貞公旦天下謂之大雅　寇萊公準天下謂之大忠　馬正惠公知節天下謂之至直

三林　林槩　枅　大中　四明郡守有聲

三賢　謝絳希深　范仲淹希文　孫甫之翰　守鄧州皆號循吏翰林學士賈黯鄧人也創三賢堂於百花洲　曾肇子開　劉攽貢父　孔文仲經父　東坡和三舍人詩三賢起江右

三忠　歐陽文忠公修　楊忠襄公邦乂　胡忠簡公銓　廬陵三忠堂周益公記

三友　李舒　李展　張舜儀　李子長爲邠州得善士三人圖其象於學館名堂曰三友浮休集

三豪　石曼卿延年詩　歐陽永叔文　杜師雄默歌　石守道三豪詩

三絕　晉顧愷之才絕　畫絕　癡絕　宋謝濟喜齊詩　靈運寫　混詠　梁元帝圖宣尼象爲贊而書之　唐鄭虔自寫詩并畫元宗曰三絕　宋令文富文辭工書有力子之問文章之悌趫勇之愻草隸皆得父一絕　李揆門地　人物　文學　河東三絕蒲州司戶韋嵩善判司士李亘工書司兵徐彥伯屬辭　李白歌詩裴旻劍舞張旭草書文宗詔以爲三絕　僖宗在蜀行在三絕李潼有曾閔之行孫樵有楊馬之文司空圖有巢由之風　祕書省三絕薛稷畫鶴郎餘令畫鳳賀知章草書

三妙　吳沈文有三妙舌　力　筆

三服　唐韓文公科斗書後記云韓雲卿文辭　李陽冰篆書　韓擇木八分

三素望　宋書阮萬齡　袁豹　江夷　爲孟昶長史司馬時人謂昶府有三素望

三友　莊子子桑戶　孟子反　子琴張　三人相與爲友

三大夫　宋孔父義形於色　仇牧不畏彊禦　晉荀息不食其言出春秋公羊傳　春秋通旨曰三大夫聖人取其死節

三師　晉郤克　士燮　欒書　秦左傳百里孟明視　西乞術　白乙丙

周三母　大姜大王之妃　大任王季之妃　大姒文王之妃　崔琦外戚箴周興三母　後漢書注后稷母姜嫄　文王母大任　武王母大姒

三叔　周魯公伯禽　康叔　唐叔　左傳三者皆叔也而有令德故昭之以分物

三族　宋六卿三族　皇緩爲右師　皇非我爲大司馬　皇懷爲司徒　靈不緩爲左師　樂茷爲司城　樂朱鉏爲大司寇　三族皇靈樂左傳哀公二十六年

魯三桓又曰三家三臣　慶父爲仲孫氏亦曰孟氏至巤九世　叔牙爲叔孫氏至舒八世　季友爲季孫氏至肥八世　魯哀公三子世秉魯政　左傳論語檀弓云三臣

三都　費季氏　郈叔孫氏　成孟氏　自季武子始專國政歷悼平桓子凡四世季文子初得政至桓子五世

鄭三族　左傳僖公七年洩氏　孔氏　子人氏

三閭　昭　屈　景　楚屈原爲三閭大夫掌王族三姓曰昭屈景至漢皆徙關中

漢三王　齊王閎　燕王旦　廣陵王胥　史記三王世家武帝同日封三子作策申戒

三騶子　史記齊有三騶子騶忌　騶衍　騶奭

三杜　唐劉仁軌位將相封樂城縣公子及兄子授上柱國者三人州黨號所居爲樂城鄉三柱里

三戟　唐張儉兄弟三人門皆立戟時號三戟張家　李峴峘嶧門列三戟　崔琳與弟珪瑤俱列棨戟世號三戟崔家　韋陟斌由緒四第同時列戟

三喜　唐楊敬之兼太常少卿是日二子戎戴登科時號楊家三喜

三脊　五代史裴氏自晉魏爲名族居燕者號東脊居涼者西脊居河東者中脊　唐宰相世系表東脊有居道　休　澈　埴　冕　度　西脊有寂　矩　中脊有光庭　遵度　樞　贄　韋氏潛號西脊穆號東脊

三宮　漢安帝時長信宮王太后　永信宮傅太后　中安宮丁姬　唐文宗時興慶宮郭太后　義安殿王太后　大內蕭太后

三品　唐六人三品　崔邠　鄲　郾　郇　鄯　鄲　兄弟六人至三品　邠郾鄲凡爲禮部五吏部再　鄲司農卿　郇大理卿　鄯右金吾將軍　鄲相宣宗　宣宗曰鄲一門孝友可謂士族法題曰德星堂京兆民即其里爲德星社

三揖　土揖庶姓無親者勳賢　時揖異姓婚姻甥舅之國　天揖同姓兄弟之國出周禮司儀東京賦三揖之禮　大傳同姓從宗合族屬　異姓主名治際會

三義　韋權孔衡　弟瓚孔玉　矩孔規　三輔決錄韋子才三子兄弟孝友逢盜俱死時人號韋三義

三君　後漢京兆舊事韋順　韋豹　韋義　文高三子號韋氏三君　陳寔仲弓　子紀　諶　並著高名號三君

三姜　姜肱字伯淮　二弟仲海　季江　友愛天常常共臥起梁韋放於諸弟雍穆同一室臥起時比之三姜

三世司隸　鮑宣　永　昱

父子宰相三家　周勃　亞夫　韋賢　元成　平當　晏

三張　晉張載孟陽　協景陽　元季陽　二陸入洛三張減價亦曰三陽

三王　王璵　珣　瑎　以文學稱時號三王

三龍　蜀李朝兄弟三人號李氏三龍

三虎　後漢賈彪字偉節兄弟三人並有高名而彪最優天下稱曰賈氏三虎偉節最怒　北齊陸騁兄弟三人並有才呼爲三虎

三鳳　唐薛收　薛德音　薛元敬　世稱河東三鳳收爲長離德音爲鸑鷟元敬年最少爲鵷雛

三諸葛　世說諸葛瑾　弟亮　從弟誕　並有盛名各在一國時以爲蜀得其龍孔明吳得其虎子瑜魏得其狗公休

三嘏　晉劉粹純嘏　宏終嘏　漢沖嘏　時人語曰洛中雅雅有三嘏

三少　王羲之逸少王應安期王悅豫之阮裕目爲王氏三少　唐李嗣眞直弘文館劉獻臣徐昭學士皆少有名號三少　北齊李師盧公順崔君洽同志友善謂之康寺三少

三周　周弘正　弘讓　弘直　或問三周孰賢曰若蜂腰矣

三何　梁何思澄　遜　子朗　時人語曰東海三何子朗最多

三蘇李　漢蘇武李陵　唐蘇味道李嶠　蘇頲李乂

三茅　茅君碑盈　固　衷　皆漢景帝中元間人

三陸　南齊陸慧曉三子僚　任　倕　並有美名時人謂三陸

三李　後魏李訦　靈　遐　高允徵士頌山嶽所鍾挺生三李

三靈　傅融三子靈慶　靈根　靈越　謂三靈

三馬　馬子結　兄子廉　子尚　楊休之詩云三馬皆白眉

一門三相　王播　起　鐸

三世相輔　杜元穎　審權　讓能

三張　張嘉貞　延賞　弘靖　三世宰相號三相張家　文粹張廷珪　張九齡　張休　皆牧洪州有三張之稱

三岑　岑羲金壇令　仲翔長洲令　仲休溧水令稱江東三岑

三楊　楊憑居履道坊　於陵居新昌坊　汝士居靖恭坊　時號三楊皆爲盛門靖恭尤著　憑善文辭與弟凝凌皆有名時號三楊

三崔二張　北齊時人語曰三崔暹昂季舒二張亮徵纂不如一康陳元康

三高　高釴翾之　銖權仲　鍇弱金　三高竝秀

三羅　羅虬與宗人隱鄴齊名時號三羅

三獻　張獻誠　獻恭　獻甫　舊唐書三獻軍謀臣節克紹家風

三裴　裴休兄弟三人有盛名世謂俅不如儔儔不如休

一門三秀才　杜正元　正藏　正倫　隋世重舉秀才天下不十人而正倫一門三秀才皆高第

後周蘇亮弟湛一家舉二秀才

欽定古今圖書集成曆象彙編曆法典

第一百三十一卷目錄

數目部彙考三

三類下

曆法典第一百三十一卷

數目部彙考三

三類下　小學紺珠

三列宿　韋叔楷庫部　弟叔謙考功　兄季武主爵　皆爲郎中同省時號三列宿

三珠樹　王勔時三子勔音緬　勮音遽　勃　皆著才名杜易簡稱三珠樹

三世掌誥　卓異記三世掌制誥李德林　百藥　安期　義仲又爲中書舍人　三世中書舍人徐齊聃　堅　嶠　三世掌誥孫遜　宿　簡　三代自中書舍人拜侍郎張說　均　濛

一時三侯　韓弘　弟充　子公武　弘公武田弘正希父子同時爲節度

三世益州　晉周訪子撫　撫子楚　三世爲益州四十九年

三世國師　梁王儉　暕　承　梁王承爲國子祭酒祖儉父暕皆爲國職三世爲國師前代未之有

三世傳東宮　晉薛兼傳薛琮　榮　兼

三世司業　唐孔穎達　志　惠元

三世選部　謝莊　瀹　覽　自祖至孫三世居選部　唐三世典選劉林甫　祥道　齊賢

三陳　宋陳堯叟唐夫　堯佐希元　堯咨嘉謨　堯叟堯咨兄弟狀元　陳宗名景南　貴謙益父　貴誼正父　父子宏辭

三孔　孔文仲經父　武仲常父　平仲毅父

三洪　洪适景伯　遵景嚴　邁景盧　兄弟宏辭

三呂　呂蒙正聖功文穆　夷簡坦夫文靖　公著晦叔正獻三世宰相　夷簡公著父子平章

三呂侍郎　五代琦之後端　蒙奇後蒙正夷簡公著　咸休之後大防

三范　范純仁堯夫　純禮彝叟　純粹德孺　仲淹三子自謂純仁得其忠純禮得其靜純粹得其略　范鎮　百祿　祖禹　祖禹詩玉堂三世見題名

三曾　曾鞏子固　布子宣　肇子開

三沈　沈遘文通　括存中　遼叡達　文通孫晦元用祖孫狀元

三王　王安石介甫　安國平甫　安禮和甫　王回深父　向子直　冏容季

三世學士　李昉　宗諤　昭述　昭述言我家三世學士

三少　石悉　憑　悠　號橋林三少

三世司空　呂文穆　文靖　正獻　蘇魏公詩五朝京兆尹三世大司空

父子狀元三家　安德裕子守亮　張去華子師德　梁顥子固

三孫　孫立節介夫　子勰志康　勱志舉　父子知名號梅江三孫

三儁　陳公弼　兄之子庸　諭　俱中進士第里人表其閭曰三儁坊

三人鳳閣　唐王擇從　易從　朋從　言從　昆弟四人擢進士第至鳳閣舍人者三人號鳳閣王氏

三世譜學　賈弼　匪之　淵字希鏡　三世傳譜學凡十八州士族合百袠七百餘卷出南齊書

三世忠義　劉韐　子羽　珙

三世尹京　梁顥　適　子美

崔李鄭薛三祖　唐世系表崔殷子雙爲東祖　邯爲西祖　寓爲南祖亦號中祖　李楷五子叡爲東祖　芬與弟勁共稱西祖　輔與弟晃共稱南祖　鄭溫子曄爲北祖　簡爲南祖　恬爲中祖　薛懿三子恢號北祖　雕南祖　興西祖

一門三公　後周于謹爲太師　二子寔爲司空　翼爲太尉

父子三相　韋仁約子承慶嗣立　鄭珣瑜子覃朗

三代執金吾　趙道興父才子皎三代執金吾

三王　後魏濟南王彧　安豐王延明　中山王熙　時人謂曰三王楚琳琅未若濟南備圓方

一家三節度　唐趙犨　弟昶　子珝

三世左丞　韋仁約　濟　弘景

三中丞　盧懷慎　子奐　奕　三居中丞官清節

似之
三栟　韋　顧　昆吾　商頌苞有三蘖　魏　齊
韓　漢敘傳三栟之起
三長史　漢張湯傳三長史朱買臣　王朝　邊通
三欒　晉欒書　黶　盈　班固幽通賦三欒同於
一體
三御　錡　韡　至
三公子　晉語三公子申生　重耳　夷吾
三子　陸機五等論周之衰干位者三子子頹　叔
帶　子朝
三王　外戚三王卬成　樂昌　陽平
三淮南　鄒陽傳曰三淮南淮南王安　衡山王勃
廬江王賜　淮南厲王三子爲王
三楊　晉楊駿　弟珧　濟　唐楊虞卿　汝士
漢公
三公　周後魏隋唐曰三師宋政和二年爲三公又
曰三吏三事　太師　太傅　太保　周官左傳
三吏注三公也　詩三事大夫王肅以三事爲三
公賈誼曰保保其身體傅傅之德義師道之教訓
此三公之職也　周禮注三公內與王論道中參
六官之事外與六卿之教漢百官表武說司馬司
徒司空爲三公
三孤又曰三少　少師　少傅　少保　賈誼置三
少皆上大夫也　宋政和爲三孤
三圭　公　侯　伯　公執桓圭　侯執信圭　伯
執躬圭　鄭康成曰殺有三等　莊子三旌之位
一作三珪謂諸侯三卿皆執珪

三命　士　大夫　卿　莊子正考父三命釋文云
左傳三命茲益共注三命上卿也
三揖　卿　大夫　士　左傳衞公子郢曰三揖在
下注云
三相　公羊傳天子三公者何天子之相也天子之
相則何以三自陝而東者周公主之自陝而西者
名公主之一相處乎內
三宅　宅乃事常任　宅乃牧常伯　宅乃準準人　書立
政宅以位言
三恪　杜氏左傳注舜後陳　夏後杞　殷後宋
黃帝後薊　堯後祝　舜後陳　鄭康成說等於
諸侯卑於三王後唐天寶七載以魏周隋爲三恪
九載以商周漢爲三恪十二載復魏周隋爲三恪
韓介鄰
三官　王制大司徒　大司馬　大司空
大樂正　大司寇　市司市也
諸侯三卿　酒誥司徒農父主民　司馬圻父主兵
司空宏父主土　齊語臣立三宰注三卿　詩
擇三有事　魯頌三壽
漢三公　丞相　太尉　御史大夫
大司徒　大司馬　大司空
太尉　司徒　司空　後魏唐後周宋唐武德七
年定令以太尉司徒司空爲三公　宋政和二年
罷依周制立三孤
三臺　後漢書注尚書爲中臺　御史爲憲臺　謁
者爲外臺　魏三臺文選注謁者　符節　御史
隋三臺謁者　司隸　御史

三獨坐　御史中丞　司隸校尉　尚書令　宣秉
拜御史中丞光武特詔與司隸尚書令會同並專
席而坐京師號曰三獨坐
漢爵三等　王　侯　亭侯
三郎　秦漢三郎中郎　侍郎　郎中
三署郎　五官郎　左署郎　右署郎　漢三署郎
續志光祿勳主諸郎謂之郎衞衞尉主衞士謂之
兵衞
唐三省　中書中書令　門下侍中　尚書尚書令
漢政歸尚書　魏歸中書　元魏歸門下　三
省之長宰相職也唐代宗以前中書在上憲宗以
後門下在上
三衞　親衞府一　勳衞府二　翊衞府二　凡五
府三衞分爲五伏供奉親勳翊散手號衙內五衞
三館　弘文館武德置　史館貞觀置　集賢殿開
元置　弘文館建隆初改昭文因唐故事命宰輔
兼領三館　太平興國中崇文院東廊爲昭文館
南廊爲集賢院西廊爲史館
三院　臺院侍御史　殿院殿中侍御史　察院監
察御史
三銓　尚書銓　中銓　東銓　文選吏部主之武
選兵部主之皆爲三銓尚書侍郎分主之乾元中
改中銓爲西銓　三品以上官冊授五品以上制
授六品以下敕授　六典以三銓分其選　尚書
爲尚書銓侍郎二人分爲中銓東銓
三司　鹽鐵　度支　戶部　通鑑天祐三年以朱
全忠爲鹽鐵度支戶部三司都制置其名始於此

三司使始後唐張廷朗　御史大夫　中書門下　唐志凡冤而無告者三司詰之　唐志太子監國則詹事庶子爲三司

三侍　唐侍講學士王起　許康佐　侍書學士柳公權　謂之三侍學士文宗名入便殿顧問

三寺　家令　率更　僕　志東宮官詹事統三寺十率府之政

上林三官　漢均輸　鍾官　辨銅三令　平準書上林三官鑄錢

三將　百官表中郎有五官左右　郎中有車戶騎

三法官　秦殿中　御史　丞相　商子定分篇天子置三法官　正　監　平廷尉三官　梁制法冠元衣元會監東西中華門

三官　田　賈　器　荀子農精於田而不可以爲田師賈精於市而不可以爲賈師工精於器而不可以爲器師有人也不能此三技而可使治三官曰精於道

諫官三等　諫議大夫　補闕　拾遺　陸宣公奏議諫官有三等之別

三衙　殿前司　侍衛司馬軍步軍　兩司三衙合十二員分天下兵領之

三班　供奉官　左右班殿直　爲三班隸宣徽院端拱以後分東西供奉又置左右侍禁及承旨借職皆領于三班雍熙四年置三班院

中書三官　令宣　侍郎奉　舍人行　舊唐書貞元十一年賜南詔敕書始列中書三官宣奉行復舊制也

三事　大禹謨正德　利用　厚生　立政作三事　注天地人之三事　詩常武三事就緒箋三農之事　國語楚觀射父對天事武　地事文　民事忠信

三務　春　夏　秋　三時之務　左傳三務成功　管子民有三務春夏秋務農　擇人　因民從時　左傳晉士文伯曰務三而已

三至　家語至禮不讓而天下治　至賞不費而天下士悅　至樂無聲而天下民和　至彊　至辨至明　荀子此三至者非聖人莫之能盡　不可使處不完　不可使擊不勝　不可使欺百姓　荀子議兵爲將三至至謂一守而不變

三代所尚　夏尚忠　殷尚質　周尚文　漢董仲舒曰夏上忠殷上敬周上文　杜欽曰殷因於夏尚質周因於殷尚文　郊特牲虞祭尚用氣殷尚聲周尚臭　考工記虞尚陶夏尚匠殷尚梓周尚輿　檀弓夏尚黑殷尚白周尚赤

三代取民　夏五十而貢　殷七十而助考工注助作筋　周百畝而徹　孟子其實皆什一也　考工記注周制畿內用夏之貢法稅夫無公田邦國用殷之筋法制公田不稅夫

三典　周禮大司寇建邦之三典刑新國用輕典刑平國用中典　刑亂國用重典

三重　三王之禮　中庸王天下有三重焉　呂與叔云謂議禮制度考文　祭統祭有三重祼　升歌　武宿夜

三善　家語子路治蒲孔子三稱其善恭敬以信忠信以寬　明察以斷

三寶　孟子諸侯之寶三土地　人民　政事　六韜三寶大農　大工　大商

三常　國語僖負羈云愛親明賢政之幹　禮賓矜窮禮之宗　禮以紀政國之常　周書陰符治國有三常君以舉賢爲常　官以任賢爲常　士以敬賢爲常

三選　鄉長所進　官長所選　公所訾相　齊語訾量也相視也

三適　尚書大傳古者諸侯貢士一適謂之好德再適謂之賢賢　三適謂之有功　漢書適得其人

三材　官人使吏之材　士大夫官師之材　卿相輔佐之材　荀子能論官此三材無失其次人主之道也

三本　管子德當位　功當祿　能當官

三德　荀子三德具而天下歸之得百姓之力者富得百姓之心者強　得百姓之譽者榮

三節　平政愛民　降禮敬士　尚賢使能　荀子君人者之大節也　勸賞　畏刑　恤民　左傳聲子曰三者禮之大節也

三具　仁　義　威　荀子王者仁眇天下義眇天下威眇天下知此三具者欲王而王欲霸而霸欲強而強

三不欺　史記子產治鄭民不能欺　子賤治單父民不忍欺　西門豹治鄴民不敢欺

三登　漢食貨志進業者登九歲　再登者平　三

登日太平二十七歲

三道　明國家大體　通人事終始　能直言極諫　漢文帝策賢良三道之要鼂錯對

三勢　淮南子兵有三勢氣勢　地勢　因勢

三隧　淮南子將有三隧上知天道　下習地形　中察人情

兵體三章　漢鼂錯上書言兵體三章得地形　卒服習　器用利

修心三要　司馬文正公仁　明　武

治國三要　司馬文正公官人　信賞　必罰

三先務　立志　責任　求賢　伊川先生曰當世之務所尤先者三三者之中復以立志爲本

三科　德　才　勞　唐沈旣濟言古今選用之法九流常叙有三科　論語注力役有上中下　茂異　賢良　幹蠱　陸贄說黜陟使以三科登俊乂　後周制舉三科賢良方正能直言極諫　經學優深可爲師法　詳閑吏理達於教化

三勤　民勤於力則功築罕　民勤於財則貢賦少　民勤於食則百事廢　穀梁傳古之君人者必時視民之所勤　楊子民有三勤政善而吏惡　吏善而政惡　政吏駢惡

三君問政　葉公問政夫子曰政在說近來遠　魯哀公問政夫子曰政在選賢　齊景公問政夫子曰政在節財　說苑韓子三君問政於夫子夫子對之不同

三言　蘇文忠公結人心　厚風俗　存紀綱

三辟　夏禹刑　商湯刑　周九刑　左傳晉叔向曰三辟之興皆叔世也

三策　漢書嚴尤周得中策　漢得下策　秦無策　唐劉貺周得上策　秦得其中　漢無策　杜牧罪言上策自治　中策取魏　下策浪戰　漢賈讓治河有上中下策

三征　布縷　粟米　力役　孟子君子用其一緩其二

三法　三刺訊羣臣訊羣吏訊萬民　三宥不識過失遺忘　三赦幼弱老耄蠢愚　周禮司刺以此三法求民情折民中

三賞　軍伐　善君以道事其君　能其官　晉語趙衰曰先且居有三賞

卽位三策　荀子天子卽位上卿進曰能除患則爲福授天子一策　中卿進曰先事慮事先患慮患授天子二策　下卿進曰敬戒無怠授天子三策

三足　唐盧景亮三足記足食　足兵　得士

三名　尹文子名有三科命物之名方圓白黑　毀譽之名善惡貴賤　況謂之名賢愚愛憎　荀子正名刑名從商　爵名從周　文名從禮

三擇　義立而王　信立而霸　權謀立而亡　荀子王霸三者明主之所謹擇也

三物　解狐得舉　祁午得位　伯華得官　左傳祁奚能舉善建一官而三物成一官軍尉物事也

三駕　師於牛首　師於向　觀兵於鄭東門　左傳晉悼公三駕而楚不能與爭注三興師鄭遂服

三無　禮記孔子閒居無聲之樂　無體之禮　無服之喪

三資　欲富國者務廣其地　欲彊兵者務富其民　欲王者務博其德　史記司馬錯曰三資者備而王隨之矣

三術　陸贄奏覈才馭吏有三術拔擢以旌其異能　黜罷以糾其失職　序進以謹其守常

三帛　舜典注諸侯世子執纁　公之孤執元　附庸之君執黃　鄭氏注高陽氏之後用赤繒　高辛氏之後用黑繒　其餘用白繒

王后三翟　褘衣元　揄狄青音搖　闕狄赤　內司服狄當爲翟雉名三翟褘衣畫翬揄翟畫搖闕翟刻而不畫三者皆祭服

三服　皮弁素積　元衣素裳　緇衣元端　三禮義宗吉服井六冕有九

三舄　赤舄爲上冕服之舄　白舄韋弁皮弁　黑舄冠弁

后三舄　元舄爲上褘衣之舄　青舄　赤舄鞠衣以下皆屨　屨人注複下曰舄禪下曰屨

冠禮三加　南齊志始加緇布冠　次加皮弁　次加爵弁　士冠禮冠義三加彌尊論其志也　大戴禮記公冠篇云公冠四加元冕

三弁　周禮司服韋弁兵事　皮弁眡朝　冠弁田獵

三代冠　夏毋音牟追多雷反　殷章甫　周委貌　郊特牲夏收　殷冔　周弁

齊三服　漢元帝罷齊三服官春獻冠幘縰爲首服　紈素爲冬服　輕綃爲夏服

三代戎車　夏鉤車先正　殷寅車先疾　周元戎先良

司馬法詩元戎十乘注

三駕　大駕　法駕　小駕　後漢志三駕鹵簿隋志梁三駕法天二仗法地槊仗隊仗

三舞　雅萬舞　南　籥　詩鼓鐘箋三舞不僭文始舞本舜招舞高祖更名　五行舞本周舞秦始皇更名　四時孝文作　漢樂志諸帝廟常奏文始四時五行舞

三皇樂　孝經緯伏羲扶來立基　神農扶持下謀　祝融屬續

三代鼓魯　明堂位夏足鼓　殷楹鼓　周縣鼓

三大舞　唐樂志七德本秦王破陣樂武舞　九功本功成慶善樂文舞　上元高宗作

三器　周禮笙師注三器牘　應　雅

鐘磬三等　宋王朴樂太高　李照樂太重　胡瑗阮逸樂適中　劉几請下王朴三律

三代尊　夏雞夷讀爲彝　殷斝　周黃目　明堂位灌尊魯有三代灌尊及勺夏龍勺殷疏勺周蒲勺

魯三望　公羊傳泰山　河　海　穀梁傳注海岱　淮

三社　大社　王社　亳社　通典周制天子立三社　禮三正記王者二社大社王社諸侯立三社國社　侯社　亳社

孝經說社七神　稷穀神　句龍棄配食　白虎通天子社廣五丈諸侯半之　朱子曰社實山林川澤丘陵墳衍原隰五土之示而后土句龍氏其配也稷專爲原隰之示能生五穀者而后稷周棄氏其配也

三代社　夏以松　殷以柏　周以栗　哀公問社於宰我注各以其土所宜之木公羊傳注松猶容也主人正柏猶迫也主地正栗猶戰栗主天正

三大禮　杜甫賦朝獻太清宮　朝享太廟　有事南郊

養老三禮　王制虞以燕禮　夏以饗禮　殷以食禮周兼有之

三朝　燕朝路門內路寢大僕掌之內朝　治朝路門之外司士掌之中朝　外朝庫門之外朝士掌之　周禮注周天子諸侯皆有三朝外朝一內朝二內朝之在路門內者或謂之燕朝

三靈　靈臺　靈囿　靈沼　詩正義辟廱及三靈皆同處在郊

三雍又曰三宮　明堂　靈臺　辟雍　漢河間獻王對三雍宮終軍對建三宮之文質後漢儒林傳序中元元年初建三雍明帝親行其禮東京賦乃營三宮布教頒常

三內　唐西內大極宮　東內大明宮　南內興慶宮

三代學　孟子夏曰校　殷曰序　周曰庠　皆鄉學也漢儒林傳殷曰庠周曰序

朝服三等　康定二年禮院奏衣服令五梁冠朱衣朱裳白羅中單玉劍佩錦綬玉環一品二品侍祠大朝會服之　中書門下加籠巾貂蟬　三梁冠白紗中單銀劍佩環諸司三品御史四品兩省五品侍祠大朝會服之　中丞冠獬豸　兩梁冠銅劍佩環四品五品服之六品去劍佩綬　御史冠獬豸

三采　朱　白　蒼　雜記藻三采六等注藻薦玉者以朱白蒼畫之再行　左傳注藻所以藉玉王五采公侯伯三采子男二采

三賜　一命受爵　再命受衣服　三命受車馬　曲禮爲人子者三賜不及車馬注三賜三命也

三朝　朝朝　莫夕　日中又朝　禮記文王爲世子朝於王季日三

命服三等　鞠衣　襢衣　褖衣　玉藻注卿大夫士之妻命服分爲三等襢張戰反褖吐亂反

三古　元酒　鸞刀　稾鞂　禮記三者修古鞂江八反

三軍　唐說齋文大國三軍其賦千乘魯以周公故爵雖侯而軍賦皆大國之制費誓曰魯人三郊三遂郊即鄉也天子六鄉具六軍六遂貳之合都邑之師爲萬乘魯三郊具三軍三遂貳之合都邑之師爲千乘所謂千乘之國成國半天子之軍者也古者積伍五人至卒百人而車法成其七十五人爲戰車一乘徒七十二人甲士三人其二十五人別爲重車萬二千五百人爲軍爲戰車百二十五乘徒九千人甲士三百七十五人一軍合爲九千三百七十五人三軍合二萬八千一百二十五人魯頌閟宮言公徒三萬者舉三軍之成數也言公車千乘者舉魯國兵車之成數也魯本三軍公羊言二軍穀梁言一軍皆非是四丘爲甸出兵百人其七十五人戰車也其二十五人重車也是一兵二十五人一甲而三十三人有奇作丘甲丘皆出

甲是一甸而出兵百三十三人有奇則三增其一爲三甸而增三乘

三行　中行　右行　左行　左傳晉作三行以禦敵後作五軍更爲上下新軍

三官　鼓　金　旗　管子兵法篇三官不繆

三陣　天陣星宿孤虛　地陣山川向背　人陣偏伍彌縫　唐高宗問兵家三陣員半千對以天時地利人和

唐兵三變　兵志兵之大勢三變府兵　彍騎　方鎮

三臺　銅爵中　金虎南　冰井北　魏都賦三臺列峙以崢嶸在鄴　北齊改金鳳　聖應　崇光

三侯　天子　虎　熊　豹　諸侯　熊　糝雜也豹鵠麋飾　豻　畿內諸侯　熊　豹　大射儀命量人巾車張三侯射人王以六耦射三侯諸侯以四耦射二侯熊豹孤卿大夫以三耦射一侯麋士以三耦射豻侯　鄉射禮天子熊侯白質諸侯麋侯赤質大夫布侯畫以虎豹士布侯畫以鹿豕注所謂獸侯燕射則張之鄉射賓射當張采侯二正　君國中射則皮樹中謂燕射皮樹獸名於郊則閭中謂大射閭獸名於竟則虎中謂與鄰國君射大夫兕中士鹿中梓人張皮侯大射張五采之侯賓射中朱次白次蒼次黃元居外卽五采之侯張獸侯燕射　詩大侯既抗箋云天子諸侯大射必張三侯故君侯謂之大侯　三侯皆以布爲之以皮爲鵠侯旁亦以皮飾　射正謂之侯者天子中之則能服諸侯諸侯以下中之則得爲諸侯

三田　乾豆　賓客　充君之庖　王制天子諸侯歲三田易王用三驅田獲三品

三射　燕射於寢獸侯用質　賓射於朝采侯用正　大射於射宮皮侯用鵠　凡射王以騶虞爲節諸侯以貍首爲節大夫以采蘋爲節士以采蘩爲節射節天子九諸侯七卿大夫以下五

三革　齊語桓公定三革注甲　胄　盾　荀子周公定三革注犀　兕　牛　考工記犀甲七屬兕甲六屬　合甲五屬

諸王國三等　晉大國置三軍五千人　次國二軍三千人　小國一軍一千一百人　晉武帝咸寧三年詔諸王各以戶邑多少爲三等

三幣　管子珠玉爲上幣　黃金爲中幣　刀布爲下幣

金三品　黃金　白銀　赤銅　史記虞夏之幣金爲三品　禹貢揚州荊州貢金三品注金銀銅史記楚封三錢之府注金幣三等　史記又云秦幣二等黃金上銅錢下

田分爲三品　上田一歲一墾　中田二歲一墾下田三歲一墾

更三品　漢更賦注更有三品卒更　踐更　過更

賦役三法　唐有田則有租每丁歲入粟一石　有家則有調隨地所宜綾絹絁布　有身則有庸歲役二旬不役收其庸日三尺　楊炎兩稅法夏稅盡六月秋稅盡十一月

三類　德行　材用　勞效　唐六典以四事擇其材日身言書判以三類觀其異云云

白金三品　漢食貨志其文龍直三千天用莫如龍其文馬直五百地用莫如馬　其文龜直三百人用莫如龜

三壇　登封壇泰山　降禪壇社首山　朝覲壇朝羣臣　唐乾封元年封禪

輈三度　國馬　田馬　駑馬之輈　深淺不同考工記輈人

三神　地祇　天神　山嶽　司馬相如封禪書注甘泉　汾陰　雍五畤　郊祀志劉向對武宣之世奉此三神

三祀　大祀用玉帛牲牷天地宗廟　次祀用牲幣日月星辰社稷五祀五嶽　小祀用牲司命司中風伯雨師山川百物　周禮肆師立國祀之禮禮器一獻羣小祀三獻社稷五祀五嶽四望山川七獻先公

錢三品　永通萬國以一當千　五行大布以一當十　五銖　後周三品並用

三市　大市日昃百族爲主　朝市朝時商賈爲主夕市夕時販夫販婦爲主出司市郊特牲注周禮市有三期景福殿賦俯眺三市

三館　漢欽賢　翹材　接士　西京雜記公孫弘爲相開東閣分三館

三長　後魏五家立鄰長　五鄰立里長　五里立黨長　孝文太和十年置黨里鄰三長定民戶籍　漢鼂錯言守邊備塞曰古之制邊縣以備敵使五家爲伍伍有長十長一里里有假士四里一連連有假伍伯十連一邑邑有假侯　漢十里一亭

亭有長十亭一鄉鄉有三老有秩嗇夫游徼　隋五百家爲鄉置鄉正百家爲里置里長　唐百戶爲里五里爲鄉四家爲鄰四鄰爲保　後周百戶爲團團置者長三人

取士有三　唐選舉志取士之科大要有三由學館日生徒由州縣曰鄉貢皆升於有司而進退之

三舍法　太學外舍生二千　內舍生三百　上舍生百　總爲二千四百員月一私試歲一公試補內舍生間歲又一試補上舍生三等俱優爲上一優一平爲中長中若一優一否爲下　元豐二年太學三舍法置八十齋齋容三十人

三鼎　漢郊祀志黃帝作寶鼎三象天地人　公羊傳注禮祭天子九鼎諸侯七大夫五元士三

三代輦　司馬法夏余車　殷胡奴車　周輜車

三材　轂　輻　牙　考工記輪人

三劍　含光　承影　宵練　列子衛孔周其祖得殷帝三寶劍

龍淵　太阿　工市　楚風胡子之吳見歐冶干將使作三寶劍

楚龍淵韓棱　蜀漢文郅壽　濟南椎成陳寵　後漢肅宗賜尚書三人寶劍自手署其名

飛景　流采　華鋌　典論魏文帝爲三劍

天子　諸侯　庶人　莊子說劍臣有三劍

三鑑　以銅爲鑑可正衣冠　以古爲鑑可知興替　以人爲鑑可明得失　唐太宗曰朕常保此三鑑內防己過

三席　凡侍坐於大司成者遠近間三席可以問文王世子注容三席得指畫相分別也席之制廣三尺三寸所謂函丈也曲禮席間函丈注函容也講問宜相對容丈足以指畫

三代禮器　劉敞著先秦古器記　歐陽修著集古錄　李公麟著古器圖　呂大臨著考古圖親得三代之器政和新成禮器制度皆出於此王普云博古圖品之制五十有九數之多五百三十有七

三翼　大翼長十丈　中翼九丈六尺　小翼九丈　文選浮三翼注引越絕書伍子胥水戰兵法

筆三品　金管書忠孝　銀管書德行　斑竹管書文章　梁文帝爲湘東王時筆有三品

三樽　周象樽　夏山罍　殷著樽　梁明山賓議祭圖唯有三樽隋志　漢書注稻米一斗得酒一斗爲上尊　稷米爲中尊　粟米爲下尊

三雅　伯雅容七升　仲雅六升　季雅五升　劉表酒爵三典論方言秦晉之郊謂之桮雅也

三節　二節以走　一節以趨　玉藻君召以三節

扇三等　偏　團　方　元豐三年改製扇爲三等繖雉古者扇編次雉羽尾爲之唐開元改爲孔雀大朝會陳一百五十六分左右

三酒　事　昔　清　酒正辨三酒之物酒人爲三酒內則清曰事昔

醙（白酒也所九反）　黍　清　聘禮皆兩壺注凡酒稻爲上黍次之粱次之皆有清白以黍間清白者互相備明三酒六壺也

醴酒在室　醍酒在堂　澄酒在下　坊記注三酒尚質不尚味　郊特牲注五齊加明水三酒加元酒

三俎　豕　魚　腊　玉藻三俎祭肺注五俎加羊與其腸胃

三臡　醢人注麋　鹿　麇

三飯　諸侯三飯　白虎通天子食時舉樂論語亞飯干三飯繚四飯缺以樂侑食之官爵之樂官蓋凡三飯也

三代豆　夏揭豆　殷玉豆　周獻豆獻素何反明堂位

三代爵　夏琖　殷斝　周爵出明堂位特牲饋食禮註爵一升觚二升觶三升角四升散五升

三爵　獻　酬　酢　詩賓之初筵箋云三爵不識禮主人獻賓賓飲而又酢主人主人飲而又酬以酬賓賓則奠之而不舉正義

介爵　酢爵　僎爵僎音遵　少儀皆居右注三爵皆飲爵也

三宥　朔月月半以樂宥食　周禮大司樂王大食三宥皆令奏鍾鼓注宥猶勸也　史記索隱禮祭必立侑以勸尸食至三飯而止每飯有侑一人故曰三侑膳夫王日一舉以樂侑食　王制民無菜色然後天子食日舉以樂也

禘飫宴三禮　禘郊之事則有全烝全其牲體而升之　王公立飫則有房烝半解其體升之房大俎也謂之房烝　親戚宴饗則有殽烝升體道節折於俎謂之折俎周語晉隨會聘周定王饗之殽烝范子私於原公曰此何禮也王曰子弗聞乎　享

有體薦半解其體而薦之所以示共儉　宴有折
俎體解節折升之於俎物皆可食所以示慈惠
左傳公當享卿當宴享設几而不倚爵盈而不飲
肴乾而不食宴則相與共食
三詔　納牲詔於庭　血毛詔於室　羹定詔於堂
　禮器三詔皆不同位
三釜　莊子曾子曰吾及親仕三釜而心樂　釋文
小爾雅云六斗四升曰釜
三風十愆　恒舞於宮酣歌於室時謂巫風　殉於
貨色恒於遊畋時謂淫風　侮聖言逆忠直遠耆
德比頑童時謂亂風　伊訓湯制官刑儆於有位
三愆　論語侍於君子有三愆言未及之而言謂之
躁　言及之而不言謂之隱　未見顏色而言謂
之瞽
三樂　論語損者三樂驕樂　佚樂　宴樂
三懼　韓詩外傳明王有三懼處尊位而恐不聞其
過　得志而恐驕　聞至道而恐不能行
三疾　論語古者民有三疾狂　矜　愚
三勿惡　貴而下賤則衆勿惡　富能分貧則窮士
弗惡　知而教愚則童蒙勿惡　通鑑外紀李克
謂魏文侯
三行　荀子人有三行老老而壯者歸　窮窮而通
者積　行乎冥冥施乎無報而賢不肖一
三戒　倪文節公思三戒不妄出入　不妄語言
不妄憂慮
三事　呂居仁童蒙訓當官三事淸　愼　勤
三字符　屏山劉先生彥沖不遠復

三不祥　荀子人有三不祥幼不肯事長　賤不肯
事貴　不肖不肯事賢
說苑晏子曰國有三不祥有賢而不知　知而不
用　用而不任
三遊　遊俠　遊說　遊行　荀悅世紀論世有三
遊德之賊也
三術　仁義使我愛身而後名　仁義使我殺身以
成名　仁義使我身名並全　列子昔有昆弟三
人游齊魯之間同師而學進仁義之道彼三術相
反而同出於儒
士有三品　靳裁之曰志於道德　志於功名　志
於富貴
三牲　牛　羊　豕　禮記內則國語漢書注三牲
具爲太牢羊豕曰少牢又曰中牢孝經三牲注太
牢也左傳三犧祭天地宗廟之儀
明堂位夏牲尚黑　殷白牡　周騂剛
三種　黍　稷　菽　麥　稻　三種幽州無菽麥
三龜　三王之龜　金縢注云云正義龜無三代之
別卜法有三　史記三王不同龜
三代馬　明堂位夏駱馬黑鬣　殷白馬黑首　周
黃馬蕃鬣
檀弓夏戎事乘驪　殷乘翰　周乘騵
三葉　蕣　亭歷　菥蓂　呂氏春秋孟夏之時殺
三葉獲大麥
狐三德　說文其色中和　小前大後　死則丘首
三品藥　神農經三品藥三百六十五應周天之數
　本草上藥爲君養命　中藥爲臣養性　下藥

爲佐養病
三芝　沈休文詩注石芝　靈芝　肉芝
抱朴子參成　木渠　建實
稽含瓜賦雲芝植根於岩　水芝芙蕖　土芝甘
瓜
王度記天子以鬯　諸侯以薰　大夫以蘭芝
士以蕭　庶人以艾
三祥　井里之璞　大山之器車　唐叔異畝之禾
出子華子周日正薦所以爲祥者三
馬三物　戎　田　駑　周禮馬質馬量三物　庾
人馬八尺以上爲龍　七尺以上爲騋　六尺以
上爲馬
三駿馬　蘇文忠公三馬圖贊西域貢馬　羌溫溪
心良馬　西番駿馬
三戒　柳子厚三戒臨江之麋　黔之驢　永某氏
之鼠
三槐　面三槐三公位焉槐之言懷也懷來人於此
欲與之謀
三桃　爾雅荊桃今櫻桃　冬桃子冬熟　榹桃實似桃而小
　潘岳閒居賦三桃表櫻胡之別
三粟　耡粟民相助作一井之中所出九夫之稅粟
　屋粟民有田不耕所罰　閒粟閒民無職事者
所出　周禮旅師注與積謂三者之粟
三物　豕　犬　雞　詩何人斯出此三物以詛爾
斯注
禾三變　淮南子夫子見禾之三變始於粟　生於
苗　成於穟

三異　後漢魯恭中牟令蟲不犯境　化及鳥獸　豎子有仁心

欽定古今圖書集成曆象彙編曆法典
第一百三十二卷目錄
數目部彙考四
四類

曆法典第一百三十二卷
數目部彙考四
四類　小學紺珠
四大　老子域中有四大而王居一焉道大　天大
地大　王亦大
四太　列子太易未見氣　太初氣之始　太始形
之始　太素質之始
四宮　東宮蒼龍　南宮朱鳥　西宮白虎　北宮
元武　二十八舍一百六十八星四宮二百八座
一千一百三十六星
四方中星　日中星鳥春分南方朱鳥七宿之鶉火
昏中　日永星火夏至東方蒼龍七宿之大火昏
中　宵中星虛秋分北方元武七宿之虛星昏中
日短星昴冬至西方白虎七宿之昴宿昏中
孔氏正義云四方中星總謂二十八宿或以象言
鳥也或以次言火也或以星言虛昴也
四渾儀　宋至道儀在刻漏所韓顯符　皇祐儀在天文院舒易簡
熙寧儀在太史局沈括　元祐儀在合臺蘇頌

四表　月令正義二十八宿之外上下東西各萬五
千里是爲四遊之極謂之四表
四稽　鶡冠子天　地　人　命
四聲　平開宮上平商下平　上發徵　去收羽
入閉角　沈約撰四聲譜周顒注四聲切韻　欲
知宮舌居中喉音一曰脣音季夏土宮　欲知商
開口張齒頭正齒秋金商　欲知角舌縮却牙音
春木角　欲知徵舌拄齒舌音夏火徵　欲知羽
撮口聚喉音脣重脣輕冬水羽　以上三十六字
母演三百八十四聲唐權德輿三歲知變四聲沈
存中曰又有半徵半商如來日二字是也梵學又
有折攝二聲字母有四十二
四清聲　黃鍾　大呂　太蔟　夾鍾　朱文公曰
半律通典謂之子聲後人失之唯存四律有四清
聲即半聲也
四量　豆　區　釜　鍾　左傳晏子曰齊舊四量
豆區釜鍾四升爲豆各自其四以登于釜釜十則
鍾注區斗六升釜六斗四升鍾六斛四斗　莊子
曾子及親仕三釜而心樂
四時四氣　春爲青陽發生生物　夏爲朱明長嬴
長物　秋爲白藏收成收物　冬爲元英安寧藏
物　爾雅四時和謂之玉燭　呂氏春秋春之德
風夏之德暑秋之德雨冬之德寒
四兆　方　功　義　弓　卜師開龜之四兆占兆
之書也方兆占四方之事功兆占立功之事義兆
占行義之事弓兆有射意灼兆其兆有四
卜筮四法　唐志太卜龜　五兆　易　式

四通　元英　青陽　朱明　白藏　梁武帝作鍾
律緯制爲四器名爲通又制十二笛以寫通聲又
引古五正二變之音旋相爲宮得八十四調改九
夏爲十二雅以協陽律陰呂陽十二管旋相之義
四刻漏　元祐初蘇頌製浮箭　秤　沈箭　不息
史記注馬融王肅謂日長晝漏六十刻日短晝
漏四十刻鄭元曰日長五十五刻日短四十五刻
易四變　單　拆　交　重　唐六典易之策四十
有九其變有四十八變而成卦內卦爲貞朝占用
之外卦爲悔暮占用之　儀禮疏三少爲重九
三多爲交六　兩多一少爲單七　兩少一多爲
拆八　古用木畫地今用錢
四占　太元占有四星　時　數　辭
四象　陽七之靜始于坎　陽九之動始于震　陰
八之靜始于離　陰六之動始于兌　唐大衍曆
卦議四象之變皆兼六爻而中節之應備矣
四和　周髀注子午卯酉得東西南北之中　三禮
義宗崑崙四方其氣和暖
四始　詩正義詩緯汎歷樞云大明在亥水始也
四牡在寅木始也　嘉魚在巳火始也　鴻鴈在
申金始也
四序　北史黃帝四序經文孟序　仲序　叔序
季序
晷漏四法　薛季宣云今之爲晷漏者其法有四銅
壺　香篆　圭表　輥彈
四極八極　爾雅四方極遠之國泰遠東　邠國西
邠說文作份　濮鉛南濮山海經作僕　祝栗北

晉地理志八紘之外名爲八極八極之廣東西二億三萬一千三百里南北二億三萬一千三百里

四荒　爾雅四方昏荒之國觚竹北　北戶南　西王母西　日下東

四表堯典注四外　嵎夷東表　南交南表　昧谷西表　幽都北表

四方　東震　西兌　南離　北坎　詩四國四方之國也井中央爲五方

四方　爾雅丹穴南　空桐北　大平東　太蒙西

四維　東南巽　東北艮　西南坤　西北乾

四嶽　左傳注岱東在兗州　華西在雍州　衡南在荆州　恒北在冀州

四瀆　江出岷山茂州　河出崑崙西域　淮出桐柏唐州　濟流水出王屋東流爲濟河南漢志作源　爾雅四瀆者發源注海者也

四海　東海徐揚神勾芒　西海西域神蓐收　南海交廣神祝融　北海青滄神顓頊　爾雅九夷東　八狄北　七戎西　六蠻南　北至於幽陵　南至於交趾　西濟於流沙　東至於蟠水　大戴禮五帝德高陽乘龍而至四海　山海經禹使大章步東極至西垂二億三萬三千五百里七十一步又使豎亥步南極盡北垂二億三萬三千五百里七十五步四海之內東西二萬八千里南北二萬六千里　西不盡流沙　南不盡衡山　東不盡東海　北不盡恒山　王制凡四海之內斷長補短方三千里

四列　鄭康成四列導岍陰列　西傾次陰列　嶓冢次陽列　岷山正陽列在茂州汶山縣

四裔　幽州史記幽陵北裔共工窮奇　崇山南裔在今澧州驩兜渾敦　三危西裔在燉煌三苗饕餮　羽山東裔在今海州朐山縣鯀檮杌出舜典　左傳東都賦瞰四裔而抗陵

四塞四衛　明堂位四塞夷服鎮服藩服在四方爲蔽塞　周禮巾車四衛四方諸侯守衛者蠻服以內

四郊　周禮司會注郊四郊去國百里　野甸稍也甸去國二百里稍三百里縣四百里都五百里　毛詩傳邑外曰郊郊外曰野野外曰林林外曰坰

四齊　漢五行志注膠東　膠西　濟南　齊

四京　肅宗元年停四京中京京兆　東京河南　北京太原　西京鳳翔

四輔　同　華　岐鳳翔府　蒲河中府唐開元　澶開德府　鄭　許穎昌府　拱宋崇寧

四鎮　周禮大司樂注山之重大者揚州會稽　青州沂山　幽州醫無閭　冀州霍山　唐禮志沂山東沂州　會稽南越州　吳山西隴州　醫無閭北營州

四關　秦四塞東函谷陝州　南武關商州　西散關鳳翔府　北蕭關原州　史記正義在四關中故曰關中　後漢光武紀注長安四塞之國　張儀曰秦地履山帶河四塞以爲固

四國　詩周公東征四國是皇注管　蔡　商　奄　皇矣維彼四國箋密　阮　徂　共

四履　通典後漢四履之盛東樂浪　西燉煌　南日南　北鴈門　西南末昌　建安十八年復禹貢九州冀雍荆益豫徐兗青揚

四鎮　唐龜茲　于闐一曰毗沙　焉耆　疏勒　會要咸亨曰焉耆長壽曰碎葉

四京　宋東京開封府汴　西京河南府洛　南京應天府宋　北京大名府魏

四河　汴河　黃河　惠民河　廣濟河

河南四鎮　元魏碻磝　滑臺　洛陽　虎牢

四總管　并　揚　益　荆　隋天下唯有四總管以晉秦蜀三王及韋世康爲之

四苑　宋玉津　瓊林　瑞聖　宜春

洛陽四關　文選注洛陽記東成皐　南伊闕　西函谷　北孟津

四翟　蠻南　閩南　夷東　貉東北　周禮司隸帥四翟之隸

四正　管子君　臣　父　子　坊記天無二日土無二王　家無二主　尊無二上

四德　左傳富辰云庸勳　親親　暱近　尊賢

四行　孔叢子事君忠　事親孝　交友信　處鄉順　班昭女誡女有四行婦德　婦言　婦容婦功　冠義將責四者之行于人爲人子孝　爲人弟弟　爲人臣忠　爲人少順

四禮　文中子弟疑正家以四禮冠　昏　喪　祭　白虎通婦事夫有四禮鷄初鳴咸盥漱櫛縰笄總而朝君臣之道也　惻隱之恩父子之道也　會計有無兄弟之道也　閨閫之內朋友之道也

四敎　婦德貞順　婦言辭令　婦容婉娩　婦功絲麻　周禮九嬪掌婦學之法　禮記昏義古者婦人敎以婦德婦言婦容婦功　後漢論九嬪掌敎四德　班昭女誡曰女有四行婦德婦言婦容婦功　干寶晉紀論聞四敎于古

四科　容悅凡臣　社稷股肱　天民行道　大人正身　孟子章指凡此四科優劣之差

四戚　周書政有四戚內姓　外婚　朋友　同里

四隱　呂氏春秋交友　故舊　邑里　門郭

四民　士　農　工　商　齊語管子曰四民者勿使雜處　漢食貨志學以居位曰士闢土殖穀曰農作巧成器曰工通財鬻貨曰商

四不名　說苑伊尹曰君之所不名臣者四諸父諸兄　先王之臣　盛德之士

四擇　劉敞弟子記君子有四擇擇術然後學之擇師然後傳之　擇交然後親之　擇君然後事之

四常道　禮記大傳注四者人道之常親親　尊尊長長　男女有別

四名　天人　神人　至人　聖人　莊子注凡此四名一人耳所自言之異

四制　禮記喪有四制恩　禮　節　權

四行　事親孝　事君忠　交友信　居鄉悌　呂氏春秋尹文曰有此四行可謂士乎

鄉約四事　藍田呂氏德業相勸　過失相規　禮俗相交　患難相恤

四德　易乾文言元善之長春仁　亨嘉之會夏禮利義之和秋義　貞事之幹冬智　太元經罔北冬　直東春　蒙南夏　酋西秋冥北

四端　孟子人有四端惻隱之心仁之端　羞惡之心義之端　辭讓之心禮之端　是非之心智之端

四維　管子禮　義　廉　恥

四敎　論語子以四敎文　行　忠　信

堯四時　欽　明　文　思　堯典欽之一字此書中開卷第一義

四勿　論語非禮勿視　非禮勿聽　非禮勿言非禮勿動

四無　論語子絕四毋意　毋必　毋固　毋我毋史記作無

四敎　文中子弟凝御家以四敎勤　儉　恭　恕

四重　重言有法　重行有德　重貌有威　重好有觀　楊子法言取四重去四輕則可謂之人

師術有四　荀子尊嚴而憚　耆艾而信　誦說而不陵不犯　知微而論

四敎　禁於未發之謂豫　當其可之謂時　不陵節而施之謂孫　相觀而善之謂摩　學記大學之法此四者敎之所由興也

四益　張魏公浚戒子無益之言勿聽　無益之事勿爲　無益之文勿觀　無益之友勿親

四德　張魏公四德銘忠則順天　孝則生福　勤則業進　儉則心逸　大戴禮孔子曰參乎中夫四德者孝德之始　弟德之序　信德之厚　忠德之正

養生四印　黃魯直詩忍　默　平　直

四可　邵康節先生四可吟可勉者行　可信者言可委者命　可記者天

曲禮四箴　敖不可長　欲不可縱　志不可滿樂不可極　張文定公方平以曲禮四句爲四箴

四持　崔鶠德符四持銘持容　持忍　持默　持謙

四易　楊子君子之道有四易簡而易行　要而易守　炳而易見　法而易言

四經　文子德　仁　義　禮

謙四益　漢藝文志易一謙而四益天道虧盈而益謙　地道變盈而流謙　鬼神害盈而福謙　人道惡盈而好謙

君子四時　左傳子產曰朝以聽政　晝以訪問夕以修令　夜以安身　國語公父文伯母曰士朝而受業　晝而講貫　夕而習復　夜而計過

四氣　素問四氣調神論春夜臥早起廣步於庭夏夜臥早起無厭於日　秋早臥早起與鷄俱興冬早臥晚起必待日光

四關　文子淮南子四關心　口　耳　目

四佐　周禮心有四佐脾　腎　肝　肺

四無妄　邵康節先生四無妄吟耳無妄聽　目無妄顧　口無妄言　心無妄慮

四代尚齒　祭義有虞氏貴德而尚齒　夏后氏貴爵而尚齒　殷人貴富而尚齒　周人貴親而尚齒

升階四等　儀禮燕禮疏升階之法有四等連步栗階亦名散等　歷階　越階　漢禮云五武成步步六尺國語注云六尺爲步半步爲武

四事　呂成公曰爲學自四事起飲食　衣服　居處　言語

四術四教　詩　書　禮　樂　王制樂正崇四術立四教春秋教以禮樂冬夏教以詩書四術詩書禮樂四教春夏秋冬春夏陽也詩樂者聲聲亦陽也秋冬陰也書禮者聲聲亦陰也　文王世子春誦夏絃秋學禮冬讀書

四經　邵子皇極經世易　書　詩　春秋

四象　太陽一九　少陰二八　少陽三七　太陰四六　兩儀之上各生一奇一偶而爲二畫者四乾老陽震坎艮少陽坤老陰巽離兌少陰

七少陽單　八少陰爻拆不變　九老陽重　六老陰爻交變　繫辭兩儀生四象四象生八卦易本義云四象者次爲二畫以分太少乾兌艮坤生於二太爲天之四象離震巽坎生於二少爲地之四象

四營　分而爲二以象兩　掛一以象三　揲之以四　歸奇於扐　繫辭四營而成易十有八變而成卦易變也謂一變也三變成爻十八變則成六爻易之策數萬物備焉而經營之者不出於四其初左右手數之以四其次得三少三多及一少一多亦止於四其終郎三少三多之餘以四除之得九與六積萬一千五百二十策一少一多之餘以四除之得七與八亦積萬一千五百二十策二篇之策皆四之所成也是故八卦爲四者二六十四卦爲四四者四故曰四營而成易此言揲蓍之法也三揲之餘然後畫卦以小變言之每一揲具五小變以三揲合十五小變爲十有八變而畫一爻以大變言之每一揲爲一大變合十八揲爲十八大變而畫一卦八卦與六十四卦皆十八之所成也是故上經三十卦反對爲十八卦下經三十四卦反對亦爲十八卦故曰有十八變而成卦此言求卦之法也

易聖人之道四　以言者尚其辭　以動者尚其變　以制器者尚其象　以卜筮者尚其占　繫辭君子居則觀其象而玩其辭動則觀其變而玩其占讀易之法盡於此

易學啓蒙四篇　朱文公本圖書　原卦畫　明著策　考變占

四始　關雎之亂爲風始　鹿鳴爲小雅始　文王爲大雅始　清廟爲頌始

四詩　藝文志詩分爲四支魯詩申公　齊詩轅固　韓詩韓嬰　毛詩毛萇

雅樂四曲　魏杜夔傳舊雅樂四曲鹿鳴　騶虞　伐檀　文王

魯四代樂　象箾南籥文王　大武武王　韶濩湯　大夏禹　韶箾舜　左傳吳公子札來聘請觀周樂注魯用四代樂正義云不得用雲門大咸

禹歌四章　尚書太傳注四章皆歌禹之功大化　大訓　六府　九原

四繫　杜預春秋左傳序以事繫日　以日繫月　以月繫時　以時繫年

四譜　鄧明世春秋四譜國譜　年譜　地譜　人譜

四易　有天地自然之易　有伏羲之易　有文王周公之易　有孔子之易　張行成云易有四體一用三伏羲先天體也連山天易歸藏地易周易人易用也　鄭東卿云易百有餘家所可取者古先天圖揚雄太元關子明洞極魏伯陽參同契邵堯夫皇極經世而已四家之學皆兆于先天圖

四子　大學　論語　孟子　中庸　朱文公曰四子六經之階梯近思錄四子之階梯先讀大學次及論孟而後會其歸於中庸

四體書　衞恆四體書勢古文　篆　隸　草

四部　晉荀勖分四部甲六藝小學　乙諸子兵書術數　丙史記舊事　丁詩賦圖讚汲冢書

四類　經甲　史乙　子丙　集丁　唐志分爲四類四庫書本有正有副　元行冲上羣書四類

康節先生勸學曰二十歲之後三十歲之前朝經暮史晝子夜集

四子　老子道德經　莊子南華眞經　文子通元眞經　列子冲虛眞經　唐崇元學習老莊文列曰道舉

兵書四種　權謀十三家　形勢十一家　陰陽十六家　技巧十三家家三門漢志兵書五十三李靖問對太公謀八十一篇言七十一篇兵八十五篇

刑法四書　唐志律　令　格　式

四賦　揚雄作四賦甘泉　河東　校獵　長楊
帝書有四　後漢書注漢制度策書　制書　詔書
誡敕
羣臣書四品　後漢書注漢雜事章　奏　表　駁
議
經世四象　太陽　日　暑　性　目　元　皇
太陰　月　寒　情　耳　會　帝　少陽　星
晝　形　鼻　運　王　少陰　辰　夜　體
口　世　霸　少剛　石　雷　木　色　歲
易　少柔　土　露　草　聲　月　書　太
剛　火　風　飛　氣　日　詩　太柔　水
雨　走　味　辰　春秋
四範　制　詔　志　策　文中子續書天子之義
列乎範者四
四名　文中子續詩有四名化　政　頌　歎
宗寺四書　宋玉牒　僊源積慶圖　宗藩慶系錄
宗枝屬籍
四類　年表　官閥　政迹　凡例　汪藻修元符
以來日曆爲四類求之
四科　元　儒　文　史　宋泰始六年初置總明
觀四科科置學士各十人　奏議宜雅　書論宜
理　銘誄尚實　詩賦欲麗　魏文帝典論論文
此四科不同故能之者偏
四庫　景龍文館記經庫馬懷素　史庫沈佺期
子庫武平一　集庫薛稷
歌詩四章　日重光　月重輪　星重輝　海重潤
古今注漢明帝爲太子樂人作歌詩贊太子之
德
四子講德論　微斯文學　虛儀夫子　浮遊先生
陳丘子　漢王褒旣爲益州刺史王襄作中和
樂職宣布之詩又作傳名曰四子講德
四論　范文正公爲四論以獻帝王好尚　選任賢
能　近名　推委臣下
四代　學記注虞　夏　殷　周
四王　禹　湯　文　武　左傳四王之王也注
四聖　顓頊　帝嚳　堯　舜　史記自序維昔黃
帝法天則地四聖遵序各成法度
四人迪哲　無逸殷王中宗　高宗　祖甲　周文
王
四代　文中子除四代之法北朝魏周齊　南朝陳
四科　德行顏淵閔子騫冉伯牛仲弓　言語宰我
子貢　政事冉有季路　文學子游子夏
孔子四友　孔叢子孔子曰吾有四友顏回胥附
端木賜奔輳　顓孫師先後　仲由禦侮
四先生　謝良佐顯道　游酢定夫　呂大臨與叔
楊時中立
四子　家語回之信　賜之敏　由之勇　師之莊
燧人四佐　明由　必育　成博　隕丘　論語摘
輔象燧人出天四佐出洛
四史　黃帝四史官沮誦　蒼頡　隸首　孔甲
少皞氏四叔　左傳蔡墨云重爲句芒木正　該爲
蓐收金正　修及熙爲元冥水正　漢張衡云四
叔三正
四岳羲和四子四伯　羲仲春　羲叔夏　和仲秋
和叔冬　堯典注重黎之後羲氏和氏世掌天
地四時之官　四岳卽羲和四子分掌四岳之諸
侯　周語四伯謂四岳也漢食貨志堯命四子以
敬授民時　朱文公說四岳一人總四岳諸侯之
事　馬融云羲氏掌天官和氏掌地官四子掌四
時
四士　管子舜四士禹爲司空　契爲司徒　皐陶
爲李　后稷爲田疇　呂氏春秋四士之節石戶
之農　北人無擇　卞隨　務光
四俊　淮南子皐陶　稷　契　史皇蒼頡
文王四友又曰四臣四佐四鄰　尚書大傳閎天
太公望左傳釋文曰太顚　南宮适　散宜生
詩疏附先後奔奏禦侮　孔叢子文王胥附奔輳
先後禦侮謂之四鄰　率下親上曰疏附相道前
後曰先後喩德宣譽曰奔奏武臣折衝曰禦侮
周書維四人佐　左傳注文王有四臣
四子成王又曰四聖四輔　後漢書周公在前　召公
在後　畢公在左　史佚在右　大戴禮周公立
於前謂之道　太公立於左謂之充　召公立於
右謂之弼　史佚立於後謂之承
四賢　鄭裨諶　世叔游吉　行人子羽　東里子
產　論語爲命裨諶草創之世叔討論之行人子
羽修飾之東里子產潤色之注更此四賢而成故
鮮有敗事
齊四臣威王　檀子守南城　盼子守高唐　黔夫守
徐州徐音舒　種首備盜賊　史記魏王問曰王
亦有寶乎

四豪又曰四賢　齊孟嘗君田文　魏信陵君公子
無忌　趙平原君趙勝　楚春申君黃歇　賈誼
曰四賢皆明智而忠信寬厚而愛人游俠傳序游
談者以四豪爲稱首
輔政四人　元帝初四人同心輔政蕭望之前將軍
周堪光祿大夫　劉更生宗正　金敞侍中
四長　荀淑當塗長季和　韓韶贏長仲黃　陳寔
太丘長仲弓　鍾皓林慮長季明皆潁川人　循
吏傳序潁川四長並以仁信篤誠使人不欺
四皓　園公　綺里季　夏黃公　甪里先生　漢
書避秦入商雒山
四子　高士傳逢萌子康　徐房平原　李曇子雲
王遵君公　不仕亂世相與爲友時人號四子
四賢　蜀司馬相如　王褒　嚴君平　揚子雲
元魏常景以四賢皆有高才而無重位託意讚之
魏四友文帝　司馬懿　陳羣　朱鑠　吳質號太子
四友
吳四友太子登　諸葛恪左輔瑾之子　張休右弼昭
之子　顧譚輔正雍之子　陳表翼正武之子皆
爲中庶子　宋褚炫　劉俁　謝朏　江斆　晉
王衍四友王澄　王敦　庾敳　胡毋輔之　一
云王敦謝鯤庾敳阮修　宋謝靈運與族弟惠連
何長瑜　荀雍　羊璿之時謂四友
四英又曰四相　蜀漢諸葛亮　蔣琬　費禕　董
允
四子　諸葛孔明曰昔初交州平崔　屢聞得失後交
元直徐庶　勤見啓誨前參事於幼宰董和　每言則盡後

從事於偉度胡濟　數有諫止與此四子終始好合亦
足明其不疑於直言也
四賢　宋王華　劉湛　王曇首　殷景仁　俱爲
侍中文帝曰四賢一時之秀黃門侍郎謝弘微與
華等號曰五臣
四儒　崔浩　張偉　劉芳　邢子才　顏氏家訓
四儒以才博擅名
四夔　崔造　韓會　盧東美　張正則　自謂王
佐才號四夔　摭言四夔何長師　李華　盧東
美　韓衢
四傑　王勃　楊炯　盧照鄰　駱賓王
四士　包融　賀知章　張旭　張若虛　號吳中
四士
四友　杜審言必簡　李嶠巨山　崔融安成　蘇
味道　爲文章四友
四公　房　魏　姚　宋　文粹劉軻書言貞觀則
房魏言開元則姚宋
四賢　宋范仲淹　余靖　尹洙　歐陽修　景祐
中蔡襄作四賢一不肖詩一不肖高若訥也　熙
寧間邵康節先生四賢吟彥國之言鋪陳富弼
晦叔之言簡當呂公著　君實之言優游司馬光
伯淳之言條暢程顥
四眞　嘉祐中富弼眞宰相　歐陽修眞學士　包
拯眞中丞　胡翼之眞先生瑗
四俊　苗延嗣　呂太一　員嘉靜　崔訓之　張
嘉貞所薦皆位清要當時語曰令君四俊
九華四俊　張喬　許棠　張蠙　周繇

四眞　韓文公詩四眞莊子南華眞人　文子通元
眞人　列子冲虛眞人　庚桑子洞靈眞人
四御史　天聖末曾修古　郭勸　楊偕　段少連
四先生　陳襄述古　陳烈季慈　周希孟公闢
鄭穆閎中　閩人號爲四先生劉彝執中與四人
爲友鄉人號五先生
四學士　黃庭堅　秦觀　張耒　晁補之　皆游
蘇軾之門陳無己云蘇公之門有客四人黃魯直
秦少游晁無咎則長公之客也張文潛則少公之
客也張文潛詩云長公波濤萬頃陂少公巉秀千
尋麓黃郎蕭蕭日下鶴陳子峭峭霜中竹秦文倩
麗舒桃李晁論崢嶸走珠玉
四友　韓維持國　司馬光君實　呂公著晦叔
王安石介甫
馮元　孫奭　陸參　夏侯圭
四賢　杜衍清謹而守規矩　范仲淹恢廓自信而
不疑　韓琦純正而質直　富弼明敏而果銳
歐陽修上書云此四人者可謂公正之賢也
龍首四人　呂蒙正聖功　李迪復古　王曾孝先
宋庠公序　石揚休詩皇朝四十三龍首身到
皇扉止四人
四將　章穎士四將傳劉錡　岳飛　李顯忠　魏
勝
四人傑　東坡范文正公集序韓　范　富　歐陽
制策人三等四人　吳育　蘇軾　范百祿　孔文
仲
四先生　舒璘元質　沈煥叔晦　楊簡敬仲　袁

燮和叔
四賢　程正叔　黃魯直　尹彥明焞　譙天授定
涪州四賢樓在北巖　宋元憲　景文　連庶
庠　安州四賢堂
四絕　李華爲元德秀碑　顏眞卿書　李陽冰篆
額　號四絕碑　宋文同詩　楚辭　草書　畫
四友　莊子四人相與爲友子祀　子輿　子犂
子來
四子　王倪　齧缺　被衣　許由　莊子堯見四
子藐姑射之山汾水之陽　龍逢　比干　宮之
奇　屈原　陸贄奏議四子旣去四君亦危　龍
逢　比干　韓非　陳蕃　劉蕡對策四子　商
君　白起　吳起　大夫種　戰國策四子成功
而不去
四士　子胥　輔果　穆生　鄒陽　文選阮元瑜
書
四生　程元　仇璋　董常　薛收　文中子太原
府君曰夫子得程仇董薛而六經益明對問之作
四生之力也
遂四族　因氏　頜氏　工婁氏　須遂氏　左傳
莊十七年注四族遂之彊宗
四公族大夫　荀家惇惠　荀會文敏　欒黶果敢
韓無忌鎭靖　晉語悼公使四人爲公族大夫
四卿　知　趙　韓　魏　史記世家四卿分范中
行故地
羊舌四族　左傳銅鞮伯華赤　叔向肸　叔魚鮒
叔虎世本季夙

四姓　樊　郭　陰　馬　漢明帝爲四姓小侯之
學
吳四姓　世說張文　朱武　陸忠　顧厚
會稽四族　孔　魏　虞　謝　世說會稽孔沈魏
顗虞球虞存謝奉並四族之雋
後魏四姓　范陽盧敏　淸河崔宗伯　滎陽鄭義
太原王瓊　孝文重門族四姓衣冠所推
唐四姓　滎陽鄭　岡頭盧　澤底李　土門崔
國史補皆爲鼎甲太原王亦四姓之匹　甲姓
乙姓　丙姓　丁姓　柳芳論得入者謂之四姓
黃帝四妃　皇甫謐世紀西陵氏累祖　方雷氏女
節　彤魚氏　嫫母
帝嚳四子　大戴禮帝繫帝嚳卜其四妃之子皆有
天下　有邰氏姜原生后稷　有娀氏簡狄生契
陳鋒氏生帝堯　陬訾氏生帝摯
四王　楚元王惠人　河間獻王智人　東平王蒼
仁人　東海王彊義人　文中子注云言四王善
終有惠智仁義
荆四子　國語荆子熊嚴生子四人伯霜　中雪
叔熊　季紃
四王　沛王輔　濟南王康　東平王蒼　中山王
焉　肅宗詔四王讚皆勿名
四世宗正　劉辟彊　德　向　慶忌　歆傳奕世
宗正子政博學三世成名德向歆
楊氏四公　楊震字伯起　震子秉字叔節　秉子
賜字伯獻　賜子彪字文先相繼爲三公四世太
尉德業相繼　贊曰楊氏載德仍世柱國震畏四

知秉去三惑賜亦無諱彪誠匪忒孔融曰楊公四
世清德
四龍　李修四子亮　叔　訓　秀　號四龍皆爲
牧守　房諶四子　豫　坦　邃　熙　號四龍
四聰　諸葛誕鄧颺等更相題表以夏侯元等爲四
聰誕輩爲八達
四裴　裴康兄黎弟楷綽並有盛名謂四裴
四李杜　後漢李固　杜喬　李雲　杜衆　李膺
杜密　唐李白　杜甫
四皓　徐伯珍兄弟四人白首相對時人呼爲四皓
四黃　李晃仲黃　茉李黃　勁少黃　叔幼黃以
友悌著名時謂四黃
四括　李平伯括　機仲括　隱叔括　保季括
北史兄弟以儒素著名時謂四括並仕晉
四使　北齊李渾　弟繪　緯俱聘陳　子湛爲使
副　趙郡人士目爲四使之門
四崔　崔邠　鄯　郾　鄲　舊唐書贊四崔濟濟
四代掌誥　卓異記張嘉貞　延賞　弘靖　次宗
四代掌綸誥
四子秉節　卓異記李晟四子愿　憲　愬　聽
皆秉旄節
四洪　洪朋龜父　芻駒父　炎玉父　羽鴻父
黃庭堅四甥
四韓　韓綜仲文　絳子華　維持國　縝玉汝
億八世以高陽里目之三子位公府綜知制誥
四賢良　錢易希白　子彥遠子高　明逸子飛
彥遠子龢穆父

四世絲綸　胡宿　宗愈　交修　世將　交修京
大爲四世絲綸集
四謝　謝懋　岐　皋廉　世充　同榜登第號臨
江四謝
穆氏四子　贄　質　員　賞　穆寧四子皆以守
道行誼顯崔祐甫爲穆氏四子講藝記兄弟皆和
粹世人以珍味目之贄爲酪質爲酥員爲醍醐賞
爲乳腐
四呂　呂大忠進伯　大防微仲　大鈞和叔　大
臨與叔
四后　光獻曹后　宣仁高后　欽聖向后　昭慈
孟后　張宣公曰家法之美無如宋四后以賢聖
之德爲宗社之福
四貴　秦范睢曰四貴穰侯魏冉　華陽君芊戎宣
太后之異父同母弟　涇陽君　高陵君昭王同
母弟
宋蕭道成　袁粲　褚淵　劉秉　更日入直決
事號爲四貴
東魏孫騰　司馬子如　高岳　高隆之　鄴中
謂之四貴
隋廣平王雄　高熲　虞慶則　蘇威　稱爲四
貴
四伯　晉江泉穀伯　史疇笨伯　張嶷猾伯　羊
聃瑣伯　擬古之四凶
四王　漢韓　彭　英　盧
四輔四鄰　前疑　後丞　左輔　右弼　書益稷
帝曰欽四鄰　史記云敬四輔臣注尚書大傳四
鄰疑丞輔弼　孔叢子謂之四近　文王世子虞
夏商周有師保有疑丞設四輔及三公不必備
漢平帝時四輔太師　太傅　太保　少傅
四監　月令主山林川澤之官
四選　尚書左選舊審官東院　尚書右選舊審官
西院　侍郎左選舊流內銓　侍郎右選舊三班
院　宋元豐五年吏部分選有四
四將軍　續漢志比公者四大將軍　驃騎將軍
車騎將軍　衛將軍　南齊志四軍前後左右
命秩有四　職事官　散官　勳官　爵號　唐陸
宣公奏議命秩載於中令者其秩有四然掌務受
俸唯職事一官其勳散爵號三者止於服色資蔭
百官志辨貴賤敘勞能有品有爵有勳有階
四廂　捧日　天武　龍衛　神衛
四順　民惡憂勞我佚樂之　民惡貧賤我富貴之
民惡危墜我存安之　民惡滅絕我生育之
管子曰政之所興在順民心
四位　文　武　威　德　管子曰四位者主之所
處
四統　荀子君道善生養人　善班治人　善顯設
人　善藩飾人
四善　唐考功德義有聞　清謹明著　公平可稱
恪勤匪懈
四齊　其治法　其佐賢　其民愿　其俗美　荀
子王霸篇四者齊注齊謂無所闕
四禁　唐志中書舍人漏洩　稽緩　違失　忘誤
四條　仁惠　公直　明敏　廉謹　紹興中舉薦
四條
四事　律己以廉　撫民以仁　存心以公　涖事
以勤　眞文忠公四事守潭州以勵其僚
四達　夫家衆寡　六畜車輦　稼穡耕耨　旗鼓
兵革　周禮遂大夫以四達戒其功事注治民之
事大通者有四
君子道四　論語子謂子產有君子之道四行己恭
事上敬　養民惠　使民義
四式　按能　記功　任賢　敘常　唐元稹對策
設四式以任人
四術　忠愛　無私　用賢　簡能　文選注尸子
曰治國有四術
四代服　明堂位虞黻　夏山　殷火　周龍章
四代路　明堂位虞鸞車　夏鉤車　殷大路　周
乘路
四代禮樂　論語行夏之時　乘殷之輅　服周之
冕　樂則韶舞
四載　書注水乘舟　陸乘車　泥乘輴史記作
毳昌芮反漢書作橇音蕝尸子作蕝說文澤行乘
輴　山乘樏力追反史記作橋一作梮漢書作梮
說文作欙
四代旂旗　虞旂　夏綏當爲緌　殷大白　周
大赤　明堂位注虞綏夏旂
四代樂器　拊搏　玉磬　揩擊　大琴　大瑟
中琴　小瑟出明堂位
四夷樂　周禮鞮鞻氏掌四夷之樂注東方韎　南
方任　西方侏離　北方禁　毛詩傳東夷曰昧

南夷曰南　西夷曰侏離　北方曰禁　白虎
通南夷曰兜　西夷曰禁　北方曰昧　東夷曰
離　班固東都賦禁作佮昧作侏
四金　錞和　鐲節　鐃止　鐸通　周禮鼓人
四代尊　明堂位魯四代尊泰虞　山罍夏　著殷
　犧象周
四類　日　月　星　辰　周禮小宗伯注兆日於
東郊兆月與風師於西郊兆司中司命於南郊兆
雨師於北郊
四望　日　月　星　海　大宗伯鄭司農注
四時祭　王制春礿　夏禘　秋嘗　冬烝　夏殷
祭名祭統祭有四時祭義春禘秋嘗夏殷禮爾雅
春祭曰祠夏祭曰礿秋祭曰嘗冬祭曰烝　詩正
義周公制禮改夏爲禴禘爲大祭
四代明堂　唐陳子昂上言黃帝合宮　有虞總期
　堯衢室　夏世室　漢書注應劭曰黃帝合宮
　虞總章　殷陽館　周明堂　考工記匠人夏
世室　殷重屋　周明堂　隋宇文愷引帝命驗
注唐虞天府　夏世室　殷重屋　周明堂
四代學　虞上庠下庠　夏東序西序　殷右學左
學　周東膠虞庠　王制注或上西或上東或貴
在國或貴在郊上庠右學大學也在西郊下庠左
學小學也在國中王宮之東東序東膠亦大學在
國中王宮之東西序虞庠亦小學也西序在西郊
周立小學於西郊周之小學爲有虞氏之庠制是
以名庠其立鄉學亦如之鄉射禮注周立四代之
學於國而又以虞庠爲鄉學　四代虞夏商周

四學　大戴禮保傅篇注東序　瞽宗　虞庠　四
　郊之學　祭義大子設四學注周四郊之虞庠
魯四代學　米廩虞庠　序夏序　瞽宗殷學　頖
宮周學　明堂位魯立四代之學文王世子注魯
之學有米廩東序瞽宗
四學　宋文帝四學儒學雷次宗　元學何尚之
　史學何承天　文學謝元
笏四等　玉藻天子以球玉　諸侯以象　大夫以
　魚須文竹須音班　士竹本象　荀子天子御珽諸
侯御荼大夫服笏　唐志後周百官始執笏象笏
上圓下方竹木上挫下方
四冠　司馬彪云漢帝有四冠一緇布二進賢三武
弁四通天冠
章服四等　唐貞觀四年三品以上服紫　四品五
　品以上服緋　六品七品以綠　八品九品以青
　龍朔二年八品九品衣碧　上元元年紫金玉
帶　緋金帶　綠銀帶　青鍮石帶　永徽二年
給魚袋以防名命之詐衣紫者魚袋飾以金衣緋
者飾以銀謂之章服隋大業六年詔從駕者文武
官皆戎衣五品以上紫袍六品以下緋綠
四朝　通典周制天子有四朝外朝　中朝　內朝
　詢事之朝　六典唐至正至御承天門聽政古
之外朝　朔望坐太極殿視朝古之中朝　常日
兩儀殿聽朝視事古之內朝
四軍　孫子黃帝四軍處山　處水土　處斥澤
　處平陸　晉志左　右　前　後　左傳中　上
　下　新

四時田　春蒐振旅　夏苗茇舍　秋獮治兵　冬
　狩大閱　周禮大司馬爾雅　公羊傳春曰苗
秋曰蒐　冬曰狩　穀梁傳春曰田　夏曰苗
秋曰蒐　冬曰狩
四弓　公羊注天子雕弓　諸侯彤弓　大夫嬰弓
　士盧弓　唐四弓長　角　梢　格
四弩　夾　庾守利攻　唐　大利車戰
四箭　唐四箭竹　木　兵　弩
四科　漢德行志節　經明行修　明曉法律　剛
毅明勇爲辟士四科　孝悌　能從政　黃瓊奏
　增爲四科
四行　質樸　敦厚　遜讓　有義行漢官儀云節
　儉　光祿勳舉四行
擇人四法唐書　身體貌豐偉　言言辭辯正　書
　楷法遒美　判文理優長　四事可取則先德行
　德均以材材均以勞
四品樂　後漢蔡邕志漢樂四品大予樂　周頌雅
　樂　黃門鼓吹　短簫鐃歌
太常四院　唐百官志天府　御衣　樂縣　神廚
銅匭四武后　青曰延恩　丹曰招諫　白曰申寃
　黑曰通元
四廟宋　僖　順　翼　宣四祖　曾氏曰堯舜禹
皆立二昭二穆與始祖之廟而五商人祀湯與契
及昭穆之廟而六周人祀后稷文武及親廟而七
晉定七廟而虛太祖之室隋但立高曾祖禰四廟
唐初因其制貞觀立七廟天寶祠九室梁以來皆
立四廟宋興采張昭任徹之議追尊四祖而立其

廟用近制也五代會要周本紀禮記大傳曰武王追王大王王季文王以后稷爲大祖此追尊四廟之明文自漢魏迄周隋追謚不過四世唐武德元年立四廟於長安

四軍　慶曆兵錄序凡軍有四禁兵　廂兵　役兵　民兵　兵志兵額有四禁兵　廂兵　鄉兵　蕃兵

四注　儀禮注東霤天子諸侯皆四注四向流水爲殿屋

四縣　王宮縣四面縣漢安世房中歌高張四縣樂充宮庭注樂四縣也天子宮縣四面象宮室四面有牆　諸侯軒縣三面其形曲春秋傳曰請曲縣去南面辟王也　卿大夫判縣二面左右之合又空北面　士特縣一面縣於東方或於階間去判縣之西南　周禮小胥正樂縣之位謂鐘磬之屬縣於筍簴者半爲堵全爲肆春秋傳歌鐘二肆漢成帝時犍爲郡於水濱得古磬十六枚鐘磬二八在一簴謂之堵磬一堵謂之肆

大饗四　金再作　升歌清廟　下管象　仲尼燕居子曰大饗有四焉注謂饗諸侯來朝者四者謂云云

大閱四表　百步爲一表爲三表則三百步又五十步爲一表則三百五十步　周禮大司馬中冬教大閱虞人萊所田之野爲表

四舞　隋何妥作八佾四舞鞞　鐸　巾　拂

四闕　尹仁恕　曾祖養祖怀父慕先一門四闕

四館　金陵　燕然　扶桑　崦嵫　後魏於洛水橋南作四館處降者

四桁　音析一作航浮橋也　丹陽　竹格　朱雀　驃騎　孝武寧康元年詔除四桁稅

四方館　宋都亭驛以待遼　都亭西驛以待西蕃阿黎于闐新羅渤海　懷遠驛以待交阯　同文館以待青唐高麗

四科　顯慶五年詔四科舉人孝悌力行　經史儒術　藻思詞鋒　廉平彊直

四書院　嵩陽河南府　嶽麓潭州　睢陽應天府　白鹿洞南康軍

四寶　周有砥厄史記作砨　宋有結綠　梁有懸黎史記作藜　楚有和璞　戰國策范雎曰四寶土之所生

唐刀之制有四　儀刀　鄣刀　橫刀　陌刀

四侯　管城侯毛元銳　即墨侯石虛中　好畤侯褚知白　松滋侯易元光　文房四譜文嵩四侯傳

四器　圭　璋　璧　琮　考工記玉人注聘禮曰凡四器者唯其所寶以聘可也圭璋特達瑞也璧琮有加往德也

四寶　隨侯珠　劍寶斬蛇劍　玉寶璧受命寶和氏璧　周康寶鼎汾上所獲　漢郊祀志神爵元年立四祠於未央宮中　魏文帝書四寶晉之垂棘　魯之璵璠　宋之結綠　楚之和璞

四飲　清　醫於己反　漿　酏以支反　酒正辨四飲之物

四籩　朝事　饋食　加籩　羞籩　周禮籩人掌四籩之實

四豆　朝事　饋食　加豆　羞豆　醢人掌四豆之實　天子豆二十六　諸公十六　諸侯十二　上大夫八　下大夫六　禮器

四醢　唐志掌醢鹿　兔　羊　魚

四代俎　明堂位虞梡　夏嶡　殷椇　周房俎

四膏　庖人凡用禽獻春行羔豚膳膏香牛　夏行腒鱐膳膏臊豕一云犬　秋行犢麛膳膏腥雞　冬行鱻羽膳膏羶羊　張衡東京賦升獻六禽時膳四膏內則注此八物四時肥美爲其大盛煎以休廢之膏節其氣也

四飯　王者平旦食少陽之始　晝食太陽之始　餔食少陰之始　暮食太陰之始　凡四飯　諸侯三飯　卿大夫再飯　白虎通天子食時舉樂論語亞飯干三飯繚四飯缺以樂侑食之官魯之樂官蓋凡三飯也

四鹽　散鹽煑海成之　盬鹽引池化之　形鹽掘地出之　飴鹽於戎取之出周禮鹽人後周四鹽引池而化周官所謂盬鹽也煑海而成周官所謂散鹽也國史志鹽有二

四代黍稷器　虞兩敦音對　夏四璉　殷六瑚　周八簋　明堂位魯特牲饋食禮設兩敦黍稷少牢饋食禮上佐食取四敦黍稷

四膳　文選七命云四膳異肴注禮記曰孟春食麥羊　孟夏食菽雞　孟秋食麻犬　孟冬食黍彘

四酎　四重釀　楚辭大招四酎幷熟注舊注以爲四器俱熟月令春釀孟夏乃成漢亦以春釀八月

乃成
四豆　脾　炙　胾　醢　特牲饋食禮佐食羞庶羞四豆設于左注云
四人餕　少牢禮四人餕上佐食下佐食賓長二人
四鬴　萬民之食人四鬴上　三鬴中　二鬴下
周禮廩人注謂一月食米也六斗四升曰鬴
四簋　黍　稷　稻　粱　詩權輿每食四簋注禮食之盛祭統以四簋黍
四種米　詩彼疏斯粺箋云疏謂糲米也米之率糲十粺九鑿八侍御七正義云九章粟米之法云粟率五十糲米三十粺二十七鑿二十四侍御二十一言粟五升爲糲米三升以下則米漸細故數益少四種之米皆以三約之
四戒　戰國策魯君言酒　味　色　高臺陂池
後魏封軌四戒務德　慎言　遠佞　防姦
四字　勤　謹　和　緩　張文孝公觀守官四字
王介甫守常州呂正獻公告以四言札　守精　密　朱文公答呂伯恭書曰四字謹書坐隅
弘　大　平　粹
四失　學記學者有四失敎者必知之多　寡　易止
四患　荀悅申鑒先屏四患僞　私　放　奢
四惡　論語屏四惡不敎而殺謂之虐　不戒視成謂之暴　慢令致期謂之賊　出納之吝謂之有司
四輕　法言去四輕則可謂之人言輕則招憂　行輕則招辜　貌輕則招辱　好輕則招淫

四愼　曾子曰察此四者愼終如始官怠於宦成病加於少愈　禍生於懈惰　孝衰於妻子
四姦　左傳富辰曰聾　昧　頑　嚚
四知　漢楊震畏四知天知　神知　我知　子知
四靈　禮運麟金　鳳火　龜水　龍木
四種　黍　稷　菽　麥　稻　四種兗州無菽
四穀　秬　秠　穈　芑　詩生民誕降嘉種箋云后稷以天爲己下此四穀
四駿　漢西域傳四駿馬蒲梢　龍文　魚目　汗血
四獸　朱鳥　元武　青龍　白虎　曲禮注以此四獸爲軍陳象天也
四瑞　唐志景星慶雲爲大瑞名物六十有四　白狼赤兔爲上瑞名物三十有八　蒼烏朱鴈爲中瑞名物三十有二　嘉禾芝草木連理爲下瑞名物十四
馬四種　良　戎　田　駑　詩駉注諸侯六閑馬四種
龜四體　春占後左　夏占前左　秋占前右　冬占後右　中庸見乎蓍龜動乎四體注謂龜之四足
四擾　周禮幽州其畜宜四擾按注馬牛羊豕也

欽定古今圖書集成曆象彙編曆法典

第一百三十三卷目錄

數目部彙考五

五類上

曆法典第一百三十三卷

數目部彙考五

五類上　　　　小學紺珠

五天帝　青帝靈威仰　赤帝赤熛怒　黃帝含樞紐　白帝白招拒　黑帝汁（叶音）光紀　周禮小宗伯兆五帝於四郊注大宗伯祀昊天上帝注以爲天皇大帝者北辰耀魄寶也六天之說出於緯書唐顯慶二年黜鄭元說

五紀　歲　日　月　星辰　曆數　書洪範協用五紀注歲者序四時也月者定晦朔也日者正躔度也星經星緯星也辰日月所會十二次也曆數者步占之法所以紀歲日月星辰也

五星又曰五緯　歲東方木春仁貌　熒惑南方火夏禮視　太白西方金秋義言　辰北方水冬智聽　塡中央土季夏信思　緯星五行之精五星合於五行

五氣（庶徵）　鄭康成說雨木肅春　暘金乂秋　燠火哲夏　寒水謀冬　風土聖　書洪範念用庶徵在天爲五行在人爲五事五事修則休徵各以其類應之五事失則咎徵各以其類應之　史記五是來備　荀爽曰五韙咸備韙是也　吳仁傑云雨水暘火燠木寒金　蘇子由云雨土暘金燠木寒水風火

五雲　保章氏五雲之物青爲蟲　白爲喪　赤爲兵荒　黑爲水　黃爲豐　左傳黃帝以雲紀雲師雲名應劭曰春官爲青雲夏官爲縉雲秋官爲白雲冬官爲黑雲中官爲黃雲

五位　周語五位歲　月　日　星　辰　武王伐殷歲在鶉火張月在天駟房日在析木之津箕辰在斗柄星在天黿辰星元枵

五聲又曰五音　宮土戊癸爲君重濁　商金秋乙庚爲臣敏次濁　角木春甲己爲民經清濁中　徵火夏丙辛爲事迭徵清　羽水冬丁壬爲物抑清　樂記爾雅凡聲濁者尊清者卑商角羽三聲無變宮徵二聲有變　揚子雲曰聲生於日　沈存中曰樂家以濁爲宮稍清爲商最清爲角清濁不常爲徵羽　蔡邕月令章句曰孟春月大蔟爲宮姑洗爲商蕤賓爲角南呂爲徵應鍾爲羽大呂爲變宮夷則爲變徵他月倣此

五則　漢律志權太陰北冬水智　衡太陽南夏火禮　矩少陰西秋金義　規少陽東春木仁　繩陰陽之內四方之中四季土信

五度　分　寸　尺　丈　引　漢律志九十分黃鍾之長一爲一分十分爲寸十寸爲尺十尺爲丈十丈爲引說苑十粟爲一分說文手長八寸謂之咫周尺也十髮爲程一程爲分十分爲寸

五量　龠　合　升　斗　斛　漢律志起於黃鍾之龠十龠爲合十合爲升十升爲斗十斗爲斛說苑千二百粟爲一龠

五量　家語黃帝設五量權衡　升斛　尺丈　里步　十百

五權　銖　兩　斤　鈞　石　漢律志起於黃鍾之重一龠容千二百黍重十二銖兩之爲兩二十四銖爲兩十六兩爲斤三十斤爲鈞四鈞爲石說苑十粟重一圭十圭重一銖　禮記注八兩曰錙說文曰六銖也

五時（四立）　漢儀續五時令立春　立夏　大暑　立秋　立冬　蔡邕曰以四立及季夏之節迎五帝於郊

五夜　甲夜　乙夜　丙夜　丁夜　戊夜　夜有五更　周禮司寤氏掌夜時注夜甲乙至戊　漢西域傳斥候之士五分夜擊刁斗自守注夜有五更分而持之漢舊儀中黃門持五夜　司馬法昏鼓四通爲大鼜夜半三通爲晨戒旦明五通爲發响

五際　漢翼奉曰詩有五際注詩內傳曰卯　酉　午　戌　亥　陰陽終始際會之歲　詩緯云卯天保也酉祈父也午采芑也亥大明也　郎顗傳四始之缺五際之戹

五曆　漢顓頊曆高帝　太初武帝　三統劉歆作　四分章帝　乾象靈帝

五法　漢律志備數　和聲　審度　嘉量　權衡

司馬文正公曰黃鍾所生凡有五法

五數　漢律志隸首作數內則六年敎之數謂一十　百　千　萬

五行又曰五材五辰五德五美五節五氣　水潤下　火炎上　木曲直　金從革　土稼穡　洪範以徵著爲次左傳天生五材皐陶謨撫于五辰注五行之時天一生水於北地六成地二生火於南天七成天三生木於東地八成地四生金於西天九成天五生土於中地十成行於四時爲五德漢志騶子論著終始五德之運洪範天地生五行之序月令木火土金水五行相生之序典引注五德五行之德自伏羲以下帝王相代各據一行始於木終於水則復始太元曰鑿井澹水鑽火爇木流金陶土以和五美注五行之美左傳序爲五節注得五行之節太極圖曰五氣順布

五氣　子華子溫木　涼金　寒水　燥火　濕土　火陽中之陽　水陰中之陰　木陽中之陰　金陰中之陽　土居二氣之中

五色　文子色有五章青東木甲　赤南火丙　白西金庚　黑北水壬　黃中央土戊　綠　碧　紅　紫　騮　月令五方之正色也以木克土則青黃合而成綠以金克木則白青合而成碧以火克金則赤白合而成紅以水克火則黑赤合而成紫以土克水則黃黑合而成騮此五方之間色也　環齊要略間色有五紺　紅　縹　紫　流黃　漢食貨志五色之金注黃曰金　白曰銀　赤曰銅　青曰鉛　黑曰鐵

五味　鹹水潤下冬黑羽　苦火炎上夏赤徵　酸木曲直春青角　辛金從革秋白商　甘土稼穡中央黃宮

五臭　月令羶木　焦火　香土　腥金　朽水

五運五勝　太昊木　炎帝火　黃帝土　少昊金　顓頊水　帝嚳木　唐火　虞土　夏金　商水　周木　三統曆以相生爲義　郊祀志夏木殷金周火秦水秦以周爲火用水勝之　漢曆志顓推五勝注五行相勝鄒衍以相勝爲義張蒼則以漢水勝周火賈誼公孫臣則以漢土勝秦水漢土德色尚黃光武始正火德色尚赤　行始於祖行終於臘　水子祖辰臘　火午祖戌臘　木卯祖丑臘　金酉祖丑臘　土戌祖辰臘　魏土晉金　宋水　齊木　梁火　陳土　後魏水繼西晉　後周木　隋火　唐土　後唐土　晉金　漢水　周木　宋火

五卜　洪範稽疑荀子五卜雨水　霽火　蒙木　驛金　克土　周禮太卜注洪範曰雨曰濟曰圛曰蝱曰尅孟音濛

五調　宋書平　淸　瑟　楚　側

五德　潤　暵　生　成　動　周世宗觀泗州大水記以問寶儼儼以爲天地有五德

五繇　班固典引五繇之碩慮注卜征五年歲習其祥

五曹算經　田曹　兵曹　集曹　倉曹　金曹

五兆　周禮古今疏灼龜五兆直匕向背爲木兆　直下向足爲水兆　邪向背爲火兆　邪向下爲金兆　橫爲土兆

五帝都　文中子中國五帝三王所自立注少昊都曲阜　顓頊都濮陽　帝嚳都亳　堯都冀　舜都蒲

五方　爾雅四方　中國　內則六年敎方名注東西南北　漢志八歲學五方注辨五方之名

五方　王制五方之民中國　夷　蠻　戎　狄

五屬五屬十連　王制五國以爲屬屬有長十國以爲連連有帥

五服周虞夏　書禹貢甸　侯　綏　要　荒　每服五百里五服二千五百里南北東西相距五千里益稷篇言弼成五服至於五千　侯　甸　男　采　衛　書周官六年五服一朝　國語祭公謀父曰先王之制邦內甸服邦外侯服侯衛賓服蠻夷要服戎翟荒服

五嶽　周禮大司樂注岱在兗州　衡在荊州　華在豫州　嵩在雍州　恆在并州　泰山東兗州又曰岱宗岱山　華山西華州　衡山南衡州　恆山北定州又曰常山漢文帝諱改　嵩山中河南府爾雅嵩高大室山　東岱　南霍　西華　北恆　中泰室　說文爾雅河南華河西嶽吳嶽河東岱河北恆江南衡

五湖　滆湖　洮湖　射湖　貴湖　太湖　後漢馮衍傳注虞翻云太湖有五湖故謂之五湖太湖之小支俱連太湖故兼得五湖之名今在湖州東長塘湖　太湖　射湖　貴湖　滆湖　水經注江南東注于具區謂之五湖口國語越伐吳戰於

五湖范蠡返至五湖而辭越虞翻曰是湖有五道韋昭曰今太湖也書謂之震澤爾雅以爲具區禹貢疏卽震澤

游 莫 貢 陵 胥 史記正義兼太湖東岸五灣吳録五湖太湖別名周五百餘里故曰五湖

職方氏揚州其浸五湖河渠書吳通渠三江五湖太史公曰上姑蘇望五湖地理志注五湖在吳說文通釋一名具區其派有五故曰五湖

史記正義或說太湖 射貴湖 上湖 洮湖 滆湖

史記索隱郭璞江賦具區 洮滆 彭蠡 青草 洞庭

太湖湖州 射陽楚州 青草岳州 丹陽潤州 宮亭洪州

五地五土 周禮大司徒辨五地之物注山林 川澤 丘陵 墳衍 原隰 孝經因地之利注分別五土視其高下

五嶺 大庾 始安 臨賀 桂陽 揭陽 漢書秦南有五嶺之戍注裴氏廣州記郡縣志 大庾 桂陽騎田 九眞都龐 臨賀萌渚 始安越城 南康記

五溝 周禮司險設國之五溝五涂遂 溝 洫 澮 川 爾雅水注川曰谿注谿曰谷注谷曰溝注溝曰澮注澮曰瀆

五涂 周禮司險設國之五溝五涂徑 畛 涂 道 路 爾雅一達謂之道路二達謂之岐旁三達謂之劇旁四達謂之衢五達謂之康六達謂之莊七達謂之劇驂八達謂之崇期九達謂之逵 王制男子由右婦人由左車從中央注道有三塗遠別也

五山 岱輿 員嶠 方壺 瀛洲 蓬萊 列子湯問渤海之東其中有五山

五邦 商 湯遷亳 仲丁遷囂 河亶甲居相 祖乙居耿 盤庚 書盤庚不常厥邑于今五邦

商丘 亳 囂 相 耿 馮氏說相土從商丘

五河 紫 碧 絳 青 黃 司馬相如大人賦越五河注五色之河仙經說

五都 洛陽 邯鄲 臨淄 宛 成都 西都賦五都之貨殖 鮑明遠詩五都矜財雄

五陵 西都賦長陵高祖 安陵惠帝 陽陵景帝 茂陵武帝 平陵昭帝 西京賦五縣謂五陵也

五都 魏長安 譙 許昌 鄴 洛陽

上都京兆 東都河南 西都鳳翔 南都江陵 北都太原 寶應元年詔

五國 大夷 密須 耆 邘 崇 後漢伏湛傳文王受命征伐五國

五諸侯 常山張耳 河南申陽 韓鄭昌 魏豹 殷司馬卬 漢王以五諸侯兵伐楚

嶺南五府五管 廣 桂 邕 容 安南 通鑑五府亦曰五管皆隸嶺南節度使

參國伍鄙 齊語參其國郊以內三分國都以爲三軍制國五家爲軌十軌爲里四里爲連十連爲鄉五鄉一帥故萬人爲一軍 管子伍其鄙郊以外五分其鄙以爲五屬制鄙三十家爲邑十邑爲卒十卒爲鄉三鄉爲縣十縣爲屬五屬故立五大夫五正

五屬漢 漢武帝元狩二年置安定 上郡 天水 五原 張掖

河西五郡 漢置河西五郡張掖 酒泉 敦煌 武威 金城

五渚 水經注湘水沅水微水澧水西水同注洞庭北會大江名五渚 戰國策秦襲郢取洞庭五渚

五名山 華山 首山 太室 太山 東萊 史記封禪書天下名山八而三在蠻夷中五在中國云此五山黃帝之所常遊與神會 山海經天下名山五千三百七十

諸州五品 上品二十州 次品十州 次品八州 次品二十三州 下品二十一州 梁朱异請分爲五品五品之外又有二十餘州凡一百七州

土五色 禹貢徐州貢土五色注王者封五色土爲社建諸侯各割其方色土與之使立社燾以黃土苴以白茅 史記春秋大傳天子有泰社東方青南方赤西方白北方黑上方黃 尚書緯王者以黃土 獨斷云天子泰社封諸侯者取其土苞以白茅授之以立社

五峰 衡山五峰紫蓋 天柱 石廩一名石囷 祝融 芙容

五溪 水經注武陵有五溪雄 樠 酉 潕 辰

五狄 爾雅疏月支 穢貊 匈奴 單于 白屋

五胡 劉淵匈奴 石勒羯 慕容皝鮮卑 苻洪

氏　姚萇羌

五宗　禮記大傳大宗一別子爲祖繼別爲宗百世不遷之宗　小宗四繼高祖繼曾祖繼祖繼禰五世則遷之宗　白虎通別子爲祖如魯桓公生四子莊公既立爲君則慶父叔牙季友爲別子　繼別爲宗如公孫敖繼慶父是爲大宗　繼禰者爲小宗如季武子立悼子悼子之兄曰公彌悼子既爲大宗則繼公彌者爲小宗謂之繼禰者蓋自繼其父爲小宗不繼祖故也　後漢書注五宗上自高祖下及孫　左傳注適子爲小宗次者爲貳宗

五屬　斬衰　齊衰　大功　小功　緦麻　漢韋元成傳天序五行人親五屬注云同族之五服　學記師無當於五服注斬衰至緦麻之親

五品又曰五典五教　父子有親　君臣有義　夫婦有別　長幼有序　朋友有信　孟子堯舜使契爲司徒教以人倫　舜典曰百姓不親五品不遜汝作司徒敬敷五教在寬朱文公注五品父子君臣夫婦長幼朋友五者之名位等級也五教父子有親至朋友有信五典克從注同　程子曰五者人倫也言長幼則兄弟尊卑皆備矣言朋友則鄉黨賓客備矣

父　母　兄　弟　子　鄭元說五品王肅曰五常

五教　父義　母慈　兄友　弟恭　子孝　左傳舜舉八元使布五教　舜典五典克從孔氏注同　五品不遜敬敷五教在寬孔氏注五品謂五常五教五常之教皋陶謨五典君牙弘敷五典孔氏注五常之教　周語五義紀宜注同左傳五教

五達道　中庸天下之達道五君臣　父子　夫婦　昆弟　朋友

五致　居則致其敬　養則致其樂　病則致其憂　喪則致其哀　祭則致其嚴　孝經五者備矣然後能事親　彭忠肅公龜年集格言爲五致錄

五養　養體　養目　養耳　養口　養志　呂氏春秋曾子曰養有五道

五行　鄉飲酒義五行貴賤明　隆殺辨　和樂而不流　弟長而無遺　安燕而不亂

五義　國語五義紀宜注父義　母慈　兄友　弟恭　子孝

五儀　家語孔子曰人有五儀庸人　士人　君子　賢人　聖人

五士　禮記王制秀士　選士　俊士　造士　進士

五更　月令章句三老國老也五更庶老也　盧植禮記注三公老者爲三老卿大夫老者爲五更　鄭康成注老人更知三德五事　漢書注父事三老兄事五更

五不名　諸父　兄　上大夫　盛德之士　老臣　公羊傳注禮君子臣不名者五

五孝　天子　諸侯　卿大夫　士　庶人　孝經序辨五孝之用則別而百行之源不殊

天子虞舜夏禹殷高宗周文王　諸侯周公旦魯孝公河間惠王　卿大夫孔子孟莊子穎考叔　士高柴樂正子春孔奮黃香　庶人江革廉范汝郁殷陶　陶淵明孝傳贊

五遂　祭義曾子言孝居處莊　事君忠　涖官敬　朋友信　戰陳勇　張魏公名方耕道堂曰五遂

五致　致反始　致鬼神　致物用　致義　致讓　祭義合此五者以治天下之禮也

五政　大戴禮均五政注天子　公　卿　大夫　士

五等親　唐百官志宗正寺凡親有五等周　大功　小功　緦麻　袒免

五常　仁木春　義金秋　禮火夏　智水冬　信土季夏　漢書中庸注信水智土　白虎通曰五性　益稷注仁義禮智信五德之言

五事　書洪範貌木恭肅　言金從乂　視火明哲　聽水聰謀　思土睿聖　蘇子由云貌土言金視木聽水思火　蔡氏云貌水言火視木聽金思土

爲仁五者　論語恭　寬　信　敏　惠

五福　洪範壽　富　康寧　攸好德　考終命

五至　禮記志之所至詩亦至焉　詩之所至禮亦至焉　禮之所至樂亦至焉　樂之所至哀亦至焉

夫子五德　論語注夫子行此五德溫　良　恭　儉　讓

諫有五義　宋語忠臣之諫君有五義譎諫　戇諫　降諫　直諫　諷諫　大戴禮公羊傳注諷諫　順諫　闚諫　指諫　陷諫

君子五教　孟子有如時雨化之者　有成德者　有達材者　有答問者　有私淑艾者

五本　說苑柔以仁　誠以信　富貴無敢以驕人　恭以敬　寬以靜　晉王祥訓子孫五者立身之本信　德　孝　悌　讓

五守　聰明廣智守以愚　多聞博辨守以儉　武力勇毅守以畏　富貴廣大守以狹　德施天下守以讓　文子此五者先王所以守天下也

五德　中庸章句云五者之德聰明睿知生知之質　寬裕溫柔仁　發強剛毅義　齊莊中正禮　文理密察知

五慎　強　勞　忠　信　恭　說苑子路將行仲尼贈以言劉子曰季路抱五慎之誠

五藏五氣　周禮疾醫注肺氣熱金言魄藏　心氣次之火思神藏　肝氣涼木視魂藏　脾氣溫土視志藏　腎氣寒水聽精藏　肺金爲氣　肝木爲風　腎水爲雨　脾土爲雷　心火爲五行之主

心通舌　肝通目　肺通鼻　腎通耳　脾通口　子華子曰脾腎心肝肺五官之司口舌鼻耳目五官之候

五官　耳　目　鼻　口　形　荀子心居中虛以治五官夫是之謂天君聖人清其天君正其天官

五指　春秋正義手五指之名巨指　食指　將指　無名指　小指又曰季指

五綦又曰五綦　目欲綦色　耳欲綦聲　口欲綦味　鼻欲綦臭氣香亦謂臭　心欲綦佚　綦極也荀子此五綦者人情所必不免也又曰五綦爲正心從而壞

五慮　管子耳　目　鼻　口　心

五性　漢翼奉傳五性注肝靜仁甲乙　心躁禮丙辛　脾力信戊癸　肺堅義乙庚　腎敬智丁壬　大戴禮民有五性喜　怒　欲　懼　憂　文選注文子曰人有五情

五聲　周禮疾醫注五聲宮聲和　商聲剛　角聲清　徵聲疾　羽聲緩

五至　伯己　什己　若己　廝役　徒隸　鶡冠子博選篇道凡四稽天地人命人有五至北面事者則伯己者至先趨而後息先問而後默則什己者至人趨己趨則若己者至憑几據杖指麾而使則廝役者至嗟藉誠咄則徒隸者至矣故帝者與師處王者與友處亡主者與徒處　韓文公讀鶡冠子云四稽五至之說當矣

欽定古今圖書集成曆象彙編曆法典

第一百三十四卷目錄

數目部彙考六

五類下

曆法典第一百三十四卷

數目部彙考六

五類下　小學紺珠

五經又曰五學　易　書　禮　詩　春秋　揚子法言惟五經爲辯　詩　書　禮　樂　春秋

漢藝文志五者五常之道易爲之原五學世有變改　周易　尚書　毛詩　左氏春秋　禮記

唐五經博士　書　詩　禮　易　春秋公羊

漢建元五年立五經博士

五經正義　周易　尚書　毛詩　禮記　春秋

唐孔穎達與諸儒撰定五經義疏凡一百七十卷詔改爲正義

五典　左傳書序少昊顓頊高辛唐虞之書言常道

周禮外史掌三皇五帝之書　張平子說五典五帝之常道　馬融說五典五行

五禮禮五經　舜典修五禮注吉十有二　凶五　賓八　軍五　嘉六　皐陶謨自我五禮有庸哉注公侯伯子男五等之禮　春官注曲禮五其別三十有六　祭統禮有五經謂吉凶賓軍嘉大司徒以防萬民之僞而教之中　唐五禮吉賓軍嘉凶

五射　周禮保氏注白矢矢貫侯過見其鏃白　參連前放一矢後三矢連續而去　剡注羽頭高鏃低而去剡剡然　襄尺臣與君射不與君並立襄君一尺而退襄音讓　井儀四矢貫侯如井之容儀

五馭　周禮保氏注鳴和鸞和在式鸞在衡升車則馬動馬動則鸞鳴鸞鳴則和應　逐水曲御車隨逐水勢屈曲而不墜水　過君表毛詩傳曰褐纏旃以爲門君表卽褐纏旃也　舞交衢衢道也謂御車在交道車旋應於舞節　逐禽左御驅逆之車逆驅禽獸使左當人君以射之

樂語五均　漢食貨志注河間獻王樂元語云天子取諸侯之士以立五均則市不二賈四民常均

五樂　漢郊祀志舜修五樂注琴瑟春　笙竽夏　鼓季夏　鐘秋　磬冬　鬻子禹以五聲聽治鼓　鐘　鐸　磬　鞀

五傳　左氏　公羊　穀梁　并鄒氏夾氏爲五傳鄒氏無師夾氏未有書　藝文志春秋分爲五武帝立五博士春秋公羊孝宣立穀梁平帝立左氏

五始　漢書注元者氣之始　春者四時之始　王者受命之始　正月者政教之始　公卽位者一國之始　春秋正月書王者九十一二月書王者二十二三月書王者十九

五例　一曰微而顯　二曰志而晦　三曰婉而成章　四曰盡而不汙　五曰懲惡而勸善　左傳序發傳之體有三爲例之情有五

五家穀梁說　漢寶遠兼通五家穀梁說尹更始　劉向　周慶　丁姓　王亥

古易五家　呂大防十二篇　晁說之并十二爲八　睢陽王氏　東萊呂氏各定爲十二篇　周燔又改更大序　續書目言古易者爲五家

禮五傳弟子　鄭康成六藝論高堂生傳蕭奮　孟卿　后蒼　戴德　戴聖

五說　唐劉迅詩　書　春秋　禮　樂

辯正五門音辯　賈昌朝辨正凡五門辯字同音異　辯字音清濁　辯彼此異音　辯字音疑混　辯字訓得失

書五變　隋志古文蒼頡　大篆史籀　小篆李斯　隸書程邈　草書漢初

字五體　唐六典古文廢而不用　大篆石經載之　小篆印璽旛碣所用　八分石經碑碣所用　隸書典籍表奏公私文疏所用庾肩吾曰隸書今之正書

五志　荀悅漢紀序立典有五志達道義　章法式　通古今　著功動　表賢能

古琴五曲　鹿鳴　伐檀　騶虞　鵲巢　白駒

五曲　遊春　淥水　坐愁　秋思　幽居　嵇康琴賦注俗傳蔡氏五曲

五體千文　范曄篆　八分　眞　行　草

申鑒五篇　政體　時事　俗嫌　雜言上下　後漢荀悅作申鑒本傳載政體篇

五家史　唐令狐德棻建言修五家史周　齊　梁

陳 隋

五題 賦 詩 制 書 批答 金鑾密記唐翰林學士入院試文五 藝文志杜元穎五題一卷

五詩 班固東都賦五篇之詩明堂 辟雍 靈臺 寶鼎 白雉

五頌 班固 賈逵 傅毅 楊終 侯諷 論衡永平中詔上神雀頌百官文皆瓦石唯五頌金玉孝明覽焉

五帝 帝王世紀少昊金天氏史記有黃帝無少昊 顓頊高陽氏 帝嚳高辛氏 帝堯陶唐氏 帝舜有虞氏 史記黃帝 顓頊 帝嚳 帝堯 帝舜 月令太皞木 炎帝火 黃帝土 少皞金 顓頊水 皇王大紀包犧 神農 黃帝 堯 舜

五代 黃帝 堯 舜 禹 湯 祭法幷顓頊嚳爲七代 魯靈光殿賦唐 虞 夏 殷 周

五伯又曰五霸 左傳五伯之霸也注夏伯昆吾 商伯大彭豕韋 周伯齊桓晉文 孟子五霸者三王之罪人也注齊桓 晉文 宋襄 秦穆 楚莊 荀子五霸齊桓 晉文 楚莊 吳闔閭 越勾踐 漢諸侯王表注齊桓 宋襄 晉文 秦穆 吳夫差

五王 大戴禮此四代五王之取人堯取人以狀 舜取人以色 禹取人以言 湯取人以聲 文王取人以度

五宗漢 楊賜傳二祖五宗太宗 世宗 中宗 顯宗 肅宗

五代又曰五季 梁 唐 晉 漢 周 五十六年更八姓十有四君

五龍 皇伯 皇仲 皇叔 皇季 皇少 春秋命曆序五姓同期俱駕龍號曰五龍

五世 王符潛夫論唐 虞 夏 殷 周

五聖 淮南子堯 舜 禹 湯 周文王

五賢 孟軻 荀卿 揚雄 王通 韓愈 孔道輔繪五賢於兗州夫子廟 元豐七年孟子配享荀揚韓從祀

五先生 周 二程 張 朱熹元晦 淳祐元年列於從祀

五臣 論語舜有臣五人而天下治禹 稷 契 皐陶 伯益

五佐武王 呂氏春秋武王之佐五人周公 召公 太公 畢公高 蘇公忿生 淮南子注太公 周公 召公 畢公 毛公

五臣文武 虢叔 閎夭 泰顛 散宜生 南宮适 孔叢子五臣同寮比德以贊文武 書君奭注五臣佐文王爲胥附奔走先後禦侮之任 書大傳散宜生閎夭南宮适三子學乎太公武王立號叔先死故曰惟茲四人

晉文公五士又曰五臣五賢 狐偃 趙衰 顚頡 魏武子犨 司空季子胥臣曰季 左傳叔向曰文公生十七年有士五人 袁宏云五臣顯而重耳霸 劉越石詩重耳任五賢

齊桓公五子 齊語管夷吾 甯戚 隰朋 賓胥無 鮑叔牙 新序甯戚爲田官 隰朋爲大行 東郭牙爲諫臣 弦寧爲大理 王子成甫爲大司馬

秦五子 由余 百里奚 蹇叔 丕豹 公孫支 史記李斯上書曰昔繆公求士西取由余於戎東得百里奚於宛迎蹇叔於宋求丕豹公孫支於晉此五子者不產於秦而繆公用之

孟獻子五友 孟子樂正裘 牧仲 其三人忘之

越五大夫 國語越王句踐名五大夫問戰舌庸 苦成 大夫種 范蠡 皐如

楚五臣 戰國策莫敖子華對威王令尹子文 葉公子高 莫敖大心 棼冒勃蘇 蒙穀

五公 西都賦太尉田蚡長陵人 大司馬張安世 大司空朱博杜陵人 大司徒平晏 大司馬韋賢平陵人

河西五守 武威太守梁統 金城太守庫鈞 張掖太守史苞 酒泉太守竺曾 燉煌太守辛彤 五人共推竇融爲河西大將軍歸心世祖

五伯 南陽號曰五伯鄧彪字智伯與同郡宗武伯翟敬伯陳綏伯張弟伯齊名

五處士 後漢豫章徐穉孺子 彭城姜肱伯淮 汝南袁閎夏甫 京兆韋著休明 潁川李曇子雲 陳蕃胡廣薦五處士

五君 顧邵 諸葛瑾 步騭 嚴畯 張承 吳周昭著書稱五君

五儁晉 薛兼 紀瞻 閔鴻 顧榮 賀循

五公 始興王導 廬陵謝安 始安溫嶠 長沙陶侃 康樂謝元 宋武帝改晉封爵獨置五公

奉導安嶠侃元之祀

五王又曰五龍　扶陽桓彥範士則　平陽敬暉仲
煜　博陵崔元暐　漢陽張柬之孟將　南陽袁
恕己　呂溫顏狄仁傑日取日虞淵洗光咸池潛
授五龍夾之以飛　李邕以仁傑五王爲六公篇

卓行五人　元德秀紫芝　權皋士繇　甄濟孟成
陽城亢宗　司空圖表聖　卓行傳節義爲天
下大閑士不可不勉

五相　裴垍　王涯　杜元穎　崔羣　李絳　白
居易上李絳詩云同時六學士五相一漁翁

五君宋　李至爲五君詠徐鉉　李昉　石熙載
王祐　李穆

五鳳　李穆　宋白　賈黃中　呂蒙正　李至
同入翰林扈蒙詩五鳳齊飛入禁林

五賢　紹興中太學爲五賢詩王十朋龜齡　馮方
圓仲　胡憲原仲　査籥元章　李浩德遠

盛德五人　富文忠　司馬文正　趙淸獻　范忠
文鎭　張文定方平　蘇文忠公曰軾於天下未
嘗誌墓獨銘五人皆盛德故

五君子　漢諸葛亮忠武侯　唐杜工部　顏文忠
公　韓文公　宋范文正公　朱文公序王龜齡
集此五君子其心光明正大疎暢洞達

南都五老　杜祁公衍　王渙　畢世長　朱貫
馮平

西京五老　文路公　范景仁鎭　張仲巽　史中
輝照　劉伯壽几

四明五先生　楊適　杜醇　王致　樓郁　王說

五賢　陶潛淵明　劉渙凝之　李常公擇　劉恕
道原　陳瓘瑩中　朱文公守南康祀五賢

五絕　太宗稱虞世南有五絕德行　忠直　博學
文辭　書翰

五大夫　說苑魏翟黃進五大夫吳起　西門豹
北門可　樂羊　李克

五臣　王華　劉湛　王曇首　殷景仁　俱爲侍
中文帝曰四賢一時之秀黃門侍郎謝弘微與華
等號曰五臣

五侯　王譚平阿　商成都　立紅陽　根曲陽
逢時高平　成帝舅五人同日封世謂之五侯

後魏五姓　范陽盧敏　淸河崔宗伯　滎陽鄭義
太原王瓊　孝文重門族四姓衣冠所推幷趙
郡李爲五姓趙郡諸李人物尤多世言高華者以
五姓爲首

五馬　瑯邪　西陽　汝南　南頓　彭城　晉五
王渡江太安之際童謠云五馬浮渡江一馬化爲
龍元帝自瑯邪登大位

五姓　宮　商　角　徵　羽　按堪輿經黃帝對
天老始言五姓春秋以陳衞秦爲水姓齊衞宋爲
火姓或所出之祖所分之星所居之地　呂才卜
宅篇張王爲商武庾爲羽以音相諧附至柳爲宮
趙爲商則又不然其間一姓而兩屬複姓數字不
得所歸　禮記大傳注始祖爲正姓高祖爲庶姓
正姓若姜姬庶姓若三桓七穆

五宗漢　史記五宗世家景帝子十三人爲王而母
五人同母者爲宗榮德　閼于梁　餘　非　端

程　彭祖　勝賈　發唐　越　寄　乘　舜王

五王宅　唐睿宗五子宋　申　楚元宗　岐　薛

五名　左傳申繻對有信以名生若唐叔虞　有義
以德命若文王武王　有象以類命若孔子　有
假取於物若伯魚　有類取於父若子同

五世相韓　史記五世爲相五王張良大父開地相
韓昭侯宣惠王襄哀王父平相釐王悼惠王

中山五王　王元才北平侯　益才安喜侯　顯才
蒲陰侯　仲才新市侯　季才唐侯　水經注王
譚北平侯不同王莽子興生五子並避亂隱居涿
郡故安縣西山其舊居世以爲五大夫城光武即
位封爲五侯所謂中山五王也

齊楚五姓　昭氏　屈氏　景氏　懷氏　田氏
漢高祖紀九年徙齊楚大族五姓關中

袁氏五公　荀氏傳四世五公袁安字邵公　安子
敞字叔平　敞子湯字仲河　湯子逢字周陽
逢弟隗字次陽

五龍　汝南先賢傳號五龍周燕五子　子輿　子
羽　子仲　子明　子良　公沙穆五子並有令
名京師號曰公沙五龍紹　孚　恪　逵　樊

濟北英賢傳時人號爲五龍濟北氾昭　戴祁
徐晏　夏隱　劉彬　晉燉煌五龍索靖　氾衷
張甝　索紒　索永　宋張裕五子號張氏五
龍演　鏡　永　辯　岱　秦雍爲之語曰五龍
一門金友玉昆涼辛攀兄鑒曠弟寶迅

五常蜀漢　蜀志馬良字季常兄弟五人並有才名鄉
里諺曰馬氏五常白眉最良

五世盛德　魏王昶字文舒　子湛字處沖　湛子承字安期　承子述字懷祖　述子坦之字文度　世說注中興書曰自王渾至坦之六世盛德

杜畿字伯侯　子恕字務伯　恕子預字元凱　預子錫字世嘏　錫子乂字弘治

五荀五陳　世說五荀方五陳　荀淑方陳寔　荀靖方陳諶　荀爽方陳紀　荀彧方陳羣　荀顗方陳泰

五之　王凝之叔平　渙之　徽之子猷　操之子重　獻之子敬　羲之有子七人五人書迹傳世元之肅之二人未見東坡詩羲之生五之

五竇五龍　竇常中行　牟貽周　羣丹列　庠胄卿　鞏友封　爲連珠集義取兄弟若五星然

五代竇禹鈞五子儀　儼　侃　偁　僖　皆登進士第號竇氏五龍

五明經　張知謇　知元　知晦　知泰　知默　兄弟五人皆明經高第

五世吏部　南史何尚之　偃　戢　昌寓　敬容　五世爲吏部尚書

五豸　唐垌　祖肅　父詢　叔介　兄淑問　繼爲御史

南都五姓　宋杜正獻衍　趙康靖槩　王文忠堯臣　蔡敏肅挺　張文定方平

五桂　范致君　致明　致虛　致祥　致厚　相繼登第有五桂堂

一門五侯　晉周札　懋　贊　縉　勰

五世侍中　南齊陸慧曉傳陸玩　萬載　仲元

五官　木正句芒　火正祝融　金正蓐收　水正元冥　土正后土　左傳蔡墨曰五行之官是謂五官　楚語觀射父曰天地神民類物之官謂之五官

五爵五等五侯　孟子公　侯皆方百里　伯七十里　子　男五十里　書武成列爵惟五分土惟三注同孟子　陸機五等論曰五等之制始於黃唐　周禮公方五百里　侯方四百里　伯方三百里　子方二百里　男方百里　孟子指邦國實封之地而言之周禮兼附庸之地而言之漢諸侯王表序周立爵五等封國八百　史記三王世家周爵五等春秋三等公侯伯　漢表注五侯五等諸侯

五儀　典命掌諸侯之五儀注公侯伯子男之儀上公九命爲伯　侯伯七命　子男五命

王之三公八命其卿六命其大夫四命出封皆加一等　典命掌諸侯之五儀注王之三公有德者加命爲二伯大夫爲子男卿爲侯伯四命中下大夫王之上士三命中士再命下士一命

五等之命　公之孤四命其卿三命其大夫再命其士壹命　侯伯之卿大夫亦如之　子男之卿再命其大夫壹命其士不命　典命諸侯之五等之命注五等謂孤以下四命三命再命一命不命　左傳注古制公爲大國侯伯爲次國子男爲小國

五史　隋史周天子之史有五大史　小史　內史　外史　御史

五官　司徒　司馬　司空　司士　司寇　曲禮天子之五官典司五衆注殷制史記古公作五官有司

五長　益稷外薄四海咸建五長　王制五國爲屬屬有長

五正　左傳五官之長分唐叔職官五正

尚書五曹　三公曹　尚侍曹（曹改吏）　二千石曹　民曹　客曹　成帝置尚書五人一人爲僕射四人分四曹又有三公曹爲五曹六人後又分客曹爲南北主客爲六曹

五校　南齊志屯騎　步兵　射聲　越騎　長水

隋五省　尚書　門下　內史　祕書　殿內　又尚書　門下　集書　中書　祕書

魏五曹　吏部　左民　客曹　五兵　度支

晉五尚書　吏部　祠部　五兵　左民　度支

梁五尚書　梁天監九年尚書五部殿中劉納　吏部劉顯　金部孔虔孫　左右戶蕭軌　中兵王顥

五府　太傅　太尉　司徒　司空　大將軍　後漢樊準傳注太傅闕則謂之四府　前漢趙充國傳會宗杜鄴傳五府請左右前後將軍二人及三公

五監　隋國子　少府　將作　都水　長秋　唐國子　少府　將作　軍器　都水

五衛五府五仗　親衛府一　勳衛府二　翊衛府二　凡五府三衛分爲五仗供奉親勳翊散手號衙內五衛

五使　宣諭五使劉大中　胡蒙　朱異　明槖

薛徽言 紹典二年按吏七十九人薦士五十七人

五吏 晉五吏文職 左傳卿之屬

省郎五等 前中後行 郎中 員外 陸宣公奏議郎有五等之殊

祕書五屬 宋職官志祕書省其屬有五修纂日曆則著作郎佐郎主之 刊寫集賢院史館昭文館祕閣圖籍則祕書郎主之 編校正誤則校書郎正字主之

五房 吏 樞機 兵 戶 刑禮 百官志開元中書門下列五房於後分曹主衆務

五美 論語尊五美惠而不費 勞而不怨 欲而不貪 泰而不驕 威而不猛 左傳子產曰大適小有五美宥其罪戾 赦其過失 救其菑患 賞其德刑 教其不及

五先 禮記大傳聖人南面而聽天下所宜先者五治親 報功 舉賢 使能 存愛 祭義先王所以治天下者五貴有德 貴貴 貴老 敬長 慈幼

五法 家語仁義禮智信之法

五則 象天 儀地 和民 順時 共神 國語周太子晉曰茂衆五則

五刑 墨 劓 剕 宮 大辟 書舜典注呂刑周公之五刑其屬二千五百穆王之五刑其屬三千周禮疏漢文帝除肉刑宮刑至隋乃赦 周禮大司寇糾萬民野 軍 鄉 官 國 司刑墨 劓 宮 刖 殺 國語臧文仲曰甲兵 斧鉞 刀鋸 鑽笮 鞭朴 後周大律杖 鞭 徒 流 死 唐用刑有五笞 杖 徒 流 死

五禁 周禮士師掌五禁之法以左右刑法官 宮 國 野 軍

五聽 小司寇以五聲聽獄訟求民情辭 色 氣 耳 目

五罰 墨百鍰 劓惟倍二百鍰 剕倍差五百鍰 宮六百鍰 大辟千鍰 呂刑五刑不簡正於正罰罰贖也

五戒 周禮士師以五戒先後刑罰誓軍旅 誥會同 禁田役 糾國中 憲都鄙

五教 祭義五者天下之大教祀明堂教諸侯孝 食三老五更於大學教弟 祀先賢於兩學教德 耕籍教養 朝覲教臣

五善 訪問於善爲咨 咨親爲詢 咨禮爲度 咨事爲諏 咨難爲謀 左傳穆叔如晉晉侯享之歌鹿鳴之三三拜曰皇皇者華君教使臣曰必咨於周臣獲五善敢不重拜穆叔叔孫豹 國語重之以六德謂諏謀度詢咨周

五輔 管子法五者可以輔弼國政德有六興 義有七體 禮有八絃 法有五務 權有三度

五諭 臣下職 君法明 刑稱陳 言有節 上通利 荀子成相君論有五約以明

五事 孫子經之以五事道民與上同意 天陰陽寒暑時制 地遠近險易廣狹死生 將智信仁勇嚴 法曲制官道主用

五德 劉子兵術五德智 信 仁 勇 嚴

五材 六韜將有五材勇 智 仁 信 忠

五政 荀悅申鑒興農桑以養其生 審好惡以正其俗 宣文教以章其化 立武備以秉其威 明賞罰以統其法

五事 身治正 閨門治 左右正 功賞得 德厚吏良 漢谷永對五者王事之綱紀

五規 司馬文正公保業 惜時 遠謀 重微 務實

五禁 孟子桓公葵丘之會今之諸侯皆犯此五禁 初命曰誅不孝無易樹子無以妾爲妻 再命曰尊賢育材以彰有德 三命曰敬老慈幼無忘賓旅 四命曰士無世官官事無攝取士必得無專殺大夫 五命曰無曲防無遏糴無有封而不告

五權 荀子議兵無欲將而惡廢 無怠勝而忘敗 無威內而輕外 無見利而不顧害 慮事欲熟而用財欲泰是之謂五權

五要 唐陸贄說黜陟使以五要簡官事廢兵之冗食 蠲法之撓人 省官之不急 去物之不用 罷事之非要

五事 邵康節謂本朝五事自唐虞以下所未有革命之日市不易肆 克服天下在即位後 未嘗殺一無罪 百年方四葉 百年無腹心患

五兵 文子用兵有五義兵王 應兵勝 忿兵敗 貪兵破 驕兵滅

功五品 史記功臣表古者人臣功有五品以德立

宗廟定社稷曰勳　以言曰勞　用力曰功　明
其等曰伐　積日曰閱
五物　周禮小行人萬民之利害爲一書　禮俗政
事教治刑禁之逆順爲一書　悖逆暴亂作慝猶
犯令者爲一書　札喪凶荒厄貧爲一書　康樂
和親安平爲一書　此五物每國辨異之
爲國五要　文德　武功　法度　防固　刑賞
後魏高閭上表爲國之道其要有五
五瑞又有五玉五器　公執桓圭九寸　侯執信音身
圭　伯執躬圭各七寸　子執穀璧　男執蒲璧
各五寸　舜典輯五瑞注公侯伯子男之瑞圭璧
修五禮五玉三帛五玉即五瑞如五器注謂圭璧
五玉禮終復還諸侯以物言曰玉以寶言曰瑞以
形言曰器　周禮大行人上公執桓圭九寸諸侯
執信圭七寸諸伯執躬圭諸子執穀璧五寸諸男
執蒲璧凡大國之孤執皮帛以繼小國之君
五服　書臯陶謨鄭康成注十二章天子　九章公
侯自山而下　七章伯自華蟲而下　五章子男
自藻而下　三章卿大夫自粉米而下
五冕　袞　鷩　毳　希又作絺　元　司服弁師
言五冕冕者首飾尊也公自袞而下侯伯自鷩而
下子男自毳而下孤自希而下卿大夫自元而下
五章　青與赤文　赤與白章　白與黑黼　黑與
青黻　五色備繡出左傳考工記畫繢之事繡以
爲裳
深衣五法　袂圜以應規　曲袷如矩以應方　負
繩及踝以應直　下齊如權衡以應平　禮記深
衣五法已施故聖人服之
五玉　月令謂冠飾及所佩之衡璜春服蒼玉　夏
服赤玉　季夏服黃玉　秋服白玉　冬服元玉
書顧命玉五重弘璧　琬琰　大玉　夷玉
天球
五路　玉建大常　金建大旂　象建大赤　革建
大白　木建大麾　周禮巾車王之五路　書大
輅玉輅也綴輅金輅也先輅木輅也次輅象輅革
輅也　月令春乘鸞路夏乘朱路季夏乘大路秋
乘戎路冬乘元路　五時輅
王后五路　周禮春官巾車重翟　厭翟　安車
翟車　輦車
五戎周　周禮車僕戎路　廣車　闕車　苹車
輕車
五時車　青　赤　黃　白　黑　立安車合十乘
漢制坐乘者安車倚乘者立車
五旗　黃帝五旗河圖東曰旗　西曰典　南曰獵
北曰旂　中央曰常
五鐘　管子黃帝作五鐘青鐘大音　赤鐘重心
黃鐘洒光　景鐘昧其明　黑鐘隱其常
左右五鐘　天子將出撞黃鐘之鐘右五鐘皆應入
則撞蕤賓之鐘左五鐘皆應　尚書傳右五鐘林
鐘至應鐘右陰主靜左五鐘大呂至中呂左陽主
動
五祀　句芒重木正　蓐收該金正　元冥脩熙水
正　祝融犂黎一作火正　后土句龍土正　左傳
蔡墨對五祀　大宗伯五祀注五官之神
門秋　行冬　戶春　竈夏　中霤中央季夏
月令曲禮注　周禮小祝注
司命　中霤　門　行　厲　王制大夫祭五祀
注
門　井　戶　竈　中霤　白虎通漢郊祀志後
漢祀志注太元淮南子唐月令冬祀井不祀行
禘　郊　宗　祖　報　國語展禽曰此五者國
之典祀
五社　大社松中門外　東社柏八里　南社梓七
里　西社栗九里　北社槐六里　白虎通尚書
七篇云續漢志注馬融周禮注五者五社
五時　漢文帝始幸雍郊見五時鄜時秦文公作祭
白帝　密時秦宣公作祭青帝　上時秦靈公作
祭黃帝　下時秦靈公作祭炎帝　北時漢高祖
作祭黑帝
五供　續漢志南郊　北郊　明堂　高廟　世祖
廟
五門　周禮注王有五門臯　雉　庫　應　路路
門一曰畢門　明堂位注魯有庫雉路則諸侯三
門歟
五學　東學上親貴仁　西學上賢貴德　南學上
齒貴信　北學上尊貴爵　太學承師問道　保
傅篇賈誼疏陸農師曰辟雍居中其南爲成均其
北爲上庠其東爲東序其西爲瞽宗　三禮義宗
周有五學東序　瞽宗　上庠此大學也文王世
子　王制東膠　虞庠
五館　明山賓　陸璉　沈峻　嚴植之　賀瑒爲

五經博士各主一館　梁武帝開五館有數百生
五冕服章　宋元豐元年詳定禮文袞冕之章九
鷩冕之章七　毳冕之章五　希冕之章三　元
冕衣無章裳刺黻　爵弁緇衣纁裳
五禮　梁書五禮八千十九條　吉一千五條　凶
五千六百九十三條　賓五百四十五條　軍二
百四十條　嘉五百三十六條　唐六典開元禮
五禮之儀一百五十二　吉五十五　賓六　軍
二十三　嘉五十　凶十八
符節五等　唐六典銅魚符　傳符　隨身魚符
木契　旌節
五宮　周書作雒篇乃位五宮大廟　宗宮　考宮
路寢　明堂
五旗仗　唐儀衛志左右衛黃　驍衛赤　武衛白
威衛黑　領軍衛青
五兵　通典魏置五兵尚書中兵　外兵　騎兵
別兵　都兵　晉分中兵外兵各爲左右後魏爲
七兵尚書
北齊五兵尚書左中兵　右中兵　左外兵　右
外兵　都兵
五陣　周書牝春　方夏　圓季夏　牡秋　伏冬
左傳晉荀吳五陣兩前　伍後　專右角　參
左角　偏前拒　唐志講武李靖問答五行陣方
白　圓黃　曲黑　直青　銳赤
五庫　蔡邕月令章句審五庫之量車　兵　祭器
樂　宴器　宋軍器五庫衣　甲　槍　弩
箭

五府明堂五名　赤曰文祖　黃曰神斗一作計　白曰顯
紀　黑曰元矩　蒼曰靈府　隋宇文愷傳尚書
帝命驗曰帝者承天立五府注云唐虞之天府夏
之世室殷之重屋周之明堂皆同　牛弘傳黃帝
曰合宮堯曰五府　通典唐虞祀五帝於五府文
祖周曰明堂南　神斗周曰太室中　顯紀周曰
總章西　靈府周曰青陽東　元矩周曰元堂北
史記正義
明堂言五堂者據考工記言九室者案大戴盛德
篇　李謐明堂論
東曰青陽　南曰明堂　西曰總章　北曰元堂
中曰太室　牛弘明堂議雖有五名而主以明
堂
鄉射五物　和　容　主皮　和容　興舞　周禮
鄉大夫詢衆庶論語注射有五善二曰和容四曰
和頌
五兵又曰五戎　周禮司右用五兵月令季秋習五
戎注弓矢　殳　矛　戈　戟　司兵車之五兵
戈　殳　戟　酋矛　夷矛　穀梁傳救日陳五
兵注矛　戟　鉞　楯　弓矢　淮南子五戎注
刀　劍　矛　戟　矢　國語五兵注用兵有五
義兵　應兵　忿兵　貪兵　驕兵　魏五兵尚
書中兵　外兵　騎兵　別兵　都兵
五監　百官表龍馬　閑駒　槖泉　騊駼　承華
井田五義　公羊傳注無泄地氣　無費一家　同
風俗　合巧拙　通財貨
鼓吹五部　唐儀衛志鼓吹　羽葆　鐃吹　大橫

吹　小橫吹　總七十五曲
禁衛五重　東齋記事親從官　天武官　御龍弓
箭直弩直　御龍骨朶子直　御龍直
五賦　國史志歲賦有五公田　民田　城郭　雜
變　丁口
服車五乘周　周禮巾車服事者之車夏篆孤　夏
縵卿　墨車大夫　棧車士　役車庶人
五車　戎路　廣車　闕車　苹車　輕車　車僕
掌戎路廣闕苹輕車之萃五車皆戎車
五郊數　宋氏含文嘉注云周禮王畿內千里二十
分其一爲近郊近郊五十里倍之爲遠郊　漢不
設王畿以其方數爲郊處東郊八里木數　南郊
七里火數　西郊九里金數　北郊六里水數
中郊在西南未地五里土數　後魏劉芳上疏五
郊里數
五布　周禮廛人斂布之五絘布列肆之稅絘音次
總布守斗斛銓衡著之稅　質布質人所罰犯
質劑者之泉　罰布犯市令者之泉　廛布貨賄
諸物邸舍之稅　藏曰泉行曰布
五盾　周禮司兵掌五盾疏云朱干　中干　櫓大
盾　其二者未聞
五几　周禮注玉　彫　形　漆　素
五材　考工記飭五材注金　玉　皮　木　土
五席　周禮注莞　藻　次桃枝有次列成文　蒲
熊　禮器天子之席五重諸侯之席三重大夫
再重
五刃　齊語隱五刃注刀　劍　矛　戟　矢

五劍　純鈞一作鈞　湛盧　豪曹或曰盤郢　魚腸　巨闕　吳越春秋越歐冶子作五劍

五王帳　元宗友愛於殿中設五幄與諸王更處其中　五王宋王成器申王成義兄也岐王範薛王業弟也豳王守禮從兄也

五等帳　唐六典口帳　大帳　次帳　小次帳　小帳五等帳各二是爲三部　郊特牲注禮天子外屏諸侯內屏大夫以簾士以帷

五齊　周禮酒正辨五齊之名酒人爲五齊泛　醴　盎　緹音體　沈　司尊彝鬱齊獻酌祼　醴齊縮酌　盎齊涗酌饋　凡酒修酌諸臣自酢

五飲　玉藻水　漿　酒　醴　酏

五齏　昌本　脾析　蜃　豚拍　深蒲　醢人共五齊注五齊當爲齏楚辭注醢齏所和細切爲齏

五俎　少牢禮羊　豕　魚　腊　膚

五獻　左傳正義子男五獻

五鼎　少牢饋食禮雍人陳五鼎羊　豕　膚　魚　腊　漢書五鼎食注牛　羊　豕　魚　麋　聘禮衆人行五鼎羊　豕　腸胃　魚　腊　盂子注士祭三鼎　大夫祭五鼎

五秉　論語冉子與之粟五秉注十六斛曰秉五秉合爲八十斛

五兩　五兩十端也　周禮媒氏入幣純帛無過五兩注云必言兩者欲得其配合之名十者象五行十日相成也雜記曰納幣一束束五兩兩五尋然則每端二丈　純側其反依字從糸才　內宰序制注天子巡守禮云制幣丈八尺純四咫純謂幅廣制謂正長

五交　梁劉峻孝標廣絕交論云利交有五術勢　賄　談　窮　量

五知　宋李繹作五知先生傳知時　知難　知命　知退　知足

五慎　薛儀著五慎文以自儆言　動　交　進　名

五事　勉齋黃先生榦家訓孝友　讀書　謹行　勤儉　橫浦張先生九成戒子謹禮法　存忠厚　親正直　勤學問　守家業

五恥　雜記君子有五恥居其位無其言　有其言無其行　既得之而又失之　地有餘而民不足　衆寡均而倍焉　國語泰伯曰爲禮而不終　中不勝貌　華而不實　不度而施　施而不濟

五不韙　左傳息犯五不韙而以伐人不度德　不量力　不親親　不徵辭　不察有罪

五箴　韓文公五箴游　言　行　好惡　知名

五失　柳玭戒子弟一自求安逸靡甘澹泊　二不知儒術不悅古道　三勝己者厭佞己者悅　四崇好優游耽嗜麴蘖　五急於名宦暱近權要

五過　呂氏鄉約不修之過交非其人　遊戲怠惰　動作無儀　臨事不恪　用度不節

五誡　文苑英華唐姚元崇五誡持衡　彈琴　對鏡　辭金　冰壺

五靈　禮運麟金　鳳火　龜水　龍木　尚書緯井白虎爲五靈　左傳序五靈王者之嘉瑞

五蟲　月令鱗龍蛇屬木三百六十而龍爲長　羽飛鳥屬火三百六十而鳳爲長　贏一作倮蛙螾屬土三百六十而人爲長　毛獸屬金三百六十而麟爲長　介龜鼈屬水三百六十而龜爲長

五牲　左傳六畜五牲不相爲用注牛　羊　豕　犬　雞　左傳六畜五牲注麋　鹿　麏　狼　兔　服虔注麏　鹿　熊　狼　野豕

五穀五種　周禮疾醫五穀漢食貨志五種注麻金　黍火　稷土　麥木　豆水　月令五時食穀　春麥　夏菽　季夏稷　秋麻　冬黍　楚辭大招五穀注稻　稷　麥　豆　麻　史記黃帝蓺五種黍　稷　菽　麥　稻　四種兗州無菽　三種幽州無菽麥　莊子計然東方多麥稻　西方多麻　北方多菽　中央多禾　稷五穀之長　穀梁傳一穀不升謂之嗛　二穀不升謂之饑　三穀不升謂之饉　四穀不升謂之康　五穀不升謂之大侵

五果　魏鄭渾爲魏郡太守益樹五果桃　李　杏　栗　棗

五菜　穀梁傳注家作一園以種五菜疏云葵　藿　薤　葱　韭

五鳩　左傳少皞名官祝鳩鵻鳩　雎鳩王鳩　鳲鳩鴶鵴　爽鳩鷹　鶻鳩鶻鵃

五雉　左傳少皞名官西方鷷　東方鶅　南方翟　北方鵗　伊洛之南翬

動植五物　周禮大司徒以土會之法辨五地之物生動物植物毛貂狐貒貉屬　阜柞栗屬山林　鱗魚龍屬　膏楊柳屬一云當爲櫜蓮芡川澤

羽翟雉屬　嬰李梅屬丘陵　介龜鼈屬　莢齊莢王棘屬墳衍　臝虎豹貔貙屬淺毛者　叢萑葦屬原隰

大獸五　考工記匠人脂牛羊屬　膏豕屬爲牲　臝虎豹貔貙淺毛屬　羽鳥屬　鱗龍蛇屬爲筍虡

五石　霣石於宋五記聞聞其磌然視之則石察之則五　公羊傳僖十六年穀梁傳君子之於物無所苟而已石鷁且猶盡其辭而况於人乎故五石六鷁之辭不設則王道不亢矣

五方神鳥　說文東方發明　南方焦明　西方鷫鷞　北方幽昌　中央鳳凰　後漢五行志樂叶圖徵說五鳳皆五色爲瑞者一爲孽者四

百朋五貝　古者貨貝五貝爲朋　詩錫我百朋箋云云正義曰漢食貨志大貝壯貝么貝小貝不成貝爲五小貝以上四種各二貝爲一朋而不成者不爲朋鄭箋言五種之貝相與爲朋非總五貝爲一朋也漢書注兩貝爲朋

雞五德　新序頭戴冠文　足傳距武　敵在前敢鬭勇　見食相呼仁　夜守不失時信

鼫鼠五技　說文能飛不能過屋　能緣不能窮木　能游不能渡谷　能穴不能掩身　能走不能先人　荀子梧鼠五技而窮蔡邕勸學篇鼫鼠五能不成一技衛易釋文鼫鼠五技鼠也

五禽　後漢華佗有五禽之戲當導引虎　鹿　熊　猨　鳥

五藥　草　木　蟲　食　穀　周禮疾醫注其治合之齊存乎神農子儀之術　文選沈休文詩五藥注草　木　金　石　穀

五芝　後漢馮衍傳注龍伯芝　參成芝　燕脂芝　夜光芝　玉芝　本草經青芝生泰山文選注紫芝一名木芝　赤芝生衡山一名丹芝　黃芝生嵩山一名金芝　白芝生華山一名玉芝　黑芝生常山一名元芝

五方異氣　爾雅東方有比目魚鰈　南方有比翼鳥鶼鶼　西方有比肩獸蟨與邛邛岠虛記　北方有比肩民　中有枳首蛇

五鳳　後漢蔡衡對象鳳者五赤者鳳　黃者鵷雛　青者鸞　紫者鸑鷟　白者鵠

五坊　唐閑廄使押五坊以供時狩鵰　鶻　鷂　鷹　狗

五方弧　賈誼書太子生懸弧之禮東方弧以梧牲以雞　南方弧以柳牲以狗　中央弧以桑牲以牛　西方弧以棘牲以羊　北方弧以棗牲以彘

五柳　晉陶潛五柳先生

五客　談苑李文正公昉五禽以客名閑客白鷴　雪客鷺　仙客鶴　南客孔雀　隴客鸚鵡

蟬五德　陸雲寒蟬賦序頭上有緌文也　含氣飲露清也　黍稷不食廉也　處不巢居儉也　應候守節信也

五總龜　唐殷踐猷博學賀知章號爲五總龜　龜千年五聚問無不知

欽定古今圖書集成曆象彙編曆法典
第一百三十五卷目錄
數目部彙考七
六類

曆法典第一百三十五卷

數目部彙考七

六類　小學紺珠

六宗　書舜典禋於六宗　四時(祭法泰昭)　寒暑(坎壇)　日(王宮孔叢郊宮)　月(夜明)　星(幽宗)　水旱(雩宗)　鄭元說星　辰　司中　司命　風師　雨師　後魏高閭曰議者不同凡十一家

六氣　陰金寒　陽不變燠　風土　雨木　晦水　明火暘　左傳天有六氣降生五味發爲五色徵爲五聲注金辛白商木酸靑角水鹹黑羽火苦赤徵土甘黃宮　又素問以寒暑燥濕風火爲陰陽之六氣

六氣　莊子御六氣之辨注平旦爲朝霞　日中爲正陽　日入爲飛泉　夜半爲沆瀣　天元　地黃　馮衍賦飲六醴之淸液注荅六氣也　楚辭遠遊餐六氣而飲沆瀣漱正陽而含朝霞注陵陽子明經春食朝霞日始欲出赤黃氣秋食淪陰日沒以後赤黃氣冬飲沆瀣北方夜半氣夏食正陽南方日中氣並天地元黃之氣爲六氣

六物　左傳伯瑕曰六物不同歲(星歲)　時(四時)　日(十日)　月(十二月)　星(二十八宿)　辰(十二辰)　詩我辰安在箋云辰謂六物之吉凶

泰階六符　漢藝文志三台謂之泰階兩兩成體三台故六觀色以知吉凶故曰符　東方朔陳泰階六符注六星之符驗上階爲天子中階爲諸侯公卿大夫下階爲士庶人

文昌宮六星　天官書上將　次將　貴相　司命　司中　司祿

瑞星六　乾象新書景星　周伯　含譽　格澤　歸邪　天保

說天有六　渾天張衡所述　蓋天周髀以爲法　宣夜無師法　安天虞喜作　昕天姚信作　穹天虞聳作　盧肇海潮賦後序自蓋天以下並好奇徇異之說今取渾天爲法　張行成曰堯之曆象蓋天法也舜之璣衡渾天法也

乾坤六子　說卦乾稱父純陽　坤稱母純陰　震長男陽在初　巽長女陰在初　坎中男陽在中　離中女陰在中　艮少男陽在末　兌少女陰在末

六律陽又曰六始　周禮大師六律陽聲太元經六始爲律黃鍾子十一月冬至　太蔟寅正月雨水　姑洗辰三月穀雨　蕤賓午五月夏至　夷則申七月處暑　無射戌九月霜降

六呂陰又曰六同六間　大呂丑十二月大寒　夾鍾卯二月春分又曰圜鍾　中呂巳四月小滿又曰小呂　林鍾未六月大暑又曰函鍾百鍾　南呂酉八月秋分　應鍾亥十月小雪　周禮六同陰聲國語謂之六間太元經六間爲呂總而言之十有二律禮運五聲六律十二管還相爲宮也注始於黃鍾管長九寸下生者三分去一上生者三分益一終於南呂更相爲宮凡六十樂記注淸謂蕤賓至應鍾濁謂黃鍾至中呂揚子雲曰律生於辰律管之長以九爲本上下相生以三爲法十二管皆徑三分有奇空圍九分而黃鍾之長九寸大呂以下律呂相間以次而短至應鍾而極

六度　淮南時則訓陰陽大制有六度天爲繩　地爲準　春爲規　夏爲衡　秋爲矩　冬爲權

六甲　甲子　甲戌(丙子)　甲申(戊子)　甲午(庚子)　甲辰(壬子)　甲寅　內則九年敎之數日朔望與六甲也　漢志云日有六甲辰有五子六甲之中唯甲寅無子六甲爲六旬八歲入小學學六甲五方書計之事　顧歡年六七歲知推六甲　李白五歲誦六甲　李謂曰未窺六甲先製五言　白虎通先甲三日辛也後甲三日丁也　後漢注六丁六甲中丁神若甲子旬丁卯甲寅旬丁巳之類

六日七分　唐曆志四正之卦卦有六爻爻主一氣震離兌坎餘六十卦卦主六日七分八十分日之七易緯後漢郎顗奏六日七分十二月卦出於孟氏章句十二辟卦復子臨丑泰寅大壯卯夬辰乾巳姤午遯未否申觀酉剝戌坤亥卦氣起中孚中孚公復辟屯侯謙大夫睽卿升還從公周而復始京氏以卦爻配朞之日坎離震兌其用事自分至

之首皆得八十分日之七十三頤晉井大畜皆五日十四分餘皆六日七分

六術　晉志黃帝使羲和占日常儀占月車區占星氣伶倫造律呂大撓造甲子隸首作算數容成綜斯六術

六歷　漢劉向總六歷列是非作五紀論黃帝　顓頊　夏　殷　周　魯　續漢志黃帝造歷元起辛卯顓頊用乙卯虞用戊午夏用丙寅周用丁巳魯用庚子

六府　水　火　金　木　土　穀　大禹謨以水剋火以火剋金以金剋木以木剋土而生五穀五行相剋之序

五運六氣　素問少陰君火　太陰濕土　少陽相火　陽明燥金　太陽寒水　厥陰風木　子華子曰金木水火土五精之總也寒熱風燥濕五氣之聚也寒生水熱生火風生木燥生金濕生土

六身　亥有二首六身　左傳襄公三十年三月癸未絳縣老人曰臣生之歲正月甲子朔夏正月四百四十有五甲子矣其季於今三之一也三分六甲之一得甲子甲戌盡癸未奇二十日師曠曰郤成子會於承匡之歲也文公十一年七十三年矣史趙曰亥有二首六身下二如身是其日數也亥字二畫在上并二六爲身如算之六也下亥上二畫豎置身旁下二畫使就身士文伯曰然則二萬六千六百有六旬也

歷聖人之德六　續漢歷志以本氣者尚其體　以綜數者尚其文　以考類者尚其象　以作事者尚其時　以占往者尚其源　以知來者尚其流

六日　冬至子午夏至卯酉冬至加三日則夏至之日也歲遷六日終而復始　淮南子高誘曰還六日今年以子冬至後年以午冬至　文選陸倕刻漏銘六日無辨五夜不分注云云

六極　又曰六合六區六漠　上下四方　荀子宇中六指謂之極注上下四方　莊子天有六極注四方上下　呂氏春秋神通乎六合注四方上下　楚辭遠遊周流六漠注謂六合　漢郊祀歌紛云六幕　張衡思元賦六區注六合　班固典引光被六幽注六合幽遠之地　纂要天地四方曰六合四方上下謂之宇往古來今謂之宙

六服　周書周官六服羣辟罔不承德侯　甸　男　采　衞　并王畿　禹貢五服通畿內周制五服在王畿外

六鄉六遂　百里內爲六鄉　外爲六遂　鄉　州　黨　族　閭　比鄉之屬別
遂　縣　鄙　酇　里　鄰遂之屬別　周禮地官注遂人主六遂若司徒之於六鄉自五家之比積之爲萬二千五百家之鄉自五家之鄰積之爲萬二千五百家之遂費誓三郊三遂天子六軍六鄉六遂大國三軍三鄉三遂

河曲六州　豐　勝　靈　夏　朔　代

六都護　單于　安西　安北　安南　安東　北庭

六鎮　唐杜牧戰論六鎮之師厥數三億河東　盟津　滑臺　大梁　彭城　東平

地圖六體　晉裴秀作禹貢地域圖制圖之體有六分率　準望　道里　高下　方邪　迂直

六川　呂氏春秋淮南子六水河水　赤水　遼水　黑水　江水　淮水

六輔　文選六輔承風注兒寬開六輔渠章昭謂京兆　馮翊　扶風　河東　河南　河內

錢唐六井　相國井　西井　金牛池　方井　白龜池　小方井　李泌引西湖水以足民用

六戎　爾雅疏僥夷　戎夫　老白　耆羌　鼻息　天剛

六詔　唐開元末合六詔爲一南詔傳蒙巂　越析　浪穹　邆睒　施浪　蒙舍

六胡州　唐調露元年置魯州　麗州　含州　塞州　依州　契州

六夷　東夷　南蠻西南夷　西羌　西域　南匈奴　烏桓鮮卑　後漢書傳范蔚宗曰六夷諸序論筆勢縱放實天下之奇作

六親　老子注父　子　兄　弟　夫　婦　漢賈誼以奉六親注父　母　兄　弟　妻　子　呂氏春秋謂六戚　漢禮樂志賈誼書父　子　從兄昆弟　從祖昆弟　曾祖昆弟　族昆弟　左傳注父子　兄弟　姑姊　甥舅　昏媾　姻亞

六順　左傳石碏曰所謂六順也君義　臣行　父慈　子孝　兄愛　弟敬

六紀　白虎通禮緯諸父有善　昆弟有親　族人有敘　諸舅有義　師長有尊　朋友有舊

六本俗　大司徒以本俗六安萬民媺宮室　族墳

墓　聯兄弟　聯師儒　聯朋友　同衣服

六禮　士昏禮文中子婚嫁必具六禮納采　問名　納吉　納徵　請期　親迎

六德　司馬文正公家範曰爲人妻者其德有六柔　順　清潔　不妬　儉約　恭謹　勤勞

六位　莊子音義云君　臣　父　子　夫　婦

服術有六　親親　尊尊　名　出入　長幼　從服

六正　說苑人臣之行有六正聖臣　良臣　忠臣　智臣　貞臣　直臣

六輔　何休春秋例公輔天子　卿輔公　大夫輔卿　士輔大夫　京師輔君　諸夏輔京師

六職　考工記國有六職百工與居一焉王公　士大夫　百工　商旅　農夫　婦功

六德　周禮大司徒鄉三物一曰六德知　仁　聖　義　忠　和

六行　周禮大司徒鄉三物二曰六行孝　友　睦　婣　任　恤

六情　白虎通六情喜　怒　哀　樂　愛　惡

漢翼奉封事六情好北方貪狠申子　怒東方陰賊亥卯　惡南方廉貞寅午　喜西方寬大巳酉　樂上方姦邪辰未　哀下方公正戌丑

六志　左傳子太叔云六志好　惡　喜　怒　哀　樂

樂六德　周禮大司樂以六德教國子大師教六詩以六德爲之本王氏解中　和　祗　庸　孝　友

六生　公生明　偏生闇　端愨生通　詐僞生塞　誠信生神　夸誕生惑　荀子此六生者君子愼之而禹桀所以分也

六有　言有教　動有法　晝有爲　宵有得　息有養　瞬有存　橫渠先生云和靜尹先生一室名六有齋

六言六蔽　論語好仁不好學其蔽也愚　好知不好學其蔽也蕩　好信不好學其蔽也賊　好直不好學其蔽也絞　好勇不好學其蔽也亂　好剛不好學其蔽也狂

人六等　孟子注人有是六等樂正子二之中四之下也善　信　美　大　聖　神

立傳之道六　戰國策趙立周紹爲傅周紹曰知慮不躁　身行寬惠　威嚴不易　重利不變　恭於教　和於下

六謙德　韓詩外傳此六德者皆謙德也德行寬容而守之以恭者榮　土地廣大而守之以儉者安　位尊祿重而守之以卑者貴　人衆兵強而守之以畏者勝　聰明睿知而守之以愚者哲　博聞強記而守之以淺者不溢

六夢　周禮占夢列子夢有六候正　噩　思　寤（列子作覺）　喜　懼

六府　韓詩外傳咽喉量腸之府　胃五穀之府　大腸轉輸之府　小腸受成之府　膽積精之府　膀胱湊液之府　白虎通大腸　小腸心府　胃脾府　膀胱肺府　三焦腎府　膽肝府　莊子釋文大小腸　膀胱　三焦

六辭　易繫辭將叛者其辭慚　中心疑者其辭枝　吉人之辭寡　躁人之辭多　誣善之人其辭游　失其守者其辭屈

六藝　周禮大司徒保氏禮五　樂六　射五　御五　書六　數九

六經又曰六藝六學六籍　禮記經解記六藝政教得失詩　書　樂　易　禮　春秋　漢武帝表章六經憲章六學　易　書　詩　禮　樂　春秋　莊子孔子治詩書禮樂易春秋六經六經之名始見又曰詩以導志書以導事禮以導行樂以導和易以導陰陽春秋以導名分　史記孔子曰六藝於治一也禮以節人樂以發和書以道事詩以達意易以神化春秋以義　漢儒林傳古之儒者博學六藝之文六學者王教之典籍　陸龜蒙曰六籍者聖人之海也

六緯　五經及樂緯　漢書注易緯稽覽圖乾鑿度坤靈圖通卦驗是類謀辨終備　書緯璇璣鈐考靈曜刑德放帝命驗運期授　詩緯推度災汜歷樞含神霧　禮緯含文嘉稽命徵斗威儀　樂緯動辭儀稽耀嘉斗圖徵　春秋緯孔演圖元命包文耀鉤運斗樞感精符合誠圖考異郵保乾圖漢含孳佐助期握誠圖潛潭巴說題辭

六位　初　二　三　四　五　上　易以爻爲位以卦爲時天道大明於元氣既行之後始於子午終於己亥各以六辰而成一氣而三百六十五度分焉易象大明於奇畫既生之後始於復姤終於乾坤各以六位而成卦而三百八十四爻列焉六

虛六位也　史記自序八卦位曰八位
六誓　甘誓　湯誓　牧誓　費誓　秦誓
六詩又曰六義　周禮大師教六詩又詩序有六義
風　賦　比　興　雅　頌
六禮　冠　昏　喪　祭　鄉　相見　王制修六禮以節民性荀子立大學設庠序修六禮
六儀　周禮保氏祭祀之容　賓客之容　朝廷之容　喪紀之容　軍旅之容　車馬之容
六典　周禮太宰建六典治典天官冢宰　教典地官司徒　禮典春官宗伯　政典夏官司馬　刑典秋官司寇　事典冬官司空　周官經六篇司空之篇亡以考工記補之
六樂六代樂　雲門黃帝大司樂雲門大卷　大咸堯咸池　大韶舜大司樂作磬　大夏禹　大濩湯
大武武王　周所存六代之樂周禮保氏注大司樂以樂舞教國子大司徒以防萬民之情而教之和疏云保氏教六樂教以書大司樂教以舞
補亡詩六篇　南陔　白華　華黍　由庚　崇丘
由儀　晉束晳肄修鄉飲之禮補著其文　劉原父曰六篇有聲無詩故云笙不云歌非亡失乃無也　朱文公曰鄉飲酒燕禮曰笙曰樂曰奏而不言歌則有聲而無辭明矣
孝經六家　孝經序舉六家之異同孔安國古文二十二章　鄭康成十八章　韋昭　王肅　虞翻
劉邵　古文庶人章分爲二曾子敢問章分爲三又多閨門一章
河洛六蓺　後漢張衡傳注河洛五九　六蓺四九

謂八十一篇
六書　周禮保氏注　象形日月之類　會意武信之類　轉注老考之類　處事上下之類說文云指事漢志云象事　假借令長之類　諧聲江河之類說文云形聲漢志云象聲
六體書　說文甄豐等改定古文時有六書古文奇字　篆書　隸書又曰佐書　繆篆　蟲書
六體論　張懷瓘六體論大篆　小篆　八分　隸書　行書　草書
六家　司馬談論六家要旨陰陽　儒　墨　法名　道
文中子六經　禮論　樂論　續書　續詩　元經
讚易　續書以存漢晉之實續詩以辨六代之俗修元經以斷南北之疑讚易道以申先師之旨
正禮樂以旌後王之失
六論　呂氏春秋六論開春　慎行　貴直　不苟
似順　士容
六韜　莊子金版六弢漢志周史六弢文　武　龍
虎　豹　犬
文選六臣注　李善　五臣　呂延濟　劉良　張銑　呂向　李周翰
下逼上有六　唐志門下省奏鈔　奏彈　露布
議　表　狀
上逮下有六　唐志尚書省制　敕　冊天子　令太子
教親王公主　符省下州州下縣縣下鄉
下達上有六　唐志尚書省表　狀　牋　啓　辭
牒

丹扆六箴　唐李德裕上丹扆六箴宵衣　正服　罷獻
納誨　辨邪　防微
數術六種　漢藝文志天文　歷譜　五行　蓍龜
雜占　刑法
謚法六家　蘇洵編定周公　春秋　廣謚　沈約
賀琛　扈蒙
小學書六篇　朱文公著立教　明倫　敬身　稽古　嘉言以廣之　善行以實之
素書六章　黃石公原始　正道　本德宗道　求人之志　遵義　安禮
通鑑綱目六則　朱文公表歲以首年　因年以著統　大書以提要　分注以備言　綱倣春秋而參取羣史之長　目倣左氏而稽合諸儒之粹
讀史六事　呂成公勵謙教人讀史分六事儆戒
擇善　閫範　論事　處事　治體
詩六對　詩苑類格唐上官儀云正名對天地日月
同類對花葉草芽　連珠對蕭蕭赫赫　雙聲對黃槐綠柳　疊韻對彷徨放曠　雙擬對春樹秋池
六閣　宋景德二年龍圖閣下列六閣　經典　史傳　子書　文集　天文　圖畫
羣書六例　六籍瓊華　信史瑤英　玉海九流
集苑金鑾　絳闕蘂珠　鳳首龍編　南唐朱遵度羣書麗藻目錄撰古今文章著爲六例總雜文一萬三千八百首
六七作　孟子賢聖之君六七作湯　太甲　太戊
祖乙　盤庚　武丁

六君 堯 舜 禹 湯 文 武 陸贄奏議此
六君者天下之盛王也莫不從諫以輔德諭衆以
成功
六王 左傳椒舉言六王之事夏啓有鈞臺之享
商湯有景亳之命 周武有孟津之誓 成有岐
陽之蒐 康有酆宮之朝 穆有塗山之會
六國 燕召公奭始封 楚熊繹始封 魏魏斯分
晉 趙趙籍分晉 韓韓虔分晉 齊田和并齊
并秦爲七國又日七雄 并宋微子始封 衞
康叔始封 中山鮮虞爲九國 賈誼過秦論云
九國之師
六朝 吳 東晉司馬 宋劉 齊蕭 梁蕭 陳陳
皆都建康
六代 曹元首六代論夏 殷 周 秦 漢 魏
文中子續詩備六代晉 宋 後魏拓跋 北
齊高 後周宇文 隋楊
六紀 六藝論燧皇之後歷六紀九十一代九頭紀
五龍紀 攝提紀 合洛紀 連通紀 序命
紀
六君 禮運禹 湯 文 武 成王 周公
秦六世 賈生過秦論曰始皇奮六世之餘烈孝公
惠文王 武王 昭襄王 孝文王 莊襄王
六侍 仲尼志意不立子路侍 儀服不修公西華
侍 禮不習子貢侍 辭不辯宰我侍 亾忽古
今顏回侍 節小物冉伯牛侍 尸子曰吾以夫
六子自厲也
六先生 朱文公作贊濂溪周惇頤茂叔 明道程
顥伯淳 伊川程頤正叔 康節邵雍堯夫 橫
渠張載子厚 涑水司馬光君實 胡文定公奏
西都有邵雍程顥頤關中有張載四人道學德行
名於當世請加封號載在祀典
伏羲六佐 論語摘輔象敘古蒙求云賢庸六輔金
提 鳥明 視默 紀通 仲起 陽侯
黃帝六相 管子黃帝得六相蚩尤爲當時天 通鑑
外紀云風后 太常爲廩者地 奢龍爲土師東
祝融爲司徒南 大封爲司馬西 后土爲李
北
殷六臣 書君奭注伊尹 伊陟 臣扈 巫咸
巫賢 甘盤
六賢 汝南先賢傳漢子昭 虞承賢 李叔才
郭子瑜 楊孝祖 和陽士洽 唐李渤摭古聯
德高蹈者六人圖像讚其行 楚接輿 老萊子
黔婁先生 於陵子 王仲孫 梁鴻
六君子 東坡王元之贊足以追配此六君子漢汲
黯 蕭望之 李固 吳張昭 唐魏鄭公 狄
仁傑
六子 班固奏記東平王蒼曰此六子皆有殊行絕
才 桓梁 晉馮 李育 郭基 王雍 殷肅
汝南六孝廉 太守李倀選六人應歲舉周子居
黃叔度 艾伯堅 郅伯向 封武興 盛孔叔
輔相六人 後魏太宗立子燾爲太子監國以六人
輔相太子長孫嵩 奚斤 安同爲左相 崔浩
穆觀 丘堆爲右弼
六儒 隋 馬光 張仲讓 孔龍 竇士榮 張黑
奴 劉祖仁 並受太學博士時號六儒
六俊 周後 唐瑾爲吏部尚書有人倫之稱時六尚書
皆一時之秀號爲六俊
六逸 孔巢父 韓準 裴政 李白 張叔明
陶沔 同隱徂徠山號竹溪六逸
六御史 宋治平中呂誨 呂大防 范純仁 趙
瞻 傅堯俞 龔鼎臣
六朝勳臣 宋慶曆三年定曹彬至邵煜二百四人
政和三年增范質至藍元振一百十六人
六絕 李邕文章 書翰 正直 辭辯 義烈
英邁 時號六絕
六子 荀子解蔽篇墨子蔽於用而不知文 宋子
蔽於欲而不知得 慎子蔽於法而不知賢 申
子蔽於勢而不知智 惠子蔽於辭而不知實
莊子蔽於天而不知人
六卿 子齹賦野有蔓草子皮子嬰齊子皮罕虎子
展子 子產賦鄭之羔裘 子大叔賦褰裳 子
游賦風雨駟帶之子駟偃 子旗賦有女同車公
孫段之子豐施 子柳賦籜弓印段之子印癸
左傳昭十六年鄭六卿餞韓宣子於郊宣子曰二
三君子請皆賦起亦以知鄭志
宋六卿三族 皇緩爲右師 皇非我爲大司馬
皇懷爲司徒 靈不緩爲左師 樂茷爲司城
樂朱鉏爲大司寇 三族皇靈樂左傳哀公二十
六年
晉六族又曰六卿 趙趙衰成子始爲卿至襄子無
恤七世 范士會武子始爲卿至昭子吉射五世

知荀首莊子始爲卿至襄子瑤六世　中行荀林父桓子始爲卿至文子寅五世　魏魏絳莊子始爲卿至襄子曼多四世　韓韓厥獻子始爲卿至簡子不信四世

六郡良家　漢六郡良家子選給羽林期門名將多出焉隴西　天水　安定　北地　上郡　西河

六人三品　唐崔邠　郾　郇　鄯　鄲　兄弟六人至三品　邠鄜鄲凡爲禮部五吏部再鄲司農卿　郇大理卿　鄯右金吾將軍　鄲相宣宗　宣宗曰鄲一門孝友可爲士族法題曰德星堂京兆民即其里爲德星社

殷民六族　左傳條氏　徐氏　蕭氏　索氏　長勺氏　尾勺氏六族魯

鄭六卿　公子騑子駟　公子發子國　公子嘉子孔　公孫輒子耳　公子蠆子蟜　公孫舍之子展　左傳襄公九年同盟於戲

六龍晉　卞粹字元仁兄弟六人並登宰府世稱卞氏六龍元仁無雙　溫恭兄弟六人並知名號六龍

六世盛德　世說注中興書曰自王渾至坦之六世盛德　魏王昶字文舒　子湛字處沖　湛子承字安期　承子述字懷祖　述子坦之字文度

六世知名　漢周揚　防　舉　縱　恂

六世名德　文選王儉集序晉中興以來六世名德海內冠冕王覽　導　洽　珣　曇首　僧綽

六世封石泉　王方慶曾祖褒至孫備六世封石泉褒　鼒　弘直　綝字方慶　晞　備

六后　漢東都臨朝六后章德竇　和熹鄧　安思閻　順烈梁　桓思竇　靈思何

六齊　齊悼思王六子爲王鄒陽傳云六齊脅王將閭　濟北王志　菑川王賢　膠東王雄渠　膠西王卬　濟南王辟光

六臣　五代史唐六臣傳爲冊寶使副朝梁張文蔚楊涉　薛貽矩　蘇循　張策　趙光逢

六貴　蕭衍曰六貴同朝始安王遙光　徐孝嗣江祏　蕭坦之　江祀　劉暄

六卿又曰六官幷三孤爲九卿　周禮六卿分職天官冢宰治　地官司徒教　春官宗伯禮　夏官司馬政　秋官司寇禁　冬官司空土　考工記外有九室九卿朝焉注六卿三孤爲九卿　周語外官不過九品　周禮注六官皆總屬於冢宰六官之屬三百六十

六事　甘誓乃召六卿曰六事之人注天子六軍其將皆命卿各有軍事曰六事　周禮王六軍大國三軍次國二軍小國一軍

六屬　天官其屬六十掌邦治　地官其屬六十掌教　春官其屬六十掌禮　夏官其屬六十掌政秋官其屬六十掌刑　冬官其屬六十掌事周禮小宰以官府之六屬舉邦治今治官之屬六十三教官之屬七十八禮官之屬七十政官之屬六十九刑官之屬六十六意者簡編脫落司空之屬錯雜五官之中

六職　小宰以官府之六職辨邦治治職　教職禮職　政職　刑職　事職

六大　曲禮天子建天官先六大典司六典注殷制大宰　大宗　大史　大祝　大士　大卜

六府　曲禮天子之六府典司六職注殷制司土司木　司水　司草　司器　司貨

尚書六曹　三公曹　尚侍曹政吏　二千石曹民曹　客曹　成帝置尚書五人一人爲僕射四人分四曹又有三公曹爲五曹六人後又分客曹爲南北主客凡六曹

六部　吏司封司勳考功　戶度支金部倉部　禮祠部膳部主客　兵職方駕部庫部　刑都官比部司門　工屯田虞衡水部　隋志中書舍人六員分押尚書六曹　唐貞元二年六曹　宰相分領齊映判兵部李勉刑部劉滋吏禮二部崔造判戶工二部

六傅　太子太師　太傅　太保　少師　少傅少保

六尚書　晉六曹吏部　三公　客曹　駕部　屯田　度支　晉太康六曹吏部　殿中　五兵田曹　度支　左民　梁起部事畢省吏部　祠部　度支　左戶　都官　五兵　隋吏　禮兵左僕射判三部事　民　刑　工右僕射判三部事　吏　戶　禮左丞總焉　兵　刑　工右丞總焉　唐兵吏爲前行　刑戶爲中行　工禮爲後行行總四司本行爲頭司餘爲子司

六卿　左傳文七年六卿和公室右師　左師　司馬　司徒　司城　司寇

六學又曰六館　國子　太學　廣文　四門　律

書　筭　韓文公表七館選舉志六學無廣文又曰六館隋太學國子四門書算

六尚　唐殿中省其屬有六屬尚食　尚藥　尚衣　尚乘　尚舍　尚輦　內官六尚尚宮　尙儀　尚服　尚食　尚寢　尚功

六省唐　尚書　中書　門下　祕書　殿中　內侍　通鑑武德七年定令

六察　監察御史第一人察吏禮部　第二人察兵工部　第三人察戶刑部

六正　晉六正　三軍之六卿

賞功六等魏　名號侯爵十八級　關中侯爵十七級　關外侯十六級　五大夫十五級　與舊列侯關內侯凡六等　魏志建安二十年置以賞軍功令之虛封自此始

六聯　小宰以官府之六聯合邦治祭祀　賓客　喪荒　軍旅　田役　斂弛

六敘　小宰以官府之六敘正羣吏正位　進治　作事　制食　受會　聽情

六計　以六計弊羣吏之治廉善　廉能　廉敬　廉正　廉法　廉辨

六功　唐會要韋挺議曰周禮六功之官皆配大烝王功曰勳若周公　國功曰功若伊尹　民功曰庸若后稷　事功曰勞若禹　治功曰力若咎繇　戰功曰多若韓信陳平

六事　成湯遭旱以六事自責政不節　使民疾　宮室榮　女謁盛　苞苴行　讒夫昌

六約於妙反　周禮司約約言語之約束治神　治民　治地　治功　治器　治摯

保息六　周禮大司徒以養萬民慈幼　養老　振窮　恤貧　寬疾　安富

六柄　齊語慎用其六柄管子六柄者主之所操生　殺　貧　富　貴　賤

六務　管子明主六務節用　賢佐　法度　必誅　天時　地宜

六親　管子以家爲家　以鄉爲鄉　以國爲國　以天下爲天下　如地如天　如日如月

六律　淮南子生　殺　予　奪　賞　罰

六守　人君有六守六韜仁　義　忠　信　勇　謀

六德　司馬法六德禮　仁　信　義　勇　智　唐陸贄說黜陟使六德敬老　慈幼　救疾　恤孤　賑貧窮　任失業

六條　西魏蘇綽六條詔書淸心　敦敎化　盡地利　擢賢良　恤獄訟　均賦役

六綱　後周竇儼上疏明禮　崇樂　熙政　正刑　勸農　經武

六事　蘇文忠公慈　儉　勤　愼　誠　明

六條　晉武帝令諸郡中正以六條舉淹滯忠恪匪躬　孝敬盡禮　友于兄弟　潔身勞謙　信義可復　學以爲已

六術　荀子議兵臨武君問爲將曰制號政令欲嚴以威　慶賞刑罰欲必以信　處舍收藏欲周以固　徙舉進退欲安以重欲疾以速　窺敵觀變欲潛以深欲伍以參　遇敵決戰必道吾所明無道吾所疑　是謂六術

均節六條　陸贄奏均節財賦六條兩稅之弊　兩稅以布帛爲額　長吏以增戶加稅闢田爲課績　稅限迫促　以稅茶錢置義倉備水旱　兼并之家私斂重於公稅

法經六篇　魏李悝著法經商鞅改爲律盜律　賊律　囚捕二　雜律　具律

六畏　後唐康澄言深可畏者六賢士藏匿　四民遷業　上下相徇　廉恥道消　毀譽亂眞　直言不聞

六急務　朱文公封事天下之大本心也今日之急務六者是也輔翊太子　選任大臣　振舉綱維　變化風俗　愛養民力　修明軍政

審官六議　唐趙璟相臣　庶官　京司闕官　考課　遺滯　藩府官屬

六瑞　周禮大宗伯以玉作六瑞以等邦國小行人成六瑞王執鎮圭　公執桓圭九寸　侯執信身音圭　伯執躬圭各七寸　子執穀璧　男執蒲璧各五寸

六摯　大宗伯以禽作六摯以等諸臣　孤執皮帛　卿執羔　大夫執鴈二生　士執雉一死　庶人執鶩木音　工商執雞　曲禮凡摯天子鬯諸侯圭卿羔大夫鴈士雉庶人之摯匹婦人之摯椇榛脯修棗栗

六器　大宗伯以玉作六器以禮天地四方蒼璧天　黃琮地　青圭東　赤璋南　白琥西　元璜北

六幣　小行人合六幣圭以馬　璋以皮　璧以帛
琮以錦　琥以繡　璜以黼
六冕　大裘　衮　驚　毳　希又作絺　元　司
服弁師言五冕大裘之冕無旒不聯數六服同冕
者首飾尊也公自衮而下侯伯自驚而下子男自
毳而下孤自希而下卿大夫自元而下
王后六服　內司服褘衣元　揄狄青音搖　闕狄赤
鞠衣黃　展白張彥反　緣衣黑吐亂反
六采六色　左傳鄭子太叔曰爲九文六采五章以
奉五色青東　白西　赤南　黑北　元天　黃
地　考工記畫繢之事六色繢以爲衣雜用天地
四方之色青與白赤與黑元與黃皆相次謂之六
色
唐皇后車六　重翟　厭翟　翟車　安車　四望
金根
車六等　考工記車有六等之數兵車也軫　戈
人　殳　戟　酋矛
六建　五兵與人也　廬人六建既備
六節　周禮小行人達六節虎山國用　人土國用
龍澤國用以金爲之　旌道路用　符門關用
管都國用以竹爲之
六舞　周禮大司樂以樂舞教國子以六舞大合樂
雲門大卷　大咸　大磬　大夏　大濩　大武
明堂位朱干玉戚冕而舞大武周舞皮弁素積
裼而舞大夏夏舞大胥以六樂之會正舞位
樂師敎國子小舞漢禮樂志周官國子習六舞帗
舞拂音　羽舞　皇舞故事作翌　旄舞　干舞

人舞
六鼓　周禮鼓人雷鼓八面祀　靈鼓六面祭　路鼓四面
享　鼖鼓軍事　鼛鼓役事　晉鼓金奏
武六成　始而北出　再成而滅商　三成而南
四成而南國是彊　五成而分周公左召公右
六成復綴以崇綴丁劣反　樂記注每奏武曲一
終爲一成
六音　樂記此六者德音之音也注鞉　鼓　椌
楬　壎　箎
六代舞　隋志後周武帝造山雲舞以備六代大夏
大濩　大武　正德　武德　山雲
樂六變　大司樂凡六樂一變致羽物及川澤之示
再變致羸物及山林之示　三變致鱗物及丘
陵之示　四變致毛物及墳衍之示　五變致介
物及土示　六變致象物及天神　大司樂樂六
變天神皆降　節奏俱備謂之成備而更新謂之
變三禮義宗六變者舞六終
六璽漢　秦制皇帝行璽　之璽　信璽　天子行
璽　之璽　信璽
六彝　周禮司尊彝掌六彝小宗伯辨六彝雞　鳥
斝音稼　黃　虎　蜼音誄
六尊　周禮司尊彝掌六尊小宗伯辨六尊獻音犧
象　著直略反　壺　大音泰　山
六享　周禮大宗伯肆他歷反　獻祼　饋食　祠春
禴夏爾雅作礿　嘗秋　烝冬
六宗　夏侯說實一而名六宗大小在天地四方六
者之間助陰陽變化　歐陽說在天地四方之中

爲上下四方之宗後漢立祀從李郃議　孟康說
天地間遊神　馬融說天地四時　賈逵說天宗
三日　月　星　地宗三河　海　岱　鄭康成
說星五緯　辰十二次　司中　司命文昌第四
第五星　風師箕　雨師畢　司馬彪說天宗日
月星辰寒暑之屬　地宗社稷五祀之屬　四方
之宗四時五帝之屬　張髦說三昭三穆　魏劉
邵議太極冲和之氣爲六氣之宗　後漢孝文曰
天皇大帝及五帝
乾坤六子　水　火　風　雷　山　澤　孔光劉
歆說王莽立祠魏王肅亦以爲易六子故不廢顏
師古曰乾坤六子其最通乎
六祝之秀反　周禮大祝掌六祝之辭順祝順豐年
年祝求永貞　吉祝祈福祥　化祝弭災兵　瑞
祝逆時雨寧風旱　筴祝遠罪疾
六祈　周禮大祝掌六祈以同鬼神示類　造七報反
禬　禜　攻　說
六辭　周禮大祝作六辭以通上下親疏遠近皆有
文雅辭令祠當爲辭　命　誥　會　禱　誄
六寢　周禮宮人王六寢路寢一　小寢五　公羊
傳注天子諸侯皆有三寢高寢路寢小寢
六宮　正寢一　燕寢五　內宰昏義后立六宮諸
侯夫人三宮祭義注半王后也注後五前一
六學　師氏居內　大學在國　四小在郊　北史
劉芳傳案鄭注學記周則六學云內則設師保以
教使國子學焉外則有大學庠序之官　鄉飲酒
正義虞之庠周以爲鄉學夏之序周以爲州黨之

學王宮國都以及閭巷莫不有學人生八歲自王公以下至庶人之子弟皆入小學敎之以灑掃應對進退之節禮樂射御書數之文及十有五年自天子之元子衆子至公卿大夫元子之適子與凡民之俊秀皆入大學敎之以窮理正心修己治人之道

諸侯見王六禮　周禮大宗伯注此六禮諸侯見王春見曰朝圖事　夏見曰宗陳謨　秋見曰覲比功　冬見曰遇協慮　時見曰會發禁　殷見曰同施政　小行人朝覲宗遇會同君之禮也　存頫省聘問臣之禮也　王制比年一小聘　三年一大聘　五年一朝　左傳叔向曰明王之制歲聘以志業　間朝以講禮　再朝而會以示威　再會而盟以顯昭明

六號　周禮大祝辨六號神號若云皇天上帝　鬼號若云皇祖伯某　祇號若云后土地祇　牲號曲禮牛曰一元大武豕曰剛鬣羊曰柔毛雞曰翰音　齍號曲禮黍曰香合粱曰香萁稻曰嘉蔬　幣號若玉云嘉玉幣曰量幣

六引唐　大駕鹵簿萬年縣令　京兆牧　太常卿　司徒　御史大夫　兵部尚書

六軍又曰六師　周禮大司馬小司徒　王六軍大國三軍　次國二軍　小國一軍　五人爲伍有長　五伍爲兩二十五人有司馬　四兩爲卒百人有長　五卒爲旅五百人有師　五旅爲師二千五百人爲師　五師爲軍萬二千五百人將皆命卿

六軍　百官志號六軍左右龍武　左右神武　左右神策　兵志總曰北衙六軍左右羽林龍朔二年置　左右龍武元宗以萬騎改　左右神武至德二載置

六軍　南齊志晉世爲六軍領軍　護軍　左右二衛　驍騎　遊擊

六弓　周禮司弓矢王　弧　夾　庾　唐　大　荀子天子雕弓　諸侯彤弓　大夫黑弓

六廄　漢舊儀未央　承華　騊駼　騎馬　路軨　大廄

六閑　唐兵志飛黃　吉良　龍媒　騊駼　駃騠　天苑

六科　唐六典其科有六秀才　明經　進士　明法　明書　明算　選舉志明經之下有俊士通典士族趨嚮惟明經進士二科進士科起於隋大業中　宋景德二年天聖七年賢良方正能直言極諫　博達墳典明於敎化　才識兼茂明於體用　詳明政理可使從政　識洞韜略運籌決勝　軍謀宏遠材任邊寄　紹興二十六年文章典雅　節操方正　法理該通　節用愛民　剛方豈弟　智勇絕倫

六神　魏秦靜議爲國六神風伯　雨師　靈星　先農　社　稷

祭祀六節　唐禮志卜日　齋戒　陳設　省牲器　奠玉帛宗廟晨祼　進熟餽食

射六耦　周禮大司馬大射合諸侯之六耦二人爲耦　二耦同射　一侯則十二人　射人以六耦射三侯

六門　晉成帝始繕苑城修六門陵陽等五門與宣陽爲六

六關魯　左傳臧文仲廢六關塞關陽關之屬

六闕唐　朱敬則以孝義世被旌顯一門六闕相望　楊炎祖哲父播三世以孝行聞門樹六闕

六參　唐百官志文武官職事九品以上及二王後朝朔望　文臣五品以上及兩省供奉官監察御史員外郎太常博士日參號常參官　武官三品以上三日一朝號九參官　五品以上及折衝當番者五日一朝號六參官

宮城六門　東京記南三門宣德　左掖　右掖　東一門東華　西一門西華　北一門拱宸

六工六材　曲禮天子之六工注殷制典制六材土　金　石　木　獸　草

六材　弓人取六材取幹以冬　取角以秋　絲漆以夏　筋膠

六寶　楚語王孫圉曰聖能制議百物以輔相國家　玉足以庇廕嘉穀使無水旱之災　龜足以憲臧否　珠足以禦火災　金足以禦兵亂　山林藪澤足以備財用

六玉　覲禮方明上下四方之神設六玉上圭　下璧　南方璋　西方琥　北方璜　東方圭

六色氅　唐儀衛志領軍衛赤　威衛青黑　武衛鷩　驍衛白　左右衛黃

六劍　古今注吳大帝六劍白虹　紫電　辟邪

流星　青冥　百里
六轡　六轡在手　六轡如濡四馬八轡而言六轡
有二轡繫之驂馬內轡納之於觖故在手者惟六
轡
六器　馬融長笛賦六器猶以二皇聖哲䵒益庖羲
作琴　神農造瑟　女媧制簧　暴辛爲塤　倕
之和鐘　叔之離磬
六章　土之黃其象方　天時變　火以圜在裳
山以章在衣讀爲獐　水以龍在衣　鳥獸蛇在
裳華蟲　考工記畫繢之事　禮運六章注畫繢
事也雜四時五色之位以章之　古人之象無天
地王氏考工記解之曰火山龍畫之於服鳥獸蛇
畫之於旗
六飲　漿木共王之六飲食醫和王之六飲水　漿
醴　涼又作䣼　醫又作醷　酏又作䤁　內
則亦謂之六飲醴　酏　漿　水　醷　濫涼也
六膳　周禮食醫和王之六膳牛宜稌　羊宜黍
豕宜稷　犬宜粱　鴈宜麥　鹿宜苽
六和　禮運五味六和十二食春酸木　夏苦火
秋辛金　冬鹹水　皆有滑甘土　禮運注食醫
調以滑甘　周禮凡藥以酸養骨以辛養筋以鹹
養脉以苦養氣以滑養竅注以類相養凡食齊眡
春時溫羹齊眡夏時熱醬齊眡秋時涼飲齊眡冬
時寒
六鉶　詩正義上大夫八豆八簋六鉶九俎　鉶芼
牛藿羊苦豕薇公食大夫禮鉶羹器也　羊鉶
豕鉶少牢饋食禮兩鉶　大羹肉汁不和盛於
登大古之羹　鉶羹肉味有菜和盛之鉶器
六物　穫稻必齊　麴蘖必時　湛熾必絜湛子廉
反　水泉必香　陶器必良　火齊必得　月令
仲冬乃命大酋兼用六物注大酋酒官之長於周
則酒人古者穫稻而漬米麴至春而爲酒
六悔　寇萊公六悔銘官行私曲失時悔　富不儉
用貧時悔　藝不少學過時悔　見事不學用時
悔　醉發狂言醒時悔　安不將息病時悔
六箴　唐皮日休六箴心　口　耳　目　手　足
余襄公靖從政六箴清　公　勤　明　和
愼　吳充宗室六箴視　聽　好　學　進德
崇儉
六逆　左傳石碏曰賤妨貴　少陵長　遠間親
新間舊　小加大　淫破義
六畜　馬火乾　牛土坤　羊火兌　豕金坎爾雅
曰彘　犬金艮爾雅曰狗　雞木巽　周禮庖人
注始養之曰畜將用之曰牲爾雅釋畜獸異名畜
是畜養獸是百獸孟子注草食曰芻牛羊穀食曰
豢犬豕
六擾　職方氏豫州　五擾并州無雞　四擾幽州
無雞犬
六牲　膳夫膳用六牲食醫六膳牧六牧六牲陽祀
用騂陰祀用黝小宗伯毛六牲　曲禮牛曰一元
大武　豕曰剛鬣　羊曰柔毛　雞曰翰音　犬
曰羹獻　庖人注牛屬司徒土　雞屬宗伯木
犬屬司寇金　羊屬司馬火　小宗伯注五官奉
六牲司空主豕　司馬主馬及羊
六獸　周禮庖人鄭司農注麋　鹿　熊　麕　野
豕　兔　康成謂有狼無熊　後漢輿服志皇后
步搖六獸熊　虎　赤羆　天鹿　辟邪　南山
豐大特
六禽　周禮庖人鄭司農注鴈　鶉　鷃　雉　鳩
鴿　鄭康成注羔　豚　犢　麛　雉　鴈
六穀　稌　黍　稷　粱　麥　苽　膳夫注食醫
牛宜稌羊宜黍豕宜稷犬宜粱鴈宜麥魚宜苽
六粢　小宗伯六齍注黍　稷　稻　粱　麥　苽
六者
六食（音嗣）　六穀之飯　食醫飤人　曲禮粢號　黍
曰薌合　粱曰薌萁　稷曰明粢　稻曰嘉蔬
六米　黍　稷　稻　粱　苽　大豆　周禮舍人
注六者皆有米麻小豆小麥三者無米
六鷁　六鷁退飛過宋都記見也視之則六察之則
鷁徐而察之則退飛　公羊傳僖十六年穀梁傳
君子之於物無所苟而已石鷁且猶盡其辭而況
於人乎故五石六鷁之辭不設則王道不亢矣
六龜　周禮龜人六龜之屬天龜靈屬俯　地龜繹
屬仰　東龜果屬果讀爲羸字前弇　南龜獵屬
後弇　西龜靁屬靁力胃反左倪　北龜若屬右
倪
六馬　種玉路　戎戎路　齊金路　道象路　田
田路　駑給宮中之役　周禮校人辨六馬之屬
天子十二閑馬六種四馬內兩服外兩驂六馬兩
驂之外又有兩騑天子之車盛則駕六常則駕四
王度記天子駕六諸侯駕四大夫三士二邦國六

閑馬四種齊道田駑家四閑馬二種田駑

鳳六像　論語緯頭像天圓也　目像日明也　背像月偃也　翼像風舒也　足像地方也　尾像緯五色具也

六芝　青　赤　黃　白　黑　紫　養生經上藥養命以五石鍊形以六芝延年本草注芝有六色

六閑　隋左右六閑飛黃　吉良　龍媒　騊駼　駃騠　天苑　唐武后置仗內六閑飛龍　祥麟　鳳苑　鵷鸞　吉良　六羣

六蝨　商子農商官三官生蝨官者六成俗兵必大敗歲　食　美　好　志　行

六龍　時乘六龍以御天乾　龍者物之能動者也不稱乾馬而稱震龍震動也乾之動自震始乾爻謂之六龍而三四獨稱君子九三上不在天下不在田故以君子言之九四上不在天下不在田中不在人故或之　爻曰或文言曰君子示兼之也

曆法典第一百三十六卷

數目部彙考八

七類　　小學紺珠

七政又曰七曜　書舜典在璿璣玉衡以齊七政日月　五星　七者運行於天有遲有速有順有逆猶人君之有政事也　後漢歷志日月五緯各有終原而七元生焉　史記律書云七正

七政　尚書大傳天　地　人　四時

北斗七星　天樞天日泰　璇地月楚　璣人火梁　權時土吳　玉衡音水燕　開陽律木趙　搖光星金齊　天官書注一至四爲魁五至七爲杓其二陰星不見魁衡杓謂之斗綱如建寅之月昏則杓指寅夜半衡指寅平旦魁指寅他月倣此

七襄　詩跂彼織女終日七襄經星一晝一夜左旋一周而有餘終日之間自卯至酉當更七次　襄駕也

琴七絃　五絃象五行大絃爲君小絃爲臣文王武王加二絃以合君臣之恩宮　商　角　徵　羽　少宮　少商

七音七律　左傳注周武王伐紂自午及子凡七日王因此以數合之以聲昭之故以七同其數以律和其聲謂之七音　國語注七律黃鐘爲宮　太蔟爲商　姑洗爲角　林鐘爲徵　南呂爲羽　應鐘爲變宮　蕤賓爲變徵　唐祖孝孫七音一宮　二商　三角　四變徵　五徵　六羽　七變宮

七始　黃鐘　林鐘　太蔟天地人之始　姑洗　蕤賓　南呂　應鐘春夏秋冬之始　漢律志書曰予欲聞六律五聲八音七始詠以出內五言七者天地四時人之始也　樂志安世房中歌曰七始華始肅倡和聲

七日來復　程子易傳姤陽之始消也七變而成復　易本義自五月姤而一陰始生至此七爻而一陽來復　姤午一陰坤初六　遯未　否申　觀酉　剝戌　坤亥　復子一陽乾初九　復七日來復陽言日　臨至于八月有凶陰言月

古法七品　晉律志泰始十年考古器挍今尺所挍古法有七品一姑洗玉律　二小呂玉律　三西京銅望臬　四金錯望臬　五銅斛　六古錢　七建武銅尺

七閏一章　朱文公書說日與天會而多五日九百四十分日之二百三十五爲氣盈月與日會而少五日九百四十分日之五百九十二爲朔虛合氣盈朔虛而閏生焉十有九歲七閏氣朔分齊是爲一章　太元十九年七閏天之償也

曆術七篇　大衍曆術七篇步中朔　發斂　步日躔　步月離　步軌漏　步交會　步五星

七宗　五代會要王仁裕曰三正合天地之美天地人七宗固陰陽之序黃鐘爲宮爲土　太蔟爲商爲金　姑洗爲角爲木　林鐘爲徵爲火　南呂爲羽爲水　應鐘爲變宮爲月　蕤賓爲變徵爲日

七澤　司馬相如子虛賦楚有七澤其一曰雲夢

七國形勢　史記蘇秦說七國秦四塞之國被山帶渭東有關河西有漢中南有巴蜀北有代馬　燕東有朝鮮遼東北有林胡樓煩西有雲中九原南有滹沱易水南有碣石鴈門之饒　趙西有常山南有河漳東有清河北有燕國　韓北有鞏洛成皐之固西有宜陽商阪之塞東有宛穰洧水南有陘山　魏南有鴻溝陳汝南許郾昆陽召陵舞陽新都新鄭東有淮潁煑棗無胥西有長城之界北有河外卷衍酸棗　齊南有泰山東有琅邪西有清河北有渤海　楚西有黔中巫郡東有夏州海陽南有洞庭蒼梧北有陘塞郇陽

七關　唐大中三年吐蕃以七關歸于有司石門　驛藏　木峽　制勝　六盤　石峽　蕭

縣邑七等　唐陸贄奏議縣邑有七等之異赤　畿　望　緊　上　中　下

七國　吳　楚　趙　膠西　濟南　菑川　膠東

七教　王制司徒明七教以興民德父子　兄弟　夫婦　君臣　長幼　朋友　賓客

七德　國語富辰云尊貴　明賢　庸勳　長老

愛親　禮新　親舊
七屬　大戴禮文王官人篇倫有七屬國任貴　卿任正　官任長　學任師　族任宗　家任主先任賢
七族　父之姓　姑之子　姊妹之子　女之子母之姓　從子　妻父母　史記索隱張晏曰上至曾祖下至曾孫
七等　何休春秋例州　國　氏　人　名　字子　胡氏傳王朝公卿書官大夫書字上士中士書名下士書人
七情　禮運喜　怒　哀　懼　愛　惡　欲
七無　無諾責　無財怨　無專利　無苟說　無伐善　無棄人　無蓄憾　文中子仇璋謂薛收
七體　國語史伯曰正七體以役心注七竅也　目爲心視　耳爲心聽　口爲心談　鼻爲心芳
七經　泰宓曰文翁遣相如東受七經還敎吏民易書　詩　三禮　春秋　劉敞七經小傳詩書　春秋　周禮　儀禮　禮記　論語
七緯　後漢書注易　書　詩　禮　樂　孝經春秋　隋志七經緯三十六篇孝經緯援神契鉤命決
七誥　湯誥　大誥　康誥　酒誥　名誥　洛誥康王之誥
七觀　尚書大傳孔子曰六誓可以觀義　五誥可以觀仁　甫刑可以觀誡　洪範可以觀度　禹貢可以觀事　皋陶謨可以觀治　堯典可以觀美

春秋綱領七家　胡文定公春秋傳孟子　莊子董子　文中子　邵子　張子　程子
七略　劉歆總數書奏七略輯略　六藝略　諸子略　詩賦略　兵書略　術數略　方技略
七志　宋王儉撰唐書馬懷素述續七志經典　諸子　文翰　軍書　陰陽　術藝　圖譜道佛附見
七錄梁　隋許善心效七錄更制七林經典　記傳子兵　文集　技術　佛　道
七書　孫子　吳子　六韜　司馬法　三略　尉繚子　李靖問對
王言之制有七　唐志中書省冊書　制書　慰勞制書　發敕　敕旨　論事敕書　敕牒
七業　大臣之義載乎業者七命　訓　對　讚議　誡　諫
潛虛七圖　氣　體　性　名　行　變　解　司馬文正公元以準易虛以擬元
曾子七篇　劉清之子登集錄內篇一　外篇雜篇各三
莊子七篇　內篇逍遙遊　齊物論　養生主　人間世　德充符　大宗師　應帝王　沈約宋書論在昔中興元風獨扇爲學窮于柱下博物止乎七篇
七術　鬼谷子陰符七術盛神法五龍　養志法靈龜　實意法騰蛇　分威法伏熊　散勢法鷙鳥轉圓法猛獸　損兌法靈蓍
女誡七章　卑弱　夫婦　敬愼　婦行　專心曲從　和叔妹後漢班昭作
七制　文中子續書有七制皆漢之賢君高祖　太宗文帝　世宗武帝　中宗宣帝　世祖光武顯宗明帝　肅宗章帝
作者七人　論語七人皆逸民之賢者伯夷　叔齊虞仲　夷逸　朱張　柳下惠　少連長沮　桀溺　荷篠丈人　晨門　荷蕢　儀封人　楚狂接輿
張子曰伏羲　神農　黃帝　堯　舜　禹　湯
七輔　論語摘輔象風后　天老　五聖　知命窺紀　地典　力墨或作牧
七友　戰國策顏斶曰舜有七友雄陶一作雒　方回　續牙　伯陽　東不訾　秦不虛　靈甫
湯七佐　蹻子湯得七大夫佐以治天下慶誧　伊尹　湟里且　東門虛　南門蠕　西門疵　北門側
七相　班固西都賦七相五公丞相車千秋長陵人黃霸　王商杜陵人　韋賢　平當　魏相王嘉平陵人
建安七子　魏文帝典論論文七子者於學無所遺於辭無所假孔融字文舉　陳琳字孔璋　王粲字仲宣　徐幹字偉長　阮瑀字元瑜　應瑒字德璉　劉楨字公幹　建安獻帝年號
竹林七賢　魏嘉平中並居河內山陽共爲竹林之遊號竹林七賢阮籍嗣宗　嵇康叔夜　山濤巨源　劉伶伯倫　阮咸仲容　向秀子期　王戎濬沖　袁宏作竹林名士傳

逸民七人魏後　通鑑詔舉逸民盧元　崔綽　李靈
邢穎　高允　游雅　張偉
七愛　文粹皮日休七愛詩房　杜眞相　李晟嘉
將　盧鴻眞隱　元德秀眞吏　李白眞放　白
居易眞才
七王　中興將韓世忠蘄　劉光世鄜　張俊循
岳飛鄂　楊存中和　吳玠涪　吳璘信
七從官　元符三年尚書從官除七人謂之快活差
除韓忠彥　李清臣　黃履　陸佃　郭知章
曾肇　龔原
洛中七交　歐陽永叔　張堯夫汝士　尹師魯洙
楊子聰　梅聖俞堯臣　張太素　王幾道
七姓十二國　晉　魯　衞　鄭　曹　滕姬姓
邾　小邾曹姓　朱子姓　齊姜姓　莒己姓
杞姒姓　薛任姓　左傳襄十一年注云實十三
國
鄭七穆　鄭穆公十一子子然二子孔三族已亡子
羽不爲卿故唯言七穆　子罕公子喜　子展公
孫舍之罕氏　子駟公子騑　子西公孫夏駟氏
子國公子發　子產公孫僑國氏　子良公子
去疾　伯有良霄良氏子良孫子耳子　子游公
子偃　子大叔游吉游氏子游孫子蟜子　子豐
子石公孫段豐氏　子印　伯石印段印氏子
印孫子張子　左傳襄二十六年叔向曰鄭七穆
罕氏其後亡者也子展儉而壹罕駟國良游豐印
七人子孫並有才名世任鄭國之政焉
鄭七子　子展賦草蟲　伯有賦鶉之賁賁　子西
賦黍苗　子產賦隰桑　子大叔賦野有蔓草
印段賦蟋蟀　公孫段賦桑扈　三十七年鄭伯
享趙武于垂隴子展伯有子西子產子大叔二子
石從趙孟曰七子從君以寵武也請皆賦亦以觀
七子之志
七貴　呂　霍　上官　王　趙　丁　傅　潘岳
西征賦窺七貴於漢廷疇一姓之或在注后族也
庾亮曰西京七族
七姓　唐高宗詔七姓十家不得自爲昏後魏隴西
李寶　太原王瓊　滎陽鄭溫　范陽盧子遷盧
澤盧輔　清河崔宗伯崔元孫　前燕博陵崔懿
晉趙郡李楷　先是後魏太和中定四海望族
以寶等爲冠
七葉　梁王筠與諸子書吾門七葉名德重光爵位
相繼人人有集王導　洽　珣　曇首　僧虔
揖　筠　後漢應四子有才名至瑒七世通顯應
奉至亨五葉著作應順子疊　疊生郴　郴生奉
奉生劭　劭弟珣　珣子瑒璩
七業　晉劉毅有七子各授一經一子授太史公一
子授漢書一門之內七業俱興
殷民七族　左傳陶氏　施氏　繁氏　錡氏　樊
氏　饑氏　終葵氏七族衞
金張七葉珥貂　左思詩金張七葉珥漢貂張世安
子孫相繼自宣元以來爲侍中中常侍諸曹散騎
列校尉十餘人　金日磾世名忠孝七世內侍七
世自武至平　功名之世唯有金氏張氏
七龍　陸微兄弟七人號七龍　崔徵兄弟七人號
七龍
文中子七世　文中子家傳七世皆有經濟之道而
位不逢述著春秋義統　元則述時變論　煥述
五經決錄　虯述政大論　彥述政小論　傑述
皇極讜議　隆述興衰要論
七貴　隋牛弘爲吏部尚書威等參掌選事時人謂
之選曹七貴牛弘　蘇威　宇文述　張瑾　虞
世基　裴蘊　裴矩
爭臣七人　孝經鄭氏注三公　左輔　右弼　前
疑　後丞
七校　中壘　屯騎　步兵　越騎　長水　胡騎
射聲　虎賁　凡八校尉胡騎不常置故云七
七學　韓文公表七館國子　太學　廣文　四門
律　書　算
吏部七司　尚書左選舊審官東院　尚書右選舊
審官西院　侍郎左選舊流內銓　侍郎右選舊
三班院　宋元豐五年吏部分選有四井　司封
司勳　考功爲七司
七司馬　南屯　蒼龍　元武　北屯　朱爵　東
明　朔平　宮掖七門每門七人
七曹北齊　三公府七曹法　墨　田　水　鎧　集
士
七德　左傳武有七德禁暴　戢兵　保大　定功
安民　和衆　豐財
七事　國語楚觀射父曰先王之祀以七事天　地
民　四時之務
七教　家語孔子曰七教者治民之本敬老　尊齒

樂施　親賢　好德　惡貪　廉讓
七法　管子則　象　法　化　決塞　心術　計
數
七賦　楊子七賦之所養五穀　桑　麻
文武七條　眞宗作淸心　奉公　修德　責實
明察　勸課　革弊文臣　修身　守職　公平
訓習　簡閱　存恤　威嚴武臣
七福　漢賈誼諫除盜鑄錢令七福可致民不鑄錢
黥罪不積　僞錢不蕃民不相疑　采銅鑄作反
於耕田　輕重斂散貨物必平　多少有制用別
貴賤　官富貴而末民困　制棄財則敵必壞
七廟　王制三昭　三穆　太祖之廟　書七世之
廟可以觀德祭法王立七廟穀梁傳天子七廟諸
侯五大夫三士二禮器云士一荀子曰有天下者
事七世夏五廟禹二昭二穆殷六廟契湯二昭二
穆周后稷文王武王親廟四漢韋元成議晉宋齊
梁皆立親廟周捨論云晉宋齊梁立七廟
七祀　司命春　中霤季夏　國門秋　國行冬
泰厲秋　戶春　竈夏　祭法諸侯五祀曰公厲
無戶竈大夫三祀曰族厲門行
七郊　後漢曹充議立七郊天　地　五帝　南郊
雒陽城南　北郊雒陽城北　五郊雒陽四方中
兆在未
七萃　周穆王傳七萃之士萃聚也猶有七輿大夫
七軍　通典李靖兵法中軍　左右虞候各一軍
左右廂各二軍
七弩　唐七弩臂張　角弓　木單　大木單　竹
竿　大竹竿　伏遠
七筴　管子礌碏　白金　文皮　黃金　珠　曾
青　玉
七兵　書顧命七兵惠　戈　劉　鉞　戣　瞿
銳古文作鈗
七輦　大鳳　大芳　小輕　仙遊　芳亭　大玉
小玉
七醢　醢人注醢吐感反　贏力禾反　蠯蒲佳反
蚳　魚　兔　鴈
七獻　左傳正義侯伯七獻
七菹　周禮醢人注箈箭萌醢人供七俎韭　菁
茆　葵　芹　箈音迨　筍
名馬七　古今注秦始皇名馬七追風　白兔　躡
景　犇電　飛翮　銅爵　晨鳧
七松　唐鄭薰七松處士
八類　小學紺珠
八風　樂記八風從律而不姦艮爲條風立春匏大
呂大蔟　震爲明庶風春分竹圜鐘　巽爲淸明
風立夏木姑洗中呂　離爲景風夏至絲蕤賓
坤爲涼風立秋土函鐘夷則　兌爲閶闔風秋分
金南呂　乾爲不周風立冬石無射應鐘　坎爲
廣莫風冬至革黃鐘　左傳舞所以節八音而行
八風服虔注八卦之風　淮南子注條爲笙明庶
爲管淸明爲柷景爲絃涼爲塤閶闔爲鐘不周爲
磬廣莫爲鼓　爾雅南風謂之凱風東風謂之谷
風北風謂之涼風西風謂之泰風
八風　呂氏春秋東北炎艮　東滔震　東南熏巽
南巨離　西南淒坤　西飂兌　西北厲乾
北寒坎
八音　舜典注金鐘兌　石磬乾　絲琴瑟離　竹
簫管篪笛震　匏笙竽艮　土塤坤　革鼓坎
木柷敔巽　周禮太師八音金　石　土　革
絲　木　匏　竹
八節又曰八正　史記律書八正之氣注云八節晉
志炎帝分八節立春　春分震　立夏　夏至離
立秋　秋分兌　立冬　冬至坎　左傳少皞
名官元鳥氏司分伯趙氏司至靑鳥氏司啓立春
立夏丹鳥氏司閉立秋立冬
八曆　唐戊寅元武德　甲子元麟德　大元開元
五紀寶應　正元建中　觀象元和　宣明長
慶　崇元景福
八魁　後漢蘇竟曰八魁上帝開塞之將也春己巳
丁丑　夏甲申　壬辰　秋己亥　丁未　冬
甲寅　壬戌
八會　周禮占夢注今八會其遺象也疏堪輿大會
有八　小會亦有八
八能　漢　月令正義易通卦驗云夏至冬至人主從
八能之士續漢禮儀志冬至夏至八能之士八人
調黃鐘　調六律　調五音　調五聲　調五行
調律曆　調陰陽　調正德所行
龜八命　征　象　與　謀　果　至　雨　瘳
周禮太卜以邦事作龜之八命占人以八簭占八
頌以八卦占簭之八故征行役征討象天象變動
與共事謀圖事果有爲至有行雨卜時之雨瘳卜

疾之瘳筮有八故龜有八命

八荒　八荒八方荒忽極遠之地列子云遠在八荒之外淮南子四海之外有八澤八澤之外曰八埏八埏之外曰八荒

八方　淮南子曰八荒八寓八極八區　九州外有八紘八紘外有八極　揚雄傳八紘注八方之綱維八區注八方也　東京賦威震八寓注八方區宇

八埏　地之八際　司馬相如傳下泝八埏　淮南子作八夤

八遷商　書序自契至于成湯八遷湯始居亳從先王居契始封商　昭明居砥石　相土徙商丘　湯居亳　正義見于經傳者凡四遷其餘四遷未詳

八州　司馬相如上林賦霸　滻　涇　渭　灃　鎬　潦　潏

八關後漢　函谷　廣城　伊闕　大谷　轘轅　旋門　小平津　孟津

八國　書牧誓注八國皆蠻裔屬文王者庸　蜀　羌　髳　微　盧　彭　濮

八國　史記表高祖定天下非同姓而王者八國齊韓信後王楚　韓韓王信　燕盧綰　梁彭越　趙張耳　淮南英布　臨江共敖　長沙吳芮　惟吳芮傳五世

太行八陘　元和郡縣志述征記曰太行山首始于河內自河內北至幽州凡有八陘軹關陘　太行陘　白徑陘三陘在河內　滏口陘鄴西　井陘　飛狐陘　蒲陰陘三陘在中山　軍都陘在幽州

八蠻　爾雅疏書旅獒通道于九夷八蠻天竺　咳首　僬僥　跛踵　穿胸　儋耳　狗軹　旁舂

西山八國　唐西山羌八國請入朝女　訶陵　南水　白狗　逋租　弱水　清遠　咄霸

大學八條目　格物　致知　誠意　正心　修身　齊家　治國　平天下

八體　乾爲首首會諸陽屬乾　坤爲腹腹藏衆陰屬坤　震爲足　巽爲股足動股隨雷風相與　坎爲耳　離爲目耳目通竅水火相逮　艮爲手　兌爲口口與鼻通山澤通氣　說卦以身之八體擬八卦足主下六經爲震手主上六經爲艮耳輪陷內爲坎目精附外爲離巽下開爲股兌上開爲口覺則用目而覩離日主晝也寐則用耳而寤坎月主夜也一身之榮衛還周會於手太陰一日之陰陽曉昏會於艮時故艮時在人其象爲手

八徵　問之以言以觀其詳　窮之以辭以觀其變　與之間謀以觀其誠　明白顯問以觀其德　使之以財以觀其廉　試之以色以觀其貞　告之以難以觀其勇　醉之以酒以觀其態　六韜八徵皆備則賢不肖別矣

八徵　列子覺有八徵故　爲　得　喪　哀　樂　生　死

八索　左傳書序八卦之說謂之八索　國語史伯曰平八索以成人注八體以應八卦乾爲首坤爲腹震爲足巽爲股離爲目兌爲口坎爲耳艮爲手　馬融說八索八卦賈逵云八王之法

八卦　乾天健一南　坤地順八北　震雷動四　巽風入五　坎水陷六　離火麗三　艮山止七　兌澤說二　伏羲始作八卦因而重之爲六十四文王作卦辭周公作爻辭文王八卦離南坎北乾坤三畫以初相易而成震巽以中相易而成坎離以三相易而成艮兌

葛天氏八闋　呂氏春秋載民　元鳥　遂草木　奮五穀　敬天常　達帝功　依地德　總萬民之極

八樂　易通卦驗舞八樂雲門　五英　六莖　大卷　韶　護　夏　武

八體書　說文秦書有八體大篆　小篆　刻符　蟲書　摹印　署書　殳書　隸書　周越書苑八體古文　大篆　小篆　隸　飛白　八分　行　草

八儒　子張氏　子思氏　顏氏　孟氏　漆雕氏　仲良氏　孫氏　樂正氏　韓非子孔子之後儒分爲八　陶淵明聖賢羣輔錄仲梁氏公孫氏

八覽　呂氏春秋八覽有始　孝行　愼大　先識　審分　審應　離俗　恃君

史記八書　禮　樂　律　歷　天官　封禪　河渠　平準

漢書八志　司馬彪續漢書律歷　禮儀　祭祀　天文　五行　郡國　百官　輿服

詩八病　詩苑類格沈約云詩有八病平頭　上尾　蜂腰　鶴膝　大韻　小韻　旁紐　正紐

八圖　黃忠文公裳爲翊善作八圖獻太極　三才
　正性　天文　地理　王伯學術　九流學術
　帝王紹運　百官文武
八詩　唐元宗時宰相蕭嵩會百官賦詩八篇繼雅
　頌之體天成　元澤　維南有山　楊之華　二
　月　英英有蘭　和風　嘉禾
詩八對　詩苑類格唐上官儀云的名　異類　雙
　聲　疊韻　聯綿　雙擬　迴文　隔句
八代　五帝　三王　陸機五等論　崔寔政論八
　世注謂三皇五帝
八翁　横渠先生八翁吟築巖翁　釣溪翁　十年
　翁　感麟翁　伯陽翁　漆園翁　竺乾翁　臥
　龍翁
八愷　舜典注八愷高陽氏有才子八人　蒼舒
　隤敳　檮戭　大臨　尨降　庭堅　仲容　叔
　達　左傳文十八年太史克曰齊聖廣淵明允篤
　誠天下之民謂之八愷垂益禹皐陶之倫水經注
　隤敳益左傳皐陶庭堅
八元　舜典注八元高辛氏有才子八人　伯奮
　仲堪　叔獻　季仲　伯虎　仲熊　叔豹　季
　貍　左傳文十八年太史克曰忠肅共懿宣慈惠
　和天下之民謂之八元稷契朱虎熊羆之倫
八伯　尚書大傳伯夷爲陽伯　羲仲之後爲羲伯
　棄爲夏伯　羲叔之後爲羲伯　咎繇爲秋伯
　和仲之後爲和伯　垂爲冬伯　闕一人
八師舜堯　楚辭東方朔七諫注禹　稷　卨　皐陶
　伯夷　垂　益　夔

周八士　論語伯達　伯适　仲突　仲忽　叔夜
　叔夏　季隨　季騧　國語文王諏於八虞注
　周八士皆在虞官　鄭元以爲成王時劉向馬融
　以爲宣王時　周書注武王賢臣
八卿　左傳襄八年鄭子展曰晉君方明四軍無闕
　八卿和睦荀罃將中軍知武子　士匄佐范宣子
　荀偃將上軍中行獻子　韓起佐宣子　欒黶
　將下軍桓子　士魴佐彘恭子　趙武將新軍文
　子　魏絳佐莊子
八大夫晉　左傳楚薳啓彊曰羊舌肸之下八大夫
　皆諸侯之選也祁午　張趯　籍談　女齊　梁
　丙　張骼　輔躒力狄反　苗賁皇扶云反
八使號曰八俊　杜喬　周舉　郭遵　馮羡　欒
　巴　張綱　周栩　劉班　順帝時遣循行風俗
八賢　世說注晉謝萬敘四隱四顯爲八賢論以處
　者爲優出者爲劣漁父　屈原　季主　賈誼
　楚老　龔勝　孫登　嵇康
八俊言人之英猶古之八元八凱　李膺天下模楷
　李元禮　王暢天下英秀王叔茂　杜密薛瑩漢
　書杜楷天下艮輔杜周甫　朱寓天下氷陵朱季
　陵　魏朗天下忠貞魏少英　荀昱薛瑩漢書荀
　緄天下好交荀伯條　劉祐天下稽古劉伯祖
　趙典天下才英趙仲經
　張儉　檀彬　褚鳳　張肅　薛蘭　馮禧　魏
　元　徐乾
八顧言以德行引人　郭泰天下和雍郭林宗　夏
　馥天下慕侍夏子治　尹勳天下英藩尹伯元

羊陟天下清苦羊嗣祖　劉儒天下珫金劉叔林
　蔡衍天下雅志蔡孟喜　巴肅天下臥虎巴恭
　祖　宗慈天下通儒宗孝初　後漢書無劉儒有
　范滂
　田林　張隱　劉表　薛郁　王訪　劉祗　宣
　靖　公緒恭
八及言導人追宗　陳翔海內貴珍陳子鱗　張儉
　海內忠烈張元節　范滂海內奢謗范孟博　檀
　敷海內通士檀文友　孔昱海內才珍孔世元
　苑康海內彬彬苑仲眞　岑晊海內珍好岑公孝
　劉表海內所稱劉景升　後漢書無范滂有翟
　超
　朱楷　田檠　疎耽　薛敦　宋布　唐龍　嬴
　咨　宣褒
八廚言以財救人　王商海內賢智王伯義　蕃嚮
　海內修整蕃嘉景　秦周海內貞良秦平王　胡
　毋班海內珍奇胡毋季皮　劉翊海內輝光劉子
　相　王孝海內依怙王文祖　張邈海內嚴恪張
　孟卓　度尚海內清明度博平　後漢書無劉翊
　有劉儒
中興名士八八晉　世說袁宏作傳裴叔則楷　樂
　彥輔廣　王夷甫衍　庾子嵩敳　王安期承
　阮千里瞻　衛叔寶玠　謝幼輿鯤
八公　晉武帝初八公同辰攀龍附翼安平王孚太
　宰　鄭沖太傅　王祥太保　義陽王望太尉
　何曾司徒　荀顗司空　石苞大司馬　陳騫大
　將軍

漢淮南八公　左吳　李尚　蘇飛　田由　毛披　雷被　晉昌　伍被

中朝八達　董昶仲道　王澄平子　阮瞻千里　庾敳子嵩　謝鯤幼輿　胡毋輔之彥國　于法龍沙門　光逸孟祖

八伯　號兗州八伯蓋擬古之八儁阮放爲宏伯　郗鑒爲方伯　胡毋輔之爲達伯　卞壼爲裁伯　蔡謨爲朗伯　阮孚爲誕伯　劉綏爲委伯　羊曼爲黯伯

八友齊　竟陵王子良開西邸八友以文學見親待　范雲　蕭琛　任昉　王融　蕭衍　謝朓　沈約　陸倕

八俊　號陳留八俊格處仁　王孝逸　繁師元　靖君亮　鄭祖咸　鄭師善　李行簡　盧協

開元八相　通鑑元宗所用相姚崇尚通　宋璟尚法　張嘉貞尚吏　張說尚文　李元紘　杜暹尚儉　韓休　張九齡尚直

八仙　號飲中八仙賀知章　汝陽王璡　李適之　崔宗之　蘇晉　李白　張旭　焦遂

八絕吳　吳範相風　劉惇占氣　趙達算　皇象書　嚴子卿棊　宋壽占夢　曹不興畫　鄭嫗相

祝融八姓　鄭語己　董　彭　秃　妘　曹　斟　芈

吳八族　陳　桓　呂　竇　公孫　司馬　徐　傅　吳錄八族　陸機吳趨行八族未足侈四姓實名家

八柱國　西魏八人爲柱國號八柱國家宇文泰安定公　廣陵王欣　李弼趙公　李虎隴西公　獨孤信河內公　趙貴南陽公　于謹常山公　侯莫陳崇彭城公　稱門閥者咸推八柱國家

八院　唐裴寬兄弟八人皆擢明經任臺省刺史於東都治第八院相對

八氏　唐柳芳論氏族氏於國則齊魯秦吳風俗通齊魯宋衛　氏於謚則文武成宣　氏於官則司馬司徒　氏於爵則王孫公孫　氏於字則孟孫叔孫　氏於居則東門北郭　氏於志則三烏五鹿潛夫論青牛白馬　氏於事則巫乙匠陶風俗通巫卜

後魏八姓　穆　陸　賀　劉　樓　于　嵇　尉代人　魏遷洛有八氏十姓三十六族九十二姓

晉八姓　左傳叔向曰注八姓晉舊臣之族欒　郤　胥　原　狐　續　慶　伯

八世博士　自歐陽生傳伏生尚書至歙八世爲博士

八龍又曰八慈後漢　潁川語曰荀氏八龍慈明無雙　荀淑有子八人儉字伯慈　緄字仲慈　靖字叔慈　燾字慈光　汪字孟慈　爽字慈明　肅字敬慈　旉字幼慈　潁陰令苑康改其里曰高陽里以高陽氏有才子八人贊曰八慈繼塵　唐崔頲生八子皆有才世以擬漢荀氏八龍琯珣瑤珙璵瑨球其一闕　陳賀德仁兄弟八人時比漢荀氏太守改其居里爲高陽　唐劉知幾兄弟八人有名鄉人號其鄉曰高陽　伏氏譜伏羲兄弟八人世號八龍

八達　司馬防八子時號爲八達司馬朗伯達　懿仲達　孚叔達　馗季達　恂顯達　進惠達　通雅達　敏幼達　諸葛誕鄧颺等更相題表以夏侯元等爲四聰誕輩爲八達

八裴八王　世說裴王二族盛于魏晉之世八裴方八王　裴徽方王祥　裴楷方王衍　裴康方王綏　裴綽方王澄　裴瓚方王敦　裴遐方王導　裴頠方王戎　裴邈方王元

八蕭　蕭瑀時文　嵩　華　復　履初　寘　俛　思謙　倣思道　遘得聖　八葉宰相名德相望

八崔　崔珙父頲生八子皆有才世以擬漢荀氏八龍

八司馬唐　王叔文之黨韋執誼　韓泰　韓曄　柳宗元　劉禹錫　陳諫　凌準　程异

八關十六子　李逢吉黨八人而傅會又八人皆任要劇號八關十六子張又新　李續　張權輿　劉栖楚　李虞　程昔範　姜洽　李訓

八王　西晉八王汝南王亮　楚王瑋　趙王倫　齊王冏　長沙王乂　成都王穎　河間王顒　東海王越

八貴北齊　和士開　婁定遠　趙彥深　元文遙　唐邕　綦連猛　高阿那肱　胡長粲

八職　周禮宰夫辨八職正官法治要　師官成治凡　司官法治目　旅官常治數　府官契治藏　史官書贊治　胥官敘治敘　徒官令徵令

八座　後漢尚書令　僕射　六曹尚書　魏五曹

尚書　二僕射　一令　隋令　左右僕射　吏部　禮部　兵部　都官　度支　工部六曹

唐左右僕射　六尚書

八貂　左散騎常侍二人與侍中二人爲左貂　右散騎常侍二人與中書令二人爲右貂　皆金蟬珥貂謂之八貂應劭曰金取堅剛蟬居高飲潔貂內勁外溫胡廣曰趙武靈王效胡服以金璫飾首前插貂尾

八政　洪範食　貨　祀　司空　司徒　司寇　賓　師　王制齊八政以防淫飲食　衣服　事爲百工技藝　異別五方用器不同　度丈尺　量斗斛　數百十　制布帛幅廣狹

八法　周禮太宰以八法治官府官屬　官職　官聯　官常　官成　官法　官刑　官計

八則　周禮以八則治都鄙祭祀馭神　法則馭官　廢置馭吏　祿位馭士　賦貢馭用　禮俗馭民　刑賞馭威　田役馭衆

八柄　周禮以八柄詔王馭羣臣爵馭貴　祿馭富　予馭幸　置馭行　生馭福　奪馭貧　廢馭罪　誅馭過

八枋　內史八枋爵　祿　廢　置　殺　生　予　奪

八統　周禮以八統詔王馭萬民親親　敬故　進賢　使能　保庸　尊賢　達吏　禮賓

八成　小宰以官府之八成經邦治聽政音征役以比居　聽師田以簡稽　聽閭里以版圖　聽稱責以傅音附別　聽祿位以禮命　聽取予以書契　聽賣買以質劑子隨反　聽出入以要會

八議　律疏曰今之八議周之八辟也親　故　賢　能　功　貴　勤　賓　漢刑法志周官有八議　周禮小司寇以八辟麗邦法附刑罰親者王之親故者王之故舊賢有德行能有道藝功有大勳力貴大夫以上勤勞王事賓三恪二代之後　張平子說八索周禮八議之刑

鄉八刑　大司徒糾萬民不孝　不睦　不姻　不弟　不任　不恤　造言　亂民

八科　唐陳子昂奏八科措刑　官人　知賢　去疑　招諫　勸賞　息兵　安宗子

律八例　以　准　皆　各　其　及　即　若　范蜀公云若春秋之凡

八觀　呂氏春秋賢主所以論人通觀其所禮　貴觀其所進　富觀其所養　聽觀其所行　止觀其所好　習觀其所言　窮觀其所不受　賤觀其所不爲

八成　周禮士師掌士之八成注行事有八篇邦汋　邦賊　邦諜　犯邦令　撟邦令　爲邦盜　爲邦朋　爲邦誣

八佾　論語注佾舞列也　天子八　諸侯六　大夫四　士二每佾人數如其佾數　左傳服虔注天子八人諸侯六人大夫四人士二人劉原父曰士無舞穀梁傳舞夏天子八佾諸公六佾諸侯四佾文舞羽籥武舞干戚書舞干羽于兩階

八音樂器　唐樂志鎛鐘　編鐘　歌鐘　錞　鐃　鐲　鐸金　大磬　編磬　歌磬石　壎　嘂　土　雷鼓　靈鼓　路鼓　建鼓　鼗鼓　縣鼓　節鼓　拊鼓革　琴　瑟　頌瑟　阮咸　筑　絲　柷　敔　雅　應木　笙　竽　巢　和匏　簫　管　篪　笛　舂　牘竹

樂八變　三禮義宗樂八變地祇皆出　節奏俱備謂之成備而更新謂之變八變者舞八終

八寶唐　八璽皆玉爲之　神璽　受命璽餘同漢六璽爲八寶　武后改諸璽名爲寶中宗復爲璽開元復爲寶

八蜡　先嗇　司嗇　農　郵表畷　貓虎　坊　水庸　昆蟲　禮記郊特牲王肅分貓虎爲二無昆蟲橫渠先生曰百種八也昆蟲是爲害者不常祭

八次八舍　周禮宮伯注在內爲次　在外爲舍　衞王宮者居四角四中

綬八等　續漢志黃赤綬乘輿四采　赤綬諸侯王四采　綠綬相國三采　紫綬公侯將軍三采　青綬卿中二千石二千石三采　黑綬千石六百石三采　黃綬四百石三百石二百石二采　青紺綸百石一采

八陣　風后握機文天　地　風　雲　虎翼　蛇蟠　飛龍　鳥翔

諸葛武侯洞當　中黃　龍騰　鳥飛　折衝　虎翼　握機　衡

文選注孫子難兵書方　圓　牝　牡　衝　輪　浮沮一作罘罝　鴈行

黃帝金　土　水　火　木　太公地　人　天

蔡季通說握機之外別有八陳

吳子車箱　車軒　曲二　直　衡　掛　鵝鶴

衛尉八屯　漢張衡西京賦衛尉八屯警夜巡晝注衛尉率吏士周宮外於四方四角立八屯

八矢　枉　絜　殺　鍭　矰　茀　恒　庳方二反　唐弓弩各有四枉殺矰恒弓所用也絜鍭茀庳弩所用也

八神　漢元封元年用事八神天主祠天齋　地主祠泰山梁父　兵主祠蚩尤　陰主祠三山　陽主祠之罘山　月主祠萊山　日主祠成山　四時主祠琅邪　或曰太公以來作之

後宮八區　漢張衡西京賦應劭曰後宮有八區昭陽　飛翔　增成　合驩　蘭林　披香　鳳凰　鴛鸞　增成第三

八科　宋太平興國二年講武殿覆試八科九經　五經　開寶通禮　三禮　三傳　三史　學究　明法

八行　大觀元年詔士有八行貢入太學孝　悌　睦　婣　任　恤　忠　和

八材　周禮太宰注百工飭化八材珠曰切　象曰瑳　玉曰琢　石曰磨　木曰刻　金曰鏤　草曰剝　羽曰析　爾雅骨謂之切

八鸞　鸞在鑣四馬則八鸞　詩箋鸞鑣也効鸞鳥之聲鑣乃馬銜也

八尊　周禮酒正祭祀共五齊三酒以實八尊疏云五齊五尊　三酒三尊

八珍　周禮膳夫珍用八物食醫八珍之齊內則淳熬　淳母讀曰模　炮豚　炮牂　擣珍　漬　肝膋

八簋　詩伐木陳饋八簋注祭統八簋之實注云天子之祭八簋

八德　莊子齊物論左　右　倫　義　分　辯　競　爭

八疵　莊子人有八疵總　佞　諂　諛　讒　賊　慝　險

八戒　徐鉉保身八戒屈己　任運　觀行　守一　忘言　省己　存神　量味

八疾　國語籧篨　戚施　僬僥　侏儒　矇瞍　嚚瘖　聾聵　僮昏

八穀　本草注黍　稷　稻　粱　禾　麻　菽　麥　大象賦注稻　黍　大麥　小麥　大豆　小豆　粟　麻

八龜　史記龜策傳凡八名龜北斗　南辰　五星　八風　二十八宿　日月　九州　王龜

八駿　列子周穆王穆天子傳華騮　綠耳　赤驥　白義　渠黃　踰輪　盜驪　山子　王子年拾遺記穆王御八龍之駿絕地　翻耳　奔霄　超影　踰輝　超光　騰霧　挾翼

八枳　東觀記作八枳德枳維大人　大人枳維公　公枳維卿　卿枳維大夫　大夫枳維士　國枳維都　都枳維邑　邑枳維家

八坊　唐馬七十萬六千置八坊岐豳涇寧間保樂　甘露　南普潤　北普潤　岐陽　太平　宜祿　安定　凡監四十有八

八物　易說卦以物擬八卦乾爲馬健　坤爲牛順　震爲龍善動　巽爲雞善伏　坎爲豕質躁而外汙　離爲雉質野而外明　艮爲狗前剛而止物　兌爲羊內狠而外說

欽定古今圖書集成曆象彙編曆法典

第一百三十七卷目錄

數目部彙考九

九類

曆法典第一百三十七卷

數目部彙考九

九類　小學紺珠

九天　淮南子天有九野中央鈞天　東方蒼天　東北變天　北方元天　西北幽天　西方昊天　西南朱天　南方炎天　東南陽天　廣雅九天東方皡天南方赤天西方成天餘同　漢書郊祀志注東北旻天　爾雅春爲蒼天夏爲昊天秋爲旻天冬爲上天　離騷經指九天以爲正　周禮疏尚書說云天有五號尊而君之則曰皇天元氣廣大則稱昊天仁覆愍下則稱旻天自上監下則稱上天據遠視之則稱蒼天　楚辭天問圜則九重注九陽數之極所謂九天中天羨天從天更天睟天廓天減天沈天成天　太元九天皆元首爲天名八十一首周九天

九道　月令正義鄭康成注考靈曜日有九道黃道一　青道二東　赤道二南　白道二西　黑道二北　漢天文志日有中道月有九行中道者黃道一曰光道　續漢曆志日舒月速當其同謂之合朔近一遠三謂之弦衡分天中謂之望光盡體伏謂之晦

九紀又曰九星　周書辰以紀日　宿以紀月　日以紀德　月以紀刑　春以紀生　夏以紀長　秋以紀殺　冬以紀藏　歲以紀終

九宮九星　唐會要黃帝九宮經太一星天蓬坎水白　攝提天內坤土黑　軒轅天衝震木碧　招搖天輔巽木綠　天符天禽坤土黃　青龍天心乾金白　咸池天柱兌金赤　太陰天任艮土白　天一天英離火紫　星經曰太一下行八卦之宮每四乃還於中央　素問太始天元冊文九星注天蓬至天英　易乾鑿度鄭元注太一行九宮始於坎坤震巽中央乾兌艮終於離以陽出以陰入陽起於子陰起於午　張衡曰聖人明天數審律曆重之以卜筮雜之以九宮

九州星土　天官書角亢氐兗州鄭　房心豫州宋　尾箕幽州燕　斗江湖　牽牛婺女揚州吳越　虛危青州齊　營室至東壁幷州衛　奎婁胃徐州魯　昴畢冀州趙　觜觿參益州魏　東井輿鬼雍州秦　柳七星張三河周　翼軫荊州楚　此繫之二十八宿　星經歲星主泰山徐青兗州　熒惑主霍山揚荊交州　鎭星主嵩高山豫州　太白主華陰山涼雍益州　辰星主恆山冀幽幷州　此繫之五星　雍主魁　冀主樞　青兗主機　揚徐主權　荊主衡　梁主開陽　豫主搖光　此繫之北斗杓自華以西南衡殷中州河濟之間魁海岱以東北保章氏解十二次分十二土合而言則爲九州

渾儀九事　至道元年韓顯符渾儀九事天經雙規　游規　直矩　規管　平準輪　赤道環　黃道環　龍柱　水臬

九垓　九重之天　司馬相如傳上暢九垓垓重也　郊祀歌九閡閡亦陔也淮南子九陔之上謂九天之上　胡安定先生易說人一呼一吸謂之一息一息之間天行八十餘里人之一晝一夜有萬三千六百餘息是故一晝一夜而天行九十餘萬里

九簭　巫更　巫咸　巫式　巫目　巫易　巫比　巫祠　巫參　巫環　簭人巫讀爲簭或曰以其人名書

九弄　唐樂志琴工猶傳楚漢舊聲及淸調蔡邕五弄　楚調四弄　謂之九弄

九天九地　九天之上六甲子　九地之下六癸酉　後漢書注元女三宮戰法

九州　淮南子東南神州曰農土　正南次州曰沃土　西南戎州曰滔土　正西弇州曰幷土　正中冀州曰中土　西北台州曰肥土　正北濟州曰成土　東北薄州曰隱土　正東陽州曰申土　周禮疏曰自神農已上有大九州柱州迎州神州之等至黃帝德不及遠惟於神州之內分爲九州　鄒衍曰中國名曰赤縣神州赤縣神州內自有九州禹之序九州是也中國外如赤縣神州者九乃所謂九州也有裨海環之一區中爲一州如

此者九有大瀛海環其外　春秋命曆序人皇氏分九州神農始立地形甄度四海　祭法共工氏霸九州

九州九牧　書禹貢禹別九州左傳九牧九州之牧冀堯所都　兗濟河　青海岱　徐海岱及淮揚淮海　荆荆及衡陽　豫荆河　梁華陽黑水雍黑水西河　始冀次兗而終於雍言治水之序禹貢有青徐梁而無幽并營爾雅有徐幽營而無青梁并職方有青幽并而無徐梁營三代不同故也　朱子曰中古之地但爲九州禹治水作貢亦因其舊舜卽位分十有二州

殷九州又曰九有九圍　冀兩河間　豫河南　雝河西　荆漢南　揚江南　兗濟河　徐濟東幽燕　營齊　爾雅注此葢殷制商書九有之師商頌奄有九有帝命式於九圍注九州之界文王三分天下有其二荆梁雍豫徐揚惟青兗冀屬紂

周九州　周禮職方氏辨九州之國揚東南　荆正南　豫河南　青正東　兗河東　雍正西　幽東北　冀河內　并正北　職方氏始揚次荆而終於并言遠近之序

周九州　呂氏春秋豫周　冀晉　兗衞　青齊徐魯　揚越　荆楚　雍秦　幽燕　後漢贊九縣注九州也

周九服又曰九畿　侯　甸　男　采　衞　蠻夷　鎮　藩　周禮職方氏辨九服之邦國方千里曰王畿其外方五百里大司馬九畿之籍方千里曰國畿自商以前井畿內爲五服周公致太平除畿內更制天下爲九服

九河　爾雅孟子禹疏九河徒駭　太史　馬頰覆鬴　胡蘇　簡　絜曾氏以簡絜爲一其一則河之經流也　鉤盤　鬲津　徒駭是河之本道一分爲八枝　許商得其三杜佑通典得其六歐陽忞輿地記又得其一或新河而載以舊名或一地而互爲兩說　鄭氏以爲齊桓塞其八流以自廣　漢王橫言九河之地爲海水所漸　酈道元謂九河碣石苞淪於海

九山　淮南子會稽　泰山　王屋　首山　太華岐山　太行　羊腸　孟門

史記正義道九山汧　壺口　砥柱　太行　西傾　熊耳　嶓冢　內方　汶　書說自岍岐至敷淺原　國語禹封崇九山注九州之山

職方氏九州山鎮會稽　衡山　華山　沂山岱山　嶽山　醫無閭　霍山　恆山

九川　史記正義道九川弱水　黑水　河　漢索隱漾　江　沇　淮　渭　洛　禹貢正義所導九水自北爲始

九州名川　書予決九川注職方氏九州川三江江漢　滎雒　淮泗　河泲　涇汭　河泲　漳虖池嘔夷

九江　禹貢釋文尋陽地記烏白江　蚌江　烏江嘉靡江　畎江　源江　廩江　提江　箘江張須元緣江圖始於鄂陵終於江口會於桑落洲三里江　五州江　嘉靡江　烏土江　白蚌江　白烏江　箘江　沙提江　廩江　劉歆以爲湖漢九水入彭蠡澤太康地記　漢志在廬江郡之尋陽縣　水經在長沙下雋西北　胡氏以洞庭爲九江　曾氏謂過九江至於東陵東陵今之巴陵巴陵之上卽洞庭也考之前志沅水漸水無水辰水敘水酉水醴水湘水資水皆合洞庭中東入於江　賈誼書曰禹鑿江而導之九路

九藪　呂氏春秋具區越　雲夢楚　陽陓秦　淮南子陽紆　大陸晉　圃田梁　說文甫田　孟諸宋海隅齊　鉅鹿趙　大昭燕淮南子昭余祈漢書八藪有大野無鉅鹿大昭國語禹豐殖九藪

九澤　九澤旣陂禹貢注九州之澤國語陂障九澤職方氏九州澤藪具區揚　雲夢荆　圃田豫孟諸青　大野兗　弦蒲雍　貕養幽　揚紆冀　昭餘祈并

九州之險　左傳司馬侯對晉侯四嶽　三塗　陽城　大室大音泰　荆山　中南　漢郊祀志自崤以東名山五太室恒山泰山會稽湘山自華以西名山七華山薄山嶽山岐山吳山鴻冢瀆山

九采　明堂位九采之國九州之牧典貢賦者

九塞　淮南子呂氏春秋大汾　澠阸呂氏春秋冥阨　荆阮　方城　殽阪　井陘　令疵　句注居庸

九等　周禮以土均之法辨五物九等騂剛　赤緹墳壤　渴澤　鹹潟　勃壤　埴壚　彊檃輕爂

九野　八方　中央　淮南子通九野徑十門八方上下

九國　漢諸侯王表尊王子弟大啓九國齊　楚
荆吳　淮南　燕　趙　梁　代　淮陽
九國　過秦論九國之師齊　楚　燕　趙　韓
魏　宋　衛　中山
九土　左傳楚蒍掩書土田注云九土度山林　鳩
藪澤　辨京陵　表淳鹵　數疆潦　規偃豬
町原防　牧隰皐　井衍沃
九地　太元九地高下有差而別其名涉泥　澤地
沚崖　下田　中田　上田　下山　中山
上山　詩信彼南山南東其畝注云其遂東入於
溝則畝南其遂南入於溝則畝東
九等田　周禮載師疏云六鄉之外有九等之田廛
里　場圃　宅田　士田　賈田　官田　牛田
賞田　牧田
九畡　九州之極數　國語計億事材兆物收經入
行姟極王者居九畡之田收經入以食兆民注數
極於姟萬萬曰姟
九淵　列子鯢旋　止水　流水　濫水　沃水
氿水　雍水　汧水　肥水
州府九等　陸贄奏議州府有九等之差京府　都
督都護府　四輔　六雄　十望　十緊　上州
中州　下州
九夷　爾雅疏元菟　樂浪　高驪　滿飾　鳧更
索家　東屠　倭人　天鄙　論語孔子欲居
九夷畎夷　于夷　方夷　黃夷　白夷　赤夷
元夷　風夷　陽夷
九族　堯典以親九族孔氏傳上自高祖　下至元
孫　詩序棄其九族鄭氏箋　朱文公書說高祖
至元孫之親舉近以該遠五服異姓之親亦在其
中
禮記親親以三爲五已上親父下親子三也以父
親祖以子親孫五也　以五爲九以祖親高祖以
孫親元孫九也
父族四　母族三　妻族二　異義夏侯歐陽說
異姓有親屬者　白虎通　朱文公從孔傳夏氏
從夏侯歐陽
左傳親其九族杜氏注外祖父　外祖母　從母
子　妻父　妻母　姑之子　姊妹之子　女子
之子　己之同族
九屬　太元注九族之序元孫　曾孫　仍孫　子
身　父　祖父　曾祖父　高祖父
九兩　周禮太宰以九兩繫邦國之民牧以地得民
長以貴得民　師以賢得民　儒以道得民
宗以族得民　主以利得民　吏以治得民　友
以任得民　藪以富得民
九序　太元孟孟仲季　仲孟仲季　季孟仲季
九等　漢古今人表列九等之序上上聖人始於宓
犧　上中仁人　上下智人　中上　中中　中
下　下上　下中　下下愚人始於蚩尤　白虎
通禮別名記五人曰茂　十人曰選　百人曰俊
千人曰英　倍英曰賢　萬人曰傑　萬傑曰
聖　鶡冠子德萬人者謂之俊　德千人者謂之
豪　德百人者謂之傑　荀子俗人　俗儒　雅
儒　大儒　荀子大儒者天子三公也　小儒者
諸侯大夫士也　衆人者工農商賈也
九德　皐陶謨亦行九德寬而栗　柔而立　愿而
恭　亂而敬　擾而毅　直而溫　簡而廉　剛
而塞　彊而義　上九字人之性質下九字以輔
成其德明其德之不偏三德有家六德有邦九德
之中有其三有其六也
文王九德　左傳心能制義曰度　德正應和曰莫
照臨四方曰明　勤施無私曰類　教誨不倦
曰長　賞慶刑威曰君　慈和徧服曰順　擇善
而從之曰化　經緯天地曰文
九思　論語君子有九思視思明　聽思聰　色思
溫　貌思恭　言思忠　事思敬　疑思問　忿
思難　見得思義
九容　禮記玉藻足容重　手容恭　目容端　口
容止　聲容靜　頭容直　氣容肅　立容德
色容莊
九言　左傳子大叔語趙簡子九言無始亂　無怙
富　無恃寵　無違同　無敖禮　無驕能　無
復怒　無謀非德　無犯非義　古者以一句爲
一言一言蔽之曰思無邪揚之水卒章之四言秦
漢以來衆儒訓詁乃有句稱
九年大成　學記比年入學每歲　中年考校間歲
一年視離經辨志　三年視敬業樂羣　五年
視博習親師　七年視論學取友謂之小成　九
年知類通達強立而不反謂之大成
九藏又曰九紀　周禮注正藏五　胃　膀胱　大
腸　小腸　國語史伯曰建九紀以立純德注九

藏也正藏五又有胃膀胱腸膽莊子釋文身別有九藏氣天候頭角之氣人候耳目之氣地候口齒之氣三部各有天地人神藏五形藏四故九五管五藏之腧

九竅　周禮注陽竅七　陰竅二　太元一六爲前爲耳水　二七爲目火　三八爲鼻木　四九爲口金　五五爲後土　易咸主心故言拇言股言心言頰舌皆在前者艮主背故言趾言限言躬言輔皆在後者

九捧音拜　周禮大祝辨九捧以享右祭祀稽首　頓首　空首　振動　吉捧　凶捧　奇捧奇稱之奇　褒捧音報　肅捧

九候　素問難經三部寸關尺　九候浮中沉

九體　太元手足　脊膂　股肱　腰　腹　肩　喉嗗音瘕咕謂唐胡　面　顙

九徵　莊子九徵至不肖人得矣遠使之而觀其忠　近使之而觀其敬　煩使之而觀其能　卒然問焉而觀其知　急與之期而觀其信　委之以財而觀其仁　告之以危而觀其節　醉之以酒而觀其則　雜之以處而觀其色

九徵　劉邵人物志九徵皆至純粹之德神　精　筋　骨　氣　色　儀　容　言

九經　經典釋文序錄易　書　詩　周禮　儀禮　禮記　春秋　孝經　論語　漢志六藝九種易　書　詩　禮　樂　春秋　論語　孝經　小學　唐谷那律稱爲九經庫九經之名始見　韋表微著九經師授譜　後唐校九經鏤本於國子監

洛書九類　孔安國云禹治水時神龜負文而列於背有數至九禹遂因而次第之以成九類　九前一後　三左　七右　四前左　二前右　八後左　六後右　關子明洞極經易大傳曰河出圖洛出書聖人則之

九卦　易繫辭三陳九卦以明處憂患之道履　謙　復　恒　損　益　困　井　巽　初陳　履德之基　謙德之柄　復德之本　恒德之固　損德之修　益德之裕　困德之辯　井德之地　巽德之制　再陳　履和而至　謙尊而光　復小而辯於物　恆雜而不厭　損先難而後易　益長裕而不設　困窮而通　井居其所而不遷　巽稱而隱　三陳　履以和行　謙以制禮　復以自知　恒以一德　損以遠害　益以興利　困以寡怨　井以辯義　巽以行權　先釋卦名　次言兩卦之體　末推卦用

九丘　左傳書序九州之志謂之九丘　劉原父云即九共九篇古文丘與共相近故誤爲共　禹貢言形質九丘言情性　馬融說九州之數　賈逵說九州亡國之戒　張平子說周禮之九刑

九疇又曰九章九法　洪範一五行　二五事　三八政　四五紀　五皇極　六三德　七稽疑　八庶徵　九五福六極　劉歆云河圖洛書相爲經緯八卦九章相爲表裏

九能　毛詩傳君子能此九者可謂有德音可以爲大夫也建邦能命龜　田能施命　作器能銘　使能造命　升高能賦　師旅能誓　山川能說　喪紀能誄　祭祀能語

九禮　大戴禮記冠　婚　朝　聘　喪　祭　賓　主　鄉飲酒　軍旅　此之謂九禮

九招樂音韶招　史記帝舜紀舜樂簫韶九成故曰九招　大司樂九磬之舞劉原父曰招有九名識其名爲祈徵角之謂也

九夏　王夏　肆夏　昭夏　納夏　章夏　齊夏　族夏　祴夏古哀反　驁夏五羔反　側皆反　周禮鍾師以鍾鼓奏九夏夏大也樂之大歌有九九夏皆詩篇名頌之族類也

九旨三科九旨　何休說新周故宋以春秋當新王此一科三旨也　所見異辭所聞異辭所傳聞異辭此二科六旨也　內其國而外諸夏內諸夏而外夷狄此三科九旨也

易九家　釋文序錄荀爽　京房　馬融　鄭元　宋衷　虞翻　陸績　姚信　翟子元　荀爽九家集解

易九師說　漢藝文志淮南王安聘明易者九人號九師說

易九圖　朱文公易本義易之圖九河圖　洛書　伏羲八卦次序　八卦方位　六十四卦次序　六十四卦方位　伏羲四圖其說出邵氏　文王八卦次序　八卦方位　卦變

鄭氏九書　唐劉子元曰晉中書簿凡九書皆曰鄭氏名元注周易　尚書　尚書中候　尚書大傳　毛詩　周禮　儀禮　禮記　論語

九數章即九　周禮保氏注內則十年學書計謂六書九數　方田以御田疇界域　粟米以御交質變易　差分一名衰分以御貴賤廩稅　少廣以御積冪方圓　商功以御功程積實　均輸以御遠近勞費　盈朒一名不足以御隱雜互見　方程以御錯糅正負　句股一名旁要以御高深廣遠

九流　藝文志儒家出於司徒之官　道家出於史官　陰陽家出於義和之官　法家出於稷官　名家出於禮官　墨家出於清廟之官　從橫家出於行人之官　雜家出於議官　農家出於稷之官　幷小說爲十家小說家出於稗官

九引　風俗通烈女楚樊妃　伯妃魯伯妃　貞女魯大室女　思歸衛女　霹靂楚商梁　走馬樗里牧恭　箜篌霍子高卽公無渡河　琴引秦屠門高　楚引楚龍丘子

通典九門　食貨　選舉　職官　禮　樂　兵　刑　州郡　邊防　杜佑撰宋白等續

黃帝九經　黃帝內經十八卷　九卷素問第七一卷師氏藏之今惟八卷　九卷靈樞鍼經　皇甫謐曰黃帝創制於九經

宋頌九篇　石介作皇祖　聖神　湯湯　莫醜　金陵　聖文　六合雷聲　聖武　明道

九主　三皇　五帝　夏禹　史記伊尹言素王及九主之事索隱云或曰謂九皇

九職又曰九佐　說苑堯知九職之事又戰國策堯有九佐舜爲司徒　契爲司馬　禹爲司空　后稷爲田疇　夔爲樂正　倕爲工師　伯夷爲秩宗　皋陶爲大理　益掌毆禽

九官　伯禹宅百揆　棄后稷　契作司徒　皋陶作士　垂共工　益作朕虞　伯夷作秩宗　夔典樂　龍納言　舜典咨汝二十有二人注禹垂益伯夷夔龍六人新命有職四岳十二牧凡二十有二人薛氏曰四岳十二牧九官也四岳爲一人漢劉更生曰舜命九官濟濟相讓

九老　唐書皆高年燕集人繪爲九老圖胡杲八十九　吉皎八十六　鄭據八十四　劉眞一作嘉盧眞皆八十二　張渾　白居易皆七十四　狄兼謨　盧貞皆未七十

至道九老　張好問年八十五　李運年八十　宋琪　武允成皆年七十九　僧贊寧年七十八　魏丕年七十六　楊徽之年七十五　朱昂　李昉皆年七十一

九宗　懷姓九宗一姓爲九族　左傳翊九宗五正頃父之子嘉父逆晉侯於隨注唐叔始封受懷姓九宗職官五正遂世爲晉强家

九事　風俗通氏姓篇凡氏之興九事　號唐虞夏殷　諡　爵　國　官　字　居　事　職

劉氏九王　漢酈寄曰劉氏所立九王　楚　齊　吳　淮南　燕　梁　淮陽　趙　代

九龍　後魏崔長瑜子樞等九人號九龍　北齊王昕母生九子皆麗藉號王氏九龍

九世清德　羊祜世吏二千石九世並以清德聞

宗室九相　傳贊唐宰相以宗室進者九人李適之　峴　勉　夷簡　程　石　回　知柔　林甫　宗室表宰相十一人福宗閔親王宰相四人秦　齊平雍

九節度　唐郭子儀朔方　魯炅淮西　李奐興平　許叔冀滑濮　李嗣業鎮西北庭　李廣琛鄭蔡　崔光遠河南　李光弼河東　王思禮關內澤潞　肅宗以子儀光弼皆元勳難相統屬故不置元帥九節度之兵潰於相州

九命　周禮大宗伯以九儀之命正邦國之位壹命受職　再命受服　三命受位　四命受器　五命賜則　六命賜官　七命賜國　八命作牧　九命作伯　後周九命每命爲二以正爲上凡十八命

九儀　大行人以九儀辨諸侯之命等諸臣之爵命者五　公侯伯子男　爵者四　孤卿大夫士　掌交九禮之親注九儀之禮　秦漢設九賓

九牧　周禮掌交九牧之維九州之牧

九府　漢食貨志大公爲周立九府圜法大府　玉府　內府　外府　泉府　天府　職內　職金　職幣

九卿又曰九列　太常奉常　光祿勳郎中令　衛尉中大夫令　太僕　廷尉大理　大鴻臚典客　大行令　宗正宗伯　大司農治粟內史大農令　少府

隋爵九等　國王　郡王　國公　郡公　縣公　侯　伯　子　男

唐爵九等　唐志王一　嗣王郡王二　國公三　開國郡公四　縣公五　侯六　伯七　子八

男九
九寺　隋唐太常　光祿　衛尉　宗正　太僕　大理　鴻臚　司農　大府
九品　通典漢自中二千石至百石凡十六等　後漢十三等　魏更置九品
九博士　晉元帝置博士九人周易王氏　尚書鄭氏　古文尚書孔氏　毛詩鄭氏　周官禮記鄭氏　春秋左傳杜氏服氏　論語孝經鄭氏　又增儀禮春秋公羊合爲十一人
九功九德九歌　九功之德皆可歌謂之九歌　六府三事謂之九功　大禹謨九功惟敘　左傳九敘惟歌　周禮大司樂九德之歌瞽矇掌九德之歌　漢禮樂志周官國子學歌九德其注云九功之德也
九職九功　以九職任萬民大府九功謂九職掌交九稅之利注所稅民九職也三農生九穀　園圃毓草木　虞衡作山澤之財　藪牧養蕃鳥獸　百工飭化八材　商賈阜通貨賄　嬪婦化治絲枲　臣妾聚斂疏材　閒民轉移執事
九賦　以九賦斂財賄小司徒九比邦中　四郊　邦甸　家削所敎切　邦縣　邦都　關市　山澤　幣餘
九式　以九式均節財用司書九事謂九式祭祀　賓客　喪荒　羞服　工事　幣帛　芻秣　匪頒　好用
九貢　以九貢致邦國之用司書九正謂九賦九貢　正稅祀貢　嬪貢　器貢　幣貢　材貢　貨貢　服貢　斿貢　物貢
九法　周禮大司馬建邦國之九法掌交九禁注九法之禁制畿封國　設儀辨位　進賢興功　建牧立監　制軍詰禁　施貢分職　簡稽鄉民　均守平則　比小事大
九經　中庸凡爲天下國家有九經修身　尊賢　親親　敬大臣　體羣臣　子庶民　來百工　柔遠人　懷諸侯
九刑　左傳周公制禮曰在九刑不忘正刑五　流　宥　鞭　扑　贖
九合　論語齊桓公九合諸侯不以兵車謂衣裳之會也會鄄　又會鄄　會幽　又會幽　會檉　會貫　會首戴左氏作首止　會甯母　會葵丘　穀梁傳云衣裳之會十有一不取北杏及陽穀爲九論語疏　史記漢志注兵車之會三北杏　陘　新城　乘車之會六鄄二　幽　首止　洮　葵丘　齊語兵車之會六北杏　鄄二　檉　鹹　淮　乘車之會三陽穀　首止　葵丘　左傳晉悼公八年之中九合諸侯謂會戚　會城棣　會鄬　會邢丘　盟戲　會柤　戍虎牢　同盟亳城北　會蕭魚
九惠　管子九惠之敎老老　慈幼　恤孤　養疾　合獨　問疾　通窮　振困　接絕
九變　莊子古之語大道者五變而刑名可舉九變而賞罰可言也明天　道德　仁義　分守　刑名　因任　原省　是非　賞罰　文中子化至九變王道其明乎注孔子曰三年有成九成二十七年漢武帝詔曰詩云九變復貫知言之選
九品九班　魏尚書陳羣立九品官人之法　州郡皆置中正擇有識鑒者爲之區別人物第其高下　晉劉頌轉吏部尚書爲九班之制
九章　漢蕭何加李悝所造戶興廄三篇謂之九章之律
九典　周書文政篇順九典祇道　稱賢　典師　四戚　伍長　羣長　羣醜　什長　戒卒
九伐九戎　周禮大司馬九伐之法掌交九戎之威注九伐之戎眚　伐　壇音善　削　侵　正　殘　杜　滅
九鼎　漢郊祀志禹收九牧之金鑄九鼎象九州　左傳武王克商遷九鼎於雒邑
九文　山一　龍二　華三　蟲四　藻五　火六　粉米七　黼八　黻九　左傳杜預注以華蟲爲二
九章　龍一　山二　華蟲三　火四　宗彝五衣畫以爲繢登龍於山登火於宗彝　藻六　粉米七　黼八　黻九裳絺以爲繡　周禮司服注周制以日月星辰畫於旂而袞冕九章以龍爲首鷩冕七章華蟲爲首毳冕五章虎蜼爲首希冕三章元冕一章
九服　周禮屨人注王吉服有九舄有三等冕服六大裘至元冕　弁服三韋弁皮弁冠弁
九旗　司常掌九旗日月爲常王　交龍爲旂諸侯　青龍　通帛爲旜孤卿　雜帛爲物大夫士　熊虎爲旗師都　鳥隼爲旟州里朱雀　龜蛇爲旐

縣鄙元武　全羽爲旞道車　析羽爲旌斿車

九章　管子兵法九章著明日晝行　月夜行　龍行水　虎行林　鳥行陂　蛇行澤　鵲行陸　狼行山　韓韜也載食而駕

樂九變　樂九變人鬼皆得而禮　節奏俱備謂之成備而更新謂之變三禮義宗樂九變者舞九終

九寶宋　鎭國　受命　定命　倂六璽爲九寶

九祭　大祝辨九祭命祭　衍祭　炮祭　周祭皆祭鬼神而之事　振祭　擩祭擩而泉反　絕祭　繚祭　共祭共音恭皆主人祭食之禮

九門　月令注路　應　雉　庫　皐　城　近郊　遠郊　關天子九門

九賓　續漢禮儀志大鴻臚設九賓薛綜注王　侯　公　卿　二千石　六百石　郎吏　匈奴侍子　韋昭曰周禮九儀也　劉敞之說謂擯者九人

九軍　莊子勇士一人雄入於九軍注天子六軍諸侯三軍

九府　爾雅醫無閭之珣玗琪東方之美　會稽之竹箭東南　梁山之犀象南方　華山之金石西　霍山之多珠玉西方　崐崙虛之璆琳琅玕西北　幽都之筋角北方　斥山之文皮東北　岱嶽五穀魚鹽中

武舞九器　宋祁大樂圖義論武舞所執九器干　戚　旌　翿　鐸　錞　相　雅　鐃

九鼎　中曰帝鼎　八方曰蒼彤晶寶魁阜壯風　崇寧三年鑄　政和禮制宗廟九鼎　三爲牲牛

羊豕　六爲庶羞

九玉　唐王起請造禮神九玉蒼璧　黃琮　青圭　赤璋　白琥　元璜　兩圭有邸　四圭有邸　圭璧

九廟　武德元年始立四廟正觀七年立七廟開元十年增太廟爲九室　終唐之世常爲九代十一室

九陌錢　梁武帝大同元年詔外間多用九陌錢可通用足陌大同後八十爲百名東錢七十爲百名西錢京師九十爲百名長錢宋晉平王休祐以短錢一百賦民　唐昭宗末京師用錢每百纔八十五河南府以八十爲百五代錢出入皆以八十爲陌漢三司使王章始令入者八十出者七十七謂之省陌

九室　考工記匠人內有九室路寢之裏　外有九室路門之表

京師九門唐　明德　啓夏　安化南　春明　通化　延興東　金光　開遠　延平西　北面無門隋志北面光化一門

九市漢　西都賦注漢宮闕疏長安立九市六在道西三在道東

九劍　棠谿　墨陽　合伯　鄧師　宛馮　龍淵　大阿　莫耶　干將　史記索隱晉太康地理志天下寶劍韓爲衆　桓公之葱　太公之闕　文王之錄　莊周之智　闔閭　干將　莫耶　鉅闕　辟閭　荀子皆古之良劍

九錫　韓詩外傳諸侯有德天子錫之車馬　衣服　樂器　朱戶　納陛　虎賁百人　斧鉞　弓矢　秬鬯　禮含文嘉

九和弓　考工記材美工巧爲之時謂之參均　角不勝幹幹不勝筋謂之參均量其力有參均均者三謂之九和

九獻　左傳正義上公九獻　侯伯七獻　子男五獻　周禮大行人儀禮主人酌以獻賓賓酢主人主人又酌以酬賓乃成一獻之禮九獻者九爲獻酬酌禮始畢

九醞　三日一釀滿九斛米止　南都賦九醞甘醴注魏武上九醞酒奏曰云云廣雅醞投也酒經曰九投

九種鹽　白鹽　食鹽　黑鹽　胡鹽　戎鹽　赤鹽　駮鹽　臭鹽　馬齒鹽　北史李孝伯傳四種非食鹽

九弊　唐陸贄請數對羣臣云九弊不去上有其六好勝人　恥問過　騁辨給　眩聰明　厲威嚴　恣彊愎　下有其三　諂諛　顧望　畏愞

九穀　大宰九穀鄭司農注黍　稷　秫　稻　麻　大小豆　大小麥　康成謂無秫大麥而有粱苽苽彫胡也古今注黍稷稻粱二豆二麥

九扈　左傳少皞名官春扈鳻鶞　夏扈竊元　秋扈竊藍　冬扈竊黃　棘扈竊丹　行扈唶唶　宵扈嘖嘖　桑扈竊脂　老扈鷃鷃

九龜　唐六典太卜卜龜九類石龜　泉龜　蔡龜　江龜　洛龜　海龜　河龜　淮龜　旱龜

九逸　西京雜記漢文帝良馬浮雲　赤電　絕羣逸驃　紫燕騮　綠螭驄　龍子　驎駒　絕塵

鳳九苞　論語緯口包命不妄鳴也　心合度進退精也　耳聽達居高明也　舌詘伸能變聲也彩色光文采呈也　冠矩朱南方行也　距銳鉤武可稱也　音激揚聲遠聞也　腹文戸不妄納也

九棘　周禮朝士外朝之法左九棘孤卿大夫位焉右九棘公侯伯子男位焉取其赤心而外刺

九射　歐陽文忠公九射格其物九爲一大侯而寓以八侯熊當中　虎居上　鹿在下　雕雉猿居右　鴈兔魚居左

欽定古今圖書集成曆象彙編曆法典

第一百三十八卷目錄

曆法典第一百三十八卷

數目部彙考十

十類　　小學紺珠

十煇　周禮眡祲掌十煇之法注煇日之光氣也音運　祲陰陽氣相侵　象陰柔附日凝結成象　鑴日旁氣刺日許規切　監陰氣抱日如冠珥　闇陰氣閉日方晝而闇　瞢陰氣蒙蔽日光瞢然　彌氣貫日　敘陰氣不常以敘而至　隮虹也　想雜氣有似可形想

太一十神　五福　君基　大遊　小遊　天一　地一　四神　臣基　民基　直符　宋朝太平興國六年楚芝蘭言按太一式十神皆天之尊神行五宮四十五年一移二百二十五年而一周

十幹又曰十日十母　甲乙木　丙丁火　戊己土　庚辛金　壬癸水　白虎通甲乙者幹也　周禮十日之號　大撓作甲子甲乙謂之幹子丑謂之枝枝幹相配以成六旬　史記律書十母

歲陽十號　爾雅閼逢甲史記焉逢　旃蒙乙史記端蒙　柔兆丙史記游兆　彊圉丁史記彊圉音語　著雍戊史記徒維　屠維己史記祝犂　上章庚史記商橫　重光辛史記昭陽　元黓壬史記橫艾　昭陽癸史記尚章

數十等　數術記遺黃帝爲法數有十等億　兆　京　垓　秭　壤　溝　澗　正　載

納甲十　乾納甲壬月盈甲望壬二十九日　坤納乙癸月滅乙晦癸二日　震納庚月出生明　巽納辛月退生魄　坎納戊水流月陰中　離納己火就日陽中　艮納丙月消下弦　兌納丁月見上弦

曆議十篇　曆本議　中氣議　合朔議　卦候議　卦議　日度議　九道議　日蝕議　五星議

唐一行大衍曆議十篇志載其九

十連五國十連　禮記王制五國以爲屬屬有長十國以爲連連有帥三十國以爲卒卒有正二百一十國以爲州州有伯八州八伯五十六正百六十八帥三百三十六長

十藪　爾雅大野魯　大陸晉　楊陓秦淮南子陽紆　孟諸宋　雲夢楚　具區吳越　海隅齊　昭余祁燕　圃田鄭　焦護周

十道　唐太宗因山川形便分天下爲十道關內　河南　河東　河北　山南　隴右　淮南　江南　劍南　嶺南

十節度唐　通鑑安西　北庭　河西　朔方　河東　范陽　平盧　隴右　劍南　嶺南　通典

十節度陸贄曰控禦西北兩蕃唯朔方河西隴右三節度賈耽十道錄凡三十一節度

十鎮吳　元和郡縣志十鎮並爲重鎮建平　西陵　樂鄉　南郡　巴丘　夏口　武昌　皖城　牛渚圻　濡須塢

上林十池　三輔黃圖漢少府有上林中十池監初池　麋池　牛首池　蒯池　積草池　東陂池　西陂池　當路池　犬臺池　郎池

十洲　東方朔十洲記祖　瀛　元　炎　長　元　流　生　鳳麟　聚窟

十義　禮運父慈　子孝　兄良　弟弟　夫義　婦聽　長惠　幼順　君仁　臣忠　十者謂之人義

十敎　荀子立太學設庠序修六禮明十敎注十敎卽十義君令　臣共　父慈　子孝　兄愛　弟敬　夫和　妻柔　姑慈　婦聽

十際　呂氏春秋十際君臣　父子　兄弟　朋友　夫妻

十數十等　國語史伯曰合十數以訓百體注自王以下位有十等王臣公　公臣大夫　大夫臣士　士臣皁　皁臣輿　輿臣隸　隸臣僚　僚臣僕　僕臣臺　左傳人有十等

十經　周易　尚書　毛詩　禮記　周官　儀禮　春秋左氏　公羊穀梁各爲一經　論語孝經爲一經合十經助敎分掌　宋百官志國子助敎

十人　南史周續之通十經五經　五緯

河圖十數　朱子曰河圖之位一與六共宗而居乎北二與七爲朋而居乎南三與八同道而居乎東

四輿九爲友而居乎西五輿十相守而居乎中

十言　左傳正義伏羲作十言之敎曰乾　坤　震　巽　坎　離　艮　兌　消　息

十翼　上彖　下彖　上象　下象　上繫　下繫　文言　說卦　序卦　雜卦　孔子作鄭康成始以彖象連經文王弼又以文言附乾坤二卦

十體書　唐元度十體古文　大篆　八分　小篆　飛白　倒薤　散隸　懸針　鳥書　垂露　張懷瓘十體古文　大篆　籀文　小篆　八分　隸書　章草　行書　飛白　草書

十家　藝文志儒家出於司徒之官　道家出於史官　陰陽家出於羲和之官　法家出於稷官　名家出於禮官　墨家出於清廟之官　從橫家出於行人之官　雜家出於議官　農家出於農稷官　井小說爲十家小說家出於稗官

漢書十志　律歷　禮樂　刑法　食貨　郊祀　天文　五行　地理　溝洫　藝文

十代樂歌　元結補樂歌網罟伏羲　豐年神農　雲門軒轅　九淵少昊　五莖顓頊　六英高辛　咸池陶唐　大韶有虞　大夏夏　大濩商

寶章集十篇　唐武后求羲之書王方慶奏詔崔融序其閥閱號寶章集復以賜方慶方慶上十世從祖羲之十一世祖導十世祖洽九世祖珣八世祖曇首七世祖僧綽六世祖仲寶五世祖騫高祖規曾祖褒九世從祖獻之等凡二十八人書

圖書十志　李淑藏書二萬八百十一卷　十志五十七類　八日　晁公武讀書志分爲四部每讀一書終撮其大旨論之

十流　劉知幾史通偏記小說其流有十偏記　小錄　逸事　瑣言　郡書　家史　別傳　雜記　地理　都邑簿

辭賦十家　文心雕龍凡此十家辭賦之英傑荀卿　宋玉　枚乘兔園　相如上林　賈誼鵩鳥　子淵洞簫　孟堅兩都　張衡二京　子雲甘泉　延壽靈光

墨義十條　唐選舉志五經取通五　明經通六

十國紀年　劉恕十國紀年四十卷吳　唐　蜀　後蜀　吳越　閩　漢　楚　荆南　北漢

十國　吳楊行密　南唐李昪後稱江南　前蜀王建　後蜀孟知祥　南漢劉隱　楚馬殷　吳越錢鏐　閩王審知延政號殷　南平高季興　東漢劉崇　邵子曰三皇春也五帝夏也三王秋也五霸冬也七國冬之餘冽也漢王而不足晉霸而有餘三國霸之雄者也十六國霸之叢者也南五代霸之借乘者也北五朝霸之傳舍者也隋晉之子也唐漢之弟也隋季諸郡之霸江漢之餘波也唐季諸鎭之霸日月之餘光也後五代之霸日未出之星也

十紀　廣雅自開闢至獲麟二百七十六萬歲分爲十紀九頭　五龍　攝提　合雒　連通　序命　循飛　因提　禪通　流訖　大率一紀二十七萬六千年　後漢曆志元命苞乾鑿度俱同

十哲　顏淵　閔子騫　冉伯牛　仲弓　宰我　子貢　冉有　季路　子游　子夏　顏子配享升曾子爲十哲曾子配享升子張爲十哲

武王十亂　論語泰誓予有亂臣十人周公旦　召公奭　太公望　畢公　榮公　大顚　閎夭　散宜生　南公适　文母　劉原父謂子無臣母之義蓋邑姜也

十才子　盧綸　吉中孚　韓翃　錢起　司空曙　苗發　崔峒　耿湋　夏侯審　李端　皆能詩齊名號大曆十才子

十友唐　方外十友陸餘慶　趙貞固　盧藏用　陳子昂　杜審言　宋之問　畢構　郭襲微　司馬承禎　釋懷一　一云承禎與陳子昂盧藏用宋之問王適畢構李白孟浩然王維賀知章爲仙宗十友

武成王廟十哲唐　白起　韓信　諸葛亮　李靖　李勣列於左　張良　田穰苴　孫武　吳起　樂毅列於右

十賢　廣州十賢吳隱之　朱璟　李尚隱　盧奐　李勉　孔戣　盧鈞　蕭倣　滕脩　王綝　八人增二人蔣之奇爲贊

十子　毛詩注大姒十子伯邑考　武王　管叔鮮　周公旦　蔡叔度　曹叔振鐸　成叔武　霍叔處　康叔封　冉季載冉一作聃

十王宅　唐開元後以十舉全數慶　忠　棣　鄂　榮　光　儀　穎　永　延　盛　濟　七王就封亦居十宅壽　信　義　陳　豐　恒　凉

十龍　語林魏張魯有十子時人語曰張氏十龍儒

雅溫恭

魏爵十等 理道要訣魏爵十等王 公 侯 伯 子 男 縣侯 鄉侯 亭侯 關內侯

十率 左右率 左右司禦 左右清道 左右監門 左右內率

十將軍 輔國王遊擊十將軍爲散號將軍

十銓 開元十三年分吏部爲十銓以十人掌之蘇頲 韋抗 盧從愿 徐堅 宇文融 崔琳 崔沔 韋虛心 賈曾 王丘 明年復故

十倫 祭統祭有十倫事鬼神之道 君臣之義 父子之倫 貴賤之等 親疎之殺 爵賞之施 夫婦之別 政事之均 長幼之序 上下之際

十事 元稹上奏十事敎太子正邦本 封諸王固磐石 出宮人 嫁宗女 時名宰相講庶政 次對羣臣廣聰明 復正衙奏事 許方幅糾彈 禁非時貢獻 省出畋游

十思 唐魏徵上疏見可欲則思知足 將興繕則思知止 處高危則思謙降 臨滿盈則思挹損 遇逸樂則思撙節 在宴安則思後患 防壅蔽則思延納 疾讒邪則思正己 行爵賞則思因喜而僭 施刑罰則思因怒而濫

十事 呂文獻公畏天 愛民 修身 講學 任賢 納諫 薄斂 省刑 去奢 無逸 范文正公明黜陟 抑僥倖 精貢舉 擇官長 均公田 厚農桑 修武備 減徭役 覃恩信 重命令 明道先生師傅 六官 經界 鄉黨 貢士 兵役 民食 四民 山澤 分數

姚崇十事 唐姚崇以十事要說而後輔政政先仁恕 不倖邊功 法行自近 宦豎不與政 絕貢獻 戚屬不任臺省 接大臣以禮 羣臣得犯忌諱 絕道佛營造 推此鑒戒爲萬代法

十軍 羽林 龍武 神武 神策 神威 總曰左右十軍

十道折衝府唐 關內二百七十三 河南六十二 河東一百四十二 河北二十一 山南十 隴右一十九 淮南六 江南二 劍南十 嶺南三 地理志共五百五十八

十道置府六百三十四而關內二百六十一 兵志陸贄曰太宗列置府兵八百所而關中五百杜牧原十六衞曰外開折衝果毅府五百七十四六典天下府五百九十四會要關內置府二百六十一又置折衝府二百八十通計舊府六百三十二百官志凡六百三十三鄭侯家傳六百三十通典五百七十四理道要訣五百九十三數皆不同

十部樂唐 通典六典燕樂 清樂 西涼 天竺 高麗 龜茲 安國 疏勒 高昌 康國

十科 元祐元年司馬文正公請設十科以取士行義純固 節操方正 智勇過人 公正聰明 經術精通 學問該博 文章典麗 善聽獄訟 善治財賦 練習法令

裏城十門 南三門 朱雀 保康 崇德 東二門 麗景 宜春 西二門 宜秋 閶闔 北三門 景龍 安遠 天波

三風十愆 恒舞于宮酣歌于室時謂巫風 殉于貨色恒于遊畋時謂淫風 侮聖言逆忠直遠耆德比頑童時謂亂風 伊訓湯制官刑儆于有位

治家十事 少儀外傳持身以淸潔 處心以公平 勿使婦人預政事 擇師敎子學未成勿使應科舉處庠序 衣服器用皆出中制稱家有無 濟卹孤貧 謹慶弔之禮 無蓄異物珍寶美妾少僕 接賓客以和睦 待奴婢以寬恕

十龜 爾雅易十朋之龜神龜 靈龜 攝龜 寶龜 文龜 筮龜 山龜 澤龜 水龜 火龜 馬鄭皆取此解之

十驥 唐骨利幹獻馬取其異者號十驥騰霜白皎雪驄 凝露驄 縣光驄 決波騟 飛霞驃 發電赤 流金騧 翔麟紫 奔虹赤

十瑞 述異記堯時十瑞芻化爲禾 鳳凰 神龍 曆草 禽五色 白鳥 神禾 箑脯 景星 甘露

十一類 小學紺珠

十一德 敬 忠 信 仁 義 知 勇 敎 孝 惠 讓 國語單襄公曰此十一者晉周皆有焉悼公

河湟十一州 瓜 沙 伊 肅 鄯 甘 河 西 蘭 岷 廓 唐大中五年張義潮以十一州歸于有司

十一聖人師 新序黃帝學乎太眞 顓頊學乎綠圖 帝嚳學乎赤松子 堯學乎尹壽荀子作君疇 舜學乎務成跗荀子作昭 禹學乎西王國 湯學乎

威子伯　文王學乎鉸時子斯　武王學乎郭叔周公學乎太公　仲尼學乎老聃　子夏曰此十一聖人未遭此師則功業不著乎天下　又神農學悉老　黃帝學太眞　顓頊學伯夷父　帝嚳學伯招　帝堯學州文父　帝舜學許由　禹學大成執　湯學小臣　文王武王學太公望周公旦　齊桓公學管夷吾隰朋　晉文公學咎犯隨會　秦穆公學百里奚公孫支　楚莊王學孫叔敖沈尹竺　吳王闔閭學伍子胥文之儀　越王句踐學范蠡大夫種　呂子曰此皆聖人之所學也

中興輔佐十一人　霍光子孟大司馬大將軍博陸侯　張安世子孺衞將軍富平侯　韓增車騎將軍龍頟侯　趙充國翁孫後將軍營平侯　魏相弱翁丞相高平侯　丙吉少卿丞相博陽侯　杜延年幼公御史大夫建平侯　劉德路宗正陽城侯　梁丘賀長翁少府　蕭望之長倩太子太傅蘇武子卿典屬國　宣帝思股肱之美圖畫其人於麒麟閣明著中興輔佐列於方叔召虎仲山甫凡十一人

荊州十一人　吳太子登駐武昌步騭條事業在荊州界者十一人甄別行狀諸葛瑾　陸遜　朱然程普　潘濬　裴元　夏侯承　衞旌　李肅周條　石幹

十一州刺史　開元十三年明皇自擇刺史十一人祖道賦詩許景先虢州　源光裕鄭州　寇泚宋州　鄭溫琦邠州　袁仁敬杭州　崔志廉襄州李昇期邢州　鄭放定州　蔣挺湖州　裴觀滄州　崔誠遂州

十一族　晉語文公昭舊族十一族胥　籍　狐箕　欒　郤　柏　先　羊舌　董　韓　晉之舊姓實掌近官

武功爵十一級　食貨志武帝置賞官造士　閑輿衞　良士　元戎士　官首　秉鐸　千夫　樂卿　執戎　政戾庶長　軍衞

十一閣　龍圖太宗　天章眞宗　文仁宗　顯謨神宗　徽猷哲宗　敷文徽宗　煥章高宗　華文孝宗　寶謨光宗　寶章寧宗　顯文理宗

十二類　小學紺珠

十二次　析木燕幽寅　大火宋豫卯正東又曰大辰　壽星鄭兗辰　東方三辰　鶉尾楚荊巳鶉火周午正南三河　鶉首秦雍未　南方三辰實沈晉益申　大梁趙冀酉正西　降婁魯徐戌　西方三辰　娵訾衞并亥又曰豕韋　元枵齊青子正北　星紀吳越揚丑　北方三辰　日月一歲十二會故有十二次至其初爲節至其中爲中氣天有十二次日月之所躔也地有十二分王侯之所國也　周禮保章氏以星土辨九州之地在天爲十二辰十二次在地爲十二國十二州史記曰十二度

十二風　周禮保章氏以十有二風察天地之和　震離坎兌四方　乾坤艮巽四維　四維之風各主兩月　總義云八風每風行於兩月之間各得四十五日有奇如八卦之分直四時亦然以十二月言之亦曰十有二風　王氏曰風之生於十二辰之位者　四維之風兼於其月艮爲條風而立春亦曰條風巽爲清明風而立夏亦曰清明風坤爲涼風而立秋亦曰涼風乾爲不周風而立冬亦曰不周風故八風變而言之又謂十二風

十二會　月令注日月十二會孟春娵訾日在營室仲春降婁日在奎　季春大梁日在胃　孟夏實沈日在畢　仲夏鶉首日在東井　季夏鶉火日在柳　孟秋鶉尾日在翼　仲秋壽星日在角季秋大火日在房　孟冬析木日在尾　仲冬星紀日在斗　季冬元枵日在婺女

十二月中星　月令孟春昏參旦尾　仲春昏弧旦建星　季春昏七星旦牽牛　孟夏昏翼旦婺女仲夏昏亢旦危　季夏昏火旦奎　孟秋昏建星旦畢　仲秋昏牽牛旦觜觿　季秋昏虛旦柳孟冬昏危旦七星　仲冬昏東壁旦軫　季冬昏婁旦氐　弧近井建近斗　陳用之曰月令舉月本書舉月中　朱文公曰堯時星中於午月令差於未唐一行所謂歲差　方氏曰書言分至之所中月令言昏旦之所中

十二歲　周禮保章氏以十有二歲之相觀天下之妖祥注太歲歲星與日同次之月斗所建之辰歲星爲陽右行於天太歲爲陰左行於地十二歲而小周　周禮疏太歲與歲星跳辰年數同歲星人所見太歲人所不覩歲星一歲移一辰一百四十四年跳一辰千七百二十八年一大周十二跳辰　大衍曆議歲星自商周迄春秋之季率百二

十餘年而超一次至漢哀平間更八十四年而超一次　三統曆法歲星一年行一次一次分爲一百四十四分春秋分記每歲剩行一分一百四十四年滿大數所以超一次　春秋正義古今曆書推步五星金水日行一度土三百七十七日行十二度火七百八十日行四百十五度四者皆不得十二年而一終惟木三百九十八日行三十三度十二年而彊一周

十二月　正月泰　二月大壯　三月夬　四月乾　五月姤　六月遯　七月否　八月觀　九月剝　十月坤　十一月復　十二月臨

十二支又曰十二辰十二子　子丑水　寅卯辰木　巳午未火　申酉戌金　亥水　白虎通子壯者枝也　周禮十有二辰之號　淮南子子午卯酉爲二繩丑寅辰巳未申戌亥爲四鉤　史記律書十二子

歲名十二號　周禮硩蔟氏書十有二歲之號攝提格寅　單閼卯　執徐辰　大荒落巳　敦牂午　協洽未　涒灘申　作噩酉　閹茂戌　大淵獻亥　困敦子　赤奮若丑　爾雅單音丹閼音遏牂子郎反涒湯昆反閹音掩敦音頓

月名十二號　周禮硩蔟氏書有十二月之號正月爲陬　二月爲如　三月爲寎　四月爲余　五月爲皋　六月爲且　七月爲相　八月爲壯　九月爲玄　十月爲陽　十一月爲辜　十二月爲涂　爾雅正月得甲則曰畢陬二月得乙則曰橘如三月得丙則曰修寎四月得丁則曰圉余五月得戊則曰厲皋六月得己則曰則且七月得庚則曰窒相八月得辛則曰塞壯九月得壬則曰終元十月得癸則曰極陽十一月得甲則曰畢辜十二月得乙則曰橘涂周而復始　陬側留反寎孚柄反且子余反相息亮反涂音徒

十二時　日中午王　食時辰公　平旦寅卿　雞鳴丑士　夜半子皁　人定亥輿　黃昏戌隸　日入酉僚　晡時申僕　日昳未臺　隅中巳　日出卯闕不在第　左傳日之數十故有十時亦當十位自王以下其二爲公其三爲卿日上其中食日爲二旦日爲三　又曰天有十日人有十等

建除十二辰　建　除　滿　平　定　執　破　危　成　收　開　閉　淮南天文訓云寅爲建卯爲除辰爲滿巳爲平主生午爲定未爲執主陷申爲破主衡酉爲危主杓戌爲成主少德亥爲收主大德子爲開主太歲丑爲閉主太陰　史記日者傳有建除家以爲不吉　漢書王莽傳以戊辰直定注日以建除之次其日當定又云十一月壬子直建冬至注日其日當建

十二笛　晉荀勖以五聲十二律還相爲宮之法制十二笛黃鐘之笛正聲應黃鐘下徵應林鐘以姑洗爲清角大呂之笛正聲應大呂下徵應夷則以外諸均例皆如是

十二聲　周禮典同以十有二聲謂之齊量高　正　下　陂　險　達　微　回　侈　弇　薄　厚

十二州十二牧　舜典肇十有二州咨十有二牧冀　兗　青　徐　荊　揚　豫　梁　雍　幽　并　營　吳氏曰在禹治水之後分冀州爲幽州并州分青州爲營州　書正義曰禹登王位還置九州

十二師　鄭康成說州十有二師每一師領百國每州千二百國畿外八州總九千六百國其餘四百國在畿內　漢地理志黃帝方制萬里畫壄分州得百里之國萬區　左傳子服景伯曰禹會諸侯於塗山執玉帛者萬國今存者無數十　戰國策顏斶曰大禹之時諸侯萬國及湯之時諸侯三千今乃二十四

八家爲鄰三鄰爲朋三朋爲里五里爲邑十邑爲都十都爲師州十有二師　晉地理志帝堯叶和萬邦制云云

十二土　分野十二邦上繫十二次　周禮大司徒以土宜之法辨十有二土之名物注辨十有二壤之名物注壤亦土也

泗上十二諸侯　史記索隱邾莒宋魯之比齊威王泗上十二諸侯皆來朝宋　魯　滕　薛　諸小國在淮泗之上

魏十二州　通典司隸　豫　兗　青　徐　涼　秦　冀　幽　并　揚　雍　有郡國六十八　蜀置益梁二州有郡二十二　吳置交廣荊郢揚五州有郡四十三

齊十二郡　後漢耿弇平齊樹十二郡旗鼓城陽　琅邪　高密　膠東　東萊　北海　齊　千乘　濟南　平原　泰山　臨菑

關中十二道　唐兵志武德初析關中爲十二道皆置府三年更爲十二軍萬年　長安　富平　醴泉　同州　華州　寧州　岐州　豳州　西麟州　涇州　宜州

十二材　劉邵人物志清節　法　術　國體　器能　臧否　伎倆　智意　文章　儒學　口辯　雄傑

十二經　莊子孔子西藏書于周室繙十二經以說老聃詩　書　禮　樂　易　春秋六經又加六緯　一說易上下經幷十翼　一云春秋十二公經

古易十二篇　伏羲書文王周公繫辭上經下經孔子所作傳十翼　呂成公祖謙定經二卷傳十卷

十二紀　呂氏春秋十二紀紀十二月

律十二篇　唐志名例　衞禁　職制　戸婚　廄庫　擅興　賊盜　鬬訟　詐僞　雜律　捕亡　斷獄

十二操　孔子將歸　猗蘭　龜山　周公越裳　文王拘羑　周公岐山　伯奇履霜　沐犢子雉朝飛　商陵穆子別鵠　曾子殘形　伯牙水仙　懷陵一作襄陵　韓文公取十操削伯牙二操

鐃歌十二曲　唐柳宗元作晉陽武　獸之窮　戰武牢　涇水黃　奔鯨沛　苞枿　河右平　鐵山碎　靖本邦　吐谷渾　高昌　東蠻

博學宏辭十二體　制　誥　詔　表　露布　檄　箴　銘　記　贊　頌　序

十二州箴　揚雄十二州箴荆　揚　兗　豫　徐　青　幽　冀　井　雍　益　交　箴莫善于虞箴作州箴

十二氏　莊子注十二氏皆古帝王容成氏　大庭氏　柏皇氏　中央氏　栗陸氏　驪畜氏　軒轅氏　赫胥氏　尊盧氏　祝融氏　伏戲氏　神農氏　續漢曆志元命包乾鑿度皆以爲開闢至獲麟二百七十六萬歲

魯十二公　春秋隱十一　桓十八　莊三十二　閔二　僖三十三　文十八　宣十八　成十八　襄三十一　昭三十三　定十五　哀十四　二百四十二年

十二諸侯　史記魯　齊　晉　秦　楚　宋　衛　陳　蔡　曹　鄭　燕　漢書東方朔傳注十二國謂魯衞齊楚宋鄭魏燕趙中山秦韓　史記表十二諸侯首魯訖吳實十三國不數吳　劉向戰國策序萬乘之國七千乘之國五

洛陽耆英十二人　富弼七十九　文彥博　席汝言皆七十七　王尚恭七十六　趙丙　劉几　馮行己皆七十五　楚建中七十三　王愼言七十二　張問　張燾皆七十　司馬光未七十預會

黃帝十二姓　晉語黃帝之子二十五宗其得姓者十四人爲十二姓注十四人二人爲姬二人爲己故十二姓姬　酉　祈　己　滕　箴　任　荀　僖　姞　儇　依　左傳衆仲曰天子建德因生以賜姓胙之土而命之氏

七姓十二國　晉　魯　衞　鄭　曹　滕姬姓　邾　小邾曹姓　宋子姓　齊姜姓　莒己姓　杞姒姓　薛任姓　左傳注云實十三國

十二卿　梁天監七年凡十二卿春卿太常　宗正　司農　夏卿太府　少府　太僕　秋卿衞尉　廷尉　大匠　冬卿光祿　鴻臚　太舟

勳級十二轉　唐上柱國　柱國　上護軍　護軍　上輕車都尉　輕車都尉　上騎都尉　騎都尉　驍騎尉　飛騎尉　雲騎尉　武騎尉

十二衞　翊　驍騎　武　屯　禦　候　爲左右皆有將軍以分統諸府之兵

十二敎　大司徒以祀禮敎敬　以陽禮敎讓　以陰禮敎親　以樂敎和　以儀辨等　以俗敎安　以刑敎中　以誓敎恤　以度敎節　以世事敎能　以賢制爵　以庸制祿

荒政十有二　周禮大司徒以聚萬民散利　薄征　緩刑　弛力　舍禁　去幾　眚禮　殺哀殺所介反　蕃樂　多昏　索鬼神　除盜賊

十二職　周禮大司徒頒職事十有二以登萬民稼穡三農　樹藝園圃　作材虞衡　阜蕃藪牧　飭材百工　通財商賈　化材嬪婦　斂材臣妾　生材閒民　學藝　世事　服事

律十二篇　北齊律十二篇　隋律十二篇　唐因隋舊

十二章　書益稷鄭康成說一日　二月　三星辰　四山　五龍　六華蟲雉　六者繪之於衣　七宗彝虎蜼　八藻水草　九火　十粉米　十

一黼白與黑　十二黻黑與青　六者繡之於裳衣之六章其序自上而下　裳之六章其序自下而上

十二屬車　唐指南　記里鼓　白鷺　鸞旗　辟惡（宋改崇德）　皮軒　耕根　安車　四望（宋改明遠）　羊車　黃鉞　豹尾

十二軍　唐武德三年軍名取象天官參旗　鼓旗元戈　井鉞　羽林　騎官　折威　平道招搖　苑游　天紀　天節

十二閑　兵志飛黃　吉良　龍媒　騊駼　駃騠天苑　左右六閑總十二閑

雅樂十二和　豫和　順和　永和　肅和　雍和壽和　舒和　太和　昭和　休和　正和承和　大樂與天地同和製十二和以法天之成數號大唐雅樂用於郊廟朝廷以和神人

長安十二門　漢三輔黃圖霸城　清明　宣平覆盎　安　西安　章城　直城　雍　洛城廚城　橫（音光）

雒陽十二門　後漢百官志平城　上西　雍　廣陽　津　小苑　開陽　耗　中東　上東　穀夏　晉洛陽東有建春東陽清明三門南有開陽平昌宣陽建陽四門西有廣陽西明閶闔三門北有大夏廣夏二門

禮神十二玉　蒼璧天　黃琮地　四圭有邸感生帝　兩圭有邸神州社稷　圭璧日月　青圭赤璋　白琥　元璜　黃琮五帝

十二鼎　周禮膳夫鼎十有二注牢鼎九羊牛豕魚腊膚腸胃鮮魚鮮腊　陪鼎三膷臐膮　聘禮飪鼎七無鮮魚鮮腊羞鼎三以實言曰羞以陳言曰陪

十二月樹　淮南時則訓正月楊　二月杏　三月李　四月桃　五月榆　六月梓　七月楝　八月柘　九月槐　十月檀　十一月棗　十二月櫟　周禮注鄹子曰春取榆柳之火夏取棗杏之火季夏取桑柘之火秋取柞楢之火冬取槐檀之火

十二屬　王充論衡物勢論子鼠　丑牛　寅虎卯兔　辰龍　巳蛇　午馬　未羊　申猴　酉雞　戌犬　亥豬

梧桐十二葉　遁甲經梧桐生十二葉一邊六葉從下數一葉爲一月有閏十三葉

十二粟　說文春分而禾生日夏至晷景可度禾有秒秋分而秒定律數十二秒而當一分十分而寸其以爲重十二粟爲一分十二分爲一銖

十三類　小學紺珠

十三部　漢武帝元封五年初置刺史部十三州司隸七郡察三輔三河弘農　豫州三郡二國　冀州四郡六國　兗州五郡三國　徐州三郡三國青州六郡三國　荊州六郡一國　揚州五郡一國　益州八郡　涼州九郡　并州九郡　幽州十郡一國　交州七郡　改雍曰涼改梁曰益東漢改交阯曰交州司隸部治河南十二州每州刺史一人朔方刺史不在十三州之限東漢省禹幷州

十三卦　易繫辭正義曰象卦制器皆取卦之爻象之體罔罟取離（包犧）　耒耨取益　爲市取噬嗑（神農）　衣裳取乾坤　舟楫取渙　服牛乘馬取隨重門擊柝取豫　臼杵取小過　弧矢取睽宮室取大壯　棺槨取大過　書契取夬（黃帝堯舜）

論語十三家　皇侃疏列十三人云此十三家江熙所集衛瓘　繆播　欒肇　郭象　蔡謨　袁宏江惇　蔡系　李充　孫綽　周懷　范甯王珉

十三章　孔鮒撰小爾雅十三章　晁氏曰先儒謂爾雅周公訓成王之書

唐書十三志　禮樂　儀衛　車服　曆　天文五行　地理　選舉　百官　兵　食貨　刑法藝文

孫子十三篇　始計　作戰　謀攻　軍形　兵勢虛實　軍爭　九變　行軍　地形　九地火攻　用間

史錄十三類　唐藝文志正史　編年　僞史　雜史　起居注　故事　職官　雜傳記　儀注刑法　目錄　譜牒　地理

觀風俗使十三人　貞觀八年遣大使十三人觀風俗蕭瑀　李靖　楊恭仁　王珪　竇靜　李大亮　劉德威　皇甫無逸　韋挺　李襲譽　張亮　杜正倫　趙弘智

甲之制十三　唐六典明光　光要　細鱗　山文烏鎚　白布　皁絹　布背　步兵　皮　木鎖子　馬甲　古作甲皆用皮秦漢以來用鐵

中興十三處戰功　李壁十三處戰功錄張俊明州
　吳玠和尚原　吳玠饒風嶺　吳玠殺金平
韓世忠大儀　劉錡順昌　張子蓋海州　李寶
海道　邵宏淵胥浦橋　虞允文采石　李道光
化　劉錡皁角林　王宣汲靖確山

欽定古今圖書集成曆象彙編曆法典
第一百三十九卷目錄

曆法典第一百三十九卷

數目部彙考十一

十四類　小學紺珠

十四聲五音　廣韻一唇聲并餅清　二舌聲靈歷清　三齒聲陟珍濁　四牙聲迦佉濁　五喉聲綱各濁　一開口聲阿哥河等　二合口聲菴甘堪諳等　三蹴口聲憂丘鳩休等重　四撮唇聲烏姑乎枯重　五開唇聲波坡摩婆輕　六隨鼻聲灼髙考姑等重　七舌根聲奚雞溪等重　八蹴舌下卷聲伊酌等重　九垂舌聲遮車奢者輕　十齒聲止其始等輕　十一牙聲迦佉俄等輕　十二齶聲鴉鬧等輕　十三喉聲鴉加瑕等輕　十四牙齒齊呼開口送聲吒沙拏茶輕　沈存中筆談切韻之法先類其字各歸其母唇音齒音各八牙音喉音各四舌音十半齒半舌音二凡三十六分爲五音天下之聲總於是矣每聲復有四等謂清次清濁平也　孫炎始作字音　觀物外篇先閉後開春也純開夏也先開後閉秋也冬則閉而無聲　通志聲爲經音爲緯平上去入四聲也宮商角徵羽半徵半商七音也

太祖將帥十四人　李漢超屯關南　馬仁瑀守瀛州　韓令坤鎭常山　賀惟忠守易州　何繼筠鎭棣州以拒北邊　郭進控西山　武守琪戍晉州　李謙傳守隰州　李繼勳鎭昭義以禦北漢　趙贊屯延州　姚內贇守慶州　董遵誨屯環州　王彥昇守原州　馮繼業鎭靈武以備西戎

十四博士　易施讎　孟喜　梁丘賀　京房　書歐陽和伯　夏侯勝　建　詩申公　轅固　韓嬰　春秋嚴彭祖　顏安樂　禮戴聖　戴德

十五類　小學紺珠

十五等尺　隋志周尺　晉田父玉尺　梁表尺　漢官尺　魏尺　晉後尺　後魏前尺　中尺　後尺　東魏後尺　蔡邕銅籥尺　宋氏尺　隋水尺　雜尺　梁俗間尺　陳祥道曰周法十寸八寸皆爲尺　考工記十寸尺也說文王制八寸尺也

十五道　唐開元因十道分山南江南爲東西道增置黔中道及京畿都畿爲十五道京畿　關內　都畿　河南　河東　河北　隴右　山南東　山南西　劍南　淮南　江南東　江南西　黔中　嶺南

十五儒　禮記儒行其尊讓有如此者注自立　容貌　備豫　近人　特立　剛毅　自立　仕　憂思　寬裕　舉賢援能　任舉　特立獨行　規爲　交友　尊讓　此兼上十五儒蓋聖人之儒行也

詩十五國風　正風周南　召南　今詩之次第邶　鄘　衞　王　鄭　齊　魏　唐　秦　陳　檜　曹　豳　變風之先後豳　齊　衞　檜　陳　唐　秦　鄭　魏　曹　未刪詩之前季札所聽樂歌次第周　召　邶　鄘　衞　王　鄭　齊　豳　秦　魏　唐　陳　檜　曹　鄭氏詩譜次第周　召　邶　鄘　衞　王　檜

鄭　齊　魏　唐　秦　陳　曹　豳　歐陽
子詩譜序周召王豳同出於周邶鄘並於衞檜魏
無世家其可考者陳齊衞晉曹鄭秦封國之先後

十五王　周語太子晉曰自后稷之始基靖民十五
王而文始平之十八王而康克安之后稷　不窋
鞠陶　公劉　慶節　皇僕　差弗　毀隃
公非　高圉　亞圉　公祖　太王　王季　文
王　十八王加武王　成王　康王　衞彪傒曰
后稷勤周十有五世而興

山西將十五人秦漢　白起郿　王翦頻陽　王閬
甘延壽郿郅　公孫賀　傅介子義渠　李廣
李蔡成紀　蘇建　蘇武杜陵　上官桀　趙充
國上邽　廉褒襄武　辛武賢　慶忌狄道　蘇
辛父子著節

制科十五人　仁宗時何泳　富弼　蘇紳　吳育
張方平　田況　錢明逸　錢彥遠　吳奎
夏噩　陳舜俞　錢藻　蘇軾　王介　蘇轍

世本十五篇　世本錄黃帝以來至春秋時帝王公
侯卿大夫祖世所出

蓂十五莢　田俅子堯爲天子蓂莢生於庭爲帝成
曆　文選注始一日生一莢至月半生十五莢十
六日落一莢至晦日而盡小月則一莢厭而不落

朱草十五葉　大戴禮明堂篇朱草日生一葉至十
五日生十五葉十六日一葉落盡而復始

十六類　小學紺珠

十六曆　宋應天建隆　乾元太平興國　儀天咸平　崇天天聖　明天治平　奉元熙寧　觀天元祐　占天崇寧　紀元大觀　統元紹興　乾道　淳熙　會元紹熙　統天慶元　會天寶祐　成天咸淳

燕代十六州　石晉割十六州賂契丹幽　薊　瀛
莫　涿　檀　順　新　嬀　儒　武　雲
應　寰　朔　蔚

十六國　前趙劉淵稱漢曜號趙　後趙石勒冉閔
號魏　前秦苻洪　後秦姚萇　西秦乞伏國仁
前燕慕容皝　後燕慕容垂　南燕慕容德
北燕馮跋　前凉張軌　後凉呂光　南凉禿髮
烏孤　西凉李暠　北凉沮渠蒙遜　夏赫連勃
勃　蜀李雄壽稱漢

十六相　舜舉十六相八元　八愷

十六族　左傳文十八年大史克曰十六族世濟其
美高陽氏八愷　高辛氏八元

八關十六子　李逢吉黨八人而傅會又八人皆任
要劇號八關十六子張又新　李續　張權輿
劉栖楚　李虞　程昔範　姜洽　李訓

十六衞　左右衞　左右驍騎　左右武衞　左右
威衞　左右領軍衞　左右金吾衞　左右監門
衞　左右千牛衞　南衙諸衞兵北衙禁軍

十七類　小學紺珠

初郡十七　漢食貨志誅羌滅兩粵番禺以西至蜀
南置初郡十七南海　蒼梧　鬱林　合浦　交
阯　九眞　日南　珠厓　儋耳　武都　牂牁
越巂　沈黎　汶山　犍爲　零陵　益州

儀禮十七篇　漢高堂生傳士禮十七篇士冠　士
昏　士相見　鄉飲酒　鄉射　燕　大射　聘
公食大夫　覲　喪服　士喪　既夕　士虞
特牲饋食　少牢饋食　有司徹　禮古經多
三十九篇

鄉飲樂十七章　唐會要鹿鳴三奏　南陔一奏
南有嘉魚四奏　崇丘一奏　關雎五奏　鵲巢
三奏

十七史　史記司馬遷　漢書班固　後漢書范蔚
宗　三國志陳壽　晉書房元齡等　宋書沈約
南齊書蕭子顯　梁書姚思廉　陳書姚思廉
後魏書魏收　北齊書李百藥　後周書令狐
德棻　隋書顏師古等　南史宋至陳李延壽
北史魏至隋李延壽　唐書歐陽修　五代史歐
陽修

武王十七銘　大戴禮踐阼篇席四端　机　鑑
盥盤　楹　杖　帶　履屨　觴豆　戶　牖
劍　弓　矛

十八類　小學紺珠

鼓吹鐃歌十八曲漢　朱志朱鷺　思悲翁　艾如
張　上之回　擁離　戰城南　巫山高　上陵
將進酒　君馬黃　芳樹　有所思　雉子
聖人出　上邪　臨高臺　遠如期　石畱

山海經十八篇　南西北東中山經爲五篇海內海
外大荒三經南西北東各一篇海內經一篇　總
十八篇相傳以爲夏禹所記　漢志山海經十三
篇劉歆所校凡三十二篇定爲十八篇

十八王　漢表譜十八王西楚項籍　衡山吳芮
臨江共敖　九江英布　常山張耳　代趙歇

臨淄田都　濟北田安　膠東田市　雍章邯
塞司馬欣　翟董翳　燕臧荼　遼東韓廣　魏
魏豹　殷司馬卬　韓韓成　河南申陽
十八侯　功臣表高祖論功定封侯者百四十有三
人作十八侯之位次　酇侯蕭何　平陽侯曹參
宣平侯張敖　絳侯周勃　舞陽侯樊噲　曲
周侯酈商　魯侯奚涓　汝陰侯夏侯嬰　潁陰
侯灌嬰　陽陵侯傅寬　信武侯靳歙　安國侯
王陵　棘蒲侯陳武　清河侯王吸　廣平侯薛
歐　汾陰侯周昌　陽都侯丁復　曲成侯蟲達
班固沛泗水亭銘十八侯之次有留侯張良曲
逆侯陳平襄平侯紀通而無奚涓薛歐丁復
十八學士　唐文學館杜如晦　房元齡　于志寧
蘇世長　薛收收卒劉孝孫補之　褚亮　姚
思廉　陸德明　孔穎達　李元道　李守素
虞世南　蔡允恭　顔相時　許敬宗　薛元敬
蓋文達　蘇勗　天下慕向謂之登瀛洲
開元十八學士　集賢注記張說　徐堅　賀知章
趙冬曦　馮朝隱　康子元　侯行果　韋述
敬會眞　趙元默　東方顥　李子釗　呂向
毋煚　陸去泰　咸廙業　余欽　孫季長
十八班　通典梁定九品更置十八班增置爲十品
凡二十四品
十八品　通典後魏置九品品各置從凡十八品自
四品以下每品分爲上下階凡三十階
律十八篇　魏律十八篇就漢九章增九篇
十九類　小學紺珠

十九州晉　司　兗　豫　冀　幷　青　徐　荆
揚　凉　雍　秦　益　梁　寧　幽　平
交　廣　晉十九州及宋嘉南渡九州之地有其
二義熙以後復青兗司豫梁益
爾雅十九篇　釋詁　釋言　釋訓　釋親　釋宮
釋器　釋樂　釋天　釋地　釋丘　釋山
釋水　釋草　釋木　釋蟲　釋魚　釋鳥　釋
獸　釋畜許叉反　疏云釋詁一篇蓋周公所作釋
言以下或言仲尼所增子夏所足叔孫通所益梁
文所補　小爾雅十三章孔鮒撰　晁氏曰先儒
謂爾雅周公訓成王之書
郊祀歌十九章　漢志練時日　帝臨　青陽　朱
明　西顥　元冥　惟泰元　天地　日出入
天馬　天門　景星　齊房　后皇　華爗爗
五神　朝隴首　象載瑜　赤蛟
冠十九等　續漢志冕冠　長冠　委貌　皮弁
爵弁　通天　遠遊　高山　進賢　法冠　武
冠　建華　方山　巧士　却非　却敵　樊噲
術士　鷸冠
東京外城十九門　東京記南五門南薰　廣濟
宣化　廣利　安上　東五門上善　廣津　朝
陽　含輝　善利　西五門順天　順濟　開遠
金耀　咸豐　北四門寧德　景陽　永泰
安肅
二十類　小學紺珠
通志二十略　氏族　六書　七音　天文　地理
都邑　諡　器服　樂　藝文　校讎　圖譜

金石　災祥　昆蟲草木　禮　職官　選舉
刑法　食貨　鄭樵漁仲著通志總天下學術
名曰略
中論二十篇　魏徐幹著中論治學　法象　修本
虛道　貴驗　貴言　藝紀　覈辯　智行
爵祿　考僞　譴交　曆數　夭壽　務本
審大臣　謹所從　亡國　賞罰　民數　別本
有復三年制役二篇
鴻烈二十篇　漢淮南王安原道　俶眞　天文
地形　時則　覽冥　精神　本經　主術　繆
稱　齊俗　道應　氾論　詮言　兵略　說山
說林　人間　修務　泰族
賦二十體　范文正公賦林衡鑑析二十門以分其
體勢敘事　頌德　紀功　贊序　緣情　明道
祖述　論理　詠物　述詠　引類　指事
析微　體物　假象　旁喻　敘體　總數　雙
關　變態
二十官　呂氏春秋此二十官者聖人所以治天下
也大撓作甲子　黔如作虜首　容成作曆　羲
和作占日　尚儀作占月　后益作占歲　胡曹
作衣　夷羿作弓　祝融作市　儀狄作酒　高
元作室　虞姁作舟　伯益作井　赤冀作臼
乘雅作駕　寒哀作御　王氷作服牛　史皇作
圖　巫彭作醫　巫咸作筮
京東士二十人　後漢順帝時京東之士於茲盛焉
李固周舉之淵謨　左雄黃瓊之政事　桓焉楊
厚儒學　崔瑗馬融文章　吳祐蘇章种暠欒巴

牧民　龐參虞詡將帥　王龔張皓推士　張綱
杜喬糾違　郎顗陰陽　張衡機術
三國名臣二十人　魏九人荀彧文若　攸公達
袁渙曜卿　崔琰季珪　徐邈景山　陳羣長文
夏侯元泰初　王經承宗　陳泰元伯　蜀四
人諸葛亮孔明　龐統士元　蔣琬公琰　黃權
公衡　吳七人周瑜公瑾　張昭子布　魯肅子
敬　諸葛瑾子瑜　陸遜伯言　顧雍元歎　虞
翻仲翔　晉袁宏彥伯序贊
二十爵　一公士　二上造　三簪褭　四不更
五大夫　六官大夫　七公大夫　八公乘　九
五大夫　十左庶長　十一右庶長　十二左更
十三中更　十四右更　十五少上造　十六
大上造　十七駟車庶長　十八大庶長　十九
關內侯　二十徹侯　漢百官表皆秦制以賞功
勞避武帝諱曰通侯列侯
舜大功二十　左傳舉十六相　去四凶
律二十篇　晉律二十篇就漢九章增十一篇　梁
律二十篇
雅樂二十器　隋志金二鎛鐘　編鐘　石一磬
絲四琴　瑟　筑　箏　竹三簫　篪　笛　匏
二笙　竽　土一塤　革五建鼓　靈鼓靈鼗
雷鼓雷鼗　路鼓路鼗　節鼓　木二柷　敔
二十簴　唐樂志植者爲簨橫者爲簴簴以縣鐘磬
皆十有一周調一堵唐調一簴自隋以前宮縣二十簴隋平
陳得梁故事用三十六簴唐因隋高宗蓬萊宮成增用七十二簴
開元定禮依古爲二十簴

二十豆　內則注此上大夫之禮庶羞二十豆膷
臐　膮　牛炙　醢　牛胾　醢　牛膾　羊炙
羊胾　醢　豕炙　醢　豕胾　芥醬　魚膾
雉　兎　鶉　鷃　公食大夫禮以鴽爲鷃
二十一類　小學紺珠
國語二十一篇　周　魯　齊　晉　鄭　楚　吳
越
會要二十一類宋朝　帝系　后妃　禮分爲五　樂
輿服　儀制　崇德　運曆　瑞異　職官　選
舉　道釋　食貨　刑法　兵　方域　蕃夷
魏佐命臣二十一人　正始六年祫祭太祖廟始祀
佐命臣二十一人曹眞　曹休　夏侯尚　桓階
陳羣　鍾繇　張郃　徐晃　張遼　樂進
華歆　王朗　曹洪　夏侯淵　朱靈　文聘
臧霸　李典　龐德　典韋　荀攸　不及荀彧
以末年異議
羣臣二十一服　唐志袞冕　鷩冕　毳冕　絺冕
元冕　平冕　爵弁　武弁　弁服　進賢冠
遠遊冠　法冠　高山冠　委貌冠　却非冠
平巾幘　黑介幘　介幘　平紗緣幘　具服
從省服
二十二類　小學紺珠
二十二賢　唐貞觀二十一年配享孔子廟　左丘
明　卜子夏　公羊高　穀梁赤　伏勝　高堂
生　戴聖　毛萇　孔安國　劉向　鄭衆　賈
逵　杜子春　馬融　盧植　鄭元　服虔　何
休　王肅　王弼　杜預　范甯

二十三類　小學紺珠
二十三路　九域志京東東　京東西　京西南
京西北　河北東　河北西　永興　秦鳳　河
東　淮南東　淮南西　兩浙　江南東　江南
西　荊湖南　荊湖北　成都　梓　利　夔
福建　廣南東　廣南西　建隆元年始以知州
易方鎭太平興國二年罷節鎭領支郡之制
樂記二十三篇　禮記正義樂本　樂論　樂施
樂言　樂禮　樂情　樂化　樂象一云象法
賓牟賈　師乙　魏文侯　十一篇合爲一篇
奏樂　樂器　樂作　意始　樂穆　說律　季
札　樂道　樂義　昭本　昭頌　竇公　十三
篇名存書亡
二十四類　小學紺珠
二十四氣史記云二十四節　春秋禮記正義立春
雨水中　驚蟄　春分中　清明　穀雨中
立夏　小滿中　芒種　夏至中　小暑　大暑
中　立秋　處暑中　白露　秋分中　寒露
霜降中　立冬　小雪中　大雪　冬至中　小
寒　大寒中　漢始以啓蟄正月中雨水二月節
漢末三統曆改三統曆穀雨三月節清明中今曆
改
二十四都督　景雲二年置揚　益　并　荊四州
爲大都督　汴　兗　魏　冀　蒲　綿　秦
洪　潤　越十州爲中都督　齊　鄜　涇　襄
安　潭　遂　通　梁　夔十州爲下都督
詩二十四名　元稹樂府古題序詩之流爲二十四

名皆詩人六義之餘賦　頌　銘　贊　文　誄　箴　詩　行　詠　吟　題　怨　歎　章　篇　操　引　謠　謳　歌　曲　詞　調

孝宣名臣二十四人　漢書贊蕭望之梁丘賀夏侯勝韋元成嚴彭祖尹更始以儒術進　劉向王褒以文章顯　將相則張安世趙充國魏相丙吉于定國杜延年　治民則黃霸王成龔遂鄭弘召信臣韓延壽尹翁歸趙廣漢嚴延年張敞之屬

二十四賢　魏文帝旌表杜喬叔榮　張奐然明　向詡甫興（後漢作相）　陳蕃仲舉　施延君子　李膺元禮　朱寓季陵　杜密周甫　韓融元長　荀爽慈明　房植伯武　姜肱伯淮　陳球伯眞　王暢叔茂　申屠蟠子龍　張儉元卿　鄭元康成　冉璆孟玉　李固子堅　郭泰林宗　朱穆公叔　魏朗少英　徐稺孺子　皇甫規威明

勳臣二十四人　太宗詔圖形凌烟閣長孫無忌趙公　趙郡元王孝恭　杜如晦萊公　魏徵鄭公　房元齡梁公　尉遲敬德鄂公　李靖衞公　蕭瑀宋公　段志元褒公　劉弘基夔公　屈突通蔣公　殷開山鄖節公　許紹譙公（兩京記柴紹）　長孫順德邳公　張亮鄖公　侯君集陳公　張公謹鄒公　程知節盧公　虞世南永興公　劉政會渝公　唐儉莒公　李勣英公　高士廉申公　秦叔寶胡公　大中初李峴至李憕三十七人續圖凌烟閣

配饗功臣二十四人　皇武殿趙普曹彬　大定殿薛居正石熙載潘美　熙文殿李沆王旦李繼隆　美成殿王曾呂夷簡曹瑋　治隆殿韓琦曾公亮　大明殿富弼　重光殿司馬光　承元殿韓忠彥　皇德殿呂頤浩趙鼎韓世忠張俊　系隆殿陳康伯史浩　美明殿葛邲　垂光殿趙汝愚

二十四友（晉）　郭彰　石崇　陸機　陸雲　和郁　潘岳　崔基　歐陽建　繆徵　杜斌　摯虞　諸葛詮　王粹　杜育　鄒捷　左思　劉瓌　周恢　牽秀　陳聆　許猛　劉訥　劉輿　琨　皆附賈謐

修文館二十四學士　景龍二年置大學士四員李嶠　宗楚客　趙彥昭　韋嗣立　學士八員李適　劉憲　鄭愔　盧藏用　李乂　岑羲　劉子元　崔湜　直學士十二員薛稷　馬懷素　宋之問　武平一　杜審言　沈佺期　閻朝隱　徐堅　韋元旦　徐彥伯　劉允濟　象四時八節十二月

二十四戟　唐百官志凡戟廟社宮殿之門二十有四　東宮之門十八　一品之門十六　二品及京兆河南太原尹大都督大都護之門十四　三品及上中都督上都護上州之門十二　下都督都護中州下州之門各十　宋崇寧中文宣王廟立戟二十四

二十四軍（西魏）　八柱國李虎　元欣　李弼　獨孤信　趙貴　于謹　侯莫陳崇　宇文泰　十二大將軍元贊　元育　元廓　侯莫陳順　宇文導　達奚武　李遠　豆盧寧　宇文貴　賀蘭祥　楊忠　王雄　每大將軍督二開府凡爲二十四員分團統領是二十四軍每一團儀同二人　北史宇文泰位總百揆都督中外軍事廣陵王欣元氏懿戚從容禁闥此外六人各督一大將軍分掌禁旅

二十五類　小學紺珠

離騷二十五篇　離騷經　九歌　東皇太一　雲中君　湘君　湘夫人　大司命　少司命　東君　河伯　山鬼　國殤　禮魂　天問　九章九篇　遠遊　卜居　漁父

江西詩社宗派圖二十五人　黃庭堅宗派之祖　陳師道　潘大臨　謝逸　洪朋　洪芻　饒節　祖可　徐俯　林敏修　洪炎　汪革　李錞　韓駒　李彭　晁冲之　江端本　楊符　謝薖　夏倪　林敏功　潘大觀　王直方　善權　高荷　呂本中（本中作圖）

律二十五篇　後周律二十五篇

二十六類　小學紺珠

二十六關　唐六典關二十六爲上中下之差　上關六　中關十三　下關七

二十六國　管　蔡　郕　霍　魯　衞　毛　聃　郜　雍　曹　滕　畢　原　酆　郇文之昭也　邘　晉　應　韓武之穆也　凡　蔣　邢　茅　胙　祭周公之後也　左傳富辰云周公封建親戚以藩屏周正義文武周公之子孫爲二十六國

二十七類　小學紺珠

孝武名臣二十七人　儒雅則公孫弘董仲舒兒寬

篤行則石建石慶　質直則汲黯卜式　推賢則韓安國鄭當時　定令則趙禹張湯　文章則司馬遷相如　滑稽則東方朔枚皋　應對則嚴助朱買臣　曆數則唐都洛下閎　協律則李延年　運籌則桑弘羊　奉使則張騫蘇武　將率則衛青霍去病　受遺則霍光金日磾

二十七最　近侍　選司　考校　禮官　樂官　判事　宿衛　督領　法官　校正　宣納　學官　軍將　政教　文史　糾正　句檢　監掌　役使　屯官　倉庫　曆官　方術　關津　市司　牧官　鎭防　唐考功一最四善爲上上　一最三善爲上中　一最二善爲上下

二十八類　小學紺珠

二十八宿史記云二十八舍　周禮二十有八星之位角　亢　氐　房　心　尾　箕七十五度東方蒼龍　斗　牛　女　虛　危　室　壁九十八度四分度之一北方元武　奎　婁　胃　昴　畢　觜　參八十度西方白虎　井　鬼　柳　星　張　翼　軫百十二度南方朱雀　左傳天以七紀注二十八宿百七　經星不動周天三百六十五度四分一

二十八調　唐樂志俗樂二十有八調正　高　中呂　道調　南呂　仙呂　黃鐘爲七宮　越調　大食調　高大食調　雙調　小食調　歇指調　林鐘爲七商　大食　高大食　雙　小食　歇指　林鐘　越爲七角　中呂調　正平調　高平調　仙呂調　黃鐘　般涉調　高般涉爲七羽　皆從濁至清迭更其聲下則益濁上則益清徐景安樂書俗樂調有宮商角羽而無徵調

二十八將　鄧禹高密侯字仲華　吳漢廣平侯字子顏　賈復膠東侯字君文　耿弇好時侯字伯昭　寇恂雍奴侯字子翼　岑彭舞陽侯字君然　馮異夏陽侯字公孫　朱祐鬲侯字仲先　祭遵潁陽侯字弟孫　景丹櫟陽侯字孫卿　蓋延安平侯字巨卿　姚期安成侯字次況　耿純東光侯字伯山　臧宮朗陵侯字君翁　馬武楊虛侯字子張　劉隆愼侯字元伯　馬成全椒侯字君遷　王梁阜城侯字君巖　陳俊祝阿侯字子昭　杜茂參蘧侯字諸公　傅俊昆陽侯字子衛　堅鐔合肥侯字子伋　王霸淮陽侯字元伯　任光阿陵侯字伯卿　李忠中水侯字仲都　萬脩槐里侯字君游　邳彤靈壽侯字偉君　劉植昌成侯字伯先　河北二十八將光武所與定天下明帝圖畫於南宮雲臺又益四人　王常山桑侯字顏卿　李通固始侯字次元　竇融安豐侯字周公　卓茂宣德侯一作褒德字子唐　合三十二人馬援以椒房之親不與

文階二十八　唐武德七年定令自開府至將仕郎二十八階爲文散官

二十九類　小學紺珠

唐文散階二十九　通鑑百官志

三十類　小學紺珠

三十帥　晉三十帥武職　左傳軍之屬

宋建隆重定刑統三十卷　神宗云設於此而逆彼之至曰格　設於此而使彼效之曰式　禁其未然之謂令　治其已然之謂敕

三十工　攻木之工七輪　輿　弓　廬　匠　車　梓　攻金之工六築　冶　鳧　㮚　段　桃　攻皮之工五函　鮑　韗　韋　裘　設色之工五畫　繢　鐘　筐　㡛　刮摩之工五玉　櫛　雕　矢　磬　摶埴之工二陶　旊

欽定古今圖書集成曆象彙編曆法典

第一百四十卷目錄

數目部彙考十二下

曆法典第一百四十卷

數目部彙考十二

三十一類　小學紺珠

冊府元龜三十一部　帝王　閏位　僭僞　列國君　儲宮　宗室　外戚　宰輔　將帥　臺省邦計　憲官　諫諍　詞臣　國史　掌禮學校　刑法　卿監　環衛　銓選　貢舉　奉使　內臣　牧守　令長　宮臣　幕府　陪臣總錄　外臣一千一百四門

漢功臣三十一人　蕭何　曹參　張良　陳平韓信　彭越　黥布　張耳　韓王信　盧綰吳芮　劉賈　王陵　周勃　樊噲　酈商　夏侯嬰　灌嬰　傅寬　靳歙　酈食其　劉敬陸賈　叔孫通　魏無知　隨和　蕇公　轅生紀信　周苛　侯公陸機作頌

武階三十一　自驃騎至陪戎三十一階爲武散官　武德七年　六典二十九階　百官志四十有五

庶羞三十一物　牛脩　鹿脯　田豕脯　麇脯麐脯　麇　鹿　田豕　麐皆有軒　雉　兔皆有芼　爵　鷃　蜩　范　芝　栭　蔆　椇　棗　栗　榛　柹　瓜　桃　李　梅　杏　柤　梨　薑　桂　內則注三十一物皆人君燕食所加庶羞也周禮天子羞用百有二十品記者不能次錄

三十二類　小學紺珠

姓氏三十二類　鄭樵通志氏族略　國　邑　鄉亭　地　姓　字　名　次　族　官　爵　凶德　吉德　技　事　諡　爵系　國系　族系　名氏　國爵　邑系　官名　邑諡　諡氏　爵諡　代北複姓　關西複姓　代北三字姓　代北四字姓　諸方複姓

三十二旗　唐六典旗制三十二　青龍　白獸　朱雀　元武　蒼龍負圖　應龍　龍馬　玉馬　鳳凰　鸞　鵔鸃　太平　麒麟　飛麟　飛黃　駃騠　白澤　五牛　犀牛　金牛　兕　三角獸　甪端　吉利　騊駼　騶牙　黃鹿　白狼　赤熊　辟邪　苣文　刃

三十三類　小學紺珠

戰國策三十三篇　東周　西周　秦　齊　楚趙　魏　韓　燕　宋　衞　中山　孔衍春秋後語除二周及宋衞中山所留者七國

陳襄薦三十三人　司馬光　韓維　呂公著　蘇頌　孫覺　李常　范純仁　蘇軾　曾鞏　孫洙　王存　顧臨　林希逸　李師中　傅堯俞胡宗愈　王安國　劉摯　虞太熙　程顥　劉載　薛昌期　張載　蘇轍　孔文仲　吳貢吳恕　林英　孫奕　林旦　鄒何　唐垌　鄭俠　宋熙寧間　紹興元年詔云德行言語政事文學皆所具備

三十六類　小學紺珠

日食三十六　春秋日食三十六　穀梁以爲朔二十六晦七夜二二日一　公羊以爲朔二十七二日七晦二　左氏以爲朔十六二日十八晦一不

書日者二　有甲乙者三十四食既三　一行得二
十七衞朴得三十五　莊十八年三月古今算不
入蝕法　襄二十一年九月十月頻食二十四年
七月八月頻食
三十六郡秦　內史　三川　河東　南陽　南郡
　九江　鄣　會稽　潁川　碭　泗水　薛
東郡　琅邪　齊　上谷　漁陽　右北平　遼
西　遼東　代　鉅鹿　邯鄲　上黨　太原
雲中　九原　鴈門　上郡　隴西　北地　漢
中　巴　蜀　黔中　長沙　其後置桂林　南
海　象郡　閩中合四十郡　三川河東在諸郡之首
所以陪輔關中即漢所謂三河也
西域三十六國　荀悅漢紀婼羌　且末　精絕
戎盧　渠勒　皮山　烏秅　西夜　蒲犂　依
耐　無雷　捐毒　桃槐　休循　疏勒　尉頭
　烏貪　卑陸　渠類谷　郁立師　單桓　蒲
類　西且彌　劫國　狐胡　山國　車師凡二十七
國小國　杅彌　于闐　難兜　莎車　溫宿　龜
茲　尉犂　危須　焉耆凡九國次大國　後分爲五十
四國皆在匈奴之西
　四十五類　小學紺珠
唐武散階四十五　百官志
　四十九類　小學紺珠
禮記四十九篇　藝文志七十子後學者所記禮記
百三十一篇　隋志戴德刪爲八十五篇戴聖又
刪爲四十六篇馬融又益月令明堂位樂記合四
十九篇

　五十類　小學紺珠
曆五十變　李心傳朝野雜記黃帝至秦曆凡七變
　漢四百年曆凡四變　魏晉迄隋十六變而後
魏後周六曆不預焉　唐三百年曆凡九變　五
代調元欽天而曆法始弊　自建隆迄紹熙
二百五十年曆十四變上距黃帝之曆凡五十變
大衍數五十　朱子本義河圖中宮天五乘地十而
得之　程子易說數始於一備於五小衍之而成
十大衍之而爲五十五十數之成成則不動故損
一以爲用　易玩辭項氏生數自一二三四而極
於五成數自七八九六而極於十故大衍之數五
十取大地之極數以立本也布算者生數至四而
止遇五則變而爲一成數至九而止遇十則變而
爲一故其用四十有九取天地之變數以起用也
　呂氏參天兩地而爲五故十者兩其五也五十
者十其五也　朱子發一者體太極不動之數四
十九者用兩儀四象分太極之數
春秋五十凡　稱凡者五十其別四十有九釋例母弟二
凡其義不異
虞官五十　明堂位
五十矢　詩束矢其搜注　五十矢爲束
　五十一類　小學紺珠
周禮致太平論五十一篇　李泰伯撰　內治七
國用十六　軍衞四　刑禁六　官人八　敎道
九　劉子駿鄭康成皆以周禮爲周公致太平之
迹
　五十五類　小學紺珠

同姓五十五　史記表武王成康所封數百而同姓
五十五
　五十七類　小學紺珠
書五十七篇　伏生得二十九篇教於齊魯之間儒林
傳　堯典　皐陶謨　禹貢　甘誓　湯誓　盤
庚　高宗肜日　西伯戡黎　微子　牧誓　洪
範　金縢　大誥　康誥　酒誥　梓材　召誥
　洛誥　多方　多士　立政　無逸　君奭
顧命　呂刑　文侯之命　費誓　秦誓凡二十八篇漢
儒以爲今文　泰誓武帝世始得爲二十九篇
古文增多伏生二十五篇書序　大禹謨　五子之
歌　引征　仲虺之誥　湯誥　伊訓　太甲三
篇
咸有一德　說命三篇　泰誓三篇　武成　旅
獒　微子之命　蔡仲之命　周官　君陳　畢
命
君牙　冏命　復出者舜典　益稷　盤庚二篇
　康王之誥凡五篇　又序一篇　共五十九篇
四十二篇亡　爲例有十典謨貢歌誓誥訓命征
範
　五十九類　小學紺珠
五十九族　唐六典九廟子孫其族五十有九　光
帝一族　景帝六　元帝三　高祖二十一　太
宗十三　高宗六　中宗四　睿宗五　河間孝
恭之功江夏道宗之略可謂宗室標的
　六十類　小學紺珠
六十律　續漢志漢京房受學焦延壽云六十律相

生之法以上生下皆三生二以下生上皆三生四陽下生陰陰上生陽終于中呂而十二律畢矣中呂上生執始執始下生去滅上下相生終于南事而六十律畢矣　十二律之變至於六十猶八卦之變至於六十四也

六十四類　小學紺珠

六十四卦　上經乾　坤　屯　蒙　需　訟　師　比　小畜　履　泰　否　同人　大有　謙　豫　隨　蠱　臨　觀　噬嗑　賁　剝　復　无妄　大畜　頤　大過　坎　離　下經咸　恆　遯　大壯　晉　明夷　家人　睽　蹇　解　損　益　夬　姤　萃　升　困　井　革　鼎　震　艮　漸　歸妹　豐　旅　巽　兌　渙　節　中孚　小過　既濟　未濟

六十四氏　周禮小宗伯九皇六十四氏上古無名號之君

七十二類　小學紺珠

七十二候　冬至蚯蚓結麋角解水泉動　小寒鴈北鄉鵲始巢雉始雊　大寒雞始乳鷙鳥厲疾水澤腹堅　立春東風解凍蟄蟲始振魚上冰（時訓魚上負冰）　雨水獺祭魚鴻鴈來（呂氏春秋候鴈北）草木萌動　驚蟄桃始華（呂氏春秋桃李華）倉庚鳴鷹化爲鳩　春分元鳥至雷乃發聲始電　清明桐始華田鼠化爲鴽虹始見　穀雨萍始生鳴鳩拂其羽戴勝降于桑　立夏螻蟈鳴蚯蚓出王瓜生　小滿苦菜秀靡草死麥秋至　芒種螳螂生鵙始鳴反舌無聲　夏至鹿角解蜩始鳴半夏生　小暑溫風至蟋蟀居壁鷹乃學習　大暑腐草爲螢土潤溽暑大雨時行　立秋涼風至白露降寒蟬鳴　處暑鷹祭鳥天地始肅禾乃登　白露鴻鴈來元鳥歸羣鳥養羞　秋分雷乃收聲蟄蟲坏戶水始涸　寒露鴻鴈來賓雀入水爲蛤菊有黃華　霜降豺祭獸草木黃落蟄蟲咸俯　立冬水始冰地始凍雉入水爲蜃　小雪虹藏不見天氣上騰地氣下降閉塞而成冬　大雪鶡旦不鳴虎始交荔挺出

七十二候見於周公時訓後魏始載於曆　呂氏春秋十二紀禮記取以爲月令其上則見於夏小正　素問曰五日謂之候三候謂之氣六氣謂之時四時謂之歲

七十二君　史記封禪七十二君管仲曰古封泰山禪梁父者七十二家夷吾所記者十有二　無懷氏　虙羲　神農氏　炎帝（神農後）　黃帝　顓頊　帝嚳　堯　舜　禹　湯　周成王　漢郊祀志班固典引曰作者七十有四人注自古封禪七十二君并漢武帝光武　韓詩外傳古封泰山禪梁甫者萬餘人仲尼觀焉不能盡識

七十二賢　顏回子淵　閔損子騫　冉耕伯牛　冉雍仲弓　冉求子有　仲由子路　宰予子我　端木賜子貢　言偃子游　卜商子夏　顓孫師子張　曾參子輿　澹臺滅明子羽　宓不齊子賤　原憲子思　公冶長子長　南宮适子容　公晳哀季次　曾蒧晳　顏無繇路　商瞿子木　高柴子羔　漆雕開子開　公伯寮子周　司馬耕子牛　樊須子遲　有若有　公西赤子華　巫馬施子期　梁鱣叔魚　顏辛子柳　冉孺子魯　曹卹子循　伯虔子析　公孫龍子石　冉季子彥　公祖句茲子之　秦祖子南　漆雕哆子斂　顏高子驕　漆雕徒父　壤駟赤子徒　商澤子季　石作蜀子明　任不齊選　公良孺子正　后處子里　秦冉開　公夏首乘　奚容蒧子晳　公肩定子中　顏祖襄　鄡單子家　句井疆　罕父黑子索　秦商子丕　申黨周　顏之僕叔　榮旂子祺　縣成子祺　左人郢行　燕伋思　鄭國子徒　秦非子之　施之常子恆　顏噲子聲　步叔乘子車　原亢籍　樂欬子聲　廉潔庸　叔仲會子期　顏何冉　狄黑晳　邦巽子斂　孔忠子蔑　公西輿如子上　公西蒧子上　史記列傳孔子曰受業身通者七十七人皆異能之士也　蘇氏古史云秦冉顏何不載於家語琴牢陳亢不錄於史記二書不可偏廢而琴張陳亢又見論語并錄之凡七十九人

八十一類　小學紺珠

屬車八十一乘（秦儀）　蔡邕獨斷諸侯貳車九乘秦滅九國兼其車服　漢大駕八十一乘法駕三十六乘小駕十二乘

八十四類　小學紺珠

八十四調（十二均）　黃帝吹九寸之管得黃鐘正聲半之爲清聲倍之爲緩聲三分損益之以生十二律十二律旋相爲宮以生七調爲一均均有七調凡十二均八十四調而大備　後周王朴云今見存

者九曲　唐祖孝孫以十二月旋相爲六十聲八十四調

百類　小學紺珠

百度　百刻也（樂記百度得數而有常注正義晝夜百刻）　十二時每時八刻二十分每刻六十分（周禮挈壺氏疏義）　孔壺爲漏浮箭爲刻　四十八箭（二十四氣各有晝夜）　古今刻漏之法有二曰浮漏曰稱漏　尚書緯謂刻爲商（士昏禮目錄云日入三商爲昏）　難經百刻圖

百縣　左傳注周書作雒篇千里百縣縣有四郡縣方百里郡方五十里　月令百縣注鄉遂之屬地　呂氏曰春秋之時郡屬于縣趙簡子誓衆所謂上大夫受縣下大夫受郡是也戰國之時縣屬于郡秦紀魏納上郡十五縣是也

百名　聘禮百名以上書於策不及百名書於方名書文也今謂之字策簡也方板也

百家　後漢書注諸子百六十九家言百家舉全數也

百一詩　應璩休璉序云時謂曹爽曰公今聞周公巍巍之稱安知百慮有一失乎百一之名蓋興于此

百篇　松風雪月天花竹鶴雲烟詩酒春池雨山僧道柳泉　唐有日賦百篇宋太平興國五年趙昌應百篇科自陳求試上親出五言四句詩凡二十字爲五篇率四韻至晚僅成數十首特賜及第

百將傳　張預撰起周太公至五代劉詞凡百人

百官公卿表　宋朝自建隆元年至治平四年依司馬遷法記大事于上方（司馬光趙彥若修）　起建隆迄靖康（李燾纘）

百氏譜　唐裴揚休百氏譜凡三百五十八姓漢姓三百七蕃姓一百二十五

夏官百　明堂位

百姓　楚語觀射父曰民之徹官百王公之子弟之質能言能聽徹其官者而物賜之姓以監其官是爲百姓

百尹　書顧命百尹百官之長

百雉　公羊說五板爲堵五堵爲雉百雉曰城　杜預說方丈曰堵三堵曰雉一雉之牆長三丈高一丈　毛詩傳鄭氏曰板六尺　一丈爲板五板爲堵　韓詩說八尺爲板　坊記都城不過百雉注百雉爲長三百丈方五百步

庭燎之百　禮記郊特牲注庭燎之差　天子百公五十　侯伯子男皆三十

百矢　周禮大司寇束矢注古者一弓百矢

百穀　物理論梁　稻　菽（各二十種爲六十）　蔬果之實助穀各二十　國語周棄播殖百穀注黍稷稻粱麻麥荏菽雕胡之屬　淮南子汾水濁宜麻　濟水和宜麥　河水調宜菽　洛水輕利宜禾　江水肥宜稻　渭水多力宜黍

百朋（五貝）　古者貨貝五貝爲朋　詩錫我百朋箋云云正義曰漢食貨志大貝壯貝幺貝小貝不成貝爲五小貝以上四種各二貝爲一朋而不成者不爲朋鄭箋言五種之貝相與爲朋非總五貝爲一朋也　漢書注兩貝爲朋

蓍百莖　史記蓍生滿百莖者其下必有神龜守之其上常有雲氣覆之　淮南子上有叢蓍下有伏龜　說文生千歲三百莖易以爲數天子九尺諸侯七尺大夫五尺士三尺　洪範五行傳蓍百年一本生百莖　論衡易釋文七十歲生一莖七百歲生十莖神靈之物故生遲

百二十國寶書　公羊傳疏孔子制春秋之義使子夏等十四人求周史記得百二十國寶書　史通如楚書鄭志魯之春秋魏之紀年此其可得言者

百二十官　公羊傳注天子置三公九卿二十七大夫八十一元士凡百二十官下應十二子

賦算百二十　漢法民年二十五已上至六十出口賦錢人百二十以爲算孝文減至四十孝宣減三十孝成減四十　唐制民始生爲黃四歲爲小十六爲中二十一爲丁六十爲老開元詔三歲以下爲黃十五以下爲小二十以下爲中天寶更民十八以上爲中二十三以上成丁廣德詔二十五爲成丁五十五爲老

百三十七川　桑欽水經天下之水百三十七江河在焉（江河大川其餘百三十五是爲中川）　酈善長注枝流一千二百五十二（爲小川）

殷官二百　明堂位

三百川　莊子名川三百支川三千

禮經三百　藝文志禮經三百威儀三千臣瓚曰禮經三百謂冠婚吉凶　禮器經禮三百曲禮三千注經禮謂周禮六篇其官三百六十　中庸禮儀三百　禮記說經禮制之凡也曲禮文之目也

陰符三百言　百言演道　百言演法　百言演術

陰符經李筌曰上有神仙抱一之道中有富國安民之法下有彊兵戰勝之術

周官三百　明堂位

三百六十律　淮南子一律而生五音十二律而爲六十音因而六之故三百六十音以當一歲之日

隋志宋錢樂之因京房南事之餘引而伸之更爲三百律終于安運合舊爲三百六十律日當一管

千類　小學紺珠

千品　楚語觀射父曰姓有徹品十於王謂之千品

千乘　車一乘甲士步卒合七十五人馬氏之說八百家出車一乘包氏之說八十家出車一乘　論語或問疑馬氏爲可據　詩集傳千乘大國之賦成方十里出革車一乘甲士三人左持弓右持矛中人御步卒七十二人將重車者二十五人　千乘之地三百十六里有奇車千乘法當用十萬人爲步卒者七萬二千人大國三軍爲車三百七十五乘三萬七千五百人其爲步卒不過二萬七千人　坊記制國不過千乘都城不過百雉家富不過百乘注古者方十里其中六千四井出兵車一乘

千駟　論語注千駟四千匹

周千八百國　王制八州州二百一十國天子縣內九十三國凡九州千七百七十三國　漢地理志周蓋千八百國而太昊黃帝之後唐虞侯伯猶存至春秋時尚有數十國至戰國分而爲七　晉地理志春秋之初尚有千二百國見經傳者百七十國　帝王世紀戰國存者十餘列國唯有燕衛秦楚而已齊及三晉皆篡亂

萬類　小學紺珠

萬石　漢石奮及四子建甲乙慶皆二千石景帝號奮爲萬石君　嚴延年兄弟五人皆二千石東海號其母曰萬石嚴嫗　馮揚八子皆爲二千石號爲萬石君　秦襲與羣從同時爲二千石者五人三輔號曰萬石秦氏　唐張文瓘爲侍中四子皆至三品時謂萬石張家

萬官　楚語觀射父曰五物之官陪屬萬爲萬官

萬鍾　孟子注鍾量名受六斛四斗

二萬之策　繫辭注二篇三百八十四爻陰陽各半合萬一千五百二十策　鄭東卿云上經起乾坤至坎離三十卦下經起咸恆至既未濟三十四卦　雜卦無上下經之分然自乾坤至困亦三十卦自咸恆至夬亦三十四卦

四十八萬四千九十五字　鄭耕老勸學立身以力學爲先力學以讀書爲本今取六經及論語孟子孝經以字計之毛詩三萬九千一百二十四字尚書二萬五千七百字周禮四萬五千八百六字禮記九萬九千二十字周易二萬四千二百七字春秋左氏傳一十九萬六千八百四十五字論語一萬二千七百字孟子三萬四千六百八十五字孝經一千九百三字大小九經合四十八萬四千九十五字且以中才爲率若日誦三百字不過四年半可畢或以天資稍鈍減中才之半日誦一百五十字亦止九年可畢苟能熟讀而溫習之使入耳著心久不忘失全在日積之功耳里諺曰積絲成寸積寸成尺寸尺不已遂成丈匹此語雖小可以喻大後生勉之